22개정 새 교육과정

개념편

개념과 유형이 하나로

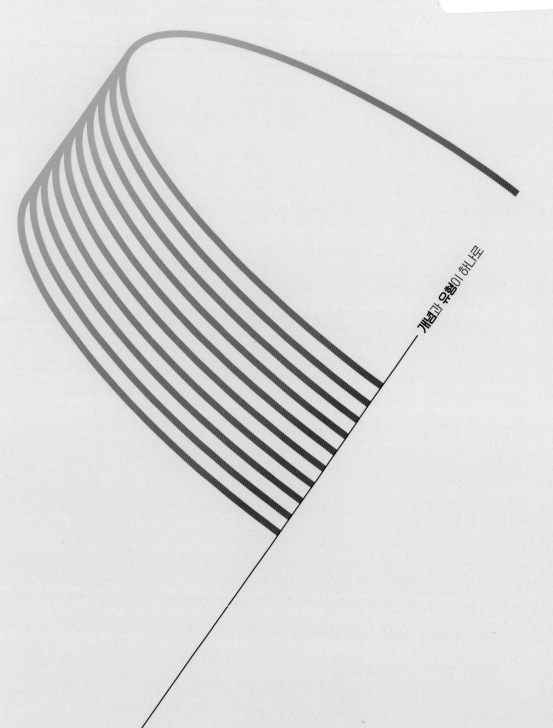

visang

개발 용효진, 유미현, 강순우
저자 이성기
디자인 정세연, 뮤제오, 안상현

발행일 2023년 11월 1일
펴낸날 2023년 11월 1일
펴낸곳 (주)비상교육
펴낸이 양태회
신고번호 제2002-000048호
출판사업총괄 최대찬
개발총괄 채진희
개발책임 최진형
디자인책임 김재훈
영업책임 이지웅
품질책임 석진안
마케팅책임 이은진
대표전화 1544-0554
주소 서울특별시 구로구 디지털로33길 48
　　　　대륭포스트타워 7차 20층

세상이 변해도
배움의 즐거움은
변함없도록

시대는 빠르게 변해도
배움의 즐거움은
변함없어야 하기에

어제의 비상은
남다른 교재부터
결이 다른 콘텐츠
전에 없던 교육 플랫폼까지

변함없는 혁신으로
교육 문화 환경의 새로운 전형을
실현해왔습니다.

비상은 오늘, 다시 한번
새로운 교육 문화 환경을 실현하기 위한
또 하나의 혁신을 시작합니다.

오늘의 내가 어제의 나를 초월하고
오늘의 교육이 어제의 교육을 초월하여
배움의 즐거움을 지속하는 혁신,

바로, 메타인지 기반 완전 학습을.

상상을 실현하는 교육 문화 기업 비상

메타인지 기반 완전 학습

초월을 뜻하는 meta와 생각을 뜻하는 인지가 결합한 메타인지는
자신이 알고 모르는 것을 스스로 구분하고 학습계획을 세우도록 하는
궁극의 학습 능력입니다. 비상의 메타인지 기반 완전 학습 시스템은
잠들어 있는 메타인지를 깨워 공부를 100% 내 것으로 만들도록 합니다.

개념편 대수

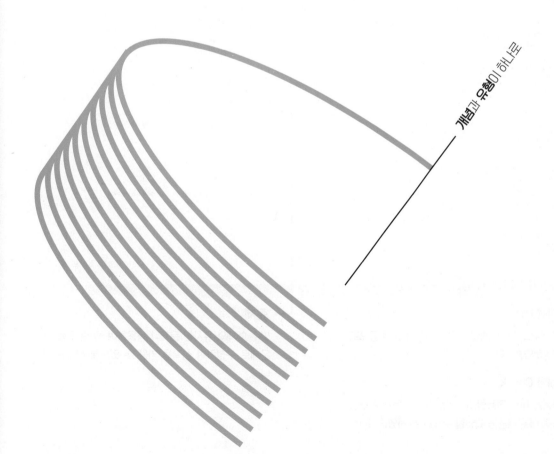

개념과 유형이 하나로

STRUCTURE 구성과 특징

개념편 | 개념을 완벽하게 이해할 수 있습니다!

개념 정리
한 번에 학습할 수 있는 효과적인 분량으로 구성하여 중요한 개념을 보다 쉽게 이해할 수 있도록 하였습니다.

필수 예제
시험에 출제되는 꼭 필요한 문제를 풀이 방법과 함께 제시하여 학교 내신에 대비할 수 있도록 하였습니다.

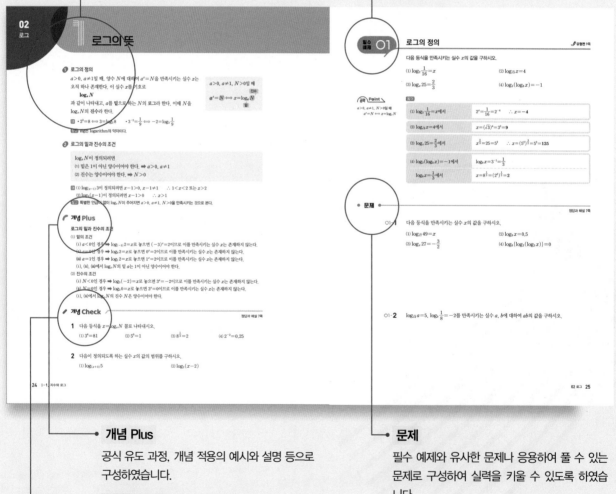

개념 Plus
공식 유도 과정, 개념 적용의 예시와 설명 등으로 구성하였습니다.

개념 Check
개념을 바로 적용할 수 있는 간단한 문제로 구성하여 배운 내용을 확인할 수 있도록 하였습니다.

문제
필수 예제와 유사한 문제나 응용하여 풀 수 있는 문제로 구성하여 실력을 키울 수 있도록 하였습니다.

개념과 유형이 하나로

개념＋유형

유형편 실전 문제를 유형별로 풀어볼 수 있습니다!

연습문제

각 소단원을 정리할 수 있는 기본 문제와 실력 문제로 구성하였습니다.

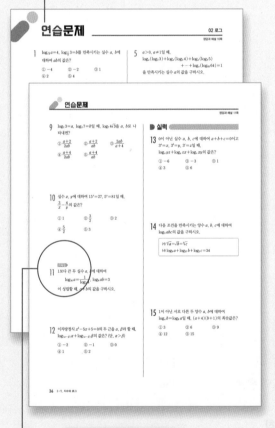

수능, 평가원, 교육청

수능, 평가원, 교육청 기출 문제로 수능에 대한 감각을 익힐 수 있도록 하였습니다.

유형별 문제

개념편의 필수 예제를 보충하고 더 많은 유형의 문제를 풀어볼 수 있습니다.

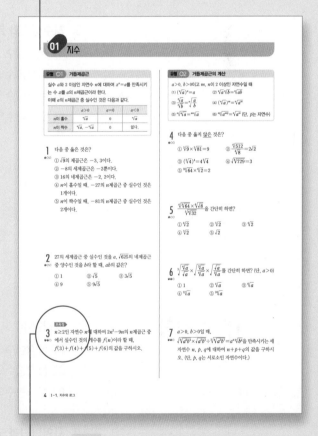

난도

문항마다 ○○○, ●○○, ●●○, ●●● 의 4단계로 난도를 표시하였습니다.

수능, 평가원, 교육청

수능, 평가원, 교육청 기출 문제로 수능에 대한 감각을 익힐 수 있도록 하였습니다.

CONTENTS 차례

III. 수열

1 지수와 로그

거듭제곱과 거듭제곱근

❶ 거듭제곱

실수 a를 n번 곱한 것을 a의 n제곱이라 하고, a^n으로 나타낸다.
이때 a, a^2, a^3, $\cdots$, a^n, $\cdots$을 통틀어 a의 거듭제곱이라 하고, a^n에서 a를
거듭제곱의 밑, n을 거듭제곱의 **지수**라 한다.

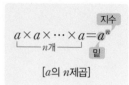

[a의 n제곱]

❷ 거듭제곱근

(1) 거듭제곱근

실수 a와 2 이상인 자연수 n에 대하여 n제곱하여 a가 되는 수, 즉 $x^n=a$를 만족시키는 수 x를 a의
n제곱근이라 한다.
이때 a의 제곱근, a의 세제곱근, a의 네제곱근, $\cdots$을 통틀어 a의 **거듭제곱근**이라 한다.

> a의 n제곱근 $\iff$ n제곱하여 a가 되는 수 $\iff$ 방정식 $x^n=a$의 근 x

참고 실수 a의 n제곱근은 복소수의 범위에서 n개가 있음이 알려져 있다.

(2) 실수 a의 n제곱근 중 실수인 것

실수 a의 n제곱근 중 실수인 것은 방정식 $x^n=a$의 실근이므로 함수 $y=x^n$의 그래프와 직선 $y=a$의
교점의 x좌표와 같다.

① n이 홀수인 경우 ◀ $(-x)^n=-x^n$이므로 $y=x^n$의 그래프는 원점에 대하여 대칭

a의 n제곱근 중 실수인 것은 a의 값에 관계없이
오직 하나뿐이고, 기호로 $\sqrt[n]{a}$와 같이 나타낸다.

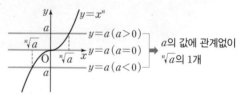

② n이 짝수인 경우 ◀ $(-x)^n=x^n$이므로 $y=x^n$의 그래프는 y축에 대하여 대칭

(i) $a>0$일 때, a의 n제곱근 중 실수인 것은
양수와 음수 각각 하나씩 있고, 이를 각각
$\sqrt[n]{a}$, $-\sqrt[n]{a}$로 나타낸다.

(ii) $a=0$일 때, a의 n제곱근은 0 하나뿐이다. 즉,
$\sqrt[n]{0}=0$이다.

(iii) $a<0$일 때, a의 n제곱근 중 실수인 것은 없다.

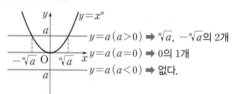

예 • -8의 세제곱근은 방정식 $x^3=-8$의 근이므로
$x^3+8=0$, $(x+2)(x^2-2x+4)=0$ $\therefore$ $x=-2$ 또는 $x=1\pm\sqrt{3}i$
따라서 -8의 세제곱근은 -2, $1\pm\sqrt{3}i$이고, 이 중 실수인 것은 -2이다. ➡ $\sqrt[3]{-8}=-2$
• 16의 네제곱근은 방정식 $x^4=16$의 근이므로
$x^4-16=0$, $(x+2)(x-2)(x^2+4)=0$ $\therefore$ $x=\pm2$ 또는 $x=\pm2i$
따라서 16의 네제곱근은 ±2, $\pm2i$이고, 이 중 실수인 것은 ±2이다. ➡ $\sqrt[4]{16}=2$, $-\sqrt[4]{16}=-2$
• -4의 네제곱근은 네제곱해서 -4가 되는 실수가 없으므로 -4의 네제곱근 중 실수인 것은 없다.

참고 $\sqrt[n]{a}$는 'n제곱근 a'라 읽는다. 또 $\sqrt[2]{a}$는 간단히 $\sqrt{a}$로 나타낸다.

주의 'a의 n제곱근'과 'n제곱근 a'는 다름에 주의한다. ➡ 16의 네제곱근은 ±2, $\pm2i$, 네제곱근 16은 $\sqrt[4]{16}=2$

③ 거듭제곱근의 성질

> $a>0$, $b>0$이고 m, n이 2 이상인 자연수일 때
>
> (1) $(\sqrt[n]{a})^n = a$ (2) $\sqrt[n]{a}\sqrt[n]{b} = \sqrt[n]{ab}$ (3) $\dfrac{\sqrt[n]{a}}{\sqrt[n]{b}} = \sqrt[n]{\dfrac{a}{b}}$
>
> (4) $(\sqrt[n]{a})^m = \sqrt[n]{a^m}$ (5) $\sqrt[m]{\sqrt[n]{a}} = \sqrt[mn]{a}$ (6) $\sqrt[np]{a^{mp}} = \sqrt[n]{a^m}$ (단, p는 자연수)

개념 Plus

거듭제곱근의 성질

$a>0$, $b>0$이고 m, n이 2 이상인 자연수일 때

(1) $\sqrt[n]{a}$는 a의 양의 n제곱근이므로 $(\sqrt[n]{a})^n = a$

(2) 지수법칙에 의하여 $(\sqrt[n]{a}\sqrt[n]{b})^n = (\sqrt[n]{a})^n(\sqrt[n]{b})^n = ab$

　　이때 $\sqrt[n]{a}>0$, $\sqrt[n]{b}>0$이므로 $\sqrt[n]{a}\sqrt[n]{b}>0$

　　따라서 $\sqrt[n]{a}\sqrt[n]{b}$는 ab의 양의 n제곱근이므로 $\sqrt[n]{a}\sqrt[n]{b} = \sqrt[n]{ab}$

(3) 지수법칙에 의하여 $\left(\dfrac{\sqrt[n]{a}}{\sqrt[n]{b}}\right)^n = \dfrac{(\sqrt[n]{a})^n}{(\sqrt[n]{b})^n} = \dfrac{a}{b}$

　　이때 $\sqrt[n]{a}>0$, $\sqrt[n]{b}>0$이므로 $\dfrac{\sqrt[n]{a}}{\sqrt[n]{b}}>0$

　　따라서 $\dfrac{\sqrt[n]{a}}{\sqrt[n]{b}}$는 $\dfrac{a}{b}$의 양의 n제곱근이므로 $\dfrac{\sqrt[n]{a}}{\sqrt[n]{b}} = \sqrt[n]{\dfrac{a}{b}}$

(4) 지수법칙에 의하여 $\{(\sqrt[n]{a})^m\}^n = (\sqrt[n]{a})^{mn} = \{(\sqrt[n]{a})^n\}^m = a^m$

　　이때 $\sqrt[n]{a}>0$이므로 $(\sqrt[n]{a})^m>0$

　　따라서 $(\sqrt[n]{a})^m$은 a^m의 양의 n제곱근이므로 $(\sqrt[n]{a})^m = \sqrt[n]{a^m}$

(5) 지수법칙에 의하여 $(\sqrt[m]{\sqrt[n]{a}})^{mn} = \{(\sqrt[m]{\sqrt[n]{a}})^m\}^n = (\sqrt[n]{a})^n = a$

　　이때 $\sqrt[n]{a}>0$이므로 $\sqrt[m]{\sqrt[n]{a}}>0$

　　따라서 $\sqrt[m]{\sqrt[n]{a}}$는 a의 양의 mn제곱근이므로 $\sqrt[m]{\sqrt[n]{a}} = \sqrt[mn]{a}$

(6) 거듭제곱근의 성질과 지수법칙에 의하여

　　$(\sqrt[np]{a^{mp}})^n = (\sqrt[n]{\sqrt[p]{a^{mp}}})^n = \sqrt[p]{a^{mp}} = (\sqrt[p]{a^m})^p = a^m$ (단, p는 자연수)

　　이때 $\sqrt[np]{a^{mp}}>0$, $a^m>0$이므로 $\sqrt[np]{a^{mp}}$은 a^m의 양의 n제곱근이다.

　　$\therefore \sqrt[np]{a^{mp}} = \sqrt[n]{a^m}$

> **지수법칙 (중2)**
>
> a, b가 실수이고 m, n이 자연수일 때
>
> (1) $a^m \times a^n = a^{m+n}$
>
> (2) $a^m \div a^n = \begin{cases} a^{m-n} & (m>n) \\ 1 & (m=n) \ (\text{단, } a\neq0) \\ \dfrac{1}{a^{n-m}} & (m<n) \end{cases}$
>
> (3) $(a^m)^n = a^{mn}$
>
> (4) $(ab)^n = a^n b^n$
>
> (5) $\left(\dfrac{a}{b}\right)^n = \dfrac{a^n}{b^n}$ (단, $b\neq0$)

개념 Check

정답과 해설 2쪽

1 다음 거듭제곱근을 구하시오.

(1) 64의 세제곱근　　　　　　　　　　　　(2) 4의 네제곱근

2 다음 값을 구하시오.

(1) $\sqrt[3]{216}$　　　　(2) $-\sqrt[4]{625}$　　　　(3) $\sqrt[5]{-243}$　　　　(4) $\sqrt[6]{(-2)^6}$

거듭제곱근

유형편 4쪽

보기에서 옳은 것만을 있는 대로 고르시오.

> 보기
> ㄱ. 27의 세제곱근은 3뿐이다.
> ㄴ. -16의 네제곱근 중 실수인 것은 없다.
> ㄷ. 제곱근 36은 ± 6이다.
> ㄹ. n이 홀수일 때, 3의 n제곱근 중 실수인 것은 1개이다.

공략 Point

(1) a의 n제곱근
 ➡ 방정식 $x^n=a$의 근 x
(2) n제곱근 a
 ➡ $\sqrt[n]{a}$
(3) a의 n제곱근 중 실수인 것

a $\quad$ n	홀수	짝수
$a>0$	$\sqrt[n]{a}$	$\sqrt[n]{a}$, $-\sqrt[n]{a}$
$a=0$	0	0
$a<0$	$\sqrt[n]{a}$	없다.

풀이

ㄱ. 27의 세제곱근을 x라 하면	$x^3=27$, $x^3-27=0$ $(x-3)(x^2+3x+9)=0$ $\therefore\ x=3$ 또는 $x=\dfrac{-3\pm3\sqrt{3}i}{2}$
따라서 27의 세제곱근은	3, $\dfrac{-3\pm3\sqrt{3}i}{2}$
ㄴ. -16의 네제곱근을 x라 하면	$x^4=-16$
이를 만족시키는 실수 x의 값은 존재하지 않으므로	-16의 네제곱근 중 실수인 것은 없다.
ㄷ. 제곱근 36은 $\sqrt{36}$이므로	$\sqrt{36}=6$
ㄹ. n이 홀수일 때, 3의 n제곱근 중 실수인 것은	$\sqrt[n]{3}$의 1개
따라서 보기에서 옳은 것은	ㄴ, ㄹ

● **문제** ●

정답과 해설 2쪽

01-1 다음 중 옳은 것은?

① -4의 제곱근은 ± 2이다.
② -512의 세제곱근은 -8뿐이다.
③ $\sqrt{256}$의 네제곱근 중 실수인 것은 2뿐이다.
④ 0의 세제곱근은 없다.
⑤ n이 짝수일 때, 6의 n제곱근 중 실수인 것은 2개이다.

01-2 $\sqrt{81}$의 네제곱근 중 음수인 것을 a, -125의 세제곱근 중 실수인 것을 b라 할 때, ab의 값을 구하시오.

거듭제곱근의 계산

🖋 유형편 4쪽

다음 식을 간단히 하시오. (단, $x>0$)

(1) $\sqrt[4]{3}\times\sqrt[4]{27}-\sqrt[4]{16}$

(2) $(\sqrt[3]{5})^5\div\sqrt[3]{25}+\sqrt[3]{64}$

(3) $\sqrt[3]{x^2}\times\sqrt[4]{x^3}\times\sqrt[12]{x^7}$

(4) $\sqrt[5]{\dfrac{\sqrt[3]{x}}{\sqrt{x}}}\times\sqrt[3]{\dfrac{\sqrt{x}}{\sqrt[5]{x}}}\times\sqrt{\dfrac{\sqrt[5]{x}}{\sqrt[3]{x}}}$

Point

근호 안이 양수인지 확인한 후 거듭제곱근의 성질을 이용하여 주어진 식을 간단히 한다.

풀이

(1) $\sqrt[n]{a}\sqrt[n]{b}=\sqrt[n]{ab}$이므로

$$\sqrt[4]{3}\times\sqrt[4]{27}-\sqrt[4]{16}=\sqrt[4]{3\times27}-\sqrt[4]{16}$$
$$=\sqrt[4]{3^4}-\sqrt[4]{2^4}$$
$$=3-2=\mathbf{1}$$

(2) $(\sqrt[n]{a})^m=\sqrt[n]{a^m}$, $\sqrt[m]{\sqrt[n]{a}}=\sqrt[mn]{a}$이므로

$\dfrac{\sqrt[n]{a}}{\sqrt[n]{b}}=\sqrt[n]{\dfrac{a}{b}}$이므로

$$(\sqrt[3]{5})^5\div\sqrt[3]{25}+\sqrt[3]{64}=\sqrt[3]{5^5}\div\sqrt[3]{5^2}+\sqrt[6]{64}$$
$$=\sqrt[3]{\dfrac{5^5}{5^2}}+\sqrt[6]{2^6}$$
$$=\sqrt[3]{5^3}+2$$
$$=5+2=\mathbf{7}$$

(3) $\sqrt[n]{a^m}=\sqrt[np]{a^{mp}}$이므로

$\sqrt[n]{a}\sqrt[n]{b}=\sqrt[n]{ab}$이므로

$$\sqrt[3]{x^2}\times\sqrt[4]{x^3}\times\sqrt[12]{x^7}=\sqrt[12]{(x^2)^4}\times\sqrt[12]{(x^3)^3}\times\sqrt[12]{x^7}$$
$$=\sqrt[12]{x^8}\times\sqrt[12]{x^9}\times\sqrt[12]{x^7}$$
$$=\sqrt[12]{x^8\times x^9\times x^7}$$
$$=\sqrt[12]{x^{24}}=\boldsymbol{x^2}$$

(4) $\sqrt[n]{\dfrac{a}{b}}=\dfrac{\sqrt[n]{a}}{\sqrt[n]{b}}$이므로

$\sqrt[m]{\sqrt[n]{a}}=\sqrt[mn]{a}$이므로

$$\sqrt[5]{\dfrac{\sqrt[3]{x}}{\sqrt{x}}}\times\sqrt[3]{\dfrac{\sqrt{x}}{\sqrt[5]{x}}}\times\sqrt{\dfrac{\sqrt[5]{x}}{\sqrt[3]{x}}}=\dfrac{\sqrt[5]{\sqrt[3]{x}}}{\sqrt[5]{\sqrt{x}}}\times\dfrac{\sqrt[3]{\sqrt{x}}}{\sqrt[3]{\sqrt[5]{x}}}\times\dfrac{\sqrt{\sqrt[5]{x}}}{\sqrt{\sqrt[3]{x}}}$$
$$=\dfrac{\sqrt[15]{x}}{\sqrt[10]{x}}\times\dfrac{\sqrt[6]{x}}{\sqrt[15]{x}}\times\dfrac{\sqrt[10]{x}}{\sqrt[6]{x}}=\mathbf{1}$$

● **문제** ●

정답과 해설 2쪽

O2-1 다음 식을 간단히 하시오. (단, $x>0$)

(1) $\sqrt[6]{4}\times\sqrt[6]{16}+\sqrt[4]{81}$

(2) $(\sqrt[3]{7})^4\div\sqrt[3]{7}-\sqrt{\sqrt[3]{729}}$

(3) $\sqrt[5]{x^4}\times\sqrt[3]{x^2}\div\sqrt[15]{x^7}$

(4) $\sqrt{\dfrac{\sqrt[4]{x}}{\sqrt[3]{x}}}\times\sqrt[3]{\dfrac{\sqrt{x}}{\sqrt[4]{x}}}\div\sqrt[4]{\dfrac{\sqrt{x}}{\sqrt[3]{x}}}$

O2-2 $\dfrac{\sqrt{\sqrt[3]{4}}+\sqrt[3]{8}}{\sqrt[3]{\sqrt{16}}+1}$ 을 간단히 하시오.

거듭제곱근의 대소 비교

유형편 5쪽

세 수 $\sqrt[3]{2}$, $\sqrt[4]{3}$, $\sqrt[6]{5}$의 대소를 비교하시오.

공략 Point

$a>0$, $b>0$일 때,
$$a>b \iff \sqrt[n]{a}>\sqrt[n]{b}$$
(단, n은 2 이상인 자연수)

풀이

$\sqrt[3]{2}$, $\sqrt[4]{3}$, $\sqrt[6]{5}$에서 3, 4, 6의 최소공배수가 12이므로 주어진 세 수를 $\sqrt[12]{\bullet}$ 꼴로 변형하면

$$\sqrt[3]{2}=\sqrt[12]{2^4}=\sqrt[12]{16}$$
$$\sqrt[4]{3}=\sqrt[12]{3^3}=\sqrt[12]{27}$$
$$\sqrt[6]{5}=\sqrt[12]{5^2}=\sqrt[12]{25}$$

이때 $16<25<27$이므로

$$\sqrt[12]{16}<\sqrt[12]{25}<\sqrt[12]{27}$$
$$\therefore \sqrt[3]{2}<\sqrt[6]{5}<\sqrt[4]{3}$$

● **문제** ●

정답과 해설 2쪽

03-1 세 수 $\sqrt[12]{6}$, $\sqrt[8]{3}$, $\sqrt[6]{2}$의 대소를 비교하시오.

03-2 세 수 $\sqrt[3]{\sqrt{6}}$, $\sqrt[3]{2}$, $\sqrt[4]{\sqrt[3]{12}}$ 중에서 가장 작은 수를 a라 할 때, a^{12}의 값을 구하시오.

03-3 세 수 $A=\sqrt{2\sqrt[3]{3}}$, $B=\sqrt[3]{2\sqrt{3}}$, $C=\sqrt[3]{3\sqrt{2}}$의 대소를 비교하시오.

2 지수의 확장

중학교까지는 지수가 자연수(양의 정수)인 경우에 대해서만 배웠으나 이제 지수의 범위를 정수, 유리수, 실수로 확장해 보자.

① 지수법칙 – 지수가 정수인 경우

(1) 0 또는 음의 정수인 지수

> $a \neq 0$이고 n이 양의 정수일 때   ◀ 밑이 0인 경우, 즉 0^0, 0^{-2} 등은 정의되지 않는다.
>
> ① $a^0 = 1$ ② $a^{-n} = \dfrac{1}{a^n}$

예 ① $2^0 = 1$, $(-5)^0 = 1$ ② $2^{-3} = \dfrac{1}{2^3} = \dfrac{1}{8}$, $\left(\dfrac{2}{3}\right)^{-1} = \dfrac{1}{\frac{2}{3}} = \dfrac{3}{2}$

(2) 지수법칙

> $a \neq 0$, $b \neq 0$이고 m, n이 정수일 때   ◀ 지수가 정수일 때의 지수법칙은 밑이 0이 아닌 경우에만 성립한다.
>
> ① $a^m a^n = a^{m+n}$ ② $a^m \div a^n = a^{m-n}$ ③ $(a^m)^n = a^{mn}$ ④ $(ab)^n = a^n b^n$
> m, n의 대소에 관계없이 성립한다.

② 지수법칙 – 지수가 유리수인 경우

(1) 유리수인 지수

> $a > 0$이고 m, $n(n \geq 2)$이 정수일 때
>
> ① $a^{\frac{m}{n}} = \sqrt[n]{a^m}$ ② $a^{\frac{1}{n}} = \sqrt[n]{a}$

예 ① $9^{\frac{2}{3}} = \sqrt[3]{9^2} = \sqrt[3]{3^4} = 3\sqrt[3]{3}$ ② $25^{\frac{1}{2}} = \sqrt{25} = \sqrt{5^2} = 5$

(2) 지수법칙

> $a > 0$, $b > 0$이고 p, q가 유리수일 때   ◀ 지수가 유리수일 때의 지수법칙은 밑이 양수인 경우에만 성립한다.
>
> ① $a^p a^q = a^{p+q}$ ② $a^p \div a^q = a^{p-q}$ ③ $(a^p)^q = a^{pq}$ ④ $(ab)^p = a^p b^p$

③ 지수법칙 – 지수가 실수인 경우

> $a > 0$, $b > 0$이고 x, y가 실수일 때
> (1) $a^x a^y = a^{x+y}$ (2) $a^x \div a^y = a^{x-y}$ (3) $(a^x)^y = a^{xy}$ (4) $(ab)^x = a^x b^x$

예 (1) $3^{\sqrt{2}} \times 3^{2\sqrt{2}} = 3^{\sqrt{2} + 2\sqrt{2}} = 3^{3\sqrt{2}}$ (2) $5^{-3} \div 5^{-2} = 5^{-3-(-2)} = 5^{-1} = \dfrac{1}{5}$

 (3) $(7^{\frac{3}{2}})^{\frac{4}{3}} = 7^{\frac{3}{2} \times \frac{4}{3}} = 7^2 = 49$ (4) $2^{\sqrt{2}} \times 5^{\sqrt{2}} = (2 \times 5)^{\sqrt{2}} = 10^{\sqrt{2}}$

개념 Plus

0 또는 음의 정수인 지수

$a \neq 0$이고 m, n이 양의 정수일 때 지수법칙 $a^m a^n = a^{m+n}$이 성립함을 알고 있고, 이 식이 $m=0$ 또는 $m=-n$인 경우에도 성립하려면 a^0, a^{-n}을 다음과 같이 정의한다.

① $m=0$일 때, $a^0 a^n = a^{0+n} = a^n$이어야 하므로 $a^0 = 1$

② $m=-n$일 때, $a^{-n} a^n = a^{-n+n} = a^0 = 1$이어야 하므로 $a^{-n} = \dfrac{1}{a^n}$

지수법칙 – 지수가 정수인 경우

$a \neq 0$이고 m, n이 음의 정수일 때, $m=-p$, $n=-q$(p, q는 양의 정수)로 놓으면

$$a^m a^n = a^{-p} a^{-q} = \frac{1}{a^p} \times \frac{1}{a^q} = \frac{1}{a^{p+q}} = a^{-(p+q)} = a^{(-p)+(-q)} = a^{m+n}$$

따라서 지수가 정수인 경우의 지수법칙 ①이 성립한다.
같은 방법으로 지수법칙 ②, ③, ④가 성립함을 알 수 있다.

유리수인 지수

$a>0$이고 m, n이 정수일 때 지수법칙 $(a^m)^n = a^{mn}$이 성립함을 알고 있고, 이 식이 지수가 유리수 $\dfrac{m}{n}$($n \geq 2$)인 경우에도 성립하려면 $(a^{\frac{m}{n}})^n = a^{\frac{m}{n} \times n} = a^m$이어야 한다.

이때 $a^{\frac{m}{n}} > 0$이므로 $a^{\frac{m}{n}}$은 a^m의 양의 n제곱근이다. $\therefore a^{\frac{m}{n}} = \sqrt[n]{a^m}$

지수법칙 – 지수가 유리수인 경우

$a>0$이고 p, q가 유리수일 때, $p=\dfrac{m}{n}$, $q=\dfrac{r}{s}$(m, n, r, s는 정수, $n \geq 2$, $s \geq 2$)로 놓으면

$$a^p a^q = a^{\frac{m}{n}} \times a^{\frac{r}{s}} = a^{\frac{ms}{ns}} a^{\frac{nr}{ns}} = \sqrt[ns]{a^{ms}} \sqrt[ns]{a^{nr}} = \sqrt[ns]{a^{ms+nr}} = a^{\frac{ms+nr}{ns}} = a^{\frac{m}{n}+\frac{r}{s}} = a^{p+q}$$

따라서 지수가 유리수인 경우의 지수법칙 ①이 성립한다.
같은 방법으로 지수법칙 ②, ③, ④가 성립함을 알 수 있다.

실수인 지수

무리수 $\sqrt{2} = 1.4142 \cdots$이므로 $\sqrt{2}$에 한없이 가까워지는 유리수 1.4, 1.41, 1.414, 1.4142, $\cdots$를 지수로 가지는 수 $2^{1.4}$, $2^{1.41}$, $2^{1.414}$, $2^{1.4142}$, $\cdots$은 어떤 일정한 수에 한없이 가까워진다. 이때 이 일정한 수를 $2^{\sqrt{2}}$으로 정의한다. 이와 같은 방법으로 $a>0$이고 x가 실수일 때, a^x을 정의할 수 있다.

개념 Check

정답과 해설 3쪽

1 다음 식을 간단히 하시오. (단, $a>0$)

(1) $\left(-\dfrac{1}{3}\right)^0 + \left(\dfrac{1}{9}\right)^{-2}$

(2) $8^{-3} \div 4^{-5}$

(3) $a^{\frac{3}{2}} \div a^{\frac{5}{6}} \times (a^2)^{\frac{2}{3}}$

(4) $(\sqrt{a^3} \times \sqrt[4]{a})^{\frac{1}{7}}$

(5) $3^{1+\sqrt{3}} \times 3^{1-\sqrt{3}}$

(6) $(2^{\sqrt{32}} \div 2^{\sqrt{2}})^{\frac{1}{\sqrt{2}}}$

지수의 확장

📎 유형편 5쪽

다음 식을 간단히 하시오.

(1) $6^{\frac{1}{3}} \div 18^{\frac{2}{3}} \times 16^{\frac{1}{3}}$

(2) $\left\{\left(\frac{5}{3}\right)^{-\frac{1}{2}}\right\}^4 \times \left(\frac{125}{27}\right)^{\frac{2}{3}}$

(3) $\sqrt[3]{4\sqrt[4]{2}} \times \sqrt[4]{32}$

(4) $(3^{\sqrt{2}-\sqrt{6}} \div 5^{\sqrt{2}})^{\sqrt{2}} \times 9^{\sqrt{3}}$

공략 Point

$a > 0$일 때, $\sqrt[n]{a^m} = a^{\frac{m}{n}}$임을 이용하여 거듭제곱근을 유리수인 지수로 변형한 후 지수법칙을 이용한다.

풀이

(1) 지수법칙에 의하여

$6^{\frac{1}{3}} \div 18^{\frac{2}{3}} \times 16^{\frac{1}{3}} = (2 \times 3)^{\frac{1}{3}} \div (2 \times 3^2)^{\frac{2}{3}} \times (2^4)^{\frac{1}{3}}$
$= (2^{\frac{1}{3}} \times 3^{\frac{1}{3}}) \div (2^{\frac{2}{3}} \times 3^{\frac{4}{3}}) \times 2^{\frac{4}{3}}$
$= 2^{\frac{1}{3} - \frac{2}{3} + \frac{4}{3}} \times 3^{\frac{1}{3} - \frac{4}{3}} = 2 \times 3^{-1} = \dfrac{2}{3}$

(2) 지수법칙에 의하여

$\left\{\left(\frac{5}{3}\right)^{-\frac{1}{2}}\right\}^4 \times \left(\frac{125}{27}\right)^{\frac{2}{3}} = \left\{\left(\frac{5}{3}\right)^{-\frac{1}{2}}\right\}^4 \times \left\{\left(\frac{5}{3}\right)^3\right\}^{\frac{2}{3}}$
$= \left(\frac{5}{3}\right)^{-2} \times \left(\frac{5}{3}\right)^2 = \left(\frac{5}{3}\right)^{-2+2} = \left(\frac{5}{3}\right)^0 = 1$

(3) 거듭제곱근을 유리수인 지수로 변형하면

$\sqrt[3]{4\sqrt[4]{2}} \times \sqrt[4]{32} = (2^2 \times 2^{\frac{1}{4}})^{\frac{1}{3}} \times 2^{\frac{5}{4}}$

지수법칙에 의하여

$= (2^{\frac{9}{4}})^{\frac{1}{3}} \times 2^{\frac{5}{4}} = 2^{\frac{3}{4}} \times 2^{\frac{5}{4}} = 2^{\frac{3}{4} + \frac{5}{4}} = 2^2 = 4$

(4) 지수법칙에 의하여

$(3^{\sqrt{2}-\sqrt{6}} \div 5^{\sqrt{2}})^{\sqrt{2}} \times 9^{\sqrt{3}} = \left(\frac{3^{\sqrt{2}-\sqrt{6}}}{5^{\sqrt{2}}}\right)^{\sqrt{2}} \times (3^2)^{\sqrt{3}} = \frac{3^{2-2\sqrt{3}}}{5^2} \times 3^{2\sqrt{3}}$
$= \frac{3^{2-2\sqrt{3}+2\sqrt{3}}}{5^2} = \frac{3^2}{5^2} = \dfrac{9}{25}$

● **문제** ●

정답과 해설 3쪽

04-1 다음 식을 간단히 하시오.

(1) $4^{\frac{1}{4}} \times 8^{-\frac{1}{2}} \div 16^{-\frac{3}{4}}$

(2) $\left\{\left(\frac{1}{2}\right)^4\right\}^{0.75} \times \left\{\left(\frac{16}{25}\right)^{\frac{5}{4}}\right\}^{-\frac{2}{5}}$

(3) $\sqrt[4]{\sqrt[3]{81}} \times \sqrt{\sqrt[3]{81}}$

(4) $(2^{\sqrt{6}} \times 3^{2\sqrt{6}-\sqrt{3}})^{\sqrt{3}} \div 18^{3\sqrt{2}}$

04-2 다음을 만족시키는 유리수 k의 값을 구하시오. (단, $a > 0$, $a \neq 1$)

(1) $\sqrt{a\sqrt[3]{a^2\sqrt{a^3}}} = a^k$

(2) $\sqrt{\frac{\sqrt[6]{a}}{\sqrt[4]{a}}} \times \sqrt[4]{\frac{\sqrt[3]{a^4}}{\sqrt{a}}} = a^k$

지수법칙과 곱셈 공식

✎ 유형편 6쪽

다음 식을 간단히 하시오. (단, $a>0$, $b>0$)

(1) $(a^{\frac{1}{2}}-b^{\frac{1}{2}})(a^{\frac{1}{2}}+b^{\frac{1}{2}})(a+b)$

(2) $(a^{\frac{1}{3}}+b^{-\frac{1}{3}})(a^{\frac{2}{3}}-a^{\frac{1}{3}}b^{-\frac{1}{3}}+b^{-\frac{2}{3}})$

공략 Point

다음 곱셈 공식을 이용하여 식을 간단히 한다.

(1) $(A+B)(A-B)$
$=A^2-B^2$

(2) $(A\pm B)(A^2\mp AB+B^2)$
$=A^3\pm B^3$ (복부호 동순)

풀이

(1) 곱셈 공식 $(A+B)(A-B)=A^2-B^2$을 이용하여 주어진 식을 간단히 하면

$(a^{\frac{1}{2}}-b^{\frac{1}{2}})(a^{\frac{1}{2}}+b^{\frac{1}{2}})(a+b)$
$=\{(a^{\frac{1}{2}})^2-(b^{\frac{1}{2}})^2\}(a+b)$
$=(a-b)(a+b)$
$=\boldsymbol{a^2-b^2}$

(2) 곱셈 공식 $(A+B)(A^2-AB+B^2)=A^3+B^3$을 이용하여 주어진 식을 간단히 하면

$(a^{\frac{1}{3}}+b^{-\frac{1}{3}})(a^{\frac{2}{3}}-a^{\frac{1}{3}}b^{-\frac{1}{3}}+b^{-\frac{2}{3}})$
$=(a^{\frac{1}{3}}+b^{-\frac{1}{3}})\{(a^{\frac{1}{3}})^2-a^{\frac{1}{3}}b^{-\frac{1}{3}}+(b^{-\frac{1}{3}})^2\}$
$=(a^{\frac{1}{3}})^3+(b^{-\frac{1}{3}})^3$
$=a+b^{-1}$
$=\boldsymbol{a+\dfrac{1}{b}}$

● **문제** ●

정답과 해설 3쪽

05-1 다음 식을 간단히 하시오.

(1) $(3^{\frac{1}{4}}-1)(3^{\frac{1}{4}}+1)(3^{\frac{1}{2}}+1)(3+1)(3^2+1)$

(2) $(2^{\frac{1}{3}}-5^{\frac{1}{3}})(4^{\frac{1}{3}}+10^{\frac{1}{3}}+25^{\frac{1}{3}})$

05-2 다음 식을 간단히 하시오. (단, $a>0$, $a\neq1$)

(1) $(a^{\frac{2}{3}}+a^{-\frac{1}{3}})^3+(a^{\frac{2}{3}}-a^{-\frac{1}{3}})^3$

(2) $\dfrac{1}{1-a^{\frac{1}{4}}}+\dfrac{1}{1+a^{\frac{1}{4}}}+\dfrac{2}{1+a^{\frac{1}{2}}}+\dfrac{4}{1+a}$

$x^{\frac{1}{2}} + x^{-\frac{1}{2}} = 4$일 때, 다음 식의 값을 구하시오. (단, $x > 0$)

(1) $x + x^{-1}$ (2) $x^2 + x^{-2}$ (3) $x^{\frac{3}{2}} + x^{-\frac{3}{2}}$

공략 Point

• $a^2 + b^2 = (a+b)^2 - 2ab$
• $a^3 + b^3$
  $= (a+b)^3 - 3ab(a+b)$

풀이

(1) $a^2 + b^2 = (a+b)^2 - 2ab$이므로	$\begin{aligned} x + x^{-1} &= (x^{\frac{1}{2}} + x^{-\frac{1}{2}})^2 - 2 \\ &= 4^2 - 2 \\ &= \mathbf{14} \end{aligned}$
(2) $a^2 + b^2 = (a+b)^2 - 2ab$이므로	$\begin{aligned} x^2 + x^{-2} &= (x + x^{-1})^2 - 2 \\ &= 14^2 - 2 \\ &= \mathbf{194} \end{aligned}$
(3) $a^3 + b^3 = (a+b)^3 - 3ab(a+b)$이므로	$\begin{aligned} x^{\frac{3}{2}} + x^{-\frac{3}{2}} &= (x^{\frac{1}{2}} + x^{-\frac{1}{2}})^3 - 3(x^{\frac{1}{2}} + x^{-\frac{1}{2}}) \\ &= 4^3 - 3 \times 4 \\ &= \mathbf{52} \end{aligned}$

● **문제** ●

정답과 해설 4쪽

06-**1** $x^{\frac{1}{2}} - x^{-\frac{1}{2}} = 2$일 때, 다음 식의 값을 구하시오. (단, $x > 0$)

(1) $x + x^{-1}$ (2) $x^2 + x^{-2}$ (3) $x^{\frac{3}{2}} - x^{-\frac{3}{2}}$

06-**2** $2^x + 2^{-x} = 5$일 때, $8^x + 8^{-x}$의 값을 구하시오.

06-**3** $x^{\frac{1}{3}} + x^{-\frac{1}{3}} = 4$일 때, $x^{\frac{1}{2}} - x^{-\frac{1}{2}}$의 값을 구하시오. (단, $x > 1$)

$\dfrac{a^x-a^{-x}}{a^x+a^{-x}}$ 꼴의 식의 값 구하기

유형편 7쪽

$a^{2x}=5$일 때, 다음 식의 값을 구하시오. (단, $a>0$)

(1) $\dfrac{a^x-a^{-x}}{a^x+a^{-x}}$

(2) $\dfrac{a^{3x}+a^{-3x}}{a^x+a^{-x}}$

공략 Point

a^{2x}의 값이 주어지면 구하는 식의 분모, 분자에 a^x을 곱하여 a^{2x}을 포함한 식으로 변형한다.

풀이

(1) 주어진 식의 분모, 분자에 a^x을 곱하면	$\dfrac{a^x-a^{-x}}{a^x+a^{-x}}=\dfrac{(a^x-a^{-x})a^x}{(a^x+a^{-x})a^x}$ $=\dfrac{a^{2x}-1}{a^{2x}+1}$
$a^{2x}=5$이므로	$=\dfrac{5-1}{5+1}=\dfrac{2}{3}$

(2) 주어진 식의 분모, 분자에 a^x을 곱하면	$\dfrac{a^{3x}+a^{-3x}}{a^x+a^{-x}}=\dfrac{(a^{3x}+a^{-3x})a^x}{(a^x+a^{-x})a^x}$ $=\dfrac{a^{4x}+a^{-2x}}{a^{2x}+1}$ $=\dfrac{(a^{2x})^2+(a^{2x})^{-1}}{a^{2x}+1}$
$a^{2x}=5$이므로	$=\dfrac{5^2+5^{-1}}{5+1}=\dfrac{25+\frac{1}{5}}{6}=\dfrac{21}{5}$

문제

정답과 해설 4쪽

O7-1 $a^{2x}=2$일 때, 다음 식의 값을 구하시오. (단, $a>0$)

(1) $\dfrac{a^x-a^{-x}}{a^x+a^{-x}}$

(2) $\dfrac{a^{3x}-a^{-3x}}{a^{3x}+a^{-3x}}$

O7-2 $4^x=5$일 때, $\dfrac{2^{3x}-2^{-3x}}{2^x+2^{-x}}$의 값을 구하시오.

O7-3 $\dfrac{a^m+a^{-m}}{a^m-a^{-m}}=3$일 때, a^m의 값을 구하시오. (단, $a>0$)

밑이 다른 식이 주어질 때의 식의 값 구하기

유형편 8쪽

실수 x, y, z에 대하여 다음 물음에 답하시오.

(1) $148^x=8$, $37^y=16$일 때, $\dfrac{3}{x}-\dfrac{4}{y}$의 값을 구하시오.

(2) $2^x=3^y=6^z$일 때, $\dfrac{1}{x}+\dfrac{1}{y}-\dfrac{1}{z}$의 값을 구하시오. (단, $xyz\neq0$)

공략 Point

$a>0$, $b>0$이고 x가 0이 아닌 실수일 때

$$a^x=b \iff a=b^{\frac{1}{x}}$$

임을 이용하여 주어진 조건을 구하는 식에 대입할 수 있도록 변형한다.

풀이

(1) $148^x=8$에서	$148=8^{\frac{1}{x}}$, $148=(2^3)^{\frac{1}{x}}$ $\therefore 2^{\frac{3}{x}}=148$ ⋯⋯ ㉠
$37^y=16$에서	$37=16^{\frac{1}{y}}$, $37=(2^4)^{\frac{1}{y}}$ $\therefore 2^{\frac{4}{y}}=37$ ⋯⋯ ㉡
㉠÷㉡을 하면	$2^{\frac{3}{x}}\div2^{\frac{4}{y}}=148\div37=4$, $2^{\frac{3}{x}-\frac{4}{y}}=2^2$ $\therefore \dfrac{3}{x}-\dfrac{4}{y}=\mathbf{2}$

(2) $2^x=3^y=6^z=k\,(k>0)$로 놓으면	$k\neq1$ $(\because xyz\neq0)$
$2^x=k$에서	$2=k^{\frac{1}{x}}$ ⋯⋯ ㉠
$3^y=k$에서	$3=k^{\frac{1}{y}}$ ⋯⋯ ㉡
$6^z=k$에서	$6=k^{\frac{1}{z}}$ ⋯⋯ ㉢
㉠×㉡÷㉢을 하면	$k^{\frac{1}{x}}\times k^{\frac{1}{y}}\div k^{\frac{1}{z}}=2\times3\div6=1$ $\therefore k^{\frac{1}{x}+\frac{1}{y}-\frac{1}{z}}=1$
그런데 $k\neq1$이므로	$\dfrac{1}{x}+\dfrac{1}{y}-\dfrac{1}{z}=\mathbf{0}$

문제

정답과 해설 4쪽

08-1 실수 x, y, z에 대하여 다음 물음에 답하시오.

(1) $73^x=9$, $219^y=27$일 때, $\dfrac{2}{x}-\dfrac{3}{y}$의 값을 구하시오.

(2) $2^x=5^y=\left(\dfrac{1}{10}\right)^z$일 때, $\dfrac{1}{x}+\dfrac{1}{y}+\dfrac{1}{z}$의 값을 구하시오. (단, $xyz\neq0$)

08-2 양수 a, b와 실수 x, y, z에 대하여 $a^x=b^y=5^z$이고 $\dfrac{1}{x}-\dfrac{1}{y}=\dfrac{2}{z}$일 때, $\dfrac{a}{b}$의 값을 구하시오.

(단, $xyz\neq0$)

지수의 실생활에의 활용

유형편 8쪽

어느 호수의 수면에서의 빛의 세기를 I_0, 수심이 d m인 곳에서의 빛의 세기를 I_d라 하면

$$I_d = I_0 \times 2^{-\frac{d}{4}}$$

인 관계가 성립한다고 한다. 이 호수에서 수심이 5 m인 곳에서의 빛의 세기는 수심이 17 m인 곳에서의 빛의 세기의 몇 배인지 구하시오.

공략 Point

조건에 따라 주어진 식에 각각의 수를 대입하고 지수법칙을 이용하여 값을 구한다.

풀이

수심이 5 m인 곳에서의 빛의 세기는	$I_5 = I_0 \times 2^{-\frac{5}{4}}$
수심이 17 m인 곳에서의 빛의 세기는	$I_{17} = I_0 \times 2^{-\frac{17}{4}}$
이때 $\dfrac{I_5}{I_{17}}$ 를 구하면	$\dfrac{I_5}{I_{17}} = \dfrac{I_0 \times 2^{-\frac{5}{4}}}{I_0 \times 2^{-\frac{17}{4}}} = \dfrac{2^{-\frac{5}{4}}}{2^{-\frac{17}{4}}}$ $= 2^{-\frac{5}{4} - \left(-\frac{17}{4}\right)} = 2^3 = 8$
따라서 수심이 5 m인 곳에서의 빛의 세기는 수심이 17 m인 곳에서의 빛의 세기의	**8배**

● 문제 ●

정답과 해설 5쪽

09-1 어느 배양기에 들어 있는 미생물을 관찰한 지 t시간 후의 미생물의 수를 m_t라 하면

$$m_t = m_0 \times 5^{\frac{t}{12}}$$

인 관계가 성립한다고 한다. 이 배양기에서 관찰한 지 24시간 후의 미생물의 수는 6시간 후의 미생물의 수의 몇 배인지 구하시오. (단, m_0은 처음 미생물의 수이다.)

09-2 해수면으로부터의 높이가 x m인 지점의 기압을 P hPa이라 하면

$$P = k \times a^x \ (k,\ a는\ 상수)$$

인 관계가 성립한다고 한다. 현재 해수면에서의 기압이 1000 hPa이고 해수면으로부터의 높이가 1500 m인 지점에서의 기압이 800 hPa일 때, 해수면으로부터의 높이가 4500 m인 지점에서의 기압을 구하시오.

연습문제

1 다음 중 옳은 것은?

① $\sqrt{625}$의 네제곱근은 $\pm\sqrt{5}$이다.

② -27의 세제곱근 중 실수인 것은 없다.

③ 36의 네제곱근 중 실수인 것은 $\pm\sqrt{6}$이다.

④ 4의 네제곱근 중 실수인 것은 4개이다.

⑤ 제곱근 25는 ±5이다.

2 양수 k의 세제곱근 중 실수인 것을 a라 할 때, a의 네제곱근 중 양수인 것은 $\sqrt[3]{4}$이다. k의 값은?

① 16　　　② 32　　　③ 64

④ 128　　　⑤ 256

3 $\sqrt[4]{16}+\sqrt[3]{24}\div\sqrt[3]{\sqrt{9}}-\sqrt[3]{27}$ 을 간단히 하시오.

4 $a>0$, $b>0$일 때, $\sqrt[3]{a^4b^2}\times\sqrt{\sqrt[3]{a^2b^5}}\div\sqrt[6]{ab^2}=\sqrt[n]{a^pb^q}$ 이다. 이때 자연수 n, p, q에 대하여 $n+p+q$의 값은? (단, p, q는 서로소인 자연수이다.)

① 20　　　② 21　　　③ 22

④ 23　　　⑤ 24

5 $(\sqrt[3]{2}+1)(\sqrt[3]{4}-\sqrt[3]{2}+1)+(\sqrt[4]{9}-\sqrt[4]{4})(\sqrt[4]{9}+\sqrt[4]{4})$ 를 간단히 하시오.

6 x에 대한 이차방정식 $x^2-\sqrt[3]{81}x+a=0$의 두 근이 $\sqrt[3]{3}$과 b일 때, ab의 값은? (단, a, b는 상수이다.)

① 6　　　② $3\sqrt[3]{9}$　　　③ $6\sqrt[3]{3}$

④ 12　　　⑤ $6\sqrt[3]{9}$

7 다음 중 두 번째로 작은 수는?

① $\sqrt{3}$　　　② $\sqrt[3]{7}$　　　③ $\sqrt{2\sqrt[3]{2}}$

④ $\sqrt[3]{2\sqrt{6}}$　　　⑤ $\sqrt[3]{3\sqrt{5}}$

8 $\dfrac{10}{3^2+9^2}\times\dfrac{27}{2^{-5}+8^{-2}}$ 을 간단히 하면?

① 32　　　② 54　　　③ 64

④ 81　　　⑤ 108

9 $\sqrt[5]{a^3 \times \sqrt{a^k}} = a^{\frac{3}{4}}$을 만족시키는 유리수 k의 값을 구하시오. (단, $a > 0$, $a \neq 1$)

10 $(a^{\sqrt{2}})^{\sqrt{18}+1} \times (a^{\sqrt{3}})^{2\sqrt{3}-\sqrt{6}} \div (a^2)^{3-\sqrt{2}} = a^k$을 만족시키는 실수 k의 값은? (단, $a > 0$, $a \neq 1$)

① $2\sqrt{6}$　　② 5　　③ $3\sqrt{3}$
④ $4\sqrt{2}$　　⑤ 6

11 $\sqrt{2} = a$, $\sqrt[4]{3} = b$일 때, $\sqrt[8]{6}$을 a, b로 나타내면?

① $a^{\frac{1}{6}} b^{\frac{1}{3}}$　　② $a^{\frac{1}{3}} b^{\frac{1}{6}}$　　③ $a^{\frac{1}{4}} b^{\frac{1}{2}}$
④ $a^{\frac{1}{2}} b^{\frac{1}{4}}$　　⑤ $a^{\frac{1}{2}} b^{\frac{1}{2}}$

12 $(2^{3+\sqrt{3}} + 2^{3-\sqrt{3}})^2 - (2^{3+\sqrt{3}} - 2^{3-\sqrt{3}})^2$을 간단히 하면?

① 81　　② 128　　③ 243
④ 256　　⑤ 512

13 $x = 3^{\frac{1}{3}} + 3^{-\frac{1}{3}}$일 때, $3x^3 - 9x - 6$의 값은?

① 3　　② 4　　③ 5
④ 6　　⑤ 7

14 $\sqrt{x} + \dfrac{1}{\sqrt{x}} = \sqrt{5}$일 때, $x\sqrt{x} + \dfrac{1}{x\sqrt{x}}$의 값을 구하시오.
(단, $x > 0$)

15 $\dfrac{a^x - a^{-x}}{a^x + a^{-x}} = \dfrac{2}{3}$일 때, a^{4x}의 값은? (단, $a > 0$)

① $\sqrt{3}$　　② $\sqrt{5}$　　③ 5
④ 9　　⑤ 25

16 실수 a, b에 대하여 $4^{\frac{1}{a}} = 216$, $9^{\frac{1}{b}} = 6$일 때, $3a + b$의 값을 구하시오.

17 실수 x, y에 대하여 $3^x=4$, $48^y=8$일 때, $\dfrac{2}{x}-\dfrac{3}{y}$의 값은?

① -4 ② $-\dfrac{1}{4}$ ③ $\dfrac{1}{4}$

④ 4 ⑤ 16

18 양수 x, y, z에 대하여 $3^x=5^y=k^z$, $yz+zx=xy$일 때, 양수 k의 값은?

① 6 ② 9 ③ 12

④ 15 ⑤ 18

[교육청]

19 폭약에 의한 수중 폭발이 일어나면 폭발 지점에서 가스버블이 생긴다. 수면으로부터 폭발 지점까지의 깊이가 $D(\mathrm{m})$인 지점에서 무게가 $W(\mathrm{kg})$인 폭약이 폭발했을 때의 가스버블의 최대반경을 $R(\mathrm{m})$라고 하면 다음과 같은 관계식이 성립한다고 한다.

$$R=k\left(\dfrac{W}{D+10}\right)^{\frac{1}{3}} \text{ (단, } k\text{는 양의 상수이다.)}$$

수면으로부터 깊이가 $d(\mathrm{m})$인 지점에서 무게가 $160\,\mathrm{kg}$인 폭약이 폭발했을 때의 가스버블의 최대반경을 $R_1(\mathrm{m})$이라 하고, 같은 폭발 지점에서 무게가 $p(\mathrm{kg})$인 폭약이 폭발했을 때의 가스버블의 최대반경을 $R_2(\mathrm{m})$라 하자. $\dfrac{R_1}{R_2}=2$일 때, p의 값은? (단, 폭약의 종류는 같다.)

① 8 ② 12 ③ 16

④ 20 ⑤ 24

▶ 실력

20 두 집합 $A=\{3,\ 4,\ 5\}$, $B=\{-3,\ -1,\ 0,\ 1,\ 3\}$에 대하여 집합 S를

$$S=\{(a,\ b)\,|\,\sqrt[a]{b}\text{는 실수},\ a\in A,\ b\in B\}$$

로 정의할 때, 보기에서 옳은 것만을 있는 대로 고르시오.

┌─ 보기 ─────────────────────
ㄱ. $(5,\ -3)\in S$
ㄴ. $b\neq0$일 때, $(a,\ b)\in S$, $(a,\ -b)\in S$이면 $a=4$이다.
ㄷ. $n(S)=13$
└───────────────────────────

21 양수 a, b, c에 대하여 $a^3=3$, $b^5=7$, $c^6=9$일 때, $(abc)^n$이 자연수가 되도록 하는 자연수 n의 최솟값을 구하시오.

22 $a^{3x}-a^{-3x}=14$일 때, $\dfrac{a^{2x}+a^{-2x}}{a^x-a^{-x}}$의 값은? (단, $a>0$)

① $2\sqrt{2}$ ② 3 ③ $2\sqrt{3}$

④ 4 ⑤ $3\sqrt{2}$

로그의 뜻

① 로그의 정의

$a>0$, $a\neq1$일 때, 양수 N에 대하여 $a^x=N$을 만족시키는 실수 x는 오직 하나 존재한다. 이 실수 x를 기호로

$$\log_a N$$

과 같이 나타내고, a를 **밑**으로 하는 N의 **로그**라 한다. 이때 N을 $\log_a N$의 **진수**라 한다.

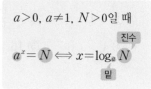

[예] • $2^3=8 \Longleftrightarrow 3=\log_2 8$　　• $3^{-2}=\dfrac{1}{9} \Longleftrightarrow -2=\log_3\dfrac{1}{9}$

[참고] log는 logarithm의 약자이다.

② 로그의 밑과 진수의 조건

$\log_a N$이 정의되려면
(1) 밑은 1이 아닌 양수이어야 한다. ➡ $a>0$, $a\neq1$
(2) 진수는 양수이어야 한다. ➡ $N>0$

[예] (1) $\log_{(x-1)} 3$이 정의되려면 $x-1>0$, $x-1\neq1$　　∴ $1<x<2$ 또는 $x>2$
　　 (2) $\log_3(x-1)$이 정의되려면 $x-1>0$　　∴ $x>1$

[참고] 특별한 언급이 없이 $\log_a N$이 주어지면 $a>0$, $a\neq1$, $N>0$을 만족시키는 것으로 본다.

개념 Plus

로그의 밑과 진수의 조건

(1) 밑의 조건
　(i) $a<0$인 경우 ➡ $\log_{(-3)} 2=x$로 놓으면 $(-3)^x=2$이므로 이를 만족시키는 실수 x는 존재하지 않는다.
　(ii) $a=0$인 경우 ➡ $\log_0 2=x$로 놓으면 $0^x=2$이므로 이를 만족시키는 실수 x는 존재하지 않는다.
　(iii) $a=1$인 경우 ➡ $\log_1 2=x$로 놓으면 $1^x=2$이므로 이를 만족시키는 실수 x는 존재하지 않는다.
　(i), (ii), (iii)에서 $\log_a N$의 밑 a는 1이 아닌 양수이어야 한다.

(2) 진수의 조건
　(i) $N<0$인 경우 ➡ $\log_3(-2)=x$로 놓으면 $3^x=-2$이므로 이를 만족시키는 실수 x는 존재하지 않는다.
　(ii) $N=0$인 경우 ➡ $\log_3 0=x$로 놓으면 $3^x=0$이므로 이를 만족시키는 실수 x는 존재하지 않는다.
　(i), (ii)에서 $\log_a N$의 진수 N은 양수이어야 한다.

개념 Check

정답과 해설 7쪽

1 다음 등식을 $x=\log_a N$ 꼴로 나타내시오.

(1) $3^4=81$　　　　　(2) $5^0=1$　　　　　(3) $8^{\frac{1}{3}}=2$　　　　　(4) $2^{-2}=0.25$

2 다음이 정의되도록 하는 실수 x의 값의 범위를 구하시오.

(1) $\log_{(x+3)} 5$　　　　　　　　　　(2) $\log_2(x-2)$

로그의 정의

유형편 9쪽

다음 등식을 만족시키는 실수 x의 값을 구하시오.

(1) $\log_2 \dfrac{1}{16} = x$

(2) $\log_{\sqrt{3}} x = 4$

(3) $\log_x 25 = \dfrac{2}{3}$

(4) $\log_3(\log_8 x) = -1$

공략 Point

$a>0,\ a\neq1,\ N>0$일 때
$$a^x = N \iff x = \log_a N$$

풀이

(1) $\log_2 \dfrac{1}{16} = x$에서 $\qquad 2^x = \dfrac{1}{16} = 2^{-4} \qquad \therefore x = \mathbf{-4}$

(2) $\log_{\sqrt{3}} x = 4$에서 $\qquad x = (\sqrt{3})^4 = 3^2 = \mathbf{9}$

(3) $\log_x 25 = \dfrac{2}{3}$에서 $\qquad x^{\frac{2}{3}} = 25 = 5^2 \qquad \therefore x = (5^2)^{\frac{3}{2}} = 5^3 = \mathbf{125}$

(4) $\log_3(\log_8 x) = -1$에서 $\qquad \log_8 x = 3^{-1} = \dfrac{1}{3}$

$\log_8 x = \dfrac{1}{3}$에서 $\qquad x = 8^{\frac{1}{3}} = (2^3)^{\frac{1}{3}} = \mathbf{2}$

● **문제** ●

정답과 해설 7쪽

01-1 다음 등식을 만족시키는 실수 x의 값을 구하시오.

(1) $\log_{\sqrt{7}} 49 = x$

(2) $\log_9 x = 0.5$

(3) $\log_x 27 = -\dfrac{3}{2}$

(4) $\log_6\{\log_2(\log_3 x)\} = 0$

01-2 $\log_{\sqrt{2}} a = 5$, $\log_b \dfrac{1}{8} = -2$를 만족시키는 실수 a, b에 대하여 ab의 값을 구하시오.

필수예제 02 로그의 밑과 진수의 조건

✐ 유형편 9쪽

다음이 정의되도록 하는 실수 x의 값의 범위를 구하시오.

(1) $\log_3 (x-3)^2$

(2) $\log_{(x-4)}(-x^2+6x-5)$

공략 Point

$\log_a N$이 정의되려면
$a>0$, $a\neq1$, $N>0$

풀이

(1) (진수)>0이어야 하므로	$(x-3)^2>0$ $\therefore$ $x\neq3$인 모든 실수
(2) (밑)>0, (밑)$\neq1$이어야 하므로	$x-4>0$, $x-4\neq1$ $\therefore$ $x>4$, $x\neq5$ $\cdots\cdots$ ㉠
(진수)>0이어야 하므로	$-x^2+6x-5>0$, $x^2-6x+5<0$ $(x-1)(x-5)<0$ $\therefore$ $1<x<5$ $\cdots\cdots$ ㉡
따라서 ㉠, ㉡을 동시에 만족시키는 x의 값의 범위는	$4<x<5$

● **문제** ●

정답과 해설 7쪽

02-1 다음이 정의되도록 하는 실수 x의 값의 범위를 구하시오.

(1) $\log_{(x-3)}(4-x)$

(2) $\log_{(x-2)}(-x^2+2x+3)$

02-2 $\log_{(3-x)}(-x^2+3x+10)$이 정의되도록 하는 정수 x의 값을 모두 구하시오.

02-3 모든 실수 x에 대하여 $\log_{(p-1)}(x^2-2px+6p)$가 정의되도록 하는 모든 자연수 p의 값의 합을 구하시오.

로그의 성질

❶ 로그의 성질

$a>0$, $a\neq1$, $M>0$, $N>0$일 때
(1) $\log_a 1=0$, $\log_a a=1$
(2) $\log_a MN=\log_a M+\log_a N$ ┐
(3) $\log_a \dfrac{M}{N}=\log_a M-\log_a N$ ┘ ➡ 비교: $a^m a^n=a^{m+n}$, $\dfrac{a^m}{a^n}=a^{m-n}$
(4) $\log_a M^k=k\log_a M$ (단, k는 실수)

예 (1) $\log_5 1=0$, $\log_5 5=1$ (2) $\log_2 15=\log_2(3\times5)=\log_2 3+\log_2 5$
(3) $\log_2 \dfrac{7}{5}=\log_2 7-\log_2 5$ (4) $\log_3 4=\log_3 2^2=2\log_3 2$

주의 (1) $\log_1 1\neq0$, $\log_1 1\neq1$ ➡ 밑이 1인 로그는 정의되지 않는다.
(2) $\log_a(M+N)\neq\log_a M+\log_a N$ ┐
$\log_a M\times\log_a N\neq\log_a M+\log_a N$ ┘ ➡ $\log_a MN=\log_a M+\log_a N$
(3) $\log_a(M-N)\neq\log_a M-\log_a N$ ┐
$\dfrac{\log_a M}{\log_a N}\neq\log_a M-\log_a N$ ┘ ➡ $\log_a \dfrac{M}{N}=\log_a M-\log_a N$
(4) $(\log_a M)^k\neq k\log_a M$ ➡ $\log_a M^k=k\log_a M$

❷ 로그의 밑의 변환

$a>0$, $a\neq1$, $b>0$일 때
(1) $\log_a b=\dfrac{\log_c b}{\log_c a}$ (단, $c>0$, $c\neq1$)
(2) $\log_a b=\dfrac{1}{\log_b a}$ (단, $b\neq1$) ◀ $\log_a b\times\log_b a=1$
(3) $\log_{a^m} b^n=\dfrac{n}{m}\log_a b$ (단, m, n은 실수, $m\neq0$)

예 (1) $\log_2 3=\dfrac{\log_5 3}{\log_5 2}$ (2) $\log_2 3=\dfrac{1}{\log_3 2}$ (3) $\log_{5^2} 7^3=\dfrac{3}{2}\log_5 7$

❸ 로그의 여러 가지 성질

$a>0$, $b>0$일 때
(1) $a^{\log_a b}=b$ (단, $a\neq1$) (2) $a^{\log_c b}=b^{\log_c a}$ (단, $c>0$, $c\neq1$)

예 (1) $3^{\log_3 5}=5$ (2) $2^{\log_3 3}=3^{\log_5 2}$

개념 Plus

로그의 성질

$a>0$, $a\neq1$, $M>0$, $N>0$일 때

(1) $a^0=1$, $a^1=a$이므로 로그의 정의에 의하여 $\log_a 1=0$, $\log_a a=1$

(2) $\log_a M=m$, $\log_a N=n$으로 놓으면 $M=a^m$, $N=a^n$이므로 $MN=a^m\times a^n=a^{m+n}$
따라서 로그의 정의에 의하여 $\log_a MN=m+n=\log_a M+\log_a N$

(3) $\log_a M=m$, $\log_a N=n$으로 놓으면 $M=a^m$, $N=a^n$이므로 $\dfrac{M}{N}=\dfrac{a^m}{a^n}=a^{m-n}$
따라서 로그의 정의에 의하여 $\log_a \dfrac{M}{N}=m-n=\log_a M-\log_a N$

(4) $\log_a M=m$으로 놓으면 $M=a^m$이므로 $M^k=(a^m)^k=a^{mk}$ (단, k는 실수)
따라서 로그의 정의에 의하여 $\log_a M^k=mk=k\log_a M$

로그의 밑의 변환

$a>0$, $a\neq1$, $b>0$일 때

(1) $\log_a b=x$, $\log_c a=y\,(c>0,\ c\neq1)$로 놓으면 $a^x=b$, $c^y=a$이므로 $b=a^x=(c^y)^x=c^{xy}$
로그의 정의에 의하여 $xy=\log_c b$이므로 $\log_a b\times\log_c a=\log_c b$
이때 $\log_c a\neq0$이므로 양변을 $\log_c a$로 나누면 $\log_a b=\dfrac{\log_c b}{\log_c a}$

(2) (1)을 이용하여 $\log_a b$를 밑이 $b\,(b\neq1)$인 로그로 변환하면 $\log_a b=\dfrac{\log_b b}{\log_b a}=\dfrac{1}{\log_b a}$

(3) (1)을 이용하여 $\log_{a^m} b^n\,(m,\ n$은 실수, $m\neq0)$을 밑이 a인 로그로 변환하면

$$\log_{a^m} b^n=\frac{\log_a b^n}{\log_a a^m}=\frac{n\log_a b}{m\log_a a}=\frac{n}{m}\log_a b$$

로그의 여러 가지 성질

$a>0$, $b>0$일 때

(1) $a^{\log_a b}=x\,(a\neq1)$로 놓고 양변에 a를 밑으로 하는 로그를 취하면

$$\log_a x=\log_a a^{\log_a b}=\log_a b\times\log_a a=\log_a b$$

즉, $x=b$이므로 $a^{\log_a b}=b$

(2) $a^{\log_c b}=x\,(c>0,\ c\neq1)$로 놓고 양변에 c를 밑으로 하는 로그를 취하면

$$\log_c x=\log_c a^{\log_c b}=\log_c b\times\log_c a=\log_c a\times\log_c b=\log_c b^{\log_c a}$$

즉, $x=b^{\log_c a}$이므로 $a^{\log_c b}=b^{\log_c a}$

개념 Check

정답과 해설 8쪽

1 다음 식을 간단히 하시오.

(1) $\log_3 3+\log_5 1$

(2) $\log_6 3+\log_6 12$

(3) $\log_2 20-\log_2 5$

(4) $\log_3 \dfrac{1}{9}+\log_3 \sqrt{3}$

2 다음 식을 간단히 하시오.

(1) $\log_2 3\times\log_3 4$

(2) $\log_6 2+\dfrac{1}{\log_3 6}$

(3) $\log_{25} 125$

(4) $3^{\log_3 10}+7^{\log_7 2}$

로그의 성질을 이용한 계산 ✐유형편 10쪽

다음 식을 간단히 하시오.

(1) $\log_3 2 - 2\log_3 \sqrt{5} + \log_3 \dfrac{5}{6}$　　　　(2) $\dfrac{1}{2}\log_2 12 + \log_2 6 - 3\log_2 \sqrt{3}$

공략 Point

· $\log_a 1 = 0,\ \log_a a = 1$
· $\log_a MN$
　$= \log_a M + \log_a N$
· $\log_a \dfrac{M}{N}$
　$= \log_a M - \log_a N$
· $\log_a M^k = k\log_a M$

풀이

(1) 로그의 성질을 이용하여 주어진 식을 간단히 하면

$$\log_3 2 - 2\log_3 \sqrt{5} + \log_3 \frac{5}{6}$$
$$= \log_3 2 - \log_3 (\sqrt{5})^2 + \log_3 5 - \log_3 6$$
$$= \log_3 2 - \log_3 5 + \log_3 5 - \log_3 6$$
$$= \log_3 2 - \log_3 6$$
$$= \log_3 \frac{2}{6} = \log_3 \frac{1}{3}$$
$$= \log_3 3^{-1} = -\log_3 3 = \mathbf{-1}$$

(2) 로그의 성질을 이용하여 주어진 식을 간단히 하면

$$\frac{1}{2}\log_2 12 + \log_2 6 - 3\log_2 \sqrt{3}$$
$$= \log_2 \sqrt{12} + \log_2 6 - \log_2 (\sqrt{3})^3$$
$$= \log_2 2\sqrt{3} + \log_2 6 - \log_2 3\sqrt{3}$$
$$= \log_2 \frac{2\sqrt{3} \times 6}{3\sqrt{3}} = \log_2 4$$
$$= \log_2 2^2 = 2\log_2 2 = \mathbf{2}$$

● **문제** ●

정답과 해설 8쪽

○3-**1**　다음 식을 간단히 하시오.

(1) $\log_6 2\sqrt{2} + \log_6 \dfrac{3}{2} - \log_6 \sqrt{18}$　　　　(2) $2\log_2 \sqrt{6} + \dfrac{1}{2}\log_2 5 - \log_2 3\sqrt{5}$

○3-**2**　$\log_5\left(1-\dfrac{1}{2}\right) + \log_5\left(1-\dfrac{1}{3}\right) + \log_5\left(1-\dfrac{1}{4}\right) + \log_5\left(1-\dfrac{1}{5}\right) + \cdots + \log_5\left(1-\dfrac{1}{25}\right)$을 간단히 하시오.

로그의 밑의 변환을 이용한 계산

유형편 10쪽

다음 식을 간단히 하시오.

(1) $\log_2 9 \times \log_3 5 \times \log_5 \sqrt{2}$　　(2) $\log_2 \sqrt{3} \times \log_9 2$　　　　(3) $\log_8 4 \times \log_{25} 5\sqrt{5}$

공략 Point

- $\log_a b = \dfrac{\log_c b}{\log_c a}$
- $\log_a b = \dfrac{1}{\log_b a}$
- $\log_{a^m} b^n = \dfrac{n}{m} \log_a b$

풀이

(1) 로그의 밑을 같게 변환하면	$\begin{aligned} \log_2 9 \times \log_3 5 \times \log_5 \sqrt{2} &= \log_2 3^2 \times \dfrac{\log_2 5}{\log_2 3} \times \dfrac{\log_2 \sqrt{2}}{\log_2 5} \\ &= 2\log_2 3 \times \dfrac{\log_2 5}{\log_2 3} \times \dfrac{\frac{1}{2}\log_2 2}{\log_2 5} \\ &= 2 \times \dfrac{1}{2} = \mathbf{1} \end{aligned}$
(2) 로그의 밑을 같게 변환하면	$\begin{aligned} \log_2 \sqrt{3} \times \log_9 2 &= \log_2 \sqrt{3} \times \dfrac{1}{\log_2 9} \\ &= \dfrac{1}{2}\log_2 3 \times \dfrac{1}{2\log_2 3} \\ &= \dfrac{1}{2} \times \dfrac{1}{2} = \mathbf{\dfrac{1}{4}} \end{aligned}$
(3) $\log_8 4$는 밑을 2로, $\log_{25} 5\sqrt{5}$는 밑을 5로 변환하면	$\begin{aligned} \log_8 4 \times \log_{25} 5\sqrt{5} &= \log_{2^3} 2^2 \times \log_{5^2} 5^{\frac{3}{2}} \\ &= \dfrac{2}{3}\log_2 2 \times \dfrac{\frac{3}{2}}{2}\log_5 5 \\ &= \dfrac{2}{3} \times \dfrac{3}{4} = \mathbf{\dfrac{1}{2}} \end{aligned}$

● **문제** ●

정답과 해설 8쪽

04-1 다음 식을 간단히 하시오.

(1) $\log_3 6 \times \log_9 8 \times \log_2 3 \times \log_6 9$

(2) $\log_6 \sqrt{27} + \dfrac{1}{\log_{\sqrt{8}} 6}$

(3) $(\log_2 3 + \log_8 9)(\log_3 2 + \log_9 8)$

04-2 $\dfrac{1}{\log_3 2} + \dfrac{1}{\log_5 2} + \dfrac{1}{\log_7 2} = \log_2 k$를 만족시키는 양수 k의 값을 구하시오.

04-3 $\log_2 5 \times \log_{16} x = \log_4 5$일 때, 양수 x의 값을 구하시오.

로그의 여러 가지 성질을 이용한 계산

✎유형편 11쪽

다음 식을 간단히 하시오.

(1) $2^{\log_2 \frac{2}{3}+\log_2 27-\log_2 3}$

(2) $9^{\log_3 5}+4^{\log_2 7}$

공략 Point

- $a^{\log_a b}=b$
- $a^{\log_c b}=b^{\log_c a}$

풀이

(1) 지수를 간단히 하면	$\log_2 \dfrac{2}{3}+\log_2 27-\log_2 3=\log_2 \dfrac{\frac{2}{3}\times 27}{3}$ $=\log_2 6$
따라서 주어진 식을 간단히 하면	$2^{\log_2 \frac{2}{3}+\log_2 27-\log_2 3}=2^{\log_2 6}=\mathbf{6}$

(2) 주어진 식을 간단히 하면	$9^{\log_3 5}+4^{\log_2 7}=5^{\log_3 9}+7^{\log_2 4}$ $=5^{2\log_3 3}+7^{2\log_2 2}$ $=5^2+7^2=25+49=\mathbf{74}$

● **문제** ●

정답과 해설 9쪽

05-1 다음 식을 간단히 하시오.

(1) $3^{2\log_3 10-2\log_3 2-3\log_3 5}$

(2) $27^{\log_3 2}+8^{\log_2 5}$

05-2 $5^{\log_5 4 \times \log_2 3}$을 간단히 하시오.

05-3 세 수 $A=5^{\log_5 9-\log_5 6}$, $B=\log_{\sqrt 3} 3$, $C=\log_4 (\log_2 16)$의 대소를 비교하시오.

필수 예제 06

다음 물음에 답하시오.

(1) $\log_5 2 = a$, $\log_5 3 = b$일 때, $\log_5 24$를 a, b로 나타내시오.

(2) $\log_{10} 2 = a$, $\log_{10} 3 = b$일 때, $\log_{20} 72$를 a, b로 나타내시오.

공략 Point

구하는 로그의 진수를 소인수
분해하여 곱의 형태로 변형한
다. 이때 구하는 로그의 밑과
주어진 로그의 밑이 다르면
같게 변환한다.

풀이

(1) 로그의 진수가 2 또는 3을 인수로 갖도록 $\log_5 24$를 변형하면	$\log_5 24 = \log_5 (2^3 \times 3) = \log_5 2^3 + \log_5 3$ $= 3\log_5 2 + \log_5 3$
$\log_5 2 = a$, $\log_5 3 = b$이므로	$= 3a + b$

(2) $\log_{20} 72$에서 밑을 10으로 변환하면	$\log_{20} 72 = \dfrac{\log_{10} 72}{\log_{10} 20}$
로그의 진수가 2 또는 3을 인수로 갖도록 $\log_{10} 72$, $\log_{10} 20$을 각각 변형하면	$= \dfrac{\log_{10}(2^3 \times 3^2)}{\log_{10}(2^2 \times 5)} = \dfrac{\log_{10} 2^3 + \log_{10} 3^2}{\log_{10} 2^2 + \log_{10} 5}$ $= \dfrac{3\log_{10} 2 + 2\log_{10} 3}{2\log_{10} 2 + \log_{10} \dfrac{10}{2}}$ $= \dfrac{3\log_{10} 2 + 2\log_{10} 3}{2\log_{10} 2 + \log_{10} 10 - \log_{10} 2}$ $= \dfrac{3\log_{10} 2 + 2\log_{10} 3}{\log_{10} 2 + 1}$
$\log_{10} 2 = a$, $\log_{10} 3 = b$이므로	$= \dfrac{3a + 2b}{a + 1}$

● **문제** ●

정답과 해설 9쪽

06-1 다음 물음에 답하시오.

(1) $\log_3 2 = a$, $\log_3 5 = b$일 때, $\log_3 \dfrac{2}{15}$를 a, b로 나타내시오.

(2) $\log_{10} 2 = a$, $\log_{10} 3 = b$일 때, $\log_5 12$를 a, b로 나타내시오.

06-2 다음 물음에 답하시오.

(1) $2^a = 5$, $2^b = 7$일 때, $\log_2 70$을 a, b로 나타내시오.

(2) $3^a = 2$, $3^b = 5$일 때, $\log_{15} 20$을 a, b로 나타내시오.

조건을 이용하여 식의 값 구하기

유형편 12쪽

다음 물음에 답하시오.

(1) 실수 x, y에 대하여 $52^x = 13^y = 26$일 때, $\dfrac{1}{x} + \dfrac{1}{y}$의 값을 구하시오.

(2) 1이 아닌 양수 a, b, c에 대하여 $\log_c a : \log_c b = 1 : 3$일 때, $\log_a b + \log_b a$의 값을 구하시오.

공략 Point

(1) 로그의 정의를 이용하여 x, y의 값을 구한 후 로그의 밑의 변환을 이용하여 식의 값을 구한다.

(2) 주어진 조건을 이용하여 a, b 사이의 관계식을 구한 후 구하는 식에 대입한다.

풀이

(1) $52^x = 26$에서	$x = \log_{52} 26$
$13^y = 26$에서	$y = \log_{13} 26$
따라서 $\dfrac{1}{x} + \dfrac{1}{y}$의 값은	$\dfrac{1}{x} + \dfrac{1}{y} = \dfrac{1}{\log_{52} 26} + \dfrac{1}{\log_{13} 26} = \log_{26} 52 + \log_{26} 13$ $= \log_{26}(52 \times 13) = \log_{26} 26^2 = \mathbf{2}$

(2) $\log_c a : \log_c b = 1 : 3$에서	$\log_c b = 3\log_c a$, $\log_c b = \log_c a^3$ $\therefore\ b = a^3$
따라서 $\log_a b + \log_b a$의 값은	$\log_a b + \log_b a = \log_a a^3 + \log_{a^3} a$ $= 3 + \dfrac{1}{3} = \dfrac{\mathbf{10}}{\mathbf{3}}$

다른 풀이

(1) $52^x = 26$, $13^y = 26$에서	$52 = 26^{\frac{1}{x}}$, $13 = 26^{\frac{1}{y}}$
$26^{\frac{1}{x}} \times 26^{\frac{1}{y}}$을 하면	$26^{\frac{1}{x}} \times 26^{\frac{1}{y}} = 52 \times 13$, $26^{\frac{1}{x}+\frac{1}{y}} = 26^2$ $\therefore\ \dfrac{1}{x} + \dfrac{1}{y} = 2$

문제

정답과 해설 9쪽

07-1 다음 물음에 답하시오.

(1) 실수 x, y에 대하여 $8^x = 125^y = 10$일 때, $\dfrac{1}{x} + \dfrac{1}{y}$의 값을 구하시오.

(2) 1이 아닌 양수 a, b에 대하여 $\log_2 a \times \log_b 16 = 1$일 때, $\log_a b + \log_b a$의 값을 구하시오.

07-2 양수 x, y, z에 대하여 $\log_3 x - 2\log_9 y + 3\log_{27} z = -1$일 때, $27^{\frac{xz}{y}}$의 값을 구하시오.

로그와 이차방정식

유형편 13쪽

이차방정식 $x^2-4x+2=0$의 두 근이 $\log_5\alpha$, $\log_5\beta$일 때, $\log_\alpha\beta+\log_\beta\alpha$의 값을 구하시오.

공략 Point

이차방정식의 근과 계수의 관계를 이용하여 로그에 관한 식으로 나타낸 후 이 식을 이용할 수 있도록 구하는 식의 밑을 변환한다.
➡ $ax^2+bx+c=0$의 두 근이 α, β일 때,
$\alpha+\beta=-\dfrac{b}{a}$, $\alpha\beta=\dfrac{c}{a}$

풀이

이차방정식의 근과 계수의 관계에 의하여	$\log_5\alpha+\log_5\beta=4$ ······ ㉠ $\log_5\alpha\times\log_5\beta=2$ ······ ㉡
$\log_\alpha\beta+\log_\beta\alpha$에서 밑을 5로 변환하면	$\log_\alpha\beta+\log_\beta\alpha$ $=\dfrac{\log_5\beta}{\log_5\alpha}+\dfrac{\log_5\alpha}{\log_5\beta}$ $=\dfrac{(\log_5\beta)^2+(\log_5\alpha)^2}{\log_5\alpha\times\log_5\beta}$ $=\dfrac{(\log_5\alpha+\log_5\beta)^2-2\times\log_5\alpha\times\log_5\beta}{\log_5\alpha\times\log_5\beta}$
㉠, ㉡을 대입하면	$=\dfrac{4^2-2\times2}{2}=\mathbf{6}$

● **문제** ●

정답과 해설 10쪽

08-1 이차방정식 $x^2-5x+3=0$의 두 근을 α, β라 할 때, $\log_3\left(\alpha+\dfrac{\alpha}{\beta}\right)+\log_3\left(\beta+\dfrac{\beta}{\alpha}\right)$의 값을 구하시오.

08-2 이차방정식 $x^2+2x\log_6 3+\log_6 2-\log_6 3=0$의 두 근을 α, β라 할 때, $(\alpha-1)(\beta-1)$의 값을 구하시오.

08-3 이차방정식 $x^2+8x+6=0$의 두 근이 $\log_{10}\alpha$, $\log_{10}\beta$일 때, $\log_\alpha\alpha\beta^3+\log_\beta\alpha^3\beta$의 값을 구하시오.

1 $\log_{\sqrt{2}} a = 4$, $\log_{\frac{1}{9}} 3 = b$를 만족시키는 실수 a, b에 대하여 ab의 값은?

① -4 ② -2 ③ 1

④ 2 ⑤ 4

2 $\log_2\{\log_4(\log_3 x)\} = -1$을 만족시키는 실수 x의 값은?

① $\dfrac{1}{4}$ ② $\dfrac{1}{3}$ ③ 8

④ 9 ⑤ 16

3 모든 실수 x에 대하여 $\log_{(a-1)}(ax^2 + ax + 1)$이 정의되도록 하는 정수 a의 값을 구하시오.

4 보기에서 옳은 것만을 있는 대로 고르시오.

┌ 보기 ┐
ㄱ. $\log_3(3 \times 3^2 \times 3^3 \times 3^4 \times 3^5) = 15$
ㄴ. $\log_2 1 + \log_2 2 + \log_2 3 + \log_2 4 + \log_2 5$
    $= \log_2 15$
ㄷ. $\dfrac{1}{2}\log_2 4 + \dfrac{2}{3}\log_2 8 + \dfrac{3}{4}\log_2 16 + \dfrac{4}{5}\log_2 32$
    $= 10$
ㄹ. $\log_2 2^2 \times \log_3 3^2 \times \log_4 4^2 \times \log_5 5^2 = 8$

5 $a > 0$, $a \neq 1$일 때,
$$\log_a(\log_2 3) + \log_a(\log_3 4) + \log_a(\log_4 5)$$
$$+ \cdots + \log_a(\log_{63} 64) = 1$$
을 만족시키는 실수 a의 값을 구하시오.

6 $(\log_5 12 + \log_{25} 9)\log_6 a = 2$일 때, 양수 a의 값을 구하시오.

7 평가원

두 양수 a, b에 대하여 좌표평면 위의 두 점 $(2, \log_4 a)$, $(3, \log_2 b)$를 지나는 직선이 원점을 지날 때, $\log_a b$의 값은? (단, $a \neq 1$)

① $\dfrac{1}{4}$ ② $\dfrac{1}{2}$ ③ $\dfrac{3}{4}$

④ 1 ⑤ $\dfrac{5}{4}$

8 세 수 $A = \log_{64} 3 \times \log_9 125 \times \log_5 8$, $B = 5^{\log_5 7 - \log_5 14}$, $C = \log_{32}(\log_{\sqrt{2}} 16)$의 대소를 비교하시오.

9 $\log_2 3=a$, $\log_3 7=b$일 때, $\log_7 4\sqrt{3}$을 a, b로 나타내면?

① $\dfrac{a+2}{2ab}$ ② $\dfrac{a+2}{ab}$ ③ $\dfrac{2ab}{a+4}$

④ $\dfrac{a+4}{2ab}$ ⑤ $\dfrac{a+4}{ab}$

10 실수 x, y에 대하여 $15^x=27$, $5^y=81$일 때, $\dfrac{3}{x}-\dfrac{4}{y}$의 값은?

① 1 ② $\dfrac{3}{2}$ ③ 2

④ $\dfrac{5}{2}$ ⑤ 3

11 1보다 큰 두 실수 a, b에 대하여

$$\log_{16}a=\frac{1}{\log_b 4}, \quad \log_6 ab=3$$

이 성립할 때, $a+b$의 값을 구하시오.

12 이차방정식 $x^2-5x+5=0$의 두 근을 α, β라 할 때, $\log_{(\alpha-\beta)}\alpha+\log_{(\alpha-\beta)}\beta$의 값은? (단, $\alpha>\beta$)

① -2 ② -1 ③ 0

④ 1 ⑤ 2

 실력

13 0이 아닌 실수 a, b, c에 대하여 $a+b+c=0$이고 $3^a=x$, $3^b=y$, $3^c=z$일 때,
$\log_x yz+\log_y zx+\log_z xy$의 값은?

① -6 ② -3 ③ 1

④ 3 ⑤ 6

14 다음 조건을 만족시키는 양수 a, b, c에 대하여 $\log_3 abc$의 값을 구하시오.

> (가) $\sqrt[4]{a}=\sqrt{b}=\sqrt[3]{c}$
> (나) $\log_9 a+\log_{27} b+\log_3 c=34$

15 1이 아닌 서로 다른 두 양수 a, b에 대하여 $\log_a b=\log_b a$일 때, $(a+4)(b+1)$의 최솟값은?

① 3 ② 6 ③ 9

④ 12 ⑤ 15

상용로그

❶ 상용로그

양수 N에 대하여 $\log_{10} N$과 같이 10을 밑으로 하는 로그를 **상용로그**라 한다.

이때 상용로그 $\log_{10} N$은 밑 10을 생략하여

$$\log N$$

과 같이 나타낸다.

참고 상용로그는 10을 밑으로 하는 로그이므로 $10^n (n$은 정수) 꼴에 대한 상용로그의 값은 $\log 10^n = \log_{10} 10^n = n$이다.

즉, 진수가 10배씩 커질 때 상용로그의 값은 1씩 증가한다.

$\log 1000 = \log 10^3 = 3 \log 10 = 3$

$\log 100 = \log 10^2 = 2 \log 10 = 2$

$\log 10 = 1$

$\log 1 = 0$

$\log \dfrac{1}{10} = \log 10^{-1} = -\log 10 = -1$

$\log \dfrac{1}{100} = \log 10^{-2} = -2 \log 10 = -2$

$\log \dfrac{1}{1000} = \log 10^{-3} = -3 \log 10 = -3$

❷ 상용로그표

(1) 상용로그표는 0.01의 간격으로 1.00부터 9.99까지의 수에 대한 상용로그의 값을 반올림하여 소수점 아래 넷째 자리까지 나타낸 것이다.

예를 들어 상용로그표에서 $\log 5.17$의 값을 구하려면 5.1의 가로줄과 7의 세로줄이 만나는 곳에 있는 수 .7135를 찾으면 된다.

이때 상용로그표에서 .7135는 0.7135를 뜻하므로 $\log 5.17 = 0.7135$이다.

수	0	1	2	3	⋯	7	8	9
1.0	.0000	.0043	.0086	.0128	⋯	.0294	.0334	.0374
1.1	.0414	.0453	.0492	.0531	⋯	.0682	.0719	.0755
1.2	.0792	.0828	.0864	.0899	⋯	.1038	.1072	.1106
⋮	⋮	⋮	⋮	⋮	⋯	⋮	⋮	⋮
5.0	.6990	.6998	.7007	.7016	⋯	.7050	.7059	.7067
5.1	.7076	.7084	.7093	.7101	⋯	.7135	.7143	.7152
5.2	.7160	.7168	.7177	.7185	⋯	.7218	.7226	.7235

참고 상용로그표의 값은 반올림하여 어림한 값이므로 $\log 5.17 ≒ 0.7135$로 쓰는 것이 옳지만 편의상 등호 =를 사용하여 $\log 5.17 = 0.7135$로 나타낸다.

(2) 로그의 성질을 이용하면 상용로그표에 없는 양수의 상용로그의 값도 구할 수 있다.

예를 들어 상용로그표에서 $\log 5.17 = 0.7135$이므로

$\log 51.7 = \log(10 \times 5.17) = \log 10 + \log 5.17 = 1 + 0.7135 = 1.7135$

$\log 0.517 = \log(10^{-1} \times 5.17) = \log 10^{-1} + \log 5.17 = -1 + 0.7135 = -0.2865$

❸ 상용로그의 정수 부분과 소수 부분

임의의 양수 N에 대하여 상용로그는 다음과 같이 나타낼 수 있다.

$$\log N = n + \alpha \ (\text{단, } n\text{은 정수, } 0 \le \alpha < 1)$$

$\log N$의 정수 부분 ——↑   ↑—— $\log N$의 소수 부분

임의의 양수 N은 $N = 10^n \times a \,(1 \le a < 10,\ n$은 정수$)$ 꼴로 나타낼 수 있으므로

$$\log N = \log(10^n \times a) = \log 10^n + \log a = n + \log a$$

이때 n은 정수이고 $1 \le a < 10$에서 $0 \le \log a < 1$이므로 $\log N = (\text{정수 부분}) + (\text{소수 부분})$으로 표현할 수 있다.

예 $\log 3.75 = 0.574$일 때

- $\log 375 = \log(10^2 \times 3.75) = \log 10^2 + \log 3.75 = 2 + 0.574$

  정수 부분 ——↑   ↑—— 소수 부분

- $\log 0.0375 = \log(10^{-2} \times 3.75) = \log 10^{-2} + \log 3.75 = -2 + 0.574$

  정수 부분 ——↑   ↑—— 소수 부분

참고 상용로그의 값이 음수인 경우에도 소수 부분의 범위는 항상 $0 \le (\text{소수 부분}) < 1$이어야 한다.

➡ $\log 0.0215 = -1.6676 = -1 - 0.6676 = (-1-1) + (1-0.6676) = -2 + 0.3324$

즉, $\log 0.0215$의 정수 부분은 -2, 소수 부분은 0.3324이다.

정수 부분을 -1, 소수 부분을 0.6676이라 하지 않도록 주의한다.

✏ 개념 Check

정답과 해설 12쪽

1 다음 값을 구하시오.

(1) $\log 10000$

(2) $\log 0.01$

(3) $\log \sqrt[3]{100}$

(4) $\log \dfrac{1}{\sqrt{10}}$

2 상용로그표(p.234~235)를 이용하여 다음 등식을 만족시키는 x의 값을 구하시오.

(1) $x = \log 2.94$

(2) $x = \log 6.08$

(3) $\log x = 0.9112$

(4) $\log x = 0.6946$

3 상용로그의 값이 다음과 같을 때, 상용로그의 정수 부분과 소수 부분을 각각 구하시오.

(1) $\log 4.17 = 0.6201$

(2) $\log 3645 = 3.5617$

(3) $\log 0.7523 = -0.1236$

(4) $\log 0.0251 = -1.6003$

필수 예제 01 상용로그의 값

$\log 4.25 = 0.6284$일 때, 다음 값을 구하시오.

(1) $\log 42.5$　　　　　　(2) $\log 4250$　　　　　　(3) $\log 0.0425$

공략 Point

주어진 상용로그의 값을 사용할 수 있도록 로그의 진수 N을
$$N = 10^n \times a$$
$(1 \le a < 10,\ n$은 정수$)$
꼴로 나타낸다.

풀이

(1) $42.5 = 10 \times 4.25$이므로

로그의 성질에 의하여

$$\log 42.5 = \log(10 \times 4.25)$$
$$= \log 10 + \log 4.25$$
$$= 1 + 0.6284 = \mathbf{1.6284}$$

(2) $4250 = 10^3 \times 4.25$이므로

로그의 성질에 의하여

$$\log 4250 = \log(10^3 \times 4.25)$$
$$= \log 10^3 + \log 4.25$$
$$= 3\log 10 + \log 4.25$$
$$= 3 + 0.6284 = \mathbf{3.6284}$$

(3) $0.0425 = 10^{-2} \times 4.25$이므로

로그의 성질에 의하여

$$\log 0.0425 = \log(10^{-2} \times 4.25)$$
$$= \log 10^{-2} + \log 4.25$$
$$= -2\log 10 + \log 4.25$$
$$= -2 + 0.6284 = \mathbf{-1.3716}$$

● **문제** ●

정답과 해설 12쪽

01-1 다음은 상용로그표의 일부이다. 이를 이용하여 다음 값을 구하시오.

수	2	3	4	5	6	7
3.5	.5465	.5478	.5490	.5502	.5514	.5527
3.6	.5587	.5599	.5611	.5623	.5635	.5647
3.7	.5705	.5717	.5729	.5740	.5752	.5763
3.8	.5821	.5832	.5843	.5855	.5866	.5877
3.9	.5933	.5944	.5955	.5966	.5977	.5988

(1) $\log 386$　　　　　　(2) $\log 0.386$　　　　　　(3) $\log \sqrt{3.86}$

01-2 $\log 2 = 0.3010$, $\log 3 = 0.4771$일 때, 다음 값을 구하시오.

(1) $\log 5$　　　　　　(2) $\log 12$　　　　　　(3) $\log 0.6$

상용로그의 진수 구하기

유형편 14쪽

$\log 2.05 = 0.3118$일 때, 다음 등식을 만족시키는 양수 N의 값을 구하시오.

(1) $\log N = 3.3118$ (2) $\log N = -2.6882$

공략 Point

주어진 상용로그의 값을 사용할 수 있도록 로그의 값을

$$\log N = n + \alpha$$

(n은 정수, $0 \le \alpha < 1$)

꼴로 나타낸다.

풀이

(1) $\log N = n + \alpha$(n은 정수, $0 \le \alpha < 1$) 꼴로 나타내면

$$\log N = 3 + 0.3118$$
$$= \log 10^3 + \log 2.05$$
$$= \log(10^3 \times 2.05)$$
$$= \log 2050$$

따라서 N의 값은 **2050**

(2) $\log N = n + \alpha$(n은 정수, $0 \le \alpha < 1$) 꼴로 나타내면

$$\log N = -2 + (-0.6882)$$
$$= (-2-1) + (1-0.6882)$$
$$= -3 + 0.3118 \quad \blacktriangleleft \ 0 \le (\text{소수 부분}) < 1$$
$$= \log 10^{-3} + \log 2.05$$
$$= \log(10^{-3} \times 2.05)$$
$$= \log 0.00205$$

따라서 N의 값은 **0.00205**

문제

정답과 해설 13쪽

O2-1 $\log 5.36 = 0.7292$일 때, 다음 등식을 만족시키는 양수 N의 값을 구하시오.

(1) $\log N = 4.7292$ (2) $\log N = -3.2708$

O2-2 $\log 42.7 = 1.6304$일 때, 다음 등식을 만족시키는 양수 N의 값을 구하시오.

(1) $\log N = 3.6304$ (2) $\log N = -0.3696$

필수 예제 03 상용로그의 활용

다음 물음에 답하시오.

(1) $1 < N < 10$이고 $\log N$과 $\log N^3$의 합이 정수일 때, 양수 N의 값을 구하시오.

(2) $\log N$의 정수 부분이 1이고 $\log N^2$과 $\log \sqrt{N}$의 차가 정수일 때, 양수 N의 값을 구하시오.

공략 Point

(1) $10^m < N < 10^n$이면
➡ $m < \log N < n$

(2) $\log N$의 정수 부분이
n이면
➡ $n \le \log N < n+1$

풀이

(1) 두 상용로그의 합이 정수이므로	$\log N + \log N^3 = \log N + 3\log N$ $= 4\log N$ ➡ 정수
$1 < N < 10$에서	$0 < \log N < 1$ ∴ $0 < 4\log N < 4$
이때 $4\log N$이 정수이므로	$4\log N = 1$ 또는 $4\log N = 2$ 또는 $4\log N = 3$ ∴ $\log N = \dfrac{1}{4}$ 또는 $\log N = \dfrac{1}{2}$ 또는 $\log N = \dfrac{3}{4}$
따라서 로그의 정의에 의하여	$N = 10^{\frac{1}{4}} = \sqrt[4]{10}$ 또는 $N = 10^{\frac{1}{2}} = \sqrt{10}$ 또는 $N = 10^{\frac{3}{4}} = \sqrt[4]{1000}$

(2) 두 상용로그의 차가 정수이므로	$\log N^2 - \log \sqrt{N} = 2\log N - \dfrac{1}{2}\log N$ $= \dfrac{3}{2}\log N$ ➡ 정수
$\log N$의 정수 부분이 1이므로	$1 \le \log N < 2$ ∴ $\dfrac{3}{2} \le \dfrac{3}{2}\log N < 3$
이때 $\dfrac{3}{2}\log N$이 정수이므로	$\dfrac{3}{2}\log N = 2$ ∴ $\log N = \dfrac{4}{3}$
따라서 로그의 정의에 의하여	$N = 10^{\frac{4}{3}} = 10\sqrt[3]{10}$

● **문제** ●

정답과 해설 13쪽

03-1 다음 물음에 답하시오.

(1) $100 < N < 1000$이고 $\log N$과 $\log \dfrac{1}{N}$의 차가 정수일 때, 양수 N의 값을 구하시오.

(2) $\log N$의 정수 부분이 2이고 $\log N$과 $\log \sqrt[3]{N}$의 합이 정수일 때, 양수 N의 값을 구하시오.

03-2 $10 < x < 100$이고 $\log x^4$의 소수 부분과 $\log \dfrac{1}{x}$의 소수 부분의 합이 1일 때, 모든 실수 x의 값의 곱을 구하시오.

상용로그의 실생활에의 활용 – 관계식이 주어진 경우

필수
예제 04

🖉 유형편 15쪽

어떤 물질의 공기 중의 농도 C와 냄새의 세기 I 사이에는 다음과 같은 관계식이 성립한다고 한다.

$$I = \frac{5(\log C - 1)}{3} + k \ (\text{단, } k\text{는 상수})$$

이 물질의 냄새의 세기가 6일 때의 공기 중의 농도는 냄새의 세기가 1일 때의 공기 중의 농도의 몇 배인지 구하시오.

공략 Point

주어진 조건을 식에 대입한 후 로그의 정의 및 성질을 이용하여 값을 구한다.

풀이

이 물질의 냄새의 세기가 6일 때의 공기 중의 농도를 C_1이라 하면	$6 = \frac{5(\log C_1 - 1)}{3} + k$ ······ ㉠
이 물질의 냄새의 세기가 1일 때의 공기 중의 농도를 C_2라 하면	$1 = \frac{5(\log C_2 - 1)}{3} + k$ ······ ㉡
㉠−㉡을 하면	$5 = \frac{5}{3}(\log C_1 - \log C_2), \ \log \frac{C_1}{C_2} = 3$
로그의 정의에 의하여	$\frac{C_1}{C_2} = 10^3 = 1000$
따라서 이 물질의 냄새의 세기가 6일 때의 공기 중의 농도는 냄새의 세기가 1일 때의 공기 중의 농도의	**1000배**

● **문제** ●

정답과 해설 13쪽

04-1 별의 등급 m과 별의 밝기 I 사이에는 다음과 같은 관계식이 성립한다고 한다.

$$m = -\frac{5}{2} \log I + C \ (\text{단, } C\text{는 상수})$$

이때 2등급인 별의 밝기는 7등급인 별의 밝기의 몇 배인지 구하시오.

04-2 어느 지역에서 1년 동안 발생하는 규모 M 이상인 지진의 평균 발생 횟수를 N이라 할 때, 다음과 같은 관계식이 성립한다고 한다.

$$\log N = a - 0.9M \ (\text{단, } a\text{는 양의 상수})$$

이 지역에서는 규모 4 이상인 지진이 1년에 평균 64번 발생하고 규모 x 이상인 지진은 1년에 평균 한 번 발생한다고 할 때, x의 값을 구하시오. (단, $\log 2 = 0.3$으로 계산한다.)

상용로그의 실생활에의 활용
– 일정하게 증가하거나 감소하는 경우

✎ 유형편 16쪽

어느 보험사에서 화재 보험에 가입한 건물의 보상 기준 가격을 매년 전년도 대비 10 %씩 낮춘다고 한다. 이 화재 보험에 가입한 건물의 10년 후 보상 기준 가격은 현재 가격의 몇 %인지 구하시오.

(단, $\log 3 = 0.477$, $\log 3.47 = 0.54$로 계산한다.)

공략 Point

처음 양 a가 매년 r %씩 감소할 때 n년 후의 양은
$$a\left(1 - \frac{r}{100}\right)^n$$
임을 이용하여 식을 세운다.

풀이

현재 가격을 a라 하면 보상 기준 가격이 매년 10 %씩 떨어지므로 10년 후 보상 기준 가격은	$a\left(1 - \dfrac{10}{100}\right)^{10} = a \times 0.9^{10}$ ······ ㉠
0.9^{10}에 상용로그를 취하면	$\log 0.9^{10} = 10 \log 0.9 = 10 \log \dfrac{9}{10}$ $= 10(2 \log 3 - 1)$
$\log 3 = 0.477$이므로	$= 10(2 \times 0.477 - 1) = -0.46$ $= -1 + (1 - 0.46) = -1 + 0.54$
$\log 3.47 = 0.54$이므로	$= -1 + \log 3.47 = \log 10^{-1} + \log 3.47$ $= \log(10^{-1} \times 3.47) = \log 0.347$
즉, 0.9^{10}의 값은	$0.9^{10} = 0.347$
㉠에서 10년 후 보상 기준 가격은	$a \times 0.347$
따라서 건물의 10년 후 보상 기준 가격은 현재 가격의	**34.7 %**

● **문제** ●

정답과 해설 14쪽

05-1 방사성 물질을 보관하는 곳에는 외부로 방사선 입자가 누출되는 것을 막기 위하여 특수 보호막을 설치한다. 어느 방사선 입자가 특수 보호막 한 장을 통과할 때마다 그 양이 20 %씩 감소한다고 할 때, 15장째 특수 보호막을 통과한 방사선 입자의 양은 처음 방사선 입자의 양의 몇 %인지 구하시오. (단, $\log 2 = 0.301$, $\log 3.51 = 0.545$로 계산한다.)

05-2 어느 기업에서 올해부터 매년 일정한 비율로 매출을 증가시켜 10년 후 매출이 올해 매출의 4배가 되게 하려고 한다. 이 기업은 매년 몇 %씩 매출을 증가시켜야 하는지 구하시오.

(단, $\log 2 = 0.3$, $\log 1.15 = 0.06$으로 계산한다.)

a^n의 자릿수 결정

양수 N에 대하여

(1) $\log N$의 정수 부분이 $n(n \geq 0)$이면 N은 정수 부분이 $n+1$자리인 수이다.

(2) $\log N$의 정수 부분이 $-n(n>0)$이면 N은 소수점 아래 n째 자리에서 처음으로 0이 아닌 숫자가 나타난다.

$\log 3.45 = 0.5378$임을 이용하여 상용로그의 자릿수를 알아보자.

$\log 3450 = \log(10^3 \times 3.45) = \log 10^3 + \log 3.45 = 3 + 0.5378$

$\log 345 = \log(10^2 \times 3.45) = \log 10^2 + \log 3.45 = 2 + 0.5378$

$\log 34.5 = \log(10 \times 3.45) = \log 10 + \log 3.45 = 1 + 0.5378$

$\log 3.45 = 0.5378$

$\log 0.345 = \log(10^{-1} \times 3.45) = \log 10^{-1} + \log 3.45 = -1 + 0.5378$

$\log 0.0345 = \log(10^{-2} \times 3.45) = \log 10^{-2} + \log 3.45 = -2 + 0.5378$

$\log 0.00345 = \log(10^{-3} \times 3.45) = \log 10^{-3} + \log 3.45 = -3 + 0.5378$

상용로그의 정수 부분이 $n(n \geq 0)$이면 상용로그의 진수는 정수 부분이 $n+1$자리인 수이다.

상용로그의 정수 부분이 $-n(n>0)$이면 상용로그의 진수는 소수점 아래 n째 자리에서 처음으로 0이 아닌 숫자가 나타난다.

└── 숫자의 배열이 같은 수의 상용로그의 소수 부분은 모두 같다. ──┘

참고 상용로그의 정수 부분은 진수의 자릿수를 결정하고, 상용로그의 소수 부분은 진수의 숫자의 배열을 결정한다.

예 $\log 3 = 0.4771$일 때, 다음 물음에 답하시오.

(1) 3^{50}은 몇 자리의 자연수인지 구하시오.

(2) 3^{-14}은 소수점 아래 몇째 자리에서 처음으로 0이 아닌 숫자가 나타나는지 구하시오.

풀이 (1) 3^{50}에 상용로그를 취하면

$\quad \log 3^{50} = 50 \log 3 = 50 \times 0.4771$

$\qquad\qquad = 23.855 = 23 + 0.855$

따라서 $\log 3^{50}$의 정수 부분이 23이므로 3^{50}은 24자리의 자연수이다.

(2) 3^{-14}에 상용로그를 취하면

$\quad \log 3^{-14} = -14 \log 3 = -14 \times 0.4771$

$\qquad\qquad = -6.6794 = (-6-1) + (1-0.6794)$

$\qquad\qquad = -7 + 0.3206$

따라서 $\log 3^{-14}$의 정수 부분이 -7이므로 3^{-14}은 소수점 아래 7째 자리에서 처음으로 0이 아닌 숫자가 나타난다.

1 $\log 6.78=0.8312$일 때, 다음 중 옳지 <u>않은</u> 것은?

① $\log 67.8=1.8312$

② $\log 6780=3.8312$

③ $\log 678000=5.8312$

④ $\log 0.678=-0.8312$

⑤ $\log 0.0678=-1.1688$

2 $\log 2=0.3$, $\log 3=0.48$일 때,
$\log \sqrt{3}+\log 4-\log \sqrt{32}$의 값을 구하시오.

3 $\log 56.7=1.7536$일 때, $\log N=-4.2464$를 만족시키는 양수 N의 값은?

① 0.0000567　　　　② 0.000567

③ 0.00567　　　　④ 0.0567

⑤ 0.567

4 다음은 상용로그표의 일부이다.

수	2	3	4	5	6
2.7	.4346	.4362	.4378	.4393	.4409
2.8	.4502	.4518	.4533	.4548	.4564
2.9	.4654	.4669	.4683	.4698	.4713
⋮	⋮	⋮	⋮	⋮	⋮
9.1	.9600	.9605	.9609	.9614	.9619
9.2	.9647	.9652	.9657	.9661	.9666
9.3	.9694	.9699	.9703	.9708	.9713

$\log 0.284=M$, $\log N=2.9614$일 때, $M+N$의 값을 구하시오.

5 자연수 N에 대하여 $\log N$의 정수 부분을 $f(N)$이라 할 때, $f(1)+f(2)+f(3)+\cdots+f(999)$의 값을 구하시오.

6 양수 A에 대하여 $\log A$의 정수 부분과 소수 부분이 이차방정식 $3x^2+5x+k=0$의 두 근일 때, 실수 k의 값은?

① -2　　　　② -1　　　　③ 0

④ 1　　　　⑤ 2

7 $\log x$의 정수 부분이 1이고 $\log x^2$과 $\log \sqrt[3]{x}$의 합이 정수일 때, 모든 실수 x의 값의 곱은?

① $10^{\frac{19}{7}}$　　　　② 10^3　　　　③ $10^{\frac{23}{7}}$

④ $10^{\frac{25}{7}}$　　　　⑤ $10^{\frac{27}{7}}$

8 외부 자극의 세기 I와 감각의 세기 S 사이에는 다음과 같은 관계식이 성립한다고 한다.
$S=k\log I$ (단, k는 상수)
어느 외부 자극의 세기가 500일 때의 감각의 세기가 0.6일 때, 이 외부 자극의 세기가 8일 때의 감각의 세기는? (단, $\log 2=0.3$으로 계산한다.)

① 0.18　　　　② 0.2　　　　③ 0.22

④ 0.24　　　　⑤ 0.26

정답과 해설 15쪽

평가원

9 고속철도의 최고소음도 L(dB)을 예측하는 모형에 따르면 한 지점에서 가까운 선로 중앙 지점까지의 거리를 d(m), 열차가 가까운 선로 중앙 지점을 통과할 때의 속력을 v(km/h)라 할 때, 다음과 같은 관계식이 성립한다고 한다.

$$L=80+28\log\frac{v}{100}-14\log\frac{d}{25}$$

가까운 선로 중앙 지점 P까지의 거리가 75 m인 한 지점에서 속력이 서로 다른 두 열차 A, B의 최고소음도를 예측하고자 한다. 열차 A가 지점 P를 통과할 때의 속력이 열차 B가 지점 P를 통과할 때의 속력의 0.9배일 때, 두 열차 A, B의 예측 최고소음도를 각각 L_A, L_B라 하자. L_B-L_A의 값은?

① $14-28\log 3$ ② $28-56\log 3$

③ $28-28\log 3$ ④ $56-84\log 3$

⑤ $56-56\log 3$

10 빛이 어느 유리판 한 장을 통과할 때마다 그 빛의 밝기가 3 %씩 감소한다고 한다. 밝기가 100인 빛이 유리판 20장을 통과했을 때의 빛의 밝기는?

(단, $\log 9.7=0.987$, $\log 5.5=0.74$로 계산한다.)

① 51   ② 53   ③ 55

④ 57   ⑤ 59

실력

11 음이 아닌 두 정수 m, n에 대하여

$$\frac{1}{2}\log N=m\log 2+n\log 3$$

을 만족시키는 모든 자연수 N의 개수를 구하시오.

(단, $1\leq N\leq 36$)

12 두 양수 x, y에 대하여 다음 조건을 만족시키는 모든 x의 값의 곱을 $2^a\times 5^b$이라 할 때, $a+b+y$의 값을 구하시오.

(단, a, b는 자연수이고, $\log 5=0.699$로 계산한다.)

> (가) $\log y=2.699$
> (나) $0\leq\log x\leq 5$
> (다) $\log x-\log y$는 자연수이다.

13 어느 휴대 전화는 전파 기지국에서 멀어질 때마다 통화하는 데 필요한 에너지의 양이 일정한 비율로 증가한다. 기지국에서 통화하는 데 필요한 에너지의 양은 기지국에서 1750 m 떨어진 지점에서 통화하는 데 필요한 에너지의 양의 $\frac{1}{5}$배이다. 이때 기지국에서 100 m 멀어질 때마다 통화하는 데 필요한 에너지의 양은 몇 %씩 증가하는지 구하시오.

(단, $\log 1.1=0.04$, $\log 2=0.3$으로 계산한다.)

2 지수함수와 로그함수

지수함수

❶ 지수함수의 뜻

a가 1이 아닌 양수일 때, 실수 x에 대하여 a^x의 값은 하나로 정해지므로

$$y=a^x \ (a>0, \ a\neq1)$$

은 x에 대한 함수가 된다. 이 함수를 a를 밑으로 하는 **지수함수**라 한다.

예 $y=4^x$, $y=\left(\dfrac{1}{7}\right)^x$, $y=3\times2^{2x}$ ➡ 지수함수

참고 함수 $y=a^x$에서 지수 x는 실수이므로 밑 a는 양수이다. 또 $a=1$이면 $y=1^x=1$, 즉 $y=a^x$은 상수함수이므로 지수함수의
밑은 1이 아닌 양수인 경우만 생각한다.

❷ 지수함수 $y=a^x(a>0, \ a\neq1)$의 그래프와 성질

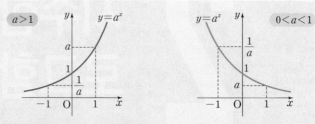

(1) 정의역은 실수 전체의 집합이고, 치역은 양의 실수 전체의 집합이다.

(2) 일대일함수이다. ◀ $x_1\neq x_2$이면 $a^{x_1}\neq a^{x_2}$이다.

(3) $a>1$일 때, x의 값이 증가하면 y의 값도 증가한다. ◀ $x_1<x_2$이면 $a^{x_1}<a^{x_2}$

　　$0<a<1$일 때, x의 값이 증가하면 y의 값은 감소한다. ◀ $x_1<x_2$이면 $a^{x_1}>a^{x_2}$

(4) 그래프는 점 $(0, 1)$을 지나고, 그래프의 점근선은 x축(직선 $y=0$)이다.

참고 • 곡선이 어떤 직선에 한없이 가까워지면 이 직선을 그 곡선의 점근선이라 한다.

　　　• $a>0$, $a\neq1$일 때, 함수 $y=a^x$의 그래프와 함수 $y=\left(\dfrac{1}{a}\right)^x$의 그래프는 y축에 대하여 대칭이다.

❸ 지수함수의 그래프의 평행이동과 대칭이동

지수함수 $y=a^x(a>0, \ a\neq1)$의 그래프를

(1) x축의 방향으로 m만큼, y축의 방향으로 n만큼 평행이동한 그래프의 식

　➡ $y=a^{x-m}+n$ ◀ x 대신 $x-m$, y 대신 $y-n$ 대입

(2) x축에 대하여 대칭이동한 그래프의 식 ➡ $y=-a^x$ ◀ y 대신 $-y$ 대입

(3) y축에 대하여 대칭이동한 그래프의 식 ➡ $y=a^{-x}=\left(\dfrac{1}{a}\right)^x$ ◀ x 대신 $-x$ 대입

(4) 원점에 대하여 대칭이동한 그래프의 식 ➡ $y=-a^{-x}=-\left(\dfrac{1}{a}\right)^x$ ◀ x 대신 $-x$, y 대신 $-y$ 대입

④ 지수함수의 최대, 최소

정의역이 $\{x\,|\,m\le x\le n\}$인 지수함수 $f(x)=a^x\,(a>0,\ a\ne1)$은

(1) $a>1$이면 $x=m$에서 최솟값 $f(m)$, $x=n$에서 최댓값 $f(n)$을 갖는다.

(2) $0<a<1$이면 $x=m$에서 최댓값 $f(m)$, $x=n$에서 최솟값 $f(n)$을 갖는다.

예 정의역이 $\{x\,|\,-3\le x\le2\}$이면 함수 $y=2^x$은 $x=-3$에서 최솟값 $2^{-3}=\dfrac{1}{8}$, $x=2$에서 최댓값 $2^2=4$를 갖고,

함수 $y=\left(\dfrac{1}{2}\right)^x$은 $x=-3$에서 최댓값 $\left(\dfrac{1}{2}\right)^{-3}=8$, $x=2$에서 최솟값 $\left(\dfrac{1}{2}\right)^2=\dfrac{1}{4}$을 갖는다.

개념 Plus

지수함수 $y=2^x$, $y=\left(\dfrac{1}{2}\right)^x$의 그래프 그리기

지수함수 $y=2^x$에서 실수 x의 값에 대응하는 y의 값을 표로 나타내면 다음과 같다.

x	$\cdots$	-3	-2	-1	0	1	2	3	$\cdots$
y	$\cdots$	$\dfrac{1}{8}$	$\dfrac{1}{4}$	$\dfrac{1}{2}$	1	2	4	8	$\cdots$

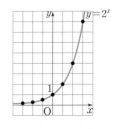

x, y의 값의 순서쌍 $(x,\ y)$를 좌표평면 위에 나타내고, x의 값의 간격을 점점 더 작게 하면 지수함수 $y=2^x$의 그래프는 오른쪽 그림과 같이 매끄러운 곡선이 된다.

이때 $y=\left(\dfrac{1}{2}\right)^x=(2^{-1})^x=2^{-x}$이므로 지수함수 $y=\left(\dfrac{1}{2}\right)^x$의 그래프는 지수함수 $y=2^x$의 그래프를 y축에 대하여 대칭이동한 것과 같다.

따라서 지수함수 $y=\left(\dfrac{1}{2}\right)^x$의 그래프는 오른쪽 그림과 같다.

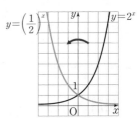

개념 Check

정답과 해설 16쪽

1 보기에서 지수함수인 것만을 있는 대로 고르시오.

보기
ㄱ. $y=3^{-5x}$ ㄴ. $y=x^5$ ㄷ. $y=\left(\dfrac{1}{2}\right)^{x+2}$ ㄹ. $y=2^{10}$

2 함수 $f(x)=4^x$에 대하여 다음 값을 구하시오.

(1) $f(1)$ (2) $f(3)$ (3) $f(-1)$ (4) $f\left(\dfrac{1}{2}\right)$

3 지수함수 $y=3^x$의 그래프가 오른쪽 그림과 같을 때, 다음 함수의 그래프를 그리시오.

(1) $y=3^{x-1}$ (2) $y=3^x-1$

(3) $y=-3^x$ (4) $y=\left(\dfrac{1}{3}\right)^x$

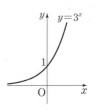

다음 함수의 그래프를 그리고, 치역과 점근선의 방정식을 구하시오.

(1) $y=2^{x-3}+1$

(2) $y=\left(\dfrac{1}{2}\right)^{x+1}-2$

공략 Point

지수함수 $y=a^x$의 그래프를 그린 후 지수함수의 그래프의 평행이동 또는 대칭이동을 이용한다.

풀이

(1) 함수 $y=2^{x-3}+1$의 그래프는 함수 $y=2^x$의 그래프를 x축의 방향으로 3만큼, y축의 방향으로 1만큼 평행이동한 것이므로 오른쪽 그림과 같다.

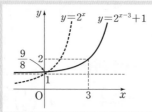

따라서 치역과 점근선의 방정식은

치역: $\{y\,|\,y>1\}$, 점근선의 방정식: $y=1$

(2) 함수 $y=\left(\dfrac{1}{2}\right)^{x+1}-2$의 그래프는 함수 $y=\left(\dfrac{1}{2}\right)^x$의 그래프를 x축의 방향으로 -1만큼, y축의 방향으로 -2만큼 평행이동한 것이므로 오른쪽 그림과 같다.

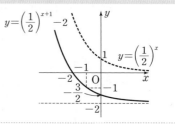

따라서 치역과 점근선의 방정식은

치역: $\{y\,|\,y>-2\}$, 점근선의 방정식: $y=-2$

● **문제** ●

정답과 해설 16쪽

01-1 다음 함수의 그래프를 그리고, 치역과 점근선의 방정식을 구하시오.

(1) $y=3^{x+1}-4$

(2) $y=-\left(\dfrac{1}{3}\right)^{x-2}+5$

01-2 함수 $y=-4\times2^{x-1}$의 그래프를 그리시오.

지수함수의 그래프의 평행이동과 대칭이동

유형편 19쪽

함수 $y=\left(\dfrac{1}{2}\right)^x$의 그래프를 x축의 방향으로 1만큼, y축의 방향으로 -4만큼 평행이동한 후 y축에 대하여 대칭이동한 그래프의 식이 $y=a\times 2^x+b$일 때, 상수 a, b에 대하여 ab의 값을 구하시오.

공략 Point

x축의 방향으로 m만큼, y축의 방향으로 n만큼 평행이동한 그래프의 식은 x 대신 $x-m$, y 대신 $y-n$을 대입하여 구할 수 있다.

풀이

함수 $y=\left(\dfrac{1}{2}\right)^x$의 그래프를 x축의 방향으로 1만큼, y축의 방향으로 -4만큼 평행이동하면	$y+4=\left(\dfrac{1}{2}\right)^{x-1}$ $\therefore y=\left(\dfrac{1}{2}\right)^{x-1}-4$ ······ ㉠
㉠의 그래프를 y축에 대하여 대칭이동하면	$y=\left(\dfrac{1}{2}\right)^{-x-1}-4=\left(\dfrac{1}{2}\right)^{-(x+1)}-4=2^{x+1}-4$ $\therefore y=2\times 2^x-4$ ······ ㉡
㉡의 식이 $y=a\times 2^x+b$와 일치하므로	$a=2,\ b=-4$ $\therefore ab=-8$

● **문제** ●

정답과 해설 17쪽

02-1 함수 $y=3^x$의 그래프를 x축의 방향으로 -3만큼, y축의 방향으로 2만큼 평행이동한 후 원점에 대하여 대칭이동한 그래프의 식이 $y=a\times\left(\dfrac{1}{3}\right)^x+b$일 때, 상수 a, b의 값을 구하시오.

02-2 함수 $y=5^{x+2}-2$의 그래프를 x축의 방향으로 2만큼 평행이동한 후 y축에 대하여 대칭이동한 그래프가 점 $(-1,\ k)$를 지날 때, k의 값을 구하시오.

02-3 함수 $y=-2^{x+1}$의 그래프를 x축의 방향으로 a만큼, y축의 방향으로 b만큼 평행이동한 그래프가 오른쪽 그림과 같을 때, 상수 a, b에 대하여 $a+b$의 값을 구하시오.

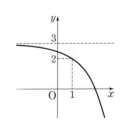

지수함수의 그래프 위의 점

유형편 20쪽

오른쪽 그림은 함수 $y=2^x$의 그래프이다. $pq=64$일 때, $a+b$의 값을 구하시오. (단, 점선은 x축 또는 y축에 평행하다.)

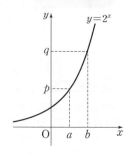

공략 Point

지수함수 $y=a^x$의 그래프가
점 (m, n)을 지나면
➡ $n=a^m$

풀이

함수 $y=2^x$의 그래프는 점 (a, p)를 지나므로	$p=2^a$
함수 $y=2^x$의 그래프는 점 (b, q)를 지나므로	$q=2^b$
이때 $pq=64$이므로	$2^a \times 2^b = 64$, $2^{a+b} = 2^6$
	$\therefore a+b=\mathbf{6}$

● **문제** ●

정답과 해설 17쪽

O3-1 함수 $y=3^x$의 그래프와 직선 $y=x$가 오른쪽 그림과 같을 때, $\dfrac{ac}{b}$의 값을 구하시오. (단, 점선은 x축 또는 y축에 평행하다.)

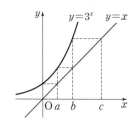

O3-2 오른쪽 그림과 같이 두 함수 $y=2^{2x}$, $y=2^x$의 그래프와 직선 $y=4$가 만나는 점을 각각 A, B라 할 때, 삼각형 AOB의 넓이를 구하시오.
(단, O는 원점)

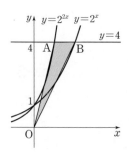

필수
예제 **04** **지수함수를 이용한 수의 대소 비교**

⚓ 유형편 20쪽

다음 세 수의 대소를 비교하시오.

(1) $2^{0.6}$, $4^{\frac{1}{3}}$, $\sqrt[4]{8}$

(2) $\sqrt{0.1}$, $\sqrt[3]{0.01}$, $\sqrt[4]{0.001}$

공략 Point

지수함수 $y=a^x$에서
(1) $a>1$일 때
  ➡ $x_1<x_2$이면 $a^{x_1}<a^{x_2}$
(2) $0<a<1$일 때
  ➡ $x_1<x_2$이면 $a^{x_1}>a^{x_2}$

풀이

(1) $2^{0.6}$, $4^{\frac{1}{3}}$, $\sqrt[4]{8}$을 밑이 2인 거듭제곱 꼴로 나타내면

$2^{0.6}=2^{\frac{3}{5}}$, $4^{\frac{1}{3}}=(2^2)^{\frac{1}{3}}=2^{\frac{2}{3}}$, $\sqrt[4]{8}=\sqrt[4]{2^3}=2^{\frac{3}{4}}$

$\dfrac{3}{5}<\dfrac{2}{3}<\dfrac{3}{4}$이고, 밑이 1보다 크므로

$2^{\frac{3}{5}}<2^{\frac{2}{3}}<2^{\frac{3}{4}}$

$\therefore \mathbf{2^{0.6}<4^{\frac{1}{3}}<\sqrt[4]{8}}$

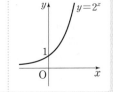

(2) $\sqrt{0.1}$, $\sqrt[3]{0.01}$, $\sqrt[4]{0.001}$을 밑이 0.1인 거듭제곱 꼴로 나타내면

$\sqrt{0.1}=0.1^{\frac{1}{2}}$, $\sqrt[3]{0.01}=\sqrt[3]{0.1^2}=0.1^{\frac{2}{3}}$, $\sqrt[4]{0.001}=\sqrt[4]{0.1^3}=0.1^{\frac{3}{4}}$

$\dfrac{1}{2}<\dfrac{2}{3}<\dfrac{3}{4}$이고, 밑이 1보다 작으므로

$0.1^{\frac{3}{4}}<0.1^{\frac{2}{3}}<0.1^{\frac{1}{2}}$

$\therefore \mathbf{\sqrt[4]{0.001}<\sqrt[3]{0.01}<\sqrt{0.1}}$

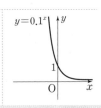

● **문제** ●

정답과 해설 17쪽

O4-**1** 다음 세 수의 대소를 비교하시오.

(1) $3^{0.4}$, $\sqrt[3]{9}$, $\sqrt{27}$

(2) $\sqrt{\dfrac{1}{2}}$, $\sqrt[3]{\dfrac{1}{4}}$, $\sqrt[5]{\dfrac{1}{16}}$

O4-**2** 다음 중 가장 큰 수와 가장 작은 수의 곱을 구하시오.

$$0.5^{-\frac{2}{3}}, \quad \sqrt[4]{32}, \quad 2^{\frac{5}{6}}, \quad \left(\dfrac{1}{16}\right)^{-\frac{1}{3}}$$

필수 예제 05 지수함수의 최대, 최소

다음 함수의 최댓값과 최솟값을 구하시오.

(1) $y=2^{x-1}+1$ $(-2 \le x \le 1)$　　　　(2) $y=2^{-2x}3^x$ $(-1 \le x \le 1)$

공략 **Point**

정의역이 $\{x \,|\, m \le x \le n\}$인
지수함수 $f(x)=a^x$은
(1) $a>1$이면
　➡ 최댓값: $f(n)$,
　　최솟값: $f(m)$
(2) $0<a<1$이면
　➡ 최댓값: $f(m)$,
　　최솟값: $f(n)$

풀이

(1) 함수 $y=2^{x-1}+1$의 밑이 1보다 크므로 $-2 \le x \le 1$에서 함수 $y=2^{x-1}+1$의 최댓값과 최솟값을 구하면	$x=1$일 때, **최댓값은 2** $x=-2$일 때, **최솟값은 $\dfrac{9}{8}$**

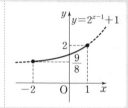

(2) $y=2^{-2x}3^x$을 변형하면	$y=\left(\dfrac{1}{4}\right)^x \times 3^x = \left(\dfrac{3}{4}\right)^x$
함수 $y=\left(\dfrac{3}{4}\right)^x$의 밑이 1보다 작으므로 $-1 \le x \le 1$에서 함수 $y=2^{-2x}3^x$의 최댓값과 최솟값을 구하면	$x=-1$일 때, **최댓값은 $\dfrac{4}{3}$** $x=1$일 때, **최솟값은 $\dfrac{3}{4}$**

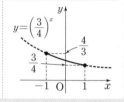

● **문제** ●

정답과 해설 18쪽

05-1　다음 함수의 최댓값과 최솟값을 구하시오.

(1) $y=\left(\dfrac{1}{3}\right)^{x+1}$ $(-2 \le x \le 2)$　　　　(2) $y=2^{x-1}+3$ $(0 \le x \le 3)$

(3) $y=4^{-x}-2$ $(-1 \le x \le 1)$　　　　(4) $y=3^{2x}5^{-x}$ $(0 \le x \le 2)$

05-2　정의역이 $\{x \,|\, -2 \le x \le 1\}$인 함수 $y=2^{x+1}+k$의 최댓값이 5일 때, 최솟값을 구하시오.

(단, k는 상수)

지수함수 $y=a^{px^2+qx+r}$ 꼴의 최대, 최소

✎ 유형편 21쪽

다음 함수의 최댓값과 최솟값을 구하시오.

(1) $y=2^{-x^2+4x-3}$ $(1\leq x\leq 4)$

(2) $y=\left(\dfrac{1}{3}\right)^{x^2-6x+5}$ $(2\leq x\leq 5)$

공략 Point

지수함수 $y=a^{f(x)}$에서

(1) $a>1$이면
→ $f(x)$가 최대일 때 $a^{f(x)}$도 최대, $f(x)$가 최소일 때 $a^{f(x)}$도 최소

(2) $0<a<1$이면
→ $f(x)$가 최소일 때 $a^{f(x)}$은 최대, $f(x)$가 최대일 때 $a^{f(x)}$은 최소

풀이

(1) $y=2^{-x^2+4x-3}$에서 $f(x)=-x^2+4x-3$이라 하면	$f(x)=-(x-2)^2+1$
$1\leq x\leq 4$에서 $f(1)=0$, $f(2)=1$, $f(4)=-3$이 므로	$-3\leq f(x)\leq 1$
이때 함수 $y=2^{f(x)}$의 밑이 1보다 크므로 함수 $y=2^{f(x)}$의 최댓값과 최솟값을 구하면	$f(x)=1$일 때, **최댓값은 2** $f(x)=-3$일 때, **최솟값은 $\dfrac{1}{8}$**

(2) $y=\left(\dfrac{1}{3}\right)^{x^2-6x+5}$ 에서 $f(x)=x^2-6x+5$라 하면	$f(x)=(x-3)^2-4$
$2\leq x\leq 5$에서 $f(2)=-3$, $f(3)=-4$, $f(5)=0$ 이므로	$-4\leq f(x)\leq 0$
이때 함수 $y=\left(\dfrac{1}{3}\right)^{f(x)}$의 밑이 1보다 작으므로 함수 $y=\left(\dfrac{1}{3}\right)^{f(x)}$의 최댓값과 최솟값을 구하면	$f(x)=-4$일 때, **최댓값은 81** $f(x)=0$일 때, **최솟값은 1**

● **문제** ●

정답과 해설 18쪽

06-1 다음 함수의 최댓값과 최솟값을 구하시오.

(1) $y=5^{x^2-2x-1}$ $(-1\leq x\leq 2)$

(2) $y=\left(\dfrac{1}{2}\right)^{-x^2-4x}$ $(-3\leq x\leq 0)$

06-2 함수 $y=a^{x^2+4x+6}$의 최댓값이 $\dfrac{1}{9}$일 때, 상수 a의 값을 구하시오. (단, $0<a<1$)

a^x 꼴이 반복되는 함수의 최대, 최소

✎ 유형편 22쪽

다음 물음에 답하시오.

(1) 정의역이 $\{x \,|\, 0 \leq x \leq 2\}$인 함수 $y=9^x-2\times3^{x+1}+4$의 최댓값과 최솟값을 구하시오.

(2) 함수 $y=4^x+4^{-x}+4(2^x+2^{-x})$의 최솟값을 구하시오.

공략 Point

(1) a^x 꼴이 반복되는 경우는 $a^x=t\,(t>0)$로 놓고 t의 값의 범위에서 t에 대한 함수의 최댓값과 최솟값을 구한다.
이때 $t>0$임에 유의한다.

(2) a^x+a^{-x} 꼴이 포함되는 경우는 산술평균과 기하평균의 관계를 이용한다.
$a^x+a^{-x} \geq 2\sqrt{a^x \times a^{-x}}=2$
(단, 등호는 $x=0$일 때 성립)

풀이

(1) $y=9^x-2\times3^{x+1}+4$를 변형하면	$y=(3^2)^x-2\times3\times3^x+4$ $=(3^x)^2-6\times3^x+4$
$3^x=t\,(t>0)$로 놓으면 $0\leq x\leq2$에서 이때 주어진 함수는	$3^0\leq t\leq3^2$ ∴ $1\leq t\leq9$ $y=t^2-6t+4=(t-3)^2-5$
따라서 $1\leq t\leq9$에서 함수 $y=(t-3)^2-5$의 최댓값과 최솟값을 구하면	$t=9$일 때, **최댓값은 31** $t=3$일 때, **최솟값은 -5**

(2) $2^x+2^{-x}=t$로 놓으면 $2^x>0,\ 2^{-x}>0$이므로 산술평균과 기하평균의 관계에 의하여	$t=2^x+2^{-x}\geq2\sqrt{2^x\times2^{-x}}=2$ (단, 등호는 $2^x=2^{-x}$, 즉 $x=0$일 때 성립) ∴ $t\geq2$
4^x+4^{-x}을 t에 대한 식으로 나타내면	$4^x+4^{-x}=(2^x)^2+(2^{-x})^2$ $=(2^x+2^{-x})^2-2$ $=t^2-2$
주어진 함수를 t에 대한 함수로 나타내면 따라서 $t\geq2$에서 함수 $y=(t+2)^2-6$의 최솟값을 구하면	$y=t^2-2+4t=(t+2)^2-6$ $t=2$일 때, 최솟값은 **10**

● **문제** ●

정답과 해설 18쪽

07-1 정의역이 $\{x \,|\, -1\leq x\leq3\}$인 함수 $y=2^{x+2}-4^x-1$의 최댓값과 최솟값을 구하시오.

07-2 함수 $y=9^x+9^{-x}-2(3^x+3^{-x})+1$의 최솟값을 구하시오.

연습문제

1 함수 $f(x)=a^x$ $(a>0,\ a\neq1)$에서 $f(6)=8$일 때, $f(-6)+f(-2)$의 값을 구하시오.

2 함수 $y=(a^2-a+1)^x$에서 x의 값이 증가할 때 y의 값도 증가하도록 하는 실수 a의 값의 범위를 구하시오.

3 다음 중 함수 $y=\dfrac{1}{3}\times3^{-x}-1$에 대한 설명으로 옳지 <u>않은</u> 것은?

① 치역은 $\{y\,|\,y>-1\}$이다.
② 그래프는 점 $(-1,\ 0)$을 지난다.
③ x의 값이 증가하면 y의 값은 감소한다.
④ 그래프는 제3사분면과 제4사분면을 지나지 않는다.
⑤ 그래프는 함수 $y=3^x$의 그래프를 y축에 대하여 대칭이동한 후 x축의 방향으로 -1만큼, y축의 방향으로 -1만큼 평행이동한 것과 같다.

교육청

4 두 상수 a, b에 대하여 함수 $y=3^x+a$의 그래프가 점 $(2,\ b)$를 지나고 점근선이 직선 $y=5$일 때, $a+b$의 값은?

① 15　　　② 16　　　③ 17
④ 18　　　⑤ 19

5 보기의 함수에서 그 그래프가 함수 $y=2^x$의 그래프를 평행이동 또는 대칭이동하여 겹쳐질 수 있는 것만을 있는 대로 고르시오.

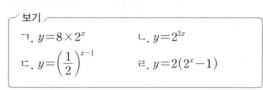

보기
ㄱ. $y=8\times2^x$　　　　ㄴ. $y=2^{2x}$
ㄷ. $y=\left(\dfrac{1}{2}\right)^{x-1}$　　　ㄹ. $y=2(2^x-1)$

6 함수 $y=2^{-x+4}+k$의 그래프가 제1사분면을 지나지 않도록 하는 상수 k의 최댓값은?

① -8　　　② -10　　　③ -12
④ -14　　　⑤ -16

7 함수 $y=2^x$의 그래프와 직선 $y=x$가 오른쪽 그림과 같을 때, $a+b+c$의 값을 구하시오. (단, 점선은 x축 또는 y축에 평행하다.)

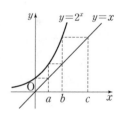

8 $0<a<1$일 때, 세 수 a, a^a, a^{a^2}의 대소를 비교하면?

① $a<a^a<a^{a^2}$　　　② $a<a^{a^2}<a^a$
③ $a^a<a^{a^2}<a$　　　④ $a^{a^2}<a^a<a$
⑤ $a^{a^2}<a<a^a$

9 정의역이 $\{x \mid -1 \leq x \leq 2\}$인 함수 $y=a^x \, (0<a<1)$의 최솟값은 $\dfrac{4}{9}$, 최댓값은 M이다. 이때 상수 a, M에 대하여 $a+M$의 값을 구하시오.

10 정의역이 $\{x \mid -1 \leq x \leq 1\}$인 함수 $y=3^{x^2+4x+a}$의 최댓값이 9일 때, 상수 a의 값은?

① -3 ② -2 ③ -1
④ 1 ⑤ 2

11 정의역이 $\{x \mid -2 \leq x \leq 0\}$인 함수 $y=4^{-x}-3 \times 2^{1-x}+a$의 최솟값이 4일 때, 상수 a의 값을 구하시오.

12 함수 $y=2(5^x+5^{-x})-(25^x+25^{-x})$의 최댓값을 구하시오.

▶ 실력

13 두 함수 $y=2^x$, $y=8 \times 2^x$의 그래프와 두 직선 $y=2$, $y=8$로 둘러싸인 부분의 넓이를 구하시오.

수능

14 직선 $y=2x+k$가 두 함수
$$y=\left(\frac{2}{3}\right)^{x+3}+1, \ y=\left(\frac{2}{3}\right)^{x+1}+\frac{8}{3}$$
의 그래프와 만나는 점을 각각 P, Q라 하자. $\overline{\mathrm{PQ}}=\sqrt{5}$일 때, 상수 k의 값은?

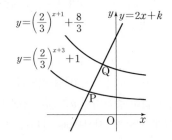

① $\dfrac{31}{6}$ ② $\dfrac{16}{3}$ ③ $\dfrac{11}{2}$
④ $\dfrac{17}{3}$ ⑤ $\dfrac{35}{6}$

15 정의역이 $\{x \mid -1 \leq x \leq 1\}$인 함수 $y=a^{4^x-2^{x+1}+2} \, (a>0, \ a\neq1)$의 최댓값이 4일 때, 상수 a의 값을 구하시오.

02 지수함수의 활용

02 지수함수의 활용

① 지수에 미지수를 포함한 방정식의 풀이

$3^{x-1}=27$, $4^x+2^x-6=0$과 같이 지수에 미지수를 포함한 방정식은 다음 성질을 이용하여 푼다.

$$a>0,\ a\neq1일\ 때,\ a^{x_1}=a^{x_2} \Longleftrightarrow x_1=x_2$$

[예] • $2^x=\dfrac{1}{8}$에서 $2^x=2^{-3}$이므로 $x=-3$

• $9^x=3^{x+1}$에서 $3^{2x}=3^{x+1}$이므로 $2x=x+1$ $\quad\therefore\ x=1$

[참고] 지수함수 $y=a^x\,(a>0,\ a\neq1)$은 실수 전체의 집합에서 양의 실수 전체의 집합으로의 일대일대응이므로 임의의 양수 p에 대하여 방정식 $a^x=p$는 단 하나의 해를 갖는다.

② 지수에 미지수를 포함한 부등식의 풀이

$2^{x+1}\leq16$, $9^x+3^x-12<0$과 같이 지수에 미지수를 포함한 부등식은 다음 성질을 이용하여 푼다.

(1) $a>1$일 때, $a^{x_1}<a^{x_2} \Longleftrightarrow x_1<x_2$ ◀ 부등호 방향 그대로

(2) $0<a<1$일 때, $a^{x_1}<a^{x_2} \Longleftrightarrow x_1>x_2$ ◀ 부등호 방향 반대로

[예] (1) $3^x<27$에서 $3^x<3^3$

밑이 3이고 $3>1$이므로 $x<3$

(2) $\left(\dfrac{1}{2}\right)^x\geq\dfrac{1}{16}$에서 $\left(\dfrac{1}{2}\right)^x\geq\left(\dfrac{1}{2}\right)^4$

밑이 $\dfrac{1}{2}$이고 $0<\dfrac{1}{2}<1$이므로 $x\leq4$

✎ 개념 Check

정답과 해설 21쪽

1 다음 방정식을 푸시오.

(1) $\left(\dfrac{1}{4}\right)^x=64$ 　　　(2) $3^{x-1}=\dfrac{1}{81}$ 　　　(3) $2^x=2^{2x+4}$

2 다음 부등식을 푸시오.

(1) $\left(\dfrac{1}{3}\right)^x\leq\dfrac{1}{27}$ 　　　(2) $4^x>128$ 　　　(3) $3^{2x+1}<3^x$

필수 예제 01 밑을 같게 할 수 있는 방정식

다음 방정식을 푸시오.

(1) $2^{x^2-8}=4^x$

(2) $\left(\dfrac{3}{4}\right)^{2x^2-7}=\left(\dfrac{4}{3}\right)^{4-x}$

공략 Point

각 항의 밑을 같게 변형한 후 다음을 이용한다.

$a^{f(x)}=a^{g(x)}$
$\Longleftrightarrow f(x)=g(x)$

풀이

(1) $2^{x^2-8}=4^x$에서 밑을 2로 같게 변형하면	$2^{x^2-8}=2^{2x}$
지수가 같아야 하므로	$x^2-8=2x$, $x^2-2x-8=0$
	$(x+2)(x-4)=0$
	$\therefore\ \boldsymbol{x=-2}$ 또는 $\boldsymbol{x=4}$

(2) $\left(\dfrac{3}{4}\right)^{2x^2-7}=\left(\dfrac{4}{3}\right)^{4-x}$에서 밑을 $\dfrac{3}{4}$으로 같게 변형하면	$\left(\dfrac{3}{4}\right)^{2x^2-7}=\left\{\left(\dfrac{3}{4}\right)^{-1}\right\}^{4-x}$
	$\left(\dfrac{3}{4}\right)^{2x^2-7}=\left(\dfrac{3}{4}\right)^{-4+x}$
지수가 같아야 하므로	$2x^2-7=-4+x$, $2x^2-x-3=0$
	$(x+1)(2x-3)=0$
	$\therefore\ \boldsymbol{x=-1}$ 또는 $\boldsymbol{x=\dfrac{3}{2}}$

● **문제** ●

정답과 해설 21쪽

01-1 다음 방정식을 푸시오.

(1) $8^{x-1}=16\times 4^x$

(2) $(\sqrt{3})^x=9$

(3) $\left(\dfrac{2}{3}\right)^{x^2-2x}=\left(\dfrac{3}{2}\right)^{2-x}$

(4) $4^{x^2}-2^{3-x}=0$

01-2 방정식 $9^x=\left(\dfrac{1}{3}\right)^{x^2-3}$의 두 근을 α, β라 할 때, $\alpha^2+\beta^2$의 값을 구하시오.

a^x 꼴이 반복되는 방정식

유형편 23쪽

다음 방정식을 푸시오.

(1) $4^x - 3 \times 2^{x+1} - 16 = 0$
(2) $3^x - 9 \times 3^{-x} = 8$

공략 Point

a^x 꼴이 반복되는 경우는 $a^x = t \, (t > 0)$로 놓고 t에 대한 방정식을 푼다. 이때 $t > 0$임에 유의한다.

풀이

(1) $4^x - 3 \times 2^{x+1} - 16 = 0$을 변형하면	$(2^2)^x - 3 \times 2 \times 2^x - 16 = 0$
	$(2^x)^2 - 6 \times 2^x - 16 = 0$
$2^x = t \, (t > 0)$로 놓고 방정식을 풀면	$t^2 - 6t - 16 = 0, \ (t+2)(t-8) = 0$
	$\therefore t = 8 \ (\because t > 0)$
$t = 2^x$이므로	$2^x = 8, \ 2^x = 2^3$
	$\therefore \boldsymbol{x = 3}$

(2) $3^x - 9 \times 3^{-x} = 8$을 변형하면	$3^x - \dfrac{9}{3^x} = 8$
$3^x = t \, (t > 0)$로 놓고 방정식을 풀면	$t - \dfrac{9}{t} = 8, \ t^2 - 8t - 9 = 0$
	$(t+1)(t-9) = 0 \qquad \therefore t = 9 \ (\because t > 0)$
$t = 3^x$이므로	$3^x = 9, \ 3^x = 3^2$
	$\therefore \boldsymbol{x = 2}$

● **문제** ●

정답과 해설 21쪽

02-1 다음 방정식을 푸시오.

(1) $9^x - 4 \times 3^{x+1} + 27 = 0$
(2) $\left(\dfrac{1}{4}\right)^x - \left(\dfrac{1}{2}\right)^{x-1} - 8 = 0$
(3) $5^x + 5^{-x} = 2$
(4) $2^x + 4 \times 2^{-x} = 5$

02-2 연립방정식 $\begin{cases} 2^{x+1} - 3^{y-1} = -1 \\ 2^{x-2} + 3^{y+1} = 82 \end{cases}$ 의 해가 $x = \alpha$, $y = \beta$일 때, $\alpha\beta$의 값을 구하시오.

밑과 지수에 모두 미지수가 있는 방정식

유형편 24쪽

다음 방정식을 푸시오.

(1) $(x-1)^{x^2}=(x-1)^{3+2x}$ (단, $x>1$)   (2) $(x+2)^{x-1}=4^{x-1}$ (단, $x>-2$)

공략 Point

(1) 밑이 같은 경우
$a^{f(x)}=a^{g(x)}$ $(a>0)$
$\iff a=1$ 또는
    $f(x)=g(x)$

(2) 지수가 같은 경우
$a^{f(x)}=b^{f(x)}$ $(a>0,\ b>0)$
$\iff a=b$ 또는 $f(x)=0$

풀이

(1) 밑이 같으므로 이 방정식이 성립하려면 밑이 1이거나 지수가 같아야 한다.

(i) 밑이 1이면	$x-1=1$ $\therefore x=2$
(ii) 지수가 같으면	$x^2=3+2x,\ x^2-2x-3=0$ $(x+1)(x-3)=0$ $\therefore x=3\ (\because x>1)$
(i), (ii)에서 주어진 방정식의 해는	$x=2$ 또는 $x=3$

(2) 지수가 같으므로 이 방정식이 성립하려면 밑이 같거나 지수가 0이어야 한다.

(i) 밑이 같으면	$x+2=4$ $\therefore x=2$
(ii) 지수가 0이면	$x-1=0$ $\therefore x=1$
(i), (ii)에서 주어진 방정식의 해는	$x=1$ 또는 $x=2$

● 문제 ●

정답과 해설 22쪽

O3-1 다음 방정식을 푸시오.

(1) $x^{3x+4}=x^{-x+2}$ (단, $x>0$)   (2) $(x+2)^{x+1}=(x+2)^{x^2-11}$ (단, $x>-2$)

(3) $5^{2x+1}=x^{2x+1}$ (단, $x>0$)   (4) $(x-1)^{x-3}=(2x-3)^{x-3}$ $\left(단,\ x>\dfrac{3}{2}\right)$

O3-2 방정식 $(x^2)^x=x^x\times x^6$을 푸시오. (단, $x>0$)

O3-3 방정식 $x^{2x-6}=(x+2)^{x-3}$의 모든 근의 합을 구하시오. (단, $x>0$)

a^x 꼴이 반복되는 방정식의 응용

✐ 유형편 24쪽

다음 물음에 답하시오.

(1) 방정식 $9^x-5\times3^{x+1}+27=0$의 두 근을 α, β라 할 때, $\alpha+\beta$의 값을 구하시오.

(2) 방정식 $4^x-(a+1)2^{x+1}+a+7=0$이 서로 다른 두 실근을 가질 때, 상수 a의 값의 범위를 구하시오.

공략 Point

(1) 방정식
$pa^{2x}+qa^x+r=0\,(p\neq0)$
의 두 근이 α, β일 때,
$a^x=t\,(t>0)$로 놓으면 t
에 대한 이차방정식
$pt^2+qt+r=0$의 두 근은
a^{α}, a^{β}임을 이용한다.

(2) 이차방정식이 서로 다른 두
양의 실근을 가질 조건은
(ⅰ) (판별식)>0
(ⅱ) (두 근의 합)>0
(ⅲ) (두 근의 곱)>0

풀이

(1) $9^x-5\times3^{x+1}+27=0$을 변형하면	$(3^x)^2-15\times3^x+27=0$ ······ ㉠
$3^x=t\,(t>0)$로 놓으면	$t^2-15t+27=0$ ······ ㉡
방정식 ㉠의 두 근이 α, β이므로 방정식 ㉡의 두 근은	3^{α}, 3^{β}
㉡에서 이차방정식의 근과 계수의 관계에 의하여	$3^{\alpha}\times3^{\beta}=27$, $3^{\alpha+\beta}=3^3$ $\therefore \alpha+\beta=\mathbf{3}$

(2) $4^x-(a+1)2^{x+1}+a+7=0$을 변형하면	$(2^x)^2-2(a+1)2^x+a+7=0$
$2^x=t\,(t>0)$로 놓으면	$t^2-2(a+1)t+a+7=0$ ······ ㉠
$t=2^x>0$이므로 주어진 방정식이 서로 다른 두 실근을 가지면	이차방정식 ㉠은 서로 다른 두 양의 실근을 갖는다.
(ⅰ) 이차방정식 ㉠의 판별식을 D라 하면 $D>0$이 어야 하므로	$\dfrac{D}{4}=(a+1)^2-(a+7)>0$ $a^2+a-6>0$, $(a+3)(a-2)>0$ $\therefore a<-3$ 또는 $a>2$
(ⅱ) (두 근의 합)>0이어야 하므로	$2(a+1)>0$ $\therefore a>-1$
(ⅲ) (두 근의 곱)>0이어야 하므로	$a+7>0$ $\therefore a>-7$
(ⅰ), (ⅱ), (ⅲ)을 동시에 만족시키는 a의 값의 범위는	$\boldsymbol{a>2}$

● **문제** ●

정답과 해설 23쪽

04-1 다음 물음에 답하시오.

(1) 방정식 $4^x-3\times2^{x+2}+8=0$의 두 근을 α, β라 할 때, $\alpha+\beta$의 값을 구하시오.

(2) 방정식 $9^x-4\times3^{x+1}-k=0$의 두 근의 합이 2일 때, 상수 k의 값을 구하시오.

04-2 방정식 $4^x-a\times2^{x+2}+16=0$이 서로 다른 두 실근을 가질 때, 상수 a의 값의 범위를 구하시오.

밑을 같게 할 수 있는 부등식 유형편 25쪽

다음 부등식을 푸시오.

(1) $27^{x+1} > 9^{-x+1}$

(2) $\left(\dfrac{1}{4}\right)^{x^2} \leq \left(\dfrac{1}{16}\right)^{x^2+x-4}$

공략 Point

밑을 같게 변형한 후 다음을 이용한다.

(1) $a > 1$일 때,
$a^{f(x)} < a^{g(x)}$
$\iff f(x) < g(x)$

(2) $0 < a < 1$일 때,
$a^{f(x)} < a^{g(x)}$
$\iff f(x) > g(x)$

풀이

(1) $27^{x+1} > 9^{-x+1}$에서 밑을 3으로 같게 변형하면	$(3^3)^{x+1} > (3^2)^{-x+1}$ $3^{3x+3} > 3^{-2x+2}$
밑이 1보다 크므로	$3x+3 > -2x+2,\ 5x > -1$ $\therefore\ x > -\dfrac{1}{5}$

(2) $\left(\dfrac{1}{4}\right)^{x^2} \leq \left(\dfrac{1}{16}\right)^{x^2+x-4}$에서 밑을 $\dfrac{1}{4}$로 같게 변형하면	$\left(\dfrac{1}{4}\right)^{x^2} \leq \left\{\left(\dfrac{1}{4}\right)^2\right\}^{x^2+x-4}$ $\left(\dfrac{1}{4}\right)^{x^2} \leq \left(\dfrac{1}{4}\right)^{2x^2+2x-8}$
밑이 1보다 작으므로	$x^2 \geq 2x^2+2x-8,\ x^2+2x-8 \leq 0$ $(x+4)(x-2) \leq 0$ $\therefore\ -4 \leq x \leq 2$

● **문제** ●

정답과 해설 23쪽

O5-**1** 다음 부등식을 푸시오.

(1) $4^{2x-1} \leq 8 \times 2^{3x-2}$

(2) $3^{x(2x+1)} < 27^{2-x}$

(3) $\left(\dfrac{1}{3}\right)^{2x+1} \geq \left(\dfrac{1}{81}\right)^x$

(4) $0.2^{x^2} - \left(\dfrac{1}{25}\right)^{-x} > 0$

O5-**2** 연립부등식 $\begin{cases} 2^{2x+1} > (\sqrt{8})^x \\ \left(\dfrac{2}{3}\right)^{x^2+1} \geq \left(\dfrac{3}{2}\right)^{3x-5} \end{cases}$의 해를 구하시오.

a^x 꼴이 반복되는 부등식

유형편 26쪽

다음 부등식을 푸시오.

(1) $4^x - 3 \times 2^x + 2 > 0$

(2) $\left(\dfrac{1}{9}\right)^x - 4 \times \left(\dfrac{1}{3}\right)^{x-1} + 27 \leq 0$

공략 Point

a^x 꼴이 반복되는 경우는 $a^x = t\,(t>0)$로 놓고 t에 대한 부등식을 푼다. 이때 $t>0$임에 유의한다.

풀이

(1) $4^x - 3 \times 2^x + 2 > 0$을 변형하면	$(2^x)^2 - 3 \times 2^x + 2 > 0$
$2^x = t\,(t>0)$로 놓고 부등식을 풀면	$t^2 - 3t + 2 > 0$, $(t-1)(t-2) > 0$ $\therefore\ t < 1$ 또는 $t > 2$
그런데 $t>0$이므로	$0 < t < 1$ 또는 $t > 2$
$t = 2^x$이므로	$0 < 2^x < 1$ 또는 $2^x > 2$ $2^x < 2^0$ 또는 $2^x > 2^1$
밑이 1보다 크므로	$\boldsymbol{x < 0}$ 또는 $\boldsymbol{x > 1}$

(2) $\left(\dfrac{1}{9}\right)^x - 4 \times \left(\dfrac{1}{3}\right)^{x-1} + 27 \leq 0$을 변형하면	$\left\{\left(\dfrac{1}{3}\right)^x\right\}^2 - 12 \times \left(\dfrac{1}{3}\right)^x + 27 \leq 0$
$\left(\dfrac{1}{3}\right)^x = t\,(t>0)$로 놓고 부등식을 풀면	$t^2 - 12t + 27 \leq 0$, $(t-3)(t-9) \leq 0$ $\therefore\ 3 \leq t \leq 9$
$t = \left(\dfrac{1}{3}\right)^x$이므로	$3 \leq \left(\dfrac{1}{3}\right)^x \leq 9$, $\left(\dfrac{1}{3}\right)^{-1} \leq \left(\dfrac{1}{3}\right)^x \leq \left(\dfrac{1}{3}\right)^{-2}$
밑이 1보다 작으므로	$\boldsymbol{-2 \leq x \leq -1}$

문제

정답과 해설 23쪽

06-1 다음 부등식을 푸시오.

(1) $25^x - 6 \times 5^{x+1} + 125 < 0$

(2) $9^x - 10 \times 3^{x+1} + 81 > 0$

(3) $\left(\dfrac{1}{4}\right)^x - 5 \times \left(\dfrac{1}{2}\right)^{x-1} + 16 \leq 0$

(4) $\left(\dfrac{1}{9}\right)^x + \left(\dfrac{1}{3}\right)^{x-1} \geq \left(\dfrac{1}{3}\right)^{x-2} + 27$

06-2 부등식 $\left(\dfrac{1}{49}\right)^x - 56 \times \left(\dfrac{1}{\sqrt{7}}\right)^{2x} + 343 \leq 0$을 만족시키는 정수 x의 값을 모두 구하시오.

밑과 지수에 모두 미지수가 있는 부등식

유형편 26쪽

부등식 $x^{2x+5} > x^{3x-2}$을 푸시오. (단, $x>0$)

공략 Point

밑과 지수에 모두 미지수가 있으면
(i) $0<($밑$)<1$
(ii) $($밑$)=1$
(iii) $($밑$)>1$
인 경우로 나누어 푼다.

풀이

(i) $0<x<1$일 때	$2x+5<3x-2$ $\therefore x>7$
그런데 $0<x<1$이므로	해는 없다.
(ii) $x=1$일 때	$1>1$이므로 부등식이 성립하지 않는다. 따라서 해는 없다.
(iii) $x>1$일 때	$2x+5>3x-2$ $\therefore x<7$
그런데 $x>1$이므로	$1<x<7$
(i), (ii), (iii)에서 주어진 부등식의 해는	$\mathbf{1<x<7}$

● **문제** ●

정답과 해설 24쪽

07-1 부등식 $x^{3x-2} > x^{x+4}$을 푸시오. (단, $x>0$)

07-2 부등식 $x^{x^2} \leq x^{2x+3}$의 해가 $m \leq x \leq n$일 때, mn의 값을 구하시오. (단, $x>0$)

07-3 부등식 $(x-1)^{x+2} < (x-1)^{4x-1}$을 푸시오. (단, $x>1$)

a^x 꼴이 반복되는 부등식의 응용

유형편 27쪽

모든 실수 x에 대하여 부등식 $4^x-2^{x+3}+k\geq0$이 성립하도록 하는 상수 k의 값의 범위를 구하시오.

공략 Point

모든 실수 x에 대하여 부등식 $pa^{2x}+qa^x+r>0\,(p\neq0)$이 성립하려면 $a^x=t\,(t>0)$로 놓을 때, t에 대한 이차부등식 $pt^2+qt+r>0$이 $t>0$에서 항상 성립해야 한다.

풀이

$4^x-2^{x+3}+k\geq0$을 변형하면	$(2^x)^2-8\times2^x+k\geq0$
$2^x=t\,(t>0)$로 놓으면	$t^2-8t+k\geq0$
$f(t)=t^2-8t+k$라 하면	$f(t)=(t-4)^2+k-16$
따라서 부등식 $f(t)\geq0$이 $t>0$인 모든 실수 t에 대하여 성립하려면	$k-16\geq0$ $\therefore k\geq16$

● 문제 ●

정답과 해설 25쪽

08-1 다음 물음에 답하시오.

(1) 모든 실수 x에 대하여 부등식 $9^x-2\times3^{x+1}+k\geq0$이 성립하도록 하는 상수 k의 값의 범위를 구하시오.

(2) 모든 실수 x에 대하여 부등식 $\left(\dfrac{1}{4}\right)^x+\left(\dfrac{1}{2}\right)^{x-1}+k-1>0$이 성립하도록 하는 상수 k의 값의 범위를 구하시오.

08-2 모든 실수 x에 대하여 부등식 $5^{x^2+4x}\geq\left(\dfrac{1}{25}\right)^{x+a}$이 성립하도록 하는 상수 a의 값의 범위를 구하시오.

지수에 미지수를 포함한 방정식과 부등식의 실생활에의 활용

유형편 27쪽

128만 원을 주고 구매한 어느 침대를 중고로 팔 경우에는 구매 후 1년이 지날 때마다 25 %씩 가격이 떨어진다고 한다. 이 침대의 가격이 54만 원이 되는 것은 몇 년 후인지 구하시오.

공략 Point

주어진 상황에 맞게 미지수를 정하여 식을 세운 후 방정식 또는 부등식을 푼다.

풀이

처음 가격이 128만 원인 제품의 x년 후의 가격은	$128 \times (1-0.25)^x = 128 \times \left(\dfrac{3}{4}\right)^x$ (만 원)
x년 후의 이 침대의 가격이 54만 원이 된다고 하면	$128 \times \left(\dfrac{3}{4}\right)^x = 54$ $\left(\dfrac{3}{4}\right)^x = \dfrac{27}{64} = \left(\dfrac{3}{4}\right)^3$
따라서 침대의 가격이 54만 원이 되는 것은	**3년 후**

● **문제** ●

정답과 해설 25쪽

09-1 어느 호수의 수면에서 빛의 세기를 I_0 W/m², 수심이 x m인 곳에서 빛의 세기를 I W/m²이라 하면

$$I = I_0 \left(\dfrac{1}{2}\right)^{\frac{x}{4}}$$

인 관계가 성립한다고 한다. 빛의 세기가 수면에서 빛의 세기의 12.5 %가 되는 곳의 수심은 몇 m인지 구하시오.

09-2 1마리의 박테리아 A는 x시간 후 a^x마리로 번식한다고 한다. 처음에 10마리였던 박테리아 A가 3시간 후에 640마리가 되었을 때, 10마리였던 박테리아 A가 10240마리 이상이 되는 것은 번식을 시작한 지 몇 시간 후부터인지 구하시오.

연습문제

1 방정식 $27^{x^2+1}-9^{x+4}=0$의 두 근을 α, β라 할 때, $3\beta-\alpha$의 값을 구하시오. (단, $\alpha<\beta$)

2 방정식 $a^{2x}+a^x-6=0$의 해가 $x=\dfrac{1}{3}$일 때, 상수 a의 값을 구하시오. (단, $a>0$, $a\neq1$)

3 방정식 $9^x+9^{-x}+(3^x+3^{-x})-4=0$을 푸시오.

교육청

4 실수 t에 대하여 직선 $x=t$가 곡선 $y=3^{2-x}+8$과 만나는 점을 A, x축과 만나는 점을 B라 하자. 직선 $x=t+1$이 x축과 만나는 점을 C, 곡선 $y=3^{x-1}$과 만나는 점을 D라 하자. 사각형 ABCD가 직사각형일 때, 이 사각형의 넓이는?

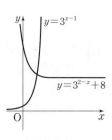

① 9　　　② 10　　　③ 11
④ 12　　　⑤ 13

5 방정식 $x^x x^x=(x^x)^x$을 푸시오. (단, $x>0$)

6 방정식 $2^{2x+1}-9\times2^x+k=0$의 두 근의 합이 1일 때, 상수 k의 값은?

① -4　　　② -2　　　③ 2
④ 4　　　⑤ 6

7 방정식 $9^x-k\times3^{x+1}+9=0$이 오직 하나의 실근을 가질 때, 상수 k의 값을 구하시오.

8 부등식 $\left(\dfrac{1}{9}\right)^{x^2+3x+2}\leq\left(\dfrac{1}{81}\right)^{x^2+2x-2}$을 만족시키는 정수 x의 개수를 구하시오.

정답과 해설 27쪽

9 부등식 $\left(\dfrac{1}{4}\right)^x \geq \left(\dfrac{1}{\sqrt{2}}\right)^{2x-2}+8$을 푸시오.

10 부등식 $x^{-x+2} > x^{2x-10}$의 해가 $m < x < n$일 때, $m-n$의 값을 구하시오. (단, $x>0$)

11 모든 실수 x에 대하여 부등식 $4^x - a \times 2^{x+2} + 4 \geq 0$ 이 성립하도록 하는 상수 a의 값의 범위를 구하시오.

교육청 ▶

12 최대 충전 용량이 $Q_0(Q_0 > 0)$인 어떤 배터리를 완전히 방전시킨 후 t시간 동안 충전한 배터리의 충전 용량을 $Q(t)$라 할 때, 다음 식이 성립한다고 한다.

$$Q(t) = Q_0 \left(1 - 2^{-\frac{t}{a}}\right) \text{ (단, } a\text{는 양의 상수이다.)}$$

$\dfrac{Q(4)}{Q(2)} = \dfrac{3}{2}$일 때, a의 값은?

(단, 배터리의 충전 용량의 단위는 mAh이다.)

① $\dfrac{3}{2}$ ② 2 ③ $\dfrac{5}{2}$

④ 3 ⑤ $\dfrac{7}{2}$

▶ **실력**

수능 ▶

13 이차함수 $y=f(x)$의 그래프와 일차함수 $y=g(x)$의 그래프가 그림과 같을 때, 부등식

$$\left(\dfrac{1}{2}\right)^{f(x)g(x)} \geq \left(\dfrac{1}{8}\right)^{g(x)}$$

을 만족시키는 모든 자연수 x의 값의 합은?

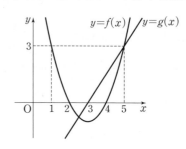

① 7 ② 9 ③ 11
④ 13 ⑤ 15

14 탄소의 방사성 동위 원소 ^{14}C는 5730년마다 그 양이 반으로 줄어든다고 한다. 원래 ^{14}C의 양이 $500\,g$일 때, 처음으로 ^{14}C의 양이 $62.5\,g$ 이하가 되는 것은 몇 년 후인가?

① 1910년 ② 2865년 ③ 5730년
④ 11460년 ⑤ 17190년

로그함수

① 로그함수의 뜻

지수함수 $y=a^x (a>0,\ a\neq1)$은 실수 전체의 집합에서 양의 실수 전체의 집합으로의 일대일대응이므로 역함수를 갖는다.

이때 로그의 정의에 의하여 $x=\log_a y$이므로 x와 y를 서로 바꾸면 지수함수 $y=a^x$의 역함수는

$$y=\log_a x\ (a>0,\ a\neq1)$$

이다. 이 함수를 a를 밑으로 하는 **로그함수**라 한다.

예 함수 $y=3^x$의 역함수는 $y=\log_3 x$이고, 이는 3을 밑으로 하는 로그함수이다.

② 로그함수 $y=\log_a x (a>0,\ a\neq1)$의 그래프와 성질

로그함수 $y=\log_a x$는 지수함수 $y=a^x$의 역함수이므로 $y=\log_a x$의 그래프는 $y=a^x$의 그래프와 직선 $y=x$에 대하여 대칭이다.

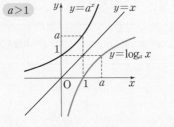
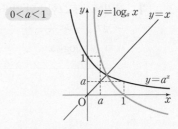

(1) 정의역은 양의 실수 전체의 집합이고, 치역은 실수 전체의 집합이다.

(2) 일대일함수이다.　◀ $x_1\neq x_2$이면 $\log_a x_1\neq\log_a x_2$

(3) $a>1$일 때, x의 값이 증가하면 y의 값도 증가한다.　◀ $0<x_1<x_2$이면 $\log_a x_1<\log_a x_2$

　　$0<a<1$일 때, x의 값이 증가하면 y의 값은 감소한다.　◀ $0<x_1<x_2$이면 $\log_a x_1>\log_a x_2$

(4) 그래프는 점 $(1,\ 0)$을 지나고, 그래프의 점근선은 y축(직선 $x=0$)이다.

참고 $a>0$, $a\neq1$일 때, $y=\log_a x$의 그래프와 $y=\log_{\frac{1}{a}} x$의 그래프는 x축에 대하여 대칭이다.

③ 로그함수의 그래프의 평행이동과 대칭이동

로그함수 $y=\log_a x (a>0,\ a\neq1)$의 그래프를

(1) x축의 방향으로 m만큼, y축의 방향으로 n만큼 평행이동한 그래프의 식

　➡ $y=\log_a(x-m)+n$

(2) x축에 대하여 대칭이동한 그래프의 식 ➡ $y=-\log_a x=\log_a \dfrac{1}{x}$

(3) y축에 대하여 대칭이동한 그래프의 식 ➡ $y=\log_a(-x)$

(4) 원점에 대하여 대칭이동한 그래프의 식 ➡ $y=-\log_a(-x)=\log_a\left(-\dfrac{1}{x}\right)$

(5) 직선 $y=x$에 대하여 대칭이동한 그래프의 식 ➡ $y=a^x$

4 로그함수의 최대, 최소

정의역이 $\{x \mid m \leq x \leq n\}$인 로그함수 $f(x) = \log_a x \, (a > 0, \, a \neq 1)$는

(1) $a > 1$이면 $x = m$에서 최솟값 $f(m)$, $x = n$에서 최댓값 $f(n)$을 갖는다.

(2) $0 < a < 1$이면 $x = m$에서 최댓값 $f(m)$, $x = n$에서 최솟값 $f(n)$을 갖는다.

예 정의역이 $\{x \mid -3 \leq x \leq 3\}$이면

함수 $y = \log_2 (x+5)$는 $x = -3$에서 최솟값 $\log_2 2 = 1$, $x = 3$에서 최댓값 $\log_2 8 = 3$을 갖고,

함수 $y = \log_{\frac{1}{2}} (x+5)$는 $x = -3$에서 최댓값 $\log_{\frac{1}{2}} 2 = -1$, $x = 3$에서 최솟값 $\log_{\frac{1}{2}} 8 = -3$을 갖는다.

개념 Check

정답과 해설 28쪽

1 보기에서 로그함수인 것만을 있는 대로 고르시오.

보기

ㄱ. $y = \log_{10} x$ ㄴ. $y = x \log_2 5$ ㄷ. $y = \log_{\frac{1}{2}} x^2$ ㄹ. $y = \log_3 9$

2 함수 $f(x) = \log_4 x$에 대하여 다음 값을 구하시오.

(1) $f\left(\dfrac{1}{4}\right)$ (2) $f(1)$ (3) $f(2)$ (4) $f(64)$

3 다음 함수의 역함수를 구하시오.

(1) $y = 2^x$ (2) $y = \left(\dfrac{1}{3}\right)^x$

4 로그함수 $y = \log_3 x$의 그래프가 오른쪽 그림과 같을 때, 다음 함수의 그래프를 그리시오.

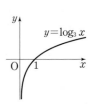

(1) $y = \log_3 (x-1)$ (2) $y = \log_3 x + 1$

(3) $y = -\log_3 x$ (4) $y = \log_3 (-x)$

로그함수의 역함수

유형편 28쪽

다음 함수의 역함수를 구하시오.

(1) $y = 2^{x+3} - 1$ (2) $y = \log_3(x-2) + 1$

공략 Point

함수 $y = f(x)$의 역함수는 $y = f(x)$를 로그의 정의를 이용하여 $x = g(y)$ 꼴로 고친 후 x와 y를 서로 바꾸어 구한다.

풀이

(1) $y = 2^{x+3} - 1$에서

$y + 1 = 2^{x+3}$

로그의 정의에 의하여

$x + 3 = \log_2(y+1)$

$\therefore x = \log_2(y+1) - 3$

x와 y를 서로 바꾸어 역함수를 구하면 $\boldsymbol{y = \log_2(x+1) - 3}$

(2) $y = \log_3(x-2) + 1$에서

$y - 1 = \log_3(x-2)$

로그의 정의에 의하여

$x - 2 = 3^{y-1}$

$\therefore x = 3^{y-1} + 2$

x와 y를 서로 바꾸어 역함수를 구하면 $\boldsymbol{y = 3^{x-1} + 2}$

● **문제** ●

정답과 해설 28쪽

01-1 다음 함수의 역함수를 구하시오.

(1) $y = 2^{x-1} + 1$ (2) $y = \log_{\frac{1}{3}}(x-2) - 3$

01-2 함수 $y = \log_2(x+a) - 3$의 역함수가 $y = 2^{x+b} - 2$일 때, 상수 a, b에 대하여 $a+b$의 값을 구하시오.

로그함수의 그래프

📘 유형편 29쪽

다음 함수의 그래프를 그리고, 정의역과 점근선의 방정식을 구하시오.

(1) $y=\log_2(x+1)+1$

(2) $y=\log_2(-x)+3$

공략 Point

로그함수 $y=\log_a x$의 그래프를 그린 후 로그함수의 그래프의 평행이동 또는 대칭이동을 이용한다.

풀이

(1) 함수 $y=\log_2(x+1)+1$의 그래프는 함수 $y=\log_2 x$의 그래프를 x축의 방향으로 -1만큼, y축의 방향으로 1만큼 평행이동한 것이므로 오른쪽 그림과 같다.

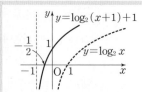

따라서 정의역과 점근선의 방정식은

정의역: $\{x|x>-1\}$, 점근선의 방정식: $x=-1$

(2) 함수 $y=\log_2(-x)+3$의 그래프는 함수 $y=\log_2 x$의 그래프를 y축에 대하여 대칭이동한 후 y축의 방향으로 3만큼 평행이동한 것이므로 오른쪽 그림과 같다.

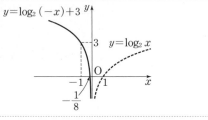

따라서 정의역과 점근선의 방정식은

정의역: $\{x|x<0\}$, 점근선의 방정식: $x=0$

● **문제** ●

정답과 해설 28쪽

02-1 다음 함수의 그래프를 그리고, 정의역과 점근선의 방정식을 구하시오.

(1) $y=\log_{\frac{1}{3}}(x-1)-2$

(2) $y=-\log_{\frac{1}{3}}(-x)$

02-2 함수 $y=\log_2 4(x-1)$의 그래프를 그리시오.

로그함수의 그래프의 평행이동과 대칭이동

유형편 30쪽

함수 $y=\log_3 x$의 그래프를 x축의 방향으로 -1만큼, y축의 방향으로 1만큼 평행이동한 후 y축에 대하여 대칭이동한 그래프의 식이 $y=\log_3(ax+b)$일 때, 상수 a, b에 대하여 ab의 값을 구하시오.

공략 Point

x축의 방향으로 m만큼, y축의 방향으로 n만큼 평행이동한 그래프의 식은 x 대신 $x-m$, y 대신 $y-n$을 대입하고, x축, y축에 대하여 대칭이동한 그래프의 식은 y 대신 $-y$, x 대신 $-x$를 대입하여 구할 수 있다.

풀이

함수 $y=\log_3 x$의 그래프를 x축의 방향으로 -1만큼, y축의 방향으로 1만큼 평행이동하면	$y-1=\log_3(x+1)$ $\therefore\ y=\log_3(x+1)+1$ ...... ㉠
㉠의 그래프를 y축에 대하여 대칭이동하면	$y=\log_3(-x+1)+1$ $\quad=\log_3(-x+1)+\log_3 3$ $\therefore\ y=\log_3(-3x+3)$ ...... ㉡
㉡의 식이 $y=\log_3(ax+b)$와 일치하므로	$a=-3,\ b=3$ $\therefore\ ab=\boldsymbol{-9}$

문제

정답과 해설 28쪽

03-1 함수 $y=\log_2 x$의 그래프를 y축의 방향으로 2만큼 평행이동한 후 y축에 대하여 대칭이동한 그래프의 식이 $y=\log_2 ax$일 때, 상수 a의 값을 구하시오.

03-2 함수 $y=\log_5 x-2$의 그래프를 x축에 대하여 대칭이동한 후 x축의 방향으로 -3만큼, y축의 방향으로 2만큼 평행이동한 그래프가 점 $(2, k)$를 지날 때, k의 값을 구하시오.

03-3 함수 $y=\log_3 x$의 그래프를 x축의 방향으로 a만큼, y축의 방향으로 b만큼 평행이동한 그래프가 오른쪽 그림과 같을 때, 상수 a, b에 대하여 $a+b$의 값을 구하시오.

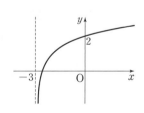

함수 $y=\log_2 x$의 그래프와 직선 $y=x$가 오른쪽 그림과 같을 때, $a+b+c$의 값을 구하시오. (단, 점선은 x축 또는 y축에 평행하다.)

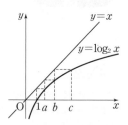

공략 Point

로그함수 $y=\log_a x$의 그래프가 점 (m, n)을 지나면
➡ $n=\log_a m \iff a^n=m$

풀이

함수 $y=\log_2 x$의 그래프는 점 $(a, 1)$을 지나므로	$1=\log_2 a$ $\therefore a=2$	
함수 $y=\log_2 x$의 그래프는 점 (b, a), 즉 점 $(b, 2)$를 지나므로	$2=\log_2 b$ $\therefore b=2^2=4$	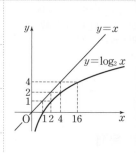
함수 $y=\log_2 x$의 그래프는 점 (c, b), 즉 점 $(c, 4)$를 지나므로	$4=\log_2 c$ $\therefore c=2^4=16$	
따라서 $a+b+c$의 값은	$a+b+c=2+4+16=\mathbf{22}$	

● **문제** ●

정답과 해설 29쪽

04-1 두 함수 $y=\log_3 x$, $y=3^x$의 그래프가 오른쪽 그림과 같을 때, $\log_b d$의 값을 구하시오. (단, 점선은 x축 또는 y축에 평행하다.)

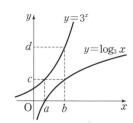

04-2 오른쪽 그림과 같이 두 함수 $y=\log_3 x$, $y=\log_9 x$의 그래프와 직선 $x=k$가 만나는 점을 각각 A, B라 할 때, $\overline{AB}=\dfrac{3}{2}$이다. 이때 k의 값을 구하시오. (단, $k>1$)

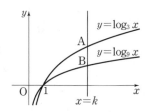

로그함수를 이용한 수의 대소 비교

유형편 31쪽

다음 세 수의 대소를 비교하시오.

(1) 2, $\log_2 5$, $\log_4 24$

(2) $\log_{\frac{1}{3}} 4$, $\log_{\frac{1}{9}} 12$, -1

공략 Point

로그함수 $y=\log_a x$에서

(1) $a>1$일 때

➡ $x_1 < x_2$이면

$\log_a x_1 < \log_a x_2$

(2) $0<a<1$일 때

➡ $x_1 < x_2$이면

$\log_a x_1 > \log_a x_2$

풀이

(1) 2, $\log_4 24$를 밑이 2인 로그로 나타내면	$2 = \log_2 2^2 = \log_2 4$ $\log_4 24 = \log_{2^2} 24 = \frac{1}{2}\log_2 24$ $\quad = \log_2 24^{\frac{1}{2}} = \log_2 \sqrt{24}$
$4 < \sqrt{24} < 5$이고, 밑이 1보다 크므로	$\log_2 4 < \log_2 \sqrt{24} < \log_2 5$ $\therefore 2 < \log_4 24 < \log_2 5$

(2) $\log_{\frac{1}{9}} 12$, -1을 밑이 $\frac{1}{3}$인 로그로 나타내면	$\log_{\frac{1}{9}} 12 = \log_{\left(\frac{1}{3}\right)^2} 12 = \frac{1}{2}\log_{\frac{1}{3}} 12$ $\quad = \log_{\frac{1}{3}} 12^{\frac{1}{2}} = \log_{\frac{1}{3}} \sqrt{12}$ $-1 = \log_{\frac{1}{3}} \left(\frac{1}{3}\right)^{-1} = \log_{\frac{1}{3}} 3$
$3 < \sqrt{12} < 4$이고, 밑이 1보다 작으므로	$\log_{\frac{1}{3}} 4 < \log_{\frac{1}{3}} \sqrt{12} < \log_{\frac{1}{3}} 3$ $\therefore \log_{\frac{1}{3}} 4 < \log_{\frac{1}{9}} 12 < -1$

● **문제** ●

정답과 해설 29쪽

05-1 다음 세 수의 대소를 비교하시오.

(1) 2, $\log_3 7$, $\log_9 80$

(2) $\log_{\frac{1}{4}} 20$, $\log_{\frac{1}{2}} 5$, -2

05-2 $0<a<1$일 때, 세 수 $A=2\log_a 5$, $B=-3\log_{\frac{1}{a}} 3$, $C=\dfrac{4}{\log_2 a}$의 대소를 비교하시오.

로그함수의 최대, 최소

🖉 유형편 32쪽

다음 함수의 최댓값과 최솟값을 구하시오.

(1) $y=\log_3(2x+1)$ $(1\leq x\leq 4)$　　　　(2) $y=\log_{\frac{1}{2}}(x+1)-2$ $(0\leq x\leq 3)$

공략 Point

정의역이 $\{x\mid m\leq x\leq n\}$인 로그함수 $f(x)=\log_a x$는

(1) $a>1$이면
➡ 최댓값: $f(n)$
　최솟값: $f(m)$

(2) $0<a<1$이면
➡ 최댓값: $f(m)$
　최솟값: $f(n)$

풀이

(1) 함수 $y=\log_3(2x+1)$의 밑이 1보다 크므로 $1\leq x\leq 4$에서 함수 $y=\log_3(2x+1)$의 최댓값과 최솟값을 구하면

$x=4$일 때, **최댓값은 2**
$x=1$일 때, **최솟값은 1**

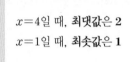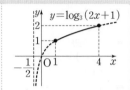

(2) 함수 $y=\log_{\frac{1}{2}}(x+1)-2$의 밑이 1보다 작으므로 $0\leq x\leq 3$에서 함수 $y=\log_{\frac{1}{2}}(x+1)-2$의 최댓값과 최솟값을 구하면

$x=0$일 때, **최댓값은 -2**
$x=3$일 때, **최솟값은 -4**

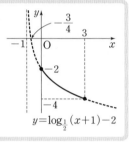

● **문제** ●

정답과 해설 29쪽

06-1 다음 함수의 최댓값과 최솟값을 구하시오.

(1) $y=\log_2(x-1)$ $(3\leq x\leq 9)$　　　　(2) $y=\log_{\frac{1}{3}}(2x-1)+1$ $(2\leq x\leq 5)$

06-2 정의역이 $\{x\mid 2\leq x\leq 14\}$인 함수 $y=\log_5(2x-3)+4$의 최댓값을 M, 최솟값을 m이라 할 때, $M-m$의 값을 구하시오.

06-3 정의역이 $\{x\mid 5\leq x\leq 11\}$인 함수 $y=\log_{\frac{1}{3}}(x-a)$의 최솟값이 -2일 때, 최댓값을 구하시오.
(단, a는 상수)

함수 $y=\log_a(px^2+qx+r)$ 꼴의 최대, 최소

유형편 32쪽

다음 함수의 최댓값과 최솟값을 구하시오.

(1) $y=\log_2(x^2-6x+11)$ $(2\le x\le 5)$　　　(2) $y=\log_{\frac{1}{2}}(-x^2+4x+4)$ $(0\le x\le 3)$

공략 Point

로그함수 $y=\log_a f(x)$에서
(1) $a>1$이면
　➡ $f(x)$가 최대일 때
　　$\log_a f(x)$도 최대,
　　$f(x)$가 최소일 때
　　$\log_a f(x)$도 최소
(2) $0<a<1$이면
　➡ $f(x)$가 최소일 때
　　$\log_a f(x)$는 최대,
　　$f(x)$가 최대일 때
　　$\log_a f(x)$는 최소

풀이

(1) $y=\log_2(x^2-6x+11)$에서 $f(x)=x^2-6x+11$이라 하면	$f(x)=x^2-6x+11=(x-3)^2+2$
$2\le x\le 5$에서 $f(2)=3$, $f(3)=2$, $f(5)=6$ 이므로	$2\le f(x)\le 6$
이때 함수 $y=\log_2 f(x)$의 밑이 1보다 크므로 함수 $y=\log_2 f(x)$의 최댓값과 최솟값을 구하면	$f(x)=6$일 때, **최댓값**은 $\log_2 6$ $f(x)=2$일 때, **최솟값**은 1
(2) $y=\log_{\frac{1}{2}}(-x^2+4x+4)$에서 $f(x)=-x^2+4x+4$라 하면	$f(x)=-x^2+4x+4=-(x-2)^2+8$
$0\le x\le 3$에서 $f(0)=4$, $f(2)=8$, $f(3)=7$ 이므로	$4\le f(x)\le 8$
이때 함수 $y=\log_{\frac{1}{2}}f(x)$의 밑이 1보다 작으므로 함수 $y=\log_{\frac{1}{2}}f(x)$의 최댓값과 최솟값을 구하면	$f(x)=4$일 때, **최댓값**은 -2 $f(x)=8$일 때, **최솟값**은 -3

● 문제 ●

정답과 해설 30쪽

07-1 다음 함수의 최댓값과 최솟값을 구하시오.

(1) $y=\log_3(-x^2+2x+9)$ $(2\le x\le 4)$　　　(2) $y=\log_{\frac{1}{3}}(x^2-4x+13)$ $(1\le x\le 5)$

07-2 함수 $y=\log_2(x-3)+\log_2(5-x)$는 $x=a$에서 최댓값 M을 가질 때, $a+M$의 값을 구하시오.

07-3 정의역이 $\{x|-3\le x\le 4\}$인 함수 $y=\log_a(x^2-4x+6)$의 최솟값이 -3일 때, 상수 a의 값을 구하시오. (단, $0<a<1$)

$\log_a x$ 꼴이 반복되는 함수의 최대, 최소

유형편 33쪽

다음 물음에 답하시오.

(1) 정의역이 $\{x \,|\, 1 \le x \le 8\}$인 함수 $y=(\log_2 x)^2-\log_2 x^2+2$의 최댓값과 최솟값을 구하시오.

(2) 정의역이 $\{x \,|\, x>1\}$인 함수 $y=\log_5 x+\log_x 625$의 최솟값을 구하시오.

공략 Point

(1) $\log_a x$ 꼴이 반복되는 경우는 $\log_a x=t$로 놓고 t의 값의 범위에서 t에 대한 함수의 최댓값과 최솟값을 구한다.

(2) 함수 $y=\log_a b+\log_b a$의 최대, 최소는 산술평균과 기하평균의 관계를 이용한다.

$\log_a b+\log_b a$
$\ge 2\sqrt{\log_a b \times \log_b a}=2$
(단, 등호는 $\log_a b=\log_b a$ 일 때 성립)

풀이

(1) $y=(\log_2 x)^2-\log_2 x^2+2$를 변형하면	$y=(\log_2 x)^2-2\log_2 x+2$
$\log_2 x=t$로 놓으면 $1 \le x \le 8$에서	$\log_2 1 \le t \le \log_2 8$ ∴ $0 \le t \le 3$
이때 주어진 함수는	$y=t^2-2t+2=(t-1)^2+1$
따라서 $0 \le t \le 3$에서 함수 $y=(t-1)^2+1$의 최댓값과 최솟값을 구하면	$t=3$일 때, **최댓값은 5** $t=1$일 때, **최솟값은 1**

(2) 주어진 함수를 밑이 5인 로그로 나타내면	$y=\log_5 x+\log_x 625$ $=\log_5 x+4\log_x 5$ $=\log_5 x+\dfrac{4}{\log_5 x}$
$x>1$에서 $\log_5 x>0$이므로 산술평균과 기하평균의 관계에 의하여	$\ge 2\sqrt{\log_5 x \times \dfrac{4}{\log_5 x}}=4$ (단, 등호는 $\log_5 x=2$일 때 성립)
따라서 구하는 최솟값은	**4**

● **문제** ●

정답과 해설 30쪽

08-1 다음 물음에 답하시오.

(1) 정의역이 $\{x \,|\, 1 \le x \le 4\}$인 함수 $y=2(\log_{\frac{1}{2}} x)^2+\log_{\frac{1}{2}} x^2$의 최댓값과 최솟값을 구하시오.

(2) 정의역이 $\{x \,|\, x>1\}$인 함수 $y=\log_2 x+\log_x 512$의 최솟값을 구하시오.

08-2 함수 $y=(\log_3 x)^2+a\log_{27} x^2+b$가 $x=\dfrac{1}{3}$에서 최솟값 1을 가질 때, 상수 a, b의 값을 구하시오.

1 함수 $f(x)=\log_2 x$에서 $f(2)=a$, $f(8)=b$일 때, $f(k)=a+b$를 만족시키는 실수 k의 값을 구하시오.

2 함수 $f(x)=\log_3 \dfrac{x+1}{x-1}$ $(x>1)$의 역함수 $g(x)$에 대하여 $g(\alpha)=3$, $g(\beta)=5$일 때, $\alpha+\beta$의 값을 구하시오.

3 다음 중 함수 $y=\log_2 2(x-4)+2$에 대한 설명으로 옳지 <u>않은</u> 것은?

① 정의역은 $\{x \mid x>4\}$이다.

② 그래프는 제2사분면과 제3사분면을 지나지 않는다.

③ x의 값이 증가하면 y의 값도 증가한다.

④ 그래프는 점 $(6, 3)$을 지난다.

⑤ 그래프는 함수 $y=\log_2 x$의 그래프를 x축의 방향으로 4만큼, y축의 방향으로 3만큼 평행이동한 것과 같다.

4 함수 $y=\log_3 (x-a)+b$의 그래프가 다음 그림과 같을 때, 상수 a, b에 대하여 $a+b$의 값을 구하시오.

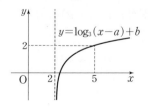

5 함수 $y=\log_2 8x+3$의 그래프를 x축의 방향으로 2만큼 평행이동한 후 x축에 대하여 대칭이동한 그래프가 점 $(3, k)$를 지날 때, k의 값을 구하시오.

6 함수 $y=2+\log_2 x$의 그래프를 x축의 방향으로 -8만큼, y축의 방향으로 k만큼 평행이동한 그래프가 제4사분면을 지나지 않도록 하는 실수 k의 최솟값은?

① -1 ② -2 ③ -3

④ -4 ⑤ -5

7 그림과 같이 두 함수 $f(x)=\log_2 x$, $g(x)=\log_2 3x$의 그래프 위의 네 점 A$(1, f(1))$, B$(3, f(3))$, C$(3, g(3))$, D$(1, g(1))$이 있다. 두 함수 $y=f(x)$, $y=g(x)$의 그래프와 선분 AD, 선분 BC로 둘러싸인 부분의 넓이는?

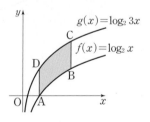

① 3 ② $2\log_2 3$ ③ 4

④ $3\log_2 3$ ⑤ 5

8 다음 그림과 같이 함수 $y=\log_2 x$의 그래프 위의 점 D, E와 x축 위의 점 B, C, G에 대하여 정사각형 ABCD의 한 변의 길이가 4일 때, 정사각형 FGBE의 한 변의 길이는?

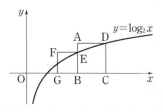

① $2-\log_2 3$ ② 2 ③ $4-\log_2 3$
④ $2+\log_2 3$ ⑤ $3+\log_3 2$

9 다음 그림과 같이 세 함수 $f(x)=\log_a x$, $g(x)=\log_b x$, $h(x)=-\log_a x$의 그래프가 직선 $x=2$와 만나는 점을 각각 P, Q, R라 하자. $\overline{PQ} : \overline{QR}=1 : 2$일 때, $g(a)$의 값을 구하시오.
(단, $1<a<b$)

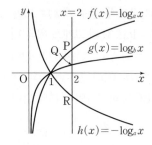

10 함수 $f(x)=\log_3 x$의 그래프와 그 역함수 $y=f^{-1}(x)$의 그래프가 직선 $y=3$과 만나는 점을 각각 A, B라 할 때, 삼각형 OAB의 넓이를 구하시오. (단, O는 원점이다.)

11 오른쪽 그림과 같이 함수 $y=2^x$의 그래프 위의 점 A, C, E와 함수 $y=\log_2 x$의 그래프 위의 점 B, D, F에 대하여 $\overline{AB}$, $\overline{CD}$, $\overline{EF}$가 x축에 평행하고 $\overline{BC}$, $\overline{DE}$가 직선 $y=x$에 수직일 때, 점 F의 좌표를 구하시오.

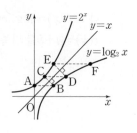

12 $1<x<3$일 때, 세 수 $A=\log_x 3$, $B=\log_3 x$, $C=(\log_3 x)^2$의 대소를 비교하시오.

13 정의역이 $\{x \mid 3 \leq x \leq 21\}$인 함수 $y=\log_3 (x-a)+2$의 최댓값이 5일 때, 최솟값을 구하시오. (단, a는 상수)

14 두 함수 $f(x)=\log_5 x$, $g(x)=x^2+2x+6$에 대하여 합성함수 $(f \circ g)(x)$의 최솟값은?

① -2 ② -1 ③ 0
④ 1 ⑤ 2

15 정의역이 $\{x\,|\,3\leq x\leq 9\}$인 함수 $y=\log_2(x^2-4x+a)$의 최솟값이 4일 때, 최댓값을 구하시오. (단, a는 상수)

16 정의역이 $\left\{x\,\middle|\,\dfrac{1}{9}<x<81\right\}$인 함수 $y=\log_3 9x\times\log_3\dfrac{81}{x}$은 $x=a$에서 최댓값 M을 갖는다. $a+M$의 값을 구하시오.

17 $x>1$, $y>1$일 때, $(\log_x y)^2+(\log_y x)^2$의 최솟값은?

① 1   ② 2   ③ 3
④ 4   ⑤ 5

▶ **실력**

18 보기에서 옳은 것만을 있는 대로 고르시오.

보기
ㄱ. $a<b$이면 $(\log_4 3)^a<(\log_4 3)^b$이다.
ㄴ. $0<x<1$이면 $\log_3 x<\log_4 x$이다.
ㄷ. $\log_{\frac{1}{3}} 5<\log_{\frac{1}{4}} 5$

19 다음 그림과 같이 두 함수 $y=\log_3 x$, $y=\log_3(x-p)+q$의 그래프가 점 $(3,\,1)$에서 만난다. 두 함수 $y=\log_3 x$, $y=\log_3(x-p)+q$의 그래프가 x축과 만나는 점을 각각 A, B라 하고, 직선 $y=2$와 만나는 점을 각각 C, D라 하자. $\overline{\text{CD}}-\overline{\text{BA}}=\dfrac{8}{3}$일 때, $p+q$의 값을 구하시오.

(단, $0<p<3$, $q>0$)

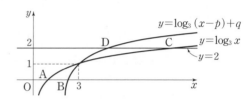

20 다음 그림과 같이 $a>1$, $b>0$인 두 상수 a, b에 대하여 함수 $y=\log_a(x+b)$의 그래프 위의 점 $\text{P}(8,\,2)$를 지나고 기울기가 -1인 직선이 함수 $y=a^x-b$의 그래프와 만나는 점을 Q, 점 P를 지나며 x축에 평행한 직선이 함수 $y=a^x-b$의 그래프와 만나는 점을 R라 하자. 삼각형 PQR의 넓이가 21일 때, $a+b$의 값을 구하시오.

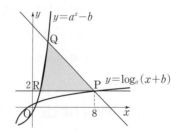

로그함수의 활용

① 로그의 진수에 미지수를 포함한 방정식의 풀이

$\log_3 x = 2$, $(\log x)^2 - \log x - 2 = 0$과 같이 로그의 진수에 미지수를 포함한 방정식은 다음 성질을 이용하여 푼다.

> $a > 0$, $a \neq 1$일 때
> (1) $\log_a x = b \iff x = a^b$ (단, $x > 0$)
> (2) $\log_a x_1 = \log_a x_2 \iff x_1 = x_2$ (단, $x_1 > 0$, $x_2 > 0$)

이때 방정식을 풀어 구한 값이 <u>밑 또는 진수의 조건</u>을 만족시키는지 반드시 확인해야 한다.

(밑)>0, (밑)≠1, (진수)>0

참고 로그함수 $y = \log_a x$ $(a > 0, a \neq 1)$는 양의 실수 전체의 집합에서 실수 전체의 집합으로의 일대일대응이므로 임의의 실수 p에 대하여 방정식 $\log_a x = p$는 단 하나의 해를 갖는다.

예 (1) $\log_2 x = 5$에서 $x = 2^5 = 32$
　　이때 진수의 조건에서 $x > 0$이므로 주어진 방정식의 해는 $x = 32$

　(2) $\log_{\frac{1}{3}} x = \log_{\frac{1}{3}} (3x - 2)$에서 $x = 3x - 2$　　∴ $x = 1$
　　이때 진수의 조건에서 $x > \frac{2}{3}$이므로 주어진 방정식의 해는 $x = 1$

② 로그의 진수에 미지수를 포함한 부등식의 풀이

$\log_3 x > 1$, $(\log x)^2 + \log x - 6 \leq 0$과 같이 로그의 진수에 미지수를 포함한 부등식은 다음 성질을 이용하여 푼다.

> $x_1 > 0$, $x_2 > 0$일 때
> (1) $a > 1$이면 $\log_a x_1 < \log_a x_2 \iff x_1 < x_2$　◀ 부등호 방향 그대로
> (2) $0 < a < 1$이면 $\log_a x_1 < \log_a x_2 \iff x_1 > x_2$　◀ 부등호 방향 반대로

이때 부등식을 풀어 구한 값이 <u>밑 또는 진수의 조건</u>을 만족시키는지 반드시 확인해야 한다.

(밑)>0, (밑)≠1, (진수)>0

예 (1) $\log_2 x > \log_2 3$에서 밑이 2이고 $2 > 1$이므로 $x > 3$
　　이때 진수의 조건에서 $x > 0$이므로 주어진 부등식의 해는 $x > 3$

　(2) $\log_{\frac{1}{3}} x > \log_{\frac{1}{3}} 5$에서 밑이 $\frac{1}{3}$이고 $0 < \frac{1}{3} < 1$이므로 $x < 5$
　　이때 진수의 조건에서 $x > 0$이므로 주어진 부등식의 해는 $0 < x < 5$

개념 Check

정답과 해설 34쪽

1 다음 방정식을 푸시오.

(1) $\log_2 (3x + 1) = 4$

(2) $\log_{\frac{1}{2}} (x + 1) = \log_{\frac{1}{2}} (2x - 1)$

2 다음 부등식을 푸시오.

(1) $\log_2 (2x - 3) \leq 2$

(2) $\log_{\frac{1}{3}} (2x - 5) < \log_{\frac{1}{3}} (x - 3)$

로그의 밑을 같게 할 수 있는 방정식

유형편 34쪽

다음 방정식을 푸시오.

(1) $\log_2(x+1)+\log_2(x-3)=5$

(2) $\log_{\frac{1}{3}}(x+1)=\log_{\frac{1}{9}}(x+13)$

공략 Point

로그의 밑을 같게 변형한 후
다음을 이용한다.
(1) $\log_a f(x)=p$
   $\iff f(x)=a^p$
(2) $\log_a f(x)=\log_a g(x)$
   $\iff f(x)=g(x)$
이때 구한 해가 진수의 조건
을 만족시키는지 확인한다.

풀이

(1) 진수의 조건에서	$x+1>0,\ x-3>0$　∴ $x>3$　…… ㉠
$\log_2(x+1)+\log_2(x-3)=5$에서	$\log_2(x+1)(x-3)=5$ $\log_2(x^2-2x-3)=5$
로그의 정의에 의하여	$x^2-2x-3=2^5,\ x^2-2x-35=0$ $(x+5)(x-7)=0$　∴ $x=-5$ 또는 $x=7$
따라서 ㉠에 의하여 주어진 방정식의 해는	$x=7$
(2) 진수의 조건에서	$x+1>0,\ x+13>0$　∴ $x>-1$　…… ㉠
$\log_{\frac{1}{3}}(x+1)=\log_{\frac{1}{9}}(x+13)$을 변형하면	$\log_{(\frac{1}{3})^2}(x+1)^2=\log_{\frac{1}{9}}(x+13)$ $\log_{\frac{1}{9}}(x+1)^2=\log_{\frac{1}{9}}(x+13)$
진수끼리 비교하면	$(x+1)^2=x+13,\ x^2+x-12=0$ $(x+4)(x-3)=0$ ∴ $x=-4$ 또는 $x=3$
따라서 ㉠에 의하여 주어진 방정식의 해는	$x=3$

● **문제** ●

정답과 해설 34쪽

01-1 다음 방정식을 푸시오.

(1) $\log_{\frac{1}{2}}(x-1)+\log_{\frac{1}{2}}(x+5)=-4$

(2) $\log_5(x+2)+\log_5(x-3)=\log_5(5x+1)$

(3) $\log_2(2x+1)=\log_{\sqrt{2}}(x-1)$

(4) $\log_3(x+3)=\log_9(x+7)+1$

01-2 방정식 $\log_{(x^2-2x+1)}(2x-1)=\log_4(2x-1)$을 푸시오.

$\log_a x$ 꼴이 반복되는 방정식

유형편 34쪽

다음 방정식을 푸시오.

(1) $(\log_3 x)^2 - \log_3 x^3 + 2 = 0$ (2) $\log_2 x - \log_x 4 = 1$

공략 Point

$\log_a x$ 꼴이 반복되는 경우는 $\log_a x = t$로 놓고 t에 대한 방정식을 푼다.
이때 구한 해가 밑과 진수의 조건을 만족시키는지 확인한다.

풀이

(1) 진수의 조건에서	$x > 0, \ x^3 > 0$ $\therefore \ x > 0$ $\cdots\cdots$ ㉠
$(\log_3 x)^2 - \log_3 x^3 + 2 = 0$을 변형하면	$(\log_3 x)^2 - 3\log_3 x + 2 = 0$
$\log_3 x = t$로 놓으면	$t^2 - 3t + 2 = 0, \ (t-1)(t-2) = 0$ $\therefore \ t = 1 \ 또는 \ t = 2$
$t = \log_3 x$이므로	$\log_3 x = 1 \ 또는 \ \log_3 x = 2$ $\therefore \ x = 3^1 = 3 \ 또는 \ x = 3^2 = 9$
따라서 ㉠에 의하여 주어진 방정식의 해는	$x = 3 \ 또는 \ x = 9$

(2) 밑과 진수의 조건에서	$x > 0, \ x \neq 1$ $\therefore \ 0 < x < 1 \ 또는 \ x > 1$ $\cdots\cdots$ ㉠
$\log_2 x - \log_x 4 = 1$을 변형하면	$\log_2 x - 2\log_x 2 = 1, \ \log_2 x - \dfrac{2}{\log_2 x} = 1$
$\log_2 x = t \,(t \neq 0)$로 놓으면	$t - \dfrac{2}{t} = 1, \ t^2 - t - 2 = 0, \ (t+1)(t-2) = 0$ $\therefore \ t = -1 \ 또는 \ t = 2$
$t = \log_2 x$이므로	$\log_2 x = -1 \ 또는 \ \log_2 x = 2$ $\therefore \ x = 2^{-1} = \dfrac{1}{2} \ 또는 \ x = 2^2 = 4$
따라서 ㉠에 의하여 주어진 방정식의 해는	$x = \dfrac{1}{2} \ 또는 \ x = 4$

문제

정답과 해설 34쪽

02-1 다음 방정식을 푸시오.

(1) $(\log_2 x)^2 - \log_2 x^5 + 6 = 0$ (2) $(\log x)^2 = \log x^2 + 8$

(3) $(\log_3 9x)\left(\log_3 \dfrac{x}{3}\right) = 4$ (4) $\log_2 x = \log_x 8 + 2$

02-2 방정식 $\log_3 x + \log_x 27 = 4$의 두 근의 곱을 구하시오.

지수에 로그가 있는 방정식

🖋 유형편 35쪽

다음 방정식을 푸시오.

(1) $x^{\log_2 x} = \dfrac{8}{x^2}$

(2) $2^{\log x} \times x^{\log 2} + 2^{\log x} - 6 = 0$

공략 **Point**

(1) $x^{\log_a f(x)} = g(x)$ 꼴인 방정식은 양변에 밑이 a인 로그를 취하여 푼다.

(2) $a^{\log_b x} \times x^{\log_b a}$ 꼴인 방정식은 $a^{\log_b x} = t\,(t > 0)$로 놓고 t에 대한 방정식을 푼다. 이때 $x^{\log_b a} = a^{\log_b x}$임을 이용한다.

풀이

(1) 진수의 조건에서	$x > 0 \qquad \cdots\cdots \bigcirc$
$x^{\log_2 x} = \dfrac{8}{x^2}$의 양변에 밑이 2인 로그를 취하여 정리하면	$\log_2 x^{\log_2 x} = \log_2 \dfrac{8}{x^2}$ $\log_2 x \times \log_2 x = \log_2 8 - \log_2 x^2$ $(\log_2 x)^2 + 2\log_2 x - 3 = 0$
$\log_2 x = t$로 놓으면	$t^2 + 2t - 3 = 0,\ (t+3)(t-1) = 0$ $\therefore\ t = -3$ 또는 $t = 1$
$t = \log_2 x$이므로	$\log_2 x = -3$ 또는 $\log_2 x = 1$ $\therefore\ x = 2^{-3} = \dfrac{1}{8}$ 또는 $x = 2^1 = 2$
따라서 $\bigcirc$에 의하여 주어진 방정식의 해는	$\boldsymbol{x = \dfrac{1}{8}}$ 또는 $\boldsymbol{x = 2}$

(2) 진수의 조건에서	$x > 0 \qquad \cdots\cdots \bigcirc$
$x^{\log 2} = 2^{\log x}$이므로 주어진 방정식은	$(2^{\log x})^2 + 2^{\log x} - 6 = 0$
$2^{\log x} = t\,(t > 0)$로 놓으면	$t^2 + t - 6 = 0,\ (t+3)(t-2) = 0$ $\therefore\ t = 2\ (\because\ t > 0)$
$t = 2^{\log x}$이므로	$2^{\log x} = 2,\ \log x = 1$ $\therefore\ x = 10$
따라서 $\bigcirc$에 의하여 주어진 방정식의 해는	$\boldsymbol{x = 10}$

● **문제** ●

정답과 해설 35쪽

03-1 다음 방정식을 푸시오.

(1) $x^{2\log_3 x} = \dfrac{9}{x^3}$

(2) $5^{\log_2 x} \times x^{\log_2 5} - 6 \times 5^{\log_2 x} + 5 = 0$

03-2 방정식 $2^{\log 2x} = 3^{\log 3x}$을 푸시오.

로그의 밑을 같게 할 수 있는 부등식 유형편 36쪽

다음 부등식을 푸시오.

(1) $\log_2 x + \log_2 (5-x) > \log_2 (4x-2)$ (2) $\log_{\frac{1}{3}} (x-2) > \log_{\frac{1}{9}} (x+4)$

공략 Point

로그의 밑을 같게 한 후 다음을 이용한다.

(1) $a>1$일 때,
$\log_a f(x) > \log_a g(x)$
$\iff f(x) > g(x)$

(2) $0<a<1$일 때,
$\log_a f(x) > \log_a g(x)$
$\iff f(x) < g(x)$

이때 구한 해가 진수의 조건을 만족시키는지 확인한다.

풀이

(1) 진수의 조건에서	$x>0,\ 5-x>0,\ 4x-2>0$
	$\therefore\ \dfrac{1}{2} < x < 5$ …… ㉠
$\log_2 x + \log_2 (5-x) > \log_2 (4x-2)$를 변형하면	$\log_2 x(5-x) > \log_2 (4x-2)$
밑이 1보다 크므로	$x(5-x) > 4x-2,\ x^2-x-2<0$
	$(x+1)(x-2)<0$
	$\therefore\ -1 < x < 2$ …… ㉡
㉠, ㉡을 동시에 만족시키는 x의 값의 범위는	$\dfrac{1}{2} < x < 2$

(2) 진수의 조건에서	$x-2>0,\ x+4>0$ $\therefore\ x>2$ …… ㉠
$\log_{\frac{1}{3}} (x-2) > \log_{\frac{1}{9}} (x+4)$를 변형하면	$\log_{(\frac{1}{3})^2} (x-2)^2 > \log_{\frac{1}{9}} (x+4)$
	$\log_{\frac{1}{9}} (x-2)^2 > \log_{\frac{1}{9}} (x+4)$
밑이 1보다 작으므로	$(x-2)^2 < x+4,\ x^2-5x<0$
	$x(x-5)<0$ $\therefore\ 0 < x < 5$ …… ㉡
㉠, ㉡을 동시에 만족시키는 x의 값의 범위는	$2 < x < 5$

● **문제** ●

정답과 해설 36쪽

O4-**1** 다음 부등식을 푸시오.

(1) $\log x + \log(7-x) < \log(5x-8)$ (2) $\log_{\frac{1}{5}} (2x-2) \leq 2\log_{\frac{1}{5}} (x-5)$

(3) $\log_{\frac{1}{2}} (x-1) + \log_{\frac{1}{2}} (x-4) \geq -2$ (4) $\log_5 (x-2) + \log_{25} 4 > 2$

O4-**2** 부등식 $\log_3 (\log_2 x) \leq 0$을 만족시키는 자연수 x의 값을 구하시오.

필수
예제 05

$\log_a x$ 꼴이 반복되는 부등식

🖉 유형편 37쪽

다음 부등식을 푸시오.

(1) $(\log_2 x)^2 - \log_2 x^4 + 3 > 0$

(2) $\log_{\frac{1}{5}} 25x \times \log_{\frac{1}{5}} 125x \leq 2$

공략 Point

$\log_a x$ 꼴이 반복되는 경우는 $\log_a x = t$로 놓고 t에 대한 부등식을 푼다.
이때 구한 해가 진수의 조건을 만족시키는지 확인한다.

풀이

(1) 진수의 조건에서	$x > 0$, $x^4 > 0$ $\therefore$ $x > 0$ ⋯⋯ ㉠
$(\log_2 x)^2 - \log_2 x^4 + 3 > 0$을 변형하면	$(\log_2 x)^2 - 4\log_2 x + 3 > 0$
$\log_2 x = t$로 놓으면	$t^2 - 4t + 3 > 0$, $(t-1)(t-3) > 0$ $\therefore$ $t < 1$ 또는 $t > 3$
$t = \log_2 x$이므로	$\log_2 x < 1$ 또는 $\log_2 x > 3$ $\log_2 x < \log_2 2$ 또는 $\log_2 x > \log_2 8$
밑이 1보다 크므로	$x < 2$ 또는 $x > 8$ ⋯⋯ ㉡
㉠, ㉡을 동시에 만족시키는 x의 값의 범위는	$\mathbf{0 < x < 2}$ 또는 $\mathbf{x > 8}$

(2) 진수의 조건에서	$25x > 0$, $125x > 0$ $\therefore$ $x > 0$ ⋯⋯ ㉠
$\log_{\frac{1}{5}} 25x \times \log_{\frac{1}{5}} 125x \leq 2$를 변형하면	$(\log_{\frac{1}{5}} 25 + \log_{\frac{1}{5}} x)(\log_{\frac{1}{5}} 125 + \log_{\frac{1}{5}} x) \leq 2$ $(-2 + \log_{\frac{1}{5}} x)(-3 + \log_{\frac{1}{5}} x) \leq 2$ $(\log_{\frac{1}{5}} x)^2 - 5\log_{\frac{1}{5}} x + 4 \leq 0$
$\log_{\frac{1}{5}} x = t$로 놓으면	$t^2 - 5t + 4 \leq 0$, $(t-1)(t-4) \leq 0$ $\therefore$ $1 \leq t \leq 4$
$t = \log_{\frac{1}{5}} x$이므로	$1 \leq \log_{\frac{1}{5}} x \leq 4$ $\log_{\frac{1}{5}} \frac{1}{5} \leq \log_{\frac{1}{5}} x \leq \log_{\frac{1}{5}} \frac{1}{625}$
밑이 1보다 작으므로	$\dfrac{1}{625} \leq x \leq \dfrac{1}{5}$ ⋯⋯ ㉡
㉠, ㉡을 동시에 만족시키는 x의 값의 범위는	$\dfrac{1}{625} \leq x \leq \dfrac{1}{5}$

● **문제** ●

정답과 해설 36쪽

05-1 다음 부등식을 푸시오.

(1) $(\log_4 x)^2 - \log_4 x \leq 2$

(2) $(\log_{\frac{1}{3}} x)^2 - \log_{\frac{1}{3}} x - 6 \geq 0$

(3) $\log_2 4x \times \log_2 16x < 3$

(4) $\log_3 81x^2 \times \log_3 \dfrac{1}{x} > -6$

05-2 부등식 $(\log_2 x)^2 + \log_{\frac{1}{2}} x^4 > 12$의 해가 $0 < x < \alpha$ 또는 $x > \beta$일 때, $\alpha\beta$의 값을 구하시오.

지수에 로그가 있는 부등식

✏️ 유형편 37쪽

다음 부등식을 푸시오.

(1) $x^{\log x} < \dfrac{1000}{x^2}$

(2) $2^{\log_5 x} \times x^{\log_5 2} - 3 \times 2^{\log_5 x} + 2 < 0$

공략 Point

(1) $x^{\log_a f(x)} > g(x)$ 꼴인 부등식은 양변에 밑이 a인 로그를 취하여 푼다.
이때 $0 < a < 1$이면 부등호의 방향이 바뀜에 유의한다.

(2) $a^{\log_b x} \times x^{\log_b a}$ 꼴인 부등식은 $a^{\log_b x} = t\,(t > 0)$로 놓고 t에 대한 부등식을 푼다.
이때 $x^{\log_b a} = a^{\log_b x}$임을 이용한다.

풀이

(1) 진수의 조건에서	$x > 0$ ...... ㉠
$x^{\log x} < \dfrac{1000}{x^2}$의 양변에 상용로그를 취하여 정리하면	$\log x^{\log x} < \log \dfrac{1000}{x^2}$ $\log x \times \log x < \log 1000 - \log x^2$ $(\log x)^2 + 2\log x - 3 < 0$
$\log x = t$로 놓으면	$t^2 + 2t - 3 < 0$, $(t+3)(t-1) < 0$ $\therefore -3 < t < 1$
$t = \log x$이므로	$-3 < \log x < 1$, $\log 10^{-3} < \log x < \log 10$ $\log \dfrac{1}{1000} < \log x < \log 10$
밑이 1보다 크므로	$\dfrac{1}{1000} < x < 10$ ...... ㉡
㉠, ㉡을 동시에 만족시키는 x의 값의 범위는	$\dfrac{1}{1000} < x < 10$

(2) 진수의 조건에서	$x > 0$ ...... ㉠
$x^{\log_5 2} = 2^{\log_5 x}$이므로 주어진 방정식은	$(2^{\log_5 x})^2 - 3 \times 2^{\log_5 x} + 2 < 0$
$2^{\log_5 x} = t\,(t > 0)$로 놓으면	$t^2 - 3t + 2 < 0$, $(t-1)(t-2) < 0$ $\therefore 1 < t < 2$
$t = 2^{\log_5 x}$이므로	$1 < 2^{\log_5 x} < 2$, $2^0 < 2^{\log_5 x} < 2^1$
지수의 밑이 1보다 크므로	$0 < \log_5 x < 1$ $\log_5 1 < \log_5 x < \log_5 5$
로그의 밑이 1보다 크므로	$1 < x < 5$ ...... ㉡
㉠, ㉡을 동시에 만족시키는 x의 값의 범위는	$1 < x < 5$

● **문제** ●

정답과 해설 37쪽

06-1 다음 부등식을 푸시오.

(1) $x^{\log_{\frac{1}{3}} x} \geq 9x^3$

(2) $3^{\log x} \times x^{\log 3} - 4 \times 3^{\log x} + 3 < 0$

06-2 부등식 $x^{\log_5 x} < 25x$를 만족시키는 자연수 x의 개수를 구하시오.

필수
예제 07

다음 물음에 답하시오.

(1) 이차방정식 $x^2-2x\log_3 a+\log_3 a+2=0$이 서로 다른 두 실근을 갖도록 하는 상수 a의 값의 범위를 구하시오.

(2) 모든 양수 x에 대하여 부등식 $(\log_2 x)^2-4\log_2 x+4\log_2 k>0$이 성립하도록 하는 상수 k의 값의 범위를 구하시오.

공략 Point

(1) 이차방정식이 서로 다른 두 실근을 가지려면 이차방정식의 판별식 D가 $D>0$이어야 한다.

(2) 모든 실수 x에 대하여 이차부등식 $ax^2+bx+c>0$이 성립하려면 이차방정식 $ax^2+bx+c=0$의 판별식 D가 $D<0$이어야 한다.

풀이

(1) 진수의 조건에서	$a>0$ ⋯⋯ ㉠
주어진 이차방정식의 판별식을 D라 하면 $D>0$이어야 하므로	$\dfrac{D}{4}=(\log_3 a)^2-(\log_3 a+2)>0$ $(\log_3 a)^2-\log_3 a-2>0$
$\log_3 a=t$로 놓으면	$t^2-t-2>0$, $(t+1)(t-2)>0$ $\therefore t<-1$ 또는 $t>2$
$t=\log_3 a$이므로	$\log_3 a<-1$ 또는 $\log_3 a>2$ $\log_3 a<\log_3\dfrac{1}{3}$ 또는 $\log_3 a>\log_3 9$
밑이 1보다 크므로	$a<\dfrac{1}{3}$ 또는 $a>9$ ⋯⋯ ㉡
㉠, ㉡을 동시에 만족시키는 a의 값의 범위는	$\mathbf{0<a<\dfrac{1}{3}}$ 또는 $\mathbf{a>9}$

(2) 진수의 조건에서	$k>0$ ⋯⋯ ㉠
$\log_2 x=t$로 놓으면	$t^2-4t+4\log_2 k>0$ ⋯⋯ ㉡
주어진 부등식이 모든 양수 x에 대하여 성립하려면 $t=\log_2 x$에서	모든 실수 t에 대하여 부등식 ㉡이 성립해야 한다.
이차방정식 $t^2-4t+4\log_2 k=0$의 판별식을 D라 하면 $D<0$이어야 하므로	$\dfrac{D}{4}=(-2)^2-4\log_2 k<0$ $\log_2 k>1$, $\log_2 k>\log_2 2$
밑이 1보다 크므로	$k>2$ ⋯⋯ ㉢
㉠, ㉢을 동시에 만족시키는 k의 값의 범위는	$\mathbf{k>2}$

● 문제 ●

정답과 해설 38쪽

07-1 다음 물음에 답하시오.

(1) 이차방정식 $(2\log_2 a-1)x^2+2(\log_2 a-2)x+1=0$이 실근을 갖지 않도록 하는 상수 a의 값의 범위를 구하시오. (단, $a\neq\sqrt{2}$)

(2) 모든 양수 x에 대하여 부등식 $(\log_3 x)^2+2\log_3 kx\geq0$이 성립하도록 하는 상수 k의 값의 범위를 구하시오.

로그의 진수에 미지수를 포함한 방정식과 부등식의 실생활에의 활용

유형편 38쪽

소리의 강도 P W/m²와 소리의 크기 D dB 사이에는 다음과 같은 관계식이 성립한다고 한다.

$$D=10\log\frac{P}{P_0} \text{ (단, } P_0\text{은 상수)}$$

어느 지점에서 소리의 크기가 50 dB일 때의 소리의 강도가 10^{-7} W/m²일 때, 이 지점에서 소리의 크기가 120 dB 이상 150 dB 이하일 때의 소리의 강도의 범위를 구하시오.

공략 Point

주어진 상황에 맞게 미지수를 정하여 식을 세운 후 방정식 또는 부등식을 푼다.

풀이

소리의 크기가 50 dB일 때의 소리의 강도가 10^{-7} W/m² 이므로	$50=10\log\dfrac{10^{-7}}{P_0}$ $5=\log 10^{-7}-\log P_0$ $\log P_0=-12$ $\therefore P_0=10^{-12}$
소리의 크기가 120 dB 이상 150 dB 이하일 때의 소리의 강도를 x W/m²라 하면	$120\leq 10\log\dfrac{x}{10^{-12}}\leq 150$ $12\leq\log x+12\leq 15$ $0\leq\log x\leq 3$ $\log 1\leq\log x\leq\log 1000$
밑이 1보다 크므로	$1\leq x\leq 1000$
따라서 소리의 크기가 120 dB 이상 150 dB 이하일 때의 소리의 강도의 범위는	**1 W/m² 이상 1000 W/m² 이하**

● **문제** ●

정답과 해설 38쪽

08-1 어느 회사에서 판매하는 방향제는 처음 분사한 방향제의 양 M_0 mL와 분사한 지 t시간 후에 대기 중에 남아 있는 방향제의 양 M mL 사이에 다음과 같은 관계식이 성립한다고 한다.

$$t=6\log_2\frac{M_0}{M}$$

처음 방향제를 a mL 분사한 지 6시간 후에 대기 중에 남아 있는 방향제의 양이 16 mL일 때, 처음 방향제를 a mL 분사한 지 24시간 후에 대기 중에 남아 있는 방향제의 양을 구하시오.

08-2 어느 자동차는 공장에서 출고된 이후 1년마다 전년도 가격의 80 %로 중고차의 가격이 산정된다고 한다. 중고차의 가격이 신차 가격의 40 % 이하가 되는 것은 신차가 출고된 지 몇 년 후부터인지 구하시오. (단, $\log 2=0.3$으로 계산한다.)

1 방정식 $\log_2(x-3)=\log_4(9-x)$를 푸시오.

2 연립방정식 $\begin{cases} \log_3 x+\log_2 y=6 \\ \log_3 x \times \log_2 y=8 \end{cases}$의 해가 $x=\alpha$, $y=\beta$일 때, $\alpha+\beta$의 값을 구하시오. (단, $\alpha<\beta$)

3 방정식 $(\log_3 x)^2+3=\log_3 x^4$의 두 근을 α, β라 할 때, $\log_\alpha \beta$의 값을 구하시오. (단, $\alpha<\beta$)

4 이차방정식 $x^2-2(\log a+2)x+2\log a+7=0$이 중근을 갖도록 하는 모든 상수 a의 값의 곱은?

① $\dfrac{1}{10000}$ ② $\dfrac{1}{1000}$ ③ $\dfrac{1}{100}$

④ $\dfrac{1}{10}$ ⑤ 1

5 방정식 $\left(\dfrac{x}{4}\right)^{\log_2 x}=16\times 2^{\log_2 x}$의 두 근의 곱을 구하시오.

6 부등식 $\log_{\frac{1}{9}}(3x+1)>\log_{\frac{1}{3}}(2x-1)$을 만족시키는 자연수 x의 최솟값을 구하시오.

7 [평가원] 부등식 $2\log_2|x-1|\leq 1-\log_2\dfrac{1}{2}$을 만족시키는 모든 정수 x의 개수는?

① 2 ② 4 ③ 6
④ 8 ⑤ 10

8 부등식 $\log_5\dfrac{5}{x}\times\log_5\dfrac{x}{25}\geq 0$의 해가 $\alpha\leq x\leq\beta$일 때, $\dfrac{\beta}{\alpha}$의 값은?

① $\dfrac{1}{25}$ ② $\dfrac{1}{5}$ ③ 1

④ 5 ⑤ 25

정답과 해설 40쪽

9 부등식 $x^{\log_3 x} < 243x^4$을 만족시키는 자연수 x의 개수를 구하시오.

10 이차방정식 $x^2 - 2x\log_2 a + 2 - \log_2 a = 0$의 근이 모두 양수가 되도록 하는 모든 자연수 a의 값의 합은?

① 5   ② 6   ③ 7
④ 8   ⑤ 9

11 모든 양수 x에 대하여 부등식
$(\log_5 x)^2 + 2\log_5 5x - \log_{\sqrt{5}} k \geq 0$이 성립하도록 하는 상수 k의 값의 범위를 구하시오.

교육청

12 주어진 채널을 통해 신뢰성 있게 전달할 수 있는 최대 정보량을 채널용량이라 한다. 채널용량을 C, 대역폭을 W, 신호전력을 S, 잡음전력을 N이라 하면 다음과 같은 관계식이 성립한다고 한다.
$$C = W\log_2\left(1 + \frac{S}{N}\right)$$
대역폭이 15, 신호전력이 186, 잡음전력이 a인 채널용량이 75일 때, 상수 a의 값은? (단, 채널용량의 단위는 bps, 대역폭의 단위는 Hz, 신호전력과 잡음전력의 단위는 모두 Watt이다.)

① 3   ② 4   ③ 5
④ 6   ⑤ 7

13 세계 석유의 소비량이 매년 4 %씩 감소된다고 할 때, 세계 석유의 소비량이 현재 소비량의 $\frac{1}{4}$ 이하가 되는 것은 몇 년 후부터인지 구하시오.
(단, $\log 2 = 0.3$, $\log 9.6 = 0.98$로 계산한다.)

▷ **실력**

평가원

14 직선 $x = k$가 두 곡선 $y = \log_2 x$, $y = -\log_2(8-x)$와 만나는 점을 각각 A, B라 하자. $\overline{AB} = 2$가 되도록 하는 모든 실수 k의 값의 곱은? (단, $0 < k < 8$)

① $\frac{1}{2}$ ② 1   ③ $\frac{3}{2}$
④ 2   ⑤ $\frac{5}{2}$

15 두 집합
$$A = \{x \mid x^2 - 9x + 8 \leq 0\},$$
$$B = \{x \mid (\log_2 x)^2 - 2k\log_2 x + k^2 - 1 \leq 0\}$$
에 대하여 $A \cap B \neq \varnothing$을 만족시키는 정수 k의 개수는?

① 2   ② 3   ③ 4
④ 5   ⑤ 6

II. 삼각함수

1 삼각함수

일반각

❶ 시초선과 동경

평면 위의 두 반직선 OX와 OP가 ∠XOP를 결정할 때, ∠XOP의 크기는
반직선 OP가 고정된 반직선 OX의 위치에서 점 O를 중심으로 반직선 OP의
위치까지 회전한 양이다. 이때 반직선 OX를 **시초선**, 반직선 OP를 **동경**이라
한다.

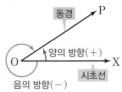

동경 OP가 점 O를 중심으로 회전할 때, 시계 반대 방향을 양의 방향, 시계
방향을 음의 방향이라 한다. 이때 각의 크기는 회전하는 방향이 양의 방향이면 양의 부호 +를, 음의 방
향이면 음의 부호 −를 붙여서 나타낸다.

> 참고 ・시초선(始初線)은 처음 시작하는 선이고, 동경(動徑)은 움직이는 선이라는 뜻이다.
>
> ・각의 크기를 나타낼 때, 보통 양의 부호 +는 생략한다.

❷ 일반각

> 시초선 OX와 동경 OP가 나타내는 한 각의 크기를 $a°$라 하면
> ∠XOP의 크기는 다음과 같은 꼴로 나타낼 수 있다.
> $$360° \times n + a° \text{ (단, } n \text{은 정수)}$$
> 이것을 동경 OP가 나타내는 **일반각**이라 한다.

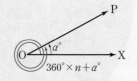

시초선은 고정되어 있으므로 각의 크기가 주어지면 동경의 위치는 하나로 정해진다. 그러나 동경의 위
치가 정해져도 동경이 회전한 횟수나 방향에 따라 각의 크기는 여러 가지로 나타낼 수 있다. 예를 들어
시초선 OX에서 30°의 위치에 있는 동경 OP가 나타내는 각의 크기는 다음 그림과 같이 여러 가지이다.

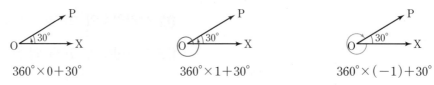

$$360° \times 0 + 30° \qquad 360° \times 1 + 30° \qquad 360° \times (-1) + 30°$$

➡ 30°, 390°, −330°는 일반각 $360° \times n + 30°$ (n은 정수) 꼴로 나타낼 수 있다.

❸ 사분면의 각

> 좌표평면의 원점 O에서 x축의 양의 방향으로 시초선을 잡을 때, 동경
> OP가 제1사분면, 제2사분면, 제3사분면, 제4사분면에 있으면 동경 OP
> 가 나타내는 각을 각각 제1사분면의 각, 제2사분면의 각, 제3사분면의
> 각, 제4사분면의 각이라 한다.
>
> 참고 동경 OP가 좌표축 위에 있을 때는 어느 사분면에도 속하지 않는다.

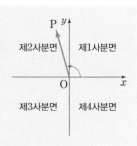

이때 각 θ를 나타내는 동경이 존재하는 각 사분면에 따라 θ의 범위를 일반각으로 표현하면 다음과 같다. (단, n은 정수)

(1) θ가 제1사분면의 각 $\Rightarrow$ $360° \times n + 0° < \theta < 360° \times n + 90°$

(2) θ가 제2사분면의 각 $\Rightarrow$ $360° \times n + 90° < \theta < 360° \times n + 180°$

(3) θ가 제3사분면의 각 $\Rightarrow$ $360° \times n + 180° < \theta < 360° \times n + 270°$

(4) θ가 제4사분면의 각 $\Rightarrow$ $360° \times n + 270° < \theta < 360° \times n + 360°$

④ 두 동경의 위치 관계

두 동경이 나타내는 각의 크기를 각각 α, $\beta(\alpha > \beta)$라 할 때, 두 동경의 위치 관계에 대하여 다음이 성립한다. (단, n은 정수)

(1) 두 동경이 일치한다. $\Rightarrow$ $\alpha - \beta = 360° \times n$

(2) 두 동경이 일직선 위에 있고 방향이 반대이다. $\Rightarrow$ $\alpha - \beta = 360° \times n + 180°$
┗━━━━━━━━━━━━ 원점에 대하여 대칭이다.

(3) 두 동경이 x축에 대하여 대칭이다. $\Rightarrow$ $\alpha + \beta = 360° \times n$

(4) 두 동경이 y축에 대하여 대칭이다. $\Rightarrow$ $\alpha + \beta = 360° \times n + 180°$

(5) 두 동경이 직선 $y = x$에 대하여 대칭이다. $\Rightarrow$ $\alpha + \beta = 360° \times n + 90°$

개념 Check

정답과 해설 42쪽

1 다음 각을 나타내는 시초선 OX와 동경 OP의 위치를 그림으로 나타내시오.

(1) $60°$　　　　　　　　　　　　　　　　(2) $570°$

(3) $-240°$　　　　　　　　　　　　　　(4) $-405°$

2 다음 각의 동경이 나타내는 일반각을 $360° \times n + \alpha°$ 꼴로 나타내시오. (단, n은 정수, $0° \leq \alpha° < 360°$)

(1) $430°$　　　　　　　　　　　　　　　(2) $670°$

(3) $-110°$　　　　　　　　　　　　　　(4) $-590°$

3 다음 각은 제몇 사분면의 각인지 구하시오.

(1) $560°$　　　　　　　　　　　　　　　(2) $1380°$

(3) $-250°$　　　　　　　　　　　　　　(4) $-1000°$

사분면의 각

유형편 40쪽

θ가 제1사분면의 각일 때, 각 $\dfrac{\theta}{3}$를 나타내는 동경이 존재할 수 있는 사분면을 모두 구하시오.

공략 Point

각 θ를 나타내는 동경의 위치가 주어진 경우 θ의 범위를 일반각으로 나타내어 계산한다.

풀이

θ가 제1사분면의 각이므로 θ의 범위를 일반각으로 나타내면	$360° \times n + 0° < \theta < 360° \times n + 90°$ (n은 정수) $\therefore 120° \times n < \dfrac{\theta}{3} < 120° \times n + 30°$ $\qquad \cdots\cdots$ ㉠
㉠에 $n=0, 1, 2$를 차례대로 대입하면	(i) $n=0$일 때, $0° < \dfrac{\theta}{3} < 30°$ ➡ 제1사분면의 각 (ii) $n=1$일 때, $120° < \dfrac{\theta}{3} < 150°$ ➡ 제2사분면의 각 (iii) $n=2$일 때, $240° < \dfrac{\theta}{3} < 270°$ ➡ 제3사분면의 각
$n=3, 4, 5, \cdots$에 대해서도 동경의 위치가 제1사분면, 제2사분면, 제3사분면으로 반복되므로 각 $\dfrac{\theta}{3}$를 나타내는 동경이 존재할 수 있는 사분면은	**제1사분면, 제2사분면, 제3사분면**

다른 풀이

$360° = 120° \times 3$이므로 ㉠에서 n을 $n=3k$, $n=3k+1$, $n=3k+2$ (k는 정수)인 경우로 나누어 $\dfrac{\theta}{3}$의 범위를 일반각으로 나타내면	(i) $n=3k$일 때, $360° \times k < \dfrac{\theta}{3} < 360° \times k + 30°$ ➡ 제1사분면의 각 (ii) $n=3k+1$일 때, $360° \times k + 120° < \dfrac{\theta}{3} < 360° \times k + 150°$ ➡ 제2사분면의 각 (iii) $n=3k+2$일 때, $360° \times k + 240° < \dfrac{\theta}{3} < 360° \times k + 270°$ ➡ 제3사분면의 각
(i), (ii), (iii)에서 각 $\dfrac{\theta}{3}$를 나타내는 동경이 존재할 수 있는 사분면은	**제1사분면, 제2사분면, 제3사분면**

문제

정답과 해설 42쪽

01-1 θ가 제3사분면의 각일 때, 각 $\dfrac{\theta}{2}$를 나타내는 동경이 존재할 수 있는 사분면을 모두 구하시오.

01-2 3θ가 제4사분면의 각일 때, 각 θ를 나타내는 동경이 존재할 수 있는 사분면을 모두 구하시오.

필수 예제 02 두 동경의 위치 관계

유형편 41쪽

각 θ를 나타내는 동경과 각 7θ를 나타내는 동경이 일치할 때, 각 θ의 크기를 모두 구하시오.

(단, $0° < \theta < 180°$)

공략 Point

두 동경의 합 또는 차를 일반 각으로 나타내어 계산한다.

풀이

두 각 θ, 7θ를 나타내는 두 동경이 일치하므로	$7\theta - \theta = 360° \times n$ (단, n은 정수) $6\theta = 360° \times n$ $\therefore \theta = 60° \times n$ ...... ㉠
$0° < \theta < 180°$이므로	$0° < 60° \times n < 180°$ $\therefore 0 < n < 3$
이때 n은 정수이므로	$n = 1$ 또는 $n = 2$ ...... ㉡
㉡을 ㉠에 대입하여 θ의 크기를 구하면	$\theta = 60°$ 또는 $\theta = 120°$

• **문제** •

정답과 해설 42쪽

02-1 각 θ를 나타내는 동경과 각 5θ를 나타내는 동경이 일직선 위에 있고 방향이 반대일 때, 각 θ의 크기를 모두 구하시오. (단, $0° < \theta < 180°$)

02-2 각 θ를 나타내는 동경과 각 11θ를 나타내는 동경이 x축에 대하여 대칭일 때, 각 θ의 크기를 모두 구하시오. (단, $90° < \theta < 180°$)

02-3 각 θ를 나타내는 동경과 각 8θ를 나타내는 동경이 y축에 대하여 대칭일 때, 각 θ의 크기를 모두 구하시오. (단, $0° < \theta < 90°$)

01 삼각함수 **99**

2 호도법

① 호도법

지금까지는 각의 크기를 나타낼 때, 45°, 70°, 120°와 같이 도(°)를 단위로 하는 육십분법을 사용하였다. 이제 각의 크기를 나타내는 새로운 단위에 대하여 알아보자.

> 반지름의 길이가 r인 원에서 길이가 r인 호에 대한 중심각의 크기를 1라디안 (radian)이라 하고, 이것을 단위로 하여 각의 크기를 나타내는 방법을 **호도법**이라 한다.

반지름의 길이가 r인 원에서 길이가 r인 호 AB에 대한 중심각의 크기를 $a°$라 하면 호의 길이는 중심각의 크기에 정비례하므로

$$r : 2\pi r = a° : 360° \qquad \therefore a° = \frac{180°}{\pi}$$

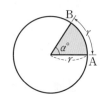

따라서 중심각의 크기 $a°$는 원의 반지름의 길이 r에 관계없이 $\dfrac{180°}{\pi}$로 항상 일정하고, 이 각의 크기가 바로 1라디안이다.

참고 육십분법은 원의 둘레를 360등분 하여 각 호에 대한 중심각의 크기를 1도(°), 1도의 $\dfrac{1}{60}$을 1분(′), 1분의 $\dfrac{1}{60}$을 1초(″)로 정의하여 각의 크기를 나타내는 방법이다.

② 육십분법과 호도법의 관계

> $$1라디안 = \frac{180°}{\pi}, \quad 1° = \frac{\pi}{180} 라디안$$

예 • $30° = 30 \times \dfrac{\pi}{180} = \dfrac{\pi}{6}$ (라디안)   • $\dfrac{\pi}{4}$ (라디안) $= \dfrac{\pi}{4} \times \dfrac{180°}{\pi} = 45°$

참고 • 각의 크기를 호도법으로 나타낼 때 보통 각의 단위인 라디안을 생략하고 $\dfrac{\pi}{6}$, 2와 같이 나타낸다.

  • 1라디안을 육십분법으로 나타내면 약 57°이다.   ◀ 1라디안은 정삼각형의 한 변을 약간 구부린 부채꼴의 중심각의 크기로 60°보다 조금 작은 것을 직관적으로 알 수 있다.

③ 부채꼴의 호의 길이와 넓이

> 반지름의 길이가 r, 중심각의 크기가 θ(라디안)인 부채꼴의 호의 길이를 l, 넓이를 S라 하면
> $$l = r\theta, \quad S = \frac{1}{2}r^2\theta = \frac{1}{2}rl$$

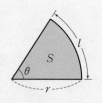

예 반지름의 길이가 6 cm이고 중심각의 크기가 $\dfrac{\pi}{6}$인 부채꼴의 호의 길이를 l, 넓이를 S라 하면

$$l = 6 \times \frac{\pi}{6} = \pi \,(\text{cm}), \ S = \frac{1}{2} \times 6^2 \times \frac{\pi}{6} = 3\pi \,(\text{cm}^2)$$

참고 부채꼴의 중심각의 크기 θ는 호도법으로 나타낸 각임에 유의한다.

개념 Plus

육십분법과 호도법의 관계

(1) 육십분법의 각을 호도법의 각으로 나타낼 때 ➡ (육십분법의 각) $\times \dfrac{\pi}{180}$

(2) 호도법의 각을 육십분법의 각으로 나타낼 때 ➡ (호도법의 각) $\times \dfrac{180°}{\pi}$

육십분법의 각	$0°$	$30°$	$45°$	$60°$	$90°$	$180°$	$270°$	$360°$
호도법의 각	0	$\dfrac{\pi}{6}$	$\dfrac{\pi}{4}$	$\dfrac{\pi}{3}$	$\dfrac{\pi}{2}$	π	$\dfrac{3}{2}\pi$	2π

일반각을 호도법으로 나타내기

동경 OP가 나타내는 한 각의 크기를 θ(라디안)라 하면 그 일반각은 다음과 같이 나타낼 수 있다.

$\quad 2n\pi + \theta$ (단, n은 정수)

이때 θ는 보통 $0 \le \theta < 2\pi$의 범위에서 나타낸다.

부채꼴의 호의 길이와 넓이

반지름의 길이가 r, 중심각의 크기가 θ(라디안)인 부채꼴의 호의 길이를 l, 넓이를 S라 하면

(1) 한 원에 대한 부채꼴의 호의 길이는 중심각의 크기에 정비례하므로

$\qquad l : 2\pi r = \theta : 2\pi \qquad \therefore l = r\theta$ ◀ 부채꼴의 호의 길이

(2) 한 원에 대한 부채꼴의 넓이는 중심각의 크기에 정비례하므로

$\qquad S : \pi r^2 = \theta : 2\pi \qquad \therefore S = \dfrac{1}{2}r^2\theta \quad \cdots\cdots \text{㉠}$

이때 $l = r\theta$이므로 ㉠에서 $S = \dfrac{1}{2}r^2\theta = \dfrac{1}{2}r \times r\theta = \dfrac{1}{2}rl$ ◀ 부채꼴의 넓이

개념 Check

정답과 해설 43쪽

1 다음 각을 호도법으로 나타내시오.

(1) $120°$ 　　　　　(2) $290°$ 　　　　　(3) $675°$ 　　　　　(4) $-700°$

2 다음 각을 육십분법으로 나타내시오.

(1) $\dfrac{7}{10}\pi$ 　　　　　(2) $\dfrac{4}{3}\pi$ 　　　　　(3) $\dfrac{13}{6}\pi$ 　　　　　(4) $-\dfrac{7}{9}\pi$

3 다음 각의 동경이 나타내는 일반각을 $2n\pi + \theta$ 꼴로 나타내시오. (단, n은 정수, $0 \le \theta < 2\pi$)

(1) $\dfrac{7}{3}\pi$ 　　　　　　　　　　(2) $-\dfrac{2}{3}\pi$

(3) $40°$ 　　　　　　　　　　(4) $570°$

4 반지름의 길이가 6이고 중심각의 크기가 $\dfrac{\pi}{3}$인 부채꼴의 호의 길이와 넓이를 구하시오.

육십분법과 호도법의 관계

유형편 41쪽

보기에서 옳은 것만을 있는 대로 고르시오.

보기

ㄱ. $315° = \dfrac{7}{4}\pi$ ㄴ. $-600° = -\dfrac{11}{3}\pi$ ㄷ. $\dfrac{7}{6}\pi = 210°$ ㄹ. $\dfrac{7}{12}\pi = 110°$

공략 Point

(1) 육십분법의 각을 호도법의
각으로 나타낼 때
➡ (육십분법의 각)$\times \dfrac{\pi}{180}$

(2) 호도법의 각을 육십분법의
각으로 나타낼 때
➡ (호도법의 각)$\times \dfrac{180°}{\pi}$

풀이

$1° = \dfrac{\pi}{180}$ (라디안)이므로	ㄱ. $315° = 315 \times \dfrac{\pi}{180} = \dfrac{7}{4}\pi$
	ㄴ. $-600° = -600 \times \dfrac{\pi}{180} = -\dfrac{10}{3}\pi$
1(라디안)$= \dfrac{180°}{\pi}$이므로	ㄷ. $\dfrac{7}{6}\pi = \dfrac{7}{6}\pi \times \dfrac{180°}{\pi} = 210°$
	ㄹ. $\dfrac{7}{12}\pi = \dfrac{7}{12}\pi \times \dfrac{180°}{\pi} = 105°$
따라서 보기에서 옳은 것은	ㄱ, ㄷ

• **문제** •

정답과 해설 43쪽

03-1 다음 중 옳지 <u>않은</u> 것은?

① $-135° = -\dfrac{3}{4}\pi$ ② $150° = \dfrac{5}{6}\pi$ ③ $-\dfrac{8}{5}\pi = -288°$

④ $\dfrac{5}{3}\pi = 330°$ ⑤ $\dfrac{3}{2}\pi = 270°$

03-2 다음 중 각을 나타내는 동경이 나머지 넷과 <u>다른</u> 하나는?

① $50°$ ② $770°$ ③ $-310°$

④ $\dfrac{5}{18}\pi$ ⑤ $-\dfrac{41}{18}\pi$

03-3 보기에서 제4사분면의 각만을 있는 대로 고르시오.

보기

ㄱ. $-60°$ ㄴ. $1000°$ ㄷ. $\dfrac{7}{3}\pi$ ㄹ. 2π

ㅁ. $\dfrac{15}{4}\pi$ ㅂ. $-\dfrac{4}{3}\pi$ ㅅ. $-790°$ ㅇ. 2

필수 예제 04 부채꼴의 호의 길이와 넓이

🖋 유형편 42쪽

반지름의 길이가 3이고 호의 길이가 2π인 부채꼴의 중심각의 크기를 θ, 넓이를 S라 할 때, $\theta+S$의 값을 구하시오.

공략 Point

반지름의 길이가 r, 중심각의 크기가 θ인 부채꼴의 호의 길이를 l, 넓이를 S라 하면
$$l=r\theta,\ S=\frac{1}{2}r^2\theta=\frac{1}{2}rl$$

풀이

부채꼴의 반지름의 길이를 r, 호의 길이를 l이라 하면	$r=3,\ l=2\pi$
이때 $l=r\theta$이므로	$2\pi=3\theta$ $\quad \therefore \theta=\dfrac{2}{3}\pi$
또 부채꼴의 넓이 S를 구하면	$S=\dfrac{1}{2}rl=\dfrac{1}{2}\times3\times2\pi=3\pi$
따라서 $\theta+S$의 값은	$\theta+S=\dfrac{2}{3}\pi+3\pi=\dfrac{\mathbf{11}}{\mathbf{3}}\boldsymbol{\pi}$

● **문제** ●

정답과 해설 44쪽

04-1 반지름의 길이가 6이고 넓이가 24π인 부채꼴의 중심각의 크기를 θ, 호의 길이를 l이라 할 때, $\theta+l$의 값을 구하시오.

04-2 중심각의 크기가 2, 호의 길이가 4인 부채꼴의 반지름의 길이를 r, 넓이를 S라 할 때, $r+S$의 값을 구하시오.

04-3 밑면인 원의 반지름의 길이가 4이고, 모선의 길이가 12인 원뿔의 겉넓이를 구하시오.

 필수 예제 **O5** 부채꼴의 넓이의 최대, 최소 ✏️ 유형편 42쪽

둘레의 길이가 18인 부채꼴 중에서 넓이가 최대인 것의 반지름의 길이를 구하시오.

공략 Point

이차함수의 최대, 최소를 이용하여 부채꼴의 넓이의 최댓값을 구한다.

풀이

부채꼴의 반지름의 길이를 r, 호의 길이를 l이라 하면 부채꼴의 둘레의 길이가 18이므로	$2r+l=18$ $\therefore l=18-2r$
이때 $r>0$, $18-2r>0$이므로	$0<r<9$
부채꼴의 넓이를 S라 하면	$S=\dfrac{1}{2}r(18-2r)=-r^2+9r$ $\quad=-\left(r-\dfrac{9}{2}\right)^2+\dfrac{81}{4}$
따라서 $r=\dfrac{9}{2}$일 때, 부채꼴의 넓이가 최대이므로 구하는 반지름의 길이는	$\dfrac{9}{2}$

● **문제** ●

정답과 해설 44쪽

O5-**1** 둘레의 길이가 20인 부채꼴 중에서 넓이가 최대인 것의 반지름의 길이와 호의 길이를 구하시오.

O5-**2** 둘레의 길이가 36인 부채꼴의 넓이의 최댓값과 그때의 중심각의 크기를 구하시오.

3 삼각함수

① 삼각함수의 정의

좌표평면의 원점 O에서 x축의 양의 방향으로 시초선을 잡을 때, 일반각 θ를 나타내는 동경과 원점 O를 중심으로 하고 반지름의 길이가 r인 원의 교점을 $P(x, y)$라 하면

$$\frac{y}{r}, \ \frac{x}{r}, \ \frac{y}{x} \ (x \neq 0)$$

의 값은 r의 값에 관계없이 θ의 값에 따라 각각 하나씩 정해진다. 따라서

$$\theta \to \frac{y}{r}, \ \theta \to \frac{x}{r}, \ \theta \to \frac{y}{x} \ (x \neq 0)$$

와 같은 대응은 θ에 대한 함수이다.

이 함수를 각각 **사인함수**, **코사인함수**, **탄젠트함수**라 하고, 기호로 각각

$$\sin\theta = \frac{y}{r}, \quad \cos\theta = \frac{x}{r}, \quad \tan\theta = \frac{y}{x} \ (x \neq 0)$$

와 같이 나타낸다.

이와 같이 정의한 함수를 통틀어 θ에 대한 **삼각함수**라 한다.

예 오른쪽 그림과 같이 원점 O와 점 $P(3, -4)$에 대하여 동경 OP가 나타내는 각의 크기를 θ라 하면 $\overline{OP} = \sqrt{3^2 + (-4)^2} = 5$이므로

$$\sin\theta = \frac{-4}{5} = -\frac{4}{5},$$

$$\cos\theta = \frac{3}{5},$$

$$\tan\theta = \frac{-4}{3} = -\frac{4}{3}$$

이다.

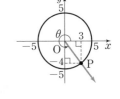

참고 **삼각비** (중3)

(1) $\angle B = 90°$인 직각삼각형 ABC에서

$$\sin A = \frac{a}{b}, \ \cos A = \frac{c}{b}, \ \tan A = \frac{a}{c}$$

를 $\angle A$의 삼각비라 한다.

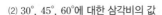
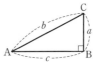

(2) $30°$, $45°$, $60°$에 대한 삼각비의 값

삼각비 \ A	$30°$	$45°$	$60°$
$\sin A$	$\dfrac{1}{2}$	$\dfrac{1}{\sqrt{2}}$	$\dfrac{\sqrt{3}}{2}$
$\cos A$	$\dfrac{\sqrt{3}}{2}$	$\dfrac{1}{\sqrt{2}}$	$\dfrac{1}{2}$
$\tan A$	$\dfrac{1}{\sqrt{3}}$	1	$\sqrt{3}$

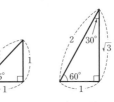

② 삼각함수의 값의 부호

각 θ를 나타내는 동경 OP에 대하여 점 P의 좌표를 (x, y), $\overline{\text{OP}} = r \ (r > 0)$라 할 때, 삼각함수의 값의 부호는 각 θ를 나타내는 동경이 존재하는 사분면의 x좌표, y좌표의 부호에 따라 다음과 같이 정해진다.

사분면 삼각함수	제1사분면 $(x>0, y>0)$	제2사분면 $(x<0, y>0)$	제3사분면 $(x<0, y<0)$	제4사분면 $(x>0, y<0)$
(1) $\sin\theta = \dfrac{y}{r}$	$+$	$+$	$-$	$-$
(2) $\cos\theta = \dfrac{x}{r}$	$+$	$-$	$-$	$+$
(3) $\tan\theta = \dfrac{y}{x}$	$+$	$-$	$+$	$-$

(1) $\sin\theta$의 값의 부호   (2) $\cos\theta$의 값의 부호   (3) $\tan\theta$의 값의 부호

참고 각 사분면에서 삼각함수의 값의 부호가 양수인 것만을 나타내면 오른쪽 그림과 같으므로 '얼(all)−싸(sin)−안(tan)−코(cos)'로 기억한다.

✎ 개념 Check ╱╱╱╱╱╱╱╱╱╱╱╱╱╱╱╱╱╱╱

정답과 해설 44쪽

1 원점 O와 점 $\text{P}(-1, \sqrt{3})$을 지나는 동경 OP가 나타내는 각의 크기를 θ라 할 때, 다음 값을 구하시오.

(1) $\sin\theta$ (2) $\cos\theta$ (3) $\tan\theta$

2 각 θ의 크기가 다음과 같을 때, $\sin\theta$, $\cos\theta$, $\tan\theta$의 값의 부호를 구하시오.

(1) $240°$ (2) $400°$ (3) $\dfrac{5}{6}\pi$ (4) $-\dfrac{17}{4}\pi$

3 다음을 동시에 만족시키는 각 θ를 나타내는 동경이 존재할 수 있는 사분면을 구하시오.

(1) $\sin\theta > 0$, $\tan\theta < 0$ (2) $\cos\theta < 0$, $\tan\theta > 0$

삼각함수의 값

✎ 유형편 43쪽

다음 물음에 답하시오.

(1) 원점 O와 점 P(4, −3)을 지나는 동경 OP가 나타내는 각의 크기를 θ라 할 때, $\sin\theta + 2\cos\theta$의 값을 구하시오.

(2) $\theta = \dfrac{7}{6}\pi$일 때, $2\cos\theta - 3\tan\theta$의 값을 구하시오.

공략 Point

$\sin\theta = \dfrac{y}{r}$, $\cos\theta = \dfrac{x}{r}$,

$\tan\theta = \dfrac{y}{x}\ (x \neq 0)$

풀이

(1) 선분 OP의 길이는	$\overline{\text{OP}} = \sqrt{4^2 + (-3)^2} = 5$
$\sin\theta$, $\cos\theta$의 값을 각각 구하면	$\sin\theta = \dfrac{-3}{5} = -\dfrac{3}{5}$ $\cos\theta = \dfrac{4}{5}$
따라서 $\sin\theta + 2\cos\theta$의 값은	$\sin\theta + 2\cos\theta = -\dfrac{3}{5} + 2 \times \dfrac{4}{5} = \mathbf{1}$
(2) 오른쪽 그림과 같이 $\dfrac{7}{6}\pi$를 나타내는 동경과 단위원의 교점을 P, 점 P에서 x축에 내린 수선의 발을 H라 하면 삼각형 OHP에서	$\overline{\text{OP}} = 1$ $\angle \text{POH} = \dfrac{7}{6}\pi - \pi = \dfrac{\pi}{6}$
선분 PH와 선분 OH의 길이는	$\overline{\text{PH}} = \overline{\text{OP}}\sin\dfrac{\pi}{6} = 1 \times \dfrac{1}{2} = \dfrac{1}{2}$ $\overline{\text{OH}} = \overline{\text{OP}}\cos\dfrac{\pi}{6} = 1 \times \dfrac{\sqrt{3}}{2} = \dfrac{\sqrt{3}}{2}$
점 P가 제3사분면의 점이므로	$\text{P}\left(-\dfrac{\sqrt{3}}{2},\ -\dfrac{1}{2}\right)$
$\cos\theta$, $\tan\theta$의 값을 각각 구하면	$\cos\theta = \dfrac{-\dfrac{\sqrt{3}}{2}}{1} = -\dfrac{\sqrt{3}}{2}$, $\tan\theta = \dfrac{-\dfrac{1}{2}}{-\dfrac{\sqrt{3}}{2}} = \dfrac{\sqrt{3}}{3}$
따라서 $2\cos\theta - 3\tan\theta$의 값은	$2\cos\theta - 3\tan\theta = 2 \times \left(-\dfrac{\sqrt{3}}{2}\right) - 3 \times \dfrac{\sqrt{3}}{3} = \mathbf{-2\sqrt{3}}$

● **문제** ●

정답과 해설 44쪽

06-1 원점 O와 점 P(−8, 15)를 지나는 동경 OP가 나타내는 각의 크기를 θ라 할 때, $17\sin\theta + 16\tan\theta$의 값을 구하시오.

06-2 $\theta = -\dfrac{3}{4}\pi$일 때, $\sin\theta - \cos\theta + \tan\theta$의 값을 구하시오.

삼각함수의 값의 부호

유형편 43쪽

$\sin\theta\cos\theta>0$, $\sin\theta\tan\theta<0$을 동시에 만족시키는 각 θ는 제몇 사분면의 각인지 구하시오.

공략 Point

각 사분면에서의 삼각함수의 값의 부호를 판단한다.

풀이

(i) $\sin\theta\cos\theta>0$에서 $\sin\theta$와 $\cos\theta$의 값의 부호가 서로 같으므로	$\sin\theta>0$, $\cos\theta>0$ 또는 $\sin\theta<0$, $\cos\theta<0$
$\sin\theta>0$, $\cos\theta>0$인 θ는	제1사분면의 각
$\sin\theta<0$, $\cos\theta<0$인 θ는	제3사분면의 각
$\sin\theta\cos\theta>0$을 만족시키는 θ는	제1사분면 또는 제3사분면의 각
(ii) $\sin\theta\tan\theta<0$에서 $\sin\theta$와 $\tan\theta$의 값의 부호가 서로 다르므로	$\sin\theta>0$, $\tan\theta<0$ 또는 $\sin\theta<0$, $\tan\theta>0$
$\sin\theta>0$, $\tan\theta<0$인 θ는	제2사분면의 각
$\sin\theta<0$, $\tan\theta>0$인 θ는	제3사분면의 각
$\sin\theta\tan\theta<0$을 만족시키는 θ는	제2사분면 또는 제3사분면의 각
(i), (ii)에서 주어진 조건을 동시에 만족시키는 θ는	**제3사분면**의 각

문제

정답과 해설 45쪽

07-**1** $\cos\theta\sin\theta<0$, $\cos\theta\tan\theta>0$을 동시에 만족시키는 각 θ는 제몇 사분면의 각인지 구하시오.

07-**2** $\pi<\theta<\dfrac{3}{2}\pi$일 때, $|\sin\theta|-\sqrt{(\sin\theta-\tan\theta)^2}$을 간단히 하시오.

삼각함수 사이의 관계

① 삼각함수 사이의 관계

삼각함수 사이에는 다음과 같은 관계가 성립한다.

> (1) $\tan\theta = \dfrac{\sin\theta}{\cos\theta}$
>
> (2) $\sin^2\theta + \cos^2\theta = 1$

참고 $(\sin\theta)^2 = \sin^2\theta$, $(\cos\theta)^2 = \cos^2\theta$, $(\tan\theta)^2 = \tan^2\theta$로 나타낸다.

주의 $(\sin\theta)^2 \neq \sin\theta^2$

개념 Plus

삼각함수 사이의 관계

(1) 오른쪽 그림과 같이 각 θ를 나타내는 동경과 단위원의 교점을 $\mathrm{P}(x,\ y)$라 하면

$$\sin\theta = \frac{y}{1} = y,\ \cos\theta = \frac{x}{1} = x$$

이고 $\tan\theta = \dfrac{y}{x}\ (x \neq 0)$이므로

$$\tan\theta = \frac{\sin\theta}{\cos\theta}$$

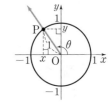

(2) 점 $\mathrm{P}(x,\ y)$는 단위원 위의 점이므로 $x^2 + y^2 = 1$

이때 $x = \cos\theta$, $y = \sin\theta$이므로 $\cos^2\theta + \sin^2\theta = 1$

$\therefore \sin^2\theta + \cos^2\theta = 1$

개념 Check

정답과 해설 45쪽

1 θ가 제1사분면의 각이고 $\sin\theta = \dfrac{4}{5}$일 때, $\cos\theta$, $\tan\theta$의 값을 구하시오.

2 θ가 제3사분면의 각이고 $\cos\theta = -\dfrac{2}{7}$일 때, $\sin\theta$, $\tan\theta$의 값을 구하시오.

삼각함수 사이의 관계를 이용하여 식 간단히 하기

유형편 44쪽

다음 식을 간단히 하시오.

(1) $(\sin\theta+\cos\theta)^2+(\sin\theta-\cos\theta)^2$

(2) $\dfrac{\cos\theta}{1-\sin\theta}-\tan\theta$

공략 Point

곱셈 공식을 이용하여 식을 전개하거나 분수식을 통분한 후 다음과 같은 삼각함수 사이의 관계를 이용하여 식을 간단히 한다.

· $\tan\theta=\dfrac{\sin\theta}{\cos\theta}$

· $\sin^2\theta+\cos^2\theta=1$

풀이

(1) 주어진 식을 전개하면	$(\sin\theta+\cos\theta)^2+(\sin\theta-\cos\theta)^2$ $=\sin^2\theta+2\sin\theta\cos\theta+\cos^2\theta+\sin^2\theta-2\sin\theta\cos\theta+\cos^2\theta$ $=2(\sin^2\theta+\cos^2\theta)$
$\sin^2\theta+\cos^2\theta=1$이므로	$=\mathbf{2}$

(2) $\tan\theta=\dfrac{\sin\theta}{\cos\theta}$이므로	$\dfrac{\cos\theta}{1-\sin\theta}-\tan\theta=\dfrac{\cos\theta}{1-\sin\theta}-\dfrac{\sin\theta}{\cos\theta}$
분모를 통분하면	$=\dfrac{\cos^2\theta-\sin\theta+\sin^2\theta}{(1-\sin\theta)\cos\theta}$
$\sin^2\theta+\cos^2\theta=1$이므로	$=\dfrac{1-\sin\theta}{(1-\sin\theta)\cos\theta}$ $=\dfrac{\mathbf{1}}{\cos\theta}$

● **문제** ●

정답과 해설 45쪽

08-1 다음 식을 간단히 하시오.

(1) $(1+\tan^2\theta)(1-\sin^2\theta)$

(2) $\dfrac{\sin\theta\cos\theta}{1+\sin\theta}+\dfrac{\sin\theta\cos\theta}{1-\sin\theta}$

08-2 $\dfrac{\tan\theta}{1+\cos\theta}-\dfrac{\tan\theta}{1-\cos\theta}=\dfrac{a}{\sin\theta}$일 때, 상수 a의 값을 구하시오.

08-3 $(1+\tan\theta)^2\cos^2\theta+(1-\tan\theta)^2\cos^2\theta$를 간단히 하시오.

필수 예제 09

θ가 제2사분면의 각이고 $\dfrac{1-\sin\theta}{1+\sin\theta}=\dfrac{1}{2}$일 때, $\tan\theta$의 값을 구하시오.

공략 Point

주어진 삼각함수의 값과 삼각함수 사이의 관계를 이용하여 식의 값을 구한다.
이때 θ의 부호에 유의한다.

풀이

$\dfrac{1-\sin\theta}{1+\sin\theta}=\dfrac{1}{2}$에서	$2(1-\sin\theta)=1+\sin\theta$ $2-2\sin\theta=1+\sin\theta$ $\therefore \sin\theta=\dfrac{1}{3}$ $\qquad$ ...... ㉠
$\sin^2\theta+\cos^2\theta=1$이므로	$\cos^2\theta=1-\sin^2\theta=1-\dfrac{1}{9}=\dfrac{8}{9}$
이때 θ가 제2사분면의 각이므로 $\cos\theta<0$	$\therefore \cos\theta=-\dfrac{2\sqrt{2}}{3}$ $\qquad$ ...... ㉡
$\tan\theta=\dfrac{\sin\theta}{\cos\theta}$이므로 ㉠, ㉡에서	$\tan\theta=-\dfrac{\sqrt{2}}{4}$

● 문제 ●

정답과 해설 46쪽

09-1 θ가 제2사분면의 각이고 $\tan\theta=-\dfrac{1}{2}$일 때, $\sqrt{5}\,(\sin\theta-\cos\theta)$의 값을 구하시오.

09-2 θ가 제4사분면의 각이고 $\dfrac{1-\cos\theta}{1+\cos\theta}=\dfrac{1}{9}$일 때, $15\sin\theta+8\tan\theta$의 값을 구하시오.

09-3 $\dfrac{\sin\theta}{1+\cos\theta}+\dfrac{1+\cos\theta}{\sin\theta}=5$일 때, $\cos\theta$의 값을 구하시오. $\left(\text{단, } \dfrac{\pi}{2}<\theta<\pi\right)$

삼각함수 사이의 관계를 이용하여 식의 값 구하기 (2)

유형편 45쪽

$\sin\theta+\cos\theta=\dfrac{1}{2}$일 때, 다음 식의 값을 구하시오. $\left(\text{단, }\dfrac{3}{2}\pi<\theta<2\pi\right)$

(1) $\sin\theta\cos\theta$　　　　　　　　　　(2) $\sin\theta-\cos\theta$

(3) $\sin^3\theta+\cos^3\theta$　　　　　　　　(4) $\sin^4\theta-\cos^4\theta$

공략 Point

$\sin\theta\pm\cos\theta,\ \sin\theta\cos\theta$의 값이 주어질 때

➡ $(\sin\theta\pm\cos\theta)^2$
　$=1\pm2\sin\theta\cos\theta$
　　　　　(복부호 동순)

풀이

(1) $\sin\theta+\cos\theta=\dfrac{1}{2}$의 양변을 제곱하면	$\sin^2\theta+2\sin\theta\cos\theta+\cos^2\theta=\dfrac{1}{4}$
$\sin^2\theta+\cos^2\theta=1$이므로	$1+2\sin\theta\cos\theta=\dfrac{1}{4},\ 2\sin\theta\cos\theta=-\dfrac{3}{4}$ $\therefore\ \sin\theta\cos\theta=-\dfrac{3}{8}$
(2) $(\sin\theta-\cos\theta)^2$의 값을 구하면	$(\sin\theta-\cos\theta)^2=\sin^2\theta-2\sin\theta\cos\theta+\cos^2\theta$ $\qquad=1-2\times\left(-\dfrac{3}{8}\right)=\dfrac{7}{4}\quad\cdots\cdots\ \text{㉠}$
이때 $\dfrac{3}{2}\pi<\theta<2\pi$이므로	$\sin\theta<0,\ \cos\theta>0,\ \text{즉 }\sin\theta-\cos\theta<0$
따라서 ㉠에서 $\sin\theta-\cos\theta$의 값은	$\sin\theta-\cos\theta=-\dfrac{\sqrt{7}}{2}$
(3) $\sin^3\theta+\cos^3\theta$의 값을 구하면	$\sin^3\theta+\cos^3\theta$ $=(\sin\theta+\cos\theta)^3-3\sin\theta\cos\theta(\sin\theta+\cos\theta)$ $=\left(\dfrac{1}{2}\right)^3-3\times\left(-\dfrac{3}{8}\right)\times\dfrac{1}{2}=\dfrac{\mathbf{11}}{\mathbf{16}}$
(4) $\sin^4\theta-\cos^4\theta$의 값을 구하면	$\sin^4\theta-\cos^4\theta=(\sin^2\theta-\cos^2\theta)(\sin^2\theta+\cos^2\theta)$ $\qquad=(\sin\theta-\cos\theta)(\sin\theta+\cos\theta)$ $\qquad=\left(-\dfrac{\sqrt{7}}{2}\right)\times\dfrac{1}{2}=-\dfrac{\sqrt{7}}{4}$

● **문제** ●

정답과 해설 46쪽

10-1 $\sin\theta-\cos\theta=\dfrac{1}{3}$일 때, 다음 식의 값을 구하시오. $\left(\text{단, }0<\theta<\dfrac{\pi}{2}\right)$

(1) $\sin\theta\cos\theta$　　　　　　　　　　(2) $\sin\theta+\cos\theta$

(3) $\sin^3\theta-\cos^3\theta$　　　　　　　　(4) $\sin^4\theta+\cos^4\theta$

10-2 θ가 제3사분면의 각이고 $\sin\theta+\cos\theta=-\sqrt{2}$일 때, $\tan\theta+\dfrac{1}{\tan\theta}$의 값을 구하시오.

삼각함수와 이차방정식

🖊 유형편 45쪽

이차방정식 $4x^2-x+k=0$의 두 근이 $\sin\theta$, $\cos\theta$일 때, 상수 k의 값을 구하시오.

공략 Point

이차방정식 $ax^2+bx+c=0$
의 두 근이 $\sin\theta$, $\cos\theta$이면
➡ $\sin\theta+\cos\theta=-\dfrac{b}{a}$,

$\sin\theta\cos\theta=\dfrac{c}{a}$

풀이

이차방정식의 근과 계수의 관계에 의하여	$\sin\theta+\cos\theta=\dfrac{1}{4}$ ...... ㉠ $\sin\theta\cos\theta=\dfrac{k}{4}$ ...... ㉡
㉠의 양변을 제곱하면	$\sin^2\theta+2\sin\theta\cos\theta+\cos^2\theta=\dfrac{1}{16}$ $1+2\sin\theta\cos\theta=\dfrac{1}{16}$ $\therefore\ \sin\theta\cos\theta=-\dfrac{15}{32}$ ...... ㉢
따라서 ㉡, ㉢에서	$\dfrac{k}{4}=-\dfrac{15}{32}$ $\therefore\ k=-\dfrac{\mathbf{15}}{\mathbf{8}}$

● **문제** ●

정답과 해설 47쪽

11-1 이차방정식 $3x^2+x+k=0$의 두 근이 $\sin\theta$, $\cos\theta$일 때, 상수 k의 값을 구하시오.

11-2 이차방정식 $2x^2-4x+k=0$의 두 근이 $\sin\theta+\cos\theta$, $\sin\theta-\cos\theta$일 때, 상수 k의 값을 구하시오.

11-3 이차방정식 $5x^2+kx-3=0$의 두 근이 $\cos\theta$, $\tan\theta$일 때, 상수 k의 값을 구하시오.
$\left(단,\ \dfrac{3}{2}\pi<\theta<2\pi\right)$

연습문제

1 시초선 OX와 동경 OP가 나타내는 각이 오른쪽 그림과 같을 때, 보기에서 동경 OP가 나타낼 수 있는 각만을 있는 대로 고르시오.

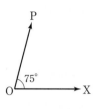

┌ 보기 ┐
ㄱ. $255°$ ㄴ. $435°$ ㄷ. $1155°$
ㄹ. $-285°$ ㅁ. $-625°$

2 다음 중 각을 나타내는 동경이 존재하는 사분면이 나머지 넷과 <u>다른</u> 하나는?

① $660°$ ② $945°$ ③ $3450°$
④ $-460°$ ⑤ $-1970°$

3 θ가 제3사분면의 각일 때, 각 $\dfrac{\theta}{3}$를 나타내는 동경이 존재할 수 <u>없는</u> 사분면을 구하시오.

4 각 θ를 나타내는 동경과 각 8θ를 나타내는 동경이 직선 $y=x$에 대하여 대칭일 때, 모든 각 θ의 크기의 합은? (단, $0°<\theta<90°$)

① $40°$ ② $60°$ ③ $80°$
④ $100°$ ⑤ $120°$

5 다음 각을 육십분법은 호도법으로, 호도법은 육십분법으로 나타낼 때, ㉠, ㉡, ㉢에 알맞은 값을 구하시오.

(1) $225°=㉠$ (2) $-\dfrac{5}{6}\pi=㉡$ (3) $-540°=㉢$

6 반지름의 길이가 r인 원의 넓이와 반지름의 길이가 $3r$이고 호의 길이가 8π인 부채꼴의 넓이가 서로 같을 때, r의 값은?

① 8 ② 9 ③ 10
④ 11 ⑤ 12

7 오른쪽 그림과 같은 공연장에서 두 부채꼴 OAB, OCD의 반지름의 길이가 각각 16 m, 4 m이고 $\angle AOB=\dfrac{5}{8}\pi$일 때, 객석이 있는 부분인 도형 ABDC의 넓이를 구하시오.

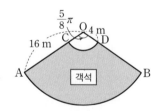

8 오른쪽 그림과 같이 반지름의 길이가 6이고 중심각의 크기가 $\dfrac{5}{3}\pi$인 부채꼴 OAB가 있다. 이 부채꼴의 두 점 A, B를 일치시켜 원뿔 모양의 용기를 만들 때, 이 용기의 부피를 구하시오.

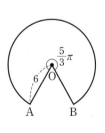

9 둘레의 길이가 24인 부채꼴의 넓이가 최대일 때, 중심각의 크기를 구하시오.

10 원점 O와 점 $P(a, -2\sqrt{6})$ $(a>0)$을 지나는 동경 OP가 나타내는 각의 크기를 θ라 하면 $\tan\theta=-2\sqrt{2}$이다. $\overline{OP}=r$라 할 때, $a+r$의 값을 구하시오.

11 그림과 같이 좌표평면에서 직선 $y=2$가 두 원 $x^2+y^2=5$, $x^2+y^2=9$와 제2사분면에서 만나는 점을 각각 A, B라 하자. 점 $C(3, 0)$에 대하여 $\angle COA=\alpha$, $\angle COB=\beta$라 할 때, $\sin\alpha\times\cos\beta$의 값은? $\left(\text{단, O는 원점이고, } \dfrac{\pi}{2}<\alpha<\beta<\pi\right)$

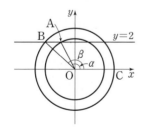

① $\dfrac{1}{3}$ ② $\dfrac{1}{12}$ ③ $-\dfrac{1}{6}$

④ $-\dfrac{5}{12}$ ⑤ $-\dfrac{2}{3}$

12 오른쪽 그림과 같이 각 $\dfrac{5}{3}\pi$를 나타내는 동경과 원 $x^2+y^2=4$가 만나는 점을 P, 점 $Q(2, 0)$에서의 접선과 동경 OP가 만나는 점을 R라 할 때, 호 PQ와 두 선분 PR, QR로 둘러싸인 부분의 넓이를 구하시오.

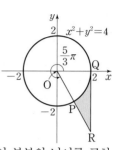

13 오른쪽 그림과 같이 원점 O와 제3사분면에 있는 직선 $y=\dfrac{4}{3}x$ 위의 점 P에 대하여 동경 OP가 나타내는 각의 크기를 θ라 할 때, $\sin\theta+\cos\theta$의 값을 구하시오.

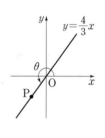

14 $\sin\theta\cos\theta<0$일 때, 다음 중 옳은 것은?

① $\sin\theta>0$ ② $\cos\theta<0$

③ $\tan\theta<0$ ④ $\cos\theta\tan\theta<0$

⑤ $\sin\theta\tan\theta>0$

15 $\sin\theta\cos\theta>0$, $\cos\theta\tan\theta<0$을 동시에 만족시키는 각 θ에 대하여 $\sqrt{\cos^2\theta}+\sqrt{(\tan\theta-\sin\theta)^2}-\sqrt{(\sin\theta+\cos\theta)^2}$을 간단히 하면?

① $-\sin\theta$ ② $\tan\theta$

③ $2\cos\theta-\sin\theta$ ④ $\sin\theta-2\tan\theta$

⑤ $\sin\theta+2\cos\theta$

16 보기에서 옳은 것만을 있는 대로 고르시오.

┌─ 보기 ────────────────────────────┐
ㄱ. $\tan^2\theta - \sin^2\theta = \tan^2\theta\cos^2\theta$

ㄴ. $\dfrac{\tan\theta}{\cos\theta} + \dfrac{1}{\cos^2\theta} = \dfrac{1}{1-\sin\theta}$

ㄷ. $\dfrac{\cos^2\theta - \sin^2\theta}{1+2\sin\theta\cos\theta} + \dfrac{\tan\theta-1}{\tan\theta+1} = 0$
└────────────────────────────────┘

17 $\cos\theta + \cos^2\theta = 1$일 때, $\sin^2\theta + \sin^6\theta + \sin^8\theta$의 값을 구하시오.

[평가원]

18 $\dfrac{\pi}{2} < \theta < \pi$인 θ에 대하여 $\dfrac{\sin\theta}{1-\sin\theta} - \dfrac{\sin\theta}{1+\sin\theta} = 4$ 일 때, $\cos\theta$의 값은?

① $-\dfrac{\sqrt{3}}{3}$ ② $-\dfrac{1}{3}$ ③ 0

④ $\dfrac{1}{3}$ ⑤ $\dfrac{\sqrt{3}}{3}$

19 $\sin\theta\cos\theta = \dfrac{1}{4}$일 때, $\tan^2\theta + \dfrac{1}{\tan^2\theta}$의 값을 구하시오.

20 이차방정식 $2x^2 - \sqrt{3}x + k = 0$의 두 근이 $\sin\theta$, $\cos\theta$일 때, 상수 k에 대하여 $k(\sin\theta - \cos\theta)$의 값을 구하시오. (단, $\sin\theta > \cos\theta$)

▶ **실력**

21 좌표평면 위에 중심이 원점이고 반지름의 길이가 1인 원 C가 있다. 각 α를 나타내는 동경과 원 C의 교점을 $A(a, b)$라 할 때, 각 $-\beta$를 나타내는 동경과 원 C의 교점은 $B(-b, -a)$이다. $\sin\alpha = \dfrac{1}{4}$일 때, $4\sin\beta$의 값을 구하시오. (단, $a > 0$, $b > 0$)

22 오른쪽 그림과 같이 반지름의 길이가 1이고 중심각의 크기가 θ인 부채꼴 AOB 위의 점 A에서 선분 OB에 내린 수선의 발을 C, 점 B를 지나고 선분 OB에 수직인 직선이 선분 OA의 연장선과 만나는 점을 D라 하자. $3\overline{OC} = \overline{AC} \times \overline{BD}$일 때, $\sin\theta\cos\theta$의 값을 구하시오. $\left(\text{단, } 0 < \theta < \dfrac{\pi}{2}\right)$

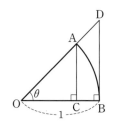

삼각함수의 그래프

① **주기와 주기함수**

함수 $f(x)$의 정의역에 속하는 모든 x에 대하여

$$f(x+p)=f(x)$$

를 만족시키는 0이 아닌 상수 p가 존재할 때, 함수 $y=f(x)$를 **주기함수**라 하고, 상수 p 중에서 최소인 양수를 그 함수의 **주기**라 한다.

> 참고 함수 $f(x)$가 주기가 p인 주기함수이면
> $$f(x)=f(x+p)=f(x+2p)=f(x+3p)=\cdots$$
> 즉, $f(x+np)=f(x)$ (단, n은 정수)

② **함수 $y=\sin x$, 함수 $y=\cos x$의 그래프와 성질**

(1) 정의역은 실수 전체의 집합이고, 치역은
   $\{y\,|\,-1\leq y\leq1\}$이다.

(2) 함수 $y=\sin x$의 그래프는 원점에 대하여 대칭이고,
   함수 $y=\cos x$의 그래프는 y축에 대하여 대칭이다.
   즉, $\sin(-x)=-\sin x$, $\cos(-x)=\cos x$

(3) 주기가 2π인 주기함수이다.
   즉, $\sin(x+2n\pi)=\sin x$, $\cos(x+2n\pi)=\cos x$
   (단, n은 정수)

(4) 함수 $y=\cos x$의 그래프는 함수 $y=\sin x$의 그래프를
   x축의 방향으로 $-\dfrac{\pi}{2}$만큼 평행이동한 것과 같다.

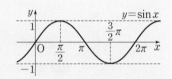

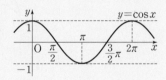

③ **함수 $y=\tan x$의 그래프와 성질**

(1) 정의역은 $x=n\pi+\dfrac{\pi}{2}$ (n은 정수)를 제외한 실수 전체의
   집합이고, 치역은 실수 전체의 집합이다.

(2) 함수 $y=\tan x$의 그래프는 원점에 대하여 대칭이다.
   즉, $\tan(-x)=-\tan x$

(3) 주기가 π인 주기함수이다.
   즉, $\tan(x+n\pi)=\tan x$ (단, n은 정수)

(4) 그래프의 점근선은 직선 $x=n\pi+\dfrac{\pi}{2}$ (n은 정수)이다.

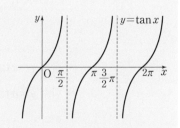

④ 삼각함수의 최댓값, 최솟값, 주기

(1) 함수 $y=a\sin bx$, 함수 $y=a\cos bx$ 꼴의 그래프

두 함수 $y=\sin x$, $y=\cos x$의 그래프를 각각 y축의 방향으로 $|a|$배, x축의 방향으로 $\dfrac{1}{|b|}$배 한 그래프이다.

> ① 치역: $\{y\,|-|a|\leq y\leq|a|\}$ ➡ 최댓값: $|a|$, 최솟값: $-|a|$
> ② 주기: $\dfrac{2\pi}{|b|}$

(2) 함수 $y=a\tan bx$ 꼴의 그래프

함수 $y=\tan x$의 그래프를 y축의 방향으로 $|a|$배, x축의 방향으로 $\dfrac{1}{|b|}$배 한 그래프이다.

> ① 치역: 실수 전체의 집합 ➡ 최댓값, 최솟값은 없다.
> ② 주기: $\dfrac{\pi}{|b|}$, 점근선의 방정식: $x=\dfrac{1}{b}\left(n\pi+\dfrac{\pi}{2}\right)$ (n은 정수)

예 함수 $y=\tan 3x$의 점근선의 방정식 ➡ $3x=n\pi+\dfrac{\pi}{2}$에서 $x=\dfrac{n}{3}\pi+\dfrac{\pi}{6}$ (n은 정수)

참고 함수 $y=a\sin bx$, $y=a\cos bx$, $y=a\tan bx$의 그래프

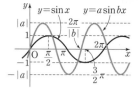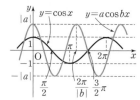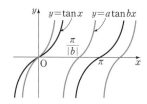

(3) 함수 $y=a\sin(bx+c)+d$, 함수 $y=a\cos(bx+c)+d$ 꼴의 그래프

두 함수 $y=a\sin bx$, $y=a\cos bx$의 그래프를 각각 x축의 방향으로 $-\dfrac{c}{b}$만큼, y축의 방향으로 d만큼 평행이동한 그래프이다.

> ① 치역: $\{y\,|-|a|+d\leq y\leq|a|+d\}$ ➡ 최댓값: $|a|+d$, 최솟값: $-|a|+d$
> ② 주기: $\dfrac{2\pi}{|b|}$

(4) 함수 $y=a\tan(bx+c)+d$ 꼴의 그래프

함수 $y=a\tan bx$의 그래프를 x축의 방향으로 $-\dfrac{c}{b}$만큼, y축의 방향으로 d만큼 평행이동한 그래프이다.

> ① 치역: 실수 전체의 집합 ➡ 최댓값, 최솟값은 없다.
> ② 주기: $\dfrac{\pi}{|b|}$

개념 Plus

함수 $y=\sin x$, 함수 $y=\cos x$의 그래프

오른쪽 그림과 같이 각 θ를 나타내는 동경과 단위원의 교점을 $\mathrm{P}(x,\,y)$라 하면

$$\sin\theta=\frac{y}{1}=y,\ \cos\theta=\frac{x}{1}=x$$

이므로 $\sin\theta$의 값은 점 P의 y좌표로 정해지고, $\cos\theta$의 값은 점 P의 x좌표로 정해진다.
따라서 θ의 값을 가로축에, $\sin\theta$의 값을 세로축에 나타내어 함수 $y=\sin\theta$의 그래프를
그리면 다음과 같다.

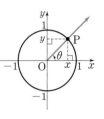

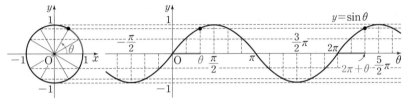

또 θ의 값을 가로축에, $\cos\theta$의 값을 세로축에 나타내어 함수 $y=\cos\theta$의 그래프를 그리면 다음과 같다.

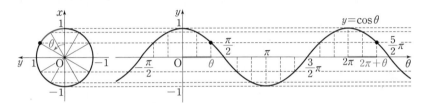

함수의 정의역의 원소는 보통 x로 나타내므로 사인함수 $y=\sin\theta$, 코사인함수 $y=\cos\theta$에서 θ를 x로 바꾸어 각
각 $y=\sin x,\ y=\cos x$로 쓴다.

함수 $y=\tan x$의 그래프

각 θ가 $\theta\neq n\pi+\dfrac{\pi}{2}$ (n은 정수)일 때, 오른쪽 그림과 같이 각 θ를 나타내는 동경과
단위원의 교점을 $\mathrm{P}(x,\,y)$라 하고, 점 $(1,\,0)$에서 단위원에 접하는 접선이 동경 OP
또는 그 연장선과 만나는 점을 $\mathrm{T}(1,\,t)$라 하면

$$\tan\theta=\frac{y}{x}=\frac{t}{1}=t\ (x\neq0)$$

이므로 $\tan\theta$의 값은 점 T의 y좌표로 정해진다.
한편 $\theta=n\pi+\dfrac{\pi}{2}$ (n은 정수)일 때, 각 θ를 나타내는 동경 OP는 y축 위에 있다.
이때 점 P의 x좌표가 0이므로 $\tan\theta$의 값은 정의되지 않는다.
따라서 θ의 값을 가로축에, $\tan\theta$의 값을 세로축에 나타내어 함수 $y=\tan\theta$의 그래프를 그리면 다음과 같다.

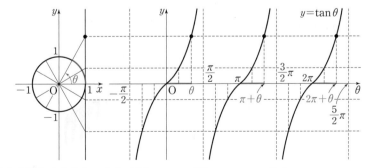

사인함수, 코사인함수와 마찬가지로 탄젠트함수 $y=\tan\theta$를 $y=\tan x$로 쓴다.

절댓값 기호를 포함한 삼각함수의 그래프

절댓값 기호를 포함한 삼각함수의 그래프는 다음과 같은 방법으로 그린다.

(1) $y=|\sin x|$, $y=|\cos x|$, $y=|\tan x|$의 그래프

➡ $y=\sin x$, $y=\cos x$, $y=\tan x$의 그래프를 그린 후 $y \geq 0$인 부분은 그대로 두고, $y < 0$인 부분을 x축에 대하여 대칭이동한다.

	$y=|\sin x|$	$y=|\cos x|$	$y=|\tan x|$
그래프			
치역	$\{y\|0 \leq y \leq 1\}$ 최댓값: 1, 최솟값: 0	$\{y\|0 \leq y \leq 1\}$ 최댓값: 1, 최솟값: 0	$\{y\|y \geq 0\}$ 최댓값: 없다., 최솟값: 0
주기	π	π	π
대칭성	y축에 대하여 대칭	y축에 대하여 대칭	y축에 대하여 대칭

(2) $y=\sin|x|$, $y=\cos|x|$, $y=\tan|x|$의 그래프

➡ $y=\sin x$, $y=\cos x$, $y=\tan x$의 그래프를 $x \geq 0$인 부분만 그린 후 $x < 0$인 부분은 $x \geq 0$인 부분을 y축에 대하여 대칭이동하여 그린다.

	$y=\sin|x|$	$y=\cos|x|$	$y=\tan|x|$
그래프			
치역	$\{y\|-1 \leq y \leq 1\}$ 최댓값: 1, 최솟값: -1	$\{y\|-1 \leq y \leq 1\}$ 최댓값: 1, 최솟값: -1	실수 전체의 집합 최댓값: 없다., 최솟값: 없다.
주기	없다.	2π	없다.
대칭성	y축에 대하여 대칭	y축에 대하여 대칭	y축에 대하여 대칭

✔ **개념 Check**

정답과 해설 52쪽

1 다음 함수의 주기를 구하고, 그 그래프를 그리시오.

(1) $y=2\sin x$ (2) $y=\cos 2x$ (3) $y=\tan \dfrac{x}{2}$

삼각함수의 그래프

유형편 46쪽

다음 함수의 그래프를 그리고, 최댓값, 최솟값, 주기를 구하시오.

(1) $y=\sin(2x-\pi)$ (2) $y=2\cos x-1$ (3) $y=\tan\left(\dfrac{x}{2}-\dfrac{\pi}{2}\right)+1$

공략 Point

• $y=a\sin(bx+c)+d$,
$y=a\cos(bx+c)+d$
➡ 최댓값: $|a|+d$
최솟값: $-|a|+d$
주기: $\dfrac{2\pi}{|b|}$

• $y=a\tan(bx+c)+d$
➡ 최댓값, 최솟값은 없다.
주기: $\dfrac{\pi}{|b|}$

풀이

(1) 함수 $y=\sin(2x-\pi)=\sin 2\left(x-\dfrac{\pi}{2}\right)$의 그래프는 함수 $y=\sin x$의 그래프를 x축의 방향으로 $\dfrac{1}{2}$배 한 후 x축의 방향으로 $\dfrac{\pi}{2}$만큼 평행이동한 것이므로 오른쪽 그림과 같다.

따라서 함수 $y=\sin(2x-\pi)$의 최댓값, 최솟값, 주기를 구하면

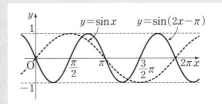

최댓값: **1**, 최솟값: **−1**, 주기: $\dfrac{2\pi}{2}=\pi$

(2) 함수 $y=2\cos x-1$의 그래프는 함수 $y=\cos x$의 그래프를 y축의 방향으로 2배 한 후 y축의 방향으로 -1만큼 평행이동한 것이므로 오른쪽 그림과 같다.

따라서 함수 $y=2\cos x-1$의 최댓값, 최솟값, 주기를 구하면

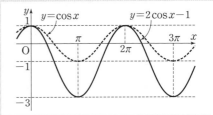

최댓값: **1**, 최솟값: **−3**, 주기: $\dfrac{2\pi}{1}=2\pi$

(3) 함수 $y=\tan\left(\dfrac{x}{2}-\dfrac{\pi}{2}\right)+1=\tan\dfrac{1}{2}(x-\pi)+1$의 그래프는 함수 $y=\tan x$의 그래프를 x축의 방향으로 2배 한 후 x축의 방향으로 π만큼, y축의 방향으로 1만큼 평행이동한 것이므로 오른쪽 그림과 같다.

따라서 함수 $y=\tan\left(\dfrac{x}{2}-\dfrac{\pi}{2}\right)+1$의 최댓값, 최솟값, 주기를 구하면

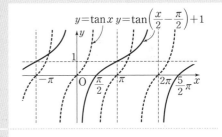

최댓값: **없다.**, 최솟값: **없다.**, 주기: $\dfrac{\pi}{\frac{1}{2}}=2\pi$

● **문제** ●

정답과 해설 52쪽

01-**1** 다음 함수의 그래프를 그리고, 최댓값, 최솟값, 주기를 구하시오.

(1) $y=2\sin 3x+1$ (2) $y=2\cos\left(x-\dfrac{\pi}{3}\right)-1$ (3) $y=\tan 2\left(x-\dfrac{\pi}{4}\right)$

필수
예제 **02** 삼각함수의 미정계수 구하기-조건이 주어진 경우 ✏️유형편 47쪽

함수 $f(x)=a\cos(bx-\pi)+c$의 최솟값이 -2, 주기가 $\dfrac{\pi}{2}$이고 $f\left(\dfrac{\pi}{3}\right)=\dfrac{5}{2}$일 때, 상수 a, b, c에 대하여 $a+b+c$의 값을 구하시오. (단, $a>0$, $b>0$)

Point

$y=a\sin(bx+c)+d$
  └ 주기 결정 ┘
최댓값, 최솟값 결정

풀이

주어진 함수 $f(x)=a\cos(bx-\pi)+c$의 최솟값이 -2이고 $a>0$이므로	$-a+c=-2$ ······ ㉠
주기가 $\dfrac{\pi}{2}$이고 $b>0$이므로	$\dfrac{2\pi}{b}=\dfrac{\pi}{2}$ $\therefore b=4$
따라서 주어진 함수의 식은	$f(x)=a\cos(4x-\pi)+c$
이때 $f\left(\dfrac{\pi}{3}\right)=\dfrac{5}{2}$이므로	$a\cos\dfrac{\pi}{3}+c=\dfrac{5}{2}$ $a\times\dfrac{1}{2}+c=\dfrac{5}{2}$ $\therefore a+2c=5$ ······ ㉡
㉠, ㉡을 연립하여 풀면	$a=3$, $c=1$
따라서 $a+b+c$의 값은	$a+b+c=3+4+1=8$

● **문제** ●

02-1 함수 $f(x)=a\tan bx$의 주기가 $\dfrac{\pi}{6}$이고 $f\left(\dfrac{\pi}{24}\right)=7$일 때, 상수 a, b에 대하여 $a+b$의 값을 구하시오. (단, $b>0$)

02-2 함수 $f(x)=a\sin\dfrac{x}{b}+c$의 최댓값은 5, 주기는 4π이고 $f\left(-\dfrac{\pi}{3}\right)=\dfrac{7}{2}$일 때, 상수 a, b, c에 대하여 $a+b-c$의 값을 구하시오. (단, $a>0$, $b<0$)

삼각함수의 미정계수 구하기-그래프가 주어진 경우

유형편 48쪽

함수 $y=a\sin(bx-c)$의 그래프가 오른쪽 그림과 같을 때, 상수 a, b, c에 대하여 $a+b+c$의 값을 구하시오.

(단, $a>0$, $b>0$, $0<c\leq\pi$)

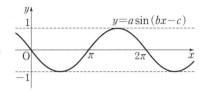

공략 Point

주어진 그래프에서 최댓값, 최솟값, 주기, 그래프 위의 점을 이용하여 미정계수를 구한다.

풀이

주어진 함수 $y=a\sin(bx-c)$의 그래프에서 최댓값은 1, 최솟값은 -1이고 $a>0$이므로	$a=1$
주어진 그래프에서 주기는 2π이고 $b>0$이므로	$\dfrac{2\pi}{b}=2\pi$ $\quad\therefore b=1$
따라서 주어진 함수의 식은	$y=\sin(x-c)$
이 함수의 그래프가 점 $(\pi,0)$을 지나므로	$0=\sin(\pi-c)$ $\quad\therefore \sin(\pi-c)=0$
이때 $0<c\leq\pi$에서 $0\leq\pi-c<\pi$이므로	$\pi-c=0$ $\quad\therefore c=\pi$
따라서 $a+b+c$의 값은	$a+b+c=1+1+\pi=2+\pi$

● **문제** ●

정답과 해설 52쪽

03-1 함수 $y=a\sin\left(bx-\dfrac{2}{3}\pi\right)+c$의 그래프가 오른쪽 그림과 같을 때, 상수 a, b, c에 대하여 $a+b+c$의 값을 구하시오. (단, $a>0$, $b>0$)

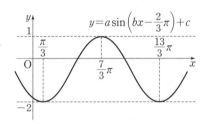

03-2 함수 $y=a\cos(bx+c)+d$의 그래프가 오른쪽 그림과 같을 때, 상수 a, b, c, d에 대하여 $abcd$의 값을 구하시오. $\left(\text{단, } a>0, b>0, -\dfrac{\pi}{2}\leq c\leq 0\right)$

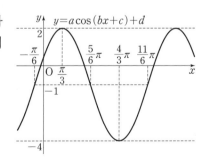

절댓값 기호를 포함한 삼각함수의 그래프 $\mathscr{Q}$ 유형편 48쪽

다음 함수의 그래프를 그리고, 최댓값, 최솟값, 주기를 구하시오.

(1) $y=\left|\cos\dfrac{x}{2}\right|$　　　　　　　　　(2) $y=\sin|2x|$

공략 Point

절댓값 기호가 없는 그래프를 먼저 그린 후 절댓값을 포함한 그래프를 그린다.

풀이

(1) $y=\left|\cos\dfrac{x}{2}\right|$ 의 그래프는 $y=\cos\dfrac{x}{2}$ 의 그래프를 그린 후 $y\geq0$ 인 부분은 그대로 두고, $y<0$ 인 부분을 x축에 대하여 대칭이동한 것이므로 오른쪽 그림과 같다.	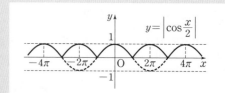
따라서 함수 $y=\left|\cos\dfrac{x}{2}\right|$ 의 최댓값, 최솟값, 주기를 구하면	**최댓값: 1, 최솟값: 0, 주기: 2π**

(2) $y=\sin|2x|$ 의 그래프는 $y=\sin2x$ 의 그래프를 $x\geq0$ 인 부분만 그린 후 $x<0$ 인 부분은 $x\geq0$ 인 부분을 y축에 대하여 대칭이동하여 그린 것이므로 오른쪽 그림과 같다.	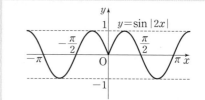
따라서 함수 $y=\sin|2x|$ 의 최댓값, 최솟값, 주기를 구하면	**최댓값: 1, 최솟값: -1, 주기: 없다.**

● **문제** ●

정답과 해설 53쪽

04-1 다음 함수의 그래프를 그리고, 최댓값, 최솟값, 주기를 구하시오.

(1) $y=|\sin3x|$　　　　　　　　　(2) $y=2\tan|x|$

04-2 함수 $y=3|\cos\pi x|+1$ 의 최댓값을 M, 최솟값을 m, 주기를 a라 할 때, $M+m+a$의 값을 구하시오.

삼각함수의 성질

1 삼각함수의 성질

(1) $2n\pi + x$ (n은 정수)의 삼각함수

$$\sin(2n\pi + x) = \sin x, \quad \cos(2n\pi + x) = \cos x, \quad \tan(2n\pi + x) = \tan x$$

(2) $-x$의 삼각함수

$$\sin(-x) = -\sin x, \quad \cos(-x) = \cos x, \quad \tan(-x) = -\tan x$$

(3) $\pi \pm x$의 삼각함수

$$\sin(\pi + x) = -\sin x, \quad \cos(\pi + x) = -\cos x, \quad \tan(\pi + x) = \tan x$$
$$\sin(\pi - x) = \sin x, \quad \cos(\pi - x) = -\cos x, \quad \tan(\pi - x) = -\tan x$$

(4) $\dfrac{\pi}{2} \pm x$의 삼각함수

$$\sin\left(\frac{\pi}{2} + x\right) = \cos x, \quad \cos\left(\frac{\pi}{2} + x\right) = -\sin x, \quad \tan\left(\frac{\pi}{2} + x\right) = -\frac{1}{\tan x}$$
$$\sin\left(\frac{\pi}{2} - x\right) = \cos x, \quad \cos\left(\frac{\pi}{2} - x\right) = \sin x, \quad \tan\left(\frac{\pi}{2} - x\right) = \frac{1}{\tan x}$$

예 (1) $\sin\dfrac{9}{4}\pi = \sin\left(2\pi + \dfrac{\pi}{4}\right) = \sin\dfrac{\pi}{4} = \dfrac{\sqrt{2}}{2}$ (2) $\cos\left(-\dfrac{\pi}{6}\right) = \cos\dfrac{\pi}{6} = \dfrac{\sqrt{3}}{2}$

     (3) $\tan\dfrac{7}{6}\pi = \tan\left(\pi + \dfrac{\pi}{6}\right) = \tan\dfrac{\pi}{6} = \dfrac{\sqrt{3}}{3}$ (4) $\cos\dfrac{2}{3}\pi = \cos\left(\dfrac{\pi}{2} + \dfrac{\pi}{6}\right) = -\sin\dfrac{\pi}{6} = -\dfrac{1}{2}$

참고 여러 가지 각의 삼각함수는 다음과 같은 순서로 삼각함수를 변형하여 구할 수도 있다.

     (1) 주어진 각을 $90° \times n \pm \theta$ 또는 $\dfrac{\pi}{2} \times n \pm \theta$ (n은 정수, θ는 예각) 꼴로 변형한다.   ◀ 각 변형하기

     (2) n이 짝수이면 그대로 ➡ $\sin \longrightarrow \sin$, $\cos \longrightarrow \cos$, $\tan \longrightarrow \tan$

         n이 홀수이면 바꾸어 ➡ $\sin \longrightarrow \cos$, $\cos \longrightarrow \sin$, $\tan \longrightarrow \dfrac{1}{\tan}$ ◀ 삼각함수 정하기

     (3) $90° \times n \pm \theta$ 또는 $\dfrac{\pi}{2} \times n \pm \theta$를 나타내는 동경이 제몇 사분면에 있는지에 따라 삼각함수의 부호를 정한다. 이때 각 θ

        는 항상 예각으로 간주한다.   ◀ 부호 정하기

         예 $\underset{\sin ⊖}{\sin 300°} = \sin(\underset{홀수(\sin \to \cos)}{90° \times 3 + 30°}) = -\cos 30° = -\dfrac{\sqrt{3}}{2}$

2 삼각함수표를 이용한 일반각에 대한 삼각함수의 값

삼각함수의 성질을 이용하면 일반각에 대한 삼각함수를 $0°$에서 $90°$
까지의 각에 대한 삼각함수로 나타낼 수 있다.

따라서 삼각함수표(p. 236)를 이용하여 일반각에 대한 삼각함수의
값을 구할 수 있다.

예 • $\sin 400° = \sin(360° + 40°) = \sin 40° = 0.6428$
     • $\cos 178° = \cos(180° - 2°) = -\cos 2° = -0.9994$

θ	$\sin\theta$	$\cos\theta$	$\tan\theta$
$0°$	0.0000	1.0000	0.0000
$1°$	0.0175	0.9998	0.0175
$2°$	0.0349	0.9994	0.0349
⋮	⋮	⋮	⋮
$40°$	0.6428	0.7660	0.8391

개념 Plus

삼각함수의 성질

(1) $2n\pi+x\,(n$은 정수)의 삼각함수

두 함수 $y=\sin x$, $y=\cos x$의 주기는 2π, 함수 $y=\tan x$의 주기는 π이므로

$$y=\sin x=\sin(x+2\pi)=\sin(x+4\pi)=\cdots$$
$$y=\cos x=\cos(x+2\pi)=\cos(x+4\pi)=\cdots$$
$$y=\tan x=\tan(x+\pi)=\tan(x+2\pi)=\cdots$$
$$\therefore\ \sin(2n\pi+x)=\sin x,\ \cos(2n\pi+x)=\cos x,\ \tan(2n\pi+x)=\tan x$$

(2) $-x$의 삼각함수

두 함수 $y=\sin x$, $y=\tan x$의 그래프는 각각 <u>원점에 대하여 대칭</u>이므로

$$\sin(-x)=-\sin x,\ \tan(-x)=-\tan x \quad {}^{f(-x)=-f(x)}$$

함수 $y=\cos x$의 그래프는 <u>y축에 대하여 대칭</u>이므로

$$\cos(-x)=\cos x \quad {}_{f(-x)=f(x)}$$

(3) $\pi\pm x$의 삼각함수

함수 $y=\sin x$의 그래프를 x축의 방향으로 $-\pi$만큼 평행이동하면

함수 $y=-\sin x$의 그래프와 겹쳐지므로

$$\sin(\pi+x)=-\sin x \quad\cdots\cdots\ \text{㉠}$$

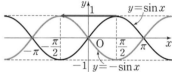

또 함수 $y=\cos x$의 그래프를 x축의 방향으로 $-\pi$만큼 평행이동하면 함수 $y=-\cos x$의 그래프와 겹쳐지므로

$$\cos(\pi+x)=-\cos x \quad\cdots\cdots\ \text{㉡}$$

한편 함수 $y=\tan x$의 주기는 π이므로

$$\tan(\pi+x)=\tan x \quad\cdots\cdots\ \text{㉢}$$

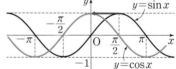

따라서 ㉠, ㉡, ㉢에 각각 x 대신 $-x$를 대입하여 정리하면

$$\sin(\pi-x)=-\sin(-x)=\sin x,\ \cos(\pi-x)=-\cos(-x)=-\cos x,$$
$$\tan(\pi-x)=\tan(-x)=-\tan x$$

(4) $\dfrac{\pi}{2}\pm x$의 삼각함수

함수 $y=\sin x$의 그래프를 x축의 방향으로 $-\dfrac{\pi}{2}$만큼 평행이동하면

함수 $y=\cos x$의 그래프와 겹쳐지므로

$$\sin\left(\frac{\pi}{2}+x\right)=\cos x \quad\cdots\cdots\ \text{㉠}$$

또 함수 $y=\cos x$의 그래프를 x축의 방향으로 $-\dfrac{\pi}{2}$만큼 평행이동

하면 함수 $y=-\sin x$의 그래프와 겹쳐지므로

$$\cos\left(\frac{\pi}{2}+x\right)=-\sin x \quad\cdots\cdots\ \text{㉡}$$

이때 ㉠, ㉡에서

$$\tan\left(\frac{\pi}{2}+x\right)=\frac{\sin\left(\dfrac{\pi}{2}+x\right)}{\cos\left(\dfrac{\pi}{2}+x\right)}=\frac{\cos x}{-\sin x}=-\frac{1}{\tan x} \quad\cdots\cdots\ \text{㉢}$$

따라서 ㉠, ㉡, ㉢에 각각 x 대신 $-x$를 대입하여 정리하면

$$\sin\left(\frac{\pi}{2}-x\right)=\cos(-x)=\cos x,\ \cos\left(\frac{\pi}{2}-x\right)=-\sin(-x)=\sin x,$$
$$\tan\left(\frac{\pi}{2}-x\right)=-\frac{1}{\tan(-x)}=\frac{1}{\tan x}$$

여러 가지 각의 삼각함수의 값 (1)

유형편 49쪽

$\sin\dfrac{2}{3}\pi \tan\dfrac{11}{3}\pi + \cos\left(-\dfrac{20}{3}\pi\right)$의 값을 구하시오.

공략 Point

예각 θ에 대하여 주어진 삼각함수의 각을 $2n\pi\pm\theta$, $\pi\pm\theta$, $\dfrac{\pi}{2}\pm\theta$ 꼴로 고친 후 삼각함수의 성질을 이용하여 θ에 대한 삼각함수로 나타낸다.

풀이

$\sin(\pi-x)=\sin x$이므로	$\sin\dfrac{2}{3}\pi=\sin\left(\pi-\dfrac{\pi}{3}\right)=\sin\dfrac{\pi}{3}=\dfrac{\sqrt{3}}{2}$
$\tan(2n\pi+x)=\tan x,$ $\tan(-x)=-\tan x$이므로	$\tan\dfrac{11}{3}\pi=\tan\left(2\pi\times2-\dfrac{\pi}{3}\right)$ $=\tan\left(-\dfrac{\pi}{3}\right)=-\tan\dfrac{\pi}{3}$ $=-\sqrt{3}$
$\cos(-x)=\cos x,$ $\cos(2n\pi+x)=\cos x,$ $\cos(\pi-x)=-\cos x$이므로	$\cos\left(-\dfrac{20}{3}\pi\right)=\cos\dfrac{20}{3}\pi=\cos\left(2\pi\times3+\dfrac{2}{3}\pi\right)$ $=\cos\dfrac{2}{3}\pi=\cos\left(\pi-\dfrac{\pi}{3}\right)$ $=-\cos\dfrac{\pi}{3}=-\dfrac{1}{2}$
따라서 구하는 값은	$\sin\dfrac{2}{3}\pi\tan\dfrac{11}{3}\pi+\cos\left(-\dfrac{20}{3}\pi\right)$ $=\dfrac{\sqrt{3}}{2}\times(-\sqrt{3})+\left(-\dfrac{1}{2}\right)$ $=\mathbf{-2}$

● **문제** ●

정답과 해설 53쪽

05-1 다음 식의 값을 구하시오.

(1) $\sin\dfrac{25}{6}\pi+\cos\dfrac{17}{6}\pi+\tan\dfrac{5}{4}\pi$

(2) $\sin(-750°)+\cos1395°+\cos240°-\tan495°$

05-2 $\dfrac{\cos(2\pi+\theta)}{\sin\left(\dfrac{\pi}{2}+\theta\right)\cos^2(\pi-\theta)}+\dfrac{\sin(\pi+\theta)\tan^2(\pi-\theta)}{\cos\left(\dfrac{3}{2}\pi+\theta\right)}$를 간단히 하시오.

05-3 오른쪽 삼각함수표를 이용하여 $\sin110°+\cos260°+\tan340°$의 값을 구하시오.

θ	$\sin\theta$	$\cos\theta$	$\tan\theta$
$10°$	0.1736	0.9848	0.1763
$20°$	0.3420	0.9397	0.3640

여러 가지 각의 삼각함수의 값 (2)

🖉유형편 49쪽

$\cos^2 0° + \cos^2 1° + \cos^2 2° + \cdots + \cos^2 89° + \cos^2 90°$의 값을 구하시오.

공략 Point

일정하게 증가하는 각에 대한 삼각함수의 값은 다음과 같은 순서로 구한다.

(1) 각의 크기의 합이 90°인 것끼리 짝을 짓는다.

(2) $\cos(90°-x) = \sin x$임을 이용하여 각을 변형한다.

(3) $\sin^2 x + \cos^2 x = 1$임을 이용한다.

풀이

$\cos(90°-x) = \sin x$임을 이용하여 $\cos 90°, \cos 89°, \cos 88°, \cdots, \cos 46°$ 를 변형하면	$\cos 90° = \cos(90°-0°) = \sin 0°$ $\cos 89° = \cos(90°-1°) = \sin 1°$ $\cos 88° = \cos(90°-2°) = \sin 2°$ $\vdots$ $\cos 46° = \cos(90°-44°) = \sin 44°$
이를 주어진 식에 대입하면	$\cos^2 0° + \cos^2 1° + \cos^2 2° + \cdots + \cos^2 89° + \cos^2 90°$ $= \cos^2 0° + \cos^2 1° + \cos^2 2° + \cdots + \sin^2 1° + \sin^2 0°$ $= (\sin^2 0° + \cos^2 0°) + (\sin^2 1° + \cos^2 1°)$ $\qquad + \cdots + (\sin^2 44° + \cos^2 44°) + \cos^2 45°$
$\sin^2 x + \cos^2 x = 1$이므로	$= 1 + 1 + \cdots + 1 + \left(\dfrac{\sqrt{2}}{2}\right)^2$ $= 1 \times 45 + \dfrac{1}{2} = \dfrac{\mathbf{91}}{\mathbf{2}}$

● **문제** ●

정답과 해설 54쪽

06-1 $\sin^2 1° + \sin^2 3° + \sin^2 5° + \cdots + \sin^2 87° + \sin^2 89°$의 값을 구하시오.

06-2 $\tan 1° \times \tan 2° \times \tan 3° \times \cdots \times \tan 88° \times \tan 89°$의 값을 구하시오.

06-3 $\left(1 - \dfrac{1}{\sin 40°}\right)\left(1 + \dfrac{1}{\cos 50°}\right)\left(1 - \dfrac{1}{\cos 40°}\right)\left(1 + \dfrac{1}{\sin 50°}\right)$의 값을 구하시오.

삼각함수를 포함한 식의 최대, 최소 (1) 유형편 50쪽

다음 함수의 최댓값과 최솟값을 구하시오.

(1) $y = 3\sin x - \cos\left(x - \dfrac{\pi}{2}\right) + 1$

(2) $y = 2\left|\sin x - \dfrac{1}{2}\right| + 1$

공략 Point

(1) 두 종류의 삼각함수를 포함하는 일차식 꼴
  ➡ 삼각함수의 성질을 이용하여 한 종류의 삼각함수로 통일한 후 구한다.

(2) 절댓값 기호를 포함하는 일차식 꼴
  ➡ 삼각함수를 t로 치환하여 t의 값의 범위에서 t에 대한 함수의 그래프를 그려서 구한다.

풀이

(1) $\cos(-x) = \cos x$이므로

$$y = 3\sin x - \cos\left(x - \dfrac{\pi}{2}\right) + 1$$
$$= 3\sin x - \cos\left\{-\left(\dfrac{\pi}{2} - x\right)\right\} + 1$$
$$= 3\sin x - \cos\left(\dfrac{\pi}{2} - x\right) + 1$$

$\cos\left(\dfrac{\pi}{2} - x\right) = \sin x$이므로

$$= 3\sin x - \sin x + 1$$
$$= 2\sin x + 1$$

이때 $-1 \le \sin x \le 1$이므로

$-2 \le 2\sin x \le 2$ $\therefore -1 \le 2\sin x + 1 \le 3$

따라서 함수 $y = 2\sin x + 1$의 최댓값과 최솟값을 구하면

최댓값은 3, 최솟값은 −1

(2) 주어진 함수에서 $\sin x = t$로 놓으면

$-1 \le t \le 1$이고 $y = 2\left|t - \dfrac{1}{2}\right| + 1$ ⋯⋯ ㉠

따라서 $-1 \le t \le 1$에서 ㉠의 그래프는 오른쪽 그림과 같으므로 함수 $y = 2\left|t - \dfrac{1}{2}\right| + 1$의 최댓값과 최솟값을 구하면

$t = -1$일 때, **최댓값은 4**

$t = \dfrac{1}{2}$일 때, **최솟값은 1**

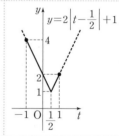

다른 풀이

(2) $-1 \le \sin x \le 1$이므로

$-\dfrac{3}{2} \le \sin x - \dfrac{1}{2} \le \dfrac{1}{2}$, $0 \le \left|\sin x - \dfrac{1}{2}\right| \le \dfrac{3}{2}$

$0 \le 2\left|\sin x - \dfrac{1}{2}\right| \le 3$ $\therefore 1 \le 2\left|\sin x - \dfrac{1}{2}\right| + 1 \le 4$

따라서 함수 $y = 2\left|\sin x - \dfrac{1}{2}\right| + 1$의 최댓값과 최솟값을 구하면

최댓값은 4, 최솟값은 1

● 문제 ●

정답과 해설 54쪽

07-1 다음 함수의 최댓값과 최솟값을 구하시오.

(1) $y = 3\cos(x - \pi) - 2\sin\left(x - \dfrac{\pi}{2}\right) - 2$

(2) $y = 4|\cos 2x - 1| - 2$

삼각함수를 포함한 식의 최대, 최소(2)

유형편 50쪽

다음 함수의 최댓값과 최솟값을 구하시오.

(1) $y=\dfrac{\sin x+1}{\sin x+2}$ (2) $y=-\sin^2 x-\sin\left(x+\dfrac{\pi}{2}\right)+2$

공략 Point

분수식 또는 이차식 꼴의 경우 삼각함수를 t로 치환하여 t의 값의 범위에서 t에 대한 함수의 그래프를 그려서 구한다.

풀이

(1) 주어진 함수에서 $\sin x=t$로 놓으면

$-1\le t\le 1$이고
$$y=\dfrac{t+1}{t+2}=\dfrac{(t+2)-1}{t+2}=-\dfrac{1}{t+2}+1 \quad\cdots\cdots ㉠$$

따라서 $-1\le t\le 1$에서 ㉠의 그래프는 오른쪽 그림과 같으므로 함수 $y=-\dfrac{1}{t+2}+1$의 최댓값과 최솟값을 구하면

$t=1$일 때, **최댓값**은 $\dfrac{2}{3}$
$t=-1$일 때, **최솟값**은 **0**

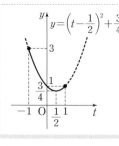

(2) $\sin^2 x+\cos^2 x=1$,
$\sin\left(x+\dfrac{\pi}{2}\right)=\cos x$이므로

$$y=-(1-\cos^2 x)-\cos x+2$$
$$=\cos^2 x-\cos x+1$$

$\cos x=t$로 놓으면

$-1\le t\le 1$이고
$$y=t^2-t+1=\left(t-\dfrac{1}{2}\right)^2+\dfrac{3}{4} \quad\cdots\cdots ㉠$$

따라서 $-1\le t\le 1$에서 ㉠의 그래프는 오른쪽 그림과 같으므로 함수 $y=\left(t-\dfrac{1}{2}\right)^2+\dfrac{3}{4}$의 최댓값과 최솟값을 구하면

$t=-1$일 때, **최댓값**은 **3**
$t=\dfrac{1}{2}$일 때, **최솟값**은 $\dfrac{3}{4}$

다른 풀이

(1) 주어진 함수를 변형하면

$$y=\dfrac{\sin x+1}{\sin x+2}=-\dfrac{1}{\sin x+2}+1$$

$-1\le\sin x\le 1$이므로

$$\dfrac{1}{3}\le\dfrac{1}{\sin x+2}\le 1, \quad -1\le-\dfrac{1}{\sin x+2}\le-\dfrac{1}{3}$$
$$\therefore 0\le-\dfrac{1}{\sin x+2}+1\le\dfrac{2}{3}$$

따라서 함수 $y=\dfrac{\sin x+1}{\sin x+2}$의 최댓값과 최솟값을 구하면

최댓값은 $\dfrac{2}{3}$, **최솟값**은 **0**

● **문제** ●

정답과 해설 55쪽

08-1 다음 함수의 최댓값과 최솟값을 구하시오.

(1) $y=\dfrac{2\cos x}{\cos x+2}$ (2) $y=-\cos^2 x-\cos\left(x-\dfrac{\pi}{2}\right)+4$

연습문제

1 함수 $y=5\cos(2x-\pi)+6$의 그래프는 함수 $y=5\cos 2x$의 그래프를 x축의 방향으로 a만큼, y축의 방향으로 b만큼 평행이동한 것이다. 이때 a, b에 대하여 ab의 값을 구하시오. (단, $0<a<\pi$)

2 다음 중 함수 $y=2\cos\left(\dfrac{x}{2}+\pi\right)$와 주기가 같은 함수는?

① $y=-\cos\left(4x+\dfrac{\pi}{2}\right)$ ② $y=\dfrac{1}{2}\sin\left(x+\dfrac{\pi}{3}\right)$

③ $y=3\sin(2x+\pi)$ ④ $y=\tan\left(\dfrac{x}{4}+\pi\right)$

⑤ $y=4\tan 2x-1$

3 함수 $y=2\sin(3x+\pi)-1$의 주기를 a, 최댓값을 b, 최솟값을 c라 할 때, abc의 값을 구하시오.

4 다음 중 함수 $y=2\tan(3x-\pi)+1$에 대한 설명으로 옳은 것은?

① 주기는 π이다.
② 그래프는 점 $(\pi, 3)$을 지난다.
③ 최댓값은 3이고, 최솟값은 -1이다.
④ 그래프의 점근선의 방정식은 $x=n\pi+\dfrac{\pi}{3}$ (n은 정수)이다.
⑤ 그래프는 함수 $y=2\tan 3x$의 그래프를 x축의 방향으로 $\dfrac{\pi}{3}$만큼, y축의 방향으로 1만큼 평행이동한 것이다.

5 오른쪽 그림과 같이 $-\dfrac{\pi}{4}<x<\dfrac{3}{4}\pi$에서 함수 $y=\tan 2x$의 그래프와 두 직선 $y=2$, $y=-2$로 둘러싸인 부분의 넓이를 구하시오.

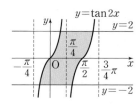

6 함수 $f(x)=a\cos\left(bx+\dfrac{\pi}{2}\right)+c$의 최댓값이 2, 최솟값이 -4이고 주기가 $\dfrac{2}{3}\pi$일 때, $f\left(\dfrac{\pi}{6}\right)$의 값은?
(단, $a<0$, $b>0$, c는 상수)

① -4　　② $-\dfrac{5}{2}$　　③ -1

④ $\dfrac{1}{2}$　　⑤ 2

7 그림과 같이 함수 $y=a\tan b\pi x$의 그래프가 두 점 $(2, 3)$, $(8, 3)$을 지날 때, $a^2\times b$의 값은?
(단, a, b는 양수이다.)

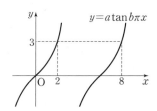

① $\dfrac{1}{6}$　　② $\dfrac{1}{3}$　　③ $\dfrac{1}{2}$

④ $\dfrac{2}{3}$　　⑤ $\dfrac{5}{6}$

8 보기의 함수에서 주기가 같은 것끼리 바르게 짝지은 것은?

┌─ 보기 ─────────────────────────┐
ㄱ. $y=|\cos 2x|$ ㄴ. $y=\cos 2|x|$

ㄷ. $y=|\tan 2x|$ ㄹ. $y=\left|\sin\dfrac{x}{2}\right|$
└────────────────────────────────┘

① ㄱ - ㄴ   ② ㄱ - ㄷ   ③ ㄴ - ㄷ

④ ㄴ - ㄹ   ⑤ ㄷ - ㄹ

교육청▶

9 $0\le x<2\pi$일 때, 두 곡선 $y=\cos\left(x-\dfrac{\pi}{2}\right)$와 $y=\sin 4x$가 만나는 점의 개수는?

① 2   ② 4   ③ 6

④ 8   ⑤ 10

10 $\cos\dfrac{32}{3}\pi+\sin\dfrac{41}{6}\pi-\tan\left(-\dfrac{45}{4}\pi\right)$의 값을 구하시오.

11 오른쪽 그림과 같이 $\angle B=90°$인 직각삼각형 ABC에서 $\overline{AB}=4$, $\overline{BC}=3$, $\overline{AC}=5$이고, $\angle A=\alpha$, $\angle C=\beta$일 때, $\sin(2\alpha+3\beta)$의 값을 구하시오.

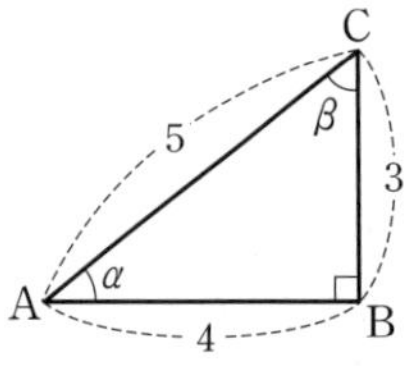

12 x가 제1사분면의 각이고 $\sin x=\dfrac{3}{5}$일 때,

$$\dfrac{\cos x}{1+\sin x}+\dfrac{\sin\left(\dfrac{\pi}{2}+x\right)}{1-\cos\left(\dfrac{\pi}{2}-x\right)}$$의 값을 구하시오.

13 $\theta=15°$일 때, 다음 식의 값을 구하시오.

┌────────────────────────────────┐
$\log_3\tan\theta+\log_3\tan 2\theta+\log_3\tan 3\theta$
$+\log_3\tan 4\theta+\log_3\tan 5\theta$
└────────────────────────────────┘

14 $\dfrac{1}{\sin^2 41°}+\dfrac{1}{\sin^2 42°}+\dfrac{1}{\sin^2 43°}+\cdots+\dfrac{1}{\sin^2 89°}$
$-(\tan^2 1°+\tan^2 2°+\tan^2 3°+\cdots+\tan^2 49°)$의 값을 구하시오.

15 함수 $y=a\cos(x+\pi)-2\sin\left(x+\dfrac{\pi}{2}\right)+b$의 최댓값이 1, 최솟값이 -5일 때, 상수 a, b에 대하여 ab의 값을 구하시오. (단, $a>0$)

16 함수 $y=|\sin 2x+2|+1$의 최댓값을 M, 최솟값을 m이라 할 때, $M+m$의 값을 구하시오.

17 함수 $y=\dfrac{4\sin x+4}{\sin x+3}$의 최댓값을 M, 최솟값을 m이라 할 때, $M-m$의 값을 구하시오.

18 $0\le x\le\dfrac{\pi}{2}$일 때, 함수

$$y=3\sin^2\left(x+\frac{\pi}{2}\right)-4\cos^2 x+6\sin(x+\pi)+5$$

는 $x=a$에서 최솟값 b를 갖는다. 이때 ab의 값은?

① $-\pi$ ② $-\dfrac{\pi}{2}$ ③ $-\dfrac{\pi}{3}$

④ $-\dfrac{\pi}{4}$ ⑤ $-\dfrac{\pi}{6}$

▶ **실력**

19 다음 조건을 만족시키는 함수 $f(x)$에 대하여 함수 $y=f(x)$의 그래프와 직선 $y=\dfrac{x}{2\pi}$가 만나는 점의 개수를 구하시오.

(개) 모든 실수 x에 대하여 $f(x+2\pi)=f(x)$
(내) $0\le x\le\pi$일 때, $f(x)=\sin 2x$
(대) $\pi<x\le 2\pi$일 때, $f(x)=-\sin 2x$

평가원

20 두 양수 a, b에 대하여 곡선 $y=a\sin b\pi x\left(0\le x\le\dfrac{3}{b}\right)$이 직선 $y=a$와 만나는 서로 다른 두 점을 A, B라 하자. 삼각형 OAB의 넓이가 5이고 직선 OA의 기울기와 직선 OB의 기울기의 곱이 $\dfrac{5}{4}$일 때, $a+b$의 값은?

(단, O는 원점이다.)

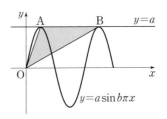

① 1   ② 2   ③ 3
④ 4   ⑤ 5

21 다음 그림과 같이 반지름의 길이가 1인 사분원의 호 AB를 8등분 하는 점을 각각 P_1, P_2, P_3, $\cdots$, P_7이라 하자. 점 P_1, P_2, P_3, $\cdots$, P_7에서 반지름 OA에 내린 수선의 발을 각각 Q_1, Q_2, Q_3, $\cdots$, Q_7이라 할 때, $\overline{P_1Q_1}^2+\overline{P_2Q_2}^2+\overline{P_3Q_3}^2+\cdots+\overline{P_7Q_7}^2$의 값을 구하시오.

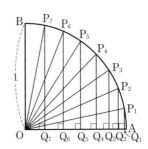

삼각함수가 포함된 방정식과 부등식

❶ 삼각함수가 포함된 방정식의 풀이

$2\sin x = 1$, $\tan x = \sqrt{3}$과 같이 각의 크기가 미지수인 삼각함수가 포함된 방정식은 다음과 같이 그래프를 이용하여 풀 수 있다.

> (1) 주어진 방정식을 $\sin x = k$ (또는 $\cos x = k$ 또는 $\tan x = k$) 꼴로 고친다.
> (2) 함수 $y = \sin x$ (또는 $y = \cos x$ 또는 $y = \tan x$)의 그래프와 직선 $y = k$를 그린다.
> (3) 주어진 범위에서 삼각함수의 그래프와 직선의 교점의 x좌표를 찾아 방정식의 해를 구한다.

예 $0 \le x < 2\pi$일 때, 방정식 $\sin x = \dfrac{1}{2}$의 해를 구해 보자.

오른쪽 그림과 같이 $0 \le x < 2\pi$에서 함수 $y = \sin x$의 그래프와

직선 $y = \dfrac{1}{2}$의 교점의 x좌표는 $\dfrac{\pi}{6}$, $\dfrac{5}{6}\pi$

따라서 주어진 방정식의 해는

$x = \dfrac{\pi}{6}$ 또는 $x = \dfrac{5}{6}\pi$

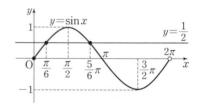

❷ 삼각함수가 포함된 부등식의 풀이

$2\cos x > -1$, $\tan x \le \sqrt{3}$과 같이 각의 크기가 미지수인 삼각함수가 포함된 부등식은 다음과 같이 그래프를 이용하여 풀 수 있다.

> (1) $\sin x > k$ (또는 $\cos x > k$ 또는 $\tan x > k$) 꼴
> ➡ $y = \sin x$ (또는 $y = \cos x$ 또는 $y = \tan x$)의 그래프가 직선 $y = k$보다 위쪽에 있는 x의 값의 범위를 구한다.
> (2) $\sin x < k$ (또는 $\cos x < k$ 또는 $\tan x < k$) 꼴
> ➡ $y = \sin x$ (또는 $y = \cos x$ 또는 $y = \tan x$)의 그래프가 직선 $y = k$보다 아래쪽에 있는 x의 값의 범위를 구한다.

예 $0 \le x < 2\pi$일 때, 부등식 $\sin x \ge \dfrac{1}{2}$의 해를 구해 보자.

주어진 부등식의 해는 오른쪽 그림과 같이 함수 $y = \sin x$의 그래프

가 직선 $y = \dfrac{1}{2}$과 만나거나 위쪽에 있는 x의 값의 범위이므로

$\dfrac{\pi}{6} \le x \le \dfrac{5}{6}\pi$

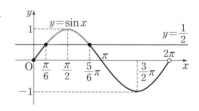

개념 Plus

단위원을 이용한 삼각함수가 포함된 방정식의 풀이

(1) $\sin x = k$ 꼴의 방정식
  ➡ 직선 $y=k$와 단위원의 교점을 P, Q라 하면 동경 OP, OQ가 나타내는 각 θ가 방정식의 해이다.

(2) $\cos x = k$ 꼴의 방정식
  ➡ 직선 $x=k$와 단위원의 교점을 P, Q라 하면 동경 OP, OQ가 나타내는 각 θ가 방정식의 해이다.

(3) $\tan x = k$ 꼴의 방정식
  ➡ 원점과 점 $(1, k)$를 지나는 직선과 단위원의 교점을 P, Q라 하면 동경 OP, OQ가 나타내는 각 θ가 방정식의 해이다.

예 $0 \le x < 2\pi$일 때, 다음 방정식의 해를 구해 보자.

(1) $\sin x = \dfrac{1}{2}$

(2) $\cos x = \dfrac{1}{2}$

(3) $\tan x = \sqrt{3}$

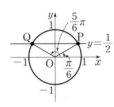

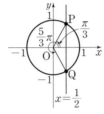

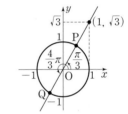

➡ $x = \dfrac{\pi}{6}$ 또는 $x = \dfrac{5}{6}\pi$

➡ $x = \dfrac{\pi}{3}$ 또는 $x = \dfrac{5}{3}\pi$

➡ $x = \dfrac{\pi}{3}$ 또는 $x = \dfrac{4}{3}\pi$

단위원을 이용한 삼각함수가 포함된 부등식의 풀이

예 $0 \le x < 2\pi$일 때, 부등식 $\sin x \ge \dfrac{1}{2}$의 해를 구해 보자.

직선 $y=\dfrac{1}{2}$과 단위원의 교점 P, Q에 대하여 동경 OP, OQ가 나타내는 각의 크기가 각각 $\dfrac{\pi}{6}$, $\dfrac{5}{6}\pi$이고 주어진 부등식의 해는 y좌표가 $\dfrac{1}{2}$보다 크거나 같을 때의 동경 OP, OQ가 나타내는 각의 범위이므로 $\dfrac{\pi}{6} \le x \le \dfrac{5}{6}\pi$

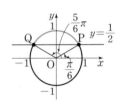

삼각함수의 주기와 그래프의 대칭성

삼각함수가 포함된 방정식과 부등식을 풀 때, 삼각함수의 주기와 그래프의 대칭성을 이용하면 편리하다.
예를 들어 $0 \le x < 3\pi$일 때, 방정식 $\sin x = k\,(0 < k < 1)$의 해를 구해 보자.
함수 $y=\sin x$의 그래프와 직선 $y=k$의 교점의 x좌표를 작은 것부터 차례대로 a, b, c, d라 하면 오른쪽 그림과 같다. 이때 함수 $y=\sin x$의 그래프는 직선 $x=\dfrac{\pi}{2}$에 대하여 대칭이므로

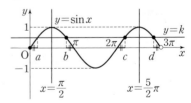

$$\frac{a+b}{2} = \frac{\pi}{2} \qquad \therefore b = \pi - a$$

또 함수 $y=\sin x$의 주기는 2π이므로 $c = 2\pi + a$
함수 $y=\sin x$의 그래프는 직선 $x=\dfrac{5}{2}\pi$에 대하여 대칭이므로

$$\frac{c+d}{2} = \frac{5}{2}\pi \qquad \therefore d = 5\pi - c = 5\pi - (2\pi + a) = 3\pi - a$$

따라서 $0 \le x < 3\pi$일 때, 방정식 $\sin x = k\,(0 < k < 1)$의 해는
  $x = a$ 또는 $x = \pi - a$ 또는 $x = 2\pi + a$ 또는 $x = 3\pi - a$

삼각함수가 포함된 방정식 – 일차식 꼴

✎유형편 51쪽

$0 \leq x < \pi$일 때, 다음 방정식을 푸시오.

(1) $\sqrt{2}\sin x - 1 = 0$

(2) $\cos\left(x - \dfrac{\pi}{3}\right) = \dfrac{\sqrt{3}}{2}$

공략 Point

(1) $\sin x = k$ 꼴로 고친 후 해를 구한다.

(2) $\cos(ax+b) = k$ 꼴은 $ax+b = t$로 놓고 푼다. 이때 t의 값의 범위에 유의한다.

풀이

(1) $\sqrt{2}\sin x - 1 = 0$에서 $\sqrt{2}\sin x = 1$ $\therefore \sin x = \dfrac{\sqrt{2}}{2}$

$0 \leq x < \pi$에서 함수 $y = \sin x$의 그래프와 직선 $y = \dfrac{\sqrt{2}}{2}$의 교점의 x좌표를 구하면 $\dfrac{\pi}{4}, \dfrac{3}{4}\pi$

따라서 주어진 방정식의 해는 $x = \dfrac{\pi}{4}$ 또는 $x = \dfrac{3}{4}\pi$

(2) $x - \dfrac{\pi}{3} = t$로 놓으면 $0 \leq x < \pi$에서 $-\dfrac{\pi}{3} \leq x - \dfrac{\pi}{3} < \dfrac{2}{3}\pi$

$\therefore -\dfrac{\pi}{3} \leq t < \dfrac{2}{3}\pi$

이때 주어진 방정식은 $\cos t = \dfrac{\sqrt{3}}{2}$

$-\dfrac{\pi}{3} \leq t < \dfrac{2}{3}\pi$에서 함수 $y = \cos t$의 그래프와 직선 $y = \dfrac{\sqrt{3}}{2}$의 교점의 t좌표를 구하면 $-\dfrac{\pi}{6}, \dfrac{\pi}{6}$

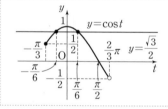

$t = x - \dfrac{\pi}{3}$이므로 $x - \dfrac{\pi}{3} = -\dfrac{\pi}{6}$ 또는 $x - \dfrac{\pi}{3} = \dfrac{\pi}{6}$

$\therefore x = \dfrac{\pi}{6}$ 또는 $x = \dfrac{\pi}{2}$

● **문제** ●

정답과 해설 59쪽

01-1 $0 \leq x < \pi$일 때, 다음 방정식을 푸시오.

(1) $2\cos x = -\sqrt{3}$

(2) $\sqrt{3}\tan x + 3 = 0$

(3) $2\sin 2x - 1 = 0$

(4) $\tan\left(x - \dfrac{\pi}{6}\right) - 1 = 0$

삼각함수가 포함된 방정식 – 이차식 꼴

유형편 52쪽

$0 \le x < 2\pi$일 때, 방정식 $2\cos^2 x - \sin x - 1 = 0$을 푸시오.

공략 Point

두 종류의 삼각함수가 포함된 방정식은 $\sin^2 x + \cos^2 x = 1$임을 이용하여 한 종류의 삼각함수에 대한 방정식으로 고쳐서 푼다.

풀이

$2\cos^2 x - \sin x - 1 = 0$에서 $\sin^2 x + \cos^2 x = 1$이므로	$2(1 - \sin^2 x) - \sin x - 1 = 0$ $2\sin^2 x + \sin x - 1 = 0$ $(\sin x + 1)(2\sin x - 1) = 0$ $\therefore \sin x = -1 \ 또는 \ \sin x = \dfrac{1}{2}$
$0 \le x < 2\pi$에서 함수 $y = \sin x$의 그래프와 두 직선 $y = -1$, $y = \dfrac{1}{2}$의 교점의 x좌표를 구하면	$\dfrac{\pi}{6}, \ \dfrac{5}{6}\pi, \ \dfrac{3}{2}\pi$
따라서 주어진 방정식의 해는	$x = \dfrac{\pi}{6} \ 또는 \ x = \dfrac{5}{6}\pi \ 또는 \ x = \dfrac{3}{2}\pi$

● **문제** ●

정답과 해설 59쪽

O2-1 $0 \le x < 2\pi$일 때, 방정식 $2\sin^2 x - 5\cos x + 1 = 0$을 푸시오.

O2-2 $0 < x < \pi$일 때, 방정식 $3\tan x + \dfrac{1}{\tan x} = 2\sqrt{3}$을 푸시오.

삼각함수가 포함된 부등식 – 일차식 꼴

✎ 유형편 53쪽

$0 \leq x < 2\pi$일 때, 다음 부등식을 푸시오.

(1) $\sqrt{2}\cos x < 1$

(2) $\sin\left(x - \dfrac{\pi}{3}\right) \geq \dfrac{\sqrt{3}}{2}$

공략 Point

(1) $\cos x < k$ 꼴로 고친 후 범위를 구한다.

(2) $\sin(ax+b) \geq k$ 꼴은 $ax+b=t$로 놓고 푼다. 이때 t의 값의 범위에 유의한다.

풀이

(1) $\sqrt{2}\cos x < 1$에서	$\cos x < \dfrac{1}{\sqrt{2}}$ $\therefore \cos x < \dfrac{\sqrt{2}}{2}$
$0 \leq x < 2\pi$에서 함수 $y=\cos x$의 그래프와 직선 $y=\dfrac{\sqrt{2}}{2}$의 교점의 x좌표를 구하면	$\dfrac{\pi}{4}, \dfrac{7}{4}\pi$
주어진 부등식의 해는 함수 $y=\cos x$의 그래프가 직선 $y=\dfrac{\sqrt{2}}{2}$보다 아래쪽에 있는 x의 값의 범위이므로	$\dfrac{\pi}{4} < x < \dfrac{7}{4}\pi$

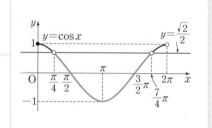

(2) $x - \dfrac{\pi}{3} = t$로 놓으면 $0 \leq x < 2\pi$에서	$-\dfrac{\pi}{3} \leq x - \dfrac{\pi}{3} < \dfrac{5}{3}\pi$ $\therefore -\dfrac{\pi}{3} \leq t < \dfrac{5}{3}\pi$
이때 주어진 부등식은	$\sin t \geq \dfrac{\sqrt{3}}{2}$ ······ ㉠
$-\dfrac{\pi}{3} \leq t < \dfrac{5}{3}\pi$에서 함수 $y=\sin t$의 그래프와 직선 $y=\dfrac{\sqrt{3}}{2}$의 교점의 t좌표를 구하면	$\dfrac{\pi}{3}, \dfrac{2}{3}\pi$
부등식 ㉠의 해는 함수 $y=\sin t$의 그래프가 직선 $y=\dfrac{\sqrt{3}}{2}$과 만나거나 위쪽에 있는 t의 값의 범위이므로	$\dfrac{\pi}{3} \leq t \leq \dfrac{2}{3}\pi$
$t = x - \dfrac{\pi}{3}$이므로	$\dfrac{\pi}{3} \leq x - \dfrac{\pi}{3} \leq \dfrac{2}{3}\pi$ $\therefore \dfrac{2}{3}\pi \leq x \leq \pi$

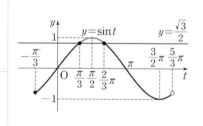

● **문제** ●

정답과 해설 60쪽

03-1 $0 \leq x < \pi$일 때, 다음 부등식을 푸시오.

(1) $2\sin x \leq 1$

(2) $\tan\left(x + \dfrac{\pi}{3}\right) > 1$

필수예제 O4 삼각함수가 포함된 부등식-이차식 꼴

$0<x<2\pi$일 때, 부등식 $2\cos^2 x+\sin x-2>0$을 푸시오.

공략 Point

두 종류의 삼각함수가 포함된 부등식은 $\sin^2 x+\cos^2 x=1$임을 이용하여 한 종류의 삼각함수에 대한 부등식으로 고쳐서 푼다.

풀이

$2\cos^2 x+\sin x-2>0$에서 $\sin^2 x+\cos^2 x=1$이므로	$2(1-\sin^2 x)+\sin x-2>0$ $2\sin^2 x-\sin x<0,\ \sin x(2\sin x-1)<0$ $\therefore\ 0<\sin x<\dfrac{1}{2}$ $\quad\cdots\cdots$ ㉠
$0<x<2\pi$에서 함수 $y=\sin x$의 그래프와 두 직선 $y=0$, $y=\dfrac{1}{2}$의 교점의 x좌표를 구하면	$\dfrac{\pi}{6},\ \dfrac{5}{6}\pi,\ \pi$
부등식 ㉠의 해는 함수 $y=\sin x$의 그래프가 직선 $y=0$보다 위쪽에 있고, 직선 $y=\dfrac{1}{2}$보다 아래쪽에 있는 x의 값의 범위이므로	$\mathbf{0<x<\dfrac{\pi}{6}}$ 또는 $\dfrac{5}{6}\pi<x<\pi$

문제

정답과 해설 60쪽

O4-1 $0\le x<\pi$일 때, 부등식 $1-\cos x\le\sin^2 x$를 푸시오.

O4-2 $0\le x<2\pi$일 때, 부등식 $2\cos^2 x-\cos\left(x+\dfrac{\pi}{2}\right)-1\ge0$을 푸시오.

O4-3 $0\le x<\pi$일 때, 부등식 $\tan^2 x+(\sqrt{3}+1)\tan x+\sqrt{3}>0$을 푸시오.

삼각함수가 포함된 방정식과 부등식의 활용

유형편 54쪽

$0 \leq \theta < 2\pi$일 때, 다음 물음에 답하시오.

(1) x에 대한 이차방정식 $x^2 + 2x + \sqrt{2}\cos\theta = 0$이 실근을 갖도록 하는 θ의 값의 범위를 구하시오.

(2) 모든 실수 x에 대하여 부등식 $x^2 - 2x\cos\theta - 3\cos\theta > 0$이 성립하도록 하는 θ의 값의 범위를 구하시오.

공략 Point

이차방정식 $ax^2 + bx + c = 0$의 판별식을 D라 하면

(1) $D > 0$
$\Longleftrightarrow$ 서로 다른 두 실근

(2) $D = 0 \Longleftrightarrow$ 중근

(3) $D < 0$
$\Longleftrightarrow$ 서로 다른 두 허근

풀이

(1) 이차방정식 $x^2 + 2x + \sqrt{2}\cos\theta = 0$이 실근을 가지려면 이 이차방정식의 판별식을 D라 할 때, $D \geq 0$이어야 하므로	$\dfrac{D}{4} = 1 - \sqrt{2}\cos\theta \geq 0$, $\cos\theta \leq \dfrac{1}{\sqrt{2}}$ $\therefore \cos\theta \leq \dfrac{\sqrt{2}}{2}$ ...... ㉠
$0 \leq \theta < 2\pi$에서 함수 $y = \cos\theta$의 그래프와 직선 $y = \dfrac{\sqrt{2}}{2}$의 교점의 θ좌표를 구하면	$\dfrac{\pi}{4}, \dfrac{7}{4}\pi$ 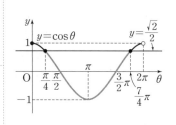
부등식 ㉠의 해는 함수 $y = \cos\theta$의 그래프가 직선 $y = \dfrac{\sqrt{2}}{2}$와 만나거나 아래쪽에 있는 θ의 값의 범위이므로	$\dfrac{\pi}{4} \leq \theta \leq \dfrac{7}{4}\pi$

(2) 모든 실수 x에 대하여 주어진 부등식이 성립하려면 이차방정식 $x^2 - 2x\cos\theta - 3\cos\theta = 0$의 판별식을 D라 할 때, $D < 0$이어야 하므로	$\dfrac{D}{4} = \cos^2\theta + 3\cos\theta < 0$ $\cos\theta(\cos\theta + 3) < 0$
이때 $\cos\theta + 3 > 0$이므로	$\cos\theta < 0$ ...... ㉠
$0 \leq \theta < 2\pi$에서 함수 $y = \cos\theta$의 그래프와 직선 $y = 0$의 교점의 θ좌표를 구하면	$\dfrac{\pi}{2}, \dfrac{3}{2}\pi$ 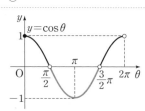
부등식 ㉠의 해는 함수 $y = \cos\theta$의 그래프가 직선 $y = 0$보다 아래쪽에 있는 θ의 값의 범위이므로	$\dfrac{\pi}{2} < \theta < \dfrac{3}{2}\pi$

● **문제** ●

정답과 해설 61쪽

05-1 x에 대한 이차방정식 $x^2 - 2(2\cos\theta - 1)x + 8\cos\theta - 4 = 0$이 중근을 갖도록 하는 θ의 값을 구하시오. (단, $0 \leq \theta < 2\pi$)

05-2 모든 실수 x에 대하여 부등식 $3x^2 - 2\sqrt{2}x\cos\theta + \sin\theta > 0$이 성립하도록 하는 θ의 값의 범위를 구하시오. (단, $0 \leq \theta < \pi$)

연습문제

1 방정식 $2\cos x - \sqrt{3} = 0$의 두 근을 α, β $(\alpha < \beta)$라 할 때, $\sin(\beta - \alpha)$의 값을 구하시오.
(단, $0 \le x < 2\pi$)

2 $0 \le x < \pi$일 때, 방정식 $2\sin\left(2x - \dfrac{\pi}{3}\right) + \sqrt{3} = 0$의 모든 근의 합을 구하시오.

수능▶

3 $0 \le x < 4\pi$일 때, 방정식
$$4\sin^2 x - 4\cos\left(\dfrac{\pi}{2} + x\right) - 3 = 0$$
의 모든 해의 합은?

① 5π ② 6π ③ 7π
④ 8π ⑤ 9π

4 $0 \le x \le \pi$일 때, 방정식
$(\sin x + \cos x)^2 = \sqrt{3}\cos x + 1$의 모든 근의 합을 구하시오.

5 삼각형 ABC에 대하여 $3\sin^2\dfrac{A}{2} - 5\cos\dfrac{A}{2} = 1$이 성립할 때, $\sin\dfrac{B+C}{2}$의 값을 구하시오.

6 방정식 $\sin 2\pi x = \dfrac{1}{2}x$의 서로 다른 실근의 개수를 구하시오.

7 다음 그림과 같이 $-2\pi \le x \le 2\pi$에서 함수 $y = \sin x$의 그래프가 직선 $y = -\dfrac{3}{4}$과 만나는 점의 x좌표를 작은 것부터 차례대로 a, b, c, d라 할 때, $\dfrac{a+b}{c+d}$의 값을 구하시오.

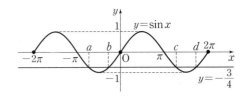

8 방정식 $\sin^2 x + 2\cos x + k = 0$이 실근을 갖도록 하는 상수 k의 최댓값을 M, 최솟값을 m이라 할 때, $M+m$의 값을 구하시오.

9 부등식 $|2\cos x| \le 1$을 풀면? (단, $0 < x < 2\pi$)

① $\dfrac{\pi}{6} \le x \le \dfrac{7}{6}\pi$

② $\dfrac{\pi}{3} \le x \le \dfrac{5}{3}\pi$

③ $\dfrac{\pi}{6} \le x \le \dfrac{2}{3}\pi$ 또는 $\dfrac{7}{6}\pi \le x \le \dfrac{5}{3}\pi$

④ $\dfrac{\pi}{6} \le x \le \dfrac{5}{6}\pi$ 또는 $\dfrac{7}{6}\pi \le x \le \dfrac{11}{6}\pi$

⑤ $\dfrac{\pi}{3} \le x \le \dfrac{2}{3}\pi$ 또는 $\dfrac{4}{3}\pi \le x \le \dfrac{5}{3}\pi$

10 $\alpha+\beta=\dfrac{\pi}{2}$일 때, 부등식 $\sin\alpha+\cos\beta\geq1$을 만족시키는 실수 α의 최댓값을 구하시오. (단, $0<\alpha<\pi$)

11 $0\leq x<\pi$에서 부등식 $2\sin^2 x-\cos x-1<0$의 해가 $\alpha\leq x<\beta$일 때, $\alpha+\beta$의 값을 구하시오.

수능

12 $0\leq\theta<2\pi$일 때, x에 대한 이차방정식
$$6x^2+(4\cos\theta)x+\sin\theta=0$$
이 실근을 갖지 않도록 하는 모든 θ의 값의 범위는 $\alpha<\theta<\beta$이다. $3\alpha+\beta$의 값은?

① $\dfrac{5}{6}\pi$ ② π ③ $\dfrac{7}{6}\pi$

④ $\dfrac{4}{3}\pi$ ⑤ $\dfrac{3}{2}\pi$

13 x에 대한 이차방정식 $2x^2+6x\sin\theta+1=0$의 두 근 사이에 1이 있도록 하는 θ의 값의 범위를 구하시오. (단, $0\leq\theta<2\pi$)

14 x에 대한 이차함수 $y=x^2-2x\sin\theta+\cos^2\theta$의 그래프의 꼭짓점이 직선 $y=\sqrt{3}x+1$ 위에 있도록 하는 θ의 값을 작은 것부터 차례대로 x_1, x_2, x_3이라 할 때, $x_1+3(x_3-x_2)$의 값은? (단, $0<\theta<2\pi$)

① π ② 2π ③ 3π

④ 4π ⑤ 5π

▶ 실력

15 $0\leq x<2\pi$일 때, 방정식 $\sin(\pi\cos x)=1$의 두 근의 차는?

① $\dfrac{\pi}{3}$ ② $\dfrac{2}{3}\pi$ ③ π

④ $\dfrac{4}{3}\pi$ ⑤ $\dfrac{5}{3}\pi$

16 모든 실수 x에 대하여
$$f(x)=-\cos^2 x-3\sin x+a$$일 때, $\log_{(b+3)}f(x)$가 정의되도록 하는 정수 a, b의 최솟값을 각각 p, q라 할 때, p^2+q^2의 값을 구하시오.

II. 삼각함수

2 사인법칙과 코사인법칙

01 사인법칙과 코사인법칙

사인법칙

① 사인법칙

삼각형의 세 변의 길이와 세 각의 크기 사이에는 다음과 같은 관계가 성립하고, 이를 **사인법칙**이라 한다.

> 삼각형 ABC의 외접원의 반지름의 길이를 R라 하면
>
> $$\frac{a}{\sin A} = \frac{b}{\sin B} = \frac{c}{\sin C} = 2R$$

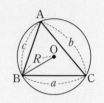

참고 삼각형 ABC의 세 각 $\angle$A, $\angle$B, $\angle$C의 크기를 각각 A, B, C로 나타내고, 이들의 대변의 길이를 각각 a, b, c로 나타낸다.

② 사인법칙의 변형

> (1) $\sin A = \dfrac{a}{2R}$, $\sin B = \dfrac{b}{2R}$, $\sin C = \dfrac{c}{2R}$
>
> (2) $a = 2R\sin A$, $b = 2R\sin B$, $c = 2R\sin C$
>
> (3) $a : b : c = \sin A : \sin B : \sin C$

개념 Plus

사인법칙

삼각형 ABC의 외접원의 중심을 O, 반지름의 길이를 R라 할 때, $\angle$A의 크기에 따라 다음 세 가지 경우로 나누어 생각할 수 있다.

(ⅰ) $A < 90°$일 때

점 B에서 지름 BA'을 그으면 $A = A'$이고
$\angle BCA' = 90°$이므로

 한 호에 대한 원주각의 크기는 모두 같다.

$$\sin A = \sin A' = \frac{a}{2R} \qquad \therefore \frac{a}{\sin A} = 2R$$

(ⅱ) $A = 90°$일 때

$\sin A = \sin 90° = 1$이고 $2R = a$이므로

$$\sin A = 1 = \frac{a}{2R} \qquad \therefore \underline{\frac{a}{\sin A} = 2R}$$

반원에 대한 원주각의 크기는 90°이다.

(ⅲ) $A > 90°$일 때

점 B에서 지름 BA'을 그으면 $A = 180° - A'$이고
$\angle A'CB = 90°$이므로

원에 내접하는 사각형에서 마주 보는
두 내각의 크기의 합은 180°이다.

$$\sin A = \sin(180° - A') = \sin A' = \frac{a}{2R} \qquad \therefore \frac{a}{\sin A} = 2R$$

(ⅰ), (ⅱ), (ⅲ)에서 $\angle$A의 크기에 관계없이 $\dfrac{a}{\sin A} = 2R$가 성립한다.

같은 방법으로 $\dfrac{b}{\sin B} = 2R$, $\dfrac{c}{\sin C} = 2R$가 성립함을 알 수 있다.

사인법칙

✐ 유형편 56쪽

삼각형 ABC에서 다음을 구하시오.

(1) $a=2\sqrt{2}$, $A=30°$, $C=45°$일 때, c

(2) $b=2$, $c=\sqrt{6}$, $B=45°$일 때, A, C

공략 Point

사인법칙을 이용하는 경우

(1) 한 변의 길이와 두 각의
크기가 주어질 때

(2) 두 변의 길이와 끼인각이
아닌 한 각의 크기가 주어
질 때

풀이

(1) 사인법칙에 의하여 $\dfrac{a}{\sin A}=\dfrac{c}{\sin C}$이므로

$$\dfrac{2\sqrt{2}}{\sin 30°}=\dfrac{c}{\sin 45°}$$
$$2\sqrt{2}\sin 45°=c\sin 30°$$
$$2\sqrt{2}\times\dfrac{\sqrt{2}}{2}=c\times\dfrac{1}{2}\qquad \therefore c=\mathbf{4}$$

(2) 사인법칙에 의하여 $\dfrac{b}{\sin B}=\dfrac{c}{\sin C}$이므로

$$\dfrac{2}{\sin 45°}=\dfrac{\sqrt{6}}{\sin C}$$
$$2\sin C=\sqrt{6}\sin 45°$$
$$2\sin C=\sqrt{6}\times\dfrac{\sqrt{2}}{2}\qquad \therefore \sin C=\dfrac{\sqrt{3}}{2}$$

이때 $0°<C<180°$이므로	$C=60°$ 또는 $C=120°$
(i) $C=60°$일 때	$A=180°-(45°+60°)=75°$
(ii) $C=120°$일 때	$A=180°-(45°+120°)=15°$
(i), (ii)에서	$A=\mathbf{75°}$, $C=\mathbf{60°}$ 또는 $A=\mathbf{15°}$, $C=\mathbf{120°}$

● **문제** ●

정답과 해설 65쪽

01-1 삼각형 ABC에서 다음을 구하시오.

(1) $a=3$, $A=60°$, $B=45°$일 때, b

(2) $a=\sqrt{3}$, $b=1$, $A=120°$일 때, B, C

01-2 오른쪽 그림과 같은 사각형 ABCD에서 $A=C=90°$, $D=135°$, $\overline{BD}=20$일 때, 대각선 AC의 길이를 구하시오.

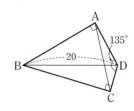

사인법칙의 변형

유형편 57쪽

삼각형 ABC에서 $(a+b):(b+c):(c+a)=5:6:7$일 때, $\sin A:\sin B:\sin C$를 구하시오.

공략 Point

$\sin A:\sin B:\sin C$
$=\dfrac{a}{2R}:\dfrac{b}{2R}:\dfrac{c}{2R}$
$=a:b:c$

풀이

$(a+b):(b+c):(c+a)=5:6:7$이므로 양수 k에 대하여	$a+b=5k,\ b+c=6k,\ c+a=7k$
세 식을 변끼리 더하면	$2(a+b+c)=18k$ $\therefore a+b+c=9k$ ……… ㉠
$a+b=5k$를 ㉠에 대입하여 풀면	$c=4k$
$b+c=6k$를 ㉠에 대입하여 풀면	$a=3k$
$c+a=7k$를 ㉠에 대입하여 풀면	$b=2k$
삼각형 ABC의 외접원의 반지름의 길이를 R라 하면 사인법칙에 의하여 $\sin A:\sin B:\sin C=a:b:c$ 이므로	$\sin A:\sin B:\sin C=3k:2k:4k$ $\qquad\qquad\qquad\ =\mathbf{3:2:4}$

● **문제** ●

정답과 해설 65쪽

02-**1** 삼각형 ABC에서 $\sin A:\sin B:\sin C=2:4:5$일 때, $ab:bc:ca$를 구하시오.

02-**2** 삼각형 ABC에서 $A:B:C=1:1:4$일 때, $\dfrac{c^2}{ab}$의 값을 구하시오.

02-**3** 반지름의 길이가 5인 원에 내접하는 삼각형 ABC에서 $\sin A+\sin B+\sin C=\dfrac{3}{2}$일 때, 삼각형 ABC의 둘레의 길이를 구하시오.

삼각형의 모양 결정 (1)

유형편 57쪽

삼각형 ABC에서 $a \sin A + b \sin B = c \sin C$가 성립할 때, 삼각형 ABC는 어떤 삼각형인지 말하시오.

공략 Point

사인법칙을 이용하여 각에 대한 관계식을 변의 길이에 대한 관계식으로 변형한다.

풀이

삼각형 ABC의 외접원의 반지름의 길이를 R라 하면 사인법칙에 의하여	$\sin A = \dfrac{a}{2R}$, $\sin B = \dfrac{b}{2R}$, $\sin C = \dfrac{c}{2R}$
이를 $a \sin A + b \sin B = c \sin C$에 대입하면	$a \times \dfrac{a}{2R} + b \times \dfrac{b}{2R} = c \times \dfrac{c}{2R}$ $\therefore a^2 + b^2 = c^2$
따라서 삼각형 ABC는	$C = 90°$인 직각삼각형

● **문제** ●

정답과 해설 65쪽

O3-1 삼각형 ABC에서 $\sin^2 A = \sin^2 B + \sin^2 C$가 성립할 때, 삼각형 ABC는 어떤 삼각형인지 말하시오.

O3-2 삼각형 ABC에서 $a \sin A = b \sin B$가 성립할 때, 삼각형 ABC는 어떤 삼각형인지 말하시오.

O3-3 반지름의 길이가 R인 원에 내접하는 삼각형 ABC에서 $a \cos\left(\dfrac{\pi}{2} + A\right) + c \sin(A + B) = \dfrac{b^2}{2R}$이 성립할 때, 삼각형 ABC의 넓이를 구하시오.

사인법칙의 실생활에의 활용

유형편 58쪽

오른쪽 그림과 같이 200 m 떨어진 두 지점 A, B에서 지점 C에 떠 있는 비행기를 올려본각의 크기가 각각 45°, 75°일 때, 두 지점 B, C 사이의 거리를 구하시오.

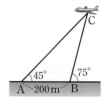

공략 Point

길이가 주어진 변의 대각의 크기를 구한 후 사인법칙을 이용한다.

풀이

$\angle CAB + \angle ACB = 75°$이므로	$45° + \angle ACB = 75°$ $\therefore \angle ACB = 30°$
삼각형 ABC에서 사인법칙에 의하여	$\dfrac{200}{\sin 30°} = \dfrac{\overline{BC}}{\sin 45°}$ $200 \sin 45° = \overline{BC} \sin 30°$ $200 \times \dfrac{\sqrt{2}}{2} = \overline{BC} \times \dfrac{1}{2}$ $\therefore \overline{BC} = 200\sqrt{2} \,(\text{m})$
따라서 두 지점 B, C 사이의 거리는	$\mathbf{200\sqrt{2} \ m}$

● **문제** ●

정답과 해설 66쪽

O4-**1** 오른쪽 그림과 같은 원 모양의 호수의 둘레의 길이를 구하기 위하여 세 지점 A, B, C를 정하고 두 지점 B, C 사이의 거리와 지점 A를 바라보고 각의 크기를 각각 측정하였더니 $\overline{BC}=30$ m, $\angle ABC=75°$, $\angle ACB=60°$이었다. 이때 호수의 둘레의 길이를 구하시오.

O4-**2** 오른쪽 그림과 같이 지면에 수직으로 서 있는 나무의 높이 $\overline{PQ}$를 구하기 위하여 서로 24 m 떨어진 두 지점 A, B에서 각의 크기를 측정하였더니 $\angle PAQ=30°$, $\angle BAQ=75°$, $\angle ABQ=45°$이었다. 이때 나무의 높이 $\overline{PQ}$를 구하시오.

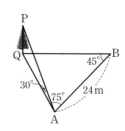

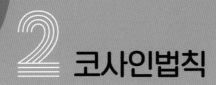

2 코사인법칙

① 코사인법칙

삼각형의 세 변의 길이와 세 각의 크기 사이에는 다음과 같은 관계가 성립하고, 이를 **코사인법칙**이라 한다.

삼각형 ABC에서
$$a^2=b^2+c^2-2bc\cos A$$
$$b^2=c^2+a^2-2ca\cos B$$
$$c^2=a^2+b^2-2ab\cos C$$

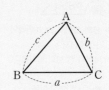

② 코사인법칙의 변형

$$\cos A=\frac{b^2+c^2-a^2}{2bc} \quad \blacktriangleleft\ a^2=b^2+c^2-2bc\cos A\text{의 변형}$$

$$\cos B=\frac{c^2+a^2-b^2}{2ca} \quad \blacktriangleleft\ b^2=c^2+a^2-2ca\cos B\text{의 변형}$$

$$\cos C=\frac{a^2+b^2-c^2}{2ab} \quad \blacktriangleleft\ c^2=a^2+b^2-2ab\cos C\text{의 변형}$$

개념 Plus

코사인법칙

삼각형 ABC의 꼭짓점 A에서 변 BC 또는 그 연장선에 내린 수선의 발을 H라 할 때, $\angle C$의 크기에 따라 다음 세 가지 경우로 나누어 생각할 수 있다.

(ⅰ) $C<90°$일 때

$\overline{BH}=\overline{BC}-\overline{CH}=a-b\cos C$이고, $\overline{AH}=b\sin C$이므로 직각삼각형 ABH에서

$$c^2=\overline{BH}^2+\overline{AH}^2=(a-b\cos C)^2+(b\sin C)^2$$
$$=a^2-2ab\cos C+b^2\cos^2 C+b^2\sin^2 C$$
$$=a^2+b^2-2ab\cos C$$

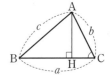

(ⅱ) $C=90°$일 때

$\cos C=\cos 90°=0$이므로 직각삼각형 ABC에서

$$c^2=a^2+b^2=a^2+b^2-2ab\cos C$$

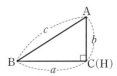

(ⅲ) $C>90°$일 때

$\overline{BH}=\overline{BC}+\overline{CH}=a+b\cos(180°-C)=a-b\cos C$이고,
$\overline{AH}=b\sin(180°-C)=b\sin C$이므로 직각삼각형 ABH에서

$$c^2=\overline{BH}^2+\overline{AH}^2=(a-b\cos C)^2+(b\sin C)^2$$
$$=a^2-2ab\cos C+b^2\cos^2 C+b^2\sin^2 C$$
$$=a^2+b^2-2ab\cos C$$

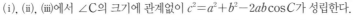

(ⅰ), (ⅱ), (ⅲ)에서 $\angle C$의 크기에 관계없이 $c^2=a^2+b^2-2ab\cos C$가 성립한다.
같은 방법으로 $b^2=c^2+a^2-2ca\cos B$, $a^2=b^2+c^2-2bc\cos A$가 성립함을 알 수 있다.

필수 예제 05 코사인법칙　　　　　　　　　　　　　　　🖉유형편 58쪽

삼각형 ABC에서 다음을 구하시오.

(1) $a=6$, $b=10$, $C=120°$일 때, c

(2) $a=2$, $c=4$, $B=60°$일 때, C

공략 Point

두 변의 길이와 그 끼인각의 크기가 주어지는 경우

(1) 나머지 한 변의 길이를 구할 때
➡ 코사인법칙 이용

(2) 나머지 두 각의 크기를 구할 때
➡ 코사인법칙과 사인법칙 이용

풀이

(1) 코사인법칙에 의하여
$c^2=a^2+b^2-2ab\cos C$이므로

$c^2=6^2+10^2-2\times6\times10\times\cos120°$　◀ $\cos120°=-\sin30°$
$=36+100+60$
$=196$
$\therefore c=\mathbf{14}\ (\because c>0)$

(2) 코사인법칙에 의하여
$b^2=c^2+a^2-2ca\cos B$이므로

$b^2=4^2+2^2-2\times4\times2\times\cos60°$
$=16+4-8$
$=12$
$\therefore b=2\sqrt3\ (\because b>0)$

또 사인법칙에 의하여
$\dfrac{b}{\sin B}=\dfrac{c}{\sin C}$이므로

$\dfrac{2\sqrt3}{\sin60°}=\dfrac{4}{\sin C}$
$2\sqrt3\sin C=4\sin60°$
$2\sqrt3\sin C=4\times\dfrac{\sqrt3}{2}\qquad\therefore \sin C=1$

이때 $0°<C<180°$이므로　$C=\mathbf{90°}$

● **문제** ●

정답과 해설 66쪽

05-1 삼각형 ABC에서 다음을 구하시오.

(1) $b=6$, $c=4$, $A=60°$일 때, a
(2) $a=\sqrt2$, $b=1+\sqrt3$, $C=45°$일 때, A

05-2 삼각형 ABC에서 $a=4$, $c=\sqrt3$, $B=30°$일 때, 삼각형 ABC의 외접원의 넓이를 구하시오.

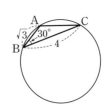

코사인법칙의 변형

✐ 유형편 59쪽

삼각형 ABC에서 다음을 구하시오.

(1) $a=2\sqrt{2}$, $b=2\sqrt{3}$, $c=\sqrt{2}+\sqrt{6}$일 때, B

(2) $a:b:c=3:5:7$일 때, C

공략 Point

(1) $\cos B=\dfrac{c^2+a^2-b^2}{2ca}$임을
이용한다.

(2) 세 변의 길이를 한 문자로
나타낸 후 코사인법칙의
변형을 이용하여 각의 크
기를 구한다.

풀이

(1) 코사인법칙에 의하여 $\cos B=\dfrac{c^2+a^2-b^2}{2ca}$이므로	$\cos B=\dfrac{(\sqrt{2}+\sqrt{6})^2+(2\sqrt{2})^2-(2\sqrt{3})^2}{2\times(\sqrt{2}+\sqrt{6})\times2\sqrt{2}}$ $=\dfrac{4+4\sqrt{3}}{8+8\sqrt{3}}=\dfrac{1}{2}$
이때 $0°<B<180°$이므로	$B=\mathbf{60°}$

(2) $a:b:c=3:5:7$이므로 양수 k에 대하여	$a=3k,\ b=5k,\ c=7k$
코사인법칙에 의하여 $\cos C=\dfrac{a^2+b^2-c^2}{2ab}$이므로	$\cos C=\dfrac{(3k)^2+(5k)^2-(7k)^2}{2\times3k\times5k}=-\dfrac{1}{2}$
이때 $0°<C<180°$이므로	$C=\mathbf{120°}$

● **문제** ●

정답과 해설 66쪽

06-1 삼각형 ABC에서 $a=2$, $b=2\sqrt{3}$, $c=2\sqrt{7}$일 때, 세 내각 중 가장 큰 각의 크기를 구하시오.

06-2 삼각형 ABC에서 $\sin A:\sin B:\sin C=2:3:4$일 때, $\cos C$의 값을 구하시오.

06-3 오른쪽 그림과 같이 $\overline{AB}=4$, $\overline{AC}=5$인 삼각형 ABC에서 변 BC 위의
점 D에 대하여 $\overline{BD}=4$, $\overline{CD}=3$일 때, 선분 AD의 길이를 구하시오.

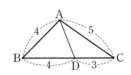

삼각형의 모양 결정 (2)

유형편 60쪽

삼각형 ABC에서 $\sin A = 2\cos B \sin C$가 성립할 때, 삼각형 ABC는 어떤 삼각형인지 말하시오.

공략 Point

코사인법칙과 사인법칙을 이용하여 각에 대한 관계식을 변의 길이에 대한 관계식으로 변형한다.

풀이

삼각형 ABC의 외접원의 반지름의 길이를 R라 하면 사인법칙과 코사인법칙에 의하여	$\sin A = \dfrac{a}{2R}$, $\sin C = \dfrac{c}{2R}$, $\cos B = \dfrac{c^2+a^2-b^2}{2ca}$
이를 $\sin A = 2\cos B \sin C$에 대입하면	$\dfrac{a}{2R} = 2 \times \dfrac{c^2+a^2-b^2}{2ca} \times \dfrac{c}{2R}$ $a^2 = c^2 + a^2 - b^2$, $b^2 = c^2$ $\therefore b = c$ ($\because b > 0$, $c > 0$)
따라서 삼각형 ABC는	$b=c$인 이등변삼각형

문제

정답과 해설 67쪽

07-1 삼각형 ABC에서 $a\cos B - b\cos A = c$가 성립할 때, 삼각형 ABC는 어떤 삼각형인지 말하시오.

07-2 삼각형 ABC에서 $\tan A \cos C = \sin C$가 성립할 때, 삼각형 ABC는 어떤 삼각형인지 말하시오.

07-3 삼각형 ABC에서 $\sin(A+B) = \sin\left(\dfrac{\pi}{2} - A\right)\sin B$가 성립할 때, 삼각형 ABC는 어떤 삼각형인지 말하시오.

필수 예제 08 코사인법칙의 실생활에의 활용

유형편 60쪽

오른쪽 그림과 같이 어느 마을의 네 집 A, B, C, D 중 세 집 B, C, D가 일직선 위에 있다. $\overline{AB}=6\sqrt{7}$ km, $\overline{BC}=6$ km, $\overline{CD}=8$ km, $\overline{AC}=12$ km일 때, 두 집 A, D 사이의 거리를 구하시오.

공략 Point

코사인법칙의 변형을 이용하여 구하는 변의 대각의 크기를 구한 후 코사인법칙을 이용한다.

풀이

삼각형 ABC에서 코사인법칙에 의하여	$\cos B=\dfrac{(6\sqrt{7})^2+6^2-12^2}{2\times6\sqrt{7}\times6}=\dfrac{2}{\sqrt{7}}=\dfrac{2\sqrt{7}}{7}$
삼각형 ABD에서 코사인법칙에 의하여	$\overline{AD}^2=(6\sqrt{7})^2+14^2-2\times6\sqrt{7}\times14\times\cos B$ $\qquad=252+196-2\times6\sqrt{7}\times14\times\dfrac{2\sqrt{7}}{7}$ $\qquad=112$
그런데 $\overline{AD}>0$이므로	$\overline{AD}=4\sqrt{7}\,(m)$
따라서 두 집 A, D 사이의 거리는	$4\sqrt{7}$ **m**

● **문제** ●

정답과 해설 67쪽

08-1 오른쪽 그림과 같이 호수의 양쪽에 있는 두 나무 A, B 사이의 거리를 구하기 위하여 지점 C에서 두 나무 A, B까지의 거리와 A, B를 바라보고 각의 크기를 측정하였더니 $\overline{AC}=120$ m, $\overline{BC}=100$ m, $\angle ACB=120°$이었다. 이때 두 나무 A, B 사이의 거리를 구하시오.

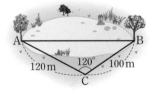

08-2 오른쪽 그림과 같이 두 지점 C, D 사이의 거리를 구하기 위하여 강 반대편에 서로 60 m 떨어진 두 지점 A, B에서 각각 각의 크기를 측정하였더니 $\angle CAB=90°$, $\angle CBA=30°$, $\angle DAB=30°$, $\angle DBA=60°$이었다. 이때 두 지점 C, D 사이의 거리를 구하시오.

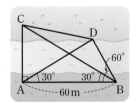

3 삼각형의 넓이

① 삼각형의 넓이

삼각형 ABC의 넓이를 S라 하면
(1) 두 변의 길이와 그 끼인각의 크기가 주어질 때
$$S=\frac{1}{2}bc\sin A=\frac{1}{2}ca\sin B=\frac{1}{2}ab\sin C$$
(2) 외접원의 반지름의 길이 R가 주어질 때
$$S=\frac{abc}{4R}=2R^2\sin A\sin B\sin C$$

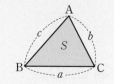

참고 내접원 I의 반지름의 길이가 r일 때, 삼각형 ABC의 넓이를 S라 하면
$$S=\frac{1}{2}r(a+b+c) \quad \blacktriangleleft \triangle ABC=\triangle IAB+\triangle IBC+\triangle ICA$$

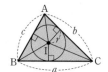

② 사각형의 넓이

(1) **평행사변형의 넓이**

이웃하는 두 변의 길이가 a, b이고 그 끼인각의 크기가 θ인 평행사변형 ABCD의 넓이를 S라 하면
$$S=ab\sin\theta$$

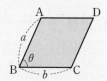

(2) **사각형의 넓이**

두 대각선의 길이가 a, b이고 두 대각선이 이루는 각의 크기가 θ인 사각형 ABCD의 넓이를 S라 하면
$$S=\frac{1}{2}ab\sin\theta$$

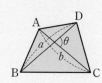

개념 Plus

삼각형의 넓이

(1) 두 변의 길이와 그 끼인각의 크기가 주어질 때

삼각형 ABC의 꼭짓점 A에서 변 BC 또는 그 연장선에 내린 수선의 발을 H, $\overline{AH}=h$라 할 때, $\angle B$의 크기에 따라 다음 세 가지 경우로 나누어 생각할 수 있다.

(i) $B<90°$일 때　　　　(ii) $B=90°$일 때　　　　(iii) $B>90°$일 때

　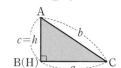　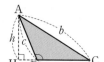

$h=c\sin B$　　　　$h=c=c\sin B$　　　　$h=c\sin(180°-B)=c\sin B$

(i), (ii), (iii)에서 $\angle B$의 크기에 관계없이 $h = c \sin B$가 성립한다.

따라서 삼각형 ABC의 넓이를 S라 하면 $S = \dfrac{1}{2}ah = \dfrac{1}{2}ac \sin B$

같은 방법으로 $S = \dfrac{1}{2}ab \sin C = \dfrac{1}{2}bc \sin A$가 성립함을 알 수 있다.

(2) 외접원의 반지름의 길이 R가 주어질 때

사인법칙에 의하여 $\sin A = \dfrac{a}{2R}$이므로

$$S = \dfrac{1}{2}bc \sin A = \dfrac{1}{2}bc \times \dfrac{a}{2R} = \dfrac{abc}{4R}$$

또 사인법칙에 의하여 $b = 2R \sin B$, $c = 2R \sin C$이므로

$$S = \dfrac{1}{2}bc \sin A = \dfrac{1}{2} \times 2R \sin B \times 2R \sin C \times \sin A = 2R^2 \sin A \sin B \sin C$$

사각형의 넓이

(1) **평행사변형의 넓이**

평행사변형 ABCD에서 대각선 AC를 그으면 삼각형 ABC와 삼각형 CDA는 서로 합동이므로

$$S = 2 \triangle ABC = 2\left(\dfrac{1}{2}ab \sin \theta\right) = ab \sin \theta$$

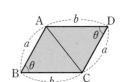

(2) **사각형의 넓이**

오른쪽 그림과 같이 사각형 ABCD의 대각선 AC에 평행하고 두 꼭짓점 B, D를 각각 지나는 직선과 대각선 BD에 평행하고 두 꼭짓점 A, C를 각각 지나는 직선의 교점을 이용하여 평행사변형 PQRS를 만들면

$$\overline{PS} = \overline{BD} = a, \ \overline{PQ} = \overline{AC} = b, \ \angle SPQ = \angle DOC = \theta$$

따라서 사각형 ABCD의 넓이 S는 평행사변형 PQRS의 넓이의 $\dfrac{1}{2}$배이므로

$$S = \dfrac{1}{2}\square PQRS = \dfrac{1}{2}ab \sin \theta$$

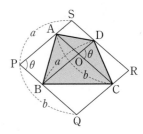

개념 Check

정답과 해설 67쪽

1 다음을 만족시키는 삼각형 ABC의 넓이를 구하시오.

(1) $a = 12$, $c = 11$, $B = 60°$　　　　　　(2) $a = 3$, $b = 4$, $C = 135°$

2 다음을 만족시키는 평행사변형 ABCD의 넓이를 구하시오.

(1) $\overline{AB} = 2$, $\overline{BC} = 3$, $B = 60°$　　　　　　(2) $\overline{AB} = 6$, $\overline{BC} = 8$, $C = 135°$

3 다음 그림과 같은 사각형 ABCD의 넓이를 구하시오.

(1)
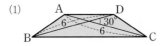

(2)
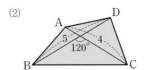

삼각형의 넓이 – 헤론의 공식

삼각형의 세 변의 길이가 주어질 때, 다음과 같이 헤론의 공식을 이용하여 삼각형의 넓이를 구할 수 있다.

> 삼각형 ABC의 세 변의 길이가 주어질 때, 삼각형 ABC의 넓이를 S라 하면
>
> $$S=\sqrt{s(s-a)(s-b)(s-c)}\ \left(\text{단, } s=\frac{a+b+c}{2}\right)$$

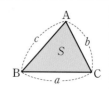

증명
$$S=\frac{1}{2}bc\sin A=\frac{1}{2}bc\sqrt{1-\cos^2 A}$$

$$=\frac{1}{2}bc\sqrt{(1+\cos A)(1-\cos A)}$$

$$=\frac{1}{2}bc\sqrt{\left(1+\frac{b^2+c^2-a^2}{2bc}\right)\left(1-\frac{b^2+c^2-a^2}{2bc}\right)}$$

$$=\frac{1}{2}bc\sqrt{\frac{(2bc+b^2+c^2-a^2)(2bc-b^2-c^2+a^2)}{(2bc)^2}}$$

$$=\frac{bc}{4bc}\sqrt{\{(b+c)^2-a^2\}\{a^2-(b-c)^2\}}$$

$$=\frac{1}{4}\sqrt{(a+b+c)(-a+b+c)(a+b-c)(a-b+c)}$$

이때 $\dfrac{a+b+c}{2}=s$로 놓으면 $a+b+c=2s$이므로

$$-a+b+c=(a+b+c)-2a=2s-2a=2(s-a)$$

$$a-b+c=(a+b+c)-2b=2s-2b=2(s-b)$$

$$a+b-c=(a+b+c)-2c=2s-2c=2(s-c)$$

$$\therefore S=\frac{1}{4}\sqrt{2s\times 2(s-a)\times 2(s-b)\times 2(s-c)}$$

$$=\sqrt{s(s-a)(s-b)(s-c)}$$

예 오른쪽 그림과 같은 삼각형 ABC의 넓이를 구하시오.

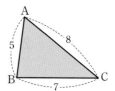

풀이 $s=\dfrac{7+8+5}{2}=10$이라 하면 헤론의 공식에 의하여

$$\triangle \mathrm{ABC}=\sqrt{s(s-a)(s-b)(s-c)}$$

$$=\sqrt{10\times(10-7)\times(10-8)\times(10-5)}$$

$$=\sqrt{10\times 3\times 2\times 5}$$

$$=10\sqrt{3}$$

삼각형의 넓이 (1)

🖋 유형편 61쪽

다음을 구하시오.

(1) 삼각형 ABC에서 $b=3$, $c=4$이고 넓이가 3일 때, A
(2) 삼각형 ABC에서 $a=6$, $C=120°$이고 넓이가 $6\sqrt{3}$일 때, c

공략 Point

두 변의 길이와 그 끼인각의 크기가 주어진 삼각형 ABC의 넓이 S는

$$S=\frac{1}{2}bc\sin A$$
$$=\frac{1}{2}ca\sin B$$
$$=\frac{1}{2}ab\sin C$$

풀이

(1) 삼각형 ABC의 넓이가 3이므로	$\frac{1}{2}\times 3\times 4\times \sin A=3$ $\therefore \sin A=\frac{1}{2}$
이때 $0°<A<180°$이므로	$A=\textbf{30°}$ 또는 $A=\textbf{150°}$

(2) 삼각형 ABC의 넓이가 $6\sqrt{3}$이므로	$\frac{1}{2}\times 6\times b\times \sin 120°=6\sqrt{3}$
	$\frac{1}{2}\times 6\times b\times \frac{\sqrt{3}}{2}=6\sqrt{3}$ $\therefore b=4$
코사인법칙에 의하여	$c^2=6^2+4^2-2\times 6\times 4\times \cos 120°$ ◀ $\cos 120°=-\sin 30°$
	$\quad =36+16+24=76$
	$\therefore c=\textbf{2}\sqrt{\textbf{19}}$ $(\because c>0)$

● **문제** ●

정답과 해설 68쪽

09-1 다음을 구하시오.

(1) 삼각형 ABC에서 $b=4$, $c=3$이고 넓이가 $3\sqrt{3}$일 때, A
(2) 삼각형 ABC에서 $b=8$, $A=135°$이고 넓이가 8일 때, a

09-2 삼각형 ABC에서 $a=3$, $c=5$, $\cos B=\frac{1}{3}$일 때, 삼각형 ABC의 넓이를 구하시오.

09-3 오른쪽 그림과 같이 $\overline{AB}=6$, $\overline{AC}=4$, $A=120°$인 삼각형 ABC에서 ∠BAC의 이등분선과 변 BC가 만나는 점을 D라 할 때, 선분 AD의 길이를 구하시오.

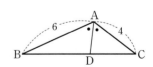

삼각형의 넓이 (2)

✏️ 유형편 61쪽

삼각형 ABC에서 $a=5$, $b=6$, $c=7$일 때, 다음을 구하시오.

(1) 삼각형 ABC의 넓이
(2) 삼각형 ABC의 외접원의 반지름의 길이

공략 Point

삼각형 ABC의 넓이 S는
(1) 세 변의 길이가 주어질 때
➡ 코사인법칙과
$\sin^2 C + \cos^2 C = 1$임
을 이용하여 $\sin C$의
값을 구한다.
(2) 세 변의 길이와 외접원의
반지름의 길이 R가 주어
질 때
➡ $S = \dfrac{abc}{4R}$임을 이용한다.

풀이

(1) 코사인법칙에 의하여

이때 $0° < C < 180°$이므로

따라서 삼각형 ABC의 넓이는

$$\cos C = \frac{5^2 + 6^2 - 7^2}{2 \times 5 \times 6} = \frac{1}{5}$$

$$\sin C = \sqrt{1 - \cos^2 C} = \sqrt{1 - \left(\frac{1}{5}\right)^2} = \frac{2\sqrt{6}}{5}$$

$$\frac{1}{2} \times 5 \times 6 \times \frac{2\sqrt{6}}{5} = 6\sqrt{6}$$

(2) 삼각형 ABC의 외접원의 반지름의 길이를 R라
하면 삼각형 ABC의 넓이는 $\dfrac{abc}{4R}$이므로

$$6\sqrt{6} = \frac{5 \times 6 \times 7}{4R} \qquad \therefore R = \frac{35\sqrt{6}}{24}$$

공략 Point

삼각형의 세 변의 길이가 주
어질 때, 헤론의 공식을 이용
하여 넓이를 구할 수 있다.

다른 풀이

(1) 헤론의 공식을 이용하면 $s = \dfrac{5+6+7}{2} = 9$이므
로 삼각형 ABC의 넓이는

$$\sqrt{9 \times (9-5) \times (9-6) \times (9-7)} = 6\sqrt{6}$$

● **문제** ●

정답과 해설 68쪽

10-1 삼각형 ABC에서 $a=9$, $b=10$, $c=11$일 때, 다음을 구하시오.

(1) 삼각형 ABC의 넓이
(2) 삼각형 ABC의 외접원의 반지름의 길이

10-2 삼각형 ABC에서 $a=13$, $b=14$, $c=15$일 때, 삼각형 ABC의 내접원의 반지름의 길이를 구하
시오.

오른쪽 그림과 같은 사각형 ABCD에서 $\overline{AB}=2\sqrt{3}$, $\overline{BC}=3\sqrt{3}$, $\overline{CD}=4$, $B=D=60°$일 때, 사각형 ABCD의 넓이를 구하시오.

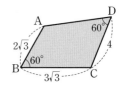

공략 Point

두 삼각형으로 나누어 사각형의 넓이 구하기

(1) 사각형을 두 개의 삼각형으로 나눈다.
(2) 사인법칙 또는 코사인법칙을 이용하여 한 변의 길이를 구한다.
(3) 각각의 삼각형의 넓이를 구하여 더한다.

풀이

선분 AC를 그으면 삼각형 ABC에서 코사인법칙에 의하여	$\overline{AC}^2 = (2\sqrt{3})^2 + (3\sqrt{3})^2$ $\qquad -2 \times 2\sqrt{3} \times 3\sqrt{3} \times \cos 60°$ $= 12 + 27 - 18 = 21$ $\therefore \overline{AC} = \sqrt{21}\ (\because \overline{AC} > 0)$	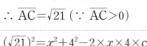
$\overline{AD}=x\ (x>0)$라 하면 삼각형 ACD에서 코사인법칙에 의하여	$(\sqrt{21})^2 = x^2 + 4^2 - 2 \times x \times 4 \times \cos 60°$ $21 = x^2 + 16 - 4x,\ x^2 - 4x - 5 = 0$ $(x+1)(x-5) = 0 \qquad \therefore x = 5\ (\because x > 0)$	
따라서 사각형 ABCD의 넓이는	$\square ABCD = \triangle ABC + \triangle ACD$ $\qquad = \dfrac{1}{2} \times 2\sqrt{3} \times 3\sqrt{3} \times \sin 60° + \dfrac{1}{2} \times 5 \times 4 \times \sin 60°$ $\qquad = \dfrac{9\sqrt{3}}{2} + 5\sqrt{3} = \dfrac{\mathbf{19\sqrt{3}}}{\mathbf{2}}$	

● **문제** ●

정답과 해설 68쪽

11-1 오른쪽 그림과 같은 사각형 ABCD에서 $\overline{AB}=4$, $\overline{BC}=8$, $\overline{CD}=3$, $\overline{BD}=7$, $\angle ABD = 30°$일 때, 사각형 ABCD의 넓이를 구하시오.

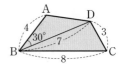

11-2 오른쪽 그림과 같이 원에 내접하는 사각형 ABCD에서 $\overline{AB}=5$, $\overline{BC}=4$, $\overline{CD}=1$, $\overline{AD}=4$일 때, 사각형 ABCD의 넓이를 구하시오.

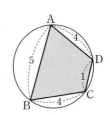

사각형의 넓이

유형편 62쪽

다음 물음에 답하시오.

(1) 평행사변형 ABCD에서 $\overline{BC}=5$, $\overline{CD}=8$이고 넓이가 $20\sqrt{2}$일 때, C를 구하시오.

(2) 등변사다리꼴 ABCD에서 두 대각선이 이루는 각의 크기가 $150°$이고 넓이가 4일 때, 대각선의 길이를 구하시오.

공략 Point

(1) 이웃하는 두 변의 길이가 a, b이고 그 끼인각의 크기가 θ인 평행사변형 ABCD의 넓이 S는
$$S=ab\sin\theta$$

(2) 두 대각선의 길이가 a, b이고 두 대각선이 이루는 각의 크기가 θ인 사각형 ABCD의 넓이 S는
$$S=\frac{1}{2}ab\sin\theta$$

풀이

(1) 평행사변형 ABCD의 넓이가 $20\sqrt{2}$이므로	$5\times8\times\sin C=20\sqrt{2}$ $\therefore \sin C=\dfrac{\sqrt{2}}{2}$
이때 $0°<C<180°$이므로	$C=45°$ 또는 $C=135°$

(2) 등변사다리꼴 ABCD에서 두 대각선의 길이는 같으므로	$\overline{AC}=\overline{BD}$
등변사다리꼴 ABCD의 넓이가 4이므로	$\dfrac{1}{2}\times\overline{AC}\times\overline{AC}\times\sin150°=4$ ◀ $\sin150°=\cos60°$ $\dfrac{1}{2}\times\overline{AC}\times\overline{AC}\times\dfrac{1}{2}=4$ $\dfrac{1}{4}\overline{AC}^2=4,\ \overline{AC}^2=16$ $\therefore \overline{AC}=4\ (\because \overline{AC}>0)$
따라서 대각선의 길이는	4

● **문제** ●

정답과 해설 69쪽

12-1 다음 물음에 답하시오.

(1) 평행사변형 ABCD에서 $\overline{AB}=2$, $\overline{BC}=2\sqrt{3}$이고 넓이가 6일 때, A를 구하시오.

(2) 두 대각선의 길이가 각각 6, x이고 두 대각선이 이루는 각의 크기가 $45°$인 사각형 ABCD의 넓이가 $9\sqrt{2}$일 때, x의 값을 구하시오.

12-2 오른쪽 그림과 같이 두 대각선의 길이가 각각 6, 9이고 두 대각선이 이루는 각의 크기가 θ인 사각형 ABCD에서 $\cos\theta=\dfrac{1}{3}$일 때, 사각형 ABCD의 넓이를 구하시오.

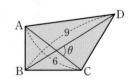

1 삼각형 ABC의 외접원의 반지름의 길이가 8이고 $A=60°$, $c=8$일 때, B를 구하시오.

2 반지름의 길이가 4인 원에 내접하는 삼각형 ABC에서 $4\cos(B+C)\cos A=-1$이 성립할 때, 변 BC의 길이는?

① 1 ② $\sqrt{3}$ ③ $2\sqrt{3}$
④ $3\sqrt{3}$ ⑤ $4\sqrt{3}$

3 삼각형 ABC에서 $ab:bc:ca=5:6:10$일 때, $\dfrac{\sin^2 C}{\sin A \sin B}$의 값을 구하시오.

교육청

4 반지름의 길이가 4인 원에 내접하는 삼각형 ABC가 있다. 이 삼각형의 둘레의 길이가 12일 때, $\sin A+\sin B+\sin(A+B)$의 값은?

① $\dfrac{3}{2}$ ② $\dfrac{8}{5}$ ③ $\dfrac{17}{10}$
④ $\dfrac{9}{5}$ ⑤ $\dfrac{19}{10}$

5 삼각형 ABC에서 $a\sin A=b\sin B=c\sin C$가 성립할 때, 삼각형 ABC는 어떤 삼각형인지 말하시오.

6 서연이가 다음 그림과 같이 100 m만큼 떨어진 두 지점 A, B에서 지점 C에 떠 있는 열기구를 올려본 각의 크기가 각각 14°, 43°일 때, 이 열기구와 지면 사이의 거리를 구하시오. (단, 서연이의 눈의 높이는 지면으로부터 1.6 m이고, $\sin 14°=0.24$, $\sin 29°=0.48$, $\sin 43°=0.68$로 계산한다.)

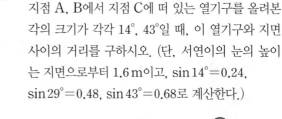

7 오른쪽 그림과 같이 원에 내접하는 사각형 ABCD에서 $\overline{AD}=2$, $\overline{CD}=4$이고 $\cos B=\dfrac{1}{4}$일 때, 선분 AC의 길이를 구하시오.

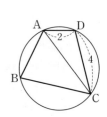

8 $\angle A=\dfrac{\pi}{3}$이고
$\overline{AB} : \overline{AC}=3 : 1$인 삼각형 ABC가 있다. 삼각형 ABC의 외접원의 반지름의 길이가 7일 때, 선분 AC의 길이는?

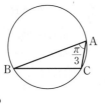

① $2\sqrt{5}$　　② $\sqrt{21}$　　③ $\sqrt{22}$

④ $\sqrt{23}$　　⑤ $2\sqrt{6}$

9 삼각형 ABC에서 $a^2=b^2+bc+c^2$이 성립할 때, A의 값은?

① $30°$　　② $60°$　　③ $90°$

④ $120°$　　⑤ $150°$

10 삼각형 ABC에서 $\dfrac{\sin A}{3}=\dfrac{\sin B}{4}=\dfrac{\sin C}{5}$일 때,
$\cos\dfrac{B+C-A}{2}$의 값을 구하시오.

11 $\overline{AB}=6$, $\overline{AC}=10$인 삼각형 ABC가 있다. 선분 AC 위에 점 D를 $\overline{AB}=\overline{AD}$가 되도록 잡는다. $\overline{BD}=\sqrt{15}$일 때, 선분 BC의 길이를 k라 하자. k^2의 값을 구하시오.

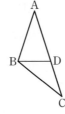

12 삼각형 ABC에서 $c\cos A=a\cos C$가 성립할 때, 삼각형 ABC는 어떤 삼각형인가?

① $A=90°$인 직각삼각형

② $C=90°$인 직각삼각형

③ $a=b$인 이등변삼각형

④ $a=c$인 이등변삼각형

⑤ 정삼각형

13 오른쪽 그림과 같이 지면에 수직으로 서 있는 타워의 높이 $\overline{PQ}$를 구하기 위하여 서로 120 m 떨어진 두 지점 A, B에서 각의 크기를 측정하였더니

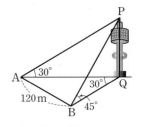

$\angle PAQ=30°$, $\angle PBQ=45°$, $\angle AQB=30°$이었다. 이때 타워의 높이 $\overline{PQ}$를 구하시오.

14 삼각형 ABC에서 $a=3$, $b=4$, $\sin(A+B)=\dfrac{1}{4}$일 때, 삼각형 ABC의 넓이는?

① $\dfrac{1}{2}$　　② 1　　③ $\dfrac{3}{2}$

④ 2　　⑤ $\dfrac{5}{2}$

15 그림과 같이 중심각의 크기가 $\dfrac{\pi}{3}$인 부채꼴 OAB 의 호의 길이가 π일 때, 삼각형 OAB의 넓이는?

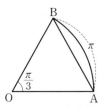

① $2\sqrt{3}$　　　② $\dfrac{9\sqrt{3}}{4}$　　　③ $\dfrac{5\sqrt{3}}{2}$

④ $\dfrac{11\sqrt{3}}{4}$　　　⑤ $3\sqrt{3}$

16 삼각형 ABC에서 $b=8$, $c=5$, $A=60°$일 때, 삼 각형 ABC의 내접원의 반지름의 길이를 구하시오.

17 삼각형 ABC에서 $a+b=6$, $c=5$, $C=60°$일 때, 삼각형 ABC의 넓이를 구하시오.

18 오른쪽 그림과 같은 사각형 모 양의 꽃밭에서 $\overline{AB}=4$ m, $\overline{BC}=10$ m, $\overline{CD}=3\sqrt{3}$ m, $\overline{AD}=7$ m, $D=90°$일 때, 꽃밭 의 넓이를 구하시오.

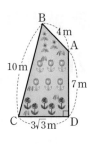

19 오른쪽 그림과 같은 평행사 변형 ABCD에서 $\overline{AB}=8$, $\overline{BC}=10$, $\overline{BD}=12$일 때, 평행사변형 ABCD의 넓이 는?

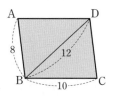

① $10\sqrt{7}$　　　② $20\sqrt{7}$　　　③ $30\sqrt{7}$

④ $40\sqrt{7}$　　　⑤ $50\sqrt{7}$

20 다음 그림과 같이 두 대각선의 길이가 각각 4, 9 이고 두 대각선이 이루는 각의 크기가 θ인 사각형 ABCD의 넓이가 $6\sqrt{6}$일 때, $\cos\theta$의 값을 구하시 오. (단, $0°<\theta<90°$)

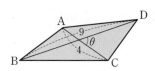

연습문제

실력

21 오른쪽 그림과 같이 밑면의 반지름의 길이가 2이고 모선의 길이가 6인 원뿔에서 점 P가 선분 OB를 2 : 1로 내분하는 점일 때, 원뿔의 표면을 따라 두 점 A, P를 잇는 최단 거리를 구하시오. (단, 두 점 A, B는 원뿔의 밑면인 원의 지름의 양 끝 점이다.)

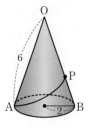

교육청

22 길이가 각각 10, a, b인 세 선분 AB, BC, CA를 각 변으로 하는 예각삼각형 ABC가 있다. 삼각형 ABC의 세 꼭짓점을 지나는 원의 반지름의 길이가 $3\sqrt{5}$이고 $\dfrac{a^2+b^2-ab\cos C}{ab}=\dfrac{4}{3}$일 때, ab의 값은?

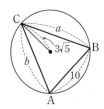

① 140   ② 150   ③ 160
④ 170   ⑤ 180

교육청

23 그림과 같이 반지름의 길이가 2이고 중심각의 크기가 $\dfrac{\pi}{2}$인 부채꼴 OAB가 있다. 호 AB 위에 점 C를 $\overline{AC}=1$이 되도록 잡는다. 선분 OC 위의 점 O가 아닌 점 D에 대하여 삼각형 BOD의 넓이가 $\dfrac{7}{6}$일 때, 선분 OD의 길이는?

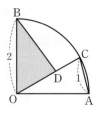

① $\dfrac{5}{4}$ ② $\dfrac{31}{24}$ ③ $\dfrac{4}{3}$
④ $\dfrac{11}{8}$ ⑤ $\dfrac{17}{12}$

24 오른쪽 그림과 같은 삼각형 ABC에서 $\overline{AB}=4$, $\overline{AC}=5$, $A=60°$이다. 변 AB, AC 위에 삼각형 APQ의 넓이가 삼각형 ABC의 넓이의 $\dfrac{1}{2}$이 되도록 두 점 P, Q를 각각 잡을 때, 선분 PQ의 길이의 최솟값을 구하시오.

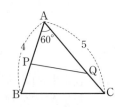

25 오른쪽 그림과 같이 원에 내접하는 사각형 ABCD에서 $A=120°$, $\overline{AB}+\overline{AD}=6$, $\overline{BC}+\overline{CD}=2\sqrt{26}$, $\overline{BD}=4\sqrt{2}$일 때, 사각형 ABCD의 넓이를 구하시오.

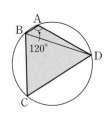

Ⅲ. 수열

1 등차수열과 등비수열

수열

① 수열

1, 3, 5, 7, …과 같이 차례대로 나열한 수의 열을 **수열**이라 하고, 나열된 각각의 수를 그 수열의 **항**이라 한다.

이때 각 항을 앞에서부터 차례대로 첫째항, 둘째항, 셋째항, …, n째항, … 또는 제1항, 제2항, 제3항, …, 제n항, …이라 한다.

[참고] 일정한 규칙 없이 수를 나열한 것도 수열이지만, 여기에서는 규칙이 있는 수열만 다룬다.

② 수열의 일반항

> 일반적으로 수열을 나타낼 때, 각 항에 번호를 붙여 a_1, a_2, a_3, …, a_n, …과 같이 나타낸다.
> 이때 제n항 a_n을 이 수열의 **일반항**이라 하고, 일반항이 a_n인 수열을 간단히
> $$\{a_n\}$$
> 과 같이 나타낸다.

이때 일반항 a_n이 n에 대한 식으로 주어지면 n에 1, 2, 3, …을 차례대로 대입하여 수열 $\{a_n\}$의 모든 항을 구할 수 있다.

[예] 수열 $\{a_n\}$의 일반항이 $a_n = 2n$일 때,

$a_1 = 2 \times 1 = 2$, $a_2 = 2 \times 2 = 4$, $a_3 = 2 \times 3 = 6$, $a_4 = 2 \times 4 = 8$, …

따라서 수열 $\{a_n\}$은 2, 4, 6, 8, …이다.

개념 Plus

수열 $\{a_n\}$은 1, 2, 3, …에 a_1, a_2, a_3, …을 차례대로 대응시킨 것이므로 자연수 전체의 집합 N에서 실수 전체의 집합 R로의 함수

$$f : N \longrightarrow R, \ f(n) = a_n$$

으로 생각할 수 있다.

따라서 일반항 a_n이 n에 대한 식 $f(n)$으로 주어지면 n에 1, 2, 3, …을 차례대로 대입하여 수열 $\{a_n\}$의 모든 항을 구할 수 있다.

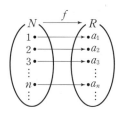

개념 Check

정답과 해설 72쪽

1 수열 $\{a_n\}$의 일반항이 다음과 같을 때, 첫째항부터 제4항까지를 나열하시오.

(1) $a_n = 3n + 2$ (2) $a_n = 2^n + 1$

수열의 일반항

유형편 64쪽

다음 수열의 일반항 a_n을 구하시오.

(1) $\dfrac{1}{2}, \dfrac{2}{3}, \dfrac{3}{4}, \dfrac{4}{5}, \cdots$ (2) $-1, 1, -1, 1, \cdots$ (3) $9, 99, 999, 9999, \cdots$

공략 Point

각 항의 규칙을 찾아 제n항을 n에 대한 식으로 나타낸다.

풀이

(1) $a_1, a_2, a_3, a_4, \cdots$의 규칙을 찾아보면	$a_1 = \dfrac{1}{2} = \dfrac{1}{1+1}$
	$a_2 = \dfrac{2}{3} = \dfrac{2}{2+1}$
	$a_3 = \dfrac{3}{4} = \dfrac{3}{3+1}$
	$a_4 = \dfrac{4}{5} = \dfrac{4}{4+1}$
	$\vdots$
따라서 일반항 a_n은	$a_n = \dfrac{n}{n+1}$

(2) $a_1, a_2, a_3, a_4, \cdots$의 규칙을 찾아보면	$a_1 = -1 = (-1)^1$
	$a_2 = 1 = (-1)^2$
	$a_3 = -1 = (-1)^3$
	$a_4 = 1 = (-1)^4$
	$\vdots$
따라서 일반항 a_n은	$a_n = (-1)^n$

(3) $a_1, a_2, a_3, a_4, \cdots$의 규칙을 찾아보면	$a_1 = 9 = 10 - 1$
	$a_2 = 99 = 100 - 1 = 10^2 - 1$
	$a_3 = 999 = 1000 - 1 = 10^3 - 1$
	$a_4 = 9999 = 10000 - 1 = 10^4 - 1$
	$\vdots$
따라서 일반항 a_n은	$a_n = 10^n - 1$

문제

정답과 해설 72쪽

01-1 다음 수열의 일반항 a_n을 구하시오.

(1) $1 \times 2, 2 \times 3, 3 \times 4, 4 \times 5, \cdots$

(2) $1, 4, 9, 16, \cdots$

(3) $3, 33, 333, 3333, \cdots$

2 등차수열

① 등차수열

(1) 등차수열과 공차

첫째항에 차례대로 일정한 수를 더하여 만든 수열을 **등차수열**이라 하고, 더하는 일정한 수를 **공차**라 한다.

(2) 등차수열에서 이웃하는 두 항 사이의 관계

공차가 d인 등차수열 $\{a_n\}$의 이웃하는 두 항 a_n, a_{n+1}에 대하여
$$a_{n+1}=a_n+d \iff a_{n+1}-a_n=d \ (n=1, \ 2, \ 3, \ \cdots)$$

예 1, 4, 7, 10, 13, $\cdots$ ➡ 첫째항이 1, 공차가 3인 등차수열

참고 공차는 영어로 common difference라 하고 보통 d로 나타낸다.

② 등차수열의 일반항

(1) 등차수열의 일반항

첫째항이 a, 공차가 d인 등차수열의 일반항 a_n은
$$a_n=a+(n-1)d$$

예 첫째항이 6, 공차가 -2인 등차수열의 일반항 a_n은
$$a_n=6+(n-1)\times(-2)=-2n+8$$

(2) 등차수열의 일반항의 특징

일반항 a_n이 n에 대한 일차식 $a_n=An+B$ (A, B는 상수, $n=1, 2, 3, \cdots$)인 수열 $\{a_n\}$은 첫째항이 $A+B$이고 공차가 A인 등차수열이다.

예 일반항 a_n이 $a_n=2n+3$이면 수열 $\{a_n\}$은 첫째항이 $2+3=5$이고 공차가 2인 등차수열이다.

③ 등차중항

(1) 등차중항

세 수 a, b, c가 이 순서대로 등차수열을 이룰 때, b를 a와 c의 **등차중항**이라 한다.
이때 $b-a=c-b$이므로
$$b=\frac{a+c}{2}$$

예 세 수 2, x, 8이 이 순서대로 등차수열을 이루면 x는 2와 8의 등차중항이므로
$$x=\frac{2+8}{2}=5$$

참고 등차수열 a, b, c에서 등차중항 $b=\dfrac{a+c}{2}$는 a와 c의 산술평균과 같다.

(2) 등차수열의 관계식

수열 $\{a_n\}$이 등차수열이면 연속하는 세 항 a_n, a_{n+1}, a_{n+2}에 대하여 $a_{n+1}-a_n=a_{n+2}-a_{n+1}$이므로
$$2a_{n+1}=a_n+a_{n+2} \ (n=1, 2, 3, \cdots)$$

등차수열의 일반항

첫째항이 a, 공차가 d인 등차수열 $\{a_n\}$에서

$$a_1=a=a+0\times d \qquad\qquad \Rightarrow a_1=a+(1-1)\times d$$
$$a_2=a_1+d=a+d=a+1\times d \qquad \Rightarrow a_2=a+(2-1)\times d$$
$$a_3=a_2+d=(a+d)+d=a+2\times d \Rightarrow a_3=a+(3-1)\times d$$
$$a_4=a_3+d=(a+2d)+d=a+3\times d \Rightarrow a_4=a+(4-1)\times d$$
$$\vdots \qquad\qquad\qquad\qquad\qquad\qquad \vdots$$

따라서 등차수열의 일반항 a_n은

$$a_n=a+(n-1)d$$

등차수열의 일반항의 특징

첫째항이 a, 공차가 d인 등차수열 $\{a_n\}$의 일반항 $a_n=a+(n-1)d$를 n에 대하여 정리하면

$$a_n=a+(n-1)d=dn+a-d$$

이 식에서 $d=A$, $a-d=B$로 놓으면

$$a_n=An+B$$

이때 첫째항 a_1과 공차 d를 구하면

$$a_1=A+B, \ d=a_2-a_1=(2A+B)-(A+B)=A$$

따라서 일반항 a_n이 $a_n=An+B$인 수열 $\{a_n\}$은 첫째항이 $A+B$이고 공차가 A인 등차수열이다.

개념 Check

정답과 해설 73쪽

1 다음 수열이 등차수열을 이룰 때, $\square$ 안에 알맞은 수를 써넣으시오.

(1) -5, -2, $\square$, 4, $\cdots$

(2) $\dfrac{1}{2}$, $\dfrac{1}{3}$, $\square$, 0, $\cdots$

2 다음 등차수열의 일반항 a_n을 구하시오.

(1) 첫째항이 7, 공차가 -2

(2) 첫째항이 -3, 공차가 5

(3) -1, 3, 7, 11, $\cdots$

(4) -5, -8, -11, -14, $\cdots$

3 다음 수열이 등차수열이 되도록 하는 x, y의 값을 구하시오.

(1) 4, x, -2, y, -8, $\cdots$

(2) $\dfrac{2}{3}$, x, 4, y, $\dfrac{22}{3}$, $\cdots$

등차수열의 일반항

유형편 64쪽

제5항이 16, 제8항이 25인 등차수열 $\{a_n\}$에 대하여 다음 물음에 답하시오.

(1) 일반항 a_n을 구하시오.

(2) 제33항을 구하시오.

(3) 181은 제몇 항인지 구하시오.

공략 Point

첫째항이 a, 공차가 d인 등
차수열의 일반항 a_n은
$$a_n=a+(n-1)d$$

풀이

(1) 첫째항을 a, 공차를 d라 하면 제5항이 16, 제8항이 25이므로	$a+4d=16,\ a+7d=25$
두 식을 연립하여 풀면	$a=4,\ d=3$
따라서 일반항 a_n은	$a_n=4+(n-1)\times3$ $=\boldsymbol{3n+1}$

(2) 제33항은	$a_{33}=3\times33+1=\boldsymbol{100}$

(3) 181을 제n항이라 하면	$181=3n+1$ $3n=180 \qquad \therefore\ n=60$
따라서 181은	**제60항**

● **문제** ●

정답과 해설 73쪽

02-1 제2항이 -10, 제7항이 20인 등차수열 $\{a_n\}$에 대하여 다음 물음에 답하시오.

(1) 일반항 a_n을 구하시오.

(2) 제20항을 구하시오.

(3) 158은 제몇 항인지 구하시오.

02-2 등차수열 8, 5, 2, -1, …에서 제15항을 구하시오.

02-3 등차수열 $\{a_n\}$에서 $a_2+a_4=14$, $a_{10}+a_{20}=62$일 때, 일반항 a_n을 구하시오.

등차수열에서 조건을 만족시키는 항 구하기

유형편 65쪽

첫째항이 19, 공차가 $-\dfrac{3}{2}$인 등차수열에서 처음으로 음수가 되는 항은 제몇 항인지 구하시오.

공략 Point

첫째항이 a, 공차가 d인 등차
수열에서 처음으로 음수가 되
는 항을 구하려면
$a_n = a + (n-1)d < 0$을 만족
시키는 자연수 n의 최솟값을
구한다.

풀이

첫째항이 19, 공차가 $-\dfrac{3}{2}$인 등차수열의 일반 항을 a_n이라 하면	$a_n = 19 + (n-1) \times \left(-\dfrac{3}{2}\right)$ $\qquad = -\dfrac{3}{2}n + \dfrac{41}{2}$
이때 제n항에서 처음으로 음수가 된다고 하면 $a_n < 0$에서	$-\dfrac{3}{2}n + \dfrac{41}{2} < 0$ $\dfrac{3}{2}n > \dfrac{41}{2} \qquad \therefore n > 13.6\cdots$
그런데 n은 자연수이므로 n의 최솟값은	14
따라서 처음으로 음수가 되는 항은	**제14항**

● **문제** ●

정답과 해설 73쪽

03-1 첫째항이 -50, 공차가 3인 등차수열에서 처음으로 양수가 되는 항은 제몇 항인지 구하시오.

03-2 등차수열 $\{a_n\}$에서 $a_5 = 82$, $a_{10} = 57$일 때, 처음으로 음수가 되는 항은 제몇 항인지 구하시오.

03-3 등차수열 -9, -4, 1, 6, $\cdots$에서 처음으로 100보다 커지는 항은 제몇 항인지 구하시오.

필수예제 04 두 수 사이에 수를 넣어 만든 등차수열

두 수 -3과 30 사이에 10개의 수를 넣어 만든 수열
$$-3,\ x_1,\ x_2,\ x_3,\ \cdots,\ x_{10},\ 30$$
이 이 순서대로 등차수열을 이룰 때, x_7의 값을 구하시오.

공략 Point

두 수 a와 b 사이에 k개의 수를 넣어 만든 등차수열에서 a는 첫째항, b는 제$(k+2)$항이므로
$$b=a+(k+1)d$$
(단, d는 공차)

풀이

주어진 등차수열의 공차를 d라 하면 첫째항이 -3, 제12항이 30이므로	$-3+11d=30$ $11d=33 \quad \therefore d=3$
이때 x_7은 제8항이므로	$x_7=-3+7\times3$ $\qquad =\mathbf{18}$

● **문제** ●

정답과 해설 74쪽

04-1 두 수 -2와 46 사이에 15개의 수를 넣어 만든 수열
$$-2,\ x_1,\ x_2,\ x_3,\ \cdots,\ x_{15},\ 46$$
이 이 순서대로 등차수열을 이룰 때, x_{10}의 값을 구하시오.

04-2 두 수 15와 3 사이에 3개의 수를 넣어 만든 수열 $15,\ x,\ y,\ z,\ 3$이 이 순서대로 등차수열을 이룰 때, $x+yz$의 값을 구하시오.

04-3 두 수 4와 34 사이에 m개의 수를 넣어 만든 수열
$$4,\ x_1,\ x_2,\ x_3,\ \cdots,\ x_m,\ 34$$
가 이 순서대로 등차수열을 이룬다. 이 수열의 공차가 2일 때, m의 값을 구하시오.

등차중항

✐ 유형편 66쪽

세 수 $2x$, x^2-3, $x-4$가 이 순서대로 등차수열을 이룰 때, 모든 x의 값의 합을 구하시오.

공략 Point

세 수 a, b, c가 이 순서대로
등차수열을 이루면
$$b=\frac{a+c}{2}$$

풀이

x^2-3은 $2x$와 $x-4$의 등차중항이므로	$x^2-3=\dfrac{2x+(x-4)}{2}$
	$2(x^2-3)=3x-4$
	$2x^2-3x-2=0$
	$(2x+1)(x-2)=0$
	$\therefore x=-\dfrac{1}{2}$ 또는 $x=2$
따라서 모든 x의 값의 합은	$-\dfrac{1}{2}+2=\dfrac{3}{2}$

● **문제** ●

정답과 해설 74쪽

05-**1** 세 수 $-x$, x^2+2x, $3x+4$가 이 순서대로 등차수열을 이룰 때, x의 값을 모두 구하시오.

05-**2** 세 수 x, 5, y가 이 순서대로 등차수열을 이루고, 세 수 $-2y$, 5, $3x$도 이 순서대로 등차수열을 이룰 때, x, y의 값을 구하시오.

05-**3** 다항식 $f(x)=x^2+ax+1$을 $x+2$, $x+1$, $x-1$로 나누었을 때의 나머지를 각각 p, q, r라 할 때, 세 수 p, q, r는 이 순서대로 등차수열을 이룬다. 이때 상수 a의 값을 구하시오.

필수 예제 06 등차수열을 이루는 수

유형편 66쪽

등차수열을 이루는 세 수의 합이 12이고 곱이 28일 때, 세 수의 제곱의 합을 구하시오.

공략 Point

세 수가 등차수열을 이루면 세 수를 $a-d$, a, $a+d$로 놓고 식을 세운다.

풀이

세 수를 $a-d$, a, $a+d$라 하면	$(a-d)+a+(a+d)=12$ …… ㉠ $(a-d)\times a\times(a+d)=28$ …… ㉡
㉠에서	$3a=12$ $\therefore a=4$
$a=4$를 ㉡에 대입하면	$(4-d)\times4\times(4+d)=28$ $4(16-d^2)=28$, $16-d^2=7$ $d^2=9$ $\therefore d=-3$ 또는 $d=3$
$d=-3$일 때, 세 수는 차례대로	7, 4, 1
$d=3$일 때, 세 수는 차례대로	1, 4, 7
따라서 세 수의 제곱의 합은	$1^2+4^2+7^2=$**66**

문제

정답과 해설 74쪽

06-1 등차수열을 이루는 세 수의 합이 18이고 제곱의 합이 140일 때, 세 수의 곱을 구하시오.

06-2 삼차방정식 $x^3-3x^2+kx+1=0$의 세 실근이 등차수열을 이룰 때, 상수 k의 값을 구하시오.

06-3 등차수열을 이루는 네 수의 합이 12이고, 가운데 두 수의 곱은 가장 작은 수와 가장 큰 수의 곱보다 32가 클 때, 가장 큰 수를 구하시오.

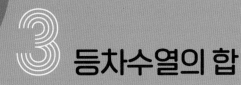

등차수열의 합

① 등차수열의 합

수열 $\{a_n\}$의 첫째항부터 제n항까지의 합을 기호로 S_n과 같이 나타낸다.

즉, $S_n = a_1 + a_2 + a_3 + \cdots + a_n$이다.

> 등차수열의 첫째항부터 제n항까지의 합 S_n은
>
> (1) 첫째항이 a, 제n항이 l일 때, $S_n = \dfrac{n(a+l)}{2}$
>
> (2) 첫째항이 a, 공차가 d일 때, $S_n = \dfrac{n\{2a+(n-1)d\}}{2}$

예 (1) 첫째항이 2, 제10항이 29인 등차수열의 첫째항부터 제10항까지의 합 S_{10}은 $\dfrac{10(2+29)}{2} = 155$

(2) 첫째항이 3, 공차가 4인 등차수열의 첫째항부터 제10항까지의 합 S_{10}은 $\dfrac{10\{2\times 3 + (10-1)\times 4\}}{2} = 210$

② 수열의 합과 일반항 사이의 관계

> 수열 $\{a_n\}$의 첫째항부터 제n항까지의 합 S_n에 대하여
> $$a_1 = S_1, \quad a_n = S_n - S_{n-1} \ (n \geq 2)$$

개념 Plus

등차수열의 합

첫째항이 a, 공차가 d인 등차수열의 제n항을 l이라 하면 첫째항부터 제n항까지의 합 S_n은

$$S_n = a + (a+d) + (a+2d) + \cdots + (l-2d) + (l-d) + l \quad \cdots\cdots \ \text{㉠}$$

㉠에서 우변의 각 항의 순서를 거꾸로 하면

$$S_n = l + (l-d) + (l-2d) + \cdots + (a+2d) + (a+d) + a \quad \cdots\cdots \ \text{㉡}$$

㉠, ㉡을 변끼리 더하면

$$2S_n = \underbrace{(a+l) + (a+l) + (a+l) + \cdots + (a+l) + (a+l) + (a+l)}_{n\text{개}} = n(a+l)$$

$$\therefore \ S_n = \dfrac{n(a+l)}{2} \quad\quad\quad\quad\quad \cdots\cdots \ \text{㉢}$$

이때 $l = a + (n-1)d$이므로 이를 ㉢에 대입하여 정리하면 $S_n = \dfrac{n\{2a+(n-1)d\}}{2}$

수열의 합과 일반항 사이의 관계

수열 $\{a_n\}$의 첫째항부터 제n항까지의 합 S_n은

$$S_1 = a_1$$
$$S_2 = a_1 + a_2 = S_1 + a_2$$
$$S_3 = a_1 + a_2 + a_3 = S_2 + a_3$$
$$\vdots$$
$$S_n = a_1 + a_2 + a_3 + \cdots + a_{n-1} + a_n = S_{n-1} + a_n$$

이므로 $a_1 = S_1, \ a_n = S_n - S_{n-1} \ (n \geq 2)$

등차수열의 합

유형편 67쪽

다음 물음에 답하시오.

(1) 제2항이 4, 제5항이 13인 등차수열의 첫째항부터 제17항까지의 합을 구하시오.

(2) 첫째항이 3, 공차가 -3인 등차수열의 제k항이 -30일 때, 첫째항부터 제k항까지의 합을 구하시오.

공략 Point

(1) 첫째항이 a, 공차가 d일 때
  ➡ $S_n = \dfrac{n\{2a+(n-1)d\}}{2}$

(2) 첫째항이 a, 제n항이 l일 때
  ➡ $S_n = \dfrac{n(a+l)}{2}$

풀이

(1) 첫째항을 a, 공차를 d라 하면 제2항이 4, 제5항이 13이므로

$a+d=4, \ a+4d=13$

두 식을 연립하여 풀면

$a=1, \ d=3$

따라서 첫째항이 1, 공차가 3인 등차수열의 첫째항부터 제17항까지의 합은

$\dfrac{17\{2\times1+(17-1)\times3\}}{2}=\boldsymbol{425}$

(2) 첫째항이 3, 공차가 -3인 등차수열의 제k항이 -30이므로

$3+(k-1)\times(-3)=-30 \qquad \therefore \ k=12$

따라서 첫째항이 3, 제12항이 -30인 등차수열의 첫째항부터 제12항까지의 합은

$\dfrac{12\{3+(-30)\}}{2}=\boldsymbol{-162}$

다른 풀이

(2) 첫째항이 3, 공차가 -3인 등차수열의 첫째항부터 제12항까지의 합은

$\dfrac{12\{2\times3+(12-1)\times(-3)\}}{2}=\boldsymbol{-162}$

● **문제** ●

정답과 해설 75쪽

07-1 다음 물음에 답하시오.

(1) 제3항이 22, 제7항이 6인 등차수열의 첫째항부터 제20항까지의 합을 구하시오.

(2) 첫째항이 7, 공차가 4인 등차수열의 제k항이 63일 때, 첫째항부터 제k항까지의 합을 구하시오.

07-2 두 수 3과 15 사이에 m개의 수를 넣어 만든 등차수열 $3, x_1, x_2, x_3, \cdots, x_m, 15$의 모든 항의 합이 63일 때, m의 값을 구하시오.

필수 예제 08 부분의 합이 주어진 등차수열의 합

유형편 67쪽

첫째항부터 제5항까지의 합이 15, 첫째항부터 제10항까지의 합이 80인 등차수열의 첫째항부터 제20항까지의 합을 구하시오.

공략 Point

첫째항을 a, 공차를 d로 놓고 주어진 등차수열의 합을 이용하여 a, d에 대한 연립방정식을 세운다.

풀이

첫째항을 a, 공차를 d라 하자.

$S_5 = 15$이므로

$$\frac{5\{2a+(5-1)d\}}{2}=15$$

$$\therefore a+2d=3 \quad\cdots\cdots\text{㉠}$$

$S_{10} = 80$이므로

$$\frac{10\{2a+(10-1)d\}}{2}=80$$

$$\therefore 2a+9d=16 \quad\cdots\cdots\text{㉡}$$

㉠, ㉡을 연립하여 풀면

$$a=-1,\ d=2$$

따라서 첫째항이 -1, 공차가 2인 등차수열의 첫째항부터 제20항까지의 합은

$$\frac{20\{2\times(-1)+(20-1)\times2\}}{2}=\mathbf{360}$$

• **문제** •

정답과 해설 75쪽

08-**1** 첫째항부터 제15항까지의 합이 255, 첫째항부터 제25항까지의 합이 675인 등차수열의 첫째항부터 제30항까지의 합을 구하시오.

08-**2** 첫째항부터 제10항까지의 합이 155, 제11항부터 제20항까지의 합이 455인 등차수열의 제21항부터 제30항까지의 합을 구하시오.

01 등차수열 **177**

등차수열의 합의 최대, 최소

✏️ 유형편 68쪽

첫째항이 14, 공차가 -4인 등차수열 $\{a_n\}$의 첫째항부터 제n항까지의 합 S_n의 최댓값을 구하시오.

공략 Point

- 등차수열의 합의 최댓값
  ➡ (첫째항)>0, (공차)<0
  인 경우 첫째항부터 마
  지막 양수가 나오는 항
  까지의 합
- 등차수열의 합의 최솟값
  ➡ (첫째항)<0, (공차)>0
  인 경우 첫째항부터 마
  지막 음수가 나오는 항
  까지의 합

풀이

첫째항이 14, 공차가 -4인 등차수열의 일반항 a_n은	$\begin{aligned} a_n &= 14 + (n-1) \times (-4) \\ &= -4n + 18 \end{aligned}$
이때 제n항에서 처음으로 음수가 된다고 하면 $a_n < 0$에서	$\begin{aligned} &-4n + 18 < 0 \\ &4n > 18 \qquad \therefore \ n > 4.5 \end{aligned}$
즉, 등차수열 $\{a_n\}$은 제5항부터 음수이므로 첫째항부터 제4항까지의 합이 최대이다. 따라서 구하는 최댓값은	$\dfrac{4\{2 \times 14 + (4-1) \times (-4)\}}{2} = \mathbf{32}$

다른 풀이

첫째항이 14, 공차가 -4인 등차수열의 첫째항부터 제n항까지의 합 S_n은	$\begin{aligned} S_n &= \dfrac{n\{2 \times 14 + (n-1) \times (-4)\}}{2} \\ &= -2n^2 + 16n \\ &= -2(n-4)^2 + 32 \end{aligned}$
따라서 구하는 최댓값은	$n = 4$일 때, $\mathbf{32}$이다.

● **문제** ●

정답과 해설 75쪽

09-1 첫째항이 -50, 공차가 4인 등차수열 $\{a_n\}$의 첫째항부터 제n항까지의 합 S_n의 최솟값을 구하시오.

09-2 제6항이 55, 제10항이 23인 등차수열 $\{a_n\}$의 첫째항부터 제n항까지의 합 S_n이 최대가 되도록 하는 n의 값을 구하시오.

나머지가 같은 자연수의 합

✎ 유형편 68쪽

다음 물음에 답하시오.

(1) 100 이하의 자연수 중에서 6으로 나누었을 때의 나머지가 2인 수의 총합을 구하시오.

(2) 50보다 크고 100 보다 작은 자연수 중에서 4의 배수의 총합을 구하시오.

공략 Point

자연수 d로 나누었을 때의 나머지가 $a(0<a<d)$인 자연수를 작은 것부터 차례대로 나열하면

$a, a+d, a+2d, \cdots$

➡ 첫째항이 a, 공차가 d인 등차수열

풀이

(1) 100 이하의 자연수 중에서 6으로 나누었을 때의 나머지가 2인 수를 작은 것부터 차례대로 나열하면	$2, 8, 14, 20, \cdots, 98$
이는 첫째항이 2, 공차가 6인 등차수열이므로 98을 제n항이라 하면	$2+(n-1)\times6=98$ $6(n-1)=96 \qquad \therefore n=17$
따라서 구하는 합은 첫째항이 2, 제17항이 98인 등차수열의 첫째항부터 제17항까지의 합이므로	$\dfrac{17(2+98)}{2}=\mathbf{850}$

(2) 50과 100 사이에 있는 자연수 중에서 4의 배수를 작은 것부터 차례대로 나열하면	$52, 56, 60, \cdots, 96$
이는 첫째항이 52, 공차가 4인 등차수열이므로 96을 제n항이라 하면	$52+(n-1)\times4=96$ $4(n-1)=44 \qquad \therefore n=12$
따라서 구하는 합은 첫째항이 52, 제12항이 96인 등차수열의 첫째항부터 제12항까지의 합이므로	$\dfrac{12(52+96)}{2}=\mathbf{888}$

● **문제** ●

정답과 해설 76쪽

10-1 100 이하의 자연수 중에서 4로 나누었을 때의 나머지가 3인 수의 총합을 구하시오.

10-2 세 자리의 자연수 중에서 9의 배수의 총합을 구하시오.

수열의 합과 일반항 사이의 관계

유형편 69쪽

수열 $\{a_n\}$의 첫째항부터 제n항까지의 합 S_n이 다음과 같을 때, 일반항 a_n을 구하시오.

(1) $S_n = n^2 - 3n$

(2) $S_n = 3n^2 + n + 2$

공략 Point

수열 $\{a_n\}$의 첫째항부터 제n항까지의 합 S_n에 대하여
(ⅰ) $a_1 = S_1$
(ⅱ) $a_n = S_n - S_{n-1}$ $(n \geq 2)$
이때 (ⅰ)의 a_1의 값과 (ⅱ)에서 $n=1$을 대입한 값이 같으면 (ⅱ)에서 구한 a_n은 모든 자연수 n에 대하여 성립한다.

풀이

(1) $S_n = n^2 - 3n$에서

| (ⅰ) $n \geq 2$일 때 | $\begin{aligned} a_n &= S_n - S_{n-1} \\ &= n^2 - 3n - \{(n-1)^2 - 3(n-1)\} \\ &= 2n - 4 \quad \cdots\cdots \text{㉠} \end{aligned}$ |

| (ⅱ) $n=1$일 때 | $a_1 = S_1 = 1^2 - 3 \times 1 = -2 \quad \cdots\cdots \text{㉡}$ |

이때 ㉡은 ㉠에 $n=1$을 대입한 값과 같으므로 구하는 일반항 a_n은

$$a_n = 2n - 4$$

(2) $S_n = 3n^2 + n + 2$에서

| (ⅰ) $n \geq 2$일 때 | $\begin{aligned} a_n &= S_n - S_{n-1} \\ &= 3n^2 + n + 2 - \{3(n-1)^2 + (n-1) + 2\} \\ &= 6n - 2 \quad \cdots\cdots \text{㉠} \end{aligned}$ |

| (ⅱ) $n=1$일 때 | $a_1 = S_1 = 3 \times 1^2 + 1 + 2 = 6 \quad \cdots\cdots \text{㉡}$ |

이때 ㉡은 ㉠에 $n=1$을 대입한 값과 같지 않으므로 구하는 일반항 a_n은

$$a_1 = 6, \ a_n = 6n - 2 \ (n \geq 2)$$

● **문제** ●

정답과 해설 76쪽

11-1 수열 $\{a_n\}$의 첫째항부터 제n항까지의 합 S_n이 다음과 같을 때, 일반항 a_n을 구하시오.

(1) $S_n = 2n^2 - 3n$

(2) $S_n = n^2 + 3n - 1$

11-2 수열 $\{a_n\}$의 첫째항부터 제n항까지의 합 S_n이 $S_n = 2n^2 - 4n + 1$일 때, $a_1 + a_9$의 값을 구하시오.

11-3 수열 $\{a_n\}$의 첫째항부터 제n항까지의 합 S_n이 $S_n = n^2 - 16n$일 때, $a_n < 0$을 만족시키는 자연수 n의 개수를 구하시오.

연습문제

교육청

1 첫째항이 양수인 등차수열 $\{a_n\}$에 대하여
$$a_5=3a_1, \ a_1^2+a_3^2=20$$
일 때, a_5의 값을 구하시오.

2 공차가 양수인 등차수열 $\{a_n\}$에서 $a_5+a_9=0$, $|a_4+a_8|=8$일 때, a_{15}의 값을 구하시오.

3 $a_7=16$, $a_3 : a_9=2 : 5$인 등차수열 $\{a_n\}$에서 처음으로 50보다 커지는 항은 제몇 항인지 구하시오.

4 두 수 3과 78 사이에 m개의 수를 넣어 만든 수열
$$3, \ x_1, \ x_2, \ x_3, \ \cdots, \ x_m, \ 78$$
이 이 순서대로 등차수열을 이룬다. 이 수열의 공차가 1이 아닌 자연수일 때, m의 최댓값을 구하시오.

평가원

5 자연수 n에 대하여 x에 대한 이차방정식
$$x^2-nx+4(n-4)=0$$
이 서로 다른 두 실근 α, $\beta (\alpha < \beta)$를 갖고, 세 수 1, α, β가 이 순서대로 등차수열을 이룰 때, n의 값은?

① 5   ② 8   ③ 11

④ 14   ⑤ 17

6 네 수 $\log_{27} 3$, $\log_{27} x$, 1, $\log_{27} y$가 이 순서대로 등차수열을 이룰 때, 양의 실수 x, y에 대하여 $\log_3 \dfrac{x}{y}$의 값을 구하시오.

7 네 내각의 크기가 등차수열을 이루는 사각형에서 가장 큰 각의 크기가 가장 작은 각의 크기의 3배일 때, 네 내각 중 두 번째로 큰 각의 크기는?

① 95°   ② 100°   ③ 105°

④ 110°   ⑤ 115°

8 첫째항이 60, 공차가 -4인 등차수열 $\{a_n\}$의 첫째항부터 제n항까지의 합 S_n의 값이 처음으로 음수가 되는 n의 값을 구하시오.

9 수열 $-11,\ x_1,\ x_2,\ x_3,\ \cdots,\ x_m,\ 31$이 등차수열을 이루고 $x_1+x_2+x_3+\cdots+x_m=200$일 때, x_8의 값을 구하시오.

평가원

10 첫째항이 2인 등차수열 $\{a_n\}$의 첫째항부터 제n항까지의 합을 S_n이라 하자.
$$a_6=2(S_3-S_2)$$
일 때, S_{10}의 값은?

① 100   ② 110   ③ 120
④ 130   ⑤ 140

교육청

11 첫째항이 양수이고 공차가 2인 등차수열 $\{a_n\}$의 첫째항부터 제n항까지의 합을 S_n이라 하자. $a_k=31$, $S_{k+10}=640$을 만족시키는 자연수 k에 대하여 S_k의 값은?

① 200   ② 205   ③ 210
④ 215   ⑤ 220

교육청

12 공차가 양수인 등차수열 $\{a_n\}$의 첫째항부터 제n항까지의 합을 S_n이라 하자. $S_9=|S_3|=27$일 때, a_{10}의 값은?

① 23   ② 24   ③ 25
④ 26   ⑤ 27

13 첫째항이 6인 등차수열 $\{a_n\}$의 첫째항부터 제n항까지의 합 S_n에 대하여 $S_3=S_7$일 때, S_n이 최대가 되도록 하는 n의 값을 구하시오.

14 등차수열 $\{a_n\}$에서 $a_1+a_2=132$, $a_5+a_6+a_7=63$일 때, 첫째항부터 제n항까지의 합 S_n은 $n=k$일 때, 최댓값 M을 갖는다. $M+k$의 값은?

① 290   ② 292   ③ 294
④ 296   ⑤ 298

15 3으로 나누었을 때의 나머지가 2이고, 5로 나누었을 때의 나머지가 3인 자연수를 작은 것부터 차례대로
$$a_1,\ a_2,\ a_3,\ \cdots,\ a_n,\ \cdots$$
이라 하자. 이때 $a_1+a_2+a_3+\cdots+a_{10}$의 값을 구하시오.

16 첫째항부터 제n항까지의 합이 각각 $3n^2+kn$, $2n^2+5n$인 두 수열 $\{a_n\}$, $\{b_n\}$에서 $a_{10}=b_{10}$일 때, 상수 k의 값을 구하시오.

17 수열 $\{a_n\}$의 첫째항부터 제n항까지의 합 S_n이 $S_n=n^2-6n$일 때, $a_2+a_4+a_6+\cdots+a_{20}$의 값을 구하시오.

18 공차가 4인 등차수열 $\{a_n\}$의 첫째항부터 제n항까지의 합 S_n이 $S_n=an^2+3n$일 때, a_{16}의 값을 구하시오. (단, a는 상수)

▶ 실력

19 오른쪽 그림과 같이 직선 l 위에 점 $P_1(5, 0)$, $P_2(2, 2)$, $P_3(-1, 4)$, $\cdots$, $P_n(x_n, y_n)$이 일정한 간격으로 놓여 있다. 이때 점 P_{40}의 좌표를 구하시오.

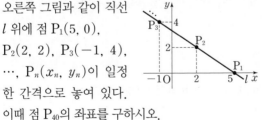

20 두 수 5와 20 사이에 m개, 두 수 20과 50 사이에 n개의 수를 넣어 만든 수열

$$5, x_1, x_2, \cdots, x_m, 20, y_1, y_2, \cdots, y_n, 50$$

이 이 순서대로 등차수열을 이룰 때, $\dfrac{n-1}{m}$의 값을 구하시오.

21 등차수열 $\{a_n\}$에서 $a_2=-19$, $a_{13}=25$일 때, $|a_1|+|a_2|+|a_3|+\cdots+|a_{20}|$의 값을 구하시오.

평가원

22 공차가 2인 등차수열 $\{a_n\}$의 첫째항부터 제n항까지의 합을 S_n이라 하자. $S_k=-16$, $S_{k+2}=-12$를 만족시키는 자연수 k에 대하여 a_{2k}의 값은?

① 6 ② 7 ③ 8
④ 9 ⑤ 10

02
등비수열

등비수열

① 등비수열

(1) 등비수열과 공비

첫째항에 차례대로 일정한 수를 곱하여 만든 수열을 **등비수열**이라 하고, 곱하는 일정한 수를 **공비**라 한다.

(2) 등비수열에서 이웃하는 두 항 사이의 관계

공비가 $r\,(r\neq0)$인 등비수열 $\{a_n\}$의 이웃하는 두 항 a_n, a_{n+1}에 대하여

$$a_{n+1}=ra_n \iff \frac{a_{n+1}}{a_n}=r \ (n=1,\ 2,\ 3,\ \cdots)$$

예 $32,\quad 16,\quad 8,\quad 4,\quad 2,\ \cdots$ ➡ 첫째항이 32, 공비가 $\frac{1}{2}$인 등비수열

$\times\frac{1}{2}\quad \times\frac{1}{2}\quad \times\frac{1}{2}\quad \times\frac{1}{2}$

참고 공비는 영어로 common ratio라 하고 보통 r로 나타낸다.

② 등비수열의 일반항

첫째항이 a, 공비가 $r\,(r\neq0)$인 등비수열의 일반항 a_n은

$$a_n=ar^{n-1}$$

예 첫째항이 3, 공비가 -2인 등비수열의 일반항 a_n은

$$a_n=3\times(-2)^{n-1}$$

참고 등비수열은 (첫째항)$\neq0$, (공비)$\neq0$인 것만 다루도록 한다.

③ 등비중항

(1) 등비중항

0이 아닌 세 수 a, b, c가 이 순서대로 등비수열을 이룰 때, b를 a와 c의 **등비중항**이라 한다.

이때 $\frac{b}{a}=\frac{c}{b}$이므로

$$b^2=ac$$

예 세 수 4, x, 16이 이 순서대로 등비수열을 이루면 x는 4와 16의 등비중항이므로

$$x^2=4\times16=64 \qquad \therefore\ x=-8 \ 또는 \ x=8$$

참고 $b^2=ac$에서 $a>0$, $c>0$일 때, a와 c의 등비중항 $b=\sqrt{ac}$는 a와 c의 기하평균과 같다.

(2) 등비수열의 관계식

수열 $\{a_n\}$이 등비수열이면 연속하는 세 항 a_n, a_{n+1}, a_{n+2}에 대하여 $\frac{a_{n+1}}{a_n}=\frac{a_{n+2}}{a_{n+1}}$이므로

$$a_{n+1}{}^2=a_na_{n+2} \ (n=1,\ 2,\ 3,\ \cdots)$$

등비수열의 일반항

첫째항이 a, 공비가 $r\,(r\neq0)$인 등비수열 $\{a_n\}$에서

$$a_1=a \qquad \Rightarrow a_1=ar^{1-1}$$
$$a_2=a_1r=ar^1 \qquad \Rightarrow a_2=ar^{2-1}$$
$$a_3=a_2r=(ar)r=ar^2 \Rightarrow a_3=ar^{3-1}$$
$$a_4=a_3r=(ar^2)r=ar^3 \Rightarrow a_4=ar^{4-1}$$
$$\qquad\vdots \qquad\qquad\qquad\vdots$$

따라서 등비수열의 일반항 a_n은

$$a_n=ar^{n-1}$$

개념 **Check**

정답과 해설 81쪽

1 다음 수열이 등비수열을 이룰 때, ☐ 안에 알맞은 수를 써넣으시오.

　(1) $0.1,\ 0.01,\ \boxed{},\ 0.0001,\ \cdots$ 　　　(2) $81,\ \boxed{},\ 9,\ -3,\ \cdots$

2 다음 등비수열의 일반항 a_n을 구하시오.

　(1) 첫째항이 4, 공비가 $\dfrac{1}{5}$ 　　　　　(2) 첫째항이 $\dfrac{1}{3}$, 공비가 3

　(3) $7,\ -\dfrac{7}{2},\ \dfrac{7}{4},\ -\dfrac{7}{8},\ \cdots$ 　　　(4) $9,\ -3\sqrt{3},\ 3,\ -\sqrt{3},\ \cdots$

3 다음 수열이 등비수열이 되도록 하는 $x,\ y$의 값을 구하시오.

　(1) $1,\ x,\ 9,\ y,\ 81,\ \cdots$ 　　　　　(2) $4,\ x,\ 1,\ y,\ \dfrac{1}{4},\ \cdots$

등비수열의 일반항

유형편 70쪽

제5항이 -48, 제8항이 384인 등비수열 $\{a_n\}$에 대하여 다음 물음에 답하시오.

(1) 일반항 a_n을 구하시오.

(2) 제7항을 구하시오.

(3) -3072는 제몇 항인지 구하시오.

공략 Point

첫째항이 a, 공비가 $r(r \neq 0)$
인 등비수열의 일반항 a_n은
$$a_n = ar^{n-1}$$

풀이

(1) 첫째항을 a, 공비를 r라 하면 제5항이 -48, 제8항이 384이므로	$ar^4 = -48$ ······ ㉠ $ar^7 = 384$ ······ ㉡
㉡÷㉠을 하면	$\dfrac{ar^7}{ar^4} = \dfrac{384}{-48}$, $r^3 = -8$ $\therefore r = -2$
$r = -2$를 ㉠에 대입하면	$16a = -48$ $\therefore a = -3$
따라서 일반항 a_n은	$a_n = -3 \times (-2)^{n-1}$
(2) 제7항은	$a_7 = -3 \times (-2)^6 = \mathbf{-192}$
(3) -3072를 제n항이라 하면	$-3072 = -3 \times (-2)^{n-1}$, $1024 = (-2)^{n-1}$ $2^{10} = (-2)^{10} = (-2)^{n-1}$, $n-1 = 10$ $\therefore n = 11$
따라서 -3072는	**제11항**

● **문제** ●

정답과 해설 81쪽

01-1 첫째항이 -2, 제4항이 54인 등비수열 $\{a_n\}$에 대하여 다음 물음에 답하시오.

(1) 일반항 a_n을 구하시오.

(2) 제8항을 구하시오.

(3) 486은 제몇 항인지 구하시오.

01-2 등비수열 $2, -2\sqrt{2}, 4, -4\sqrt{2}, 8, \cdots$에서 제12항을 구하시오.

01-3 등비수열 $\{a_n\}$에서 $a_2 + a_5 = 54$, $a_3 + a_6 = 108$일 때, a_7의 값을 구하시오.

필수 예제 02 등비수열에서 조건을 만족시키는 항 구하기

첫째항이 5, 공비가 3인 등비수열에서 처음으로 10000보다 커지는 항은 제몇 항인지 구하시오.

공략 Point

첫째항이 a, 공비가 r인 등비수열에서 처음으로 k보다 커지는 항을 구하려면 $ar^{n-1} > k$를 만족시키는 자연수 n의 최솟값을 구한다.

풀이

첫째항이 5, 공비가 3인 등비수열의 일반항을 a_n이라 하면	$a_n = 5 \times 3^{n-1}$
이때 제n항에서 처음으로 10000보다 커진다고 하면 $a_n > 10000$에서	$5 \times 3^{n-1} > 10000$ $\therefore 3^{n-1} > 2000$
그런데 n은 자연수이고 $3^6 = 729$, $3^7 = 2187$이므로	$n-1 \geq 7 \quad \therefore n \geq 8$
따라서 처음으로 10000보다 커지는 항은	제8항

● **문제** ●

정답과 해설 81쪽

02-1 첫째항이 2, 공비가 2인 등비수열에서 처음으로 2000보다 커지는 항은 제몇 항인지 구하시오.

02-2 등비수열 $\{a_n\}$에서 $a_3 = 48$, $a_6 = 6$일 때, 처음으로 $\dfrac{1}{10}$보다 작아지는 항은 제몇 항인지 구하시오.

02-3 $a_2 = 5$, $a_4 = 25$이고 공비가 양수인 등비수열 $\{a_n\}$에서 $a_n^2 > 8000$을 만족시키는 자연수 n의 최솟값을 구하시오.

두 수 사이에 수를 넣어 만든 등비수열

✏️유형편 71쪽

두 수 3과 729 사이에 4개의 수 x_1, x_2, x_3, x_4를 넣어 만든 수열

$$3,\ x_1,\ x_2,\ x_3,\ x_4,\ 729$$

가 이 순서대로 등비수열을 이룰 때, $x_1 x_4$의 값을 구하시오.

공략 Point

두 수 a와 b 사이에 k개의 수를 넣어 만든 등비수열에서 a는 첫째항, b는 제$(k+2)$항이므로
$$b=ar^{k+1}\ (단,\ r는\ 공비)$$

풀이

공비를 r라 하면 첫째항이 3, 제6항이 729이므로	$3r^5=729$ $\therefore r^5=243$
이때 x_1, x_4는 각각 제2항, 제5항이므로	$x_1=3r$, $x_4=3r^4$
따라서 $x_1 x_4$의 값은	$x_1 x_4 = 3r \times 3r^4 = 9r^5$
	$\qquad\quad = 9 \times 243 = \mathbf{2187}$

● **문제** ●

정답과 해설 82쪽

03-1 두 수 2와 1024 사이에 8개의 수 x_1, x_2, x_3, $\cdots$, x_8을 넣어 만든 수열

$$2,\ x_1,\ x_2,\ x_3,\ \cdots,\ x_8,\ 1024$$

가 이 순서대로 등비수열을 이룰 때, 이 수열의 공비를 구하시오.

03-2 두 수 6과 162 사이에 5개의 수 x_1, x_2, x_3, x_4, x_5를 넣어 만든 수열

$$6,\ x_1,\ x_2,\ x_3,\ x_4,\ x_5,\ 162$$

가 이 순서대로 등비수열을 이룰 때, $\dfrac{x_1 x_5}{x_2}$의 값을 구하시오.

03-3 두 수 3과 2187 사이에 m개의 수 x_1, x_2, x_3, $\cdots$, x_m을 넣어 만든 수열

$$3,\ x_1,\ x_2,\ x_3,\ \cdots,\ x_m,\ 2187$$

이 이 순서대로 등비수열을 이룬다. 이 수열의 공비가 3일 때, m의 값을 구하시오.

등비중항

필수 예제 04

유형편 71쪽

다음 물음에 답하시오.

(1) 세 양수 $x-1$, $x+1$, $2x-1$이 이 순서대로 등비수열을 이룰 때, x의 값을 구하시오.

(2) 세 수 4, x, y는 이 순서대로 등차수열을 이루고, x, y, 4는 이 순서대로 공비가 음수인 등비수열을 이룰 때, x, y의 값을 구하시오.

공략 Point

세 수 a, b, c가 이 순서대로 등비수열을 이루면
$$b^2=ac$$

풀이

(1) $x+1$은 $x-1$과 $2x-1$의 등비중항이므로	$(x+1)^2=(x-1)(2x-1)$ $x^2+2x+1=2x^2-3x+1$ $x^2-5x=0$, $x(x-5)=0$ $\therefore x=0$ 또는 $x=5$
이때 $x-1$, $x+1$, $2x-1$은 양수이므로	$x=5$

(2) x는 4와 y의 등차중항이므로	$x=\dfrac{4+y}{2}$ $\quad \therefore 2x=4+y$ $\quad$ ...... ㉠
또 y는 x와 4의 등비중항이므로	$y^2=4x$ $\quad$ ...... ㉡
㉠을 ㉡에 대입하면	$y^2=2(4+y)$, $y^2-2y-8=0$ $(y+2)(y-4)=0$ $\quad \therefore y=-2$ 또는 $y=4$
이때 공비가 음수이므로	$y=-2$
$y=-2$를 ㉠에 대입하면	$2x=4-2$ $\quad \therefore x=1$
따라서 x, y의 값은	$x=1$, $y=-2$

● **문제** ●

정답과 해설 82쪽

04-1 다음 물음에 답하시오.

(1) 세 양수 $x+1$, $3x$, $8x$가 이 순서대로 등비수열을 이룰 때, x의 값을 구하시오.

(2) 서로 다른 세 수 x, 6, y가 이 순서대로 등차수열을 이루고, 세 수 x, 5, y는 이 순서대로 등비수열을 이룰 때, x^2+y^2의 값을 구하시오.

04-2 이차방정식 $x^2-25x+k=0$의 두 근이 α, β $(\alpha<\beta)$일 때, α, $\beta-\alpha$, β가 이 순서대로 등비수열을 이룬다. 이때 상수 k의 값을 구하시오.

등비수열을 이루는 수

삼차방정식 $x^3-2x^2+x-k=0$의 세 실근이 등비수열을 이룰 때, 상수 k의 값을 구하시오.

공략 Point

세 수가 등비수열을 이루면 세 수를 a, ar, ar^2으로 놓고 식을 세운다.

풀이

세 실근을 a, ar, ar^2이라 하면 삼차방정식의 근과 계수의 관계에 의하여	$a+ar+ar^2=2$ $\therefore a(1+r+r^2)=2$ ...... ㉠ $a \times ar+ar \times ar^2+a \times ar^2=1$ $\therefore a^2r(1+r+r^2)=1$ ...... ㉡ $a \times ar \times ar^2=k$ $\therefore (ar)^3=k$ ...... ㉢
㉡÷㉠을 하면	$\dfrac{a^2r(1+r+r^2)}{a(1+r+r^2)}=\dfrac{1}{2}$ $\therefore ar=\dfrac{1}{2}$
따라서 $ar=\dfrac{1}{2}$을 ㉢에 대입하면	$\left(\dfrac{1}{2}\right)^3=k$ $\therefore k=\dfrac{1}{8}$

● 문제 ●

정답과 해설 82쪽

05-1 등비수열을 이루는 세 수의 합이 7이고 곱이 8일 때, 세 수를 구하시오.

05-2 삼차방정식 $x^3+4x^2-12x+k=0$의 세 실근이 등비수열을 이룰 때, 상수 k의 값을 구하시오.

05-3 오른쪽 그림과 같이 세 모서리의 길이가 l, m, n인 직육면체가 있다. l, m, n이 이 순서대로 등비수열을 이루고 이 직육면체의 부피가 27, 겉넓이가 60일 때, 모든 모서리의 길이의 합을 구하시오.

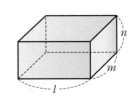

등비수열의 활용

유형편 72쪽

다음 그림과 같이 한 변의 길이가 5인 정사각형을 첫 번째 시행에서 9등분 하여 중앙의 정사각형을 제거한다. 두 번째 시행에서는 첫 번째 시행의 결과로 남은 8개의 정사각형을 각각 9등분 하여 중앙의 정사각형을 제거한다. 이와 같은 시행을 반복할 때, 10번째 시행 후 남은 도형의 넓이를 구하시오.

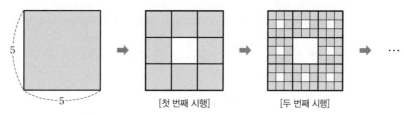

[첫 번째 시행]   [두 번째 시행]

공략 Point

도형의 넓이나 길이가 일정한 비율로 변할 때, 첫째항부터 차례대로 나열하여 규칙을 찾는다.

풀이

주어진 정사각형의 넓이가 $5 \times 5 = 25$이므로 첫 번째 시행 후 남은 도형의 넓이는	$25 \times \dfrac{8}{9}$
두 번째 시행 후 남은 도형의 넓이는	$25 \times \dfrac{8}{9} \times \dfrac{8}{9} = 25 \times \left(\dfrac{8}{9}\right)^2$
세 번째 시행 후 남은 도형의 넓이는	$25 \times \left(\dfrac{8}{9}\right)^2 \times \dfrac{8}{9} = 25 \times \left(\dfrac{8}{9}\right)^3$
$\vdots$	$\vdots$
n번째 시행 후 남은 도형의 넓이는	$25 \times \left(\dfrac{8}{9}\right)^n$
따라서 10번째 시행 후 남은 도형의 넓이는	$25 \times \left(\dfrac{8}{9}\right)^{10}$

문제

정답과 해설 83쪽

06-1 어떤 물건의 평가 금액은 전년도 금액에 비해 매년 $14\,\%$씩 감소한다고 한다. 이 물건의 올해의 평가 금액이 66만 원일 때, 10년 전의 평가 금액을 구하시오. (단, $0.86^{10} = 0.22$로 계산한다.)

06-2 한 변의 길이가 2인 정삼각형 모양의 종이가 있다. 오른쪽 그림과 같이 첫 번째 시행에서 정삼각형의 각 변의 중점을 이어서 만든 정삼각형을 오려 낸다. 두 번째 시행에서는 첫 번째 시행의 결과로 남은 3개의 정삼각형에서 각각 각 변의 중점을 이어서 만든 정삼각형을 오려 낸다. 이와 같은 시행을 반복할 때, 10번째 시행 후 남은 종이의 넓이를 구하시오.

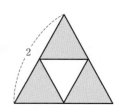

2 등비수열의 합

1 등비수열의 합

첫째항이 a, 공비가 r인 등비수열의 첫째항부터 제n항까지의 합 S_n은

(1) $r \neq 1$일 때, $S_n = \dfrac{a(1-r^n)}{1-r} = \dfrac{a(r^n-1)}{r-1}$

(2) $r = 1$일 때, $S_n = na$

참고 $r < 1$일 때는 $S_n = \dfrac{a(1-r^n)}{1-r}$, $r > 1$일 때는 $S_n = \dfrac{a(r^n-1)}{r-1}$을 이용하면 편리하다.

예 (1) 첫째항이 2, 공비가 3인 등비수열의 첫째항부터 제20항까지의 합 S_{20}은 $\dfrac{2(3^{20}-1)}{3-1} = 3^{20}-1$

(2) 첫째항이 4, 공비가 1인 등비수열의 첫째항부터 제10항까지의 합 S_{10}은 $10 \times 4 = 40$

2 등비수열의 합의 활용

(1) 원리합계

원금과 이자를 합한 금액을 원리합계라 한다.

이때 원금 a원을 연이율 r로 n년 동안 예금할 때의 원리합계 S는

① 단리로 예금하는 경우   ◀ 원금에 대해서만 이자를 계산한다.

   ➡ $S = a(1+rn)$ (원)

② 복리로 예금하는 경우   ◀ 원금과 이자를 합한 금액을 다시 원금으로 보고 이자를 계산한다.

   ➡ $S = a(1+r)^n$ (원)

(2) 적립금의 원리합계

연이율이 r이고 1년마다 복리로 일정한 금액 a원을 n년 동안 적립할 때, n년 말의 적립금의 원리합계 S는

① 매년 초에 적립하는 경우

   ➡ $S = a(1+r) + a(1+r)^2 + a(1+r)^3 + \cdots + a(1+r)^n$

   $= \dfrac{a(1+r)\{(1+r)^n - 1\}}{r}$ (원)

② 매년 말에 적립하는 경우

   ➡ $S = a + a(1+r) + a(1+r)^2 + \cdots + a(1+r)^{n-1}$

   $= \dfrac{a\{(1+r)^n - 1\}}{r}$ (원)

개념 Plus

등비수열의 합

첫째항이 a, 공비가 r인 등비수열의 첫째항부터 제n항까지의 합 S_n은

$S_n = a + ar + ar^2 + \cdots + ar^{n-2} + ar^{n-1}$ ······ ㉠

(1) $r \neq 1$일 때

㉠의 양변에 공비 r를 곱하면

$rS_n = ar + ar^2 + ar^3 + \cdots + ar^{n-1} + ar^n$ ······ ㉡

$\bigcirc$에서 $\bigcirc$을 변끼리 빼면

$$S_n = a + ar + ar^2 + \cdots + ar^{n-2} + ar^{n-1}$$
$$-) \quad rS_n = \quad ar + ar^2 + \cdots + ar^{n-2} + ar^{n-1} + ar^n$$
$$\overline{(1-r)S_n = a \qquad\qquad\qquad\qquad\qquad - ar^n}$$

$$\therefore S_n = \frac{a(1-r^n)}{1-r} = \frac{a(r^n-1)}{r-1}$$

(2) $r=1$일 때

$\bigcirc$에서 $S_n = \underbrace{a+a+a+\cdots+a+a}_{n개} = na$

원리합계

원금 a원을 연이율 r로 예금할 때, 1년, 2년, $\cdots$, n년 후의 원리합계를 구하면 다음과 같다.

	단리로 예금하는 경우	복리로 예금하는 경우
1년 후	$a+ar=a(1+r)$	$a+ar=a(1+r)$
2년 후	$a+ar+ar=a(1+2r)$	$a(1+r)+a(1+r)r=a(1+r)^2$
$\vdots$	$\vdots$	$\vdots$
n년 후	$a+ar+\cdots+ar=a(1+nr)$	$a(1+r)^{n-1}+a(1+r)^{n-1}r=a(1+r)^n$

적립금의 원리합계

연이율이 r이고 1년마다 복리로 일정한 금액 a원을 n년 동안 적립할 때, n년 말의 적립금의 원리합계 S를 구하면 다음과 같다.

(1) 매년 초에 적립하는 경우

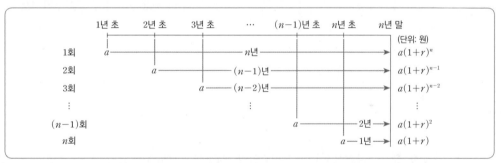

$$\therefore S = a(1+r) + a(1+r)^2 + a(1+r)^3 + \cdots + a(1+r)^n$$

◀ 첫째항이 $a(1+r)$, 공비가 $1+r$, 항수가 n인 등비수열의 합

$$= \frac{a(1+r)\{(1+r)^n-1\}}{(1+r)-1} = \frac{a(1+r)\{(1+r)^n-1\}}{r} \text{(원)}$$

(2) 매년 말에 적립하는 경우

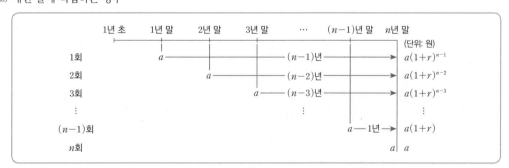

$$\therefore S = a + a(1+r) + a(1+r)^2 + \cdots + a(1+r)^{n-1}$$

◀ 첫째항이 a, 공비가 $1+r$, 항수가 n인 등비수열의 합

$$= \frac{a\{(1+r)^n-1\}}{(1+r)-1} = \frac{a\{(1+r)^n-1\}}{r} \text{(원)}$$

등비수열의 합

✏️ 유형편 73쪽

공비가 양수인 등비수열 $\{a_n\}$에서 $a_2=\dfrac{1}{2}$, $a_6=8$일 때, 이 수열의 첫째항부터 제8항까지의 합을 구하시오.

공략 Point

첫째항이 a, 공비가 r인 등비수열의 합 S_n은
$$S_n=\frac{a(1-r^n)}{1-r}$$
$$=\frac{a(r^n-1)}{r-1}$$
(단, $r\neq1$)

풀이

첫째항을 a, 공비를 r라 하면 $a_2=\dfrac{1}{2}$, $a_6=8$ 이므로	$ar=\dfrac{1}{2}$ ······ ㉠ $ar^5=8$ ······ ㉡
㉡÷㉠을 하면	$\dfrac{ar^5}{ar}=16$, $r^4=16$ ∴ $r=2$ $(∵ r>0)$
$r=2$를 ㉠에 대입하면	$2a=\dfrac{1}{2}$ ∴ $a=\dfrac{1}{4}$
따라서 첫째항이 $\dfrac{1}{4}$, 공비가 2인 등비수열의 첫째항부터 제8항까지의 합은	$\dfrac{\dfrac{1}{4}(2^8-1)}{2-1}=\dfrac{255}{4}$

● **문제** ●

정답과 해설 83쪽

07-1 등비수열 1, $\dfrac{1}{2}$, $\dfrac{1}{4}$, $\dfrac{1}{8}$, $\cdots$의 첫째항부터 제20항까지의 합을 구하시오.

07-2 공비가 음수인 등비수열의 제4항이 6, 제6항이 54일 때, 이 수열의 첫째항부터 제10항까지의 합을 구하시오.

07-3 공비가 양수인 등비수열 $\{a_n\}$에서 $a_2+a_4=15$, $a_4+a_6=135$일 때, 이 수열의 첫째항부터 제20항까지의 합을 구하시오.

필수예제 08 부분의 합이 주어진 등비수열의 합

 유형편 73쪽

첫째항부터 제5항까지의 합이 5, 첫째항부터 제10항까지의 합이 20인 등비수열의 첫째항부터 제15항까지의 합을 구하시오.

공략 Point

첫째항을 a, 공비를 $r(r \neq 1)$로 놓고 주어진 등비수열의 합을 이용하여 a, r에 대한 연립방정식을 세운다.

풀이

첫째항을 a, 공비를 $r(r \neq 1)$라 하자.	
$S_5 = 5$이므로	$\dfrac{a(1-r^5)}{1-r} = 5$ ...... ㉠
$S_{10} = 20$이므로	$\dfrac{a(1-r^{10})}{1-r} = 20$
	$\therefore \dfrac{a(1-r^5)(1+r^5)}{1-r} = 20$ ...... ㉡
㉠을 ㉡에 대입하면	$5(1+r^5) = 20$ $\therefore r^5 = 3$
따라서 첫째항부터 제15항까지의 합은	$\dfrac{a(1-r^{15})}{1-r} = \dfrac{a(1-r^5)(1+r^5+r^{10})}{1-r}$
	$= 5(1+3+3^2) = \mathbf{65}$

● **문제** ●

정답과 해설 84쪽

08-1 첫째항부터 제4항까지의 합이 18, 첫째항부터 제8항까지의 합이 54인 등비수열의 첫째항부터 제12항까지의 합을 구하시오.

08-2 등비수열 $\{a_n\}$의 첫째항부터 제n항까지의 합 S_n에 대하여 $S_n = 18$, $S_{2n} = 24$일 때, S_{3n}의 값을 구하시오.

등비수열의 합과 일반항 사이의 관계

유형편 74쪽

수열 $\{a_n\}$의 첫째항부터 제n항까지의 합 S_n이 $S_n=2^{n+1}+4k$일 때, 수열 $\{a_n\}$이 첫째항부터 등비수열을 이루도록 하는 상수 k의 값을 구하시오.

공략 Point

수열 $\{a_n\}$의 첫째항부터 제n항까지의 합 S_n에 대하여
$a_1=S_1$,
$a_n=S_n-S_{n-1}$ $(n\geq2)$

풀이

$S_n=2^{n+1}+4k$에서

(i) $n\geq2$일 때
$$\begin{aligned} a_n&=S_n-S_{n-1}\\ &=2^{n+1}+4k-(2^n+4k)\\ &=2^n(2-1)\\ &=2^n \qquad\qquad\cdots\cdots\ \text{㉠} \end{aligned}$$

(ii) $n=1$일 때
$$a_1=S_1=2^2+4k=4+4k \qquad\cdots\cdots\ \text{㉡}$$

이때 수열 $\{a_n\}$이 첫째항부터 등비수열을 이루려면 ㉠에 $n=1$을 대입한 값이 ㉡과 같아야 하므로

$$2=4+4k$$
$$\therefore k=-\frac{1}{2}$$

● **문제** ●

정답과 해설 84쪽

09-1 수열 $\{a_n\}$의 첫째항부터 제n항까지의 합 S_n이 $S_n=3^n-1$일 때, 일반항 a_n을 구하시오.

09-2 수열 $\{a_n\}$의 첫째항부터 제n항까지의 합 S_n이 $S_n=4\times3^{n+2}+k$일 때, 수열 $\{a_n\}$이 첫째항부터 등비수열을 이루도록 하는 상수 k의 값을 구하시오.

09-3 수열 $\{a_n\}$의 일반항이 $a_n=ar^{n-1}$이고 첫째항부터 제n항까지의 합 S_n에 대하여 $3S_n+1=10^n$일 때, $a+r$의 값을 구하시오.

등비수열의 합의 활용

📝 유형편 74쪽

연이율 10%, 1년마다 복리로 50만 원씩 10년 동안 적립하려고 한다. 적립 시기가 다음과 같을 때, 10년 말의 적립금의 원리합계를 구하시오. (단, $1.1^{10}=2.6$으로 계산한다.)

(1) 매년 초에 적립

(2) 매년 말에 적립

공략 Point

연이율이 r, 1년마다 복리로 a원씩 n년 동안 적립할 때, n년 말의 적립금의 원리합계는

(1) 매년 초에 적립하는 경우
$$\Rightarrow \frac{a(1+r)\{(1+r)^n-1\}}{r}(원)$$

(2) 매년 말에 적립하는 경우
$$\Rightarrow \frac{a\{(1+r)^n-1\}}{r}(원)$$

풀이

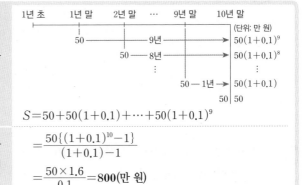

(1) 연이율 10%, 1년마다 복리로 매년 초에 50만 원씩 10년 동안 적립할 때, 10년 말의 적립금의 원리합계를 S라 하면

$$S=50(1+0.1)+50(1+0.1)^2+\cdots+50(1+0.1)^{10}$$

첫째항이 $50(1+0.1)$, 공비가 $1+0.1$인 등비수열의 첫째항부터 제10항까지의 합이므로

$$=\frac{50(1+0.1)\{(1+0.1)^{10}-1\}}{(1+0.1)-1}$$
$$=\frac{50\times1.1\times1.6}{0.1}=880(만 원)$$

(2) 연이율 10%, 1년마다 복리로 매년 말에 50만 원씩 10년 동안 적립할 때, 10년 말의 적립금의 원리합계를 S라 하면

$$S=50+50(1+0.1)+\cdots+50(1+0.1)^9$$

첫째항이 50, 공비가 $1+0.1$인 등비수열의 첫째항부터 제10항까지의 합이므로

$$=\frac{50\{(1+0.1)^{10}-1\}}{(1+0.1)-1}$$
$$=\frac{50\times1.6}{0.1}=800(만 원)$$

● **문제** ●

정답과 해설 85쪽

10-1 연이율 5%, 1년마다 복리로 10만 원씩 20년 동안 적립하려고 한다. 적립 시기가 다음과 같을 때, 20년 말의 적립금의 원리합계를 구하시오. (단, $1.05^{20}=2.65$로 계산한다.)

(1) 매년 초에 적립

(2) 매년 말에 적립

10-2 연이율 2%, 1년마다 복리로 매년 초에 일정한 금액을 5년 동안 적립하여 5년 말의 적립금의 원리합계가 510만 원이 되게 하려고 한다. 매년 초에 얼마씩 적립해야 하는지 구하시오.

(단, $1.02^5=1.1$로 계산한다.)

교육청

1 등비수열 $\{a_n\}$이
$$a_5=4,\ a_7=4a_6-16$$
을 만족시킬 때, a_8의 값은?

① 32   ② 34   ③ 36
④ 38   ⑤ 40

2 첫째항과 공비가 모두 양수인 등비수열 $\{a_n\}$에서 $a_3+a_4=24$, $a_3 : a_4=2 : 1$일 때, a_{10}의 값을 구하시오.

3 두 등비수열 $\{a_n\}$, $\{b_n\}$에 대하여 $a_5b_5=10$, $a_8b_8=20$일 때, $a_{11}b_{11}$의 값은?

① 10   ② 20   ③ 30
④ 40   ⑤ 50

4 첫째항이 4, 공비가 3인 등비수열 $\{a_n\}$에서 $a_n>10^{10}$을 만족시키는 자연수 n의 최솟값을 구하시오. (단, $\log 2=0.3$, $\log 3=0.48$로 계산한다.)

5 두 수 9와 $\dfrac{32}{27}$ 사이에 4개의 수 $x_1,\ x_2,\ x_3,\ x_4$를 넣어 만든 수열
$$9,\ x_1,\ x_2,\ x_3,\ x_4,\ \frac{32}{27}$$
가 이 순서대로 등비수열을 이룰 때, $\dfrac{x_2}{x_3}$의 값은?

① $\dfrac{2}{3}$ ② 1   ③ $\dfrac{3}{2}$
④ 2   ⑤ $\dfrac{5}{2}$

교육청

6 세 실수 3, a, b가 이 순서대로 등비수열을 이루고 $\log_a 3b+\log_3 b=5$를 만족시킨다. $a+b$의 값을 구하시오.

7 x에 대한 다항식 $x^2+ax-2a$를 $x-1$, $x-2$, $x-3$으로 나누었을 때의 나머지를 각각 $p,\ q,\ r$라 할 때, 세 수 $p,\ q,\ r$가 이 순서대로 등비수열을 이루도록 하는 모든 실수 a의 값의 합을 구하시오.

8 곡선 $y=x^3-3x^2$과 직선 $y=6x-k$가 서로 다른 세 점에서 만나고 교점의 x좌표가 등비수열을 이룰 때, 상수 k의 값을 구하시오.

9 다음 그림과 같이 첫 번째 시행에서 길이가 81인 선분을 3등분 하여 그 중간 부분은 버린다. 두 번째 시행에서는 시행의 결과로 남은 두 선분을 각각 3등분 하여 그 중간 부분은 버린다. 이와 같은 시행을 반복할 때, 20번째 시행 후 남은 선분의 길이의 합은?

[첫 번째 시행]   [두 번째 시행]

① $\dfrac{2^{18}}{3^{16}}$ ② $\dfrac{2^{20}}{3^{16}}$ ③ $\dfrac{2^{18}}{3^{14}}$

④ $\dfrac{2^{20}}{3^{14}}$ ⑤ $\dfrac{2^{16}}{3^{12}}$

10 공비가 3, 제n항이 729인 등비수열의 첫째항부터 제n항까지의 합이 1092일 때, n의 값을 구하시오.

11 첫째항이 2, 공비가 -3인 등비수열 $\{a_n\}$에 대하여 수열 $\{3a_n - a_{n+1}\}$의 첫째항부터 제5항까지의 합은?

① 730   ② 732   ③ 734
④ 736   ⑤ 738

12 첫째항이 양수이고 공비가 음수인 등비수열 $\{a_n\}$의 첫째항부터 제n항까지의 합 S_n에 대하여
$$a_2 a_6 = 1, \quad S_3 = 3a_3$$
일 때, a_7의 값은?

① $\dfrac{1}{32}$ ② $\dfrac{1}{16}$ ③ $\dfrac{1}{8}$

④ $\dfrac{1}{4}$ ⑤ $\dfrac{1}{2}$

13 공비가 1이 아닌 등비수열 $\{a_n\}$의 첫째항부터 제n항까지의 합 S_n에 대하여 $S_{2k} = 4S_k$일 때, $\dfrac{S_{3k}}{S_k}$의 값은?

① 10   ② 11   ③ 12
④ 13   ⑤ 14

14 $a_2 = 6$, $a_5 = 162$인 등비수열의 첫째항부터 제n항까지의 합 S_n에 대하여 $S_n > 1000$을 만족시키는 자연수 n의 최솟값을 구하시오.

15 첫째항부터 제4항까지의 합이 5, 첫째항부터 제12항까지의 합이 105인 등비수열의 첫째항부터 제16항까지의 합을 구하시오.

16 수열 $\{a_n\}$의 첫째항부터 제n항까지의 합 S_n이 $S_n=3^{n+1}-2$일 때, 보기에서 옳은 것만을 있는 대로 고르시오.

보기

ㄱ. $a_1=7$, $a_n=2\times3^n$ $(n\geq2)$

ㄴ. $a_1+a_3=60$

ㄷ. 수열 $\{a_{2n}\}$의 공비는 9이다.

17 수열 $\{a_n\}$의 첫째항부터 제n항까지의 합 S_n에 대하여 $\log_2(S_n+k)=n+2$가 성립할 때, 수열 $\{a_n\}$이 첫째항부터 등비수열을 이루도록 하는 상수 k의 값은?

① 1　　　② 2　　　③ 3

④ 4　　　⑤ 5

18 월이율 0.2 %, 1개월마다 복리로 매월 초에 10만 원씩 24개월 동안 적립할 때, 24개월 말의 적립금의 원리합계를 구하시오.

(단, $1.002^{24}=1.05$로 계산한다.)

▶ **실력**

19 첫째항이 1000, 공비가 $\frac{1}{2}$인 등비수열 $\{a_n\}$에서 $a_1\times a_2\times a_3\times\cdots\times a_n$의 값이 최대가 되는 n의 값을 구하시오. (단, $a_n\neq1$)

20 두 자리의 자연수 중에서 서로 다른 네 수를 작은 것부터 차례대로 나열하였더니 공비가 자연수인 등비수열이 되었다. 이 네 수의 합이 가장 클 때 그 합은?

① 135　　　② 150　　　③ 165

④ 180　　　⑤ 195

21 채린이는 이달 초에 100만 원짜리 핸드폰을 구입하고 이달 말부터 일정한 금액씩 24개월에 걸쳐 지불하려고 한다. 월이율 0.8 %, 1개월마다 복리로 계산할 때, 매달 지불해야 하는 금액을 구하시오.

(단, $1.008^{24}=1.2$로 계산한다.)

2 수열의 합과 수학적 귀납법

합의 기호 ∑와 그 성질

❶ 합의 기호 ∑

수열 $\{a_n\}$의 첫째항부터 제n항까지의 합 $a_1+a_2+a_3+\cdots+a_n$을 합의 기호 $\sum$를 사용하여 다음과 같이 나타낸다.

$$a_1+a_2+a_3+\cdots+a_n=\sum_{k=1}^{n}a_k \quad\begin{array}{l}\text{제}n\text{항까지}\\ \text{일반항}\\ \text{첫째항부터}\end{array}$$

[예] (1) $3+6+9+\cdots+30=\sum_{k=1}^{10}3k$ (2) $\sum_{k=1}^{8}7^k=7+7^2+7^3+\cdots+7^8$

[참고] ・$\sum$는 합을 뜻하는 영어 sum의 첫 글자 s에 해당하는 그리스 문자의 대문자로 '시그마(sigma)'라 읽는다.

・$\sum_{k=1}^{n}a_k$는 일반항 a_k의 k에 1, 2, 3, $\cdots$, n을 차례대로 대입하여 얻은 항 a_1, a_2, a_3, $\cdots$, a_n의 합을 뜻한다.

・$\sum_{k=1}^{n}a_k$에서 k 대신 다른 문자를 사용하여 $\sum_{i=1}^{n}a_i$, $\sum_{j=1}^{n}a_j$ 등과 같이 나타낼 수도 있다.

❷ 합의 기호 ∑의 성질

두 수열 $\{a_n\}$, $\{b_n\}$과 상수 c에 대하여

(1) $\sum_{k=1}^{n}(a_k+b_k)=\sum_{k=1}^{n}a_k+\sum_{k=1}^{n}b_k$ (2) $\sum_{k=1}^{n}(a_k-b_k)=\sum_{k=1}^{n}a_k-\sum_{k=1}^{n}b_k$

(3) $\sum_{k=1}^{n}ca_k=c\sum_{k=1}^{n}a_k$ (4) $\sum_{k=1}^{n}c=cn$

[주의] ・$\sum_{k=1}^{n}a_kb_k\neq\sum_{k=1}^{n}a_k\sum_{k=1}^{n}b_k$ ・$\sum_{k=1}^{n}\dfrac{a_k}{b_k}\neq\dfrac{\sum_{k=1}^{n}a_k}{\sum_{k=1}^{n}b_k}$ ・$\sum_{k=1}^{n}a_k{}^2\neq\left(\sum_{k=1}^{n}a_k\right)^2$ ・$\sum_{k=1}^{n}ka_k\neq k\sum_{k=1}^{n}a_k$

🌙 개념 Plus

합의 기호 ∑를 이용한 식의 변형

수열 $\{a_n\}$의 제m항부터 제n항$(m\leq n)$까지의 합

$$a_m+a_{m+1}+a_{m+2}+\cdots+a_n$$

을 합의 기호 $\sum$를 사용하여 $\sum_{k=m}^{n}a_k$로 나타낼 수 있다. 즉,

$$\sum_{k=m}^{n}a_k=a_m+a_{m+1}+a_{m+2}+\cdots+a_n$$

따라서 합의 기호 $\sum$를 이용하여 다음과 같이 식을 변형할 수 있다. (단, $m\leq n$)

(1) $\sum_{k=m}^{n}a_k=\sum_{k=1}^{n}a_k-\sum_{k=1}^{m-1}a_k$ (단, $m\geq 2$)

(2) $\sum_{k=1}^{n}a_k=\sum_{k=1}^{m}a_k+\sum_{k=m+1}^{n}a_k$

또 $\sum_{k=0}^{n-1}a_{k+1}=a_1+a_2+a_3+\cdots+a_n$, $\sum_{k=2}^{n+1}a_{k-1}=a_1+a_2+a_3+\cdots+a_n$이므로

$$\sum_{k=1}^{n}a_k=\sum_{k=0}^{n-1}a_{k+1}=\sum_{k=2}^{n+1}a_{k-1}$$

합의 기호 $\sum$의 성질

두 수열 $\{a_n\}$, $\{b_n\}$과 상수 c에 대하여

(1) $\displaystyle\sum_{k=1}^{n}(a_k+b_k)=(a_1+b_1)+(a_2+b_2)+(a_3+b_3)+\cdots+(a_n+b_n)$

$\qquad\qquad\quad\;\; =(a_1+a_2+a_3+\cdots+a_n)+(b_1+b_2+b_3+\cdots+b_n)$

$\qquad\qquad\quad\;\; =\displaystyle\sum_{k=1}^{n}a_k+\sum_{k=1}^{n}b_k$

(2) $\displaystyle\sum_{k=1}^{n}(a_k-b_k)=(a_1-b_1)+(a_2-b_2)+(a_3-b_3)+\cdots+(a_n-b_n)$

$\qquad\qquad\quad\;\; =(a_1+a_2+a_3+\cdots+a_n)-(b_1+b_2+b_3+\cdots+b_n)$

$\qquad\qquad\quad\;\; =\displaystyle\sum_{k=1}^{n}a_k-\sum_{k=1}^{n}b_k$

(3) $\displaystyle\sum_{k=1}^{n}ca_k=ca_1+ca_2+ca_3+\cdots+ca_n$

$\qquad\quad\;\; =c(a_1+a_2+a_3+\cdots+a_n)$

$\qquad\quad\;\; =c\displaystyle\sum_{k=1}^{n}a_k$

(4) $\displaystyle\sum_{k=1}^{n}c=\underbrace{c+c+c+\cdots+c}_{n\text{개}}=cn$

🖊 개념 Check

정답과 해설 88쪽

1 다음 수열의 합을 합의 기호 $\sum$를 사용하여 나타내시오.

(1) $1+2+3+\cdots+15$

(2) $5+5+5+5+5+5+5$

(3) $1+\dfrac{1}{3}+\dfrac{1}{5}+\cdots+\dfrac{1}{2n-1}$

(4) $3+3^2+3^3+\cdots+3^n$

2 다음을 합의 기호 $\sum$를 사용하지 않은 합의 꼴로 나타내시오.

(1) $\displaystyle\sum_{k=1}^{6}(3k-1)$

(2) $\displaystyle\sum_{m=4}^{n}3^{m+1}$

(3) $\displaystyle\sum_{j=1}^{n}\dfrac{1}{j(j+1)}$

(4) $\displaystyle\sum_{i=1}^{10}(-1)^{i}\times i$

3 $\displaystyle\sum_{k=1}^{5}a_k=7$, $\displaystyle\sum_{k=1}^{5}b_k=3$일 때, 다음 식의 값을 구하시오.

(1) $\displaystyle\sum_{k=1}^{5}(a_k+b_k)$

(2) $\displaystyle\sum_{k=1}^{5}(a_k-b_k)$

(3) $\displaystyle\sum_{k=1}^{5}3a_k$

(4) $\displaystyle\sum_{k=1}^{5}(2b_k+2)$

합의 기호 $\sum$

유형편 76쪽

$\sum\limits_{k=1}^{n} a_k = 3n$일 때, $\sum\limits_{k=1}^{20}(a_{2k-1}+a_{2k})$의 값을 구하시오.

공략 Point

$\sum\limits_{k=1}^{n}(a_{2k-1}+a_{2k})$
$=(a_1+a_2)+(a_3+a_4)$
$\qquad +\cdots+(a_{2n-1}+a_{2n})$
$=\sum\limits_{k=1}^{2n} a_k$

풀이

$\sum$의 정의에 의하여	$\sum\limits_{k=1}^{20}(a_{2k-1}+a_{2k})$
	$=(a_1+a_2)+(a_3+a_4)+(a_5+a_6)+\cdots+(a_{39}+a_{40})$
	$=\sum\limits_{k=1}^{40} a_k$
$\sum\limits_{k=1}^{n} a_k = 3n$이므로	$=3\times 40 = \mathbf{120}$

● **문제** ●

정답과 해설 88쪽

$01\text{-}1$　$\sum\limits_{k=1}^{n} a_k = n^2 - n + 1$일 때, $\sum\limits_{k=1}^{10}(a_{2k-1}+a_{2k})$의 값을 구하시오.

$01\text{-}2$　$\sum\limits_{k=1}^{99} a_k = 20$, $a_{100} = \dfrac{1}{9}$일 때, $\sum\limits_{k=1}^{99} k(a_k - a_{k+1})$의 값을 구하시오.

$01\text{-}3$　수열 $\{a_n\}$에 대하여 $a_1 = 20$, $a_{15} = 80$일 때, $\sum\limits_{k=1}^{14} a_{k+1} - \sum\limits_{k=2}^{15} a_{k-1}$의 값을 구하시오.

합의 기호 $\sum$의 성질

유형편 76쪽

다음을 구하시오.

(1) $\displaystyle\sum_{k=1}^{30} a_k = 10$, $\displaystyle\sum_{k=1}^{30} a_k{}^2 = 20$일 때, $\displaystyle\sum_{k=1}^{30}(2a_k+1)^2$의 값

(2) $\displaystyle\sum_{k=1}^{20} a_k{}^2 = 16$, $\displaystyle\sum_{k=1}^{20}(a_k-2)^2 = 52$일 때, $\displaystyle\sum_{k=1}^{20} a_k$의 값

공략 Point

두 수열 $\{a_n\}$, $\{b_n\}$과 상수 c에 대하여

· $\displaystyle\sum_{k=1}^{n}(a_k+b_k) = \sum_{k=1}^{n} a_k + \sum_{k=1}^{n} b_k$

· $\displaystyle\sum_{k=1}^{n}(a_k-b_k) = \sum_{k=1}^{n} a_k - \sum_{k=1}^{n} b_k$

· $\displaystyle\sum_{k=1}^{n} ca_k = c\sum_{k=1}^{n} a_k$

· $\displaystyle\sum_{k=1}^{n} c = cn$

풀이

(1) $\sum$의 성질에 의하여	$\displaystyle\sum_{k=1}^{30}(2a_k+1)^2 = \sum_{k=1}^{30}(4a_k{}^2+4a_k+1)$ $\displaystyle\qquad = 4\sum_{k=1}^{30} a_k{}^2 + 4\sum_{k=1}^{30} a_k + \sum_{k=1}^{30} 1$
$\displaystyle\sum_{k=1}^{30} a_k = 10$, $\displaystyle\sum_{k=1}^{30} a_k{}^2 = 20$이므로	$\qquad = 4\times20 + 4\times10 + 1\times30$ $\qquad = 80+40+30 = \mathbf{150}$
(2) $\sum$의 성질에 의하여	$\displaystyle\sum_{k=1}^{20}(a_k-2)^2 = \sum_{k=1}^{20}(a_k{}^2-4a_k+4)$ $\displaystyle\qquad = \sum_{k=1}^{20} a_k{}^2 - 4\sum_{k=1}^{20} a_k + \sum_{k=1}^{20} 4$
$\displaystyle\sum_{k=1}^{20} a_k{}^2 = 16$이므로	$\displaystyle\qquad = 16 - 4\sum_{k=1}^{20} a_k + 4\times20$ $\displaystyle\qquad = 96 - 4\sum_{k=1}^{20} a_k$
$\displaystyle\sum_{k=1}^{20}(a_k-2)^2 = 52$이므로	$\displaystyle 52 = 96 - 4\sum_{k=1}^{20} a_k$ $\quad \therefore \sum_{k=1}^{20} a_k = \mathbf{11}$

문제

정답과 해설 89쪽

02-1 다음을 구하시오.

(1) $\displaystyle\sum_{k=1}^{10} a_k = 5$, $\displaystyle\sum_{k=1}^{10} a_k{}^2 = 10$일 때, $\displaystyle\sum_{k=1}^{10}(2a_k-1)^2 - \sum_{k=1}^{10}(a_k+3)^2$의 값

(2) $\displaystyle\sum_{k=1}^{15}(a_k-2) = 7$, $\displaystyle\sum_{k=1}^{15}(2a_k-b_k) = 60$일 때, $\displaystyle\sum_{k=1}^{15}(a_k+b_k)$의 값

02-2 $\displaystyle\sum_{k=1}^{12}(a_k+b_k) = 18$, $\displaystyle\sum_{k=1}^{12}(a_k-b_k) = 6$일 때, $\displaystyle\sum_{k=1}^{12}(3a_k-2b_k+1)$의 값을 구하시오.

자연수의 거듭제곱의 합

❶ 자연수의 거듭제곱의 합

> (1) $1+2+3+\cdots+n=\sum\limits_{k=1}^{n}k=\dfrac{n(n+1)}{2}$
>
> (2) $1^2+2^2+3^2+\cdots+n^2=\sum\limits_{k=1}^{n}k^2=\dfrac{n(n+1)(2n+1)}{6}$
>
> (3) $1^3+2^3+3^3+\cdots+n^3=\sum\limits_{k=1}^{n}k^3=\left\{\dfrac{n(n+1)}{2}\right\}^2$

예 (1) $\sum\limits_{k=1}^{10}k=\dfrac{10\times11}{2}=55$ (2) $\sum\limits_{k=1}^{10}k^2=\dfrac{10\times11\times21}{6}=385$ (3) $\sum\limits_{k=1}^{10}k^3=\left(\dfrac{10\times11}{2}\right)^2=3025$

🍀 개념 Plus

자연수의 거듭제곱의 합

(1) 1부터 n까지 자연수의 합은 첫째항이 1, 공차가 1인 등차수열의 합이므로

$$1+2+3+\cdots+n=\sum\limits_{k=1}^{n}k=\dfrac{n(n+1)}{2}$$

(2) 항등식 $(k+1)^3-k^3=3k^2+3k+1$에서 k에 1, 2, 3, $\cdots$, n을 차례대로 대입하여 변끼리 모두 더하면

$$2^3-1^3=3\times1^2+3\times1+1 \quad \blacktriangleleft k=1일 때$$
$$3^3-2^3=3\times2^2+3\times2+1 \quad \blacktriangleleft k=2일 때$$
$$4^3-3^3=3\times3^2+3\times3+1 \quad \blacktriangleleft k=3일 때$$
$$\vdots \qquad\qquad \vdots$$
$$\underline{+)\ (n+1)^3-n^3=3\times n^2+3\times n+1 \quad \blacktriangleleft k=n일 때}$$
$$(n+1)^3-1^3=3(1^2+2^2+3^2+\cdots+n^2)+3(1+2+3+\cdots+n)+(\underbrace{1+1+1+\cdots+1}_{n개})$$
$$=3\sum\limits_{k=1}^{n}k^2+3\sum\limits_{k=1}^{n}k+n=3\sum\limits_{k=1}^{n}k^2+3\times\dfrac{n(n+1)}{2}+n$$

$$3\sum\limits_{k=1}^{n}k^2=(n+1)^3-\dfrac{3n(n+1)}{2}-(n+1)=\dfrac{n(n+1)(2n+1)}{2}$$

$$\therefore \sum\limits_{k=1}^{n}k^2=\dfrac{n(n+1)(2n+1)}{6}$$

(3) 항등식 $(k+1)^4-k^4=4k^3+6k^2+4k+1$을 이용하여 (2)와 같은 방법으로 하면

$$\sum\limits_{k=1}^{n}k^3=\left\{\dfrac{n(n+1)}{2}\right\}^2$$

✏️ 개념 Check

정답과 해설 89쪽

1 다음 식의 값을 구하시오.

(1) $\sum\limits_{k=1}^{15}2k$ (2) $\sum\limits_{k=1}^{9}(k^2+1)$ (3) $\sum\limits_{k=1}^{6}(k^3-2k)$

다음 식의 값을 구하시오.

(1) $\sum\limits_{k=1}^{8} (2k-1)(2k+1)$

(2) $\sum\limits_{k=1}^{20} \dfrac{1+2+3+\cdots+k}{k}$

공략 Point

· $\sum\limits_{k=1}^{n} k = \dfrac{n(n+1)}{2}$

· $\sum\limits_{k=1}^{n} k^2 = \dfrac{n(n+1)(2n+1)}{6}$

· $\sum\limits_{k=1}^{n} k^3 = \left\{ \dfrac{n(n+1)}{2} \right\}^2$

풀이

(1) $(2k-1)(2k+1) = 4k^2-1$이므로

$$\sum_{k=1}^{8}(2k-1)(2k+1) = \sum_{k=1}^{8}(4k^2-1)$$

$\sum$의 성질에 의하여

$$= 4\sum_{k=1}^{8}k^2 - \sum_{k=1}^{8}1$$

자연수의 거듭제곱의 합에 의하여

$$= 4 \times \frac{8 \times 9 \times 17}{6} - 1 \times 8$$
$$= 816 - 8 = \mathbf{808}$$

(2) $1+2+3+\cdots+k = \dfrac{k(k+1)}{2}$이므로

$$\sum_{k=1}^{20} \frac{1+2+3+\cdots+k}{k} = \sum_{k=1}^{20} \frac{\dfrac{k(k+1)}{2}}{k}$$
$$= \sum_{k=1}^{20} \frac{k+1}{2}$$

$\sum$의 성질에 의하여

$$= \frac{1}{2}\left(\sum_{k=1}^{20}k + \sum_{k=1}^{20}1 \right)$$

자연수의 거듭제곱의 합에 의하여

$$= \frac{1}{2}\left(\frac{20 \times 21}{2} + 1 \times 20 \right)$$
$$= \frac{1}{2}(210+20) = \mathbf{115}$$

● **문제** ●

정답과 해설 89쪽

03-1 다음 식의 값을 구하시오.

(1) $\sum\limits_{k=1}^{12} (k+2)^2 - \sum\limits_{k=1}^{12} (k-2)^2$

(2) $\sum\limits_{k=1}^{9} \dfrac{1^2+2^2+3^2+\cdots+k^2}{k}$

03-2 $\sum\limits_{k=1}^{5} (4k^3-a) = 865$일 때, 상수 a의 값을 구하시오.

03-3 x에 대한 이차방정식 $x^2-kx+2=0$의 두 근을 α_k, β_k라 할 때, $\sum\limits_{k=1}^{10} (\alpha_k{}^2+\beta_k{}^2)$의 값을 구하시오.

$\sum$를 이용한 수열의 합

✎ 유형편 78쪽

다음 수열의 첫째항부터 제n항까지의 합을 구하시오.

(1) 1^2, 3^2, 5^2, 7^2, $\cdots$

(2) 1, $1+2$, $1+2+3$, $1+2+3+4$, $\cdots$

공략 Point

주어진 수열의 일반항을 구한 후 수열의 합을 $\sum$를 사용하여 나타낸다.

풀이

(1) 주어진 수열의 일반항을 a_n이라 하면

$$a_n = (2n-1)^2 = 4n^2 - 4n + 1$$

따라서 수열 $\{a_n\}$의 첫째항부터 제n항까지의 합은

$$\sum_{k=1}^{n} a_k = \sum_{k=1}^{n} (4k^2 - 4k + 1)$$
$$= 4\sum_{k=1}^{n} k^2 - 4\sum_{k=1}^{n} k + \sum_{k=1}^{n} 1$$
$$= 4 \times \frac{n(n+1)(2n+1)}{6} - 4 \times \frac{n(n+1)}{2} + n$$
$$= \frac{n(2n+1)(2n-1)}{3}$$

(2) 주어진 수열의 일반항을 a_n이라 하면

$$a_n = 1 + 2 + 3 + \cdots + n = \frac{n(n+1)}{2}$$

따라서 수열 $\{a_n\}$의 첫째항부터 제n항까지의 합은

$$\sum_{k=1}^{n} a_k = \sum_{k=1}^{n} \frac{k(k+1)}{2}$$
$$= \frac{1}{2}\left(\sum_{k=1}^{n} k^2 + \sum_{k=1}^{n} k\right)$$
$$= \frac{1}{2}\left\{\frac{n(n+1)(2n+1)}{6} + \frac{n(n+1)}{2}\right\}$$
$$= \frac{n(n+1)(n+2)}{6}$$

● **문제** ●

정답과 해설 90쪽

04-1 다음 수열의 첫째항부터 제n항까지의 합을 구하시오.

(1) 1×3, 2×4, 3×5, 4×6, $\cdots$

(2) 1, $1+3$, $1+3+5$, $1+3+5+7$, $\cdots$

04-2 수열 1, $1+2$, $1+2+2^2$, $1+2+2^2+2^3$, $\cdots$의 첫째항부터 제8항까지의 합을 구하시오.

$\sum$를 여러 개 포함한 식의 계산

📝 유형편 78쪽

다음 물음에 답하시오.

(1) $\displaystyle\sum_{j=1}^{10}\left\{\sum_{k=1}^{j}(2k+3)\right\}$의 값을 구하시오.

(2) $\displaystyle\sum_{k=1}^{n}\left\{\sum_{i=1}^{k}(i+k)\right\}$를 간단히 하시오.

공략 Point

상수인 것과 상수가 아닌 것을 구분하여 괄호 안의 $\sum$부터 차례대로 계산한다.

풀이

(1) $\displaystyle\sum_{k=1}^{j}(2k+3)$을 계산하면

$$\sum_{k=1}^{j}(2k+3)=2\sum_{k=1}^{j}k+\sum_{k=1}^{j}3$$
$$=2\times\frac{j(j+1)}{2}+3j=j^2+4j$$

따라서 $\displaystyle\sum_{j=1}^{10}\left\{\sum_{k=1}^{j}(2k+3)\right\}$의 값은

$$\sum_{j=1}^{10}\left\{\sum_{k=1}^{j}(2k+3)\right\}=\sum_{j=1}^{10}(j^2+4j)=\sum_{j=1}^{10}j^2+4\sum_{j=1}^{10}j$$
$$=\frac{10\times11\times21}{6}+4\times\frac{10\times11}{2}$$
$$=385+220=\mathbf{605}$$

(2) $\displaystyle\sum_{i=1}^{k}(i+k)$를 계산하면

$$\sum_{i=1}^{k}(i+k)=\sum_{i=1}^{k}i+\sum_{i=1}^{k}k$$
$$=\frac{k(k+1)}{2}+k\times k=\frac{3k^2+k}{2}$$

따라서 $\displaystyle\sum_{k=1}^{n}\left\{\sum_{i=1}^{k}(i+k)\right\}$를 간단히 하면

$$\sum_{k=1}^{n}\left\{\sum_{i=1}^{k}(i+k)\right\}$$
$$=\sum_{k=1}^{n}\frac{3k^2+k}{2}=\frac{3}{2}\sum_{k=1}^{n}k^2+\frac{1}{2}\sum_{k=1}^{n}k$$
$$=\frac{3}{2}\times\frac{n(n+1)(2n+1)}{6}+\frac{1}{2}\times\frac{n(n+1)}{2}$$
$$=\frac{\mathbf{n(n+1)^2}}{\mathbf{2}}$$

● **문제** ●

정답과 해설 90쪽

05-1 다음 물음에 답하시오.

(1) $\displaystyle\sum_{k=1}^{5}\left(\sum_{j=1}^{5}jk^2\right)$의 값을 구하시오.

(2) $\displaystyle\sum_{l=1}^{n}\left\{\sum_{k=1}^{10}(k+l)\right\}$을 간단히 하시오.

05-2 $\displaystyle\sum_{m=1}^{n}\left\{\sum_{l=1}^{m}\left(\sum_{k=1}^{l}6\right)\right\}=120$을 만족시키는 자연수 n의 값을 구하시오.

∑로 표현된 수열의 합과 일반항 사이의 관계 　유형편 79쪽

$\displaystyle\sum_{k=1}^{n}a_k=n^2+2n$일 때, $\displaystyle\sum_{k=1}^{10}ka_{3k}$의 값을 구하시오.

공략 Point

수열 $\{a_n\}$의 일반항 a_n을 먼저 구한다.

➡ $a_1=S_1$,
 $a_n=S_n-S_{n-1}\ (n\geq2)$
 $=\displaystyle\sum_{k=1}^{n}a_k-\sum_{k=1}^{n-1}a_k$

풀이

$S_n=\displaystyle\sum_{k=1}^{n}a_k$이므로	$S_n=n^2+2n$
(i) $n\geq2$일 때	$a_n=S_n-S_{n-1}$ 　$=n^2+2n-\{(n-1)^2+2(n-1)\}$ 　$=2n+1$ ⋯⋯ ㉠
(ii) $n=1$일 때	$a_1=S_1=1^2+2\times1=3$ ⋯⋯ ㉡
이때 ㉡은 ㉠에 $n=1$을 대입한 값과 같으므로 일반항 a_n은	$a_n=2n+1$
따라서 $a_{3k}=2\times3k+1=6k+1$이므로	$\displaystyle\sum_{k=1}^{10}ka_{3k}=\sum_{k=1}^{10}k(6k+1)$ 　$=\displaystyle\sum_{k=1}^{10}(6k^2+k)=6\sum_{k=1}^{10}k^2+\sum_{k=1}^{10}k$ 　$=6\times\dfrac{10\times11\times21}{6}+\dfrac{10\times11}{2}$ 　$=2310+55=\mathbf{2365}$

● **문제** ●

정답과 해설 90쪽

06-1　$\displaystyle\sum_{k=1}^{n}a_k=n^2+n$일 때, $\displaystyle\sum_{k=1}^{12}(k-5)a_{2k}$의 값을 구하시오.

06-2　$\displaystyle\sum_{k=1}^{n}a_k=2^n-1$일 때, $\displaystyle\sum_{k=1}^{15}\dfrac{a_{2k+1}}{4}$의 값을 구하시오.

06-3　수열 $\{a_n\}$에 대하여 $\displaystyle\sum_{k=1}^{n}\dfrac{a_k}{k}=\dfrac{n}{n+1}$일 때, $\displaystyle\sum_{k=1}^{20}\dfrac{1}{a_k}$의 값을 구하시오.

3 여러 가지 수열의 합

❶ 분모가 곱으로 표현된 수열의 합

분모가 곱으로 표현된 수열의 합은 $\dfrac{1}{AB}=\dfrac{1}{B-A}\left(\dfrac{1}{A}-\dfrac{1}{B}\right)(A\neq B)$임을 이용하여 다음과 같이 변형한 후 구한다.

> (1) $\displaystyle\sum_{k=1}^{n}\dfrac{1}{k(k+a)}=\dfrac{1}{a}\sum_{k=1}^{n}\left(\dfrac{1}{k}-\dfrac{1}{k+a}\right)$
>
> (2) $\displaystyle\sum_{k=1}^{n}\dfrac{1}{(k+a)(k+b)}=\dfrac{1}{b-a}\sum_{k=1}^{n}\left(\dfrac{1}{k+a}-\dfrac{1}{k+b}\right)$

예 (1) $\displaystyle\sum_{k=1}^{5}\dfrac{1}{k(k+1)}=\sum_{k=1}^{5}\left(\dfrac{1}{k}-\dfrac{1}{k+1}\right)$

$=\left(1-\dfrac{1}{2}\right)+\left(\dfrac{1}{2}-\dfrac{1}{3}\right)+\left(\dfrac{1}{3}-\dfrac{1}{4}\right)+\left(\dfrac{1}{4}-\dfrac{1}{5}\right)+\left(\dfrac{1}{5}-\dfrac{1}{6}\right)$ ◀ 앞에서 남는 항과 뒤에서 남는 항은 서로 대칭이 되는 위치에 있다.

$=1-\dfrac{1}{6}=\dfrac{5}{6}$

(2) $\displaystyle\sum_{k=1}^{5}\dfrac{1}{(k+1)(k+2)}=\sum_{k=1}^{5}\left(\dfrac{1}{k+1}-\dfrac{1}{k+2}\right)$

$=\left(\dfrac{1}{2}-\dfrac{1}{3}\right)+\left(\dfrac{1}{3}-\dfrac{1}{4}\right)+\left(\dfrac{1}{4}-\dfrac{1}{5}\right)+\left(\dfrac{1}{5}-\dfrac{1}{6}\right)+\left(\dfrac{1}{6}-\dfrac{1}{7}\right)$

$=\dfrac{1}{2}-\dfrac{1}{7}=\dfrac{5}{14}$

❷ 분모가 무리식인 수열의 합

분모가 무리식인 수열의 합은 다음과 같이 분모를 유리화한 후 구한다.

> $\displaystyle\sum_{k=1}^{n}\dfrac{1}{\sqrt{k}+\sqrt{k+1}}=\sum_{k=1}^{n}\dfrac{\sqrt{k}-\sqrt{k+1}}{(\sqrt{k}+\sqrt{k+1})(\sqrt{k}-\sqrt{k+1})}=\sum_{k=1}^{n}(\sqrt{k+1}-\sqrt{k})$

예 $\displaystyle\sum_{k=1}^{10}\dfrac{1}{\sqrt{k}+\sqrt{k+1}}=\sum_{k=1}^{10}\dfrac{\sqrt{k}-\sqrt{k+1}}{(\sqrt{k}+\sqrt{k+1})(\sqrt{k}-\sqrt{k+1})}$

$=\displaystyle\sum_{k=1}^{10}(\sqrt{k+1}-\sqrt{k})$

$=(\sqrt{2}-1)+(\sqrt{3}-\sqrt{2})+(\sqrt{4}-\sqrt{3})+\cdots+(\sqrt{11}-\sqrt{10})$

$=\sqrt{11}-1$

✏ 개념 **Check**

정답과 해설 91쪽

1 다음 식의 값을 구하시오.

(1) $\displaystyle\sum_{k=1}^{10}\dfrac{1}{(k+2)(k+3)}$

(2) $\displaystyle\sum_{k=1}^{13}\dfrac{1}{\sqrt{k+2}+\sqrt{k+3}}$

분모가 곱으로 표현된 수열의 합

유형편 79쪽

수열 $\dfrac{1}{1\times2}$, $\dfrac{1}{2\times3}$, $\dfrac{1}{3\times4}$, $\dfrac{1}{4\times5}$, $\cdots$의 첫째항부터 제n항까지의 합을 구하시오.

공략 Point

분모가 곱으로 표현된 수열의
합은 다음을 이용하여 변형한
후 구한다.

$\Rightarrow \dfrac{1}{AB}=\dfrac{1}{B-A}\left(\dfrac{1}{A}-\dfrac{1}{B}\right)$
(단, $A\neq B$)

풀이

주어진 수열의 일반항을 a_n이라 하면	$a_n=\dfrac{1}{n(n+1)}$
따라서 수열 $\{a_n\}$의 첫째항부터 제n항까지의 합은	$\displaystyle\sum_{k=1}^{n}a_k=\sum_{k=1}^{n}\dfrac{1}{k(k+1)}$ $=\displaystyle\sum_{k=1}^{n}\left(\dfrac{1}{k}-\dfrac{1}{k+1}\right)$ $=\left(1-\dfrac{1}{2}\right)+\left(\dfrac{1}{2}-\dfrac{1}{3}\right)+\cdots+\left(\dfrac{1}{n}-\dfrac{1}{n+1}\right)$ $=1-\dfrac{1}{n+1}=\dfrac{n}{n+1}$

문제

정답과 해설 91쪽

07-1 수열 $\dfrac{1}{3^2-1}$, $\dfrac{1}{5^2-1}$, $\dfrac{1}{7^2-1}$, $\cdots$의 첫째항부터 제n항까지의 합을 구하시오.

07-2 $1+\dfrac{1}{1+2}+\dfrac{1}{1+2+3}+\cdots+\dfrac{1}{1+2+3+\cdots+9}$의 값을 구하시오.

07-3 $\displaystyle\sum_{k=1}^{n}a_k=n^2+3n$일 때, $\displaystyle\sum_{k=1}^{10}\dfrac{4}{a_k a_{k+1}}$의 값을 구하시오.

분모가 무리식인 수열의 합

유형편 80쪽

수열 $\dfrac{1}{1+\sqrt{2}}$, $\dfrac{1}{\sqrt{2}+\sqrt{3}}$, $\dfrac{1}{\sqrt{3}+\sqrt{4}}$, …의 첫째항부터 제48항까지의 합을 구하시오.

공략 Point

분모가 무리식인 수열의 합은 분모를 유리화한 후 구한다.

풀이

주어진 수열의 일반항을 a_n이라 하면	$a_n = \dfrac{1}{\sqrt{n}+\sqrt{n+1}}$
따라서 수열 $\{a_n\}$의 첫째항부터 제48항까지의 합은	$\begin{aligned} \sum_{k=1}^{48} a_k &= \sum_{k=1}^{48} \dfrac{1}{\sqrt{k}+\sqrt{k+1}} \\ &= \sum_{k=1}^{48} \dfrac{\sqrt{k}-\sqrt{k+1}}{(\sqrt{k}+\sqrt{k+1})(\sqrt{k}-\sqrt{k+1})} \\ &= \sum_{k=1}^{48} (\sqrt{k+1}-\sqrt{k}) \\ &= (\sqrt{2}-\sqrt{1})+(\sqrt{3}-\sqrt{2})+\cdots+(\sqrt{49}-\sqrt{48}) \\ &= -1+7 = \mathbf{6} \end{aligned}$

● **문제** ●

정답과 해설 92쪽

08-1 수열 $\dfrac{1}{1+\sqrt{3}}$, $\dfrac{1}{\sqrt{3}+\sqrt{5}}$, $\dfrac{1}{\sqrt{5}+\sqrt{7}}$, …의 첫째항부터 제60항까지의 합을 구하시오.

08-2 첫째항이 3, 공차가 2인 등차수열 $\{a_n\}$에 대하여 $\displaystyle\sum_{k=1}^{36} \dfrac{1}{\sqrt{a_k}+\sqrt{a_{k+1}}}$의 값을 구하시오.

08-3 자연수 n에 대하여 $f(n)=\sqrt{n+1}+\sqrt{n+2}$일 때, $\displaystyle\sum_{k=1}^{n} \dfrac{1}{f(k)}=3\sqrt{2}$를 만족시키는 n의 값을 구하시오.

다음 식의 값을 구하시오.

(1) $\displaystyle\sum_{k=1}^{9} \log\left(1+\frac{1}{k}\right)$

(2) $\displaystyle\sum_{k=2}^{12} \log\left(1-\frac{1}{k^2}\right)$

공략 Point

로그가 포함된 수열의 합은 다음을 이용하여 변형한 후 구한다.
➡ $\log_a M + \log_a N$
$= \log_a MN$

풀이

(1) $1+\dfrac{1}{k}=\dfrac{k+1}{k}$ 이므로

$\displaystyle\sum_{k=1}^{9} \log\left(1+\frac{1}{k}\right)$

$=\displaystyle\sum_{k=1}^{9} \log\frac{k+1}{k}$

$=\log\dfrac{2}{1}+\log\dfrac{3}{2}+\log\dfrac{4}{3}+\cdots+\log\dfrac{10}{9}$

로그의 성질을 이용하면

$=\log\left(\dfrac{2}{1}\times\dfrac{3}{2}\times\dfrac{4}{3}\times\cdots\times\dfrac{10}{9}\right)$

$=\log 10 = \mathbf{1}$

(2) $1-\dfrac{1}{k^2}=\dfrac{(k-1)(k+1)}{k^2}$ 이므로

$\displaystyle\sum_{k=2}^{12} \log\left(1-\frac{1}{k^2}\right)$

$=\displaystyle\sum_{k=2}^{12} \log\frac{(k-1)(k+1)}{k^2}$

$=\log\dfrac{1\times 3}{2\times 2}+\log\dfrac{2\times 4}{3\times 3}+\log\dfrac{3\times 5}{4\times 4}+\cdots+\log\dfrac{11\times 13}{12\times 12}$

로그의 성질을 이용하면

$=\log\left(\dfrac{1\times 3}{2\times 2}\times\dfrac{2\times 4}{3\times 3}\times\dfrac{3\times 5}{4\times 4}\times\cdots\times\dfrac{11\times 13}{12\times 12}\right)$

$=\log\left(\dfrac{1}{2}\times\dfrac{13}{12}\right)=\mathbf{\log\dfrac{13}{24}}$

● **문제** ●

정답과 해설 92쪽

09-1 다음 식의 값을 구하시오.

(1) $\displaystyle\sum_{k=1}^{13} \log_3 \frac{2k+1}{2k-1}$

(2) $\displaystyle\sum_{k=2}^{8} \log\sqrt{\frac{k^2}{k^2-1}}$

09-2 $\displaystyle\sum_{k=1}^{n} a_k = \log_2(n^2+n)$ 일 때, $\displaystyle\sum_{k=1}^{15} a_{2k+1}$의 값을 구하시오.

plus 특강 (등차수열)×(등비수열) 꼴의 수열의 합

수열의 합 $1\times5+2\times5^2+3\times5^3+\cdots+n\times5^n$을 구해 보자.

주어진 수열의 합은 등차수열 $1, 2, 3, \cdots, n$과 등비수열 $5, 5^2, 5^3, \cdots, 5^n$을 서로 대응하는 항끼리 곱하여 더한 것이다.

구하는 합을 S로 놓으면

$$S=1\times5+2\times5^2+3\times5^3+\cdots+n\times5^n \qquad \cdots\cdots ㉠$$

㉠의 양변에 등비수열의 공비 5를 곱하면

$$5S=1\times5^2+2\times5^3+3\times5^4+\cdots+n\times5^{n+1} \qquad \cdots\cdots ㉡$$

㉠에서 ㉡을 변끼리 빼면

$$
\begin{aligned}
S&=1\times5+2\times5^2+3\times5^3+4\times5^4+\cdots+n\times5^n \\
-)\quad 5S&=\qquad\quad 1\times5^2+2\times5^3+3\times5^4+\cdots+(n-1)\times5^n+n\times5^{n+1} \\
\hline
-4S&=1\times5+1\times5^2+1\times5^3+1\times5^4+\cdots+1\times5^n-n\times5^{n+1} \\
&=(5+5^2+5^3+5^4+\cdots+5^n)-n\times5^{n+1} \\
&=\frac{5(5^n-1)}{5-1}-n\times5^{n+1}
\end{aligned}
$$

$$\therefore\ S=-\frac{5(5^n-1)}{16}+\frac{n\times5^{n+1}}{4}$$

일반적으로 (등차수열)×(등비수열) 꼴의 수열의 합은 다음과 같은 순서로 구한다.

> (1) 주어진 수열의 합을 S로 놓는다.
> (2) 등비수열의 공비가 r일 때, $S-rS$를 계산한다. (단, $r\neq1$)
> (3) (2)의 식에서 S의 값을 구한다.

예 수열의 합 $1\times2+2\times2^2+3\times2^3+\cdots+8\times2^8$의 값을 구하시오.

풀이 구하는 합을 S로 놓으면

$$S=1\times2+2\times2^2+3\times2^3+\cdots+8\times2^8 \qquad \cdots\cdots ㉠$$

㉠의 양변에 등비수열의 공비 2를 곱하면

$$2S=1\times2^2+2\times2^3+3\times2^4+\cdots+8\times2^9 \qquad \cdots\cdots ㉡$$

㉠에서 ㉡을 변끼리 빼면

$$
\begin{aligned}
S&=1\times2+2\times2^2+3\times2^3+4\times2^4+\cdots+8\times2^8 \\
-)\quad 2S&=\qquad +1\times2^2+2\times2^3+3\times2^4+\cdots+7\times2^8+8\times2^9 \\
\hline
-S&=1\times2+1\times2^2+1\times2^3+1\times2^4+\cdots+1\times2^8-8\times2^9 \\
&=(2+2^2+2^3+2^4+\cdots+2^8)-8\times2^9=\frac{2(2^8-1)}{2-1}-8\times2^9 \\
&=2^9-2-8\times2^9=-7\times2^9-2
\end{aligned}
$$

$$\therefore\ S=7\times2^9+2$$

따라서 구하는 합은 3586

연습문제

1 보기에서 옳은 것만을 있는 대로 고른 것은?

◦ 보기 ◦

ㄱ. $\displaystyle\sum_{k=1}^{n} k^2 = \sum_{k=0}^{n-1}(k+1)^2$

ㄴ. $\displaystyle\sum_{k=1}^{n} 3^k = \sum_{k=2}^{n+1} 3^k$

ㄷ. $\displaystyle\sum_{i=1}^{m-1} a_i + \sum_{j=m}^{n} a_j = \sum_{k=1}^{n} a_k$ (단, $n \geq m \geq 2$)

ㄹ. $\displaystyle\sum_{k=1}^{n}(a_{3k}+a_{3k+1}+a_{3k+2}) = \sum_{k=3}^{3n} a_k$

① ㄱ, ㄴ ② ㄱ, ㄷ ③ ㄴ, ㄷ
④ ㄴ, ㄹ ⑤ ㄷ, ㄹ

2 $\displaystyle\sum_{k=1}^{100} ka_k = 600$, $\displaystyle\sum_{k=1}^{99} ka_{k+1} = 300$일 때, $\displaystyle\sum_{k=1}^{100} a_k$의 값은?

① 100 ② 200 ③ 300
④ 400 ⑤ 500

3 $\displaystyle\sum_{k=1}^{40}(a_k + a_{k+1}) = 30$, $\displaystyle\sum_{k=1}^{20}(a_{2k-1}+a_{2k}) = 10$일 때, $a_1 - a_{41}$의 값은?

① -20 ② -10 ③ 0
④ 10 ⑤ 20

평가원

4 수열 $\{a_n\}$에 대하여 $\displaystyle\sum_{k=1}^{5} a_k = 10$일 때,

$$\sum_{k=1}^{5} ca_k = 65 + \sum_{k=1}^{5} c$$

를 만족시키는 상수 c의 값을 구하시오.

5 등차수열 $\{a_n\}$에 대하여 $a_3 = 7$, $a_{12} = 25$일 때, $\displaystyle\sum_{k=1}^{50} a_{2k} - \sum_{k=1}^{50} a_{2k-1}$의 값을 구하시오.

6 $\displaystyle\sum_{k=1}^{20}(2a_k+b_k)^2 = 40$, $\displaystyle\sum_{k=1}^{20}(a_k-2b_k)^2 = 60$일 때, $\displaystyle\sum_{k=1}^{20}(a_k^2+b_k^2+1)$의 값은?

① 10 ② 20 ③ 30
④ 40 ⑤ 50

7 $\displaystyle\sum_{k=2}^{20}\frac{k^3}{k-1} - \sum_{k=2}^{20}\frac{1}{k-1}$의 값은?

① 3096 ② 3097 ③ 3098
④ 3099 ⑤ 3100

[수능]

8 자연수 n에 대하여 다항식 $2x^2-3x+1$을 $x-n$으로 나누었을 때의 나머지를 a_n이라 할 때,
$\sum\limits_{n=1}^{7}(a_n-n^2+n)$의 값을 구하시오.

9 $\sum\limits_{k=1}^{11}(k-a)(2k-a)$의 값이 최소가 되도록 하는 상수 a의 값은?

① 7   ② 8   ③ 9
④ 10   ⑤ 11

10 수열 1, $2+4$, $3+6+9$, $4+8+12+16$, $\cdots$의 첫째항부터 제15항까지의 합은?

① 7800   ② 7810   ③ 7820
④ 7830   ⑤ 7840

11 다음 식을 간단히 하시오.

$$1\times n+2\times(n-1)+3\times(n-2)$$
$$+\cdots+(n-1)\times 2+n\times 1$$

12 $\sum\limits_{k=1}^{10}\left\{\sum\limits_{m=1}^{n}2^m(2k-1)\right\}=a(2^n-1)$을 만족시키는 자연수 a의 값은?

① 100   ② 200   ③ 300
④ 400   ⑤ 500

13 $\sum\limits_{k=1}^{n}a_k=n(n+2)$일 때, $\sum\limits_{k=1}^{5}ka_{2k}+\sum\limits_{k=1}^{5}a_{k+1}$의 값은?

① 275   ② 280   ③ 285
④ 290   ⑤ 295

14 $\displaystyle\sum_{k=1}^{n} a_k = 5^n - 1$일 때, $\displaystyle\sum_{k=1}^{10} \frac{a_{2k}}{a_k}$의 값은?

① $5^{10} - 2$ 　　　　　② $5^{10} - 1$

③ $\dfrac{5}{4}(5^{10} - 1)$ 　　　④ $\dfrac{5}{4}(5^{20} - 2)$

⑤ $\dfrac{5}{4}(5^{20} - 1)$

15 x에 대한 이차방정식 $x^2 + 2x - n^2 + 1 = 0$의 두 근을 a_n, b_n이라 할 때, $\displaystyle\sum_{k=2}^{10} \left(\frac{1}{a_k} + \frac{1}{b_k} \right)$의 값을 구하시오.
(단, $n \geq 2$)

평가원

16 수열 $\{a_n\}$의 첫째항부터 제n항까지의 합을 S_n이라 하자. $S_n = \dfrac{1}{n(n+1)}$일 때, $\displaystyle\sum_{k=1}^{10} (S_k - a_k)$의 값은?

① $\dfrac{1}{2}$ 　　　　② $\dfrac{3}{5}$ 　　　　③ $\dfrac{7}{10}$

④ $\dfrac{4}{5}$ 　　　　⑤ $\dfrac{9}{10}$

17 $\displaystyle\sum_{k=1}^{n} a_k = 2n^2 + n$일 때, $\displaystyle\sum_{k=1}^{80} \frac{2}{\sqrt{a_k+1} + \sqrt{a_{k+1}+1}}$의 값은?

① 8 　　　　② 9 　　　　③ 10

④ 11 　　　⑤ 12

18 오른쪽 그림과 같이 함수 $y = \sqrt{x}$의 그래프와 x축이 두 직선 $x = k$, $x = k+1$ $(k > 0)$과 만나는 네 점을 꼭짓점으로 하는 사각형의 넓이를 S_k라 할 때, $\displaystyle\sum_{k=1}^{99} \frac{1}{S_k}$의 값을 구하시오.

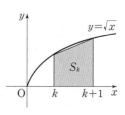

19 $\displaystyle\sum_{k=1}^{30} \log_5 \{\log_{k+1}(k+2)\}$의 값은?

① $\dfrac{1}{5}$ 　　　　② $\dfrac{1}{2}$ 　　　　③ 1

④ 2 　　　　⑤ 5

▶ 실력

20 수열 $\{a_n\}$의 각 항의 값은 0, 1, 3 중 하나이고 $\sum\limits_{k=1}^{10} a_k = 10$, $\sum\limits_{k=1}^{10} a_k{}^2 = 22$일 때, $\sum\limits_{k=1}^{10} a_k{}^3$의 값은?

① 56 ② 57 ③ 58
④ 59 ⑤ 60

21 다음과 같이 자연수를 배열할 때, n행에 나열된 모든 수의 합을 a_n이라 하자. 이때 $\sum\limits_{k=1}^{15} a_k$의 값을 구하시오.

1행				1				
2행			1	2	1			
3행		1	2	3	2	1		
4행	1	2	3	4	3	2	1	

⋮

22 수열 $\{a_n\}$이 모든 자연수 n에 대하여
$$\sum_{k=1}^{n} a_{2k} = 2n^2 - 1, \quad \sum_{k=1}^{2n} a_k = 4n^2 + n$$
을 만족시킬 때, $\sum\limits_{k=1}^{30} (-1)^{k+1} a_k$의 값은?

① 11 ② 13 ③ 15
④ 17 ⑤ 19

교육청

23 공차가 정수인 등차수열 $\{a_n\}$이 다음 조건을 만족시킨다.

> (가) $a_7 = 37$
>
> (나) 모든 자연수 n에 대하여 $\sum\limits_{k=1}^{n} a_k \le \sum\limits_{k=1}^{13} a_k$이다.

$\sum\limits_{k=1}^{21} |a_k|$의 값은?

① 681 ② 683 ③ 685
④ 687 ⑤ 689

24 수열 $\{a_n\}$에 대하여
$$a_1 + 2a_2 + 3a_3 + \cdots + na_n = n(n+1)(n+2)$$
일 때, $\sum\limits_{k=1}^{10} (a_{2k-1} + a_{2k})$의 값을 구하시오.

25 수열 $\{a_n\}$이 모든 자연수 n에 대하여
$$\sum_{k=1}^{n} \frac{4k-3}{a_k} = 2n^2 + 7n$$
을 만족시킨다. $a_5 = \dfrac{p}{q}$일 때, $p+q$의 값을 구하시오.
(단, p와 q는 서로소인 자연수이다.)

02
수학적
귀납법

수열의 귀납적 정의

① 수열의 귀납적 정의

수열 $\{a_n\}$에 대하여

    (i) 첫째항 a_1의 값

    (ii) 이웃하는 두 항 a_n, a_{n+1} ($n=1,\ 2,\ 3,\ \cdots$) 사이의 관계식

을 알면 (ii)의 관계식에 $n=1,\ 2,\ 3,\ \cdots$을 차례대로 대입하여 수열 $\{a_n\}$의 모든 항을 구할 수 있다.

이와 같이 처음 몇 개의 항과 이웃하는 여러 항 사이의 관계식으로 수열을 정의하는 것을 수열의 **귀납적 정의**라 한다.

예 수열 $\{a_n\}$이 $a_1=2$, $a_{n+1}=a_n+2$ ($n=1,\ 2,\ 3,\ \cdots$)로 정의되면 이 수열의 모든 항은 다음과 같이 구할 수 있다.

    $a_2=a_1+2=4$, $a_3=a_2+2=6$, $a_4=a_3+2=8$, $\cdots$

② 등차수열과 등비수열을 나타내는 관계식

(1) 등차수열을 나타내는 관계식

    ① $a_{n+1}=a_n+d \iff a_{n+1}-a_n=d$ ◀ 공차가 d인 등차수열

    ② $2a_{n+1}=a_n+a_{n+2} \iff a_{n+2}-a_{n+1}=a_{n+1}-a_n$ ◀ 등차중항

(2) 등비수열을 나타내는 관계식

    ① $a_{n+1}=ra_n \iff \dfrac{a_{n+1}}{a_n}=r$ ◀ 공비가 r인 등비수열

    ② $a_{n+1}^{\,2}=a_na_{n+2} \iff \dfrac{a_{n+2}}{a_{n+1}}=\dfrac{a_{n+1}}{a_n}$ ◀ 등비중항

③ 여러 가지 수열의 귀납적 정의

(1) $a_{n+1}=a_n+f(n)$ 꼴

    n에 1, 2, 3, $\cdots$, $n-1$을 차례대로 대입한 후 변끼리 모두 더한다.

    ➡ $a_n=a_1+f(1)+f(2)+f(3)+\cdots+f(n-1)$

          $=a_1+\displaystyle\sum_{k=1}^{n-1}f(k)$

$$
\begin{aligned}
a_2&=a_1+f(1)\\
a_3&=a_2+f(2)\\
a_4&=a_3+f(3)\\
&\ \ \vdots\\
+)\ a_n&=a_{n-1}+f(n-1)\\
\hline
a_n&=a_1+f(1)+f(2)+\cdots+f(n-1)
\end{aligned}
$$

(2) $a_{n+1}=a_nf(n)$ 꼴

    n에 1, 2, 3, $\cdots$, $n-1$을 차례대로 대입한 후 변끼리 모두 곱한다.

    ➡ $a_n=a_1f(1)f(2)f(3)\cdots f(n-1)$

$$
\begin{aligned}
a_2&=a_1f(1)\\
a_3&=a_2f(2)\\
a_4&=a_3f(3)\\
&\ \ \vdots\\
\times)\ a_n&=a_{n-1}f(n-1)\\
\hline
a_n&=a_1f(1)f(2)f(3)\cdots f(n-1)
\end{aligned}
$$

등차수열의 귀납적 정의

유형편 81쪽

다음과 같이 정의된 수열 $\{a_n\}$의 제15항을 구하시오.

(1) $a_1=2$, $a_{n+1}=a_n+3$ $(n=1,\ 2,\ 3,\ \cdots)$

(2) $a_1=1$, $a_2=5$, $2a_{n+1}=a_n+a_{n+2}$ $(n=1,\ 2,\ 3,\ \cdots)$

공략 Point

등차수열을 나타내는 관계식
(1) $a_{n+1}=a_n+d$
(2) $2a_{n+1}=a_n+a_{n+2}$

풀이

(1) 수열 $\{a_n\}$은 첫째항이 2, 공차가 3인 등차수열이므로 일반항 a_n은	$a_n=2+(n-1)\times 3=3n-1$
따라서 제15항을 구하면	$a_{15}=3\times 15-1=\mathbf{44}$

(2) 수열 $\{a_n\}$은 첫째항이 1, 공차가 4인 등차수열이므로 일반항 a_n은	$a_n=1+(n-1)\times 4=4n-3$
따라서 제15항을 구하면	$a_{15}=4\times 15-3=\mathbf{57}$

● **문제** ●

정답과 해설 97쪽

01-**1** 다음과 같이 정의된 수열 $\{a_n\}$의 제10항을 구하시오.

(1) $a_1=5$, $a_{n+1}=a_n-2$ $(n=1,\ 2,\ 3,\ \cdots)$

(2) $a_1=2$, $a_2=7$, $2a_{n+1}=a_n+a_{n+2}$ $(n=1,\ 2,\ 3,\ \cdots)$

01-**2** $a_1=-2$, $a_{n+1}=a_n+6$ $(n=1,\ 2,\ 3,\ \cdots)$으로 정의된 수열 $\{a_n\}$에서 $a_k=112$를 만족시키는 자연수 k의 값을 구하시오.

01-**3** $a_1=20$, $a_4=11$, $a_{n+1}=\dfrac{a_n+a_{n+2}}{2}$ $(n=1,\ 2,\ 3,\ \cdots)$으로 정의된 수열 $\{a_n\}$에 대하여 $\displaystyle\sum_{k=1}^{11} a_k$의 값을 구하시오.

등비수열의 귀납적 정의

유형편 81쪽

다음과 같이 정의된 수열 $\{a_n\}$의 제25항을 구하시오.

(1) $a_1=3$, $a_{n+1}=2a_n$ $(n=1,\ 2,\ 3,\ \cdots)$

(2) $a_1=-2$, $a_2=6$, $a_{n+1}^2=a_n a_{n+2}$ $(n=1,\ 2,\ 3,\ \cdots)$

공략 Point

등비수열을 나타내는 관계식

(1) $a_{n+1}=ra_n$

(2) $a_{n+1}^2=a_n a_{n+2}$

풀이

(1) 수열 $\{a_n\}$은 첫째항이 3, 공비가 2인 등비수열 이므로 일반항 a_n은	$a_n=3\times 2^{n-1}$
따라서 제25항을 구하면	$a_{25}=3\times 2^{24}$

(2) 수열 $\{a_n\}$은 첫째항이 -2, 공비가 -3인 등비 수열이므로 일반항 a_n은	$a_n=-2\times(-3)^{n-1}$
따라서 제25항을 구하면	$a_{25}=-2\times 3^{24}$

● **문제** ●

정답과 해설 97쪽

02-1 다음과 같이 정의된 수열 $\{a_n\}$의 제12항을 구하시오.

(1) $a_1=2$, $a_{n+1}=5a_n$ $(n=1,\ 2,\ 3,\ \cdots)$

(2) $a_1=-1$, $a_2=2$, $a_{n+1}^2=a_n a_{n+2}$ $(n=1,\ 2,\ 3,\ \cdots)$

02-2 $a_1=2$, $a_{n+1}=\dfrac{1}{4}a_n$ $(n=1,\ 2,\ 3,\ \cdots)$으로 정의된 수열 $\{a_n\}$에 대하여 $a_k=\dfrac{1}{512}$을 만족시키는 자연수 k의 값을 구하시오.

02-3 $a_1=6$, $a_2=18$, $\log a_{n+1}=\dfrac{1}{2}(\log a_n+\log a_{n+2})$ $(n=1,\ 2,\ 3,\ \cdots)$으로 정의된 수열 $\{a_n\}$에 대하여 $\displaystyle\sum_{k=1}^{15} a_k$의 값을 구하시오.

필수 예제 03 $a_{n+1}=a_n+f(n)$ 꼴인 수열의 귀납적 정의

📎 유형편 82쪽

$a_1=5$, $a_{n+1}=a_n+2n$ $(n=1, 2, 3, \cdots)$으로 정의된 수열 $\{a_n\}$에서 a_{10}의 값을 구하시오.

공략 Point

주어진 식의 n에 1, 2, 3, $\cdots$, $n-1$을 차례대로 대입한 후 변끼리 모두 더한다.

풀이

$a_{n+1}=a_n+2n$의 n에 1, 2, 3, $\cdots$, $n-1$을 차례대로 대입한 후 변끼리 모두 더하면	$a_2=a_1+2\times1$ $a_3=a_2+2\times2$ $a_4=a_3+2\times3$ $\vdots$ $+)\ a_n=a_{n-1}+2\times(n-1)$ $a_n=a_1+2\{1+2+3+\cdots+(n-1)\}$
일반항 a_n을 구하면	$a_n=a_1+2\displaystyle\sum_{k=1}^{n-1}k$ $=5+2\times\dfrac{(n-1)n}{2}$ $=n^2-n+5$
따라서 a_{10}의 값은	$a_{10}=10^2-10+5=\mathbf{95}$

● **문제** ●

정답과 해설 97쪽

03-1 $a_1=1$, $a_{n+1}=a_n+4n-2$ $(n=1, 2, 3, \cdots)$로 정의된 수열 $\{a_n\}$에서 a_{15}의 값을 구하시오.

03-2 $a_1=1$, $a_{n+1}-a_n=3^n$ $(n=1, 2, 3, \cdots)$으로 정의된 수열 $\{a_n\}$에서 1093은 제몇 항인지 구하시오.

03-3 $a_1=1$, $a_{n+1}=a_n+\dfrac{1}{\sqrt{n+1}+\sqrt{n}}$ $(n=1, 2, 3, \cdots)$로 정의된 수열 $\{a_n\}$에서 $a_{75}-a_{48}$의 값을 구하시오.

$a_{n+1}=a_n f(n)$ 꼴인 수열의 귀납적 정의

유형편 82쪽

$a_1=2$, $a_{n+1}=\dfrac{n}{n+1}a_n$ $(n=1, 2, 3, \cdots)$으로 정의된 수열 $\{a_n\}$에서 a_{20}의 값을 구하시오.

공략 Point

주어진 식의 n에 $1, 2, 3, \cdots$, $n-1$을 차례대로 대입한 후 변끼리 모두 곱한다.

풀이

$a_{n+1}=\dfrac{n}{n+1}a_n$의 n에 $1, 2, 3, \cdots$, $n-1$을 차례대로 대입한 후 변끼리 모두 곱하면

$$a_2=\dfrac{1}{2}a_1$$
$$a_3=\dfrac{2}{3}a_2$$
$$a_4=\dfrac{3}{4}a_3$$
$$\vdots$$
$$\times\ \Big)\ a_n=\dfrac{n-1}{n}a_{n-1}$$
$$\overline{a_n=a_1\times\left(\dfrac{1}{2}\times\dfrac{2}{3}\times\dfrac{3}{4}\times\cdots\times\dfrac{n-1}{n}\right)}$$

일반항 a_n을 구하면

$$a_n=a_1\times\dfrac{1}{n}=\dfrac{2}{n}$$

따라서 a_{20}의 값은

$$a_{20}=\dfrac{2}{20}=\dfrac{1}{10}$$

● **문제** ●

정답과 해설 98쪽

04-**1** $a_1=1$, $a_{n+1}=\left(1-\dfrac{1}{n+2}\right)a_n$ $(n=1, 2, 3, \cdots)$으로 정의된 수열 $\{a_n\}$에서 a_{10}의 값을 구하시오.

04-**2** $a_1=3$, $a_{n+1}=3^n a_n$ $(n=1, 2, 3, \cdots)$으로 정의된 수열 $\{a_n\}$에 대하여 $\log_3 a_{12}$의 값을 구하시오.

04-**3** $a_1=1$, $\sqrt{n+1}\,a_{n+1}=\sqrt{n}\,a_n$ $(n=1, 2, 3, \cdots)$으로 정의된 수열 $\{a_n\}$에서 $a_k=\dfrac{1}{4}$을 만족시키는 자연수 k의 값을 구하시오.

여러 가지 수열의 귀납적 정의

유형편 83쪽

다음 물음에 답하시오.

(1) $a_1=3$, $a_{n+1}=2a_n-1$ $(n=1, 2, 3, \cdots)$로 정의된 수열 $\{a_n\}$에 대하여 a_6의 값을 구하시오.

(2) $a_1=5$, $a_n a_{n+1}=5$ $(n=1, 2, 3, \cdots)$로 정의된 수열 $\{a_n\}$에 대하여 $\displaystyle\sum_{k=1}^{12} a_k$의 값을 구하시오.

공략 Point

주어진 식의 n에 1, 2, 3, …을 차례대로 대입하여 각 항을 구한다.

풀이

(1) $a_{n+1}=2a_n-1$의 n에 1, 2, 3, 4를 차례대로 대입하여 각 항을 구하면	$a_2=2a_1-1=2\times3-1=5$ $a_3=2a_2-1=2\times5-1=9$ $a_4=2a_3-1=2\times9-1=17$ $a_5=2a_4-1=2\times17-1=33$
따라서 a_6의 값은	$a_6=2a_5-1=2\times33-1=\mathbf{65}$
(2) $a_n a_{n+1}=5$의 n에 1, 2, 3, …을 차례대로 대입하여 각 항을 구하면	$a_1 a_2=5$ $\quad\therefore a_2=1$ $a_2 a_3=5$ $\quad\therefore a_3=5$ $a_3 a_4=5$ $\quad\therefore a_4=1$ $\vdots$
일반항 a_n을 구하면	$a_n=\begin{cases} 5 \ (n\text{은 홀수}) \\ 1 \ (n\text{은 짝수}) \end{cases}$
따라서 $\displaystyle\sum_{k=1}^{12} a_k$의 값은	$\displaystyle\sum_{k=1}^{12} a_k=6(a_1+a_2)=6(5+1)=\mathbf{36}$

● **문제** ●

정답과 해설 98쪽

05-**1** $a_1=2$, $a_{n+1}=3a_n+2$ $(n=1, 2, 3, \cdots)$로 정의된 수열 $\{a_n\}$에서 a_5의 값을 구하시오.

05-**2** $a_1=1$, $a_{n+1}=\begin{cases} \dfrac{a_n+3}{2} \ (a_n\text{은 홀수}) \\ \dfrac{a_n}{2} \ (a_n\text{은 짝수}) \end{cases}$ 으로 정의된 수열 $\{a_n\}$에 대하여 $\displaystyle\sum_{k=1}^{21} a_k$의 값을 구하시오.

05-**3** $a_1=3$, $a_{n+1}=(11a_n$을 7로 나누었을 때의 나머지$)$ $(n=1, 2, 3, \cdots)$로 정의된 수열 $\{a_n\}$에서 $a_{15}+a_{16}$의 값을 구하시오.

수열의 합 S_n이 포함된 수열의 귀납적 정의 ✐ 유형편 84쪽

수열 $\{a_n\}$의 첫째항부터 제n항까지의 합 S_n에 대하여
$$a_1=1, \ S_n=3a_n-2 \ (n=1, 2, 3, \cdots)$$
가 성립할 때, a_{10}의 값을 구하시오.

공략 Point

수열의 합과 일반항 사이의
관계에 의하여
$S_{n+1}-S_n=a_{n+1}(n=1, 2, 3, \cdots)$
임을 이용한다.

풀이

$S_n=3a_n-2$의 n에 $n+1$을 대입하면	$S_{n+1}=3a_{n+1}-2$
$S_{n+1}-S_n$을 하면	$S_{n+1}-S_n=3a_{n+1}-2-(3a_n-2)$ $=3a_{n+1}-3a_n$
이때 $S_{n+1}-S_n=a_{n+1} \ (n=1, 2, 3, \cdots)$ 이므로	$a_{n+1}=3a_{n+1}-3a_n, \ 2a_{n+1}=3a_n$ $\therefore a_{n+1}=\dfrac{3}{2}a_n \ (n=1, 2, 3, \cdots)$
수열 $\{a_n\}$은 첫째항이 1, 공비가 $\dfrac{3}{2}$인 등비수열이므로 일반항 a_n을 구하면	$a_n=1\times\left(\dfrac{3}{2}\right)^{n-1}=\left(\dfrac{3}{2}\right)^{n-1}$
따라서 a_{10}의 값은	$a_{10}=\left(\dfrac{3}{2}\right)^9$

● **문제** ●

정답과 해설 99쪽

06-1 수열 $\{a_n\}$의 첫째항부터 제n항까지의 합 S_n에 대하여
$$a_1=1, \ S_n=4a_n-3 \ (n=1, 2, 3, \cdots)$$
이 성립할 때, a_8의 값을 구하시오.

06-2 수열 $\{a_n\}$의 첫째항부터 제n항까지의 합 S_n에 대하여
$$a_1=3, \ S_{n+1}=2S_n+1 \ (n=1, 2, 3, \cdots)$$
이 성립할 때, a_6의 값을 구하시오.

06-3 수열 $\{a_n\}$의 첫째항부터 제n항까지의 합 S_n에 대하여
$$a_1=-2, \ S_n=2a_n+n \ (n=1, 2, 3, \cdots)$$
이 성립할 때, a_5의 값을 구하시오.

귀납적 정의의 활용 ✏️유형편 84쪽

어떤 그릇에 물 10 L가 들어 있다. 이 그릇에 있는 물의 절반을 버리고 3 L를 다시 넣는 것을 1회 시행이라 하자. n번째 시행 후 그릇에 남은 물의 양을 a_n L라 할 때, a_1의 값을 구하고 a_n과 a_{n+1} 사이의 관계식을 구하시오.

공략 Point

주어진 조건을 파악하여 첫째 항을 구하고, a_n과 a_{n+1}의 관계식을 구한다.

풀이

첫 번째 시행 후 그릇에 남은 물의 양 a_1 L 는 10 L의 절반을 버리고 3 L를 다시 넣은 양이므로	$a_1 = 10 \times \dfrac{1}{2} + 3 = 8$
$(n+1)$번째 시행 후 그릇에 남은 물의 양 a_{n+1} L는 n번째 시행 후 그릇에 남은 물의 양 a_n L의 절반을 버리고 3 L를 다시 넣은 양이므로	$a_{n+1} = \dfrac{1}{2} a_n + 3 \ (n=1, 2, 3, \cdots)$

● **문제** ●

정답과 해설 99쪽

07-1 다음 그림과 같이 정삼각형 모양으로 성냥개비를 배열하였다. 가장 아랫변에 놓인 성냥개비가 n 개일 때 성냥개비의 총개수를 a_n이라 하자. 이때 a_n과 a_{n+1} 사이의 관계식을 구하시오.

  ...

a_1 a_2 a_3

07-2 어떤 그릇에 농도가 5 %인 소금물 200 g이 들어 있다. 이 그릇에서 소금물 40 g을 덜어 내고 물 40 g을 넣는 것을 1회 시행이라 하자. n번째 시행 후 그릇에 있는 소금물의 농도를 a_n %라 할 때, a_1의 값을 구하고 a_n과 a_{n+1} 사이의 관계식을 구하시오.

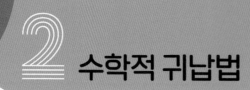

수학적 귀납법

❶ 수학적 귀납법

자연수 n에 대한 명제 $p(n)$이 모든 자연수 n에 대하여 성립함을 증명하려면 다음 두 가지를 보이면 된다.

> (ⅰ) $n=1$일 때, 명제 $p(n)$이 성립한다.
> (ⅱ) $n=k$일 때, 명제 $p(n)$이 성립한다고 가정하면 $n=k+1$일 때도 명제 $p(n)$이 성립한다.

이와 같은 방법으로 명제 $p(n)$이 성립함을 증명하는 것을 **수학적 귀납법**이라 한다.

예 모든 자연수 n에 대하여 등식

$$1+3+5+7+\cdots+(2n-1)=n^2 \quad \cdots\cdots \ \text{㉠}$$

이 성립함을 증명해 보자.

(ⅰ) $n=1$일 때, (좌변)$=1$, (우변)$=1^2=1$이므로 등식 ㉠이 성립한다.

(ⅱ) $n=k$일 때, 등식 ㉠이 성립한다고 가정하면

$$1+3+5+7+\cdots+(2k-1)=k^2$$

이 등식의 양변에 $(2k+1)$을 더하면

$$1+3+5+7+\cdots+(2k-1)+(2k+1)=k^2+(2k+1)=(k+1)^2$$

이므로 $n=k+1$일 때도 등식 ㉠이 성립한다.

등식 ㉠이 (ⅰ)에 의하여 $n=1$일 때 성립한다.

등식 ㉠이 $n=1$일 때 성립하므로 (ⅱ)에 의하여 $n=2$일 때도 성립한다.

등식 ㉠이 $n=2$일 때 성립하므로 (ⅱ)에 의하여 $n=3$일 때도 성립한다.

⋮

이와 같이 등식 ㉠이 모든 자연수 n에 대하여 성립함을 알 수 있다.

따라서 (ⅰ), (ⅱ)가 성립함을 보이면 모든 자연수 n에 대하여 등식 ㉠이 성립함을 증명할 수 있다.

참고 • 명제 $p(k)$가 성립한다고 가정하고 명제 $p(k+1)$이 성립함을 보일 때, $p(k)$의 양변에 같은 값을 더하거나 곱하여 $p(k+1)$로 나타내어지는 식을 만든다.

• 자연수 n에 대한 명제 $p(n)$이 $n \geq m$(m은 자연수)인 모든 자연수 n에 대하여 성립함을 증명하려면 다음 두 가지를 보이면 된다.

(ⅰ) $n=m$일 때, 명제 $p(n)$이 성립한다.

(ⅱ) $n=k$ $(k \geq m)$일 때, 명제 $p(n)$이 성립한다고 가정하면 $n=k+1$일 때도 명제 $p(n)$이 성립한다.

✎ 개념 Check

정답과 해설 100쪽

1 모든 자연수 n에 대하여 명제 $p(n)$이 참이면 명제 $p(n+2)$가 참일 때, 보기에서 옳은 것만을 있는 대로 고르시오.

┌ 보기 ─────────────────────────────────
ㄱ. $p(1)$이 참이면 $p(4)$도 참이다.
ㄴ. $p(2)$가 참이면 $p(8)$도 참이다.
ㄷ. $p(1)$, $p(2)$가 참이면 모든 자연수 n에 대하여 $p(n)$이 참이다.
└──────────────────────────────────────

수학적 귀납법을 이용한 등식의 증명

유형편 85쪽

모든 자연수 n에 대하여 다음 등식이 성립함을 수학적 귀납법으로 증명하시오.

$$1^2+2^2+3^2+\cdots+n^2=\frac{1}{6}n(n+1)(2n+1)$$

공략 Point

자연수 n에 대한 명제 $p(n)$이 모든 자연수 n에 대하여 성립함을 증명하려면 다음 두 가지를 보이면 된다.
(i) $n=1$일 때, 명제 $p(n)$이 성립한다.
(ii) $n=k$일 때, 명제 $p(n)$이 성립한다고 가정하면 $n=k+1$일 때도 명제 $p(n)$이 성립한다.

풀이

$1^2+2^2+3^2+\cdots+n^2=\dfrac{1}{6}n(n+1)(2n+1)$ ······ ㉠

(i) $n=1$일 때,

　(좌변)$=1^2=1$, (우변)$=\dfrac{1}{6}\times 1\times 2\times 3=1$

　따라서 $n=1$일 때 등식 ㉠이 성립한다.

(ii) $n=k$일 때, 등식 ㉠이 성립한다고 가정하면

　$1^2+2^2+3^2+\cdots+k^2=\dfrac{1}{6}k(k+1)(2k+1)$

　이 등식의 양변에 $(k+1)^2$을 더하면

　$1^2+2^2+3^2+\cdots+k^2+(k+1)^2=\dfrac{1}{6}k(k+1)(2k+1)+(k+1)^2$

$$=\dfrac{1}{6}(k+1)(k+2)(2k+3)$$

$$=\dfrac{1}{6}(k+1)\{(k+1)+1\}\{2(k+1)+1\}$$

　따라서 $n=k+1$일 때도 등식 ㉠이 성립한다.

(i), (ii)에서 모든 자연수 n에 대하여 등식 ㉠이 성립한다.

● **문제** ●

정답과 해설 100쪽

08-1 모든 자연수 n에 대하여 다음 등식이 성립함을 수학적 귀납법으로 증명하시오.

$$\frac{1}{1\times 2}+\frac{1}{2\times 3}+\frac{1}{3\times 4}+\cdots+\frac{1}{n(n+1)}=\frac{n}{n+1}$$

08-2 모든 자연수 n에 대하여 다음 등식이 성립함을 수학적 귀납법으로 증명하시오.

$$\frac{1}{2}+\frac{2}{2^2}+\frac{3}{2^3}+\cdots+\frac{n}{2^n}=2-\frac{n+2}{2^n}$$

수학적 귀납법을 이용한 부등식의 증명

유형편 87쪽

$h>0$일 때, $n\geq2$인 모든 자연수 n에 대하여 다음 부등식이 성립함을 수학적 귀납법으로 증명하시오.

$$(1+h)^n>1+nh$$

공략 Point

자연수 n에 대한 명제 $p(n)$이 $n\geq m$(m은 자연수)인 모든 자연수 n에 대하여 성립함을 증명하려면 다음 두 가지를 보이면 된다.

(i) $n=m$일 때, 명제 $p(n)$이 성립한다.

(ii) $n=k$ ($k\geq m$)일 때, 명제 $p(n)$이 성립한다고 가정하면 $n=k+1$일 때도 명제 $p(n)$이 성립한다.

풀이

$(1+h)^n>1+nh$ ...... ㉠

(i) $n=2$일 때,

(좌변)$=(1+h)^2=1+2h+h^2$, (우변)$=1+2h$

이때 $h^2>0$이므로 $n=2$일 때 부등식 ㉠이 성립한다.

(ii) $n=k$ ($k\geq2$)일 때, 부등식 ㉠이 성립한다고 가정하면

$(1+h)^k>1+kh$

이 부등식의 양변에 $(1+h)$를 곱하면

$(1+h)^{k+1}>(1+kh)(1+h)$

$\qquad\qquad=1+(k+1)h+kh^2$

$\qquad\qquad>1+(k+1)h$

$\therefore (1+h)^{k+1}>1+(k+1)h$

따라서 $n=k+1$일 때도 부등식 ㉠이 성립한다.

(i), (ii)에서 $n\geq2$인 모든 자연수 n에 대하여 부등식 ㉠이 성립한다.

문제

정답과 해설 100쪽

09-1 $n\geq4$인 모든 자연수 n에 대하여 다음 부등식이 성립함을 수학적 귀납법으로 증명하시오.

$$1\times2\times3\times\cdots\times n>2^n$$

09-2 $n\geq2$인 모든 자연수 n에 대하여 다음 부등식이 성립함을 수학적 귀납법으로 증명하시오.

$$1+\frac{1}{2^2}+\frac{1}{3^2}+\cdots+\frac{1}{n^2}<2-\frac{1}{n}$$

1 수열 $\{a_n\}$이
$$a_{n+1}=\frac{a_n+a_{n+2}}{2}\ (n=1, 2, 3, \cdots)$$
를 만족시키고 $a_5=11$, $a_9=19$일 때, $a_n>100$을 만족시키는 자연수 n의 최솟값은?

① 48   ② 49   ③ 50

④ 51   ⑤ 52

2 $a_1=2$, $a_{n+1}=a_n+2\ (n=1, 2, 3, \cdots)$로 정의된 수열 $\{a_n\}$의 첫째항부터 제n항까지의 합 S_n에 대하여 $\displaystyle\sum_{k=1}^{10}\frac{1}{S_k}$의 값은?

① $\dfrac{10}{11}$ ② $\dfrac{20}{21}$ ③ $\dfrac{21}{20}$

④ $\dfrac{11}{10}$ ⑤ $\dfrac{21}{11}$

3 $a_1=3$, $a_{n+1}{}^2=a_na_{n+2}\ (n=1, 2, 3, \cdots)$를 만족시키는 수열 $\{a_n\}$에 대하여 $\log_3 a_6=6$일 때, a_{10}의 값은?

① 3^8 ② 3^9 ③ 3^{10}

④ 3^{11} ⑤ 3^{12}

4 $a_1=5$, $a_2=25$, $\dfrac{a_{n+2}}{a_{n+1}}=\dfrac{a_{n+1}}{a_n}\ (n=1, 2, 3, \cdots)$로 정의된 수열 $\{a_n\}$의 첫째항부터 제n항까지의 합 S_n에 대하여 $S_n\geq400$을 만족시키는 자연수 n의 최솟값을 구하시오.

5 수열 $\{a_n\}$이
$$a_6=68,\ a_{n+1}=a_n+2^n\ (n=1, 2, 3, \cdots)$$
을 만족시킬 때, a_1의 값은?

① 2   ② 3   ③ 4

④ 5   ⑤ 6

6 $a_1=1$, $(n+1)^2a_{n+1}=n(n+2)a_n\ (n=1, 2, 3, \cdots)$으로 정의된 수열 $\{a_n\}$에서 $a_k=\dfrac{51}{100}$을 만족시키는 자연수 k의 값을 구하시오.

7 수열 $\{a_n\}$이 $a_n+a_{n+1}=n+3\ (n\geq1)$을 만족시킬 때, $\displaystyle\sum_{k=1}^{20}a_k$의 값은?

① 120   ② 130   ③ 140

④ 150   ⑤ 160

8 $a_1=2$, $a_2=4$이고,
$a_{n+2}+a_{n+1}+a_n=0\,(n=1,\,2,\,3,\,\cdots)$으로 정의된
수열 $\{a_n\}$에서 $a_{25}-a_{24}$의 값을 구하시오.

9 수열 $\{a_n\}$의 첫째항부터 제n항까지의 합 S_n에 대하여
$$a_1=1,\ S_n=-a_n+2n\ (n=1,\,2,\,3,\,\cdots)$$
이 성립한다. 이때 a_6의 값은?

① $\dfrac{61}{32}$ ② $\dfrac{31}{16}$ ③ $\dfrac{63}{32}$

④ 2 ⑤ $\dfrac{65}{32}$

10 어느 실험실에서 10마리의 단세포 생물을 배양한다. 이 단세포 생물은 한 시간이 지날 때마다 3마리가 죽고 나머지는 각각 2마리로 분열한다고 할 때, 5시간이 지난 후 살아 있는 단세포 생물의 수를 구하시오.

11 평면 위의 어느 두 직선도 평행하지 않고 어느 세 직선도 한 점에서 만나지 않도록 n개의 직선을 그을 때, 이 n개의 직선으로 나누어지는 영역의 개수를 a_n이라 하자. 예를 들어 위의 그림에서 $a_3=7$이다. 이때 a_5의 값을 구하시오.

12 수열 $\{a_n\}$을 $a_n=\displaystyle\sum_{k=1}^{n}\dfrac{1}{k}$이라 할 때, 다음은 모든 자연수 n에 대하여 등식
$$a_1+2a_2+3a_3+\cdots+na_n$$
$$=\dfrac{n(n+1)}{4}(2a_{n+1}-1)\qquad\cdots\cdots(\bigstar)$$
이 성립함을 수학적 귀납법으로 증명한 것이다.

> (i) $n=1$일 때,
> (좌변)$=a_1$, (우변)$=a_2-\boxed{\ (가)\ }=1=a_1$
> 이므로 $(\bigstar)$이 성립한다.
> (ii) $n=m$일 때, $(\bigstar)$이 성립한다고 가정하면
> $$a_1+2a_2+3a_3+\cdots+ma_m$$
> $$=\dfrac{m(m+1)}{4}(2a_{m+1}-1)\text{이다.}$$
> $n=m+1$일 때, $(\bigstar)$이 성립함을 보이자.
> $$a_1+2a_2+3a_3+\cdots+ma_m+(m+1)a_{m+1}$$
> $$=\dfrac{m(m+1)}{4}(2a_{m+1}-1)+(m+1)a_{m+1}$$
> $$=(m+1)a_{m+1}(\boxed{\ (나)\ }+1)-\dfrac{m(m+1)}{4}$$
> $$=\dfrac{(m+1)(m+2)}{2}(a_{m+2}-\boxed{\ (다)\ })$$
> $$\qquad\qquad -\dfrac{m(m+1)}{4}$$
> $$=\dfrac{(m+1)(m+2)}{4}(2a_{m+2}-1)$$
> 따라서 $n=m+1$일 때도 $(\bigstar)$이 성립한다.
> (i), (ii)에 의하여 모든 자연수 n에 대하여
> $$a_1+2a_2+3a_3+\cdots+na_n$$
> $$=\dfrac{n(n+1)}{4}(2a_{n+1}-1)$$
> 이 성립한다.

위의 (가)에 알맞은 수를 p, (나), (다)에 알맞은 식을 각각 $f(m)$, $g(m)$이라 할 때, $p+\dfrac{f(5)}{g(3)}$의 값은?

① 9 ② 10 ③ 11

④ 12 ⑤ 13

13 다음은 모든 자연수 n에 대하여 9^n-1이 8의 배수임을 수학적 귀납법으로 증명한 것이다.

> (i) $n=1$일 때, $9^1-1=8$은 8의 배수이다.
> (ii) $n=k$일 때, $9^k-1=8m$ (m은 자연수)이라 하면
> $$9^{k+1}-1=\boxed{(가)}\times9^k-1$$
> $$=8\times9^k+\boxed{(나)}=8(9^k+m)$$
> 따라서 $n=k+1$일 때도 8의 배수이다.
> (i), (ii)에서 모든 자연수 n에 대하여 9^n-1은 8의 배수이다.

위의 (가), (나)에 알맞은 것을 각각 a, $f(k)$라 할 때, $af(2)$의 값을 구하시오.

14 다음은 $n\geq3$인 모든 자연수 n에 대하여 부등식
$$2^n>2n+1 \quad\cdots\cdots ㉠$$
이 성립함을 수학적 귀납법으로 증명한 것이다.

> (i) $n=3$일 때,
> (좌변)$=2^3=8$, (우변)$=2\times3+1=7$
> 따라서 $n=3$일 때 부등식 ㉠이 성립한다.
> (ii) $n=k\,(k\geq3)$일 때, 부등식 ㉠이 성립한다고 가정하면
> $$2^k>2k+1$$
> 위의 식의 양변에 $\boxed{(가)}$을(를) 곱하면
> $$2^k\times\boxed{(가)}>(2k+1)\times\boxed{(가)}$$
> $$2^{k+1}\boxed{(나)}$$
> 이때 ($\boxed{(나)}$)$-$($\boxed{(다)}$)>0이므로
> $$2^{k+1}\boxed{(다)}$$
> 따라서 $n=k+1$일 때도 부등식 ㉠이 성립한다.
> (i), (ii)에서 $n\geq3$인 모든 자연수 n에 대하여 부등식 ㉠이 성립한다.

위의 (가), (나), (다)에 알맞은 것을 각각 a, $f(k)$, $g(k)$라 할 때, $\displaystyle\sum_{k=1}^{10}\{a+f(k)+g(k)\}$의 값을 구하시오.

실력

15 첫째항이 1이고 모든 항이 양수인 수열 $\{a_n\}$이 있다. x에 대한 이차방정식
$$a_nx^2-a_{n+1}x+4a_n=0$$
이 모든 자연수 n에 대하여 중근을 가질 때, $\displaystyle\sum_{k=1}^{5}a_k$의 값을 구하시오.

교육청

16 수열 $\{a_n\}$이 다음 조건을 만족시킨다.

> (가) $a_{n+2}=\begin{cases}a_n-3 & (n=1,3)\\ a_n+3 & (n=2,4)\end{cases}$
> (나) 모든 자연수 n에 대하여 $a_n=a_{n+6}$이 성립한다.

$\displaystyle\sum_{k=1}^{32}a_k=112$일 때, a_1+a_2의 값을 구하시오.

17 한 걸음에 한 계단 또는 두 계단을 올라 n개의 계단을 오르는 모든 경우의 수를 a_n이라 할 때, a_7의 값은?

① 18 ② 19 ③ 20
④ 21 ⑤ 22

상용로그표

수	0	1	2	3	4	5	6	7	8	9
1.0	.0000	.0043	.0086	.0128	.0170	.0212	.0253	.0294	.0334	.0374
1.1	.0414	.0453	.0492	.0531	.0569	.0607	.0645	.0682	.0719	.0755
1.2	.0792	.0828	.0864	.0899	.0934	.0969	.1004	.1038	.1072	.1106
1.3	.1139	.1173	.1206	.1239	.1271	.1303	.1335	.1367	.1399	.1430
1.4	.1461	.1492	.1523	.1553	.1584	.1614	.1644	.1673	.1703	.1732
1.5	.1761	.1790	.1818	.1847	.1875	.1903	.1931	.1959	.1987	.2014
1.6	.2041	.2068	.2095	.2122	.2148	.2175	.2201	.2227	.2253	.2279
1.7	.2304	.2330	.2355	.2380	.2405	.2430	.2455	.2480	.2504	.2529
1.8	.2553	.2577	.2601	.2625	.2648	.2672	.2695	.2718	.2742	.2765
1.9	.2788	.2810	.2833	.2856	.2878	.2900	.2923	.2945	.2967	.2989
2.0	.3010	.3032	.3054	.3075	.3096	.3118	.3139	.3160	.3181	.3201
2.1	.3222	.3243	.3263	.3284	.3304	.3324	.3345	.3365	.3385	.3404
2.2	.3424	.3444	.3464	.3483	.3502	.3522	.3541	.3560	.3579	.3598
2.3	.3617	.3636	.3655	.3674	.3692	.3711	.3729	.3747	.3766	.3784
2.4	.3802	.3820	.3838	.3856	.3874	.3892	.3909	.3927	.3945	.3962
2.5	.3979	.3997	.4014	.4031	.4048	.4065	.4082	.4099	.4116	.4133
2.6	.4150	.4166	.4183	.4200	.4216	.4232	.4249	.4265	.4281	.4298
2.7	.4314	.4330	.4346	.4362	.4378	.4393	.4409	.4425	.4440	.4456
2.8	.4472	.4487	.4502	.4518	.4533	.4548	.4564	.4579	.4594	.4609
2.9	.4624	.4639	.4654	.4669	.4683	.4698	.4713	.4728	.4742	.4757
3.0	.4771	.4786	.4800	.4814	.4829	.4843	.4857	.4871	.4886	.4900
3.1	.4914	.4928	.4942	.4955	.4969	.4983	.4997	.5011	.5024	.5038
3.2	.5051	.5065	.5079	.5092	.5105	.5119	.5132	.5145	.5159	.5172
3.3	.5185	.5198	.5211	.5224	.5237	.5250	.5263	.5276	.5289	.5302
3.4	.5315	.5328	.5340	.5353	.5366	.5378	.5391	.5403	.5416	.5428
3.5	.5441	.5453	.5465	.5478	.5490	.5502	.5514	.5527	.5539	.5551
3.6	.5563	.5575	.5587	.5599	.5611	.5623	.5635	.5647	.5658	.5670
3.7	.5682	.5694	.5705	.5717	.5729	.5740	.5752	.5763	.5775	.5786
3.8	.5798	.5809	.5821	.5832	.5843	.5855	.5866	.5877	.5888	.5899
3.9	.5911	.5922	.5933	.5944	.5955	.5966	.5977	.5988	.5999	.6010
4.0	.6021	.6031	.6042	.6053	.6064	.6075	.6085	.6096	.6107	.6117
4.1	.6128	.6138	.6149	.6160	.6170	.6180	.6191	.6201	.6212	.6222
4.2	.6232	.6243	.6253	.6263	.6274	.6284	.6294	.6304	.6314	.6325
4.3	.6335	.6345	.6355	.6365	.6375	.6385	.6395	.6405	.6415	.6425
4.4	.6435	.6444	.6454	.6464	.6474	.6484	.6493	.6503	.6513	.6522
4.5	.6532	.6542	.6551	.6561	.6571	.6580	.6590	.6599	.6609	.6618
4.6	.6628	.6637	.6646	.6656	.6665	.6675	.6684	.6693	.6702	.6712
4.7	.6721	.6730	.6739	.6749	.6758	.6767	.6776	.6785	.6794	.6803
4.8	.6812	.6821	.6830	.6839	.6848	.6857	.6866	.6875	.6884	.6893
4.9	.6902	.6911	.6920	.6928	.6937	.6946	.6955	.6964	.6972	.6981
5.0	.6990	.6998	.7007	.7016	.7024	.7033	.7042	.7050	.7059	.7067
5.1	.7076	.7084	.7093	.7101	.7110	.7118	.7126	.7135	.7143	.7152
5.2	.7160	.7168	.7177	.7185	.7193	.7202	.7210	.7218	.7226	.7235
5.3	.7243	.7251	.7259	.7267	.7275	.7284	.7292	.7300	.7308	.7316
5.4	.7324	.7332	.7340	.7348	.7356	.7364	.7372	.7380	.7388	.7396

수	0	1	2	3	4	5	6	7	8	9
5.5	.7404	.7412	.7419	.7427	.7435	.7443	.7451	.7459	.7466	.7474
5.6	.7482	.7490	.7497	.7505	.7513	.7520	.7528	.7536	.7543	.7551
5.7	.7559	.7566	.7574	.7582	.7589	.7597	.7604	.7612	.7619	.7627
5.8	.7634	.7642	.7649	.7657	.7664	.7672	.7679	.7686	.7694	.7701
5.9	.7709	.7716	.7723	.7731	.7738	.7745	.7752	.7760	.7767	.7774
6.0	.7782	.7789	.7796	.7803	.7810	.7818	.7825	.7832	.7839	.7846
6.1	.7853	.7860	.7868	.7875	.7882	.7889	.7896	.7903	.7910	.7917
6.2	.7924	.7931	.7938	.7945	.7952	.7959	.7966	.7973	.7980	.7987
6.3	.7993	.8000	.8007	.8014	.8021	.8028	.8035	.8041	.8048	.8055
6.4	.8062	.8069	.8075	.8082	.8089	.8096	.8102	.8109	.8116	.8122
6.5	.8129	.8136	.8142	.8149	.8156	.8162	.8169	.8176	.8182	.8189
6.6	.8195	.8202	.8209	.8215	.8222	.8228	.8235	.8241	.8248	.8254
6.7	.8261	.8267	.8274	.8280	.8287	.8293	.8299	.8306	.8312	.8319
6.8	.8325	.8331	.8338	.8344	.8351	.8357	.8363	.8370	.8376	.8382
6.9	.8388	.8395	.8401	.8407	.8414	.8420	.8426	.8432	.8439	.8445
7.0	.8451	.8457	.8463	.8470	.8476	.8482	.8488	.8494	.8500	.8506
7.1	.8513	.8519	.8525	.8531	.8537	.8543	.8549	.8555	.8561	.8567
7.2	.8573	.8579	.8585	.8591	.8597	.8603	.8609	.8615	.8621	.8627
7.3	.8633	.8639	.8645	.8651	.8657	.8663	.8669	.8675	.8681	.8686
7.4	.8692	.8698	.8704	.8710	.8716	.8722	.8727	.8733	.8739	.8745
7.5	.8751	.8756	.8762	.8768	.8774	.8779	.8785	.8791	.8797	.8802
7.6	.8808	.8814	.8820	.8825	.8831	.8837	.8842	.8848	.8854	.8859
7.7	.8865	.8871	.8876	.8882	.8887	.8893	.8899	.8904	.8910	.8915
7.8	.8921	.8927	.8932	.8938	.8943	.8949	.8954	.8960	.8965	.8971
7.9	.8976	.8982	.8987	.8993	.8998	.9004	.9009	.9015	.9020	.9025
8.0	.9031	.9036	.9042	.9047	.9053	.9058	.9063	.9069	.9074	.9079
8.1	.9085	.9090	.9096	.9101	.9106	.9112	.9117	.9122	.9128	.9133
8.2	.9138	.9143	.9149	.9154	.9159	.9165	.9170	.9175	.9180	.9186
8.3	.9191	.9196	.9201	.9206	.9212	.9217	.9222	.9227	.9232	.9238
8.4	.9243	.9248	.9253	.9258	.9263	.9269	.9274	.9279	.9284	.9289
8.5	.9294	.9299	.9304	.9309	.9315	.9320	.9325	.9330	.9335	.9340
8.6	.9345	.9350	.9355	.9360	.9365	.9370	.9375	.9380	.9385	.9390
8.7	.9395	.9400	.9405	.9410	.9415	.9420	.9425	.9430	.9435	.9440
8.8	.9445	.9450	.9455	.9460	.9465	.9469	.9474	.9479	.9484	.9489
8.9	.9494	.9499	.9504	.9509	.9513	.9518	.9523	.9528	.9533	.9538
9.0	.9542	.9547	.9552	.9557	.9562	.9566	.9571	.9576	.9581	.9586
9.1	.9590	.9595	.9600	.9605	.9609	.9614	.9619	.9624	.9628	.9633
9.2	.9638	.9643	.9647	.9652	.9657	.9661	.9666	.9671	.9675	.9680
9.3	.9685	.9689	.9694	.9699	.9703	.9708	.9713	.9717	.9722	.9727
9.4	.9731	.9736	.9741	.9745	.9750	.9754	.9759	.9763	.9768	.9773
9.5	.9777	.9782	.9786	.9791	.9795	.9800	.9805	.9809	.9814	.9818
9.6	.9823	.9827	.9832	.9836	.9841	.9845	.9850	.9854	.9859	.9863
9.7	.9868	.9872	.9877	.9881	.9886	.9890	.9894	.9899	.9903	.9908
9.8	.9912	.9917	.9921	.9926	.9930	.9934	.9939	.9943	.9948	.9952
9.9	.9956	.9961	.9965	.9969	.9974	.9978	.9983	.9987	.9991	.9996

삼각함수표

θ	$\sin\theta$	$\cos\theta$	$\tan\theta$	θ	$\sin\theta$	$\cos\theta$	$\tan\theta$
0°	0.0000	1.0000	0.0000	45°	0.7071	0.7071	1.0000
1°	0.0175	0.9998	0.0175	46°	0.7193	0.6947	1.0355
2°	0.0349	0.9994	0.0349	47°	0.7314	0.6820	1.0724
3°	0.0523	0.9986	0.0524	48°	0.7431	0.6691	1.1106
4°	0.0698	0.9976	0.0699	49°	0.7547	0.6561	1.1504
5°	0.0872	0.9962	0.0875	50°	0.7660	0.6428	1.1918
6°	0.1045	0.9945	0.1051	51°	0.7771	0.6293	1.2349
7°	0.1219	0.9925	0.1228	52°	0.7880	0.6157	1.2799
8°	0.1392	0.9903	0.1405	53°	0.7986	0.6018	1.3270
9°	0.1564	0.9877	0.1584	54°	0.8090	0.5878	1.3764
10°	0.1736	0.9848	0.1763	55°	0.8192	0.5736	1.4281
11°	0.1908	0.9816	0.1944	56°	0.8290	0.5592	1.4826
12°	0.2079	0.9781	0.2126	57°	0.8387	0.5446	1.5399
13°	0.2250	0.9744	0.2309	58°	0.8480	0.5299	1.6003
14°	0.2419	0.9703	0.2493	59°	0.8572	0.5150	1.6643
15°	0.2588	0.9659	0.2679	60°	0.8660	0.5000	1.7321
16°	0.2756	0.9613	0.2867	61°	0.8746	0.4848	1.8040
17°	0.2924	0.9563	0.3057	62°	0.8829	0.4695	1.8807
18°	0.3090	0.9511	0.3249	63°	0.8910	0.4540	1.9626
19°	0.3256	0.9455	0.3443	64°	0.8988	0.4384	2.0503
20°	0.3420	0.9397	0.3640	65°	0.9063	0.4226	2.1445
21°	0.3584	0.9336	0.3839	66°	0.9135	0.4067	2.2460
22°	0.3746	0.9272	0.4040	67°	0.9205	0.3907	2.3559
23°	0.3907	0.9205	0.4245	68°	0.9272	0.3746	2.4751
24°	0.4067	0.9135	0.4452	69°	0.9336	0.3584	2.6051
25°	0.4226	0.9063	0.4663	70°	0.9397	0.3420	2.7475
26°	0.4384	0.8988	0.4877	71°	0.9455	0.3256	2.9042
27°	0.4540	0.8910	0.5095	72°	0.9511	0.3090	3.0777
28°	0.4695	0.8829	0.5317	73°	0.9563	0.2924	3.2709
29°	0.4848	0.8746	0.5543	74°	0.9613	0.2756	3.4874
30°	0.5000	0.8660	0.5774	75°	0.9659	0.2588	3.7321
31°	0.5150	0.8572	0.6009	76°	0.9703	0.2419	4.0108
32°	0.5299	0.8480	0.6249	77°	0.9744	0.2250	4.3315
33°	0.5446	0.8387	0.6494	78°	0.9781	0.2079	4.7046
34°	0.5592	0.8290	0.6745	79°	0.9816	0.1908	5.1446
35°	0.5736	0.8192	0.7002	80°	0.9848	0.1736	5.6713
36°	0.5878	0.8090	0.7265	81°	0.9877	0.1564	6.3138
37°	0.6018	0.7986	0.7536	82°	0.9903	0.1392	7.1154
38°	0.6157	0.7880	0.7813	83°	0.9925	0.1219	8.1443
39°	0.6293	0.7771	0.8098	84°	0.9945	0.1045	9.5144
40°	0.6428	0.7660	0.8391	85°	0.9962	0.0872	11.4301
41°	0.6561	0.7547	0.8693	86°	0.9976	0.0698	14.3007
42°	0.6691	0.7431	0.9004	87°	0.9986	0.0523	19.0811
43°	0.6820	0.7314	0.9325	88°	0.9994	0.0349	28.6363
44°	0.6947	0.7193	0.9657	89°	0.9998	0.0175	57.2900
45°	0.7071	0.7071	1.0000	90°	1.0000	0.0000	

level up

만나보면
놀랄거야
렙업하는
수학성적

2type으로 구성된 맞춤형 수학 유형서

- 내 수준에 맞는 유형서로 실속을 챙기자

AM   기초탄탄 연산유형 마스터
PM   내신만점 핵심유형 마스터

고등 수학(상), 고등 수학(하) / 수학 I / 수학 II / 미적분 / 확률과 통계

비상교육이 만든 수능기출 앱 "기출댑댑"
전과목 기출 문제, 프리미엄 해설이 무제한

▼ 태블릿PC로 지금, 다운로드하세요! ▼

GET IT ON
Google Play

Download on the
App Store

✛ 개념·플러스·유형·시리즈 개념과 유형이 하나로! 가장 효과적인 수학 공부 방법을 제시합니다.

22개정 새 교육과정

유형편

대수

개념과 유형이 하나로

ABOVE IMAGINATION

우리는 남다른 상상과 혁신으로
교육 문화의 새로운 전형을 만들어
모든 이의 행복한 경험과 성장에 기여한다

개념+유형

유형편 대수

개념과 유형이 하나로

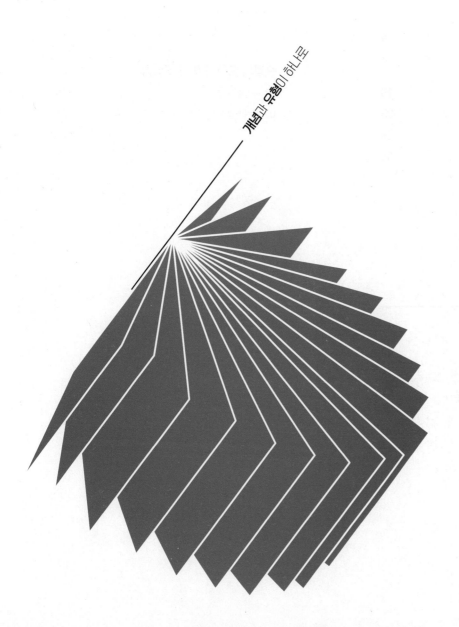

CONTENTS 차례

개념과 유형이 하나로
개념＋유형

1 지수와 로그

유형 01 거듭제곱근

실수 a와 2 이상인 자연수 n에 대하여 $x^n=a$를 만족시키는 수 x를 a의 n제곱근이라 한다.
이때 a의 n제곱근 중 실수인 것은 다음과 같다.

	$a>0$	$a=0$	$a<0$
n이 홀수	$\sqrt[n]{a}$	0	$\sqrt[n]{a}$
n이 짝수	$\sqrt[n]{a},\ -\sqrt[n]{a}$	0	없다.

1 다음 중 옳은 것은?

① $\sqrt{9}$의 제곱근은 -3, 3이다.

② -8의 세제곱근은 -2뿐이다.

③ 16의 네제곱근은 -2, 2이다.

④ n이 홀수일 때, -27의 n제곱근 중 실수인 것은 1개이다.

⑤ n이 짝수일 때, -81의 n제곱근 중 실수인 것은 2개이다.

2 27의 세제곱근 중 실수인 것을 a, $\sqrt{625}$의 네제곱근 중 양수인 것을 b라 할 때, ab의 값은?

① 1 ② $\sqrt{5}$ ③ $3\sqrt{5}$

④ 9 ⑤ $9\sqrt{5}$

교육청

3 $n\geq 2$인 자연수 n에 대하여 $2n^2-9n$의 n제곱근 중에서 실수인 것의 개수를 $f(n)$이라 할 때, $f(3)+f(4)+f(5)+f(6)$의 값을 구하시오.

유형 02 거듭제곱근의 계산

$a>0$, $b>0$이고 m, n이 2 이상인 자연수일 때

(1) $(\sqrt[n]{a})^n=a$

(2) $\sqrt[n]{a}\sqrt[n]{b}=\sqrt[n]{ab}$

(3) $\dfrac{\sqrt[n]{a}}{\sqrt[n]{b}}=\sqrt[n]{\dfrac{a}{b}}$

(4) $(\sqrt[n]{a})^m=\sqrt[n]{a^m}$

(5) $\sqrt[m]{\sqrt[n]{a}}=\sqrt[mn]{a}$

(6) $\sqrt[np]{a^{mp}}=\sqrt[n]{a^m}$ (단, p는 자연수)

4 다음 중 옳지 않은 것은?

① $\sqrt[3]{9}\times\sqrt[3]{81}=9$

② $\dfrac{\sqrt[4]{512}}{\sqrt[4]{8}}=2\sqrt{2}$

③ $(\sqrt[3]{4})^4=4\sqrt[3]{4}$

④ $\sqrt{\sqrt[3]{729}}=3$

⑤ $\sqrt[18]{64}\times\sqrt[6]{2}=2$

5 $\dfrac{\sqrt[4]{\sqrt[3]{64}}\times\sqrt[6]{\sqrt{8}}}{\sqrt[3]{\sqrt[4]{32}}}$ 을 간단히 하면?

① $\sqrt[6]{2}$ ② $\sqrt[5]{2}$ ③ $\sqrt[4]{2}$

④ $\sqrt[3]{2}$ ⑤ $\sqrt{2}$

6 $\sqrt[3]{\dfrac{\sqrt[4]{a}}{\sqrt{a}}}\times\sqrt{\dfrac{\sqrt[3]{a}}{\sqrt[4]{a}}}\times\sqrt{\dfrac{\sqrt{a}}{\sqrt[3]{a}}}$ 를 간단히 하면? (단, $a>0$)

① 1 ② $\sqrt[4]{a}$ ③ $\sqrt[6]{a}$

④ $\sqrt[12]{a}$ ⑤ $\sqrt[24]{a}$

7 $a>0$, $b>0$일 때, $\sqrt{\sqrt[3]{a^6b^4}}\times\sqrt{\sqrt[3]{a^5b^3}}\div\sqrt[3]{\sqrt[4]{a^3b^7}}=a^n\sqrt[p]{b^q}$을 만족시키는 세 자연수 n, p, q에 대하여 $n+p+q$의 값을 구하시오. (단, p, q는 서로소인 자연수이다.)

유형 03 거듭제곱근의 대소 비교

$a>0$, $b>0$일 때,

$a>b \Longleftrightarrow \sqrt[n]{a}>\sqrt[n]{b}$ (단, n은 2 이상인 자연수)

참고 두 수의 차를 이용하여 실수의 대소를 비교할 수 있다.

➡ a, b가 두 실수일 때,

$a-b>0$이면 $a>b$

$a-b=0$이면 $a=b$

$a-b<0$이면 $a<b$

8 세 수 $\sqrt[3]{4}$, $\sqrt[4]{6}$, $\sqrt[6]{15}$의 대소를 비교하면?

① $\sqrt[3]{4}<\sqrt[4]{6}<\sqrt[6]{15}$ ② $\sqrt[3]{4}<\sqrt[6]{15}<\sqrt[4]{6}$

③ $\sqrt[4]{6}<\sqrt[3]{4}<\sqrt[6]{15}$ ④ $\sqrt[4]{6}<\sqrt[6]{15}<\sqrt[3]{4}$

⑤ $\sqrt[6]{15}<\sqrt[4]{6}<\sqrt[3]{4}$

9 다음 중 가장 큰 수는?

① $\sqrt[3]{2\times3}$ ② $\sqrt{3\sqrt[3]{2}}$ ③ $\sqrt{2\sqrt[3]{5}}$

④ $\sqrt[3]{2\sqrt{5}}$ ⑤ $\sqrt[3]{5\sqrt{2}}$

10 세 수 $A=\sqrt{2}+\sqrt[3]{3}$, $B=2\sqrt[3]{3}$, $C=\sqrt[4]{5}+\sqrt[3]{3}$의 대소를 비교하면?

① $A<B<C$ ② $A<C<B$

③ $B<A<C$ ④ $B<C<A$

⑤ $C<B<A$

유형 04 지수의 확장

(1) $a\neq0$이고 n이 양의 정수일 때,

$a^0=1$, $a^{-n}=\dfrac{1}{a^n}$

(2) $a>0$이고 m, $n(n\geq2)$이 정수일 때,

$a^{\frac{m}{n}}=\sqrt[n]{a^m}$, $a^{\frac{1}{n}}=\sqrt[n]{a}$

(3) $a>0$, $b>0$이고 x, y가 실수일 때

① $a^x a^y=a^{x+y}$ ② $a^x \div a^y=a^{x-y}$

③ $(a^x)^y=a^{xy}$ ④ $(ab)^x=a^x b^x$

주의 지수가 정수가 아닌 유리수일 때는 밑이 음수이면 지수법칙이 성립하지 않음에 주의한다.

➡ $\{(-2)^2\}^{\frac{1}{2}}\neq(-2)^{2\times\frac{1}{2}}$

11 $\{(-3)^4\}^{\frac{1}{2}}-25^{-\frac{3}{2}}\times100^{\frac{3}{2}}$을 간단히 하면?

① -2 ② -1 ③ 0

④ 1 ⑤ 2

12 $\dfrac{9^{-10}+3^{-8}}{3^{-10}+9^{-11}}\times\dfrac{26}{5^2+25^2}$을 간단히 하시오.

13 $\sqrt{2}\times\sqrt[3]{3}\times\sqrt[4]{4}\times\sqrt[6]{6}=2^a\times3^b$을 만족시키는 유리수 a, b에 대하여 $a+b$의 값은?

① $\dfrac{4}{3}$ ② $\dfrac{5}{3}$ ③ 2

④ $\dfrac{7}{3}$ ⑤ $\dfrac{8}{3}$

14 $\sqrt{a\sqrt{a\sqrt[4]{a^3}}}=\sqrt[4]{a\sqrt{a\sqrt{a^k}}}$을 만족시키는 자연수 k의 값을 구하시오. (단, $a>0$, $a\neq1$)

01 지수

15 $(a^{\sqrt{3}})^{2\sqrt{2}} \times (\sqrt[3]{a})^{6\sqrt{6}} \div a^{3\sqrt{6}} = a^k$을 만족시키는 실수 k에 대하여 k^2의 값을 구하시오. (단, $a>0$, $a \neq 1$)

16 $a=\sqrt{3}$, $b=\sqrt[3]{2}$일 때, $18^{\frac{1}{6}}$을 a, b로 나타내면?

① $a^{\frac{1}{3}}b^{\frac{1}{6}}$　　② $a^{\frac{1}{3}}b^{\frac{1}{2}}$　　③ $a^{\frac{2}{3}}b^{\frac{1}{3}}$

④ $a^{\frac{2}{3}}b^{\frac{1}{2}}$　　⑤ $ab^{\frac{1}{2}}$

17 $625^{\frac{1}{n}}$이 자연수가 되도록 하는 모든 정수 n의 값의 합은?

① 6　　② 7　　③ 8
④ 9　　⑤ 10

18 2 이상의 자연수 n에 대하여 넓이가 $\sqrt[n]{64}$인 정사각형의 한 변의 길이를 $f(n)$이라 할 때, $f(4) \times f(12)$의 값을 구하시오.

유형 05 지수법칙과 곱셈 공식

$a>0$, $b>0$이고 x, y가 실수일 때
(1) $(a^x+b^y)(a^x-b^y)=a^{2x}-b^{2y}$
(2) $(a^x \pm b^y)^2 = a^{2x} \pm 2a^xb^y + b^{2y}$ (복부호 동순)
(3) $(a^x \pm b^y)(a^{2x} \mp a^xb^y + b^{2y}) = a^{3x} \pm b^{3y}$ (복부호 동순)
(4) $(a^x \pm b^y)^3 = a^{3x} \pm 3a^{2x}b^y + 3a^xb^{2y} \pm b^{3y}$ (복부호 동순)

19 $\dfrac{(3^{\frac{1}{3}}-1)(9^{\frac{1}{3}}+3^{\frac{1}{3}}+1)}{(2^{\frac{1}{2}}-1)^2(2^{\frac{3}{2}}+3)}$을 간단히 하시오.

20 $(2^{x+y}+2^{x-y})^2 - (2^{x+y}-2^{x-y})^2$을 간단히 하면?

① 2^{2x-2}　　② 2^{2x-1}　　③ 2^{2x+2}
④ 2^{2y-1}　　⑤ 2^{2y+2}

21 $(a^{\frac{1}{3}}+a^{-\frac{2}{3}})^3 - 3a^{-\frac{1}{3}}(a^{\frac{1}{3}}+a^{-\frac{2}{3}})$을 간단히 하면?
(단, $a>0$)

① $a-1$　　② $a-\dfrac{1}{a}$　　③ $a+\dfrac{1}{a}$

④ $a-\dfrac{1}{a^2}$　　⑤ $a+\dfrac{1}{a^2}$

22 $x=\sqrt[3]{2}-\dfrac{1}{\sqrt[3]{2}}$일 때, $2x^3+6x+1$의 값은?

① 2　　② 3　　③ 4
④ 5　　⑤ 6

유형 06 $a^x + a^{-x}$ 꼴의 식의 값 구하기

양수 x에 대하여
(1) $a^{2x} + a^{-2x} = (a^x \pm a^{-x})^2 \mp 2$ (복부호 동순)
(2) $a^{3x} \pm a^{-3x} = (a^x \pm a^{-x})^3 \mp 3(a^x \pm a^{-x})$ (복부호 동순)

23 $x + x^{-1} = 14$일 때, $x^{\frac{1}{2}} + x^{-\frac{1}{2}}$의 값을 구하시오.
○○○ (단, $x > 0$)

24 $x^{\frac{1}{2}} - x^{-\frac{1}{2}} = 1$일 때, $x^3 + x^{-3}$의 값은? (단, $x > 0$)
●○○
① 14 ② 16 ③ 18
④ 20 ⑤ 22

25 $x > 0$이고 $x^2 + x^{-2} = 23$일 때, $\dfrac{x^{\frac{1}{2}} + x^{-\frac{1}{2}}}{x + x^{-1}}$의 값을
●○○ 구하시오.

26 $9^x + 9^{-x} = 47$일 때, $3^{\frac{x}{4}} + 3^{-\frac{x}{4}}$의 값은?
●●○
① 1 ② $\sqrt{3}$ ③ 2
④ $\sqrt{5}$ ⑤ 3

유형 07 $\dfrac{a^x - a^{-x}}{a^x + a^{-x}}$ 꼴의 식의 값 구하기

a^{2x}의 값이 주어진 경우
➡ $\dfrac{a^x - a^{-x}}{a^x + a^{-x}}$ 꼴의 분모, 분자에 a^x을 곱하여 a^{2x}을 포함한 식으로 변형한다.

27 $a^{2x} = 7$일 때, $\dfrac{a^x + a^{-x}}{a^x - a^{-x}}$의 값은? (단, $a > 0$)
●○○
① $\dfrac{3}{4}$ ② $\dfrac{7}{8}$ ③ $\dfrac{8}{7}$
④ $\dfrac{4}{3}$ ⑤ $\dfrac{7}{4}$

28 $3^{\frac{1}{x}} = 25$일 때, $\dfrac{5^{3x} + 5^{-3x}}{5^x - 5^{-x}}$의 값은?
●●○
① $\dfrac{13}{3}$ ② $\dfrac{9}{2}$ ③ $\dfrac{14}{3}$
④ $\dfrac{29}{6}$ ⑤ 5

29 $\dfrac{a^m + a^{-m}}{a^m - a^{-m}} = 3$일 때, $(a^m + a^{-m})(a^m - a^{-m})$의 값은? (단, $a > 0$)
●●○
① $\dfrac{4}{3}$ ② $\dfrac{3}{2}$ ③ $\dfrac{5}{3}$
④ $\dfrac{5}{2}$ ⑤ 3

유형 08 밑이 다른 식이 주어질 때의 식의 값 구하기

$a>0$, $b>0$이고 x가 0이 아닌 실수일 때

$$a^x=b \iff a=b^{\frac{1}{x}}$$

임을 이용하여 주어진 조건을 구하는 식에 대입할 수 있도록 변형한다.

30 실수 x, y에 대하여 $18^x=2^y=81$일 때, $\dfrac{1}{x}-\dfrac{1}{y}$의 값을 구하시오.

교육청▶

31 양수 a와 두 실수 x, y가

$$15^x=8,\quad a^y=2,\quad \dfrac{3}{x}+\dfrac{1}{y}=2$$

를 만족시킬 때, a의 값은?

① $\dfrac{1}{15}$　　② $\dfrac{2}{15}$　　③ $\dfrac{1}{5}$

④ $\dfrac{4}{15}$　　⑤ $\dfrac{1}{3}$

32 양수 a, b, c와 실수 x, y, z에 대하여 $abc=27$이고 $a^x=b^y=c^z=81$일 때, $\dfrac{1}{x}+\dfrac{1}{y}+\dfrac{1}{z}$의 값은?

① $\dfrac{1}{2}$　　② $\dfrac{3}{4}$　　③ $\dfrac{4}{3}$

④ 2　　⑤ 3

33 양수 a, b와 실수 x, y, z에 대하여 $a^x=b^y=4^z$이고 $\dfrac{1}{x}+\dfrac{1}{y}-\dfrac{3}{z}=0$일 때, ab의 값을 구하시오.

(단, $xyz \neq 0$)

유형 09 지수의 실생활에의 활용

(1) 식이 주어진 경우 ➡ 주어진 식에서 각 문자가 나타내는 것이 무엇인지 파악한 후 조건에 따라 수를 대입하고 지수법칙을 이용하여 값을 구한다.

(2) 식이 주어지지 않은 경우 ➡ 조건에 맞도록 식을 세운 후 지수법칙을 이용하여 값을 구한다.

34 어느 금융 상품에 A만 원을 투자하고 t년이 지난 후의 금액을 P만 원이라 하면

$$P=A\times\left(\dfrac{3}{2}\right)^{\frac{t}{4}}$$

인 관계가 성립한다고 한다. 이 금융 상품에 100만 원을 투자하고 3년이 지난 후의 금액을 P_1만 원, 7년이 지난 후의 금액을 P_2만 원이라 할 때, $\dfrac{P_2}{P_1}$의 값을 구하시오.

35 어느 전자레인지로 음식물을 데우는 데 걸리는 시간 t와 음식물의 개수 p, 음식물의 부피 q 사이에는 다음과 같은 관계식이 성립한다고 한다.

$$t=ap^{\frac{1}{2}}q^{\frac{3}{2}}\ (단, a는 상수)$$

이때 음식물의 개수가 4배, 음식물의 부피가 8배가 되면 음식물을 데우는 데 걸리는 시간은 몇 배 증가하는지 구하시오.

36 두 품목 A, B의 가격이 n년 동안 a원에서 b원으로 올랐을 때 연평균 가격 상승률을 $\sqrt[n]{\dfrac{b}{a}}-1$로 계산하기로 한다. 두 품목 A, B의 가격이 최근 10년 동안 각각 2배, 4배 올랐다고 할 때, 이 기간 동안 품목 B의 연평균 가격 상승률은 품목 A의 연평균 가격 상승률의 몇 배인지 구하시오.

(단, $1.07^{10}=2$로 계산한다.)

정답과 해설 107쪽

유형 01 로그의 정의

$a>0$, $a\neq1$, $N>0$일 때
$$a^x=N \Longleftrightarrow x=\log_a N$$

1 $x=\log_2 27$일 때, $2^{\frac{x}{6}}$의 값을 구하시오.
○○○

2 $\log_5\{\log_3(\log_2 a)\}=0$을 만족시키는 실수 a의
●○○ 값은?

① 2 　　　　② 4 　　　　③ 8

④ 16 　　　　⑤ 64

3 $\log_{\frac{1}{2}} x=4$, $\log_y 2=-\dfrac{1}{3}$을 만족시키는 실수 x, y
●○○

에 대하여 $\dfrac{1}{x}+\dfrac{1}{y}$의 값을 구하시오.

4 $x=\log_5(\sqrt{2}+1)$일 때, 5^x+5^{-x}의 값은?
●○○ ① $\sqrt{2}-1$ 　　② $\sqrt{2}$ 　　③ $\sqrt{2}+1$
④ $2\sqrt{2}$ 　　⑤ $\sqrt{2}+2$

유형 02 로그의 밑과 진수의 조건

$\log_a N$이 정의되려면
(1) 밑의 조건 ➡ $a>0$, $a\neq1$
(2) 진수의 조건 ➡ $N>0$

교육청

5 $\log_{(a+3)}(-a^2+3a+28)$이 정의되도록 하는 모든
●○○ 정수 a의 개수를 구하시오.

6 $\log_{(a-3)}(a-1)$과 $\log_{(a-3)}(8-a)$가 모두 정의되
●○○ 도록 하는 모든 정수 a의 값의 합은?

① 11 　　　　② 18 　　　　③ 22

④ 25 　　　　⑤ 33

7 $\log_{|x-1|}(-x^2+3x+4)$가 정의되도록 하는 정수
●●○ x의 값을 구하시오.

8 모든 실수 x에 대하여 $\log_{(a-2)^2}(ax^2+2ax+8)$이
●●○ 정의되도록 하는 정수 a의 최댓값과 최솟값의 합을
구하시오.

유형 03 로그의 성질을 이용한 계산

$a>0$, $a\neq1$, $M>0$, $N>0$일 때

(1) $\log_a 1=0$, $\log_a a=1$

(2) $\log_a MN=\log_a M+\log_a N$

(3) $\log_a \dfrac{M}{N}=\log_a M-\log_a N$

(4) $\log_a M^k=k\log_a M$ (단, k는 실수)

유형 04 로그의 밑의 변환을 이용한 계산

$a>0$, $a\neq1$, $b>0$일 때

(1) $\log_a b=\dfrac{\log_c b}{\log_c a}$ (단, $c>0$, $c\neq1$)

(2) $\log_a b=\dfrac{1}{\log_b a}$ (단, $b\neq1$)

(3) $\log_{a^m} b^n=\dfrac{n}{m}\log_a b$ (단, m, n은 실수, $m\neq0$)

---

9 $\log_3 \sqrt{54}+2\log_3 \sqrt{2}-\dfrac{1}{2}\log_3 24$를 간단히 하시오.

●○○

12 $\log_3 4\times\log_2 5\times\log_5 6-\log_3 25\times\log_5 2$를 간단히 하시오.

●○○

10 다음 식을 간단히 하면?

●●○

$$\log_2\left(1+\dfrac{1}{2}\right)+\log_2\left(1+\dfrac{1}{3}\right)+\log_2\left(1+\dfrac{1}{4}\right)$$
$$+\cdots+\log_2\left(1+\dfrac{1}{63}\right)$$

① 4   ② 5   ③ 6
④ 7   ⑤ 8

13 $\left(\log_2 5+\log_4 125\right)\left(\log_5 2+\log_{25} \dfrac{1}{2}\right)$을 간단히 하면?

●○○

① 1   ② $\dfrac{5}{4}$ ③ $\dfrac{3}{2}$
④ 3   ⑤ 5

14 $\dfrac{\log_7 4}{a}=\dfrac{\log_7 12}{b}=\dfrac{\log_7 27}{c}=\log_7 6$일 때, $a+b+c$의 값을 구하시오. (단, $abc\neq0$)

●●●

11 36의 모든 양의 약수를 a_1, a_2, a_3, $\cdots$, a_9라 할 때,

●●●

$\log_6 a_1+\log_6 a_2+\log_6 a_3+\cdots+\log_6 a_9$
의 값을 구하시오.

교육청 ▶

15 2 이상의 자연수 n에 대하여

●●●

$\log_n 4\times\log_2 9$
의 값이 자연수가 되도록 하는 모든 n의 값의 합은?

① 93   ② 94   ③ 95
④ 96   ⑤ 97

유형 05 로그의 여러 가지 성질을 이용한 계산

$a>0$, $b>0$일 때

(1) $a^{\log_a b}=b$ (단, $a\neq 1$)

(2) $a^{\log_c b}=b^{\log_c a}$ (단, $c>0$, $c\neq 1$)

16 $9^{3\log_3 2-2\log_3 10-2\log_{\frac{1}{3}} 5}$을 간단히 하시오.
●○○

17 $(5^{\log_5 9-\log_5 3})^{\log_3 2}+4^{\log_2 5}$을 간단히 하면?
●○○
① 24　　　② 27　　　③ 30

④ 33　　　⑤ 36

18 $x=\log_{\sqrt{2}} 5$일 때, $2^x \times 5^{\frac{2}{x}}$의 값은?
●●○
① 20　　　② 25　　　③ $20\sqrt{5}$

④ $25\sqrt{2}$　　　⑤ 50

유형 06 로그의 정수 부분과 소수 부분

$a>1$이고 양수 M과 정수 n에 대하여 $a^n\leq M<a^{n+1}$일 때

$\log_a a^n \leq \log_a M < \log_a a^{n+1}$

∴ $n\leq \log_a M < n+1$

➡ $\log_a M$의 정수 부분: n

$\log_a M$의 소수 부분: $\log_a M-n$

19 $\log_3 15$의 소수 부분을 a라 할 때, 9^a의 값을 구하
●●○ 시오.

20 $\log_2 12$의 정수 부분을 x, 소수 부분을 y라 할 때,
●●○ $2(2^y+3^x)$의 값은?

① 54　　　② 55　　　③ 56

④ 57　　　⑤ 58

21 $\dfrac{\log_5 9}{\log_5 4}$의 정수 부분을 a, 소수 부분을 b라 할 때,
●●●
$\dfrac{b-a}{a+b}=1-\log_3 x$를 만족시키는 자연수 x의 값을
구하시오.

로그의 값을 문자로 나타낼 때는 다음과 같은 순서로 한다.

(1) 로그의 밑의 변환을 이용하여 문자로 주어진 로그와 구하는 로그의 밑을 같게 한다.

(2) 구하는 로그의 진수를 소인수분해하여 곱의 형태로 변형한 후 로그의 성질을 이용하여 로그의 합 또는 차의 꼴로 나타낸다.

(3) (2)의 식에 주어진 문자를 대입한다.

22 $\log_5 2 = a$, $\log_5 3 = b$일 때, $\log_5 54$를 a, b로 나타내시오.
●○○

23 $\log_{10} 2 = a$, $\log_{10} 3 = b$일 때, $\log_5 18$을 a, b로 나타내시오.
●○○

24 $\log_2 3 = a$, $\log_3 5 = b$일 때, $\log_{24} 30$을 a, b로 나타내면?
●●○

① $\dfrac{ab+1}{a+3}$　② $\dfrac{ab+a}{a+3}$　③ $\dfrac{ab+b}{a+3}$

④ $\dfrac{ab+a+1}{a+3}$　⑤ $\dfrac{ab+b+1}{a+3}$

25 $2^a = 3$, $3^b = 5$, $5^c = 7$일 때, $\log_5 42$를 a, b, c로 나타내면?
●●●

① $\dfrac{1+b+abc}{a}$　② $\dfrac{a+b+c}{a}$

③ $\dfrac{1+a+abc}{ab}$　④ $\dfrac{1+b+abc}{ab}$

⑤ $\dfrac{a+b+abc}{abc}$

로그의 성질을 이용하여 주어진 조건을 변형한 후 이를 구하는 식에 대입하여 식의 값을 구한다.

특히 $a^x = b$ 꼴이 주어진 경우는 로그의 정의에 의하여 $x = \log_a b$임을 이용한다.

26 양수 a, b에 대하여 $a^2 b = 1$일 때, $\log_{a^2} a^7 b^6$의 값은?
●○○

① -3　　② $-\dfrac{5}{2}$　　③ -2

④ $-\dfrac{3}{2}$　　⑤ -1

27 $\log_2 (a+b) = 3$, $\log_2 a + \log_2 b = 3$일 때, $a^2 + b^2$의 값을 구하시오.
●●○

28 실수 x, y에 대하여 $27^x = 12^y = 18$일 때, $\dfrac{x+y}{xy}$의 값을 구하시오.
●○○

29 $\log_5 2 = a$, $\log_2 7 = b$일 때, 25^{ab}의 값을 구하시오.

유형 09 로그와 이차방정식

이차방정식 $ax^2 + bx + c = 0$의 두 근이 $\log_r \alpha$, $\log_r \beta$일 때, 이차방정식의 근과 계수의 관계에 의하여

(1) $\log_r \alpha + \log_r \beta = -\dfrac{b}{a} \Longleftrightarrow \log_r \alpha\beta = -\dfrac{b}{a}$

$\qquad\qquad\qquad\qquad\qquad \Longleftrightarrow \alpha\beta = r^{-\frac{b}{a}}$

(2) $\log_r \alpha \times \log_r \beta = \dfrac{c}{a}$

---

30 1이 아닌 양수 a, b, c에 대하여 $a^2 = b^3 = c^5$일 때, 세 수 $A = \log_a b$, $B = \log_b c$, $C = \log_c a$의 대소를 비교하면?

① $A < B < C$　　　　② $A < C < B$

③ $B < A < C$　　　　④ $B < C < A$

⑤ $C < B < A$

---

33 이차방정식 $x^2 - 7x + 1 = 0$의 두 근을 α, β라 할 때, $\log_3(\alpha+1) + \log_3(\beta+1)$의 값을 구하시오.

---

31 다음 조건을 만족시키는 두 실수 a, b에 대하여 $a+b$의 값을 구하시오.

> (가) $\log_2 (\log_4 a) = 1$
>
> (나) $\log_a 5 \times \log_5 b = \dfrac{3}{2}$

---

34 이차방정식 $x^2 - 6x + 4 = 0$의 두 근이 $\log_5 \alpha$, $\log_5 \beta$일 때, $\log_a \beta + \dfrac{1}{\log_a \beta}$의 값을 구하시오.

---

32 1이 아닌 양수 a, b에 대하여 $\log_a 4 = \log_b 8$일 때, $\log_{ab} a^2 b^3$의 값은?

① $\dfrac{4}{5}$　　　② $\dfrac{7}{4}$　　　③ $\dfrac{9}{5}$

④ $\dfrac{9}{4}$　　　⑤ $\dfrac{13}{5}$

---

35 이차방정식 $x^2 - 5x + k = 0$의 두 근이 $\log_2 a$, $\log_2 b$이고, $a+b = 12$일 때, 실수 k의 값은?

① 3　　　② 4　　　③ 5

④ 6　　　⑤ 7

유형 01 상용로그의 값

로그의 진수 N을 $N=10^n \times a$ $(1 \leq a < 10,$ n은 정수$)$ 꼴로 나타내면
$$\log N = \log(10^n \times a) = \log 10^n + \log a = n + \log a$$

1 $\log \sqrt{10} - \log \sqrt[3]{100} + \log \sqrt{\dfrac{1}{1000}}$ 을 간단히 하시오.
○○○

2 $\log 1.63 = 0.2122$일 때, 다음 중 옳지 않은 것은?
●○○

① $\log 163 = 2.2122$

② $\log 1630 = 3.2122$

③ $\log 0.163 = -0.2122$

④ $\log 0.0163 = -1.7878$

⑤ $\log 0.00163 = -2.7878$

교육청

3 다음은 상용로그표의 일부이다.
●○○

수	$\cdots$	2	3	4	$\cdots$
$\vdots$		$\vdots$	$\vdots$	$\vdots$	
3.0	$\cdots$	.4800	.4814	.4829	$\cdots$
3.1	$\cdots$	.4942	.4955	.4969	$\cdots$
3.2	$\cdots$	.5079	.5092	.5105	$\cdots$
3.3	$\cdots$	.5211	.5224	.5237	$\cdots$

$\log 32.4$의 값을 위의 표를 이용하여 구한 것은?

① 0.4800 ② 0.4955 ③ 1.4955

④ 1.5105 ⑤ 2.5105

4 $\log 2 = 0.3010$, $\log 3 = 0.4771$일 때,
●○○ $\log \sqrt{3} - \log 2\sqrt{6} + \log 6$의 값을 구하시오.

유형 02 상용로그의 진수 구하기

주어진 상용로그의 값을 사용할 수 있도록 로그의 값을
$$\log N = n + \alpha \ (n\text{은 정수},\ 0 \leq \alpha < 1)$$
꼴로 나타낸다.

예 $\log 4.81 = 0.6821$일 때, $\log x = 1.6821$의 x의 값 구하기
$\log x = 1 + 0.6821 = 1 + \log 4.81 = \log 48.1$
$\therefore x = 48.1$

5 $\log 2.34 = 0.3692$일 때, $\log 2340 = a$,
●○○ $\log b = -1.6308$을 만족시키는 양수 a, b에 대하여 $a + 100b$의 값은?

① 3.3926 ② 4.6308 ③ 4.6923

④ 5.0234 ⑤ 5.7092

6 $\log 0.155 = -0.8097$, $\log 641 = 2.8069$일 때,
●○○ $\log a = 0.8069$, $\log b = 0.1903$을 만족시키는 양수 a, b에 대하여 $a + b$의 값을 구하시오.

7 $\log 612 = 2.7868$일 때, $\log N = -2.2132$를 만족
●●○ 시키는 양수 N의 값을 구하시오.

유형 O3 (UP) 상용로그의 활용

(1) $10^m < N < 10^n$이면
→ $m < \log N < n$
(2) $\log N$의 정수 부분이 n이면
→ $n \leq \log N < n+1$

8 $\log x$의 정수 부분이 2이고 $\log x^2$과 $\log \sqrt[3]{x}$의 차가 정수일 때, $\log x$의 값을 구하시오.

9 $1 < x \leq 100$일 때, $\log x^3 - \log \dfrac{1}{x}$의 값이 홀수가 되도록 하는 모든 x의 값의 곱을 A라 할 때, $\log A$의 값을 구하시오.

10 $\log N$의 정수 부분이 3이고 $2\log N - \log \dfrac{N}{4}$의 값이 정수일 때, 양수 N의 값을 구하시오.

11 다음 조건을 만족시키는 모든 양수 x의 값의 곱을 N이라 할 때, $\log N$의 값을 구하시오.

> (가) $4 \leq \log x \leq 8$
> (나) $\log \sqrt{x}$와 $\log \sqrt[3]{x}$의 합은 정수이다.
> (다) $\log \sqrt{x}$와 $\log \sqrt[3]{x}$는 모두 정수가 아니다.

유형 O4 상용로그의 실생활에의 활용 – 관계식이 주어진 경우

상용로그의 실생활에의 활용에서 관계식이 주어진 경우는 다음과 같은 순서로 구한다.
(1) 주어진 조건을 식에 대입한다.
(2) (1)의 식에서 로그의 정의 및 성질을 이용하여 값을 구한다.

12 중고 상품을 판매하는 어느 회사에서 새 상품의 가격 P만 원, 연평균 감가상각비율 r, t년 후의 중고 상품의 가격 W만 원 사이에는 다음과 같은 관계식이 성립한다고 한다.

$$\log(1-r) = \frac{1}{t}\log\frac{W}{P}$$

250만 원짜리 새 상품의 연평균 감가상각비율이 0.2일 때, 3년 후의 중고 상품의 가격을 구하시오.

13 해수면으로부터 높이가 h km인 곳의 기압을 P기압이라 할 때, 다음과 같은 관계식이 성립한다고 한다.

$$h = 3.3\log\frac{1}{P}$$

이때 높이가 400 m인 곳의 기압은 높이가 7 km인 곳의 기압의 몇 배인지 구하시오.

14 망각의 법칙에 따르면 학습한 처음 기억 상태를 L_0, t개월 후의 기억 상태를 L이라 할 때, 다음과 같은 관계식이 성립한다고 한다.

$$\log\frac{L_0}{L} = c\log(t+1) \ (단, c는 상수)$$

어느 학습에서 처음 기억 상태가 100일 때, 1개월 후의 기억 상태는 7개월 후의 기억 상태의 2배이다. 이때 상수 c의 값을 구하시오.

유형 05 상용로그의 실생활에의 활용
— 일정하게 증가하거나 감소하는 경우

(1) 처음 양 a가 매년 $r\%$씩 증가할 때 n년 후의 양

$$\Rightarrow a\left(1+\frac{r}{100}\right)^{n}$$

(2) 처음 양 a가 매년 $r\%$씩 감소할 때 n년 후의 양

$$\Rightarrow a\left(1-\frac{r}{100}\right)^{n}$$

15 이번 달부터 매달 저축을 하려고 한다. 저축 금액을 매달 전달 대비 6%씩 증가시킨다고 할 때, 저축한 지 1년 후의 저축 금액은 이번 달 저축 금액의 몇 배가 되는지 구하시오.

(단, $\log 2=0.3$, $\log 1.06=0.025$로 계산한다.)

16 정부는 미세 먼지의 농도를 매년 일정한 비율로 감소시켜 10년 후의 농도가 현재 농도의 $\frac{1}{3}$이 되도록 정책을 수립하려고 한다. 매년 몇 $\%$씩 감소시켜야 하는가?

(단, $\log 3=0.48$, $\log 8.96=0.952$로 계산한다.)

① 8.9% ② 9.5% ③ 10.4%
④ 11.2% ⑤ 12.4%

17 어느 회사의 2010년 매출액은 창업한 해인 2009년 매출액의 50%에 그쳤지만 2010년을 기준으로 매년 매출액이 10%씩 증가하였다. 2030년의 매출액은 창업한 해의 매출액의 몇 배인지 구하시오.

(단, $\log 1.1=0.041$, $\log 2=0.301$, $\log 3.3=0.519$로 계산한다.)

유형 06 a^n의 자릿수 결정

양수 N에 대하여

(1) $\log N$의 정수 부분이 $n\,(n\geq0)$인 경우

$\Rightarrow N$은 정수 부분이 $n+1$자리인 수이다.

(2) $\log N$의 정수 부분이 $-n\,(n>0)$인 경우

$\Rightarrow N$은 소수점 아래 n째 자리에서 처음으로 0이 아닌 숫자가 나타난다.

18 6^{30}은 몇 자리의 자연수인가?

(단, $\log 2=0.3010$, $\log 3=0.4771$로 계산한다.)

① 20자리   ② 21자리   ③ 22자리
④ 23자리   ⑤ 24자리

19 $\left(\frac{3}{4}\right)^{50}$은 소수점 아래 n째 자리에서 처음으로 0이 아닌 숫자가 나타날 때, n의 값을 구하시오.

(단, $\log 2=0.3010$, $\log 3=0.4771$로 계산한다.)

20 자연수 N에 대하여 N^{100}이 150자리의 자연수일 때, $\frac{1}{N}$은 소수점 아래 몇째 자리에서 처음으로 0이 아닌 숫자가 나타나는가?

① 2째 자리   ② 3째 자리   ③ 4째 자리
④ 5째 자리   ⑤ 6째 자리

2 지수함수와 로그함수

유형 01 지수함수의 함숫값

지수함수 $f(x)=a^x(a>0, a\neq1)$에서 $f(p)$의 값을 구할 때는 x에 p를 대입한 후 지수법칙을 이용한다.

1 함수 $f(x)=a^x(a>0, a\neq1)$에서 $f(m)=3$, $f(n)=6$일 때, $f(m+n)$의 값은?

① 9   ② 12   ③ 15

④ 18   ⑤ 21

2 함수 $f(x)=2^x$의 역함수 $g(x)$에 대하여 $g(a)=\dfrac{1}{6}$, $g(b)=\dfrac{1}{3}$일 때, ab의 값을 구하시오.

3 보기에서 함수 $f(x)=a^x$에 대하여 옳은 것만을 있는 대로 고르시오. (단, $a>0$, $a\neq1$, $m\neq0$)

> 보기
> ㄱ. $f(m)f(-m)=1$
> ㄴ. $f(2m)=2f(m)$
> ㄷ. $f(m+n)=f(m)f(n)$
> ㄹ. $f\left(\dfrac{1}{m}\right)=\dfrac{1}{f(m)}$

유형 02 지수함수의 성질

지수함수 $y=a^x(a>0, a\neq1)$에 대하여
(1) 정의역은 실수 전체의 집합이고, 치역은 $\{y|y>0\}$이다.
(2) 일대일함수이다.
(3) $a>1$일 때 x의 값이 증가하면 y의 값도 증가하고, $0<a<1$일 때 x의 값이 증가하면 y의 값은 감소한다.
(4) 그래프는 점 $(0, 1)$을 지나고, 그래프의 점근선은 x축(직선 $y=0$)이다.

4 보기에서 함수 $f(x)=a^x(a>0, a\neq1)$에 대한 설명으로 옳은 것만을 있는 대로 고르시오.

> 보기
> ㄱ. $x_1\neq x_2$이면 $f(x_1)\neq f(x_2)$이다.
> ㄴ. 그래프의 점근선의 방정식은 $y=0$이다.
> ㄷ. $x_1<x_2$이면 $f(x_1)<f(x_2)$이다.
> ㄹ. 그래프는 점 $(1, 0)$을 지난다.

5 다음 함수 중 임의의 실수 a, b에 대하여 $a<b$일 때, $f(a)<f(b)$를 만족시키는 함수는?

① $f(x)=3^{-x}$ ② $f(x)=0.5^x$

③ $f(x)=\left(\dfrac{1}{2}\right)^{-x}$ ④ $f(x)=\left(\dfrac{5}{4}\right)^{-x}$

⑤ $f(x)=\left(\dfrac{\sqrt{2}}{2}\right)^x$

6 함수 $y=(a^2+a+1)^x$에서 x의 값이 증가할 때 y의 값은 감소하도록 하는 실수 a의 값의 범위를 구하시오.

유형 03 지수함수의 그래프

지수함수 $y=a^{x-p}+q\,(a>0,\ a\neq1)$의 그래프는 지수함수 $y=a^x$의 그래프를 평행이동 또는 대칭이동하여 그릴 수 있다.

7 다음 중 함수 $y=2^{x+3}-6$의 그래프로 알맞은 것은?

①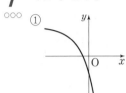
②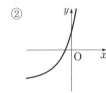
③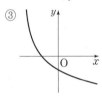
④
⑤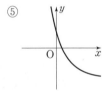

8 보기에서 함수 $y=3^{-x+1}-2$의 그래프에 대한 설명으로 옳은 것만을 있는 대로 고른 것은?

┌─ 보기 ─
ㄱ. 치역은 $\{y\,|\,y>-2\}$이다.
ㄴ. 그래프의 점근선의 방정식은 $y=1$이다.
ㄷ. x의 값이 증가하면 y의 값도 증가한다.
ㄹ. 제1사분면, 제2사분면, 제4사분면을 지난다.
└─

① ㄱ, ㄴ   ② ㄱ, ㄹ   ③ ㄴ, ㄷ
④ ㄴ, ㄹ   ⑤ ㄷ, ㄹ

유형 04 지수함수의 그래프의 평행이동과 대칭이동

지수함수 $y=a^x\,(a>0,\ a\neq1)$의 그래프를
(1) x축의 방향으로 m만큼, y축의 방향으로 n만큼 평행이동
  ➡ $y=a^{x-m}+n$
(2) x축에 대하여 대칭이동 ➡ $y=-a^x$
(3) y축에 대하여 대칭이동 ➡ $y=a^{-x}=\left(\dfrac{1}{a}\right)^x$
(4) 원점에 대하여 대칭이동 ➡ $y=-a^{-x}=-\left(\dfrac{1}{a}\right)^x$

9 함수 $y=2^{2x}$의 그래프를 x축의 방향으로 m만큼, y축의 방향으로 n만큼 평행이동한 그래프의 식이 $y=4(2^{2x}+1)$일 때, $m+n$의 값을 구하시오.

10 함수 $y=3^x$의 그래프를 x축의 방향으로 m만큼, y축의 방향으로 n만큼 평행이동한 그래프는 점 $(7, 5)$를 지나고, 점근선의 방정식이 $y=2$이다. $m+n$의 값은? (단, m, n은 상수이다.)

① 6   ② 8   ③ 10
④ 12   ⑤ 14

11 함수 $y=2^x$의 그래프를 x축에 대하여 대칭이동한 후 x축의 방향으로 -1만큼, y축의 방향으로 n만큼 평행이동한 그래프가 제3사분면을 지나지 않도록 하는 상수 n의 최솟값을 구하시오.

유형 05 지수함수의 그래프 위의 점

지수함수 $y=a^x\,(a>0,\ a\neq1)$의 그래프가 점 $(m,\ n)$을 지나면
$\Rightarrow n=a^m$

12 함수 $y=2^x$의 그래프와
●○○ 직선 $y=x$가 오른쪽 그림
과 같을 때, 2^{a-b}의 값을
구하시오. (단, 점선은 x축
또는 y축에 평행하다.)

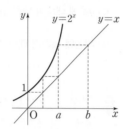

13 함수 $y=3^x$의 그래프 위의 두 점 A, B에 대하여
●●○ 직선 AB의 기울기가 2이고 $\overline{AB}=5$이다. 두 점 A,
B의 x좌표를 각각 a, b라 할 때, 3^b-3^a의 값은?
(단, $a<b$)

① 4   ② $3\sqrt{2}$ ③ $2\sqrt{5}$
④ $\sqrt{22}$ ⑤ $2\sqrt{6}$

14 오른쪽 그림과 같이 두 함수
●●○ $y=3^{2x}$, $y=3^x$의 그래프와 직
선 $y=k\,(k>1)$가 만나는 점
을 각각 A, B라 할 때,
$\overline{AB}=\dfrac{3}{4}$이다. 이때 상수 k의
값을 구하시오.

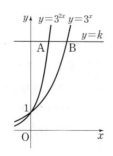

유형 06 지수함수를 이용한 수의 대소 비교

주어진 수의 밑을 같게 한 후 다음 성질을 이용한다.
(1) $a>1$일 때, $x_1<x_2$이면 $a^{x_1}<a^{x_2}$
(2) $0<a<1$일 때, $x_1<x_2$이면 $a^{x_1}>a^{x_2}$

15 세 수 $A=8^{\frac{1}{4}}$, $B=\sqrt[5]{16}$, $C=0.25^{-\frac{1}{3}}$의 대소를 비
●○○ 교하면?

① $A<B<C$ ② $B<A<C$
③ $B<C<A$ ④ $C<A<B$
⑤ $C<B<A$

16 다음 중 가장 큰 수와 가장 작은 수의 곱을 구하시오.
●●○

$$\frac{1}{\sqrt{5}},\quad \frac{1}{\sqrt[3]{25}},\quad \sqrt[5]{\frac{1}{25}},\quad \sqrt[3]{0.2}$$

17 $0<a<1<b$, $m<n<0$일 때, 네 수 a^m, a^n, b^m,
●●● b^n의 대소를 비교하시오.

지수함수의 최대, 최소

정의역이 $\{x \mid m \leq x \leq n\}$인 지수함수 $f(x)=a^x$ $(a>0,$ $a \neq 1)$은

(1) $a>1$이면 $x=m$에서 최솟값 $f(m)$, $x=n$에서 최댓값 $f(n)$을 갖는다.

(2) $0<a<1$이면 $x=m$에서 최댓값 $f(m)$, $x=n$에서 최솟값 $f(n)$을 갖는다.

18 정의역이 $\{x \mid -1 \leq x \leq 1\}$인 함수 $y=2^{3x}3^{-2x}$의
●○○ 최댓값을 M, 최솟값을 m이라 할 때, $M-m$의 값을 구하시오.

교육청
19 $1 \leq x \leq 3$에서 정의된 함수 $f(x)=\left(\dfrac{1}{2}\right)^{x-a}+1$의
●●○ 최댓값이 5일 때, 함수 $f(x)$의 최솟값은?
(단, a는 상수이다.)

① $\dfrac{3}{2}$　　　② 2　　　③ $\dfrac{5}{2}$

④ 3　　　⑤ $\dfrac{7}{2}$

20 정의역이 $\{x \mid 2 \leq x \leq 5\}$인 함수 $y=a^{x-2}+3$의 최
●●○ 댓값이 11일 때, 상수 a의 값을 구하시오.
(단, $a>0$, $a \neq 1$)

21 정의역이 $\{x \mid -1 \leq x \leq 2\}$인 함수 $y=a^{3-x}$의 최댓
●●● 값을 M, 최솟값을 m이라 할 때, $\dfrac{M}{m}=8$이다. 이
때 모든 상수 a의 값의 합을 구하시오.
(단, $a>0$, $a \neq 1$)

지수함수 $y=a^{px^2+qx+r}$ 꼴의 최대, 최소

지수함수 $y=a^{px^2+qx+r}$ 꼴은 $f(x)=px^2+qx+r$로 놓고, 주어진 범위에서 $f(x)$의 최댓값과 최솟값을 구한 후 다음을 이용한다.

(1) $a>1$이면 $f(x)$가 최대일 때 $a^{f(x)}$도 최대, $f(x)$가 최소일 때 $a^{f(x)}$도 최소이다.

(2) $0<a<1$이면 $f(x)$가 최소일 때 $a^{f(x)}$은 최대, $f(x)$가 최대일 때 $a^{f(x)}$은 최소이다.

22 정의역이 $\{x \mid -1 \leq x \leq 2\}$인 함수 $y=3^{-x^2+2x+1}$의
●○○ 최댓값을 M, 최솟값을 m이라 할 때, $M-9m$의 값을 구하시오.

23 함수 $y=a^{2x^2-4x+5}$의 최댓값이 $\dfrac{8}{27}$일 때, 상수 a의
●●○ 값은? (단, $0<a<1$)

① $\dfrac{1}{3}$　　　② $\dfrac{4}{9}$　　　③ $\dfrac{1}{2}$

④ $\dfrac{2}{3}$　　　⑤ $\dfrac{3}{4}$

24 함수 $y=\left(\dfrac{3}{2}\right)^{-x^2+8x-a}$은 $x=b$에서 최댓값 $\dfrac{2}{3}$를 가
●●● 질 때, 상수 a, b에 대하여 $a+b$의 값을 구하시오.

a^x 꼴이 반복되는 경우는 $a^x=t\,(t>0)$로 놓고 t의 값의 범위에서 t에 대한 함수의 최댓값과 최솟값을 구한다.

25 정의역이 $\{x\,|\,-2\leq x\leq 1\}$인 함수
●○○ $y=25^x-2\times 5^x+2$가 $x=a$에서 최댓값 b, $x=c$에서 최솟값 d를 가질 때, $a-b+c-d$의 값을 구하시오.

26 정의역이 $\{x\,|\,-3\leq x\leq 1\}$인 함수
●●○ $y=\dfrac{1-2^{x+1}+4^{x+1}}{4^x}$의 최댓값을 M, 최솟값을 m이라 할 때, $M-m$의 값은?

① 43　　　② 46　　　③ 49
④ 52　　　⑤ 55

27 함수 $y=9^x-2\times 3^{x+a}+4\times 3^b$은 $x=1$에서 최솟값
●●○ 3을 가질 때, 상수 a, b에 대하여 $a+b$의 값은?

① -1　　　② 1　　　③ 2
④ 3　　　⑤ 4

a^x+a^{-x} 꼴이 포함되는 경우는 $a^x>0$, $a^{-x}>0$이므로 산술평균과 기하평균의 관계를 이용하여 함수의 최댓값과 최솟값을 구한다.
➡ $a^x+a^{-x}\geq 2\sqrt{a^x\times a^{-x}}=2$ (단, 등호는 $x=0$일 때 성립)

28 함수 $f(x)=2^x+2^{-x+4}$이 $x=a$에서 최솟값 b를
●○○ 가질 때, $a+b$의 값은?

① 8　　　② 9　　　③ 10
④ 11　　　⑤ 12

29 함수 $y=6(3^x+3^{-x})-(9^x+9^{-x})$의 최댓값을 구
●●○ 하시오.

30 함수 $y=4\times 2^{a+x}+9\times 2^{a-x}$의 최솟값이 96일 때,
●●○ 상수 a의 값은?

① 1　　　② 2　　　③ 3
④ 4　　　⑤ 5

02 지수함수의 활용

유형 01 밑을 같게 할 수 있는 방정식

밑을 같게 할 수 있는 경우는 각 항의 밑을 같게 변형한 후 다음을 이용한다.

$$a^{f(x)}=a^{g(x)} \Longleftrightarrow f(x)=g(x)$$

1 방정식 $(2^{2x}-16)(3^{3x}-27)=0$의 모든 근의 곱은?

① $\dfrac{3}{2}$ ② 2 ③ $\dfrac{5}{2}$

④ 3 ⑤ $\dfrac{7}{2}$

2 방정식 $\left(\dfrac{2}{3}\right)^{2x^2-8}=\left(\dfrac{3}{2}\right)^{5-x}$의 두 근을 α, β라 할 때, $2\beta-\alpha$의 값을 구하시오. (단, $\alpha<\beta$)

3 방정식 $(2\sqrt{2})^{x^2}=4^{x+1}$을 만족시키는 자연수 x의 값을 구하시오.

4 방정식 $9^{x^2}=\left(\dfrac{1}{3}\right)^{-3x+a}$의 한 근이 3일 때, 상수 a의 값을 구하시오.

유형 02 a^x 꼴이 반복되는 방정식

a^x 꼴이 반복되는 경우는 $a^x=t\,(t>0)$로 놓고 t에 대한 방정식을 푼다. 이때 $t>0$임에 유의한다.

5 방정식 $5^x-5^{2-x}=24$를 만족시키는 실수 x의 값을 구하시오.

6 두 함수 $f(x)=2x+2$, $g(x)=2^x$에 대하여 방정식 $(f \circ g)(x)=(g \circ f)(x)$의 해를 구하시오.

7 두 함수 $y=9^x+27$, $y=12\times3^x$의 그래프가 만나는 두 점을 A, B라 할 때, 두 점 A, B의 x좌표의 합은?

① 1 ② 2 ③ 3

④ 4 ⑤ 5

8 방정식 $2(4^x+4^{-x})-3(2^x+2^{-x})-1=0$을 푸시오.

유형 03 밑과 지수에 모두 미지수가 있는 방정식

(1) 밑이 같은 경우
$$a^{f(x)}=a^{g(x)} \ (a>0)$$
$$\iff a=1 \text{ 또는 } f(x)=g(x)$$

(2) 지수가 같은 경우
$$a^{f(x)}=b^{f(x)} \ (a>0, \ b>0)$$
$$\iff a=b \text{ 또는 } f(x)=0$$

9 방정식 $(x-1)^{4+3x}=(x-1)^{x^2}$의 모든 근의 곱은? (단, $x>1$)

① 2   ② 4   ③ 6

④ 8   ⑤ 10

10 방정식 $x^{x+6}=(x^x)^3$의 모든 근의 합은? (단, $x>0$)

① $\dfrac{3}{2}$ ② 2   ③ $\dfrac{7}{2}$

④ 4   ⑤ $\dfrac{9}{2}$

11 방정식 $16(x+1)^x=2^{2x}(x+1)^2$의 모든 근의 곱을 구하시오. (단, $x>-1$)

유형 04 a^x 꼴이 반복되는 방정식의 응용 (1)

방정식 $pa^{2x}+qa^x+r=0 \ (p\neq0)$의 두 근이 α, β일 때, $a^x=t \ (t>0)$로 놓으면 t에 대한 이차방정식 $pt^2+qt+r=0$의 두 근은 a^α, a^β임을 이용한다.

➡ 이차방정식의 근과 계수의 관계에 의하여
$$a^\alpha \times a^\beta = a^{\alpha+\beta} = \dfrac{r}{p}$$

12 방정식 $9^{x+2}-3^{x+4}+1=0$의 두 근을 α, β라 할 때, $\alpha+\beta$의 값은?

① -4 ② -2 ③ 1

④ 2   ⑤ 4

13 방정식 $3^{2x+1}-3^x+k=0$의 두 근의 합이 -4일 때, 상수 k의 값을 구하시오.

14 방정식 $a^{2x}-7a^x+5=0$의 두 근의 합이 $\dfrac{1}{2}$일 때, 양수 a의 값은?

① 4   ② 9   ③ 16

④ 25   ⑤ 36

15 방정식 $4^x-10\times2^x+20=0$의 두 근을 α, β라 할 때, $2^{2\alpha}+2^{2\beta}$의 값은?

① 30   ② 50   ③ 60

④ 70   ⑤ 90

유형 ○5 a^x 꼴이 반복되는 방정식의 응용 (2)

방정식 $pa^{2x}+qa^x+r=0\,(p\neq0)$이 서로 다른 두 실근을 갖는다.

➡ $a^x=t\,(t>0)$로 놓고 t에 대한 이차방정식이 실근을 가질 조건을 이용한다.

참고 이차방정식이 서로 다른 두 양의 실근을 가질 조건
 (i) (판별식)>0
 (ii) (두 근의 합)>0
 (iii) (두 근의 곱)>0

16 방정식 $9^x-5\times3^x+k=0$이 서로 다른 두 실근을 갖도록 하는 실수 k의 값의 범위를 구하시오.

교육청▶

17 x에 대한 방정식
$$4^x-k\times2^{x+1}+16=0$$
이 오직 하나의 실근 a를 가질 때, $k+a$의 값은?
(단, k는 상수이다.)

① 3 　　　② 4 　　　③ 5
④ 6 　　　⑤ 7

18 방정식 $4^x-2(m-4)2^x+2m=0$의 두 근이 모두 1보다 클 때, 상수 m의 값의 범위를 구하시오.

유형 ○6 밑을 같게 할 수 있는 부등식

밑을 같게 할 수 있는 경우는 각 항의 밑을 같게 변형한 후 다음을 이용한다.
(1) $a>1$일 때, $a^{f(x)}<a^{g(x)} \Longleftrightarrow f(x)<g(x)$
(2) $0<a<1$일 때, $a^{f(x)}<a^{g(x)} \Longleftrightarrow f(x)>g(x)$

19 부등식 $5^{x(x+1)}\geq\left(\dfrac{1}{5}\right)^{x-3}$을 풀면?

① $-3\leq x\leq-1$ 　　② $-3\leq x\leq1$
③ $-1\leq x\leq3$ 　　④ $x\leq-3$ 또는 $x\geq1$
⑤ $x\leq-1$ 또는 $x\geq3$

20 자연수 a에 대하여 부등식 $8^{x^2}<2^{-ax}$을 만족시키는 정수 x의 개수가 2일 때, 모든 자연수 a의 값의 합을 구하시오.

교육청▶

21 부등식 $(2^x-8)\left(\dfrac{1}{3^x}-9\right)\geq0$을 만족시키는 정수 x의 개수는?

① 6 　　　② 7 　　　③ 8
④ 9 　　　⑤ 10

22 두 집합 $A=\left\{x\,\middle|\,\left(\dfrac{1}{2}\right)^{x+6}<\left(\dfrac{1}{2}\right)^{x^2}\right\}$,
$B=\{x\,|\,3^{|x-2|}\leq3^a\}$에 대하여 $A\cap B=A$가 성립하도록 하는 양수 a의 최솟값을 구하시오.

유형 O7 a^x 꼴이 반복되는 부등식

a^x 꼴이 반복되는 경우는 $a^x=t\,(t>0)$로 놓고 t에 대한 부등식을 푼다. 이때 $t>0$임에 유의한다.

23 부등식 $9^x+7\leq4(3^{x+1}-5)$를 만족시키는 모든 자
●○○ 연수 x의 값의 합은?

① 3   ② 4   ③ 5
④ 6   ⑤ 7

24 부등식 $\left(\dfrac{1}{25}\right)^x\geq4\times5^{1-x}+125$를 만족시키는 실수
●○○ x의 최댓값을 구하시오.

25 부등식 $9^{x+1}-a\times3^x+b<0$의 해가 $-2<x<1$일
●●○ 때, 상수 a, b에 대하여 $a+b$의 값을 구하시오.

26 연립부등식 $\begin{cases} 2^{x^2-6}\leq\left(\dfrac{1}{2}\right)^x \\ \left(\dfrac{1}{4}\right)^x-3\times2^{-x}-4<0 \end{cases}$ 을 만족시키는
●●○
모든 정수 x의 값의 합을 구하시오.

유형 O8 밑과 지수에 모두 미지수가 있는 부등식

밑과 지수에 모두 미지수가 있으면
  (ⅰ) 0<(밑)<1   (ⅱ) (밑)=1   (ⅲ) (밑)>1
인 경우로 나누어 푼다.

27 부등식 $x^{x-3}\geq x^{5-x}$을 풀면? (단, $x>0$)
●○○
① $0<x<1$ 또는 $x\geq4$
② $0<x\leq1$ 또는 $x>4$
③ $0<x\leq1$ 또는 $x\geq4$
④ $0<x\leq4$
⑤ $x\geq4$

28 부등식 $(x-1)^{x^2-x}<(x-1)^{8+x}$의 해가 $\alpha<x<\beta$
●●● 일 때, $\alpha+\beta$의 값은? (단, $x>1$)

① 3   ② 4   ③ 5
④ 6   ⑤ 7

29 부등식 $(x^2-x+1)^{2x-5}<(x^2-x+1)^{x+2}$을 만족
●●● 시키는 자연수 x의 개수는?

① 3   ② 4   ③ 5
④ 6   ⑤ 7

유형 09 a^x 꼴이 반복되는 부등식의 응용

모든 실수 x에 대하여 부등식 $pa^{2x}+qa^x+r>0\,(p\neq0)$이 성립하려면 $a^x=t\,(t>0)$로 놓을 때, t에 대한 이차부등식 $pt^2+qt+r>0$이 $t>0$에서 항상 성립해야 한다.

참고 $\alpha\leq x\leq\beta$에서

(1) 부등식 $f(x)\geq0$이 항상 성립하려면
 ➡ ($\alpha\leq x\leq\beta$에서의 $f(x)$의 최솟값)≥0

(2) 부등식 $f(x)\leq0$이 항상 성립하려면
 ➡ ($\alpha\leq x\leq\beta$에서의 $f(x)$의 최댓값)≤0

30 모든 실수 x에 대하여 부등식 $25^x-5^{x+1}+k\geq0$이 성립하도록 하는 자연수 k의 최솟값은?

① 5 ② 6 ③ 7
④ 8 ⑤ 9

31 모든 실수 x에 대하여 부등식 $2^{2x+1}+2^{x+2}+2-a>0$이 성립하도록 하는 모든 자연수 a의 값의 합은?

① 3 ② 5 ③ 6
④ 9 ⑤ 10

32 모든 실수 x에 대하여 부등식 $9^x-a\times3^{x+1}+9\geq0$이 성립하도록 하는 상수 a의 값의 범위를 구하시오.

유형 10 지수에 미지수를 포함한 방정식과 부등식의 실생활에의 활용

주어진 조건을 파악하여 식을 세운 후 방정식 또는 부등식을 푼다.

참고 처음의 양 a가 매시간 p배씩 늘어날 때, x시간 후 변화된 양은 ap^x이다.

33 어느 회사에 a만 원을 투자하면 t년 후에 $f(t)$만 원이 된다고 할 때, 다음과 같은 관계식이 성립한다고 한다.

$$f(t)=a\times2^{\frac{t}{5}}$$

투자한 금액이 2500만 원일 때, 이 투자금이 1억 원 이상이 되는 것은 몇 년 후부터인가?

① 5년 ② 10년 ③ 15년
④ 20년 ⑤ 25년

34 현재 실험실 A에는 2^{10}개의 암모니아 분자가 있는데 매분 8배씩 늘어나고 있고, 실험실 B에는 4^{15}개의 암모니아 분자가 있는데 매분 2배씩 늘어나고 있다고 한다. 이때 두 실험실의 암모니아 분자 수가 같아지는 것은 몇 분 후인가?

① 4분 ② 8분 ③ 10분
④ 15분 ⑤ 20분

35 자외선이 어느 필름 한 장을 통과할 때마다 통과하기 전의 자외선의 양의 80 %가 차단된다고 할 때, 처음 자외선의 양의 99.2 %가 차단되려면 몇 장의 필름을 통과해야 하는지 구하시오.

유형 01 로그함수의 함숫값

로그함수 $f(x)=\log_a x\,(a>0,\ a\neq1)$에서 $f(p)$의 값을 구할 때는 x에 p를 대입한 후 로그의 성질을 이용한다.

1 함수 $f(x)=\log_a x$에서 $f(m)=2$, $f(n)=4$일 때, $f(mn)$의 값은? (단, $a>0$, $a\neq1$)

① 2 ② 4 ③ 6
④ 8 ⑤ 16

2 함수 $f(x)=\log_3\left(1+\dfrac{1}{x}\right)$에 대하여 $f(1)+f(2)+f(3)+\cdots+f(26)$의 값을 구하시오.

3 보기에서 함수 $f(x)=\log_2 x$에 대하여 옳은 것만을 있는 대로 고르시오. (단, $a>0$, $b>0$)

보기
ㄱ. $f(ab)=f(a)+f(b)$
ㄴ. $f(a)+f\left(\dfrac{1}{a}\right)=1$
ㄷ. $f(a-b)=f(a)-f(b)$ (단, $a>b$)

유형 02 로그함수의 역함수

함수 $y=f(x)$의 역함수는 $y=f(x)$를 로그의 정의를 이용하여 $x=g(y)$ 꼴로 고친 후 x와 y를 서로 바꾸어 구한다.

참고 $f^{-1}(a)=b \iff f(b)=a$

4 함수 $y=\log_2(x-3)+1$의 역함수가 $y=a^{x+b}+c$일 때, 상수 a, b, c에 대하여 $a+b+c$의 값은?

① 3 ② 4 ③ 5
④ 6 ⑤ 7

5 함수 $f(x)=\log_{\frac{1}{3}}(x-k)+2$의 역함수를 $g(x)$라 할 때, $g(2)=4$이다. 이때 $g(1)$의 값은?
(단, k는 상수)

① 6 ② 7 ③ 8
④ 9 ⑤ 10

6 함수 $f(x)=\log_2(x+1)$에 대하여 함수 $g(x)$가 $(f \circ g)(x)=x$를 만족시킨다. $(g \circ g)(a)=127$일 때, 실수 a의 값을 구하시오.

유형 03 로그함수의 성질

로그함수 $y=\log_a x\,(a>0,\ a\neq1)$에 대하여
(1) 정의역은 $\{x\,|\,x>0\}$이고, 치역은 실수 전체의 집합이다.
(2) 일대일함수이다.
(3) $a>1$일 때 x의 값이 증가하면 y의 값도 증가하고,
  $0<a<1$일 때 x의 값이 증가하면 y의 값은 감소한다.
(4) 그래프는 점 $(1,\ 0)$을 지나고, 그래프의 점근선은 y축
  (직선 $x=0$)이다.

7 보기에서 함수 $y=\log_a x\,(a>0,\ a\neq1)$에 대한 설명으로 옳은 것만을 있는 대로 고르시오.

┌ 보기 ─────────────
ㄱ. $x_1=x_2$이면 $f(x_1)=f(x_2)$이다.
ㄴ. $x_1>x_2$이면 $f(x_1)>f(x_2)$이다.
ㄷ. 그래프는 점 $(0,\ 1)$을 지난다.
ㄹ. 그래프의 점근선의 방정식은 $x=0$이다.
└────────────────

8 함수 $y=\log_5(-x^2+4x+12)$의 정의역을 구하시오.

9 함수 $y=\log_3(x^2-2ax+16)$이 실수 전체의 집합에서 정의되도록 하는 정수 a의 개수는?

① 5 ② 6 ③ 7
④ 8 ⑤ 9

유형 04 로그함수의 그래프

로그함수 $y=\log_a(x-m)+n\,(a>0,\ a\neq1)$의 그래프는 로그함수 $y=\log_a x$의 그래프를 평행이동 또는 대칭이동하여 그릴 수 있다.

10 다음 중 함수 $y=\log_2 2(x-2)+1$의 그래프로 알맞은 것은?

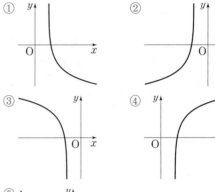

11 보기에서 함수 $y=\log_{\frac{1}{3}}(3-x)+2$의 그래프에 대한 설명으로 옳은 것만을 있는 대로 고른 것은?

┌ 보기 ─────────────
ㄱ. 정의역은 $\{x\,|\,x>3\}$이다.
ㄴ. 그래프의 점근선의 방정식은 $x=3$이다.
ㄷ. x의 값이 증가하면 y의 값은 감소한다.
ㄹ. 제4사분면을 지나지 않는다.
└────────────────

① ㄱ, ㄴ ② ㄱ, ㄹ ③ ㄴ, ㄷ
④ ㄴ, ㄹ ⑤ ㄷ, ㄹ

03 로그함수

유형 05 로그함수의 그래프의 평행이동과 대칭이동

로그함수 $y=\log_a x\,(a>0,\ a\neq1)$의 그래프를
(1) x축의 방향으로 m만큼, y축의 방향으로 n만큼 평행이동
  ➡ $y=\log_a(x-m)+n$
(2) x축에 대하여 대칭이동 ➡ $y=-\log_a x$
(3) y축에 대하여 대칭이동 ➡ $y=\log_a(-x)$
(4) 원점에 대하여 대칭이동 ➡ $y=-\log_a(-x)$
(5) 직선 $y=x$에 대하여 대칭이동 ➡ $y=a^x$

12 함수 $y=\log_3 x+1$의 그래프를 x축의 방향으로 a
○●○ 만큼 평행이동한 후 직선 $y=x$에 대하여 대칭이동
하였더니 함수 $y=3^{x-1}+5$의 그래프와 일치하였다.
이때 a의 값을 구하시오.

13 함수 $y=\log_2 x$의 그래프를 x
●○○ 축에 대하여 대칭이동한 후 x
축의 방향으로 m만큼, y축의
방향으로 n만큼 평행이동한 그
래프가 오른쪽 그림과 같을 때,
$m+n$의 값을 구하시오.

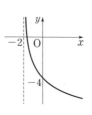

14 오른쪽 그림과 같이 두
●●○ 함수 $y=\log_2 2x$,
$y=\log_2 \dfrac{x}{2}$의 그래프와
두 직선 $x=a$, $x=a+4$
로 둘러싸인 부분의 넓
이를 구하시오. (단, $a>2$)

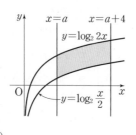

유형 06 로그함수의 그래프 위의 점

로그함수 $y=\log_a x\,(a>0,\ a\neq1)$의 그래프가 점 $(m,\ n)$
을 지나면
➡ $n=\log_a m \Longleftrightarrow a^n=m$

15 함수 $y=\log_{\frac{1}{3}} x$의 그래프
●○○ 와 직선 $y=x$가 오른쪽 그
림과 같을 때, 다음 중
3^{-a-c}의 값과 같은 것은?
(단, 점선은 x축 또는 y축
에 평행하다.)

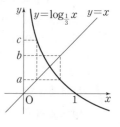

① b ② $a+b$ ③ ab
④ $\dfrac{a+b}{3}$ ⑤ $\dfrac{bc}{2}$

16 오른쪽 그림과 같이 두 함
●●○ 수 $y=\log_{\frac{1}{4}} x$, $y=\log_{\sqrt{2}} x$
의 그래프가 직선 $x=\dfrac{1}{2}$과
만나는 점을 각각 A, B,
직선 $x=2$와 만나는 점
을 각각 C, D라 할 때,
사각형 ABCD의 넓이를
구하시오.

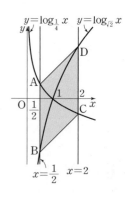

교육청

17 그림과 같이 자연수 m에 대하여 두 함수 $y=3^x$,
●●● $y=\log_2 x$의 그래프와 직선 $y=m$이 만나는 점을
각각 A_m, B_m이라 하자. 선분 A_mB_m의 길이 중 자
연수인 것을 작은 수부터 크기순으로 나열하여 a_1,
a_2, a_3, $\cdots$이라 할 때, a_3의 값은?

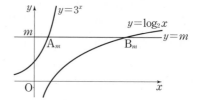

① 502   ② 504   ③ 506
④ 508   ⑤ 510

유형 07 지수함수와 로그함수의 그래프

로그함수 $y=\log_a x$는 지수함수 $y=a^x$의 역함수이므로 두 함수의 그래프는 직선 $y=x$에 대하여 대칭이다.

18 함수 $y=\log_a x+b$의 그래프와 그 역함수의 그래
●●○ 프가 두 점에서 만나고 두 교점의 x좌표가 1, 3일 때, 상수 a, b에 대하여 ab의 값을 구하시오.

(단, $a>1$)

19 다음 그림과 같이 직선 $y=x$와 수직으로 만나는 두
●●○ 직선 l, m이 두 함수 $f(x)=\log_2 x$, $g(x)=2^x$의 그래프와 만나는 네 점을 A, B, C, D라 하자. $f(b)=g(-1)=a$일 때, 사각형 ABCD의 넓이를 구하시오. (단, $0<a<1<b$)

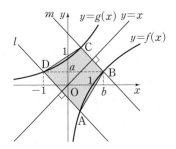

교육청
20 점 A(4, 0)을 지나고 y축에 평행한 직선이 곡선
●●● $y=\log_2 x$와 만나는 점을 B라 하고, 점 B를 지나고 기울기가 -1인 직선이 곡선 $y=2^{x+1}+1$과 만나는 점을 C라 할 때, 삼각형 ABC의 넓이는?

① 3   ② $\dfrac{7}{2}$ ③ 4

④ $\dfrac{9}{2}$ ⑤ 2

유형 08 로그함수를 이용한 수의 대소 비교

주어진 수의 밑을 같게 한 후 다음 성질을 이용한다.
(1) $a>1$일 때, $x_1<x_2$이면 $\log_a x_1<\log_a x_2$
(2) $0<a<1$일 때, $x_1<x_2$이면 $\log_a x_1>\log_a x_2$

21 세 수 $A=2\log_3 5$, $B=3$, $C=\log_9 400$의 대소를
●●○ 비교하면?

① $A<C<B$ ② $B<A<C$
③ $B<C<A$ ④ $C<A<B$
⑤ $C<B<A$

22 $0<b<a<1$일 때, 다음 네 수의 대소를 비교하시
●●○ 오.

$$\log_a ab, \quad \log_a b, \quad \log_b a, \quad \log_b \frac{a}{b}$$

23 2보다 큰 실수 a에 대하여 $a\le x<a^2$일 때, 세 수
●●○ $\log_{a^2} x$, $(\log_a x)^2$, $\log_a x^2$ 중에서 가장 작은 수를 구하시오.

유형 09 로그함수의 최대, 최소

정의역이 $\{x \mid m \leq x \leq n\}$인 로그함수 $f(x) = \log_a x$는
(1) $a > 1$이면 $x = m$에서 최솟값 $f(m)$, $x = n$에서 최댓값 $f(n)$을 갖는다.
(2) $0 < a < 1$이면 $x = m$에서 최댓값 $f(m)$, $x = n$에서 최솟값 $f(n)$을 갖는다.

24 정의역이 $\{x \mid 3 \leq x \leq 17\}$인 함수
○○○ $y = \log_2(x-1) + 2$의 최댓값을 M, 최솟값을 m이라 할 때, $M + m$의 값은?

① 3　　　　② 6　　　　③ 9
④ 12　　　 ⑤ 15

평가원
25 함수
●○○ 　　　$f(x) = 2\log_{\frac{1}{2}}(x+k)$
가 $0 \leq x \leq 12$에서 최댓값 -4, 최솟값 m을 갖는다. $k+m$의 값은? (단, k는 상수이다.)

① -1　　　② -2　　　③ -3
④ -4　　　⑤ -5

26 정의역이 $\{x \mid a \leq x \leq 10\}$인 함수
●○○ $y = \log_{\frac{1}{3}}(x-1) + b$의 최댓값이 1, 최솟값이 -3일 때, 상수 a, b에 대하여 $9ab$의 값은?

① -10　　② -9　　③ -8
④ -7　　　⑤ -6

27 정의역이 $\{x \mid -3 \leq x \leq 5\}$인 함수
●●○ $y = \log_a(x+4) + 1$의 최댓값이 3일 때, 상수 a의 값을 구하시오. (단, $a > 0$, $a \neq 1$)

유형 10 함수 $y = \log_a(px^2 + qx + r)$ 꼴의 최대, 최소

함수 $y = \log_a(px^2 + qx + r)$ 꼴은
$f(x) = px^2 + qx + r$로 놓고, 주어진 범위에서 $f(x)$의 최댓값과 최솟값을 구한 후 다음을 이용한다.
(1) $a > 1$이면 $f(x)$가 최대일 때 $\log_a f(x)$도 최대, $f(x)$가 최소일 때 $\log_a f(x)$도 최소이다.
(2) $0 < a < 1$이면 $f(x)$가 최소일 때 $\log_a f(x)$는 최대, $f(x)$가 최대일 때 $\log_a f(x)$는 최소이다.

28 정의역이 $\{x \mid 2 \leq x \leq 6\}$인 함수
●○○ $y = \log_{\frac{1}{3}}(x^2 - 2x + 3)$의 최댓값을 M, 최솟값을 m이라 할 때, $M^2 + m$의 값은?

① -3　　　② -2　　　③ -1
④ 1　　　　⑤ 2

29 함수 $y = \log(x-5) + \log(25-x)$는 $x = a$에서
●●○ 최댓값 b를 가질 때, ab의 값을 구하시오.

30 정의역이 $\{x \mid 0 \leq x \leq 7\}$인 함수
●●● $y = \log_a(|x-1| + 2)$의 최댓값이 -1일 때, 최솟값은? (단, $a > 0$, $a \neq 1$)

① $-\dfrac{9}{2}$　　② -4　　③ $-\dfrac{7}{2}$
④ -3　　　⑤ $-\dfrac{5}{2}$

유형 11 $\log_a x$ 꼴이 반복되는 함수의 최대, 최소 (1)

$\log_a x$ 꼴이 반복되는 경우는 $\log_a x = t$로 놓고 t의 값의 범위에서 t에 대한 함수의 최댓값과 최솟값을 구한다.

31 정의역이 $\{x \mid 1 \le x \le 27\}$인 함수
○○○ $y = \left(\log_{\frac{1}{3}} x\right)^2 - \log_{\frac{1}{3}} x^2 + 3$의 최댓값 M, 최솟값을 m이라 할 때, $M + 2m$의 값을 구하시오.

32 정의역이 $\{x \mid 10 \le x \le 1000\}$인 함수
●○○ $y = \log x^{\log x} - 4 \log 10x$의 최댓값을 M, 최솟값을 m이라 할 때, $M - m$의 값을 구하시오.

33 함수 $y = (\log_2 x)^2 + a \log_{\sqrt{2}} x + b$가 $x = \dfrac{1}{4}$에서 최
●●○ 솟값 2를 가질 때, 상수 a, b에 대하여 $a + b$의 값은?

① 2　　　② 4　　　③ 6
④ 8　　　⑤ 10

34 정의역이 $\{x \mid 1 \le x \le 27\}$인 함수 $y = x^{-2 + \log_3 x}$의
●●● 최댓값을 M, 최솟값을 m이라 할 때, Mm의 값을 구하시오.

유형 12 $\log_a x$ 꼴이 반복되는 함수의 최대, 최소 (2)

함수 $y = \log_a b + \log_b a$ $(\log_a b > 0, \log_b a > 0)$의 최대, 최소는 산술평균과 기하평균의 관계를 이용한다.
➡ $\log_a b + \log_b a \ge 2\sqrt{\log_a b \times \log_b a} = 2$
（단, 등호는 $\log_a b = \log_b a$일 때 성립）

35 $x > 0$, $y > 0$일 때, $\log_5\left(x + \dfrac{1}{y}\right) + \log_5\left(y + \dfrac{16}{x}\right)$
●○○ 의 최솟값은?

① 1　　　② $\dfrac{1}{2}$　　　③ 2
④ $\dfrac{3}{2}$　　　⑤ 3

36 $x > 1$일 때, 함수 $y = \log_2 x + \log_x 128$의 최솟값은?
●○○ ① $2\sqrt{6}$　　　② $2\sqrt{7}$　　　③ $4\sqrt{2}$
④ 6　　　⑤ $7\sqrt{2}$

37 $x > 1$, $y > 1$일 때, $\log_x \sqrt{y} + \log_{y^2} x$의 최솟값은?
●●● ① 1　　　② 2　　　③ 3
④ 4　　　⑤ 5

유형 O1 로그의 밑을 같게 할 수 있는 방정식

로그의 밑을 같게 할 수 있는 경우는 각 항의 밑을 같게 변형한 후 다음을 이용한다.

(1) $\log_a f(x) = p \iff f(x) = a^p$

(2) $\log_a f(x) = \log_a g(x) \iff f(x) = g(x)$

이때 구한 해가 밑과 진수의 조건을 만족시키는지 확인한다.

1 방정식 $\log_2(x-1) + \log_2(x+2) = 2$의 근을 α라 할 때, 2α의 값은?

① 2   ② 4   ③ 6
④ 8   ⑤ 10

2 방정식 $2\log_9(x^2 - 3x - 10) = \log_3(x+2) + 1$을 풀면?

① $x = 6$
② $x = -2$ 또는 $x = 6$
③ $x = 8$
④ $x = -2$ 또는 $x = 8$
⑤ $x = 10$

3 방정식 $\log_2\sqrt{2x+2} = 1 - \dfrac{1}{2}\log_2(2x-1)$을 푸시오.

교육청▶
4 1이 아닌 양수 a가

$$\log_2 8a = \frac{2}{\log_a 2}$$

를 만족시킬 때, a의 값은?

① 4   ② $4\sqrt{2}$ ③ 8
④ $8\sqrt{2}$ ⑤ 16

유형 O2 $\log_a x$ 꼴이 반복되는 방정식 (1)

$\log_a x$ 꼴이 반복되는 경우는 $\log_a x = t$로 놓고 t에 대한 방정식을 푼다.

이때 구한 해가 밑과 진수의 조건을 만족시키는지 확인한다.

5 방정식 $\left(\log_3 \dfrac{x}{3}\right)^2 = \log_3 x + 5$의 두 근을 α, β라 할 때, $\beta - 3\alpha$의 값을 구하시오. (단, $\alpha < \beta$)

교육청▶
6 방정식

$$\left(\log_2 \frac{x}{2}\right)(\log_2 4x) = 4$$

의 서로 다른 두 실근 α, β에 대하여 $64\alpha\beta$의 값을 구하시오.

7 방정식 $\log_5 x + 6\log_x 5 - 5 = 0$의 두 근을 α, β라 할 때, $\dfrac{\beta}{\alpha}$의 값을 구하시오. (단, $\alpha < \beta$)

8 연립방정식 $\begin{cases} \log_2 x + \log_3 y = 7 \\ \log_2 x \times \log_3 \sqrt{y} = 5 \end{cases}$의 해가 $x = \alpha$, $y = \beta$일 때, $\alpha - \beta$의 값은? (단, $\alpha > \beta$)

① 3   ② 8   ③ 13
④ 18   ⑤ 23

유형 03 $\log_a x$ 꼴이 반복되는 방정식 (2)

방정식 $p(\log_a x)^2+q\log_a x+r=0\ (p\neq0)$의 두 근이 α, β일 때, $\log_a x=t$로 놓으면 t에 대한 이차방정식 $pt^2+qt+r=0$의 두 근은 $\log_a \alpha$, $\log_a \beta$임을 이용한다.
➡ 이차방정식의 근과 계수의 관계에 의하여

$$\log_a \alpha+\log_a \beta=\log_a \alpha\beta=-\frac{q}{p}$$

9 방정식 $(\log_2 2x)^2-2\log_2 8x^2=0$의 두 근의 곱은?
●○○

① 4 ② 6 ③ 8
④ 9 ⑤ 10

10 방정식 $\log 2x\times\log 5x=2$의 두 근을 α, β라 할 때, $\alpha\beta$의 값은?
●○○

① $\frac{1}{100}$ ② $\frac{1}{10}$ ③ 1
④ 10 ⑤ 100

11 방정식 $(\log_3 x+k)(\log_3 x+1)+2=0$의 두 근의 곱이 27일 때, 상수 k의 값을 구하시오.
●●○

유형 04 지수에 로그가 있는 방정식

(1) $x^{\log_a f(x)}=g(x)$ 꼴인 방정식은 양변에 밑이 a인 로그를 취하여 푼다.
(2) $a^{\log_b x}\times x^{\log_b a}$ 꼴인 방정식은 $x^{\log_b a}=a^{\log_b x}$임을 이용하여 $a^{\log_b x}=t\ (t>0)$로 놓고 t에 대한 방정식을 푼다.

12 방정식 $x^{\log_3 x}=27x^2$을 풀면?
●○○

① $x=\frac{1}{27}$ 또는 $x=3$ ② $x=\frac{1}{3}$ 또는 $x=27$
③ $x=1$ 또는 $x=27$ ④ $x=3$
⑤ $x=3$ 또는 $x=27$

13 방정식 $x^{1-\log x}=\frac{x^2}{100}$의 모든 근의 곱을 구하시오.
●○○

14 방정식 $2^{\log x}\times x^{\log 2}-3(2^{\log x}+x^{\log 2})+8=0$을 푸시오.
●○○

15 방정식 $(5x)^{\log 5x}=(3x)^{\log 3x}$을 만족시키는 x의 값을 α라 할 때, $\frac{1}{\alpha^2}$의 값은?
●●○

① $\frac{1}{15}$ ② $\frac{1}{5}$ ③ $\frac{1}{3}$
④ 5 ⑤ 15

유형 O5
로그의 밑을 같게 할 수 있는 부등식

부등식의 각 항의 밑을 같게 변형한 후 다음을 이용한다.
(1) $a>1$일 때,
$$\log_a f(x)<\log_a g(x) \iff f(x)<g(x)$$
(2) $0<a<1$일 때,
$$\log_a f(x)<\log_a g(x) \iff f(x)>g(x)$$
이때 구한 해가 진수의 조건을 만족시키는지 확인한다.

16 부등식 $\log_3(x^2-2x-15)<\log_3(x-3)+1$의 해
●○○ 가 $\alpha<x<\beta$일 때, $\beta-\alpha$의 값은?

① 1   ② 2   ③ 3

④ 5   ⑤ 7

17 부등식 $\log_{\frac{1}{2}}(1-x)>\log_{\frac{1}{4}}(2x+6)$을 풀면?
●○○

① $-3<x<-1$ ② $-3<x<1$

③ $-3<x<5$ ④ $-1<x<1$

⑤ $-1<x<5$

18 부등식 $\log_{\frac{1}{2}}(\log_9 x)>1$을 만족시키는 자연수 x
●●○ 의 값을 구하시오.

19 부등식 $\log_{\frac{1}{5}}|x-3|>-1$을 만족시키는 정수 x
●●○ 의 개수는?

① 5   ② 6   ③ 7

④ 8   ⑤ 9

20 연립부등식 $\begin{cases} 2^{x(x-4)}<32 \\ 2\log_{\frac{1}{3}}(x-3)\geq\log_{\frac{1}{3}}(x+3) \end{cases}$을 푸
●●○ 시오.

21 부등식 $\log_5(x-1)\leq\log_5\left(\dfrac{x}{2}+k\right)$를 만족시키는
●●● 정수 x가 7개일 때, 자연수 k의 값을 구하시오.

평가원
22 이차함수 $y=f(x)$의 그래프와 직선 $y=x-1$이
●●● 그림과 같을 때, 부등식
$$\log_3 f(x)+\log_{\frac{1}{3}}(x-1)\leq 0$$
을 만족시키는 모든 자연수 x의 값의 합을 구하시
오. (단, $f(0)=f(7)=0$, $f(4)=3$)

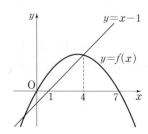

유형 06 $\log_a x$ 꼴이 반복되는 부등식

$\log_a x$ 꼴이 반복되는 경우는 $\log_a x = t$로 놓고 t에 대한 부등식을 푼다.
이때 구한 해가 진수의 조건을 만족시키는지 확인한다.

23 부등식 $\log_2 \dfrac{32}{x} \times \log_2 4x \le 6$을 푸시오.
●○○

24 부등식 $\log_3 x^2 - \log_3 x \times \log_3 3x + 6 \ge 0$을 만족시
●○○ 키는 자연수 x의 개수는?

① 21　　　　② 24　　　　③ 27
④ 30　　　　⑤ 33

25 부등식 $(1 + \log_{\frac{1}{2}} x) \log_2 x > -2$의 해가
●○○ $\alpha < x < \beta$일 때, $\alpha\beta$의 값을 구하시오.

26 부등식 $(\log_{\frac{1}{3}} x)^2 + a \log_{\frac{1}{3}} x + b < 0$의 해가
●●○ $1 < x < 9$일 때, 상수 a, b에 대하여 $a+b$의 값은?

① -2　　　② -1　　　③ 0
④ 1　　　　⑤ 2

유형 07 지수에 로그가 있는 부등식

(1) $x^{\log_a f(x)} > g(x)$ 꼴인 부등식은 양변에 밑이 a인 로그를 취하여 푼다.
이때 $0 < a < 1$이면 부등호의 방향이 바뀜에 유의한다.
(2) $a^{\log_b x} \times x^{\log_b a}$ 꼴인 부등식은 $x^{\log_b a} = a^{\log_b x}$임을 이용하여 $a^{\log_b x} = t \, (t > 0)$로 놓고 t에 대한 부등식을 푼다.

27 부등식 $x^{\log x} < 1000x^2$의 해를 $\alpha < x < \beta$라 할 때,
●○○ $\alpha\beta$의 값을 구하시오.

28 부등식 $x^{\log_3 x - 3} < \dfrac{1}{9}$을 만족시키는 모든 자연수 x의
●○○ 값의 합은?

① 18　　　　② 24　　　　③ 30
④ 36　　　　⑤ 42

29 부등식 $3^{\log x} \times x^{\log 3} - (3^{\log x} + x^{\log 3}) - 3 \le 0$을 만족
●●○ 시키는 자연수 x의 개수를 구하시오.

유형 ○8 $\log_a x$ 꼴이 반복되는 부등식의 응용

근에 대한 조건을 이용하여 부등식을 세운 후 $\log_a x = t$로 놓고 t에 대한 이차방정식을 풀거나 이차부등식의 근의 조건을 이용한다.

30 이차방정식 $x^2 - 2(2 - \log_3 a)x + 1 = 0$이 실근을
●●○ 갖도록 하는 상수 a의 값의 범위를 구하시오.

교육청▶
31 모든 실수 x에 대하여 이차부등식
●●○ $\qquad 3x^2 - 2(\log_2 n)x + \log_2 n > 0$
이 성립하도록 하는 자연수 n의 개수를 구하시오.

32 모든 양수 x에 대하여 부등식
●●○ $(\log x)^2 + 2\log 10x - \log k \geq 0$이 성립하도록 하는 자연수 k의 최댓값을 구하시오.

33 이차방정식 $x^2 - 2x\log_2 a + 2 - \log_2 a = 0$의 근이
●●● 모두 음수가 되도록 하는 상수 a의 값의 범위를 구하시오.

유형 ○9 로그의 진수에 미지수를 포함한 방정식과 부등식의 실생활에의 활용

주어진 조건을 파악하여 식을 세운 후 방정식 또는 부등식을 푼다.

34 화재가 발생한 건물의 온도는 시간에 따라 변한다.
●○○ 어느 건물의 초기 온도를 T_0℃, 화재가 발생한 지 x분 후의 건물의 온도를 T℃라 하면
$$T = T_0 + k\log(8x+1) \ (k\text{는 상수})$$
이라 한다. 초기 온도가 25℃인 건물에서 화재가 발생한 지 $\dfrac{9}{8}$분만에 온도가 250℃까지 올라갔을 때, 건물의 온도가 700℃가 되는 것은 화재가 발생한 지 몇 분 후인가?

① $\dfrac{45}{4}$분 　　② $\dfrac{99}{8}$분 　　③ $\dfrac{450}{4}$분

④ $\dfrac{495}{4}$분 　　⑤ $\dfrac{999}{8}$분

35 어느 저수지에 물이 가득 차 있다. 남아 있는 물의
●●○ 양의 10 %씩을 매일 사용할 때, 저수지에 남아 있는 물의 양이 처음의 절반 이하가 되는 것은 며칠 후부터인가? (단, $\log 2 = 0.3$, $\log 3 = 0.48$로 계산한다.)

① 5일 　　② 6일 　　③ 7일
④ 8일 　　⑤ 9일

36 두 도시 A, B의 현재 인구는 각각 100만 명, 200
●●○ 만 명이고, A도시의 인구는 매년 5 %, B도시의 인구는 매년 2 %씩 증가한다고 한다. A도시의 인구가 B도시의 인구 이상이 되는 것은 몇 년 후부터인지 구하시오.
(단, $\log 1.02 = 0.01$, $\log 1.05 = 0.02$, $\log 2 = 0.3$으로 계산한다.)

Ⅱ. 삼각함수

1

삼각함수

유형 01 동경의 위치와 일반각

시초선 OX와 동경 OP가 나타
내는 한 각의 크기를 $\alpha°$라 할 때,
동경 OP가 나타내는 일반각은
$360° \times n + \alpha°$ (단, n은 정수)

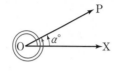

1 정수 n에 대하여 다음 각을
$360° \times n + \alpha°$ $(0° \le \alpha° < 360°)$
꼴로 나타낼 때, α의 값이 나머지 넷과 다른 하나는?

① $840°$ ② $1200°$ ③ $1680°$
④ $-240°$ ⑤ $-1320°$

2 시초선 OX와 동경 OP가 나
타내는 각이 오른쪽 그림과
같을 때, 다음 중 동경 OP가
나타낼 수 없는 각은?

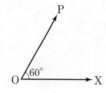

① $420°$ ② $780°$ ③ $1020°$
④ $-300°$ ⑤ $-660°$

3 보기의 각을 나타내는 동경 중에서 $675°$를 나타내
는 동경과 일치하는 것만을 있는 대로 고른 것은?

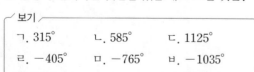

보기
ㄱ. $315°$ ㄴ. $585°$ ㄷ. $1125°$
ㄹ. $-405°$ ㅁ. $-765°$ ㅂ. $-1035°$

① ㄱ, ㄴ, ㄹ ② ㄱ, ㄹ, ㅁ ③ ㄴ, ㄷ, ㅂ
④ ㄴ, ㄹ, ㅁ ⑤ ㄷ, ㅁ, ㅂ

유형 02 사분면의 각

(1) 제1사분면의 각: $360° \times n + 0° < \theta < 360° \times n + 90°$
(2) 제2사분면의 각: $360° \times n + 90° < \theta < 360° \times n + 180°$
(3) 제3사분면의 각: $360° \times n + 180° < \theta < 360° \times n + 270°$
(4) 제4사분면의 각: $360° \times n + 270° < \theta < 360° \times n + 360°$
(단, n은 정수)

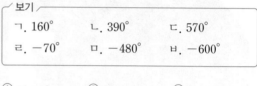

4 보기의 각을 나타내는 동경이 같은 사분면에 있는
각끼리 짝지은 것은?

보기
ㄱ. $160°$ ㄴ. $390°$ ㄷ. $570°$
ㄹ. $-70°$ ㅁ. $-480°$ ㅂ. $-600°$

① ㄱ - ㄴ ② ㄱ - ㄹ ③ ㄴ - ㅁ
④ ㄷ - ㅁ ⑤ ㄷ - ㅂ

5 θ가 제2사분면의 각일 때, 각 $\dfrac{\theta}{2}$를 나타내는 동경
이 존재할 수 있는 사분면은?

① 제1사분면 또는 제2사분면
② 제1사분면 또는 제3사분면
③ 제2사분면 또는 제3사분면
④ 제2사분면 또는 제4사분면
⑤ 제3사분면 또는 제4사분면

6 두 각 θ, $660°$를 나타내는 두 동경이 같은 사분면에
있을 때, 각 $\dfrac{\theta}{3}$를 나타내는 동경이 존재할 수 없는
사분면을 구하시오.

유형 03 두 동경의 위치 관계

두 동경이 나타내는 각의 크기를 각각 α, β라 할 때, 두 동경의 위치 관계에 대하여 다음이 성립한다. (단, n은 정수)

(1) 일치한다. ➡ $\alpha - \beta = 360° \times n$

(2) 일직선 위에 있고 방향이 반대이다. (원점에 대하여 대칭)

➡ $\alpha - \beta = 360° \times n + 180°$

(3) x축에 대하여 대칭이다. ➡ $\alpha + \beta = 360° \times n$

(4) y축에 대하여 대칭이다. ➡ $\alpha + \beta = 360° \times n + 180°$

(5) 직선 $y = x$에 대하여 대칭이다.

➡ $\alpha + \beta = 360° \times n + 90°$

7 각 θ를 나타내는 동경과 각 6θ를 나타내는 동경이
●○○ 일치할 때, 각 θ의 크기는? (단, $90° < \theta < 180°$)

① $108°$ ② $120°$ ③ $132°$

④ $144°$ ⑤ $156°$

8 각 θ를 나타내는 동경과 각 5θ를 나타내는 동경이
●○○ 직선 $y = x$에 대하여 대칭일 때, 각 θ의 개수를 구하시오. (단, $0° < \theta < 360°$)

9 각 5θ를 나타내는 동경과 각 7θ를 나타내는 동경
●○○ 이 y축에 대하여 대칭일 때, 각 θ의 크기의 최댓값과 최솟값의 합은? (단, $0° < \theta < 360°$)

① $240°$ ② $270°$ ③ $300°$

④ $330°$ ⑤ $360°$

10 각 2θ를 나타내는 동경과 각 6θ를 나타내는 동경
●●○ 이 원점에 대하여 대칭일 때, $\sin\theta \times \cos\theta$의 값을 구하시오. (단, $0° < \theta < 90°$)

유형 04 육십분법과 호도법의 관계

1라디안 $= \dfrac{180°}{\pi}$, $1° = \dfrac{\pi}{180}$ 라디안이므로

(1) 육십분법의 각을 호도법의 각으로 나타낼 때

➡ (육십분법의 각) $\times \dfrac{\pi}{180}$

(2) 호도법의 각을 육십분법의 각으로 나타낼 때

➡ (호도법의 각) $\times \dfrac{180°}{\pi}$

11 보기에서 옳은 것만을 있는 대로 고르시오.
●○○

보기

ㄱ. $-132° = -\dfrac{11}{15}\pi$ ㄴ. $36° = \dfrac{2}{5}\pi$

ㄷ. $\dfrac{5}{12}\pi = 75°$ ㄹ. $\dfrac{8}{5}\pi = 308°$

12 다음 중 각을 나타내는 동경이 존재하는 사분면이
●○○ 나머지 넷과 다른 하나는?

① $-880°$ ② $985°$ ③ $\dfrac{19}{6}\pi$

④ $-\dfrac{16}{3}\pi$ ⑤ $\dfrac{71}{10}\pi$

13 보기에서 옳은 것만을 있는 대로 고르시오.
●●○

보기

ㄱ. $25° = \dfrac{5}{36}\pi$

ㄴ. $3 = \dfrac{540°}{\pi}$

ㄷ. $-\dfrac{5}{6}\pi$는 제2사분면의 각이다.

ㄹ. $-\dfrac{2}{5}\pi$, $\dfrac{18}{5}\pi$, $\dfrac{38}{5}\pi$를 나타내는 동경은 모두 일치한다.

유형 O5 부채꼴의 호의 길이와 넓이

반지름의 길이가 r, 중심각의 크기가 θ(라디안)인 부채꼴의 호의 길이를 l, 넓이를 S라 하면

$$l=r\theta$$
$$S=\frac{1}{2}r^2\theta=\frac{1}{2}rl$$

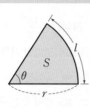

14 반지름의 길이가 3인 부채꼴의 둘레의 길이와 넓이
●○○ 가 같을 때, 중심각의 크기를 구하시오.

교육청▶
15 반지름의 길이가 2이고 중심각의 크기가 θ인 부채
●●○ 꼴이 있다. θ가 다음 조건을 만족시킬 때, 이 부채
꼴의 넓이는?

> (가) $0<\theta<\dfrac{\pi}{2}$
>
> (나) 각의 크기 θ를 나타내는 동경과 각의 크기 8θ
> 를 나타내는 동경이 일치한다.

① $\dfrac{3}{7}\pi$ ② $\dfrac{\pi}{2}$ ③ $\dfrac{4}{7}\pi$

④ $\dfrac{9}{14}\pi$ ⑤ $\dfrac{5}{7}\pi$

16 오른쪽 그림과 같이 반지름의
●●● 길이가 12인 원에 내접하는 크
기가 같은 6개의 원이 서로 외
접할 때, 색칠한 부분의 넓이
가 $p\pi+q\sqrt{3}$이다. 이때 정수
p, q에 대하여 $p+q$의 값은?

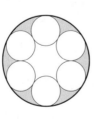

① -20 ② -18 ③ -16

④ -14 ⑤ -12

유형 O6 부채꼴의 넓이의 최대, 최소

반지름의 길이가 r, 둘레의 길이가 a인 부채꼴의 넓이 S는

$$S=\frac{1}{2}r(a-2r)$$

➡ 이차함수의 최대, 최소를 이용하여 S의 최댓값을 구한다.

참고 산술평균과 기하평균의 관계
$a>0$, $b>0$일 때,
$$\frac{a+b}{2}\geq\sqrt{ab}\text{ (단, 등호는 } a=b\text{일 때 성립)}$$

17 둘레의 길이가 16인 부채꼴 중에서 그 넓이가 최대
●●○ 인 것의 반지름의 길이는?

① 1   ② 2   ③ 3

④ 4   ⑤ 5

18 오른쪽 그림과 같이 둘레
●●○ 의 길이가 100 m인 부채
꼴 모양의 꽃밭을 만들려
고 할 때, 이 꽃밭의 넓이
의 최댓값은?

① 576 m²   ② 600 m²   ③ 625 m²

④ 650 m²   ⑤ 676 m²

19 넓이가 36인 부채꼴의 둘레의 길이의 최솟값을 구
●●○ 하시오.

유형 07 삼각함수의 값

중심이 원점 O이고 반지름의 길이가 r인 원 위의 임의의 점 $P(x, y)$에 대하여 동경 OP가 x축의 양의 방향과 이루는 각의 크기를 θ라 하면

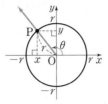

$$\sin\theta = \frac{y}{r}, \cos\theta = \frac{x}{r}, \tan\theta = \frac{y}{x} \ (x \ne 0)$$

20 원점 O와 점 $P(-12, 5)$를 지나는 동경 OP가 나타내는 각의 크기를 θ라 할 때, $13\sin\theta - 12\tan\theta$의 값은?

① -10 ② -7 ③ 0
④ 7 ⑤ 10

21 $\theta = \dfrac{5}{6}\pi$일 때, $\cos\theta\tan\theta$의 값을 구하시오.

22 원점 O와 점 $P(-4, -3)$에 대하여 선분 OP가 x축의 양의 방향과 이루는 각의 크기를 α, 점 P를 직선 $y=x$에 대하여 대칭이동한 점 Q에 대하여 선분 OQ가 x축의 양의 방향과 이루는 각의 크기를 β라 할 때, $\sin\alpha + \cos\beta$의 값을 구하시오.

23 원점 O와 원 $x^2 + y^2 = 4$ 위의 점 $P(a, b)$를 지나는 동경 OP가 나타내는 각의 크기 θ가 다음 조건을 만족시킬 때, $\sin\theta\tan\theta$의 값을 구하시오.

㈎ $a^2 : b^2 = 1 : 3$	㈏ $\dfrac{3}{2}\pi < \theta < 2\pi$

유형 08 삼각함수의 값의 부호

삼각함수의 값의 부호는 각 θ가 제몇 사분면의 각인지에 따라 정해진다. 이때 각 사분면에서 삼각함수의 값이 양수인 것만을 나타내면 오른쪽 그림과 같다.

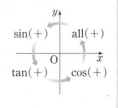

24 $\sin\theta\cos\theta < 0$이고 각 θ가 나타내는 동경과 각 9θ가 나타내는 동경이 일치하도록 하는 모든 θ의 값의 합을 구하시오. (단, $0 < \theta < 2\pi$)

25 보기에서 옳은 것만을 있는 대로 고르시오.

┌─ 보기 ─────────────────┐

ㄱ. $\dfrac{\pi}{2} < \theta < \pi$이면 $\sin\theta - \cos\theta > 0$

ㄴ. $\pi < \theta < \dfrac{3}{2}\pi$이면

$\dfrac{\sin\theta}{|\sin\theta|} - \dfrac{\cos\theta}{|\cos\theta|} + \dfrac{\tan\theta}{|\tan\theta|} = 1$

ㄷ. $\dfrac{3}{2}\pi < \theta < 2\pi$이면 $\dfrac{\cos\theta\sin\theta}{\sin\theta + \tan\theta} < 0$

└────────────────────────┘

26 각 θ가 $\sqrt{\tan\theta}\sqrt{\sin\theta} = -\sqrt{\tan\theta\sin\theta}$를 만족시킬 때, $|\sin\theta - \cos\theta| - \sqrt{\sin^2\theta}$를 간단히 하시오.
(단, $\tan\theta\sin\theta \ne 0$)

유형 **09** 삼각함수 사이의 관계를 이용하여 식 간단히 하기

곱셈 공식을 이용하여 식을 전개하거나 분수식을 통분한 후 다음과 같은 삼각함수 사이의 관계를 이용하여 식을 간단히 한다.

(1) $\tan\theta = \dfrac{\sin\theta}{\cos\theta}$　　　(2) $\sin^2\theta + \cos^2\theta = 1$

27 $\dfrac{1+2\sin\theta\cos\theta}{\sin\theta+\cos\theta} + \dfrac{1-2\sin\theta\cos\theta}{\sin\theta-\cos\theta}$ 를 간단히 하면?

① -1　　　② 0　　　③ 1

④ $2\sin\theta$　　　⑤ $2\cos\theta$

28 보기에서 옳은 것만을 있는 대로 고르시오.

／보기／

ㄱ. $\dfrac{\sin\theta}{1-\cos\theta} + \dfrac{1-\cos\theta}{\sin\theta} = \dfrac{2}{\sin\theta}$

ㄴ. $\dfrac{\cos\theta - \tan\theta\sin\theta}{1-\tan\theta} = \sin\theta - \cos\theta$

ㄷ. $\tan^2\theta + (1-\tan^4\theta)\cos^2\theta = 1$

29 다음 (개), (내)에 알맞은 것은?

・ $\sin^4\theta - \cos^4\theta = 1 - \boxed{\text{(개)}}$

・ $\dfrac{\sin^2\theta}{\cos^2\theta} - \dfrac{\tan^2\theta}{1+\tan^2\theta} = \sin^2\theta \times \boxed{\text{(내)}}$

	(개)	(내)		(개)	(내)

① $2\sin^2\theta$, $\cos^2\theta$　　　② $2\sin^2\theta$, $\tan^2\theta$

③ $2\cos^2\theta$, $\sin^2\theta$　　　④ $2\cos^2\theta$, $\cos^2\theta$

⑤ $2\cos^2\theta$, $\tan^2\theta$

유형 **10** 삼각함수 사이의 관계를 이용하여 식의 값 구하기 (1)

주어진 삼각함수의 값과 삼각함수 사이의 관계를 이용하여 식의 값을 구한다. 이때 θ의 부호에 유의한다.

30 $\dfrac{1}{1-\cos\theta} + \dfrac{1}{1+\cos\theta} = 4$일 때, $\sin\theta\cos\theta + \tan\theta$의 값을 구하시오.

$\left(\text{단, } \dfrac{\pi}{2} < \theta < \pi\right)$

31 $\dfrac{\tan\theta}{\sqrt{1+\tan^2\theta}} = \dfrac{1}{3}$일 때, $\dfrac{1}{\cos\theta} + \tan\theta$의 값은?

$\left(\text{단, } 0 < \theta < \dfrac{\pi}{2}\right)$

① $\dfrac{1}{3}$　　　② $\dfrac{1}{2}$　　　③ $\dfrac{\sqrt{3}}{3}$

④ $\dfrac{\sqrt{2}}{2}$　　　⑤ $\sqrt{2}$

교육청

32 $\pi < \theta < 2\pi$인 θ에 대하여 $\dfrac{\sin\theta\cos\theta}{1-\cos\theta} + \dfrac{1-\cos\theta}{\tan\theta} = 1$일 때, $\cos\theta$의 값은?

① $-\dfrac{2\sqrt{5}}{5}$　　　② $-\dfrac{\sqrt{5}}{5}$　　　③ $\dfrac{1}{5}$

④ $\dfrac{\sqrt{5}}{5}$　　　⑤ $\dfrac{2\sqrt{5}}{5}$

유형 11 삼각함수 사이의 관계를 이용하여 식의 값 구하기 (2)

$\sin\theta \pm \cos\theta$ 또는 $\sin\theta\cos\theta$의 값이 주어지면 다음을 이용하여 식의 값을 구한다.

$(\sin\theta \pm \cos\theta)^2 = \sin^2\theta \pm 2\sin\theta\cos\theta + \cos^2\theta$
$= 1 \pm 2\sin\theta\cos\theta$ (복부호 동순)

33 $\sin\theta - \cos\theta = -\dfrac{1}{5}$일 때, $\dfrac{1}{\sin\theta} - \dfrac{1}{\cos\theta}$의 값을 구하시오.

34 $\tan\theta + \dfrac{1}{\tan\theta} = 3$일 때, $\sin\theta + \cos\theta$의 값을 구하시오. $\left(\text{단, } 0 < \theta < \dfrac{\pi}{2}\right)$

교육청▶
35 $\dfrac{\pi}{2} < \theta < \pi$인 θ에 대하여 $\sin^4\theta + \cos^4\theta = \dfrac{23}{32}$일 때, $\sin\theta - \cos\theta$의 값은?

① $\dfrac{\sqrt{3}}{2}$ ② 1 ③ $\dfrac{\sqrt{5}}{2}$

④ $\dfrac{\sqrt{6}}{2}$ ⑤ $\dfrac{\sqrt{7}}{2}$

유형 12 삼각함수와 이차방정식

이차방정식의 두 근이 삼각함수로 주어지면 이차방정식의 근과 계수의 관계를 이용하여 삼각함수에 대한 식을 세운다.

➡ 이차방정식 $ax^2 + bx + c = 0$의 두 근이 $\sin\theta$, $\cos\theta$ 이면

$$\sin\theta + \cos\theta = -\frac{b}{a}, \ \sin\theta\cos\theta = \frac{c}{a}$$

36 이차방정식 $5x^2 - 7x + \dfrac{k}{5} = 0$의 두 근이 $\sin\theta$, $\cos\theta$일 때, 상수 k의 값은?

① -12 ② -7 ③ 7
④ 12 ⑤ 24

37 이차방정식 $x^2 - x + a = 0$의 두 근이 $\cos\theta + \sin\theta$, $\cos\theta - \sin\theta$일 때, 상수 a의 값은?

① -1 ② $-\dfrac{1}{2}$ ③ 0

④ $\dfrac{1}{2}$ ⑤ 1

38 이차방정식 $x^2 - kx + 8 = 0$의 두 근이 $\dfrac{1}{\sin\theta}$, $\dfrac{1}{\cos\theta}$일 때, 상수 k의 값을 구하시오.
$(\text{단, } \sin\theta > 0, \cos\theta > 0)$

39 이차방정식 $2x^2 + x + p = 0$의 두 근이 $\sin\theta$, $\cos\theta$일 때, $\tan\theta$, $\dfrac{1}{\tan\theta}$을 두 근으로 하고 x^2의 계수가 3인 이차방정식을 구하시오. (단, p는 상수)

유형 01 **삼각함수의 그래프의 평행이동과 대칭이동**

$y=a\sin(bx+c)+d$의 그래프는 $y=a\sin bx$의 그래프를 x축의 방향으로 $-\dfrac{c}{b}$만큼, y축의 방향으로 d만큼 평행이동한 것이다.

1 다음 함수 중 그 그래프가 함수 $y=\sin 3x$의 그래프를 평행이동 또는 대칭이동하여 겹쳐지지 **않는** 것은?

① $y=\sin(3x+\pi)$ ② $y=\sin 3x-2$

③ $y=3\sin x+1$ ④ $y=\sin(-3x)+2$

⑤ $y=-\sin(3x-6)$

2 함수 $y=\cos 2x+2$의 그래프를 x축에 대하여 대칭이동한 후 y축의 방향으로 $\dfrac{3}{2}$만큼 평행이동한 그래프의 식이 $y=a\cos 2x+b$일 때, 상수 a, b에 대하여 $a+b$의 값을 구하시오.

3 함수 $y=\tan\dfrac{\pi}{5}x$의 그래프를 x축의 방향으로 1만큼, y축의 방향으로 -2만큼 평행이동한 그래프가 점 $\left(\dfrac{8}{3}, a\right)$를 지날 때, a의 값을 구하시오.

유형 02 **삼각함수의 최댓값, 최솟값, 주기**

삼각함수	최댓값	최솟값	주기
$y=a\sin(bx+c)+d$	$\lvert a\rvert+d$	$-\lvert a\rvert+d$	$\dfrac{2\pi}{\lvert b\rvert}$
$y=a\cos(bx+c)+d$	$\lvert a\rvert+d$	$-\lvert a\rvert+d$	$\dfrac{2\pi}{\lvert b\rvert}$
$y=a\tan(bx+c)+d$	없다.	없다.	$\dfrac{\pi}{\lvert b\rvert}$

4 함수 $y=2\sin\left(4x-\dfrac{\pi}{2}\right)+1$의 최댓값을 a, 최솟값을 b, 주기를 c라 할 때, abc의 값은?

① $-\dfrac{5}{2}\pi$ ② -2π ③ $-\dfrac{3}{2}\pi$

④ $-\pi$ ⑤ $-\dfrac{\pi}{2}$

5 보기에서 함수 $y=-3\cos\left(\dfrac{x}{2}+\dfrac{\pi}{6}\right)+2$에 대한 설명으로 옳은 것만을 있는 대로 고른 것은?

보기
ㄱ. 최댓값은 5, 최솟값은 -1이다.

ㄴ. 주기는 $\dfrac{\pi}{2}$이다.

ㄷ. 그래프는 함수 $y=-3\cos\dfrac{x}{2}$의 그래프를 x축의 방향으로 $-\dfrac{\pi}{3}$만큼, y축의 방향으로 2만큼 평행이동한 것이다.

① ㄱ   ② ㄴ   ③ ㄱ, ㄷ

④ ㄴ, ㄷ   ⑤ ㄱ, ㄴ, ㄷ

6 다음 함수 중 $f(x+6)=f(x)$를 만족시키지 <u>않는</u> 것은?

① $f(x)=\tan\dfrac{\pi}{3}x$　　② $f(x)=\tan\pi x$

③ $f(x)=\sin\dfrac{\pi}{3}x$　　④ $f(x)=\cos\dfrac{\pi}{2}x$

⑤ $f(x)=\sin\pi x$

7 다음 중 함수 $y=3\tan\left(\dfrac{\pi}{2}x+\pi\right)-4$의 주기와 점 근선의 방정식을 차례로 나열한 것은? (단, n은 정수)

① $\dfrac{1}{2}$, $x=\dfrac{n}{2}+1$　　② $\dfrac{1}{2}$, $x=n-1$

③ 2, $x=\dfrac{n}{2}+1$　　④ 2, $x=n-1$

⑤ 2, $x=2n-1$

8 $0\le x\le\pi$에서 정의된 함수 $f(x)=-\sin 2x$가 $x=a$에서 최댓값을 갖고 $x=b$에서 최솟값을 갖는 다. 곡선 $y=f(x)$ 위의 두 점 $(a, f(a))$, $(b, f(b))$ 를 지나는 직선의 기울기는?

① $\dfrac{1}{\pi}$　　② $\dfrac{2}{\pi}$　　③ $\dfrac{3}{\pi}$

④ $\dfrac{4}{\pi}$　　⑤ $\dfrac{5}{\pi}$

유형 03 삼각함수의 미정계수 구하기
 － 조건이 주어진 경우

주어진 최댓값, 최솟값, 주기, 함숫값을 이용하여 삼각함수의 미정계수를 결정한다.

참고 $y=a\sin(bx+c)+d$

　　x축의 방향으로 평행이동 결정
　　주기 결정
　　최댓값, 최솟값 결정
　　y축의 방향으로 평행이동 결정

9 함수 $y=a\sin bx+c$의 최댓값이 5, 최솟값이 -1, 주기가 $\dfrac{\pi}{2}$일 때, 상수 a, b, c에 대하여 abc의 값은? (단, $a>0$, $b>0$)

① 16　　② 18　　③ 20
④ 22　　⑤ 24

10 함수 $y=2\tan\left(ax+\dfrac{\pi}{3}\right)+1$의 주기가 3π이고 점 근선의 방정식이 $x=3n\pi+b\pi$ (n은 정수)일 때, 상수 a, b에 대하여 ab의 값을 구하시오.
　　　　　　　　　　　(단, $a>0$, $0<b<1$)

11 함수 $f(x)=a\cos\left(bx+\dfrac{\pi}{6}\right)+c$가 다음 조건을 만 족시킬 때, 함수 $f(x)$의 최솟값을 구하시오.
　　　　　　　　　(단, $a>0$, $b>0$, c는 상수)

(가) $f\left(\dfrac{\pi}{4}\right)=1$

(나) 함수 $f(x)$의 최댓값은 4이다.

(다) 모든 실수 x에 대하여 $f(x+p)=f(x)$를 만 족시키는 양수 p의 최솟값은 3π이다.

**삼각함수의 미정계수 구하기
– 그래프가 주어진 경우**

주어진 그래프에서 최댓값, 최솟값, 주기, 그래프 위의 점을 이용하여 삼각함수의 미정계수를 결정한다.

12 함수 $y=a\sin b\left(x-\dfrac{\pi}{2}\right)+c$의 그래프가 다음 그림과 같을 때, 상수 a, b, c에 대하여 abc의 값을 구하시오. (단, $a>0$, $b>0$)

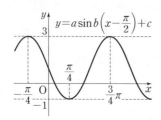

13 함수 $y=a\cos(bx-c)+d$의 그래프가 다음 그림과 같을 때, 상수 a, b, c, d에 대하여 $abcd$의 값을 구하시오. (단, $a>0$, $b>0$, $0<c<\pi$)

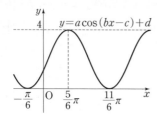

14 함수 $y=\tan(ax+b)+c$의 그래프가 다음 그림과 같을 때, 상수 a, b, c에 대하여 abc의 값을 구하시오. $\left(\text{단, } a>0, -\dfrac{\pi}{2}<b<0\right)$

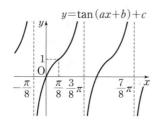

절댓값 기호를 포함한 삼각함수의 그래프

(1) $y=|f(x)|$의 그래프
  ➡ $y=f(x)$의 그래프를 그린 후 $y\geq0$인 부분은 그대로 두고, $y<0$인 부분을 x축에 대하여 대칭이동한다.
(2) $y=f(|x|)$의 그래프
  ➡ $y=f(x)$의 그래프를 $x\geq0$인 부분만 그린 후 $x<0$인 부분은 $x\geq0$인 부분을 y축에 대하여 대칭이동하여 그린다.

교육청

15 두 함수
$$f(x)=\cos(ax)+1,\ g(x)=|\sin 3x|$$
의 주기가 서로 같을 때, 양수 a의 값은?

① 5 　　　　 ② 6 　　　　 ③ 7
④ 8 　　　　 ⑤ 9

16 보기에서 두 함수의 그래프가 일치하는 것만을 있는 대로 고른 것은?

┌─ 보기 ─
ㄱ. $y=\sin|x|$, $y=|\sin x|$
ㄴ. $y=\cos x$, $y=\cos|x|$
ㄷ. $y=\tan|x|$, $y=|\tan x|$
ㄹ. $y=|\sin x|$, $y=\left|\cos\left(x+\dfrac{\pi}{2}\right)\right|$
└─

① ㄱ, ㄴ 　　　 ② ㄱ, ㄹ 　　　 ③ ㄴ, ㄷ
④ ㄴ, ㄹ 　　　 ⑤ ㄷ, ㄹ

17 함수 $y=3|\sin 2x|+1\ (-\pi\leq x\leq\pi)$의 그래프와 직선 $y=n$의 교점의 개수를 a_n이라 할 때, $a_1+a_2+a_3+a_4$의 값을 구하시오.

유형 O6 여러 가지 각의 삼각함수의 값 (1)

n이 정수일 때

(1) $\sin(2n\pi+x)=\sin x$, $\cos(2n\pi+x)=\cos x$,
   $\tan(2n\pi+x)=\tan x$

(2) $\sin(-x)=-\sin x$, $\cos(-x)=\cos x$,
   $\tan(-x)=-\tan x$

(3) $\sin(\pi\pm x)=\mp\sin x$, $\cos(\pi\pm x)=-\cos x$,
   $\tan(\pi\pm x)=\pm\tan x$ (복부호 동순)

(4) $\sin\left(\dfrac{\pi}{2}\pm x\right)=\cos x$, $\cos\left(\dfrac{\pi}{2}\pm x\right)=\mp\sin x$,
   $\tan\left(\dfrac{\pi}{2}\pm x\right)=\mp\dfrac{1}{\tan x}$ (복부호 동순)

18 ●○○ $\cos\dfrac{7}{6}\pi\tan\left(-\dfrac{4}{3}\pi\right)+\sin\dfrac{11}{6}\pi\tan\dfrac{5}{4}\pi$의 값을 구하시오.

19 ●●○ $\theta=\dfrac{2}{3}\pi$일 때,

$$\dfrac{\sin\left(\dfrac{\pi}{2}-\theta\right)}{\sin(\pi+\theta)}\times\dfrac{\cos\left(\dfrac{\pi}{2}+\theta\right)}{\cos(\pi+\theta)}\times\dfrac{\tan\left(\dfrac{3}{2}\pi+\theta\right)}{\tan(\pi-\theta)}$$

의 값을 구하시오.

20 ●●○ 직선 $y+2x-1=0$이 x축의 양의 방향과 이루는 각의 크기를 θ라 할 때,

$$\dfrac{\sin\theta}{1+\cos\theta}-\dfrac{\sin\theta}{1-\cos\theta}-\dfrac{\sin(\pi-\theta)}{\sin\left(\dfrac{\pi}{2}+\theta\right)}$$의 값을 구하시오.

21 ●●○ 삼각형 ABC에 대하여 보기에서 항상 옳은 것만을 있는 대로 고르시오.

보기
ㄱ. $\sin A=\sin(B+C)$
ㄴ. $\cos\dfrac{A}{2}=\cos\dfrac{B+C}{2}$
ㄷ. $\tan A\tan(B+C)=1$

유형 O7 여러 가지 각의 삼각함수의 값 (2)

일정하게 증가하는 각에 대한 삼각함수의 값을 구할 때는 각의 크기의 합이 $\dfrac{n}{2}\pi$(n은 정수)인 것끼리 짝을 지어 각을 변형하고, $\sin^2\theta+\cos^2\theta=1$임을 이용한다.

22 ●○○ $\tan 10°\times\tan 20°\times\cdots\times\tan 70°\times\tan 80°$의 값을 구하시오.

23 ●●● $a=\sin^2 10°+\sin^2 30°+\sin^2 50°+\sin^2 70°$,
   $b=\cos^2 110°+\cos^2 130°+\cos^2 150°+\cos^2 170°$
   일 때, $a+b$의 값은?

① 2　　　② 3　　　③ 4
④ 5　　　⑤ 6

24 ●●○ 오른쪽 그림과 같이 좌표평면 위에 있는 중심이 원점 O 이고 반지름의 길이가 1인 원의 둘레를 10등분 하는 각 점을 차례대로 P_0, P_1, P_2, $\cdots$, P_9라 하자. $P_0(1,\,0)$, $\angle P_1 O P_0=\theta$라 할 때, $\cos\theta+\cos 2\theta+\cos 3\theta+\cdots+\cos 8\theta+\cos 9\theta$ 의 값을 구하시오.

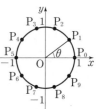

25 ●●● $\sin^2\dfrac{\pi}{8}+\sin^2\dfrac{2}{8}\pi+\sin^2\dfrac{3}{8}\pi+\cdots+\sin^2\dfrac{7}{8}\pi$의 값을 구하시오.

유형 08 삼각함수를 포함한 식의 최대, 최소 (1)

(1) 두 종류의 삼각함수를 포함하는 일차식 꼴
➡ 삼각함수의 성질을 이용하여 한 종류의 삼각함수로
  통일한 후 구한다.
(2) 절댓값 기호를 포함하는 일차식 꼴
  ① 삼각함수를 t로 치환하여 t에 대한 함수로 변형하고,
    t의 값의 범위를 구한다.
  ② ①의 함수의 그래프를 그려서 t의 값의 범위에서 최
    댓값, 최솟값을 구한다.

26 함수 $y=2\sin(x+\pi)+\cos\left(x+\dfrac{\pi}{2}\right)-2$의 최댓
값을 M, 최솟값을 m이라 할 때, $M-m$의 값을
구하시오.

27 함수 $y=a|2\cos x+1|+b$의 최댓값이 5, 최솟값
이 -1일 때, 상수 a, b에 대하여 $a+b$의 값은?
(단, $a>0$)

① -1 ② 0 ③ 1
④ 2 ⑤ 3

28 $-\dfrac{\pi}{4}\le x\le\dfrac{\pi}{4}$에서 함수 $y=-|\tan x-1|+k$의
최댓값과 최솟값의 합이 4일 때, 상수 k의 값을 구
하시오.

유형 09 삼각함수를 포함한 식의 최대, 최소 (2)

분수식 또는 이차식 꼴
(1) 삼각함수를 t로 치환하여 t에 대한 함수로 변형하고, t
  의 값의 범위를 구한다.
(2) (1)의 함수의 그래프를 그려서 t의 값의 범위에서 최댓
  값, 최솟값을 구한다.

29 함수 $y=\dfrac{1}{\sin x-2}+1$의 최댓값을 M, 최솟값을
m이라 할 때, $M+m$의 값을 구하시오.

30 함수 $y=\dfrac{\cos x-5}{\cos x+3}$의 치역이 $\{y\,|\,a\le y\le b\}$일 때,
a^2+b^2의 값을 구하시오.

31 함수 $y=\sin^2 x-3\cos^2 x-4\sin x$의 최댓값을 M,
최솟값을 m이라 할 때, $M-m$의 값을 구하시오.

평가원
32 실수 k에 대하여 함수
$$f(x)=\cos^2\left(x-\dfrac{3}{4}\pi\right)-\cos\left(x-\dfrac{\pi}{4}\right)+k$$
의 최댓값은 3, 최솟값은 m이다. $k+m$의 값은?

① 2 ② $\dfrac{9}{4}$ ③ $\dfrac{5}{2}$
④ $\dfrac{11}{4}$ ⑤ 3

정답과 해설 142쪽

유형 01 **삼각함수가 포함된 방정식 – 일차식 꼴**

일차식 꼴로 주어진 삼각함수가 포함된 방정식은 다음과 같은 순서로 푼다.

(1) 주어진 방정식을 $\sin x = k$ (또는 $\cos x = k$ 또는 $\tan x = k$) 꼴로 변형한다.

(2) 함수 $y = \sin x$ (또는 $y = \cos x$ 또는 $y = \tan x$)의 그래프와 직선 $y = k$의 교점의 x좌표를 구한다.

1 $0 \le x < 2\pi$일 때, 방정식 $2\sin x = -\sqrt{3}$의 두 근을 구하시오.

교육청

2 $0 \le x < 2\pi$일 때, 두 함수 $y = \sin x$와 $y = \cos\left(x + \dfrac{\pi}{2}\right) + 1$의 그래프가 만나는 모든 점의 x좌표의 합은?

① $\dfrac{\pi}{2}$ ② π ③ $\dfrac{3}{2}\pi$

④ 2π ⑤ $\dfrac{5}{2}\pi$

3 $0 < x < 2\pi$에서 방정식 $\sqrt{2}\sin\left(\dfrac{1}{2}x - \dfrac{\pi}{3}\right) = 1$의 해가 $x = \alpha$일 때, $\sin 4\alpha$의 값은?

① $-\dfrac{\sqrt{3}}{2}$ ② $-\dfrac{1}{2}$ ③ $\dfrac{1}{2}$

④ $\dfrac{\sqrt{3}}{2}$ ⑤ 1

4 $0 < x < 2\pi$일 때, 방정식 $\cos\left(2x + \dfrac{\pi}{4}\right) = \sin\left(2x + \dfrac{\pi}{4}\right)$의 모든 근의 합은?

① 2π ② $\dfrac{5}{2}\pi$ ③ 3π

④ $\dfrac{7}{2}\pi$ ⑤ 4π

5 $0 < \theta < \dfrac{\pi}{2}$인 θ에 대하여 $\log_{\frac{1}{2}} \sin\theta + \log_2 \tan\theta = \dfrac{1}{2}$일 때, θ의 값을 구하시오.

6 $0 \le x < 2\pi$일 때, 방정식 $\sin(\pi\sin x) = -1$의 모든 근의 합을 구하시오.

유형 O2 삼각함수가 포함된 방정식 - 이차식 꼴

두 종류의 삼각함수가 포함된 방정식은 $\sin^2 x + \cos^2 x = 1$ 임을 이용하여 한 종류의 삼각함수에 대한 방정식으로 고쳐서 푼다.

7
•○○
$0 \le x < 2\pi$일 때, 방정식 $\cos^2 x + \sin x - \sin^2 x = 0$의 모든 근의 합은?

① 2π ② $\dfrac{5}{2}\pi$ ③ 3π

④ $\dfrac{7}{2}\pi$ ⑤ 4π

8
•○○
$0 < x < \pi$에서 방정식 $\tan^2 x - (\sqrt{3}+1)\tan x + \sqrt{3} = 0$의 두 근을 α, β라 할 때, $\cos(2\alpha - \beta)$의 값을 구하시오.

(단, $\alpha < \beta$)

교육청
9
•●○
$0 \le x < 2\pi$일 때, 방정식
$$\sin x = \sqrt{3}(1 + \cos x)$$
의 모든 해의 합은?

① $\dfrac{\pi}{3}$ ② $\dfrac{2}{3}\pi$ ③ π

④ $\dfrac{4}{3}\pi$ ⑤ $\dfrac{5}{3}\pi$

유형 O3 삼각함수가 포함된 방정식 - 삼각함수의 그래프의 대칭성 이용

(1) $f(x) = \sin x \,(0 \le x \le \pi)$에서 $f(a) = f(b)\,(a \ne b)$이면
→ $\dfrac{a+b}{2} = \dfrac{\pi}{2}$ ∴ $a+b = \pi$

(2) $f(x) = \cos x \,(0 \le x \le 2\pi)$에서 $f(a) = f(b)\,(a \ne b)$이면
→ $\dfrac{a+b}{2} = \pi$ ∴ $a+b = 2\pi$

(3) $f(x) = \tan x$에서 $f(a) = f(b)$이면
→ $a - b = n\pi$ (단, n은 정수)

10
•○○
다음 그림과 같이 $0 \le x \le 4\pi$에서 함수 $y = \cos x$의 그래프와 직선 $y = k\,(0 < k < 1)$의 교점의 x좌표를 작은 것부터 차례대로 x_1, x_2, x_3, x_4라 할 때, $x_1 + x_2 + x_3 + x_4$의 값을 구하시오.

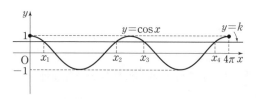

11
•●○
$0 \le x < \pi$에서 방정식 $\sin x = \dfrac{1}{3}$의 두 근을 α, β라 할 때, $\sin\left(\alpha + \beta + \dfrac{\pi}{3}\right)$의 값을 구하시오.

12
•●○
$0 \le x < 2\pi$일 때, 방정식 $\cos x - 3|\cos x| + 1 = 0$의 모든 근의 합을 구하시오.

삼각함수가 포함된 방정식의 근의 조건

삼각함수가 포함된 방정식 $f(x)=k$가 실근을 가지려면 $y=f(x)$의 그래프와 직선 $y=k$가 교점을 가져야 한다.

13 방정식 $\cos^2 x + 4\sin x + k = 0$이 실근을 갖도록 하는 실수 k의 최댓값을 M, 최솟값을 m이라 할 때, $M-m$의 값은?

① 7   ② 8   ③ 9
④ 10   ⑤ 11

14 방정식 $2\sin^2\left(\dfrac{\pi}{2}+x\right)-3\cos\left(\dfrac{\pi}{2}+x\right)+k=0$이 실근을 갖도록 하는 실수 k의 값의 범위를 구하시오.

15 $0 \le x \le \pi$일 때, 방정식 $\cos^2 x + \cos(\pi+x) - k + 1 = 0$이 오직 하나의 실근을 갖도록 하는 모든 정수 k의 값의 합은?

① 3   ② 4   ③ 5
④ 6   ⑤ 7

삼각함수가 포함된 부등식 – 일차식 꼴

(1) $\sin x > k$ (또는 $\cos x > k$ 또는 $\tan x > k$)
  ➡ $y=\sin x$ (또는 $y=\cos x$ 또는 $y=\tan x$)의 그래프가 직선 $y=k$보다 위쪽에 있는 x의 값의 범위
(2) $\sin x < k$ (또는 $\cos x < k$ 또는 $\tan x < k$)
  ➡ $y=\sin x$ (또는 $y=\cos x$ 또는 $y=\tan x$)의 그래프가 직선 $y=k$보다 아래쪽에 있는 x의 값의 범위

16 $0 \le x < 2\pi$에서 부등식 $\sin x - \cos x > 0$의 해가 $\alpha < x < \beta$일 때, $\alpha+\beta$의 값을 구하시오.

17 $0 < x < \pi$에서 부등식 $2\sin\left(2x-\dfrac{\pi}{3}\right)+\sqrt{3}<0$의 해가 $\alpha < x < \beta$일 때, $\beta-\alpha$의 값을 구하시오.

18 부등식 $\log_2(\cos x)+1 \le 0$을 만족시키는 x의 최댓값을 α, 최솟값을 β라 할 때, $\cos(\alpha-\beta)$의 값을 구하시오. (단, $0 \le x < 2\pi$)

19 삼각형 ABC에 대하여 부등식 $\tan A - \tan(B+C) + 2 \le 0$이 성립할 때, A의 최댓값은?

① $\dfrac{\pi}{4}$ ② $\dfrac{\pi}{3}$ ③ $\dfrac{\pi}{2}$
④ $\dfrac{2}{3}\pi$ ⑤ $\dfrac{3}{4}\pi$

두 종류의 삼각함수가 포함된 부등식은 $\sin^2 x + \cos^2 x = 1$ 임을 이용하여 한 종류의 삼각함수에 대한 부등식으로 고쳐서 푼다.

20 $0 \leq x < 2\pi$에서 부등식 $2\cos^2 x - 5\sin x - 4 \geq 0$
●○○ 의 해가 $\alpha \leq x \leq \beta$일 때, $\sin(\beta - \alpha)$의 값은?

① $-\dfrac{\sqrt{3}}{2}$ ② $-\dfrac{1}{2}$ ③ 0

④ $\dfrac{1}{2}$ ⑤ $\dfrac{\sqrt{3}}{2}$

21 $0 \leq x < \pi$에서 부등식
●○○ $\cos x + \sin^2\left(\dfrac{\pi}{2} + x\right) < \cos^2\left(\dfrac{\pi}{2} + x\right)$의 해가
$\alpha < x < \beta$일 때, $\alpha + \beta$의 값은?

① $\dfrac{2}{3}\pi$ ② π ③ $\dfrac{4}{3}\pi$

④ $\dfrac{5}{3}\pi$ ⑤ 2π

22 모든 실수 x에 대하여 부등식
●●○ $\sin^2 x + 4\cos x + 2a \leq 0$이 성립하도록 하는 상수 a의 값의 범위를 구하시오.

x에 대한 이차방정식 또는 이차부등식에서 계수가 삼각함수로 주어지고 근에 대한 조건이 있는 경우에는 이차방정식의 판별식을 이용한다.

참고 이차방정식 $ax^2 + bx + c = 0$의 판별식을 D라 하면
(1) $D > 0 \iff$ 서로 다른 두 실근
(2) $D = 0 \iff$ 중근
(3) $D < 0 \iff$ 서로 다른 두 허근

23 모든 실수 x에 대하여 부등식
●○○ $x^2 - 2x\sin\theta + \sin\theta \geq 0$이 성립하도록 하는 θ의 값의 범위가 $\alpha \leq \theta \leq \beta$일 때, $\alpha + \beta$의 값을 구하시오. (단, $0 \leq \theta < 2\pi$)

24 x에 대한 이차방정식
●●○ $x^2 - 2x\cos\theta + \sin^2\theta + \cos\theta = 0$이 중근을 갖도록 하는 θ의 값을 α, β $(\alpha < \beta)$라 할 때, $\beta - \alpha$의 값은? (단, $0 < \theta < 2\pi$)

① $\dfrac{\pi}{3}$ ② $\dfrac{2}{3}\pi$ ③ π

④ $\dfrac{4}{3}\pi$ ⑤ $\dfrac{5}{3}\pi$

25 $0 \leq \theta < 2\pi$일 때, x에 대한 이차방정식
●●○ $$x^2 - (2\sin\theta)x - 3\cos^2\theta - 5\sin\theta + 5 = 0$$
이 실근을 갖도록 하는 θ의 최솟값과 최댓값을 각각 α, β라 하자. $4\beta - 2\alpha$의 값은?

① 3π ② 4π ③ 5π

④ 6π ⑤ 7π

II. 삼각함수

2 사인법칙과 코사인법칙

01 사인법칙과 코사인법칙

유형 01 사인법칙

삼각형 ABC에서
$$\frac{a}{\sin A}=\frac{b}{\sin B}=\frac{c}{\sin C}$$

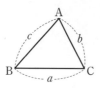

유형 02 사인법칙과 외접원

삼각형 ABC의 외접원의 반지름의 길이를 R라 하면
$$\frac{a}{\sin A}=\frac{b}{\sin B}=\frac{c}{\sin C}=2R$$

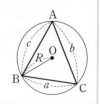

1 삼각형 ABC에서 $a=2\sqrt{6}$, $B=60°$, $C=75°$일 때, b는?

① 3   ② $3\sqrt{3}$ ③ 6
④ $3\sqrt{6}$ ⑤ 9

4 삼각형 ABC에서 $a=8\sin A$일 때, 삼각형 ABC의 외접원의 넓이는?

① 4π ② 8π ③ 16π
④ 20π ⑤ 25π

2 오른쪽 그림과 같이 $b=4\sqrt{2}$, $c=4\sqrt{3}$, $B=45°$, $C=60°$인 삼각형 ABC를 이용하여 $\sin 75°$의 값을 구하면?

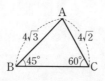

① $\dfrac{\sqrt{6}+\sqrt{2}}{8}$ ② $\dfrac{\sqrt{6}+\sqrt{3}}{8}$ ③ $\dfrac{\sqrt{6}+\sqrt{2}}{6}$

④ $\dfrac{\sqrt{6}+\sqrt{3}}{6}$ ⑤ $\dfrac{\sqrt{6}+\sqrt{2}}{4}$

5 반지름의 길이가 2인 원에 내접하는 삼각형 ABC에서 $2\sin A\sin(B+C)=1$이 성립할 때, a의 값을 구하시오.

6 오른쪽 그림과 같이 넓이가 9π이고 중심이 O인 원 위의 두 점 A, B에 대하여 호 AB의 길이가 반지름의 길이의 3배이고 $\angle AOB=\theta$일 때, 선분 AB의 길이는? (단, $0<\theta<\pi$)

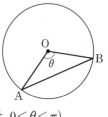

① $2\sin\dfrac{3}{2}$ ② $4\sin\dfrac{3}{2}$ ③ $6\sin\dfrac{3}{2}$
④ $4\sin 3$ ⑤ $3\sin 3$

3 오른쪽 그림과 같이 한 원에 내접하는 두 삼각형 ABC, ABD에서 $\overline{AB}=16$, $\angle ABD=30°$, $\angle BCA=45°$일 때, 선분 AD의 길이를 구하시오.

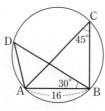

유형 03 사인법칙의 변형

삼각형 ABC의 외접원의 반지름의 길이를 R라 하면

(1) $\sin A = \dfrac{a}{2R}$, $\sin B = \dfrac{b}{2R}$, $\sin C = \dfrac{c}{2R}$

(2) $a = 2R\sin A$, $b = 2R\sin B$, $c = 2R\sin C$

(3) $a : b : c = \sin A : \sin B : \sin C$

7 삼각형 ABC에서 $\sin A : \sin B : \sin C = 4 : 5 : 7$
일 때, $\dfrac{a^2+c^2}{ab}$의 값을 구하시오.

8 삼각형 ABC에서
$(a+b) : (b+c) : (c+a) = 6 : 7 : 9$일 때,
$\sin A : \sin B : \sin C$를 구하시오.

9 삼각형 ABC에서 $a - 2b + 2c = 0$, $2a + b - 2c = 0$
이 성립할 때, $\dfrac{\sin A + \sin B}{2\sin C}$의 값을 구하시오.

10 삼각형 ABC에서 $A : B : C = 1 : 2 : 3$이고
$a + b + c = 6$일 때, 삼각형 ABC의 외접원의 반지름의 길이를 구하시오.

유형 04 삼각형의 모양 결정 (1)

삼각형 ABC에서 $\sin A$, $\sin B$, $\sin C$에 대한 관계식이 주어지면 사인법칙을 이용하여 주어진 관계식을 a, b, c에 대한 식으로 변형한 후 삼각형의 모양을 판단한다.

11 삼각형 ABC에서 $b^2\sin C = c^2\sin B$가 성립할 때,
삼각형 ABC는 어떤 삼각형인가?

① 정삼각형
② $a = b$인 이등변삼각형
③ $b = c$인 이등변삼각형
④ $A = 90°$인 직각삼각형
⑤ $C = 90°$인 직각삼각형

12 삼각형 ABC에서 $\cos^2 A + \cos^2 B = \cos^2 C + 1$이
성립할 때, 삼각형 ABC는 어떤 삼각형인가?

① 정삼각형
② $a = b$인 이등변삼각형
③ $a = c$인 이등변삼각형
④ $B = 90°$인 직각삼각형
⑤ $C = 90°$인 직각삼각형

13 x에 대한 이차방정식
$x^2\sin A + 2x\sin B + \sin A = 0$이 중근을 가질 때, 삼각형 ABC는 어떤 삼각형인지 말하시오.

유형 05 사인법칙의 실생활에의 활용

삼각형 ABC에서 사인법칙과 $A+B+C=180°$임을 이용하여 두 점 사이의 거리를 구한다.

14 반지름의 길이가 30 m인 원 모양의 호숫가에서 세 지점 A, B, C를 잡고 지점 A에서 두 지점 B, C를 바라보고 각의 크기를 측정하였더니 30°이었다. 이 때 두 지점 B, C 사이의 거리를 구하시오.

15 오른쪽 그림과 같이 60 m 떨어진 두 지점 A, B에서 지점 C에 떠 있는 비행기를 올려본각의 크기가 각각 45°, 75°일 때, 두 지점 B, C 사이의 거리는?

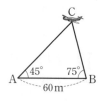

① $20\sqrt{2}$ m   ② $20\sqrt{3}$ m   ③ 40 m
④ $20\sqrt{5}$ m   ⑤ $20\sqrt{6}$ m

16 오른쪽 그림과 같이 지면에 수직으로 서 있는 나무의 높이 $\overline{PQ}$를 구하기 위하여 서로 20 m 떨어진 두 지점 A, B에서 각의 크기를 측정하였더니 ∠PBQ=45°, ∠QBA=75°, ∠QAB=60° 이었다. 이때 나무의 높이 $\overline{PQ}$를 구하시오.

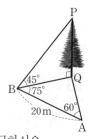

유형 06 코사인법칙

삼각형 ABC에서
$$a^2=b^2+c^2-2bc\cos A$$
$$b^2=c^2+a^2-2ca\cos B$$
$$c^2=a^2+b^2-2ab\cos C$$

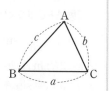

17 오른쪽 그림과 같이 원에 내접하는 사각형 ABCD에서 $\overline{AB}=5$, $\overline{BC}=3$, ∠ADC=120°일 때, 대각선 AC의 길이를 구하시오.

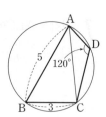

18 삼각형 ABC에서 $a=\sqrt{2}$, $c=\sqrt{3}+1$, $B=45°$일 때, A의 값은?

① 30°   ② 45°   ③ 60°
④ 90°   ⑤ 120°

교육청 ▶

19 그림과 같이 $\overline{AB}=3$, $\overline{AC}=1$이고 $∠BAC=\dfrac{\pi}{3}$인 삼각형 ABC가 있다. ∠BAC의 이등분선이 선분 BC와 만나는 점을 P라 할 때, 삼각형 APC의 외접원의 넓이는?

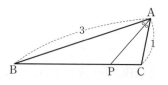

① $\dfrac{\pi}{4}$ ② $\dfrac{5}{16}\pi$ ③ $\dfrac{3}{8}\pi$
④ $\dfrac{7}{16}\pi$ ⑤ $\dfrac{\pi}{2}$

유형 07 코사인법칙의 변형

삼각형 ABC에서
$$\cos A = \frac{b^2+c^2-a^2}{2bc}, \ \cos B = \frac{c^2+a^2-b^2}{2ca},$$
$$\cos C = \frac{a^2+b^2-c^2}{2ab}$$

20 세 변의 길이가 2, $2\sqrt{3}$, 4인 삼각형의 세 내각 중
●○○ 가장 작은 각의 크기를 구하시오.

21 삼각형 ABC에서 $(a+b)^2 = c^2 + 3ab$가 성립할
●○○ 때, $\sin C + \tan C$의 값은?

① $\frac{1}{2}$　　② 1　　③ $\frac{2\sqrt{3}}{3}$

④ $\sqrt{3}$　　⑤ $\frac{3\sqrt{3}}{2}$

22 오른쪽 그림과 같이
●○○ $\overline{AB}=8$, $\overline{AC}=7$인 삼각
형 ABC에서 변 BC 위
의 점 D에 대하여
$\overline{BD}=6$, $\overline{CD}=3$일 때, 선
분 AD의 길이를 구하시오.

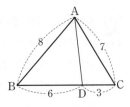

23 오른쪽 그림과 같이 한 변의
●●○ 길이가 6인 정육각형에서
변 EF의 중점을 M이라 하
자. $\angle FAM = \theta$라 할 때,
$\cos\theta$의 값을 구하시오.

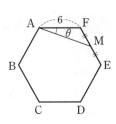

24 $\overline{AB}=3\sqrt{7}$, $\overline{AC}=3$인 삼각형 ABC에서 $\overline{BC}=a$
●●○ 라 할 때, $\cos B$의 최솟값은?

① $\frac{\sqrt{34}}{7}$　　② $\frac{\sqrt{38}}{7}$　　③ $\frac{\sqrt{42}}{7}$

④ $\frac{\sqrt{46}}{7}$　　⑤ $\frac{4\sqrt{3}}{7}$

교육청
25 그림과 같이 $\overline{AB}=3$, $\overline{BC}=6$인 직사각형 ABCD
●●● 에서 선분 BC를 1 : 5로 내분하는 점을 E라 하자.
$\angle EAC = \theta$라 할 때, $50\sin\theta\cos\theta$의 값을 구하
시오.

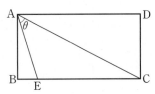

유형 08 삼각형의 모양 결정 (2)

삼각형 ABC에서 $\cos A$, $\cos B$, $\cos C$에 대한 관계식이 주어지면 사인법칙과 코사인법칙을 이용하여 주어진 관계식을 a, b, c에 대한 식으로 변형한 후 삼각형의 모양을 판단한다.

26 삼각형 ABC에서 $b=2a\cos C$가 성립할 때, 삼각형 ABC는 어떤 삼각형인지 말하시오.
●○○

27 삼각형 ABC에서 $\sin A\cos B=\cos A\sin B$가 성립할 때, 삼각형 ABC는 어떤 삼각형인지 말하시오.
●○○

28 삼각형 ABC에서 $a\cos A+c\cos C=b\cos B$가 성립할 때, 삼각형 ABC는 어떤 삼각형인가?
●●○

① 정삼각형
② $a=b$인 이등변삼각형
③ $b=c$인 이등변삼각형
④ $A=90°$ 또는 $C=90°$인 직각삼각형
⑤ $B=90°$ 또는 $C=90°$인 직각삼각형

29 삼각형 ABC에서 $\tan A : \tan B=a^2 : b^2$이 성립할 때, 삼각형 ABC는 어떤 삼각형인지 말하시오.
●●●

유형 09 코사인법칙의 실생활에의 활용

삼각형에서 두 변의 길이와 그 끼인각의 크기를 알 때, 코사인법칙을 이용하여 나머지 한 변의 길이를 구한다.

30 오른쪽 그림과 같이 호숫가의 양 끝에 서 있는 두 나무 P, Q 사이의 거리를 구하기 위하여 지점 A에서 두 나무 P, Q까지의 거리와 P, Q를 바라보고 각의 크기를 측정하였더니 $\overline{AP}=120\,m$, $\overline{AQ}=80\,m$, $\angle PAQ=60°$이었다. 이때 두 나무 P, Q 사이의 거리를 구하시오.
●○○

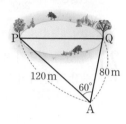

31 오른쪽 그림과 같이 원 모양의 물웅덩이의 넓이를 구하기 위하여 물웅덩이의 둘레 위에 세 점 A, B, C를 잡아 거리를 측정하였더니 $\overline{AB}=7\,m$, $\overline{AC}=8\,m$, $\overline{BC}=13\,m$이었다. 이때 물웅덩이의 넓이를 구하시오.
●●○

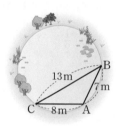

32 오른쪽 그림과 같이 지면에서 산꼭대기까지의 높이를 구하기 위하여 지면의 일직선 위에 있는 세 지점 A, B, C에서 산꼭대기 D를 올려본각의 크기를 각각 측정하였더니 $\angle DAE=60°$, $\angle DBE=45°$, $\angle DCE=30°$이고, $\overline{AB}=100\,m$, $\overline{BC}=200\,m$이었다. 이때 지면에서 산꼭대기까지의 높이를 구하시오.
●●●

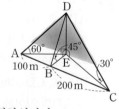

유형 10 삼각형의 넓이 (1)

두 변의 길이와 그 끼인각의 크기가 주어진 삼각형 ABC의 넓이 S는

$$S = \frac{1}{2}bc\sin A = \frac{1}{2}ca\sin B = \frac{1}{2}ab\sin C$$

교육청

33 $\overline{AB}=2$, $\overline{AC}=\sqrt{7}$인 예각삼각형 ABC의 넓이가 $\sqrt{6}$이다. $\angle A = \theta$일 때, $\sin\left(\dfrac{\pi}{2}+\theta\right)$의 값은?

① $\dfrac{\sqrt{3}}{7}$　　② $\dfrac{2}{7}$　　③ $\dfrac{\sqrt{5}}{7}$

④ $\dfrac{\sqrt{6}}{7}$　　⑤ $\dfrac{\sqrt{7}}{7}$

34 오른쪽 그림과 같이 반지름의 길이가 6인 원 위의 세 점 A, B, C에 대하여 $\overarc{AB} : \overarc{BC} : \overarc{CA} = 3 : 4 : 5$일 때, 삼각형 ABC의 넓이는?

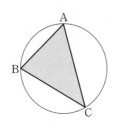

① $6(1+\sqrt{3})$　　② $6(2+\sqrt{3})$　　③ $9(1+\sqrt{3})$

④ $6(3+\sqrt{3})$　　⑤ $9(3+\sqrt{3})$

35 오른쪽 그림과 같이 한 변의 길이가 8인 정삼각형 ABC의 세 변 AB, BC, CA를 3 : 1로 내분하는 점을 각각 P, Q, R라 할 때, 삼각형 PQR의 넓이는?

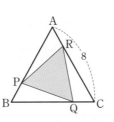

① $6\sqrt{3}$　　② $\dfrac{13\sqrt{3}}{2}$　　③ $7\sqrt{3}$

④ $\dfrac{15\sqrt{3}}{2}$　　⑤ $8\sqrt{3}$

유형 11 삼각형의 넓이 (2)

삼각형 ABC의 넓이 S는

(1) 삼각형 ABC의 세 변의 길이가 주어질 때

① 코사인법칙과 $\sin^2 C + \cos^2 C = 1$임을 이용하여 $\sin C$의 값을 구한다.

② 헤론의 공식을 이용한다.

$$S = \sqrt{s(s-a)(s-b)(s-c)} \left(\text{단, } s = \frac{a+b+c}{2}\right)$$

(2) 외접원의 반지름의 길이 R가 주어질 때

➡ $S = \dfrac{abc}{4R} = 2R^2 \sin A \sin B \sin C$

(3) 내접원의 반지름의 길이 r가 주어질 때

➡ $S = \dfrac{1}{2}r(a+b+c)$

36 삼각형 ABC에서 $a=8$, $b=10$, $c=12$일 때, 삼각형 ABC의 넓이를 구하시오.

37 삼각형 ABC에서 $\sin A : \sin B : \sin C = 3 : 3 : 2$이고 넓이가 $48\sqrt{2}$일 때, 삼각형 ABC의 둘레의 길이는?

① $14\sqrt{5}$　　② $14\sqrt{7}$　　③ $15\sqrt{7}$

④ $16\sqrt{6}$　　⑤ $17\sqrt{6}$

38 삼각형 ABC에서 $a=5$, $b=7$, $c=8$일 때, 삼각형 ABC의 내접원의 반지름의 길이는?

① 1　　② $\sqrt{2}$　　③ $\sqrt{3}$

④ 2　　⑤ $\sqrt{5}$

01 사인법칙과 코사인법칙

유형 12 사각형의 넓이
― 두 삼각형으로 나누어 구하기

사각형을 두 개의 삼각형으로 나눈 후 각각의 삼각형의 넓이를 구하여 더한다.

39 오른쪽 그림과 같은 사각형
●○○ ABCD에서 $\overline{AB}=6$,
$\overline{BC}=10$, $\overline{CD}=5$,
$\angle ABD=30°$,
$\angle BCD=60°$일 때, 사각형 ABCD의 넓이를 구하시오.

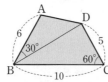

40 오른쪽 그림과 같은 사
●●○ 각형 ABCD에서
$\overline{AB}=3\sqrt{2}$, $\overline{CD}=7\sqrt{2}$,
$\overline{AD}=8$, $A=135°$,
$C=45°$일 때, 사각형 ABCD의 넓이는?

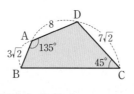

① 64 　　② 66 　　③ 68
④ 70 　　⑤ 72

41 오른쪽 그림과 같이 원에 내
●●○ 접하는 사각형 ABCD에서
$\overline{AB}=2$, $\overline{BC}=2$, $\overline{CD}=4$,
$\overline{DA}=6$일 때, 사각형
ABCD의 넓이를 구하시오.

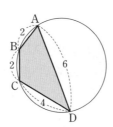

유형 13 사각형의 넓이

(1) 이웃하는 두 변의 길이가 a, b이고 그 끼인각의 크기가 θ인 평행사변형 ABCD의 넓이 S는
$$S=ab\sin\theta$$
(2) 두 대각선의 길이가 a, b이고 두 대각선이 이루는 각의 크기가 θ인 사각형 ABCD의 넓이 S는
$$S=\frac{1}{2}ab\sin\theta$$

42 오른쪽 그림과 같은 평
●○○ 행사변형 ABCD의 넓이가 20일 때, 대각선 AC의 길이를 구하시오.

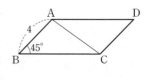

43 오른쪽 그림과 같이
●○○ $A=B=90°$이고
$\overline{AB}=\overline{AD}=4$, $\overline{BC}=8$인
사다리꼴 ABCD에서 두
대각선 AC와 BD가 이루
는 각의 크기를 θ라 할 때, $\sin\theta$의 값을 구하시오.

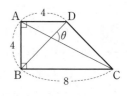

44 오른쪽 그림과 같이 두
●●○ 대각선의 길이가 각각 5,
6이고 두 대각선이 이루
는 각의 크기가 θ인 사각
형 ABCD에서 $\tan\theta=\frac{3}{4}$일 때, 사각형 ABCD의
넓이를 구하시오.

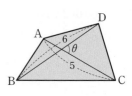

45 오른쪽 그림과 같은
●●● 평행사변형 ABCD
에서 $\overline{AB}=6$,
$\overline{BC}=8$이고 두 대각
선이 이루는 각의 크기가 60°일 때, 평행사변형
ABCD의 넓이를 구하시오.

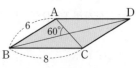

---

1 등차수열과 등비수열

유형 **O1** 수열의 일반항

수열의 일반항을 구할 때는 각 항의 규칙을 찾아 제n항을 n에 대한 식으로 나타낸다.

1 수열 2^2-1, 3^2-2, 4^2-3, 5^2-4, $\cdots$의 일반항 a_n은?

① $a_n=n^2-n+1$ ② $a_n=n^2-n+2$
③ $a_n=n^2+n$ ④ $a_n=n^2+n+1$
⑤ $a_n=n^2+n+2$

2 수열 1, $\dfrac{1}{3}$, $\dfrac{1}{5}$, $\dfrac{1}{7}$, $\cdots$의 일반항을 a_n이라 할 때, $a_k=\dfrac{1}{101}$을 만족시키는 자연수 k의 값은?

① 48 ② 49 ③ 50
④ 51 ⑤ 52

3 수열 3, 8, 15, 24, $\cdots$의 일반항을 a_n이라 할 때, $a_{10}-a_9$의 값은?

① 11 ② 21 ③ 31
④ 41 ⑤ 51

유형 **O2** 등차수열의 일반항

첫째항이 a, 공차가 d인 등차수열의 일반항 a_n은
$$a_n=a+(n-1)d$$

4 등차수열 $\{a_n\}$에서 $a_2=7$, $a_{10}=23$일 때, 이 수열의 공차를 구하시오.

평가원

5 공차가 -3인 등차수열 $\{a_n\}$에 대하여
$$a_3a_7=64,\ a_8>0$$
일 때, a_2의 값은?

① 17 ② 18 ③ 19
④ 20 ⑤ 21

6 공차가 음수인 등차수열 $\{a_n\}$이 다음 조건을 만족시킬 때, a_{10}의 값을 구하시오.

(가) $a_5+a_9=0$
(나) $|a_5|=|a_8|+1$

7 첫째항이 같은 두 등차수열 $\{a_n\}$, $\{b_n\}$에 대하여
$$a_3:b_3=4:5,\ a_5:b_5=7:9$$
일 때, $a_7:b_7$은?

① 10 : 11 ② 10 : 13 ③ 11 : 12
④ 12 : 13 ⑤ 13 : 14

등차수열에서 조건을 만족시키는 항 구하기

첫째항이 a, 공차가 d인 등차수열 $\{a_n\}$에서

(1) 처음으로 양수가 되는 항

➡ $a_n = a + (n-1)d > 0$을 만족시키는 자연수 n의 최솟값을 구한다.

(2) 처음으로 음수가 되는 항

➡ $a_n = a + (n-1)d < 0$을 만족시키는 자연수 n의 최솟값을 구한다.

8 $a_3 = -47$, $a_{10} = -19$인 등차수열 $\{a_n\}$에서 처음 ●○○ 으로 양수가 되는 항은 제몇 항인가?

① 제12항　　② 제13항　　③ 제14항

④ 제15항　　⑤ 제16항

9 등차수열 $\{a_n\}$에 대하여 ●○○ $$a_1 = a_3 + 8, \quad 2a_4 - 3a_6 = 3$$ 일 때, $a_k < 0$을 만족시키는 자연수 k의 최솟값은?

① 8　　　　② 10　　　　③ 12

④ 14　　　　⑤ 16

10 등차수열 $\{a_n\}$에서 $a_1 = 47$, $a_{10} = 11$일 때, $|a_n|$의 ●●○ 값이 최소가 되는 자연수 n의 값을 구하시오.

두 수 사이에 수를 넣어 만든 등차수열

두 수 a와 b 사이에 k개의 수를 넣어 만든 등차수열에서 a는 첫째항, b는 제$(k+2)$항이다.

➡ $b = a + (k+1)d$ (단, d는 공차)

11 두 수 8과 20 사이에 5개의 수를 넣어 만든 수열 ●○○ $$8, x_1, x_2, x_3, x_4, x_5, 20$$ 이 이 순서대로 등차수열을 이룰 때, 이 수열의 공차를 구하시오.

12 두 수 3과 23 사이에 4개의 수를 넣어 만든 수열 ●○○ $$3, x, y, z, w, 23$$ 이 이 순서대로 등차수열을 이룰 때, $x + y - z - w$의 값을 구하시오.

13 두 수 2와 18 사이에 세 수 $\dfrac{1}{x}$, $\dfrac{1}{y}$, $\dfrac{1}{z}$을 넣어 만든 ●●○ 수열

$$2, \frac{1}{x}, \frac{1}{y}, \frac{1}{z}, 18$$

이 이 순서대로 등차수열을 이룰 때, $\dfrac{3x}{yz}$의 값을 구하시오. (단, $xyz \neq 0$)

14 두 수 1과 100 사이에 m개의 수를 넣어 만든 수열 ●●● $$1, x_1, x_2, x_3, \cdots, x_m, 100$$ 이 이 순서대로 등차수열을 이룬다. 이 수열의 공차가 d일 때, 자연수 d의 개수는? (단, $m \neq 0$)

① 5　　　　② 6　　　　③ 7

④ 8　　　　⑤ 9

유형 O5 등차중항

세 수 a, b, c가 이 순서대로 등차수열을 이룰 때

➡ $b = \dfrac{a+c}{2}$

15 네 수 $1-2\sqrt{3}$, a, 1, b가 이 순서대로 등차수열을
●○○ 이루고, 네 수 5, c, 1, d도 이 순서대로 등차수열을 이룰 때, $ab-c+d$의 값을 구하시오.

교육청
16 등차수열 $\{a_n\}$에 대하여 세 수 a_1, a_1+a_2, a_2+a_3
●●○ 이 이 순서대로 등차수열을 이룰 때, $\dfrac{a_3}{a_2}$의 값은?

(단, $a_1 \neq 0$)

① $\dfrac{1}{2}$ ② 1 ③ $\dfrac{3}{2}$

④ 2 ⑤ $\dfrac{5}{2}$

17 이차방정식 $x^2-6x+6=0$의 두 근을 α, β라 할
●●○ 때, p는 α와 β의 등차중항이고, q는 $\dfrac{1}{\alpha}$과 $\dfrac{1}{\beta}$의 등차중항이다. 이때 상수 p, q에 대하여 $\dfrac{p}{q}$의 값을 구하시오.

18 오른쪽 그림에서 가로줄과 세
●●● 로줄에 있는 세 수가 각각 등
차수열을 이룬다. 예를 들어
a, b, 10과 10, c, d는 각각
이 순서대로 등차수열을 이룬
다. 이때 $a-b+c-d$의 값을 구하시오.

a	b	10
5	e	c
f	0	d

유형 O6 등차수열을 이루는 수

(1) 세 수가 등차수열을 이룰 때
➡ 세 수를 $a-d$, a, $a+d$로 놓고 주어진 조건을 이용하여 식을 세운다.
(2) 네 수가 등차수열을 이룰 때
➡ 네 수를 $a-3d$, $a-d$, $a+d$, $a+3d$로 놓고 주어진 조건을 이용하여 식을 세운다.

19 삼차방정식 $x^3-9x^2+26x+k=0$의 세 실근이 등
●○○ 차수열을 이룰 때, 상수 k의 값을 구하시오.

20 모든 모서리의 길이의 합이 48, 부피가 60인 직육
●○○ 면체의 가로의 길이, 세로의 길이, 높이가 이 순서대로 등차수열을 이룰 때, 이 직육면체의 겉넓이는?

① 72   ② 84   ③ 94
④ 106   ⑤ 120

21 다음 조건을 만족시키는 직각삼각형의 넓이는?
●●○

(가) 세 변의 길이는 등차수열을 이룬다.
(나) 빗변의 길이는 15이다.

① 51   ② 52   ③ 53
④ 54   ⑤ 55

22 등차수열을 이루는 네 수의 합이 20이고 제곱의 합
●●○ 이 120일 때, 네 수 중 가장 큰 수와 가장 작은 수의 차를 구하시오.

유형 07 등차수열의 합

등차수열의 첫째항부터 제n항까지의 합 S_n은

(1) 첫째항이 a, 제n항이 l일 때

➡ $S_n=\dfrac{n(a+l)}{2}$

(2) 첫째항이 a, 공차가 d일 때

➡ $S_n=\dfrac{n\{2a+(n-1)d\}}{2}$

23 등차수열 $\{a_n\}$에서 $a_2=5$, $a_6=17$일 때, 이 수열
●○○ 의 첫째항부터 제20항까지의 합은?

① 610 ② 620 ③ 630
④ 640 ⑤ 650

24 등차수열 $\{a_n\}$에 대하여
●○○
$$a_1+2a_{11}=49,\ 2a_1-a_{11}=-17$$
일 때, 첫째항부터 제11항까지의 합은?

① 141 ② 142 ③ 143
④ 144 ⑤ 145

25 두 등차수열 $\{a_n\}$, $\{b_n\}$의 첫째항의 합이 2이고 공
●●○ 차의 합이 4일 때,
$$(a_1+a_2+a_3+\cdots+a_{10})+(b_1+b_2+b_3+\cdots+b_{10})$$
의 값을 구하시오.

유형 08 부분의 합이 주어진 등차수열의 합

부분의 합이 주어진 등차수열의 합은 다음과 같은 순서로
구한다.

(1) 첫째항을 a, 공차를 d로 놓고 주어진 조건을 이용하여
a, d에 대한 연립방정식을 세운다.

(2) 연립방정식을 풀어 a와 d의 값을 구한 후 등차수열의
합을 구한다.

26 등차수열 $\{a_n\}$의 첫째항부터 제n항까지의 합 S_n에
●○○ 서 $S_3=6$, $S_6=3$일 때, S_9의 값은?

① -11 ② -10 ③ -9
④ -8 ⑤ -7

27 등차수열 $\{a_n\}$이 다음 조건을 만족시킬 때,
●●○ $a_{11}+a_{12}+a_{13}+\cdots+a_{30}$의 값을 구하시오.

> (가) $a_1+a_2+a_3+\cdots+a_{20}=90$
> (나) $a_{21}+a_{22}+a_{23}+\cdots+a_{40}=490$

28 n개의 항으로 이루어진 등차수열 $\{a_n\}$이 다음 조
●●● 건을 만족시킬 때, n의 값을 구하시오.

> (가) 처음 4개의 항의 합은 26이다.
> (나) 마지막 4개의 항의 합은 158이다.
> (다) $a_1+a_2+a_3+\cdots+a_n=345$

유형 09 등차수열의 합의 최대, 최소

(1) 등차수열의 합의 최댓값
➡ (첫째항)>0, (공차)<0인 경우 첫째항부터 마지막 양수가 나오는 항까지의 합

(2) 등차수열의 합의 최솟값
➡ (첫째항)<0, (공차)>0인 경우 첫째항부터 마지막 음수가 나오는 항까지의 합

29 첫째항이 17, 공차가 -2인 등차수열 $\{a_n\}$의 첫째항부터 제n항까지의 합 S_n의 최댓값을 구하시오.

30 $a_1=-45$, $a_{10}=-27$인 등차수열 $\{a_n\}$에서 첫째항부터 제k항까지의 합이 최소이고, 그때의 최솟값이 m이다. 이때 $k-m$의 값은?

① 496   ② 529   ③ 552
④ 580   ⑤ 592

31 첫째항이 47이고 공차가 정수인 등차수열 $\{a_n\}$의 첫째항부터 제n항까지의 합 S_n의 최댓값이 S_{16}일 때, 수열 $\{a_n\}$의 공차는? (단, $a_n\neq0$)

① -5 ② -4 ③ -3
④ -2 ⑤ -1

32 공차가 0이 아닌 등차수열 $\{a_n\}$에 대하여 $a_1a_8=a_6a_7$, $a_{21}=25$일 때, 첫째항부터 제n항까지의 합 S_n의 최솟값을 구하시오.

유형 10 나머지가 같은 자연수의 합

자연수 d로 나누었을 때의 나머지가 $a\,(0<a<d)$인 자연수를 작은 것부터 차례대로 나열하면
$$a,\ a+d,\ a+2d,\ a+3d,\ \cdots$$
➡ 첫째항이 a, 공차가 d인 등차수열

33 두 자리의 자연수 중에서 7로 나누었을 때의 나머지가 5인 수의 총합은?

① 701   ② 702   ③ 703
④ 704   ⑤ 705

34 100 이상 300 이하의 자연수 중에서 3으로 나누어떨어지고 5로도 나누어떨어지는 수의 총합은?

① 2430   ② 2630   ③ 2835
④ 3040   ⑤ 3240

35 50 이상 100 이하의 자연수 중에서 3의 배수 또는 7의 배수인 수의 총합을 구하시오.

36 3으로 나누어떨어지고 4로 나누었을 때의 나머지가 1인 자연수를 작은 것부터 차례대로 나열한 수열을 $\{a_n\}$이라 할 때, 수열 $\{a_n\}$의 첫째항부터 제10항까지의 합을 구하시오.

유형 11 수열의 합과 일반항 사이의 관계

수열 $\{a_n\}$의 첫째항부터 제n항까지의 합 S_n에 대하여
$$a_1 = S_1, \quad a_n = S_n - S_{n-1} \ (n \geq 2)$$

37 수열 $\{a_n\}$의 첫째항부터 제n항까지의 합 S_n이
●○○ $S_n = 3n^2 - 5n + 7$일 때, $a_1 + a_{10}$의 값은?

① 54   ② 55   ③ 56
④ 57   ⑤ 58

38 수열 $\{a_n\}$의 첫째항부터 제n항까지의 합 S_n이 다
●○○ 항식 $x^2 + 2x$를 일차식 $x + n$으로 나누었을 때의
나머지와 같을 때, $a_3 + a_7$의 값은?

① 10   ② 11   ③ 12
④ 13   ⑤ 14

39 수열 $\{a_n\}$의 첫째항부터 제n항까지의 합 S_n이
●●○ $S_n = n^2 - 12n$일 때, $a_n < 0$을 만족시키는 자연수
n의 개수는?

① 3   ② 4   ③ 5
④ 6   ⑤ 7

수능

40 수열 $\{a_n\}$에 대하여 첫째항부터 제n항까지의 합을
●●● S_n이라 하자. 수열 $\{S_{2n-1}\}$은 공차가 -3인 등차
수열이고, 수열 $\{S_{2n}\}$은 공차가 2인 등차수열이다.
$a_2 = 1$일 때, a_8의 값을 구하시오.

유형 12 등차수열의 합의 활용

(1) 첫째항과 공차가 주어지면
➡ 등차수열의 합의 공식을 이용하여 식을 세운다.
(2) 첫째항과 공차가 주어지지 않으면
➡ 처음 몇 개의 항을 나열하여 규칙을 파악한 후 식을
세운다.

41 다음 그림과 같이 평행하지 않은 두 직선 l, m 사
●●○ 이에 직선 m에 수직인 선분 10개를 일정한 간격으
로 긋고 그 길이를 차례대로 a_1, a_2, $\cdots$, a_{10}이라 하
자. $a_1 = 5$, $a_{10} = 10$일 때, $a_1 + a_2 + a_3 + \cdots + a_{10}$의
값을 구하시오.

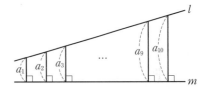

42 어떤 n각형의 내각의 크기는 공차가 $10°$인 등차수
●●○ 열을 이룬다. 가장 작은 내각의 크기가 $95°$일 때, n
의 값을 구하시오.
(단, 한 내각의 크기는 $180°$보다 작다.)

43 다음 그림과 같이 두 함수 $y = x^2 + ax + b$, $y = x^2$
●●● 의 그래프의 교점에서 오른쪽 방향으로 두 곡선
사이에 y축과 평행한 선분 13개를 일정한 간격
으로 긋고 그 선분의 길이를 왼쪽부터 차례대로
l_1, l_2, l_3, $\cdots$, l_{13}이라 하자. $l_1 = 3$, $l_{13} = 19$일 때,
$l_1 + l_2 + l_3 + \cdots + l_{13}$의 값을 구하시오.
(단, $a > 0$이고, a, b는 상수)

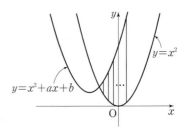

유형 01 등비수열의 일반항

첫째항이 a, 공비가 r $(r \neq 0)$인 등비수열의 일반항 a_n은
$$a_n = ar^{n-1}$$

1 첫째항이 $\dfrac{1}{2}$, 공비가 $-\dfrac{1}{2}$인 등비수열 $\{a_n\}$에서
$a_k = \dfrac{1}{32}$을 만족시키는 자연수 k의 값을 구하시오.

수능

2 모든 항이 양수인 등비수열 $\{a_n\}$에 대하여
$$\frac{a_{16}}{a_{14}} + \frac{a_8}{a_7} = 12$$
일 때, $\dfrac{a_3}{a_1} + \dfrac{a_6}{a_3}$의 값을 구하시오.

3 등비수열 $\{a_n\}$에 대하여 $a_1 + a_2 + a_3 = 3$, $a_4 + a_5 + a_6 = -24$일 때, $a_7 + a_8 + a_9$의 값은?

① 190   ② 192   ③ 194
④ 196   ⑤ 198

4 공비가 r인 등비수열 $\{a_n\}$에 대하여 $a_2 = 1$일 때, $\log_r (a_1 \times a_2 \times a_3 \times \cdots \times a_7)$의 값을 구하시오.
(단, $r > 0$)

유형 02 등비수열에서 조건을 만족시키는 항 구하기

첫째항이 a, 공비가 r인 등비수열에서
(1) 처음으로 k보다 커지는 항
  ➡ $a_n = ar^{n-1} > k$를 만족시키는 자연수 n의 최솟값을 구한다.
(2) 처음으로 k보다 작아지는 항
  ➡ $a_n = ar^{n-1} < k$를 만족시키는 자연수 n의 최솟값을 구한다.

5 등비수열 $\{a_n\}$에서 $a_2 = 6$, $a_5 = 48$일 때, $600 < a_n < 1200$을 만족시키는 자연수 n의 값은?

① 7   ② 8   ③ 9
④ 10   ⑤ 11

6 첫째항이 4, 제5항이 $\dfrac{1}{4}$이고 공비가 양수인 등비수열에서 처음으로 $\dfrac{1}{1000}$보다 작아지는 항은 제몇항인가?

① 제10항   ② 제11항   ③ 제12항
④ 제13항   ⑤ 제14항

7 첫째항이 2, 공비가 $\sqrt{3}$인 등비수열 $\{a_n\}$에서 $a_n{}^2 > 4000$을 만족시키는 자연수 n의 최솟값을 구하시오.

유형 03 **두 수 사이에 수를 넣어 만든 등비수열**

두 수 a와 b 사이에 k개의 수를 넣어 만든 등비수열에서 a는 첫째항, b는 제$(k+2)$항이다.

➡ $b=ar^{k+1}$ (단, r는 공비)

8 두 수 4와 128 사이에 4개의 수 x_1, x_2, x_3, x_4를 넣어 만든 수열
●○○

$$4, x_1, x_2, x_3, x_4, 128$$

이 이 순서대로 등비수열을 이룰 때, $x_1+x_2+x_3+x_4$의 값은?

① 120 ② 124 ③ 128
④ 132 ⑤ 136

9 두 수 3과 48 사이에 11개의 양수 x_1, x_2, x_3, $\cdots$,
●○○ x_{11}을 넣어 만든 수열

$$3, x_1, x_2, x_3, \cdots, x_{11}, 48$$

이 이 순서대로 등비수열을 이룰 때, $\dfrac{x_{10}}{x_7}$의 값은?

① $\dfrac{1}{2}$ ② 1 ③ 2
④ 3 ⑤ 4

10 두 수 $\dfrac{64}{81}$와 $\dfrac{81}{4}$ 사이에 m개의 수 x_1, x_2, x_3, $\cdots$,
●●○ x_m을 넣어 만든 수열

$$\dfrac{64}{81}, x_1, x_2, x_3, \cdots, x_m, \dfrac{81}{4}$$

이 이 순서대로 등비수열을 이룬다. 이 수열의 공비가 $\dfrac{3}{2}$일 때, m의 값을 구하시오.

유형 04 **등비중항**

세 수 a, b, c가 이 순서대로 등비수열을 이룰 때

➡ $b^2=ac$

11 두 자연수 a, b에 대하여 세 수 a^n, $3^4 \times 5^6$, b^n이 이
●○○ 순서대로 등비수열을 이룰 때, ab의 최솟값을 구하시오. (단, n은 자연수이다.)

12 1이 아닌 세 양수 a, b, c가 이 순서대로 등비수열
●○○ 을 이룰 때, $\dfrac{1}{\log_a b}+\dfrac{1}{\log_c b}$의 값은?

① $\dfrac{1}{4}$ ② $\dfrac{1}{2}$ ③ 1
④ 2 ⑤ 4

교육청▶

13 첫째항과 공차가 모두 0이 아닌 등차수열 $\{a_n\}$에
●●○ 대하여 세 항 a_2, a_5, a_{14}가 이 순서대로 등비수열을 이룰 때, $\dfrac{a_{23}}{a_3}$의 값은?

① 6 ② 7 ③ 8
④ 9 ⑤ 10

14 세 수 a, b, c $(a>b>c)$가 다음 조건을 만족시킬
●●● 때, $a+b+c$의 값을 구하시오.

(가) a, b, c는 이 순서대로 등차수열을 이룬다.
(나) c, a, b는 이 순서대로 등비수열을 이룬다.
(다) $abc=27$

02 등비수열

유형 05 등비수열을 이루는 수

세 수가 등비수열을 이룰 때
➡ 세 수를 a, ar, ar^2으로 놓고 주어진 조건을 이용하여 식을 세운다.

15 등비수열을 이루는 세 수의 합이 21이고 곱이 216
●○○ 일 때, 세 수 중 가장 큰 수를 구하시오.

16 삼차방정식 $x^3-px^2-84x+216=0$의 세 실근이
●●○ 등비수열을 이룰 때, 상수 p의 값은?

① 11 ② 12 ③ 13
④ 14 ⑤ 15

17 모든 모서리의 길이의 합이 76, 겉넓이가 228인 직
●●○ 육면체의 가로의 길이, 세로의 길이, 높이가 이 순
서대로 등비수열을 이룰 때, 이 직육면체의 부피는?

① 174 ② 188 ③ 202
④ 216 ⑤ 230

유형 06 등비수열의 활용

도형의 길이, 넓이, 부피, 세포나 세균의 수 등이 일정한 비율로 변할 때, 처음 몇 개의 항을 나열하여 규칙을 찾은 후 일반항을 구한다.

18 어떤 세균이 매분 일정한 비율만큼 증가한다고 한
●○○ 다. 처음 50마리였던 세균이 10분 후에 70마리가
될 때, 세균의 수가 처음 세균의 수의 3배가 되는
것은 몇 분 후인지 구하시오.

(단, $1.4^{3.3}=3$으로 계산한다.)

19 다음 그림과 같이 첫 번째 시행에서 정사각형을 4
●●○ 등분 하여 그중 한 조각을 버린다. 두 번째 시행에
서는 첫 번째 시행의 결과로 남은 3개의 정사각형
을 각각 다시 4등분 하여 그중 한 조각을 버린다.
이와 같은 시행을 반복할 때, 남은 조각의 수가 처
음으로 1000개를 넘는 것은 몇 번째 시행 후인지
구하시오.

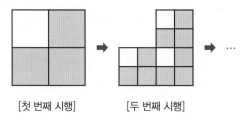

[첫 번째 시행]   [두 번째 시행]

20 오른쪽 그림과 같이 한 변
●●○ 의 길이가 1인 정삼각형
ABC에서 각 변의 중점
을 이어 정삼각형을 그
리는 시행을 반복할 때,
n번째 그린 정삼각형을
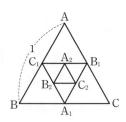
$A_nB_nC_n$이라 하자. 정삼각형 $A_nB_nC_n$의 둘레의 길
이를 l_n이라 할 때, l_{10}의 값을 구하시오.

유형 07 등비수열의 합

첫째항이 a, 공비가 r인 등비수열의 첫째항부터 제n항까지의 합 S_n은

(1) $r \neq 1$일 때 $\Rightarrow S_n = \dfrac{a(1-r^n)}{1-r} = \dfrac{a(r^n-1)}{r-1}$

(2) $r = 1$일 때 $\Rightarrow S_n = na$

21 첫째항이 3, 공비가 2인 등비수열의 첫째항부터 제n항까지의 합 S_n에 대하여 $S_k = 189$를 만족시키는 k의 값은?

① 5   ② 6   ③ 7

④ 8   ⑤ 9

22 등비수열 $\{a_n\}$에서 $a_1 + a_4 = 9$, $a_4 + a_7 = 72$일 때, 이 수열의 첫째항부터 제10항까지의 합을 구하시오.

23 공비가 양수인 등비수열 $\{a_n\}$에서 $a_3 = 6$, $a_7 = 24$일 때, $a_1^2 + a_2^2 + a_3^2 + \cdots + a_{10}^2$의 값을 구하시오.

교육청 ▶
24 함수 $f(x) = (1 + x^4 + x^8 + x^{12})(1 + x + x^2 + x^3)$일 때, $\dfrac{f(2)}{\{f(1) - 1\}\{f(1) + 1\}}$의 값을 구하시오.

유형 08 부분의 합이 주어진 등비수열의 합

부분의 합이 주어진 등비수열의 합은 다음과 같은 순서로 구한다.

(1) 첫째항을 a, 공비를 $r(r \neq 1)$로 놓고 주어진 조건을 이용하여 a, r에 대한 연립방정식을 세운다.

(2) 연립방정식을 풀어 a와 r의 값을 구한 후 등비수열의 합을 구한다.

25 공비가 -2인 등비수열의 첫째항부터 제5항까지의 합이 22일 때, 이 수열의 제6항부터 제11항까지의 합은?

① 1220   ② 1280   ③ 1328

④ 1344   ⑤ 1442

26 등비수열 $\{a_n\}$에 대하여
$a_1 + a_2 + a_3 + \cdots + a_{10} = 7$,
$a_{11} + a_{12} + a_{13} + \cdots + a_{20} = 21$일 때,
$a_1 + a_2 + a_3 + \cdots + a_{30}$의 값은?

① 89   ② 90   ③ 91

④ 92   ⑤ 93

27 항의 개수가 짝수인 등비수열에서 홀수 번째의 항의 합은 119이고 짝수 번째의 항의 합은 357일 때, 이 수열의 공비는?

① 1   ② $\dfrac{3}{2}$ ③ 2

④ $\dfrac{5}{2}$ ⑤ 3

02 등비수열

수열 $\{a_n\}$의 첫째항부터 제n항까지의 합 S_n에 대하여
$$a_1=S_1, \ a_n=S_n-S_{n-1} \ (n\geq2)$$

28 수열 $\{a_n\}$의 첫째항부터 제n항까지의 합 S_n이
●○○ $S_n=3^n-1$일 때, $a_1+a_3+a_5$의 값은?

① 180 ② 181 ③ 182
④ 183 ⑤ 184

29 수열 $\{a_n\}$의 첫째항부터 제n항까지의 합 S_n이
●○○ $S_n=2\times3^{n+1}+2k$일 때, 수열 $\{a_n\}$이 첫째항부터 등비수열을 이루도록 하는 상수 k의 값은?

① -3 ② -2 ③ 1
④ 2 ⑤ 3

30 수열 $\{a_n\}$의 첫째항부터 제n항까지의 합 S_n에 대
●●○ 하여 $\log_2 S_n=n+1$일 때, $a_2+a_4+a_6+\cdots+a_{12}$ 의 값을 구하시오.

31 공비가 2인 등비수열 $\{a_n\}$의 첫째항부터 제n항까
●●○ 지의 합 S_n이 $S_n=a^{n+1}+b$일 때, 상수 a, b에 대하여 a^2+b^2의 값을 구하시오.

연이율 r, 1년마다 복리로 a원씩 n년 동안 적립할 때, n년 말의 적립금의 원리합계는

(1) 매년 초에 적립하는 경우
➡ $a(1+r)+a(1+r)^2+\cdots+a(1+r)^n$
$$=\frac{a(1+r)\{(1+r)^n-1\}}{r} \text{(원)}$$

(2) 매년 말에 적립하는 경우
➡ $a+a(1+r)+\cdots+a(1+r)^{n-1}$
$$=\frac{a\{(1+r)^n-1\}}{r} \text{(원)}$$

32 월이율 0.4 %, 1개월마다 복리로 매월 말에 5만 원
●●○ 씩 3년 동안 적립할 때, 3년 말의 적립금의 원리합계를 구하시오. (단, $1.004^{36}=1.15$로 계산한다.)

33 어떤 가정에서 연이율 1 %, 1년마다 복리로 매년
●●○ 초에 10만 원씩 20년 동안 적립할 때, 20년 말의 적립금의 원리합계를 구하시오.
(단, $1.01^{20}=1.22$로 계산한다.)

34 보라는 매년 초에 일정한 금액을 적립하여 10년 말
●●● 까지 세계 여행 경비 1260만 원을 마련하려고 한다. 연이율 5 %, 1년마다 복리로 계산할 때, 매년 초에 얼마씩 적립해야 하는가?
(단, $1.05^{10}=1.6$으로 계산한다.)

① 100만 원 ② 102만 원 ③ 105만 원
④ 108만 원 ⑤ 110만 원

2 수열의 합과 수학적 귀납법

01 수열의 합

유형 01 합의 기호 Σ

(1) $\displaystyle\sum_{k=1}^{n} a_k = a_1 + a_2 + a_3 + \cdots + a_n$

(2) $\displaystyle\sum_{k=1}^{n} a_{2k} = a_2 + a_4 + a_6 + \cdots + a_{2n}$

(3) $\displaystyle\sum_{k=1}^{n} ka_k = a_1 + 2a_2 + 3a_3 + \cdots + na_n$

1 보기에서 옳은 것만을 있는 대로 고른 것은?

┌─ 보기 ─────────────────────────
ㄱ. $\displaystyle\sum_{k=1}^{10} a_k + \sum_{k=1}^{10} a_{k+10} = \sum_{k=1}^{20} a_k$

ㄴ. $\displaystyle\sum_{k=1}^{9} a_{k+1} - \sum_{k=2}^{10} a_{k-1} = a_1 - a_{10}$

ㄷ. $\displaystyle\sum_{k=1}^{10} a_{2k-1} + \sum_{k=1}^{10} a_{2k} = \sum_{k=1}^{10} a_k$

ㄹ. $\displaystyle\sum_{k=1}^{20} a_k - \sum_{k=1}^{19} a_{k+1} = a_1$
└──────────────────────────────

① ㄱ, ㄴ   ② ㄱ, ㄷ   ③ ㄱ, ㄹ

④ ㄴ, ㄷ   ⑤ ㄴ, ㄹ

2 $\displaystyle\sum_{k=1}^{19} ka_{k+1} = 247$, $\displaystyle\sum_{k=1}^{20} (k+1)a_k = 285$일 때, $\displaystyle\sum_{k=1}^{20} a_k$ 의 값을 구하시오.

수능

3 수열 $\{a_n\}$은 $a_1 = 1$이고, 모든 자연수 n에 대하여

$$\sum_{k=1}^{n} (a_k - a_{k+1}) = -n^2 + n$$

을 만족시킨다. a_{11}의 값은?

① 88   ② 91   ③ 94

④ 97   ⑤ 100

유형 02 합의 기호 Σ의 성질

두 수열 $\{a_n\}$, $\{b_n\}$과 상수 c에 대하여

(1) $\displaystyle\sum_{k=1}^{n} (a_k + b_k) = \sum_{k=1}^{n} a_k + \sum_{k=1}^{n} b_k$

(2) $\displaystyle\sum_{k=1}^{n} (a_k - b_k) = \sum_{k=1}^{n} a_k - \sum_{k=1}^{n} b_k$

(3) $\displaystyle\sum_{k=1}^{n} ca_k = c \sum_{k=1}^{n} a_k$

(4) $\displaystyle\sum_{k=1}^{n} c = cn$

4 $\displaystyle\sum_{k=1}^{5} a_k = 4$, $\displaystyle\sum_{k=1}^{5} a_k^2 = 10$일 때, $\displaystyle\sum_{k=1}^{5} (a_k+2)(a_k-1)$ 의 값을 구하시오.

5 $\displaystyle\sum_{k=1}^{6} a_k = 5$일 때, $\displaystyle\sum_{k=1}^{6} (a_k + 3^k)$의 값을 구하시오.

6 $\displaystyle\sum_{k=1}^{n} a_k = -4n$, $\displaystyle\sum_{k=1}^{n} b_k = n^2 + 2n$일 때, $\displaystyle\sum_{k=11}^{15} (2a_k + b_k)$의 값을 구하시오.

7 $\displaystyle\sum_{k=1}^{10} (3a_k - 2b_k + 1) = 7$, $\displaystyle\sum_{k=1}^{10} (a_k + 3b_k) = 21$일 때, $\displaystyle\sum_{k=1}^{10} (a_k + b_k)$의 값을 구하시오.

유형 03 자연수의 거듭제곱의 합

(1) $1+2+3+\cdots+n=\displaystyle\sum_{k=1}^{n} k=\dfrac{n(n+1)}{2}$

(2) $1^2+2^2+3^2+\cdots+n^2=\displaystyle\sum_{k=1}^{n} k^2=\dfrac{n(n+1)(2n+1)}{6}$

(3) $1^3+2^3+3^3+\cdots+n^3=\displaystyle\sum_{k=1}^{n} k^3=\left\{\dfrac{n(n+1)}{2}\right\}^2$

8 $\displaystyle\sum_{k=1}^{10} k^2(k+1)-\sum_{k=1}^{10} k(k-1)$의 값은?

① 2809　　② 2862　　③ 2916

④ 2970　　⑤ 3080

9 $\displaystyle\sum_{k=1}^{n}(4k-3)=190$을 만족시키는 자연수 n의 값을 구하시오.

10 이차방정식 $x^2-x-1=0$의 두 근을 α, β라 할 때, $\displaystyle\sum_{k=1}^{11}(\alpha-k)(\beta-k)$의 값을 구하시오.

11 부등식 $\displaystyle\sum_{k=1}^{5} 2^{k-1}<\sum_{k=1}^{n}(2k-1)<\sum_{k=1}^{5}(2\times 3^{k-1})$을 만족시키는 모든 자연수 n의 값의 합을 구하시오.

12 $\displaystyle\sum_{k=1}^{10}(k+p)(k-2p)=370$을 만족시키는 상수 p의 값은? (단, $p>0$)

① $\dfrac{1}{4}$　　② $\dfrac{1}{2}$　　③ 1

④ 2　　⑤ 4

13 $\displaystyle\sum_{k=1}^{8} k^2+\sum_{k=2}^{8} k^2+\sum_{k=3}^{8} k^2+\cdots+\sum_{k=7}^{8} k^2+\sum_{k=8}^{8} k^2=S^2$이라 할 때, 양수 S의 값은?

① 30　　② 32　　③ 34

④ 36　　⑤ 38

01 수열의 합

유형 04 **∑를 이용한 수열의 합**

∑를 이용한 수열의 합은 다음과 같은 순서로 구한다.
(1) 주어진 수열의 제k항 a_k를 구한다.
(2) ∑의 성질 및 자연수의 거듭제곱의 합을 이용하여 수열의 합을 구한다.

14 $1 \times 1 + 4 \times 3 + 9 \times 5 + 16 \times 7 + \cdots + 81 \times 17$의 값을 구하시오.

15 수열 9, 99, 999, $\cdots$의 첫째항부터 제10항까지의 합이 $\dfrac{10^p - q}{9}$일 때, $p+q$의 값을 구하시오.
(단, p, q는 자연수이다.)

16 다음 수열의 첫째항부터 제16항까지의 합은?

$$1, \ \frac{1+2}{2}, \ \frac{1+2+3}{3}, \ \frac{1+2+3+4}{4}, \ \cdots$$

① 74   ② 76   ③ 78
④ 80   ⑤ 82

17 다음과 같이 자연수를 나열할 때, n행에 나열된 모든 수의 합을 a_n이라 하자. 이때 $\displaystyle\sum_{k=1}^{10} a_k$의 값을 구하시오.

```
1행              1
2행            2   4
3행          1   3   5
4행        2   4   6   8
5행      1   3   5   7   9
 ⋮                ⋮
```

유형 05 **∑를 여러 개 포함한 식의 계산**

상수인 것과 상수가 아닌 것을 구분하여 괄호 안의 ∑부터 차례대로 계산한다.

18 $\displaystyle\sum_{k=1}^{10} \left\{ \sum_{l=1}^{5} (k+2l) \right\}$의 값은?

① 305   ② 425   ③ 575
④ 715   ⑤ 850

19 $\displaystyle\sum_{k=1}^{n} \left(\sum_{m=1}^{k} km \right) = \frac{1}{a} n(n+1)(n+b)(3n+c)$를 만족시키는 정수 a, b, c에 대하여 $a+b+c$의 값은?

① 18   ② 21   ③ 24
④ 27   ⑤ 30

20 $\displaystyle\sum_{k=1}^{n} \left\{ \sum_{l=1}^{k} \left(\sum_{m=1}^{l} 12 \right) \right\} = 420$을 만족시키는 자연수 n의 값은?

① 4   ② 5   ③ 6
④ 7   ⑤ 8

21 $m+n=13$, $mn=40$일 때, $\displaystyle\sum_{p=1}^{m} \left\{ \sum_{q=1}^{n} (p+q) \right\}$의 값을 구하시오.

유형 06 ∑로 표현된 수열의 합과 일반항 사이의 관계

수열 $\{a_n\}$에 대하여 $\sum_{k=1}^{n} a_k$는 첫째항부터 제n항까지의 합 S_n이므로 수열의 합과 일반항 사이의 관계를 이용하여 일반항 a_n을 구한다.

➡ $a_1=S_1$, $a_n=S_n-S_{n-1}$ $(n \geq 2)$

22 $\sum_{k=1}^{n} a_k=n^2+n$일 때, $\sum_{k=1}^{20} a_{2k-1}$의 값은?

① 200 ② 400 ③ 600
④ 800 ⑤ 1000

23 $\sum_{k=1}^{n} a_k=3(3^n-1)$일 때, $\sum_{k=1}^{10} a_{2k-1}=\dfrac{3^p-3}{q}$이다. 이때 자연수 p, q에 대하여 $p+q$의 값은?

① 25 ② 26 ③ 27
④ 28 ⑤ 29

24 $\sum_{k=1}^{n} a_k=n^2-11n$일 때, $\sum_{k=1}^{30} |a_{2k}|$의 값을 구하시오.

유형 07 분모가 곱으로 표현된 수열의 합

분모가 곱으로 표현된 수열의 합은
$$\frac{1}{AB}=\frac{1}{B-A}\left(\frac{1}{A}-\frac{1}{B}\right) (A \neq B)$$
임을 이용하여 식을 변형한 후 구한다.

25 $\dfrac{1}{2^2-1}+\dfrac{1}{4^2-1}+\dfrac{1}{6^2-1}+\cdots+\dfrac{1}{20^2-1}$의 값은?

① $\dfrac{10}{21}$ ② $\dfrac{13}{21}$ ③ $\dfrac{5}{7}$
④ $\dfrac{17}{21}$ ⑤ $\dfrac{19}{21}$

교육청

26 n이 자연수일 때, x에 대한 다항식 $x^3+(1-n)x^2+n$을 $x-n$으로 나눈 나머지를 a_n이라 하자. $\sum_{n=1}^{10} \dfrac{1}{a_n}$의 값은?

① $\dfrac{7}{8}$ ② $\dfrac{8}{9}$ ③ $\dfrac{9}{10}$
④ $\dfrac{10}{11}$ ⑤ $\dfrac{11}{12}$

27 수열 $\{a_n\}$의 일반항이 $a_n=\dfrac{2n+1}{1^2+2^2+3^2+\cdots+n^2}$일 때, $\sum_{k=1}^{m} a_k=\dfrac{40}{7}$을 만족시키는 자연수 m의 값을 구하시오.

28 첫째항이 3, 공차가 2인 등차수열 $\{a_n\}$의 첫째항부터 제n항까지의 합 S_n에 대하여 $\sum_{k=1}^{8} \dfrac{1}{S_k}=\dfrac{q}{p}$일 때, $p+q$의 값을 구하시오.

(단, p, q는 서로소인 자연수이다.)

유형 08 **분모가 무리식인 수열의 합**

분모가 무리식인 수열의 합은 분모를 유리화한 후 구한다.

$$\Rightarrow \sum_{k=1}^{n} \frac{1}{\sqrt{k}+\sqrt{k+1}} = \sum_{k=1}^{n} \frac{\sqrt{k}-\sqrt{k+1}}{(\sqrt{k}+\sqrt{k+1})(\sqrt{k}-\sqrt{k+1})}$$
$$= \sum_{k=1}^{n} (\sqrt{k+1}-\sqrt{k})$$

29 $\dfrac{1}{\sqrt{2}+\sqrt{3}}+\dfrac{1}{\sqrt{3}+\sqrt{4}}+\dfrac{1}{\sqrt{4}+\sqrt{5}}+\cdots+\dfrac{1}{\sqrt{24}+\sqrt{25}}$의
값이 $a+b\sqrt{2}$일 때, 유리수 a, b에 대하여 $a+b$의
값을 구하시오.

30 첫째항이 2, 공차가 2인 등차수열 $\{a_n\}$에 대하여
$\displaystyle\sum_{k=1}^{99} \frac{2}{\sqrt{a_{k+1}}+\sqrt{a_k}}$의 값을 구하시오.

31 수열 $\{a_n\}$의 일반항이 $a_n = \dfrac{1}{\sqrt{2n-1}+\sqrt{2n+1}}$일
때, $\displaystyle\sum_{k=1}^{m} a_k = 3$을 만족시키는 자연수 m의 값을 구하
시오.

교육청
32 자연수 n에 대하여 원 $x^2+y^2=n$이 직선 $y=\sqrt{3}x$
와 제1사분면에서 만나는 점의 x좌표를 x_n이라 하
자. $\displaystyle\sum_{k=1}^{80} \frac{1}{x_k+x_{k+1}}$의 값은?

① 8   ② 10   ③ 12
④ 14   ⑤ 16

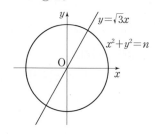

유형 09 **로그가 포함된 수열의 합**

로그가 포함된 수열의 합은 로그의 성질을 이용하여 식을
간단히 한다.
$a>0$, $a\neq1$이고 $M>0$, $N>0$일 때
(1) $\log_a M + \log_a N = \log_a MN$
(2) $\log_a M^k = k \log_a M$ (단, k는 실수)

33 첫째항이 4, 공비가 8인 등비수열 $\{a_n\}$에 대하여
$\displaystyle\sum_{k=1}^{10} \log_2 a_k$의 값을 구하시오.

34 $\displaystyle\sum_{k=1}^{n} \log_3 \left(1+\frac{1}{k}\right) = 4$일 때, 자연수 n의 값은?

① 76   ② 80   ③ 84
④ 88   ⑤ 92

35 $\displaystyle\sum_{k=1}^{n} a_k = \log \frac{(n+1)(n+2)}{2}$일 때, $\displaystyle\sum_{k=1}^{15} a_{2k} = p$이
다. 이때 10^p의 값을 구하시오.

유형 01 등차수열의 귀납적 정의

등차수열을 나타내는 관계식

(1) $a_{n+1}=a_n+d \iff a_{n+1}-a_n=d$

(2) $2a_{n+1}=a_n+a_{n+2} \iff a_{n+2}-a_{n+1}=a_{n+1}-a_n$

1 수열 $\{a_n\}$이 $2a_{n+1}=a_n+a_{n+2}\,(n=1,\,2,\,3,\,\cdots)$를
●○○ 만족시키고 $a_1=2$, $a_3=5$일 때, a_{99}의 값은?

① 148   ② 149   ③ 150

④ 151   ⑤ 152

2 $a_1=102$, $a_{n+1}+4=a_n\,(n=1,\,2,\,3,\,\cdots)$으로 정의
●○○ 된 수열 $\{a_n\}$에서 $a_n<0$을 만족시키는 자연수 n의
최솟값을 구하시오.

3 수열 $\{a_n\}$에 대하여 $a_1=30$,
●●○ $(a_{n+1}+a_n)^2=4a_na_{n+1}+9\,(n=1,\,2,\,3,\,\cdots)$가
성립할 때, a_{12}의 값을 구하시오. (단, $a_n>a_{n+1}$)

유형 02 등비수열의 귀납적 정의

등비수열을 나타내는 관계식

(1) $a_{n+1}=ra_n \iff \dfrac{a_{n+1}}{a_n}=r$

(2) $a_{n+1}^2=a_na_{n+2} \iff \dfrac{a_{n+2}}{a_{n+1}}=\dfrac{a_{n+1}}{a_n}$

4 수열 $\{a_n\}$이 $a_n=\dfrac{1}{3}a_{n+1}\,(n=1,\,2,\,3,\,\cdots)$을 만족
●○○ 시키고 $a_2=1$일 때, a_{15}의 값은?

① $\dfrac{1}{3^{14}}$ ② $\dfrac{1}{3^{13}}$ ③ 3^{13}

④ 3^{14} ⑤ 3^{15}

5 $a_1=\dfrac{1}{4}$, $a_2=\dfrac{1}{2}$, $\dfrac{a_{n+2}}{a_{n+1}}=\dfrac{a_{n+1}}{a_n}\,(n=1,\,2,\,3,\,\cdots)$로
●○○ 정의된 수열 $\{a_n\}$에서 $a_k=512$를 만족시키는 자연
수 k의 값을 구하시오.

교육청

6 모든 항이 양수인 수열 $\{a_n\}$이 모든 자연수 n에 대
●●○ 하여

$$\log_2 \frac{a_{n+1}}{a_n}=\frac{1}{2}$$

을 만족시킨다. 수열 $\{a_n\}$의 첫째항부터 제 n항까
지의 합을 S_n이라 할 때, $\dfrac{S_{12}}{S_6}$의 값은?

① $\dfrac{17}{2}$ ② 9   ③ $\dfrac{19}{2}$

④ 10   ⑤ $\dfrac{21}{2}$

유형 03 $a_{n+1}=a_n+f(n)$ 꼴인 수열의 귀납적 정의

주어진 식의 n에 1, 2, 3, $\cdots$, $n-1$을 차례대로 대입한 후 변끼리 모두 더하여 일반항을 구한다.

7
●○○ $a_1=1$, $a_{n+1}=a_n+4n-1\,(n=1,\ 2,\ 3,\ \cdots)$로 정의된 수열 $\{a_n\}$에서 a_{10}의 값은?

① 162　　　② 172　　　③ 182

④ 192　　　⑤ 202

8
●●○ $a_1=2$, $a_{n+1}=a_n+\dfrac{1}{n(n+1)}\,(n=1,\ 2,\ 3,\ \cdots)$로 정의된 수열 $\{a_n\}$에서 $a_{30}-a_5$의 값을 구하시오.

9
●●○ $a_1=2$, $a_{n+1}=a_n+2^n\,(n=1,\ 2,\ 3,\ \cdots)$으로 정의된 수열 $\{a_n\}$에 대하여 $\displaystyle\sum_{k=1}^{10}(a_{2k-1}+a_{2k})$의 값은?

① $2^{20}-2$　　　② $2^{20}-1$　　　③ $2^{21}-2$

④ $2^{21}-1$　　　⑤ $2^{22}-2$

유형 04 $a_{n+1}=a_n f(n)$ 꼴인 수열의 귀납적 정의

주어진 식의 n에 1, 2, 3, $\cdots$, $n-1$을 차례대로 대입한 후 변끼리 모두 곱하여 일반항을 구한다.

10
●○○ $a_1=3$, $a_{n+1}=\dfrac{2n-1}{2n+1}a_n\,(n=1,\ 2,\ 3,\ \cdots)$으로 정의된 수열 $\{a_n\}$에서 a_{10}의 값을 구하시오.

11
●○○ $a_1=2$, $a_{n+1}=\dfrac{n+1}{n}a_n\,(n=1,\ 2,\ 3,\ \cdots)$으로 정의된 수열 $\{a_n\}$에 대하여 $\displaystyle\sum_{k=1}^{10}(a_k^2+a_k)$의 값을 구하시오.

12
●●○ $a_1=1$, $\dfrac{a_{n+1}}{a_n}=\left(\dfrac{1}{2}\right)^n\,(n=1,\ 2,\ 3,\ \cdots)$으로 정의된 수열 $\{a_n\}$에 대하여 $\log_2 a_{20}$의 값은?

① -190　　　② -188　　　③ -186

④ -184　　　⑤ -182

13
●●● $a_1=1$, $a_{n+1}=na_n\,(n=1,\ 2,\ 3,\ \cdots)$으로 정의된 수열 $\{a_n\}$에 대하여 $a_1+a_2+a_3+\cdots+a_{20}$을 20으로 나누었을 때의 나머지는?

① 11　　　② 12　　　③ 13

④ 14　　　⑤ 15

유형 05 **여러 가지 수열의 귀납적 정의**

주어진 식의 n에 1, 2, 3, …을 차례대로 대입하여 각 항을 구한다.

14 $a_1=1$, $a_{n+1}=3a_n+4$ $(n=1, 2, 3, …)$로 정의된
●○○ 수열 $\{a_n\}$에 대하여 $\displaystyle\sum_{k=1}^{4} a_k$의 값은?

① 110 ② 112 ③ 114
④ 116 ⑤ 118

15 $a_1=\dfrac{1}{2}$, $a_{n+1}=\dfrac{a_n}{1+na_n}$ $(n=1, 2, 3, …)$으로 정
●○○ 의된 수열 $\{a_n\}$에서 $a_k=\dfrac{1}{12}$을 만족시키는 자연
수 k의 값을 구하시오.

16 수열 $\{a_n\}$은 $a_1=1$이고, 모든 자연수 n에 대하여
●●○ $$a_{n+1}+(-1)^n \times a_n=2^n$$
을 만족시킨다. a_5의 값은?

① 1 ② 3 ③ 5
④ 7 ⑤ 9

17 수열 $\{a_n\}$은 $a_1=1$이고, 모든 자연수 n에 대하여
●●● $$a_{2n}=a_n,\ a_{2n+1}=a_n+1$$
을 만족시킨다. 이때 보기에서 옳은 것만을 있는 대
로 고르시오.

┌ 보기 ┐
ㄱ. $a_5=2$
ㄴ. $n=2^k$ (k는 자연수)이면 $a_n=1$이다.
ㄷ. $n=2^k-1$ (k는 자연수)이면 $a_n=k$이다.
└───────┘

유형 06 **여러 가지 수열의 귀납적 정의**
– 같은 수가 반복되는 경우

주어진 식의 n에 1, 2, 3, …을 차례대로 대입하여 같은
수가 반복되는 규칙을 찾는다.

18 수열 $\{a_n\}$은 $a_1=2$이고, 모든 자연수 n에 대하여
●●○ $$a_{n+1}=\begin{cases} a_n-1 & (a_n \geq 4) \\ a_n+2 & (a_n < 4) \end{cases}$$
를 만족시킬 때, $a_{50}+a_{51}$의 값을 구하시오.

19 $a_1=1$, $a_2=2$, $a_{n+2}=\dfrac{a_{n+1}+1}{a_n}$ $(n=1, 2, 3, …)$로
●●○ 정의된 수열 $\{a_n\}$에 대하여 $a_k=3$을 만족시키는
20 이하의 자연수 k의 개수를 구하시오.

20 수열 $\{a_n\}$은 $a_1=2$이고, 모든 자연수 n에 대하여
●●○ $$a_{n+1}=\begin{cases} \dfrac{a_n}{2-3a_n} & (n\text{이 홀수인 경우}) \\ 1+a_n & (n\text{이 짝수인 경우}) \end{cases}$$
를 만족시킨다. $\displaystyle\sum_{n=1}^{40} a_n$의 값은?

① 30 ② 35 ③ 40
④ 45 ⑤ 50

02 수학적 귀납법

유형 O7 수열의 합 S_n이 포함된 수열의 귀납적 정의

수열의 합과 일반항 사이의 관계에 의하여
$$S_{n+1}-S_n=a_{n+1} \ (n=1,\ 2,\ 3,\ \cdots)$$
임을 이용하여 주어진 식을 a_n 또는 S_n에 대한 식으로 변형한다.

21 수열 $\{a_n\}$의 첫째항부터 제n항까지의 합 S_n에 대하여

$$a_1=1,\ S_n=-\frac{1}{4}a_n+\frac{5}{4} \ (n=1,\ 2,\ 3,\ \cdots)$$

가 성립한다. 이때 a_{15}의 값은?

① $\dfrac{1}{4^{14}}$ ② $\dfrac{1}{5^{14}}$ ③ $\dfrac{1}{5^{15}}$

④ 4^{14} ⑤ 5^{14}

22 수열 $\{a_n\}$의 첫째항부터 제n항까지의 합 S_n에 대하여

$$a_1=1,\ S_n=n^2a_n \ (n=1,\ 2,\ 3,\ \cdots)$$

이 성립한다. 이때 $\dfrac{1}{a_{20}}$의 값은?

① 210 ② 213 ③ 310

④ 420 ⑤ 423

교육청

23 수열 $\{a_n\}$의 첫째항부터 제n항까지의 합을 S_n이라 하자. $a_1=2$, $a_2=4$이고 2 이상의 모든 자연수 n에 대하여

$$a_{n+1}S_n=a_nS_{n+1}$$

이 성립할 때, S_5의 값을 구하시오.

유형 O8 귀납적 정의의 활용

처음 몇 개의 항을 나열하여 규칙을 파악한 후 제n항을 a_n으로 놓고 a_n과 a_{n+1} 사이의 관계식을 찾는다.

24 어떤 가습기에 12 L의 물이 들어 있다. 매일 가습기에 들어 있는 물의 $\dfrac{2}{3}$를 사용하고 남은 물의 $\dfrac{1}{2}$을 새로 넣는다고 할 때, 5일 후 가습기에 들어 있는 물의 양은?

① $\dfrac{1}{4}$ L ② $\dfrac{3}{8}$ L ③ $\dfrac{1}{2}$ L

④ $\dfrac{5}{8}$ L ⑤ $\dfrac{3}{4}$ L

25 다음 그림과 같이 크기가 같은 정사각형을 변끼리 붙여 새로운 도형을 만들려고 한다. 이와 같은 시행을 반복하여 n번째 도형을 만드는 데 필요한 정사각형의 개수를 a_n이라 할 때, a_5의 값을 구하시오.

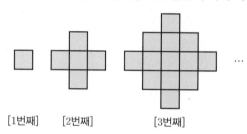

[1번째]　　[2번째]　　[3번째]

26 농도가 9 %인 소금물 200 g이 담긴 그릇이 있다. 이 그릇에서 소금물 50 g을 덜어 낸 다음 농도가 6 %인 소금물 50 g을 다시 넣는 것을 1회 시행이라 하자. 같은 시행을 n회 반복한 후 이 그릇에 담긴 소금물의 농도를 a_n %라 하면

$$a_{n+1}=pa_n+q \ (n=1,\ 2,\ 3,\ \cdots)$$

가 성립한다. 이때 상수 p, q에 대하여 $p+q$의 값을 구하시오.

자연수 n에 대한 명제 $p(n)$이

(i) $p(1)$이 참이다.

(ii) $p(k)$가 참이면 $p(k+1)$도 참이다. (단, k는 자연수)

를 모두 만족시키면 명제 $p(n)$은 모든 자연수 n에 대하여 참이다.

27 모든 자연수 n에 대하여 명제 $p(n)$이 아래 조건을
●○○ 만족시킬 때, 다음 중 반드시 참인 것은?

(단, k는 자연수)

⑺ $p(1)$이 참이다.

⑷ $p(k)$가 참이면 $p(3k)$도 참이다.

⒟ $p(k)$가 참이면 $p(5k)$도 참이다.

① $p(30)$　　② $p(90)$　　③ $p(135)$

④ $p(175)$　　⑤ $p(210)$

28 모든 자연수 n에 대하여 명제 $p(n)$이 참이면 명제
●●○ $p(n+3)$이 참일 때, 보기에서 옳은 것만을 있는
대로 고른 것은? (단, k는 자연수)

> 보기
> ㄱ. $p(1)$이 참이면 $p(3k+1)$이 참이다.
> ㄴ. $p(3)$이 참이면 $p(3k)$가 참이다.
> ㄷ. $p(1)$, $p(2)$, $p(3)$이 참이면 $p(k)$가 참이다.

① ㄱ　　② ㄷ　　③ ㄱ, ㄴ

④ ㄴ, ㄷ　　⑤ ㄱ, ㄴ, ㄷ

자연수 n에 대한 명제 $p(n)$이 모든 자연수 n에 대하여 성립함을 증명하려면 다음 두 가지를 보이면 된다.

(i) $n=1$일 때, 명제 $p(n)$이 성립한다.

(ii) $n=k$일 때, 명제 $p(n)$이 성립한다고 가정하면 $n=k+1$일 때도 명제 $p(n)$이 성립한다.

29 다음은 모든 자연수 n에 대하여 등식
●○○
$$1\times2+2\times3+\cdots+n(n+1)$$
$$=\frac{1}{3}n(n+1)(n+2) \quad\cdots\cdots \text{㉠}$$

가 성립함을 수학적 귀납법으로 증명한 것이다.

> (i) $n=1$일 때,
>
> (좌변)$=1\times2=2$, (우변)$=\dfrac{1}{3}\times1\times2\times3=2$
>
> 따라서 $n=1$일 때 등식 ㉠이 성립한다.
>
> (ii) $n=k$일 때, 등식 ㉠이 성립한다고 가정하면
> $$1\times2+2\times3+\cdots+k(k+1)$$
> $$=\frac{1}{3}k(k+1)(k+2)$$
>
> 위의 식의 양변에 ⑺ 을(를) 더하면
> $$1\times2+2\times3+\cdots+k(k+1)+\boxed{⑺}$$
> $$=\frac{1}{3}k(k+1)(k+2)+\boxed{⑺}$$
> $$=\frac{1}{3}(k+1)(k+2)(\boxed{⑷})$$
>
> 따라서 $n=k+1$일 때도 등식 ㉠이 성립한다.
>
> (i), (ii)에서 모든 자연수 n에 대하여 등식 ㉠이 성립한다.

위의 ⑺, ⑷에 알맞은 식을 각각 $f(k)$, $g(k)$라 할 때, $\dfrac{f(2)}{g(1)}$의 값은?

① $\dfrac{1}{3}$　　② $\dfrac{1}{2}$　　③ 1

④ 2　　⑤ 3

30 다음은 모든 자연수 n에 대하여 등식

$$1^3+2^3+3^3+\cdots+n^3$$
$$=\left\{\frac{n(n+1)}{2}\right\}^2 \quad \cdots\cdots \ \ominus$$

이 성립함을 수학적 귀납법으로 증명한 것이다.

(i) $n=1$일 때,

(좌변)$=1^3=1$, (우변)$=\left(\frac{1\times 2}{2}\right)^2=1$

따라서 $n=1$일 때 등식 ㉠이 성립한다.

(ii) $n=k$일 때, 등식 ㉠이 성립한다고 가정하면

$$1^3+2^3+3^3+\cdots+k^3=\left\{\frac{k(k+1)}{2}\right\}^2$$

위의 식의 양변에 〔(가)〕을(를) 더하면

$$1^3+2^3+3^3+\cdots+k^3+\boxed{\text{(가)}}$$
$$=\left\{\frac{k(k+1)}{2}\right\}^2+\boxed{\text{(가)}}$$
$$=\{\boxed{\text{(나)}}\}^2$$

따라서 $n=k+1$일 때도 등식 ㉠이 성립한다.

(i), (ii)에서 모든 자연수 n에 대하여 등식 ㉠이 성립한다.

위의 (가), (나)에 알맞은 식을 각각 $f(k)$, $g(k)$라 할 때, $f(9)+g(8)$의 값은?

① 1025 　　② 1030 　　③ 1035

④ 1040 　　⑤ 1045

---

31 다음은 모든 자연수 n에 대하여 등식

$$1\times 2+3\times 2^2+5\times 2^3+\cdots+(2n-1)2^n$$
$$=(2n-3)2^{n+1}+6 \quad \cdots\cdots \ \ominus$$

이 성립함을 수학적 귀납법으로 증명한 것이다.

(i) $n=1$일 때,

(좌변)$=1\times 2=2$,

(우변)$=(2\times 1-3)\times 2^2+6=2$

이므로 주어진 등식 ㉠이 성립한다.

(ii) $n=k$일 때, 주어진 등식 ㉠이 성립한다고 가정하면

$$1\times 2+3\times 2^2+5\times 2^3+\cdots+(2k-1)2^k$$
$$=(2k-3)2^{k+1}+6$$

위의 식의 양변에 〔(가)〕을(를) 더하면

$$1\times 2+3\times 2^2+5\times 2^3+\cdots$$
$$+(2k-1)2^k+\boxed{\text{(가)}}$$
$$=(2k-3)2^{k+1}+6+\boxed{\text{(가)}}$$
$$=\boxed{\text{(나)}}+6$$

따라서 $n=k+1$일 때도 주어진 등식 ㉠이 성립한다.

(i), (ii)에서 모든 자연수 n에 대하여 등식 ㉠이 성립한다.

위의 (가), (나)에 알맞은 것을 차례대로 나열한 것은?

① $(2k-1)2^{k+1}$, $(2k-1)2^{k+2}$

② $(2k-1)2^{k+1}$, $(2k+1)2^{k+2}$

③ $(2k+1)2^{k}$, $(2k-1)2^{k+2}$

④ $(2k+1)2^{k+1}$, $(2k-1)2^{k+2}$

⑤ $(2k+1)2^{k+1}$, $(2k+1)2^{k+2}$

수학적 귀납법을 이용한 부등식의 증명

자연수 n에 대한 명제 $p(n)$이 $n \geq m(m$은 자연수)인 모든 자연수 n에 대하여 성립함을 증명하려면 다음 두 가지를 보이면 된다.

(i) $n = m$일 때, 명제 $p(n)$이 성립한다.

(ii) $n = k(k \geq m)$일 때, 명제 $p(n)$이 성립한다고 가정하면 $n = k+1$일 때도 명제 $p(n)$이 성립한다.

32 다음은 $n \geq 2$인 모든 자연수 n에 대하여 부등식

$$1 + \frac{1}{2} + \frac{1}{3} + \cdots + \frac{1}{n} > \frac{2n}{n+1} \quad \cdots\cdots \ \bigcirc$$

이 성립함을 수학적 귀납법으로 증명한 것이다.

(i) $n = 2$일 때,

(좌변)$= 1 + \frac{1}{2} = \frac{3}{2}$, (우변)$= \frac{4}{2+1} = \frac{4}{3}$

따라서 $n = 2$일 때 부등식 $\bigcirc$이 성립한다.

(ii) $n = k(k \geq 2)$일 때, 부등식 $\bigcirc$이 성립한다고 가정하면

$$1 + \frac{1}{2} + \frac{1}{3} + \cdots + \frac{1}{k} > \frac{2k}{k+1}$$

위의 식의 양변에 $\boxed{(가)}$ 을(를) 더하면

$$1 + \frac{1}{2} + \frac{1}{3} + \cdots + \frac{1}{k} + \boxed{(가)}$$

$$> \frac{2k}{k+1} + \boxed{(가)}$$

이때

$$\frac{2k+1}{k+1} - \frac{2k+2}{k+2} = \frac{k}{(k+1)(k+2)} > 0$$

이므로 $\frac{2k}{k+1} + \boxed{(가)} > \boxed{(나)}$

$\therefore\ 1 + \frac{1}{2} + \frac{1}{3} + \cdots + \frac{1}{k} + \boxed{(가)} > \boxed{(나)}$

따라서 $n = k+1$일 때도 부등식 $\bigcirc$이 성립한다.

(i), (ii)에서 $n \geq 2$인 모든 자연수 n에 대하여 부등식 $\bigcirc$이 성립한다.

위의 (가), (나)에 알맞은 식을 각각 $f(k)$, $g(k)$라 할 때, $f(3) + g(2)$의 값을 구하시오.

33 다음은 $n \geq 5$인 모든 자연수 n에 대하여 부등식

$$2^n > n^2 \quad \cdots\cdots \ \bigcirc$$

이 성립함을 수학적 귀납법으로 증명한 것이다.

(i) $n = 5$일 때,

(좌변)$= 2^5 = 32$, (우변)$= 5^2 = 25$

따라서 $n = 5$일 때 부등식 $\bigcirc$이 성립한다.

(ii) $n = k(k \geq 5)$일 때, 부등식 $\bigcirc$이 성립한다고 가정하면

$$2^k > k^2$$

이 부등식의 양변에 2를 곱하면

$$2^{k+1} > 2k^2$$

이때 $k \geq 5$이면 $k^2 - 2k - 1 = \boxed{(가)} - 2 > 0$

이므로

$$k^2 > 2k + 1$$

$\therefore\ 2^{k+1} > 2k^2 = k^2 + k^2 > k^2 + 2k + 1 = \boxed{(나)}$

따라서 $n = k+1$일 때도 부등식 $\bigcirc$이 성립한다.

(i), (ii)에서 $n \geq 5$인 모든 자연수 n에 대하여 부등식 $\bigcirc$이 성립한다.

위의 (가), (나)에 알맞은 식을 각각 $f(k)$, $g(k)$라 할 때, $\sum_{k=1}^{10}\{f(k) + g(k)\}$의 값을 구하시오.

MEMO

수학의 신

최상위권을 위한 수학 심화 학습서

- 모든 고난도 문제를 한 권에 담아 공부 효율 강화
- 내신 출제 비중이 높아진 수능형 문제와 변형 문제 수록
- 까다롭고 어려워진 내신 대비를 위해 양질의 심화 문제를 엄선

고등 수학(상), 고등 수학(하) / 수학Ⅰ / 수학Ⅱ / 미적분 / 확률과 통계

✛ 개념·플러스·유형·시리즈 개념과 유형이 하나로! 가장 효과적인 수학 공부 방법을 제시합니다.

대표전화 1544-0554
주소 서울특별시 구로구 디지털로33길 48 대룡포스트타워 7차 20층
협의 없는 무단 복제는 법으로 금지되어 있습니다.

개념 ╋ 유형

대수
___
정답과 해설

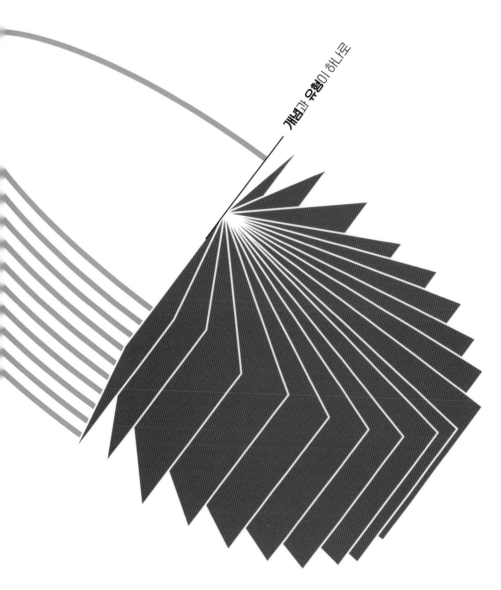

개념과 유형이 하나로

ABOVE IMAGINATION

우리는 남다른 상상과 혁신으로
교육 문화의 새로운 전형을 만들어
모든 이의 행복한 경험과 성장에 기여한다

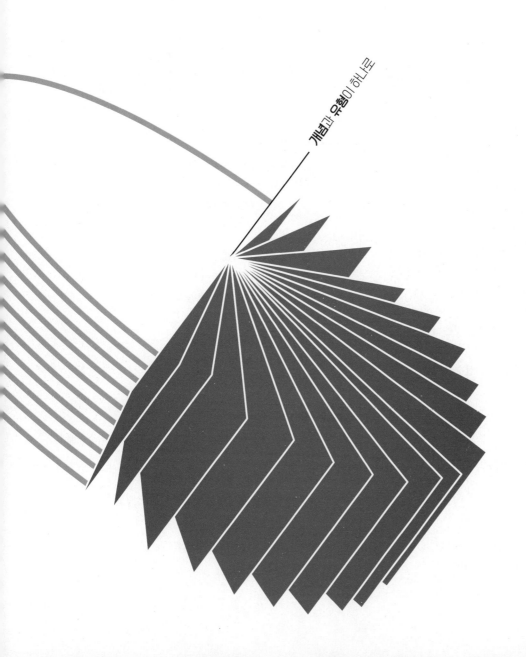

개념+유형

대수

___

정답과 해설

개념과 유형이 하나로

개념편
정답과 해설

I-1 01 지수

1 거듭제곱과 거듭제곱근

개념 Check — 9쪽

1 답 (1) 4, $-2\pm2\sqrt{3}i$ (2) $\pm\sqrt{2}$, $\pm\sqrt{2}i$

2 답 (1) 6 (2) -5 (3) -3 (4) 2

문제 — 10~12쪽

01-1 답 ⑤

① -4의 제곱근을 x라 하면 $x^2=-4$

$\therefore x=\pm2i$

따라서 -4의 제곱근은 $\pm2i$이다.

② -512의 세제곱근을 x라 하면 $x^3=-512$

$x^3+512=0$, $(x+8)(x^2-8x+64)=0$

$\therefore x=-8$ 또는 $x=4\pm4\sqrt{3}i$

따라서 -512의 세제곱근은 -8, $4\pm4\sqrt{3}i$이다.

③ $\sqrt{256}=16$의 네제곱근을 x라 하면 $x^4=16$

$x^4-16=0$, $(x+2)(x-2)(x^2+4)=0$

$\therefore x=\pm2$ 또는 $x=\pm2i$

따라서 $\sqrt{256}$의 네제곱근 중 실수인 것은 ±2이다.

④ 0의 세제곱근은 0이다.

⑤ n이 짝수일 때, 6의 n제곱근 중 실수인 것은 $\pm\sqrt[n]{6}$의 2개이다.

따라서 옳은 것은 ⑤이다.

01-2 답 $5\sqrt{3}$

$\sqrt{81}=9$의 네제곱근을 x라 하면 $x^4=9$

$x^4-9=0$, $(x^2-3)(x^2+3)=0$

$\therefore x=\pm\sqrt{3}$ 또는 $x=\pm\sqrt{3}i$

이때 음수인 것은 $-\sqrt{3}$이므로

$a=-\sqrt{3}$

-125의 세제곱근을 y라 하면 $y^3=-125$

$y^3+125=0$, $(y+5)(y^2-5y+25)=0$

$\therefore y=-5$ 또는 $y=\dfrac{5\pm5\sqrt{3}i}{2}$

이때 실수인 것은 -5이므로

$b=-5$

$\therefore ab=-\sqrt{3}\times(-5)=5\sqrt{3}$

02-1 답 (1) 5 (2) 4 (3) x (4) 1

(1) $\sqrt[6]{4}\times\sqrt[6]{16}+\sqrt[4]{81}=\sqrt[6]{4\times16}+\sqrt[4]{3^4}$

$\qquad\qquad =\sqrt[6]{2^6}+3=2+3=5$

(2) $(\sqrt[3]{7})^4\div\sqrt[3]{7}-\sqrt{\sqrt[3]{729}}=\sqrt[3]{7^4}\div\sqrt[3]{7}-\sqrt[6]{729}$

$\qquad\qquad =\sqrt[3]{\dfrac{7^4}{7}}-\sqrt[6]{3^6}$

$\qquad\qquad =\sqrt[3]{7^3}-3$

$\qquad\qquad =7-3=4$

(3) $\sqrt[5]{x^4}\times\sqrt[3]{x^2}\div\sqrt[15]{x^7}=\sqrt[15]{x^{12}}\times\sqrt[15]{x^{10}}\div\sqrt[15]{x^7}$

$\qquad\qquad =\sqrt[15]{\dfrac{x^{12}\times x^{10}}{x^7}}=\sqrt[15]{x^{15}}=x$

(4) $\sqrt{\dfrac{\sqrt[4]{x}}{\sqrt[3]{x}}}\times\sqrt[3]{\dfrac{\sqrt{x}}{\sqrt[4]{x}}}\div\sqrt[4]{\dfrac{\sqrt{x}}{\sqrt[3]{x}}}=\dfrac{\sqrt[8]{x}}{\sqrt[6]{x}}\times\dfrac{\sqrt[6]{x}}{\sqrt[12]{x}}\div\dfrac{\sqrt[8]{x}}{\sqrt[12]{x}}$

$\qquad\qquad =\dfrac{\sqrt[8]{x}}{\sqrt[6]{x}}\times\dfrac{\sqrt[6]{x}}{\sqrt[12]{x}}\times\dfrac{\sqrt[12]{x}}{\sqrt[8]{x}}=1$

02-2 답 $\sqrt[3]{2}$

$\dfrac{\sqrt{\sqrt[3]{4}}+\sqrt[3]{8}}{\sqrt[3]{\sqrt{16}}+1}=\dfrac{\sqrt[6]{2^2}+\sqrt[3]{2^3}}{\sqrt[6]{2^4}+1}=\dfrac{\sqrt[3]{2}+\sqrt[3]{2^3}}{\sqrt[3]{2^2}+1}$

$\qquad =\dfrac{\sqrt[3]{2}(1+\sqrt[3]{2^2})}{\sqrt[3]{2^2}+1}=\sqrt[3]{2}$

03-1 답 $\sqrt[6]{2}<\sqrt[8]{3}<\sqrt[12]{6}$

$\sqrt[12]{6}$, $\sqrt[8]{3}$, $\sqrt[6]{2}$에서 12, 8, 6의 최소공배수가 24이므로

$\sqrt[12]{6}=\sqrt[24]{6^2}=\sqrt[24]{36}$, $\sqrt[8]{3}=\sqrt[24]{3^3}=\sqrt[24]{27}$,

$\sqrt[6]{2}=\sqrt[24]{2^4}=\sqrt[24]{16}$

이때 $16<27<36$이므로

$\sqrt[24]{16}<\sqrt[24]{27}<\sqrt[24]{36}$

$\therefore \sqrt[6]{2}<\sqrt[8]{3}<\sqrt[12]{6}$

03-2 답 12

$\sqrt[3]{\sqrt{6}}=\sqrt[6]{6}$, $\sqrt[3]{2}$, $\sqrt[4]{\sqrt[3]{12}}=\sqrt[12]{12}$에서 6, 3, 12의 최소공배수가 12이므로

$\sqrt[6]{6}=\sqrt[12]{6^2}=\sqrt[12]{36}$, $\sqrt[3]{2}=\sqrt[12]{2^4}=\sqrt[12]{16}$

이때 $12<16<36$이므로 $\sqrt[12]{12}<\sqrt[12]{16}<\sqrt[12]{36}$

$\therefore \sqrt[4]{\sqrt[3]{12}}<\sqrt[3]{2}<\sqrt[3]{\sqrt{6}}$

따라서 $a=\sqrt[4]{\sqrt[3]{12}}=\sqrt[12]{12}$이므로

$a^{12}=(\sqrt[12]{12})^{12}=12$

03-3 답 $B<C<A$

$A=\sqrt{2\sqrt[3]{3}}=\sqrt[3]{\sqrt{2^3\times3}}=\sqrt[6]{24}$

$B=\sqrt[3]{2\sqrt{3}}=\sqrt[3]{\sqrt{2^2\times3}}=\sqrt[6]{12}$

$C=\sqrt[3]{3\sqrt{2}}=\sqrt[3]{\sqrt{3^2\times2}}=\sqrt[6]{18}$

이때 $12<18<24$이므로 $\sqrt[6]{12}<\sqrt[6]{18}<\sqrt[6]{24}$

$\therefore B<C<A$

2 지수의 확장

개념 Check 14쪽

1 답 (1) 82 (2) 2 (3) a^2 (4) $\sqrt[4]{a}$ (5) 9 (6) 8

문제 15~20쪽

04-1 답 (1) 4 (2) $\dfrac{5}{32}$ (3) 3 (4) $\dfrac{1}{27}$

(1) $4^{\frac{1}{4}}\times8^{-\frac{1}{2}}\div16^{-\frac{3}{4}}=(2^2)^{\frac{1}{4}}\times(2^3)^{-\frac{1}{2}}\div(2^4)^{-\frac{3}{4}}$

$\qquad=2^{\frac{1}{2}}\times2^{-\frac{3}{2}}\div2^{-3}$

$\qquad=2^{\frac{1}{2}-\frac{3}{2}-(-3)}=2^2=4$

(2) $\left\{\left(\dfrac{1}{2}\right)^4\right\}^{0.75}\times\left\{\left(\dfrac{16}{25}\right)^{\frac{5}{4}}\right\}^{-\frac{2}{5}}$

$\qquad=\left(\dfrac{1}{2}\right)^{4\times0.75}\times\left(\dfrac{4}{5}\right)^{2\times\frac{5}{4}\times\left(-\frac{2}{5}\right)}$

$\qquad=\left(\dfrac{1}{2}\right)^3\times\left(\dfrac{4}{5}\right)^{-1}=\dfrac{1}{8}\times\dfrac{5}{4}=\dfrac{5}{32}$

(3) $\sqrt[4]{\sqrt[3]{81}}\times\sqrt{\sqrt[3]{81}}=\{(3^4)^{\frac{1}{3}}\}^{\frac{1}{4}}\times\{(3^4)^{\frac{1}{3}}\}^{\frac{1}{2}}$

$\qquad=3^{\frac{1}{3}}\times3^{\frac{2}{3}}=3^{\frac{1}{3}+\frac{2}{3}}=3$

(4) $(2^{\sqrt6}\times3^{2\sqrt6-\sqrt3})^{\sqrt3}\div18^{3\sqrt2}$

$\qquad=(2^{\sqrt6})^{\sqrt3}\times(3^{2\sqrt6-\sqrt3})^{\sqrt3}\div(2\times3^2)^{3\sqrt2}$

$\qquad=2^{3\sqrt2}\times3^{6\sqrt2-3}\div(2^{3\sqrt2}\times3^{6\sqrt2})=3^{-3}=\dfrac{1}{27}$

다른 풀이

(3) $\sqrt[4]{\sqrt[3]{81}}\times\sqrt{\sqrt[3]{81}}=\sqrt[12]{81}\times\sqrt[6]{81}=\sqrt[12]{81}\times\sqrt[12]{81^2}$

$\qquad=\sqrt[12]{81^3}=\sqrt[12]{3^{12}}=3$

04-2 답 (1) $\dfrac{13}{12}$ (2) $\dfrac{1}{6}$

(1) $\sqrt{a\sqrt[3]{a^2\sqrt{a^3}}}=\{a\times(a^2\times a^3)^{\frac{1}{3}}\}^{\frac{1}{2}}=\{a\times(a^{\frac{7}{2}})^{\frac{1}{3}}\}^{\frac{1}{2}}$

$\qquad=(a\times a^{\frac{7}{6}})^{\frac{1}{2}}=(a^{\frac{13}{6}})^{\frac{1}{2}}=a^{\frac{13}{12}}$

즉, $a^k=a^{\frac{13}{12}}$이므로 $k=\dfrac{13}{12}$

(2) $\sqrt{\dfrac{\sqrt[6]{a}}{\sqrt[4]{a}}}\times\sqrt[4]{\dfrac{\sqrt[3]{a^4}}{\sqrt{a}}}=\left(\dfrac{a^{\frac{1}{6}}}{a^{\frac{1}{4}}}\right)^{\frac{1}{2}}\times\left(\dfrac{a^{\frac{4}{3}}}{a^{\frac{1}{2}}}\right)^{\frac{1}{4}}=\dfrac{a^{\frac{1}{12}}}{a^{\frac{1}{8}}}\times\dfrac{a^{\frac{1}{3}}}{a^{\frac{1}{8}}}$

$\qquad=a^{\frac{1}{12}+\frac{1}{3}-\frac{1}{8}-\frac{1}{8}}=a^{\frac{1}{6}}$

즉, $a^k=a^{\frac{1}{6}}$이므로 $k=\dfrac{1}{6}$

다른 풀이

(1) $\sqrt{a\sqrt[3]{a^2\sqrt{a^3}}}=\sqrt{a}\times\sqrt[3]{a^2}\times\sqrt[3]{\sqrt{a^3}}$

$\qquad=\sqrt{a}\times\sqrt[6]{a^2}\times\sqrt[12]{a^3}$

$\qquad=a^{\frac{1}{2}}\times a^{\frac{1}{3}}\times a^{\frac{1}{4}}$

$\qquad=a^{\frac{1}{2}+\frac{1}{3}+\frac{1}{4}}=a^{\frac{13}{12}}$

$\qquad\therefore k=\dfrac{13}{12}$

(2) $\sqrt{\dfrac{\sqrt[6]{a}}{\sqrt[4]{a}}}\times\sqrt[4]{\dfrac{\sqrt[3]{a^4}}{\sqrt{a}}}=\dfrac{\sqrt{\sqrt[6]{a}}}{\sqrt{\sqrt[4]{a}}}\times\dfrac{\sqrt[4]{\sqrt[3]{a^4}}}{\sqrt[4]{\sqrt{a}}}=\dfrac{\sqrt[12]{a}}{\sqrt[8]{a}}\times\dfrac{\sqrt[12]{a^4}}{\sqrt[8]{a}}$

$\qquad=\dfrac{\sqrt[12]{a^5}}{\sqrt[8]{a^2}}=\dfrac{a^{\frac{5}{12}}}{a^{\frac{1}{4}}}=a^{\frac{5}{12}-\frac{1}{4}}=a^{\frac{1}{6}}$

$\qquad\therefore k=\dfrac{1}{6}$

05-1 답 (1) 80 (2) -3

(1) $(3^{\frac{1}{4}}-1)(3^{\frac{1}{4}}+1)(3^{\frac{1}{2}}+1)(3+1)(3^2+1)$

$\qquad=\{(3^{\frac{1}{4}})^2-1\}(3^{\frac{1}{2}}+1)(3+1)(3^2+1)$

$\qquad=(3^{\frac{1}{2}}-1)(3^{\frac{1}{2}}+1)(3+1)(3^2+1)$

$\qquad=\{(3^{\frac{1}{2}})^2-1\}(3+1)(3^2+1)$

$\qquad=(3-1)(3+1)(3^2+1)$

$\qquad=(3^2-1)(3^2+1)$

$\qquad=3^4-1=80$

(2) $(2^{\frac{1}{3}}-5^{\frac{1}{3}})(4^{\frac{1}{3}}+10^{\frac{1}{3}}+25^{\frac{1}{3}})$

$\qquad=(2^{\frac{1}{3}}-5^{\frac{1}{3}})\{(2^{\frac{1}{3}})^2+2^{\frac{1}{3}}\times5^{\frac{1}{3}}+(5^{\frac{1}{3}})^2\}$

$\qquad=(2^{\frac{1}{3}})^3-(5^{\frac{1}{3}})^3$

$\qquad=2-5=-3$

05-2 답 (1) $2a^2+6$ (2) $\dfrac{8}{1-a^2}$

(1) $a^{\frac{2}{3}}=X$, $a^{-\frac{1}{3}}=Y$로 놓으면

$\qquad(a^{\frac{2}{3}}+a^{-\frac{1}{3}})^3+(a^{\frac{2}{3}}-a^{-\frac{1}{3}})^3$

$\qquad=(X+Y)^3+(X-Y)^3$

$\qquad=(X^3+3X^2Y+3XY^2+Y^3)$

$\qquad\qquad\qquad+(X^3-3X^2Y+3XY^2-Y^3)$

$\qquad=2X^3+6XY^2$

$\qquad=2(a^{\frac{2}{3}})^3+6a^{\frac{2}{3}}\times(a^{-\frac{1}{3}})^2$

$\qquad=2a^2+6a^{\frac{2}{3}-\frac{2}{3}}=2a^2+6$

(2) $\dfrac{1}{1-a^{\frac{1}{4}}}+\dfrac{1}{1+a^{\frac{1}{4}}}+\dfrac{2}{1+a^{\frac{1}{2}}}+\dfrac{4}{1+a}$

$=\dfrac{1+a^{\frac{1}{4}}+1-a^{\frac{1}{4}}}{(1-a^{\frac{1}{4}})(1+a^{\frac{1}{4}})}+\dfrac{2}{1+a^{\frac{1}{2}}}+\dfrac{4}{1+a}$

$=\dfrac{2}{1-a^{\frac{1}{2}}}+\dfrac{2}{1+a^{\frac{1}{2}}}+\dfrac{4}{1+a}$

$=\dfrac{2(1+a^{\frac{1}{2}})+2(1-a^{\frac{1}{2}})}{(1-a^{\frac{1}{2}})(1+a^{\frac{1}{2}})}+\dfrac{4}{1+a}$

$=\dfrac{4}{1-a}+\dfrac{4}{1+a}$

$=\dfrac{4(1+a)+4(1-a)}{(1-a)(1+a)}=\dfrac{8}{1-a^2}$

06-1 답 (1) **6** (2) **34** (3) **14**

(1) $x+x^{-1}=(x^{\frac{1}{2}}-x^{-\frac{1}{2}})^2+2=2^2+2=6$

(2) $x^2+x^{-2}=(x+x^{-1})^2-2=6^2-2=34$

(3) $x^{\frac{3}{2}}-x^{-\frac{3}{2}}=(x^{\frac{1}{2}}-x^{-\frac{1}{2}})^3+3(x^{\frac{1}{2}}-x^{-\frac{1}{2}})$

$\qquad\qquad =2^3+3\times2=14$

06-2 답 **110**

$8^x+8^{-x}=2^{3x}+2^{-3x}$

$\qquad\qquad =(2^x+2^{-x})^3-3(2^x+2^{-x})$

$\qquad\qquad =5^3-3\times5=110$

06-3 답 $5\sqrt{2}$

$x+x^{-1}=(x^{\frac{1}{3}}+x^{-\frac{1}{3}})^3-3(x^{\frac{1}{3}}+x^{-\frac{1}{3}})$

$\qquad\qquad =4^3-3\times4=52$

$\therefore (x^{\frac{1}{2}}-x^{-\frac{1}{2}})^2=x-2+x^{-1}=52-2=50$

이때 $x>1$에서 $x^{\frac{1}{2}}-x^{-\frac{1}{2}}>0$이므로

$x^{\frac{1}{2}}-x^{-\frac{1}{2}}=5\sqrt{2}$

07-1 답 (1) $\dfrac{1}{3}$ (2) $\dfrac{7}{9}$

(1) 주어진 식의 분모, 분자에 a^x을 곱하면

$\dfrac{a^x-a^{-x}}{a^x+a^{-x}}=\dfrac{(a^x-a^{-x})a^x}{(a^x+a^{-x})a^x}=\dfrac{a^{2x}-1}{a^{2x}+1}=\dfrac{2-1}{2+1}=\dfrac{1}{3}$

(2) 주어진 식의 분모, 분자에 a^x을 곱하면

$\dfrac{a^{3x}-a^{-3x}}{a^{3x}+a^{-3x}}=\dfrac{(a^{3x}-a^{-3x})a^x}{(a^{3x}+a^{-3x})a^x}=\dfrac{a^{4x}-a^{-2x}}{a^{4x}+a^{-2x}}$

$\qquad\qquad =\dfrac{(a^{2x})^2-(a^{2x})^{-1}}{(a^{2x})^2+(a^{2x})^{-1}}=\dfrac{2^2-2^{-1}}{2^2+2^{-1}}$

$\qquad\qquad =\dfrac{4-\dfrac{1}{2}}{4+\dfrac{1}{2}}=\dfrac{7}{9}$

07-2 답 $\dfrac{62}{15}$

$\dfrac{2^{3x}-2^{-3x}}{2^x+2^{-x}}$의 분모, 분자에 2^x을 곱하면

$\dfrac{2^{3x}-2^{-3x}}{2^x+2^{-x}}=\dfrac{(2^{3x}-2^{-3x})2^x}{(2^x+2^{-x})2^x}=\dfrac{2^{4x}-2^{-2x}}{2^{2x}+1}$

$\qquad\qquad =\dfrac{4^{2x}-4^{-x}}{4^x+1}=\dfrac{5^2-5^{-1}}{5+1}=\dfrac{62}{15}$

07-3 답 $\sqrt{2}$

$\dfrac{a^m+a^{-m}}{a^m-a^{-m}}=3$의 좌변의 분모, 분자에 a^m을 곱하면

$\dfrac{(a^m+a^{-m})a^m}{(a^m-a^{-m})a^m}=3,\ \dfrac{a^{2m}+1}{a^{2m}-1}=3$

$a^{2m}+1=3a^{2m}-3,\ 2a^{2m}=4\qquad \therefore a^{2m}=2$

이때 $a>0$이므로

$a^m=(a^{2m})^{\frac{1}{2}}=2^{\frac{1}{2}}=\sqrt{2}$

다른 풀이

$\dfrac{a^m+a^{-m}}{a^m-a^{-m}}=3$에서 $a^m+a^{-m}=3(a^m-a^{-m})$

$2a^m=4a^{-m}\qquad \therefore a^m=2a^{-m}$

양변에 a^m을 곱하면 $a^{2m}=2$

이때 $a>0$이므로

$a^m=(a^{2m})^{\frac{1}{2}}=2^{\frac{1}{2}}=\sqrt{2}$

08-1 답 (1) -1 (2) **0**

(1) $73^x=9$에서 $73=9^{\frac{1}{x}}$

$\quad \therefore 3^{\frac{2}{x}}=73 \qquad \cdots\cdots \ㄱ$

$\quad 219^y=27$에서 $219=27^{\frac{1}{y}}$

$\quad \therefore 3^{\frac{3}{y}}=219 \qquad \cdots\cdots \ㄴ$

$\quad ㄱ\div ㄴ$을 하면 $3^{\frac{2}{x}}\div 3^{\frac{3}{y}}=73\div219=\dfrac{1}{3}$

$\quad 3^{\frac{2}{x}-\frac{3}{y}}=3^{-1} \qquad \therefore \dfrac{2}{x}-\dfrac{3}{y}=-1$

(2) $2^x=5^y=\left(\dfrac{1}{10}\right)^z=k\,(k>0)$로 놓으면

$\quad k\neq1\ (\because xyz\neq0)$

$\quad 2^x=k$에서 $2=k^{\frac{1}{x}} \qquad \cdots\cdots \ㄱ$

$\quad 5^y=k$에서 $5=k^{\frac{1}{y}} \qquad \cdots\cdots \ㄴ$

$\quad \left(\dfrac{1}{10}\right)^z=k$에서 $\dfrac{1}{10}=k^{\frac{1}{z}} \qquad \cdots\cdots \ㄷ$

$\quad ㄱ\times ㄴ\times ㄷ$을 하면

$\quad k^{\frac{1}{x}}\times k^{\frac{1}{y}}\times k^{\frac{1}{z}}=2\times5\times\dfrac{1}{10}=1$

$\quad \therefore k^{\frac{1}{x}+\frac{1}{y}+\frac{1}{z}}=1$

그런데 $k\neq1$이므로 $\dfrac{1}{x}+\dfrac{1}{y}+\dfrac{1}{z}=0$

08-2 답 **25**

$a^x=b^y=5^z=k\,(k>0)$로 놓으면

$k\neq 1\ (\because xyz\neq 0)$

$a^x=k$에서 $a=k^{\frac{1}{x}}$ ······ ㉠

$b^y=k$에서 $b=k^{\frac{1}{y}}$ ······ ㉡

$5^z=k$에서 $5=k^{\frac{1}{z}}$

㉠÷㉡을 하면 $\dfrac{a}{b}=k^{\frac{1}{x}}\div k^{\frac{1}{y}}=k^{\frac{1}{x}-\frac{1}{y}}$

이때 $\dfrac{1}{x}-\dfrac{1}{y}=\dfrac{2}{z}$이므로

$\dfrac{a}{b}=k^{\frac{1}{x}-\frac{1}{y}}=k^{\frac{2}{z}}=(k^{\frac{1}{z}})^2=5^2=25$

09-1 답 **$5\sqrt{5}$배**

24시간 후의 미생물의 수는 $m_{24}=m_0\times 5^{\frac{24}{12}}=m_0\times 5^2$

6시간 후의 미생물의 수는 $m_6=m_0\times 5^{\frac{6}{12}}=m_0\times 5^{\frac{1}{2}}$

$\therefore \dfrac{m_{24}}{m_6}=\dfrac{m_0\times 5^2}{m_0\times 5^{\frac{1}{2}}}=5^{2-\frac{1}{2}}=5^{\frac{3}{2}}=5\sqrt{5}$

따라서 관찰한 지 24시간 후의 미생물의 수는 6시간 후의 미생물의 수의 $5\sqrt{5}$배이다.

09-2 답 **512 hPa**

해수면에서의 기압이 1000 hPa이므로

$1000=k\times a^0$ $\therefore k=1000$

즉, 해수면으로부터의 높이가 x m인 지점의 기압 P hPa은

$P=1000a^x$

해수면으로부터의 높이가 1500 m인 지점에서의 기압이 800 hPa이므로

$800=1000a^{1500}$ $\therefore a^{1500}=\dfrac{4}{5}$

따라서 해수면으로부터의 높이가 4500 m인 지점에서의 기압은

$1000a^{4500}=1000\times(a^{1500})^3=1000\times\left(\dfrac{4}{5}\right)^3=512\,(\text{hPa})$

연습문제

1 ③	2 ⑤	3 1	4 ③	5 4
6 ④	7 ④	8 ③	9 $\dfrac{3}{2}$	10 ⑤
11 ③	12 ④	13 ②	14 $2\sqrt{5}$	15 ⑤
16 2	17 ①	18 ④	19 ④	20 ㄱ, ㄷ
21 15	22 ②			

1 ① $\sqrt{625}=25$의 네제곱근을 x라 하면 $x^4=25$

$x^4-25=0,\ (x^2-5)(x^2+5)=0$

$\therefore x=\pm\sqrt{5}$ 또는 $x=\pm\sqrt{5}i$

따라서 $\sqrt{625}$의 네제곱근은 $\pm\sqrt{5},\ \pm\sqrt{5}i$이다.

② -27의 세제곱근을 x라 하면 $x^3=-27$

$x^3+27=0,\ (x+3)(x^2-3x+9)=0$

$\therefore x=-3$ 또는 $x=\dfrac{3\pm 3\sqrt{3}i}{2}$

따라서 -27의 세제곱근 중 실수인 것은 -3이다.

③ 36의 네제곱근을 x라 하면 $x^4=36$

$x^4-36=0,\ (x^2-6)(x^2+6)=0$

$\therefore x=\pm\sqrt{6}$ 또는 $x=\pm\sqrt{6}i$

따라서 36의 네제곱근 중 실수인 것은 $\pm\sqrt{6}$이다.

④ 4의 네제곱근을 x라 하면 $x^4=4$

$x^4-4=0,\ (x^2-2)(x^2+2)=0$

$\therefore x=\pm\sqrt{2}$ 또는 $x=\pm\sqrt{2}i$

따라서 4의 네제곱근 중 실수인 것은 $\pm\sqrt{2}$의 2개이다.

⑤ 제곱근 25는 $\sqrt{25}=5$이다.

따라서 옳은 것은 ③이다.

2 a는 k의 세제곱근이므로

$a^3=k$ ······ ㉠

$\sqrt[3]{4}$는 a의 네제곱근이므로

$(\sqrt[3]{4})^4=a$ $\therefore a=\sqrt[3]{4^4}$

이를 ㉠에 대입하면

$k=(\sqrt[3]{4^4})^3=4^4=256$

3 $\sqrt[4]{16}+\sqrt[3]{24}\div\sqrt[3]{\sqrt{9}}-\sqrt[3]{27}=\sqrt[4]{2^4}+\sqrt[3]{24}\div\sqrt[6]{3^2}-\sqrt[3]{3^3}$

$\qquad =2+\sqrt[3]{24}\div\sqrt[3]{3}-3$

$\qquad =2+\sqrt[3]{\dfrac{24}{3}}-3=\sqrt[3]{8}-1$

$\qquad =\sqrt[3]{2^3}-1=2-1=1$

4 $\sqrt[3]{a^4b^2}\times\sqrt{\sqrt[3]{a^2b^5}}\div\sqrt[6]{ab^2}=\sqrt[6]{a^8b^4}\times\sqrt[6]{a^2b^5}\div\sqrt[6]{ab^2}$

$\qquad =\sqrt[6]{\dfrac{a^8b^4\times a^2b^5}{ab^2}}$

$\qquad =\sqrt[6]{a^9b^7}$

즉, $\sqrt[n]{a^pb^q}=\sqrt[6]{a^9b^7}$이므로 $n=6,\ p=9,\ q=7$

$\therefore n+p+q=6+9+7=22$

5 $(\sqrt[3]{2}+1)(\sqrt[3]{4}-\sqrt[3]{2}+1)+(\sqrt[4]{9}-\sqrt[4]{4})(\sqrt[4]{9}+\sqrt[4]{4})$

$=(\sqrt[3]{2}+1)(\sqrt[3]{2^2}-\sqrt[3]{2}+1)+(\sqrt[4]{9})^2-(\sqrt[4]{4})^2$

$=(\sqrt[3]{2})^3+1+(\sqrt{3})^2-(\sqrt{2})^2$

$=2+1+3-2=4$

Ⅰ-1. 지수와 로그 **5**

6 이차방정식의 근과 계수의 관계에 의하여

$\sqrt[3]{3}+b=\sqrt[3]{81}$, $\sqrt[3]{3}\times b=a$이므로

$b=\sqrt[3]{81}-\sqrt[3]{3}=\sqrt[3]{3^4}-\sqrt[3]{3}=3\sqrt[3]{3}-\sqrt[3]{3}=2\sqrt[3]{3}$

$a=\sqrt[3]{3}\times2\sqrt[3]{3}=2\sqrt[3]{3^2}$

$\therefore ab=2\sqrt[3]{3^2}\times2\sqrt[3]{3}=4\times\sqrt[3]{3^3}=4\times3=12$

7 ① $\sqrt{3}=\sqrt[6]{3^3}=\sqrt[6]{27}$

② $\sqrt[3]{7}=\sqrt[6]{7^2}=\sqrt[6]{49}$

③ $\sqrt{2\sqrt[3]{2}}=\sqrt[3]{2^3\times2}=\sqrt[6]{16}$

④ $\sqrt[3]{2\sqrt{6}}=\sqrt[3]{\sqrt{2^2\times6}}=\sqrt[6]{24}$

⑤ $\sqrt[3]{3\sqrt{5}}=\sqrt[3]{\sqrt{3^2\times5}}=\sqrt[6]{45}$

따라서 두 번째로 작은 수는 ④이다.

8 $\dfrac{10}{3^2+9^2}\times\dfrac{27}{2^{-5}+8^{-2}}=\dfrac{10}{3^2+(3^2)^2}\times\dfrac{3^3}{2^{-5}+(2^3)^{-2}}$

$=\dfrac{10}{3^2+3^4}\times\dfrac{3^3}{2^{-5}+2^{-6}}$

$=\dfrac{10}{3^2(1+3^2)}\times\dfrac{3^3}{2^{-6}(2+1)}$

$=\dfrac{1}{2^{-6}}=2^6=64$

9 $\sqrt[5]{a^3\times\sqrt{a^k}}=(a^3\times a^{\frac{k}{2}})^{\frac{1}{5}}=a^{\frac{1}{5}\left(3+\frac{k}{2}\right)}$

즉, $a^{\frac{1}{5}\left(3+\frac{k}{2}\right)}=a^{\frac{3}{4}}$이므로

$\dfrac{1}{5}\left(3+\dfrac{k}{2}\right)=\dfrac{3}{4}$, $3+\dfrac{k}{2}=\dfrac{15}{4}$

$\therefore k=\dfrac{3}{2}$

10 $(a^{\sqrt{2}})^{\sqrt{18}+1}\times(a^{\sqrt{3}})^{2\sqrt{3}-\sqrt{6}}\div(a^2)^{3-\sqrt{2}}$

$=a^{6+\sqrt{2}}\times a^{6-3\sqrt{2}}\div a^{6-2\sqrt{2}}$

$=a^{6+\sqrt{2}+6-3\sqrt{2}-(6-2\sqrt{2})}=a^6$

$\therefore k=6$

11 $\sqrt{2}=a$에서 $2^{\frac{1}{2}}=a$ $\therefore 2=a^2$

$\sqrt[4]{3}=b$에서 $3^{\frac{1}{4}}=b$ $\therefore 3=b^4$

$\therefore \sqrt[8]{6}=6^{\frac{1}{8}}=(2\times3)^{\frac{1}{8}}=2^{\frac{1}{8}}\times3^{\frac{1}{8}}$

$=(a^2)^{\frac{1}{8}}(b^4)^{\frac{1}{8}}=a^{\frac{1}{4}}b^{\frac{1}{2}}$

12 $2^{3+\sqrt{3}}=X$, $2^{3-\sqrt{3}}=Y$로 놓으면

$(2^{3+\sqrt{3}}+2^{3-\sqrt{3}})^2-(2^{3+\sqrt{3}}-2^{3-\sqrt{3}})^2$

$=(X+Y)^2-(X-Y)^2=4XY$

$=2^2\times2^{3+\sqrt{3}}\times2^{3-\sqrt{3}}$

$=2^{2+3+\sqrt{3}+3-\sqrt{3}}$

$=2^8=256$

13 $x=3^{\frac{1}{3}}+3^{-\frac{1}{3}}$의 양변을 세제곱하면

$x^3=3+3(3^{\frac{1}{3}}+3^{-\frac{1}{3}})+3^{-1}$

$x^3=\dfrac{10}{3}+3x$ $\therefore 3x^3-9x=10$

$\therefore 3x^3-9x-6=10-6=4$

14 $x\sqrt{x}+\dfrac{1}{x\sqrt{x}}=(\sqrt{x})^3+\left(\dfrac{1}{\sqrt{x}}\right)^3$

$=\left(\sqrt{x}+\dfrac{1}{\sqrt{x}}\right)^3-3\left(\sqrt{x}+\dfrac{1}{\sqrt{x}}\right)$

$=(\sqrt{5})^3-3\sqrt{5}$

$=5\sqrt{5}-3\sqrt{5}=2\sqrt{5}$

15 $\dfrac{a^x-a^{-x}}{a^x+a^{-x}}=\dfrac{2}{3}$의 좌변의 분모, 분자에 a^x을 곱하면

$\dfrac{(a^x-a^{-x})a^x}{(a^x+a^{-x})a^x}=\dfrac{2}{3}$, $\dfrac{a^{2x}-1}{a^{2x}+1}=\dfrac{2}{3}$

$3(a^{2x}-1)=2(a^{2x}+1)$ $\therefore a^{2x}=5$

$\therefore a^{4x}=(a^{2x})^2=5^2=25$

16 $4^{\frac{1}{a}}=216$에서 $4^{\frac{1}{a}}=6^3$

$\therefore 6^{3a}=4$ ……㉠

$9^{\frac{1}{b}}=6$에서 $6^b=9$ ……㉡

㉠×㉡을 하면

$6^{3a}\times6^b=4\times9=36$ $\therefore 6^{3a+b}=6^2$

$\therefore 3a+b=2$

17 $3^x=4$에서 $3^x=2^2$

$\therefore 2^{\frac{2}{x}}=3$ ……㉠

$48^y=8$에서 $48^y=2^3$

$\therefore 2^{\frac{3}{y}}=48$ ……㉡

㉠÷㉡을 하면

$2^{\frac{2}{x}}\div2^{\frac{3}{y}}=3\div48=\dfrac{1}{16}$

$2^{\frac{2}{x}-\frac{3}{y}}=2^{-4}$ $\therefore \dfrac{2}{x}-\dfrac{3}{y}=-4$

18 $3^x=k^z$에서 $3=k^{\frac{z}{x}}$ ……㉠

$5^y=k^z$에서 $5=k^{\frac{z}{y}}$ ……㉡

㉠×㉡을 하면

$k^{\frac{z}{x}}\times k^{\frac{z}{y}}=3\times5=15$

$\therefore k^{\frac{z}{x}+\frac{z}{y}}=15$

이때 $yz+zx=xy$이므로

$k^{\frac{z}{x}+\frac{z}{y}}=k^{\frac{yz+zx}{xy}}=k^{\frac{xy}{xy}}=k$

$\therefore k=15$

19 수면으로부터 깊이가 $d(\mathrm{m})$인 지점에서 무게가 160 kg인
폭약이 폭발했을 때의 가스버블의 최대반경이 $R_1(\mathrm{m})$,
무게가 $p(\mathrm{kg})$인 폭약이 폭발했을 때의 가스버블의 최대
반경이 $R_2(\mathrm{m})$이므로

$$R_1=k\left(\frac{160}{d+10}\right)^{\frac{1}{3}},\ R_2=k\left(\frac{p}{d+10}\right)^{\frac{1}{3}}$$

$$\therefore \frac{R_1}{R_2}=\frac{k\left(\dfrac{160}{d+10}\right)^{\frac{1}{3}}}{k\left(\dfrac{p}{d+10}\right)^{\frac{1}{3}}}=\left(\frac{160}{p}\right)^{\frac{1}{3}}$$

즉, $\left(\dfrac{160}{p}\right)^{\frac{1}{3}}=2$이므로 $\dfrac{160}{p}=2^3=8$

$$\therefore p=20$$

20 ㄱ. $\sqrt[5]{-3}$은 실수이므로 $(5,\ -3)\in S$

ㄴ. $b\neq 0$일 때, $\sqrt[a]{b}$와 $\sqrt[a]{-b}$가 모두 실수이려면 a는 홀수
이어야 하므로 $a=3$ 또는 $a=5$

ㄷ. $\sqrt[a]{b}$에서 a가 짝수인 경우와 홀수인 경우로 나누어 생
각하면

　(i) a가 짝수일 때, 즉 $a=4$일 때
　　$b\geq 0$이어야 $\sqrt[a]{b}$가 실수이므로 S의 원소는
　　$(4,\ 0),\ (4,\ 1),\ (4,\ 3)$의 3개

　(ii) a가 홀수일 때, 즉 $a=3$ 또는 $a=5$일 때
　　모든 b에 대하여 $\sqrt[a]{b}$가 실수이므로 S의 원소는
　　$(3,\ -3),\ (3,\ -1),\ (3,\ 0),\ (3,\ 1),\ (3,\ 3),$
　　$(5,\ -3),\ (5,\ -1),\ (5,\ 0),\ (5,\ 1),\ (5,\ 3)$
　　의 10개

　(i), (ii)에서 $n(S)=3+10=13$

따라서 보기에서 옳은 것은 ㄱ, ㄷ이다.

21 $a^3=3$에서 $a=3^{\frac{1}{3}}$

$b^5=7$에서 $b=7^{\frac{1}{5}}$

$c^6=9$에서 $c=9^{\frac{1}{6}}=3^{\frac{1}{3}}$

$\therefore (abc)^n=(3^{\frac{1}{3}}\times 7^{\frac{1}{5}}\times 3^{\frac{1}{3}})^n=(3^{\frac{2}{3}}\times 7^{\frac{1}{5}})^n=3^{\frac{2n}{3}}\times 7^{\frac{n}{5}}$

따라서 $(abc)^n$이 자연수가 되도록 하는 자연수 n의 값은
3과 5의 공배수이어야 하므로 자연수 n의 최솟값은 15이다.

22 $a^{3x}-a^{-3x}=14$에서

$(a^x-a^{-x})^3+3(a^x-a^{-x})=14$

이때 $a^x-a^{-x}=t$ (t는 실수)로 놓으면 $t^3+3t=14$

$(t-2)(t^2+2t+7)=0$ 　　$\therefore t=2$ ($\because t$는 실수)

즉, $a^x-a^{-x}=2$이므로

$\dfrac{a^{2x}+a^{-2x}}{a^x-a^{-x}}=\dfrac{(a^x-a^{-x})^2+2}{a^x-a^{-x}}=\dfrac{2^2+2}{2}=3$

로그의 뜻

개념 Check
24쪽

1 📋 (1) $4=\log_3 81$　(2) $0=\log_5 1$
　　(3) $\dfrac{1}{3}=\log_8 2$　(4) $-2=\log_2 0.25$

2 📋 (1) $-3<x<-2$ 또는 $x>-2$　(2) $x>2$

문제
25~26쪽

01-1 📋 (1) 4　(2) 3　(3) $\dfrac{1}{9}$　(4) 9

(1) $\log_{\sqrt{7}} 49=x$에서
　$(\sqrt{7})^x=49$
　즉, $7^{\frac{x}{2}}=7^2$이므로 $\dfrac{x}{2}=2$
　$\therefore x=4$

(2) $\log_9 x=0.5$에서
　$x=9^{0.5}=(3^2)^{0.5}=3$

(3) $\log_x 27=-\dfrac{3}{2}$에서
　$x^{-\frac{3}{2}}=27=3^3$
　$\therefore x=(3^3)^{-\frac{2}{3}}=3^{-2}=\dfrac{1}{9}$

(4) $\log_6\{\log_2(\log_3 x)\}=0$에서
　$\log_2(\log_3 x)=6^0=1$
　$\log_2(\log_3 x)=1$에서
　$\log_3 x=2$ 　　$\therefore x=3^2=9$

01-2 📋 16

$\log_{\sqrt{2}} a=5$에서

$a=(\sqrt{2})^5=(2^{\frac{1}{2}})^5=2^{\frac{5}{2}}$

$\log_b \dfrac{1}{8}=-2$에서

$b^{-2}=\dfrac{1}{8}=2^{-3}$

$\therefore b=(2^{-3})^{-\frac{1}{2}}=2^{\frac{3}{2}}$

$\therefore ab=2^{\frac{5}{2}}\times 2^{\frac{3}{2}}=2^4=16$

02-1 📋 (1) $3<x<4$　(2) $2<x<3$

(1) (i) (밑)>0, (밑)$\neq 1$이어야 하므로
　　$x-3>0,\ x-3\neq 1$
　　$\therefore x>3,\ x\neq 4$ 　　……㉠

(ii) (진수)>0이어야 하므로

$4-x>0$

$\therefore x<4$ ...... ㉡

따라서 ㉠, ㉡을 동시에 만족시키는 x의 값의 범위는

$3<x<4$

(2) (i) (밑)>0, (밑)≠1이어야 하므로

$x-2>0,\ x-2\neq1$

$\therefore x>2,\ x\neq3$ ...... ㉠

(ii) (진수)>0이어야 하므로

$-x^2+2x+3>0,\ x^2-2x-3<0$

$(x+1)(x-3)<0$

$\therefore -1<x<3$ ...... ㉡

따라서 ㉠, ㉡을 동시에 만족시키는 x의 값의 범위는

$2<x<3$

02-2 답 **-1, 0, 1**

(i) (밑)>0, (밑)≠1이어야 하므로

$3-x>0,\ 3-x\neq1$

$\therefore x<3,\ x\neq2$ ...... ㉠

(ii) (진수)>0이어야 하므로

$-x^2+3x+10>0,\ x^2-3x-10<0$

$(x+2)(x-5)<0$

$\therefore -2<x<5$ ...... ㉡

㉠, ㉡을 동시에 만족시키는 x의 값의 범위는

$-2<x<2$ 또는 $2<x<3$

따라서 정수 x의 값은 $-1,\ 0,\ 1$이다.

02-3 답 **12**

(i) (밑)>0, (밑)≠1이어야 하므로

$p-1>0,\ p-1\neq1$

$\therefore p>1,\ p\neq2$ ...... ㉠

(ii) (진수)>0이어야 하므로 모든 실수 x에 대하여

$x^2-2px+6p>0$

이차방정식 $x^2-2px+6p=0$의 판별식을 D라 하면

$D<0$이어야 하므로

$\dfrac{D}{4}=(-p)^2-6p<0$

$p^2-6p<0$

$p(p-6)<0$

$\therefore 0<p<6$ ...... ㉡

㉠, ㉡을 동시에 만족시키는 p의 값의 범위는

$1<p<2$ 또는 $2<p<6$

따라서 자연수 p의 값은 $3,\ 4,\ 5$이므로 그 합은

$3+4+5=12$

2 로그의 성질

개념 Check 28쪽

1 답 (1) **1** (2) **2** (3) **2** (4) $-\dfrac{3}{2}$

2 답 (1) **2** (2) **1** (3) $\dfrac{3}{2}$ (4) **12**

문제 29~34쪽

03-1 답 (1) **0** (2) **1**

(1) $\log_6 2\sqrt2+\log_6\dfrac{3}{2}-\log_6\sqrt{18}$

$=\log_6\dfrac{2\sqrt2\times\dfrac{3}{2}}{3\sqrt2}$

$=\log_6 1=0$

(2) $2\log_2\sqrt6+\dfrac{1}{2}\log_2 5-\log_2 3\sqrt5$

$=\log_2(\sqrt6)^2+\log_2 5^{\frac{1}{2}}-\log_2 3\sqrt5$

$=\log_2 6+\log_2\sqrt5-\log_2 3\sqrt5$

$=\log_2\dfrac{6\times\sqrt5}{3\sqrt5}=\log_2 2=1$

03-2 답 **-2**

$\log_5\left(1-\dfrac{1}{2}\right)+\log_5\left(1-\dfrac{1}{3}\right)+\log_5\left(1-\dfrac{1}{4}\right)$

$\qquad+\log_5\left(1-\dfrac{1}{5}\right)+\cdots+\log_5\left(1-\dfrac{1}{25}\right)$

$=\log_5\dfrac{1}{2}+\log_5\dfrac{2}{3}+\log_5\dfrac{3}{4}+\log_5\dfrac{4}{5}+\cdots+\log_5\dfrac{24}{25}$

$=\log_5\left(\dfrac{1}{2}\times\dfrac{2}{3}\times\dfrac{3}{4}\times\dfrac{4}{5}\times\cdots\times\dfrac{24}{25}\right)$

$=\log_5\dfrac{1}{25}=\log_5 5^{-2}$

$=-2\log_5 5=-2$

04-1 답 (1) **3** (2) $\dfrac{3}{2}$ (3) $\dfrac{25}{6}$

(1) $\log_3 6\times\log_9 8\times\log_2 3\times\log_6 9$

$=\log_3 6\times\dfrac{\log_3 8}{\log_3 9}\times\dfrac{1}{\log_3 2}\times\dfrac{\log_3 9}{\log_3 6}$

$=\dfrac{3\log_3 2}{\log_3 2}=3$

(2) $\log_6\sqrt{27}+\dfrac{1}{\log_{\sqrt8}6}=\log_6\sqrt{27}+\log_6\sqrt8$

$=\log_6(\sqrt{27}\times\sqrt8)$

$=\log_6(\sqrt{3^3\times2^3})$

$=\log_6 6^{\frac{3}{2}}=\dfrac{3}{2}$

(3) $(\log_2 3 + \log_8 9)(\log_3 2 + \log_9 8)$

$\quad = (\log_2 3 + \log_{2^3} 3^2)(\log_3 2 + \log_{3^2} 2^3)$

$\quad = \left(\log_2 3 + \dfrac{2}{3}\log_2 3\right)\left(\log_3 2 + \dfrac{3}{2}\log_3 2\right)$

$\quad = \dfrac{5}{3}\log_2 3 \times \dfrac{5}{2}\log_3 2$

$\quad = \dfrac{25}{6} \times \log_2 3 \times \dfrac{1}{\log_2 3} = \dfrac{25}{6}$

04-2 답 **105**

$\dfrac{1}{\log_3 2} + \dfrac{1}{\log_5 2} + \dfrac{1}{\log_7 2} = \log_2 k$에서

$\log_2 3 + \log_2 5 + \log_2 7 = \log_2 k$

$\log_2 (3 \times 5 \times 7) = \log_2 k$

$\log_2 105 = \log_2 k$

$\therefore\ k = 105$

04-3 답 **4**

$\log_2 5 \times \log_{16} x = \log_4 5$에서

$\log_2 5 \times \log_{2^4} x = \log_{2^2} 5$

$\log_2 5 \times \dfrac{1}{4}\log_2 x = \dfrac{1}{2}\log_2 5$

$\dfrac{1}{4}\log_2 x = \dfrac{1}{2},\ \log_2 x = 2$

$\therefore\ x = 2^2 = 4$

05-1 답 (1) $\dfrac{1}{5}$　(2) **133**

(1) $2\log_3 10 - 2\log_3 2 - 3\log_3 5$

$\quad = \log_3 10^2 - \log_3 2^2 - \log_3 5^3$

$\quad = \log_3 \dfrac{10^2}{2^2 \times 5^3} = \log_3 \dfrac{1}{5}$

$\quad \therefore\ 3^{2\log_3 10 - 2\log_3 2 - 3\log_3 5} = 3^{\log_3 \frac{1}{5}} = \dfrac{1}{5}$

(2) $27^{\log_3 2} + 8^{\log_2 5} = 2^{\log_3 27} + 5^{\log_2 8}$

$\quad\quad\quad\quad\quad\quad\quad = 2^{3\log_3 3} + 5^{3\log_2 2}$

$\quad\quad\quad\quad\quad\quad\quad = 2^3 + 5^3 = 133$

05-2 답 **9**

$5^{\log_5 4 \times \log_2 3} = (5^{\log_5 4})^{\log_2 3} = 4^{\log_2 3}$

$\quad\quad\quad\quad\quad = 3^{\log_2 4} = 3^{2\log_2 2} = 3^2 = 9$

05-3 답 $C < A < B$

$A = 5^{\log_5 9 - \log_5 6} = 5^{\log_5 \frac{9}{6}} = 5^{\log_5 \frac{3}{2}} = \dfrac{3}{2}$

$B = \log_{\sqrt{3}} 3 = \log_{3^{\frac{1}{2}}} 3 = 2\log_3 3 = 2$

$C = \log_4 (\log_2 16) = \log_4 (\log_2 2^4)$

$\quad = \log_4 (4\log_2 2) = \log_4 4 = 1$

$\therefore\ C < A < B$

06-1 답 (1) $a - b - 1$　(2) $\dfrac{2a+b}{1-a}$

(1) $\log_3 \dfrac{2}{15} = \log_3 2 - \log_3 15$

$\quad\quad\quad\quad = \log_3 2 - \log_3 (3 \times 5)$

$\quad\quad\quad\quad = \log_3 2 - (\log_3 3 + \log_3 5)$

$\quad\quad\quad\quad = \log_3 2 - 1 - \log_3 5$

$\quad\quad\quad\quad = a - b - 1$

(2) $\log_5 12 = \dfrac{\log_{10} 12}{\log_{10} 5} = \dfrac{\log_{10}(2^2 \times 3)}{\log_{10} \frac{10}{2}}$

$\quad\quad\quad\quad = \dfrac{\log_{10} 2^2 + \log_{10} 3}{\log_{10} 10 - \log_{10} 2}$

$\quad\quad\quad\quad = \dfrac{2\log_{10} 2 + \log_{10} 3}{1 - \log_{10} 2}$

$\quad\quad\quad\quad = \dfrac{2a+b}{1-a}$

06-2 답 (1) $1 + a + b$　(2) $\dfrac{2a+b}{1+b}$

(1) $2^a = 5$에서 $a = \log_2 5$

$\quad 2^b = 7$에서 $b = \log_2 7$

$\quad \therefore\ \log_2 70 = \log_2 (2 \times 5 \times 7)$

$\quad\quad\quad\quad\quad = \log_2 2 + \log_2 5 + \log_2 7$

$\quad\quad\quad\quad\quad = 1 + a + b$

(2) $3^a = 2$에서 $a = \log_3 2$

$\quad 3^b = 5$에서 $b = \log_3 5$

$\quad \therefore\ \log_{15} 20 = \dfrac{\log_3 20}{\log_3 15} = \dfrac{\log_3 (2^2 \times 5)}{\log_3 (3 \times 5)}$

$\quad\quad\quad\quad\quad = \dfrac{\log_3 2^2 + \log_3 5}{\log_3 3 + \log_3 5}$

$\quad\quad\quad\quad\quad = \dfrac{2\log_3 2 + \log_3 5}{1 + \log_3 5}$

$\quad\quad\quad\quad\quad = \dfrac{2a+b}{1+b}$

07-1 답 (1) **3**　(2) $\dfrac{17}{4}$

(1) $8^x = 10$에서 $x = \log_8 10$

$\quad 125^y = 10$에서 $y = \log_{125} 10$

$\quad \therefore\ \dfrac{1}{x} + \dfrac{1}{y} = \dfrac{1}{\log_8 10} + \dfrac{1}{\log_{125} 10}$

$\quad\quad\quad\quad\quad = \log_{10} 8 + \log_{10} 125$

$\quad\quad\quad\quad\quad = \log_{10} (8 \times 125)$

$\quad\quad\quad\quad\quad = \log_{10} 10^3 = 3$

(2) $\log_2 a \times \log_b 16 = 1$에서

$\quad \log_2 a \times \dfrac{\log_2 16}{\log_2 b} = 1,\ 4\log_2 a = \log_2 b$

$\quad \log_2 a^4 = \log_2 b \quad\quad \therefore\ b = a^4$

$\quad \therefore\ \log_a b + \log_b a = \log_a a^4 + \log_{a^4} a = 4 + \dfrac{1}{4} = \dfrac{17}{4}$

(1) $8^x=10$, $125^y=10$에서 $8=10^{\frac{1}{x}}$, $125=10^{\frac{1}{y}}$

$10^{\frac{1}{x}}\times 10^{\frac{1}{y}}=8\times 125$이므로

$10^{\frac{1}{x}+\frac{1}{y}}=10^3$ $\quad\therefore \frac{1}{x}+\frac{1}{y}=3$

07-2 답 3

$\log_3 x-2\log_9 y+3\log_{27} z=-1$에서

$\log_3 x-2\log_{3^2} y+3\log_{3^3} z=-1$

$\log_3 x-\log_3 y+\log_3 z=-1$

$\log_3 \dfrac{xz}{y}=-1$ $\quad\therefore \dfrac{xz}{y}=3^{-1}=\dfrac{1}{3}$

$\therefore 27^{\frac{xz}{y}}=27^{\frac{1}{3}}=(3^3)^{\frac{1}{3}}=3$

08-1 답 2

이차방정식의 근과 계수의 관계에 의하여

$\alpha+\beta=5$, $\alpha\beta=3$

$\therefore \log_3\left(\alpha+\dfrac{\alpha}{\beta}\right)+\log_3\left(\beta+\dfrac{\beta}{\alpha}\right)$

$\quad =\log_3\left(\alpha+\dfrac{\alpha}{\beta}\right)\left(\beta+\dfrac{\beta}{\alpha}\right)=\log_3(\alpha\beta+\alpha+\beta+1)$

$\quad =\log_3(3+5+1)=\log_3 9=\log_3 3^2=2$

08-2 답 2

이차방정식의 근과 계수의 관계에 의하여

$\alpha+\beta=-2\log_6 3$, $\alpha\beta=\log_6 2-\log_6 3$

$\therefore (\alpha-1)(\beta-1)=\alpha\beta-(\alpha+\beta)+1$

$\qquad\qquad\qquad =\log_6 2-\log_6 3+2\log_6 3+1$

$\qquad\qquad\qquad =\log_6 2+\log_6 3+1$

$\qquad\qquad\qquad =\log_6 6+1=2$

08-3 답 28

이차방정식의 근과 계수의 관계에 의하여

$\log_{10}\alpha+\log_{10}\beta=-8$, $\log_{10}\alpha\times\log_{10}\beta=6$

$\therefore \log_\alpha \alpha\beta^3+\log_\beta \alpha^3\beta$

$\quad =(\log_\alpha \alpha+3\log_\alpha \beta)+(3\log_\beta \alpha+\log_\beta \beta)$

$\quad =3(\log_\alpha \beta+\log_\beta \alpha)+2$

$\quad =3\left(\dfrac{\log_{10}\beta}{\log_{10}\alpha}+\dfrac{\log_{10}\alpha}{\log_{10}\beta}\right)+2$

$\quad =3\times\dfrac{(\log_{10}\beta)^2+(\log_{10}\alpha)^2}{\log_{10}\alpha\times\log_{10}\beta}+2$

$\quad =3\times\dfrac{(\log_{10}\alpha+\log_{10}\beta)^2-2\times\log_{10}\alpha\times\log_{10}\beta}{\log_{10}\alpha\times\log_{10}\beta}+2$

$\quad =3\times\dfrac{(-8)^2-2\times 6}{6}+2$

$\quad =28$

연습문제

35~36쪽

1 ②	**2** ④	**3** 3	**4** ㄱ, ㄷ	**5** 6
6 5	**7** ③	**8** $B<C<A$		**9** ④
10 ①	**11** 42	**12** ⑤	**13** ②	**14** 54
15 ③				

1 $\log_{\sqrt{2}}a=4$에서 $a=(\sqrt{2})^4=(2^{\frac{1}{2}})^4=2^2=4$

$\log_{\frac{1}{9}}3=b$에서 $\left(\dfrac{1}{9}\right)^b=3$, $3^{-2b}=3$

$-2b=1$이므로 $b=-\dfrac{1}{2}$

$\therefore ab=4\times\left(-\dfrac{1}{2}\right)=-2$

2 $\log_2\{\log_4(\log_3 x)\}=-1$에서

$\log_4(\log_3 x)=2^{-1}=\dfrac{1}{2}$

$\log_4(\log_3 x)=\dfrac{1}{2}$에서 $\log_3 x=4^{\frac{1}{2}}=(2^2)^{\frac{1}{2}}=2$

$\therefore x=3^2=9$

3 (i) (밑)>0, (밑)$\neq 1$이어야 하므로

$a-1>0$, $a-1\neq 1$ $\quad\therefore a>1$, $a\neq 2$ $\quad\cdots\cdots$ ㉠

(ii) (진수)>0이어야 하므로 모든 실수 x에 대하여

$ax^2+ax+1>0$

㉠에서 $a>0$이고 이차방정식 $ax^2+ax+1=0$의 판별식을 D라 하면 $D<0$이어야 하므로

$D=a^2-4a<0$, $a(a-4)<0$

$\therefore 0<a<4$ $\quad\cdots\cdots$ ㉡

㉠, ㉡을 동시에 만족시키는 a의 값의 범위는

$1<a<2$ 또는 $2<a<4$

따라서 정수 a의 값은 3이다.

4 ㄱ. $\log_3(3\times 3^2\times 3^3\times 3^4\times 3^5)$

$\qquad =\log_3 3^{1+2+3+4+5}=\log_3 3^{15}=15$

ㄴ. $\log_2 1+\log_2 2+\log_2 3+\log_2 4+\log_2 5$

$\qquad =\log_2(1\times 2\times 3\times 4\times 5)=\log_2 120$

ㄷ. $\dfrac{1}{2}\log_2 4+\dfrac{2}{3}\log_2 8+\dfrac{3}{4}\log_2 16+\dfrac{4}{5}\log_2 32$

$\qquad =\dfrac{1}{2}\log_2 2^2+\dfrac{2}{3}\log_2 2^3+\dfrac{3}{4}\log_2 2^4+\dfrac{4}{5}\log_2 2^5$

$\qquad =\dfrac{1}{2}\times 2+\dfrac{2}{3}\times 3+\dfrac{3}{4}\times 4+\dfrac{4}{5}\times 5$

$\qquad =1+2+3+4=10$

ㄹ. $\log_2 2^2\times\log_3 3^2\times\log_4 4^2\times\log_5 5^2$

$\qquad =2\times 2\times 2\times 2=16$

따라서 보기에서 옳은 것은 ㄱ, ㄷ이다.

5
$$\log_a(\log_2 3) + \log_a(\log_3 4) + \log_a(\log_4 5)$$
$$+ \cdots + \log_a(\log_{63} 64)$$
$$= \log_a(\log_2 3 \times \log_3 4 \times \log_4 5 \times \cdots \times \log_{63} 64)$$
$$= \log_a\left(\log_2 3 \times \frac{\log_2 4}{\log_2 3} \times \frac{\log_2 5}{\log_2 4} \times \cdots \times \frac{\log_2 64}{\log_2 63}\right)$$
$$= \log_a(\log_2 64) = \log_a(\log_2 2^6) = \log_a 6$$
즉, $\log_a 6 = 1$이므로 $a = 6$

6
$$(\log_5 12 + \log_{25} 9)\log_6 a = (\log_5 12 + \log_{5^2} 3^2)\log_6 a$$
$$= (\log_5 12 + \log_5 3)\frac{\log_5 a}{\log_5 6}$$
$$= \log_5 36 \times \frac{\log_5 a}{\log_5 6}$$
$$= \log_5 6^2 \times \frac{\log_5 a}{\log_5 6}$$
$$= 2\log_5 6 \times \frac{\log_5 a}{\log_5 6}$$
$$= 2\log_5 a$$
즉, $2\log_5 a = 2$이므로 $\log_5 a = 1$
$$\therefore a = 5$$

7 두 점 $(2, \log_4 a)$, $(3, \log_2 b)$를 각각 A, B라 하고 원점을 O라 하면 세 점 O, A, B가 한 직선 위에 있으므로
(직선 OA의 기울기)=(직선 OB의 기울기)
직선 OA의 기울기는 $\dfrac{\log_4 a}{2}$, 직선 OB의 기울기는
$\dfrac{\log_2 b}{3}$이므로
$$\frac{\log_4 a}{2} = \frac{\log_2 b}{3}, \quad \frac{\log_2 a}{4} = \frac{\log_2 b}{3}$$
$$\frac{\log_2 b}{\log_2 a} = \frac{3}{4} \qquad \therefore \log_a b = \frac{3}{4}$$

8 $A = \log_{64} 3 \times \log_9 125 \times \log_5 8$
$$= \log_{2^6} 3 \times \log_{3^2} 5^3 \times \log_5 2^3$$
$$= \frac{1}{6}\log_2 3 \times \frac{3}{2}\log_3 5 \times 3\log_5 2$$
$$= \frac{1}{6}\log_2 3 \times \frac{3\log_2 5}{2\log_2 3} \times \frac{3}{\log_2 5}$$
$$= \frac{3}{4}$$
$B = 5^{\log_5 7 - \log_5 14}$
$$= 5^{\log_5 \frac{7}{14}} = 5^{\log_5 \frac{1}{2}} = \frac{1}{2}$$
$C = \log_{32}(\log_{\sqrt{2}} 16) = \log_{32}(\log_{2^{\frac{1}{2}}} 2^4)$
$$= \log_{32} 8 = \log_{2^5} 2^3 = \frac{3}{5}$$
$$\therefore B < C < A$$

9 $\log_2 3 = a$에서 $\log_3 2 = \dfrac{1}{a}$
$$\therefore \log_7 4\sqrt{3} = \frac{\log_3 4\sqrt{3}}{\log_3 7} = \frac{\log_3(2^2 \times 3^{\frac{1}{2}})}{\log_3 7}$$
$$= \frac{2\log_3 2 + \frac{1}{2}}{\log_3 7} = \frac{\frac{2}{a} + \frac{1}{2}}{b}$$
$$= \frac{a+4}{2ab}$$

10 $15^x = 27$에서 $x = \log_{15} 27$
$5^y = 81$에서 $y = \log_5 81$
$$\therefore \frac{3}{x} - \frac{4}{y} = \frac{3}{\log_{15} 27} - \frac{4}{\log_5 81}$$
$$= \frac{3}{3\log_{15} 3} - \frac{4}{4\log_5 3}$$
$$= \frac{1}{\log_{15} 3} - \frac{1}{\log_5 3}$$
$$= \log_3 15 - \log_3 5$$
$$= \log_3 \frac{15}{5} = \log_3 3 = 1$$

11 $\log_{16} a = \dfrac{1}{\log_b 4}$에서
$\dfrac{1}{2}\log_4 a = \log_4 b$이므로
$\sqrt{a} = b \qquad \therefore a = b^2 \quad \cdots\cdots \ \bigcirc$
한편 $\log_6 ab = 3$에서 $ab = 6^3$이므로
$\bigcirc$을 대입하면 $b^3 = 6^3$
$\therefore b = 6$
이를 $\bigcirc$에 대입하면 $a = 36$
$\therefore a + b = 36 + 6 = 42$

12 이차방정식의 근과 계수의 관계에 의하여
$\alpha + \beta = 5$, $\alpha\beta = 5$
$$\therefore (\alpha - \beta)^2 = (\alpha + \beta)^2 - 4\alpha\beta$$
$$= 5^2 - 4 \times 5 = 5$$
이때 $\alpha > \beta$이므로 $\alpha - \beta = \sqrt{5}$
$$\therefore \log_{(\alpha-\beta)} \alpha + \log_{(\alpha-\beta)} \beta = \log_{(\alpha-\beta)} \alpha\beta = \log_{\sqrt{5}} 5$$
$$= \log_{5^{\frac{1}{2}}} 5 = 2\log_5 5 = 2$$

13 $3^a = x$에서 $a = \log_3 x$
$3^b = y$에서 $b = \log_3 y$
$3^c = z$에서 $c = \log_3 z$
이때 $a + b + c = 0$이므로
$\log_3 x + \log_3 y + \log_3 z = 0$
$\log_3 xyz = 0$
$\therefore xyz = 1$

$$\therefore \log_x yz + \log_y zx + \log_z xy$$
$$= \log_x \frac{1}{x} + \log_y \frac{1}{y} + \log_z \frac{1}{z} \ (\because xyz = 1)$$
$$= \log_x x^{-1} + \log_y y^{-1} + \log_z z^{-1}$$
$$= -1 + (-1) + (-1) = -3$$

다른 풀이

$$\log_x yz + \log_y zx + \log_z xy$$
$$= \log_{3^a}(3^b \times 3^c) + \log_{3^b}(3^c \times 3^a) + \log_{3^c}(3^a \times 3^b)$$
$$= \log_{3^a} 3^{b+c} + \log_{3^b} 3^{c+a} + \log_{3^c} 3^{a+b}$$
$$= \frac{b+c}{a} + \frac{c+a}{b} + \frac{a+b}{c}$$
$$= \frac{-a}{a} + \frac{-b}{b} + \frac{-c}{c} \ (\because a+b+c=0)$$
$$= -1 + (-1) + (-1) = -3$$

14 (가)에서 $\sqrt[4]{a} = \sqrt{b} = \sqrt[3]{c} = k \ (k > 0)$로 놓으면

$a = k^4$, $b = k^2$, $c = k^3$

(나)에서

$$\log_9 a + \log_{27} b + \log_3 c = \log_{3^2} k^4 + \log_{3^3} k^2 + \log_3 k^3$$
$$= 2\log_3 k + \frac{2}{3}\log_3 k + 3\log_3 k$$
$$= \frac{17}{3}\log_3 k$$

즉, $\frac{17}{3}\log_3 k = 34$이므로

$\log_3 k = 6$

$$\therefore \log_3 abc = \log_3 (k^4 \times k^2 \times k^3)$$
$$= \log_3 k^9 = 9\log_3 k$$
$$= 9 \times 6 = 54$$

15 $\log_a b = \log_b a$에서 $\log_a b = \dfrac{1}{\log_a b}$

$(\log_a b)^2 = 1$ $\therefore \log_a b = \pm 1$

그런데 $a \neq b$이므로

$\log_a b = -1$ $\therefore b = a^{-1} = \dfrac{1}{a}$

$$\therefore (a+4)(b+1) = (a+4)\left(\frac{1}{a}+1\right)$$
$$= a + \frac{4}{a} + 5$$

이때 $a > 0$, $\dfrac{4}{a} > 0$이므로 산술평균과 기하평균의 관계에

의하여

$$a + \frac{4}{a} \geq 2\sqrt{a \times \frac{4}{a}} = 4 \ (\text{단, 등호는 } a=2\text{일 때 성립})$$

$$\therefore (a+4)(b+1) = a + \frac{4}{a} + 5$$
$$\geq 4 + 5 = 9$$

따라서 $(a+4)(b+1)$의 최솟값은 9이다.

I-1 **03 상용로그**

¶ 상용로그

1 답 (1) 4 (2) -2 (3) $\dfrac{2}{3}$ (4) $-\dfrac{1}{2}$

2 답 (1) 0.4683 (2) 0.7839 (3) 8.15 (4) 4.95

3 답 (1) 정수 부분: 0, 소수 부분: 0.6201

    (2) 정수 부분: 3, 소수 부분: 0.5617

    (3) 정수 부분: -1, 소수 부분: 0.8764

    (4) 정수 부분: -2, 소수 부분: 0.3997

01-1 답 (1) 2.5866 (2) -0.4134 (3) 0.2933

상용로그표에서 $\log 3.86 = 0.5866$

(1) $\log 386 = \log(10^2 \times 3.86)$
$$= \log 10^2 + \log 3.86$$
$$= 2\log 10 + \log 3.86$$
$$= 2 + 0.5866 = 2.5866$$

(2) $\log 0.386 = \log(10^{-1} \times 3.86)$
$$= \log 10^{-1} + \log 3.86$$
$$= -\log 10 + \log 3.86$$
$$= -1 + 0.5866 = -0.4134$$

(3) $\log \sqrt{3.86} = \log 3.86^{\frac{1}{2}} = \dfrac{1}{2}\log 3.86$
$$= \frac{1}{2} \times 0.5866 = 0.2933$$

01-2 답 (1) 0.6990 (2) 1.0791 (3) -0.2219

(1) $\log 5 = \log \dfrac{10}{2} = \log 10 - \log 2$
$$= 1 - 0.3010 = 0.6990$$

(2) $\log 12 = \log(2^2 \times 3)$
$$= \log 2^2 + \log 3$$
$$= 2\log 2 + \log 3$$
$$= 2 \times 0.3010 + 0.4771$$
$$= 1.0791$$

(3) $\log 0.6 = \log \dfrac{2 \times 3}{10}$
$$= \log 2 + \log 3 - \log 10$$
$$= 0.3010 + 0.4771 - 1$$
$$= -0.2219$$

02-1 답 (1) **53600** (2) **0.000536**

(1) $\log N = 4 + 0.7292$
$= \log 10^4 + \log 5.36$
$= \log (10^4 \times 5.36)$
$= \log 53600$
$\therefore N = 53600$

(2) $\log N = -3 + (-0.2708)$
$= (-3-1) + (1-0.2708)$
$= -4 + 0.7292$
$= \log 10^{-4} + \log 5.36$
$= \log (10^{-4} \times 5.36)$
$= \log 0.000536$
$\therefore N = 0.000536$

02-2 답 (1) **4270** (2) **0.427**

(1) $\log N = 2 + 1.6304$
$= \log 10^2 + \log 42.7$
$= \log (10^2 \times 42.7)$
$= \log 4270$
$\therefore N = 4270$

(2) $\log 42.7 = 1.6304$에서 $\log (10 \times 4.27) = 1.6304$
$1 + \log 4.27 = 1.6304$ $\therefore \log 4.27 = 0.6304$
$\log N = -1 + (1 - 0.3696)$
$= -1 + 0.6304$
$= \log 10^{-1} + \log 4.27$
$= \log (10^{-1} \times 4.27)$
$= \log 0.427$
$\therefore N = 0.427$

03-1 답 (1) $\mathbf{100\sqrt{10}}$ (2) $\mathbf{100\sqrt[4]{10}}$

(1) $\log N - \log \dfrac{1}{N} = \log N - (-\log N)$
$= 2 \log N$ ➡ 정수
$100 < N < 1000$에서 $2 < \log N < 3$
$\therefore 4 < 2 \log N < 6$
이때 $2 \log N$은 정수이므로
$2 \log N = 5$ $\therefore \log N = \dfrac{5}{2}$
$\therefore N = 10^{\frac{5}{2}} = 100\sqrt{10}$

(2) $\log N + \log \sqrt[3]{N} = \log N + \dfrac{1}{3} \log N$
$= \dfrac{4}{3} \log N$ ➡ 정수
$\log N$의 정수 부분이 2이므로
$2 \le \log N < 3$ $\therefore \dfrac{8}{3} \le \dfrac{4}{3} \log N < 4$

이때 $\dfrac{4}{3} \log N$이 정수이므로
$\dfrac{4}{3} \log N = 3$ $\therefore \log N = \dfrac{9}{4}$
$\therefore N = 10^{\frac{9}{4}} = 100\sqrt[4]{10}$

03-2 답 **1000**

두 상용로그의 소수 부분의 합이 1이면 두 상용로그의 합이 정수이므로
$\log x^4 + \log \dfrac{1}{x} = 4 \log x + (-\log x)$
$= 3 \log x$ ➡ 정수
$10 < x < 100$에서 $1 < \log x < 2$
$\therefore 3 < 3 \log x < 6$
이때 $3 \log x$는 정수이므로
$3 \log x = 4$ 또는 $3 \log x = 5$
$\log x = \dfrac{4}{3}$ 또는 $\log x = \dfrac{5}{3}$
$\therefore x = 10^{\frac{4}{3}}$ 또는 $x = 10^{\frac{5}{3}}$
따라서 모든 실수 x의 값의 곱은
$10^{\frac{4}{3}} \times 10^{\frac{5}{3}} = 10^3 = 1000$

04-1 답 **100배**

2등급인 별의 밝기를 I_1이라 하면
$2 = -\dfrac{5}{2} \log I_1 + C$ ...... ㉠
7등급인 별의 밝기를 I_2라 하면
$7 = -\dfrac{5}{2} \log I_2 + C$ ...... ㉡
㉠-㉡을 하면
$-5 = -\dfrac{5}{2} (\log I_1 - \log I_2)$
$\log \dfrac{I_1}{I_2} = 2$
로그의 정의에 의하여
$\dfrac{I_1}{I_2} = 10^2 = 100$
따라서 2등급인 별의 밝기는 7등급인 별의 밝기의 100배이다.

04-2 답 **6**

규모 4 이상인 지진이 1년에 평균 64번 발생하므로
$\log 64 = a - 0.9 \times 4$
$\therefore a = \log 64 + 3.6 = 6 \log 2 + 3.6$
$= 6 \times 0.3 + 3.6 = 5.4$ ...... ㉠
또 규모 x 이상인 지진은 1년에 평균 한 번 발생하므로
$\log 1 = a - 0.9x$, $0 = 5.4 - 0.9x$ ($\because$ ㉠)
$0.9x = 5.4$ $\therefore x = 6$

05-1 답 3.51%

방사선 입자가 특수 보호막 한 장을 통과할 때마다 그 양이 20%씩 감소하므로 처음 방사선 입자의 양을 a라 하면 15장째 특수 보호막을 통과한 방사선 입자의 양은

$$a\left(1-\frac{20}{100}\right)^{15}=a\times 0.8^{15}$$

0.8^{15}에 상용로그를 취하면

$$\begin{aligned}
\log 0.8^{15} &= 15\log 0.8 = 15\log\frac{8}{10}\\
&= 15(3\log 2-1)=15(3\times 0.301-1)\\
&= -1.455=(-1-1)+(1-0.455)\\
&= -2+0.545=-2+\log 3.51\\
&= \log 10^{-2}+\log 3.51\\
&= \log(10^{-2}\times 3.51)\\
&= \log 0.0351
\end{aligned}$$

$$\therefore\ 0.8^{15}=0.0351$$

따라서 15장째 특수 보호막을 통과한 방사선 입자의 양은 처음 방사선 입자의 양의 3.51%이다.

05-2 답 15%

올해의 매출을 a, 매년 증가하는 일정한 비율을 r%라 하면 10년 후의 매출은 $4a$이므로

$$a\left(1+\frac{r}{100}\right)^{10}=4a \quad \therefore\ \left(1+\frac{r}{100}\right)^{10}=4$$

양변에 상용로그를 취하면

$$\log\left(1+\frac{r}{100}\right)^{10}=\log 4$$

$$10\log\left(1+\frac{r}{100}\right)=2\log 2$$

$$\log\left(1+\frac{r}{100}\right)=\frac{\log 2}{5}$$

$$\log\left(1+\frac{r}{100}\right)=0.06$$

이때 $\log 1.15=0.06$이므로

$$1+\frac{r}{100}=1.15 \quad \therefore\ r=15$$

따라서 매년 15%씩 매출을 증가시켜야 한다.

연습문제
45~46쪽

1 ④	2 0.09	3 ①	4 914.4533	
5 1890	6 ①	7 ②	8 ②	9 ②
10 ③	11 5	12 516	13 10%	

1
① $\log 67.8=\log(10\times 6.78)=\log 10+\log 6.78$
$\qquad\quad =1+0.8312=1.8312$
② $\log 6780=\log(10^3\times 6.78)=3\log 10+\log 6.78$
$\qquad\quad =3+0.8312=3.8312$
③ $\log 678000=\log(10^5\times 6.78)=5\log 10+\log 6.78$
$\qquad\quad =5+0.8312=5.8312$
④ $\log 0.678=\log(10^{-1}\times 6.78)=-\log 10+\log 6.78$
$\qquad\quad =-1+0.8312=-0.1688$
⑤ $\log 0.0678=\log(10^{-2}\times 6.78)=-2\log 10+\log 6.78$
$\qquad\quad =-2+0.8312=-1.1688$
따라서 옳지 않은 것은 ④이다.

2
$$\begin{aligned}
&\log\sqrt{3}+\log 4-\log\sqrt{32}\\
&=\log 3^{\frac{1}{2}}+\log 2^2-\log 2^{\frac{5}{2}}\\
&=\frac{1}{2}\log 3+2\log 2-\frac{5}{2}\log 2\\
&=\frac{1}{2}\log 3-\frac{1}{2}\log 2\\
&=\frac{1}{2}\times 0.48-\frac{1}{2}\times 0.3=0.09
\end{aligned}$$

3 $\log 56.7=1.7536$에서
$\log(10\times 5.67)=1.7536$
$1+\log 5.67=1.7536$
$\therefore\ \log 5.67=0.7536$
$$\begin{aligned}
\log N &= -4+(-0.2464)\\
&= (-4-1)+(1-0.2464)\\
&= -5+0.7536\\
&= \log 10^{-5}+\log 5.67\\
&= \log(10^{-5}\times 5.67)\\
&= \log 0.0000567
\end{aligned}$$
$\therefore\ N=0.0000567$

4 상용로그표에서 $\log 2.84=0.4533$이므로
$$\begin{aligned}
\log 0.284 &= \log(10^{-1}\times 2.84)\\
&= \log 10^{-1}+\log 2.84\\
&= -1+0.4533=-0.5467
\end{aligned}$$
$\therefore\ M=-0.5467$
상용로그표에서 $\log 9.15=0.9614$이므로
$$\begin{aligned}
\log N &= 2.9614\\
&= 2+0.9614\\
&= \log 10^2+\log 9.15\\
&= \log(10^2\times 9.15)\\
&= \log 915
\end{aligned}$$
$\therefore\ N=915$
$\therefore\ M+N=-0.5467+915=914.4533$

14 정답과 해설 | 개념편 |

5 $\log 1 = 0$, $\log 10 = 1$, $\log 100 = 2$, $\log 1000 = 3$

$1 \leq N \leq 9$일 때, $0 \leq \log N < 1$이므로 $f(N) = 0$

$10 \leq N \leq 99$일 때, $1 \leq \log N < 2$이므로 $f(N) = 1$

$100 \leq N \leq 999$일 때, $2 \leq \log N < 3$이므로 $f(N) = 2$

$\therefore f(1) + f(2) + f(3) + \cdots + f(999)$

$\qquad = 0 \times 9 + 1 \times 90 + 2 \times 900 = 1890$

6 $\log A$의 정수 부분을 n, 소수 부분을 $\alpha\,(0 \leq \alpha < 1)$라 하면 이차방정식의 근과 계수의 관계에 의하여

$n + \alpha = -\dfrac{5}{3}$ $\quad \cdots\cdots$ ㉠

$n\alpha = \dfrac{k}{3}$ $\qquad \cdots\cdots$ ㉡

㉠에서 $n + \alpha = -2 + \dfrac{1}{3}$ $\quad \therefore n = -2,\ \alpha = \dfrac{1}{3}$

이를 ㉡에 대입하면 $(-2) \times \dfrac{1}{3} = \dfrac{k}{3}$

$\therefore k = -2$

7 $\log x^2 + \log \sqrt[3]{x} = 2\log x + \dfrac{1}{3}\log x$

$\qquad\qquad\qquad\quad = \dfrac{7}{3}\log x$ ➡ 정수

$\log x$의 정수 부분이 1이므로

$1 \leq \log x < 2$ $\quad \therefore \dfrac{7}{3} \leq \dfrac{7}{3}\log x < \dfrac{14}{3}$

이때 $\dfrac{7}{3}\log x$가 정수이므로

$\dfrac{7}{3}\log x = 3$ 또는 $\dfrac{7}{3}\log x = 4$

$\log x = \dfrac{9}{7}$ 또는 $\log x = \dfrac{12}{7}$

$\therefore x = 10^{\frac{9}{7}}$ 또는 $x = 10^{\frac{12}{7}}$

따라서 모든 실수 x의 값의 곱은

$10^{\frac{9}{7}} \times 10^{\frac{12}{7}} = 10^3$

8 $I = 500$일 때 $S = 0.6$이므로

$0.6 = k\log 500$

$\therefore k = \dfrac{0.6}{\log 500} = \dfrac{0.6}{\log \dfrac{1000}{2}}$

$\qquad = \dfrac{0.6}{3 - \log 2} = \dfrac{0.6}{3 - 0.3}$

$\qquad = \dfrac{0.6}{2.7} = \dfrac{2}{9}$

따라서 $I = 8$일 때 감각의 세기는

$k\log 8 = \dfrac{2}{9} \times 3\log 2 = \dfrac{2}{9} \times 3 \times 0.3 = 0.2$

즉, 자극의 세기가 8일 때의 감각의 세기는 0.2이다.

9 두 열차 A, B가 지점 P를 통과할 때의 속력을 각각 v_A, v_B라 하면

$v_A = 0.9 v_B$ $\qquad\qquad\cdots\cdots$ ㉠

$L_A = 80 + 28\log \dfrac{v_A}{100} - 14\log \dfrac{75}{25}$ $\quad\cdots\cdots$ ㉡

$L_B = 80 + 28\log \dfrac{v_B}{100} - 14\log \dfrac{75}{25}$ $\quad\cdots\cdots$ ㉢

㉢－㉡을 하면

$L_B - L_A = 28\log \dfrac{v_B}{100} - 28\log \dfrac{v_A}{100}$

$\qquad = 28\log \dfrac{v_B}{v_A} = 28\log \dfrac{v_B}{0.9 v_B}$ $\;(\because ㉠)$

$\qquad = 28\log \dfrac{10}{9} = 28(1 - 2\log 3)$

$\qquad = 28 - 56\log 3$

10 밝기가 100인 빛이 유리판 20장을 통과했을 때의 빛의 밝기를 a라 하면

$a = 100\left(1 - \dfrac{3}{100}\right)^{20}$ $\quad \therefore a = 100 \times 0.97^{20}$

양변에 상용로그를 취하면

$\log a = \log(10^2 \times 0.97^{20})$

$\qquad = \log 10^2 + \log 0.97^{20}$

$\qquad = 2 + 20\log 0.97$

이때 $\log 9.7 = 0.987$이므로

$\log 0.97 = \log(10^{-1} \times 9.7)$

$\qquad = \log 10^{-1} + \log 9.7$

$\qquad = -1 + 0.987 = -0.013$

$\log a = 2 + 20\log 0.97$에서

$\log a = 2 + 20 \times (-0.013)$

$\qquad = 2 + (-0.26)$

$\qquad = 1.74 = 1 + 0.74$

$\qquad = \log 10 + \log 5.5$

$\qquad = \log(10 \times 5.5) = \log 55$

$\therefore a = 55$

따라서 구하는 빛의 밝기는 55이다.

11 $\dfrac{1}{2}\log N = m\log 2 + n\log 3$에서

$\log N^{\frac{1}{2}} = \log 2^m + \log 3^n = \log(2^m \times 3^n)$

즉, $N^{\frac{1}{2}} = 2^m \times 3^n$이므로

$N = 2^{2m} \times 3^{2n} = 4^m \times 9^n$

이때 $1 \leq N \leq 36$이므로 N의 값은 다음과 같다.

n ＼ m	0	1	2
0	1	4	16
1	9	36	

따라서 자연수 N의 개수는 5이다.

12 ㈎에서

$$\log y = 2.699 = 2 + 0.699$$
$$= \log 10^2 + \log 5$$
$$= \log(10^2 \times 5) = \log 500$$
$$\therefore y = 500 \quad \cdots\cdots ㉠$$

㈎, ㈏에 의하여

$$0 - 2.699 \le \log x - \log y \le 5 - 2.699$$
$$-2.699 \le \log x - \log y \le 2.301$$

이때 ㈐에서 $\log x - \log y$는 자연수이므로

$$\log x - \log y = 1 \ \text{또는} \ \log x - \log y = 2$$

(i) $\log x - \log y = 1$일 때

$$\log \frac{x}{y} = 1, \ \frac{x}{y} = 10 \quad \therefore x = 10y$$

㉠을 대입하면 $x = 10 \times 500$

$$\therefore x = 10^3 \times 5 = 2^3 \times 5^4$$

(ii) $\log x - \log y = 2$일 때

$$\log \frac{x}{y} = 2, \ \frac{x}{y} = 100 \quad \therefore x = 100y$$

㉠을 대입하면 $x = 100 \times 500$

$$\therefore x = 10^4 \times 5 = 2^4 \times 5^5$$

(i), (ii)에서 모든 x의 값의 곱은

$$(2^3 \times 5^4) \times (2^4 \times 5^5) = 2^7 \times 5^9$$

$$\therefore a = 7, \ b = 9$$

$$\therefore a + b + y = 7 + 9 + 500 = 516$$

13 전파 기지국에서 통화하는 데 필요한 에너지의 양을 a, 기지국에서 $100\,\text{m}$ 멀어질 때마다 통화하는 데 필요한 에너지의 양의 증가율을 $r\,\%$라 하면 기지국에서 $1750\,\text{m}$ 떨어진 지점에서 통화하는 데 필요한 에너지의 양은 $5a$이므로

$$a\left(1 + \frac{r}{100}\right)^{17.5} = 5a \quad \therefore \left(1 + \frac{r}{100}\right)^{17.5} = 5$$

양변에 상용로그를 취하면

$$\log\left(1 + \frac{r}{100}\right)^{17.5} = \log 5$$

$$17.5 \log\left(1 + \frac{r}{100}\right) = \log 5$$

$$17.5 \log\left(1 + \frac{r}{100}\right) = \log \frac{10}{2}$$

$$\log\left(1 + \frac{r}{100}\right) = \frac{1 - \log 2}{17.5} = \frac{1 - 0.3}{17.5} = 0.04$$

이때 $\log 1.1 = 0.04$이므로

$$1 + \frac{r}{100} = 1.1 \quad \therefore r = 10$$

따라서 기지국에서 $100\,\text{m}$ 멀어질 때마다 통화하는 데 필요한 에너지의 양은 $10\,\%$씩 증가한다.

지수함수

개념 Check
49쪽

1 답 ㄱ, ㄷ

2 답 (1) **4** (2) **64** (3) $\dfrac{1}{4}$ (4) **2**

3 답 (1)

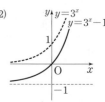 (2)

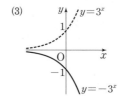 (3)

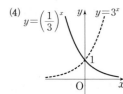

(4)

문제
50~56쪽

01-1 답 풀이 참조

(1) 함수 $y = 3^{x+1} - 4$의 그래프는 함수 $y = 3^x$의 그래프를 x축의 방향으로 -1만큼, y축의 방향으로 -4만큼 평행이동한 것이므로 오른쪽 그림과 같다.

$$\therefore \text{치역}: \{y \mid y > -4\},$$
점근선의 방정식: $y = -4$

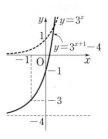

(2) 함수 $y = -\left(\dfrac{1}{3}\right)^{x-2} + 5$의 그 래프는 함수 $y = \left(\dfrac{1}{3}\right)^x$의 그래 프를 x축에 대하여 대칭이동 한 후 x축의 방향으로 2만큼, y축의 방향으로 5만큼 평행이 동한 것이므로 오른쪽 그림과 같다.

$$\therefore \text{치역}: \{y \mid y < 5\},$$
점근선의 방정식: $y = 5$

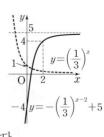

01-2 답 풀이 참조

$y=-4\times2^{x-1}=-2^{x+1}$

따라서 함수 $y=-4\times2^{x-1}$의 그래프는 함수 $y=2^x$의 그래프를 x축에 대하여 대칭이동한 후 x축의 방향으로 -1만큼 평행이동한 것이므로 오른쪽 그림과 같다.

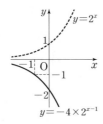

02-1 답 $a=-27$, $b=-2$

함수 $y=3^x$의 그래프를 x축의 방향으로 -3만큼, y축의 방향으로 2만큼 평행이동한 그래프의 식은

$y-2=3^{x+3}$ ∴ $y=3^{x+3}+2$

이 함수의 그래프를 원점에 대하여 대칭이동한 그래프의 식은

$-y=3^{-x+3}+2$

∴ $y=-3^{-x+3}-2=-3^3\times3^{-x}-2=-27\times\left(\dfrac{1}{3}\right)^x-2$

∴ $a=-27$, $b=-2$

02-2 답 3

함수 $y=5^{x+2}-2$의 그래프를 x축의 방향으로 2만큼 평행이동한 그래프의 식은

$y=5^{(x-2)+2}-2$ ∴ $y=5^x-2$

이 그래프를 y축에 대하여 대칭이동한 그래프의 식은

$y=5^{-x}-2$

이 함수의 그래프가 $(-1, k)$를 지나므로

$k=5^1-2=3$

02-3 답 5

함수 $y=-2^{x+1}$의 그래프를 x축의 방향으로 a만큼, y축의 방향으로 b만큼 평행이동한 그래프의 식은

$y=-2^{x-a+1}+b$

주어진 함수의 그래프의 점근선의 방정식이 $y=3$이므로

$b=3$

이때 $y=-2^{x-a+1}+3$의 그래프가 점 $(1, 2)$를 지나므로

$2=-2^{1-a+1}+3$, $2^{2-a}=1$

$2-a=0$ ∴ $a=2$

∴ $a+b=2+3=5$

03-1 답 9

함수 $y=3^x$의 그래프는 점 $(0, 1)$을 지나므로 $a=1$

함수 $y=3^x$의 그래프는 점 (a, b), 즉 점 $(1, b)$를 지나므로

$b=3^1=3$

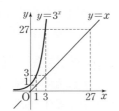

함수 $y=3^x$의 그래프는 점 (b, c), 즉 점 $(3, c)$를 지나므로

$c=3^3=27$

∴ $\dfrac{ac}{b}=\dfrac{1\times27}{3}=9$

03-2 답 2

함수 $y=2^{2x}$의 그래프와 직선 $y=4$가 만나는 점의 x좌표는

$2^{2x}=4=2^2$에서

$2x=2$ ∴ $x=1$

∴ A$(1, 4)$

함수 $y=2^x$의 그래프와 직선 $y=4$가 만나는 점의 x좌표는

$2^x=4=2^2$에서 $x=2$ ∴ B$(2, 4)$

따라서 삼각형 AOB의 넓이는

$\dfrac{1}{2}\times(2-1)\times4=2$

04-1 답 (1) $3^{0.4}<\sqrt[3]{9}<\sqrt{27}$ (2) $\sqrt[5]{\dfrac{1}{16}}<\sqrt[3]{\dfrac{1}{4}}<\sqrt{\dfrac{1}{2}}$

(1) $3^{0.4}=3^{\frac{2}{5}}$, $\sqrt[3]{9}=\sqrt[3]{3^2}=3^{\frac{2}{3}}$, $\sqrt{27}=\sqrt{3^3}=3^{\frac{3}{2}}$

$\dfrac{2}{5}<\dfrac{2}{3}<\dfrac{3}{2}$이고, 밑이 1보다 크므로

$3^{\frac{2}{5}}<3^{\frac{2}{3}}<3^{\frac{3}{2}}$

∴ $3^{0.4}<\sqrt[3]{9}<\sqrt{27}$

(2) $\sqrt{\dfrac{1}{2}}=\left(\dfrac{1}{2}\right)^{\frac{1}{2}}$

$\sqrt[3]{\dfrac{1}{4}}=\sqrt[3]{\left(\dfrac{1}{2}\right)^2}=\left(\dfrac{1}{2}\right)^{\frac{2}{3}}$

$\sqrt[5]{\dfrac{1}{16}}=\sqrt[5]{\left(\dfrac{1}{2}\right)^4}=\left(\dfrac{1}{2}\right)^{\frac{4}{5}}$

$\dfrac{1}{2}<\dfrac{2}{3}<\dfrac{4}{5}$이고, 밑이 1보다 작으므로

$\left(\dfrac{1}{2}\right)^{\frac{4}{5}}<\left(\dfrac{1}{2}\right)^{\frac{2}{3}}<\left(\dfrac{1}{2}\right)^{\frac{1}{2}}$

∴ $\sqrt[5]{\dfrac{1}{16}}<\sqrt[3]{\dfrac{1}{4}}<\sqrt{\dfrac{1}{2}}$

04-2 답 4

$0.5^{-\frac{2}{3}}=\left(\dfrac{1}{2}\right)^{-\frac{2}{3}}=2^{\frac{2}{3}}$

$\sqrt[4]{32}=\sqrt[4]{2^5}=2^{\frac{5}{4}}$

$\left(\dfrac{1}{16}\right)^{-\frac{1}{3}}=(2^{-4})^{-\frac{1}{3}}=2^{\frac{4}{3}}$

$\dfrac{2}{3}<\dfrac{5}{6}<\dfrac{5}{4}<\dfrac{4}{3}$이고, 밑이 1보다 크므로

$2^{\frac{2}{3}}<2^{\frac{5}{6}}<2^{\frac{5}{4}}<2^{\frac{4}{3}}$

따라서 가장 큰 수는 $2^{\frac{4}{3}}$이고, 가장 작은 수는 $2^{\frac{2}{3}}$이므로 두 수의 곱은

$2^{\frac{4}{3}}\times2^{\frac{2}{3}}=2^2=4$

05-1 답 (1) 최댓값: 3, 최솟값: $\dfrac{1}{27}$

(2) 최댓값: 7, 최솟값: $\dfrac{7}{2}$

(3) 최댓값: 2, 최솟값: $-\dfrac{7}{4}$

(4) 최댓값: $\dfrac{81}{25}$, 최솟값: 1

(1) 함수 $y=\left(\dfrac{1}{3}\right)^{x+1}$의 밑이 1보다 작으므로

$-2\le x\le 2$일 때 함수 $y=\left(\dfrac{1}{3}\right)^{x+1}$은

$x=-2$에서 최댓값 $\left(\dfrac{1}{3}\right)^{-1}=3$,

$x=2$에서 최솟값 $\left(\dfrac{1}{3}\right)^{3}=\dfrac{1}{27}$을 갖는다.

(2) 함수 $y=2^{x-1}+3$의 밑이 1보다 크므로

$0\le x\le 3$일 때 함수 $y=2^{x-1}+3$은

$x=3$에서 최댓값 $2^2+3=7$,

$x=0$에서 최솟값 $2^{-1}+3=\dfrac{7}{2}$을 갖는다.

(3) $y=4^{-x}-2=\left(\dfrac{1}{4}\right)^{x}-2$

함수 $y=\left(\dfrac{1}{4}\right)^{x}-2$의 밑이 1보다 작으므로

$-1\le x\le 1$일 때 함수 $y=4^{-x}-2$는

$x=-1$에서 최댓값 $4^1-2=2$,

$x=1$에서 최솟값 $4^{-1}-2=-\dfrac{7}{4}$을 갖는다.

(4) $y=3^{2x}5^{-x}=9^x\times\left(\dfrac{1}{5}\right)^{x}=\left(\dfrac{9}{5}\right)^{x}$

함수 $y=\left(\dfrac{9}{5}\right)^{x}$의 밑이 1보다 크므로

$0\le x\le 2$일 때 함수 $y=3^{2x}5^{-x}$은

$x=2$에서 최댓값 $\left(\dfrac{9}{5}\right)^{2}=\dfrac{81}{25}$,

$x=0$에서 최솟값 $\left(\dfrac{9}{5}\right)^{0}=1$을 갖는다.

05-2 답 $\dfrac{3}{2}$

함수 $y=2^{x+1}+k$의 밑이 1보다 크므로

$-2\le x\le 1$일 때 함수 $y=2^{x+1}+k$는

$x=1$에서 최댓값 $4+k$,

$x=-2$에서 최솟값 $\dfrac{1}{2}+k$를 갖는다.

즉, $4+k=5$이므로 $k=1$

따라서 함수 $y=2^{x+1}+1$의 최솟값은

$\dfrac{1}{2}+1=\dfrac{3}{2}$

06-1 답 (1) 최댓값: 25, 최솟값: $\dfrac{1}{25}$

(2) 최댓값: 1, 최솟값: $\dfrac{1}{16}$

(1) $y=5^{x^2-2x-1}$에서 $f(x)=x^2-2x-1$이라 하면

$f(x)=(x-1)^2-2$

$-1\le x\le 2$에서 $f(-1)=2$, $f(1)=-2$, $f(2)=-1$

이므로

$-2\le f(x)\le 2$

이때 함수 $y=5^{f(x)}$의 밑이 1보다 크므로 함수

$y=5^{f(x)}$은

$f(x)=2$에서 최댓값 $5^2=25$,

$f(x)=-2$에서 최솟값 $5^{-2}=\dfrac{1}{25}$을 갖는다.

(2) $y=\left(\dfrac{1}{2}\right)^{-x^2-4x}$에서 $f(x)=-x^2-4x$라 하면

$f(x)=-(x+2)^2+4$

$-3\le x\le 0$에서 $f(-3)=3$, $f(-2)=4$, $f(0)=0$이므로

$0\le f(x)\le 4$

이때 함수 $y=\left(\dfrac{1}{2}\right)^{f(x)}$의 밑이 1보다 작으므로 함수

$y=\left(\dfrac{1}{2}\right)^{f(x)}$은

$f(x)=0$에서 최댓값 $\left(\dfrac{1}{2}\right)^{0}=1$,

$f(x)=4$에서 최솟값 $\left(\dfrac{1}{2}\right)^{4}=\dfrac{1}{16}$을 갖는다.

06-2 답 $\dfrac{1}{3}$

$y=a^{x^2+4x+6}$에서 $f(x)=x^2+4x+6$이라 하면

$f(x)=(x+2)^2+2$ $\therefore f(x)\ge 2$

이때 함수 $y=a^{f(x)}$의 밑이 1보다 작으므로

함수 $y=a^{f(x)}$은 $f(x)=2$에서 최댓값 a^2을 갖는다.

따라서 $a^2=\dfrac{1}{9}$이므로 $a=\dfrac{1}{3}$ ($\because 0<a<1$)

07-1 답 최댓값: 3, 최솟값: -33

$y=2^{x+2}-4^x-1=-(2^x)^2+4\times 2^x-1$

$2^x=t\,(t>0)$로 놓으면 $-1\le x\le 3$에서

$2^{-1}\le t\le 2^3$ $\therefore \dfrac{1}{2}\le t\le 8$

이때 주어진 함수는

$y=-t^2+4t-1=-(t-2)^2+3$

따라서 $\dfrac{1}{2}\le t\le 8$일 때 함수 $y=-(t-2)^2+3$은

$t=2$에서 최댓값 3,

$t=8$에서 최솟값 -33을 갖는다.

07-2 답 -1

$3^x+3^{-x}=t$로 놓으면 $3^x>0$, $3^{-x}>0$이므로 산술평균과 기하평균의 관계에 의하여

$$t=3^x+3^{-x}\geq 2\sqrt{3^x\times 3^{-x}}=2$$

(단, 등호는 $3^x=3^{-x}$, 즉 $x=0$일 때 성립)

$$\therefore t\geq 2$$

9^x+9^{-x}을 t에 대한 식으로 나타내면

$$9^x+9^{-x}=(3^x)^2+(3^{-x})^2$$
$$=(3^x+3^{-x})^2-2$$
$$=t^2-2$$

이때 주어진 함수는

$$y=t^2-2-2t+1=(t-1)^2-2$$

따라서 $t\geq 2$일 때 함수 $y=(t-1)^2-2$는 $t=2$에서 최솟값 -1을 갖는다.

연습문제 57~58쪽

1 $\dfrac{5}{8}$	**2** $a<0$ 또는 $a>1$	**3** ④	**4** ⑤
5 ㄱ, ㄷ, ㄹ		**6** ⑤	**7** 7	**8** ①
9 $\dfrac{13}{6}$	**10** ①	**11** 13	**12** 2	**13** 18
14 ④	**15** 2		

1 $f(6)=8$이므로 $a^6=8$

$$f(-6)=a^{-6}=(a^6)^{-1}$$
$$=8^{-1}=\frac{1}{8}$$
$$f(-2)=a^{-2}=(a^6)^{-\frac{1}{3}}$$
$$=8^{-\frac{1}{3}}=2^{-1}=\frac{1}{2}$$
$$\therefore f(-6)+f(-2)=\frac{1}{8}+\frac{1}{2}=\frac{5}{8}$$

2 $y=(a^2-a+1)^x$에서 x의 값이 증가할 때 y의 값도 증가하려면 밑이 1보다 커야 하므로

$$a^2-a+1>1$$
$$a^2-a>0,\ a(a-1)>0$$
$$\therefore a<0\ \text{또는}\ a>1$$

---

3 $y=\dfrac{1}{3}\times 3^{-x}-1=\dfrac{1}{3}\times\left(\dfrac{1}{3}\right)^x-1$

$$=\left(\dfrac{1}{3}\right)^{x+1}-1 \quad\cdots\cdots \,\bigcirc$$

① 치역은 $\{y|y>-1\}$이다.

② $\bigcirc$에 $x=-1$을 대입하면

$$y=\left(\dfrac{1}{3}\right)^0-1=1-1=0$$

따라서 그래프는 점 $(-1,\,0)$을 지난다.

③ $\bigcirc$에서 밑이 1보다 작으므로 x의 값이 증가하면 y의 값은 감소한다.

④ 그래프는 제2사분면, 제3사분면, 제4사분면을 지난다.

⑤ 함수 $y=3^x$의 그래프를 y축에 대하여 대칭이동한 그래프의 식은

$$y=3^{-x}=\left(\dfrac{1}{3}\right)^x$$

이 함수의 그래프를 x축의 방향으로 -1만큼, y축의 방향으로 -1만큼 평행이동한 그래프의 식은

$$y=\left(\dfrac{1}{3}\right)^{x+1}-1$$

따라서 옳지 않은 것은 ④이다.

4 함수 $y=3^x+a$의 그래프의 점근선이 직선 $y=5$이므로

$$a=5$$

함수 $y=3^x+5$의 그래프가 점 $(2,\,b)$를 지나므로

$$b=3^2+5=9+5=14$$
$$\therefore a+b=5+14=19$$

5 ㄱ. $y=8\times 2^x=2^{x+3}$

즉, 함수 $y=8\times 2^x$의 그래프는 함수 $y=2^x$의 그래프를 x축의 방향으로 -3만큼 평행이동한 것과 같다.

ㄴ. $y=2^{2x}=4^x$

즉, $y=2^{2x}$은 $y=2^x$과 밑이 다르므로 함수 $y=2^{2x}$의 그래프는 함수 $y=2^x$의 그래프를 평행이동 또는 대칭이동하여 겹쳐질 수 없다.

ㄷ. $y=\left(\dfrac{1}{2}\right)^{x-1}=2^{-(x-1)}$

즉, 함수 $y=\left(\dfrac{1}{2}\right)^{x-1}$의 그래프는 함수 $y=2^x$의 그래프를 y축에 대하여 대칭이동한 후 x축의 방향으로 1만큼 평행이동한 것과 같다.

ㄹ. $y=2(2^x-1)=2^{x+1}-2$

즉, 함수 $y=2(2^x-1)$의 그래프는 함수 $y=2^x$의 그 래프를 x축의 방향으로 -1만큼, y축의 방향으로 -2만큼 평행이동한 것과 같다.

따라서 보기의 함수에서 그 그래프가 함수 $y=2^x$의 그래프를 평행이동 또는 대칭이동하여 겹쳐질 수 있는 것은 ㄱ, ㄷ, ㄹ이다.

6 $y=2^{-x+4}+k=\left(\dfrac{1}{2}\right)^{x-4}+k$, 즉 함수 $y=2^{-x+4}+k$의 그래프는 함수 $y=\left(\dfrac{1}{2}\right)^x$의 그래프를 x축의 방향으로 4만큼, y축의 방향으로 k만큼 평행이동한 것이다.

이때 이 함수의 그래프가 제1사 분면을 지나지 않으려면 오른쪽 그림과 같아야 하므로
$2^4+k\le0$
$\therefore k\le-16$
따라서 k의 최댓값은 -16이다.

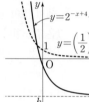

7 함수 $y=2^x$의 그래프는 점 $(0, 1)$을 지나므로
$a=1$
함수 $y=2^x$의 그래프는 점 (a, b), 즉 점 $(1, b)$를 지나므로
$b=2^1=2$
함수 $y=2^x$의 그래프는 점 (b, c), 즉 점 $(2, c)$를 지나므로
$c=2^2=4$
$\therefore a+b+c=1+2+4=7$

8 $0<a<1$에서 $0<a^2<a$이므로
$a^2<a<1$
이때 a^x의 밑이 1보다 작으므로
$a^1<a^a<a^{a^2}$
$\therefore a<a^a<a^{a^2}$

9 $-1\le x\le2$일 때 함수 $y=a^x (0<a<1)$은
$x=-1$에서 최댓값 $\dfrac{1}{a}$,
$x=2$에서 최솟값 a^2을 갖는다.
즉, $a^2=\dfrac{4}{9}$이므로 $a=\dfrac{2}{3}$ $(\because 0<a<1)$
$\therefore M=\dfrac{1}{a}=\dfrac{3}{2}$
$\therefore a+M=\dfrac{2}{3}+\dfrac{3}{2}=\dfrac{13}{6}$

10 $y=3^{x^2+4x+a}$에서 $f(x)=x^2+4x+a$라 하면
$f(x)=(x+2)^2+a-4$
$-1\le x\le1$에서 $f(-1)=a-3$, $f(1)=a+5$이므로
$a-3\le f(x)\le a+5$
이때 함수 $y=3^{f(x)}$의 밑이 1보다 크므로 함수 $y=3^{f(x)}$은
$f(x)=a+5$에서 최댓값 3^{a+5}을 갖는다.
즉, $3^{a+5}=9=3^2$이므로 $a+5=2$
$\therefore a=-3$

11 $y=4^{-x}-3\times2^{1-x}+a$
$=(2^{-x})^2-6\times2^{-x}+a$
$=\left\{\left(\dfrac{1}{2}\right)^x\right\}^2-6\times\left(\dfrac{1}{2}\right)^x+a$
$\left(\dfrac{1}{2}\right)^x=t (t>0)$로 놓으면 $-2\le x\le0$에서
$\left(\dfrac{1}{2}\right)^0\le t\le\left(\dfrac{1}{2}\right)^{-2}$ $\therefore 1\le t\le4$
이때 주어진 함수는
$y=t^2-6t+a=(t-3)^2+a-9$
따라서 $1\le t\le4$일 때 함수 $y=(t-3)^2+a-9$는
$t=3$에서 최솟값 $a-9$를 갖는다.
즉, $a-9=4$이므로 $a=13$

12 $5^x+5^{-x}=t$로 놓으면 $5^x>0$, $5^{-x}>0$이므로 산술평균과 기하평균의 관계에 의하여
$t=5^x+5^{-x}\ge2\sqrt{5^x\times5^{-x}}=2$
　　　　(단, 등호는 $5^x=5^{-x}$, 즉 $x=0$일 때 성립)
$\therefore t\ge2$
25^x+25^{-x}을 t에 대한 식으로 나타내면
$25^x+25^{-x}=(5^x)^2+(5^{-x})^2=(5^x+5^{-x})^2-2=t^2-2$
이때 주어진 함수는
$y=2t-(t^2-2)=-(t-1)^2+3$
따라서 $t\ge2$일 때 함수 $y=-(t-1)^2+3$은
$t=2$에서 최댓값 2를 갖는다.

13 함수 $y=8\times2^x=2^{x+3}$의 그래프는 함수 $y=2^x$의 그래프를 x축의 방향으로 -3만큼 평행이동한 것이다.

즉, 오른쪽 그림에서 빗금 친 두 부분의 넓이가 서로 같으므로 두 함수 $y=2^x$, $y=8\times2^x$의 그래프와 두 직선 $y=2$, $y=8$로 둘러싸인 부분의 넓이는 직사각형 ABCD 의 넓이와 같다.

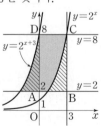

따라서 구하는 넓이는
$\overline{AD}\times\overline{CD}=(8-2)\times3=18$

14 두 점 P, Q는 직선 $y=2x+k$ 위에 있으므로
$P(p, 2p+k)$, $Q(q, 2q+k)$ $(p<q)$라 하자.
$\overline{PQ}=\sqrt{5}$이므로
$\sqrt{(q-p)^2+\{(2q+k)-(2p+k)\}^2}=\sqrt{5}$
$(q-p)^2+4(q-p)^2=5$, $(q-p)^2=1$
$\therefore q-p=1$ $(\because p<q)$ $\quad$ ······ ㉠
점 P는 곡선 $y=\left(\dfrac{2}{3}\right)^{x+3}+1$ 위에 있으므로
$2p+k=\left(\dfrac{2}{3}\right)^{p+3}+1$ $\quad$ ······ ㉡
점 Q는 곡선 $y=\left(\dfrac{2}{3}\right)^{x+1}+\dfrac{8}{3}$ 위에 있으므로
$2q+k=\left(\dfrac{2}{3}\right)^{q+1}+\dfrac{8}{3}$ $\quad$ ······ ㉢
㉢-㉡을 하면
$2q-2p=\left(\dfrac{2}{3}\right)^{q+1}-\left(\dfrac{2}{3}\right)^{p+3}+\dfrac{5}{3}$
$2=\left(\dfrac{2}{3}\right)^{p+2}-\left(\dfrac{2}{3}\right)^{p+3}+\dfrac{5}{3}$ $(\because$ ㉠$)$
$\left(\dfrac{2}{3}\right)^{p+2}\left(1-\dfrac{2}{3}\right)=\dfrac{1}{3}$, $\left(\dfrac{2}{3}\right)^{p+2}=1$
$p+2=0$ $\therefore p=-2$
이를 ㉡에 대입하면
$-4+k=\dfrac{2}{3}+1$ $\therefore k=\dfrac{17}{3}$

15 함수 $y=a^{4^x-2^{x+1}+2}$에서 $s=4^x-2^{x+1}+2$라 하면
$s=(2^x)^2-2\times 2^x+2$
$2^x=t$ $(t>0)$로 놓으면
$s=t^2-2t+2=(t-1)^2+1$
$-1\le x\le 1$에서 $2^{-1}\le t\le 2^1$
$\therefore \dfrac{1}{2}\le t\le 2$
$\dfrac{1}{2}\le t\le 2$일 때 $s=(t-1)^2+1$은 $t=2$에서 최댓값 2,
$t=1$에서 최솟값 1을 가지므로
$1\le s\le 2$
이때 $1\le s\le 2$에서 함수 $y=a^s$을 $a>1$, $0<a<1$인 경우로
나누어 생각하면
(i) $a>1$인 경우
함수 $y=a^s$은 $s=2$에서 최댓값 a^2을 가지므로
$a^2=4$ $\therefore a=2$ $(\because a>1)$
(ii) $0<a<1$인 경우
함수 $y=a^s$은 $s=1$에서 최댓값 a를 가지므로
$a=4$
그런데 $0<a<1$이므로 조건을 만족시키지 않는다.
(i), (ii)에서 $a=2$

지수함수의 활용

개념 Check 59쪽

1 답 (1) $x=-3$ (2) $x=-3$ (3) $x=-4$

2 답 (1) $x\ge 3$ (2) $x>\dfrac{7}{2}$ (3) $x<-1$

문제 60~68쪽

01-1 답 (1) $x=7$ $\qquad$ (2) $x=4$
$\qquad$ (3) $x=1$ 또는 $x=2$ (4) $x=-\dfrac{3}{2}$ 또는 $x=1$
(1) $8^{x-1}=16\times 4^x$에서 $2^{3x-3}=2^{4+2x}$이므로
$\quad 3x-3=4+2x$ $\therefore x=7$
(2) $(\sqrt{3})^x=9$에서 $3^{\frac{x}{2}}=3^2$이므로
$\quad \dfrac{x}{2}=2$ $\therefore x=4$
(3) $\left(\dfrac{2}{3}\right)^{x^2-2x}=\left(\dfrac{3}{2}\right)^{2-x}$에서 $\left(\dfrac{2}{3}\right)^{x^2-2x}=\left(\dfrac{2}{3}\right)^{x-2}$이므로
$\quad x^2-2x=x-2$, $x^2-3x+2=0$
$\quad (x-1)(x-2)=0$ $\therefore x=1$ 또는 $x=2$
(4) $4^{x^2}-2^{3-x}=0$에서 $2^{2x^2}=2^{3-x}$이므로
$\quad 2x^2=3-x$, $2x^2+x-3=0$
$\quad (2x+3)(x-1)=0$ $\therefore x=-\dfrac{3}{2}$ 또는 $x=1$

01-2 답 **10**
$9^x=\left(\dfrac{1}{3}\right)^{x^2-3}$에서 $3^{2x}=3^{-x^2+3}$이므로
$2x=-x^2+3$, $x^2+2x-3=0$
$(x+3)(x-1)=0$
$\therefore x=-3$ 또는 $x=1$
따라서 $\alpha=-3$, $\beta=1$ 또는 $\alpha=1$, $\beta=-3$이므로
$\alpha^2+\beta^2=(-3)^2+1^2=10$

02-1 답 (1) $x=1$ 또는 $x=2$ (2) $x=-2$
$\qquad$ (3) $x=0$ $\qquad$ (4) $x=0$ 또는 $x=2$
(1) $9^x-4\times 3^{x+1}+27=0$에서
$\quad (3^x)^2-12\times 3^x+27=0$
$\quad 3^x=t$ $(t>0)$로 놓으면
$\quad t^2-12t+27=0$, $(t-3)(t-9)=0$
$\quad \therefore t=3$ 또는 $t=9$
$\quad t=3^x$이므로 $3^x=3$ 또는 $3^x=9=3^2$
$\quad \therefore x=1$ 또는 $x=2$

(2) $\left(\dfrac{1}{4}\right)^x-\left(\dfrac{1}{2}\right)^{x-1}-8=0$에서

$\left\{\left(\dfrac{1}{2}\right)^x\right\}^2-2\times\left(\dfrac{1}{2}\right)^x-8=0$

$\left(\dfrac{1}{2}\right)^x=t\,(t>0)$로 놓으면 $t^2-2t-8=0$

$(t+2)(t-4)=0$ $\therefore t=4\,(\because t>0)$

$t=\left(\dfrac{1}{2}\right)^x$이므로 $\left(\dfrac{1}{2}\right)^x=4=\left(\dfrac{1}{2}\right)^{-2}$

$\therefore x=-2$

(3) $5^x+5^{-x}=2$에서 $5^x+\dfrac{1}{5^x}=2$

$5^x=t\,(t>0)$로 놓으면 $t+\dfrac{1}{t}=2$

$t^2-2t+1=0,\ (t-1)^2=0$ $\therefore t=1$

$t=5^x$이므로 $5^x=1=5^0$ $\therefore x=0$

(4) $2^x+4\times2^{-x}=5$에서 $2^x+\dfrac{4}{2^x}=5$

$2^x=t\,(t>0)$로 놓으면 $t+\dfrac{4}{t}=5,\ t^2-5t+4=0$

$(t-1)(t-4)=0$ $\therefore t=1$ 또는 $t=4$

$t=2^x$이므로 $2^x=1=2^0$ 또는 $2^x=4=2^2$

$\therefore x=0$ 또는 $x=2$

02-2 답 **6**

$\begin{cases}2^{x+1}-3^{y-1}=-1\\2^{x-2}+3^{y+1}=82\end{cases}$에서

$\begin{cases}2\times2^x-\dfrac{1}{3}\times3^y=-1\\\dfrac{1}{4}\times2^x+3\times3^y=82\end{cases}$

$2^x=X\,(X>0),\ 3^y=Y\,(Y>0)$로 놓으면

$\begin{cases}2X-\dfrac{1}{3}Y=-1\\\dfrac{1}{4}X+3Y=82\end{cases}$

이 연립방정식을 풀면 $X=4,\ Y=27$

즉, $2^x=4=2^2,\ 3^y=27=3^3$이므로

$x=2,\ y=3$

따라서 $\alpha=2,\ \beta=3$이므로 $\alpha\beta=6$

03-1 답 (1) $x=1$ (2) $x=-1$ 또는 $x=4$
(3) $x=5$ (4) $x=2$ 또는 $x=3$

(1) $x^{3x+4}=x^{-x+2}$에서

(i) 밑이 1이면 $x=1$

(ii) 지수가 같으면

$3x+4=-x+2$ $\therefore x=-\dfrac{1}{2}$

그런데 $x>0$이므로 해는 없다.

(i), (ii)에서 주어진 방정식의 해는 $x=1$

(2) $(x+2)^{x+1}=(x+2)^{x^2-11}$에서

(i) 밑이 1이면

$x+2=1$ $\therefore x=-1$

(ii) 지수가 같으면

$x+1=x^2-11,\ x^2-x-12=0$

$(x+3)(x-4)=0$

$\therefore x=-3$ 또는 $x=4$

그런데 $x>-2$이므로 $x=4$

(i), (ii)에서 주어진 방정식의 해는

$x=-1$ 또는 $x=4$

(3) $5^{2x+1}=x^{2x+1}$에서

(i) 밑이 같으면 $x=5$

(ii) 지수가 0이면

$2x+1=0$ $\therefore x=-\dfrac{1}{2}$

그런데 $x>0$이므로 해는 없다.

(i), (ii)에서 주어진 방정식의 해는 $x=5$

(4) $(x-1)^{x-3}=(2x-3)^{x-3}$에서

(i) 밑이 같으면

$x-1=2x-3$ $\therefore x=2$

(ii) 지수가 0이면

$x-3=0$ $\therefore x=3$

(i), (ii)에서 주어진 방정식의 해는

$x=2$ 또는 $x=3$

03-2 답 $x=1$ 또는 $x=6$

$(x^2)^x=x^x\times x^6$에서 $x^{2x}=x^{x+6}$

(i) 밑이 1이면 $x=1$

(ii) 지수가 같으면

$2x=x+6$ $\therefore x=6$

(i), (ii)에서 주어진 방정식의 해는

$x=1$ 또는 $x=6$

03-3 답 **5**

$x^{2x-6}=(x+2)^{x-3}$에서

$(x^2)^{x-3}=(x+2)^{x-3}$

(i) 밑이 같으면

$x^2=x+2,\ x^2-x-2=0$

$(x+1)(x-2)=0$

$\therefore x=-1$ 또는 $x=2$

그런데 $x>0$이므로 $x=2$

(ii) 지수가 0이면

$x-3=0$ $\therefore x=3$

(i), (ii)에서 모든 근의 합은 $2+3=5$

04-1 답 (1) **3** (2) **-9**

(1) $4^x - 3 \times 2^{x+2} + 8 = 0$에서

$(2^x)^2 - 12 \times 2^x + 8 = 0$ ...... ㉠

$2^x = t\,(t > 0)$로 놓으면

$t^2 - 12t + 8 = 0$ ...... ㉡

방정식 ㉠의 두 근이 α, β이므로 이차방정식 ㉡의 두 근은 2^α, 2^β

따라서 ㉡에서 이차방정식의 근과 계수의 관계에 의하여

$2^\alpha \times 2^\beta = 8$, $2^{\alpha+\beta} = 2^3$ $\therefore \alpha + \beta = 3$

(2) $9^x - 4 \times 3^{x+1} - k = 0$에서

$(3^x)^2 - 12 \times 3^x - k = 0$ ...... ㉠

$3^x = t\,(t > 0)$로 놓으면

$t^2 - 12t - k = 0$ ...... ㉡

방정식 ㉠의 두 근을 α, β라 하면 이차방정식 ㉡의 두 근은 3^α, 3^β

따라서 ㉡에서 이차방정식의 근과 계수의 관계에 의하여

$3^\alpha \times 3^\beta = -k$

이때 방정식 ㉠의 두 근의 합이 2, 즉 $\alpha + \beta = 2$이므로

$k = -3^{\alpha+\beta} = -3^2 = -9$

04-2 답 $a > 2$

$4^x - a \times 2^{x+2} + 16 = 0$에서 $(2^x)^2 - 4a \times 2^x + 16 = 0$

$2^x = t\,(t > 0)$로 놓으면

$t^2 - 4at + 16 = 0$ ...... ㉠

$t = 2^x > 0$이므로 주어진 방정식이 서로 다른 두 실근을 가지면 이차방정식 ㉠은 서로 다른 두 양의 실근을 갖는다.

(i) 이차방정식 ㉠의 판별식을 D라 하면 $D > 0$이어야 하므로

$\dfrac{D}{4} = (2a)^2 - 16 > 0$

$4a^2 - 16 > 0$, $a^2 - 4 > 0$

$(a+2)(a-2) > 0$ $\therefore a < -2$ 또는 $a > 2$

(ii) (두 근의 합) > 0이어야 하므로

$4a > 0$ $\therefore a > 0$

(iii) (두 근의 곱) > 0이어야 하므로 $16 > 0$

(i), (ii), (iii)을 동시에 만족시키는 a의 값의 범위는

$a > 2$

05-1 답 (1) $x \le 3$ (2) $-3 < x < 1$
  (3) $x \ge \dfrac{1}{2}$ (4) $-2 < x < 0$

(1) $4^{2x-1} \le 8 \times 2^{3x-2}$에서

$(2^2)^{2x-1} \le 2^3 \times 2^{3x-2}$, $2^{4x-2} \le 2^{3x+1}$

밑이 1보다 크므로

$4x - 2 \le 3x + 1$ $\therefore x \le 3$

(2) $3^{x(2x+1)} < 27^{2-x}$에서

$3^{2x^2+x} < (3^3)^{2-x}$, $3^{2x^2+x} < 3^{6-3x}$

밑이 1보다 크므로

$2x^2 + x < 6 - 3x$, $x^2 + 2x - 3 < 0$

$(x+3)(x-1) < 0$

$\therefore -3 < x < 1$

(3) $\left(\dfrac{1}{3}\right)^{2x+1} \ge \left(\dfrac{1}{81}\right)^x$에서

$\left(\dfrac{1}{3}\right)^{2x+1} \ge \left\{\left(\dfrac{1}{3}\right)^4\right\}^x$, $\left(\dfrac{1}{3}\right)^{2x+1} \ge \left(\dfrac{1}{3}\right)^{4x}$

밑이 1보다 작으므로

$2x + 1 \le 4x$ $\therefore x \ge \dfrac{1}{2}$

(4) $0.2^{x^2} - \left(\dfrac{1}{25}\right)^{-x} > 0$에서

$\left(\dfrac{1}{5}\right)^{x^2} - \left\{\left(\dfrac{1}{5}\right)^2\right\}^{-x} > 0$, $\left(\dfrac{1}{5}\right)^{x^2} > \left(\dfrac{1}{5}\right)^{-2x}$

밑이 1보다 작으므로

$x^2 < -2x$, $x^2 + 2x < 0$

$x(x+2) < 0$

$\therefore -2 < x < 0$

05-2 답 $-2 < x \le 1$

(i) $2^{2x+1} > (\sqrt{8})^x$에서 $2^{2x+1} > 2^{\frac{3}{2}x}$

밑이 1보다 크므로

$2x + 1 > \dfrac{3}{2}x$ $\therefore x > -2$

(ii) $\left(\dfrac{2}{3}\right)^{x+1} \ge \left(\dfrac{3}{2}\right)^{3x-5}$에서 $\left(\dfrac{2}{3}\right)^{x+1} \ge \left(\dfrac{2}{3}\right)^{-3x+5}$

밑이 1보다 작으므로

$x^2 + 1 \le -3x + 5$, $x^2 + 3x - 4 \le 0$

$(x+4)(x-1) \le 0$

$\therefore -4 \le x \le 1$

(i), (ii)를 동시에 만족시키는 x의 값의 범위는

$-2 < x \le 1$

06-1 답 (1) $1 < x < 2$ (2) $x < 1$ 또는 $x > 3$
  (3) $-3 \le x \le -1$ (4) $x \le -2$

(1) $25^x - 6 \times 5^{x+1} + 125 < 0$에서

$(5^x)^2 - 30 \times 5^x + 125 < 0$

$5^x = t\,(t > 0)$로 놓으면

$t^2 - 30t + 125 < 0$, $(t-5)(t-25) < 0$

$\therefore 5 < t < 25$

$t = 5^x$이므로 $5 < 5^x < 25$, $5^1 < 5^x < 5^2$

밑이 1보다 크므로

$1 < x < 2$

(2) $9^x - 10 \times 3^{x+1} + 81 > 0$에서

$(3^x)^2 - 30 \times 3^x + 81 > 0$

$3^x = t \, (t > 0)$로 놓으면

$t^2 - 30t + 81 > 0$, $(t-3)(t-27) > 0$

$\therefore \ t < 3$ 또는 $t > 27$

그런데 $t > 0$이므로

$0 < t < 3$ 또는 $t > 27$

$t = 3^x$이므로

$0 < 3^x < 3$ 또는 $3^x > 27$

$3^x < 3^1$ 또는 $3^x > 3^3$

밑이 1보다 크므로 $x < 1$ 또는 $x > 3$

(3) $\left(\dfrac{1}{4}\right)^x - 5 \times \left(\dfrac{1}{2}\right)^{x-1} + 16 \le 0$에서

$\left\{\left(\dfrac{1}{2}\right)^x\right\}^2 - 10 \times \left(\dfrac{1}{2}\right)^x + 16 \le 0$

$\left(\dfrac{1}{2}\right)^x = t \, (t > 0)$로 놓으면

$t^2 - 10t + 16 \le 0$, $(t-2)(t-8) \le 0$

$\therefore \ 2 \le t \le 8$

$t = \left(\dfrac{1}{2}\right)^x$이므로

$2 \le \left(\dfrac{1}{2}\right)^x \le 8$, $\left(\dfrac{1}{2}\right)^{-1} \le \left(\dfrac{1}{2}\right)^x \le \left(\dfrac{1}{2}\right)^{-3}$

밑이 1보다 작으므로 $-3 \le x \le -1$

(4) $\left(\dfrac{1}{9}\right)^x + \left(\dfrac{1}{3}\right)^{x-1} \ge \left(\dfrac{1}{3}\right)^{x-2} + 27$에서

$\left\{\left(\dfrac{1}{3}\right)^x\right\}^2 + 3 \times \left(\dfrac{1}{3}\right)^x \ge 9 \times \left(\dfrac{1}{3}\right)^x + 27$

$\left\{\left(\dfrac{1}{3}\right)^x\right\}^2 - 6 \times \left(\dfrac{1}{3}\right)^x - 27 \ge 0$

$\left(\dfrac{1}{3}\right)^x = t \, (t > 0)$로 놓으면

$t^2 - 6t - 27 \ge 0$, $(t+3)(t-9) \ge 0$

$\therefore \ t \le -3$ 또는 $t \ge 9$

그런데 $t > 0$이므로 $t \ge 9$

$t = \left(\dfrac{1}{3}\right)^x$이므로

$\left(\dfrac{1}{3}\right)^x \ge 9$, $\left(\dfrac{1}{3}\right)^x \ge \left(\dfrac{1}{3}\right)^{-2}$

밑이 1보다 작으므로 $x \le -2$

06-2 답 -2, -1

$\left(\dfrac{1}{49}\right)^x - 56 \times \left(\dfrac{1}{\sqrt{7}}\right)^{2x} + 343 \le 0$에서

$\left\{\left(\dfrac{1}{7}\right)^x\right\}^2 - 56 \times \left(\dfrac{1}{7}\right)^x + 343 \le 0$

$\left(\dfrac{1}{7}\right)^x = t \, (t > 0)$로 놓으면

$t^2 - 56t + 343 \le 0$, $(t-7)(t-49) \le 0$

$\therefore \ 7 \le t \le 49$

$t = \left(\dfrac{1}{7}\right)^x$이므로

$7 \le \left(\dfrac{1}{7}\right)^x \le 49$, $\left(\dfrac{1}{7}\right)^{-1} \le \left(\dfrac{1}{7}\right)^x \le \left(\dfrac{1}{7}\right)^{-2}$

밑이 1보다 작으므로 $-2 \le x \le -1$

따라서 주어진 부등식을 만족시키는 정수 x의 값은 -2, -1이다.

07-1 답 $0 < x < 1$ 또는 $x > 3$

$x^{3x-2} > x^{x+4}$에서

(i) $0 < x < 1$일 때,

$3x - 2 < x + 4$ $\quad \therefore \ x < 3$

그런데 $0 < x < 1$이므로 $0 < x < 1$

(ii) $x = 1$일 때,

$1 > 1$이므로 부등식이 성립하지 않는다.

따라서 해는 없다.

(iii) $x > 1$일 때,

$3x - 2 > x + 4$ $\quad \therefore \ x > 3$

(i), (ii), (iii)에서 주어진 부등식의 해는

$0 < x < 1$ 또는 $x > 3$

07-2 답 3

$x^{x^2} \le x^{2x+3}$에서

(i) $0 < x < 1$일 때,

$x^2 \ge 2x + 3$, $x^2 - 2x - 3 \ge 0$

$(x+1)(x-3) \ge 0$ $\quad \therefore \ x \le -1$ 또는 $x \ge 3$

그런데 $0 < x < 1$이므로 해는 없다.

(ii) $x = 1$일 때,

$1 \le 1$이므로 부등식은 성립한다.

따라서 $x = 1$은 해이다.

(iii) $x > 1$일 때,

$x^2 \le 2x + 3$, $x^2 - 2x - 3 \le 0$

$(x+1)(x-3) \le 0$ $\quad \therefore \ -1 \le x \le 3$

그런데 $x > 1$이므로 $1 < x \le 3$

(i), (ii), (iii)에서 주어진 부등식의 해는

$1 \le x \le 3$

따라서 $m = 1$, $n = 3$이므로 $mn = 3$

07-3 답 $x > 2$

$(x-1)^{x+2} < (x-1)^{4x-1}$에서

(i) $0 < x - 1 < 1$, 즉 $1 < x < 2$일 때

$x + 2 > 4x - 1$ $\quad \therefore \ x < 1$

그런데 $1 < x < 2$이므로 해는 없다.

(ii) $x - 1 = 1$, 즉 $x = 2$일 때

$1 < 1$이므로 부등식이 성립하지 않는다.

따라서 해는 없다.

(iii) $x-1>1$, 즉 $x>2$일 때

$x+2<4x-1$ ∴ $x>1$

그런데 $x>2$이므로 $x>2$

(i), (ii), (iii)에서 주어진 부등식의 해는 $x>2$

08-1 답 (1) $k\geq9$ (2) $k\geq1$

(1) $9^x-2\times3^{x+1}+k\geq0$에서

$(3^x)^2-6\times3^x+k\geq0$

$3^x=t\,(t>0)$로 놓으면

$t^2-6t+k\geq0$

$f(t)=t^2-6t+k$라 하면

$f(t)=(t-3)^2+k-9$

$t>0$에서 $f(t)$의 최솟값은

$k-9$이므로 부등식 $f(t)\geq0$이

성립하려면

$k-9\geq0$ ∴ $k\geq9$

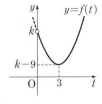

(2) $\left(\dfrac{1}{4}\right)^x+\left(\dfrac{1}{2}\right)^{x-1}+k-1>0$에서

$\left\{\left(\dfrac{1}{2}\right)^x\right\}^2+2\times\left(\dfrac{1}{2}\right)^x+k-1>0$

$\left(\dfrac{1}{2}\right)^x=t\,(t>0)$로 놓으면

$t^2+2t+k-1>0$

$f(t)=t^2+2t+k-1$이라 하면

$f(t)=(t+1)^2+k-2$

$t>0$에서 부등식 $f(t)>0$이 성

립하려면 $f(0)\geq0$이어야 한다.

즉, $f(0)=k-1\geq0$

∴ $k\geq1$

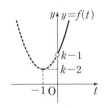

08-2 답 $a\geq\dfrac{9}{2}$

$5^{x^2+4x}\geq\left(\dfrac{1}{25}\right)^{x+a}$에서

$5^{x^2+4x}\geq(5^{-2})^{x+a}$

$5^{x^2+4x}\geq5^{-2x-2a}$

밑이 1보다 크므로

$x^2+4x\geq-2x-2a$

∴ $x^2+6x+2a\geq0$ ······ ㉠

모든 실수 x에 대하여 부등식 ㉠이 항상 성립하려면 이차

방정식 $x^2+6x+2a=0$의 판별식을 D라 할 때, $D\leq0$이

어야 하므로

$\dfrac{D}{4}=9-2a\leq0$

$2a\geq9$ ∴ $a\geq\dfrac{9}{2}$

09-1 답 $12\,\text{m}$

수면에서 빛의 세기의 $12.5\,\%$가 되는 곳의 수심을 $k\,\text{m}$라

하면

$I_0\left(\dfrac{1}{2}\right)^{\frac{k}{4}}=\dfrac{125}{1000}I_0$, $\left(\dfrac{1}{2}\right)^{\frac{k}{4}}=\dfrac{1}{8}$

$\left(\dfrac{1}{2}\right)^{\frac{k}{4}}=\left(\dfrac{1}{2}\right)^3$에서 $\dfrac{k}{4}=3$ ∴ $k=12$

따라서 빛의 세기가 수면에서 빛의 세기의 $12.5\,\%$가 되는

곳의 수심은 $12\,\text{m}$이다.

09-2 답 5시간

10마리의 박테리아 A가 3시간 후에 640마리가 되므로

$10\times a^3=640$, $a^3=64$

∴ $a=4$

10마리의 박테리아 A가 t시간 후에 10240마리 이상이 된

다고 하면

$10\times4^t\geq10240$, $4^t\geq1024$

$4^t\geq4^5$ ∴ $t\geq5$

따라서 10마리의 박테리아 A가 10240마리 이상이 되는

것은 번식을 시작한 지 5시간 후부터이다.

연습문제   69~70쪽

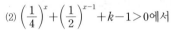

1 6   **2** 8   **3** $x=0$ **4** ①

5 $x=1$ 또는 $x=2$ **6** ④   **7** 2   **8** 6

9 $x\leq-2$ **10** -3 **11** $a\leq1$ **12** ② **13** ④

14 ⑤

1 $27^{x^2+1}-9^{x+4}=0$에서

$27^{x^2+1}=9^{x+4}$

$(3^3)^{x^2+1}=(3^2)^{x+4}$

$3^{3x^2+3}=3^{2x+8}$

$3x^2+3=2x+8$이므로

$3x^2-2x-5=0$

$(x+1)(3x-5)=0$

∴ $x=-1$ 또는 $x=\dfrac{5}{3}$

따라서 $\alpha=-1$, $\beta=\dfrac{5}{3}$이므로

$3\beta-\alpha=3\times\dfrac{5}{3}-(-1)=6$

2 $a^{2x}+a^x-6=0$에서

$(a^x)^2+a^x-6=0$

$a^x=t\,(t>0)$로 놓으면

$t^2+t-6=0$

$(t+3)(t-2)=0$

$\therefore t=2\,(\because t>0)$

$t=a^x$이므로 $a^x=2$

이때 $x=\dfrac{1}{3}$이므로 $a^{\frac{1}{3}}=2$

$\therefore a=8$

3 $3^x+3^{-x}=t\,(t\geq2)$로 놓으면 ◀ $3^x+3^{-x}\geq2\sqrt{3^x\times3^{-x}}=2$
                                                    (단, $x=0$일 때 성립)

$9^x+9^{-x}=(3^x+3^{-x})^2-2$

              $=t^2-2$

즉, 주어진 방정식은 $(t^2-2)+t-4=0$

$t^2+t-6=0$

$(t+3)(t-2)=0$

$\therefore t=2\,(\because t\geq2)$

따라서 $3^x+3^{-x}=2$이므로 $x=0$

다른 풀이

$3^x=t\,(t>0)$로 놓으면 주어진 방정식은

$t^2+\dfrac{1}{t^2}+t+\dfrac{1}{t}-4=0$

$t^4+t^3-4t^2+t+1=0$

$(t-1)^2(t^2+3t+1)=0$

$\therefore t=1\,(\because t>0)$

$t=3^x$이므로 $3^x=1=3^0$

$\therefore x=0$

4 $A(t,\ 3^{2-t}+8),\ B(t,\ 0),\ C(t+1,\ 0),\ D(t+1,\ 3^t)$이고 사각형 ABCD가 직사각형이므로 두 점 A, D의 y좌표가 같다.

$3^{2-t}+8=3^t$에서

$3^t=k\,(k>0)$로 놓으면

$\dfrac{9}{k}+8=k,\ k^2-8k-9=0$

$(k+1)(k-9)=0$

$\therefore k=9\,(\because k>0)$

$k=3^t$이므로

$3^t=9=3^2$ $\therefore t=2$

$\therefore A(2,\ 9),\ B(2,\ 0),$

     $C(3,\ 0),\ D(3,\ 9)$

따라서 사각형 ABCD의 넓이는

$(3-2)\times9=9$

5 $x>0$이므로 $x^x x^x=(x^x)^x$에서

$x^{2x}=x^{x^2}$

(i) 밑이 1이면 $x=1$

(ii) 지수가 같으면

    $2x=x^2,\ x(x-2)=0$

    $\therefore x=0$ 또는 $x=2$

    그런데 $x>0$이므로 $x=2$

(i), (ii)에서 주어진 방정식의 해는

$x=1$ 또는 $x=2$

6 $2^{2x+1}-9\times2^x+k=0$에서

$2\times(2^x)^2-9\times2^x+k=0$ …… ㉠

$2^x=t\,(t>0)$로 놓으면

$2t^2-9t+k=0$ …… ㉡

방정식 ㉠의 두 근을 $\alpha,\ \beta$라 하면 이차방정식 ㉡의 두 근은 $2^\alpha,\ 2^\beta$

따라서 ㉡에서 이차방정식의 근과 계수의 관계에 의하여

$2^\alpha\times2^\beta=\dfrac{k}{2}$

이때 방정식 ㉠의 두 근의 합이 1, 즉 $\alpha+\beta=1$이므로

$k=2\times2^{\alpha+\beta}=2^{1+1}=4$

7 $9^x-k\times3^{x+1}+9=0$에서

$(3^x)^2-3k\times3^x+9=0$

$3^x=t\,(t>0)$로 놓으면

$t^2-3kt+9=0$ …… ㉠

주어진 방정식이 오직 하나의 실근을 가지면 이차방정식 ㉠은 오직 하나의 양의 실근을 갖는다.

이때 ㉠에서 (두 근의 곱)$=9>0$이므로 이차방정식 ㉠은 양수인 중근을 갖는다.

이차방정식 ㉠의 판별식을 D라 하면 $D=0$이어야 하므로

$D=9k^2-36=0,\ k^2-4=0$

$(k+2)(k-2)=0$ $\therefore k=-2$ 또는 $k=2$

그런데 이차방정식 ㉠의 근이 양수이어야 하므로

(두 근의 합)$=3k>0$

즉, $k>0$이므로 $k=2$

8 $\left(\dfrac{1}{9}\right)^{x^2+3x+2}\leq\left(\dfrac{1}{81}\right)^{x^2+2x-2}$에서

$\left(\dfrac{1}{9}\right)^{x^2+3x+2}\leq\left(\dfrac{1}{9}\right)^{2x^2+4x-4}$

밑이 1보다 작으므로

$x^2+3x+2\geq2x^2+4x-4,\ x^2+x-6\leq0$

$(x+3)(x-2)\leq0$ $\therefore -3\leq x\leq2$

따라서 정수 x는 $-3,\ -2,\ -1,\ 0,\ 1,\ 2$의 6개이다.

9 $\left(\dfrac{1}{4}\right)^x \geq \left(\dfrac{1}{\sqrt{2}}\right)^{2x-2} + 8$에서

$\left\{\left(\dfrac{1}{2}\right)^x\right\}^2 \geq \left(\dfrac{1}{2}\right)^{x-1} + 8$

$\left(\dfrac{1}{2}\right)^x = t\,(t > 0)$로 놓으면

$t^2 \geq 2t + 8$, $t^2 - 2t - 8 \geq 0$

$(t+2)(t-4) \geq 0$ $\qquad \therefore t \geq 4\ (\because t > 0)$

$t = \left(\dfrac{1}{2}\right)^x$이므로 $\left(\dfrac{1}{2}\right)^x \geq 4$

$\left(\dfrac{1}{2}\right)^x \geq \left(\dfrac{1}{2}\right)^{-2}$

밑이 1보다 작으므로 $x \leq -2$

10 $x^{-x+2} > x^{2x-10}$에서

(i) $0 < x < 1$일 때,

$-x+2 < 2x-10$, $3x > 12$ $\quad \therefore x > 4$

그런데 $0 < x < 1$이므로 해는 없다.

(ii) $x = 1$일 때,

$1 > 1$이므로 부등식이 성립하지 않는다.

따라서 해는 없다.

(iii) $x > 1$일 때,

$-x+2 > 2x-10$, $3x < 12$ $\quad \therefore x < 4$

그런데 $x > 1$이므로 $1 < x < 4$

(i), (ii), (iii)에서 주어진 부등식의 해는

$1 < x < 4$

따라서 $m=1$, $n=4$이므로 $m-n=-3$

11 $4^x - a \times 2^{x+2} + 4 \geq 0$에서

$(2^x)^2 - 4a \times 2^x + 4 \geq 0$

$2^x = t\,(t > 0)$로 놓으면 $t^2 - 4at + 4 \geq 0$

$f(t) = t^2 - 4at + 4$라 하면

$f(t) = (t-2a)^2 + 4 - 4a^2$

$t > 0$에서 부등식 $f(t) \geq 0$이 성립하려면

(i) $2a \geq 0$, 즉 $a \geq 0$일 때

$4 - 4a^2 \geq 0$이어야 하므로

$a^2 - 1 \leq 0$, $(a+1)(a-1) \leq 0$

$\therefore -1 \leq a \leq 1$

그런데 $a \geq 0$이므로 $0 \leq a \leq 1$

(ii) $2a < 0$, 즉 $a < 0$일 때

$f(0) \geq 0$이어야 한다.

이때 $f(0) = 4 \geq 0$이므로 모든

실수 t에 대하여 성립한다.

$\therefore a < 0$

(i), (ii)에서 $t > 0$에서 부등식 $f(t) \geq 0$이 성립하려면

$a \leq 1$

12 $\dfrac{Q(4)}{Q(2)} = \dfrac{3}{2}$에서 $\dfrac{Q_0\left(1 - 2^{-\frac{4}{a}}\right)}{Q_0\left(1 - 2^{-\frac{2}{a}}\right)} = \dfrac{3}{2}$

$2\left(1 - 2^{-\frac{4}{a}}\right) = 3\left(1 - 2^{-\frac{2}{a}}\right)$

$2\left(1 - 2^{-\frac{2}{a}}\right)\left(1 + 2^{-\frac{2}{a}}\right) = 3\left(1 - 2^{-\frac{2}{a}}\right)$ $\quad \cdots\cdots$ ㉠

a는 양의 상수이므로 $2^{-\frac{2}{a}} \neq 1$

㉠의 양변을 $1 - 2^{-\frac{2}{a}}$으로 나누면

$2\left(1 + 2^{-\frac{2}{a}}\right) = 3$, $2^{-\frac{2}{a}} = \dfrac{1}{2}$, $2^{-\frac{2}{a}} = 2^{-1}$

$-\dfrac{2}{a} = -1$ $\qquad \therefore a = 2$

13 $\left(\dfrac{1}{2}\right)^{f(x)g(x)} \geq \left(\dfrac{1}{8}\right)^{g(x)}$에서

$\left(\dfrac{1}{2}\right)^{f(x)g(x)} \geq \left(\dfrac{1}{2}\right)^{3g(x)}$

밑이 1보다 작으므로

$f(x)g(x) \leq 3g(x)$, $g(x)\{f(x) - 3\} \leq 0$

$\therefore g(x) \geq 0$, $f(x) \leq 3$ 또는 $g(x) \leq 0$, $f(x) \geq 3$

(i) $g(x) \geq 0$, $f(x) \leq 3$인 경우

$g(x) \geq 0$에서 $x \geq 3$ $\qquad\cdots\cdots$ ㉠

$f(x) \leq 3$에서 $1 \leq x \leq 5$ $\qquad\cdots\cdots$ ㉡

㉠, ㉡을 동시에 만족시키는 x의 값의 범위는

$3 \leq x \leq 5$

(ii) $g(x) \leq 0$, $f(x) \geq 3$인 경우

$g(x) \leq 0$에서 $x \leq 3$ $\qquad\cdots\cdots$ ㉢

$f(x) \geq 3$에서 $x \leq 1$ 또는 $x \geq 5$ $\qquad\cdots\cdots$ ㉣

㉢, ㉣을 동시에 만족시키는 x의 값의 범위는

$x \leq 1$

(i), (ii)에서 주어진 부등식의 해는

$x \leq 1$ 또는 $3 \leq x \leq 5$

따라서 자연수 x는 1, 3, 4, 5이므로 그 합은

$1 + 3 + 4 + 5 = 13$

14 5730년마다 방사성 동위 원소의 양이 반으로 줄어들므로

x년 후 방사성 동위 원소의 양은 처음 양의 $\left(\dfrac{1}{2}\right)^{\frac{x}{5730}}$이다.

$500 \times \left(\dfrac{1}{2}\right)^{\frac{x}{5730}} \leq 62.5$

$\left(\dfrac{1}{2}\right)^{\frac{x}{5730}} \leq \dfrac{62.5}{500}$, $\left(\dfrac{1}{2}\right)^{\frac{x}{5730}} \leq \dfrac{1}{8}$

$\left(\dfrac{1}{2}\right)^{\frac{x}{5730}} \leq \left(\dfrac{1}{2}\right)^3$

밑이 1보다 작으므로 $\dfrac{x}{5730} \geq 3$ $\qquad \therefore x \geq 17190$

따라서 처음으로 ^{14}C의 양이 62.5 g 이하가 되는 것은

17190년 후이다.

로그함수

개념 Check

72쪽

1 답 ㄱ, ㄷ

2 답 (1) -1 (2) 0 (3) $\dfrac{1}{2}$ (4) 3

3 답 (1) $y=\log_2 x$ (2) $y=\log_{\frac{1}{3}} x$

4 답 (1) 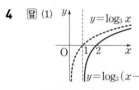 (2)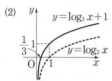

(3) (4)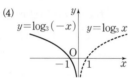

문제

73~80쪽

01-1 답 (1) $y=\log_2 (x-1)+1$

(2) $y=\left(\dfrac{1}{3}\right)^{x+3}+2$

(1) $y=2^{x-1}+1$에서 $y-1=2^{x-1}$

로그의 정의에 의하여

$x-1=\log_2 (y-1)$

$\therefore x=\log_2 (y-1)+1$

x와 y를 서로 바꾸어 역함수를 구하면

$y=\log_2 (x-1)+1$

(2) $y=\log_{\frac{1}{3}} (x-2)-3$에서 $y+3=\log_{\frac{1}{3}} (x-2)$

로그의 정의에 의하여

$x-2=\left(\dfrac{1}{3}\right)^{y+3}$ $\quad \therefore x=\left(\dfrac{1}{3}\right)^{y+3}+2$

x와 y를 서로 바꾸어 역함수를 구하면

$y=\left(\dfrac{1}{3}\right)^{x+3}+2$

01-2 답 5

$y=\log_2 (x+a)-3$에서 $y+3=\log_2 (x+a)$

로그의 정의에 의하여

$x+a=2^{y+3}$ $\quad \therefore x=2^{y+3}-a$

x와 y를 서로 바꾸어 역함수를 구하면

$y=2^{x+3}-a$

이 식이 $y=2^{x+b}-2$와 일치하므로

$a=2$, $b=3$

$\therefore a+b=5$

02-1 답 풀이 참조

(1) 함수 $y=\log_{\frac{1}{3}} (x-1)-2$의 그래프는 함수 $y=\log_{\frac{1}{3}} x$의 그래프를 x축의 방향으로 1만큼, y축의 방향으로 -2만큼 평행이동한 것이므로 다음 그림과 같다.

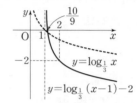

$\therefore$ 정의역: $\{x | x>1\}$, 점근선의 방정식: $x=1$

(2) 함수 $y=-\log_{\frac{1}{3}} (-x)$의 그래프는 함수 $y=\log_{\frac{1}{3}} x$의 그래프를 원점에 대하여 대칭이동한 것이므로 다음 그림과 같다.

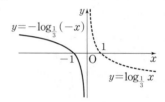

$\therefore$ 정의역: $\{x | x<0\}$, 점근선의 방정식: $x=0$

02-2 답 풀이 참조

$y=\log_2 4(x-1)$

$=\log_2 4+\log_2 (x-1)$

$=\log_2 (x-1)+2$

따라서 함수 $y=\log_2 4(x-1)$의 그래프는 함수 $y=\log_2 x$의 그래프를 x축의 방향으로 1만큼, y축의 방향으로 2만큼 평행이동한 것이므로 다음 그림과 같다.

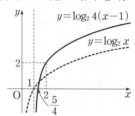

03-1 답 -4

함수 $y=\log_2 x$의 그래프를 y축의 방향으로 2만큼 평행이동한 그래프의 식은

$y-2=\log_2 x$

$\therefore y=\log_2 x+2$

이 함수의 그래프를 y축에 대하여 대칭이동한 그래프의 식은
$$y=\log_2(-x)+2$$
$$\quad=\log_2(-x)+\log_2 4$$
$$\quad=\log_2(-4x)$$
이 식이 $y=\log_2 ax$와 일치하므로
$$a=-4$$

03-2 답 **3**

함수 $y=\log_5 x-2$의 그래프를 x축에 대하여 대칭이동한 그래프의 식은
$$-y=\log_5 x-2 \quad \therefore y=-\log_5 x+2$$
이 함수의 그래프를 x축의 방향으로 -3만큼, y축의 방향으로 2만큼 평행이동한 그래프의 식은
$$y-2=-\log_5(x+3)+2$$
$$\therefore y=-\log_5(x+3)+4$$
이 함수의 그래프가 점 $(2, k)$를 지나므로
$$k=-\log_5(2+3)+4=-\log_5 5+4=-1+4=3$$

03-3 답 **-2**

함수 $y=\log_3 x$의 그래프를 x축의 방향으로 a만큼, y축의 방향으로 b만큼 평행이동한 그래프의 식은
$$y-b=\log_3(x-a) \quad \therefore y=\log_3(x-a)+b$$
주어진 함수의 그래프의 점근선의 방정식이 $x=-3$이므로
$$a=-3$$
따라서 함수 $y=\log_3(x+3)+b$의 그래프가 점 $(0, 2)$를 지나므로
$$2=\log_3 3+b, \ 2=1+b \quad \therefore b=1$$
$$\therefore a+b=-3+1=-2$$

04-1 답 **9**

함수 $y=\log_3 x$의 그래프는 점 $(1, 0)$을 지나므로
$$a=1$$
함수 $y=3^x$의 그래프는 점 (a, c), 즉 점 $(1, c)$를 지나므로
$$c=3^1=3$$
함수 $y=\log_3 x$의 그래프는 점 (b, c), 즉 점 $(b, 3)$을 지나므로
$$3=\log_3 b \quad \therefore b=3^3=27$$
함수 $y=3^x$의 그래프는 점 (b, d), 즉 점 $(27, d)$를 지나므로
$$d=3^{27}$$
$$\therefore \log_b d=\log_{3^3} 3^{27}=\frac{27}{3}=9$$

04-2 답 **27**

$\overline{\mathrm{AB}}=\dfrac{3}{2}$이므로 $\log_3 k-\log_9 k=\dfrac{3}{2}$
$$\log_3 k-\frac{1}{2}\log_3 k=\frac{3}{2}$$
$$\frac{1}{2}\log_3 k=\frac{3}{2}$$
$$\log_3 k=3 \quad \therefore k=3^3=27$$

05-1 답 (1) $\log_3 7<\log_9 80<2$
(2) $\log_{\frac{1}{2}} 5<\log_{\frac{1}{4}} 20<-2$

(1) $2=\log_3 3^2=\log_3 9$
$$\log_9 80=\log_{3^2} 80=\frac{1}{2}\log_3 80$$
$$\quad=\log_3 80^{\frac{1}{2}}=\log_3 \sqrt{80}$$
$7<\sqrt{80}<9$이고, 밑이 1보다 크므로
$$\log_3 7<\log_3 \sqrt{80}<\log_3 9$$
$$\therefore \log_3 7<\log_9 80<2$$

(2) $\log_{\frac{1}{4}} 20=\log_{\left(\frac{1}{2}\right)^2} 20=\frac{1}{2}\log_{\frac{1}{2}} 20$
$$\quad=\log_{\frac{1}{2}} 20^{\frac{1}{2}}=\log_{\frac{1}{2}} \sqrt{20}$$
$$-2=\log_{\frac{1}{2}}\left(\frac{1}{2}\right)^{-2}=\log_{\frac{1}{2}} 4$$
$4<\sqrt{20}<5$이고, 밑이 1보다 작으므로
$$\log_{\frac{1}{2}} 5<\log_{\frac{1}{2}} \sqrt{20}<\log_{\frac{1}{2}} 4$$
$$\therefore \log_{\frac{1}{2}} 5<\log_{\frac{1}{4}} 20<-2$$

05-2 답 **$B<A<C$**

$A=2\log_a 5=\log_a 5^2=\log_a 25$
$B=-3\log_{\frac{1}{a}} 3=3\log_a 3=\log_a 3^3=\log_a 27$
$C=\dfrac{4}{\log_2 a}=4\log_a 2=\log_a 2^4=\log_a 16$
$16<25<27$이고, $0<a<1$이므로
$$\log_a 27<\log_a 25<\log_a 16$$
$$\therefore B<A<C$$

06-1 답 (1) **최댓값: 3, 최솟값: 1**
(2) **최댓값: 0, 최솟값: -1**

(1) 함수 $y=\log_2(x-1)$의 밑이 1보다 크므로
$3\leq x\leq 9$일 때 함수 $y=\log_2(x-1)$은
$x=9$에서 최댓값 $\log_2 8=3$,
$x=3$에서 최솟값 $\log_2 2=1$을 갖는다.

(2) 함수 $y=\log_{\frac{1}{3}}(2x-1)+1$의 밑이 1보다 작으므로
$2\leq x\leq 5$일 때 함수 $y=\log_{\frac{1}{3}}(2x-1)+1$은
$x=2$에서 최댓값 $\log_{\frac{1}{3}} 3+1=0$,
$x=5$에서 최솟값 $\log_{\frac{1}{3}} 9+1=-1$을 갖는다.

06-2 답 **2**

함수 $y=\log_5(2x-3)+4$의 밑이 1보다 크므로

$2\le x\le 14$일 때 함수 $y=\log_5(2x-3)+4$는

$x=14$에서 최댓값 $\log_5 25+4=6$,

$x=2$에서 최솟값 $\log_5 1+4=4$를 갖는다.

따라서 $M=6$, $m=4$이므로 $M-m=2$

06-3 답 **-1**

함수 $y=\log_{\frac{1}{3}}(x-a)$의 밑이 1보다 작으므로

$5\le x\le 11$일 때 함수 $y=\log_{\frac{1}{3}}(x-a)$는

$x=5$에서 최댓값 $\log_{\frac{1}{3}}(5-a)$,

$x=11$에서 최솟값 $\log_{\frac{1}{3}}(11-a)$를 갖는다.

즉, $\log_{\frac{1}{3}}(11-a)=-2$, $\left(\dfrac{1}{3}\right)^{-2}=11-a$

$9=11-a$ $\therefore a=2$

따라서 함수 $y=\log_{\frac{1}{3}}(x-2)$의 최댓값은

$\log_{\frac{1}{3}}(5-2)=-1$

07-1 답 (1) 최댓값: **2**, 최솟값: **0**

　　　　(2) 최댓값: **-2**, 최솟값: $\log_{\frac{1}{3}}18$

(1) $y=\log_3(-x^2+2x+9)$에서

　　$f(x)=-x^2+2x+9$라 하면

　　$f(x)=-(x-1)^2+10$

　　$2\le x\le 4$에서 $f(2)=9$, $f(4)=1$이므로

　　$1\le f(x)\le 9$

　　이때 함수 $y=\log_3 f(x)$의 밑이 1보다 크므로

　　함수 $y=\log_3 f(x)$는

　　$f(x)=9$에서 최댓값 $\log_3 9=2$,

　　$f(x)=1$에서 최솟값 $\log_3 1=0$을 갖는다.

(2) $y=\log_{\frac{1}{3}}(x^2-4x+13)$에서

　　$f(x)=x^2-4x+13$이라 하면

　　$f(x)=(x-2)^2+9$

　　$1\le x\le 5$에서 $f(1)=10$, $f(2)=9$, $f(5)=18$이므로

　　$9\le f(x)\le 18$

　　이때 함수 $y=\log_{\frac{1}{3}}f(x)$의 밑이 1보다 작으므로

　　함수 $y=\log_{\frac{1}{3}}f(x)$는

　　$f(x)=9$에서 최댓값 $\log_{\frac{1}{3}}9=-2$,

　　$f(x)=18$에서 최솟값 $\log_{\frac{1}{3}}18$을 갖는다.

07-2 답 **4**

진수의 조건에서

$x-3>0$, $5-x>0$

$\therefore 3<x<5$　　……㉠

$y=\log_2(x-3)+\log_2(5-x)$에서

$y=\log_2(x-3)(5-x)=\log_2(-x^2+8x-15)$

$f(x)=-x^2+8x-15$라 하면

$f(x)=-(x-4)^2+1$

㉠에서 $f(3)=0$, $f(4)=1$, $f(5)=0$이므로

$0<f(x)\le 1$

이때 함수 $y=\log_2 f(x)$의 밑이 1보다 크므로

함수 $y=\log_2 f(x)$는

$f(x)=1$, 즉 $x=4$에서 최댓값 $\log_2 1=0$을 갖는다.

따라서 $a=4$, $M=0$이므로

$a+M=4$

07-3 답 $\dfrac{1}{3}$

$y=\log_a(x^2-4x+6)$에서 $f(x)=x^2-4x+6$이라 하면

$f(x)=(x-2)^2+2$

$-3\le x\le 4$에서 $f(-3)=27$, $f(2)=2$, $f(4)=6$이므로

$2\le f(x)\le 27$

이때 함수 $y=\log_a f(x)$에서 $0<a<1$이므로

함수 $y=\log_a f(x)$는

$f(x)=27$에서 최솟값 $\log_a 27$을 갖는다.

즉, $\log_a 27=-3$이므로 $a^{-3}=27$

$\therefore a=27^{-\frac{1}{3}}=3^{-1}=\dfrac{1}{3}$

08-1 답 (1) 최댓값: **4**, 최솟값: $-\dfrac{1}{2}$　(2) **6**

(1) $y=2(\log_{\frac{1}{2}}x)^2+\log_{\frac{1}{2}}x^2=2(\log_{\frac{1}{2}}x)^2+2\log_{\frac{1}{2}}x$

　　$\log_{\frac{1}{2}}x=t$로 놓으면 $1\le x\le 4$에서

　　$\log_{\frac{1}{2}}4\le t\le\log_{\frac{1}{2}}1$　　$\therefore -2\le t\le 0$

　　이때 주어진 함수는 $y=2t^2+2t=2\left(t+\dfrac{1}{2}\right)^2-\dfrac{1}{2}$

　　따라서 $-2\le t\le 0$일 때 함수 $y=2\left(t+\dfrac{1}{2}\right)^2-\dfrac{1}{2}$은

　　$t=-2$에서 최댓값 4,

　　$t=-\dfrac{1}{2}$에서 최솟값 $-\dfrac{1}{2}$을 갖는다.

(2) $y=\log_2 x+\log_x 512$

　　$=\log_2 x+9\log_x 2$

　　$=\log_2 x+\dfrac{9}{\log_2 x}$

　　$x>1$에서 $\log_2 x>0$이므로 산술평균과 기하평균의 관계에 의하여

　　$y=\log_2 x+\dfrac{9}{\log_2 x}\ge 2\sqrt{\log_2 x\times\dfrac{9}{\log_2 x}}=6$

　　　　　　　　　(단, 등호는 $\log_2 x=3$일 때 성립)

　　따라서 구하는 최솟값은 6이다.

08-2 답 $a=3$, $b=2$

$y=(\log_3 x)^2+a\log_{27} x^2+b$

$\quad=(\log_3 x)^2+\dfrac{2}{3}a\log_3 x+b$

$\log_3 x=t$로 놓으면

$y=t^2+\dfrac{2}{3}at+b=\left(t+\dfrac{1}{3}a\right)^2-\dfrac{1}{9}a^2+b$

이때 $x=\dfrac{1}{3}$, 즉 $t=-1$에서 최솟값 1을 가지므로

$-\dfrac{1}{3}a=-1$, $-\dfrac{1}{9}a^2+b=1$

두 식을 연립하여 풀면

$a=3$, $b=2$

연습문제   81~83쪽

1 16	**2** 1	**3** ④	**4** 3	**5** -6
6 ⑤	**7** ②	**8** ④	**9** $\dfrac{1}{3}$	**10** 39
11 $(16, 4)$	**12** $C<B<A$	**13** 4	**14** ④	
15 6	**16** 12	**17** ②	**18** ㄴ, ㄷ	**19** 3
20 4				

1 $f(2)=\log_2 2=1$ $\quad\therefore a=1$

$f(8)=\log_2 8=3$ $\quad\therefore b=3$

$f(k)=a+b=4$이므로 $\log_2 k=4$ $\quad\therefore k=2^4=16$

2 함수 $f(x)=\log_3\dfrac{x+1}{x-1}\,(x>1)$의 역함수 $g(x)$에 대하여

$g(\alpha)=3$, $g(\beta)=5$이므로 $f(3)=\alpha$, $f(5)=\beta$

$\alpha=f(3)=\log_3\dfrac{3+1}{3-1}=\log_3 2$

$\beta=f(5)=\log_3\dfrac{5+1}{5-1}=\log_3\dfrac{3}{2}=1-\log_3 2$

$\therefore \alpha+\beta=\log_3 2+1-\log_3 2=1$

3 $y=\log_2 2(x-4)+2$

$\quad=\log_2 2+\log_2(x-4)+2$

$\quad=\log_2(x-4)+3$ $\quad\cdots\cdots$ ㉠

① 정의역은 $\{x\,|\,x>4\}$이다.

② 그래프는 제2사분면과 제3사분면을 지나지 않는다.

---

③ 밑이 1보다 크므로 x의 값이 증가하면 y의 값도 증가한다.

④ ㉠에 $x=6$을 대입하면 $y=\log_2(6-4)+3=4$

따라서 그래프는 점 $(6, 4)$를 지난다.

⑤ 함수 $y=\log_2 x$의 그래프를 x축의 방향으로 4만큼, y축의 방향으로 3만큼 평행이동한 그래프의 식은 $y=\log_2(x-4)+3$이다.

따라서 옳지 않은 것은 ④이다.

4 점근선의 방정식이 $x=2$이므로 $a=2$

함수 $y=\log_3(x-2)+b$의 그래프가 점 $(5, 2)$를 지나므로

$2=\log_3(5-2)+b$, $2=1+b$ $\quad\therefore b=1$

$\therefore a+b=2+1=3$

5 함수 $y=\log_2 8x+3=\log_2 x+6$의 그래프를 x축의 방향으로 2만큼 평행이동한 그래프의 식은

$y=\log_2(x-2)+6$

이 함수의 그래프를 x축에 대하여 대칭이동한 그래프의 식은 $y=-\log_2(x-2)-6$

이 함수의 그래프가 점 $(3, k)$를 지나므로

$k=-\log_2 1-6=-6$

6 함수 $y=2+\log_2 x$의 그래프를 x축의 방향으로 -8만큼, y축의 방향으로 k만큼 평행이동한 그래프의 식은

$y-k=2+\log_2(x+8)$ $\quad\therefore y=\log_2(x+8)+k+2$

$f(x)=\log_2(x+8)+k+2$라 할 때, 함수 $y=f(x)$의 그래프가 제4사분면을 지나지 않으려면 오른쪽 그림과 같아야 한다.

즉, $f(0)\geq 0$이어야 하므로 $k+5\geq 0$ $\quad\therefore k\geq -5$

따라서 k의 최솟값은 -5이다.

7 $A(1, 0)$, $B(3, \log_2 3)$, $C(3, \log_2 9)$, $D(1, \log_2 3)$

$g(x)=\log_2 3x=\log_2 3+\log_2 x=\log_2 3+f(x)$이므로 함수 $g(x)=\log_2 3x$의 그래프는 함수 $f(x)=\log_2 x$의 그래프를 y축의 방향으로 $\log_2 3$만큼 평행이동한 것이다.

즉, 오른쪽 그림에서 빗금 친 두 부분의 넓이가 서로 같으므로 구하는 넓이는 사각형 AEBD의 넓이와 같다.

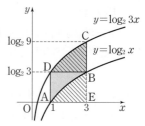

따라서 구하는 넓이는

$(3-1)\times\log_2 3=2\log_2 3$

I-2. 지수함수와 로그함수 **31**

8 $C(k, 0)$이라 하면 $\overline{CD}=4$이므로 $D(k, 4)$
점 D가 함수 $y=\log_2 x$의 그래프 위의 점이므로
$4=\log_2 k$ $\therefore k=2^4=16$
$\therefore C(16, 0)$
한편 $\overline{BC}=4$이므로 $B(12, 0)$
$\overline{BE}=t$라 하면 $E(12, t)$이고 점 E는 함수 $y=\log_2 x$의
그래프 위의 점이므로
$t=\log_2 12=\log_2(2^2\times 3)=2+\log_2 3$
따라서 정사각형 FGBE의 한 변의 길이는 $2+\log_2 3$이다.

9 $P(2, \log_a 2)$, $Q(2, \log_b 2)$, $R(2, -\log_a 2)$이므로
$\overline{PQ}=\log_a 2-\log_b 2$, $\overline{QR}=\log_b 2+\log_a 2$
$\overline{PQ}:\overline{QR}=1:2$에서 $\overline{QR}=2\overline{PQ}$이므로
$\log_b 2+\log_a 2=2(\log_a 2-\log_b 2)$, $\log_a 2=3\log_b 2$
$\dfrac{1}{\log_2 a}=\dfrac{3}{\log_2 b}$, $3\log_2 a=\log_2 b$
$\log_2 a^3=\log_2 b$ $\therefore a^3=b$
$\therefore g(a)=\log_b a=\log_{a^3} a=\dfrac{1}{3}$

10 점 A의 y좌표가 3이므로 $A(a, 3)$이라 하면
$3=\log_3 a$, $a=3^3=27$ $\therefore A(27, 3)$
점 B의 y좌표가 3이므로 $B(b, 3)$이라 하면
점 $(3, b)$는 함수 $y=\log_3 x$의 그래프 위의 점이므로
$b=\log_3 3=1$ $\therefore B(1, 3)$
따라서 삼각형 OAB의 넓이는 $\dfrac{1}{2}\times(27-1)\times 3=39$

11 함수 $y=2^x$의 그래프는 점 $(0, 1)$을 지나므로 $A(0, 1)$
점 B의 y좌표가 1이므로 $B(b, 1)$이라 하면
$\log_2 b=1$, $b=2$ $\therefore B(2, 1)$
한편 함수 $y=\log_2 x$는 함수 $y=2^x$의 역함수이므로 두 함수의 그래프는 직선 $y=x$에 대하여 대칭이다.
따라서 점 B와 점 C는 직선 $y=x$에 대하여 대칭이므로
$C(1, 2)$
점 D의 y좌표는 2이므로 $D(d, 2)$라 하면
$\log_2 d=2$, $d=2^2=4$ $\therefore D(4, 2)$
점 D와 점 E는 직선 $y=x$에 대하여 대칭이므로
$E(2, 4)$
점 F의 y좌표는 4이므로 $F(f, 4)$라 하면
$\log_2 f=4$, $f=2^4=16$ $\therefore F(16, 4)$

12 $1<x<3$의 각 변에 밑이 3인 로그를 취하면
$\log_3 1<\log_3 x<\log_3 3$
$0<\log_3 x<1$ $\therefore 0<B<1$

$A=\log_x 3=\dfrac{1}{\log_3 x}>1$
$\therefore A>B$
$B-C=\log_3 x-(\log_3 x)^2=\log_3 x(1-\log_3 x)>0$
$\therefore B>C$
$\therefore C<B<A$

13 함수 $y=\log_3(x-a)+2$의 밑이 1보다 크므로
$3\leq x\leq 21$일 때 함수 $y=\log_3(x-a)+2$는
$x=21$에서 최댓값 $\log_3(21-a)+2$,
$x=3$에서 최솟값 $\log_3(3-a)+2$를 갖는다.
즉, $\log_3(21-a)+2=5$이므로
$21-a=3^3$ $\therefore a=-6$
따라서 함수 $y=\log_3(x+6)+2$의 최솟값은
$\log_3 9+2=4$

14 $g(x)=x^2+2x+6=(x+1)^2+5$이므로 $g(x)\geq 5$
이때 함수 $(f\circ g)(x)=\log_5 g(x)$의 밑이 1보다 크므로
함수 $(f\circ g)(x)=\log_5 g(x)$는
$g(x)=5$에서 최솟값 $\log_5 5=1$을 갖는다.

15 함수 $y=\log_2(x^2-4x+a)$에서
$f(x)=x^2-4x+a$라 하면
$f(x)=(x-2)^2+a-4$
$3\leq x\leq 9$에서 $a-3\leq f(x)\leq a+45$
이때 함수 $y=\log_2 f(x)$의 밑이 1보다 크므로 함수
$y=\log_2 f(x)$는 $f(x)=a+45$에서 최댓값 $\log_2(a+45)$,
$f(x)=a-3$에서 최솟값 $\log_2(a-3)$을 갖는다.
즉, $\log_2(a-3)=4$이므로
$a-3=2^4$ $\therefore a=19$
따라서 함수 $y=\log_2 f(x)$의 최댓값은
$\log_2(19+45)=\log_2 64=6$

16 $y=\log_3 9x\times\log_3\dfrac{81}{x}$
$=(2+\log_3 x)(4-\log_3 x)$
$=-(\log_3 x)^2+2\log_3 x+8$
$\log_3 x=t$로 놓으면 $\dfrac{1}{9}<x<81$에서 $-2<t<4$
이때 주어진 함수는
$y=-t^2+2t+8=-(t-1)^2+9$
따라서 $-2<t<4$일 때 함수 $y=-(t-1)^2+9$는
$t=1$, 즉 $x=3$에서 최댓값 9를 갖는다.
따라서 $a=3$, $M=9$이므로
$a+M=12$

다른 풀이

$\dfrac{1}{9}<x<81$에서 $\log_3 9x>0$, $\log_3 \dfrac{81}{x}>0$이므로

산술평균과 기하평균의 관계에 의하여

$$\log_3 9x+\log_3 \frac{81}{x}\geq 2\sqrt{\log_3 9x \times \log_3 \frac{81}{x}}$$

(단, 등호는 $x=3$일 때 성립)

$$(2+\log_3 x)+(4-\log_3 x)\geq 2\sqrt{\log_3 9x \times \log_3 \frac{81}{x}}$$

$$6\geq 2\sqrt{\log_3 9x \times \log_3 \frac{81}{x}},\ 3\geq \sqrt{\log_3 9x \times \log_3 \frac{81}{x}}$$

양변을 제곱하면 $\log_3 9x \times \log_3 \dfrac{81}{x}\leq 9$

따라서 $a=3$, $M=9$이므로 $a+M=12$

17 $(\log_x y)^2>0$, $(\log_y x)^2>0$이므로 산술평균과 기하평균의 관계에 의하여

$$(\log_x y)^2+(\log_y x)^2\geq 2\sqrt{(\log_x y)^2 \times (\log_y x)^2}$$
$$=2\sqrt{(\log_x y)^2 \times \left(\frac{1}{\log_x y}\right)^2}=2$$

(단, 등호는 $\log_x y=\log_y x$일 때 성립)

따라서 구하는 최솟값은 2이다.

18 두 함수 $y=\log_3 x$와 $y=\log_4 x$의 그래프는 다음 그림과 같다.

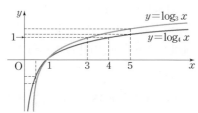

ㄱ. 함수 $y=(\log_4 3)^x$에서 밑 $\log_4 3$이 $0<\log_4 3<1$이므로 $a<b$이면
$$(\log_4 3)^a>(\log_4 3)^b$$

ㄴ. 위의 그림에서 $0<x<1$일 때 함수 $y=\log_4 x$의 그래프가 함수 $y=\log_3 x$의 그래프보다 위에 있으므로
$$\log_3 x<\log_4 x$$

ㄷ. 주어진 로그의 밑을 변환하면
$$\log_{\frac{1}{3}} 5=-\log_3 5,\ \log_{\frac{1}{4}} 5=-\log_4 5$$
위의 그림에서 $\log_4 5<\log_3 5$이므로
$$-\log_3 5<-\log_4 5 \quad \therefore \log_{\frac{1}{3}} 5<\log_{\frac{1}{4}} 5$$

따라서 보기에서 옳은 것은 ㄴ, ㄷ이다.

19 점 $(3,1)$이 함수 $y=\log_3(x-p)+q$의 그래프 위의 점이므로
$$1=\log_3(3-p)+q,\ \log_3(3-p)=1-q$$
$$3-p=3^{1-q} \quad \therefore 3^{-q}=1-\frac{p}{3} \quad \cdots\cdots \ \bigcirc$$

점 A의 좌표는 $(1,0)$이고

점 B의 좌표를 $(a,0)$이라 하면 $\log_3(a-p)+q=0$

$$\log_3(a-p)=-q,\ a-p=3^{-q}$$

$$\therefore a=p+3^{-q}=1+\frac{2}{3}p \ (\because \bigcirc)$$

$$\therefore \mathrm{B}\left(1+\frac{2}{3}p,\ 0\right)$$

즉, $\overline{\mathrm{BA}}=\left(1+\dfrac{2}{3}p\right)-1=\dfrac{2}{3}p$

점 C의 좌표를 $(b,2)$라 하면

$$\log_3 b=2 \quad \therefore b=3^2=9 \quad \therefore \mathrm{C}(9,2)$$

점 D의 좌표를 $(c,2)$라 하면 $\log_3(c-p)+q=2$

$$\log_3(c-p)=2-q,\ c-p=3^{2-q}$$

$$\therefore c=3^{2-q}+p=9\left(1-\frac{p}{3}\right)+p=9-2p \ (\because \bigcirc)$$

$$\therefore \mathrm{D}(9-2p,\ 2)$$

즉, $\overline{\mathrm{CD}}=9-(9-2p)=2p$

이때 $\overline{\mathrm{CD}}-\overline{\mathrm{BA}}=\dfrac{8}{3}$에서 $2p-\dfrac{2}{3}p=\dfrac{8}{3}$

$$\frac{4}{3}p=\frac{8}{3} \quad \therefore p=2$$

이를 $\bigcirc$에 대입하면 $3^{-q}=1-\dfrac{2}{3}=3^{-1} \quad \therefore q=1$

$$\therefore p+q=2+1=3$$

20 두 함수 $y=a^x-b$, $y=\log_a(x+b)$는 서로 역함수 관계이므로 두 함수의 그래프는 직선 $y=x$에 대하여 대칭이다.

이때 두 점 P, Q는 기울기가 -1인 직선 위의 점이므로 직선 $y=x$에 대하여 대칭이다.

즉, $\mathrm{P}(8,2)$이므로 $\mathrm{Q}(2,8)$

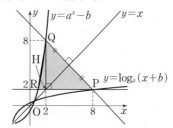

$\mathrm{R}(k,2)$라 하면 $\overline{\mathrm{PR}}=8-k$

점 Q에서 선분 PR에 내린 수선의 발을 H라 하면
$$\overline{\mathrm{QH}}=8-2=6$$

이때 삼각형 PQR의 넓이가 21이므로
$$\frac{1}{2}\times\overline{\mathrm{PR}}\times\overline{\mathrm{QH}}=21,\ \frac{1}{2}\times(8-k)\times 6=21$$

$$8-k=7 \quad \therefore k=1$$

따라서 두 점 $\mathrm{Q}(2,8)$, $\mathrm{R}(1,2)$는 함수 $y=a^x-b$의 그래프 위의 점이므로

$$a^2-b=8,\ a-b=2 \quad \therefore a=3,\ b=1 \ (\because a>1)$$

$$\therefore a+b=4$$

로그함수의 활용

개념 Check

84쪽

1 답 (1) $x=5$ (2) $x=2$

2 답 (1) $\dfrac{3}{2}<x\leq\dfrac{7}{2}$ (2) $x>3$

문제

85~92쪽

01-1 답 (1) $x=3$ (2) $x=7$ (3) $x=4$ (4) $x=9$

(1) 진수의 조건에서
$x-1>0,\ x+5>0$ $\therefore x>1$ ······ ㉠
$\log_{\frac{1}{2}}(x-1)+\log_{\frac{1}{2}}(x+5)=-4$에서
$\log_{\frac{1}{2}}(x-1)(x+5)=-4$
$\log_{\frac{1}{2}}(x^2+4x-5)=-4$
로그의 정의에 의하여
$x^2+4x-5=\left(\dfrac{1}{2}\right)^{-4},\ x^2+4x-21=0$
$(x+7)(x-3)=0$ $\therefore x=-7$ 또는 $x=3$
따라서 ㉠에 의하여 주어진 방정식의 해는
$x=3$

(2) 진수의 조건에서
$x+2>0,\ x-3>0,\ 5x+1>0$
$\therefore x>3$ ······ ㉠
$\log_5(x+2)+\log_5(x-3)=\log_5(5x+1)$에서
$\log_5(x+2)(x-3)=\log_5(5x+1)$
진수끼리 비교하면
$(x+2)(x-3)=5x+1,\ x^2-6x-7=0$
$(x+1)(x-7)=0$ $\therefore x=-1$ 또는 $x=7$
따라서 ㉠에 의하여 주어진 방정식의 해는
$x=7$

(3) 진수의 조건에서
$2x+1>0,\ x-1>0$ $\therefore x>1$ ······ ㉠
$\log_2(2x+1)=\log_{\sqrt{2}}(x-1)$에서
$\log_2(2x+1)=\log_{(\sqrt{2})^2}(x-1)^2$
$\log_2(2x+1)=\log_2(x-1)^2$
진수끼리 비교하면
$2x+1=(x-1)^2,\ x^2-4x=0$
$x(x-4)=0$ $\therefore x=0$ 또는 $x=4$
따라서 ㉠에 의하여 주어진 방정식의 해는
$x=4$

(4) 진수의 조건에서
$x+3>0,\ x+7>0$ $\therefore x>-3$ ······ ㉠
$\log_3(x+3)=\log_9(x+7)+1$에서
$\log_{3^2}(x+3)^2=\log_9(x+7)+\log_9 9$
$\log_9(x+3)^2=\log_9 9(x+7)$
진수끼리 비교하면
$(x+3)^2=9(x+7),\ x^2-3x-54=0$
$(x+6)(x-9)=0$ $\therefore x=-6$ 또는 $x=9$
따라서 ㉠에 의하여 주어진 방정식의 해는
$x=9$

01-2 답 $x=3$

밑과 진수의 조건에서
$x^2-2x+1>0,\ x^2-2x+1\neq1,\ 2x-1>0$
$\therefore \dfrac{1}{2}<x<1$ 또는 $1<x<2$ 또는 $x>2$ ······ ㉠
$\log_{(x^2-2x+1)}(2x-1)=\log_4(2x-1)$에서
(i) 밑이 같으면
$x^2-2x+1=4,\ x^2-2x-3=0$
$(x+1)(x-3)=0$ $\therefore x=-1$ 또는 $x=3$
그런데 ㉠에 의하여 $x=3$
(ii) 진수가 1이면
$2x-1=1$ $\therefore x=1$
그런데 ㉠에 의하여 해는 없다.
(i), (ii)에서 주어진 방정식의 해는 $x=3$

02-1 답 (1) $x=4$ 또는 $x=8$ (2) $x=\dfrac{1}{100}$ 또는 $x=10000$

  (3) $x=\dfrac{1}{27}$ 또는 $x=9$ (4) $x=\dfrac{1}{2}$ 또는 $x=8$

(1) 진수의 조건에서 $x>0,\ x^5>0$ $\therefore x>0$ ······ ㉠
$(\log_2 x)^2-\log_2 x^5+6=0$에서
$(\log_2 x)^2-5\log_2 x+6=0$
$\log_2 x=t$로 놓으면
$t^2-5t+6=0,\ (t-2)(t-3)=0$
$\therefore t=2$ 또는 $t=3$
$t=\log_2 x$이므로 $\log_2 x=2$ 또는 $\log_2 x=3$
$\therefore x=2^2=4$ 또는 $x=2^3=8$
따라서 ㉠에 의하여 주어진 방정식의 해는
$x=4$ 또는 $x=8$

(2) 진수의 조건에서
$x>0,\ x^2>0$ $\therefore x>0$ ······ ㉠
$(\log x)^2=\log x^2+8$에서
$(\log x)^2=2\log x+8$

$\log x = t$로 놓으면

$t^2 = 2t + 8$, $t^2 - 2t - 8 = 0$

$(t+2)(t-4) = 0$ $\qquad \therefore t = -2$ 또는 $t = 4$

$t = \log x$이므로 $\log x = -2$ 또는 $\log x = 4$

$\therefore x = 10^{-2} = \dfrac{1}{100}$ 또는 $x = 10^4 = 10000$

따라서 ㉠에 의하여 주어진 방정식의 해는

$x = \dfrac{1}{100}$ 또는 $x = 10000$

(3) 진수의 조건에서

$9x > 0$, $\dfrac{x}{3} > 0$ $\qquad \therefore x > 0$ $\qquad \cdots\cdots$ ㉠

$(\log_3 9x)\left(\log_3 \dfrac{x}{3}\right) = 4$에서

$(\log_3 9 + \log_3 x)(\log_3 x - \log_3 3) = 4$

$(2 + \log_3 x)(\log_3 x - 1) = 4$

$\log_3 x = t$로 놓으면

$(2 + t)(t - 1) = 4$, $t^2 + t - 6 = 0$

$(t+3)(t-2) = 0$ $\qquad \therefore t = -3$ 또는 $t = 2$

$t = \log_3 x$이므로 $\log_3 x = -3$ 또는 $\log_3 x = 2$

$\therefore x = 3^{-3} = \dfrac{1}{27}$ 또는 $x = 3^2 = 9$

따라서 ㉠에 의하여 주어진 방정식의 해는

$x = \dfrac{1}{27}$ 또는 $x = 9$

(4) 밑과 진수의 조건에서

$x > 0$, $x \neq 1$ $\qquad \therefore 0 < x < 1$ 또는 $x > 1$ $\qquad \cdots\cdots$ ㉠

$\log_2 x = \log_x 8 + 2$에서

$\log_2 x = 3 \log_x 2 + 2$

$\log_2 x = \dfrac{3}{\log_2 x} + 2$

$\log_2 x = t\ (t \neq 0)$로 놓으면

$t = \dfrac{3}{t} + 2$, $t^2 - 2t - 3 = 0$

$(t+1)(t-3) = 0$ $\qquad \therefore t = -1$ 또는 $t = 3$

$t = \log_2 x$이므로 $\log_2 x = -1$ 또는 $\log_2 x = 3$

$\therefore x = 2^{-1} = \dfrac{1}{2}$ 또는 $x = 2^3 = 8$

따라서 ㉠에 의하여 주어진 방정식의 해는

$x = \dfrac{1}{2}$ 또는 $x = 8$

02-2 탑 **81**

밑과 진수의 조건에서

$x > 0$, $x \neq 1$ $\qquad \therefore 0 < x < 1$ 또는 $x > 1$ $\qquad \cdots\cdots$ ㉠

$\log_3 x + \log_x 27 = 4$에서

$\log_3 x + 3 \log_x 3 = 4$

$\log_3 x + \dfrac{3}{\log_3 x} = 4$

$\log_3 x = t\ (t \neq 0)$로 놓으면

$t + \dfrac{3}{t} = 4$, $t^2 - 4t + 3 = 0$ $\qquad \cdots\cdots$ ㉡

$(t-1)(t-3) = 0$ $\qquad \therefore t = 1$ 또는 $t = 3$

$t = \log_3 x$이므로 $\log_3 x = 1$ 또는 $\log_3 x = 3$

$\therefore x = 3^1 = 3$ 또는 $x = 3^3 = 27$

㉠에 의하여 주어진 방정식의 해는

$x = 3$ 또는 $x = 27$

따라서 두 근의 곱은

$3 \times 27 = 81$

[다른 풀이]

주어진 방정식의 두 근을 α, β라 하면 이차방정식 ㉡의 두
근은 $\log_3 \alpha$, $\log_3 \beta$

㉡에서 이차방정식의 근과 계수의 관계에 의하여

$\log_3 \alpha + \log_3 \beta = 4$, $\log_3 \alpha \beta = 4$

$\therefore \alpha\beta = 3^4 = 81$

03-1 탑 (1) $x = \dfrac{1}{9}$ 또는 $x = \sqrt{3}$ (2) $x = 1$ 또는 $x = 2$

(1) 진수의 조건에서 $x > 0$ $\qquad \cdots\cdots$ ㉠

$x^{2\log_3 x} = \dfrac{9}{x^3}$의 양변에 밑이 3인 로그를 취하면

$\log_3 x^{2\log_3 x} = \log_3 \dfrac{9}{x^3}$

$2\log_3 x \times \log_3 x = \log_3 9 - \log_3 x^3$

$2(\log_3 x)^2 + 3\log_3 x - 2 = 0$

$\log_3 x = t$로 놓으면

$2t^2 + 3t - 2 = 0$, $(t+2)(2t-1) = 0$

$\therefore t = -2$ 또는 $t = \dfrac{1}{2}$

$t = \log_3 x$이므로 $\log_3 x = -2$ 또는 $\log_3 x = \dfrac{1}{2}$

$\therefore x = 3^{-2} = \dfrac{1}{9}$ 또는 $x = 3^{\frac{1}{2}} = \sqrt{3}$

따라서 ㉠에 의하여 주어진 방정식의 해는

$x = \dfrac{1}{9}$ 또는 $x = \sqrt{3}$

(2) 진수의 조건에서 $x > 0$ $\qquad \cdots\cdots$ ㉠

$5^{\log_2 x} \times x^{\log_2 5} - 6 \times 5^{\log_2 x} + 5 = 0$에서

$(5^{\log_2 x})^2 - 6 \times 5^{\log_2 x} + 5 = 0$

$5^{\log_2 x} = t\ (t > 0)$로 놓으면

$t^2 - 6t + 5 = 0$, $(t-1)(t-5) = 0$

$\therefore t = 1$ 또는 $t = 5$

$t = 5^{\log_2 x}$이므로 $5^{\log_2 x} = 1$ 또는 $5^{\log_2 x} = 5$

$\log_2 x = 0$ 또는 $\log_2 x = 1$

$\therefore x = 2^0 = 1$ 또는 $x = 2^1 = 2$

따라서 ㉠에 의하여 주어진 방정식의 해는

$x = 1$ 또는 $x = 2$

03-2 답 $x=\dfrac{1}{6}$

진수의 조건에서 $x>0$ ...... ㉠

주어진 방정식의 양변에 상용로그를 취하면

$\log 2^{\log 2x}=\log 3^{\log 3x}$

$\log 2x \times \log 2 = \log 3x \times \log 3$

$(\log 2+\log x)\log 2 = (\log 3+\log x)\log 3$

$(\log 2-\log 3)\log x = (\log 3)^2 - (\log 2)^2$

$\therefore \log x = \dfrac{(\log 3+\log 2)(\log 3-\log 2)}{\log 2-\log 3}$

$\qquad\quad = -(\log 3+\log 2)$

$\qquad\quad = -\log 6 = \log\dfrac{1}{6}$

따라서 ㉠에 의하여 주어진 방정식의 해는

$x=\dfrac{1}{6}$

04-1 답 (1) $4<x<7$ (2) $5<x\leq 9$

$\qquad$ (3) $4<x\leq 5$ (4) $x>\dfrac{29}{2}$

(1) 진수의 조건에서

$x>0,\ 7-x>0,\ 5x-8>0$

$\therefore \dfrac{8}{5}<x<7$ ...... ㉠

$\log x+\log(7-x)<\log(5x-8)$에서

$\log x(7-x)<\log(5x-8)$

밑이 1보다 크므로 $x(7-x)<5x-8$

$x^2-2x-8>0,\ (x+2)(x-4)>0$

$\therefore x<-2$ 또는 $x>4$ ...... ㉡

㉠, ㉡을 동시에 만족시키는 x의 값의 범위는

$4<x<7$

(2) 진수의 조건에서

$2x-2>0,\ x-5>0$ $\therefore x>5$ ...... ㉠

$\log_{\frac{1}{5}}(2x-2)\leq 2\log_{\frac{1}{5}}(x-5)$에서

$\log_{\frac{1}{5}}(2x-2)\leq\log_{\frac{1}{5}}(x-5)^2$

밑이 1보다 작으므로 $2x-2\geq(x-5)^2$

$x^2-12x+27\leq 0,\ (x-3)(x-9)\leq 0$

$\therefore 3\leq x\leq 9$ ...... ㉡

㉠, ㉡을 동시에 만족시키는 x의 값의 범위는

$5<x\leq 9$

(3) 진수의 조건에서

$x-1>0,\ x-4>0$ $\therefore x>4$ ...... ㉠

$\log_{\frac{1}{2}}(x-1)+\log_{\frac{1}{2}}(x-4)\geq -2$에서

$\log_{\frac{1}{2}}(x-1)(x-4)\geq\log_{\frac{1}{2}}\left(\dfrac{1}{2}\right)^{-2}$

$\log_{\frac{1}{2}}(x-1)(x-4)\geq\log_{\frac{1}{2}}4$

밑이 1보다 작으므로 $(x-1)(x-4)\leq 4$

$x^2-5x\leq 0,\ x(x-5)\leq 0$

$\therefore 0\leq x\leq 5$ ...... ㉡

㉠, ㉡을 동시에 만족시키는 x의 값의 범위는

$4<x\leq 5$

(4) 진수의 조건에서

$x-2>0$ $\therefore x>2$ ...... ㉠

$\log_5(x-2)+\log_{25}4>2$에서

$\log_5(x-2)+\log_5 2>\log_5 5^2$

$\log_5 2(x-2)>\log_5 25$

밑이 1보다 크므로 $2(x-2)>25$

$\therefore x>\dfrac{29}{2}$ ...... ㉡

㉠, ㉡을 동시에 만족시키는 x의 값의 범위는

$x>\dfrac{29}{2}$

04-2 답 2

진수의 조건에서

$x>0,\ \log_2 x>0$

이때 $\log_2 x>\log_2 1$이고 밑이 1보다 크므로

$x>1$ ...... ㉠

$\log_3(\log_2 x)\leq 0$에서

$\log_3(\log_2 x)\leq\log_3 1$

밑이 1보다 크므로 $\log_2 x\leq 1$

$\log_2 x\leq\log_2 2$

밑이 1보다 크므로 $x\leq 2$ ...... ㉡

㉠, ㉡을 동시에 만족시키는 x의 값의 범위는

$1<x\leq 2$

따라서 자연수 x의 값은 2이다.

05-1 답 (1) $\dfrac{1}{4}\leq x\leq 16$ (2) $0<x\leq\dfrac{1}{27}$ 또는 $x\geq 9$

$\qquad$ (3) $\dfrac{1}{32}<x<\dfrac{1}{2}$ (4) $\dfrac{1}{27}<x<3$

(1) 진수의 조건에서 $x>0$ ...... ㉠

$\log_4 x=t$로 놓으면

$t^2-t\leq 2,\ t^2-t-2\leq 0$

$(t+1)(t-2)\leq 0$ $\therefore -1\leq t\leq 2$

$t=\log_4 x$이므로

$-1\leq\log_4 x\leq 2$

$\log_4\dfrac{1}{4}\leq\log_4 x\leq\log_4 16$

밑이 1보다 크므로 $\dfrac{1}{4}\leq x\leq 16$ ...... ㉡

㉠, ㉡을 동시에 만족시키는 x의 값의 범위는

$\dfrac{1}{4}\leq x\leq 16$

(2) 진수의 조건에서 $x>0$ ...... ㉠

$\log_{\frac{1}{3}} x = t$로 놓으면

$t^2 - t - 6 \geq 0$, $(t+2)(t-3) \geq 0$

$\therefore t \leq -2$ 또는 $t \geq 3$

$t = \log_{\frac{1}{3}} x$이므로

$\log_{\frac{1}{3}} x \leq -2$ 또는 $\log_{\frac{1}{3}} x \geq 3$

$\log_{\frac{1}{3}} x \leq \log_{\frac{1}{3}} 9$ 또는 $\log_{\frac{1}{3}} x \geq \log_{\frac{1}{3}} \frac{1}{27}$

밑이 1보다 작으므로 $x \geq 9$ 또는 $x \leq \frac{1}{27}$ ...... ㉡

㉠, ㉡을 동시에 만족시키는 x의 값의 범위는

$0 < x \leq \frac{1}{27}$ 또는 $x \geq 9$

(3) 진수의 조건에서

$4x>0$, $16x>0$ $\therefore x>0$ ...... ㉠

$\log_2 4x \times \log_2 16x < 3$에서

$(\log_2 4 + \log_2 x)(\log_2 16 + \log_2 x) < 3$

$(2 + \log_2 x)(4 + \log_2 x) < 3$

$(\log_2 x)^2 + 6\log_2 x + 5 < 0$

$\log_2 x = t$로 놓으면

$t^2 + 6t + 5 < 0$, $(t+5)(t+1) < 0$

$\therefore -5 < t < -1$

$t = \log_2 x$이므로 $-5 < \log_2 x < -1$

$\log_2 \frac{1}{32} < \log_2 x < \log_2 \frac{1}{2}$

밑이 1보다 크므로 $\frac{1}{32} < x < \frac{1}{2}$ ...... ㉡

㉠, ㉡을 동시에 만족시키는 x의 값의 범위는

$\frac{1}{32} < x < \frac{1}{2}$

(4) 진수의 조건에서

$81x^2 > 0$, $\frac{1}{x} > 0$ $\therefore x > 0$ ...... ㉠

$\log_3 81x^2 \times \log_3 \frac{1}{x} > -6$에서

$(\log_3 81 + \log_3 x^2)(-\log_3 x) > -6$

$(4 + 2\log_3 x)(-\log_3 x) > -6$

$2(\log_3 x)^2 + 4\log_3 x - 6 < 0$

$\log_3 x = t$로 놓으면

$2t^2 + 4t - 6 < 0$, $t^2 + 2t - 3 < 0$

$(t+3)(t-1) < 0$ $\therefore -3 < t < 1$

$t = \log_3 x$이므로 $-3 < \log_3 x < 1$

$\log_3 \frac{1}{27} < \log_3 x < \log_3 3$

밑이 1보다 크므로 $\frac{1}{27} < x < 3$ ...... ㉡

㉠, ㉡을 동시에 만족시키는 x의 값의 범위는

$\frac{1}{27} < x < 3$

05-2 답 16

진수의 조건에서

$x>0$, $x^4>0$ $\therefore x>0$ ...... ㉠

$(\log_2 x)^2 + \log_{\frac{1}{2}} x^4 > 12$에서

$(\log_2 x)^2 - 4\log_2 x - 12 > 0$

$\log_2 x = t$로 놓으면 $t^2 - 4t - 12 > 0$

$(t+2)(t-6) > 0$

$\therefore t < -2$ 또는 $t > 6$

$t = \log_2 x$이므로

$\log_2 x < -2$ 또는 $\log_2 x > 6$

$\log_2 x < \log_2 \frac{1}{4}$ 또는 $\log_2 x > \log_2 64$

밑이 1보다 크므로 $x < \frac{1}{4}$ 또는 $x > 64$ ...... ㉡

㉠, ㉡을 동시에 만족시키는 x의 값의 범위는

$0 < x < \frac{1}{4}$ 또는 $x > 64$

따라서 $\alpha = \frac{1}{4}$, $\beta = 64$이므로

$\alpha\beta = 16$

06-1 답 (1) $\frac{1}{9} \leq x \leq \frac{1}{3}$ (2) $1 < x < 10$

(1) 진수의 조건에서 $x > 0$ ...... ㉠

$x^{\log_{\frac{1}{3}} x} \geq 9x^3$의 양변에 밑이 $\frac{1}{3}$인 로그를 취하면

$\log_{\frac{1}{3}} x^{\log_{\frac{1}{3}} x} \leq \log_{\frac{1}{3}} 9x^3$ ◀ 부등호 방향이 바뀜

$\log_{\frac{1}{3}} x \times \log_{\frac{1}{3}} x \leq \log_{\frac{1}{3}} 9 + \log_{\frac{1}{3}} x^3$

$(\log_{\frac{1}{3}} x)^2 - 3\log_{\frac{1}{3}} x + 2 \leq 0$

$\log_{\frac{1}{3}} x = t$로 놓으면 $t^2 - 3t + 2 \leq 0$

$(t-1)(t-2) \leq 0$ $\therefore 1 \leq t \leq 2$

$t = \log_{\frac{1}{3}} x$이므로

$1 \leq \log_{\frac{1}{3}} x \leq 2$

$\log_{\frac{1}{3}} \frac{1}{3} \leq \log_{\frac{1}{3}} x \leq \log_{\frac{1}{3}} \frac{1}{9}$

밑이 1보다 작으므로 $\frac{1}{9} \leq x \leq \frac{1}{3}$ ...... ㉡

㉠, ㉡을 동시에 만족시키는 x의 값의 범위는

$\frac{1}{9} \leq x \leq \frac{1}{3}$

(2) 진수의 조건에서 $x > 0$ ...... ㉠

$3^{\log x} \times x^{\log 3} - 4 \times 3^{\log x} + 3 < 0$에서

$(3^{\log x})^2 - 4 \times 3^{\log x} + 3 < 0$

$3^{\log x} = t$ ($t>0$)로 놓으면 $t^2 - 4t + 3 < 0$

$(t-1)(t-3) < 0$ $\therefore 1 < t < 3$

$t = 3^{\log x}$이므로 $1 < 3^{\log x} < 3$

$3^0 < 3^{\log x} < 3^1$

지수의 밑이 1보다 크므로 $0 < \log x < 1$

$\log 1 < \log x < \log 10$

로그의 밑이 1보다 크므로 $1 < x < 10$ ...... ㉡

㉠, ㉡을 동시에 만족시키는 x의 값의 범위는

$1 < x < 10$

06-2 답 24

진수의 조건에서 $x > 0$ ...... ㉠

$x^{\log_5 x} < 25x$의 양변에 밑이 5인 로그를 취하면

$\log_5 x^{\log_5 x} < \log_5 25x$

$\log_5 x \times \log_5 x < \log_5 25 + \log_5 x$

$(\log_5 x)^2 - \log_5 x - 2 < 0$

$\log_5 x = t$로 놓으면 $t^2 - t - 2 < 0$

$(t+1)(t-2) < 0$ ∴ $-1 < t < 2$

$t = \log_5 x$이므로 $-1 < \log_5 x < 2$

$\log_5 \dfrac{1}{5} < \log_5 x < \log_5 25$

밑이 1보다 크므로 $\dfrac{1}{5} < x < 25$ ...... ㉡

㉠, ㉡을 동시에 만족시키는 x의 값의 범위는

$\dfrac{1}{5} < x < 25$

따라서 자연수 x는 1, 2, 3, $\cdots$, 24의 24개이다.

07-1 답 (1) $2 < a < 32$ (2) $k \geq \sqrt{3}$

(1) 진수의 조건에서

$0 < a < \sqrt{2}$ 또는 $a > \sqrt{2}$ ...... ㉠

이차방정식 $(2\log_2 a - 1)x^2 + 2(\log_2 a - 2)x + 1 = 0$

이 실근을 갖지 않으려면 이 이차방정식의 판별식을

D라 할 때 $D < 0$이어야 하므로

$\dfrac{D}{4} = (\log_2 a - 2)^2 - (2\log_2 a - 1) < 0$

$(\log_2 a)^2 - 6\log_2 a + 5 < 0$

$\log_2 a = t$로 놓으면 $t^2 - 6t + 5 < 0$

$(t-1)(t-5) < 0$ ∴ $1 < t < 5$

$t = \log_2 a$이므로 $1 < \log_2 a < 5$

$\log_2 2 < \log_2 a < \log_2 32$

밑이 1보다 크므로 $2 < a < 32$ ...... ㉡

㉠, ㉡을 동시에 만족시키는 a의 값의 범위는

$2 < a < 32$

(2) 진수의 조건에서 $k > 0$ ...... ㉠

$(\log_3 x)^2 + 2\log_3 kx \geq 0$에서

$(\log_3 x)^2 + 2(\log_3 x + \log_3 k) \geq 0$

$(\log_3 x)^2 + 2\log_3 x + 2\log_3 k \geq 0$

$\log_3 x = t$로 놓으면

$t^2 + 2t + 2\log_3 k \geq 0$ ...... ㉡

주어진 부등식이 모든 양수 x에 대하여 성립하려면

$t = \log_3 x$에서 모든 실수 t에 대하여 부등식 ㉡이 성립

해야 한다.

이차방정식 $t^2 + 2t + 2\log_3 k = 0$의 판별식을 D라 하면

$D \leq 0$이어야 하므로

$\dfrac{D}{4} = 1^2 - 2\log_3 k \leq 0$, $\log_3 k \geq \dfrac{1}{2}$, $\log_3 k \geq \log_3 \sqrt{3}$

밑이 1보다 크므로 $k \geq \sqrt{3}$ ...... ㉢

㉠, ㉢을 동시에 만족시키는 k의 값의 범위는

$k \geq \sqrt{3}$

08-1 답 $2\,\text{mL}$

처음 방향제를 $a\,\text{mL}$ 분사한 지 6시간 후에 대기 중에 남

아 있는 방향제의 양이 $16\,\text{mL}$이므로

$6 = 6\log_2 \dfrac{a}{16}$, $1 = \log_2 a - \log_2 16$

$\log_2 a = 5$ ∴ $a = 2^5 = 32$

처음 방향제를 $32\,\text{mL}$ 분사한 지 24시간 후에 대기 중에

남아 있는 방향제의 양을 $x\,\text{mL}$라 하면

$24 = 6\log_2 \dfrac{32}{x}$, $4 = \log_2 32 - \log_2 x$

$\log_2 x = 1$ ∴ $x = 2$

따라서 24시간 후에 대기 중에 남아 있는 방향제의 양은

$2\,\text{mL}$이다.

08-2 답 4년

현재 출고된 신차의 가격을 a라 하면 n년 후의 중고차의

가격은 $a \times 0.8^n$이므로

$a \times 0.8^n \leq 0.4a$ ∴ $0.8^n \leq 0.4$

양변에 상용로그를 취하면

$n\log 0.8 \leq \log 0.4$, $n(\log 8 - \log 10) \leq \log 4 - \log 10$

$n(3\log 2 - 1) \leq 2\log 2 - 1$, $n(0.9 - 1) \leq 0.6 - 1$

$-0.1n \leq -0.4$ ∴ $n \geq 4$

따라서 중고차의 가격이 신차 가격의 40 % 이하가 되는

것은 4년 후부터이다.

연습문제 93~94쪽

1 $x = 5$	2 25	3 3	4 ③	5 8
6 2	7 ②	8 ④	9 242	10 ①
11 $0 < k \leq \sqrt{5}$		12 ④	13 30년	14 ②
15 ⑤				

1 진수의 조건에서

$x-3>0$, $9-x>0$ $\therefore 3<x<9$ …… ㉠

$\log_2(x-3)=\log_4(9-x)$에서

$\log_{2^2}(x-3)^2=\log_4(9-x)$

$\log_4(x-3)^2=\log_4(9-x)$

진수끼리 비교하면

$(x-3)^2=9-x$, $x^2-5x=0$

$x(x-5)=0$ $\therefore x=0$ 또는 $x=5$

따라서 ㉠에 의하여 주어진 방정식의 해는

$x=5$

2 진수의 조건에서 $x>0$, $y>0$ …… ㉠

$\log_3 x=X$, $\log_2 y=Y$로 놓으면 주어진 연립방정식은

$\begin{cases} X+Y=6 \\ XY=8 \end{cases}$

이 연립방정식을 풀면 $X=2$, $Y=4$ 또는 $X=4$, $Y=2$

$X=\log_3 x$, $Y=\log_2 y$이므로

(ⅰ) $X=2$, $Y=4$일 때,

    $\log_3 x=2$, $\log_2 y=4$

    $\therefore x=3^2=9$, $y=2^4=16$

(ⅱ) $X=4$, $Y=2$일 때,

    $\log_3 x=4$, $\log_2 y=2$

    $\therefore x=3^4=81$, $y=2^2=4$

(ⅰ), (ⅱ)에서 ㉠에 의하여 주어진 방정식의 해는

$x=9$, $y=16$ 또는 $x=81$, $y=4$

그런데 $\alpha<\beta$이므로 $\alpha=9$, $\beta=16$

$\therefore \alpha+\beta=25$

3 진수의 조건에서

$x>0$, $x^4>0$ $\therefore x>0$ …… ㉠

$(\log_3 x)^2+3=\log_3 x^4$에서 $(\log_3 x)^2+3=4\log_3 x$

$\log_3 x=t$로 놓으면 $t^2+3=4t$, $t^2-4t+3=0$

$(t-1)(t-3)=0$ $\therefore t=1$ 또는 $t=3$

$t=\log_3 x$이므로 $\log_3 x=1$ 또는 $\log_3 x=3$

$\therefore x=3^1=3$ 또는 $x=3^3=27$

이때 $\alpha<\beta$이므로 $\alpha=3$, $\beta=27$

$\therefore \log_\alpha \beta=\log_3 27=3$

4 진수의 조건에서 $a>0$ …… ㉠

이차방정식 $x^2-2(\log a+2)x+2\log a+7=0$이 중근을 가지려면 이 이차방정식의 판별식을 D라 할 때 $D=0$이어야 하므로

$\dfrac{D}{4}=(\log a+2)^2-(2\log a+7)=0$

$(\log a)^2+2\log a-3=0$ …… ㉡

$\log a=t$로 놓으면

$t^2+2t-3=0$, $(t+3)(t-1)=0$

$\therefore t=-3$ 또는 $t=1$

$t=\log a$이므로

$\log a=-3$ 또는 $\log a=1$

$\therefore a=10^{-3}=\dfrac{1}{1000}$ 또는 $a=10^1=10$

㉠에 의하여 방정식 ㉡의 해는

$a=\dfrac{1}{1000}$ 또는 $a=10$

따라서 모든 상수 a의 값의 곱은

$\dfrac{1}{1000}\times 10=\dfrac{1}{100}$

5 진수의 조건에서 $x>0$ …… ㉠

$\left(\dfrac{x}{4}\right)^{\log_2 x}=16\times 2^{\log_2 x}$의 양변에 밑이 2인 로그를 취하면

$\log_2\left(\dfrac{x}{4}\right)^{\log_2 x}=\log_2(16\times 2^{\log_2 x})$

$\log_2 x(\log_2 x-\log_2 4)=\log_2 16+\log_2 x\times\log_2 2$

$\log_2 x(\log_2 x-2)=4+\log_2 x$

$(\log_2 x)^2-3\log_2 x-4=0$

$\log_2 x=t$로 놓으면

$t^2-3t-4=0$ …… ㉡

$(t+1)(t-4)=0$ $\therefore t=-1$ 또는 $t=4$

$t=\log_2 x$이므로

$\log_2 x=-1$ 또는 $\log_2 x=4$

$\therefore x=2^{-1}=\dfrac{1}{2}$ 또는 $x=2^4=16$

㉠에 의하여 주어진 방정식의 해는

$x=\dfrac{1}{2}$ 또는 $x=16$

따라서 두 근의 곱은 $\dfrac{1}{2}\times 16=8$

다른 풀이

주어진 방정식의 두 근을 α, β라 하면 이차방정식 ㉡의 두 근은 $\log_2 \alpha$, $\log_2 \beta$

㉡에서 이차방정식의 근과 계수의 관계에 의하여

$\log_2 \alpha+\log_2 \beta=3$, $\log_2 \alpha\beta=3$

$\therefore \alpha\beta=2^3=8$

6 진수의 조건에서

$3x+1>0$, $2x-1>0$

$\therefore x>\dfrac{1}{2}$ …… ㉠

$\log_{\frac{1}{9}}(3x+1)>\log_{\frac{1}{3}}(2x-1)$에서

$\log_{\frac{1}{9}}(3x+1)>\log_{\left(\frac{1}{3}\right)^2}(2x-1)^2$

$\log_{\frac{1}{9}}(3x+1)>\log_{\frac{1}{9}}(2x-1)^2$

밑이 1보다 작으므로

$3x+1<(2x-1)^2$

$4x^2-7x>0$

$x(4x-7)>0$

$\therefore x<0$ 또는 $x>\dfrac{7}{4}$ ...... ㉡

㉠, ㉡을 동시에 만족시키는 x의 값의 범위는

$x>\dfrac{7}{4}$

따라서 자연수 x의 최솟값은 2이다.

7 진수의 조건에서

$|x-1|>0$ $\therefore x\neq 1$ ...... ㉠

$2\log_2|x-1|\leq 1-\log_2\dfrac{1}{2}$에서

$2\log_2|x-1|\leq 2$

$\log_2|x-1|\leq 1$

$\log_2|x-1|\leq\log_2 2$

밑이 1보다 크므로

$|x-1|\leq 2$, $-2\leq x-1\leq 2$

$\therefore -1\leq x\leq 3$ ...... ㉡

㉠, ㉡을 동시에 만족시키는 x의 값의 범위는

$-1\leq x<1$ 또는 $1<x\leq 3$

따라서 정수 x는 -1, 0, 2, 3의 4개이다.

8 진수의 조건에서

$\dfrac{5}{x}>0$, $\dfrac{x}{25}>0$ $\therefore x>0$ ...... ㉠

$\log_5\dfrac{5}{x}\times\log_5\dfrac{x}{25}\geq 0$에서

$(\log_5 5-\log_5 x)(\log_5 x-\log_5 25)\geq 0$

$(1-\log_5 x)(\log_5 x-2)\geq 0$

$\log_5 x=t$로 놓으면

$(1-t)(t-2)\geq 0$

$(t-1)(t-2)\leq 0$

$\therefore 1\leq t\leq 2$

$t=\log_5 x$이므로

$1\leq\log_5 x\leq 2$

$\log_5 5\leq\log_5 x\leq\log_5 25$

밑이 1보다 크므로

$5\leq x\leq 25$ ...... ㉡

㉠, ㉡을 동시에 만족시키는 x의 값의 범위는

$5\leq x\leq 25$

따라서 $\alpha=5$, $\beta=25$이므로

$\dfrac{\beta}{\alpha}=5$

9 진수의 조건에서 $x>0$ ...... ㉠

$x^{\log_3 x}<243x^4$의 양변에 밑이 3인 로그를 취하면

$\log_3 x^{\log_3 x}<\log_3 243x^4$

$\log_3 x\times\log_3 x<\log_3 243+\log_3 x^4$

$(\log_3 x)^2-4\log_3 x-5<0$

$\log_3 x=t$로 놓으면

$t^2-4t-5<0$, $(t+1)(t-5)<0$

$\therefore -1<t<5$

$t=\log_3 x$이므로 $-1<\log_3 x<5$

$\log_3\dfrac{1}{3}<\log_3 x<\log_3 243$

밑이 1보다 크므로 $\dfrac{1}{3}<x<243$ ...... ㉡

㉠, ㉡을 동시에 만족시키는 x의 값의 범위는

$\dfrac{1}{3}<x<243$

따라서 자연수 x는 1, 2, 3, $\cdots$, 242의 242개이다.

10 진수의 조건에서 $a>0$ ...... ㉠

주어진 이차방정식의 두 근이 모두 양수일 조건은

(i) 주어진 이차방정식의 판별식을 D라 하면 $D\geq 0$이어야

하므로

$\dfrac{D}{4}=(\log_2 a)^2-(2-\log_2 a)\geq 0$

$(\log_2 a)^2+\log_2 a-2\geq 0$

$\log_2 a=t$로 놓으면

$t^2+t-2\geq 0$, $(t+2)(t-1)\geq 0$

$\therefore t\leq -2$ 또는 $t\geq 1$

$t=\log_2 a$이므로

$\log_2 a\leq -2$ 또는 $\log_2 a\geq 1$

$\log_2 a\leq\log_2\dfrac{1}{4}$ 또는 $\log_2 a\geq\log_2 2$

밑이 1보다 크므로 $a\leq\dfrac{1}{4}$ 또는 $a\geq 2$

(ii) (두 근의 합)>0이어야 하므로

이차방정식의 근과 계수의 관계에 의하여

$2\log_2 a>0$, $\log_2 a>0$, $\log_2 a>\log_2 1$

밑이 1보다 크므로 $a>1$

(iii) (두 근의 곱)>0이어야 하므로

이차방정식의 근과 계수의 관계에 의하여

$2-\log_2 a>0$, $\log_2 a<2$, $\log_2 a<\log_2 4$

밑이 1보다 크므로 $a<4$

(i), (ii), (iii)을 동시에 만족시키는 a의 값의 범위는

$2\leq a<4$ ...... ㉡

㉠, ㉡을 동시에 만족시키는 a의 값의 범위는

$2\leq a<4$

따라서 모든 자연수 a의 값의 합은 $2+3=5$

11 진수의 조건에서 $k>0$ $\quad\cdots\cdots$ ㉠

$(\log_5 x)^2 + 2\log_5 5x - \log_{\sqrt 5} k \geq 0$에서

$(\log_5 x)^2 + 2(1+\log_5 x) - 2\log_5 k \geq 0$

$(\log_5 x)^2 + 2\log_5 x + 2 - 2\log_5 k \geq 0$

$\log_5 x = t$로 놓으면

$t^2 + 2t + 2 - 2\log_5 k \geq 0$ $\quad\cdots\cdots$ ㉡

주어진 부등식이 모든 양수 x에 대하여 성립하려면 $t = \log_5 x$에서 모든 실수 t에 대하여 부등식 ㉡이 성립해야 한다.

이차방정식 $t^2 + 2t + 2 - 2\log_5 k = 0$의 판별식을 D라 하면 $D \leq 0$이어야 하므로

$\dfrac{D}{4} = 1^2 - (2 - 2\log_5 k) \leq 0$

$\log_5 k \leq \dfrac{1}{2}$, $\log_5 k \leq \log_5 \sqrt 5$

밑이 1보다 크므로 $k \leq \sqrt 5$ $\quad\cdots\cdots$ ㉢

㉠, ㉢을 동시에 만족시키는 k의 값의 범위는

$0 < k \leq \sqrt 5$

12 대역폭이 15, 신호전력이 186, 잡음전력이 a인 채널용량이 75이므로

$75 = 15\log_2\left(1 + \dfrac{186}{a}\right)$

$5 = \log_2\left(1 + \dfrac{186}{a}\right)$, $2^5 = 1 + \dfrac{186}{a}$

$\dfrac{186}{a} = 31$ $\quad \therefore a = 6$

13 현재 세계 석유의 소비량을 a라 하면 n년 후의 세계 석유의 소비량은 $a \times 0.96^n$이므로

$a \times 0.96^n \leq \dfrac{1}{4}a$ $\quad \therefore 0.96^n \leq \dfrac{1}{4}$

양변에 상용로그를 취하면

$n\log 0.96 \leq \log \dfrac{1}{4}$

$n\log 0.96 \leq -2\log 2$ $\quad\cdots\cdots$ ㉠

이때 $\log 9.6 = 0.98$이므로

$\log 0.96 = \log(9.6 \times 10^{-1})$

$\qquad\qquad = \log 9.6 + \log 10^{-1}$

$\qquad\qquad = 0.98 - 1 = -0.02$

즉, ㉠에서

$-0.02n \leq -2 \times 0.3$

$0.02n \geq 0.6$ $\quad \therefore n \geq \dfrac{0.6}{0.02} = 30$

따라서 세계 석유의 소비량이 현재 소비량의 $\dfrac{1}{4}$ 이하가 되는 것은 30년 후부터이다.

14 두 점 A, B의 좌표는 각각

$(k, \log_2 k)$, $(k, -\log_2(8-k))$

$\overline{AB} = 2$이므로 $|\log_2 k + \log_2(8-k)| = 2$

즉, $\log_2 k(8-k) = -2$ 또는 $\log_2 k(8-k) = 2$

진수의 조건에서

$k(8-k) > 0$ $\quad \therefore 0 < k < 8$ $\quad\cdots\cdots$ ㉠

(i) $\log_2 k(8-k) = -2$일 때,

$k(8-k) = 2^{-2}$, $k^2 - 8k + \dfrac{1}{4} = 0$

$\therefore k = \dfrac{8 - 3\sqrt 7}{2}$ 또는 $k = \dfrac{8 + 3\sqrt 7}{2}$

이때 k의 값은 모두 ㉠을 만족시킨다.

(ii) $\log_2 k(8-k) = 2$일 때,

$k(8-k) = 2^2$, $k^2 - 8k + 4 = 0$

$\therefore k = 4 - 2\sqrt 3$ 또는 $k = 4 + 2\sqrt 3$

이때 k의 값은 모두 ㉠을 만족시킨다.

따라서 구하는 모든 실수 k의 값의 곱은

$\dfrac{8 - 3\sqrt 7}{2} \times \dfrac{8 + 3\sqrt 7}{2} \times (4 - 2\sqrt 3) \times (4 + 2\sqrt 3)$

$= \dfrac{1}{4} \times 4 = 1$

15 $x^2 - 9x + 8 \leq 0$에서 $(x-1)(x-8) \leq 0$

$\therefore 1 \leq x \leq 8$ $\quad \therefore A = \{x \mid 1 \leq x \leq 8\}$

$(\log_2 x)^2 - 2k\log_2 x + k^2 - 1 \leq 0$에서

진수의 조건에서 $x > 0$ $\quad\cdots\cdots$ ㉠

$\log_2 x = t$로 놓으면 $t^2 - 2kt + k^2 - 1 \leq 0$

$(t - k + 1)(t - k - 1) \leq 0$

$\therefore k - 1 \leq t \leq k + 1$

$t = \log_2 x$이므로 $k - 1 \leq \log_2 x \leq k + 1$

$\log_2 2^{k-1} \leq \log_2 x \leq \log_2 2^{k+1}$

로그의 밑이 1보다 크므로

$2^{k-1} \leq x \leq 2^{k+1}$ $\quad\cdots\cdots$ ㉡

㉠, ㉡을 동시에 만족시키는 x의 값의 범위는

$2^{k-1} \leq x \leq 2^{k+1}$

$\therefore B = \{x \mid 2^{k-1} \leq x \leq 2^{k+1}\}$

이때 $A \cap B = \varnothing$이려면

$2^{k-1} > 8$ 또는 $2^{k+1} < 1$

$2^{k-1} > 2^3$ 또는 $2^{k+1} < 2^0$

지수의 밑이 1보다 크므로

$k - 1 > 3$ 또는 $k + 1 < 0$

$\therefore k > 4$ 또는 $k < -1$

즉, $A \cap B \neq \varnothing$이려면 $k \leq 4$이고 $k \geq -1$이어야 하므로

$-1 \leq k \leq 4$

따라서 주어진 조건을 만족시키는 정수 k는 -1, 0, 1, 2, 3, 4의 6개이다.

일반각

개념 Check
97쪽

1 답 (1)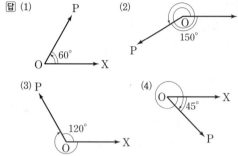

2 답 (1) $360° \times n + 70°$ (2) $360° \times n + 310°$
(3) $360° \times n + 250°$ (4) $360° \times n + 130°$

3 답 (1) 제3사분면 (2) 제4사분면
(3) 제2사분면 (4) 제1사분면

문제
98~99쪽

01-1 답 제2사분면, 제4사분면

θ가 제3사분면의 각이므로

$360° \times n + 180° < \theta < 360° \times n + 270°$ (단, n은 정수)

$\therefore 180° \times n + 90° < \dfrac{\theta}{2} < 180° \times n + 135°$ ...... ㉠

(i) $n = 0$일 때, $90° < \dfrac{\theta}{2} < 135°$

따라서 $\dfrac{\theta}{2}$는 제2사분면의 각

(ii) $n = 1$일 때, $270° < \dfrac{\theta}{2} < 315°$

따라서 $\dfrac{\theta}{2}$는 제4사분면의 각

$n = 2, 3, 4, \cdots$에 대해서도 동경의 위치가 제2사분면과 제4사분면으로 반복되므로 각 $\dfrac{\theta}{2}$를 나타내는 동경이 존재할 수 있는 사분면은 제2사분면, 제4사분면이다.

다른 풀이

㉠에서

(i) $n = 2k$(k는 정수)일 때,

$360° \times k + 90° < \dfrac{\theta}{2} < 360° \times k + 135°$

따라서 $\dfrac{\theta}{2}$는 제2사분면의 각

(ii) $n = 2k+1$(k는 정수)일 때,

$360° \times k + 270° < \dfrac{\theta}{2} < 360° \times k + 315°$

따라서 $\dfrac{\theta}{2}$는 제4사분면의 각

(i), (ii)에서 각 $\dfrac{\theta}{2}$를 나타내는 동경이 존재할 수 있는 사분면은 제2사분면, 제4사분면이다.

01-2 답 제2사분면, 제3사분면, 제4사분면

3θ가 제4사분면의 각이므로

$360° \times n + 270° < 3\theta < 360° \times n + 360°$ (단, n은 정수)

$\therefore 120° \times n + 90° < \theta < 120° \times n + 120°$ ...... ㉠

(i) $n = 0$일 때, $90° < \theta < 120°$

따라서 θ는 제2사분면의 각

(ii) $n = 1$일 때, $210° < \theta < 240°$

따라서 θ는 제3사분면의 각

(iii) $n = 2$일 때, $330° < \theta < 360°$

따라서 θ는 제4사분면의 각

$n = 3, 4, 5, \cdots$에 대해서도 동경의 위치가 제2사분면, 제3사분면, 제4사분면으로 반복되므로 각 θ를 나타내는 동경이 존재할 수 있는 사분면은 제2사분면, 제3사분면, 제4사분면이다.

다른 풀이

㉠에서

(i) $n = 3k$(k는 정수)일 때,

$360° \times k + 90° < \theta < 360° \times k + 120°$

따라서 θ는 제2사분면의 각

(ii) $n = 3k+1$(k는 정수)일 때,

$360° \times k + 210° < \theta < 360° \times k + 240°$

따라서 θ는 제3사분면의 각

(iii) $n = 3k+2$(k는 정수)일 때,

$360° \times k + 330° < \theta < 360° \times k + 360°$

따라서 θ는 제4사분면의 각

(i), (ii), (iii)에서 각 θ를 나타내는 동경이 존재할 수 있는 사분면은 제2사분면, 제3사분면, 제4사분면이다.

02-1 답 $45°$, $135°$

두 각 θ, 5θ를 나타내는 두 동경이 일직선 위에 있고 방향이 반대이므로

$5\theta - \theta = 360° \times n + 180°$

(단, n은 정수)

$4\theta = 360° \times n + 180°$

$\therefore \theta = 90° \times n + 45°$ ...... ㉠

$0°<\theta<180°$이므로

$0°<90°×n+45°<180°$

$-45°<90°×n<135°$

$\therefore -\dfrac{1}{2}<n<\dfrac{3}{2}$

이때 n은 정수이므로 $n=0$ 또는 $n=1$

이를 ㉠에 대입하면

$\theta=45°$ 또는 $\theta=135°$

02-2 답 **120°, 150°**

두 각 θ, 11θ를 나타내는 두 동경이 x축에 대하여 대칭이므로

$\theta+11\theta=360°×n$ (단, n은 정수)

$12\theta=360°×n$

$\therefore \theta=30°×n$ ㉠

$90°<\theta<180°$이므로

$90°<30°×n<180°$

$\therefore 3<n<6$

이때 n은 정수이므로 $n=4$ 또는 $n=5$

이를 ㉠에 대입하면

$\theta=120°$ 또는 $\theta=150°$

02-3 답 **20°, 60°**

두 각 θ, 8θ를 나타내는 두 동경이 y축에 대하여 대칭이므로

$\theta+8\theta=360°×n+180°$

(단, n은 정수)

$9\theta=360°×n+180°$

$\therefore \theta=40°×n+20°$ ㉠

$0°<\theta<90°$이므로 $0°<40°×n+20°<90°$

$-20°<40°×n<70°$ $\therefore -\dfrac{1}{2}<n<\dfrac{7}{4}$

이때 n은 정수이므로 $n=0$ 또는 $n=1$

이를 ㉠에 대입하면

$\theta=20°$ 또는 $\theta=60°$

2 호도법

1 답 (1) $\dfrac{2}{3}\pi$ (2) $\dfrac{29}{18}\pi$ (3) $\dfrac{15}{4}\pi$ (4) $-\dfrac{35}{9}\pi$

2 답 (1) $126°$ (2) $240°$ (3) $390°$ (4) $-140°$

3 답 (1) $2n\pi+\dfrac{\pi}{3}$ (2) $2n\pi+\dfrac{4}{3}\pi$

    (3) $2n\pi+\dfrac{2}{9}\pi$ (4) $2n\pi+\dfrac{7}{6}\pi$

4 답 호의 길이: 2π, 넓이: 6π

03-1 답 ④

① $-135°=-135×\dfrac{\pi}{180}=-\dfrac{3}{4}\pi$

② $150°=150×\dfrac{\pi}{180}=\dfrac{5}{6}\pi$

③ $-\dfrac{8}{5}\pi=-\dfrac{8}{5}\pi×\dfrac{180°}{\pi}=-288°$

④ $\dfrac{5}{3}\pi=\dfrac{5}{3}\pi×\dfrac{180°}{\pi}=300°$

⑤ $\dfrac{3}{2}\pi=\dfrac{3}{2}\pi×\dfrac{180°}{\pi}=270°$

따라서 옳지 않은 것은 ④이다.

03-2 답 ⑤

① $50°$

② $770°=360°×2+50°$

③ $-310°=360°×(-1)+50°$

④ $\dfrac{5}{18}\pi=\dfrac{5}{18}\pi×\dfrac{180°}{\pi}=50°$

⑤ $-\dfrac{41}{18}\pi=-\dfrac{41}{18}\pi×\dfrac{180°}{\pi}=-410°$

      $=360°×(-2)+310°$

따라서 동경이 나머지 넷과 다른 하나는 ⑤이다.

03-3 답 ㄱ, ㄴ, ㅁ, ㅅ

ㄱ. $-60°=360°×(-1)+300°$ ➡ 제4사분면의 각

ㄴ. $1000°=360°×2+280°$ ➡ 제4사분면의 각

ㄷ. $\dfrac{7}{3}\pi=2\pi+\underset{=60°}{\dfrac{\pi}{3}}$ ➡ 제1사분면의 각

ㄹ. 2π를 나타내는 동경은 x축 위에 있으므로 어느 사분면에도 속하지 않는다.

ㅁ. $\dfrac{15}{4}\pi=2\pi+\underset{=315°}{\dfrac{7}{4}\pi}$ ➡ 제4사분면의 각

ㅂ. $-\dfrac{4}{3}\pi=-2\pi+\underset{=120°}{\dfrac{2}{3}\pi}$ ➡ 제2사분면의 각

ㅅ. $-790°=360°×(-3)+290°$ ➡ 제4사분면의 각

ㅇ. 1(라디안)은 약 57°이므로

   2(라디안)은 약 114° ➡ 제2사분면의 각

따라서 보기에서 제4사분면의 각인 것은 ㄱ, ㄴ, ㅁ, ㅅ이다.

04-1 답 $\dfrac{28}{3}\pi$

부채꼴의 넓이가 24π이므로

$24\pi=\dfrac{1}{2}\times 6^2\times\theta$ $\quad\therefore\ \theta=\dfrac{4}{3}\pi$

또 부채꼴의 호의 길이 l은

$l=6\times\dfrac{4}{3}\pi=8\pi$

$\therefore\ \theta+l=\dfrac{4}{3}\pi+8\pi=\dfrac{28}{3}\pi$

04-2 답 **6**

부채꼴의 호의 길이가 4이므로

$4=r\times 2$ $\quad\therefore\ r=2$

또 부채꼴의 넓이 S는

$S=\dfrac{1}{2}\times 2\times 4=4$

$\therefore\ r+S=2+4=6$

04-3 답 64π

원뿔의 전개도는 오른쪽 그림
과 같고, 옆면인 부채꼴의 호
의 길이는 밑면인 원의 둘레의
길이와 같으므로 부채꼴의 호
의 길이는

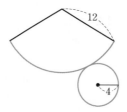

$2\pi\times 4=8\pi$

옆면인 부채꼴의 넓이는

$\dfrac{1}{2}\times 12\times 8\pi=48\pi$

또 밑면인 원의 넓이는

$\pi\times 4^2=16\pi$

따라서 구하는 원뿔의 겉넓이는

$48\pi+16\pi=64\pi$

05-1 답 **반지름의 길이: 5, 호의 길이: 10**

부채꼴의 반지름의 길이를 r, 호의 길이를 l이라 하면 부
채꼴의 둘레의 길이가 20이므로

$2r+l=20$ $\quad\therefore\ l=20-2r$

이때 $r>0$, $20-2r>0$이므로 $0<r<10$

부채꼴의 넓이는

$\dfrac{1}{2}\times r\times(20-2r)=-r^2+10r=-(r-5)^2+25$

즉, $r=5$일 때, 부채꼴의 넓이가 최대이므로 이때의 호의
길이 l은

$l=20-2\times 5=10$

따라서 구하는 반지름의 길이는 5, 호의 길이는 10이다.

05-2 답 **넓이의 최댓값: 81, 중심각의 크기: 2**

부채꼴의 반지름의 길이를 r, 호의 길이를 l이라 하면 부
채꼴의 둘레의 길이가 36이므로

$2r+l=36$ $\quad\therefore\ l=36-2r$

이때 $r>0$, $36-2r>0$이므로 $0<r<18$

부채꼴의 넓이는

$\dfrac{1}{2}\times r\times(36-2r)=-r^2+18r=-(r-9)^2+81$

즉, $r=9$일 때, 부채꼴의 넓이의 최댓값은 81이다.

이때의 부채꼴의 중심각의 크기를 θ라 하면

$\dfrac{1}{2}\times 9^2\times\theta=81$ $\quad\therefore\ \theta=2$

따라서 구하는 부채꼴의 넓이의 최댓값은 81, 중심각의
크기는 2이다.

[다른 풀이]

$r=9$일 때, 부채꼴의 넓이가 최대이고 호의 길이 l은

$l=36-2\times 9=18$이므로

이때의 부채꼴의 중심각의 크기를 θ라 하면

$18=9\times\theta$ $\quad\therefore\ \theta=2$

3 삼각함수

개념 Check

106쪽

1 답 (1) $\dfrac{\sqrt{3}}{2}$ (2) $-\dfrac{1}{2}$ (3) $-\sqrt{3}$

2 답 (1) $\sin\theta<0,\ \cos\theta<0,\ \tan\theta>0$
　 (2) $\sin\theta>0,\ \cos\theta>0,\ \tan\theta>0$
　 (3) $\sin\theta>0,\ \cos\theta<0,\ \tan\theta<0$
　 (4) $\sin\theta<0,\ \cos\theta>0,\ \tan\theta<0$

3 답 (1) 제2사분면 (2) 제3사분면

문제

107~108쪽

06-1 답 -15

오른쪽 그림에서

$\overline{\mathrm{OP}}=\sqrt{(-8)^2+15^2}=17$

$\sin\theta=\dfrac{15}{17},\ \tan\theta=-\dfrac{15}{8}$

$\therefore\ 17\sin\theta+16\tan\theta$

$=17\times\dfrac{15}{17}+16\times\left(-\dfrac{15}{8}\right)$

$=-15$

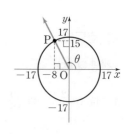

06-2 답 **1**

오른쪽 그림과 같이 $-\dfrac{3}{4}\pi$를
나타내는 동경과 단위원의 교
점을 P, 점 P에서 x축에 내린
수선의 발을 H라 하면 삼각형
OHP에서 $\overline{OP}=1$이고,

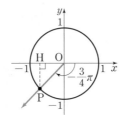

$\angle POH=\dfrac{\pi}{4}$이므로

$\overline{PH}=\overline{OP}\sin\dfrac{\pi}{4}=\dfrac{\sqrt{2}}{2}$

$\overline{OH}=\overline{OP}\cos\dfrac{\pi}{4}=\dfrac{\sqrt{2}}{2}$

점 P가 제3사분면의 점이므로

$P\left(-\dfrac{\sqrt{2}}{2},\ -\dfrac{\sqrt{2}}{2}\right)$

$\therefore \sin\theta=-\dfrac{\sqrt{2}}{2},\ \cos\theta=-\dfrac{\sqrt{2}}{2},\ \tan\theta=1$

$\therefore \sin\theta-\cos\theta+\tan\theta=-\dfrac{\sqrt{2}}{2}-\left(-\dfrac{\sqrt{2}}{2}\right)+1=1$

07-1 답 **제2사분면**

(i) $\cos\theta\sin\theta<0$에서

　$\cos\theta>0,\ \sin\theta<0$ 또는 $\cos\theta<0,\ \sin\theta>0$

　$\cos\theta>0,\ \sin\theta<0$이면

　θ는 제4사분면의 각이다.

　$\cos\theta<0,\ \sin\theta>0$이면

　θ는 제2사분면의 각이다.

　따라서 θ는 제2사분면 또는 제4사분면의 각이다.

(ii) $\cos\theta\tan\theta>0$에서

　$\cos\theta>0,\ \tan\theta>0$ 또는 $\cos\theta<0,\ \tan\theta<0$

　$\cos\theta>0,\ \tan\theta>0$이면

　θ는 제1사분면의 각이다.

　$\cos\theta<0,\ \tan\theta<0$이면

　θ는 제2사분면의 각이다.

　따라서 θ는 제1사분면 또는 제2사분면의 각이다.

(i), (ii)에서 주어진 조건을 동시에 만족시키는 θ는 제2사분면의 각이다.

07-2 답 $-\tan\theta$

θ는 제3사분면의 각이므로

$\sin\theta<0,\ \tan\theta>0$

따라서 $\sin\theta-\tan\theta<0$이므로

$|\sin\theta|-\sqrt{(\sin\theta-\tan\theta)^2}$

$=|\sin\theta|-|\sin\theta-\tan\theta|$

$=-\sin\theta+(\sin\theta-\tan\theta)$

$=-\tan\theta$

---

4 삼각함수 사이의 관계

개념 Check　　　　　　　　109쪽

1 답 $\cos\theta=\dfrac{3}{5},\ \tan\theta=\dfrac{4}{3}$

2 답 $\sin\theta=-\dfrac{3\sqrt{5}}{7},\ \tan\theta=\dfrac{3\sqrt{5}}{2}$

문제　　　　　　　　110~113쪽

08-1 답 (1) **1**　(2) $2\tan\theta$

(1) $(1+\tan^2\theta)(1-\sin^2\theta)$

　$=(1+\tan^2\theta)\cos^2\theta$　◀ $\sin^2\theta+\cos^2\theta=1$

　$=\left(1+\dfrac{\sin^2\theta}{\cos^2\theta}\right)\cos^2\theta$　◀ $\tan\theta=\dfrac{\sin\theta}{\cos\theta}$

　$=\cos^2\theta+\sin^2\theta=1$　◀ $\sin^2\theta+\cos^2\theta=1$

(2) $\dfrac{\sin\theta\cos\theta}{1+\sin\theta}+\dfrac{\sin\theta\cos\theta}{1-\sin\theta}$

　$=\dfrac{\sin\theta\cos\theta(1-\sin\theta)+\sin\theta\cos\theta(1+\sin\theta)}{(1+\sin\theta)(1-\sin\theta)}$

　$=\dfrac{2\sin\theta\cos\theta}{1-\sin^2\theta}$

　$=\dfrac{2\sin\theta\cos\theta}{\cos^2\theta}$　◀ $\sin^2\theta+\cos^2\theta=1$

　$=\dfrac{2\sin\theta}{\cos\theta}=2\tan\theta$　◀ $\tan\theta=\dfrac{\sin\theta}{\cos\theta}$

08-2 답 -2

$\dfrac{\tan\theta}{1+\cos\theta}-\dfrac{\tan\theta}{1-\cos\theta}$

$=\dfrac{\tan\theta(1-\cos\theta)-\tan\theta(1+\cos\theta)}{(1+\cos\theta)(1-\cos\theta)}$

$=\dfrac{-2\tan\theta\cos\theta}{1-\cos^2\theta}$

$=\dfrac{\dfrac{-2\sin\theta}{\cos\theta}\times\cos\theta}{\sin^2\theta}$

$=\dfrac{-2\sin\theta}{\sin^2\theta}=\dfrac{-2}{\sin\theta}$

$\therefore a=-2$

08-3 답 **2**

$(1+\tan\theta)^2\cos^2\theta+(1-\tan\theta)^2\cos^2\theta$

$=\cos^2\theta\{(1+\tan\theta)^2+(1-\tan\theta)^2\}$

$=\cos^2\theta(2+2\tan^2\theta)$

$=2\cos^2\theta(1+\tan^2\theta)$

$=2\cos^2\theta\left(1+\dfrac{\sin^2\theta}{\cos^2\theta}\right)$

$=2(\cos^2\theta+\sin^2\theta)=2$

09-1 답 3

$\tan\theta=-\dfrac{1}{2}$이므로 $\dfrac{\sin\theta}{\cos\theta}=-\dfrac{1}{2}$

$\cos\theta=-2\sin\theta$ $\quad\cdots\cdots$ ㉠

$\sin^2\theta+\cos^2\theta=1$이므로

$\sin^2\theta+(-2\sin\theta)^2=1$

$5\sin^2\theta=1$, $\sin^2\theta=\dfrac{1}{5}$

이때 θ가 제2사분면의 각이므로

$\sin\theta>0$

$\therefore \sin\theta=\dfrac{1}{\sqrt{5}}$

㉠에서 $\cos\theta=-\dfrac{2}{\sqrt{5}}$

$\therefore \sqrt{5}\,(\sin\theta-\cos\theta)=\sqrt{5}\left\{\dfrac{1}{\sqrt{5}}-\left(-\dfrac{2}{\sqrt{5}}\right)\right\}=3$

다른 풀이

동경 OP가 나타내는 각의 크기를 θ라 할 때, θ가 제2사분면의 각이고 $\tan\theta=-\dfrac{1}{2}$이므로 점 $P(-2,\ 1)$이라 할 수 있다.

이때 $\overline{OP}=\sqrt{(-2)^2+1^2}=\sqrt{5}$이므로

$\sin\theta=\dfrac{1}{\sqrt{5}}$, $\cos\theta=-\dfrac{2}{\sqrt{5}}$

$\therefore \sqrt{5}\,(\sin\theta-\cos\theta)=\sqrt{5}\left\{\dfrac{1}{\sqrt{5}}-\left(-\dfrac{2}{\sqrt{5}}\right)\right\}=3$

09-2 답 -15

$\dfrac{1-\cos\theta}{1+\cos\theta}=\dfrac{1}{9}$에서

$9(1-\cos\theta)=1+\cos\theta$

$9-9\cos\theta=1+\cos\theta$

$\therefore \cos\theta=\dfrac{4}{5}$ $\quad\cdots\cdots$ ㉠

$\sin^2\theta+\cos^2\theta=1$이므로

$\sin^2\theta=1-\cos^2\theta$

$\qquad\quad=1-\dfrac{16}{25}=\dfrac{9}{25}$

이때 θ가 제4사분면의 각이므로

$\sin\theta<0$

$\therefore \sin\theta=-\dfrac{3}{5}$ $\quad\cdots\cdots$ ㉡

㉠, ㉡에서

$\tan\theta=\dfrac{\sin\theta}{\cos\theta}=-\dfrac{3}{4}$

$\therefore 15\sin\theta+8\tan\theta=15\times\left(-\dfrac{3}{5}\right)+8\times\left(-\dfrac{3}{4}\right)$

$\qquad\qquad\qquad\qquad\quad=-9-6=-15$

09-3 답 $-\dfrac{\sqrt{21}}{5}$

주어진 등식의 좌변을 간단히 하면

$\dfrac{\sin\theta}{1+\cos\theta}+\dfrac{1+\cos\theta}{\sin\theta}$

$=\dfrac{\sin^2\theta+(1+\cos\theta)^2}{(1+\cos\theta)\sin\theta}$

$=\dfrac{\sin^2\theta+1+2\cos\theta+\cos^2\theta}{(1+\cos\theta)\sin\theta}$

$=\dfrac{2(1+\cos\theta)}{(1+\cos\theta)\sin\theta}$

$=\dfrac{2}{\sin\theta}$

즉, $\dfrac{2}{\sin\theta}=5$이므로 $\sin\theta=\dfrac{2}{5}$

$\sin^2\theta+\cos^2\theta=1$이므로

$\cos^2\theta=1-\sin^2\theta$

$\qquad\quad=1-\dfrac{4}{25}=\dfrac{21}{25}$

이때 $\dfrac{\pi}{2}<\theta<\pi$이므로 $\cos\theta<0$

$\therefore \cos\theta=-\dfrac{\sqrt{21}}{5}$

10-1 답 (1) $\dfrac{4}{9}$ (2) $\dfrac{\sqrt{17}}{3}$ (3) $\dfrac{13}{27}$ (4) $\dfrac{49}{81}$

(1) $\sin\theta-\cos\theta=\dfrac{1}{3}$의 양변을 제곱하면

$\sin^2\theta-2\sin\theta\cos\theta+\cos^2\theta=\dfrac{1}{9}$

$1-2\sin\theta\cos\theta=\dfrac{1}{9}$

$\therefore \sin\theta\cos\theta=\dfrac{4}{9}$

(2) $(\sin\theta+\cos\theta)^2=\sin^2\theta+2\sin\theta\cos\theta+\cos^2\theta$

$\qquad\qquad\qquad\quad=1+2\sin\theta\cos\theta$

$\qquad\qquad\qquad\quad=1+2\times\dfrac{4}{9}=\dfrac{17}{9}$ $\quad\cdots\cdots$ ㉠

이때 $0<\theta<\dfrac{\pi}{2}$이므로 $\sin\theta>0$, $\cos\theta>0$

즉, $\sin\theta+\cos\theta>0$

따라서 ㉠에서

$\sin\theta+\cos\theta=\dfrac{\sqrt{17}}{3}$

(3) $\sin^3\theta-\cos^3\theta$

$=(\sin\theta-\cos\theta)^3+3\sin\theta\cos\theta(\sin\theta-\cos\theta)$

$=\left(\dfrac{1}{3}\right)^3+3\times\dfrac{4}{9}\times\dfrac{1}{3}=\dfrac{13}{27}$

(4) $\sin^4\theta+\cos^4\theta$

$=(\sin^2\theta+\cos^2\theta)^2-2\sin^2\theta\cos^2\theta$

$=1^2-2\times\left(\dfrac{4}{9}\right)^2=\dfrac{49}{81}$

10-2 답 2

$\sin\theta+\cos\theta=-\sqrt{2}$의 양변을 제곱하면

$\sin^2\theta+2\sin\theta\cos\theta+\cos^2\theta=2$

$1+2\sin\theta\cos\theta=2$

$\therefore \sin\theta\cos\theta=\dfrac{1}{2}$

$\therefore \tan\theta+\dfrac{1}{\tan\theta}=\dfrac{\sin\theta}{\cos\theta}+\dfrac{\cos\theta}{\sin\theta}$

$=\dfrac{\sin^2\theta+\cos^2\theta}{\cos\theta\sin\theta}$

$=\dfrac{1}{\sin\theta\cos\theta}$

$=\dfrac{1}{\frac{1}{2}}=2$

11-1 답 $-\dfrac{4}{3}$

이차방정식의 근과 계수의 관계에 의하여

$\sin\theta+\cos\theta=-\dfrac{1}{3}$ ...... ㉠

$\sin\theta\cos\theta=\dfrac{k}{3}$ ...... ㉡

㉠의 양변을 제곱하면

$\sin^2\theta+2\sin\theta\cos\theta+\cos^2\theta=\dfrac{1}{9}$

$1+2\sin\theta\cos\theta=\dfrac{1}{9}$

$\therefore \sin\theta\cos\theta=-\dfrac{4}{9}$ ...... ㉢

㉡, ㉢에서

$\dfrac{k}{3}=-\dfrac{4}{9}$ $\therefore k=-\dfrac{4}{3}$

11-2 답 2

이차방정식의 근과 계수의 관계에 의하여

$(\sin\theta+\cos\theta)+(\sin\theta-\cos\theta)=2$ ...... ㉠

$(\sin\theta+\cos\theta)(\sin\theta-\cos\theta)=\dfrac{k}{2}$ ...... ㉡

㉠에서 $2\sin\theta=2$

$\therefore \sin\theta=1$ ...... ㉢

㉡의 좌변을 간단히 하면

$(\sin\theta+\cos\theta)(\sin\theta-\cos\theta)=\sin^2\theta-\cos^2\theta$

$=\sin^2\theta-(1-\sin^2\theta)$

$=2\sin^2\theta-1$

즉, $2\sin^2\theta-1=\dfrac{k}{2}$이므로

㉢을 대입하면

$2-1=\dfrac{k}{2}$ $\therefore k=2$

11-3 답 $-\dfrac{1}{4}$

이차방정식의 근과 계수의 관계에 의하여

$\cos\theta+\tan\theta=-\dfrac{k}{5}$ ...... ㉠

$\cos\theta\tan\theta=-\dfrac{3}{5}$ ...... ㉡

㉡에서

$\cos\theta\times\dfrac{\sin\theta}{\cos\theta}=-\dfrac{3}{5}$

$\therefore \sin\theta=-\dfrac{3}{5}$

$\sin^2\theta+\cos^2\theta=1$이므로

$\cos^2\theta=1-\sin^2\theta$

$=1-\dfrac{9}{25}=\dfrac{16}{25}$

이때 $\dfrac{3}{2}\pi<\theta<2\pi$이므로 $\cos\theta>0$

$\therefore \cos\theta=\dfrac{4}{5}$

따라서 $\tan\theta=\dfrac{\sin\theta}{\cos\theta}=-\dfrac{3}{4}$이므로

㉠에서

$\dfrac{4}{5}-\dfrac{3}{4}=-\dfrac{k}{5}$, $\dfrac{1}{20}=-\dfrac{k}{5}$

$\therefore k=-\dfrac{1}{4}$

연습문제

1 ㄴ, ㄷ, ㄹ   2 ①   3 제2사분면

4 ②   5 ㉠: $\dfrac{5}{4}\pi$, ㉡: $-150°$, ㉢: -3π 6 ⑤

7 $75\pi\ \text{m}^2$ 8 $\dfrac{25\sqrt{11}}{3}\pi$ 9 2   10 $4\sqrt{3}$ 11 ⑤

12 $2\sqrt{3}-\dfrac{2}{3}\pi$ 13 $-\dfrac{7}{5}$ 14 ③   15 ②

16 ㄴ, ㄷ   17 1   18 ①   19 14   20 $-\dfrac{\sqrt{5}}{8}$

21 $\sqrt{15}$ 22 $\dfrac{\sqrt{3}}{4}$

1   ㄱ. $255°=360°\times0+255°$

ㄴ. $435°=360°\times1+75°$

ㄷ. $1155°=360°\times3+75°$

ㄹ. $-285°=360°\times(-1)+75°$

ㅁ. $-625°=360°\times(-2)+95°$

따라서 보기에서 동경 OP가 나타낼 수 있는 각은 ㄴ, ㄷ, ㄹ이다.

2 ① $660°=360°\times1+300°$
　　　➡ 제4사분면의 각
　② $945°=360°\times2+225°$
　　　➡ 제3사분면의 각
　③ $3450°=360°\times9+210°$
　　　➡ 제3사분면의 각
　④ $-460°=360°\times(-2)+260°$
　　　➡ 제3사분면의 각
　⑤ $-1970°=360°\times(-6)+190°$
　　　➡ 제3사분면의 각
따라서 동경이 존재하는 사분면이 나머지 넷과 다른 하나는 ①이다.

3 θ가 제3사분면의 각이므로
$360°\times n+180°<\theta<360°\times n+270°$ (단, n은 정수)
$\therefore 120°\times n+60°<\dfrac{\theta}{3}<120°\times n+90°$ ...... ㉠

(i) $n=0$일 때, $60°<\dfrac{\theta}{3}<90°$

　따라서 $\dfrac{\theta}{3}$는 제1사분면의 각

(ii) $n=1$일 때, $180°<\dfrac{\theta}{3}<210°$

　따라서 $\dfrac{\theta}{3}$는 제3사분면의 각

(iii) $n=2$일 때, $300°<\dfrac{\theta}{3}<330°$

　따라서 $\dfrac{\theta}{3}$는 제4사분면의 각

$n=3,\ 4,\ 5,\ \cdots$에 대해서도 동경의 위치가 제1사분면, 제3사분면, 제4사분면으로 반복되므로 각 $\dfrac{\theta}{3}$를 나타내는 동경이 존재할 수 없는 사분면은 제2사분면이다.

[다른 풀이]
㉠에서
(i) $n=3k$ (k는 정수)일 때,
　$360°\times k+60°<\dfrac{\theta}{3}<360°\times k+90°$

　따라서 $\dfrac{\theta}{3}$는 제1사분면의 각

(ii) $n=3k+1$ (k는 정수)일 때,
　$360°\times k+180°<\dfrac{\theta}{3}<360°\times k+210°$

　따라서 $\dfrac{\theta}{3}$는 제3사분면의 각

(iii) $n=3k+2$ (k는 정수)일 때,
　$360°\times k+300°<\dfrac{\theta}{3}<360°\times k+330°$

　따라서 $\dfrac{\theta}{3}$는 제4사분면의 각

(i), (ii), (iii)에서 각 $\dfrac{\theta}{3}$를 나타내는 동경이 존재할 수 없는 사분면은 제2사분면이다.

4 두 각 θ, 8θ를 나타내는 두 동경이 직선 $y=x$에 대하여 대칭이므로
$\theta+8\theta=360°\times n+90°$ (단, n은 정수)
$9\theta=360°\times n+90°$
$\therefore \theta=40°\times n+10°$ ...... ㉠
$0°<\theta<90°$이므로
$0°<40°\times n+10°<90°$
$-10°<40°\times n<80°$
$\therefore -\dfrac{1}{4}<n<2$
이때 n은 정수이므로
$n=0$ 또는 $n=1$
이를 ㉠에 대입하면
$\theta=10°$ 또는 $\theta=50°$
따라서 모든 각 θ의 크기의 합은
$10°+50°=60°$

5 (1) $225°=225\times\dfrac{\pi}{180}=\dfrac{5}{4}\pi$

　(2) $-\dfrac{5}{6}\pi=-\dfrac{5}{6}\pi\times\dfrac{180°}{\pi}=-150°$

　(3) $-540°=-540\times\dfrac{\pi}{180}=-3\pi$

따라서 ㉠, ㉡, ㉢에 알맞은 값은 각각 $\dfrac{5}{4}\pi$, $-150°$, -3π이다.

6 반지름의 길이가 r인 원의 넓이는
πr^2 ...... ㉠
반지름의 길이가 $3r$이고 호의 길이가 8π인 부채꼴의 넓이는
$\dfrac{1}{2}\times3r\times8\pi=12\pi r$ ...... ㉡
㉠과 ㉡이 서로 같으므로
$\pi r^2=12\pi r$ $\therefore r=12$

7 부채꼴 OAB의 넓이는
$\dfrac{1}{2}\times16^2\times\dfrac{5}{8}\pi=80\pi\,(\text{m}^2)$
부채꼴 OCD의 넓이는
$\dfrac{1}{2}\times4^2\times\dfrac{5}{8}\pi=5\pi\,(\text{m}^2)$
따라서 도형 ABDC의 넓이는
$80\pi-5\pi=75\pi\,(\text{m}^2)$

8 부채꼴 OAB로 만든 원뿔 모양의 용기는 오른쪽 그림과 같다.

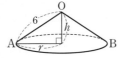

옆면인 부채꼴 OAB의 호의 길이는

$6 \times \dfrac{5}{3}\pi = 10\pi$

원뿔의 밑면인 원의 반지름의 길이를 r라 하면

$2\pi \times r = 10\pi$ ∴ $r = 5$

원뿔의 높이를 h라 하면

$h = \sqrt{6^2 - 5^2} = \sqrt{11}$

따라서 용기의 부피는

$\dfrac{1}{3} \times \pi \times 5^2 \times \sqrt{11} = \dfrac{25\sqrt{11}}{3}\pi$ ◀ 밑면의 반지름의 길이가 r, 높이가 h인 원뿔의 부피는 $\dfrac{1}{3}\pi r^2 h$

9 반지름의 길이를 r, 호의 길이를 l이라 하면

부채꼴의 둘레의 길이가 24이므로

$2r + l = 24$ ∴ $l = 24 - 2r$

이때 $r > 0$, $24 - 2r > 0$이므로 $0 < r < 12$

부채꼴의 넓이는

$\dfrac{1}{2} \times r \times (24 - 2r) = -r^2 + 12r$

$= -(r - 6)^2 + 36$

따라서 $r = 6$일 때, 부채꼴의 넓이의 최댓값은 36이다.

이때의 부채꼴의 중심각의 크기를 θ라 하면

$\dfrac{1}{2} \times 6^2 \times \theta = 36$

∴ $\theta = 2$

10 P$(a, -2\sqrt{6})$ $(a > 0)$에서 $\tan\theta = -2\sqrt{2}$이므로

$\dfrac{-2\sqrt{6}}{a} = -2\sqrt{2}$ ∴ $a = \sqrt{3}$

즉, P$(\sqrt{3}, -2\sqrt{6})$이므로

$r = \overline{\text{OP}} = \sqrt{(\sqrt{3})^2 + (-2\sqrt{6})^2} = 3\sqrt{3}$

∴ $a + r = \sqrt{3} + 3\sqrt{3} = 4\sqrt{3}$

11 $x^2 + y^2 = 5$에 $y = 2$를 대입하면

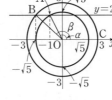

$x^2 + 4 = 5$

∴ $x = -1$ $(\because x < 0)$

즉, 점 A의 좌표는 $(-1, 2)$

$x^2 + y^2 = 9$에 $y = 2$를 대입하면

$x^2 + 4 = 9$

∴ $x = -\sqrt{5}$ $(\because x < 0)$

즉, 점 B의 좌표는 $(-\sqrt{5}, 2)$

∴ $\sin\alpha = \dfrac{2}{\sqrt{5}}$, $\cos\beta = -\dfrac{\sqrt{5}}{3}$

∴ $\sin\alpha \times \cos\beta = \dfrac{2}{\sqrt{5}} \times \left(-\dfrac{\sqrt{5}}{3}\right) = -\dfrac{2}{3}$

12 $\angle\text{QOP} = 2\pi - \dfrac{5}{3}\pi = \dfrac{\pi}{3}$이므로

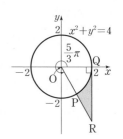

직각삼각형 ORQ에서

$\overline{\text{QR}} = \overline{\text{OQ}}\tan\dfrac{\pi}{3} = 2 \times \sqrt{3} = 2\sqrt{3}$

삼각형 ORQ의 넓이는

$\dfrac{1}{2} \times 2 \times 2\sqrt{3} = 2\sqrt{3}$

부채꼴 OPQ의 넓이는

$\dfrac{1}{2} \times 2^2 \times \dfrac{\pi}{3} = \dfrac{2}{3}\pi$

따라서 구하는 부분의 넓이는

(삼각형 ORQ의 넓이) - (부채꼴 OPQ의 넓이)

$= 2\sqrt{3} - \dfrac{2}{3}\pi$

13 점 P의 좌표를 $(-3a, -4a)$ $(a > 0)$로 놓으면

$\overline{\text{OP}} = \sqrt{(-3a)^2 + (-4a)^2} = 5a$

이므로

$\sin\theta = \dfrac{-4a}{5a} = -\dfrac{4}{5}$

$\cos\theta = \dfrac{-3a}{5a} = -\dfrac{3}{5}$

∴ $\sin\theta + \cos\theta = -\dfrac{4}{5} + \left(-\dfrac{3}{5}\right) = -\dfrac{7}{5}$

14 $\sin\theta\cos\theta < 0$이므로

$\sin\theta > 0$, $\cos\theta < 0$ 또는 $\sin\theta < 0$, $\cos\theta > 0$

$\sin\theta > 0$, $\cos\theta < 0$이면 θ는 제2사분면의 각이다.

$\sin\theta < 0$, $\cos\theta > 0$이면 θ는 제4사분면의 각이다.

따라서 θ는 제2사분면 또는 제4사분면의 각이다.

① $\sin\theta > 0$인 θ는

제1사분면 또는 제2사분면의 각이다.

② $\cos\theta < 0$인 θ는

제2사분면 또는 제3사분면의 각이다.

③ $\tan\theta < 0$인 θ는

제2사분면 또는 제4사분면의 각이다.

④ $\cos\theta\tan\theta < 0$에서

$\cos\theta < 0$, $\tan\theta > 0$ 또는 $\cos\theta > 0$, $\tan\theta < 0$

$\cos\theta < 0$, $\tan\theta > 0$인 θ는 제3사분면의 각이다.

$\cos\theta > 0$, $\tan\theta < 0$인 θ는 제4사분면의 각이다.

따라서 θ는 제3사분면 또는 제4사분면의 각이다.

⑤ $\sin\theta\tan\theta > 0$에서

$\sin\theta > 0$, $\tan\theta > 0$ 또는 $\sin\theta < 0$, $\tan\theta < 0$

$\sin\theta > 0$, $\tan\theta > 0$인 θ는 제1사분면의 각이다.

$\sin\theta < 0$, $\tan\theta < 0$인 θ는 제4사분면의 각이다.

따라서 θ는 제1사분면 또는 제4사분면의 각이다.

따라서 옳은 것은 ③이다.

④ $\cos\theta\tan\theta=\cos\theta\times\dfrac{\sin\theta}{\cos\theta}$

$\qquad\qquad\quad=\sin\theta<0$

따라서 θ는 제3사분면 또는 제4사분면의 각이다.

⑤ $\sin\theta\tan\theta=\sin\theta\times\dfrac{\sin\theta}{\cos\theta}$

$\qquad\qquad\quad=\dfrac{\sin^2\theta}{\cos\theta}>0$

이때 $\sin^2\theta>0$이므로 $\cos\theta>0$

따라서 θ는 제1사분면 또는 제4사분면의 각이다.

15 (i) $\sin\theta\cos\theta>0$이므로

$\qquad \sin\theta>0,\ \cos\theta>0$ 또는 $\sin\theta<0,\ \cos\theta<0$

$\qquad \sin\theta>0,\ \cos\theta>0$이면 θ는 제1사분면의 각이다.

$\qquad \sin\theta<0,\ \cos\theta<0$이면 θ는 제3사분면의 각이다.

(ii) $\cos\theta\tan\theta<0$이므로

$\qquad \cos\theta>0,\ \tan\theta<0$ 또는 $\cos\theta<0,\ \tan\theta>0$

$\qquad \cos\theta>0,\ \tan\theta<0$이면 θ는 제4사분면의 각이다.

$\qquad \cos\theta<0,\ \tan\theta>0$이면 θ는 제3사분면의 각이다.

(i), (ii)에서 θ는 제3사분면의 각이다.

즉, $\sin\theta<0,\ \cos\theta<0,\ \tan\theta>0$이므로

$\tan\theta-\sin\theta>0,\ \sin\theta+\cos\theta<0$

$\therefore \sqrt{\cos^2\theta}+\sqrt{(\tan\theta-\sin\theta)^2}-\sqrt{(\sin\theta+\cos\theta)^2}$

$=|\cos\theta|+|\tan\theta-\sin\theta|-|\sin\theta+\cos\theta|$

$=-\cos\theta+(\tan\theta-\sin\theta)+(\sin\theta+\cos\theta)$

$=\tan\theta$

16 ㄱ. $\tan^2\theta-\sin^2\theta=\dfrac{\sin^2\theta}{\cos^2\theta}-\sin^2\theta$

$\qquad\qquad\qquad\quad=\dfrac{\sin^2\theta-\sin^2\theta\cos^2\theta}{\cos^2\theta}$

$\qquad\qquad\qquad\quad=\dfrac{\sin^2\theta(1-\cos^2\theta)}{\cos^2\theta}$

$\qquad\qquad\qquad\quad=\dfrac{\sin^4\theta}{\cos^2\theta}=\tan^2\theta\sin^2\theta$

$\qquad\qquad\qquad\quad\neq\tan^2\theta\cos^2\theta$

ㄴ. $\dfrac{\tan\theta}{\cos\theta}+\dfrac{1}{\cos^2\theta}=\dfrac{\sin\theta}{\cos\theta}\times\dfrac{1}{\cos\theta}+\dfrac{1}{\cos^2\theta}$

$\qquad\qquad\qquad\quad=\dfrac{\sin\theta+1}{\cos^2\theta}$

$\qquad\qquad\qquad\quad=\dfrac{1+\sin\theta}{1-\sin^2\theta}$

$\qquad\qquad\qquad\quad=\dfrac{1+\sin\theta}{(1+\sin\theta)(1-\sin\theta)}$

$\qquad\qquad\qquad\quad=\dfrac{1}{1-\sin\theta}$

ㄷ. $\dfrac{\cos^2\theta-\sin^2\theta}{1+2\sin\theta\cos\theta}+\dfrac{\tan\theta-1}{\tan\theta+1}$

$=\dfrac{\cos^2\theta-\sin^2\theta}{\sin^2\theta+\cos^2\theta+2\sin\theta\cos\theta}+\dfrac{\dfrac{\sin\theta}{\cos\theta}-1}{\dfrac{\sin\theta}{\cos\theta}+1}$

$=\dfrac{(\cos\theta+\sin\theta)(\cos\theta-\sin\theta)}{(\sin\theta+\cos\theta)^2}+\dfrac{\sin\theta-\cos\theta}{\sin\theta+\cos\theta}$

$=\dfrac{\cos\theta-\sin\theta}{\sin\theta+\cos\theta}+\dfrac{\sin\theta-\cos\theta}{\sin\theta+\cos\theta}=0$

따라서 보기에서 옳은 것은 ㄴ, ㄷ이다.

17 $\cos\theta+\cos^2\theta=1$에서 $1-\cos^2\theta=\cos\theta$이므로

$\sin^2\theta=\cos\theta$

$\therefore \sin^2\theta+\sin^6\theta+\sin^8\theta$

$=\cos\theta+\cos^3\theta+\cos^4\theta$

$=\cos\theta+\cos^2\theta(\cos\theta+\cos^2\theta)$

$=\cos\theta+\cos^2\theta=1\ (\because \cos\theta+\cos^2\theta=1)$

18 $\dfrac{\sin\theta}{1-\sin\theta}-\dfrac{\sin\theta}{1+\sin\theta}=4$에서

$\dfrac{\sin\theta(1+\sin\theta)-\sin\theta(1-\sin\theta)}{(1-\sin\theta)(1+\sin\theta)}=4$

$\dfrac{2\sin^2\theta}{1-\sin^2\theta}=4,\ \dfrac{2(1-\cos^2\theta)}{\cos^2\theta}=4$

$1-\cos^2\theta=2\cos^2\theta$

$\cos^2\theta=\dfrac{1}{3}$

이때 $\dfrac{\pi}{2}<\theta<\pi$이므로 $\cos\theta<0$

$\therefore \cos\theta=-\dfrac{\sqrt{3}}{3}$

19 $\tan^2\theta+\dfrac{1}{\tan^2\theta}=\dfrac{\sin^2\theta}{\cos^2\theta}+\dfrac{\cos^2\theta}{\sin^2\theta}$

$\qquad\qquad\qquad\quad=\dfrac{\sin^4\theta+\cos^4\theta}{\cos^2\theta\sin^2\theta}$

한편 $\sin\theta\cos\theta=\dfrac{1}{4}$이므로

$(\sin^2\theta+\cos^2\theta)^2=\sin^4\theta+2\sin^2\theta\cos^2\theta+\cos^4\theta$에서

$1=\sin^4\theta+2\times\left(\dfrac{1}{4}\right)^2+\cos^4\theta$

$\therefore \sin^4\theta+\cos^4\theta=\dfrac{7}{8}$

$\therefore \tan^2\theta+\dfrac{1}{\tan^2\theta}=\dfrac{\sin^4\theta+\cos^4\theta}{\cos^2\theta\sin^2\theta}$

$\qquad\qquad\qquad\quad=\dfrac{\dfrac{7}{8}}{\left(\dfrac{1}{4}\right)^2}=14$

20 이차방정식의 근과 계수의 관계에 의하여

$$\sin\theta + \cos\theta = \frac{\sqrt{3}}{2} \qquad \cdots\cdots \ \text{㉠}$$

$$\sin\theta\cos\theta = \frac{k}{2} \qquad \cdots\cdots \ \text{㉡}$$

㉠의 양변을 제곱하면

$$\sin^2\theta + 2\sin\theta\cos\theta + \cos^2\theta = \frac{3}{4}$$

$$1 + 2\sin\theta\cos\theta = \frac{3}{4}$$

$$\therefore \ \sin\theta\cos\theta = -\frac{1}{8} \qquad \cdots\cdots \ \text{㉢}$$

㉡, ㉢에서

$$\frac{k}{2} = -\frac{1}{8} \qquad \therefore \ k = -\frac{1}{4}$$

$$(\sin\theta - \cos\theta)^2 = \sin^2\theta - 2\sin\theta\cos\theta + \cos^2\theta$$
$$= 1 - 2 \times \left(-\frac{1}{8}\right) = \frac{5}{4}$$

이때 $\sin\theta > \cos\theta$이므로 $\sin\theta - \cos\theta > 0$

$$\therefore \ \sin\theta - \cos\theta = \frac{\sqrt{5}}{2}$$

$$\therefore \ k(\sin\theta - \cos\theta) = \left(-\frac{1}{4}\right) \times \frac{\sqrt{5}}{2} = -\frac{\sqrt{5}}{8}$$

21 오른쪽 그림과 같이 점
$\mathrm{A}(a, b)\,(a>0,\ b>0)$에
대하여

$$\sin\alpha = \frac{b}{1}$$

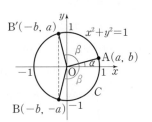

이때 $\sin\alpha = \frac{1}{4}$이므로

$$b = \frac{1}{4}$$

점 $\mathrm{A}\left(a, \frac{1}{4}\right)$은 원 $x^2 + y^2 = 1$ 위의 점이므로

$$a^2 + \left(\frac{1}{4}\right)^2 = 1,\ a^2 = \frac{15}{16}$$

$$a = \frac{\sqrt{15}}{4}\ (\because\ a>0)$$

각 $-\beta$를 나타내는 동경과 원 C의 교점이 $\mathrm{B}(-b, -a)$
이므로 각 β를 나타내는 동경과 원 C의 교점을 B'이라
하면 점 B'은 점 B를 x축에 대하여 대칭이동한 점이다.

$\mathrm{B}'(-b, a)$, 즉 $\left(-\frac{1}{4}, \frac{\sqrt{15}}{4}\right)$이므로

$$\sin\beta = \frac{\sqrt{15}}{4}$$

$$\therefore \ 4\sin\beta = 4 \times \frac{\sqrt{15}}{4} = \sqrt{15}$$

22 $\overline{\mathrm{OA}} = \overline{\mathrm{OB}} = 1$이므로

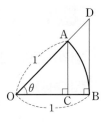

삼각형 AOC에서

$$\overline{\mathrm{OC}} = \overline{\mathrm{OA}}\cos\theta = \cos\theta$$

$$\overline{\mathrm{AC}} = \overline{\mathrm{OA}}\sin\theta = \sin\theta$$

삼각형 DOB에서

$$\overline{\mathrm{BD}} = \overline{\mathrm{OB}}\tan\theta = \tan\theta$$

$3\overline{\mathrm{OC}} = \overline{\mathrm{AC}} \times \overline{\mathrm{BD}}$에서

$$3\cos\theta = \sin\theta\tan\theta$$

$$3\cos\theta = \sin\theta \times \frac{\sin\theta}{\cos\theta}$$

$$3\cos^2\theta = \sin^2\theta,\ 3\cos^2\theta = 1 - \cos^2\theta$$

$$\cos^2\theta = \frac{1}{4}$$

이때 $0 < \theta < \frac{\pi}{2}$이므로 $\cos\theta > 0$

$$\therefore \ \cos\theta = \frac{1}{2}$$

$\sin^2\theta + \cos^2\theta = 1$이므로

$$\sin^2\theta = 1 - \cos^2\theta = 1 - \frac{1}{4} = \frac{3}{4}$$

이때 $0 < \theta < \frac{\pi}{2}$이므로 $\sin\theta > 0$

$$\therefore \ \sin\theta = \frac{\sqrt{3}}{2}$$

$$\therefore \ \sin\theta\cos\theta = \frac{\sqrt{3}}{2} \times \frac{1}{2} = \frac{\sqrt{3}}{4}$$

삼각함수의 그래프

개념 Check

120쪽

1 답 (1) 2π (2) π (3) 2π / 그래프: 풀이 참조

(1)
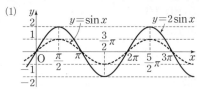

(2)
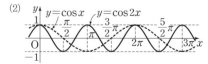

(3)
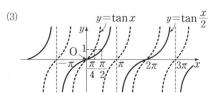

문제

121~124쪽

01-1 답 풀이 참조

(1) $y=2\sin 3x+1$의 그래프는 $y=\sin x$의 그래프를 x축
의 방향으로 $\dfrac{1}{3}$배, y축의 방향으로 2배 한 후 y축의 방
향으로 1만큼 평행이동한 것이므로 다음 그림과 같다.

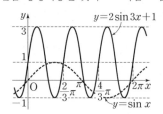

∴ 최댓값: 3, 최솟값: -1, 주기: $\dfrac{2\pi}{3}=\dfrac{2}{3}\pi$

(2) $y=2\cos\left(x-\dfrac{\pi}{3}\right)-1$의 그래프는 $y=\cos x$의 그래프
를 y축의 방향으로 2배 한 후 x축의 방향으로 $\dfrac{\pi}{3}$만큼,
y축의 방향으로 -1만큼 평행이동한 것이므로 다음
그림과 같다.

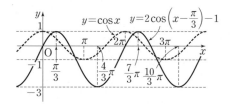

∴ 최댓값: 1, 최솟값: -3, 주기: $\dfrac{2\pi}{1}=2\pi$

(3) $y=\tan 2\left(x-\dfrac{\pi}{4}\right)$의 그래프는 $y=\tan x$의 그래프를
x축의 방향으로 $\dfrac{1}{2}$배 한 후 x축의 방향으로 $\dfrac{\pi}{4}$만큼
평행이동한 것이므로 다음 그림과 같다.

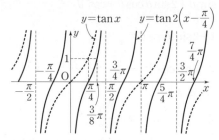

∴ 최댓값: 없다., 최솟값: 없다., 주기: $\dfrac{\pi}{2}$

02-1 답 13

$f(x)=a\tan bx$의 주기가 $\dfrac{\pi}{6}$이고 $b>0$이므로

$\dfrac{\pi}{b}=\dfrac{\pi}{6}$ ∴ $b=6$

$f(x)=a\tan 6x$에서 $f\left(\dfrac{\pi}{24}\right)=7$이므로 $a\tan\dfrac{\pi}{4}=7$

∴ $a=7$ ∴ $a+b=7+6=13$

02-2 답 -1

$f(x)=a\sin\dfrac{x}{b}+c$의 최댓값이 5이고 $a>0$이므로

$a+c=5$ …… ㉠

한편 주기가 4π이고 $b<0$이므로

$\dfrac{2\pi}{-\dfrac{1}{b}}=4\pi$, $-2b\pi=4\pi$ ∴ $b=-2$

$f(x)=a\sin\left(-\dfrac{x}{2}\right)+c$에서 $f\left(-\dfrac{\pi}{3}\right)=\dfrac{7}{2}$이므로

$a\sin\dfrac{\pi}{6}+c=\dfrac{7}{2}$, $\dfrac{a}{2}+c=\dfrac{7}{2}$

∴ $a+2c=7$ …… ㉡

㉠, ㉡을 연립하여 풀면 $a=3$, $c=2$

∴ $a+b-c=3+(-2)-2=-1$

03-1 답 $\dfrac{3}{2}$

주어진 함수 $y=a\sin\left(bx-\dfrac{2}{3}\pi\right)+c$의 그래프에서 최댓
값은 1, 최솟값은 -2이고 $a>0$이므로

$a+c=1$ …… ㉠

$-a+c=-2$ …… ㉡

㉠, ㉡을 연립하여 풀면 $a=\dfrac{3}{2}$, $c=-\dfrac{1}{2}$

주어진 그래프에서 주기는 $\dfrac{13}{3}\pi-\dfrac{\pi}{3}=4\pi$이고 $b>0$이므

로 $\dfrac{2\pi}{b}=4\pi$ $\quad\therefore b=\dfrac{1}{2}$

$\therefore a+b+c=\dfrac{3}{2}+\dfrac{1}{2}+\left(-\dfrac{1}{2}\right)=\dfrac{3}{2}$

03-2 답 π

주어진 함수 $y=a\cos(bx+c)+d$의 그래프에서 최댓값
은 2, 최솟값은 -4이고 $a>0$이므로

$a+d=2$ $\quad\cdots\cdots$ ㉠

$-a+d=-4$ $\quad\cdots\cdots$ ㉡

㉠, ㉡을 연립하여 풀면 $a=3$, $d=-1$

주어진 그래프에서 주기는 $\dfrac{11}{6}\pi-\left(-\dfrac{\pi}{6}\right)=2\pi$이고 $b>0$

이므로 $\dfrac{2\pi}{b}=2\pi$ $\quad\therefore b=1$

따라서 주어진 함수의 식은 $y=3\cos(x+c)-1$이고, 이

함수의 그래프가 점 $\left(\dfrac{\pi}{3},\,2\right)$를 지나므로

$2=3\cos\left(\dfrac{\pi}{3}+c\right)-1$ $\quad\therefore \cos\left(\dfrac{\pi}{3}+c\right)=1$

이때 $-\dfrac{\pi}{2}\le c\le 0$에서 $-\dfrac{\pi}{6}\le\dfrac{\pi}{3}+c\le\dfrac{\pi}{3}$이므로

$\dfrac{\pi}{3}+c=0$ $\quad\therefore c=-\dfrac{\pi}{3}$

$\therefore abcd=3\times1\times\left(-\dfrac{\pi}{3}\right)\times(-1)=\pi$

04-1 답 풀이 참조

(1) 함수 $y=|\sin 3x|$의 그래프는 함수 $y=\sin 3x$의 그래
프를 그린 후 $y\ge0$인 부분은 그대로 두고, $y<0$인 부
분을 x축에 대하여 대칭이동한 것이므로 다음 그림과
같다.

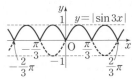

$\therefore$ 최댓값: 1, 최솟값: 0, 주기: $\dfrac{\pi}{3}$

(2) 함수 $y=2\tan|x|$의 그래
프는 함수 $y=2\tan x$의 그
래프를 $x\ge0$인 부분만 그
린 후 $x<0$인 부분은 $x\ge0$
인 부분을 y축에 대하여 대
칭이동하여 그린 것이므로
오른쪽 그림과 같다.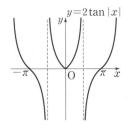

$\therefore$ 최댓값: 없다., 최솟값: 없다., 주기: 없다.

04-2 답 6

함수 $y=3|\cos\pi x|+1$의 그래프는 함수 $y=3\cos\pi x$의
그래프를 그린 후 $y\ge0$인
부분은 그대로 두고, $y<0$
인 부분을 x축에 대하여 대
칭이동한 후 y축의 방향으
로 1만큼 평행이동한 것이
므로 오른쪽 그림과 같다.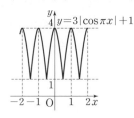

따라서 최댓값은 4, 최솟값은 1, 주기는 1이므로

$M=4$, $m=1$, $a=1$

$\therefore M+m+a=6$

2 삼각함수의 성질

문제   127~130쪽

05-1 답 (1) $\dfrac{3-\sqrt{3}}{2}$ (2) $\dfrac{\sqrt{2}}{2}$

(1) $\sin\dfrac{25}{6}\pi=\sin\left(2\pi\times2+\dfrac{\pi}{6}\right)=\sin\dfrac{\pi}{6}=\dfrac{1}{2}$

$\cos\dfrac{17}{6}\pi=\cos\left(2\pi+\dfrac{5}{6}\pi\right)=\cos\dfrac{5}{6}\pi$

$\qquad\qquad=\cos\left(\pi-\dfrac{\pi}{6}\right)=-\cos\dfrac{\pi}{6}=-\dfrac{\sqrt{3}}{2}$

$\tan\dfrac{5}{4}\pi=\tan\left(\pi+\dfrac{\pi}{4}\right)=\tan\dfrac{\pi}{4}=1$

$\therefore \sin\dfrac{25}{6}\pi+\cos\dfrac{17}{6}\pi+\tan\dfrac{5}{4}\pi$

$\qquad=\dfrac{1}{2}+\left(-\dfrac{\sqrt{3}}{2}\right)+1=\dfrac{3-\sqrt{3}}{2}$

(2) $\sin(-750°)=-\sin750°=-\sin(360°\times2+30°)$

$\qquad\qquad\qquad=-\sin30°=-\dfrac{1}{2}$

$\cos1395°=\cos(360°\times4-45°)$

$\qquad\qquad=\cos(-45°)=\cos45°=\dfrac{\sqrt{2}}{2}$

$\cos240°=\cos(180°+60°)=-\cos60°=-\dfrac{1}{2}$

$\tan495°=\tan(360°+135°)=\tan135°$

$\qquad\qquad=\tan(180°-45°)=-\tan45°=-1$

$\therefore \sin(-750°)+\cos1395°+\cos240°-\tan495°$

$\qquad=-\dfrac{1}{2}+\dfrac{\sqrt{2}}{2}+\left(-\dfrac{1}{2}\right)-(-1)=\dfrac{\sqrt{2}}{2}$

05-2 답 **1**

$$\cos\left(\frac{3}{2}\pi+\theta\right)=\cos\left(\frac{\pi}{2}\times3+\theta\right)=\sin\theta$$

$$\therefore \frac{\cos(2\pi+\theta)}{\sin\left(\frac{\pi}{2}+\theta\right)\cos^2(\pi-\theta)}$$

$$\qquad\qquad +\frac{\sin(\pi+\theta)\tan^2(\pi-\theta)}{\cos\left(\frac{3}{2}\pi+\theta\right)}$$

$$=\frac{\cos\theta}{\cos\theta\times(-\cos\theta)^2}+\frac{-\sin\theta\times(-\tan\theta)^2}{\sin\theta}$$

$$=\frac{1}{\cos^2\theta}-\tan^2\theta=\frac{1}{\cos^2\theta}-\frac{\sin^2\theta}{\cos^2\theta}$$

$$=\frac{1-\sin^2\theta}{\cos^2\theta}=\frac{\cos^2\theta}{\cos^2\theta}=1$$

05-3 답 **0.4021**

$$\sin110°=\sin(90°+20°)=\cos20°=0.9397$$

$$\cos260°=\cos(180°+80°)=-\cos80°$$

$$\qquad\qquad=-\cos(90°-10°)=-\sin10°=-0.1736$$

$$\tan340°=\tan(360°-20°)=-\tan20°=-0.3640$$

$$\therefore \sin110°+\cos260°+\tan340°$$

$$=0.9397+(-0.1736)+(-0.3640)=0.4021$$

06-1 답 $\dfrac{45}{2}$

$\sin(90°-x)=\cos x$이므로

$$\sin89°=\sin(90°-1°)=\cos1°$$

$$\sin87°=\sin(90°-3°)=\cos3°$$

$$\sin85°=\sin(90°-5°)=\cos5°$$

$$\vdots$$

$$\sin47°=\sin(90°-43°)=\cos43°$$

$$\therefore \sin^21°+\sin^23°+\sin^25°+\cdots+\sin^287°+\sin^289°$$

$$=\sin^21°+\sin^23°+\sin^25°+\cdots+\cos^23°+\cos^21°$$

$$=(\sin^21°+\cos^21°)+(\sin^23°+\cos^23°)$$

$$\qquad\qquad +\cdots+(\sin^243°+\cos^243°)+\sin^245°$$

$$=1+1+\cdots+1+\left(\frac{\sqrt{2}}{2}\right)^2$$

$$=1\times22+\frac{1}{2}=\frac{45}{2}$$

06-2 답 **1**

$\tan(90°-x)=\dfrac{1}{\tan x}$이므로

$$\tan89°=\tan(90°-1°)=\frac{1}{\tan1°}$$

$$\tan88°=\tan(90°-2°)=\frac{1}{\tan2°}$$

$$\tan87°=\tan(90°-3°)=\frac{1}{\tan3°}$$

$$\vdots$$

$$\tan46°=\tan(90°-44°)=\frac{1}{\tan44°}$$

$$\therefore \tan1°\times\tan2°\times\tan3°\times\cdots\times\tan88°\times\tan89°$$

$$=\tan1°\times\tan2°\times\tan3°\times\cdots\times\frac{1}{\tan2°}\times\frac{1}{\tan1°}$$

$$=\left(\tan1°\times\frac{1}{\tan1°}\right)\times\left(\tan2°\times\frac{1}{\tan2°}\right)$$

$$\qquad\qquad\times\cdots\times\left(\tan44°\times\frac{1}{\tan44°}\right)\times\tan45°$$

$$=1\times1\times\cdots\times1\times1=1$$

06-3 답 **1**

$$\cos50°=\cos(90°-40°)=\sin40°,$$

$\sin50°=\sin(90°-40°)=\cos40°$이므로

$$\left(1-\frac{1}{\sin40°}\right)\left(1+\frac{1}{\cos50°}\right)\left(1-\frac{1}{\cos40°}\right)\left(1+\frac{1}{\sin50°}\right)$$

$$=\left(1-\frac{1}{\sin40°}\right)\left(1+\frac{1}{\sin40°}\right)$$

$$\qquad\qquad\times\left(1-\frac{1}{\cos40°}\right)\left(1+\frac{1}{\cos40°}\right)$$

$$=\left(1-\frac{1}{\sin^240°}\right)\left(1-\frac{1}{\cos^240°}\right)$$

$$=\frac{\sin^240°-1}{\sin^240°}\times\frac{\cos^240°-1}{\cos^240°}$$

$$=-\frac{\cos^240°}{\sin^240°}\times\left(-\frac{\sin^240°}{\cos^240°}\right)=1$$

07-1 답 (1) 최댓값: **−1**, 최솟값: **−3**

(2) 최댓값: **6**, 최솟값: **−2**

(1) $y=3\cos(x-\pi)-2\sin\left(x-\frac{\pi}{2}\right)-2$

$$=3\cos\{-(\pi-x)\}-2\sin\left\{-\left(\frac{\pi}{2}-x\right)\right\}-2$$

$$=3\cos(\pi-x)+2\sin\left(\frac{\pi}{2}-x\right)-2$$

$$=-3\cos x+2\cos x-2$$

$$=-\cos x-2$$

이때 $-1\leq\cos x\leq1$이므로 $-1\leq-\cos x\leq1$

$$\therefore -3\leq-\cos x-2\leq-1$$

따라서 최댓값은 −1, 최솟값은 −3이다.

(2) $\cos2x=t$로 놓으면 $-1\leq t\leq1$이고

$y=4|t-1|-2$ $\qquad$ ······ ㉠

따라서 $-1\leq t\leq1$에서 ㉠의 그래프는 오른쪽 그림과 같으므로

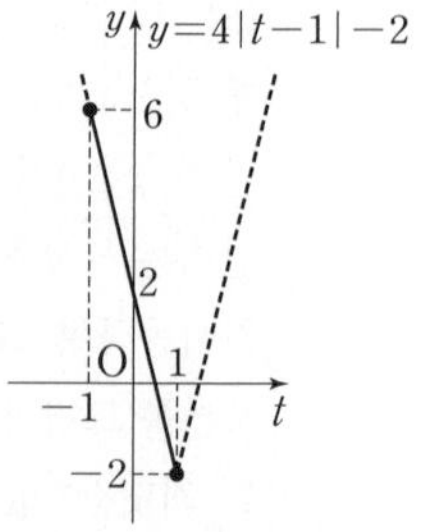

$t=-1$일 때, 최댓값은 6

$t=1$일 때, 최솟값은 −2

다른 풀이

(2) $-1 \leq \cos 2x \leq 1$이므로 $-2 \leq \cos 2x - 1 \leq 0$

$0 \leq |\cos 2x - 1| \leq 2$

$0 \leq 4|\cos 2x - 1| \leq 8$

$\therefore -2 \leq 4|\cos 2x - 1| - 2 \leq 6$

따라서 최댓값은 6, 최솟값은 -2이다.

08-1 답 (1) 최댓값: $\dfrac{2}{3}$, 최솟값: -2

(2) 최댓값: 5, 최솟값: $\dfrac{11}{4}$

(1) $\cos x = t$로 놓으면 $-1 \leq t \leq 1$이고

$y = \dfrac{2t}{t+2} = -\dfrac{4}{t+2} + 2$ $\cdots\cdots$ ㉠

따라서 $-1 \leq t \leq 1$에서 ㉠의
그래프는 오른쪽 그림과 같으
므로

$t=1$일 때, 최댓값은 $\dfrac{2}{3}$

$t=-1$일 때, 최솟값은 -2

(2) $y = -\cos^2 x - \cos\left(x - \dfrac{\pi}{2}\right) + 4$

$= -(1 - \sin^2 x) - \cos\left\{ -\left(\dfrac{\pi}{2} - x\right) \right\} + 4$

$= \sin^2 x - 1 - \cos\left(\dfrac{\pi}{2} - x\right) + 4$

$= \sin^2 x - \sin x + 3$

$\sin x = t$로 놓으면 $-1 \leq t \leq 1$이고

$y = t^2 - t + 3 = \left(t - \dfrac{1}{2}\right)^2 + \dfrac{11}{4}$ $\cdots\cdots$ ㉠

따라서 $-1 \leq t \leq 1$에서
㉠의 그래프는 오른쪽 그
림과 같으므로

$t=-1$일 때, 최댓값은 5

$t=\dfrac{1}{2}$일 때, 최솟값은 $\dfrac{11}{4}$

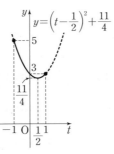

다른 풀이

(1) 주어진 함수를 변형하면

$y = \dfrac{2\cos x}{\cos x + 2} = -\dfrac{4}{\cos x + 2} + 2$

이때 $-1 \leq \cos x \leq 1$이므로 $\dfrac{1}{3} \leq \dfrac{1}{\cos x + 2} \leq 1$

$-4 \leq -\dfrac{4}{\cos x + 2} \leq -\dfrac{4}{3}$

$\therefore -2 \leq -\dfrac{4}{\cos x + 2} + 2 \leq \dfrac{2}{3}$

따라서 최댓값은 $\dfrac{2}{3}$, 최솟값은 -2이다.

연습문제 131~133쪽

1 3π	**2** ④	**3** -2π	**4** ⑤	**5** 2π
6 ⑤	**7** ③	**8** ②	**9** ④	**10** 1
11 $-\dfrac{4}{5}$	**12** $\dfrac{5}{2}$	**13** 0	**14** 49	**15** -2
16 6	**17** 2	**18** ②	**19** 8	**20** ③
21 $\dfrac{7}{2}$				

1 $y = 5\cos(2x - \pi) + 6 = 5\cos 2\left(x - \dfrac{\pi}{2}\right) + 6$이므로 주어
진 함수의 그래프는 함수 $y = 5\cos 2x$의 그래프를 x축의
방향으로 $\dfrac{\pi}{2}$만큼, y축의 방향으로 6만큼 평행이동한 것
이다.

따라서 $a = \dfrac{\pi}{2}$, $b = 6$이므로 $ab = 3\pi$

2 $y = 2\cos\left(\dfrac{x}{2} + \pi\right)$의 주기는 $\dfrac{2\pi}{\frac{1}{2}} = 4\pi$

① $y = -\cos\left(4x + \dfrac{\pi}{2}\right)$의 주기는 $\dfrac{2\pi}{4} = \dfrac{\pi}{2}$

② $y = \dfrac{1}{2}\sin\left(x + \dfrac{\pi}{3}\right)$의 주기는 2π

③ $y = 3\sin(2x + \pi)$의 주기는 $\dfrac{2\pi}{2} = \pi$

④ $y = \tan\left(\dfrac{x}{4} + \pi\right)$의 주기는 $\dfrac{\pi}{\frac{1}{4}} = 4\pi$

⑤ $y = 4\tan 2x - 1$의 주기는 $\dfrac{\pi}{2}$

따라서 함수 $y = 2\cos\left(\dfrac{x}{2} + \pi\right)$와 주기가 같은 함수는 ④
이다.

3 주기는 $a = \dfrac{2\pi}{3}$

최댓값은 $b = 2 - 1 = 1$

최솟값은 $c = -2 - 1 = -3$

$\therefore abc = \dfrac{2\pi}{3} \times 1 \times (-3) = -2\pi$

4 ① 주기는 $\dfrac{\pi}{3}$이다.

② 그래프는 점 $(\pi, 1)$을 지난다.

③ 최댓값과 최솟값은 없다.

④ 점근선의 방정식은 $3x - \pi = n\pi + \dfrac{\pi}{2}$에서

$3x = n\pi + \dfrac{3}{2}\pi$ (n은 정수)

$\therefore x = \dfrac{n}{3}\pi + \dfrac{\pi}{2}$ (단, n은 정수)

⑤ $y=2\tan(3x-\pi)+1=2\tan 3\left(x-\dfrac{\pi}{3}\right)+1$이므로

주어진 함수의 그래프는 함수 $y=2\tan 3x$의 그래프를

x축의 방향으로 $\dfrac{\pi}{3}$만큼, y축의 방향으로 1만큼 평행

이동한 것이다.

따라서 옳은 것은 ⑤이다.

5 오른쪽 그림에서 빗금 친 두

부분의 넓이가 서로 같으므

로 구하는 넓이는 가로의 길

이가 $\dfrac{\pi}{2}$이고 세로의 길이가

4인 직사각형의 넓이와 같다.

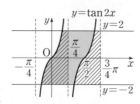

$\therefore \dfrac{\pi}{2}\times 4=2\pi$

6 $f(x)=a\cos\left(bx+\dfrac{\pi}{2}\right)+c$의 최댓값이 2, 최솟값이 -4

이고 $a<0$이므로 $-a+c=2$, $a+c=-4$

두 식을 연립하여 풀면 $a=-3$, $c=-1$

한편 주기가 $\dfrac{2}{3}\pi$이고 $b>0$이므로

$\dfrac{2\pi}{b}=\dfrac{2}{3}\pi$　　$\therefore b=3$

따라서 $f(x)=-3\cos\left(3x+\dfrac{\pi}{2}\right)-1$이므로

$f\left(\dfrac{\pi}{6}\right)=-3\cos\pi-1=-3\times(-1)-1=2$

7 주어진 함수 $y=a\tan b\pi x$의 그래프에서 주기는

$8-2=6$이고 $b>0$이므로 $\dfrac{\pi}{b\pi}=6$　　$\therefore b=\dfrac{1}{6}$

이 함수의 그래프가 점 $(2, 3)$을 지나므로

$3=a\tan\left(\dfrac{\pi}{6}\times 2\right)$, $3=a\tan\dfrac{\pi}{3}=\sqrt{3}a$　　$\therefore a=\sqrt{3}$

$\therefore a^2\times b=(\sqrt{3})^2\times\dfrac{1}{6}=\dfrac{1}{2}$

8 ㄱ. $y=|\cos 2x|$의 그래프는 다음 그림과 같으므로 주기

는 $\dfrac{\pi}{2}$이다.

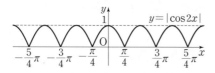

ㄴ. $y=\cos 2|x|$의 그래프는 다음 그림과 같으므로 주기

는 π이다.

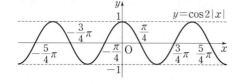

ㄷ. $y=|\tan 2x|$의 그래프는 다음 그림과 같으므로 주기

는 $\dfrac{\pi}{2}$이다.

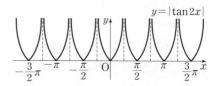

ㄹ. $y=\left|\sin\dfrac{x}{2}\right|$의 그래프는 다음 그림과 같으므로 주기

는 2π이다.

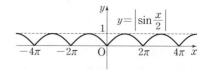

따라서 보기에서 주기가 같은 함수는 ㄱ, ㄷ이다.

9 $y=\cos\left(x-\dfrac{\pi}{2}\right)=\cos\left\{-\left(\dfrac{\pi}{2}-x\right)\right\}$

$\qquad =\cos\left(\dfrac{\pi}{2}-x\right)=\sin x$

함수 $y=\sin 4x$의 주기는 $\dfrac{2\pi}{4}=\dfrac{\pi}{2}$이므로

$0\le x<2\pi$에서 두 함수 $y=\sin x$, $y=\sin 4x$의 그래프는

다음 그림과 같다.

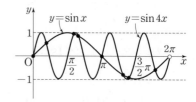

따라서 두 곡선이 만나는 점의 개수는 8이다.

10 $\cos\dfrac{32}{3}\pi=\cos\left(2\pi\times 5+\dfrac{2}{3}\pi\right)=\cos\dfrac{2}{3}\pi$

$\qquad =\cos\left(\pi-\dfrac{\pi}{3}\right)=-\cos\dfrac{\pi}{3}=-\dfrac{1}{2}$

$\sin\dfrac{41}{6}\pi=\sin\left(2\pi\times 3+\dfrac{5}{6}\pi\right)=\sin\dfrac{5}{6}\pi$

$\qquad =\sin\left(\pi-\dfrac{\pi}{6}\right)=\sin\dfrac{\pi}{6}=\dfrac{1}{2}$

$\tan\left(-\dfrac{45}{4}\pi\right)=-\tan\dfrac{45}{4}\pi=-\tan\left(2\pi\times 5+\dfrac{5}{4}\pi\right)$

$\qquad =-\tan\dfrac{5}{4}\pi=-\tan\left(\pi+\dfrac{\pi}{4}\right)$

$\qquad =-\tan\dfrac{\pi}{4}=-1$

$\therefore \cos\dfrac{32}{3}\pi+\sin\dfrac{41}{6}\pi-\tan\left(-\dfrac{45}{4}\pi\right)$

$\qquad =-\dfrac{1}{2}+\dfrac{1}{2}-(-1)=1$

11 직각삼각형 ABC에서 $\alpha+\beta=\dfrac{\pi}{2}$이므로 $2\alpha+2\beta=\pi$

$$\therefore \ \sin(2\alpha+3\beta)=\sin(2\alpha+2\beta+\beta)$$
$$=\sin(\pi+\beta)$$
$$=-\sin\beta=-\frac{4}{5}$$

12 $\dfrac{\cos x}{1+\sin x}+\dfrac{\sin\left(\dfrac{\pi}{2}+x\right)}{1-\cos\left(\dfrac{\pi}{2}-x\right)}$

$$=\frac{\cos x}{1+\sin x}+\frac{\cos x}{1-\sin x} \quad\cdots\cdots \ \text{㉠}$$

$\sin x=\dfrac{3}{5}$이고 x가 제1사분면의 각이므로

$$\cos x=\sqrt{1-\sin^2 x}=\sqrt{1-\left(\frac{3}{5}\right)^2}=\frac{4}{5}$$

$\sin x=\dfrac{3}{5},\ \cos x=\dfrac{4}{5}$를 ㉠에 대입하면

$$\frac{\cos x}{1+\sin x}+\frac{\cos x}{1-\sin x}=\frac{\dfrac{4}{5}}{1+\dfrac{3}{5}}+\frac{\dfrac{4}{5}}{1-\dfrac{3}{5}}=\frac{5}{2}$$

다른 풀이

㉠에서

$$\frac{\cos x(1-\sin x)+\cos x(1+\sin x)}{(1+\sin x)(1-\sin x)}$$
$$=\frac{2\cos x}{1-\sin^2 x}=\frac{2\cos x}{\cos^2 x}$$
$$=\frac{2}{\cos x}=\frac{2}{\dfrac{4}{5}}=\frac{5}{2}$$

13 $\theta=15°$이므로

$$\tan 5\theta=\tan 75°=\tan(90°-15°)=\frac{1}{\tan 15°}=\frac{1}{\tan\theta}$$

$$\tan 4\theta=\tan 60°=\tan(90°-30°)=\frac{1}{\tan 30°}=\frac{1}{\tan 2\theta}$$

$$\tan 3\theta=\tan 45°=1$$

$$\therefore \ \log_3\tan\theta+\log_3\tan 2\theta+\log_3\tan 3\theta$$
$$\qquad\qquad +\log_3\tan 4\theta+\log_3\tan 5\theta$$
$$=\log_3(\tan\theta\times\tan 2\theta\times\tan 3\theta\times\tan 4\theta\times\tan 5\theta)$$
$$=\log_3\left(\tan\theta\times\tan 2\theta\times 1\times\frac{1}{\tan 2\theta}\times\frac{1}{\tan\theta}\right)$$
$$=\log_3 1=0$$

14 $\sin 89°=\sin(90°-1°)=\cos 1°$

$\sin 88°=\sin(90°-2°)=\cos 2°$

$\sin 87°=\sin(90°-3°)=\cos 3°$

$$\vdots$$

$\sin 41°=\sin(90°-49°)=\cos 49°$

$$\therefore \ \frac{1}{\sin^2 41°}+\frac{1}{\sin^2 42°}+\frac{1}{\sin^2 43°}+\cdots+\frac{1}{\sin^2 89°}$$
$$-(\tan^2 1°+\tan^2 2°+\tan^2 3°+\cdots+\tan^2 49°)$$
$$=\frac{1}{\cos^2 49°}+\frac{1}{\cos^2 48°}+\frac{1}{\cos^2 47°}+\cdots+\frac{1}{\cos^2 1°}$$
$$-\left(\frac{\sin^2 1°}{\cos^2 1°}+\frac{\sin^2 2°}{\cos^2 2°}+\frac{\sin^2 3°}{\cos^2 3°}+\cdots+\frac{\sin^2 49°}{\cos^2 49°}\right)$$
$$=\frac{1-\sin^2 49°}{\cos^2 49°}+\frac{1-\sin^2 48°}{\cos^2 48°}+\frac{1-\sin^2 47°}{\cos^2 47°}$$
$$+\cdots+\frac{1-\sin^2 1°}{\cos^2 1°}$$
$$=\frac{\cos^2 49°}{\cos^2 49°}+\frac{\cos^2 48°}{\cos^2 48°}+\frac{\cos^2 47°}{\cos^2 47°}+\cdots+\frac{\cos^2 1°}{\cos^2 1°}=49$$

15 $y=a\cos(x+\pi)-2\sin\left(x+\dfrac{\pi}{2}\right)+b$

$$=-a\cos x-2\cos x+b$$
$$=-(a+2)\cos x+b$$

$a>0$이고 최댓값이 1, 최솟값이 -5이므로

(최댓값)$=a+2+b=1$

$$\therefore \ a+b=-1 \quad\cdots\cdots \ \text{㉠}$$

(최솟값)$=-(a+2)+b=-5$

$$\therefore \ a-b=3 \quad\cdots\cdots \ \text{㉡}$$

㉠, ㉡을 연립하여 풀면

$a=1,\ b=-2 \qquad \therefore \ ab=-2$

16 $\sin 2x=t$로 놓으면 $-1\le t\le 1$이고

$$y=|t+2|+1 \quad\cdots\cdots \ \text{㉠}$$

따라서 $-1\le t\le 1$에서 ㉠의 그래프는 오른쪽 그림과 같다.

$t=1$일 때, $M=4$

$t=-1$일 때, $m=2$

$$\therefore \ M+m=6$$

다른 풀이

$-1\le\sin 2x\le 1$이므로

$1\le\sin 2x+2\le 3,\ 1\le|\sin 2x+2|\le 3$

$$\therefore \ 2\le|\sin 2x+2|+1\le 4$$

따라서 최댓값은 4, 최솟값은 2이다.

$$\therefore \ M+m=4+2=6$$

17 $\sin x=t$로 놓으면 $-1\le t\le 1$이고

$$y=\frac{4t+4}{t+3}=-\frac{8}{t+3}+4 \quad\cdots\cdots \ \text{㉠}$$

따라서 $-1\le t\le 1$에서 ㉠의 그래프는 오른쪽 그림과 같다.

$t=1$일 때, $M=2$

$t=-1$일 때, $m=0$

$$\therefore \ M-m=2$$

주어진 함수를 변형하면 $y=\dfrac{-8}{\sin x+3}+4$

이때 $-1\leq\sin x\leq 1$이므로 $\dfrac{1}{4}\leq\dfrac{1}{\sin x+3}\leq\dfrac{1}{2}$

$-4\leq\dfrac{-8}{\sin x+3}\leq-2$ $\quad\therefore 0\leq\dfrac{-8}{\sin x+3}+4\leq 2$

따라서 최댓값은 2, 최솟값은 0이다.

$\therefore M-m=2-0=2$

18 $y=3\sin^2\left(x+\dfrac{\pi}{2}\right)-4\cos^2 x+6\sin(x+\pi)+5$

$\quad =3\cos^2 x-4\cos^2 x-6\sin x+5$

$\quad =-\cos^2 x-6\sin x+5$

$\quad =-(1-\sin^2 x)-6\sin x+5$

$\quad =\sin^2 x-6\sin x+4$

$\sin x=t$로 놓으면 $0\leq x\leq\dfrac{\pi}{2}$에서 $0\leq\sin x\leq 1$이므로

$0\leq t\leq 1$이고

$y=t^2-6t+4=(t-3)^2-5$ $\quad\cdots\cdots$ ㉠

따라서 $0\leq t\leq 1$에서 ㉠의 그래프는 오른쪽 그림과 같으므로 $t=1$일 때 최솟값은 -1이다. $\quad\therefore b=-1$

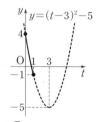

한편 $t=\sin x$이므로 $\sin x=1$에서

$x=\dfrac{\pi}{2}\left(\because 0\leq x\leq\dfrac{\pi}{2}\right)$

$\therefore a=\dfrac{\pi}{2}$ $\quad\therefore ab=\dfrac{\pi}{2}\times(-1)=-\dfrac{\pi}{2}$

19 (내)에서 $0\leq x\leq\pi$일 때, $f(x)=\sin 2x$

(대)에서 $\pi<x\leq 2\pi$일 때, $f(x)=-\sin 2x$

(개)에서 함수 $f(x)$의 주기는 2π이므로 함수 $y=f(x)$의 그래프와 직선 $y=\dfrac{x}{2\pi}$는 다음 그림과 같다.

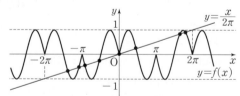

이때 직선 $y=\dfrac{x}{2\pi}$가 두 점 $(2\pi,\ 1)$, $(-2\pi,\ -1)$을 지나므로 함수 $y=f(x)$의 그래프와 직선 $y=\dfrac{x}{2\pi}$가 만나는 점의 개수는 8이다.

20 함수 $y=a\sin b\pi x$의 주기는 $\dfrac{2\pi}{b\pi}=\dfrac{2}{b}\ (\because b>0)$이고 최댓값은 a이므로 두 점 A, B는 $\text{A}\left(\dfrac{1}{2b},\ a\right)$, $\text{B}\left(\dfrac{5}{2b},\ a\right)$

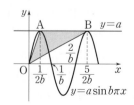

즉, $\overline{\text{AB}}=\dfrac{5}{2b}-\dfrac{1}{2b}=\dfrac{2}{b}$이므로

삼각형 OAB의 넓이는

$\dfrac{1}{2}\times\dfrac{2}{b}\times a=5$, $\dfrac{a}{b}=5$ $\quad\therefore a=5b$ $\quad\cdots\cdots$ ㉠

직선 OA의 기울기는 $\dfrac{a}{\frac{1}{2b}}=2ab$

직선 OB의 기울기는 $\dfrac{a}{\frac{5}{2b}}=\dfrac{2ab}{5}$

$2ab\times\dfrac{2ab}{5}=\dfrac{5}{4}$, $a^2b^2=\dfrac{25}{16}$

$\therefore ab=\dfrac{5}{4}\ (\because a>0,\ b>0)$ $\quad\cdots\cdots$ ㉡

㉠을 ㉡에 대입하면

$5b^2=\dfrac{5}{4}$, $b^2=\dfrac{1}{4}$ $\quad\therefore b=\dfrac{1}{2}\ (\because b>0)$

이를 ㉠에 대입하면 $a=\dfrac{5}{2}$

$\therefore a+b=\dfrac{5}{2}+\dfrac{1}{2}=3$

21 $\angle\text{P}_1\text{OA}=\dfrac{\pi}{2}\times\dfrac{1}{8}=\dfrac{\pi}{16}$이므로 $\angle\text{P}_2\text{OA}=\dfrac{2}{16}\pi$,

$\angle\text{P}_3\text{OA}=\dfrac{3}{16}\pi,\ \cdots,\ \angle\text{P}_7\text{OA}=\dfrac{7}{16}\pi$

직각삼각형 P_1OQ_1에서

$\overline{\text{P}_1\text{Q}_1}=\overline{\text{OP}_1}\sin\dfrac{\pi}{16}=\sin\dfrac{\pi}{16}$

같은 방법으로 하면

$\overline{\text{P}_2\text{Q}_2}=\sin\dfrac{2}{16}\pi$

$\overline{\text{P}_3\text{Q}_3}=\sin\dfrac{3}{16}\pi$

$\overline{\text{P}_4\text{Q}_4}=\sin\dfrac{4}{16}\pi=\sin\dfrac{\pi}{4}$

$\overline{\text{P}_5\text{Q}_5}=\sin\dfrac{5}{16}\pi=\sin\left(\dfrac{\pi}{2}-\dfrac{3}{16}\pi\right)=\cos\dfrac{3}{16}\pi$

$\overline{\text{P}_6\text{Q}_6}=\sin\dfrac{6}{16}\pi=\sin\left(\dfrac{\pi}{2}-\dfrac{2}{16}\pi\right)=\cos\dfrac{2}{16}\pi$

$\overline{\text{P}_7\text{Q}_7}=\sin\dfrac{7}{16}\pi=\sin\left(\dfrac{\pi}{2}-\dfrac{\pi}{16}\right)=\cos\dfrac{\pi}{16}$

$\therefore \overline{\text{P}_1\text{Q}_1}^2+\overline{\text{P}_2\text{Q}_2}^2+\overline{\text{P}_3\text{Q}_3}^2+\cdots+\overline{\text{P}_7\text{Q}_7}^2$

$=\sin^2\dfrac{\pi}{16}+\sin^2\dfrac{2}{16}\pi+\sin^2\dfrac{3}{16}\pi+\sin^2\dfrac{\pi}{4}$

$\qquad +\cos^2\dfrac{3}{16}\pi+\cos^2\dfrac{2}{16}\pi+\cos^2\dfrac{\pi}{16}$

$=\left(\sin^2\dfrac{\pi}{16}+\cos^2\dfrac{\pi}{16}\right)+\left(\sin^2\dfrac{2}{16}\pi+\cos^2\dfrac{2}{16}\pi\right)$

$\qquad +\left(\sin^2\dfrac{3}{16}\pi+\cos^2\dfrac{3}{16}\pi\right)+\sin^2\dfrac{\pi}{4}$

$=1+1+1+\dfrac{1}{2}=\dfrac{7}{2}$

삼각함수가 포함된 방정식과 부등식

문제　　　　　　　　　　　　　136~140쪽

01-**1** [답] (1) $x=\dfrac{5}{6}\pi$　(2) $x=\dfrac{2}{3}\pi$

　　　　　(3) $x=\dfrac{\pi}{12}$ 또는 $x=\dfrac{5}{12}\pi$　(4) $x=\dfrac{5}{12}\pi$

(1) $2\cos x=-\sqrt{3}$에서 $\cos x=-\dfrac{\sqrt{3}}{2}$

$0\le x<\pi$에서 함수 $y=\cos x$의 그래프와 직선

$y=-\dfrac{\sqrt{3}}{2}$의 교점의 x좌표는 $\dfrac{5}{6}\pi$

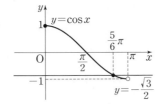

따라서 주어진 방정식의 해는 $x=\dfrac{5}{6}\pi$

(2) $\sqrt{3}\tan x+3=0$에서 $\sqrt{3}\tan x=-3$

　　$\therefore \tan x=-\sqrt{3}$

$0\le x<\pi$에서 함수 $y=\tan x$의 그래프와 직선

$y=-\sqrt{3}$의 교점의 x좌표는 $\dfrac{2}{3}\pi$

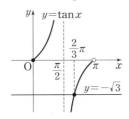

따라서 주어진 방정식의 해는 $x=\dfrac{2}{3}\pi$

(3) $2x=t$로 놓으면 $0\le x<\pi$에서

$0\le 2x<2\pi$　　$\therefore 0\le t<2\pi$

이때 주어진 방정식은

$2\sin t-1=0$　　$\therefore \sin t=\dfrac{1}{2}$

$0\le t<2\pi$에서 함수 $y=\sin t$의 그래프와 직선 $y=\dfrac{1}{2}$

의 교점의 t좌표는 $\dfrac{\pi}{6}$, $\dfrac{5}{6}\pi$

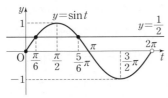

$t=2x$이므로 $2x=\dfrac{\pi}{6}$ 또는 $2x=\dfrac{5}{6}\pi$

$\therefore x=\dfrac{\pi}{12}$ 또는 $x=\dfrac{5}{12}\pi$

(4) $x-\dfrac{\pi}{6}=t$로 놓으면 $0\le x<\pi$에서

$-\dfrac{\pi}{6}\le x-\dfrac{\pi}{6}<\dfrac{5}{6}\pi$

$\therefore -\dfrac{\pi}{6}\le t<\dfrac{5}{6}\pi$

이때 주어진 방정식은

$\tan t-1=0$　　$\therefore \tan t=1$

$-\dfrac{\pi}{6}\le t<\dfrac{5}{6}\pi$에서 함수 $y=\tan t$의 그래프와 직선

$y=1$의 교점의 t좌표는 $\dfrac{\pi}{4}$

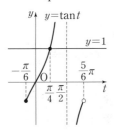

$t=x-\dfrac{\pi}{6}$이므로 $x-\dfrac{\pi}{6}=\dfrac{\pi}{4}$

$\therefore x=\dfrac{5}{12}\pi$

02-**1** [답] $x=\dfrac{\pi}{3}$ 또는 $x=\dfrac{5}{3}\pi$

$2\sin^2 x-5\cos x+1=0$에서

$2(1-\cos^2 x)-5\cos x+1=0$

$2\cos^2 x+5\cos x-3=0$

$(\cos x+3)(2\cos x-1)=0$

$\therefore \cos x=-3$ 또는 $\cos x=\dfrac{1}{2}$

그런데 $0\le x<2\pi$에서 $-1\le\cos x\le 1$이므로

$\cos x=\dfrac{1}{2}$

$0\le x<2\pi$에서 함수 $y=\cos x$의 그래프와 직선 $y=\dfrac{1}{2}$의

교점의 x좌표는 $\dfrac{\pi}{3}$, $\dfrac{5}{3}\pi$

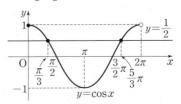

따라서 주어진 방정식의 해는

$x=\dfrac{\pi}{3}$ 또는 $x=\dfrac{5}{3}\pi$

02-2 답 $x=\dfrac{\pi}{6}$

주어진 식의 양변에 $\tan x$를 곱하면

$3\tan^2 x+1=2\sqrt{3}\tan x$

$3\tan^2 x-2\sqrt{3}\tan x+1=0$

$(\sqrt{3}\tan x-1)^2=0$ ∴ $\tan x=\dfrac{1}{\sqrt{3}}$

$0<x<\pi$에서 함수 $y=\tan x$
의 그래프와 직선 $y=\dfrac{1}{\sqrt{3}}$의
교점의 x좌표는 $\dfrac{\pi}{6}$
따라서 주어진 방정식의 해는
$x=\dfrac{\pi}{6}$

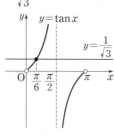

03-1 답 (1) $0\leq x\leq\dfrac{\pi}{6}$ 또는 $\dfrac{5}{6}\pi\leq x<\pi$

(2) $0\leq x<\dfrac{\pi}{6}$ 또는 $\dfrac{11}{12}\pi<x<\pi$

(1) $2\sin x\leq1$에서 $\sin x\leq\dfrac{1}{2}$

$0\leq x<\pi$에서 함수 $y=\sin x$의 그래프와 직선 $y=\dfrac{1}{2}$

의 교점의 x좌표는 $\dfrac{\pi}{6}$, $\dfrac{5}{6}\pi$

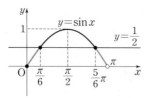

주어진 부등식의 해는 함수 $y=\sin x$의 그래프가 직선

$y=\dfrac{1}{2}$과 만나거나 아래쪽에 있는 x의 값의 범위이므로

$0\leq x\leq\dfrac{\pi}{6}$ 또는 $\dfrac{5}{6}\pi\leq x<\pi$

(2) $x+\dfrac{\pi}{3}=t$로 놓으면 $0\leq x<\pi$에서

$\dfrac{\pi}{3}\leq x+\dfrac{\pi}{3}<\dfrac{4}{3}\pi$ ∴ $\dfrac{\pi}{3}\leq t<\dfrac{4}{3}\pi$

이때 주어진 부등식은 $\tan t>1$ ······ ㉠

$\dfrac{\pi}{3}\leq t<\dfrac{4}{3}\pi$에서 함수
$y=\tan t$의 그래프와 직선
$y=1$의 교점의 t좌표는
$\dfrac{5}{4}\pi$
부등식 ㉠의 해는 함수
$y=\tan t$의 그래프가 직선
$y=1$보다 위쪽에 있는 t의 값의 범위이므로
$\dfrac{\pi}{3}\leq t<\dfrac{\pi}{2}$ 또는 $\dfrac{5}{4}\pi<t<\dfrac{4}{3}\pi$

$t=x+\dfrac{\pi}{3}$이므로

$\dfrac{\pi}{3}\leq x+\dfrac{\pi}{3}<\dfrac{\pi}{2}$ 또는 $\dfrac{5}{4}\pi<x+\dfrac{\pi}{3}<\dfrac{4}{3}\pi$

∴ $0\leq x<\dfrac{\pi}{6}$ 또는 $\dfrac{11}{12}\pi<x<\pi$

04-1 답 $0\leq x\leq\dfrac{\pi}{2}$

$1-\cos x\leq\sin^2 x$에서

$1-\cos x\leq1-\cos^2 x$

$\cos^2 x-\cos x\leq0$

$\cos x(\cos x-1)\leq0$

∴ $0\leq\cos x\leq1$ ······ ㉠

$0\leq x<\pi$에서 함수 $y=\cos x$의
그래프와 두 직선 $y=0$, $y=1$의
교점의 x좌표는 0, $\dfrac{\pi}{2}$
부등식 ㉠의 해는 함수 $y=\cos x$
의 그래프가 직선 $y=0$과 만나거
나 위쪽에 있고, 직선 $y=1$과 만나거나 아래쪽에 있는 x
의 값의 범위이므로
$0\leq x\leq\dfrac{\pi}{2}$

04-2 답 $0\leq x\leq\dfrac{7}{6}\pi$ 또는 $\dfrac{11}{6}\pi\leq x<2\pi$

$2\cos^2 x-\cos\left(x+\dfrac{\pi}{2}\right)-1\geq0$에서

$2(1-\sin^2 x)+\sin x-1\geq0$

$2\sin^2 x-\sin x-1\leq0$

$(2\sin x+1)(\sin x-1)\leq0$

∴ $-\dfrac{1}{2}\leq\sin x\leq1$ ······ ㉠

$0\leq x<2\pi$에서 함수 $y=\sin x$의 그래프와 두 직선

$y=-\dfrac{1}{2}$, $y=1$의 교점의 x좌표는

$\dfrac{\pi}{2}$, $\dfrac{7}{6}\pi$, $\dfrac{11}{6}\pi$

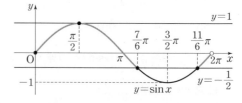

부등식 ㉠의 해는 함수 $y=\sin x$의 그래프가 직선

$y=-\dfrac{1}{2}$과 만나거나 위쪽에 있고, 직선 $y=1$과 만나거나

아래쪽에 있는 x의 값의 범위이므로

$0\leq x\leq\dfrac{7}{6}\pi$ 또는 $\dfrac{11}{6}\pi\leq x<2\pi$

04-3 답 $0 \leq x < \dfrac{\pi}{2}$ 또는 $\dfrac{\pi}{2} < x < \dfrac{2}{3}\pi$ 또는 $\dfrac{3}{4}\pi < x < \pi$

$\tan^2 x + (\sqrt{3}+1)\tan x + \sqrt{3} > 0$에서

$(\tan x + \sqrt{3})(\tan x + 1) > 0$

$\therefore \tan x < -\sqrt{3}$ 또는 $\tan x > -1$ ...... ㉠

$0 \leq x < \pi$에서 함수 $y = \tan x$
의 그래프와 두 직선 $y = -\sqrt{3}$,
$y = -1$의 교점의 x좌표는
$\dfrac{2}{3}\pi$, $\dfrac{3}{4}\pi$

부등식 ㉠의 해는 함수
$y = \tan x$의 그래프가 직선
$y = -\sqrt{3}$보다 아래쪽에 있거
나 직선 $y = -1$보다 위쪽에 있는 x의 값의 범위이므로

$0 \leq x < \dfrac{\pi}{2}$ 또는 $\dfrac{\pi}{2} < x < \dfrac{2}{3}\pi$ 또는 $\dfrac{3}{4}\pi < x < \pi$

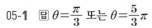

05-1 답 $\theta = \dfrac{\pi}{3}$ 또는 $\theta = \dfrac{5}{3}\pi$

이차방정식 $x^2 - 2(2\cos\theta - 1)x + 8\cos\theta - 4 = 0$이 중근
을 가지려면 이 이차방정식의 판별식을 D라 할 때, $D = 0$
이어야 하므로

$\dfrac{D}{4} = (2\cos\theta - 1)^2 - (8\cos\theta - 4) = 0$

$4\cos^2\theta - 12\cos\theta + 5 = 0$

$(2\cos\theta - 1)(2\cos\theta - 5) = 0$

$\therefore \cos\theta = \dfrac{1}{2}$ 또는 $\cos\theta = \dfrac{5}{2}$

이때 $-1 \leq \cos\theta \leq 1$이므로 $\cos\theta = \dfrac{1}{2}$

$0 \leq \theta < 2\pi$에서 함수 $y = \cos\theta$의 그래프와 직선 $y = \dfrac{1}{2}$의

교점의 θ좌표는 $\dfrac{\pi}{3}$, $\dfrac{5}{3}\pi$

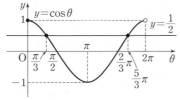

따라서 $\theta = \dfrac{\pi}{3}$ 또는 $\theta = \dfrac{5}{3}\pi$

05-2 답 $\dfrac{\pi}{6} < \theta < \dfrac{5}{6}\pi$

모든 실수 x에 대하여 주어진 부등식이 성립하려면 이차
방정식 $3x^2 - 2\sqrt{2}x\cos\theta + \sin\theta = 0$의 판별식을 D라 할
때, $D < 0$이어야 하므로

$\dfrac{D}{4} = (\sqrt{2}\cos\theta)^2 - 3\sin\theta < 0$

$2\cos^2\theta - 3\sin\theta < 0$, $2(1 - \sin^2\theta) - 3\sin\theta < 0$

$2\sin^2\theta + 3\sin\theta - 2 > 0$, $(\sin\theta + 2)(2\sin\theta - 1) > 0$

이때 $\sin\theta + 2 > 0$이므로

$2\sin\theta - 1 > 0$ $\therefore \sin\theta > \dfrac{1}{2}$ ...... ㉠

$0 \leq \theta < \pi$에서 함수
$y = \sin\theta$의 그래프와 직선
$y = \dfrac{1}{2}$의 교점의 θ좌표는

$\dfrac{\pi}{6}$, $\dfrac{5}{6}\pi$

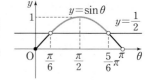

부등식 ㉠의 해는 함수 $y = \sin\theta$의 그래프가 직선 $y = \dfrac{1}{2}$

보다 위쪽에 있는 θ의 값의 범위이므로

$\dfrac{\pi}{6} < \theta < \dfrac{5}{6}\pi$

1 $2\cos x - \sqrt{3} = 0$에서 $\cos x = \dfrac{\sqrt{3}}{2}$

$0 \leq x < 2\pi$에서 함수 $y = \cos x$의 그래프와 직선 $y = \dfrac{\sqrt{3}}{2}$

의 교점의 x좌표는 $\dfrac{\pi}{6}$, $\dfrac{11}{6}\pi$

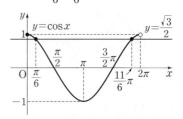

따라서 $\alpha = \dfrac{\pi}{6}$, $\beta = \dfrac{11}{6}\pi$이므로

$\sin(\beta - \alpha) = \sin\left(\dfrac{11}{6}\pi - \dfrac{\pi}{6}\right) = \sin\dfrac{5}{3}\pi$

$= \sin\left(2\pi - \dfrac{\pi}{3}\right) = \sin\left(-\dfrac{\pi}{3}\right)$

$= -\sin\dfrac{\pi}{3} = -\dfrac{\sqrt{3}}{2}$

2 $2x-\dfrac{\pi}{3}=t$로 놓으면 $0\le x<\pi$에서 $0\le 2x<2\pi$

$-\dfrac{\pi}{3}\le 2x-\dfrac{\pi}{3}<\dfrac{5}{3}\pi$ $\therefore -\dfrac{\pi}{3}\le t<\dfrac{5}{3}\pi$

이때 주어진 방정식은

$2\sin t+\sqrt{3}=0$ $\therefore \sin t=-\dfrac{\sqrt{3}}{2}$

$-\dfrac{\pi}{3}\le t<\dfrac{5}{3}\pi$에서 함수 $y=\sin t$의 그래프와 직선

$y=-\dfrac{\sqrt{3}}{2}$의 교점의 t좌표는 $-\dfrac{\pi}{3}$, $\dfrac{4}{3}\pi$

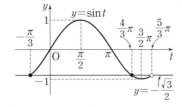

$t=2x-\dfrac{\pi}{3}$이므로

$2x-\dfrac{\pi}{3}=-\dfrac{\pi}{3}$ 또는 $2x-\dfrac{\pi}{3}=\dfrac{4}{3}\pi$

$\therefore x=0$ 또는 $x=\dfrac{5}{6}\pi$

따라서 모든 근의 합은 $\dfrac{5}{6}\pi$이다.

3 $4\sin^2 x-4\cos\left(\dfrac{\pi}{2}+x\right)-3=0$에서

$4\sin^2 x+4\sin x-3=0$, $(2\sin x+3)(2\sin x-1)=0$

$\therefore \sin x=-\dfrac{3}{2}$ 또는 $\sin x=\dfrac{1}{2}$

이때 $-1\le \sin x\le 1$이므로 $\sin x=\dfrac{1}{2}$

$0\le x<4\pi$에서 함수 $y=\sin x$의 그래프와 직선 $y=\dfrac{1}{2}$의

교점의 x좌표는 $\dfrac{\pi}{6}$, $\dfrac{5}{6}\pi$, $\dfrac{13}{6}\pi$, $\dfrac{17}{6}\pi$

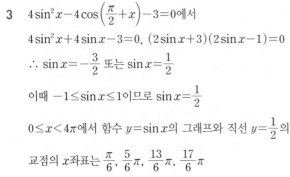

따라서 모든 해의 합은

$\dfrac{\pi}{6}+\dfrac{5}{6}\pi+\dfrac{13}{6}\pi+\dfrac{17}{6}\pi=6\pi$

[다른 풀이] 삼각함수의 그래프의 대칭성 이용

함수 $y=\sin x$의 그래프는 두 직선 $x=\dfrac{\pi}{2}$, $x=\dfrac{5}{2}\pi$에 대

하여 각각 대칭이므로 함수 $y=\sin x$의 그래프와 직선

$y=\dfrac{1}{2}$의 교점의 x좌표를 작은 것부터 차례대로 α, β, γ,

δ라 하면 다음 그림과 같다.

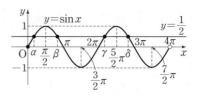

$\dfrac{\alpha+\beta}{2}=\dfrac{\pi}{2}$, $\dfrac{\gamma+\delta}{2}=\dfrac{5}{2}\pi$

$\alpha+\beta=\pi$, $\gamma+\delta=5\pi$

따라서 모든 해의 합은

$\alpha+\beta+\gamma+\delta=6\pi$

4 $(\sin x+\cos x)^2=\sqrt{3}\cos x+1$에서

$1+2\sin x\cos x=\sqrt{3}\cos x+1$

$\cos x(2\sin x-\sqrt{3})=0$

$\therefore \cos x=0$ 또는 $\sin x=\dfrac{\sqrt{3}}{2}$

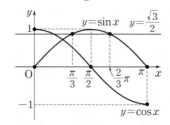

(ⅰ) $0\le x\le \pi$에서 함수 $y=\cos x$의 그래프와 직선 $y=0$의

교점의 x좌표는 $\dfrac{\pi}{2}$

(ⅱ) $0\le x\le \pi$에서 함수 $y=\sin x$의 그래프와 직선

$y=\dfrac{\sqrt{3}}{2}$의 교점의 x좌표는 $\dfrac{\pi}{3}$, $\dfrac{2}{3}\pi$

따라서 모든 근의 합은

$\dfrac{\pi}{3}+\dfrac{\pi}{2}+\dfrac{2}{3}\pi=\dfrac{3}{2}\pi$

5 $3\sin^2\dfrac{A}{2}-5\cos\dfrac{A}{2}=1$에서

$3\left(1-\cos^2\dfrac{A}{2}\right)-5\cos\dfrac{A}{2}=1$

$3\cos^2\dfrac{A}{2}+5\cos\dfrac{A}{2}-2=0$

$\left(\cos\dfrac{A}{2}+2\right)\left(3\cos\dfrac{A}{2}-1\right)=0$

$\therefore \cos\dfrac{A}{2}=-2$ 또는 $\cos\dfrac{A}{2}=\dfrac{1}{3}$

이때 $0<\cos\dfrac{A}{2}<1$ $\left(\because 0<\dfrac{A}{2}<\dfrac{\pi}{2}\right)$이므로 $\cos\dfrac{A}{2}=\dfrac{1}{3}$

따라서 $A+B+C=\pi$이므로

$\sin\dfrac{B+C}{2}=\sin\dfrac{\pi-A}{2}=\sin\left(\dfrac{\pi}{2}-\dfrac{A}{2}\right)$

$=\cos\dfrac{A}{2}=\dfrac{1}{3}$

6 방정식 $\sin 2\pi x = \dfrac{1}{2}x$의 실근은 함수 $y = \sin 2\pi x$의 그래 프와 직선 $y = \dfrac{1}{2}x$의 교점의 x좌표와 같다.

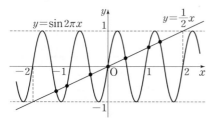

위의 그림에서 함수 $y = \sin 2\pi x$의 그래프와 직선 $y = \dfrac{1}{2}x$의 교점의 개수는 7이므로 주어진 방정식의 실근 의 개수는 7이다.

7 $y = \sin x$의 그래프는 두 직선 $x = -\dfrac{\pi}{2}$, $x = \dfrac{3}{2}\pi$에 대하 여 대칭이므로 $\dfrac{a+b}{2} = -\dfrac{\pi}{2}$, $\dfrac{c+d}{2} = \dfrac{3}{2}\pi$

$a + b = -\pi$, $c + d = 3\pi$

$\therefore \dfrac{a+b}{c+d} = \dfrac{-\pi}{3\pi} = -\dfrac{1}{3}$

8 $\sin^2 x + 2\cos x + k = 0$에서 $1 - \cos^2 x + 2\cos x + k = 0$

$\therefore \cos^2 x - 2\cos x - 1 = k$

따라서 주어진 방정식이 실근을 가지려면 함수
$y = \cos^2 x - 2\cos x - 1$의 그래프와 직선 $y = k$의 교점이 존재해야 한다.

$y = \cos^2 x - 2\cos x - 1$에서 $\cos x = t$로 놓으면
$-1 \le t \le 1$이고 $y = t^2 - 2t - 1 = (t-1)^2 - 2$

따라서 오른쪽 그림에서 주어진
방정식이 실근을 가지려면
$-2 \le k \le 2$
따라서 $M = 2$, $m = -2$이므로
$M + m = 0$

9 $|2\cos x| \le 1$에서 $-1 \le 2\cos x \le 1$

$\therefore -\dfrac{1}{2} \le \cos x \le \dfrac{1}{2}$ ...... ㉠

$0 < x < 2\pi$에서 함수 $y = \cos x$의 그래프와 두 직선 $y = -\dfrac{1}{2}$, $y = \dfrac{1}{2}$의 교점의 x좌표는

$\dfrac{\pi}{3}$, $\dfrac{2}{3}\pi$, $\dfrac{4}{3}\pi$, $\dfrac{5}{3}\pi$

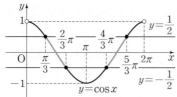

따라서 위의 그림에서 부등식 ㉠의 해는

$\dfrac{\pi}{3} \le x \le \dfrac{2}{3}\pi$ 또는 $\dfrac{4}{3}\pi \le x \le \dfrac{5}{3}\pi$

10 $\alpha + \beta = \dfrac{\pi}{2}$이므로 $\sin\alpha + \cos\beta \ge 1$에서

$\sin\alpha + \cos\left(\dfrac{\pi}{2} - \alpha\right) \ge 1$

$2\sin\alpha \ge 1$ $\therefore \sin\alpha \ge \dfrac{1}{2}$ ...... ㉠

$0 < \alpha < \pi$에서 함수 $y = \sin\alpha$
의 그래프와 직선 $y = \dfrac{1}{2}$의
교점의 α좌표는 $\dfrac{\pi}{6}$, $\dfrac{5}{6}\pi$

따라서 오른쪽 그림에서 부
등식 ㉠의 해는 $\dfrac{\pi}{6} \le \alpha \le \dfrac{5}{6}\pi$이므로 실수 α의 최댓값은

$\dfrac{5}{6}\pi$이다.

11 $2\sin^2 x - \cos x - 1 < 0$에서
$2(1 - \cos^2 x) - \cos x - 1 < 0$
$2\cos^2 x + \cos x - 1 > 0$, $(\cos x + 1)(2\cos x - 1) > 0$
이때 $0 \le x < \pi$에서 $\cos x + 1 > 0$이므로

$2\cos x - 1 > 0$ $\therefore \cos x > \dfrac{1}{2}$ ...... ㉠

$0 \le x < \pi$에서 함수 $y = \cos x$
의 그래프와 직선 $y = \dfrac{1}{2}$의
교점의 x좌표는 $\dfrac{\pi}{3}$

따라서 오른쪽 그림에서 부
등식 ㉠의 해는 $0 \le x < \dfrac{\pi}{3}$이므로 $\alpha = 0$, $\beta = \dfrac{\pi}{3}$

$\therefore \alpha + \beta = \dfrac{\pi}{3}$

12 이차방정식 $6x^2 + (4\cos\theta)x + \sin\theta = 0$이 실근을 갖지 않으려면 이 이차방정식의 판별식을 D라 할 때, $D < 0$이 어야 하므로

$\dfrac{D}{4} = 4\cos^2\theta - 6\sin\theta < 0$

$2\cos^2\theta - 3\sin\theta < 0$, $2(1 - \sin^2\theta) - 3\sin\theta < 0$

$2\sin^2\theta + 3\sin\theta - 2 > 0$, $(\sin\theta + 2)(2\sin\theta - 1) > 0$

$0 \le \theta < 2\pi$에서 $\sin\theta + 2 > 0$이므로

$2\sin\theta - 1 > 0$ $\therefore \sin\theta > \dfrac{1}{2}$ ...... ㉠

$0 \le \theta < 2\pi$에서 함수 $y = \sin\theta$의 그래프와 직선 $y = \dfrac{1}{2}$의

교점의 θ좌표는 $\dfrac{\pi}{6}$, $\dfrac{5}{6}\pi$

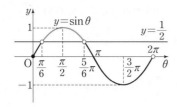

따라서 위의 그림에서 부등식 ㉠의 해는 $\dfrac{\pi}{6}<\theta<\dfrac{5}{6}\pi$이

므로 $\alpha=\dfrac{\pi}{6}$, $\beta=\dfrac{5}{6}\pi$

$\therefore 3\alpha+\beta=\dfrac{4}{3}\pi$

13 $f(x)=2x^2+6x\sin\theta+1$이라 할 때,
방정식 $f(x)=0$의 두 근 사이에 1이
있으려면 $f(1)<0$이어야 하므로
$2+6\sin\theta+1<0$

$6\sin\theta<-3$ $\qquad \therefore \sin\theta<-\dfrac{1}{2}$

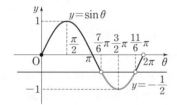

위의 그림에서 θ의 값의 범위는

$\dfrac{7}{6}\pi<\theta<\dfrac{11}{6}\pi$

14 $y=x^2-2x\sin\theta+\cos^2\theta$
$\qquad =(x-\sin\theta)^2-\sin^2\theta+\cos^2\theta$
이므로 꼭짓점의 좌표는 $(\sin\theta,\ -\sin^2\theta+\cos^2\theta)$
이 점이 직선 $y=\sqrt{3}x+1$ 위에 있으려면
$-\sin^2\theta+\cos^2\theta=\sqrt{3}\sin\theta+1$
$-\sin^2\theta+(1-\sin^2\theta)=\sqrt{3}\sin\theta+1$
$2\sin^2\theta+\sqrt{3}\sin\theta=0$, $\sin\theta(2\sin\theta+\sqrt{3})=0$
$\therefore \sin\theta=-\dfrac{\sqrt{3}}{2}$ 또는 $\sin\theta=0$
$0<\theta<2\pi$에서 함수 $y=\sin\theta$의 그래프와 두 직선
$y=-\dfrac{\sqrt{3}}{2}$, $y=0$의 교점의 θ좌표는 π, $\dfrac{4}{3}\pi$, $\dfrac{5}{3}\pi$

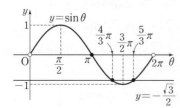

따라서 $x_1=\pi$, $x_2=\dfrac{4}{3}\pi$, $x_3=\dfrac{5}{3}\pi$이므로

$x_1+3(x_3-x_2)=\pi+3\left(\dfrac{5}{3}\pi-\dfrac{4}{3}\pi\right)=2\pi$

15 $\pi\cos x=t$로 놓으면 $0\le x<2\pi$에서 $-1\le\cos x\le 1$이
므로 $-\pi\le t\le\pi$이고 주어진 방정식은 $\sin t=1$
$-\pi\le t\le\pi$에서 함수 $y=\sin t$의 그래프와 직선 $y=1$의
교점의 t좌표는 $\dfrac{\pi}{2}$

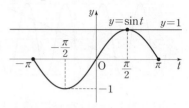

즉, $\pi\cos x=\dfrac{\pi}{2}$이므로 $\cos x=\dfrac{1}{2}$

$0\le x<2\pi$에서 함수 $y=\cos x$의 그래프와 직선 $y=\dfrac{1}{2}$의

교점의 x좌표는 $\dfrac{\pi}{3}$, $\dfrac{5}{3}\pi$

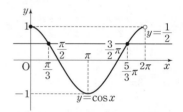

따라서 두 근의 차는

$\dfrac{5}{3}\pi-\dfrac{\pi}{3}=\dfrac{4}{3}\pi$

16 $\log_{(b+3)}f(x)$가 정의되려면
(i) (밑)>0, (밑)$\ne 1$이어야 하므로
$\qquad b+3>0$, $b+3\ne 1$ $\qquad \therefore b>-3$, $b\ne-2$
$\qquad \therefore -3<b<-2$ 또는 $b>-2$
(ii) (진수)>0이어야 하므로 모든 실수 x에 대하여
$\qquad f(x)=-\cos^2 x-3\sin x+a>0$
$\qquad -(1-\sin^2 x)-3\sin x+a>0$
$\qquad \therefore \sin^2 x-3\sin x+a-1>0$
$\qquad \sin x=t$로 놓으면 $-1\le t\le 1$이고 주어진 부등식은
$\qquad t^2-3t+a-1>0$
$\qquad f(t)=t^2-3t+a-1$이라 하면
$\qquad f(t)=\left(t-\dfrac{3}{2}\right)^2+a-\dfrac{13}{4}$
$\qquad -1\le t\le 1$에서 $f(t)$의 최솟값은 $f(1)=a-3$
$\qquad$ 이때 모든 실수 x에 대하여 부등식이 성립하려면
$\qquad a-3>0$ $\qquad \therefore a>3$
(i), (ii)에서 a의 최솟값은 4, b의 최솟값은 -1이므로
$p=4$, $q=-1$
따라서 $p^2+q^2=4^2+(-1)^2=17$

사인법칙

01-1 답 (1) $\sqrt{6}$ (2) $B=30°$, $C=30°$

(1) 사인법칙에 의하여 $\dfrac{a}{\sin A}=\dfrac{b}{\sin B}$ 이므로

$\dfrac{3}{\sin 60°}=\dfrac{b}{\sin 45°}$, $3\sin 45°=b\sin 60°$

$3\times\dfrac{\sqrt{2}}{2}=b\times\dfrac{\sqrt{3}}{2}$ $\therefore b=\sqrt{6}$

(2) 사인법칙에 의하여 $\dfrac{a}{\sin A}=\dfrac{b}{\sin B}$ 이므로

$\dfrac{\sqrt{3}}{\sin 120°}=\dfrac{1}{\sin B}$, $\sqrt{3}\sin B=\sin 120°$

$\sqrt{3}\sin B=\dfrac{\sqrt{3}}{2}$ $\therefore \sin B=\dfrac{1}{2}$

이때 $0°<B<180°$이므로 $B=30°$ 또는 $B=150°$

그런데 $B=150°$이면 $A+B>180°$이므로 $B=30°$

$\therefore C=180°-(120°+30°)=30°$

01-2 답 $10\sqrt{2}$

$A+C=180°$이므로 사각형 ABCD는 원에 내접한다.

즉, 삼각형 ACD의 외접원의 지름의 길이가 20이므로 사인법칙에 의하여

$\dfrac{\overline{AC}}{\sin 135°}=20$, $\dfrac{\overline{AC}}{\frac{\sqrt{2}}{2}}=20$

$\therefore \overline{AC}=10\sqrt{2}$

02-1 답 $4:10:5$

사인법칙에 의하여 $a:b:c=\sin A:\sin B:\sin C$

이므로 $a:b:c=2:4:5$

따라서 $a=2k$, $b=4k$, $c=5k\,(k>0)$로 놓으면

$ab=8k^2$, $bc=20k^2$, $ca=10k^2$

$\therefore ab:bc:ca=8k^2:20k^2:10k^2=4:10:5$

02-2 답 3

$A+B+C=180°$이고 $A:B:C=1:1:4$이므로

$A=180°\times\dfrac{1}{6}=30°$, $B=180°\times\dfrac{1}{6}=30°$,

$C=180°\times\dfrac{4}{6}=120°$

$\therefore \sin A:\sin B:\sin C=\sin 30°:\sin 30°:\sin 120°$

$=\dfrac{1}{2}:\dfrac{1}{2}:\dfrac{\sqrt{3}}{2}=1:1:\sqrt{3}$

사인법칙에 의하여 $a:b:c=\sin A:\sin B:\sin C$

이므로 $a:b:c=1:1:\sqrt{3}$

따라서 $a=k$, $b=k$, $c=\sqrt{3}k\,(k>0)$로 놓으면

$\dfrac{c^2}{ab}=\dfrac{(\sqrt{3}k)^2}{k\times k}=3$

02-3 답 15

삼각형 ABC의 외접원의 반지름의 길이를 R라 하면 사인법칙에 의하여

$a=2R\sin A$, $b=2R\sin B$, $c=2R\sin C$

$\therefore a+b+c=2R\sin A+2R\sin B+2R\sin C$

$=2R(\sin A+\sin B+\sin C)$

$=2\times 5\times\dfrac{3}{2}=15$

03-1 답 $A=90°$인 직각삼각형

삼각형 ABC의 외접원의 반지름의 길이를 R라 하면 사인법칙에 의하여

$\sin A=\dfrac{a}{2R}$, $\sin B=\dfrac{b}{2R}$, $\sin C=\dfrac{c}{2R}$

이를 $\sin^2 A=\sin^2 B+\sin^2 C$에 대입하면

$\left(\dfrac{a}{2R}\right)^2=\left(\dfrac{b}{2R}\right)^2+\left(\dfrac{c}{2R}\right)^2$, $\dfrac{a^2}{4R^2}=\dfrac{b^2}{4R^2}+\dfrac{c^2}{4R^2}$

$\therefore a^2=b^2+c^2$

따라서 삼각형 ABC는 $A=90°$인 직각삼각형이다.

03-2 답 $a=b$인 이등변삼각형

삼각형 ABC의 외접원의 반지름의 길이를 R라 하면 사인법칙에 의하여

$\sin A=\dfrac{a}{2R}$, $\sin B=\dfrac{b}{2R}$

이를 $a\sin A=b\sin B$에 대입하면

$a\times\dfrac{a}{2R}=b\times\dfrac{b}{2R}$

$a^2=b^2$ $\therefore a=b\,(\because a>0,\ b>0)$

따라서 삼각형 ABC는 $a=b$인 이등변삼각형이다.

03-3 답 $\dfrac{ab}{2}$

$A+B+C=\pi$이므로 $A+B=\pi-C$

$a\cos\left(\dfrac{\pi}{2}+A\right)+c\sin(A+B)=\dfrac{b^2}{2R}$에서

$a\cos\left(\dfrac{\pi}{2}+A\right)+c\sin(\pi-C)=\dfrac{b^2}{2R}$

$-a\sin A+c\sin C=\dfrac{b^2}{2R}$

사인법칙에 의하여 $\sin A=\dfrac{a}{2R}$, $\sin C=\dfrac{c}{2R}$이므로

$-a\times\dfrac{a}{2R}+c\times\dfrac{c}{2R}=\dfrac{b^2}{2R}$

$-a^2+c^2=b^2$ $\therefore c^2=a^2+b^2$

따라서 삼각형 ABC는 $C=90°$인 직각삼각형이므로 구하는 넓이는 $\dfrac{ab}{2}$이다.

04-1 답 $30\sqrt{2}\pi$ m

삼각형 ABC에서 $A+B+C=180°$이므로
$A=180°-(75°+60°)=45°$
삼각형 ABC의 외접원의 반지름의 길이를 R라 하면 사인법칙에 의하여
$$\frac{30}{\sin 45°}=2R,\ \frac{30}{\frac{\sqrt{2}}{2}}=2R \qquad \therefore\ R=15\sqrt{2}\,(\text{m})$$
따라서 호수의 둘레의 길이는
$2\times\pi\times15\sqrt{2}=30\sqrt{2}\pi\,(\text{m})$

04-2 답 $8\sqrt{2}$ m

삼각형 ABQ에서 $A+B+Q=180°$이므로
$\angle\text{AQB}=180°-(75°+45°)=60°$
삼각형 ABQ에서 사인법칙에 의하여
$$\frac{24}{\sin 60°}=\frac{\overline{\text{AQ}}}{\sin 45°},\ 24\sin 45°=\overline{\text{AQ}}\sin 60°$$
$$24\times\frac{\sqrt{2}}{2}=\overline{\text{AQ}}\times\frac{\sqrt{3}}{2} \qquad \therefore\ \overline{\text{AQ}}=8\sqrt{6}\,(\text{m})$$
삼각형 APQ에서 $\angle\text{PQA}=90°$이므로
$$\overline{\text{PQ}}=\overline{\text{AQ}}\tan 30°=8\sqrt{6}\times\frac{\sqrt{3}}{3}=8\sqrt{2}\,(\text{m})$$
따라서 나무의 높이 $\overline{\text{PQ}}$는 $8\sqrt{2}$ m이다.

2 코사인법칙

문제   150~153쪽

05-1 답 (1) $2\sqrt{7}$ (2) $30°$

(1) 코사인법칙에 의하여
$$a^2=b^2+c^2-2bc\cos A$$
$$=6^2+4^2-2\times6\times4\times\cos 60°$$
$$=36+16-24=28$$
$$\therefore\ a=2\sqrt{7}\ (\because\ a>0)$$

(2) 코사인법칙에 의하여
$$c^2=a^2+b^2-2ab\cos C$$
$$=(\sqrt{2})^2+(1+\sqrt{3})^2-2\times\sqrt{2}\times(1+\sqrt{3})\times\cos 45°$$
$$=2+1+2\sqrt{3}+3-2(1+\sqrt{3})=4$$
$$\therefore\ c=2\ (\because\ c>0)$$
또 사인법칙에 의하여 $\dfrac{a}{\sin A}=\dfrac{c}{\sin C}$이므로
$$\frac{\sqrt{2}}{\sin A}=\frac{2}{\sin 45°},\ \sqrt{2}\sin 45°=2\sin A$$
$$\sqrt{2}\times\frac{\sqrt{2}}{2}=2\sin A \qquad \therefore\ \sin A=\frac{1}{2}$$

이때 $0°<A<180°$이므로 $A=30°$ 또는 $A=150°$
그런데 $A=150°$이면 $A+C>180°$이므로 $A=30°$

05-2 답 7π

코사인법칙에 의하여
$$b^2=c^2+a^2-2ca\cos B$$
$$=(\sqrt{3})^2+4^2-2\times\sqrt{3}\times4\times\cos 30°$$
$$=3+16-12=7$$
$$\therefore\ b=\sqrt{7}\ (\because\ b>0)$$
이때 삼각형 ABC의 외접원의 반지름의 길이를 R라 하면 사인법칙에 의하여 $\dfrac{b}{\sin B}=2R$이므로
$$\frac{\sqrt{7}}{\sin 30°}=2R,\ \frac{\sqrt{7}}{\frac{1}{2}}=2R \qquad \therefore\ R=\sqrt{7}$$
따라서 삼각형 ABC의 외접원의 넓이는
$\pi\times(\sqrt{7})^2=7\pi$

06-1 답 $150°$

삼각형에서 길이가 가장 긴 변의 대각이 세 내각 중 크기가 가장 크므로 가장 큰 각의 크기는 C이다.
코사인법칙에 의하여 $\cos C=\dfrac{a^2+b^2-c^2}{2ab}$이므로
$$\cos C=\frac{2^2+(2\sqrt{3})^2-(2\sqrt{7})^2}{2\times2\times2\sqrt{3}}=-\frac{\sqrt{3}}{2}$$
이때 $0°<C<180°$이므로 $C=150°$

06-2 답 $-\dfrac{1}{4}$

사인법칙에 의하여 $a:b:c=\sin A:\sin B:\sin C$이므로 $a:b:c=2:3:4$
따라서 $a=2k,\ b=3k,\ c=4k\,(k>0)$로 놓으면 코사인법칙에 의하여 $\cos C=\dfrac{a^2+b^2-c^2}{2ab}$이므로
$$\cos C=\frac{(2k)^2+(3k)^2-(4k)^2}{2\times2k\times3k}=-\frac{1}{4}$$

06-3 답 $\dfrac{8\sqrt{7}}{7}$

삼각형 ABC에서 코사인법칙에 의하여
$$\cos B=\frac{4^2+7^2-5^2}{2\times4\times7}=\frac{5}{7}$$
따라서 삼각형 ABD에서 코사인법칙에 의하여
$$\overline{\text{AD}}^2=4^2+4^2-2\times4\times4\times\cos B$$
$$=16+16-2\times4\times4\times\frac{5}{7}=\frac{64}{7}$$
$$\therefore\ \overline{\text{AD}}=\frac{8\sqrt{7}}{7}\ (\because\ \overline{\text{AD}}>0)$$

07-1 답 $A=90°$인 직각삼각형

코사인법칙에 의하여

$$\cos A = \frac{b^2+c^2-a^2}{2bc}, \ \cos B = \frac{c^2+a^2-b^2}{2ca}$$

이를 $a\cos B - b\cos A = c$에 대입하면

$$a \times \frac{c^2+a^2-b^2}{2ca} - b \times \frac{b^2+c^2-a^2}{2bc} = c$$

$$c^2+a^2-b^2-(b^2+c^2-a^2) = 2c^2$$

$$2a^2-2b^2 = 2c^2 \quad \therefore \ a^2 = b^2+c^2$$

따라서 삼각형 ABC는 $A=90°$인 직각삼각형이다.

07-2 답 $a=c$인 이등변삼각형

$\tan A \cos C = \sin C$에서 $\dfrac{\sin A}{\cos A} \times \cos C = \sin C$

$$\therefore \ \sin A \cos C = \sin C \cos A \quad \cdots\cdots \ \text{㉠}$$

삼각형 ABC의 외접원의 반지름의 길이를 R라 하면 사인법칙과 코사인법칙에 의하여

$$\sin A = \frac{a}{2R}, \ \sin C = \frac{c}{2R}, \ \cos A = \frac{b^2+c^2-a^2}{2bc},$$

$$\cos C = \frac{a^2+b^2-c^2}{2ab}$$

이를 ㉠에 대입하면

$$\frac{a}{2R} \times \frac{a^2+b^2-c^2}{2ab} = \frac{c}{2R} \times \frac{b^2+c^2-a^2}{2bc}$$

$$a^2+b^2-c^2 = b^2+c^2-a^2, \ 2a^2 = 2c^2$$

$$a^2 = c^2 \quad \therefore \ a = c \ (\because a > 0, \ c > 0)$$

따라서 삼각형 ABC는 $a=c$인 이등변삼각형이다.

[다른 풀이]

$0° < C < 180°$에서 $\cos C = 0$일 때, $\sin C = 1$이므로

$\tan A \cos C \neq \sin C$, 즉 주어진 조건을 만족시키지 않는다.

$$\therefore \ \cos C \neq 0$$

$\tan A \cos C = \sin C$에서

$$\tan A = \frac{\sin C}{\cos C}, \ \tan A = \tan C$$

이때 $0° < A < 180°$, $0° < C < 180°$이므로 $A = C$

따라서 삼각형 ABC는 $a=c$인 이등변삼각형이다.

07-3 답 $B=90°$인 직각삼각형

$A+B+C=\pi$이므로 $A+B = \pi - C$

$\sin(A+B) = \sin\left(\dfrac{\pi}{2}-A\right)\sin B$에서

$$\sin(\pi-C) = \sin\left(\frac{\pi}{2}-A\right)\sin B$$

$$\therefore \ \sin C = \cos A \sin B \quad \cdots\cdots \ \text{㉠}$$

삼각형 ABC의 외접원의 반지름의 길이를 R라 하면 사인법칙과 코사인법칙에 의하여

$$\sin B = \frac{b}{2R}, \ \sin C = \frac{c}{2R}, \ \cos A = \frac{b^2+c^2-a^2}{2bc}$$

이를 ㉠에 대입하면

$$\frac{c}{2R} = \frac{b^2+c^2-a^2}{2bc} \times \frac{b}{2R}$$

$$2c^2 = b^2+c^2-a^2 \quad \therefore \ b^2 = a^2+c^2$$

따라서 삼각형 ABC는 $B=90°$인 직각삼각형이다.

08-1 답 $20\sqrt{91} \ \text{m}$

삼각형 ACB에서 코사인법칙에 의하여

$$\overline{AB}^2 = 120^2+100^2-2 \times 120 \times 100 \times \cos 120°$$

$$= 14400+10000+12000 = 36400$$

$$\therefore \ \overline{AB} = 20\sqrt{91} \, (\text{m}) \ (\because \overline{AB} > 0)$$

따라서 두 나무 A, B 사이의 거리는 $20\sqrt{91} \ \text{m}$이다.

08-2 답 $10\sqrt{21} \ \text{m}$

삼각형 ABC에서 $\angle CAB = 90°$이므로

$$\overline{BC} = \frac{\overline{AB}}{\cos 30°} = \frac{60}{\frac{\sqrt{3}}{2}} = 40\sqrt{3} \, (\text{m})$$

삼각형 ABD에서

$\angle BDA = 180° - (30°+60°) = 90°$이므로

$$\overline{BD} = \overline{AB}\sin 30° = 60 \times \frac{1}{2} = 30 \, (\text{m})$$

삼각형 CBD에서 $\angle CBD = 60°-30° = 30°$이므로 코사인법칙에 의하여

$$\overline{CD}^2 = (40\sqrt{3})^2+30^2-2 \times 40\sqrt{3} \times 30 \times \cos 30°$$

$$= 4800+900-3600 = 2100$$

$$\therefore \ \overline{CD} = 10\sqrt{21} \, (\text{m}) \ (\because \overline{CD} > 0)$$

따라서 두 지점 C, D 사이의 거리는 $10\sqrt{21} \ \text{m}$이다.

3 삼각형의 넓이

개념 Check 155쪽

1 답 (1) $33\sqrt{3}$ (2) $3\sqrt{2}$

(1) $\dfrac{1}{2} \times 11 \times 12 \times \sin 60° = 33\sqrt{3}$

(2) $\dfrac{1}{2} \times 3 \times 4 \times \sin 135° = 3\sqrt{2}$

2 답 (1) $3\sqrt{3}$ (2) $24\sqrt{2}$

(1) $2 \times 3 \times \sin 60° = 3\sqrt{3}$

(2) $\overline{CD} = \overline{AB} = 6$이므로 $6 \times 8 \times \sin 135° = 24\sqrt{2}$

3 답 (1) 9 (2) $5\sqrt{3}$

(1) $\dfrac{1}{2} \times 6 \times 6 \times \sin 30° = 9$

(2) $\dfrac{1}{2} \times 4 \times 5 \times \sin 120° = 5\sqrt{3}$

09-1 답 (1) **60° 또는 120°** (2) $2\sqrt{26}$

(1) 삼각형 ABC의 넓이가 $3\sqrt{3}$이므로

$\dfrac{1}{2} \times 4 \times 3 \times \sin A = 3\sqrt{3}$ $\therefore \sin A = \dfrac{\sqrt{3}}{2}$

이때 $0° < A < 180°$이므로

$A = 60°$ 또는 $A = 120°$

(2) 삼각형 ABC의 넓이가 8이므로

$\dfrac{1}{2} \times 8 \times c \times \sin 135° = 8$

$\dfrac{1}{2} \times 8 \times c \times \dfrac{\sqrt{2}}{2} = 8$ $\therefore c = 2\sqrt{2}$

코사인법칙에 의하여

$a^2 = 8^2 + (2\sqrt{2})^2 - 2 \times 8 \times 2\sqrt{2} \times \cos 135°$

$\quad = 64 + 8 + 32 = 104$

$\therefore a = 2\sqrt{26}$ ($\because a > 0$)

09-2 답 $5\sqrt{2}$

$\cos B = \dfrac{1}{3}$이고 $0° < B < 180°$이므로

$\sin B = \sqrt{1 - \cos^2 B} = \sqrt{1 - \left(\dfrac{1}{3}\right)^2} = \dfrac{2\sqrt{2}}{3}$

따라서 삼각형 ABC의 넓이는

$\dfrac{1}{2} \times 5 \times 3 \times \sin B = \dfrac{1}{2} \times 5 \times 3 \times \dfrac{2\sqrt{2}}{3} = 5\sqrt{2}$

09-3 답 $\dfrac{12}{5}$

$\overline{AD} = x \, (x > 0)$라 하면

$\triangle ABC = \triangle ABD + \triangle ADC$이므로

$\dfrac{1}{2} \times 6 \times 4 \times \sin 120°$

$= \dfrac{1}{2} \times 6 \times x \times \sin 60° + \dfrac{1}{2} \times 4 \times x \times \sin 60°$

$6\sqrt{3} = \dfrac{3\sqrt{3}}{2}x + \sqrt{3}x,\ 6\sqrt{3} = \dfrac{5\sqrt{3}}{2}x$ $\therefore x = \dfrac{12}{5}$

$\therefore \overline{AD} = \dfrac{12}{5}$

10-1 답 (1) $30\sqrt{2}$ (2) $\dfrac{33\sqrt{2}}{8}$

(1) 코사인법칙에 의하여 $\cos C = \dfrac{9^2 + 10^2 - 11^2}{2 \times 9 \times 10} = \dfrac{1}{3}$

이때 $0° < C < 180°$이므로

$\sin C = \sqrt{1 - \cos^2 C} = \sqrt{1 - \left(\dfrac{1}{3}\right)^2} = \dfrac{2\sqrt{2}}{3}$

따라서 삼각형 ABC의 넓이는

$\dfrac{1}{2} \times 9 \times 10 \times \sin C = \dfrac{1}{2} \times 9 \times 10 \times \dfrac{2\sqrt{2}}{3} = 30\sqrt{2}$

(2) 삼각형 ABC의 외접원의 반지름의 길이를 R라 하면

삼각형 ABC의 넓이는 $\dfrac{abc}{4R}$이므로

$30\sqrt{2} = \dfrac{9 \times 10 \times 11}{4R}$ $\therefore R = \dfrac{33\sqrt{2}}{8}$

다른 풀이

(1) 헤론의 공식을 이용하면

$s = \dfrac{9 + 10 + 11}{2} = 15$이므로

삼각형 ABC의 넓이는

$\sqrt{15 \times (15-9) \times (15-10) \times (15-11)} = 30\sqrt{2}$

10-2 답 **4**

코사인법칙에 의하여 $\cos C = \dfrac{13^2 + 14^2 - 15^2}{2 \times 13 \times 14} = \dfrac{5}{13}$

이때 $0° < C < 180°$이므로

$\sin C = \sqrt{1 - \cos^2 C} = \sqrt{1 - \left(\dfrac{5}{13}\right)^2} = \dfrac{12}{13}$

따라서 삼각형 ABC의 넓이는

$\dfrac{1}{2} \times 13 \times 14 \times \dfrac{12}{13} = 84$

이때 삼각형 ABC의 내접원의 반지름의 길이를 r라 하면

삼각형 ABC의 넓이는 $\dfrac{1}{2}r(a+b+c)$이므로

$84 = \dfrac{1}{2}r(13 + 14 + 15)$ $\therefore r = 4$

11-1 답 $7 + 6\sqrt{3}$

$\triangle ABD = \dfrac{1}{2} \times 4 \times 7 \times \sin 30° = 7$

삼각형 BCD에서 코사인법칙에 의하여

$\cos C = \dfrac{3^2 + 8^2 - 7^2}{2 \times 3 \times 8} = \dfrac{1}{2}$

이때 $0° < C < 180°$이므로

$\sin C = \sqrt{1 - \cos^2 C} = \sqrt{1 - \left(\dfrac{1}{2}\right)^2} = \dfrac{\sqrt{3}}{2}$

$\therefore \triangle BCD = \dfrac{1}{2} \times 3 \times 8 \times \sin C$

$\qquad\qquad = \dfrac{1}{2} \times 3 \times 8 \times \dfrac{\sqrt{3}}{2} = 6\sqrt{3}$

$\therefore \square ABCD = \triangle ABD + \triangle BCD = 7 + 6\sqrt{3}$

11-2 답 $6\sqrt{3}$

사각형 ABCD가 원에 내접하므로 $A + C = 180°$

$\therefore C = 180° - A$

오른쪽 그림과 같이 선분 BD를 그

으면 삼각형 ABD에서 코사인법칙

에 의하여

$\overline{BD}^2 = 5^2 + 4^2 - 2 \times 5 \times 4 \times \cos A$

$\qquad = 41 - 40 \cos A$

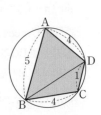

삼각형 BCD에서 코사인법칙에 의하여

$\overline{BD}^2 = 4^2 + 1^2 - 2 \times 4 \times 1 \times \cos(180° - A) = 17 + 8\cos A$

즉, $41 - 40\cos A = 17 + 8\cos A$이므로

$48\cos A = 24$ $\therefore \cos A = \dfrac{1}{2}$

$\therefore \sin A = \sqrt{1 - \cos^2 A}$

$= \sqrt{1 - \left(\dfrac{1}{2}\right)^2} = \dfrac{\sqrt{3}}{2}$ $(\because 0° < A < 180°)$

$\therefore \square ABCD$

$= \triangle ABD + \triangle BCD$

$= \dfrac{1}{2} \times 5 \times 4 \times \sin A + \dfrac{1}{2} \times 4 \times 1 \times \sin(180° - A)$

$= 10\sin A + 2\sin A = 12\sin A$

$= 12 \times \dfrac{\sqrt{3}}{2} = 6\sqrt{3}$

12-1 답 (1) **60° 또는 120°** (2) **6**

(1) 평행사변형 ABCD에서 $\overline{AD} = \overline{BC} = 2\sqrt{3}$

평행사변형 ABCD의 넓이가 6이므로

$2\sqrt{3} \times 2 \times \sin A = 6$ $\therefore \sin A = \dfrac{\sqrt{3}}{2}$

이때 $0° < A < 180°$이므로 $A = 60°$ 또는 $A = 120°$

(2) 사각형 ABCD의 넓이가 $9\sqrt{2}$이므로

$\dfrac{1}{2} \times 6 \times x \times \sin 45° = 9\sqrt{2}$

$3x \times \dfrac{\sqrt{2}}{2} = 9\sqrt{2}$ $\therefore x = 6$

12-2 답 **$18\sqrt{2}$**

$0° < \theta < 180°$이므로

$\sin\theta = \sqrt{1 - \cos^2\theta} = \sqrt{1 - \left(\dfrac{1}{3}\right)^2} = \dfrac{2\sqrt{2}}{3}$

$\therefore \square ABCD = \dfrac{1}{2} \times 6 \times 9 \times \sin\theta$

$= \dfrac{1}{2} \times 6 \times 9 \times \dfrac{2\sqrt{2}}{3} = 18\sqrt{2}$

연습문제

161~164쪽

1 90°	**2** ⑤	**3** $\dfrac{12}{5}$	**4** ①	**5** 정삼각형
6 35.6 m	**7** $2\sqrt{6}$	**8** ②	**9** ④	**10** $\dfrac{3}{5}$
11 41	**12** ④	**13** 120 m	**14** ③	**15** ②
16 $\sqrt{3}$	**17** $\dfrac{11\sqrt{3}}{12}$	**18** $\dfrac{41\sqrt{3}}{2}$ m²	**19** ③	
20 $\dfrac{\sqrt{3}}{3}$	**21** $2\sqrt{7}$	**22** ②	**23** ③	**24** $\sqrt{10}$
25 $7\sqrt{3}$				

1 사인법칙에 의하여

$\dfrac{8}{\sin C} = 2 \times 8$ $\therefore \sin C = \dfrac{1}{2}$

이때 $0° < C < 180°$이므로 $C = 30°$ 또는 $C = 150°$

그런데 $C = 150°$이면 $A + C > 180°$이므로 $C = 30°$

$\therefore B = 180° - (A + C) = 180° - (60° + 30°) = 90°$

2 $B + C = 180° - A$이므로

$4\cos(B + C)\cos A = -1$에서

$4\cos(180° - A)\cos A = -1$, $4(-\cos A)\cos A = -1$

$-4\cos^2 A = -1$ $\therefore \cos^2 A = \dfrac{1}{4}$

이때 $0° < A < 180°$이므로

$\sin A = \sqrt{1 - \cos^2 A} = \sqrt{1 - \dfrac{1}{4}} = \dfrac{\sqrt{3}}{2}$

외접원의 반지름의 길이가 4이므로 사인법칙에 의하여

$\dfrac{\overline{BC}}{\sin A} = 2 \times 4$, $\dfrac{\overline{BC}}{\dfrac{\sqrt{3}}{2}} = 8$ $\therefore \overline{BC} = 4\sqrt{3}$

3 $ab : bc : ca = 5 : 6 : 10$에서

$ab = 5k$, $bc = 6k$, $ca = 10k (k > 0)$로 놓으면

$(abc)^2 = 5k \times 6k \times 10k = 300k^3$ ⋯⋯ ㉠

이때 $(ab)^2 = 25k^2$이므로

이를 ㉠에 대입하면 $c^2 = 12k$

따라서 삼각형 ABC의 외접원의 반지름의 길이를 R라 하면 사인법칙에 의하여

$\dfrac{\sin^2 C}{\sin A \sin B} = \dfrac{\left(\dfrac{c}{2R}\right)^2}{\dfrac{a}{2R} \times \dfrac{b}{2R}} = \dfrac{c^2}{ab} = \dfrac{12k}{5k} = \dfrac{12}{5}$

4 $A + B = 180° - C$

외접원의 반지름의 길이를 R라 하면 사인법칙에 의하여

$\sin A = \dfrac{a}{2R} = \dfrac{a}{8}$, $\sin B = \dfrac{b}{2R} = \dfrac{b}{8}$, $\sin C = \dfrac{c}{2R} = \dfrac{c}{8}$

$\therefore \sin A + \sin B + \sin(A + B)$

$= \sin A + \sin B + \sin(180° - C)$

$= \sin A + \sin B + \sin C$

$= \dfrac{a}{8} + \dfrac{b}{8} + \dfrac{c}{8} = \dfrac{a + b + c}{8} = \dfrac{12}{8} = \dfrac{3}{2}$

5 삼각형 ABC의 외접원의 반지름의 길이를 R라 하면 사인법칙에 의하여

$\sin A = \dfrac{a}{2R}$, $\sin B = \dfrac{b}{2R}$, $\sin C = \dfrac{c}{2R}$

이를 $a\sin A = b\sin B = c\sin C$에 대입하면

$a \times \dfrac{a}{2R} = b \times \dfrac{b}{2R} = c \times \dfrac{c}{2R}$, $a^2 = b^2 = c^2$

$\therefore a = b = c (\because a > 0, b > 0, c > 0)$

따라서 삼각형 ABC는 정삼각형이다.

6 $\angle BCA = 43° - 14° = 29°$

삼각형 CAB에서 사인법칙
에 의하여

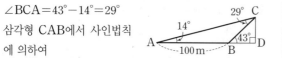

$$\frac{\overline{BC}}{\sin 14°} = \frac{100}{\sin 29°}, \ \overline{BC}\sin 29° = 100\sin 14°$$

$\overline{BC} \times 0.48 = 100 \times 0.24$ $\therefore \overline{BC} = 50\,(\text{m})$

지점 C에서 선분 AB의 연장선에 내린 수선의 발을 D라
하면 삼각형 CBD에서

$\overline{CD} = \overline{BC}\sin 43° = 50 \times 0.68 = 34\,(\text{m})$

이때 서연이의 눈의 높이는 지면으로부터 1.6 m이므로
열기구와 지면 사이의 거리는 $34 + 1.6 = 35.6\,(\text{m})$

7 $B + D = 180°$에서 $D = 180° - B$이므로

$$\cos D = \cos(180° - B) = -\cos B = -\frac{1}{4}$$

따라서 삼각형 ACD에서 코사인법칙에 의하여

$$\overline{AC}^2 = 2^2 + 4^2 - 2 \times 2 \times 4 \times \cos D$$
$$= 4 + 16 - 2 \times 2 \times 4 \times \left(-\frac{1}{4}\right) = 24$$

$\therefore \overline{AC} = 2\sqrt{6} \ (\because \overline{AC} > 0)$

8 사인법칙에 의하여

$$\frac{\overline{BC}}{\sin \frac{\pi}{3}} = 2 \times 7, \ \frac{\overline{BC}}{\frac{\sqrt{3}}{2}} = 14 \qquad \therefore \overline{BC} = 7\sqrt{3}$$

$\overline{AB} : \overline{AC} = 3 : 1$이므로 $\overline{AB} = 3k$, $\overline{AC} = k \ (k > 0)$로 놓
으면 코사인법칙에 의하여

$$(7\sqrt{3})^2 = (3k)^2 + k^2 - 2 \times 3k \times k \times \cos\frac{\pi}{3}$$

$147 = 9k^2 + k^2 - 3k^2, \ k^2 = 21 \qquad \therefore k = \sqrt{21} \ (\because k > 0)$

9 $a^2 = b^2 + bc + c^2$에서 $b^2 + c^2 - a^2 = -bc$

코사인법칙에 의하여 $\cos A = \dfrac{b^2 + c^2 - a^2}{2bc} = \dfrac{-bc}{2bc} = -\dfrac{1}{2}$

이때 $0° < A < 180°$이므로 $A = 120°$

10 $B + C = 180° - A$이므로

$$\cos\frac{B+C-A}{2} = \cos\frac{(180° - A) - A}{2}$$
$$= \cos(90° - A) = \sin A$$

$\dfrac{\sin A}{3} = \dfrac{\sin B}{4} = \dfrac{\sin C}{5}$에서

$\sin A : \sin B : \sin C = 3 : 4 : 5$

사인법칙에 의하여 $a : b : c = \sin A : \sin B : \sin C$이
므로 $a : b : c = 3 : 4 : 5$

따라서 $a = 3k$, $b = 4k$, $c = 5k \ (k > 0)$로 놓으면 코사인
법칙에 의하여

$$\cos A = \frac{(4k)^2 + (5k)^2 - (3k)^2}{2 \times 4k \times 5k} = \frac{4}{5}$$

이때 $0° < A < 180°$이므로

$$\sin A = \sqrt{1 - \cos^2 A} = \sqrt{1 - \left(\frac{4}{5}\right)^2} = \frac{3}{5}$$

$$\therefore \cos\frac{B+C-A}{2} = \frac{3}{5}$$

11 삼각형 ABD에서 $\overline{AB} = \overline{AD} = 6$이므로 코사인법칙에 의
하여 $\cos A = \dfrac{6^2 + 6^2 - (\sqrt{15})^2}{2 \times 6 \times 6} = \dfrac{19}{24}$

따라서 삼각형 ABC에서 코사인법칙에 의하여

$$\overline{BC}^2 = 6^2 + 10^2 - 2 \times 6 \times 10 \times \cos A$$
$$= 36 + 100 - 2 \times 6 \times 10 \times \frac{19}{24} = 41$$

$\therefore k^2 = 41$

12 코사인법칙에 의하여

$$\cos A = \frac{b^2 + c^2 - a^2}{2bc}, \ \cos C = \frac{a^2 + b^2 - c^2}{2ab}$$

이를 $c\cos A = a\cos C$에 대입하면

$$c \times \frac{b^2 + c^2 - a^2}{2bc} = a \times \frac{a^2 + b^2 - c^2}{2ab}$$

$b^2 + c^2 - a^2 = a^2 + b^2 - c^2, \ 2a^2 = 2c^2$

$a^2 = c^2$ $\therefore a = c \ (\because a > 0, \ c > 0)$

따라서 삼각형 ABC는 $a = c$인 이등변삼각형이다.

13 $\overline{PQ} = x\,(\text{m}) \ (x > 0)$라 하면 삼각형 PBQ는 직각이등변
삼각형이므로 $\overline{PQ} = \overline{BQ} = x\,(\text{m})$

또 삼각형 PAQ에서 $\overline{AQ} = \dfrac{\overline{PQ}}{\tan 30°} = \dfrac{\overline{PQ}}{\frac{\sqrt{3}}{3}} = \sqrt{3}x\,(\text{m})$

따라서 삼각형 ABQ에서 코사인법칙에 의하여

$$120^2 = (\sqrt{3}x)^2 + x^2 - 2 \times \sqrt{3}x \times x \times \cos 30°$$
$$= 3x^2 + x^2 - 3x^2 = x^2$$

$\therefore x = 120\,(\text{m}) \ (\because x > 0)$

따라서 타워의 높이 $\overline{PQ}$는 120 m이다.

14 $A + B = 180° - C$이므로

$$\sin(A + B) = \sin(180° - C) = \sin C = \frac{1}{4}$$

$$\therefore \triangle ABC = \frac{1}{2} \times 3 \times 4 \times \sin C = \frac{1}{2} \times 3 \times 4 \times \frac{1}{4} = \frac{3}{2}$$

15 부채꼴 OAB의 반지름의 길이를 r라 하면 부채꼴의 호의

길이가 π이므로 $r \times \dfrac{\pi}{3} = \pi$ $\therefore r = 3$

$$\therefore \triangle OAB = \frac{1}{2} \times 3 \times 3 \times \sin\frac{\pi}{3}$$
$$= \frac{1}{2} \times 3 \times 3 \times \frac{\sqrt{3}}{2} = \frac{9\sqrt{3}}{4}$$

16 코사인법칙에 의하여

$a^2=8^2+5^2-2\times8\times5\times\cos60°=64+25-40=49$

$\therefore a=7 \ (\because a>0)$

따라서 삼각형 ABC의 넓이는

$\dfrac{1}{2}\times8\times5\times\sin60°=10\sqrt{3}$

이때 삼각형 ABC의 내접원의 반지름의 길이를 r라 하면

$\dfrac{1}{2}r(7+8+5)=10\sqrt{3}$ $\quad\therefore r=\sqrt{3}$

17 삼각형 ABC에서 코사인법칙에 의하여

$5^2=a^2+b^2-2\times a\times b\times\cos60°$

$25=a^2+b^2-ab$ $\quad\cdots\cdots$ ㉠

이때 $a^2+b^2=(a+b)^2-2ab$이므로

$a^2+b^2=36-2ab$ $\quad\cdots\cdots$ ㉡

㉡을 ㉠에 대입하면 $25=36-2ab-ab$

$3ab=11$ $\quad\therefore ab=\dfrac{11}{3}$

$\therefore \triangle ABC=\dfrac{1}{2}\times a\times b\times\sin60°$

$=\dfrac{1}{2}\times\dfrac{11}{3}\times\dfrac{\sqrt{3}}{2}=\dfrac{11\sqrt{3}}{12}$

18 오른쪽 그림과 같이 선분 AC를 그으면 직각삼각형 ACD에서

$\overline{AC}=\sqrt{7^2+(3\sqrt{3})^2}=2\sqrt{19}\,(m)$

이므로 삼각형 ABC에서 코사인법칙에 의하여

$\cos B=\dfrac{10^2+4^2-(2\sqrt{19})^2}{2\times10\times4}=\dfrac{1}{2}$

이때 $0°<C<180°$이므로

$\sin B=\sqrt{1-\cos^2 B}=\sqrt{1-\left(\dfrac{1}{2}\right)^2}=\dfrac{\sqrt{3}}{2}$

$\square ABCD=\triangle ABC+\triangle ACD$

$=\dfrac{1}{2}\times10\times4\times\sin B+\dfrac{1}{2}\times3\sqrt{3}\times7$

$=\dfrac{1}{2}\times10\times4\times\dfrac{\sqrt{3}}{2}+\dfrac{1}{2}\times3\sqrt{3}\times7$

$=10\sqrt{3}+\dfrac{21\sqrt{3}}{2}=\dfrac{41\sqrt{3}}{2}\,(m^2)$

따라서 꽃밭의 넓이는 $\dfrac{41\sqrt{3}}{2}$ m²이다.

19 평행사변형 ABCD에서 $\overline{CD}=\overline{AB}=8$

삼각형 BCD에서 코사인법칙에 의하여

$\cos C=\dfrac{10^2+8^2-12^2}{2\times10\times8}=\dfrac{1}{8}$

이때 $0°<C<180°$이므로

$\sin C=\sqrt{1-\cos^2 C}=\sqrt{1-\left(\dfrac{1}{8}\right)^2}=\dfrac{3\sqrt{7}}{8}$

$\therefore \square ABCD=10\times8\times\sin C=10\times8\times\dfrac{3\sqrt{7}}{8}=30\sqrt{7}$

20 사각형 ABCD의 넓이가 $6\sqrt{6}$이므로

$\dfrac{1}{2}\times4\times9\times\sin\theta=6\sqrt{6}$ $\quad\therefore \sin\theta=\dfrac{\sqrt{6}}{3}$

이때 $0°<\theta<90°$이므로

$\cos\theta=\sqrt{1-\sin^2\theta}=\sqrt{1-\left(\dfrac{\sqrt{6}}{3}\right)^2}=\dfrac{\sqrt{3}}{3}$

21 주어진 원뿔의 전개도를 그리면 오른쪽 그림과 같다.

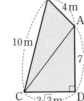

호의 길이는 원뿔의 밑면인 원의 둘레의 길이와 같으므로

$2\pi\times2=4\pi$

이때 선분 OA의 길이는 6이므로 부채꼴의 중심각의 크기를 θ라 하면

$4\pi=6\theta$ $\quad\therefore \theta=\dfrac{4\pi}{6}=\dfrac{2}{3}\pi$

삼각형 OAP에서 $\angle POA=\dfrac{\theta}{2}=\dfrac{\pi}{3}$이고 점 P는 선분 OB를 2 : 1로 내분하는 점이므로 $\overline{OP}=4$

따라서 삼각형 OAP에서 코사인법칙에 의하여

$\overline{AP}^2=6^2+4^2-2\times6\times4\times\cos\dfrac{\pi}{3}$

$=36+16-24=28$

$\therefore \overline{AP}=2\sqrt{7} \ (\because \overline{AP}>0)$

22 사인법칙에 의하여

$\dfrac{10}{\sin C}=2\times3\sqrt{5}$ $\quad\therefore \sin C=\dfrac{\sqrt{5}}{3}$

이때 $0°<C<90°$이므로

$\cos C=\sqrt{1-\sin^2 C}=\sqrt{1-\left(\dfrac{\sqrt{5}}{3}\right)^2}=\dfrac{2}{3}$ $\quad\cdots\cdots$ ㉠

코사인법칙에 의하여

$10^2=a^2+b^2-2\times a\times b\times\cos C$

$a^2+b^2=100+2ab\cos C$ $\quad\cdots\cdots$ ㉡

$\dfrac{a^2+b^2-ab\cos C}{ab}=\dfrac{4}{3}$에 ㉡을 대입하면

$\dfrac{100+2ab\cos C-ab\cos C}{ab}=\dfrac{4}{3}$

$100+ab\cos C=\dfrac{4}{3}ab$

$100+ab\times\dfrac{2}{3}=\dfrac{4}{3}ab \ (\because ㉠)$

$100=\dfrac{2}{3}ab$ $\quad\therefore ab=150$

23 삼각형 COA에서 $\overline{OA}=\overline{OC}=2$이고, $\angle COA=\theta$라 하면 코사인법칙에 의하여

$\cos\theta=\dfrac{2^2+2^2-1^2}{2\times2\times2}=\dfrac{7}{8}$

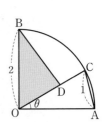

$\angle \mathrm{BOD}=\dfrac{\pi}{2}-\theta$이므로

$\sin(\angle \mathrm{BOD})=\sin\left(\dfrac{\pi}{2}-\theta\right)=\cos\theta$

즉, $\sin(\angle \mathrm{BOD})=\dfrac{7}{8}$이므로 삼각형 BOD의 넓이는

$\dfrac{1}{2}\times 2\times\overline{\mathrm{OD}}\times\sin(\angle \mathrm{BOD})=\dfrac{1}{2}\times 2\times\overline{\mathrm{OD}}\times\dfrac{7}{8}=\dfrac{7}{8}\overline{\mathrm{OD}}$

따라서 $\dfrac{7}{6}=\dfrac{7}{8}\overline{\mathrm{OD}}$이므로 $\overline{\mathrm{OD}}=\dfrac{4}{3}$

24 $\overline{\mathrm{AP}}=x$, $\overline{\mathrm{AQ}}=y$라 하면 $\triangle \mathrm{APQ}=\dfrac{1}{2}\triangle \mathrm{ABC}$이므로

$\dfrac{1}{2}\times x\times y\times\sin 60°=\dfrac{1}{2}\left(\dfrac{1}{2}\times 4\times 5\times\sin 60°\right)$

$\therefore xy=10$

삼각형 APQ에서 코사인법칙에 의하여

$\overline{\mathrm{PQ}}^2=x^2+y^2-2xy\cos 60°$

$\qquad\ =x^2+y^2-2\times 10\times\dfrac{1}{2}=x^2+y^2-10$

이때 $x^2>0$, $y^2>0$이므로 산술평균과 기하평균의 관계에 의하여

$x^2+y^2\geq 2\sqrt{x^2 y^2}=2\times 10=20$

(단, 등호는 $x=y$일 때 성립)

즉, $\overline{\mathrm{PQ}}^2=x^2+y^2-10\geq 20-10=10$

$\therefore \overline{\mathrm{PQ}}\geq\sqrt{10}\ (\because \overline{\mathrm{PQ}}>0)$

따라서 선분 PQ의 길이의 최솟값은 $\sqrt{10}$이다.

25 $\overline{\mathrm{AB}}=a$, $\overline{\mathrm{AD}}=b$라 하면 $a+b=6$

삼각형 ABD에서 코사인법칙에 의하여

$(4\sqrt{2})^2=a^2+b^2-2\times a\times b\times\cos 120°$

$32=a^2+b^2+ab$, $32=(a+b)^2-ab$

$32=6^2-ab$ $\qquad\therefore ab=4$

$\therefore \overline{\mathrm{AB}}\times\overline{\mathrm{AD}}=4$

$\overline{\mathrm{BC}}=c$, $\overline{\mathrm{CD}}=d$라 하면 $c+d=2\sqrt{26}$

$C=180°-120°=60°$이므로 삼각형 BCD에서 코사인법칙에 의하여

$(4\sqrt{2})^2=c^2+d^2-2\times c\times d\times\cos 60°$

$32=c^2+d^2-cd$, $32=(c+d)^2-3cd$

$32=(2\sqrt{26})^2-3cd$ $\qquad\therefore cd=24$

$\therefore \overline{\mathrm{BC}}\times\overline{\mathrm{CD}}=24$

$\therefore \square \mathrm{ABCD}=\triangle \mathrm{ABD}+\triangle \mathrm{BCD}$

$\qquad\qquad\ =\dfrac{1}{2}\times\overline{\mathrm{AB}}\times\overline{\mathrm{AD}}\times\sin 120°$

$\qquad\qquad\qquad +\dfrac{1}{2}\times\overline{\mathrm{BC}}\times\overline{\mathrm{BD}}\times\sin 60°$

$\qquad\qquad\ =\dfrac{1}{2}\times 4\times\dfrac{\sqrt{3}}{2}+\dfrac{1}{2}\times 24\times\dfrac{\sqrt{3}}{2}$

$\qquad\qquad\ =\sqrt{3}+6\sqrt{3}=7\sqrt{3}$

⫻-1 01 등차수열

▌ 수열

1 [답] (1) **5, 8, 11, 14** (2) **3, 5, 9, 17**

(1) $a_1=3\times 1+2=5$, $a_2=3\times 2+2=8$,

$a_3=3\times 3+2=11$, $a_4=3\times 4+2=14$

(2) $a_1=2+1=3$, $a_2=2^2+1=5$,

$a_3=2^3+1=9$, $a_4=2^4+1=17$

01-1 [답] (1) $a_n=n(n+1)$ (2) $a_n=n^2$

$\qquad\qquad$ (3) $a_n=\dfrac{1}{3}(10^n-1)$

(1) $a_1, a_2, a_3, a_4, \cdots$의 규칙을 찾아보면

$a_1=1\times 2=1\times(1+1)$

$a_2=2\times 3=2\times(2+1)$

$a_3=3\times 4=3\times(3+1)$

$a_4=4\times 5=4\times(4+1)$

$\qquad\quad \vdots$

따라서 일반항 a_n은

$a_n=n(n+1)$

(2) $a_1, a_2, a_3, a_4, \cdots$의 규칙을 찾아보면

$a_1=1=1^2$

$a_2=4=2^2$

$a_3=9=3^2$

$a_4=16=4^2$

$\qquad\quad \vdots$

따라서 일반항 a_n은

$a_n=n^2$

(3) $a_1, a_2, a_3, a_4, \cdots$의 규칙을 찾아보면

$a_1=3=\dfrac{1}{3}\times(10-1)$

$a_2=33=\dfrac{1}{3}\times(100-1)=\dfrac{1}{3}\times(10^2-1)$

$a_3=333=\dfrac{1}{3}\times(1000-1)=\dfrac{1}{3}\times(10^3-1)$

$a_4=3333=\dfrac{1}{3}\times(10000-1)=\dfrac{1}{3}\times(10^4-1)$

$\qquad\quad \vdots$

따라서 일반항 a_n은

$a_n=\dfrac{1}{3}(10^n-1)$

2 등차수열

1 답 (1) **1**   (2) $\dfrac{1}{6}$

2 답 (1) $a_n=-2n+9$ (2) $a_n=5n-8$
     (3) $a_n=4n-5$ (4) $a_n=-3n-2$

(1) $a_n=7+(n-1)\times(-2)=-2n+9$

(2) $a_n=-3+(n-1)\times5=5n-8$

(3) 첫째항이 -1, 공차가 $3-(-1)=4$인 등차수열의 일
반항 a_n은
$$a_n=-1+(n-1)\times4=4n-5$$

(4) 첫째항이 -5, 공차가 $-8-(-5)=-3$인 등차수열
의 일반항 a_n은
$$a_n=-5+(n-1)\times(-3)=-3n-2$$

3 답 (1) $x=1$, $y=-5$ (2) $x=\dfrac{7}{3}$, $y=\dfrac{17}{3}$

(1) x는 4와 -2의 등차중항이므로
$$x=\dfrac{4-2}{2}=1$$
y는 -2와 -8의 등차중항이므로
$$y=\dfrac{-2-8}{2}=-5$$

(2) x는 $\dfrac{2}{3}$와 4의 등차중항이므로
$$x=\dfrac{\dfrac{2}{3}+4}{2}=\dfrac{7}{3}$$
y는 4와 $\dfrac{22}{3}$의 등차중항이므로
$$y=\dfrac{4+\dfrac{22}{3}}{2}=\dfrac{17}{3}$$

02-1 답 (1) $a_n=6n-22$ (2) **98**   (3) **제30항**

(1) 첫째항을 a, 공차를 d라 하면 제2항이 -10, 제7항이
20이므로
$$a+d=-10,\ a+6d=20$$
두 식을 연립하여 풀면
$$a=-16,\ d=6$$
따라서 첫째항이 -16, 공차가 6이므로 일반항 a_n은
$$a_n=-16+(n-1)\times6=6n-22$$

(2) $a_{20}=6\times20-22=98$

(3) 158을 제n항이라 하면
$$158=6n-22,\ 6n=180$$
$$\therefore n=30$$
따라서 158은 제30항이다.

02-2 답 -34

공차는 $5-8=-3$
첫째항이 8, 공차가 -3인 등차수열의 일반항을 a_n이라
하면
$$a_n=8+(n-1)\times(-3)$$
$$=-3n+11$$
$$\therefore a_{15}=-3\times15+11=-34$$

02-3 답 $a_n=2n+1$

첫째항을 a, 공차를 d라 하면
$a_2+a_4=14$에서
$$(a+d)+(a+3d)=14$$
$$\therefore a+2d=7 \qquad \cdots\cdots \text{㉠}$$
$a_{10}+a_{20}=62$에서
$$(a+9d)+(a+19d)=62$$
$$\therefore a+14d=31 \qquad \cdots\cdots \text{㉡}$$
㉠, ㉡을 연립하여 풀면
$$a=3,\ d=2$$
$$\therefore a_n=3+(n-1)\times2=2n+1$$

03-1 답 제18항

첫째항이 -50, 공차가 3인 등차수열의 일반항을 a_n이라
하면
$$a_n=-50+(n-1)\times3$$
$$=3n-53$$
이때 제n항에서 처음으로 양수가 된다고 하면 $a_n>0$에서
$$3n-53>0,\ 3n>53$$
$$\therefore n>17.6\cdots$$
그런데 n은 자연수이므로 n의 최솟값은 18이다.
따라서 처음으로 양수가 되는 항은 제18항이다.

03-2 답 제22항

첫째항을 a, 공차를 d라 하면
$a_5=82$, $a_{10}=57$이므로
$$a+4d=82,\ a+9d=57$$
두 식을 연립하여 풀면
$$a=102,\ d=-5$$
따라서 첫째항이 102, 공차가 -5이므로 일반항 a_n은
$$a_n=102+(n-1)\times(-5)$$
$$=-5n+107$$

이때 제n항에서 처음으로 음수가 된다고 하면 $a_n<0$에서
$-5n+107<0$, $5n>107$

$\therefore n>21.4$

그런데 n은 자연수이므로 n의 최솟값은 22이다.

따라서 처음으로 음수가 되는 항은 제22항이다.

03-3 답 제23항

공차는 $-4-(-9)=5$

첫째항이 -9, 공차가 5인 등차수열의 일반항을 a_n이라
하면

$a_n=-9+(n-1)\times5=5n-14$

이때 제n항에서 처음으로 100보다 커진다고 하면 $a_n>100$
에서

$5n-14>100$, $5n>114$ $\therefore n>22.8$

그런데 n은 자연수이므로 n의 최솟값은 23이다.

따라서 처음으로 100보다 커지는 항은 제23항이다.

04-1 답 28

공차를 d라 하면 첫째항이 -2, 제17항이 46이므로

$-2+16d=46$, $16d=48$ $\therefore d=3$

이때 x_{10}은 제11항이므로

$x_{10}=-2+10\times3=28$

04-2 답 66

공차를 d라 하면 첫째항이 15, 제5항이 3이므로

$15+4d=3$, $4d=-12$ $\therefore d=-3$

따라서

$x=15+(-3)=12$,

$y=15+2\times(-3)=9$,

$z=15+3\times(-3)=6$

이므로

$x+yz=12+9\times6=66$

04-3 답 14

첫째항이 4, 공차가 2인 등차수열의 제$(m+2)$항이 34이
므로

$4+(m+1)\times2=34$, $2(m+1)=30$

$m+1=15$ $\therefore m=14$

05-1 답 -2, 1

x^2+2x는 $-x$와 $3x+4$의 등차중항이므로

$x^2+2x=\dfrac{-x+(3x+4)}{2}$

$2(x^2+2x)=2x+4$, $x^2+x-2=0$

$(x+2)(x-1)=0$

$\therefore x=-2$ 또는 $x=1$

05-2 답 $x=6$, $y=4$

5는 x와 y의 등차중항이므로

$5=\dfrac{x+y}{2}$ $\therefore x+y=10$ ······ ㉠

또 5는 $-2y$와 $3x$의 등차중항이므로

$5=\dfrac{-2y+3x}{2}$ $\therefore 3x-2y=10$ ······ ㉡

㉠, ㉡을 연립하여 풀면

$x=6$, $y=4$

05-3 답 -3

$f(x)=x^2+ax+1$을 $x+2$, $x+1$, $x-1$로 나누었을 때
의 나머지는 나머지정리에 의하여 각각 $f(-2)$, $f(-1)$,
$f(1)$과 같다.

따라서 $p=f(-2)=5-2a$, $q=f(-1)=2-a$,

$r=f(1)=2+a$

이때 q는 p와 r의 등차중항이므로

$q=\dfrac{p+r}{2}$

즉, $2-a=\dfrac{(5-2a)+(2+a)}{2}$

$4-2a=7-a$

$\therefore a=-3$

06-1 답 120

세 수를 $a-d$, a, $a+d$라 하면

$(a-d)+a+(a+d)=18$ ······ ㉠

$(a-d)^2+a^2+(a+d)^2=140$ ······ ㉡

㉠에서 $3a=18$ $\therefore a=6$

이를 ㉡에 대입하면

$(6-d)^2+6^2+(6+d)^2=140$

$2d^2+108=140$, $2d^2=32$

$d^2=16$

$\therefore d=-4$ 또는 $d=4$

따라서 세 수는 2, 6, 10이므로 세 수의 곱은

$2\times6\times10=120$

06-2 답 1

세 실근을 $a-d$, a, $a+d$라 하면 삼차방정식의 근과 계
수의 관계에 의하여

$(a-d)+a+(a+d)=3$

$3a=3$ $\therefore a=1$

따라서 1은 주어진 삼차방정식의 한 근이므로 주어진 삼
차방정식에 $x=1$을 대입하면

$1^3-3\times1^2+k\times1+1=0$

$\therefore k=1$

06-3 답 **9**

네 수를 $a-3d$, $a-d$, $a+d$, $a+3d$라 하면 네 수의 합이 12이므로

$(a-3d)+(a-d)+(a+d)+(a+3d)=12$

$4a=12$ ∴ $a=3$

또 가운데 두 수의 곱은 가장 작은 수와 가장 큰 수의 곱보다 32가 크므로

$(3-d)(3+d)=(3-3d)(3+3d)+32$

$9-d^2=41-9d^2$

$8d^2=32$, $d^2=4$

∴ $d=-2$ 또는 $d=2$

따라서 네 수는 -3, 1, 5, 9이므로 네 수 중 가장 큰 수는 9이다.

---

3 등차수열의 합

문제 176~180쪽

07-1 답 (1) -160 (2) 525

(1) 첫째항을 a, 공차를 d라 하면 제3항이 22, 제7항이 6이므로

$a+2d=22$, $a+6d=6$

두 식을 연립하여 풀면

$a=30$, $d=-4$

따라서 첫째항이 30, 공차가 -4인 등차수열의 첫째항부터 제20항까지의 합은

$\dfrac{20\{2\times30+(20-1)\times(-4)\}}{2}=-160$

(2) 첫째항이 7, 공차가 4인 등차수열의 제k항이 63이므로

$7+(k-1)\times4=63$

$4(k-1)=56$

∴ $k=15$

따라서 첫째항이 7, 제15항이 63인 등차수열의 첫째항부터 제15항까지의 합은

$\dfrac{15(7+63)}{2}=525$

다른 풀이

(2) 첫째항이 7, 공차가 4인 등차수열의 첫째항부터 제15항까지의 합은

$\dfrac{15\{2\times7+(15-1)\times4\}}{2}=525$

07-2 답 **5**

첫째항이 3, 끝항이 15, 항수가 $m+2$인 등차수열의 모든 항의 합이 63이므로 $\dfrac{(m+2)(3+15)}{2}=63$

$9(m+2)=63$ ∴ $m=5$

08-1 답 **960**

첫째항을 a, 공차를 d라 하면 $S_{15}=255$이므로

$\dfrac{15\{2a+(15-1)d\}}{2}=255$

∴ $a+7d=17$ ⋯⋯ ㉠

$S_{25}=675$이므로

$\dfrac{25\{2a+(25-1)d\}}{2}=675$

∴ $a+12d=27$ ⋯⋯ ㉡

㉠, ㉡을 연립하여 풀면 $a=3$, $d=2$

따라서 첫째항이 3, 공차가 2인 등차수열의 첫째항부터 제30항까지의 합은

$\dfrac{30\{2\times3+(30-1)\times2\}}{2}=960$

08-2 답 **755**

첫째항을 a, 공차를 d라 하면 $S_{10}=155$이므로

$\dfrac{10\{2a+(10-1)d\}}{2}=155$

∴ $2a+9d=31$ ⋯⋯ ㉠

$S_{20}-S_{10}=455$에서

$S_{20}=S_{10}+455=155+455=610$이므로

$\dfrac{20\{2a+(20-1)d\}}{2}=610$

∴ $2a+19d=61$ ⋯⋯ ㉡

㉠, ㉡을 연립하여 풀면 $a=2$, $d=3$

따라서 첫째항이 2, 공차가 3인 등차수열의 제21항부터 제30항까지의 합은

$S_{30}-S_{20}=\dfrac{30\{2\times2+(30-1)\times3\}}{2}-610$

$=1365-610=755$

09-1 답 -338

첫째항이 -50, 공차가 4이므로 일반항 a_n은

$a_n=-50+(n-1)\times4=4n-54$

이때 제n항에서 처음으로 양수가 된다고 하면 $a_n>0$에서

$4n-54>0$, $4n>54$ ∴ $n>13.5$

즉, 등차수열 $\{a_n\}$은 제14항부터 양수이므로 첫째항부터 제13항까지의 합이 최소이다.

따라서 구하는 최솟값은

$\dfrac{13\{2\times(-50)+(13-1)\times4\}}{2}=-338$

첫째항이 -50, 공차가 4인 등차수열의 첫째항부터 제n항까지의 합 S_n은

$$S_n=\frac{n\{2\times(-50)+(n-1)\times4\}}{2}$$
$$=2n^2-52n=2(n-13)^2-338$$

따라서 구하는 최솟값은 $n=13$일 때, -338이다.

09-2 답 12

첫째항을 a, 공차를 d라 하면

제6항이 55, 제10항이 23이므로

$a+5d=55$, $a+9d=23$

두 식을 연립하여 풀면 $a=95$, $d=-8$

따라서 첫째항이 95, 공차가 -8이므로 일반항 a_n은

$a_n=95+(n-1)\times(-8)=-8n+103$

이때 제n항에서 처음으로 음수가 된다고 하면 $a_n<0$에서

$-8n+103<0$, $8n>103$ $\therefore n>12.875$

즉, 등차수열 $\{a_n\}$은 제13항부터 음수이므로 첫째항부터 제12항까지의 합이 최대이다.

$\therefore n=12$

10-1 답 1275

100 이하의 자연수 중에서 4로 나누었을 때의 나머지가 3인 수를 작은 것부터 차례대로 나열하면

3, 7, 11, 15, $\cdots$, 99

이는 첫째항이 3, 공차가 4인 등차수열이므로 99를 제n항이라 하면

$3+(n-1)\times4=99$

$4(n-1)=96$ $\therefore n=25$

따라서 구하는 합은 첫째항이 3, 제25항이 99인 등차수열의 첫째항부터 제25항까지의 합이므로

$$\frac{25(3+99)}{2}=1275$$

10-2 답 55350

세 자리의 자연수 중에서 9의 배수를 작은 것부터 차례대로 나열하면

108, 117, 126, 135, $\cdots$, 999

이는 첫째항이 108, 공차가 9인 등차수열이므로 999를 제n항이라 하면

$108+(n-1)\times9=999$

$9(n-1)=891$ $\therefore n=100$

따라서 구하는 합은 첫째항이 108, 제100항이 999인 등차수열의 첫째항부터 제100항까지의 합이므로

$$\frac{100(108+999)}{2}=55350$$

11-1 답 (1) $a_n=4n-5$

(2) $a_1=3$, $a_n=2n+2$ $(n\geq2)$

(1) $S_n=2n^2-3n$에서

(i) $n\geq2$일 때,

$a_n=S_n-S_{n-1}$
$=2n^2-3n-\{2(n-1)^2-3(n-1)\}$
$=4n-5$ $\cdots\cdots$ ㉠

(ii) $n=1$일 때,

$a_1=S_1=2\times1^2-3\times1=-1$ $\cdots\cdots$ ㉡

이때 ㉡은 ㉠에 $n=1$을 대입한 값과 같으므로 구하는 일반항 a_n은

$a_n=4n-5$

(2) $S_n=n^2+3n-1$에서

(i) $n\geq2$일 때,

$a_n=S_n-S_{n-1}$
$=n^2+3n-1-\{(n-1)^2+3(n-1)-1\}$
$=2n+2$ $\cdots\cdots$ ㉠

(ii) $n=1$일 때,

$a_1=S_1=1^2+3\times1-1=3$ $\cdots\cdots$ ㉡

이때 ㉡은 ㉠에 $n=1$을 대입한 값과 같지 않으므로 구하는 일반항 a_n은

$a_1=3$, $a_n=2n+2$ $(n\geq2)$

11-2 답 29

$S_n=2n^2-4n+1$에서

$a_1=S_1=2\times1^2-4\times1+1=-1$

$a_9=S_9-S_8$
$=(2\times9^2-4\times9+1)-(2\times8^2-4\times8+1)$
$=127-97=30$

$\therefore a_1+a_9=-1+30=29$

11-3 답 8

$S_n=n^2-16n$에서

(i) $n\geq2$일 때,

$a_n=S_n-S_{n-1}$
$=n^2-16n-\{(n-1)^2-16(n-1)\}$
$=2n-17$ $\cdots\cdots$ ㉠

(ii) $n=1$일 때,

$a_1=S_1=1^2-16\times1=-15$ $\cdots\cdots$ ㉡

이때 ㉡은 ㉠에 $n=1$을 대입한 값과 같으므로 일반항 a_n은 $a_n=2n-17$

$a_n<0$에서 $2n-17<0$

$2n<17$ $\therefore n<8.5$

따라서 구하는 자연수 n은 1, 2, 3, $\cdots$, 8의 8개이다.

1 6	**2** 32	**3** 제25항	**4** 24	**5** ③
6 −2	**7** ③	**8** 32	**9** 5	**10** ②
11 ⑤	**12** ①	**13** 5	**14** ④	**15** 755
16 −14	**17** 150	**18** 65	**19** $(-112, 78)$	
20 2	**21** 456	**22** ②		

1 첫째항을 a, 공차를 d라 하면

$a_5=3a_1$에서 $a+4d=3a$ ∴ $a=2d$ ······ ㉠

$a_1{}^2+a_3{}^2=20$에서 $a^2+(a+2d)^2=20$ ······ ㉡

㉠을 ㉡에 대입하면

$(2d)^2+(2d+2d)^2=20$

$d^2=1$ ∴ $d=1$ $(\because d>0)$

∴ $a=2\times 1=2$ $(\because ㉠)$

따라서 등차수열 $\{a_n\}$의 일반항 a_n은

$a_n=2+(n-1)\times 1=n+1$

∴ $a_5=5+1=6$

2 첫째항을 a, 공차를 d라 하면

$a_5+a_9=0$에서 $(a+4d)+(a+8d)=0$

$2a+12d=0$ ∴ $a=-6d$ ······ ㉠

$|a_4+a_8|=8$에서 $|(a+3d)+(a+7d)|=8$

$|2a+10d|=8$

㉠을 대입하면

$|-12d+10d|=8$, $|-2d|=8$

∴ $d=4$ $(\because d>0)$

∴ $a=-6\times 4=-24$ $(\because ㉠)$

따라서 등차수열 $\{a_n\}$의 일반항 a_n은

$a_n=-24+(n-1)\times 4=4n-28$

∴ $a_{15}=4\times 15-28=32$

3 첫째항을 a, 공차를 d라 하면 $a_7=16$이므로

$a+6d=16$ ······ ㉠

또 $a_3 : a_9=2 : 5$에서 $2a_9=5a_3$이므로

$2(a+8d)=5(a+2d)$

∴ $a-2d=0$ ······ ㉡

㉠, ㉡을 연립하여 풀면 $a=4$, $d=2$

따라서 등차수열 $\{a_n\}$의 일반항 a_n은

$a_n=4+(n-1)\times 2=2n+2$

이때 제n항에서 처음으로 50보다 커진다고 하면 $a_n>50$에서

$2n+2>50$, $2n>48$ ∴ $n>24$

그런데 n은 자연수이므로 처음으로 50보다 커지는 항은 제25항이다.

4 공차를 d라 하면 첫째항이 3, 제$(m+2)$항이 78이므로

$3+(m+2-1)d=78$

∴ $(m+1)d=75$

이때 m이 자연수이므로 $m+1$은 1이 아닌 자연수이고, d도 1이 아닌 자연수이므로 $(m+1)d=75$인 경우는 다음과 같다.

$m+1$	3	5	15	25
d	25	15	5	3

따라서 m의 최댓값은 $m+1=25$에서 $m=24$

5 α는 1과 β의 등차중항이므로

$\alpha=\dfrac{1+\beta}{2}$ ······ ㉠

이차방정식 $x^2-nx+4(n-4)=0$에서

$(x-4)\{x-(n-4)\}=0$

∴ $x=4$ 또는 $x=n-4$

(i) $4<n-4$, 즉 $n>8$일 때

$\alpha=4$, $\beta=n-4$이므로 ㉠에서

$4=\dfrac{1+(n-4)}{2}$, $8=n-3$ ∴ $n=11$

(ii) $n-4<4$, 즉 $n<8$일 때

$\alpha=n-4$, $\beta=4$이므로 ㉠에서

$n-4=\dfrac{1+4}{2}=\dfrac{5}{2}$ ∴ $n=\dfrac{13}{2}$

(i), (ii)에서 구하는 자연수 n의 값은 11이다.

다른 풀이

㉠에서 $2\alpha-\beta=1$ ······ ㉡

이차방정식 $x^2-nx+4(n-4)=0$에서 근과 계수의 관계에 의하여

$\alpha+\beta=n$ ······ ㉢

$\alpha\beta=4(n-4)$ ······ ㉣

㉡, ㉢을 연립하여 풀면

$\alpha=\dfrac{n+1}{3}$, $\beta=\dfrac{2n-1}{3}$

이를 ㉣에 대입하여 정리하면

$2n^2-35n+143=0$, $(2n-13)(n-11)=0$

∴ $n=\dfrac{13}{2}$ 또는 $n=11$

이때 n은 자연수이므로 $n=11$

6 $\log_{27} x$는 $\log_{27} 3$과 1의 등차중항이므로

$\log_{27} x=\dfrac{\log_{27} 3+1}{2}$, $\log_{27} x=\dfrac{1}{2}\log_{27} 3+\dfrac{1}{2}$

$\log_{27} x=\dfrac{1}{6}+\dfrac{1}{2}=\dfrac{2}{3}$

∴ $x=27^{\frac{2}{3}}=(3^3)^{\frac{2}{3}}=3^2=9$

또 1은 $\log_{27} 9$와 $\log_{27} y$의 등차중항이므로

$1 = \dfrac{\log_{27} 9 + \log_{27} y}{2}$, $2 = \log_{27} 9 + \log_{27} y$

$2 = \dfrac{2}{3} + \log_{27} y$, $\log_{27} y = 2 - \dfrac{2}{3} = \dfrac{4}{3}$

$\therefore y = 27^{\frac{4}{3}} = (3^3)^{\frac{4}{3}} = 3^4 = 81$

$\therefore \log_3 \dfrac{x}{y} = \log_3 \dfrac{9}{81} = \log_3 \dfrac{1}{9} = \log_3 3^{-2} = -2$

7 사각형의 네 내각의 크기를

$a-3d$, $a-d$, $a+d$, $a+3d$라 하면

사각형의 네 내각의 크기의 합은 $360°$이므로

$(a-3d)+(a-d)+(a+d)+(a+3d)=360°$

$4a=360°$ $\therefore a=90°$

이때 가장 큰 각의 크기가 가장 작은 각의 크기의 3배이므로

$90°+3d=3(90°-3d)$

$12d=180°$ $\therefore d=15°$

따라서 네 내각의 크기는 $45°$, $75°$, $105°$, $135°$이므로

두 번째로 큰 각의 크기는 $105°$이다.

8 $S_n = \dfrac{n\{2 \times 60 + (n-1) \times (-4)\}}{2} = -2n^2 + 62n$

이때 $S_n < 0$에서

$-2n^2 + 62n < 0$, $n(n-31) > 0$

$\therefore n < 0$ 또는 $n > 31$

그런데 n은 자연수이므로 n의 최솟값은 32이다.

9 첫째항이 -11, 끝항이 31, 항수가 $m+2$인 등차수열의

합이 $-11 + 200 + 31 = 220$이므로

$\dfrac{(m+2)(-11+31)}{2} = 220$

$10(m+2) = 220$ $\therefore m = 20$

이때 공차를 d라 하면 제22항이 31이므로

$-11 + 21d = 31$ $\therefore d = 2$

따라서 x_8은 제9항이므로

$-11 + 8 \times 2 = 5$

10 공차를 d라 하면 첫째항이 2이므로 $a_6 = 2(S_3 - S_2)$에서

$2 + 5d$

$= 2 \times \left[\dfrac{3\{2 \times 2 + (3-1)d\}}{2} - \dfrac{2\{2 \times 2 + (2-1)d\}}{2} \right]$

$2 + 5d = 4 + 4d$ $\therefore d = 2$

$\therefore S_{10} = \dfrac{10\{2 \times 2 + (10-1) \times 2\}}{2} = 110$

[다른 풀이]

공차를 d라 하면 $a_6 = 2 + 5d$

$S_3 - S_2 = (a_1 + a_2 + a_3) - (a_1 + a_2) = a_3 = 2 + 2d$

$a_6 = 2(S_3 - S_2)$에서

$2 + 5d = 2(2 + 2d)$ $\therefore d = 2$

$\therefore S_{10} = \dfrac{10\{2 \times 2 + (10-1) \times 2\}}{2} = 110$

11 $S_{k+10} = S_k + (a_{k+1} + a_{k+2} + a_{k+3} + \cdots + a_{k+10})$

이때 등차수열 $\{a_n\}$의 공차가 2이고, $a_k = 31$이므로

S_{k+10}

$= S_k + \{(a_k + 2) + (a_k + 2 \times 2) + (a_k + 3 \times 2) + \cdots$

$\qquad\qquad\qquad\qquad\qquad + (a_k + 10 \times 2)\}$

$= S_k + \underbrace{\{(31+2) + (31+4) + (31+6) + \cdots + (31+20)\}}_{\text{첫째항이 33, 끝항이 51, 항의 개수가 10인 등차수열의 합}}$

$= S_k + \dfrac{10(33+51)}{2} = S_k + 420$

즉, $S_k + 420 = 640$이므로 $S_k = 220$

[다른 풀이]

첫째항을 a라 하면

$a_k = a + (k-1) \times 2 = 31$

$\therefore a = -2k + 33$ ...... ㉠

$S_{k+10} = \dfrac{(k+10)\{2a + (k+9) \times 2\}}{2} = 640$

$\therefore k^2 + (a+19)k + 10a = 550$ ...... ㉡

㉠을 ㉡에 대입하여 정리하면

$k^2 - 32k + 220 = 0$

$(k-10)(k-22) = 0$

$\therefore k = 10$ 또는 $k = 22$

(i) $k = 10$일 때,

$\quad a = (-2) \times 10 + 33 = 13$ $(\because$ ㉠$)$

(ii) $k = 22$일 때,

$\quad a = (-2) \times 22 + 33 = -11$ $(\because$ ㉠$)$

이때 $a > 0$이므로 $k = 10$, $a = 13$

$\therefore S_k = S_{10} = \dfrac{10\{2 \times 13 + (10-1) \times 2\}}{2} = 220$

12 등차수열 $\{a_n\}$의 공차가 양수이므로 $S_3 < S_9$

따라서 $S_9 = |S_3| = 27$에서 $S_9 = -S_3 = 27$

첫째항을 a, 공차를 $d\,(d>0)$라 하면

$S_9 = 27$에서

$\dfrac{9\{2 \times a + (9-1) \times d\}}{2} = 27$

$\therefore a + 4d = 3$ ...... ㉠

$S_3 = -27$에서

$\dfrac{3\{2 \times a + (3-1) \times d\}}{2} = -27$

$\therefore a + d = -9$ ...... ㉡

㉠, ㉡을 연립하여 풀면 $a = -13$, $d = 4$

$\therefore a_{10} = -13 + 9 \times 4 = 23$

다른 풀이

등차수열 $\{a_n\}$의 첫째항을 a, 공차를 $d(d>0)$라 하면

$S_9=27$에서 $\dfrac{9\{2\times a+(9-1)d\}}{2}=27$

$\therefore a+4d=3$ ...... ㉠

$|S_3|=27$에서 $\left|\dfrac{3\{2\times a+(3-1)d\}}{2}\right|=27$

$|a+d|=9$

$\therefore a+d=9$ 또는 $a+d=-9$

(ⅰ) $a+d=9$일 때,

　㉠과 $a+d=9$를 연립하여 풀면

　$a=11$, $d=-2$

　이는 $d>0$이라는 조건을 만족시키지 않는다.

(ⅱ) $a+d=-9$일 때,

　㉠과 $a+d=-9$를 연립하여 풀면

　$a=-13$, $d=4$

(ⅰ), (ⅱ)에서 $a=-13$, $d=4$

$\therefore a_{10}=-13+9\times4=23$

---

13 공차를 d라 하면 첫째항이 6이므로

$S_3=\dfrac{3\{2\times6+(3-1)d\}}{2}=18+3d$

$S_7=\dfrac{7\{2\times6+(7-1)d\}}{2}=42+21d$

이때 $S_3=S_7$이므로

$18+3d=42+21d$ 　$\therefore d=-\dfrac{4}{3}$

따라서 등차수열 $\{a_n\}$의 일반항 a_n은

$a_n=6+(n-1)\times\left(-\dfrac{4}{3}\right)=-\dfrac{4}{3}n+\dfrac{22}{3}$

이때 제n항에서 처음으로 음수가 된다고 하면 $a_n<0$에서

$-\dfrac{4}{3}n+\dfrac{22}{3}<0,\ \dfrac{4}{3}n>\dfrac{22}{3}$ 　$\therefore n>5.5$

즉, 등차수열 $\{a_n\}$은 제6항부터 음수이므로 첫째항부터 제5항까지의 합이 최대이다.

$\therefore n=5$

다른 풀이

첫째항이 6, 공차가 $-\dfrac{4}{3}$인 등차수열이므로 첫째항부터 제n항까지의 합 S_n은

$S_n=\dfrac{n\left\{2\times6+(n-1)\times\left(-\dfrac{4}{3}\right)\right\}}{2}$

　$=-\dfrac{2}{3}n^2+\dfrac{20}{3}n$

　$=-\dfrac{2}{3}(n-5)^2+\dfrac{50}{3}$

따라서 S_n은 $n=5$일 때, 최댓값을 갖는다.

---

14 첫째항을 a, 공차를 d라 하면

$a_1+a_2=132$에서

$a+(a+d)=132$

$\therefore 2a+d=132$ ...... ㉠

$a_5+a_6+a_7=63$에서

$(a+4d)+(a+5d)+(a+6d)=63$

$\therefore a+5d=21$ ...... ㉡

㉠, ㉡을 연립하여 풀면

$a=71$, $d=-10$

따라서 등차수열 $\{a_n\}$의 일반항 a_n은

$a_n=71+(n-1)\times(-10)$

　$=-10n+81$

이때 제n항에서 처음으로 음수가 된다고 하면 $a_n<0$에서

$-10n+81<0,\ 10n>81$

$\therefore n>8.1$

즉, 등차수열 $\{a_n\}$은 제9항부터 음수이므로 첫째항부터 제8항까지의 합이 최대이다.

$\therefore k=8,\ M=\dfrac{8\{2\times71+(8-1)\times(-10)\}}{2}=288$

$\therefore k+M=296$

---

15 3으로 나누었을 때의 나머지가 2인 자연수를 작은 것부터 차례대로 나열하면

2, 5, ⑧, 11, 14, 17, 20, ㉓, 26, 29, 32, 35, ㊳, $\cdots$

5로 나누었을 때의 나머지가 3인 자연수를 작은 것부터 차례대로 나열하면

3, ⑧, 13, 18, ㉓, 28, 33, ㊳, $\cdots$

따라서 수열 $\{a_n\}$은 8, 23, 38, $\cdots$이므로 첫째항이 8이고 공차가 15인 등차수열이다.

$\therefore a_1+a_2+a_3+\cdots+a_{10}=\dfrac{10\{2\times8+(10-1)\times15\}}{2}$

$=755$

---

16 두 수열 $\{a_n\}$, $\{b_n\}$의 첫째항부터 제n항까지의 합을 각각 $A_n=3n^2+kn$, $B_n=2n^2+5n$이라 하면

$a_{10}=A_{10}-A_9$

　$=(3\times10^2+10k)-(3\times9^2+9k)$

　$=57+k$

$b_{10}=B_{10}-B_9$

　$=(2\times10^2+5\times10)-(2\times9^2+5\times9)$

　$=43$

이때 $a_{10}=b_{10}$이므로

$57+k=43$

$\therefore k=-14$

17 $S_n=n^2-6n$에서 $n\geq2$일 때,

$$a_n=S_n-S_{n-1}$$
$$=n^2-6n-\{(n-1)^2-6(n-1)\}$$
$$=2n-7$$

$a_n=2n-7$에 n 대신 $2n$을 대입하면

$$a_{2n}=2\times2n-7=4n-7$$

따라서 수열 $\{a_{2n}\}$은 첫째항이 -3이고 공차가 4인 등차수열이므로

$$a_2+a_4+a_6+\cdots+a_{20}=\frac{10\{2\times(-3)+(10-1)\times4\}}{2}$$
$$=150$$

18 $S_n=an^2+3n$에서

(ⅰ) $n\geq2$일 때,

$$a_n=S_n-S_{n-1}$$
$$=an^2+3n-\{a(n-1)^2+3(n-1)\}$$
$$=2an-a+3 \quad\cdots\cdots\ \boxed{㉠}$$

(ⅱ) $n=1$일 때,

$$a_1=S_1=a\times1^2+3\times1=a+3 \quad\cdots\cdots\ \boxed{㉡}$$

이때 ㉡은 ㉠에 $n=1$을 대입한 값과 같으므로 일반항 a_n은 $a_n=2an-a+3$ $\quad\cdots\cdots\ \boxed{㉢}$

또 공차가 4이므로

$$a_2-a_1=(3a+3)-(a+3)=2a=4 \quad\therefore\ a=2$$

이를 ㉢에 대입하면 일반항 a_n은

$$a_n=2\times2n-2+3=4n+1$$
$$\therefore\ a_{16}=4\times16+1=65$$

19 n개의 점이 직선 l 위에 일정한 간격으로 놓여 있으므로 점 P_n의 x좌표와 y좌표는 각각 등차수열을 이룬다.

점 P_n의 x좌표를 차례로 나열하면

$$5,\ 2,\ -1,\ \cdots$$

이는 첫째항이 5, 공차가 -3인 등차수열이므로 일반항을 x_n이라 하면

$$x_n=5+(n-1)\times(-3)=-3n+8$$

또 점 P_n의 y좌표를 차례로 나열하면

$$0,\ 2,\ 4,\ \cdots$$

이는 첫째항이 0, 공차가 2인 등차수열이므로 일반항을 y_n이라 하면

$$y_n=0+(n-1)\times2=2n-2$$
$$\therefore\ x_{40}=-3\times40+8=-112,\ y_{40}=2\times40-2=78$$

따라서 점 P_{40}의 좌표는 $(-112,\ 78)$

20 공차를 d라 하면 첫째항이 5, 제$(m+2)$항이 20이므로

$$5+(m+2-1)d=20$$
$$\therefore\ d=\frac{15}{m+1} \quad\cdots\cdots\ \boxed{㉠}$$

또 제$(m+n+3)$항이 50이므로

$$5+(m+n+3-1)d=50$$
$$\therefore\ d=\frac{45}{m+n+2} \quad\cdots\cdots\ \boxed{㉡}$$

㉠, ㉡에서 $\dfrac{15}{m+1}=\dfrac{45}{m+n+2}$

$$15(m+n+2)=45(m+1)$$
$$\therefore\ 2m=n-1$$
$$\therefore\ \frac{n-1}{m}=\frac{2m}{m}=2$$

21 첫째항을 a, 공차를 d라 하면 $a_2=-19$, $a_{13}=25$이므로

$$a+d=-19,\ a+12d=25$$

두 식을 연립하여 풀면

$$a=-23,\ d=4$$

따라서 등차수열 $\{a_n\}$의 일반항 a_n은

$$a_n=-23+(n-1)\times4=4n-27$$

이때 $a_n>0$에서 $4n-27>0$

$$4n>27 \quad\therefore\ n>6.75$$

즉, 수열 $\{a_n\}$은 제6항까지 음수이고 제7항부터 양수이다.

또 $a_6=-3$, $a_7=1$, $a_{20}=53$이므로

$$|a_1|+|a_2|+|a_3|+\cdots+|a_{20}|$$
$$=-(a_1+a_2+a_3+\cdots+a_6)+(a_7+a_8+a_9+\cdots+a_{20})$$
$$=-\frac{6(-23-3)}{2}+\frac{14(1+53)}{2}$$
$$=78+378=456$$

22
$$S_{k+2}-S_k=(a_1+a_2+\cdots+a_{k+2})-(a_1+a_2+\cdots+a_k)$$
$$=a_{k+1}+a_{k+2}$$

이므로 $a_{k+1}+a_{k+2}=-12-(-16)=4$

이때 등차수열 $\{a_n\}$의 첫째항을 a라 하면

$$\{a+(k+1-1)\times2\}+\{a+(k+2-1)\times2\}=4$$
$$a+2k=1 \quad\therefore\ a=1-2k \quad\cdots\cdots\ \boxed{㉠}$$

한편 $S_k=-16$에서

$$\frac{k\{2a+(k-1)\times2\}}{2}=-16$$
$$\therefore\ k(a+k-1)=-16 \quad\cdots\cdots\ \boxed{㉡}$$

㉠을 ㉡에 대입하면

$$k\{(1-2k)+k-1\}=-16$$
$$k^2=16 \quad\therefore\ k=4\ (\because\ k>0)$$
$$\therefore\ a=1-2\times4=-7\ (\because\ ㉠)$$

따라서 첫째항이 -7, 공차가 2이므로 일반항 a_n은

$$a_n=-7+(n-1)\times2$$
$$=2n-9$$
$$\therefore\ a_{2k}=a_8=2\times8-9=7$$

등비수열

1 답 (1) 0.001 (2) -27

2 답 (1) $a_n = 4 \times \left(\dfrac{1}{5}\right)^{n-1}$ (2) $a_n = 3^{n-2}$

      (3) $a_n = 7 \times \left(-\dfrac{1}{2}\right)^{n-1}$ (4) $a_n = 9 \times \left(-\dfrac{\sqrt{3}}{3}\right)^{n-1}$

3 답 (1) $x=-3$, $y=-27$ 또는 $x=3$, $y=27$

      (2) $x=-2$, $y=-\dfrac{1}{2}$ 또는 $x=2$, $y=\dfrac{1}{2}$

(1) x는 1과 9의 등비중항이므로

     $x^2 = 1 \times 9$ $\therefore x = \pm 3$

     $x=-3$일 때, 공비가 -3이므로

     $y = 9 \times (-3) = -27$

     $x=3$일 때, 공비가 3이므로 $y = 9 \times 3 = 27$

     $\therefore x=-3$, $y=-27$ 또는 $x=3$, $y=27$

(2) x는 4와 1의 등비중항이므로

     $x^2 = 4 \times 1$ $\therefore x = \pm 2$

     $x=-2$일 때 공비가 $-\dfrac{1}{2}$이므로

     $y = 1 \times \left(-\dfrac{1}{2}\right) = -\dfrac{1}{2}$

     $x=2$일 때 공비가 $\dfrac{1}{2}$이므로 $y = 1 \times \dfrac{1}{2} = \dfrac{1}{2}$

     $\therefore x=-2$, $y=-\dfrac{1}{2}$ 또는 $x=2$, $y=\dfrac{1}{2}$

01-1 답 (1) $a_n = (-2) \times (-3)^{n-1}$ (2) 4374 (3) 제6항

(1) 공비를 r라 하면 첫째항이 -2, 제4항이 54이므로

     $(-2) \times r^3 = 54$, $r^3 = -27$

     $\therefore r = -3$

   따라서 첫째항이 -2, 공비가 -3이므로 일반항 a_n은

     $a_n = (-2) \times (-3)^{n-1}$

(2) $a_8 = (-2) \times (-3)^7 = 4374$

(3) 486을 제n항이라 하면

     $486 = (-2) \times (-3)^{n-1}$

     $-243 = (-3)^{n-1}$, $(-3)^5 = (-3)^{n-1}$

     $n-1 = 5$ $\therefore n = 6$

   따라서 486은 제6항이다.

01-2 답 $-64\sqrt{2}$

공비는 $\dfrac{-2\sqrt{2}}{2} = -\sqrt{2}$

첫째항이 2, 공비가 $-\sqrt{2}$인 등비수열의 일반항을 a_n이라 하면

     $a_n = 2 \times (-\sqrt{2})^{n-1}$

     $\therefore a_{12} = 2 \times (-\sqrt{2})^{11} = -64\sqrt{2}$

01-3 답 192

첫째항을 a, 공비를 r라 하면

$a_2 + a_5 = 54$에서 $ar + ar^4 = 54$

$\therefore ar(1+r^3) = 54$ ...... ㉠

$a_3 + a_6 = 108$에서 $ar^2 + ar^5 = 108$

$\therefore ar^2(1+r^3) = 108$ ...... ㉡

㉡÷㉠을 하면

$\dfrac{ar^2(1+r^3)}{ar(1+r^3)} = \dfrac{108}{54}$ $\therefore r = 2$

이를 ㉠에 대입하여 정리하면

$18a = 54$ $\therefore a = 3$

따라서 첫째항이 3, 공비가 2이므로 일반항 a_n은

$a_n = 3 \times 2^{n-1}$

$\therefore a_7 = 3 \times 2^6 = 192$

02-1 답 제11항

첫째항이 2, 공비가 2인 등비수열의 일반항을 a_n이라 하면

$a_n = 2 \times 2^{n-1} = 2^n$

이때 제n항에서 처음으로 2000보다 커진다고 하면

$a_n > 2000$에서 $2^n > 2000$

그런데 n은 자연수이고 $2^{10} = 1024$, $2^{11} = 2048$이므로

$n \geq 11$

따라서 처음으로 2000보다 커지는 항은 제11항이다.

02-2 답 제12항

첫째항을 a, 공비를 r라 하면 $a_3 = 48$, $a_6 = 6$이므로

$ar^2 = 48$ ...... ㉠

$ar^5 = 6$ ...... ㉡

㉡÷㉠을 하면

$\dfrac{ar^5}{ar^2} = \dfrac{6}{48}$, $r^3 = \dfrac{1}{8}$ $\therefore r = \dfrac{1}{2}$

이를 ㉠에 대입하면 $\dfrac{a}{4} = 48$

$\therefore a = 192$

따라서 첫째항이 192, 공비가 $\dfrac{1}{2}$이므로 일반항 a_n은

$a_n = 192 \times \left(\dfrac{1}{2}\right)^{n-1}$

이때 제n항에서 처음으로 $\dfrac{1}{10}$보다 작아진다고 하면

$a_n < \dfrac{1}{10}$에서

$192 \times \left(\dfrac{1}{2}\right)^{n-1} < \dfrac{1}{10}$, $\left(\dfrac{1}{2}\right)^{n-1} < \dfrac{1}{1920}$

그런데 n은 자연수이고 $\left(\dfrac{1}{2}\right)^{10} = \dfrac{1}{1024}$, $\left(\dfrac{1}{2}\right)^{11} = \dfrac{1}{2048}$이므로

$n-1 \geq 11$ $\therefore n \geq 12$

따라서 처음으로 $\dfrac{1}{10}$보다 작아지는 항은 제12항이다.

02-3 답 **6**

첫째항을 a, 공비를 r라 하면 $a_2 = 5$, $a_4 = 25$이므로

$ar = 5$ ····· ㉠

$ar^3 = 25$ ····· ㉡

㉡÷㉠을 하면 $\dfrac{ar^3}{ar} = \dfrac{25}{5}$, $r^2 = 5$

$\therefore r = \sqrt{5}$ ($\because r > 0$)

이를 ㉠에 대입하면 $\sqrt{5}\,a = 5$ $\therefore a = \sqrt{5}$

따라서 첫째항이 $\sqrt{5}$, 공비가 $\sqrt{5}$이므로 일반항 a_n은

$a_n = \sqrt{5} \times (\sqrt{5})^{n-1} = (\sqrt{5})^n$ $\therefore a_n{}^2 = 5^n$

$a_n{}^2 > 8000$에서 $5^n > 8000$

그런데 n은 자연수이고 $5^5 = 3125$, $5^6 = 15625$이므로 $n \geq 6$

따라서 n의 최솟값은 6이다.

03-1 답 **2**

공비를 r라 하면 첫째항이 2, 제10항이 1024이므로

$2r^9 = 1024$ $\therefore r^9 = 512$

$\therefore r = 2$

03-2 답 **54**

공비를 r라 하면 첫째항이 6, 제7항이 162이므로

$6r^6 = 162$ $\therefore r^6 = 27$ ····· ㉠

이때 x_1, x_2, x_5는 각각 제2항, 제3항, 제6항이므로

$x_1 = 6r$, $x_2 = 6r^2$, $x_5 = 6r^5$

$\therefore \dfrac{x_1 x_5}{x_2} = \dfrac{6r \times 6r^5}{6r^2} = 6 \times r^4$

이때 ㉠에서 $r^2 = 3$이므로 $r^4 = 3^2 = 9$

따라서 $\dfrac{x_1 x_5}{x_2} = 6 \times r^4 = 6 \times 9 = 54$

03-3 답 **5**

첫째항이 3, 공비가 3인 등비수열의 제$(m+2)$항이 2187이므로

$3 \times 3^{m+1} = 2187$, $3^{m+1} = 729 = 3^6$

따라서 $m+1 = 6$이므로 $m = 5$

04-1 답 (1) **8** (2) **94**

(1) $3x$는 $x+1$과 $8x$의 등비중항이므로

$(3x)^2 = (x+1) \times 8x$

$9x^2 = 8x^2 + 8x$, $x^2 - 8x = 0$

$x(x-8) = 0$ $\therefore x = 0$ 또는 $x = 8$

이때 $x+1$, $3x$, $8x$는 양수이므로 $x = 8$

(2) 6은 x와 y의 등차중항이므로

$6 = \dfrac{x+y}{2}$

$\therefore x+y = 12$ ····· ㉠

또 5는 x와 y의 등비중항이므로

$5^2 = xy$

$\therefore xy = 25$ ····· ㉡

따라서 ㉠, ㉡에서

$x^2 + y^2 = (x+y)^2 - 2xy$

$\qquad = 12^2 - 2 \times 25 = 94$

04-2 답 **125**

이차방정식의 근과 계수의 관계에 의하여

$\alpha + \beta = 25$, $\alpha\beta = k$ ····· ㉠

$\beta - \alpha$는 α와 β의 등비중항이므로

$(\beta - \alpha)^2 = \alpha\beta$

이때 $(\beta - \alpha)^2 = (\alpha + \beta)^2 - 4\alpha\beta$이므로

$(\alpha + \beta)^2 - 4\alpha\beta = \alpha\beta$

$\therefore (\alpha + \beta)^2 = 5\alpha\beta$

㉠을 이 식에 대입하면

$25^2 = 5k$ $\therefore k = 125$

05-1 답 **1, 2, 4**

세 수를 a, ar, ar^2이라 하면

$a + ar + ar^2 = 7$

$\therefore a(1 + r + r^2) = 7$ ····· ㉠

$a \times ar \times ar^2 = 8$

$(ar)^3 = 8$ $\therefore ar = 2$ ····· ㉡

㉡에서 $a = \dfrac{2}{r}$를 ㉠에 대입하면

$\dfrac{2}{r}(1 + r + r^2) = 7$

$2r^2 - 5r + 2 = 0$

$(2r-1)(r-2) = 0$

$\therefore r = \dfrac{1}{2}$ 또는 $r = 2$

이를 ㉡에 대입하여 풀면

$r = \dfrac{1}{2}$일 때 $a = 4$, $r = 2$일 때 $a = 1$

따라서 세 수는 1, 2, 4이다.

05-2 답 -27

세 실근을 a, ar, ar^2이라 하면 삼차방정식의 근과 계수의 관계에 의하여

$a+ar+ar^2=-4$

$\therefore a(1+r+r^2)=-4$ ...... ㉠

$a\times ar+ar\times ar^2+a\times ar^2=-12$

$\therefore a^2 r(1+r+r^2)=-12$ ...... ㉡

$a\times ar\times ar^2=-k$

$\therefore (ar)^3=-k$ ...... ㉢

㉡÷㉠을 하면

$\dfrac{a^2 r(1+r+r^2)}{a(1+r+r^2)}=\dfrac{-12}{-4}$

$\therefore ar=3$

이를 ㉢에 대입하면

$3^3=-k$ $\therefore k=-27$

05-3 답 40

세 모서리의 길이 l, m, n을 각각 a, ar, ar^2이라 하면 직육면체의 부피가 27이므로

$a\times ar\times ar^2=27$

$(ar)^3=27$ $\therefore ar=3$ ...... ㉠

또 겉넓이가 60이므로

$2a^2 r+2a^2 r^3+2a^2 r^2=60$

$2ar(a+ar+ar^2)=60$

$\therefore a+ar+ar^2=10\ (\because ㉠)$

따라서 모든 모서리의 길이의 합은

$4(l+m+n)=4(a+ar+ar^2)=4\times 10=40$

06-1 답 300만 원

10년 전의 물건의 평가 금액을 a만 원이라 하면

$a(1-0.14)^{10}=66$, $a\times 0.86^{10}=66$

$0.22a=66$ $\therefore a=300$(만 원)

06-2 답 $\sqrt{3}\times\left(\dfrac{3}{4}\right)^{10}$

오른쪽 그림과 같이 한 변의 길이가 2인 정삼각형의 높이를 h라 하면

$h=\sqrt{2^2-1^2}=\sqrt{3}$이므로

정삼각형 모양의 종이의 넓이는

$\dfrac{1}{2}\times 2\times\sqrt{3}=\sqrt{3}$

첫 번째 시행 후 남은 종이의 넓이는

$\sqrt{3}\times\dfrac{3}{4}$

두 번째 시행 후 남은 종이의 넓이는

$\sqrt{3}\times\dfrac{3}{4}\times\dfrac{3}{4}=\sqrt{3}\times\left(\dfrac{3}{4}\right)^2$

세 번째 시행 후 남은 종이의 넓이는

$\sqrt{3}\times\left(\dfrac{3}{4}\right)^2\times\dfrac{3}{4}=\sqrt{3}\times\left(\dfrac{3}{4}\right)^3$

$\vdots$

n번째 시행 후 남은 종이의 넓이는

$\sqrt{3}\times\left(\dfrac{3}{4}\right)^n$

따라서 10번째 시행 후 남은 종이의 넓이는

$\sqrt{3}\times\left(\dfrac{3}{4}\right)^{10}$

2 등비수열의 합

문제 194~197쪽

07-1 답 $2-\left(\dfrac{1}{2}\right)^{19}$

첫째항이 1, 공비가 $\dfrac{1}{2}$인 등비수열의 첫째항부터 제20항까지의 합은

$\dfrac{1\left\{1-\left(\dfrac{1}{2}\right)^{20}\right\}}{1-\dfrac{1}{2}}=2-\left(\dfrac{1}{2}\right)^{19}$

07-2 답 $\dfrac{1}{18}(3^{10}-1)$

첫째항을 a, 공비를 r라 하면 제4항이 6, 제6항이 54이므로

$ar^3=6$ ...... ㉠

$ar^5=54$ ...... ㉡

㉡÷㉠을 하면

$\dfrac{ar^5}{ar^3}=\dfrac{54}{6}$, $r^2=9$

$\therefore r=-3\ (\because r<0)$

이를 ㉠에 대입하면

$a\times(-3)^3=6$, $-27a=6$ $\therefore a=-\dfrac{2}{9}$

따라서 첫째항이 $-\dfrac{2}{9}$, 공비가 -3인 등비수열의 첫째항부터 제10항까지의 합은

$\dfrac{-\dfrac{2}{9}\{1-(-3)^{10}\}}{1-(-3)}=\dfrac{1}{18}(3^{10}-1)$

07-3 답 $\dfrac{1}{4}(3^{20}-1)$

첫째항을 a, 공비를 r라 하면

$a_2+a_4=15$에서 $ar+ar^3=15$

$\therefore ar(1+r^2)=15$ ...... ㉠

$a_4+a_6=135$에서 $ar^3+ar^5=135$

$\therefore ar^3(1+r^2)=135$ ...... ㉡

㉡÷㉠을 하면

$\dfrac{ar^3(1+r^2)}{ar(1+r^2)}=\dfrac{135}{15}$, $r^2=9$

$\therefore r=3 \ (\because r>0)$

이를 ㉠에 대입하면

$a\times3\times(1+3^2)=15$, $30a=15$ $\therefore a=\dfrac{1}{2}$

따라서 첫째항이 $\dfrac{1}{2}$, 공비가 3인 등비수열의 첫째항부터

제20항까지의 합은

$\dfrac{\dfrac{1}{2}(3^{20}-1)}{3-1}=\dfrac{1}{4}(3^{20}-1)$

08-1 답 126

첫째항을 a, 공비를 $r\,(r\neq1)$라 하면

$S_4=18$이므로 $\dfrac{a(1-r^4)}{1-r}=18$ ...... ㉠

또 $S_8=54$이므로 $\dfrac{a(1-r^8)}{1-r}=54$

$\therefore \dfrac{a(1-r^4)(1+r^4)}{1-r}=54$ ...... ㉡

㉠을 ㉡에 대입하면

$18(1+r^4)=54$ $\therefore r^4=2$

따라서 첫째항부터 제12항까지의 합은

$\dfrac{a(1-r^{12})}{1-r}=\dfrac{a(1-r^4)(1+r^4+r^8)}{1-r}$

$=18(1+2+2^2)=126$

08-2 답 26

첫째항을 a, 공비를 $r\,(r\neq1)$라 하면

$S_n=18$이므로 $\dfrac{a(1-r^n)}{1-r}=18$ ...... ㉠

또 $S_{2n}=24$이므로 $\dfrac{a(1-r^{2n})}{1-r}=24$

$\therefore \dfrac{a(1-r^n)(1+r^n)}{1-r}=24$ ...... ㉡

㉠을 ㉡에 대입하면

$18(1+r^n)=24$ $\therefore r^n=\dfrac{1}{3}$

$\therefore S_{3n}=\dfrac{a(1-r^{3n})}{1-r}=\dfrac{a(1-r^n)(1+r^n+r^{2n})}{1-r}$

$=18\times\left\{1+\dfrac{1}{3}+\left(\dfrac{1}{3}\right)^2\right\}=26$

09-1 답 $a_n=2\times3^{n-1}$

$S_n=3^n-1$에서

(i) $n\geq2$일 때,

$a_n=S_n-S_{n-1}$

$=(3^n-1)-(3^{n-1}-1)$

$=3^{n-1}(3-1)$

$=2\times3^{n-1}$ ...... ㉠

(ii) $n=1$일 때,

$a_1=S_1=3^1-1=2$ ...... ㉡

이때 ㉡은 ㉠에 $n=1$을 대입한 값과 같으므로 일반항 a_n
은

$a_n=2\times3^{n-1}$

09-2 답 -36

$S_n=4\times3^{n+2}+k$에서

(i) $n\geq2$일 때,

$a_n=S_n-S_{n-1}$

$=4\times3^{n+2}+k-(4\times3^{n+1}+k)$

$=4\times3^{n+1}(3-1)$

$=8\times3^{n+1}$ ...... ㉠

(ii) $n=1$일 때,

$a_1=S_1=4\times3^3+k=108+k$ ...... ㉡

이때 수열 $\{a_n\}$이 첫째항부터 등비수열을 이루려면 ㉠에
$n=1$을 대입한 값이 ㉡과 같아야 하므로

$8\times3^2=108+k$, $72=108+k$

$\therefore k=-36$

09-3 답 13

$3S_n+1=10^n$에서 $S_n=\dfrac{10^n-1}{3}$

(i) $n\geq2$일 때,

$a_n=S_n-S_{n-1}$

$=\dfrac{10^n-1}{3}-\dfrac{10^{n-1}-1}{3}$

$=\dfrac{10^{n-1}}{3}(10-1)$

$=3\times10^{n-1}$ ...... ㉠

(ii) $n=1$일 때,

$a_1=S_1=\dfrac{10^1-1}{3}=3$ ...... ㉡

이때 ㉡은 ㉠에 $n=1$을 대입한 값과 같으므로 일반항 a_n
은

$a_n=3\times10^{n-1}$

따라서 $a=3$, $r=10$이므로

$a+r=13$

10-1 🔑 **(1) 3465000원 (2) 330만 원**

(1) 연이율 5 %, 1년마다 복리로 매년 초에 10만 원씩 20년 동안 적립할 때, 적립금의 원리합계는

$10(1+0.05)+10(1+0.05)^2+\cdots+10(1+0.05)^{20}$

$=\dfrac{10(1+0.05)\{(1+0.05)^{20}-1\}}{(1+0.05)-1}$

$=\dfrac{10\times1.05\times1.65}{0.05}$

$=346.5(만 원)$

따라서 20년 말의 적립금의 원리합계는 3465000원이다.

(2) 연이율 5 %, 1년마다 복리로 매년 말에 10만 원씩 20년 동안 적립할 때, 적립금의 원리합계는

$10+10(1+0.05)+\cdots+10(1+0.05)^{19}$

$=\dfrac{10\{(1+0.05)^{20}-1\}}{(1+0.05)-1}$

$=\dfrac{10\times1.65}{0.05}$

$=330(만 원)$

따라서 20년 말의 적립금의 원리합계는 330만 원이다.

10-2 🔑 **100만 원**

매년 초에 적립해야 하는 금액을 a만 원이라 하면 연이율 2 %, 1년마다 복리로 매년 초에 5년 동안 적립할 때, 적립금의 원리합계는

$a(1+0.02)+a(1+0.02)^2+\cdots+a(1+0.02)^5$

$=\dfrac{a(1+0.02)\{(1+0.02)^5-1\}}{(1+0.02)-1}$

$=\dfrac{a\times1.02\times0.1}{0.02}$

$=5.1a(만 원)$

이때 적립금의 원리합계가 510만 원이어야 하므로

$5.1a=510$ $\therefore a=100(만 원)$

따라서 매년 초에 100만 원씩 적립해야 한다.

연습문제

198~200쪽

1 ①	**2** $\dfrac{1}{8}$	**3** ④	**4** 21	**5** ③
6 36	**7** −8	**8** 8	**9** ②	**10** 6
11 ②	**12** ③	**13** ④	**14** 7	**15** 425
16 ㄱ, ㄷ	**17** ④	**18** 2505000원	**19** 10	
20 ④	**21** 48000원			

---

1 첫째항을 a, 공비를 r라 하면

$a_5=4$이므로 $ar^4=4$ ⋯⋯ ㉠

$a_7=4a_6-16$이므로 $ar^6=4ar^5-16$ ⋯⋯ ㉡

㉠을 ㉡에 대입하면

$4r^2=16r-16,\ r^2-4r+4=0$

$(r-2)^2=0$ $\therefore r=2$

이를 ㉠에 대입하면

$a\times2^4=4$ $\therefore a=\dfrac{1}{4}$

따라서 첫째항이 $\dfrac{1}{4}$, 공비가 2이므로 일반항 a_n은

$a_n=\dfrac{1}{4}\times2^{n-1}$

$\therefore a_8=\dfrac{1}{4}\times2^7=32$

2 첫째항을 a, 공비를 r라 하면

$a_3+a_4=24$에서

$ar^2+ar^3=24$ ⋯⋯ ㉠

또 $a_3:a_4=2:1$에서 $2a_4=a_3$이므로

$2ar^3=ar^2$ $\therefore r=\dfrac{1}{2}$

이를 ㉠에 대입하면

$\dfrac{1}{4}a+\dfrac{1}{8}a=24$ $\therefore a=64$

따라서 첫째항이 64, 공비가 $\dfrac{1}{2}$이므로 일반항 a_n은

$a_n=64\times\left(\dfrac{1}{2}\right)^{n-1}$

$\therefore a_{10}=64\times\left(\dfrac{1}{2}\right)^9=\dfrac{1}{8}$

3 두 등비수열 $\{a_n\}$, $\{b_n\}$의 공비를 각각 r, s라 하면

$a_8b_8=a_5r^3\times b_5s^3=a_5b_5(rs)^3$

이때 $a_5b_5=10$, $a_8b_8=20$이므로

$20=10(rs)^3$ $\therefore (rs)^3=2$

$\therefore a_{11}b_{11}=a_8r^3\times b_8s^3=a_8b_8(rs)^3=20\times2=40$

4 첫째항이 4, 공비가 3인 등비수열의 일반항 a_n은

$a_n=4\times3^{n-1}$

$a_n>10^{10}$에서 $4\times3^{n-1}>10^{10}$

$3^{n-1}>\dfrac{10^{10}}{4}$

양변에 상용로그를 취하면

$\log3^{n-1}>\log\dfrac{10^{10}}{4},\ (n-1)\log3>10\log10-\log4$

$(n-1)\log3>10-2\log2$

$\therefore n>\dfrac{10-2\log2}{\log3}+1=\dfrac{10-2\times0.3}{0.48}+1=20.5\cdots$

따라서 자연수 n의 최솟값은 21이다.

5 공비를 r라 하면 첫째항이 9, 제6항이 $\dfrac{32}{27}$이므로

$9r^5=\dfrac{32}{27}$, $r^5=\dfrac{32}{243}$ $\quad\therefore r=\dfrac{2}{3}$

이때 x_2, x_3은 각각 제3항, 제4항이므로

$x_2=9r^2$, $x_3=9r^3$

$\therefore \dfrac{x_2}{x_3}=\dfrac{9r^2}{9r^3}=\dfrac{1}{r}=\dfrac{3}{2}$

6 a는 3과 b의 등비중항이므로

$a^2=3b$ $\quad\cdots\cdots$ ㉠

㉠을 $\log_a 3b+\log_3 b=5$에 대입하면

$\log_a a^2+\log_3 b=5$, $2+\log_3 b=5$

$\log_3 b=3$ $\quad\therefore b=3^3=27$

이를 ㉠에 대입하면 $a^2=3\times27=81$

이때 a는 로그의 밑이므로 $a\ne1$, $a>0$

$\therefore a=9$

$\therefore a+b=9+27=36$

7 다항식 $x^2+ax-2a$를 $P(x)$라 하면 다항식 $P(x)$를 $x-1$, $x-2$, $x-3$으로 나누었을 때의 나머지는 나머지 정리에 의하여 각각 $P(1)$, $P(2)$, $P(3)$과 같다.

따라서 $p=P(1)=1-a$, $q=P(2)=4$,

$r=P(3)=9+a$

이때 q는 p와 r의 등비중항이므로 $q^2=pr$

즉, $4^2=(1-a)(9+a)$, $a^2+8a+7=0$

$(a+7)(a+1)=0$ $\quad\therefore a=-7$ 또는 $a=-1$

따라서 모든 실수 a의 값의 합은

$-7+(-1)=-8$

8 곡선 $y=x^3-3x^2$과 직선 $y=6x-k$의 세 교점의 x좌표를 a, ar, ar^2이라 하면 a, ar, ar^2은 방정식 $x^3-3x^2=6x-k$,

즉 $x^3-3x^2-6x+k=0$의 세 실근이다.

따라서 삼차방정식의 근과 계수의 관계에 의하여

$a+ar+ar^2=3$

$\therefore a(1+r+r^2)=3$ $\quad\cdots\cdots$ ㉠

$a\times ar+ar\times ar^2+a\times ar^2=-6$

$\therefore a^2r(1+r+r^2)=-6$ $\quad\cdots\cdots$ ㉡

$a\times ar\times ar^2=-k$

$\therefore (ar)^3=-k$ $\quad\cdots\cdots$ ㉢

㉡÷㉠을 하면

$\dfrac{a^2r(1+r+r^2)}{a(1+r+r^2)}=\dfrac{-6}{3}$ $\quad\therefore ar=-2$

이를 ㉢에 대입하면

$(-2)^3=-k$ $\quad\therefore k=8$

9 처음 선분의 길이가 81이므로

첫 번째 시행 후 남은 선분의 길이의 합은 $81\times\dfrac{2}{3}$

두 번째 시행 후 남은 선분의 길이의 합은

$81\times\dfrac{2}{3}\times\dfrac{2}{3}=81\times\left(\dfrac{2}{3}\right)^2$

세 번째 시행 후 남은 선분의 길이의 합은

$81\times\left(\dfrac{2}{3}\right)^2\times\dfrac{2}{3}=81\times\left(\dfrac{2}{3}\right)^3$

$\qquad\qquad\vdots$

n번째 시행 후 남은 선분의 길이의 합은 $81\times\left(\dfrac{2}{3}\right)^n$

따라서 20번째 시행 후 남은 선분의 길이의 합은

$81\times\left(\dfrac{2}{3}\right)^{20}=3^4\times\dfrac{2^{20}}{3^{20}}=\dfrac{2^{20}}{3^{16}}$

10 공비가 3, 제n항이 729이므로 첫째항을 a라 하면

$a\times3^{n-1}=729$ $\quad\cdots\cdots$ ㉠

첫째항부터 제n항까지의 합이 1092이므로

$\dfrac{a(3^n-1)}{3-1}=1092$ $\quad\therefore a\times3^n-a=2184$ $\quad\cdots\cdots$ ㉡

㉠을 ㉡에 대입하면 $729\times3-a=2184$ $\quad\therefore a=3$

이를 ㉠에 대입하면 $3\times3^{n-1}=729$, $3^n=729$

$\therefore n=6$

11 첫째항이 2, 공비가 -3인 등비수열 $\{a_n\}$의 일반항 a_n은

$a_n=2\times(-3)^{n-1}$

$3a_n-a_{n+1}=3\times2\times(-3)^{n-1}-2\times(-3)^n$

$\qquad\qquad=2\times(-3)^{n-1}\times\{3-(-3)\}$

$\qquad\qquad=12\times(-3)^{n-1}$

따라서 수열 $\{3a_n-a_{n+1}\}$은 첫째항이 12, 공비가 -3인 등비수열이므로 첫째항부터 제5항까지의 합은

$\dfrac{12\{1-(-3)^5\}}{1-(-3)}=\dfrac{12\{1-(-243)\}}{4}=3\times244=732$

12 첫째항을 a, 공비를 r라 하면

$a_2 a_6=1$에서 $ar\times ar^5=1$ $\quad\therefore a^2r^6=1$ $\quad\cdots\cdots$ ㉠

$S_3=3a_3$에서 $\dfrac{a(1-r^3)}{1-r}=3ar^2$

$\dfrac{a(1-r)(1+r+r^2)}{1-r}=3ar^2$, $1+r+r^2=3r^2$

$2r^2-r-1=0$, $(2r+1)(r-1)=0$

$\therefore r=-\dfrac{1}{2}$ ($\because r<0$)

이를 ㉠에 대입하면

$a^2\times\left(-\dfrac{1}{2}\right)^6=1$, $a^2=64$ $\quad\therefore a=8$ ($\because a>0$)

따라서 등비수열 $\{a_n\}$은 첫째항이 8, 공비가 $-\dfrac{1}{2}$이므로

$a_7=8\times\left(-\dfrac{1}{2}\right)^6=\dfrac{1}{8}$

13 첫째항을 a, 공비를 r라 하면

$S_{2k}=4S_k$에서 $\dfrac{S_{2k}}{S_k}=4$이므로

$\dfrac{S_{2k}}{S_k}=\dfrac{\dfrac{a(1-r^{2k})}{1-r}}{\dfrac{a(1-r^k)}{1-r}}=\dfrac{1-r^{2k}}{1-r^k}$

$\qquad=\dfrac{(1-r^k)(1+r^k)}{1-r^k}$

$\qquad=1+r^k=4$

$\therefore r^k=3 \qquad \cdots\cdots \text{㉠}$

$\therefore \dfrac{S_{3k}}{S_k}=\dfrac{\dfrac{a(1-r^{3k})}{1-r}}{\dfrac{a(1-r^k)}{1-r}}=\dfrac{1-r^{3k}}{1-r^k}$

$\qquad=\dfrac{(1-r^k)(1+r^k+r^{2k})}{1-r^k}$

$\qquad=1+r^k+r^{2k}$

$\qquad=1+3+3^2\ (\because \text{㉠})$

$\qquad=13$

14 첫째항을 a, 공비를 r라 하면

$a_2=6$, $a_5=162$이므로

$ar=6 \qquad \cdots\cdots \text{㉠}$

$ar^4=162 \qquad \cdots\cdots \text{㉡}$

㉠을 ㉡에 대입하면

$6r^3=162$, $r^3=27 \qquad \therefore r=3$

이를 ㉠에 대입하면

$3a=6 \qquad \therefore a=2$

따라서 주어진 수열은 첫째항이 2, 공비가 3인 등비수열
이므로

$S_n=\dfrac{2(3^n-1)}{3-1}=3^n-1$

$S_n>1000$에서 $3^n-1>1000$

$3^n>1001$

그런데 n은 자연수이고 $3^6=729$, $3^7=2187$이므로 구하
는 n의 최솟값은 7이다.

15 첫째항을 a, 공비를 $r(r\neq1)$라 하면

$S_4=5$이므로 $\dfrac{a(1-r^4)}{1-r}=5 \qquad \cdots\cdots \text{㉠}$

$S_{12}=105$이므로 $\dfrac{a(1-r^{12})}{1-r}=105$

$\therefore \dfrac{a(1-r^4)(1+r^4+r^8)}{1-r}=105 \qquad \cdots\cdots \text{㉡}$

㉠을 ㉡에 대입하면

$5(1+r^4+r^8)=105$, $1+r^4+r^8=21$

$(r^4)^2+r^4-20=0$, $(r^4+5)(r^4-4)=0$

$\therefore r^4=4\ (\because r^4>0) \qquad \cdots\cdots \text{㉢}$

따라서 첫째항부터 제16항까지의 합은

$\dfrac{a(1-r^{16})}{1-r}=\dfrac{a(1-r^8)(1+r^8)}{1-r}$

$\qquad=\dfrac{a(1-r^4)(1+r^4)(1+r^8)}{1-r}$

$\qquad=5(1+4)(1+4^2)\ (\because \text{㉠, ㉢})$

$\qquad=425$

16 ㄱ. $S_n=3^{n+1}-2$에서

(i) $n\geq2$일 때,

$\quad a_n=S_n-S_{n-1}$

$\qquad=3^{n+1}-2-(3^n-2)$

$\qquad=3^n(3-1)=2\times3^n \qquad \cdots\cdots \text{㉠}$

(ii) $n=1$일 때,

$\quad a_1=S_1=3^2-2=7 \qquad \cdots\cdots \text{㉡}$

이때 ㉡은 ㉠에 $n=1$을 대입한 값과 같지 않으므로
일반항 a_n은

$a_1=7$, $a_n=2\times3^n\ (n\geq2)$

ㄴ. $a_1=7$, $a_n=2\times3^n\ (n\geq2)$이므로

$a_1+a_3=7+2\times3^3=7+54=61$

ㄷ. $a_n=2\times3^n\ (n\geq2)$이므로

$a_{2n}=2\times3^{2n}=2\times9^n\ (n\geq1)$

따라서 수열 $\{a_{2n}\}$은 공비가 9인 등비수열이다.

따라서 보기에서 옳은 것은 ㄱ, ㄷ이다.

17 $\log_2(S_n+k)=n+2$에서 $S_n+k=2^{n+2}$

$\therefore S_n=2^{n+2}-k$

(i) $n\geq2$일 때,

$\quad a_n=S_n-S_{n-1}$

$\qquad=2^{n+2}-k-(2^{n+1}-k)$

$\qquad=2^{n+1}(2-1)=2^{n+1} \qquad \cdots\cdots \text{㉠}$

(ii) $n=1$일 때,

$\quad a_1=S_1=2^3-k=8-k \qquad \cdots\cdots \text{㉡}$

이때 수열 $\{a_n\}$이 첫째항부터 등비수열을 이루려면 ㉠에
$n=1$을 대입한 값이 ㉡과 같아야 하므로

$2^2=8-k$, $4=8-k$

$\therefore k=4$

18 월이율 0.2 %, 1개월마다 복리로 매월 초에 10만 원씩 24
개월 동안 적립할 때, 적립금의 원리합계는

$10(1+0.002)+10(1+0.002)^2+\cdots+10(1+0.002)^{24}$

$=\dfrac{10(1+0.002)\{(1+0.002)^{24}-1\}}{(1+0.002)-1}$

$=\dfrac{10\times1.002\times0.05}{0.002}=250.5(\text{만 원})$

따라서 24개월 말의 적립금의 원리합계는 2505000원이다.

19 첫째항이 1000, 공비가 $\frac{1}{2}$인 등비수열의 일반항 a_n은

$$a_n = 1000 \times \left(\frac{1}{2}\right)^{n-1}$$

주어진 수열은 공비가 $\frac{1}{2}$이므로 1000부터 시작하여 항의 값이 감소하므로 1보다 큰 값이 나오는 마지막 항까지의 곱이 최대이다.

이때 제n항에서 1보다 큰 수가 나온다고 하면 $a_n > 1$에서

$$1000 \times \left(\frac{1}{2}\right)^{n-1} > 1, \ \left(\frac{1}{2}\right)^{n-1} > \frac{1}{1000}$$

그런데 n은 자연수이고 $\left(\frac{1}{2}\right)^9 = \frac{1}{512}$, $\left(\frac{1}{2}\right)^{10} = \frac{1}{1024}$이므로

$$n-1 \leq 9 \qquad \therefore \ n \leq 10$$

따라서 $a_1 \times a_2 \times a_3 \times \cdots \times a_n$의 값이 최대가 되는 n의 값은 10이다.

20 서로 다른 네 수를 a, ar, ar^2, ar^3 $(a \geq 10,\ r > 1)$이라 하면

$$ar^3 < 100, \ a < \frac{100}{r^3} \qquad \therefore \ 10 \leq a < \frac{100}{r^3}$$

(i) $r=2$일 때,

$$10 \leq a < \frac{100}{8} = 12.5$$

$$\therefore \ a = 10,\ 11,\ 12$$

(ii) $r \geq 3$일 때,

$$\frac{100}{r^3} \leq \frac{100}{3^3} = 3.7 \cdots$$이므로

$10 \leq a < \frac{100}{r^3}$을 만족시키는 두 자리의 자연수 a는 존재하지 않는다.

(i), (ii)에서 네 수의 합이 가장 클 때는 $r=2$, $a=12$일 때이므로 그 합은

$$12 + 12 \times 2 + 12 \times 2^2 + 12 \times 2^3 = 180$$

21 100만 원의 24개월 동안의 원리합계는

$$100(1+0.008)^{24} = 100 \times 1.008^{24} = 120(만\ 원)$$

또 이달 말부터 매달 a만 원씩 24개월 동안 적립할 때, 적립금의 원리합계는

$$a + a(1+0.008) + a(1+0.008)^2 + \cdots + a(1+0.008)^{23}$$

$$= \frac{a\{(1+0.008)^{24} - 1\}}{(1+0.008) - 1}$$

$$= \frac{a(1.2 - 1)}{0.008} = 25a(만\ 원)$$

이때 적립금의 원리합계가 120만 원이어야 하므로

$$25a = 120 \qquad \therefore \ a = 4.8(만\ 원)$$

따라서 매달 지불해야 하는 금액은 48000원이다.

Ⅲ-2 01 수열의 합

❚ 합의 기호 $\sum$와 그 성질

개념 Check   203쪽

1 답 (1) $\displaystyle\sum_{k=1}^{15} k$ (2) $\displaystyle\sum_{k=1}^{7} 5$

    (3) $\displaystyle\sum_{k=1}^{n} \frac{1}{2k-1}$ (4) $\displaystyle\sum_{k=1}^{n} 3^k$

2 답 (1) $2+5+8+11+14+17$

    (2) $3^5 + 3^6 + 3^7 + \cdots + 3^{n+1}$

    (3) $\dfrac{1}{1 \times 2} + \dfrac{1}{2 \times 3} + \dfrac{1}{3 \times 4} + \cdots + \dfrac{1}{n(n+1)}$

    (4) $-1 + 2 - 3 + \cdots + 10$

3 답 (1) 10   (2) 4   (3) 21   (4) 16

(1) $\displaystyle\sum_{k=1}^{5}(a_k + b_k) = \sum_{k=1}^{5} a_k + \sum_{k=1}^{5} b_k$

$$= 7 + 3 = 10$$

(2) $\displaystyle\sum_{k=1}^{5}(a_k - b_k) = \sum_{k=1}^{5} a_k - \sum_{k=1}^{5} b_k$

$$= 7 - 3 = 4$$

(3) $\displaystyle\sum_{k=1}^{5} 3a_k = 3 \sum_{k=1}^{5} a_k = 3 \times 7 = 21$

(4) $\displaystyle\sum_{k=1}^{5}(2b_k + 2) = 2 \sum_{k=1}^{5} b_k + \sum_{k=1}^{5} 2$

$$= 2 \times 3 + 2 \times 5 = 16$$

문제   204~205쪽

01-1 답 381

$$\sum_{k=1}^{10}(a_{2k-1} + a_{2k})$$

$$= (a_1 + a_2) + (a_3 + a_4) + (a_5 + a_6) + \cdots + (a_{19} + a_{20})$$

$$= \sum_{k=1}^{20} a_k$$

$$= 20^2 - 20 + 1 = 381$$

01-2 답 9

$$\sum_{k=1}^{99} k(a_k - a_{k+1})$$

$$= (a_1 - a_2) + 2(a_2 - a_3) + 3(a_3 - a_4) + \cdots + 99(a_{99} - a_{100})$$

$$= a_1 + (2-1)a_2 + (3-2)a_3 + \cdots + (99-98)a_{99} - 99a_{100}$$

$$= a_1 + a_2 + a_3 + \cdots + a_{99} - 99a_{100}$$

$$= \sum_{k=1}^{99} a_k - 99a_{100}$$

$$= 20 - 99 \times \frac{1}{9} = 9$$

01-3 답 **60**

$$\sum_{k=1}^{14} a_{k+1} - \sum_{k=2}^{15} a_{k-1}$$
$$= a_2 + a_3 + a_4 + \cdots + a_{15} - (a_1 + a_2 + a_3 + \cdots + a_{14})$$
$$= a_{15} - a_1$$
$$= 80 - 20 = 60$$

02-1 답 (1) **-100** (2) **51**

(1) $\displaystyle\sum_{k=1}^{10} (2a_k-1)^2 - \sum_{k=1}^{10} (a_k+3)^2$

$$= \sum_{k=1}^{10} \{(2a_k-1)^2 - (a_k+3)^2\}$$
$$= \sum_{k=1}^{10} (3a_k^2 - 10a_k - 8)$$
$$= 3\sum_{k=1}^{10} a_k^2 - 10\sum_{k=1}^{10} a_k - \sum_{k=1}^{10} 8$$
$$= 3 \times 10 - 10 \times 5 - 8 \times 10 = -100$$

(2) $\displaystyle\sum_{k=1}^{15} (a_k-2)=7$에서 $\displaystyle\sum_{k=1}^{15} a_k - \sum_{k=1}^{15} 2 = 7$

$$\sum_{k=1}^{15} a_k - 2 \times 15 = 7$$
$$\therefore \sum_{k=1}^{15} a_k = 37$$

$\displaystyle\sum_{k=1}^{15} (2a_k - b_k)=60$에서 $\displaystyle 2\sum_{k=1}^{15} a_k - \sum_{k=1}^{15} b_k = 60$

이때 $\displaystyle\sum_{k=1}^{15} a_k = 37$이므로

$$2 \times 37 - \sum_{k=1}^{15} b_k = 60$$
$$\therefore \sum_{k=1}^{15} b_k = 14$$
$$\therefore \sum_{k=1}^{15} (a_k+b_k) = \sum_{k=1}^{15} a_k + \sum_{k=1}^{15} b_k$$
$$= 37 + 14 = 51$$

02-2 답 **36**

$\displaystyle\sum_{k=1}^{12} a_k = \alpha$, $\displaystyle\sum_{k=1}^{12} b_k = \beta$라 하면

$\displaystyle\sum_{k=1}^{12} (a_k+b_k)=18$에서 $\displaystyle\sum_{k=1}^{12} a_k + \sum_{k=1}^{12} b_k = 18$

$\therefore \alpha + \beta = 18$ $\quad\cdots\cdots$ ㉠

$\displaystyle\sum_{k=1}^{12} (a_k-b_k)=6$에서 $\displaystyle\sum_{k=1}^{12} a_k - \sum_{k=1}^{12} b_k = 6$

$\therefore \alpha - \beta = 6$ $\quad\cdots\cdots$ ㉡

㉠, ㉡을 연립하여 풀면

$\alpha = 12$, $\beta = 6$

따라서 $\displaystyle\sum_{k=1}^{12} a_k = 12$, $\displaystyle\sum_{k=1}^{12} b_k = 6$이므로

$$\sum_{k=1}^{12} (3a_k - 2b_k + 1) = 3\sum_{k=1}^{12} a_k - 2\sum_{k=1}^{12} b_k + \sum_{k=1}^{12} 1$$
$$= 3 \times 12 - 2 \times 6 + 12$$
$$= 36$$

2 자연수의 거듭제곱의 합

개념 Check 206쪽

1 답 (1) **240** (2) **294** (3) **399**

(1) $\displaystyle\sum_{k=1}^{15} 2k = 2\sum_{k=1}^{15} k = 2 \times \frac{15 \times 16}{2} = 240$

(2) $\displaystyle\sum_{k=1}^{9} (k^2+1) = \sum_{k=1}^{9} k^2 + \sum_{k=1}^{9} 1$

$$= \frac{9 \times 10 \times 19}{6} + 1 \times 9 = 294$$

(3) $\displaystyle\sum_{k=1}^{6} (k^3-2k) = \sum_{k=1}^{6} k^3 - 2\sum_{k=1}^{6} k$

$$= \left(\frac{6 \times 7}{2}\right)^2 - 2 \times \frac{6 \times 7}{2} = 399$$

문제 207~210쪽

03-1 답 (1) **624** (2) **119**

(1) $\displaystyle\sum_{k=1}^{12} (k+2)^2 - \sum_{k=1}^{12} (k-2)^2$

$$= \sum_{k=1}^{12} \{(k+2)^2 - (k-2)^2\}$$
$$= \sum_{k=1}^{12} 8k = 8\sum_{k=1}^{12} k = 8 \times \frac{12 \times 13}{2} = 624$$

(2) $\displaystyle\sum_{k=1}^{9} \frac{1^2 + 2^2 + 3^2 + \cdots + k^2}{k}$

$$= \sum_{k=1}^{9} \frac{\dfrac{k(k+1)(2k+1)}{6}}{k}$$
$$= \sum_{k=1}^{9} \frac{(k+1)(2k+1)}{6}$$
$$= \sum_{k=1}^{9} \frac{2k^2 + 3k + 1}{6}$$
$$= \frac{1}{3}\sum_{k=1}^{9} k^2 + \frac{1}{2}\sum_{k=1}^{9} k + \sum_{k=1}^{9} \frac{1}{6}$$
$$= \frac{1}{3} \times \frac{9 \times 10 \times 19}{6} + \frac{1}{2} \times \frac{9 \times 10}{2} + \frac{1}{6} \times 9$$
$$= 95 + \frac{45}{2} + \frac{3}{2} = 119$$

03-2 답 **7**

$$\sum_{k=1}^{5} (4k^3 - a) = 4\sum_{k=1}^{5} k^3 - \sum_{k=1}^{5} a$$
$$= 4 \times \left(\frac{5 \times 6}{2}\right)^2 - 5a$$
$$= 900 - 5a$$

이때 $\displaystyle\sum_{k=1}^{5} (4k^3-a) = 865$이므로

$865 = 900 - 5a$, $5a = 35$

$\therefore a = 7$

03-3 답 345

이차방정식의 근과 계수의 관계에 의하여

$\alpha_k + \beta_k = k$, $\alpha_k \beta_k = 2$이므로

$\alpha_k{}^2 + \beta_k{}^2 = (\alpha_k + \beta_k)^2 - 2\alpha_k\beta_k$

$\qquad\quad = k^2 - 2 \times 2 = k^2 - 4$

$\therefore \displaystyle\sum_{k=1}^{10}(\alpha_k{}^2 + \beta_k{}^2) = \sum_{k=1}^{10}(k^2 - 4)$

$\qquad\qquad\qquad\quad = \displaystyle\sum_{k=1}^{10}k^2 - \sum_{k=1}^{10}4$

$\qquad\qquad\qquad\quad = \dfrac{10 \times 11 \times 21}{6} - 4 \times 10$

$\qquad\qquad\qquad\quad = 345$

04-1 답 (1) $\dfrac{n(n+1)(2n+7)}{6}$

$\qquad\quad$ (2) $\dfrac{n(n+1)(2n+1)}{6}$

(1) 주어진 수열의 일반항을 a_n이라 하면

$\qquad a_n = n(n+2) = n^2 + 2n$

따라서 수열 $\{a_n\}$의 첫째항부터 제n항까지의 합은

$\displaystyle\sum_{k=1}^{n} a_k = \sum_{k=1}^{n}(k^2 + 2k)$

$\qquad = \displaystyle\sum_{k=1}^{n}k^2 + 2\sum_{k=1}^{n}k$

$\qquad = \dfrac{n(n+1)(2n+1)}{6} + 2 \times \dfrac{n(n+1)}{2}$

$\qquad = \dfrac{n(n+1)(2n+7)}{6}$

(2) 주어진 수열의 일반항을 a_n이라 하면

$\qquad a_n = 1 + 3 + 5 + \cdots + (2n-1)$

$\qquad = \displaystyle\sum_{k=1}^{n}(2k-1) = 2\sum_{k=1}^{n}k - \sum_{k=1}^{n}1$

$\qquad = 2 \times \dfrac{n(n+1)}{2} - n$

$\qquad = n^2$

따라서 수열 $\{a_n\}$의 첫째항부터 제n항까지의 합은

$\displaystyle\sum_{k=1}^{n} a_k = \sum_{k=1}^{n}k^2 = \dfrac{n(n+1)(2n+1)}{6}$

04-2 답 502

주어진 수열의 일반항을 a_n이라 하면

$a_n = 1 + 2 + 2^2 + \cdots + 2^{n-1}$

$\quad = \dfrac{1(2^n - 1)}{2 - 1} = 2^n - 1$

따라서 수열 $\{a_n\}$의 첫째항부터 제8항까지의 합은

$\displaystyle\sum_{k=1}^{8} a_k = \sum_{k=1}^{8}(2^k - 1) = \sum_{k=1}^{8}2^k - \sum_{k=1}^{8}1$

$\qquad = \dfrac{2(2^8 - 1)}{2 - 1} - 8 = 502$

05-1 답 (1) 825 (2) $5n(n+12)$

(1) $\displaystyle\sum_{k=1}^{5}\left(\sum_{j=1}^{5}jk^2\right) = \sum_{k=1}^{5}\left(k^2 \sum_{j=1}^{5}j\right)$

$\qquad\qquad\qquad = \displaystyle\sum_{k=1}^{5}\left(k^2 \times \dfrac{5 \times 6}{2}\right)$

$\qquad\qquad\qquad = \displaystyle\sum_{k=1}^{5}15k^2 = 15\sum_{k=1}^{5}k^2$

$\qquad\qquad\qquad = 15 \times \dfrac{5 \times 6 \times 11}{6}$

$\qquad\qquad\qquad = 825$

(2) $\displaystyle\sum_{l=1}^{n}\left\{\sum_{k=1}^{10}(k+l)\right\} = \sum_{l=1}^{n}\left(\sum_{k=1}^{10}k + \sum_{k=1}^{10}l\right)$

$\qquad\qquad\qquad\quad = \displaystyle\sum_{l=1}^{n}\left(\dfrac{10 \times 11}{2} + 10l\right)$

$\qquad\qquad\qquad\quad = \displaystyle\sum_{l=1}^{n}(10l + 55)$

$\qquad\qquad\qquad\quad = 10\displaystyle\sum_{l=1}^{n}l + \sum_{l=1}^{n}55$

$\qquad\qquad\qquad\quad = 10 \times \dfrac{n(n+1)}{2} + 55n$

$\qquad\qquad\qquad\quad = 5n^2 + 60n$

$\qquad\qquad\qquad\quad = 5n(n+12)$

05-2 답 4

$\displaystyle\sum_{m=1}^{n}\left\{\sum_{l=1}^{m}\left(\sum_{k=1}^{l}6\right)\right\} = \sum_{m=1}^{n}\left(\sum_{l=1}^{m}6l\right)$

$\qquad\qquad\qquad = \displaystyle\sum_{m=1}^{n}\left(6\sum_{l=1}^{m}l\right)$

$\qquad\qquad\qquad = \displaystyle\sum_{m=1}^{n}\left\{6 \times \dfrac{m(m+1)}{2}\right\}$

$\qquad\qquad\qquad = \displaystyle\sum_{m=1}^{n}(3m^2 + 3m)$

$\qquad\qquad\qquad = 3\displaystyle\sum_{m=1}^{n}m^2 + 3\sum_{m=1}^{n}m$

$\qquad\qquad\qquad = 3 \times \dfrac{n(n+1)(2n+1)}{6}$

$\qquad\qquad\qquad\qquad\qquad + 3 \times \dfrac{n(n+1)}{2}$

$\qquad\qquad\qquad = n(n+1)(n+2)$

즉, $n(n+1)(n+2) = 120$이므로

$n(n+1)(n+2) = 4 \times 5 \times 6$ $\quad \therefore n = 4$

06-1 답 1040

$S_n = \displaystyle\sum_{k=1}^{n} a_k = n^2 + n$

(i) $n \geq 2$일 때,

$\quad a_n = S_n - S_{n-1}$

$\qquad = n^2 + n - \{(n-1)^2 + n - 1\}$

$\qquad = 2n$ $\qquad\qquad$ ······ ㉠

(ii) $n = 1$일 때,

$\quad a_1 = S_1 = 1^2 + 1 = 2$ $\qquad$ ······ ㉡

이때 ⓛ은 ⓒ에 $n=1$을 대입한 값과 같으므로 일반항 a_n
은 $a_n=2n$

따라서 $a_{2k}=2\times 2k=4k$이므로

$$\sum_{k=1}^{12}(k-5)a_{2k}=\sum_{k=1}^{12}(k-5)\times 4k$$
$$=\sum_{k=1}^{12}(4k^2-20k)$$
$$=4\sum_{k=1}^{12}k^2-20\sum_{k=1}^{12}k$$
$$=4\times\frac{12\times 13\times 25}{6}-20\times\frac{12\times 13}{2}$$
$$=2600-1560=1040$$

06-2 답 $\dfrac{1}{3}(4^{15}-1)$

$S_n=\sum\limits_{k=1}^{n}a_k=2^n-1$

(i) $n\geq 2$일 때,

$\quad a_n=S_n-S_{n-1}$
$\qquad =2^n-1-(2^{n-1}-1)$
$\qquad =2^{n-1}$ $\qquad$ ...... ⓒ

(ii) $n=1$일 때,

$\quad a_1=S_1=2^1-1=1$ $\qquad$ ...... ⓛ

이때 ⓛ은 ⓒ에 $n=1$을 대입한 값과 같으므로 일반항 a_n
은 $a_n=2^{n-1}$

따라서 $a_{2k+1}=2^{(2k+1)-1}=2^{2k}=4^k$이므로

$$\sum_{k=1}^{15}\frac{a_{2k+1}}{4}=\sum_{k=1}^{15}4^{k-1}=\frac{1(4^{15}-1)}{4-1}=\frac{1}{3}(4^{15}-1)$$

06-3 답 230

$S_n=\sum\limits_{k=1}^{n}\dfrac{a_k}{k}=\dfrac{n}{n+1}$

(i) $n\geq 2$일 때,

$\quad \dfrac{a_n}{n}=S_n-S_{n-1}$
$\qquad =\dfrac{n}{n+1}-\dfrac{n-1}{n}$
$\qquad =\dfrac{1}{n^2+n}$ $\qquad$ ...... ⓒ

(ii) $n=1$일 때,

$\quad \dfrac{a_1}{1}=S_1=\dfrac{1}{1+1}=\dfrac{1}{2}$ $\qquad$ ...... ⓛ

이때 ⓛ은 ⓒ에 $n=1$을 대입한 값과 같으므로

$\dfrac{a_n}{n}=\dfrac{1}{n^2+n}$ $\qquad \therefore a_n=\dfrac{n}{n^2+n}=\dfrac{1}{n+1}$

$\therefore \sum\limits_{k=1}^{20}\dfrac{1}{a_k}=\sum\limits_{k=1}^{20}(k+1)=\sum\limits_{k=1}^{20}k+\sum\limits_{k=1}^{20}1$
$\qquad\qquad =\dfrac{20\times 21}{2}+1\times 20$
$\qquad\qquad =210+20=230$

③ 여러 가지 수열의 합

1 답 (1) $\dfrac{10}{39}$ (2) $4-\sqrt{3}$

(1) $\sum\limits_{k=1}^{10}\dfrac{1}{(k+2)(k+3)}$
$\quad =\sum\limits_{k=1}^{10}\left(\dfrac{1}{k+2}-\dfrac{1}{k+3}\right)$
$\quad =\left(\dfrac{1}{3}-\dfrac{1}{4}\right)+\left(\dfrac{1}{4}-\dfrac{1}{5}\right)+\cdots+\left(\dfrac{1}{12}-\dfrac{1}{13}\right)$
$\quad =\dfrac{1}{3}-\dfrac{1}{13}=\dfrac{10}{39}$

(2) $\sum\limits_{k=1}^{13}\dfrac{1}{\sqrt{k+2}+\sqrt{k+3}}$
$\quad =\sum\limits_{k=1}^{13}(\sqrt{k+3}-\sqrt{k+2})$
$\quad =(\sqrt{4}-\sqrt{3})+(\sqrt{5}-\sqrt{4})+\cdots+(\sqrt{16}-\sqrt{15})$
$\quad =\sqrt{16}-\sqrt{3}=4-\sqrt{3}$

07-1 답 $\dfrac{n}{4(n+1)}$

주어진 수열의 일반항을 a_n이라 하면

$a_n=\dfrac{1}{(2n+1)^2-1}=\dfrac{1}{4n^2+4n}$

$\therefore \sum\limits_{k=1}^{n}a_k=\sum\limits_{k=1}^{n}\dfrac{1}{4k^2+4k}=\dfrac{1}{4}\sum\limits_{k=1}^{n}\dfrac{1}{k(k+1)}$
$\qquad\quad =\dfrac{1}{4}\sum\limits_{k=1}^{n}\left(\dfrac{1}{k}-\dfrac{1}{k+1}\right)$
$\qquad\quad =\dfrac{1}{4}\left\{\left(1-\dfrac{1}{2}\right)+\left(\dfrac{1}{2}-\dfrac{1}{3}\right)+\cdots+\left(\dfrac{1}{n}-\dfrac{1}{n+1}\right)\right\}$
$\qquad\quad =\dfrac{1}{4}\left(1-\dfrac{1}{n+1}\right)=\dfrac{n}{4(n+1)}$

07-2 답 $\dfrac{9}{5}$

수열 $1,\ \dfrac{1}{1+2},\ \dfrac{1}{1+2+3},\ \cdots,\ \dfrac{1}{1+2+3+\cdots+9}$의 제$n$
항을 a_n이라 하면

$a_n=\dfrac{1}{1+2+3+\cdots+n}=\dfrac{1}{\dfrac{n(n+1)}{2}}=\dfrac{2}{n(n+1)}$

$\therefore \sum\limits_{k=1}^{9}a_k=\sum\limits_{k=1}^{9}\dfrac{2}{k(k+1)}=2\sum\limits_{k=1}^{9}\left(\dfrac{1}{k}-\dfrac{1}{k+1}\right)$
$\qquad\quad =2\left\{\left(1-\dfrac{1}{2}\right)+\left(\dfrac{1}{2}-\dfrac{1}{3}\right)\right.$
$\qquad\qquad\quad \left.+\cdots+\left(\dfrac{1}{8}-\dfrac{1}{9}\right)+\left(\dfrac{1}{9}-\dfrac{1}{10}\right)\right\}$
$\qquad\quad =2\left(1-\dfrac{1}{10}\right)=\dfrac{9}{5}$

07-3 답 $\dfrac{5}{12}$

$$S_n=\sum_{k=1}^{n} a_k=n^2+3n$$

(ⅰ) $n\geq2$일 때,

$$a_n=S_n-S_{n-1}=n^2+3n-\{(n-1)^2+3(n-1)\}$$
$$=2n+2 \qquad\cdots\cdots\ \text{㉠}$$

(ⅱ) $n=1$일 때,

$$a_1=S_1=1^2+3\times1=4 \qquad\cdots\cdots\ \text{㉡}$$

이때 ㉡은 ㉠에 $n=1$을 대입한 값과 같으므로 일반항 a_n은 $a_n=2n+2$

$$\therefore \sum_{k=1}^{10}\frac{4}{a_k a_{k+1}}=\sum_{k=1}^{10}\frac{4}{(2k+2)(2k+4)}$$
$$=\sum_{k=1}^{10}\frac{1}{(k+1)(k+2)}=\sum_{k=1}^{10}\left(\frac{1}{k+1}-\frac{1}{k+2}\right)$$
$$=\left(\frac{1}{2}-\frac{1}{3}\right)+\left(\frac{1}{3}-\frac{1}{4}\right)+\cdots+\left(\frac{1}{11}-\frac{1}{12}\right)$$
$$=\frac{1}{2}-\frac{1}{12}=\frac{5}{12}$$

08-1 답 5

주어진 수열의 일반항을 a_n이라 하면

$$a_n=\frac{1}{\sqrt{2n-1}+\sqrt{2n+1}}$$

$$\therefore \sum_{k=1}^{60} a_k=\sum_{k=1}^{60}\frac{1}{\sqrt{2k-1}+\sqrt{2k+1}}$$
$$=\sum_{k=1}^{60}\frac{\sqrt{2k-1}-\sqrt{2k+1}}{(\sqrt{2k-1}+\sqrt{2k+1})(\sqrt{2k-1}-\sqrt{2k+1})}$$
$$=\frac{1}{2}\sum_{k=1}^{60}(\sqrt{2k+1}-\sqrt{2k-1})$$
$$=\frac{1}{2}\{(\sqrt{3}-\sqrt{1})+(\sqrt{5}-\sqrt{3})+(\sqrt{7}-\sqrt{5})$$
$$+\cdots+(\sqrt{121}-\sqrt{119})\}$$
$$=\frac{1}{2}(-1+11)=5$$

08-2 답 $2\sqrt{3}$

첫째항이 3, 공차가 2인 등차수열 $\{a_n\}$의 일반항 a_n은

$$a_n=3+(n-1)\times2=2n+1$$

$$\therefore \sum_{k=1}^{36}\frac{1}{\sqrt{a_k}+\sqrt{a_{k+1}}}$$
$$=\sum_{k=1}^{36}\frac{1}{\sqrt{2k+1}+\sqrt{2k+3}}$$
$$=\sum_{k=1}^{36}\frac{\sqrt{2k+1}-\sqrt{2k+3}}{(\sqrt{2k+1}+\sqrt{2k+3})(\sqrt{2k+1}-\sqrt{2k+3})}$$
$$=\frac{1}{2}\sum_{k=1}^{36}(\sqrt{2k+3}-\sqrt{2k+1})$$
$$=\frac{1}{2}\{(\sqrt{5}-\sqrt{3})+(\sqrt{7}-\sqrt{5})+(\sqrt{9}-\sqrt{7})$$
$$+\cdots+(\sqrt{75}-\sqrt{73})\}$$
$$=\frac{1}{2}(-\sqrt{3}+5\sqrt{3})=2\sqrt{3}$$

08-3 답 30

$$\sum_{k=1}^{n}\frac{1}{f(k)}=\sum_{k=1}^{n}\frac{1}{\sqrt{k+1}+\sqrt{k+2}}$$
$$=\sum_{k=1}^{n}\frac{\sqrt{k+1}-\sqrt{k+2}}{(\sqrt{k+1}+\sqrt{k+2})(\sqrt{k+1}-\sqrt{k+2})}$$
$$=\sum_{k=1}^{n}(\sqrt{k+2}-\sqrt{k+1})$$
$$=(\sqrt{3}-\sqrt{2})+(\sqrt{4}-\sqrt{3})+(\sqrt{5}-\sqrt{4})$$
$$+\cdots+(\sqrt{n+2}-\sqrt{n+1})$$
$$=-\sqrt{2}+\sqrt{n+2}$$

이때 $-\sqrt{2}+\sqrt{n+2}=3\sqrt{2}$이므로

$$\sqrt{n+2}=4\sqrt{2},\ n+2=32$$
$$\therefore n=30$$

09-1 답 (1) 3 (2) $\log\dfrac{4}{3}$

(1) $\displaystyle\sum_{k=1}^{13}\log_3\frac{2k+1}{2k-1}$

$$=\log_3\frac{3}{1}+\log_3\frac{5}{3}+\log_3\frac{7}{5}+\cdots+\log_3\frac{27}{25}$$
$$=\log_3\left(\frac{3}{1}\times\frac{5}{3}\times\frac{7}{5}\times\cdots\times\frac{27}{25}\right)$$
$$=\log_3 27=3$$

(2) $\displaystyle\sum_{k=2}^{8}\log\sqrt{\frac{k^2}{k^2-1}}$

$$=\sum_{k=2}^{8}\log\sqrt{\frac{k^2}{(k-1)(k+1)}}$$
$$=\log\sqrt{\frac{2\times2}{1\times3}}+\log\sqrt{\frac{3\times3}{2\times4}}+\log\sqrt{\frac{4\times4}{3\times5}}$$
$$+\cdots+\log\sqrt{\frac{8\times8}{7\times9}}$$
$$=\log\left(\sqrt{\frac{2\times2}{1\times3}}\times\sqrt{\frac{3\times3}{2\times4}}\times\sqrt{\frac{4\times4}{3\times5}}\times\cdots\times\sqrt{\frac{8\times8}{7\times9}}\right)$$
$$=\log\sqrt{\frac{2}{1}\times\frac{8}{9}}=\log\frac{4}{3}$$

09-2 답 4

$$S_n=\sum_{k=1}^{n} a_k=\log_2(n^2+n)$$

(ⅰ) $n\geq2$일 때,

$$a_n=S_n-S_{n-1}$$
$$=\log_2(n^2+n)-\log_2\{(n-1)^2+(n-1)\}$$
$$=\log_2(n^2+n)-\log_2(n^2-n)$$
$$=\log_2\frac{n^2+n}{n^2-n}$$
$$=\log_2\frac{n+1}{n-1} \qquad\cdots\cdots\ \text{㉠}$$

(ii) $n=1$일 때,
$$a_1=S_1=\log_2(1^2+1)=1$$
이때 ㉠에 $n=1$을 대입한 값은 존재하지 않으므로 일반항 a_n은
$$a_1=1,\ a_n=\log_2\frac{n+1}{n-1}\ (n\geq 2)$$
따라서 $a_{2k+1}=\log_2\dfrac{k+1}{k}\ (k\geq 1)$이므로
$$\sum_{k=1}^{15}a_{2k+1}=\sum_{k=1}^{15}\log_2\frac{k+1}{k}$$
$$=\log_2\frac{2}{1}+\log_2\frac{3}{2}+\log_2\frac{4}{3}+\cdots+\log_2\frac{16}{15}$$
$$=\log_2\left(\frac{2}{1}\times\frac{3}{2}\times\frac{4}{3}\times\cdots\times\frac{16}{15}\right)$$
$$=\log_2 16=4$$

연습문제

1 ②	**2** ③	**3** ②	**4** 13	**5** 100
6 ④	**7** ②	**8** 91	**9** ③	**10** ③
11 $\dfrac{n(n+1)(n+2)}{6}$	**12** ②	**13** ②	**14** ③	
15 $\dfrac{72}{55}$	**16** ⑤	**17** ①	**18** 18	**19** ③
20 ③	**21** 1240	**22** ④	**23** ⑤	**24** 690
25 42				

1 ㄱ. $\displaystyle\sum_{k=0}^{n-1}(k+1)^2=1^2+2^2+3^2+\cdots+n^2=\sum_{k=1}^{n}k^2$

ㄴ. $\displaystyle\sum_{k=1}^{n}3^k=3+3^2+3^3+\cdots+3^n$
$\displaystyle\sum_{k=2}^{n+1}3^k=3^2+3^3+3^4+\cdots+3^{n+1}$
$\therefore \displaystyle\sum_{k=1}^{n}3^k\neq\sum_{k=2}^{n+1}3^k$

ㄷ. $\displaystyle\sum_{i=1}^{m-1}a_i+\sum_{j=m}^{n}a_j$
$=(a_1+a_2+\cdots+a_{m-1})+(a_m+a_{m+1}+\cdots+a_n)$
$=\displaystyle\sum_{k=1}^{n}a_k$ (단, $n\geq m\geq 2$)

ㄹ. $\displaystyle\sum_{k=1}^{n}(a_{3k}+a_{3k+1}+a_{3k+2})$
$=a_3+a_4+a_5+\cdots+a_{3n}+a_{3n+1}+a_{3n+2}$
$\displaystyle\sum_{k=3}^{3n}a_k=a_3+a_4+a_5+\cdots+a_{3n}$
$\therefore \displaystyle\sum_{k=1}^{n}(a_{3k}+a_{3k+1}+a_{3k+2})\neq\sum_{k=3}^{3n}a_k$

따라서 보기에서 옳은 것은 ㄱ, ㄷ이다.

2 $\displaystyle\sum_{k=1}^{100}ka_k=600$에서
$$a_1+2a_2+3a_3+\cdots+100a_{100}=600 \quad\cdots\cdots ㉠$$
$\displaystyle\sum_{k=1}^{99}ka_{k+1}=300$에서
$$a_2+2a_3+3a_4+\cdots+99a_{100}=300 \quad\cdots\cdots ㉡$$
㉠－㉡을 하면
$$a_1+a_2+a_3+\cdots+a_{100}=300$$
$$\therefore \sum_{k=1}^{100}a_k=300$$

3 $\displaystyle\sum_{k=1}^{40}(a_k+a_{k+1})$
$=(a_1+a_2)+(a_2+a_3)+(a_3+a_4)+\cdots+(a_{40}+a_{41})$
$=a_1+2(a_2+a_3+\cdots+a_{40})+a_{41}$
$=2\displaystyle\sum_{k=1}^{40}a_k-a_1+a_{41}=30 \quad\cdots\cdots ㉠$
$\displaystyle\sum_{k=1}^{20}(a_{2k-1}+a_{2k})=(a_1+a_2)+(a_3+a_4)+\cdots+(a_{39}+a_{40})$
$$=\sum_{k=1}^{40}a_k=10$$
이를 ㉠에 대입하면
$$2\times 10-a_1+a_{41}=30$$
$$\therefore a_1-a_{41}=-10$$

4 $\displaystyle\sum_{k=1}^{5}ca_k=65+\sum_{k=1}^{5}c$에서 $c\displaystyle\sum_{k=1}^{5}a_k=65+\sum_{k=1}^{5}c$
이때 $\displaystyle\sum_{k=1}^{5}a_k=10$이므로
$$10c=65+5c,\ 5c=65$$
$$\therefore c=13$$

5 등차수열 $\{a_n\}$의 공차를 d라 하면 $a_3=7$, $a_{12}=25$이므로
$$a_1+2d=7,\ a_1+11d=25$$
두 식을 연립하여 풀면
$$a_1=3,\ d=2 \quad\cdots\cdots ㉠$$
$\therefore \displaystyle\sum_{k=1}^{50}a_{2k}-\sum_{k=1}^{50}a_{2k-1}=\sum_{k=1}^{50}(a_{2k}-a_{2k-1})$
$$=50d=50\times 2=100$$

다른 풀이

㉠에서 등차수열 $\{a_n\}$의 일반항 a_n은
$$a_n=3+(n-1)\times 2=2n+1$$
따라서 $a_{2k}=4k+1$, $a_{2k-1}=4k-1$이므로
$\displaystyle\sum_{k=1}^{50}a_{2k}-\sum_{k=1}^{50}a_{2k-1}=\sum_{k=1}^{50}(a_{2k}-a_{2k-1})$
$$=\sum_{k=1}^{50}\{(4k+1)-(4k-1)\}$$
$$=\sum_{k=1}^{50}2=50\times 2=100$$

Ⅲ-2. 수열의 합과 수학적 귀납법　**93**

6
$$\sum_{k=1}^{20}(2a_k+b_k)^2+\sum_{k=1}^{20}(a_k-2b_k)^2$$
$$=\sum_{k=1}^{20}\{(2a_k+b_k)^2+(a_k-2b_k)^2\}$$
$$=\sum_{k=1}^{20}(5a_k{}^2+5b_k{}^2)$$
$$=5\sum_{k=1}^{20}(a_k{}^2+b_k{}^2)$$
즉, $5\sum_{k=1}^{20}(a_k{}^2+b_k{}^2)=100$이므로 $\sum_{k=1}^{20}(a_k{}^2+b_k{}^2)=20$
$$\therefore\ \sum_{k=1}^{20}(a_k{}^2+b_k{}^2+1)=\sum_{k=1}^{20}(a_k{}^2+b_k{}^2)+\sum_{k=1}^{20}1$$
$$=20+1\times20=40$$

7
$$\sum_{k=2}^{20}\frac{k^3}{k-1}-\sum_{k=2}^{20}\frac{1}{k-1}$$
$$=\sum_{k=2}^{20}\frac{k^3-1}{k-1}$$
$$=\sum_{k=2}^{20}\frac{(k-1)(k^2+k+1)}{k-1}$$
$$=\sum_{k=2}^{20}(k^2+k+1)$$
$$=\sum_{k=1}^{20}(k^2+k+1)-(1^2+1+1)$$
$$=\sum_{k=1}^{20}k^2+\sum_{k=1}^{20}k+\sum_{k=1}^{20}1-3$$
$$=\frac{20\times21\times41}{6}+\frac{20\times21}{2}+1\times20-3$$
$$=2870+210+20-3=3097$$

8 나머지정리에 의하여
$$a_n=2n^2-3n+1$$
$$\therefore\ \sum_{n=1}^{7}(a_n-n^2+n)=\sum_{n=1}^{7}(2n^2-3n+1-n^2+n)$$
$$=\sum_{n=1}^{7}(n^2-2n+1)$$
$$=\sum_{n=1}^{7}n^2-2\sum_{n=1}^{7}n+\sum_{n=1}^{7}1$$
$$=\frac{7\times8\times15}{6}-2\times\frac{7\times8}{2}+1\times7$$
$$=140-56+7=91$$

9
$$\sum_{k=1}^{11}(k-a)(2k-a)$$
$$=\sum_{k=1}^{11}(2k^2-3ak+a^2)$$
$$=2\sum_{k=1}^{11}k^2-3a\sum_{k=1}^{11}k+\sum_{k=1}^{11}a^2$$
$$=2\times\frac{11\times12\times23}{6}-3a\times\frac{11\times12}{2}+a^2\times11$$
$$=11a^2-198a+1012=11(a-9)^2+121$$
따라서 $a=9$일 때 최솟값 121을 가지므로 $a=9$

10 주어진 수열의 일반항을 a_n이라 하면
$$a_1=1=1\times1$$
$$a_2=2+4=2(1+2)$$
$$a_3=3+6+9=3(1+2+3)$$
$$a_4=4+8+12+16=4(1+2+3+4)$$
$$\vdots$$
$$\therefore\ a_n=n(1+2+3+\cdots+n)$$
$$=n\times\frac{n(n+1)}{2}=\frac{n^3+n^2}{2}$$
따라서 수열 $\{a_n\}$의 첫째항부터 제15항까지의 합은
$$\sum_{k=1}^{15}a_k=\sum_{k=1}^{15}\frac{k^3+k^2}{2}=\frac{1}{2}\left(\sum_{k=1}^{15}k^3+\sum_{k=1}^{15}k^2\right)$$
$$=\frac{1}{2}\left\{\left(\frac{15\times16}{2}\right)^2+\frac{15\times16\times31}{6}\right\}$$
$$=\frac{1}{2}(14400+1240)=7820$$

11 수열 $1\times n,\ 2\times(n-1),\ 3\times(n-2),\ \cdots,\ n\times1$의 제$k$항을 a_k라 하면
$$a_k=k\times\{n-(k-1)\}=-k^2+(n+1)k$$
$$\therefore\ 1\times n+2\times(n-1)+3\times(n-2)+\cdots+n\times1$$
$$=\sum_{k=1}^{n}a_k=\sum_{k=1}^{n}\{-k^2+(n+1)k\}$$
$$=-\sum_{k=1}^{n}k^2+(n+1)\sum_{k=1}^{n}k$$
$$=-\frac{n(n+1)(2n+1)}{6}+(n+1)\times\frac{n(n+1)}{2}$$
$$=\frac{n(n+1)(n+2)}{6}$$

12
$$\sum_{k=1}^{10}\left\{\sum_{m=1}^{n}2^m(2k-1)\right\}=\sum_{k=1}^{10}\left\{(2k-1)\sum_{m=1}^{n}2^m\right\}$$
$$=\sum_{k=1}^{10}\left\{(2k-1)\times\frac{2(2^n-1)}{2-1}\right\}$$
$$=2(2^n-1)\sum_{k=1}^{10}(2k-1)$$
$$=2(2^n-1)\left(2\sum_{k=1}^{10}k-\sum_{k=1}^{10}1\right)$$
$$=2(2^n-1)\left(2\times\frac{10\times11}{2}-1\times10\right)$$
$$=200(2^n-1)$$
$$\therefore\ a=200$$

13 $S_n=\sum_{k=1}^{n}a_k=n(n+2)=n^2+2n$
(i) $n\geq2$일 때,
$$a_n=S_n-S_{n-1}$$
$$=n^2+2n-\{(n-1)^2+2(n-1)\}$$
$$=2n+1\qquad\qquad\cdots\cdots\ \text{⊙}$$

(ii) $n=1$일 때,
$$a_1=S_1=1^2+2\times1=3 \quad \cdots\cdots ㉡$$
이때 ㉡은 ㉠에 $n=1$을 대입한 값과 같으므로 일반항 a_n은 $a_n=2n+1$
따라서 $a_{2k}=2\times2k+1=4k+1$,
$a_{k+1}=2(k+1)+1=2k+3$이므로
$$\begin{aligned}\sum_{k=1}^{5}ka_{2k}+\sum_{k=1}^{5}a_{k+1}&=\sum_{k=1}^{5}k(4k+1)+\sum_{k=1}^{5}(2k+3)\\&=\sum_{k=1}^{5}\{(4k^2+k)+(2k+3)\}\\&=\sum_{k=1}^{5}(4k^2+3k+3)\\&=4\times\frac{5\times6\times11}{6}+3\times\frac{5\times6}{2}+15\\&=220+45+15=280\end{aligned}$$

14 $S_n=\sum_{k=1}^{n}a_k=5^n-1$

(i) $n\geq2$일 때,
$$\begin{aligned}a_n&=S_n-S_{n-1}\\&=(5^n-1)-(5^{n-1}-1)\\&=4\times5^{n-1} \quad \cdots\cdots ㉠\end{aligned}$$

(ii) $n=1$일 때,
$$a_1=S_1=5^1-1=4 \quad \cdots\cdots ㉡$$
이때 ㉡은 ㉠에 $n=1$을 대입한 값과 같으므로 일반항 a_n은 $a_n=4\times5^{n-1}$
따라서 $a_{2k}=4\times5^{2k-1}$이므로
$$\begin{aligned}\sum_{k=1}^{10}\frac{a_{2k}}{a_k}&=\sum_{k=1}^{10}\frac{4\times5^{2k-1}}{4\times5^{k-1}}=\sum_{k=1}^{10}5^k\\&=\frac{5(5^{10}-1)}{5-1}\\&=\frac{5}{4}(5^{10}-1)\end{aligned}$$

15 $x^2+2x-n^2+1=0$의 두 근이 a_n, b_n이므로 이차방정식의 근과 계수의 관계에 의하여
$a_n+b_n=-2$, $a_nb_n=-n^2+1$
$$\begin{aligned}\therefore \sum_{k=2}^{10}\left(\frac{1}{a_k}+\frac{1}{b_k}\right)&=\sum_{k=2}^{10}\frac{a_k+b_k}{a_kb_k}=\sum_{k=2}^{10}\frac{2}{k^2-1}\\&=\sum_{k=2}^{10}\frac{2}{(k-1)(k+1)}\\&=\sum_{k=2}^{10}\left(\frac{1}{k-1}-\frac{1}{k+1}\right)\\&=\left(1-\frac{1}{3}\right)+\left(\frac{1}{2}-\frac{1}{4}\right)+\left(\frac{1}{3}-\frac{1}{5}\right)\\&\quad+\cdots+\left(\frac{1}{8}-\frac{1}{10}\right)+\left(\frac{1}{9}-\frac{1}{11}\right)\\&=1+\frac{1}{2}-\frac{1}{10}-\frac{1}{11}=\frac{72}{55}\end{aligned}$$

16 $$\begin{aligned}\sum_{k=1}^{10}(S_k-a_k)&=\sum_{k=1}^{10}S_k-\sum_{k=1}^{10}a_k=\sum_{k=1}^{10}S_k-S_{10}=\sum_{k=1}^{9}S_k\\&=\sum_{k=1}^{9}\frac{1}{k(k+1)}=\sum_{k=1}^{9}\left(\frac{1}{k}-\frac{1}{k+1}\right)\\&=\left(1-\frac{1}{2}\right)+\left(\frac{1}{2}-\frac{1}{3}\right)+\left(\frac{1}{3}-\frac{1}{4}\right)\\&\quad+\cdots+\left(\frac{1}{9}-\frac{1}{10}\right)\\&=1-\frac{1}{10}=\frac{9}{10}\end{aligned}$$

17 $S_n=\sum_{k=1}^{n}a_k=2n^2+n$

(i) $n\geq2$일 때,
$$\begin{aligned}a_n&=S_n-S_{n-1}\\&=2n^2+n-\{2(n-1)^2+(n-1)\}\\&=4n-1 \quad \cdots\cdots ㉠\end{aligned}$$

(ii) $n=1$일 때,
$$a_1=S_1=2\times1^2+1=3 \quad \cdots\cdots ㉡$$
이때 ㉡은 ㉠에 $n=1$을 대입한 값과 같으므로 일반항 a_n은 $a_n=4n-1$
$$\begin{aligned}\therefore \sum_{k=1}^{80}\frac{2}{\sqrt{a_k+1}+\sqrt{a_{k+1}+1}}\\=\sum_{k=1}^{80}\frac{2}{\sqrt{4k}+\sqrt{4k+4}}=\sum_{k=1}^{80}\frac{1}{\sqrt{k}+\sqrt{k+1}}\\=\sum_{k=1}^{80}\frac{\sqrt{k}-\sqrt{k+1}}{(\sqrt{k}+\sqrt{k+1})(\sqrt{k}-\sqrt{k+1})}\\=\sum_{k=1}^{80}(\sqrt{k+1}-\sqrt{k})\\=(\sqrt{2}-\sqrt{1})+(\sqrt{3}-\sqrt{2})+\cdots+(\sqrt{81}-\sqrt{80})\\=-1+9=8\end{aligned}$$

18 오른쪽 그림과 같이 네 점 $(k, 0)$, $(k+1, 0)$, $(k, \sqrt{k})$, $(k+1, \sqrt{k+1})$을 꼭짓점으로 하는 사각형의 넓이 S_k는
$$\begin{aligned}S_k&=\frac{1}{2}\times(\sqrt{k}+\sqrt{k+1})\times1\\&=\frac{\sqrt{k}+\sqrt{k+1}}{2}\end{aligned}$$

$$\begin{aligned}\therefore \sum_{k=1}^{99}\frac{1}{S_k}&=\sum_{k=1}^{99}\frac{2}{\sqrt{k}+\sqrt{k+1}}\\&=\sum_{k=1}^{99}\frac{2(\sqrt{k}-\sqrt{k+1})}{(\sqrt{k}+\sqrt{k+1})(\sqrt{k}-\sqrt{k+1})}\\&=2\sum_{k=1}^{99}(\sqrt{k+1}-\sqrt{k})\\&=2\{(\sqrt{2}-\sqrt{1})+(\sqrt{3}-\sqrt{2})\\&\quad+\cdots+(\sqrt{100}-\sqrt{99})\}\\&=2(-1+10)=18\end{aligned}$$

19 $\sum\limits_{k=1}^{30} \log_5 \{\log_{k+1}(k+2)\}$

$= \log_5(\log_2 3) + \log_5(\log_3 4) + \log_5(\log_4 5)$
$\qquad\qquad\qquad\qquad + \cdots + \log_5(\log_{31} 32)$

$= \log_5(\log_2 3 \times \log_3 4 \times \log_4 5 \times \cdots \times \log_{31} 32)$

$= \log_5 \left(\dfrac{\log 3}{\log 2} \times \dfrac{\log 4}{\log 3} \times \dfrac{\log 5}{\log 4} \times \cdots \times \dfrac{\log 32}{\log 31} \right)$

$= \log_5 \left(\dfrac{\log 32}{\log 2} \right) = \log_5(\log_2 32) = \log_5 5 = 1$

20 $\sum\limits_{k=1}^{10} a_k = a_1 + a_2 + a_3 + \cdots + a_{10}$ 에서 a_1, a_2, a_3, $\cdots$, a_{10}의

각 항의 값은 0, 1, 3 중 하나이므로 항의 값이 1인 항의

개수를 a, 항의 값이 3인 항의 개수를 b라 하면

$\sum\limits_{k=1}^{10} a_k = 10$에서 $1 \times a + 3 \times b = 10$

$\therefore a + 3b = 10$　$\cdots\cdots$ ㉠

$\sum\limits_{k=1}^{10} a_k{}^2 = 22$에서 $1^2 \times a + 3^2 \times b = 22$

$\therefore a + 9b = 22$　$\cdots\cdots$ ㉡

㉠, ㉡을 연립하여 풀면

$a = 4$, $b = 2$

$\therefore \sum\limits_{k=1}^{10} a_k{}^3 = 1^3 \times 4 + 3^3 \times 2 = 58$

21 각 행에 나열된 모든 수의 합을 구해 보면

$a_1 = 1 = 1^2$

$a_2 = 1 + 2 + 1 = 4 = 2^2$

$a_3 = 1 + 2 + 3 + 2 + 1 = 9 = 3^2$

$a_4 = 1 + 2 + 3 + 4 + 3 + 2 + 1 = 16 = 4^2$

$\qquad\qquad \vdots$

$a_n = n^2$

$\therefore \sum\limits_{k=1}^{15} a_k = \sum\limits_{k=1}^{15} k^2 = \dfrac{15 \times 16 \times 31}{6} = 1240$

22 $\sum\limits_{k=1}^{30} (-1)^{k+1} a_k$

$= a_1 - a_2 + a_3 - a_4 + \cdots + a_{29} - a_{30}$

$= a_1 + a_2 + a_3 + \cdots + a_{29} + a_{30} - 2(a_2 + a_4 + \cdots + a_{30})$

$= \sum\limits_{k=1}^{30} a_k - 2 \sum\limits_{k=1}^{15} a_{2k}$

$= (4 \times 15^2 + 15) - 2(2 \times 15^2 - 1) = 17$

23 등차수열 $\{a_n\}$의 첫째항을 a, 공차를 d라 하면

조건 ㈎에서 $a + 6d = 37$　$\cdots\cdots$ ㉠

조건 ㈏에서 $a_{13} \geq 0$, $a_{14} \leq 0$이므로

$a_{13} \geq 0$에서 $a + 6d \geq 0$, $37 + 6d \geq 0$　$\therefore d \geq -\dfrac{37}{6}$

$a_{14} \leq 0$에서 $a + 7d \leq 0$, $37 + 7d \leq 0$　$\therefore d \leq -\dfrac{37}{7}$

즉, $-\dfrac{37}{6} \leq d \leq -\dfrac{37}{7}$이고 d는 정수이므로

$d = -6$

이를 ㉠에 대입하면

$a + 6 \times (-6) = 37$　$\therefore a = 73$

$\therefore \sum\limits_{k=1}^{21} |a_k| = |a_1| + |a_2| + \cdots + |a_{21}|$

$\qquad = a_1 + a_2 + \cdots + a_{13}$
$\qquad\qquad + (-a_{14}) + (-a_{15}) + \cdots + (-a_{21})$

$\qquad = a_1 + a_2 + \cdots + a_{13} - (a_{14} + a_{15} + \cdots + a_{21})$
$\qquad\qquad\qquad\qquad\qquad\qquad \cdots\cdots$ ㉡

이때 $a_{13} = 73 + 12 \times (-6) = 1$,

$a_{14} = 73 + 13 \times (-6) = -5$,

$a_{21} = 73 + 20 \times (-6) = -47$이므로

㉡에서

$\sum\limits_{k=1}^{21} |a_k| = \dfrac{13(73+1)}{2} - \dfrac{8\{-5 + (-47)\}}{2}$

$\qquad = 481 - (-208) = 689$

24 수열 $\{na_n\}$의 첫째항부터 제n항까지의 합 S_n은

$S_n = n(n+1)(n+2)$

(i) $n \geq 2$일 때,

$na_n = S_n - S_{n-1}$

$\qquad = n(n+1)(n+2) - (n-1)n(n+1)$

$\qquad = 3n(n+1)$　$\cdots\cdots$ ㉠

(ii) $n = 1$일 때,

$a_1 = S_1 = 1 \times 2 \times 3 = 6$　$\cdots\cdots$ ㉡

이때 ㉡은 ㉠에 $n=1$을 대입한 값과 같으므로 일반항 na_n은

$na_n = 3n(n+1)$　$\therefore a_n = 3(n+1)$

$\therefore \sum\limits_{k=1}^{10} (a_{2k-1} + a_{2k})$

$= (a_1 + a_2) + (a_3 + a_4) + \cdots + (a_{19} + a_{20})$

$= \sum\limits_{k=1}^{20} a_k = \sum\limits_{k=1}^{20} 3(k+1) = 3\sum\limits_{k=1}^{20} k + \sum\limits_{k=1}^{20} 3$

$= 3 \times \dfrac{20 \times 21}{2} + 3 \times 20 = 690$

25 $S_n = \sum\limits_{k=1}^{n} \dfrac{4k-3}{a_k} = 2n^2 + 7n$에 대하여 $n \geq 2$일 때,

$\dfrac{4n-3}{a_n} = S_n - S_{n-1}$

$\qquad = (2n^2 + 7n) - \{2(n-1)^2 + 7(n-1)\}$

$\qquad = 4n + 5$

즉, $a_n = \dfrac{4n-3}{4n+5}$ $(n \geq 2)$이므로

$a_5 = \dfrac{4 \times 5 - 3}{4 \times 5 + 5} = \dfrac{17}{25}$

따라서 $p = 17$, $q = 25$이므로 $p + q = 42$

수열의 귀납적 정의

01-1 탑 (1) -13 (2) 47

(1) 수열 $\{a_n\}$은 첫째항이 5, 공차가 -2인 등차수열이므로 일반항 a_n은

$$a_n = 5 + (n-1) \times (-2) = -2n + 7$$

$$\therefore a_{10} = -2 \times 10 + 7 = -13$$

(2) 수열 $\{a_n\}$은 첫째항이 2, 공차가 5인 등차수열이므로 일반항 a_n은

$$a_n = 2 + (n-1) \times 5 = 5n - 3$$

$$\therefore a_{10} = 5 \times 10 - 3 = 47$$

01-2 탑 20

수열 $\{a_n\}$은 첫째항이 -2, 공차가 6인 등차수열이므로 일반항 a_n은

$$a_n = -2 + (n-1) \times 6 = 6n - 8$$

이때 $a_k = 112$에서 $6k - 8 = 112$ $\therefore k = 20$

01-3 탑 55

$a_{n+1} = \dfrac{a_n + a_{n+2}}{2}$, 즉 $2a_{n+1} = a_n + a_{n+2}$에서 수열 $\{a_n\}$은 등차수열이다.

공차를 d라 하면 $a_1 = 20$, $a_4 = 11$이므로

$$20 + 3d = 11 \quad \therefore d = -3$$

따라서 주어진 수열의 일반항 a_n은

$$a_n = 20 + (n-1) \times (-3) = -3n + 23$$

$$\therefore \sum_{k=1}^{11} a_k = \sum_{k=1}^{11} (-3k + 23) = -3 \sum_{k=1}^{11} k + \sum_{k=1}^{11} 23$$

$$= -3 \times \frac{11 \times 12}{2} + 23 \times 11 = -198 + 253 = 55$$

[다른 풀이]

즉, 수열 $\{a_n\}$은 첫째항이 20, 공차가 -3인 등차수열이므로

$$\sum_{k=1}^{11} a_k = \frac{11\{2 \times 20 + (11-1) \times (-3)\}}{2} = 55$$

02-1 탑 (1) 2×5^{11} (2) 2048

(1) 수열 $\{a_n\}$은 첫째항이 2, 공비가 5인 등비수열이므로 일반항 a_n은

$$a_n = 2 \times 5^{n-1} \quad \therefore a_{12} = 2 \times 5^{11}$$

(2) 수열 $\{a_n\}$은 첫째항이 -1, 공비가 -2인 등비수열이므로 일반항 a_n은

$$a_n = -1 \times (-2)^{n-1} \quad \therefore a_{12} = -1 \times (-2)^{11} = 2048$$

02-2 탑 6

수열 $\{a_n\}$은 첫째항이 2, 공비가 $\dfrac{1}{4}$인 등비수열이므로 일반항 a_n은 $a_n = 2 \times \left(\dfrac{1}{4}\right)^{n-1}$

이때 $a_k = \dfrac{1}{512}$에서 $2 \times \left(\dfrac{1}{4}\right)^{k-1} = \dfrac{1}{512}$

$$\left(\frac{1}{4}\right)^{k-1} = \frac{1}{1024} = \left(\frac{1}{4}\right)^5$$

$$k - 1 = 5 \quad \therefore k = 6$$

02-3 탑 $3^{16} - 3$

$\log a_{n+1} = \dfrac{1}{2}(\log a_n + \log a_{n+2})$에서

$$2 \log a_{n+1} = \log a_n a_{n+2}$$

$$\log a_{n+1}{}^2 = \log a_n a_{n+2}$$

$$\therefore a_{n+1}{}^2 = a_n a_{n+2} \ (n = 1,\ 2,\ 3,\ \cdots)$$

즉, 수열 $\{a_n\}$은 첫째항이 6, 공비가 3인 등비수열이므로

$$\sum_{k=1}^{15} a_k = \frac{6(3^{15} - 1)}{3 - 1} = 3^{16} - 3$$

03-1 탑 393

$a_{n+1} = a_n + 4n - 2$의 n에 1, 2, 3, $\cdots$, $n-1$을 차례대로 대입한 후 변끼리 모두 더하면

$$a_2 = a_1 + 4 \times 1 - 2$$
$$a_3 = a_2 + 4 \times 2 - 2$$
$$a_4 = a_3 + 4 \times 3 - 2$$
$$\vdots$$
$$+)\ a_n = a_{n-1} + 4 \times (n-1) - 2$$
$$\overline{a_n = a_1 + 4\{1 + 2 + 3 + \cdots + (n-1)\} - 2(n-1)}$$

$$\therefore a_n = a_1 + 4 \sum_{k=1}^{n-1} k - 2(n-1)$$

$$= 1 + 4 \times \frac{(n-1)n}{2} - 2(n-1)$$

$$= 2n^2 - 4n + 3$$

$$\therefore a_{15} = 2 \times 15^2 - 4 \times 15 + 3 = 393$$

03-2 탑 제7항

$a_{n+1} - a_n = 3^n$에서 $a_{n+1} = a_n + 3^n \ (n = 1,\ 2,\ 3,\ \cdots)$

위의 식의 n에 1, 2, 3, $\cdots$, $n-1$을 차례대로 대입한 후 변끼리 모두 더하면

$$a_2 = a_1 + 3$$
$$a_3 = a_2 + 3^2$$
$$a_4 = a_3 + 3^3$$
$$\vdots$$
$$+)\ a_n = a_{n-1} + 3^{n-1}$$
$$\overline{a_n = a_1 + (3 + 3^2 + 3^3 + \cdots + 3^{n-1})}$$

$$\therefore\ a_n=a_1+\sum_{k=1}^{n-1}3^k=1+\frac{3(3^{n-1}-1)}{3-1}$$
$$=\frac{1}{2}(3^n-1)$$

이때 수열 $\{a_n\}$의 제k항을 1093이라 하면

$$\frac{1}{2}(3^k-1)=1093$$

$3^k=2187=3^7$ $\therefore\ k=7$

따라서 1093은 제7항이다.

03-3 답 $\sqrt{3}$

$a_{n+1}=a_n+\dfrac{1}{\sqrt{n+1}+\sqrt{n}}$에서

$a_{n+1}=a_n+\dfrac{\sqrt{n+1}-\sqrt{n}}{(\sqrt{n+1}+\sqrt{n})(\sqrt{n+1}-\sqrt{n})}$

$\qquad=a_n+\sqrt{n+1}-\sqrt{n}\ (n=1,\ 2,\ 3,\ \cdots)$

위의 식의 n에 1, 2, 3, $\cdots$, $n-1$을 차례대로 대입한 후
변끼리 모두 더하면

$$a_2=a_1+\sqrt{2}-\sqrt{1}$$
$$a_3=a_2+\sqrt{3}-\sqrt{2}$$
$$a_4=a_3+\sqrt{4}-\sqrt{3}$$
$$\vdots$$
$$+)\ a_n=a_{n-1}+\sqrt{n}-\sqrt{n-1}$$
$$\overline{\qquad a_n=a_1+\sqrt{n}-1\qquad}$$

$\therefore\ a_n=a_1+\sqrt{n}-1=\sqrt{n}$

$\therefore\ a_{75}-a_{48}=\sqrt{75}-\sqrt{48}=5\sqrt{3}-4\sqrt{3}=\sqrt{3}$

04-1 답 $\dfrac{2}{11}$

$a_{n+1}=\left(1-\dfrac{1}{n+2}\right)a_n$에서

$a_{n+1}=\dfrac{n+1}{n+2}a_n\ (n=1,\ 2,\ 3,\ \cdots)$

위의 식의 n에 1, 2, 3, $\cdots$, $n-1$을 차례대로 대입한 후
변끼리 모두 곱하면

$$a_2=\frac{2}{3}a_1$$
$$a_3=\frac{3}{4}a_2$$
$$a_4=\frac{4}{5}a_3$$
$$\vdots$$
$$\times)\ a_n=\frac{n}{n+1}a_{n-1}$$
$$\overline{\qquad a_n=a_1\times\left(\frac{2}{3}\times\frac{3}{4}\times\frac{4}{5}\times\cdots\times\frac{n}{n+1}\right)\qquad}$$

$\therefore\ a_n=a_1\times\dfrac{2}{n+1}=\dfrac{2}{n+1}$

$\therefore\ a_{10}=\dfrac{2}{11}$

04-2 답 67

$a_{n+1}=3^n a_n$의 n에 1, 2, 3, $\cdots$, $n-1$을 차례대로 대입한
후 변끼리 모두 곱하면

$$a_2=3\times a_1$$
$$a_3=3^2\times a_2$$
$$a_4=3^3\times a_3$$
$$\vdots$$
$$\times)\ a_n=3^{n-1}\times a_{n-1}$$
$$\overline{\qquad a_n=a_1\times(3\times3^2\times3^3\times\cdots\times3^{n-1})\qquad}$$

$\therefore\ a_n=a_1\times3^{1+2+3+\cdots+(n-1)}$

$\qquad=3\times3^{\frac{(n-1)n}{2}}$

$\qquad=3^{\frac{n^2-n+2}{2}}$

따라서 $a_{12}=3^{67}$이므로

$\log_3 a_{12}=\log_3 3^{67}=67$

04-3 답 16

$\sqrt{n+1}\,a_{n+1}=\sqrt{n}\,a_n$에서

$a_{n+1}=\dfrac{\sqrt{n}}{\sqrt{n+1}}a_n\ (n=1,\ 2,\ 3,\ \cdots)$

위의 식의 n에 1, 2, 3, $\cdots$, $n-1$을 차례대로 대입한 후
변끼리 모두 곱하면

$$a_2=\frac{\sqrt{1}}{\sqrt{2}}a_1$$
$$a_3=\frac{\sqrt{2}}{\sqrt{3}}a_2$$
$$a_4=\frac{\sqrt{3}}{\sqrt{4}}a_3$$
$$\vdots$$
$$\times)\ a_n=\frac{\sqrt{n-1}}{\sqrt{n}}a_{n-1}$$
$$\overline{\qquad a_n=a_1\times\left(\frac{\sqrt{1}}{\sqrt{2}}\times\frac{\sqrt{2}}{\sqrt{3}}\times\frac{\sqrt{3}}{\sqrt{4}}\times\cdots\times\frac{\sqrt{n-1}}{\sqrt{n}}\right)\qquad}$$

$\therefore\ a_n=a_1\times\dfrac{1}{\sqrt{n}}=\dfrac{1}{\sqrt{n}}$

이때 $a_k=\dfrac{1}{4}$에서

$\dfrac{1}{\sqrt{k}}=\dfrac{1}{4}$, $\sqrt{k}=4$

$\therefore\ k=16$

05-1 답 242

$a_{n+1}=3a_n+2$의 n에 1, 2, 3, 4를 차례대로 대입하면
$a_2=3a_1+2=3\times2+2=8$
$a_3=3a_2+2=3\times8+2=26$
$a_4=3a_3+2=3\times26+2=80$
$\therefore\ a_5=3a_4+2=3\times80+2=242$

05-2 답 **31**

$a_1=1$이므로 $a_2=\dfrac{a_1+3}{2}=\dfrac{1+3}{2}=2$

$a_2=2$이므로 $a_3=\dfrac{a_2}{2}=\dfrac{2}{2}=1$

$a_3=1$이므로 $a_4=\dfrac{a_3+3}{2}=\dfrac{1+3}{2}=2$

$a_4=2$이므로 $a_5=\dfrac{a_4}{2}=\dfrac{2}{2}=1$

$\vdots$

$\therefore a_n=\begin{cases}1\ (n\text{은 홀수})\\2\ (n\text{은 짝수})\end{cases}$

$\therefore \displaystyle\sum_{k=1}^{21}a_k=10(a_1+a_2)+a_1$
$\qquad\qquad\ =10(1+2)+1=31$

05-3 답 **9**

$11a_1=11\times3=33$을 7로 나누었을 때의 나머지는 5이므로
$a_2=5$

$11a_2=11\times5=55$를 7로 나누었을 때의 나머지는 6이므로
$a_3=6$

$11a_3=11\times6=66$을 7로 나누었을 때의 나머지는 3이므로
$a_4=3$

$\vdots$

$\therefore a_n=\begin{cases}3\ (n=3k-2)\\5\ (n=3k-1)\ \text{(단, }k\text{는 자연수)}\\6\ (n=3k)\end{cases}$

이때 $15=3\times5$, $16=3\times6-2$이므로
$a_{15}+a_{16}=6+3=9$

06-1 답 $\left(\dfrac{4}{3}\right)^7$

$S_n=4a_n-3$의 n에 $n+1$을 대입하면
$S_{n+1}=4a_{n+1}-3$
$S_{n+1}-S_n$을 하면
$S_{n+1}-S_n=4a_{n+1}-3-(4a_n-3)$
$\qquad\qquad\quad =4a_{n+1}-4a_n$
이때 $S_{n+1}-S_n=a_{n+1}\ (n=1,\ 2,\ 3,\ \cdots)$이므로
$a_{n+1}=4a_{n+1}-4a_n,\ 3a_{n+1}=4a_n$
$\therefore a_{n+1}=\dfrac{4}{3}a_n\ (n=1,\ 2,\ 3,\ \cdots)$

따라서 수열 $\{a_n\}$은 첫째항이 1, 공비가 $\dfrac{4}{3}$인 등비수열이므로

$a_n=1\times\left(\dfrac{4}{3}\right)^{n-1}=\left(\dfrac{4}{3}\right)^{n-1}$

$\therefore a_8=\left(\dfrac{4}{3}\right)^7$

06-2 답 **64**

$S_1=a_1=3$
$S_{n+1}=2S_n+1$의 n에 1, 2, 3, 4, 5를 차례대로 대입하면
$S_2=2S_1+1=2\times3+1=7$
$S_3=2S_2+1=2\times7+1=15$
$S_4=2S_3+1=2\times15+1=31$
$S_5=2S_4+1=2\times31+1=63$
$S_6=2S_5+1=2\times63+1=127$
$\therefore a_6=S_6-S_5=127-63=64$

06-3 답 -47

$S_n=2a_n+n$의 n에 $n+1$을 대입하면
$S_{n+1}=2a_{n+1}+n+1$
$S_{n+1}-S_n$을 하면
$S_{n+1}-S_n=2a_{n+1}+n+1-(2a_n+n)=2a_{n+1}-2a_n+1$
이때 $S_{n+1}-S_n=a_{n+1}\ (n=1,\ 2,\ 3,\ \cdots)$이므로
$a_{n+1}=2a_{n+1}-2a_n+1$
$\therefore a_{n+1}=2a_n-1\ (n=1,\ 2,\ 3,\ \cdots)$
위의 식의 n에 1, 2, 3, 4를 차례대로 대입하면
$a_2=2a_1-1=2\times(-2)-1=-5$
$a_3=2a_2-1=2\times(-5)-1=-11$
$a_4=2a_3-1=2\times(-11)-1=-23$
$\therefore a_5=2a_4-1=2\times(-23)-1=-47$

07-1 답 $a_{n+1}=a_n+3(n+1)\ (n=1,\ 2,\ 3,\ \cdots)$

처음 정삼각형의 아래쪽에 작은 정삼각형 여러 개가 추가
된다고 생각하면 성냥개비의 총개수 a_n은

$a_1=3$
$a_2=a_1+3\times2$ ◀ a_1에 작은 정삼각형 2개 추가
$a_3=a_2+3\times3$ ◀ a_2에 작은 정삼각형 3개 추가
$\vdots$
$\therefore a_{n+1}=a_n+3(n+1)\ (n=1,\ 2,\ 3,\ \cdots)$

07-2 답 $a_1=4,\ a_{n+1}=\dfrac{4}{5}a_n\ (n=1,\ 2,\ 3,\ \cdots)$

농도가 5 %인 소금물 160 g에 들어 있는 소금의 양은

$\dfrac{5}{100}\times160=8\,(\text{g})$

1회 시행 후 소금물 200 g의 농도는

$\dfrac{8}{200}\times100=4\,(\%)$ $\therefore a_1=4$

a_n %인 소금물 160 g에 들어 있는 소금의 양은

$\dfrac{a_n}{100}\times160=\dfrac{8}{5}a_n\,(\text{g})$

이때 물 40 g을 넣은 소금물 200 g의 농도는 a_{n+1} %이므로

$a_{n+1}=\dfrac{\dfrac{8}{5}a_n}{200}\times100=\dfrac{4}{5}a_n\ (n=1,\ 2,\ 3,\ \cdots)$

개념 Check

1 답 ㄴ, ㄷ

ㄱ. $p(1)$이 참이면 $p(3)$, $p(5)$, $p(7)$, …도 참이다.

ㄴ. $p(2)$가 참이면 $p(4)$, $p(6)$, $p(8)$, …도 참이다.

ㄷ. ㄱ, ㄴ에서 $p(1)$, $p(2)$가 참이면 모든 자연수 n에 대하여 $p(n)$이 참이다.

따라서 보기에서 옳은 것은 ㄴ, ㄷ이다.

문제

08-1 답 풀이 참조

$$\frac{1}{1\times2}+\frac{1}{2\times3}+\cdots+\frac{1}{n(n+1)}=\frac{n}{n+1} \quad\cdots\cdots ㉠$$

(i) $n=1$일 때,

(좌변)$=\dfrac{1}{1\times2}=\dfrac{1}{2}$, (우변)$=\dfrac{1}{1+1}=\dfrac{1}{2}$

따라서 $n=1$일 때 등식 ㉠이 성립한다.

(ii) $n=k$일 때, 등식 ㉠이 성립한다고 가정하면

$$\frac{1}{1\times2}+\frac{1}{2\times3}+\frac{1}{3\times4}+\cdots+\frac{1}{k(k+1)}=\frac{k}{k+1}$$

이 등식의 양변에 $\dfrac{1}{(k+1)(k+2)}$을 더하면

$$\frac{1}{1\times2}+\frac{1}{2\times3}+\cdots+\frac{1}{k(k+1)}+\frac{1}{(k+1)(k+2)}$$
$$=\frac{k}{k+1}+\frac{1}{(k+1)(k+2)}$$
$$=\frac{k(k+2)+1}{(k+1)(k+2)}$$
$$=\frac{(k+1)^2}{(k+1)(k+2)}$$
$$=\frac{k+1}{k+2}$$
$$=\frac{k+1}{(k+1)+1}$$

따라서 $n=k+1$일 때도 등식 ㉠이 성립한다.

(i), (ii)에서 모든 자연수 n에 대하여 등식 ㉠이 성립한다.

08-2 답 풀이 참조

$$\frac{1}{2}+\frac{2}{2^2}+\frac{3}{2^3}+\cdots+\frac{n}{2^n}=2-\frac{n+2}{2^n} \quad\cdots\cdots ㉠$$

(i) $n=1$일 때,

(좌변)$=\dfrac{1}{2}$, (우변)$=2-\dfrac{1+2}{2}=\dfrac{1}{2}$

따라서 $n=1$일 때 등식 ㉠이 성립한다.

(ii) $n=k$일 때, 등식 ㉠이 성립한다고 가정하면

$$\frac{1}{2}+\frac{2}{2^2}+\frac{3}{2^3}+\cdots+\frac{k}{2^k}=2-\frac{k+2}{2^k}$$

이 등식의 양변에 $\dfrac{k+1}{2^{k+1}}$을 더하면

$$\frac{1}{2}+\frac{2}{2^2}+\frac{3}{2^3}+\cdots+\frac{k}{2^k}+\frac{k+1}{2^{k+1}}=2-\frac{k+2}{2^k}+\frac{k+1}{2^{k+1}}$$
$$=2-\frac{k+3}{2^{k+1}}$$
$$=2-\frac{(k+1)+2}{2^{k+1}}$$

따라서 $n=k+1$일 때도 등식 ㉠이 성립한다.

(i), (ii)에서 모든 자연수 n에 대하여 등식 ㉠이 성립한다.

09-1 답 풀이 참조

$$1\times2\times3\times\cdots\times n>2^n \quad\cdots\cdots ㉠$$

(i) $n=4$일 때,

(좌변)$=1\times2\times3\times4=24$, (우변)$=2^4=16$

따라서 $n=4$일 때 부등식 ㉠이 성립한다.

(ii) $n=k\,(k\geq4)$일 때, 부등식 ㉠이 성립한다고 가정하면

$$1\times2\times3\times\cdots\times k>2^k$$

이 부등식의 양변에 $k+1$을 곱하면

$$1\times2\times3\times\cdots\times k\times(k+1)>2^k\times(k+1)$$

이때 $k+1>2$이므로

$$1\times2\times3\times\cdots\times k\times(k+1)>2^{k+1}$$

따라서 $n=k+1$일 때도 부등식 ㉠이 성립한다.

(i), (ii)에서 $n\geq4$인 모든 자연수 n에 대하여 부등식 ㉠이 성립한다.

09-2 답 풀이 참조

$$1+\frac{1}{2^2}+\frac{1}{3^2}+\cdots+\frac{1}{n^2}<2-\frac{1}{n} \quad\cdots\cdots ㉠$$

(i) $n=2$일 때,

(좌변)$=1+\dfrac{1}{2^2}=\dfrac{5}{4}$, (우변)$=2-\dfrac{1}{2}=\dfrac{3}{2}$

따라서 $n=2$일 때 부등식 ㉠이 성립한다.

(ii) $n=k\,(k\geq2)$일 때, 부등식 ㉠이 성립한다고 가정하면

$$1+\frac{1}{2^2}+\frac{1}{3^2}+\cdots+\frac{1}{k^2}<2-\frac{1}{k}$$

이 부등식의 양변에 $\dfrac{1}{(k+1)^2}$을 더하면

$$1+\frac{1}{2^2}+\frac{1}{3^2}+\cdots+\frac{1}{k^2}+\frac{1}{(k+1)^2}<2-\frac{1}{k}+\frac{1}{(k+1)^2}$$
$$=2-\frac{k^2+k+1}{k(k+1)^2}$$
$$<2-\frac{k^2+k}{k(k+1)^2}$$
$$=2-\frac{1}{k+1}$$

따라서 $n=k+1$일 때도 부등식 ㉠이 성립한다.

(i), (ii)에서 $n\geq2$인 모든 자연수 n에 대하여 부등식 ㉠이 성립한다.

231~233쪽

1 ③	**2** ①	**3** ③	**4** 4	**5** ⑤
6 50	**7** ②	**8** 8	**9** ③	**10** 134
11 16	**12** ⑤	**13** 720	**14** 400	**15** 341
16 7	**17** ④			

1 $a_{n+1}=\dfrac{a_n+a_{n+2}}{2}$, 즉 $2a_{n+1}=a_n+a_{n+2}$에서 수열 $\{a_n\}$은

등차수열이다.

첫째항을 a, 공차를 d라 하면 $a_5=11$, $a_9=19$이므로

$a+4d=11$ ‥‥‥ ㉠

$a+8d=19$ ‥‥‥ ㉡

㉠, ㉡을 연립하여 풀면 $a=3$, $d=2$

따라서 주어진 수열의 일반항 a_n은

$a_n=3+(n-1)\times2=2n+1$

이때 $a_n>100$에서

$2n+1>100$, $2n>99$ ∴ $n>49.5$

따라서 자연수 n의 최솟값은 50이다.

2 수열 $\{a_n\}$은 첫째항이 2, 공차가 2인 등차수열이므로

$S_n=\dfrac{n\{2\times2+(n-1)\times2\}}{2}=n(n+1)$

$\therefore \sum\limits_{k=1}^{10}\dfrac{1}{S_k}=\sum\limits_{k=1}^{10}\dfrac{1}{k(k+1)}=\sum\limits_{k=1}^{10}\left(\dfrac{1}{k}-\dfrac{1}{k+1}\right)$

$\qquad =\left(1-\dfrac{1}{2}\right)+\left(\dfrac{1}{2}-\dfrac{1}{3}\right)+\left(\dfrac{1}{3}-\dfrac{1}{4}\right)$

$\qquad\qquad +\cdots+\left(\dfrac{1}{10}-\dfrac{1}{11}\right)$

$\qquad =1-\dfrac{1}{11}=\dfrac{10}{11}$

3 수열 $\{a_n\}$은 첫째항이 3인 등비수열이므로 공비를 r라 하

면 $\log_3 a_6=6$에서

$\log_3 3r^5=6$, $3r^5=3^6$ ∴ $r=3$

따라서 주어진 수열의 일반항 a_n은

$a_n=3\times3^{n-1}=3^n$

$\therefore a_{10}=3^{10}$

4 $\dfrac{a_{n+2}}{a_{n+1}}=\dfrac{a_{n+1}}{a_n}$, 즉 ${a_{n+1}}^2=a_n a_{n+2}$에서 수열 $\{a_n\}$은 첫째항

이 5, 공비가 5인 등비수열이므로

$S_n=\dfrac{5(5^n-1)}{5-1}=\dfrac{5}{4}(5^n-1)$

이때 $S_n\geq400$에서 $\dfrac{5}{4}(5^n-1)\geq400$

$5^n-1\geq320$ ∴ $5^n\geq321$

이때 $5^3=125$, $5^4=625$이므로 자연수 n의 최솟값은 4이다.

5 $a_{n+1}=a_n+2^n$의 n에 1, 2, 3, $\cdots$, $n-1$을 차례대로 대입

한 후 변끼리 모두 더하면

$a_2=a_1+2$

$a_3=a_2+2^2$

$a_4=a_3+2^3$

$\qquad\vdots$

$+)\ \underline{a_n=a_{n-1}+2^{n-1}}$

$\qquad a_n=a_1+(2+2^2+2^3+\cdots+2^{n-1})$

$\therefore a_n=a_1+\dfrac{2(2^{n-1}-1)}{2-1}=a_1+2^n-2$

이때 $a_6=68$에서 $a_1+2^6-2=68$

$a_1+62=68$ ∴ $a_1=6$

6 $(n+1)^2 a_{n+1}=n(n+2)a_n$에서

$a_{n+1}=\dfrac{n(n+2)}{(n+1)^2}a_n=\left(\dfrac{n}{n+1}\times\dfrac{n+2}{n+1}\right)a_n$ $(n=1, 2, 3, \cdots)$

위의 식의 n에 1, 2, 3, $\cdots$, $n-1$을 차례대로 대입한 후

변끼리 모두 곱하면

$a_2=\dfrac{1}{2}\times\dfrac{3}{2}a_1$

$a_3=\dfrac{2}{3}\times\dfrac{4}{3}a_2$

$a_4=\dfrac{3}{4}\times\dfrac{5}{4}a_3$

$\qquad\vdots$

$\times)\ \underline{a_n=\left(\dfrac{n-1}{n}\times\dfrac{n+1}{n}\right)a_{n-1}}$

$\qquad a_n=a_1\times\left(\dfrac{1}{2}\times\dfrac{3}{2}\times\dfrac{2}{3}\times\dfrac{4}{3}\times\cdots\times\dfrac{n-1}{n}\times\dfrac{n+1}{n}\right)$

$\therefore a_n=a_1\times\dfrac{n+1}{2n}=\dfrac{n+1}{2n}$

이때 $a_k=\dfrac{51}{100}$에서 $\dfrac{k+1}{2k}=\dfrac{51}{100}$

$100k+100=102k$ ∴ $k=50$

7 $a_n+a_{n+1}=n+3$의 n에 1, 3, 5, $\cdots$, 19를 차례대로 대입

하면

$a_1+a_2=4$

$a_3+a_4=6$

$a_5+a_6=8$

$\qquad\vdots$

$a_{19}+a_{20}=22$

$\therefore \sum\limits_{k=1}^{20}a_k=(a_1+a_2)+(a_3+a_4)+(a_5+a_6)$

$\qquad\qquad\qquad +\cdots+(a_{19}+a_{20})$

$\qquad =4+6+8+\cdots+22=\sum\limits_{k=1}^{10}(2k+2)$

$\qquad =2\times\dfrac{10\times11}{2}+2\times10=130$

8 $a_{n+2}+a_{n+1}+a_n=0$, 즉 $a_{n+2}=-a_{n+1}-a_n$의 n에 1, 2, 3, …을 차례대로 대입하면

$a_3=-a_2-a_1=-6$

$a_4=-a_3-a_2=2$

$a_5=-a_4-a_3=4$

$\qquad \vdots$

$$\therefore a_n=\begin{cases} 2 & (n=3k-2) \\ 4 & (n=3k-1) \\ -6 & (n=3k) \end{cases} \text{(단, }k\text{는 자연수)}$$

이때 $24=3\times8$, $25=3\times9-2$이므로

$a_{25}-a_{24}=2-(-6)=8$

9 $S_n=-a_n+2n$의 n에 $n+1$을 대입하면

$S_{n+1}=-a_{n+1}+2(n+1)$

$S_{n+1}-S_n$을 하면

$S_{n+1}-S_n=-a_{n+1}+2(n+1)-(-a_n+2n)$

$\qquad\qquad =-a_{n+1}+a_n+2$

이때 $S_{n+1}-S_n=a_{n+1}$ $(n=1, 2, 3, \cdots)$이므로

$a_{n+1}=-a_{n+1}+a_n+2$

$\therefore a_{n+1}=\dfrac{1}{2}a_n+1$ $(n=1, 2, 3, \cdots)$

위의 식의 n에 1, 2, 3, 4, 5를 차례대로 대입하면

$a_2=\dfrac{1}{2}a_1+1=\dfrac{1}{2}\times1+1=\dfrac{3}{2}$

$a_3=\dfrac{1}{2}a_2+1=\dfrac{1}{2}\times\dfrac{3}{2}+1=\dfrac{7}{4}$

$a_4=\dfrac{1}{2}a_3+1=\dfrac{1}{2}\times\dfrac{7}{4}+1=\dfrac{15}{8}$

$a_5=\dfrac{1}{2}a_4+1=\dfrac{1}{2}\times\dfrac{15}{8}+1=\dfrac{31}{16}$

$\therefore a_6=\dfrac{1}{2}a_5+1=\dfrac{1}{2}\times\dfrac{31}{16}+1=\dfrac{63}{32}$

10 n시간이 지난 후 살아 있는 단세포 생물의 수를 a_n이라 하면 1시간이 지난 후 살아 있는 단세포 생물의 수 a_1은 10마리에서 3마리가 죽고 나머지는 각각 2마리로 분열하므로

$a_1=(10-3)\times2=14$

같은 방법으로 a_2, a_3, a_4, a_5를 구하면

$a_2=(a_1-3)\times2=(14-3)\times2=22$

$a_3=(a_2-3)\times2=(22-3)\times2=38$

$a_4=(a_3-3)\times2=(38-3)\times2=70$

$a_5=(a_4-3)\times2=(70-3)\times2=134$

따라서 5시간이 지난 후 살아 있는 단세포 생물의 수는 134이다.

11 n개의 직선에 1개의 직선을 추가하면 이 직선은 기존의 n개의 직선과 각각 한 번씩 만나므로 $(n+1)$개의 새로운 영역이 생긴다.

즉, $(n+1)$개의 직선에 의하여 분할된 영역은 n개의 직선에 의하여 분할된 영역보다 $(n+1)$개가 많으므로

$a_{n+1}=a_n+n+1$ $(n=1, 2, 3, \cdots)$

이때 $a_3=7$이므로

$a_4=a_3+3+1=7+3+1=11$

$\therefore a_5=a_4+4+1=11+4+1=16$

12 (i) $n=1$일 때, (좌변)$=a_1$, (우변)$=a_2-\boxed{^{(가)}\dfrac{1}{2}}=1=a_1$이므로 (★)이 성립한다.

(ii) $n=m$일 때, (★)이 성립한다고 가정하면

$a_1+2a_2+3a_3+\cdots+ma_m=\dfrac{m(m+1)}{4}(2a_{m+1}-1)$

이다.

$n=m+1$일 때 (★)이 성립함을 보이자.

이 등식의 양변에 $(m+1)a_{m+1}$을 더하면

$a_1+2a_2+3a_3+\cdots+ma_m+(m+1)a_{m+1}$

$=\dfrac{m(m+1)}{4}(2a_{m+1}-1)+(m+1)a_{m+1}$

$=(m+1)a_{m+1}\left(\boxed{^{(나)}\dfrac{m}{2}}+1\right)-\dfrac{m(m+1)}{4}$

$=\dfrac{(m+1)(m+2)}{2}a_{m+1}-\dfrac{m(m+1)}{4}$

$=\dfrac{(m+1)(m+2)}{2}\left(a_{m+2}-\boxed{^{(다)}\dfrac{1}{m+2}}\right)-\dfrac{m(m+1)}{4}$

$=\dfrac{(m+1)(m+2)}{4}(2a_{m+2}-1)$

따라서 $n=m+1$일 때도 (★)이 성립한다.

(i), (ii)에 의하여 모든 자연수 n에 대하여 (★)이 성립한다.

따라서 $p=\dfrac{1}{2}$, $f(m)=\dfrac{m}{2}$, $g(m)=\dfrac{1}{m+2}$이므로

$p+\dfrac{f(5)}{g(3)}=\dfrac{1}{2}+\dfrac{\frac{5}{2}}{\frac{1}{5}}=13$

13 (i) $n=1$일 때, $9^1-1=8$은 8의 배수이다.

(ii) $n=k$일 때, $9^k-1=8m$ (m은 자연수)이라 하면

$9^{k+1}-1=\boxed{^{(가)}9}\times9^k-1=(8+1)9^k-1$

$\qquad\qquad =8\times9^k+\boxed{^{(나)}9^k-1}=8\times9^k+8m$

$\qquad\qquad =8(9^k+m)$

따라서 $n=k+1$일 때도 8의 배수이다.

(i), (ii)에서 모든 자연수 n에 대하여 9^n-1은 8의 배수이다.

따라서 $a=9$, $f(k)=9^k-1$이므로

$af(2)=9\times(9^2-1)=720$

14 (i) $n=3$일 때,

(좌변)$=2^3=8$, (우변)$=2 \times 3+1=7$

따라서 $n=3$일 때 부등식 ㉠이 성립한다.

(ii) $n=k\,(k \geq 3)$일 때, 부등식 ㉠이 성립한다고 가정하면

$$2^k > 2k+1$$

위의 식의 양변에 $^{(가)}\boxed{2}$를 곱하면

$$2^k \times {}^{(가)}\boxed{2} > (2k+1) \times {}^{(가)}\boxed{2}$$

$$2^{k+1} > {}^{(나)}\boxed{4k+2}$$

이때 $({}^{(나)}\boxed{4k+2})-({}^{(다)}\boxed{2k+3})=2k-1>0$이므로

$${}^{(나)}\boxed{4k+2} > {}^{(다)}\boxed{2k+3}$$

$$\therefore 2^{k+1} > {}^{(다)}\boxed{2k+3}$$

따라서 $n=k+1$일 때도 부등식 ㉠이 성립한다.

(i), (ii)에서 $n \geq 3$인 모든 자연수 n에 대하여 부등식 ㉠이 성립한다.

따라서 $a=2$, $f(k)=4k+2$, $g(k)=2k+3$이므로

$$\sum_{k=1}^{10} \{a+f(k)+g(k)\} = \sum_{k=1}^{10} (2+4k+2+2k+3)$$

$$= \sum_{k=1}^{10} (6k+7)$$

$$= 6 \times \frac{10 \times 11}{2} + 70 = 400$$

15 주어진 이차방정식의 판별식을 D라 할 때 $D=0$이어야 하므로

$$D=(a_{n+1})^2 - 4 \times a_n \times 4a_n = 0$$

$$(a_{n+1})^2 - 16a_n^2 = 0, \ (a_{n+1}+4a_n)(a_{n+1}-4a_n)=0$$

이때 수열 $\{a_n\}$은 모든 항이 양수이므로

$$a_{n+1}-4a_n=0 \qquad \therefore a_{n+1}=4a_n \ (n=1, 2, 3, \cdots)$$

따라서 수열 $\{a_n\}$은 첫째항이 1, 공비가 4인 등비수열이므로

$$\sum_{k=1}^{5} a_k = \frac{4^5-1}{4-1} = \frac{1023}{3} = 341$$

16 ㈎의 식의 n에 1, 2, 3, 4를 차례대로 대입하면

$$a_3=a_1-3$$

$$a_4=a_2+3$$

$$a_5=a_3-3=(a_1-3)-3=a_1-6$$

$$a_6=a_4+3=(a_2+3)+3=a_2+6$$

이므로

$$\sum_{k=1}^{6} a_k = a_1+a_2+(a_1-3)+(a_2+3)+(a_1-6)+(a_2+6)$$

$$= 3(a_1+a_2)$$

㈏에 의하여 수열 $\{a_n\}$은 6개의 수가 반복되고,

$32=5 \times 6+2$이므로

$$\sum_{k=1}^{32} a_k = 5 \sum_{k=1}^{6} a_k + a_{31} + a_{32}$$

$$= 15(a_1+a_2) + a_1 + a_2$$

$$= 16(a_1+a_2)$$

따라서 $16(a_1+a_2)=112$이므로

$$a_1+a_2=7$$

17 1개의 계단을 오르는 경우가 1가지, 2개의 계단을 오르는 경우가 2가지이므로

$$a_1=1, \ a_2=2$$

$(n+2)$개의 계단을 오르는 경우는 n개의 계단을 오르고 두 계단을 오르는 경우와 $(n+1)$개의 계단을 오르고 한 계단을 오르는 경우가 있으므로

$$a_{n+2}=a_n+a_{n+1} \ (n=1, 2, 3, \cdots)$$

$a_1=1$, $a_2=2$이므로

$$a_3=a_1+a_2=1+2=3$$

$$a_4=a_2+a_3=2+3=5$$

$$a_5=a_3+a_4=3+5=8$$

$$a_6=a_4+a_5=5+8=13$$

$$\therefore a_7=a_6+a_7=8+13=21$$

I-1. 지수와 로그

01 지수

4~8쪽

1 ④	2 ③	3 4	4 ⑤	5 ④
6 ⑤	7 13	8 ④	9 ②	10 ①
11 ④	12 $\dfrac{9}{25}$	13 ②	14 7	15 6
16 ④	17 ②	18 2	19 2	20 ③
21 ⑤	22 ③	23 4	24 ③	25 $\dfrac{\sqrt{7}}{5}$
26 ④	27 ④	28 ③	29 ②	30 $\dfrac{1}{2}$
31 ④	32 ②	33 64	34 $\dfrac{3}{2}$	35 $32\sqrt{2}$배
36 2.07배				

1 ① $\sqrt{9}=3$의 제곱근은 $\pm\sqrt{3}$이다.

② -8의 세제곱근은 -2, $1\pm\sqrt{3}i$이다.

③ 16의 네제곱근은 ±2, $\pm2i$이다.

④ n이 홀수일 때, -27의 n제곱근 중 실수인 것은 $\sqrt[n]{-27}$의 1개이다.

⑤ n이 짝수일 때, -81의 n제곱근 중 실수인 것은 없다.

따라서 옳은 것은 ④이다.

2 $a^3=27$이므로 $a=3$

$\sqrt{625}=25$이므로 $b^4=25$ $\quad\therefore b=\sqrt{5}\ (\because b>0)$

$\therefore ab=3\times\sqrt{5}=3\sqrt{5}$

3 $n=3$일 때, $2n^2-9n=-9<0$이고 n은 홀수이므로 $f(3)=1$

$n=4$일 때, $2n^2-9n=-4<0$이고 n은 짝수이므로 $f(4)=0$

$n=5$일 때, $2n^2-9n=5>0$이고 n은 홀수이므로 $f(5)=1$

$n=6$일 때, $2n^2-9n=18>0$이고 n은 짝수이므로 $f(6)=2$

$\therefore f(3)+f(4)+f(5)+f(6)=1+0+1+2=4$

4 ① $\sqrt[3]{9}\times\sqrt[3]{81}=\sqrt[3]{3^2}\times\sqrt[3]{3^4}=\sqrt[3]{3^6}=3^2=9$

② $\dfrac{\sqrt[4]{512}}{\sqrt[4]{8}}=\dfrac{\sqrt[4]{2^9}}{\sqrt[4]{2^3}}=\sqrt[4]{\dfrac{2^9}{2^3}}=\sqrt[4]{2^6}=\sqrt{2^3}=\sqrt{2^2\times2}=2\sqrt{2}$

③ $(\sqrt[3]{4})^4=\sqrt[3]{4^4}=\sqrt[3]{4^3\times4}=4\sqrt[3]{4}$

④ $\sqrt{\sqrt[3]{729}}=\sqrt{\sqrt[3]{3^6}}=\sqrt[6]{3^6}=3$

⑤ $\sqrt[18]{64}\times\sqrt[6]{2}=\sqrt[18]{2^6}\times\sqrt[6]{2}=\sqrt[6]{2^2}\times\sqrt[6]{2}=\sqrt[6]{2^3}=\sqrt{2}$

따라서 옳지 않은 것은 ⑤이다.

5 $\dfrac{\sqrt[4]{\sqrt[3]{64}}\times\sqrt[6]{\sqrt{8}}}{\sqrt[3]{\sqrt[4]{32}}}=\dfrac{\sqrt[12]{2^6}\times\sqrt[12]{2^3}}{\sqrt[12]{2^5}}=\sqrt[12]{\dfrac{2^6\times2^3}{2^5}}=\sqrt[12]{2^4}=\sqrt[3]{2}$

6 $\sqrt[3]{\dfrac{\sqrt[4]{a}}{\sqrt{a}}}\times\sqrt{\dfrac{\sqrt[3]{a}}{\sqrt[4]{a}}}\times\sqrt{\dfrac{\sqrt{a}}{\sqrt[3]{a}}}=\dfrac{\sqrt[12]{a}}{\sqrt[6]{a}}\times\dfrac{\sqrt[6]{a}}{\sqrt[8]{a}}\times\dfrac{\sqrt[4]{a}}{\sqrt[6]{a}}=\dfrac{\sqrt[12]{a}\times\sqrt[4]{a}}{\sqrt[8]{a}\times\sqrt[6]{a}}$

$\qquad=\dfrac{\sqrt[24]{a^2}\times\sqrt[24]{a^6}}{\sqrt[24]{a^3}\times\sqrt[24]{a^4}}=\sqrt[24]{\dfrac{a^2\times a^6}{a^3\times a^4}}$

$\qquad=\sqrt[24]{a}$

7 $\sqrt{\sqrt[3]{a^6b^4}\times\sqrt{a^5b^3}}\div\sqrt[3]{\sqrt[4]{a^3b^7}}$

$=\sqrt{\sqrt[3]{a^6b^4}}\times\sqrt{\sqrt{a^5b^3}}\div\sqrt[3]{\sqrt[4]{a^3b^7}}$

$=\sqrt[6]{a^6b^4}\times\sqrt[4]{a^5b^3}\div\sqrt[12]{a^3b^7}=\dfrac{\sqrt[6]{a^6b^4}\times\sqrt[4]{a^5b^3}}{\sqrt[12]{a^3b^7}}$

$=\dfrac{\sqrt[12]{a^{12}b^8}\times\sqrt[12]{a^{15}b^9}}{\sqrt[12]{a^3b^7}}=\sqrt[12]{\dfrac{a^{12}b^8\times a^{15}b^9}{a^3b^7}}$

$=\sqrt[12]{a^{24}b^{10}}=\sqrt[6]{a^{12}b^5}=a^2\sqrt[6]{b^5}$

따라서 $n=2$, $p=6$, $q=5$이므로 $n+p+q=13$

8 $\sqrt[3]{4}=\sqrt[12]{4^4}=\sqrt[12]{256}$, $\sqrt[4]{6}=\sqrt[12]{6^3}=\sqrt[12]{216}$,

$\sqrt[6]{15}=\sqrt[12]{15^2}=\sqrt[12]{225}$

이때 $216<225<256$이므로 $\sqrt[12]{216}<\sqrt[12]{225}<\sqrt[12]{256}$

$\therefore \sqrt[4]{6}<\sqrt[6]{15}<\sqrt[3]{4}$

9 ① $\sqrt[3]{2\times3}=\sqrt[3]{6}=\sqrt[6]{6^2}=\sqrt[6]{36}$

② $\sqrt{3\sqrt[3]{2}}=\sqrt{\sqrt[3]{3^3\times2}}=\sqrt[6]{54}$

③ $\sqrt{2\sqrt[3]{5}}=\sqrt[3]{\sqrt[3]{2^3\times5}}=\sqrt[6]{40}$

④ $\sqrt[3]{2\sqrt{5}}=\sqrt[3]{\sqrt{2^2\times5}}=\sqrt[6]{20}$

⑤ $\sqrt[3]{5\sqrt{2}}=\sqrt[3]{\sqrt{5^2\times2}}=\sqrt[6]{50}$

따라서 가장 큰 수는 ②이다.

10 $A-B=(\sqrt{2}+\sqrt[3]{3})-2\sqrt[3]{3}=\sqrt{2}-\sqrt[3]{3}$

$\qquad=\sqrt[6]{2^3}-\sqrt[6]{3^2}=\sqrt[6]{8}-\sqrt[6]{9}<0$

$\therefore A<B \quad\cdots\cdots \ \bigcirc$

$B-C=2\sqrt[3]{3}-(\sqrt[4]{5}+\sqrt[3]{3})=\sqrt[3]{3}-\sqrt[4]{5}$

$\qquad=\sqrt[12]{3^4}-\sqrt[12]{5^3}=\sqrt[12]{81}-\sqrt[12]{125}<0$

$\therefore B<C \quad\cdots\cdots \ \bigcirc$

$\bigcirc$, $\bigcirc$에서 $A<B<C$

11 $\{(-3)^4\}^{\frac{1}{2}}-25^{-\frac{3}{2}}\times100^{\frac{3}{2}}=(3^4)^{\frac{1}{2}}-(5^2)^{-\frac{3}{2}}\times(10^2)^{\frac{3}{2}}$

$\qquad\qquad\qquad\qquad\qquad\quad =3^2-5^{-3}\times10^3$

$\qquad\qquad\qquad\qquad\qquad\quad =3^2-\left(\dfrac{10}{5}\right)^3=9-8=1$

12 $\dfrac{9^{-10}+3^{-8}}{3^{-10}+9^{-11}}\times\dfrac{26}{5^2+25^2}=\dfrac{3^{-20}+3^{-8}}{3^{-10}+3^{-22}}\times\dfrac{26}{5^2+5^4}$

$\qquad\qquad\qquad\qquad\qquad\quad =\dfrac{3^{-20}(1+3^{12})}{3^{-22}(3^{12}+1)}\times\dfrac{26}{5^2(1+5^2)}$

$\qquad\qquad\qquad\qquad\qquad\quad =3^2\times\dfrac{1}{5^2}=\dfrac{9}{25}$

13 $\sqrt{2}\times\sqrt[3]{3}\times\sqrt[4]{4}\times\sqrt[6]{6}=2^{\frac{1}{2}}\times3^{\frac{1}{3}}\times(2^2)^{\frac{1}{4}}\times(2\times3)^{\frac{1}{6}}$

$\qquad\qquad\qquad\qquad\qquad =2^{\frac{1}{2}}\times3^{\frac{1}{3}}\times2^{\frac{1}{2}}\times2^{\frac{1}{6}}\times3^{\frac{1}{6}}$

$\qquad\qquad\qquad\qquad\qquad =2^{\frac{1}{2}+\frac{1}{2}+\frac{1}{6}}\times3^{\frac{1}{3}+\frac{1}{6}}=2^{\frac{7}{6}}\times3^{\frac{1}{2}}$

따라서 $a=\dfrac{7}{6}$, $b=\dfrac{1}{2}$이므로 $a+b=\dfrac{5}{3}$

14 $\sqrt{a\sqrt{a\sqrt[4]{a^3}}}=(a\times a^{\frac{1}{2}}\times a^{\frac{3}{4}})^{\frac{1}{2}}=(a^{\frac{9}{4}})^{\frac{1}{2}}=a^{\frac{9}{8}}$

$\sqrt[4]{a\sqrt{a^k}}=(a\times a^{\frac{k}{2}})^{\frac{1}{4}}=(a^{\frac{k+2}{2}})^{\frac{1}{4}}=a^{\frac{k+2}{8}}$

$a^{\frac{9}{8}}=a^{\frac{k+2}{8}}$에서 $\dfrac{9}{8}=\dfrac{k+2}{8}$

$\therefore k=7$

[다른 풀이]

$\sqrt{a\sqrt{a\sqrt[4]{a^3}}}=\sqrt{a}\times\sqrt{\sqrt{a}}\times\sqrt{\sqrt{\sqrt[4]{a^3}}}=\sqrt{a}\times\sqrt[4]{a}\times\sqrt[8]{a^3}$

$\qquad\qquad\quad =a^{\frac{1}{2}}\times a^{\frac{1}{4}}\times a^{\frac{3}{8}}=a^{\frac{1}{2}+\frac{1}{4}+\frac{3}{8}}=a^{\frac{9}{8}}$

$\sqrt[4]{a\sqrt{a^k}}=\sqrt[4]{a}\times\sqrt[4]{\sqrt{a^k}}=\sqrt[4]{a}\times\sqrt[8]{a^k}$

$\qquad\quad =a^{\frac{1}{4}}\times a^{\frac{k}{8}}=a^{\frac{1}{4}+\frac{k}{8}}=a^{\frac{k+2}{8}}$

$a^{\frac{9}{8}}=a^{\frac{k+2}{8}}$에서 $\dfrac{9}{8}=\dfrac{k+2}{8}$

$\therefore k=7$

15 $(a^{\sqrt{3}})^{2\sqrt{2}}\times(\sqrt[3]{a})^{6\sqrt{6}}\div a^{3\sqrt{6}}=a^{2\sqrt{6}}\times a^{2\sqrt{6}}\div a^{3\sqrt{6}}$

$\qquad\qquad\qquad\qquad\qquad\quad =a^{2\sqrt{6}+2\sqrt{6}-3\sqrt{6}}=a^{\sqrt{6}}$

따라서 $k=\sqrt{6}$이므로 $k^2=6$

16 $a=3^{\frac{1}{2}}$, $b=2^{\frac{1}{3}}$이므로 $a^2=3$, $b^3=2$

$\therefore 18^{\frac{1}{6}}=(2\times3^2)^{\frac{1}{6}}=2^{\frac{1}{6}}\times3^{\frac{1}{3}}=(b^3)^{\frac{1}{6}}\times(a^2)^{\frac{1}{3}}=a^{\frac{2}{3}}b^{\frac{1}{2}}$

17 $625^{\frac{1}{n}}=(5^4)^{\frac{1}{n}}=5^{\frac{4}{n}}$이 자연수가 되려면 정수 n은 4의 양의 약수이어야 하므로 모든 정수 n의 값의 합은

$1+2+4=7$

18 넓이가 $\sqrt[n]{64}$인 정사각형의 한 변의 길이는 $\sqrt{\sqrt[n]{64}}$이므로

$f(n)=\sqrt{\sqrt[n]{64}}=\sqrt[2n]{2^6}=2^{\frac{3}{n}}$

$\therefore f(4)\times f(12)=2^{\frac{3}{4}}\times2^{\frac{3}{12}}=2^{\frac{3}{4}}\times2^{\frac{1}{4}}=2^{\frac{3}{4}+\frac{1}{4}}=2$

19 $(3^{\frac{1}{3}}-1)(9^{\frac{1}{3}}+3^{\frac{1}{3}}+1)=(3^{\frac{1}{3}}-1)\{(3^{\frac{1}{3}})^2+3^{\frac{1}{3}}+1\}$

$\qquad\qquad\qquad\qquad\qquad\quad =(3^{\frac{1}{3}})^3-1^3=3-1=2$

$(2^{\frac{1}{2}}-1)^2(2^{\frac{3}{2}}+3)=\{(2^{\frac{1}{2}})^2-2\times2^{\frac{1}{2}}+1\}(2^{\frac{3}{2}}+3)$

$\qquad\qquad\qquad\qquad\quad =(3-2^{\frac{3}{2}})(3+2^{\frac{3}{2}})=3^2-(2^{\frac{3}{2}})^2$

$\qquad\qquad\qquad\qquad\quad =9-2^3=1$

$\therefore \dfrac{(3^{\frac{1}{3}}-1)(9^{\frac{1}{3}}+3^{\frac{1}{3}}+1)}{(2^{\frac{1}{2}}-1)^2(2^{\frac{3}{2}}+3)}=\dfrac{2}{1}=2$

20 $2^{x+y}=X$, $2^{x-y}=Y$로 놓으면

$(2^{x+y}+2^{x-y})^2-(2^{x+y}-2^{x-y})^2$

$=(X+Y)^2-(X-Y)^2=4XY$

$=2^2\times2^{x+y}\times2^{x-y}$

$=2^{2+(x+y)+(x-y)}=2^{2x+2}$

21 $a^{\frac{1}{3}}=X$, $a^{-\frac{2}{3}}=Y$로 놓으면 $a^{-\frac{1}{3}}=XY$이므로

$(a^{\frac{1}{3}}+a^{-\frac{2}{3}})^3-3a^{-\frac{1}{3}}(a^{\frac{1}{3}}+a^{-\frac{2}{3}})$

$=(X+Y)^3-3XY(X+Y)=X^3+Y^3$

$=(a^{\frac{1}{3}})^3+(a^{-\frac{2}{3}})^3=a+a^{-2}=a+\dfrac{1}{a^2}$

22 $x=\sqrt[3]{2}-\dfrac{1}{\sqrt[3]{2}}$의 양변을 세제곱하면

$x^3=2-3\left(\sqrt[3]{2}-\dfrac{1}{\sqrt[3]{2}}\right)-\dfrac{1}{2}$

$x^3=\dfrac{3}{2}-3x$ $\qquad\therefore 2x^3+6x=3$

$\therefore 2x^3+6x+1=3+1=4$

23 $(x^{\frac{1}{2}}+x^{-\frac{1}{2}})^2=x+2+x^{-1}=14+2=16$

이때 $x>0$이면 $x^{\frac{1}{2}}+x^{-\frac{1}{2}}>0$이므로

$x^{\frac{1}{2}}+x^{-\frac{1}{2}}=4$

24 $x+x^{-1}=(x^{\frac{1}{2}}-x^{-\frac{1}{2}})^2+2$

$\qquad\qquad =1^2+2=3$

$\therefore x^3+x^{-3}=(x+x^{-1})^3-3(x+x^{-1})$

$\qquad\qquad\quad =3^3-3\times3=18$

25 $(x+x^{-1})^2=x^2+2+x^{-2}=23+2=25$

이때 $x>0$에서 $x+x^{-1}>0$이므로 $x+x^{-1}=5$

$(x^{\frac{1}{2}}+x^{-\frac{1}{2}})^2=x+2+x^{-1}=5+2=7$

이때 $x>0$에서 $x^{\frac{1}{2}}+x^{-\frac{1}{2}}>0$이므로

$x^{\frac{1}{2}}+x^{-\frac{1}{2}}=\sqrt{7}$

$\therefore \dfrac{x^{\frac{1}{2}}+x^{-\frac{1}{2}}}{x+x^{-1}}=\dfrac{\sqrt{7}}{5}$

26 $(3^x+3^{-x})^2=9^x+2+9^{-x}=47+2=49$

$\therefore 3^x+3^{-x}=7\ (\because 3^x+3^{-x}>0)$

$(3^{\frac{x}{2}}+3^{-\frac{x}{2}})^2=3^x+2+3^{-x}=7+2=9$

$\therefore 3^{\frac{x}{2}}+3^{-\frac{x}{2}}=3\ (\because 3^{\frac{x}{2}}+3^{-\frac{x}{2}}>0)$

$(3^{\frac{x}{4}}+3^{-\frac{x}{4}})^2=3^{\frac{x}{2}}+2+3^{-\frac{x}{2}}=3+2=5$

$\therefore 3^{\frac{x}{4}}+3^{-\frac{x}{4}}=\sqrt{5}\ (\because 3^{\frac{x}{4}}+3^{-\frac{x}{4}}>0)$

27 주어진 식의 분모, 분자에 a^x을 곱하면

$$\frac{a^x+a^{-x}}{a^x-a^{-x}}=\frac{(a^x+a^{-x})a^x}{(a^x-a^{-x})a^x}=\frac{a^{2x}+1}{a^{2x}-1}=\frac{7+1}{7-1}=\frac{4}{3}$$

28 $3^{\frac{1}{x}}=25$의 양변을 x제곱하면

$3=25^x$ $\quad\therefore 5^{2x}=3$

주어진 식의 분모, 분자에 5^x을 곱하면

$$\frac{5^{3x}+5^{-3x}}{5^x-5^{-x}}=\frac{(5^{3x}+5^{-3x})5^x}{(5^x-5^{-x})5^x}=\frac{5^{4x}+5^{-2x}}{5^{2x}-1}$$

$$=\frac{(5^{2x})^2+(5^{2x})^{-1}}{5^{2x}-1}$$

$$=\frac{3^2+3^{-1}}{3-1}=\frac{14}{3}$$

29 $\dfrac{a^m+a^{-m}}{a^m-a^{-m}}=3$의 좌변의 분모, 분자에 a^m을 곱하면

$\dfrac{a^{2m}+1}{a^{2m}-1}=3$, $a^{2m}+1=3a^{2m}-3$

$2a^{2m}=4$ $\quad\therefore a^{2m}=2$

$\therefore (a^m+a^{-m})(a^m-a^{-m})=a^{2m}-a^{-2m}$

$$=2-2^{-1}=\frac{3}{2}$$

30 $18^x=81$에서 $18=81^{\frac{1}{x}}$ $\quad\cdots\cdots\ \bigcirc$

$2^y=81$에서 $2=81^{\frac{1}{y}}$ $\quad\cdots\cdots\ \bigcirc$

$\bigcirc\div\bigcirc$을 하면

$81^{\frac{1}{x}}\div 81^{\frac{1}{y}}=18\div 2=9$ $\quad\therefore 81^{\frac{1}{x}-\frac{1}{y}}=81^{\frac{1}{2}}$

$\therefore \dfrac{1}{x}-\dfrac{1}{y}=\dfrac{1}{2}$

31 $15^x=8$에서 $15^x=2^3$

$\therefore 15=2^{\frac{3}{x}}$ $\quad\cdots\cdots\ \bigcirc$

$a^y=2$에서 $a=2^{\frac{1}{y}}$ $\quad\cdots\cdots\ \bigcirc$

$\bigcirc\times\bigcirc$을 하면

$15\times a=2^{\frac{3}{x}}\times 2^{\frac{1}{y}}$, $15a=2^{\frac{3}{x}+\frac{1}{y}}$

이때 $\dfrac{3}{x}+\dfrac{1}{y}=2$이므로

$15a=2^2=4$ $\quad\therefore a=\dfrac{4}{15}$

32 $a^x=3^4$에서 $a=3^{\frac{4}{x}}$ $\quad\cdots\cdots\ \bigcirc$

$b^y=3^4$에서 $b=3^{\frac{4}{y}}$ $\quad\cdots\cdots\ \bigcirc$

$c^z=3^4$에서 $c=3^{\frac{4}{z}}$ $\quad\cdots\cdots\ \bigcirc$

$\bigcirc\times\bigcirc\times\bigcirc$을 하면 $abc=3^{\frac{4}{x}+\frac{4}{y}+\frac{4}{z}}$

이때 $abc=27$이므로 $3^{\frac{4}{x}+\frac{4}{y}+\frac{4}{z}}=3^3$

$\dfrac{4}{x}+\dfrac{4}{y}+\dfrac{4}{z}=3$ $\quad\therefore \dfrac{1}{x}+\dfrac{1}{y}+\dfrac{1}{z}=\dfrac{3}{4}$

33 $a^x=b^y=4^z=k\,(k>0)$로 놓으면 $k\neq 1\ (\because xyz\neq 0)$

$a^x=k$에서 $a=k^{\frac{1}{x}}$ $\quad\cdots\cdots\ \bigcirc$

$b^y=k$에서 $b=k^{\frac{1}{y}}$ $\quad\cdots\cdots\ \bigcirc$

$4^z=k$에서 $4=k^{\frac{1}{z}}$

$\bigcirc\times\bigcirc$을 하면 $ab=k^{\frac{1}{x}}\times k^{\frac{1}{y}}=k^{\frac{1}{x}+\frac{1}{y}}$

이때 $\dfrac{1}{x}+\dfrac{1}{y}-\dfrac{3}{z}=0$에서 $\dfrac{1}{x}+\dfrac{1}{y}=\dfrac{3}{z}$

$\therefore ab=k^{\frac{1}{x}+\frac{1}{y}}=k^{\frac{3}{z}}=(k^{\frac{1}{z}})^3=4^3=64$

34 100만 원을 투자하고 3년이 지난 후의 금액은

$$P_1=100\times\left(\frac{3}{2}\right)^{\frac{3}{4}}$$

100만 원을 투자하고 7년이 지난 후의 금액은

$$P_2=100\times\left(\frac{3}{2}\right)^{\frac{7}{4}}$$

$$\therefore \frac{P_2}{P_1}=\frac{100\times\left(\frac{3}{2}\right)^{\frac{7}{4}}}{100\times\left(\frac{3}{2}\right)^{\frac{3}{4}}}=\left(\frac{3}{2}\right)^{\frac{7}{4}-\frac{3}{4}}=\frac{3}{2}$$

35 음식물의 개수가 $4p$, 음식물의 부피가 $8q$일 때, 음식물을 데우는 데 걸리는 시간을 t'이라 하면

$t'=a(4p)^{\frac{1}{2}}(8q)^{\frac{3}{2}}=4^{\frac{1}{2}}\times 8^{\frac{3}{2}}\times ap^{\frac{1}{2}}q^{\frac{3}{2}}$

$=2\times 2^{\frac{9}{2}}\times ap^{\frac{1}{2}}q^{\frac{3}{2}}=2^{\frac{11}{2}}\times ap^{\frac{1}{2}}q^{\frac{3}{2}}$

$=32\sqrt{2}t\ (\because t=ap^{\frac{1}{2}}q^{\frac{3}{2}})$

따라서 음식물을 데우는 데 걸리는 시간은 $32\sqrt{2}$배 증가한다.

36 10년 동안 품목 A, B의 연평균 가격 상승률은 각각

$\sqrt[10]{\dfrac{2a}{a}}-1=\sqrt[10]{2}-1$, $\sqrt[10]{\dfrac{4a}{a}}-1=\sqrt[10]{4}-1$

$\therefore \dfrac{\sqrt[10]{4}-1}{\sqrt[10]{2}-1}=\dfrac{(\sqrt[10]{2})^2-1}{\sqrt[10]{2}-1}=\dfrac{(\sqrt[10]{2}-1)(\sqrt[10]{2}+1)}{\sqrt[10]{2}-1}$

$\qquad\qquad=\sqrt[10]{2}+1=1.07+1=2.07$ ◀ $\sqrt[10]{2}=2^{\frac{1}{10}}=1.07$

따라서 10년 동안 품목 B의 연평균 가격 상승률은 품목 A의 연평균 가격 상승률의 2.07배이다.

1 $\sqrt{3}$	**2** ③	**3** 24	**4** ④	**5** 8
6 ②	**7** 3	**8** 7	**9** 1	**10** ②
11 9	**12** 2	**13** ②	**14** 4	**15** ①
16 4	**17** ②	**18** ⑤	**19** $\dfrac{25}{9}$	**20** ④
21 4	**22** $a+3b$	**23** $\dfrac{a+2b}{1-a}$	**24** ④	**25** ③
26 ②	**27** 48	**28** 2	**29** 49	**30** ③
31 80	**32** ⑤	**33** 2	**34** 7	**35** ④

1 $x=\log_2 27$에서 $2^x=27=3^3$

$\therefore 2^{\frac{x}{6}}=(2^x)^{\frac{1}{6}}=(3^3)^{\frac{1}{6}}=3^{\frac{1}{2}}=\sqrt{3}$

2 $\log_5\{\log_3(\log_2 a)\}=0$에서

$\log_3(\log_2 a)=5^0=1$

$\log_3(\log_2 a)=1$에서

$\log_2 a=3$

$\therefore a=2^3=8$

3 $\log_{\frac{1}{2}}x=4$에서 $x=\left(\dfrac{1}{2}\right)^4=\dfrac{1}{16}$

$\log_y 2=-\dfrac{1}{3}$에서 $2=y^{-\frac{1}{3}}$

$\therefore y=2^{-3}=\dfrac{1}{8}$

$\therefore \dfrac{1}{x}+\dfrac{1}{y}=16+8=24$

4 $x=\log_5(\sqrt{2}+1)$에서 $5^x=\sqrt{2}+1$이므로

$5^{-x}=\dfrac{1}{\sqrt{2}+1}=\sqrt{2}-1$

$\therefore 5^x+5^{-x}=(\sqrt{2}+1)+(\sqrt{2}-1)=2\sqrt{2}$

5 (i) $a+3>0$, $a+3\neq 1$이어야 하므로

$a>-3$, $a\neq -2$ ……㉠

(ii) $-a^2+3a+28>0$이어야 하므로

$a^2-3a-28<0$, $(a+4)(a-7)<0$

$\therefore -4<a<7$ ……㉡

㉠, ㉡을 동시에 만족시키는 a의 값의 범위는

$-3<a<-2$ 또는 $-2<a<7$

따라서 정수 a는 -1, 0, 1, 2, 3, 4, 5, 6의 8개이다.

6 (i) $a-3>0$, $a-3\neq 1$이어야 하므로

$a>3$, $a\neq 4$ ……㉠

(ii) $a-1>0$이어야 하므로 $a>1$ ……㉡

(iii) $8-a>0$이어야 하므로 $a<8$ ……㉢

㉠, ㉡, ㉢을 동시에 만족시키는 a의 값의 범위는

$3<a<4$ 또는 $4<a<8$

따라서 정수 a는 5, 6, 7이므로 그 합은

$5+6+7=18$

7 (i) $|x-1|>0$, $|x-1|\neq 1$이어야 하므로

$x\neq 0$, $x\neq 1$, $x\neq 2$ ……㉠

(ii) $-x^2+3x+4>0$이어야 하므로

$x^2-3x-4<0$, $(x+1)(x-4)<0$

$\therefore -1<x<4$ ……㉡

㉠, ㉡을 동시에 만족시키는 x의 값의 범위는

$-1<x<0$ 또는 $0<x<1$ 또는 $1<x<2$ 또는 $2<x<4$

따라서 정수 x의 값은 3이다.

8 (i) $(a-2)^2>0$, $(a-2)^2\neq 1$이어야 하므로

$a\neq 1$, $a\neq 2$, $a\neq 3$ ……㉠

(ii) 모든 실수 x에 대하여 $ax^2+2ax+8>0$이어야 한다.

ⓘ $a=0$이면 $8>0$이므로 성립한다.

ⓘ $a>0$이고 이차방정식 $ax^2+2ax+8=0$의 판별식을 D라 하면

$\dfrac{D}{4}=a^2-8a<0$, $a(a-8)<0$

$\therefore 0<a<8$

ⓘ, ⓘ에서 $0\leq a<8$ ……㉡

㉠, ㉡을 동시에 만족시키는 a의 값의 범위는

$0\leq a<1$ 또는 $1<a<2$ 또는 $2<a<3$ 또는 $3<a<8$

따라서 정수 a는 0, 4, 5, 6, 7이므로 최댓값과 최솟값의 합은 $7+0=7$

9 $\log_3\sqrt{54}+2\log_3\sqrt{2}-\dfrac{1}{2}\log_3 24$

$=\log_3 3\sqrt{6}+\log_3(\sqrt{2})^2-\log_3 24^{\frac{1}{2}}$

$=\log_3 3\sqrt{6}+\log_3 2-\log_3\sqrt{24}$

$=\log_3 3\sqrt{6}+\log_3 2-\log_3 2\sqrt{6}$

$=\log_3\dfrac{3\sqrt{6}\times 2}{2\sqrt{6}}=\log_3 3=1$

10 $\log_2\left(1+\dfrac{1}{2}\right)+\log_2\left(1+\dfrac{1}{3}\right)+\log_2\left(1+\dfrac{1}{4}\right)$

$\qquad\qquad\qquad\qquad +\cdots+\log_2\left(1+\dfrac{1}{63}\right)$

$=\log_2\dfrac{3}{2}+\log_2\dfrac{4}{3}+\log_2\dfrac{5}{4}+\cdots+\log_2\dfrac{64}{63}$

$=\log_2\left(\dfrac{3}{2}\times\dfrac{4}{3}\times\dfrac{5}{4}\times\cdots\times\dfrac{64}{63}\right)$

$=\log_2\dfrac{64}{2}=\log_2 32$

$=\log_2 2^5=5$

11 $36=2^2\times3^2$이므로 36의 모든 양의 약수는 다음과 같다.

$2^0\times3^0$	$2^0\times3^1$	$2^0\times3^2$
$2^1\times3^0$	$2^1\times3^1$	$2^1\times3^2$
$2^2\times3^0$	$2^2\times3^1$	$2^2\times3^2$

$\therefore \log_6 a_1+\log_6 a_2+\log_6 a_3+\cdots+\log_6 a_9$
$=\log_6(a_1\times a_2\times a_3\times\cdots\times a_9)$
$=\log_6\{2^{3(0+1+2)}\times3^{3(0+1+2)}\}$
$=\log_6(2^9\times3^9)=\log_6 6^9=9$

12 $\log_3 4\times\log_2 5\times\log_5 6-\log_3 25\times\log_5 2$
$=2\log_3 2\times\dfrac{\log_3 5}{\log_3 2}\times\dfrac{\log_3 6}{\log_3 5}-2\log_3 5\times\dfrac{\log_3 2}{\log_3 5}$
$=2\log_3 6-2\log_3 2=2(\log_3 6-\log_3 2)$
$=2\log_3 3=2$

13 $(\log_2 5+\log_4 125)\left(\log_5 2+\log_{25}\dfrac{1}{2}\right)$
$=(\log_2 5+\log_{2^2}5^3)\left(\log_5 2+\log_{5^2}2^{-1}\right)$
$=\left(\log_2 5+\dfrac{3}{2}\log_2 5\right)\left(\log_5 2-\dfrac{1}{2}\log_5 2\right)$
$=\dfrac{5}{2}\log_2 5\times\dfrac{1}{2}\log_5 2=\dfrac{5}{4}\times\log_2 5\times\dfrac{1}{\log_2 5}=\dfrac{5}{4}$

14 $\dfrac{\log_7 4}{a}=\log_7 6$에서 $a=\dfrac{\log_7 4}{\log_7 6}=\log_6 4$

$\dfrac{\log_7 12}{b}=\log_7 6$에서 $b=\dfrac{\log_7 12}{\log_7 6}=\log_6 12$

$\dfrac{\log_7 27}{c}=\log_7 6$에서 $c=\dfrac{\log_7 27}{\log_7 6}=\log_6 27$

$\therefore a+b+c=\log_6 4+\log_6 12+\log_6 27$
$\qquad=\log_6(4\times12\times27)=\log_6 6^4=4$

15 $\log_n 4\times\log_2 9=\dfrac{\log_2 4}{\log_2 n}\times\log_2 9=\dfrac{2}{\log_2 n}\times2\log_2 3$
$\qquad\qquad\qquad=4\times\dfrac{\log_2 3}{\log_2 n}=4\log_n 3$

$4\log_n 3=k$ (k는 자연수)로 놓으면 $\log_n 3=\dfrac{k}{4}$에서

$n^{\frac{k}{4}}=3$ $\therefore n=3^{\frac{4}{k}}$

이때 n이 2 이상의 자연수이어야 하므로 k는 4의 약수이어야 한다.

즉, 자연수 k는 1, 2, 4이다.

$k=1$일 때, $n=3^4=81$

$k=2$일 때, $n=3^2=9$

$k=4$일 때, $n=3$

따라서 모든 n의 값의 합은 $81+9+3=93$

16 $3\log_3 2-2\log_3 10-2\log_{\frac{1}{3}}5=\log_3 2^3-\log_3 10^2+\log_3 5^2$
$\qquad\qquad\qquad\qquad=\log_3\dfrac{2^3\times5^2}{10^2}=\log_3 2$

$\therefore 9^{3\log_3 2-2\log_3 10-2\log_{\frac{1}{3}}5}=9^{\log_3 2}=2^{\log_3 9}=2^2=4$

17 $(5^{\log_5 9-\log_5 3})^{\log_3 2}+4^{\log_2 5}=(5^{2\log_5 3-\log_5 3})^{\log_3 2}+5^{\log_5 4}$
$\qquad\qquad\qquad\qquad=(5^{\log_5 3})^{\log_3 2}+5^{2\log_2 2}$
$\qquad\qquad\qquad\qquad=3^{\log_3 2}+5^2$
$\qquad\qquad\qquad\qquad=2+25=27$

18 $\dfrac{2}{x}=\dfrac{2}{\log_{\sqrt{2}}5}=2\log_5\sqrt{2}=\log_5 2$

$\therefore 2^x\times5^{\frac{2}{x}}=2^{\log_{\sqrt{2}}5}\times5^{\log_5 2}=2^{\log_2 5^2}\times5^{\log_5 2}$
$\qquad\qquad=5^2\times2=50$

19 $\log_3 9<\log_3 15<\log_3 27$이므로
$2<\log_3 15<3$
즉, $\log_3 15$의 정수 부분은 2이므로
$a=\log_3 15-2=\log_3 15-\log_3 9=\log_3\dfrac{5}{3}$

$\therefore 9^a=9^{\log_3\frac{5}{3}}=\left(\dfrac{5}{3}\right)^{\log_3 9}=\left(\dfrac{5}{3}\right)^2=\dfrac{25}{9}$

20 $\log_2 8<\log_2 12<\log_2 16$이므로
$3<\log_2 12<4$ $\therefore x=3$
$\therefore y=\log_2 12-3=\log_2 12-\log_2 8=\log_2\dfrac{3}{2}$
$\therefore 2(2^y+3^x)=2(2^{\log_2\frac{3}{2}}+3^3)=2\left(\dfrac{3}{2}+27\right)=57$

21 $\dfrac{\log_5 9}{\log_5 4}=\log_4 9=\log_{2^2}3^2=\log_2 3$
$\log_2 2<\log_2 3<\log_2 4$이므로
$1<\log_2 3<2$ $\therefore a=1$
$\therefore b=\log_2 3-1$
$\therefore \dfrac{b-a}{a+b}=\dfrac{\log_2 3-2}{\log_2 3}=1-\dfrac{2}{\log_2 3}$
$\qquad\qquad=1-2\log_3 2=1-\log_3 4$
따라서 자연수 x의 값은 4이다.

22 $\log_5 54=\log_5(2\times3^3)=\log_5 2+3\log_5 3=a+3b$

23 $\log_5 18=\dfrac{\log_{10}18}{\log_{10}5}=\dfrac{\log_{10}(2\times3^2)}{\log_{10}\dfrac{10}{2}}$
$\qquad=\dfrac{\log_{10}2+2\log_{10}3}{1-\log_{10}2}$
$\qquad=\dfrac{a+2b}{1-a}$

24 $\log_2 3=a$에서 $\log_3 2=\dfrac{1}{a}$

$\therefore \log_{24}30=\dfrac{\log_3 30}{\log_3 24}=\dfrac{\log_3(2\times3\times5)}{\log_3(2^3\times3)}$

$\qquad\qquad =\dfrac{\log_3 2+1+\log_3 5}{3\log_3 2+1}$

$\qquad\qquad =\dfrac{\dfrac{1}{a}+1+b}{\dfrac{3}{a}+1}=\dfrac{ab+a+1}{a+3}$

25 $2^a=3$에서 $a=\log_2 3$　　$\cdots\cdots$ ㉠

$3^b=5$에서 $b=\log_3 5$　　$\cdots\cdots$ ㉡

$5^c=7$에서 $c=\log_5 7$　　$\cdots\cdots$ ㉢

$\log_5 42=\dfrac{\log_3 42}{\log_3 5}=\dfrac{\log_3(2\times3\times7)}{\log_3 5}$

$\qquad\quad =\dfrac{\log_3 2+1+\log_3 7}{\log_3 5}$

이때 ㉠에서

$\log_3 2=\dfrac{1}{\log_2 3}=\dfrac{1}{a}$

㉡, ㉢에서

$\log_3 7=\dfrac{\log_5 7}{\log_5 3}=\log_3 5\times\log_5 7=bc$

$\therefore \log_5 42=\dfrac{\log_3 2+1+\log_3 7}{\log_3 5}$

$\qquad\qquad =\dfrac{\dfrac{1}{a}+1+bc}{b}$

$\qquad\qquad =\dfrac{1+a+abc}{ab}$

26 $a^2b=1$에서 $b=a^{-2}$

$\therefore b^6=a^{-12}$

$\therefore \log_{a^2}a^7b^6=\log_{a^2}(a^7\times a^{-12})=\log_{a^2}a^{-5}=-\dfrac{5}{2}$

다른 풀이

$a^2b=1$이므로 $\log_a a^2b=0$

$2+\log_a b=0$　　$\therefore \log_a b=-2$

$\therefore \log_{a^2}a^7b^6=\log_{a^2}a^7+\log_{a^2}b^6=\dfrac{7}{2}+3\log_a b$

$\qquad\qquad\qquad =\dfrac{7}{2}+3\times(-2)=-\dfrac{5}{2}$

27 $\log_2(a+b)=3$에서

$a+b=2^3=8$

$\log_2 a+\log_2 b=3$에서

$\log_2 ab=3$　　$\therefore ab=2^3=8$

$\therefore a^2+b^2=(a+b)^2-2ab$

$\qquad\qquad =8^2-2\times8=48$

28 $27^x=18$에서 $x=\log_{27}18$

$12^y=18$에서 $y=\log_{12}18$

$\therefore \dfrac{x+y}{xy}=\dfrac{1}{x}+\dfrac{1}{y}=\dfrac{1}{\log_{27}18}+\dfrac{1}{\log_{12}18}$

$\qquad\quad =\log_{18}27+\log_{18}12$

$\qquad\quad =\log_{18}18^2=2$

다른 풀이

$27^x=18$에서 $27=18^{\frac{1}{x}}$

$12^y=18$에서 $12=18^{\frac{1}{y}}$

$18^{\frac{1}{x}}\times18^{\frac{1}{y}}=27\times12$이므로 $18^{\frac{1}{x}+\frac{1}{y}}=18^2$

$\therefore \dfrac{1}{x}+\dfrac{1}{y}=2$

$\therefore \dfrac{x+y}{xy}=\dfrac{1}{x}+\dfrac{1}{y}=2$

29 $b=\log_2 7=\dfrac{\log_5 7}{\log_5 2}=\dfrac{\log_5 7}{a}$이므로

$ab=\log_5 7$

$\therefore 25^{ab}=25^{\log_5 7}=7^{\log_5 25}=7^2=49$

다른 풀이

$\log_5 2=a$에서 $2=5^a$

$\log_2 7=b$에서 $7=2^b$

$\therefore 25^{ab}=5^{2ab}=(5^a)^{2b}=2^{2b}=(2^b)^2=7^2=49$

30 $a^2=b^3$에서 $b=a^{\frac{2}{3}}$

$\therefore A=\log_a b=\log_a a^{\frac{2}{3}}=\dfrac{2}{3}$

$b^3=c^5$에서 $c=b^{\frac{3}{5}}$

$\therefore B=\log_b c=\log_b b^{\frac{3}{5}}=\dfrac{3}{5}$

$a^2=c^5$에서 $a=c^{\frac{5}{2}}$

$\therefore C=\log_c a=\log_c c^{\frac{5}{2}}=\dfrac{5}{2}$

따라서 $\dfrac{3}{5}<\dfrac{2}{3}<\dfrac{5}{2}$이므로

$B<A<C$

31 ㈎에서 $\log_4 a=2$

$\therefore a=4^2=16$

㈏에서

$\log_a 5\times\log_5 b=\dfrac{\log_5 b}{\log_5 a}=\log_a b$

즉, $\log_a b=\dfrac{3}{2}$이므로

$b=a^{\frac{3}{2}}=16^{\frac{3}{2}}=(2^4)^{\frac{3}{2}}=2^6=64$

$\therefore a+b=16+64=80$

32 $\log_a 4 = \log_b 8$에서

$2\log_a 2 = 3\log_b 2$

$\dfrac{2}{\log_2 a} = \dfrac{3}{\log_2 b}$

$2\log_2 b = 3\log_2 a$

$\log_2 b = \dfrac{3}{2}\log_2 a$ $\therefore b = a^{\frac{3}{2}}$

$\therefore \log_{ab} a^2 b^3 = \log_{a \times a^{\frac{3}{2}}} \{a^2 \times (a^{\frac{3}{2}})^3\}$

$\qquad = \log_{a^{\frac{5}{2}}} a^{\frac{13}{2}} = \dfrac{\frac{13}{2}}{\frac{5}{2}} = \dfrac{13}{5}$

33 이차방정식의 근과 계수의 관계에 의하여

$\alpha + \beta = 7,\ \alpha\beta = 1$

$\therefore \log_3(\alpha+1) + \log_3(\beta+1) = \log_3(\alpha+1)(\beta+1)$

$\qquad = \log_3(\alpha\beta + \alpha + \beta + 1)$

$\qquad = \log_3(1+7+1)$

$\qquad = \log_3 9 = 2$

34 이차방정식의 근과 계수의 관계에 의하여

$\log_5 \alpha + \log_5 \beta = 6,\ \log_5 \alpha \times \log_5 \beta = 4$

$\therefore \log_\alpha \beta + \dfrac{1}{\log_\alpha \beta}$

$= \log_\alpha \beta + \log_\beta \alpha$

$= \dfrac{\log_5 \beta}{\log_5 \alpha} + \dfrac{\log_5 \alpha}{\log_5 \beta}$

$= \dfrac{(\log_5 \beta)^2 + (\log_5 \alpha)^2}{\log_5 \alpha \times \log_5 \beta}$

$= \dfrac{(\log_5 \alpha + \log_5 \beta)^2 - 2 \times \log_5 \alpha \times \log_5 \beta}{\log_5 \alpha \times \log_5 \beta}$

$= \dfrac{6^2 - 2 \times 4}{4} = 7$

35 이차방정식의 근과 계수의 관계에 의하여

$\log_2 a + \log_2 b = 5$ ······ ㉠

$\log_2 a \times \log_2 b = k$ ······ ㉡

㉠에서

$\log_2 ab = 5$ $\therefore ab = 2^5 = 32$ ······ ㉢

$a + b = 12$에서 $b = 12 - a$

이를 ㉢에 대입하면

$a(12-a) = 32,\ a^2 - 12a + 32 = 0$

$(a-4)(a-8) = 0$

$\therefore a = 4$ 또는 $a = 8$

즉, $a = 4,\ b = 8$ 또는 $a = 8,\ b = 4$이므로

㉡에서

$k = \log_2 4 \times \log_2 8 = 2 \times 3 = 6$

---

03 상용로그   14~16쪽

1 $-\dfrac{5}{3}$	**2** ③	**3** ④	**4** 0.3266	**5** ⑤
6 7.96	**7** 0.00612	**8** $\dfrac{12}{5}$	**9** 4	**10** 2500
11 12	**12** 128만 원		**13** 100배	**14** $\dfrac{1}{2}$
15 2배	**16** ③	**17** 3.3배	**18** ⑤	**19** 7
20 ①				

1 $\log\sqrt{10} - \log\sqrt[3]{100} + \log\sqrt{\dfrac{1}{1000}}$

$= \log 10^{\frac{1}{2}} - \log 10^{\frac{2}{3}} + \log 10^{-\frac{3}{2}}$

$= \dfrac{1}{2} - \dfrac{2}{3} + \left(-\dfrac{3}{2}\right) = -\dfrac{5}{3}$

2 ① $\log 163 = \log(10^2 \times 1.63)$

$\qquad = 2 + 0.2122 = 2.2122$

② $\log 1630 = \log(10^3 \times 1.63)$

$\qquad = 3 + 0.2122 = 3.2122$

③ $\log 0.163 = \log(10^{-1} \times 1.63)$

$\qquad = -1 + 0.2122 = -0.7878$

④ $\log 0.0163 = \log(10^{-2} \times 1.63)$

$\qquad = -2 + 0.2122 = -1.7878$

⑤ $\log 0.00163 = \log(10^{-3} \times 1.63)$

$\qquad = -3 + 0.2122 = -2.7878$

따라서 옳지 않은 것은 ③이다.

3 상용로그표에서 $\log 3.24 = 0.5105$이므로

$\log 32.4 = \log(10 \times 3.24)$

$\qquad = 1 + 0.5105 = 1.5105$

4 $\log\sqrt{3} - \log 2\sqrt{6} + \log 6 = \log\dfrac{\sqrt{3} \times 6}{2\sqrt{6}} = \log\dfrac{3}{\sqrt{2}}$

$\qquad = \log 3 - \log\sqrt{2}$

$\qquad = \log 3 - \dfrac{1}{2}\log 2$

$\qquad = 0.4771 - \dfrac{1}{2} \times 0.3010$

$\qquad = 0.3266$

5 $a = \log 2340 = \log(10^3 \times 2.34)$

$\qquad = 3 + 0.3692 = 3.3692$

$\log b = -1.6308 = (-1-1) + (1-0.6308)$

$\qquad = -2 + 0.3692 = \log 10^{-2} + \log 2.34$

$\qquad = \log(10^{-2} \times 2.34) = \log 0.0234$

$\therefore b = 0.0234$

$\therefore a + 100b = 3.3692 + 2.34 = 5.7092$

6 $\log 641 = 2.8069$에서

$\log(10^2 \times 6.41) = 2.8069$

$2 + \log 6.41 = 2.8069$ ∴ $\log 6.41 = 0.8069$

이때 $\log a = 0.8069$이므로 $a = 6.41$

$\log 0.155 = -0.8097$에서

$\log(10^{-1} \times 1.55) = -0.8097$

$-1 + \log 1.55 = -0.8097$ ∴ $\log 1.55 = 0.1903$

이때 $\log b = 0.1903$이므로 $b = 1.55$

∴ $a + b = 6.41 + 1.55 = 7.96$

7 $\log 612 = 2.7868$에서

$\log(10^2 \times 6.12) = 2.7868$

$2 + \log 6.12 = 2.7868$ ∴ $\log 6.12 = 0.7868$

$\log N = -2 + (-0.2132)$

$\quad\quad = (-2-1) + (1-0.2132)$

$\quad\quad = -3 + 0.7868$

$\quad\quad = \log 10^{-3} + \log 6.12$

$\quad\quad = \log(10^{-3} \times 6.12) = \log 0.00612$

∴ $N = 0.00612$

8 $\log x^2 - \log \sqrt[3]{x} = 2\log x - \dfrac{1}{3}\log x$

$\quad\quad\quad\quad\quad\quad = \dfrac{5}{3}\log x$ ➡ 정수

$\log x$의 정수 부분이 2이므로

$2 \le \log x < 3$ ∴ $\dfrac{10}{3} \le \dfrac{5}{3}\log x < 5$

이때 $\dfrac{5}{3}\log x$가 정수이므로

$\dfrac{5}{3}\log x = 4$ ∴ $\log x = \dfrac{12}{5}$

9 $\log x^3 - \log \dfrac{1}{x} = 3\log x + \log x$

$\quad\quad\quad\quad\quad\quad = 4\log x$ ➡ 홀수

$1 < x \le 100$에서 $0 < \log x \le 2$

∴ $0 < 4\log x \le 8$

이때 $4\log x$는 홀수이므로

$4\log x = 1$ 또는 $4\log x = 3$ 또는 $4\log x = 5$ 또는
$4\log x = 7$

즉, $\log x = \dfrac{1}{4}$ 또는 $\log x = \dfrac{3}{4}$ 또는 $\log x = \dfrac{5}{4}$ 또는

$\log x = \dfrac{7}{4}$이므로

$x = 10^{\frac{1}{4}}$ 또는 $x = 10^{\frac{3}{4}}$ 또는 $x = 10^{\frac{5}{4}}$ 또는 $x = 10^{\frac{7}{4}}$

∴ $A = 10^{\frac{1}{4}} \times 10^{\frac{3}{4}} \times 10^{\frac{5}{4}} \times 10^{\frac{7}{4}}$

$\quad\quad = 10^{\frac{1}{4} + \frac{3}{4} + \frac{5}{4} + \frac{7}{4}} = 10^4$

∴ $\log A = \log 10^4 = 4$

10 $2\log N - \log \dfrac{N}{4} = \log N^2 - \log \dfrac{N}{4}$

$\quad\quad\quad\quad\quad\quad = \log\left(N^2 \times \dfrac{4}{N}\right)$

$\quad\quad\quad\quad\quad\quad = \log 4N$ ➡ 정수

$\log N$의 정수 부분이 3이므로

$3 \le \log N < 4$, $\log 1000 \le \log N < \log 10000$

∴ $1000 \le N < 10000$ ...... ㉠

이때 $\log 4N$이 정수이므로 $4N$은 10의 거듭제곱 꼴이다.

즉, ㉠에서 $4000 \le 4N < 40000$이므로

$4N = 10000$ ∴ $N = 2500$

11 (내)에서

$\log \sqrt{x} + \log \sqrt[3]{x} = \dfrac{1}{2}\log x + \dfrac{1}{3}\log x$

$\quad\quad\quad\quad\quad\quad\quad = \dfrac{5}{6}\log x$ ➡ 정수

(개)에 의하여 $\dfrac{10}{3} \le \dfrac{5}{6}\log x \le \dfrac{20}{3}$

이때 $\dfrac{5}{6}\log x$는 정수이므로

$\dfrac{5}{6}\log x = 4$ 또는 $\dfrac{5}{6}\log x = 5$ 또는 $\dfrac{5}{6}\log x = 6$

즉, $\log x = \dfrac{24}{5}$ 또는 $\log x = 6$ 또는 $\log x = \dfrac{36}{5}$

또 (대)에서 $\dfrac{1}{2}\log x$와 $\dfrac{1}{3}\log x$는 모두 정수가 아니므로

$\log x = \dfrac{24}{5}$ 또는 $\log x = \dfrac{36}{5}$

∴ $x = 10^{\frac{24}{5}}$ 또는 $x = 10^{\frac{36}{5}}$

따라서 $N = 10^{\frac{24}{5}} \times 10^{\frac{36}{5}} = 10^{\frac{24}{5} + \frac{36}{5}} = 10^{12}$이므로

$\log N = \log 10^{12} = 12$

12 3년 후의 중고 상품의 가격을 a만 원이라 하면

$\log(1 - 0.2) = \dfrac{1}{3}\log \dfrac{a}{250}$

$3\log 0.8 = \log a - \log 250$

$\log a = \log\left(\dfrac{4}{5}\right)^3 + \log 250$

$\quad\quad = \log\left(\dfrac{4^3}{5^3} \times 250\right) = \log 128$

∴ $a = 128$

따라서 3년 후의 중고 상품의 가격은 128만 원이다.

13 높이가 $400\,\mathrm{m}$인 곳의 기압을 P_1, 높이가 $7\,\mathrm{km}$인 곳의 기압을 P_2라 하면

$0.4 = 3.3\log \dfrac{1}{P_1}$ ...... ㉠

$7 = 3.3\log \dfrac{1}{P_2}$ ...... ㉡

ⓒ−㉠을 하면

$$6.6 = 3.3\left(\log \frac{1}{P_2} - \log \frac{1}{P_1}\right)$$

$$\log \frac{P_1}{P_2} = 2 \quad \therefore \frac{P_1}{P_2} = 10^2 = 100$$

따라서 높이가 400 m인 곳의 기압은 높이가 7 km인 곳의 기압의 100배이다.

14 처음 기억 상태가 100일 때, 1개월 후의 기억 상태를 $2a$라 하면 7개월 후의 기억 상태는 a이므로

$$\log \frac{100}{2a} = c \log 2 \quad \cdots\cdots ㉠$$

$$\log \frac{100}{a} = c \log 8 \quad \cdots\cdots ㉡$$

㉡−㉠을 하면

$$\log \frac{100}{a} - \log \frac{100}{2a} = c \log 8 - c \log 2$$

$$\log 2 = c \log 4, \ \log 2 = 2c \log 2$$

$$\therefore c = \frac{1}{2}$$

15 이번 달 저축 금액을 a라 하면 저축 금액이 매달 6 %씩 증가하므로 12개월 후의 저축 금액은

$$a\left(1 + \frac{6}{100}\right)^{12} = a \times 1.06^{12}$$

1.06^{12}에 상용로그를 취하면

$$\log 1.06^{12} = 12 \log 1.06 = 12 \times 0.025 = 0.3$$

이때 $\log 2 = 0.3$이므로 $1.06^{12} = 2$

따라서 1년 후의 저축 금액은 이번 달 저축 금액의 2배이다.

16 현재 미세 먼지의 농도를 a라 하고 매년 r %씩 감소시킨 다고 하면 10년 후의 농도는 $\frac{1}{3}a$이므로

$$a\left(1 - \frac{r}{100}\right)^{10} = \frac{1}{3}a \quad \therefore \left(1 - \frac{r}{100}\right)^{10} = \frac{1}{3}$$

양변에 상용로그를 취하면

$$\log \left(1 - \frac{r}{100}\right)^{10} = \log \frac{1}{3}$$

$$10 \log \left(1 - \frac{r}{100}\right) = -\log 3$$

$$\log \left(1 - \frac{r}{100}\right) = -\frac{0.48}{10} = -0.048$$

$$= -1 + 0.952$$

$$= \log 10^{-1} + \log 8.96$$

$$= \log (10^{-1} \times 8.96)$$

$$= \log 0.896$$

즉, $1 - \frac{r}{100} = 0.896$이므로 $r = 10.4$

따라서 매년 10.4 %씩 감소시켜야 한다.

17 2009년의 매출액을 a라 하면 2010년의 매출액은 $0.5a$이 므로 2030년의 매출액은

$$0.5a(1 + 0.1)^{20} = a \times 0.5 \times 1.1^{20}$$

0.5×1.1^{20}에 상용로그를 취하면

$$\log (0.5 \times 1.1^{20}) = -\log 2 + 20 \log 1.1$$

$$= -0.301 + 20 \times 0.041$$

$$= 0.519$$

이때 $\log 3.3 = 0.519$이므로 $0.5 \times 1.1^{20} = 3.3$

따라서 2030년의 매출액은 창업한 해의 매출액의 3.3배 이다.

18 $\log 6^{30} = 30 \log (2 \times 3)$

$$= 30(\log 2 + \log 3)$$

$$= 30(0.3010 + 0.4771)$$

$$= 23.343$$

따라서 $\log 6^{30}$의 정수 부분이 23이므로 6^{30}은 24자리의 자 연수이다.

19 $\log \left(\frac{3}{4}\right)^{50} = 50 \log \frac{3}{2^2}$

$$= 50(\log 3 - 2 \log 2)$$

$$= 50(0.4771 - 2 \times 0.3010)$$

$$= -6.245$$

$$= -7 + 0.755$$

따라서 $\log \left(\frac{3}{4}\right)^{50}$의 정수 부분이 -7이므로 $\left(\frac{3}{4}\right)^{50}$은 소 수점 아래 7째 자리에서 처음으로 0이 아닌 숫자가 나타 난다.

$$\therefore n = 7$$

20 N^{100}이 150자리의 자연수이므로 $\log N^{100}$의 정수 부분은 149이다.

즉, $149 \le \log N^{100} < 150$이므로

$$149 \le 100 \log N < 150$$

$$1.49 \le \log N < 1.5$$

$$-1.5 < -\log N \le -1.49$$

$$\therefore -2 + 0.5 < \log \frac{1}{N} \le -2 + 0.51$$

따라서 $\log \frac{1}{N}$의 정수 부분이 -2이므로 $\frac{1}{N}$은 소수점 아 래 2째 자리에서 처음으로 0이 아닌 숫자가 나타난다.

I-2. 지수함수와 로그함수

01 지수함수

18~22쪽

1 ④	2 $\sqrt{2}$	3 ㄱ, ㄷ	4 ㄱ, ㄴ	5 ③
6 $-1<a<0$		7 ②	8 ②	9 3
10 ②	11 2	12 $\frac{1}{4}$	13 ③	14 $3\sqrt{3}$
15 ④	16 $\frac{1}{5}$	17 $b^m<b^n<a^n<a^m$		18 $\frac{17}{72}$
19 ②	20 2	21 $\frac{5}{2}$	22 8	23 ④
24 21	25 -17	26 ③	27 ③	28 ③
29 11	30 ③			

1 $f(m)=3$이므로 $a^m=3$
$f(n)=6$이므로 $a^n=6$
$\therefore f(m+n)=a^{m+n}=a^m\times a^n=3\times6=18$

2 $g(a)=\frac{1}{6}$이므로 $f\left(\frac{1}{6}\right)=a$ $\therefore a=2^{\frac{1}{6}}$
$g(b)=\frac{1}{3}$이므로 $f\left(\frac{1}{3}\right)=b$ $\therefore b=2^{\frac{1}{3}}$
$\therefore ab=2^{\frac{1}{6}}\times2^{\frac{1}{3}}=2^{\frac{1}{2}}=\sqrt{2}$

3 ㄱ. $f(m)f(-m)=a^m a^{-m}=a^0=1$
ㄴ. $f(2m)=a^{2m}=(a^m)^2=\{f(m)\}^2$
ㄷ. $f(m+n)=a^{m+n}=a^m a^n=f(m)f(n)$
ㄹ. $f\left(\frac{1}{m}\right)=a^{\frac{1}{m}}$, $\frac{1}{f(m)}=\frac{1}{a^m}=a^{-m}$
     $\therefore f\left(\frac{1}{m}\right)\neq\frac{1}{f(m)}$
따라서 보기에서 옳은 것은 ㄱ, ㄷ이다.

4 ㄱ. 함수 $f(x)$는 일대일함수이므로 $x_1\neq x_2$이면
     $f(x_1)\neq f(x_2)$이다.
ㄴ. 그래프의 점근선의 방정식은 $y=0$이다.
ㄷ. $a>1$일 때 x의 값이 증가하면 y의 값도 증가하고,
     $0<a<1$일 때 x의 값이 증가하면 y의 값은 감소한다.
     즉, $a>1$일 때 $x_1<x_2$이면 $f(x_1)<f(x_2)$이고,
     $0<a<1$일 때 $x_1<x_2$이면 $f(x_1)>f(x_2)$이다.
ㄹ. 그래프는 $(0,\ 1)$을 지난다.
따라서 보기에서 옳은 것은 ㄱ, ㄴ이다.

5 주어진 조건을 만족시키는 함수는 x의 값이 증가할 때, y의 값도 증가하는 함수이므로 (밑)>1인 지수함수이다.
① $f(x)=3^{-x}=\left(\frac{1}{3}\right)^x$ ➡ $0<$(밑)<1

② $f(x)=0.5^x$ ➡ $0<$(밑)<1
③ $f(x)=\left(\frac{1}{2}\right)^{-x}=2^x$ ➡ (밑)>1
④ $f(x)=\left(\frac{5}{4}\right)^{-x}=\left(\frac{4}{5}\right)^x$ ➡ $0<$(밑)<1
⑤ $f(x)=\left(\frac{\sqrt{2}}{2}\right)^x$ ➡ $0<$(밑)<1
따라서 주어진 조건을 만족시키는 함수는 ③이다.

6 $y=(a^2+a+1)^x$에서 x의 값이 증가할 때 y의 값이 감소하려면 $0<$(밑)<1이어야 하므로
$0<a^2+a+1<1$
(i) $0<a^2+a+1$에서 $\left(a+\frac{1}{2}\right)^2+\frac{3}{4}>0$
     따라서 모든 실수 a에 대하여 성립한다.
(ii) $a^2+a+1<1$에서 $a^2+a<0$
     $a(a+1)<0$ $\therefore -1<a<0$
(i), (ii)에서 실수 a의 값의 범위는 $-1<a<0$

7 함수 $y=2^{x+3}-6$의 그래프는 함수 $y=2^x$의 그래프를 x축의 방향으로 -3만큼, y축의 방향으로 -6만큼 평행이동한 것이므로 오른쪽 그림과 같다.

따라서 함수 $y=2^{x+3}-6$의 그래프로 알맞은 것은 ②이다.

8 $y=3^{-x+1}-2=\left(\frac{1}{3}\right)^{x-1}-2$
함수 $y=3^{-x+1}-2$의 그래프는 함수 $y=\left(\frac{1}{3}\right)^x$의 그래프를 x축의 방향으로 1만큼, y축의 방향으로 -2만큼 평행이동한 것이므로 오른쪽 그림과 같다.
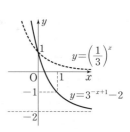
ㄱ. 치역은 $\{y|y>-2\}$이다.
ㄴ. 그래프의 점근선의 방정식은 $y=-2$이다.
ㄷ. $0<$(밑)<1이므로 x의 값이 증가하면 y의 값은 감소한다.
ㄹ. 함수 $y=3^{-x+1}-2$의 그래프는 제1사분면, 제2사분면, 제4사분면을 지난다.
따라서 보기에서 옳은 것은 ㄱ, ㄹ이다.

9 함수 $y=4(2^{2x}+1)=4^{x+1}+4$의 그래프는 함수 $y=2^{2x}=4^x$의 그래프를 x축의 방향으로 -1만큼, y축의 방향으로 4만큼 평행이동한 것이므로
$m=-1$, $n=4$
$\therefore m+n=-1+4=3$

유형편

10 함수 $y=3^x$의 그래프를 x축의 방향으로 m만큼, y축의 방향으로 n만큼 평행이동한 그래프의 식은
$y=3^{x-m}+n$
이때 이 함수의 그래프의 점근선의 방정식이 $y=2$이므로
$n=2$
함수 $y=3^{x-m}+2$의 그래프가 점 $(7, 5)$를 지나므로
$5=3^{7-m}+2$, $3^{7-m}=3$
$7-m=1$ $\therefore m=6$
$\therefore m+n=6+2=8$

11 함수 $y=2^x$의 그래프를 x축에 대하여 대칭이동한 그래프의 식은
$y=-2^x$
이 함수의 그래프를 x축의 방향으로 -1만큼, y축의 방향으로 n만큼 평행이동한 그래프의 식은
$y=-2^{x+1}+n$
이 함수의 그래프가 제3사분면을 지나지 않으려면 오른쪽 그림과 같아야 하므로 $-2+n\geq0$ 이어야 한다.
$\therefore n\geq2$
따라서 n의 최솟값은 2이다.

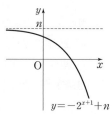

12 함수 $y=2^x$의 그래프는 점 $(1, a)$를 지나므로
$a=2^1=2$
함수 $y=2^x$의 그래프는 점 (a, b), 즉 점 $(2, b)$를 지나므로
$b=2^2=4$
$\therefore 2^{a-b}=2^{2-4}=\dfrac{1}{4}$

13 $A(a, 3^a)$, $B(b, 3^b)$이고 직선 AB의 기울기가 2이므로
$\dfrac{3^b-3^a}{b-a}=2$
$\therefore b-a=\dfrac{1}{2}(3^b-3^a)$ ……㉠
또 $\overline{AB}=5$에서
$\sqrt{(b-a)^2+(3^b-3^a)^2}=5$
$(b-a)^2+(3^b-3^a)^2=5^2$
이 식에 ㉠을 대입하면
$\dfrac{1}{4}(3^b-3^a)^2+(3^b-3^a)^2=25$
$(3^b-3^a)^2=20$
$\therefore 3^b-3^a=2\sqrt{5}$ ($\because 3^a<3^b$)

14 점 A의 x좌표를 a라 하면
$A(a, k)$, $B\left(a+\dfrac{3}{4}, k\right)$
점 A는 함수 $y=3^{2x}$의 그래프 위의 점이므로
$k=3^{2a}$ ……㉠
또 점 B는 함수 $y=3^x$의 그래프 위의 점이므로
$k=3^{a+\frac{3}{4}}$
즉, $3^{2a}=3^{a+\frac{3}{4}}$이므로
$2a=a+\dfrac{3}{4}$ $\therefore a=\dfrac{3}{4}$
이를 ㉠에 대입하면
$k=3^{\frac{3}{2}}=3\sqrt{3}$

15 $A=8^{\frac{1}{4}}=2^{\frac{3}{4}}$, $B=\sqrt[5]{16}=2^{\frac{4}{5}}$, $C=0.25^{-\frac{1}{3}}=2^{\frac{2}{3}}$
이때 $\dfrac{2}{3}<\dfrac{3}{4}<\dfrac{4}{5}$이고, 밑이 1보다 크므로
$2^{\frac{2}{3}}<2^{\frac{3}{4}}<2^{\frac{4}{5}}$
$\therefore C<A<B$

16 $\dfrac{1}{\sqrt{5}}=\left(\dfrac{1}{5}\right)^{\frac{1}{2}}$, $\dfrac{1}{\sqrt[3]{25}}=\left(\dfrac{1}{5}\right)^{\frac{2}{3}}$, $\sqrt[5]{\dfrac{1}{25}}=\left(\dfrac{1}{5}\right)^{\frac{2}{5}}$,
$\sqrt[3]{0.2}=\left(\dfrac{1}{5}\right)^{\frac{1}{3}}$
이때 $\dfrac{1}{3}<\dfrac{2}{5}<\dfrac{1}{2}<\dfrac{2}{3}$이고, 밑이 1보다 작으므로
$\left(\dfrac{1}{5}\right)^{\frac{2}{3}}<\left(\dfrac{1}{5}\right)^{\frac{1}{2}}<\left(\dfrac{1}{5}\right)^{\frac{2}{5}}<\left(\dfrac{1}{5}\right)^{\frac{1}{3}}$
따라서 가장 큰 수와 가장 작은 수의 곱은
$\left(\dfrac{1}{5}\right)^{\frac{1}{3}}\times\left(\dfrac{1}{5}\right)^{\frac{2}{3}}=\dfrac{1}{5}$

17 $0<a<1$이고 $m<n$이므로
$a^m>a^n$ ……㉠
$b>1$이고 $m<n$이므로
$b^m<b^n$ ……㉡
$0<a<1<b$이고 $n<0$이므로
$b^n<a^n$ ……㉢
㉠, ㉡, ㉢에 의하여
$b^m<b^n<a^n<a^m$

18 $y=2^{3x}3^{-2x}=\left(\dfrac{8}{9}\right)^x$의 밑이 1보다 작으므로
$-1\leq x\leq1$일 때 함수 $y=2^{3x}3^{-2x}$은
$x=-1$에서 최댓값 $\left(\dfrac{8}{9}\right)^{-1}=\dfrac{9}{8}$,
$x=1$에서 최솟값 $\dfrac{8}{9}$을 갖는다.

따라서 $M = \dfrac{9}{8}$, $m = \dfrac{8}{9}$이므로

$$M - m = \dfrac{17}{72}$$

19 $f(x) = \left(\dfrac{1}{2}\right)^{x-a} + 1$의 밑이 1보다 작으므로

$1 \le x \le 3$일 때 $x=1$에서 최댓값 $\left(\dfrac{1}{2}\right)^{1-a} + 1$, $x=3$에서

최솟값 $\left(\dfrac{1}{2}\right)^{3-a} + 1$을 갖는다.

즉, $\left(\dfrac{1}{2}\right)^{1-a} + 1 = 5$이므로

$\left(\dfrac{1}{2}\right)^{1-a} = 4$, $2^{a-1} = 2^2$

$a - 1 = 2$ $\quad \therefore a = 3$

따라서 함수 $f(x) = \left(\dfrac{1}{2}\right)^{x-3} + 1$의 최솟값은

$$\left(\dfrac{1}{2}\right)^0 + 1 = 1 + 1 = 2$$

20 함수 $y = a^{x-2} + 3$은 $2 \le x \le 5$일 때

(ⅰ) $0 < a < 1$이면 $x=2$에서 최댓값 $a^0 + 3 = 4$를 갖는다.

　　이때 $4 \ne 11$이므로 조건을 만족시키는 a의 값이 존재
　　하지 않는다.

(ⅱ) $a > 1$이면 $x=5$에서 최댓값 $a^3 + 3$을 갖는다.

　　즉, $a^3 + 3 = 11$이므로 $a^3 = 8$

　　$\therefore a = 2$ ($\because a > 1$)

(ⅰ), (ⅱ)에서 $a = 2$

21 $y = a^{3-x} = \left(\dfrac{1}{a}\right)^{x-3}$

(ⅰ) $0 < \dfrac{1}{a} < 1$, 즉 $a > 1$이면 $1 \le x \le 2$일 때 함수 $y = a^{3-x}$은

　　$x = -1$에서 최댓값 a^4,

　　$x = 2$에서 최솟값 a를 갖는다.

　　즉, $M = a^4$, $m = a$이므로

　　$\dfrac{a^4}{a} = 8$, $a^3 = 8$

　　$\therefore a = 2$ ($\because a > 1$)

(ⅱ) $\dfrac{1}{a} > 1$, 즉 $0 < a < 1$이면 $1 \le x \le 2$일 때 함수 $y = a^{3-x}$은

　　$x = 2$에서 최댓값 a,

　　$x = -1$에서 최솟값 a^4을 갖는다.

　　즉, $M = a$, $m = a^4$이므로

　　$\dfrac{a}{a^4} = 8$, $a^3 = \dfrac{1}{8}$

　　$\therefore a = \dfrac{1}{2}$ ($\because 0 < a < 1$)

(ⅰ), (ⅱ)에서 모든 a의 값의 합은 $2 + \dfrac{1}{2} = \dfrac{5}{2}$

22 $y = 3^{-x^2 + 2x + 1}$에서 $f(x) = -x^2 + 2x + 1$이라 하면

$f(x) = -(x-1)^2 + 2$

$-1 \le x \le 2$에서 $f(-1) = -2$, $f(1) = 2$, $f(2) = 1$이므로

$-2 \le f(x) \le 2$

이때 $y = 3^{f(x)}$의 밑이 1보다 크므로 함수 $y = 3^{f(x)}$은

$f(x) = 2$에서 최댓값 $3^2 = 9$,

$f(x) = -2$에서 최솟값 $3^{-2} = \dfrac{1}{9}$을 갖는다.

따라서 $M = 9$, $m = \dfrac{1}{9}$이므로

$$M - 9m = 9 - 9 \times \dfrac{1}{9} = 9 - 1 = 8$$

23 $y = a^{2x^2 - 4x + 5}$에서 $f(x) = 2x^2 - 4x + 5$라 하면

$f(x) = 2(x-1)^2 + 3$ $\quad \therefore f(x) \ge 3$

이때 $y = a^{f(x)}$의 밑이 1보다 작으므로 함수 $y = a^{f(x)}$은

$f(x) = 3$에서 최댓값 a^3을 갖는다.

따라서 $a^3 = \dfrac{8}{27}$이므로 $a = \dfrac{2}{3}$ ($\because 0 < a < 1$)

24 $y = \left(\dfrac{3}{2}\right)^{-x^2 + 8x - a}$에서 $f(x) = -x^2 + 8x - a$라 하면

$f(x) = -(x-4)^2 + 16 - a$ $\quad \therefore f(x) \le 16 - a$

이때 $y = \left(\dfrac{3}{2}\right)^{f(x)}$의 밑이 1보다 크므로 함수 $y = \left(\dfrac{3}{2}\right)^{f(x)}$은

$f(x) = 16 - a$, 즉 $x = 4$에서 최댓값 $\left(\dfrac{3}{2}\right)^{16-a}$을 갖는다.

$\therefore b = 4$

또 $\left(\dfrac{3}{2}\right)^{16-a} = \dfrac{2}{3}$이므로 $16 - a = -1$ $\quad \therefore a = 17$

$\therefore a + b = 17 + 4 = 21$

25 $y = 25^x - 2 \times 5^x + 2 = (5^x)^2 - 2 \times 5^x + 2$

$5^x = t$ ($t > 0$)로 놓으면

$-2 \le x \le 1$일 때 $\dfrac{1}{25} \le t \le 5$

이때 주어진 함수는

$y = t^2 - 2t + 2 = (t-1)^2 + 1$이므로

$t = 5$, 즉 $x = 1$에서 최댓값 $4^2 + 1 = 17$,

$t = 1$, 즉 $x = 0$에서 최솟값 1을 갖는다.

따라서 $a = 1$, $b = 17$, $c = 0$, $d = 1$이므로

$a - b + c - d = 1 - 17 + 0 - 1 = -17$

26 $y = \dfrac{1 - 2^{x+1} + 4^{x+1}}{4^x} = \left\{\left(\dfrac{1}{2}\right)^x\right\}^2 - 2 \times \left(\dfrac{1}{2}\right)^x + 4$

$\left(\dfrac{1}{2}\right)^x = t$ ($t > 0$)로 놓으면

$-3 \le x \le 1$일 때 $\dfrac{1}{2} \le t \le 8$

이때 주어진 함수는

$y=t^2-2t+4=(t-1)^2+3$이므로

$t=8$에서 최댓값 $7^2+3=52$,

$t=1$에서 최솟값 3을 갖는다.

따라서 $M=52$, $m=3$이므로

$M-m=49$

27 $y=9^x-2\times3^{x+a}+4\times3^b$

　　$=(3^x)^2-2\times3^a\times3^x+4\times3^b$

$3^x=t\,(t>0)$로 놓으면

$y=t^2-2\times3^a\times t+4\times3^b=(t-3^a)^2-3^{2a}+4\times3^b$이므로

$t=3^a$, 즉 $x=a$에서 최솟값 $-3^{2a}+4\times3^b$을 갖는다.

$\therefore a=1$

또 $-3^2+4\times3^b=3$이므로

$3^b=3$　　$\therefore b=1$

$\therefore a+b=1+1=2$

28 $2^x>0$, $2^{-x+4}>0$이므로 산술평균과 기하평균의 관계에 의하여

$f(x)=2^x+2^{-x+4}\geq2\sqrt{2^x\times2^{-x+4}}=2\sqrt{2^4}=8$

　　　　　(단, 등호는 $2^x=2^{-x+4}$, 즉 $x=2$일 때 성립)

따라서 함수 $f(x)$는 $x=2$에서 최솟값 8을 가지므로

$a=2$, $b=8$

$\therefore a+b=10$

29 $3^x+3^{-x}=t$로 놓으면 $3^x>0$, $3^{-x}>0$이므로 산술평균과 기하평균의 관계에 의하여

$t=3^x+3^{-x}\geq2\sqrt{3^x\times3^{-x}}=2$

　　　　　(단, 등호는 $3^x=3^{-x}$, 즉 $x=0$일 때 성립)

$\therefore t\geq2$

$9^x+9^{-x}=(3^x+3^{-x})^2-2=t^2-2$이므로

주어진 함수는

$y=6t-(t^2-2)=-(t-3)^2+11$

따라서 $t\geq2$에서 함수 $y=-(t-3)^2+11$은

$t=3$일 때, 최댓값은 11

30 $4\times2^{a+x}>0$, $9\times2^{a-x}>0$이므로 산술평균과 기하평균의 관계에 의하여

$y=4\times2^{a+x}+9\times2^{a-x}$

　　$\geq2\sqrt{4\times2^{a+x}\times9\times2^{a-x}}$

　　$=2\sqrt{36\times2^{2a}}$

　　$=12\times2^a$ $\left(\text{단, 등호는 } 4^x=\dfrac{9}{4}\text{일 때 성립}\right)$

따라서 주어진 함수의 최솟값은 12×2^a이므로

$12\times2^a=96$

$2^a=8$　　$\therefore a=3$

1 ②	**2** 4	**3** 2	**4** -9	**5** 2
6 $x=0$	**7** ③	**8** $x=-1$ 또는 $x=1$	**9** ④	
10 ④	**11** 6	**12** ①	**13** $\dfrac{1}{27}$	**14** ④
15 ③	**16** $0<k<\dfrac{25}{4}$		**17** ④	
18 $8\leq m<10$	**19** ④	**20** 24	**21** ①	
22 4	**23** ①	**24** -2	**25** 31	**26** 2
27 ①	**28** ④	**29** ③	**30** ③	**31** ①
32 $a\leq2$	**33** ②	**34** ③	**35** 3장	

1 $2^{2x}=16$에서 $2^{2x}=2^4$이므로

$2x=4$　　$\therefore x=2$

$3^{3x}=27$에서 $3^{3x}=3^3$이므로

$3x=3$　　$\therefore x=1$

따라서 모든 근의 곱은

$2\times1=2$

2 $\left(\dfrac{2}{3}\right)^{2x^2-8}=\left(\dfrac{3}{2}\right)^{5-x}$에서 $\left(\dfrac{2}{3}\right)^{2x^2-8}=\left(\dfrac{2}{3}\right)^{x-5}$이므로

$2x^2-8=x-5$, $2x^2-x-3=0$

$(x+1)(2x-3)=0$　　$\therefore x=-1$ 또는 $x=\dfrac{3}{2}$

따라서 $\alpha=-1$, $\beta=\dfrac{3}{2}$이므로

$2\beta-\alpha=2\times\dfrac{3}{2}-(-1)=4$

3 $(2\sqrt{2})^{x^2}=4^{x+1}$에서 $2^{\frac{3}{2}x^2}=2^{2x+2}$이므로

$\dfrac{3}{2}x^2=2x+2$, $3x^2-4x-4=0$

$(3x+2)(x-2)=0$　　$\therefore x=-\dfrac{2}{3}$ 또는 $x=2$

그런데 x는 자연수이므로 $x=2$

4 $9^{x^2}=\left(\dfrac{1}{3}\right)^{-3x+a}$에서 $3^{2x^2}=3^{3x-a}$이므로

$2x^2=3x-a$　　$\therefore 2x^2-3x+a=0$

이때 주어진 방정식의 한 근이 3이므로

$2\times3^2-3\times3+a=0$　　$\therefore a=-9$

5 $5^x-5^{2-x}=24$에서 $5^x-\dfrac{25}{5^x}=24$이므로

$5^x=t\,(t>0)$로 놓으면

$t-\dfrac{25}{t}=24$, $t^2-24t-25=0$

$(t+1)(t-25)=0$　　$\therefore t=25\,(\because t>0)$

$t=5^x$이므로

$5^x=25=5^2$　　$\therefore x=2$

6 $(f \circ g)(x) = (g \circ f)(x)$에서

$2 \times 2^x + 2 = 2^{2x+2}$, $2 \times 2^x + 2 = 4 \times 2^{2x}$

$2^x = t\,(t > 0)$로 놓으면

$2t + 2 = 4t^2$, $4t^2 - 2t - 2 = 0$

$2t^2 - t - 1 = 0$, $(2t+1)(t-1) = 0$

$\therefore t = 1\ (\because t > 0)$

$t = 2^x$이므로 $2^x = 1$ $\qquad \therefore x = 0$

7 $9^x + 27 = 12 \times 3^x$에서 $(3^x)^2 + 27 = 12 \times 3^x$이므로

$3^x = t\,(t > 0)$로 놓으면

$t^2 + 27 = 12t$, $t^2 - 12t + 27 = 0$

$(t-3)(t-9) = 0$ $\qquad \therefore t = 3$ 또는 $t = 9$

$t = 3^x$이므로 $3^x = 3$ 또는 $3^x = 9$

$\therefore x = 1$ 또는 $x = 2$

따라서 두 함수 $y = 9^x + 27$, $y = 12 \times 3^x$의 그래프가 만나는 두 점 A, B의 x좌표는 1, 2이므로 그 합은

$1 + 2 = 3$

8 $2^x + 2^{-x} = t\,(t \geq 2)$로 놓으면

$4^x + 4^{-x} = (2^x + 2^{-x})^2 - 2 = t^2 - 2$이므로

$2(t^2 - 2) - 3t - 1 = 0$, $2t^2 - 3t - 5 = 0$

$(t+1)(2t-5) = 0$ $\qquad \therefore t = \dfrac{5}{2}\ (\because t \geq 2)$

$t = 2^x + 2^{-x}$이므로 $2^x + 2^{-x} = \dfrac{5}{2}$

$2^x = X\,(X > 0)$로 놓으면

$X + \dfrac{1}{X} = \dfrac{5}{2}$, $2X^2 - 5X + 2 = 0$

$(2X-1)(X-2) = 0$

$\therefore X = \dfrac{1}{2}$ 또는 $X = 2$

$X = 2^x$이므로 $2^x = \dfrac{1}{2}$ 또는 $2^x = 2$

$\therefore x = -1$ 또는 $x = 1$

9 $(x-1)^{4+3x} = (x-1)^{x^2}$에서

(i) 밑이 1이면 $x - 1 = 1$ $\qquad \therefore x = 2$

(ii) 지수가 같으면

$\qquad 4 + 3x = x^2$, $x^2 - 3x - 4 = 0$

$\qquad (x+1)(x-4) = 0$ $\qquad \therefore x = 4\ (\because x > 1)$

(i), (ii)에서 모든 근의 곱은 $2 \times 4 = 8$

10 $x^{x+6} = (x^x)^3$에서 $x^{x+6} = x^{3x}$

(i) 밑이 1이면 $x = 1$

(ii) 지수가 같으면 $x + 6 = 3x$ $\qquad \therefore x = 3$

(i), (ii)에서 모든 근의 합은 $1 + 3 = 4$

11 $16(x+1)^x = 2^{2x}(x+1)^2$에서 $(x+1)^{x-2} = 2^{2x-4}$

$(x+1)^{x-2} = 4^{x-2}$

(i) 밑이 같으면 $x + 1 = 4$ $\qquad \therefore x = 3$

(ii) 지수가 0이면 $x - 2 = 0$ $\qquad \therefore x = 2$

(i), (ii)에서 모든 근의 곱은 $3 \times 2 = 6$

12 $9^{x+2} - 3^{x+4} + 1 = 0$에서

$81 \times (3^x)^2 - 81 \times 3^x + 1 = 0$

$3^x = t\,(t > 0)$로 놓으면

$81t^2 - 81t + 1 = 0$ $\qquad \cdots\cdots\ \bigcirc$

이차방정식 $\bigcirc$의 두 근은 3^α, 3^β이므로 이차방정식의 근과 계수의 관계에 의하여

$3^\alpha \times 3^\beta = \dfrac{1}{81}$, $3^{\alpha+\beta} = 3^{-4}$ $\qquad \therefore \alpha + \beta = -4$

13 주어진 방정식의 두 근을 α, β라 하면

$\alpha + \beta = -4$

$3^x = t\,(t > 0)$로 놓으면

$3t^2 - t + k = 0$ $\qquad \cdots\cdots\ \bigcirc$

이차방정식 $\bigcirc$의 두 근은 3^α, 3^β이므로 이차방정식의 근과 계수의 관계에 의하여

$3^\alpha \times 3^\beta = \dfrac{k}{3}$, $3^{\alpha+\beta} = \dfrac{k}{3}$

이때 $\alpha + \beta = -4$이므로 $\dfrac{1}{81} = \dfrac{k}{3}$ $\qquad \therefore k = \dfrac{1}{27}$

14 주어진 방정식의 두 근을 α, β라 하면

$\alpha + \beta = \dfrac{1}{2}$

$a^x = t\,(t > 0)$로 놓으면

$t^2 - 7t + 5 = 0$ $\qquad \cdots\cdots\ \bigcirc$

이차방정식 $\bigcirc$의 두 근은 a^α, a^β이므로 이차방정식의 근과 계수의 관계에 의하여

$a^\alpha \times a^\beta = 5$, $a^{\alpha+\beta} = 5$

이때 $\alpha + \beta = \dfrac{1}{2}$이므로 $a^{\frac{1}{2}} = 5$ $\qquad \therefore a = 5^2 = 25$

15 $4^x - 10 \times 2^x + 20 = 0$에서

$(2^x)^2 - 10 \times 2^x + 20 = 0$

$2^x = t\,(t > 0)$로 놓으면

$t^2 - 10t + 20 = 0$ $\qquad \cdots\cdots\ \bigcirc$

이차방정식 $\bigcirc$의 두 근은 2^α, 2^β이므로 이차방정식의 근과 계수의 관계에 의하여

$2^\alpha + 2^\beta = 10$, $2^\alpha \times 2^\beta = 20$

$\therefore 2^{2\alpha} + 2^{2\beta} = (2^\alpha + 2^\beta)^2 - 2 \times 2^\alpha \times 2^\beta$

$\qquad\qquad\quad = 10^2 - 2 \times 20 = 60$

16 $9^x - 5 \times 3^x + k = 0$에서

$(3^x)^2 - 5 \times 3^x + k = 0$

$3^x = t\,(t > 0)$로 놓으면

$t^2 - 5t + k = 0$ $\quad\cdots\cdots$ ㉠

주어진 방정식이 서로 다른 두 실근을 가지려면 이차방정식 ㉠은 서로 다른 두 양의 실근을 가져야 한다.

(i) 이차방정식 ㉠의 판별식을 D라 하면 $D > 0$이어야 하므로

$\quad D = 5^2 - 4k > 0$ $\quad\therefore k < \dfrac{25}{4}$

(ii) (두 근의 합) > 0에서 $5 > 0$

(iii) (두 근의 곱) > 0에서 $k > 0$

(i), (ii), (iii)을 동시에 만족시키는 k의 값의 범위는

$0 < k < \dfrac{25}{4}$

17 $4^x - k \times 2^{x+1} + 16 = 0$에서

$(2^x)^2 - 2k \times 2^x + 16 = 0$

$2^x = t\,(t > 0)$로 놓으면

$t^2 - 2kt + 16 = 0$ $\quad\cdots\cdots$ ㉠

주어진 방정식이 오직 하나의 실근을 가지면 이차방정식 ㉠은 오직 하나의 양의 실근을 갖는다.

이때 ㉠에서 이차방정식의 근과 계수의 관계에 의하여 (두 근의 곱) $= 16 > 0$이므로 이차방정식 ㉠은 양수인 중근을 갖는다.

따라서 (두 근의 합) $= 2k > 0$이므로 $k > 0$

이차방정식 ㉠의 판별식을 D라 하면 $D = 0$이어야 하므로

$\dfrac{D}{4} = k^2 - 16 = 0$, $(k+4)(k-4) = 0$

$\therefore k = 4\,(\because k > 0)$

이를 ㉠에 대입하면

$t^2 - 8t + 16 = 0$

$(t-4)^2 = 0$ $\quad\therefore t = 4$

$t = 2^x$이므로 $2^x = 4 = 2^2$

$\therefore x = 2$

따라서 $k = 4$, $a = 2$이므로

$k + a = 6$

18 $4^x - 2(m-4)2^x + 2m = 0$에서

$(2^x)^2 - 2(m-4)2^x + 2m = 0$

$2^x = t\,(t > 0)$로 놓으면

$t^2 - 2(m-4)t + 2m = 0$ $\quad\cdots\cdots$ ㉠

이때 주어진 방정식의 두 근을 α, β라 하면 $\alpha > 1$, $\beta > 1$이므로 $2^\alpha > 2$, $2^\beta > 2$, 즉 이차방정식 ㉠의 두 근은 2보다 크다.

$f(t) = t^2 - 2(m-4)t + 2m$이라 하자.

(i) 이차방정식 ㉠의 판별식을 D라 하면 $D \geq 0$이어야 하므로

$\quad \dfrac{D}{4} = (m-4)^2 - 2m \geq 0$

$\quad m^2 - 10m + 16 \geq 0$, $(m-2)(m-8) \geq 0$

$\quad\therefore m \leq 2$ 또는 $m \geq 8$

(ii) 함수 $y = f(t)$의 그래프의 축의 방정식이 $t = m-4$이므로

$\quad m - 4 > 2$ $\quad\therefore m > 6$

(iii) $f(2) > 0$이어야 하므로

$\quad 4 - 4(m-4) + 2m > 0$ $\quad\therefore m < 10$

(i), (ii), (iii)을 동시에 만족시키는 m의 값의 범위는

$8 \leq m < 10$

19 $5^{x(x+1)} \geq \left(\dfrac{1}{5}\right)^{x-3}$에서 $5^{x(x+1)} \geq 5^{-x+3}$ ◀ (밑) > 1

$x(x+1) \geq -x+3$

$x^2 + 2x - 3 \geq 0$, $(x+3)(x-1) \geq 0$

$\therefore x \leq -3$ 또는 $x \geq 1$

20 $8^{x^2} < 2^{-ax}$에서 $2^{3x^2} < 2^{-ax}$ ◀ (밑) > 1

$3x^2 < -ax$, $3x^2 + ax < 0$

$x(3x+a) < 0$

$\therefore -\dfrac{a}{3} < x < 0\,(\because a$는 자연수)

이때 주어진 부등식을 만족시키는 정수 x의 개수가 2이므로

$-3 \leq -\dfrac{a}{3} < -2$ $\quad\therefore 6 < a \leq 9$

따라서 모든 자연수 a의 값의 합은

$7 + 8 + 9 = 24$

21 $(2^x - 8)\left(\dfrac{1}{3^x} - 9\right) \geq 0$에서

(i) $2^x - 8 \geq 0$, $\dfrac{1}{3^x} - 9 \geq 0$일 때

$\quad 2^x \geq 8$에서 $2^x \geq 2^3$ ◀ (밑) > 1

$\quad\therefore x \geq 3$ $\quad\cdots\cdots$ ㉠

$\quad \dfrac{1}{3^x} \geq 9$에서 $3^{-x} \geq 3^2$ ◀ (밑) > 1

$\quad -x \geq 2$ $\quad\therefore x \leq -2$ $\quad\cdots\cdots$ ㉡

㉠, ㉡을 동시에 만족시키는 정수 x는 존재하지 않는다.

(ii) $2^x - 8 \leq 0$, $\dfrac{1}{3^x} - 9 \leq 0$일 때

$\quad 2^x \leq 8$에서 $2^x \leq 2^3$ ◀ (밑) > 1

$\quad\therefore x \leq 3$ $\quad\cdots\cdots$ ㉢

$\quad \dfrac{1}{3^x} \leq 9$에서 $3^{-x} \leq 3^2$ ◀ (밑) > 1

$\quad -x \leq 2$ $\quad\therefore x \geq -2$ $\quad\cdots\cdots$ ㉣

ⓒ, ②을 동시에 만족시키는 x의 값의 범위는
$$-2 \leq x \leq 3$$
(i), (ii)에서 구하는 정수 x는 -2, -1, 0, 1, 2, 3의 6개이다.

22 $\left(\dfrac{1}{2}\right)^{x+6} < \left(\dfrac{1}{2}\right)^{x^2}$에서　　◀ $0<$(밑)<1

$x+6>x^2$, $x^2-x-6<0$

$(x+2)(x-3)<0$　　∴ $-2<x<3$

∴ $A=\{x \mid -2<x<3\}$

$3^{|x-2|} \leq 3^a$에서　　◀ (밑)>1

$|x-2| \leq a$, $-a \leq x-2 \leq a$　　∴ $2-a \leq x \leq a+2$

∴ $B=\{x \mid 2-a \leq x \leq a+2\}$

$A \cap B = A$를 만족시키려면 $A \subset B$이어야 하므로

$2-a \leq -2$에서 $a \geq 4$　　……ⓒ

$a+2 \geq 3$에서 $a \geq 1$　　……ⓒ

ⓒ, ⓒ을 동시에 만족시키는 a의 값의 범위는 $a \geq 4$

따라서 양수 a의 최솟값은 4이다.

23 $9^x+7 \leq 4(3^{x+1}-5)$에서 $(3^x)^2+7 \leq 4(3 \times 3^x-5)$

$3^x=t\,(t>0)$로 놓으면 $t^2+7 \leq 4(3t-5)$

$t^2-12t+27 \leq 0$, $(t-3)(t-9) \leq 0$　　∴ $3 \leq t \leq 9$

$t=3^x$이므로 $3 \leq 3^x \leq 9$, $3^1 \leq 3^x \leq 3^2$　　◀ (밑)>1

∴ $1 \leq x \leq 2$

따라서 모든 자연수 x의 값의 합은 $1+2=3$

24 $\left(\dfrac{1}{25}\right)^x \geq 4 \times 5^{1-x}+125$에서 $\left\{\left(\dfrac{1}{5}\right)^x\right\}^2 \geq 20 \times \left(\dfrac{1}{5}\right)^x+125$

$\left(\dfrac{1}{5}\right)^x=t\,(t>0)$로 놓으면

$t^2 \geq 20t+125$, $t^2-20t-125 \geq 0$

$(t+5)(t-25) \geq 0$　　∴ $t \geq 25\ (\because t>0)$

$t=\left(\dfrac{1}{5}\right)^x$이므로 $\left(\dfrac{1}{5}\right)^x \geq 25$, $\left(\dfrac{1}{5}\right)^x \geq \left(\dfrac{1}{5}\right)^{-2}$　　◀ $0<$(밑)<1

∴ $x \leq -2$

따라서 구하는 x의 최댓값은 -2이다.

25 $9^{x+1}-a \times 3^x+b<0$에서 $9 \times (3^x)^2-a \times 3^x+b<0$

$3^x=t\,(t>0)$로 놓으면 $9t^2-at+b<0$　　……ⓒ

한편 $t=3^x$이므로 $-2<x<1$에서 $\dfrac{1}{9}<t<3$

이차항의 계수가 9이고 해가 $\dfrac{1}{9}<t<3$인 t에 대한 이차부등식은

$9\left(t-\dfrac{1}{9}\right)(t-3)<0$　　∴ $9t^2-28t+3<0$

이 부등식이 부등식 ⓒ과 일치하므로

$a=28$, $b=3$　　∴ $a+b=31$

26 $\begin{cases} 2^{x^2-6} \leq \left(\dfrac{1}{2}\right)^x & \cdots\cdots ⓒ \\ \left(\dfrac{1}{4}\right)^x-3 \times 2^{-x}-4<0 & \cdots\cdots ⓒ \end{cases}$

ⓒ에서 $2^{x^2-6} \leq 2^{-x}$　　◀ (밑)>1

$x^2-6 \leq -x$, $x^2+x-6 \leq 0$

$(x+3)(x-2) \leq 0$

∴ $-3 \leq x \leq 2$　　……ⓒ

ⓒ에서 $\left\{\left(\dfrac{1}{2}\right)^x\right\}^2-3 \times \left(\dfrac{1}{2}\right)^x-4<0$

$\left(\dfrac{1}{2}\right)^x=t\,(t>0)$로 놓으면 $t^2-3t-4<0$

$(t+1)(t-4)<0$　　∴ $0<t<4\ (\because t>0)$

$t=\left(\dfrac{1}{2}\right)^x$이므로

$0<\left(\dfrac{1}{2}\right)^x<4$, $0<\left(\dfrac{1}{2}\right)^x<\left(\dfrac{1}{2}\right)^{-2}$　　◀ $0<$(밑)<1

∴ $x>-2$　　……②

ⓒ, ②을 동시에 만족시키는 x의 값의 범위는

$$-2<x \leq 2$$

따라서 모든 정수 x의 값의 합은

$$-1+0+1+2=2$$

27 $x^{x-3} \geq x^{5-x}$에서

(i) $0<x<1$일 때,

$x-3 \leq 5-x$　　∴ $x \leq 4$

그런데 $0<x<1$이므로 $0<x<1$

(ii) $x=1$일 때,

$1 \geq 1$이므로 부등식이 성립한다.

따라서 $x=1$은 해이다.

(iii) $x>1$일 때,

$x-3 \geq 5-x$　　∴ $x \geq 4$

(i), (ii), (iii)에서 주어진 부등식의 해는

$0<x \leq 1$ 또는 $x \geq 4$

28 $(x-1)^{x^2-x}<(x-1)^{8+x}$에서

(i) $0<x-1<1$, 즉 $1<x<2$일 때

$x^2-x>8+x$, $x^2-2x-8>0$

$(x+2)(x-4)>0$　　∴ $x<-2$ 또는 $x>4$

그런데 $1<x<2$이므로 해는 없다.

(ii) $x-1=1$, 즉 $x=2$일 때

$1<1$이므로 부등식이 성립하지 않는다.

따라서 해는 없다.

(iii) $x-1>1$, 즉 $x>2$일 때

$x^2-x<8+x$, $x^2-2x-8<0$

$(x+2)(x-4)<0$　　∴ $-2<x<4$

그런데 $x>2$이므로 $2<x<4$

(i), (ii), (iii)에서 주어진 부등식의 해는 $2<x<4$

따라서 $\alpha=2$, $\beta=4$이므로

$\alpha+\beta=6$

29 $(x^2-x+1)^{2x-5}<(x^2-x+1)^{x+2}$에서

(i) $0<x^2-x+1<1$, 즉 $0<x<1$일 때

$\quad 2x-5>x+2$ $\quad\therefore$ $x>7$

그런데 $0<x<1$이므로 해는 없다.

(ii) $x^2-x+1=1$, 즉 $x=0$ 또는 $x=1$일 때

$\quad 1<1$이므로 부등식이 성립하지 않는다.

따라서 해는 없다.

(iii) $x^2-x+1>1$, 즉 $x<0$ 또는 $x>1$일 때

$\quad 2x-5<x+2$ $\quad\therefore$ $x<7$

그런데 $x<0$ 또는 $x>1$이므로

$\quad x<0$ 또는 $1<x<7$

(i), (ii), (iii)에서 주어진 부등식의 해는

$x<0$ 또는 $1<x<7$

따라서 자연수 x는 2, 3, 4, 5, 6의 5개이다.

30 $25^x-5^{x+1}+k\geq0$에서

$(5^x)^2-5\times5^x+k\geq0$

$5^x=t$ $(t>0)$로 놓으면

$t^2-5t+k\geq0$

$f(t)=t^2-5t+k$라 하면

$f(t)=\left(t-\dfrac{5}{2}\right)^2+k-\dfrac{25}{4}$

$t>0$에서 $f(t)$의 최솟값은

$k-\dfrac{25}{4}$이므로 부등식 $f(t)\geq0$이

성립하려면

$k-\dfrac{25}{4}\geq0$ $\quad\therefore$ $k\geq\dfrac{25}{4}$

따라서 자연수 k의 최솟값은 7이다.

31 $2^{2x+1}+2^{x+2}+2-a>0$에서

$2\times(2^x)^2+4\times2^x+2-a>0$

$2^x=t$ $(t>0)$로 놓으면

$2t^2+4t+2-a>0$

$f(t)=2t^2+4t+2-a$라 하면

$f(t)=2(t+1)^2-a$

$t>0$에서 부등식 $f(t)>0$이 성립

하려면 $f(0)\geq0$이어야 한다.

즉, $f(0)=2-a\geq0$ $\quad\therefore$ $a\leq2$

따라서 자연수 a는 1, 2이므로 그 합은

$1+2=3$

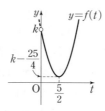

32 $9^x-a\times3^{x+1}+9\geq0$에서

$(3^x)^2-3a\times3^x+9\geq0$

$3^x=t$ $(t>0)$로 놓으면

$t^2-3at+9\geq0$

$f(t)=t^2-3at+9$라 하면

$f(t)=\left(t-\dfrac{3}{2}a\right)^2+9-\dfrac{9}{4}a^2$

$t>0$에서 부등식 $f(t)\geq0$이 성립하려면

(i) $\dfrac{3}{2}a\geq0$, 즉 $a\geq0$일 때

$\quad 9-\dfrac{9}{4}a^2\geq0$이어야 하므로

$\quad a^2-4\leq0$

$\quad (a+2)(a-2)\leq0$

$\quad\therefore$ $-2\leq a\leq2$

그런데 $a\geq0$이므로 $0\leq a\leq2$

(ii) $\dfrac{3}{2}a<0$, 즉 $a<0$일 때

$\quad f(0)\geq0$이어야 한다.

이때 $f(0)=9\geq0$이므로 모든 실수

t에 대하여 성립한다.

$\quad\therefore$ $a>0$

(i), (ii)에서 $t>0$에서 부등식 $f(t)\geq0$이 성립하려면

$a\leq2$

33 투자한 2500만 원이 x년 후에 1억 원 이상이 된다고 하면

$2500\times2^{\frac{x}{5}}\geq10000$, $2^{\frac{x}{5}}\geq4$

$2^{\frac{x}{5}}\geq2^2$ $\quad\blacktriangleleft$ (밑)>1

$\dfrac{x}{5}\geq2$ $\quad\therefore$ $x\geq10$

따라서 투자금이 1억 원 이상이 되는 것은 10년 후부터이다.

34 x분 후 실험실 A의 암모니아 분자는 $2^{10}\times8^x$개, 실험실 B의 암모니아 분자는 $4^{15}\times2^x$개이므로

$2^{10}\times8^x=4^{15}\times2^x$

$2^{10+3x}=2^{30+x}$

$10+3x=30+x$ $\quad\therefore$ $x=10$

따라서 두 실험실의 암모니아 분자 수가 같아지는 것은 10분 후이다.

35 처음 자외선의 양을 a라 하면 n장의 필름을 통과한 자외선의 양은 $a\times0.2^n$이므로

$a\times0.2^n=0.008a$, $0.2^n=0.2^3$

$\quad\therefore$ $n=3$

따라서 처음 자외선의 양의 99.2 %가 차단되려면 통과해야 하는 필름은 3장이다.

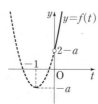

1 ③	**2** 3	**3** ㄱ	**4** ②	**5** ①
6 3	**7** ㄱ, ㄹ	**8** $\{x \mid -2 < x < 6\}$		**9** ③
10 ④	**11** ④	**12** 5	**13** -5	**14** 8
15 ③	**16** $\dfrac{15}{4}$	**17** ⑤	**18** $\sqrt{3}$	
19 $\dfrac{3+2\sqrt{3}}{2}$		**20** ①	**21** ④	
22 $\log_b \dfrac{a}{b} < \log_b a < \log_a b < \log_a ab$				**23** $\log_{a^2} x$
24 ③	**25** ④	**26** ①	**27** 3	**28** ②
29 30	**30** ④	**31** 24	**32** 1	**33** ④
34 9	**35** ③	**36** ②	**37** ①	

1 $f(m) = \log_a m = 2$, $f(n) = \log_a n = 4$이므로
$f(mn) = \log_a mn = \log_a m + \log_a n = 6$

2 $f(x) = \log_3 \left(1 + \dfrac{1}{x}\right) = \log_3 \dfrac{x+1}{x}$이므로
$f(1) + f(2) + f(3) + \cdots + f(26)$
$= \log_3 2 + \log_3 \dfrac{3}{2} + \log_3 \dfrac{4}{3} + \cdots + \log_3 \dfrac{27}{26}$
$= \log_3 \left(2 \times \dfrac{3}{2} \times \dfrac{4}{3} \times \cdots \times \dfrac{27}{26}\right)$
$= \log_3 27 = 3$

3 ㄱ. $f(ab) = \log_2 ab = \log_2 a + \log_2 b = f(a) + f(b)$
ㄴ. $f(a) + f\left(\dfrac{1}{a}\right) = \log_2 a + \log_2 \dfrac{1}{a}$
$\qquad\qquad\qquad = \log_2 a - \log_2 a = 0$
ㄷ. $f(a-b) = \log_2 (a-b)$
$\quad f(a) - f(b) = \log_2 a - \log_2 b = \log_2 \dfrac{a}{b}$
$\quad \therefore f(a-b) \neq f(a) - f(b)$
따라서 보기에서 옳은 것은 ㄱ이다.

4 $y = \log_2 (x-3) + 1$에서 $\log_2 (x-3) = y-1$
로그의 정의에 의하여
$x - 3 = 2^{y-1}$ $\quad \therefore x = 2^{y-1} + 3$
x와 y를 서로 바꾸어 역함수를 구하면
$y = 2^{x-1} + 3$
따라서 $a = 2$, $b = -1$, $c = 3$이므로
$a + b + c = 4$

5 $g(2) = 4$에서 $f(4) = 2$이므로
$\log_{\frac{1}{3}} (4-k) + 2 = 2$, $\log_{\frac{1}{3}} (4-k) = 0$
$4 - k = 1$ $\quad \therefore k = 3$
$\therefore f(x) = \log_{\frac{1}{3}} (x-3) + 2$

$g(1) = a$라 하면 $f(a) = 1$이므로
$\log_{\frac{1}{3}} (a-3) + 2 = 1$, $\log_{\frac{1}{3}} (a-3) = -1$
$a - 3 = 3$ $\quad \therefore a = 6$

6 $(f \circ g)(x) = x$이므로 $g(x)$는 $f(x)$의 역함수이다.
$(g \circ g)(a) = 127$에서 $g(a) = b$라 하면
$g(b) = 127$
$g(b) = 127$에서 $f(127) = b$이므로
$b = \log_2 (127+1) = \log_2 2^7 = 7$
$g(a) = 7$에서 $f(7) = a$이므로
$a = \log_2 (7+1) = \log_2 2^3 = 3$

7 ㄱ. 함수 $f(x)$는 일대일함수이므로 $x_1 = x_2$이면
$\qquad f(x_1) = f(x_2)$이다.
ㄴ. $a > 1$일 때 x의 값이 증가하면 y의 값도 증가하고,
$\quad 0 < a < 1$일 때 x의 값이 증가하면 y의 값은 감소한다.
$\quad$ 즉, $a > 1$일 때 $x_1 > x_2$이면 $f(x_1) > f(x_2)$이고,
$\quad 0 < a < 1$일 때 $x_1 > x_2$이면 $f(x_1) < f(x_2)$이다.
ㄷ. 함수의 그래프는 점 $(1, 0)$을 지난다.
ㄹ. 그래프의 점근선의 방정식은 $x = 0$이다.
따라서 보기에서 옳은 것은 ㄱ, ㄹ이다.

8 $y = \log_5 (-x^2 + 4x + 12)$에서 진수의 조건에 의하여
$-x^2 + 4x + 12 > 0$, $x^2 - 4x - 12 < 0$
$(x+2)(x-6) < 0$ $\quad \therefore -2 < x < 6$
따라서 구하는 정의역은
$\{x \mid -2 < x < 6\}$

9 $y = \log_3 (x^2 - 2ax + 16)$이 실수 전체의 집합에서 정의되려면 $x^2 - 2ax + 16 > 0$이어야 한다.
즉, 이차방정식 $x^2 - 2ax + 16 = 0$의 판별식을 D라 하면
$D < 0$이어야 하므로
$\dfrac{D}{4} = (-a)^2 - 16 < 0$
$a^2 - 16 < 0$, $(a+4)(a-4) < 0$ $\quad \therefore -4 < a < 4$
따라서 정수 a는 -3, -2, -1, 0, 1, 2, 3의 7개이다.

10 $y = \log_2 2(x-2) + 1 = \log_2 (x-2) + 2$
함수 $y = \log_2 2(x-2) + 1$의 그래프는 함수 $y = \log_2 x$의 그래프를 x축의 방향으로 2만큼, y축의 방향으로 2만큼 평행이동한 것이므로 오른쪽 그림과 같다.
따라서 함수 $y = \log_2 2(x-2) + 1$의 그래프로 알맞은 것은 ④이다.

11 $y=\log_{\frac{1}{3}}(3-x)+2$의 그래프는 $y=\log_{\frac{1}{3}}x$의 그래프를 y축에 대하여 대칭이동한 후 x축의 방향으로 3만큼, y축의 방향으로 2만큼 평행이동한 것이므로 다음 그림과 같다.

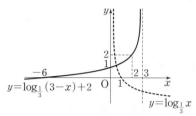

ㄱ. 정의역은 $\{x\,|\,x<3\}$이다.

ㄴ. 그래프의 점근선의 방정식은 $x=3$이다.

ㄷ. x의 값이 증가하면 y의 값도 증가한다.

ㄹ. $y=\log_{\frac{1}{3}}(3-x)+2$의 그래프는 제1사분면, 제2사분면, 제3사분면을 지난다.

따라서 보기에서 옳은 것은 ㄴ, ㄹ이다.

12 함수 $y=\log_3 x+1$의 그래프를 x축의 방향으로 a만큼 평행이동한 그래프의 식은

$y=\log_3(x-a)+1$

이 함수의 그래프를 직선 $y=x$에 대하여 대칭이동한 그래프의 식은

$x=\log_3(y-a)+1$

$x-1=\log_3(y-a)$, $3^{x-1}=y-a$

$\therefore y=3^{x-1}+a$

이 함수의 그래프가 함수 $y=3^{x-1}+5$의 그래프와 일치하므로

$a=5$

13 함수 $y=\log_2 x$의 그래프를 x축에 대하여 대칭이동한 후 x축의 방향으로 m만큼, y축의 방향으로 n만큼 평행이동한 그래프의 식은

$y=-\log_2(x-m)+n$

주어진 함수의 그래프의 점근선의 방정식이 $x=-2$이므로

$m=-2$

따라서 함수 $y=-\log_2(x+2)+n$의 그래프가 점 $(0,\,-4)$를 지나므로

$-4=-\log_2 2+n$ $\therefore n=-3$

$\therefore m+n=-2+(-3)=-5$

14 $y=\log_2 2x=\log_2 x+1$, $y=\log_2\dfrac{x}{2}=\log_2 x-1$이므로

함수 $y=\log_2\dfrac{x}{2}$의 그래프는 함수 $y=\log_2 2x$의 그래프를 y축의 방향으로 -2만큼 평행이동한 것이다.

따라서 오른쪽 그림에서 빗금 친 두 부분의 넓이가 서로 같으므로 구하는 넓이는 평행사변형 ABCD의 넓이와 같다.

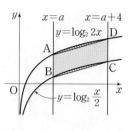

이때 $\overline{\mathrm{AB}}=2$이고 두 직선 $x=a$, $x=a+4$ 사이의 거리는 4이므로 구하는 넓이는

$2\times 4=8$

15 함수 $y=\log_{\frac{1}{3}}x$의 그래프는 점 $(a,\,c)$를 지나므로

$\log_{\frac{1}{3}}a=c$

$\therefore a=\left(\dfrac{1}{3}\right)^c=3^{-c}$

또 함수 $y=\log_{\frac{1}{3}}x$의 그래프는 점 $(b,\,a)$를 지나므로

$\log_{\frac{1}{3}}b=a$

$\therefore b=\left(\dfrac{1}{3}\right)^a=3^{-a}$

$\therefore 3^{-a-c}=3^{-a}\times 3^{-c}=ab$

16 $y=\log_{\frac{1}{4}}x$에 대하여

$x=\dfrac{1}{2}$일 때, $y=\log_{\frac{1}{4}}\dfrac{1}{2}=\dfrac{1}{2}$ $\therefore \mathrm{A}\left(\dfrac{1}{2},\,\dfrac{1}{2}\right)$

$x=2$일 때, $y=\log_{\frac{1}{4}}2=-\dfrac{1}{2}$ $\therefore \mathrm{C}\left(2,\,-\dfrac{1}{2}\right)$

$y=\log_{\sqrt{2}}x$에 대하여

$x=\dfrac{1}{2}$일 때, $y=\log_{\sqrt{2}}\dfrac{1}{2}=-2$ $\therefore \mathrm{B}\left(\dfrac{1}{2},\,-2\right)$

$x=2$일 때, $y=\log_{\sqrt{2}}2=2$ $\therefore \mathrm{D}(2,\,2)$

이때 $\overline{\mathrm{AB}}=\overline{\mathrm{CD}}=\left\{2-\left(-\dfrac{1}{2}\right)\right\}=\dfrac{5}{2}$이므로 사각형 ABCD는 평행사변형이다.

따라서 구하는 넓이는 $\dfrac{5}{2}\times\left(2-\dfrac{1}{2}\right)=\dfrac{15}{4}$

17 $\mathrm{A}_m(p,\,m)$이라 하면 점 A_m이 함수 $y=3^x$의 그래프 위에 있으므로

$3^p=m$ $\therefore p=\log_3 m$

$\therefore \mathrm{A}_m(\log_3 m,\,m)$

$\mathrm{B}_m(q,\,m)$이라 하면 점 B_m이 함수 $y=\log_2 x$의 그래프 위에 있으므로

$\log_2 q=m$ $\therefore q=2^m$

$\therefore \mathrm{B}_m(2^m,\,m)$

$\therefore \overline{\mathrm{A}_m\mathrm{B}_m}=2^m-\log_3 m$

$\overline{A_mB_m}$이 자연수이려면 m, 2^m이 자연수이므로 $\log_3 m$이 음이 아닌 정수이어야 한다.

즉, $\log_3 m=k$(k는 음이 아닌 정수)라 할 때, $m=3^k$ 꼴이어야 한다.

$m=3^0=1$일 때, $\overline{A_1B_1}=2^1-\log_3 1=2$

$m=3^1=3$일 때, $\overline{A_3B_3}=2^3-\log_3 3=8-1=7$

$m=3^2=9$일 때, $\overline{A_9B_9}=2^9-\log_3 9=512-2=510$

⋮

이때 m의 값이 증가하면 $\overline{A_mB_m}$의 값도 증가하므로

$a_3=\overline{A_9B_9}=510$

18 함수 $y=\log_a x+b$의 그래프와 그 역함수의 그래프의 두 교점의 x좌표가 1, 3이고, 함수 $y=\log_a x+b$의 그래프와 그 역함수의 그래프의 교점은 함수 $y=\log_a x+b$의 그래프와 직선 $y=x$의 교점과 같으므로 함수 $y=\log_a x+b$의 그래프는 두 점 $(1, 1)$, $(3, 3)$을 지난다.

$1=\log_a 1+b$에서 $b=1$

$3=\log_a 3+1$에서 $2=\log_a 3$

$a^2=3$ $\quad\therefore a=\sqrt{3}$ $(\because a>1)$

$\therefore ab=\sqrt{3}\times 1=\sqrt{3}$

19 $g(-1)=a$에서 $2^{-1}=a$

$\therefore a=\dfrac{1}{2}$ $\quad\therefore D\left(-1, \dfrac{1}{2}\right)$

$f(b)=\dfrac{1}{2}$에서 $\log_2 b=\dfrac{1}{2}$

$\therefore b=\sqrt{2}$ $\quad\therefore B\left(\sqrt{2}, \dfrac{1}{2}\right)$

함수 $f(x)$는 함수 $g(x)$의 역함수이므로

$B\left(\sqrt{2}, \dfrac{1}{2}\right)$에서 $C\left(\dfrac{1}{2}, \sqrt{2}\right)$

$D\left(-1, \dfrac{1}{2}\right)$에서 $A\left(\dfrac{1}{2}, -1\right)$

$\therefore \square ABCD$

$=\triangle ABD+\triangle BCD$

$=\dfrac{1}{2}\times(\sqrt{2}+1)\times\dfrac{3}{2}+\dfrac{1}{2}\times(\sqrt{2}+1)\times\left(\sqrt{2}-\dfrac{1}{2}\right)$

$=\dfrac{3+3\sqrt{2}}{4}+\dfrac{3+\sqrt{2}}{4}$

$=\dfrac{3+2\sqrt{2}}{2}$

20 점 B의 x좌표는 4이므로 $\log_2 4=2$

$\therefore B(4, 2)$

점 $B(4, 2)$를 지나고 기울기가 -1인 직선을 l이라 하고, 함수 $y=2^x$의 그래프가 직선 l과 만나는 점을 C'이라 하자.

이때 함수 $y=\log_2 x$의 역함수는 $y=2^x$이고 $B(4, 2)$이므로

$C'(2, 4)$

함수 $y=2^{x+1}+1$의 그래프는 함수 $y=2^x$의 그래프를 x축의 방향으로 -1만큼, y축의 방향으로 1만큼 평행이동한 것이므로 점 C는 점 C'을 x축의 방향으로 -1만큼, y축의 방향으로 1만큼 평행이동한 것이다.

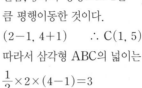

$(2-1, 4+1)$ $\quad\therefore C(1, 5)$

따라서 삼각형 ABC의 넓이는

$\dfrac{1}{2}\times 2\times(4-1)=3$

21 $A=2\log_3 5=\log_3 5^2=\log_3 25$

$B=3=\log_3 3^3=\log_3 27$

$C=\log_9 400=\log_{3^2} 20^2=\log_3 20$

$20<25<27$이고, 밑이 1보다 크므로

$\log_3 20<\log_3 25<\log_3 27$ $\quad\therefore C<A<B$

22 $0<a<1$이므로 $b<a$의 양변에 밑이 a인 로그를 취하면

$\log_a b>1$ $\quad$ ⋯⋯ ㉠

$0<b<1$이므로 $b<a$의 양변에 밑이 b인 로그를 취하면

$1>\log_b a$ $\quad$ ⋯⋯ ㉡

㉠, ㉡에서 $\log_b a<\log_a b$

$\log_a ab=\log_a b+1$, $\log_b \dfrac{a}{b}=\log_b a-1$이므로

$\log_a b<\log_a ab$, $\log_b \dfrac{a}{b}<\log_b a$

$\therefore \log_b \dfrac{a}{b}<\log_b a<\log_a b<\log_a ab$

23 $\log_{a^2} x=\dfrac{1}{2}\log_a x$, $\log_a x^2=2\log_a x$

$a\leq x<a^2$의 각 변에 밑이 a인 로그를 취하면

$1\leq\log_a x<2$

이때 $\log_a x>0$이므로 각 변에 $\log_a x$를 곱하면

$\log_a x\leq(\log_a x)^2<2\log_a x$

$\therefore \dfrac{1}{2}\log_a x<(\log_a x)^2<2\log_a x$

따라서 가장 작은 수는 $\log_{a^2} x$이다.

24 $y=\log_2 (x-1)+2$의 밑이 1보다 크므로 $3\leq x\leq 17$일 때 함수 $y=\log_2 (x-1)+2$는

$x=17$에서 최댓값 $\log_2 16+2=6$,

$x=3$에서 최솟값 $\log_2 2+2=3$을 갖는다.

따라서 $M=6$, $m=3$이므로

$\therefore M+m=9$

25 $f(x)=2\log_{\frac{1}{2}}(x+k)$의 밑이 1보다 작으므로

$0\leq x\leq12$일 때 함수 $f(x)=2\log_{\frac{1}{2}}(x+k)$는

$x=0$에서 최댓값 $2\log_{\frac{1}{2}}k$,

$x=12$에서 최솟값 $2\log_{\frac{1}{2}}(12+k)$를 갖는다.

즉, $2\log_{\frac{1}{2}}k=-4$이므로 $\log_{\frac{1}{2}}k=-2$ $\therefore k=4$

따라서 함수 $f(x)=2\log_{\frac{1}{2}}(x+4)$의 최솟값은

$2\log_{\frac{1}{2}}16=-8$ $\therefore m=-8$

$\therefore k+m=4+(-8)=-4$

26 $y=\log_{\frac{1}{3}}(x-1)+b$의 밑이 1보다 작으므로

$a\leq x\leq10$일 때 함수 $y=\log_{\frac{1}{3}}(x-1)+b$는

$x=a$에서 최댓값 $\log_{\frac{1}{3}}(a-1)+b$,

$x=10$에서 최솟값 $\log_{\frac{1}{3}}9+b=-2+b$를 갖는다.

즉, $\log_{\frac{1}{3}}(a-1)+b=1$, $-2+b=-3$이므로

$b=-1$, $a=\dfrac{10}{9}$

$\therefore 9ab=-10$

27 함수 $y=\log_a(x+4)+1$은 $-3\leq x\leq5$일 때

(i) $0<a<1$이면 $x=-3$에서 최댓값 $\log_a1+1=1$을 갖는다.

이때 $1\neq3$이므로 조건을 만족시키는 a는 존재하지 않는다.

(ii) $a>1$이면 $x=5$에서 최댓값 $\log_a9+1$을 갖는다.

즉, $\log_a9+1=3$이므로 $a^2=9$ $\therefore a=3 (\because a>1)$

(i), (ii)에서 $a=3$

28 $y=\log_{\frac{1}{3}}(x^2-2x+3)$에서 $f(x)=x^2-2x+3$이라 하면

$f(x)=(x-1)^2+2$

$2\leq x\leq6$에서 $f(2)=3$, $f(6)=27$이므로

$3\leq f(x)\leq27$

이때 $y=\log_{\frac{1}{3}}f(x)$의 밑이 1보다 작으므로 함수

$y=\log_{\frac{1}{3}}f(x)$는

$f(x)=3$에서 최댓값 $\log_{\frac{1}{3}}3=-1$,

$f(x)=27$에서 최솟값 $\log_{\frac{1}{3}}27=-3$을 갖는다.

따라서 $M=-1$, $m=-3$이므로

$M^2+m=(-1)^2+(-3)=-2$

29 진수의 조건에서

$x-5>0$, $25-x>0$ $\therefore 5<x<25$ ...... ㉠

$y=\log(x-5)+\log(25-x)=\log(-x^2+30x-125)$

$f(x)=-x^2+30x-125$라 하면

$f(x)=-(x-15)^2+100$

㉠에서 $f(5)=0$, $f(15)=100$, $f(25)=0$이므로

$0<f(x)\leq100$

이때 $y=\log f(x)$의 밑이 1보다 크므로 함수

$y=\log f(x)$는

$f(x)=100$, 즉 $x=15$에서 최댓값 $\log100=2$를 갖는다.

따라서 $a=15$, $b=2$이므로 $ab=30$

30 $y=\log_a(|x-1|+2)$에서 $f(x)=|x-1|+2$라 하면

$0\leq x\leq7$에서 $2\leq f(x)\leq8$

(i) $a>1$이면 $y=\log_a f(x)$의 밑이 1보다 크므로

함수 $y=\log_a f(x)$는 $f(x)=8$에서 최댓값 $\log_a8$을 갖는다.

즉, $\log_a8=-1$이므로 $a=\dfrac{1}{8}$

그런데 $a>1$이므로 조건을 만족시키는 a는 존재하지 않는다.

(ii) $0<a<1$이면 $y=\log_a f(x)$의 밑이 1보다 작으므로

함수 $y=\log_a f(x)$는 $f(x)=2$에서 최댓값 $\log_a2$를 갖는다.

즉, $\log_a2=-1$이므로 $a=\dfrac{1}{2}$

(i), (ii)에서 $a=\dfrac{1}{2}$

따라서 함수 $y=\log_{\frac{1}{2}}f(x)$는 $f(x)=8$일 때 최소이므로 구하는 최솟값은 $\log_{\frac{1}{2}}8=-3$

31 $y=(\log_{\frac{1}{3}}x)^2-\log_{\frac{1}{3}}x^2+3=(\log_{\frac{1}{3}}x)^2-2\log_{\frac{1}{3}}x+3$

$\log_{\frac{1}{3}}x=t$로 놓으면 $1\leq x\leq27$에서 $-3\leq t\leq0$

이때 주어진 함수는 $y=t^2-2t+3=(t-1)^2+2$이므로

$-3\leq t\leq0$일 때 함수 $y=(t-1)^2+2$는

$t=-3$에서 최댓값 18, $t=0$에서 최솟값 3을 갖는다.

따라서 $M=18$, $m=3$이므로

$M+2m=18+2\times3=24$

32 $y=\log x^{\log x}-4\log10x$

$=(\log x)^2-4(1+\log x)$

$=(\log x)^2-4\log x-4$

$\log x=t$로 놓으면 $10\leq x\leq1000$에서 $1\leq t\leq3$

이때 주어진 함수는 $y=t^2-4t-4=(t-2)^2-8$이므로

$1\leq t\leq3$일 때 함수 $y=(t-2)^2-8$은

$t=1$ 또는 $t=3$에서 최댓값 -7,

$t=2$에서 최솟값 -8을 갖는다.

따라서 $M=-7$, $m=-8$이므로

$M-m=-7-(-8)=1$

33 $y=(\log_2 x)^2+a\log_{\sqrt{2}}x+b$

$\quad=(\log_2 x)^2+2a\log_2 x+b$

$\log_2 x=t$로 놓으면 주어진 함수는

$y=t^2+2at+b=(t+a)^2-a^2+b$

이때 $x=\dfrac{1}{4}$, 즉 $t=-2$에서 최솟값 2를 가지므로

$-a=-2,\ -a^2+b=2$

따라서 $a=2,\ b=6$이므로 $a+b=8$

34 $y=x^{-2+\log_3 x}$의 양변에 밑이 3인 로그를 취하면

$\log_3 y=\log_3 x^{-2+\log_3 x}$

$\qquad=(-2+\log_3 x)\times\log_3 x$

$\qquad=(\log_3 x)^2-2\log_3 x$

$\log_3 x=t$로 놓으면

$1\le x\le 27$에서 $0\le t\le 3$

$\log_3 y=t^2-2t=(t-1)^2-1$

즉, $0\le t\le 3$일 때 함수 $\log_3 y$는 $t=3$에서 최댓값 3,

$t=1$에서 최솟값 -1을 갖는다.

이때 $\log_3 y$의 밑이 1보다 크므로

$\log_3 y=3$에서 $M=3^3=27$

$\log_3 y=-1$에서 $m=3^{-1}=\dfrac{1}{3}$

$\therefore Mm=27\times\dfrac{1}{3}=9$

35 $\log_5\left(x+\dfrac{1}{y}\right)+\log_5\left(y+\dfrac{16}{x}\right)=\log_5\left(xy+\dfrac{16}{xy}+17\right)$

$x>0,\ y>0$에서 $xy>0,\ \dfrac{16}{xy}>0$이므로 산술평균과 기하

평균의 관계에 의하여

$xy+\dfrac{16}{xy}\ge 2\sqrt{xy\times\dfrac{16}{xy}}=8$ (단, 등호는 $xy=4$일 때 성립)

이때 $\log_5\left(xy+\dfrac{16}{xy}+17\right)$의 밑이 1보다 크므로

$\log_5\left(xy+\dfrac{16}{xy}+17\right)\ge\log_5(8+17)=\log_5 25=2$

따라서 구하는 최솟값은 2이다.

36 $y=\log_2 x+\log_x 128$

$\quad=\log_2 x+7\log_x 2$

$\quad=\log_2 x+\dfrac{7}{\log_2 x}$

$x>1$에서 $\log_2 x>0$이므로 산술평균과 기하평균의 관계

에 의하여

$y=\log_2 x+\dfrac{7}{\log_2 x}\ge 2\sqrt{\log_2 x\times\dfrac{7}{\log_2 x}}=2\sqrt{7}$

$\qquad\qquad$ (단, 등호는 $\log_2 x=\sqrt{7}$일 때 성립)

따라서 구하는 최솟값은 $2\sqrt{7}$이다.

37 $\log_x\sqrt{y}+\log_{y^2}x=\dfrac{1}{2}\log_x y+\dfrac{1}{2}\log_y x$

$\qquad\qquad\qquad\quad=\dfrac{1}{2}(\log_x y+\log_y x)$

$\qquad\qquad\qquad\quad=\dfrac{1}{2}\left(\log_x y+\dfrac{1}{\log_x y}\right)$

$x>1,\ y>1$에서 $\log_x y>0$이므로 산술평균과 기하평균의

관계에 의하여

$\log_x y+\dfrac{1}{\log_x y}\ge 2\sqrt{\log_x y\times\dfrac{1}{\log_x y}}=2$

$\qquad\qquad$ (단, 등호는 $\log_x y=1$일 때 성립)

$\therefore \log_x\sqrt{y}+\log_{y^2}x=\dfrac{1}{2}\left(\log_x y+\dfrac{1}{\log_x y}\right)$

$\qquad\qquad\qquad\qquad\ \ge\dfrac{1}{2}\times 2=1$

따라서 구하는 최솟값은 1이다.

---

04 로그함수의 활용 34~38쪽

1 ②	**2** ③	**3** $x=1$	**4** ③	**5** 80
6 32	**7** 5	**8** ⑤	**9** ①	**10** ②
11 -4	**12** ②	**13** $\dfrac{1}{10}$		
14 $x=10$ 또는 $x=100$		**15** ⑤	**16** ①	**17** ④
18 2	**19** ④	**20** $3<x<5$		**21** 3
22 15	**23** $0<x\le\dfrac{1}{2}$ 또는 $x\ge 16$			**24** ③
25 2	**26** ⑤	**27** 100	**28** ③	**29** 10
30 $0<a\le 3$ 또는 $a\ge 27$			**31** 6	**32** 10
33 $0<a\le\dfrac{1}{4}$		**34** ⑤	**35** ④	**36** 30년

1 진수의 조건에서

$x-1>0,\ x+2>0$

$\therefore x>1$ $\quad\cdots\cdots$ ㉠

$\log_2(x-1)+\log_2(x+2)=2$에서

$\log_2(x-1)(x+2)=2$

$\log_2(x^2+x-2)=2$

$x^2+x-2=2^2,\ x^2+x-6=0$

$(x+3)(x-2)=0$ $\quad\therefore x=-3$ 또는 $x=2$

㉠에 의하여 주어진 방정식의 해는 $x=2$이므로 $a=2$

$\therefore 2a=4$

2 진수의 조건에서

$x^2-3x-10>0$, $x+2>0$

$\therefore$ $x>5$ $\qquad$ ...... ㉠

$2\log_9(x^2-3x-10)=\log_3(x+2)+1$에서

$\log_{9^{\frac{1}{2}}}(x^2-3x-10)=\log_3(x+2)+\log_3 3$

$\log_3(x^2-3x-10)=\log_3 3(x+2)$

$x^2-3x-10=3(x+2)$, $x^2-6x-16=0$

$(x+2)(x-8)=0$ $\qquad$ $\therefore$ $x=-2$ 또는 $x=8$

따라서 ㉠에 의하여 $x=8$

3 진수의 조건에서

$2x+2>0$, $2x-1>0$ $\qquad$ $\therefore$ $x>\dfrac{1}{2}$ $\qquad$ ...... ㉠

$\log_2\sqrt{2x+2}=1-\dfrac{1}{2}\log_2(2x-1)$에서

$\dfrac{1}{2}\log_2(2x+2)+\dfrac{1}{2}\log_2(2x-1)=1$

$\log_2(2x+2)(2x-1)=2$

$(2x+2)(2x-1)=4$, $2x^2+x-3=0$

$(2x+3)(x-1)=0$ $\qquad$ $\therefore$ $x=-\dfrac{3}{2}$ 또는 $x=1$

따라서 ㉠에 의하여 $x=1$

4 밑과 진수의 조건에서

$a>0$, $a\neq 1$

$\therefore$ $0<a<1$ 또는 $a>1$ $\qquad$ ...... ㉠

$\log_2 8a=\dfrac{2}{\log_a 2}$에서

$\log_2 8a=2\log_2 a$, $\log_2 8a=\log_2 a^2$

$8a=a^2$, $a^2-8a=0$

$a(a-8)=0$ $\qquad$ $\therefore$ $a=0$ 또는 $a=8$

따라서 ㉠에 의하여 $a=8$

5 진수의 조건에서 $x>0$ $\qquad$ ...... ㉠

$\left(\log_3\dfrac{x}{3}\right)^2=\log_3 x+5$에서

$(\log_3 x-\log_3 3)^2=\log_3 x+5$

$\log_3 x=t$로 놓으면 $(t-1)^2=t+5$

$t^2-3t-4=0$, $(t+1)(t-4)=0$

$\therefore$ $t=-1$ 또는 $t=4$

$t=\log_3 x$이므로 $\log_3 x=-1$ 또는 $\log_3 x=4$

$\therefore$ $x=\dfrac{1}{3}$ 또는 $x=81$

㉠에 의하여 $x=\dfrac{1}{3}$ 또는 $x=81$

이때 $\alpha<\beta$이므로 $\alpha=\dfrac{1}{3}$, $\beta=81$

$\therefore$ $\beta-3\alpha=81-3\times\dfrac{1}{3}=80$

6 진수의 조건에서 $x>0$ $\qquad$ ...... ㉠

$\left(\log_2\dfrac{x}{2}\right)(\log_2 4x)=4$에서

$(\log_2 x-1)(2+\log_2 x)=4$

$\log_2 x=t$로 놓으면

$(t-1)(2+t)=4$, $t^2+t-6=0$

$(t+3)(t-2)=0$ $\qquad$ $\therefore$ $t=-3$ 또는 $t=2$

$t=\log_2 x$이므로 $\log_2 x=-3$ 또는 $\log_2 x=2$

$\therefore$ $x=\dfrac{1}{8}$ 또는 $x=4$

㉠에 의하여 $x=\dfrac{1}{8}$ 또는 $x=4$

따라서 $\alpha=\dfrac{1}{8}$, $\beta=4$ 또는 $\alpha=4$, $\beta=\dfrac{1}{8}$이므로

$64\alpha\beta=32$

7 밑과 진수의 조건에서 $x>0$, $x\neq 1$ $\qquad$ ...... ㉠

$\log_5 x+6\log_x 5-5=0$에서

$\log_5 x+\dfrac{6}{\log_5 x}-5=0$

$\log_5 x=t$ $(t\neq 0)$로 놓으면

$t+\dfrac{6}{t}-5=0$, $t^2-5t+6=0$

$(t-2)(t-3)=0$ $\qquad$ $\therefore$ $t=2$ 또는 $t=3$

$t=\log_5 x$이므로 $\log_5 x=2$ 또는 $\log_5 x=3$

$\therefore$ $x=25$ 또는 $x=125$

㉠에 의하여 $x=25$ 또는 $x=125$

이때 $\alpha<\beta$이므로 $\alpha=25$, $\beta=125$

$\therefore$ $\dfrac{\beta}{\alpha}=5$

8 진수의 조건에서 $x>0$, $y>0$ $\qquad$ ...... ㉠

$\log_2 x\times\log_3\sqrt{y}=5$에서

$\log_2 x\times\dfrac{1}{2}\log_3 y=5$ $\qquad$ $\therefore$ $\log_2 x\times\log_3 y=10$

$\log_2 x=X$, $\log_3 y=Y$로 놓으면

$X+Y=7$, $XY=10$

두 식을 연립하여 풀면

$X=2$, $Y=5$ 또는 $X=5$, $Y=2$

$\log_2 x=2$, $\log_3 y=5$ 또는 $\log_2 x=5$, $\log_3 y=2$

$\therefore$ $x=4$, $y=243$ 또는 $x=32$, $y=9$

㉠에 의하여 $x=4$, $y=243$ 또는 $x=32$, $y=9$

그런데 $\alpha>\beta$이므로 $\alpha=32$, $\beta=9$ $\qquad$ $\therefore$ $\alpha-\beta=23$

9 $(\log_2 2x)^2-2\log_2 8x^2=0$에서

$(\log_2 2+\log_2 x)^2-2(\log_2 8+2\log_2 x)=0$

$\log_2 x=t$로 놓으면

$(1+t)^2-2(3+2t)=0$

$t^2-2t-5=0$ $\qquad$ ...... ㉠

주어진 방정식의 두 근을 α, β라 하면 이차방정식 ㉠의 두 근은 $\log_2\alpha$, $\log_2\beta$이므로 이차방정식의 근과 계수의 관계에 의하여

$\log_2\alpha+\log_2\beta=2$, $\log_2\alpha\beta=2$ $\quad\therefore \alpha\beta=4$

10 $\log 2x\times\log 5x=2$에서

$(\log 2+\log x)(\log 5+\log x)=2$

$\log x=t$로 놓으면 $(\log 2+t)(\log 5+t)=2$

$t^2+(\log 2+\log 5)t+\log 2\times\log 5-2=0$

$t^2+t+\log 2\times\log 5-2=0$

이 이차방정식의 두 근은 $\log\alpha$, $\log\beta$이므로 이차방정식의 근과 계수의 관계에 의하여

$\log\alpha+\log\beta=-1$, $\log\alpha\beta=-1$

$\therefore \alpha\beta=\dfrac{1}{10}$

11 $\log_3 x=t$로 놓으면 $(t+k)(t+1)+2=0$

$t^2+(k+1)t+k+2=0$ $\quad\cdots\cdots$ ㉠

주어진 방정식의 두 근을 α, β라 하면 이차방정식 ㉠의 두 근은 $\log_3\alpha$, $\log_3\beta$이므로 이차방정식의 근과 계수의 관계에 의하여

$\log_3\alpha+\log_3\beta=-(k+1)$, $\log_3\alpha\beta=-k-1$

이때 $\alpha\beta=27$이므로

$\log_3 27=-k-1$ $\quad\therefore k=-4$

12 진수의 조건에서 $x>0$ $\quad\cdots\cdots$ ㉠

주어진 방정식의 양변에 밑이 3인 로그를 취하면

$\log_3 x^{\log_3 x}=\log_3 27x^2$, $(\log_3 x)^2=3+2\log_3 x$

$\log_3 x=t$로 놓으면 $t^2=3+2t$, $t^2-2t-3=0$

$(t+1)(t-3)=0$ $\quad\therefore t=-1$ 또는 $t=3$

$t=\log_3 x$이므로 $\log_3 x=-1$ 또는 $\log_3 x=3$

$\therefore x=\dfrac{1}{3}$ 또는 $x=27$

따라서 ㉠에 의하여 주어진 방정식의 해는

$x=\dfrac{1}{3}$ 또는 $x=27$

13 진수의 조건에서 $x>0$ $\quad\cdots\cdots$ ㉠

주어진 방정식의 양변에 상용로그를 취하면

$\log x^{1-\log x}=\log\dfrac{x^2}{100}$

$(1-\log x)\log x=2\log x-2$

$\log x=t$로 놓으면 $(1-t)t=2t-2$, $t^2+t-2=0$

$(t+2)(t-1)=0$ $\quad\therefore t=-2$ 또는 $t=1$

$t=\log x$이므로 $\log x=-2$ 또는 $\log x=1$

$\therefore x=\dfrac{1}{100}$ 또는 $x=10$

㉠에 의하여 주어진 방정식의 해는

$x=\dfrac{1}{100}$ 또는 $x=10$

따라서 모든 근의 곱은 $\dfrac{1}{100}\times 10=\dfrac{1}{10}$

14 진수의 조건에서 $x>0$ $\quad\cdots\cdots$ ㉠

$2^{\log x}\times x^{\log 2}-3(2^{\log x}+x^{\log 2})+8=0$에서

$(2^{\log x})^2-6\times 2^{\log x}+8=0$

$2^{\log x}=t\,(t>0)$로 놓으면

$t^2-6t+8=0$, $(t-2)(t-4)=0$

$\therefore t=2$ 또는 $t=4$

$t=2^{\log x}$이므로 $2^{\log x}=2$ 또는 $2^{\log x}=4$

$\log x=1$ 또는 $\log x=2$

$\therefore x=10$ 또는 $x=100$

따라서 ㉠에 의하여 주어진 방정식의 해는

$x=10$ 또는 $x=100$

15 진수의 조건에서 $x>0$ $\quad\cdots\cdots$ ㉠

주어진 방정식의 양변에 상용로그를 취하면

$(\log 5x)^2=(\log 3x)^2$

$\therefore \log 5x=-\log 3x$ 또는 $\log 5x=\log 3x$

(i) $\log 5x=-\log 3x$에서 $5x=\dfrac{1}{3x}$ $\quad\therefore x^2=\dfrac{1}{15}$

(ii) $\log 5x=\log 3x$에서 $5x=3x$, 즉 $x=0$

　　 그런데 ㉠에서 $x>0$이므로 해는 없다.

(i), (ii)에서 $\alpha^2=\dfrac{1}{15}$ $\quad\therefore \dfrac{1}{\alpha^2}=15$

16 진수의 조건에서

$x^2-2x-15>0$, $x-3>0$ $\quad\therefore x>5$ $\quad\cdots\cdots$ ㉠

주어진 부등식에서

$\log_3(x^2-2x-15)<\log_3(3x-9)$이므로 ◀ (밑)>1

$x^2-2x-15<3x-9$, $x^2-5x-6<0$

$(x+1)(x-6)<0$ $\quad\therefore -1<x<6$ $\quad\cdots\cdots$ ㉡

㉠, ㉡을 동시에 만족시키는 x의 값의 범위는

$5<x<6$

따라서 $\alpha=5$, $\beta=6$이므로 $\beta-\alpha=1$

17 진수의 조건에서

$1-x>0$, $2x+6>0$ $\quad\therefore -3<x<1$ $\quad\cdots\cdots$ ㉠

주어진 부등식에서

$\log_{\frac{1}{4}}(1-x)^2>\log_{\frac{1}{4}}(2x+6)$이므로 ◀ 0<(밑)<1

$(1-x)^2<2x+6$, $x^2-4x-5<0$

$(x+1)(x-5)<0$ $\quad\therefore -1<x<5$ $\quad\cdots\cdots$ ㉡

㉠, ㉡을 동시에 만족시키는 x의 값의 범위는

$-1<x<1$

18 진수의 조건에서

$x>0$, $\log_9 x>0$ $\therefore$ $x>1$ ...... ㉠

$\log_{\frac{1}{2}}(\log_9 x)>1$에서

$\log_{\frac{1}{2}}(\log_9 x)>\log_{\frac{1}{2}}\dfrac{1}{2}$ ◀ $0<$(밑)<1

$\log_9 x<\dfrac{1}{2}$, $\log_9 x<\log_9 3$ ◀ (밑)>1

$\therefore$ $x<3$ ...... ㉡

㉠, ㉡을 동시에 만족시키는 x의 값의 범위는

$1<x<3$

따라서 자연수 x의 값은 2이다.

19 진수의 조건에서

$|x-3|>0$ $\therefore$ $x\neq 3$ ...... ㉠

$\log_{\frac{1}{5}}|x-3|>-1$에서

$\log_{\frac{1}{5}}|x-3|>\log_{\frac{1}{5}}5$ ◀ $0<$(밑)<1

$|x-3|<5$, $-5<x-3<5$

$\therefore$ $-2<x<8$ ...... ㉡

㉠, ㉡을 동시에 만족시키는 정수 x는

-1, 0, 1, 2, 4, 5, 6, 7의 8개이다.

20 (i) 부등식 $2^{x(x-4)}<32$

$2^{x(x-4)}<32$에서 $2^{x(x-4)}<2^5$

$x(x-4)<5$, $x^2-4x-5<0$

$(x+1)(x-5)<0$ $\therefore$ $-1<x<5$

(ii) 부등식 $2\log_{\frac{1}{3}}(x-3)\geq \log_{\frac{1}{3}}(x+3)$

진수의 조건에서

$x-3>0$, $x+3>0$ $\therefore$ $x>3$ ...... ㉠

$2\log_{\frac{1}{3}}(x-3)\geq \log_{\frac{1}{3}}(x+3)$에서

$\log_{\frac{1}{3}}(x-3)^2\geq \log_{\frac{1}{3}}(x+3)$ ◀ $0<$(밑)<1

$(x-3)^2\leq (x+3)$, $x^2-7x+6\leq 0$

$(x-1)(x-6)\leq 0$ $\therefore$ $1\leq x\leq 6$ ...... ㉡

㉠, ㉡을 동시에 만족시키는 x의 값의 범위는

$3<x\leq 6$

(i), (ii)에서 주어진 연립부등식의 해는 $3<x<5$

21 진수의 조건에서

$x-1>0$, $\dfrac{x}{2}+k>0$

$\therefore$ $x>1$, $x>-2k$

그런데 k는 자연수이므로 $x>1$ ...... ㉠

$\log_5(x-1)\leq \log_5\left(\dfrac{x}{2}+k\right)$에서 ◀ (밑)$>1$

$x-1\leq \dfrac{x}{2}+k$ $\therefore$ $x\leq 2k+2$ ...... ㉡

㉠, ㉡을 동시에 만족시키는 x의 값의 범위는

$1<x\leq 2k+2$ ...... ㉢

따라서 ㉢을 만족시키는 정수 x가 7개이므로

$8\leq 2k+2<9$ $\therefore$ $3\leq k<\dfrac{7}{2}$

이때 k가 자연수이므로 $k=3$

22 진수의 조건에서

$f(x)>0$, $x-1>0$ ...... ㉠

$\log_3 f(x)+\log_{\frac{1}{3}}(x-1)\leq 0$에서

$\log_3 f(x)-\log_3(x-1)\leq 0$

$\log_3 f(x)\leq \log_3(x-1)$ ◀ (밑)>1

$\therefore$ $f(x)\leq x-1$ ...... ㉡

㉠, ㉡에서

$x>1$ ...... ㉢

$0<f(x)\leq x-1$ ...... ㉣

㉣을 만족시키는 x의 값의 범위는 함수 $y=f(x)$의 그래프가 x축보다 위쪽에 있으면서 동시에 직선 $y=x-1$과 만나거나 아래쪽에 있는 부분이므로

$4\leq x<7$ ...... ㉤

㉢, ㉤을 동시에 만족시키는 x의 값의 범위는

$4\leq x<7$

따라서 모든 자연수 x의 값의 합은

$4+5+6=15$

23 진수의 조건에서

$\dfrac{32}{x}>0$, $4x>0$ $\therefore$ $x>0$ ...... ㉠

$\log_2\dfrac{32}{x}\times \log_2 4x\leq 6$에서

$(5-\log_2 x)(2+\log_2 x)\leq 6$

$\log_2 x=t$로 놓으면

$(5-t)(2+t)\leq 6$, $t^2-3t-4\geq 0$

$(t+1)(t-4)\geq 0$

$\therefore$ $t\leq -1$ 또는 $t\geq 4$

$t=\log_2 x$이므로

$\log_2 x\leq -1$ 또는 $\log_2 x\geq 4$ ◀ (밑)>1

$\therefore$ $x\leq \dfrac{1}{2}$ 또는 $x\geq 16$ ...... ㉡

㉠, ㉡을 동시에 만족시키는 x의 값의 범위는

$0<x\leq \dfrac{1}{2}$ 또는 $x\geq 16$

24 진수의 조건에서 $x>0$ ...... ㉠

$\log_3 x^2-\log_3 x\times \log_3 3x+6\geq 0$에서

$2\log_3 x-\log_3 x(1+\log_3 x)+6\geq 0$

$\log_3 x = t$로 놓으면

$2t - t(1+t) + 6 \geq 0$, $t^2 - t - 6 \leq 0$

$(t+2)(t-3) \leq 0$ $\therefore -2 \leq t \leq 3$

$t = \log_3 x$이므로 $-2 \leq \log_3 x \leq 3$ ◀ (밑)>1

$\therefore \dfrac{1}{9} \leq x \leq 27$ ...... ⓒ

㉠, ⓒ을 동시에 만족시키는 x의 값의 범위는

$\dfrac{1}{9} \leq x \leq 27$

따라서 자연수 x는 1, 2, 3, …, 27의 27개이다.

25 진수의 조건에서 $x > 0$ ...... ㉠

$(1 + \log_{\frac{1}{2}} x) \log_2 x > -2$에서

$(1 - \log_2 x) \log_2 x > -2$

$\log_2 x = t$로 놓으면

$(1-t)t > -2$, $t^2 - t - 2 < 0$

$(t+1)(t-2) < 0$ $\therefore -1 < t < 2$

$t = \log_2 x$이므로 $-1 < \log_2 x < 2$ ◀ (밑)>1

$\therefore \dfrac{1}{2} < x < 4$ ...... ⓒ

㉠, ⓒ을 동시에 만족시키는 x의 값의 범위는

$\dfrac{1}{2} < x < 4$

따라서 $\alpha = \dfrac{1}{2}$, $\beta = 4$이므로 $\alpha\beta = 2$

26 $\log_{\frac{1}{3}} x = t$로 놓으면 $t^2 + at + b < 0$ ...... ㉠

주어진 부등식의 해가 $1 < x < 9$이므로 각 변에 밑이 $\dfrac{1}{3}$인 로그를 취하면

$\log_{\frac{1}{3}} 9 < \log_{\frac{1}{3}} x < \log_{\frac{1}{3}} 1$ ◀ $0 <$(밑)<1

$\therefore -2 < t < 0$

이차항의 계수가 1이고 해가 $-2 < t < 0$인 t에 대한 이차 부등식은

$t(t+2) < 0$ $\therefore t^2 + 2t < 0$

이 부등식이 부등식 ㉠과 일치하므로

$a = 2$, $b = 0$ $\therefore a + b = 2$

27 진수의 조건에서 $x > 0$ ...... ㉠

주어진 부등식의 양변에 상용로그를 취하면

$\log x^{\log x} < \log 1000 x^2$, $(\log x)^2 < 3 + 2\log x$

$\log x = t$로 놓으면

$t^2 < 3 + 2t$, $t^2 - 2t - 3 < 0$

$(t+1)(t-3) < 0$ $\therefore -1 < t < 3$

$t = \log x$이므로 $-1 < \log x < 3$ ◀ (밑)>1

$\therefore \dfrac{1}{10} < x < 1000$ ...... ⓒ

㉠, ⓒ을 동시에 만족시키는 x의 값의 범위는

$\dfrac{1}{10} < x < 1000$

따라서 $\alpha = \dfrac{1}{10}$, $\beta = 1000$이므로 $\alpha\beta = 100$

28 진수의 조건에서 $x > 0$ ...... ㉠

주어진 부등식의 양변에 밑이 3인 로그를 취하면

$\log_3 x^{\log_3 x - 3} < \log_3 \dfrac{1}{9}$

$(\log_3 x - 3) \log_3 x < -2$

$\log_3 x = t$로 놓으면

$(t-3)t < -2$, $t^2 - 3t + 2 < 0$

$(t-1)(t-2) < 0$ $\therefore 1 < t < 2$

$t = \log_3 x$이므로 $1 < \log_3 x < 2$ ◀ (밑)>1

$\therefore 3 < x < 9$ ...... ⓒ

㉠, ⓒ을 동시에 만족시키는 x의 값의 범위는

$3 < x < 9$

따라서 모든 자연수 x의 값의 합은

$4 + 5 + 6 + 7 + 8 = 30$

29 진수의 조건에서 $x > 0$ ...... ㉠

$3^{\log x} \times x^{\log 3} - (3^{\log x} + x^{\log 3}) - 3 \leq 0$에서

$(3^{\log x})^2 - 2 \times 3^{\log x} - 3 \leq 0$

$3^{\log x} = t \, (t > 0)$로 놓으면 $t^2 - 2t - 3 \leq 0$

$(t+1)(t-3) \leq 0$ $\therefore -1 \leq t \leq 3$

그런데 $t > 0$이므로 $0 < t \leq 3$

$t = 3^{\log x}$이므로 $0 < 3^{\log x} \leq 3$

$\log x \leq 1$ ◀ (밑)>1

$\therefore x \leq 10$ ...... ⓒ

㉠, ⓒ을 동시에 만족시키는 x의 값의 범위는

$0 < x \leq 10$

따라서 자연수 x는 1, 2, 3, …, 10의 10개이다.

30 이차방정식 $x^2 - 2(2 - \log_3 a)x + 1 = 0$의 판별식을 D라 하면 $D \geq 0$이어야 하므로

$\dfrac{D}{4} = (2 - \log_3 a)^2 - 1 \geq 0$

$(\log_3 a)^2 - 4\log_3 a + 3 \geq 0$

진수의 조건에서 $a > 0$ ...... ㉠

$\log_3 a = t$로 놓으면 $t^2 - 4t + 3 \geq 0$

$(t-1)(t-3) \geq 0$ $\therefore t \leq 1$ 또는 $t \geq 3$

$t = \log_3 a$이므로

$\log_3 a \leq 1$ 또는 $\log_3 a \geq 3$ ◀ (밑)>1

$\therefore a \leq 3$ 또는 $a \geq 27$ ...... ⓒ

㉠, ⓒ을 동시에 만족시키는 x의 값의 범위는

$0 < a \leq 3$ 또는 $a \geq 27$

31 이차방정식 $3x^2 - 2(\log_2 n)x + \log_2 n = 0$의 판별식을 D

라 하면 $D < 0$이어야 하므로

$\dfrac{D}{4} = (\log_2 n)^2 - 3\log_2 n < 0$

진수의 조건에서 $n > 0$ ····· ㉠

$\log_2 n = t$로 놓으면 $t^2 - 3t < 0$

$t(t-3) < 0$ ∴ $0 < t < 3$

$t = \log_2 n$이므로 $0 < \log_2 n < 3$ ◀ (밑)>1

∴ $1 < n < 8$ ······ ㉡

㉠, ㉡을 동시에 만족시키는 n의 값의 범위는

$1 < n < 8$

따라서 자연수 n은 2, 3, 4, 5, 6, 7의 6개이다.

32 진수의 조건에서 $k > 0$ ······ ㉠

$(\log x)^2 + 2\log 10x - \log k \geq 0$에서

$\log x = t$로 놓으면 $t^2 + 2(t+1) - \log k \geq 0$

$t^2 + 2t + 2 - \log k \geq 0$

이 부등식이 모든 실수 t에 대하여 성립하려면 이차방정식

$t^2 + 2t + 2 - \log k = 0$의 판별식을 D라 할 때 $D \leq 0$이어야

하므로

$\dfrac{D}{4} = 1^2 - (2 - \log k) \leq 0$

$\log k \leq 1$ ◀ (밑)>1

∴ $k \leq 10$ ······ ㉡

㉠, ㉡을 동시에 만족시키는 k의 값의 범위는

$0 < k \leq 10$

따라서 구하는 자연수 k의 최댓값은 10이다.

33 진수의 조건에서 $a > 0$ ······ ㉠

이차방정식 $x^2 - 2x\log_2 a + 2 - \log_2 a = 0$의 두 근이 모두

음수일 조건은

(i) 주어진 이차방정식의 판별식을 D라 하면 $D \geq 0$이어야

하므로

$\dfrac{D}{4} = (\log_2 a)^2 - (2 - \log_2 a) \geq 0$

$(\log_2 a)^2 + \log_2 a - 2 \geq 0$

$\log_2 a = t$로 놓으면 $t^2 + t - 2 \geq 0$

$(t+2)(t-1) \geq 0$ ∴ $t \leq -2$ 또는 $t \geq 1$

$t = \log_2 a$이므로

$\log_2 a \leq -2$ 또는 $\log_2 a \geq 1$ ◀ (밑)>1

∴ $a \leq \dfrac{1}{4}$ 또는 $a \geq 2$

(ii) (두 근의 합)<0

주어진 이차방정식에서 근과 계수의 관계에 의하여

$2\log_2 a < 0$, $\log_2 a < 0$ ◀ (밑)>1

∴ $a < 1$

(iii) (두 근의 곱)>0

주어진 이차방정식에서 근과 계수의 관계에 의하여

$2 - \log_2 a > 0$, $\log_2 a < 2$ ◀ (밑)>1

∴ $a < 4$

(i), (ii), (iii)을 동시에 만족시키는 a의 값의 범위는

$a \leq \dfrac{1}{4}$ ······ ㉡

㉠, ㉡을 동시에 만족시키는 a의 값의 범위는

$0 < a \leq \dfrac{1}{4}$

34 초기 온도가 $25\,^\circ\mathrm{C}$인 건물에서 화재가 발생한 지 $\dfrac{9}{8}$분 후의

건물의 온도가 $250\,^\circ\mathrm{C}$이므로

$250 = 25 + k\log 10$ ∴ $k = 225$

화재가 발생한 지 t분 후의 건물의 온도가 $700\,^\circ\mathrm{C}$라 하면

$700 = 25 + 225\log(8t+1)$

$\log(8t+1) = 3$

$8t + 1 = 1000$ ∴ $t = \dfrac{999}{8}$

따라서 초기 온도가 $25\,^\circ\mathrm{C}$인 건물에서 화재가 발생하여 건

물의 온도가 $700\,^\circ\mathrm{C}$가 되는 것은 $\dfrac{999}{8}$분 후이다.

35 처음 물의 양을 a라 하면 x일 후 남아 있는 물의 양은

$a \times \left(\dfrac{9}{10}\right)^x$이므로

$a \times \left(\dfrac{9}{10}\right)^x \leq \dfrac{1}{2}a$ ∴ $\left(\dfrac{9}{10}\right)^x \leq \dfrac{1}{2}$

양변에 상용로그를 취하면

$x\log\dfrac{9}{10} \leq \log\dfrac{1}{2}$

$x(2\log 3 - 1) \leq -\log 2$, $-0.04x \leq -0.3$

∴ $x \geq \dfrac{-0.3}{-0.04} = 7.5$

따라서 물의 양이 절반 이하가 되는 것은 8일 후부터이다.

36 n년 후의 두 도시 A, B의 인구는 각각 $10^6 \times 1.05^n$,

$2 \times 10^6 \times 1.02^n$이므로

$10^6 \times 1.05^n \geq 2 \times 10^6 \times 1.02^n$

∴ $1.05^n \geq 2 \times 1.02^n$

양변에 상용로그를 취하면

$n\log 1.05 \geq \log 2 + n\log 1.02$

$0.02n \geq 0.3 + 0.01n$

$0.01n \geq 0.3$

∴ $n \geq \dfrac{0.3}{0.01} = 30$

따라서 A도시의 인구가 B도시의 인구 이상이 되는 것은

30년 후부터이다.

Ⅱ-1. 삼각함수

01 삼각함수　　　　　　　　　　　40~45쪽

1 ③	**2** ③	**3** ②	**4** ④	**5** ②
6 제1사분면		**7** ④	**8** 6	**9** ⑤
10 $\dfrac{1}{2}$	**11** ㄱ, ㄷ	**12** ④	**13** ㄱ, ㄴ, ㄹ	
14 4	**15** ③	**16** ③	**17** ④	**18** ③
19 24	**20** ⑤	**21** $\dfrac{1}{2}$	**22** $-\dfrac{6}{5}$	**23** $\dfrac{3}{2}$
24 $\dfrac{5}{2}\pi$	**25** ㄱ, ㄴ	**26** $\cos\theta$	**27** ④	**28** ㄱ, ㄷ
29 ⑤	**30** $-\dfrac{3}{2}$	**31** ⑤	**32** ②	**33** $\dfrac{5}{12}$
34 $\dfrac{\sqrt{15}}{3}$	**35** ⑤	**36** ④	**37** ②	**38** $4\sqrt{5}$
39 $3x^2+8x+3=0$				

1 ① $840°=360°\times2+120°$

　② $1200°=360°\times3+120°$

　③ $1680°=360°\times4+240°$

　④ $-240°=360°\times(-1)+120°$

　⑤ $-1320°=360°\times(-4)+120°$

　따라서 α의 값이 나머지 넷과 다른 하나는 ③이다.

2 ① $420°=360°\times1+60°$

　② $780°=360°\times2+60°$

　③ $1020°=360°\times2+300°$

　④ $-300°=360°\times(-1)+60°$

　⑤ $-660°=360°\times(-2)+60°$

　따라서 동경 OP가 나타낼 수 없는 각은 ③이다.

3 $675°=360°\times1+315°$

　ㄱ. $315°=360°\times0+315°$

　ㄴ. $585°=360°\times1+225°$

　ㄷ. $1125°=360°\times3+45°$

　ㄹ. $-405°=360°\times(-2)+315°$

　ㅁ. $-765°=360°\times(-3)+315°$

　ㅂ. $-1035°=360°\times(-3)+45°$

　따라서 $675°$를 나타내는 동경과 일치하는 것은 ㄱ, ㄹ, ㅁ
　이다.

4 ㄱ. $160°=360°\times0+160°$　　➡ 제2사분면의 각

　ㄴ. $390°=360°\times1+30°$　　➡ 제1사분면의 각

　ㄷ. $570°=360°\times1+210°$　　➡ 제3사분면의 각

　ㄹ. $-70°=360°\times(-1)+290°$　➡ 제4사분면의 각

　ㅁ. $-480°=360°\times(-2)+240°$ ➡ 제3사분면의 각

　ㅂ. $-600°=360°\times(-2)+120°$ ➡ 제2사분면의 각

　따라서 동경이 같은 사분면에 있는 각은 ㄱ, ㅂ과 ㄷ, ㅁ
　이다.

5 θ가 제2사분면의 각이므로

　$360°\times n+90°<\theta<360°\times n+180°$ (단, n은 정수)

　$\therefore 180°\times n+45°<\dfrac{\theta}{2}<180°\times n+90°$ ⋯⋯ ㉠

　(ⅰ) $n=0$일 때, $45°<\dfrac{\theta}{2}<90°$

　　따라서 $\dfrac{\theta}{2}$는 제1사분면의 각

　(ⅱ) $n=1$일 때, $225°<\dfrac{\theta}{2}<270°$

　　따라서 $\dfrac{\theta}{2}$는 제3사분면의 각

　$n=2,\ 3,\ 4,\ \cdots$에 대해서도 동경의 위치가 제1사분면과
　제3사분면으로 반복되므로 각 $\dfrac{\theta}{2}$를 나타내는 동경이 존
　재할 수 있는 사분면은 제1사분면, 제3사분면이다.

　다른 풀이

　㉠에서

　(ⅰ) $n=2k$ (k는 정수)일 때,

　　$360°\times k+45°<\dfrac{\theta}{2}<360°\times k+90°$

　　따라서 $\dfrac{\theta}{2}$는 제1사분면의 각

　(ⅱ) $n=2k+1$ (k는 정수)일 때,

　　$360°\times k+225°<\dfrac{\theta}{2}<360°\times k+270°$

　　따라서 $\dfrac{\theta}{2}$는 제3사분면의 각

　(ⅰ), (ⅱ)에서 각 $\dfrac{\theta}{2}$를 나타내는 동경이 존재할 수 있는 사
　분면은 제1사분면, 제3사분면이다.

6 $660°=360°\times1+300°$ ➡ 제4사분면의 각

　θ가 제4사분면의 각이므로

　$360°\times n+270°<\theta<360°\times n+360°$ (단, n은 정수)

　$\therefore 120°\times n+90°<\dfrac{\theta}{3}<120°\times n+120°$ ⋯⋯ ㉠

　(ⅰ) $n=0$일 때, $90°<\dfrac{\theta}{3}<120°$

　　따라서 $\dfrac{\theta}{3}$는 제2사분면의 각

　(ⅱ) $n=1$일 때, $210°<\dfrac{\theta}{3}<240°$

　　따라서 $\dfrac{\theta}{3}$는 제3사분면의 각

(iii) $n=2$일 때, $330° < \dfrac{\theta}{3} < 360°$

따라서 $\dfrac{\theta}{3}$는 제4사분면의 각

$n=3, 4, 5, \cdots$에 대해서도 동경의 위치가 제2사분면, 제3사분면, 제4사분면으로 반복되므로 각 $\dfrac{\theta}{3}$를 나타내는 동경이 존재할 수 없는 사분면은 제1사분면이다.

다른 풀이

㉠에서

(i) $n=3k$(k는 정수)일 때,

$360° \times k + 90° < \dfrac{\theta}{3} < 360° \times k + 120°$

따라서 $\dfrac{\theta}{3}$는 제2사분면의 각

(ii) $n=3k+1$(k는 정수)일 때,

$360° \times k + 210° < \dfrac{\theta}{3} < 360° \times k + 240°$

따라서 $\dfrac{\theta}{3}$는 제3사분면의 각

(iii) $n=3k+2$(k는 정수)일 때,

$360° \times k + 330° < \dfrac{\theta}{3} < 360° \times k + 360°$

따라서 $\dfrac{\theta}{3}$는 제4사분면의 각

(i), (ii), (iii)에서 각 $\dfrac{\theta}{3}$를 나타내는 동경이 존재할 수 없는 사분면은 제1사분면이다.

7 두 각 θ, 6θ를 나타내는 두 동경이 일치하므로

$6\theta - \theta = 360° \times n$ (단, n은 정수)

$5\theta = 360° \times n$

$\therefore \theta = 72° \times n$ $\quad$ …… ㉠

$90° < \theta < 180°$이므로

$90° < 72° \times n < 180°$

$\therefore \dfrac{5}{4} < n < \dfrac{5}{2}$

이때 n은 정수이므로 $n=2$

이를 ㉠에 대입하면

$\theta = 144°$

8 두 각 θ, 5θ를 나타내는 두 동경이 직선 $y=x$에 대하여 대칭이므로

$\theta + 5\theta = 360° \times n + 90°$ (단, n은 정수)

$6\theta = 360° \times n + 90°$

$\therefore \theta = 60° \times n + 15°$

$0° < \theta < 360°$이므로

$0° < 60° \times n + 15° < 360°$

$\therefore -\dfrac{1}{4} < n < \dfrac{23}{4}$

이때 n은 정수이므로 $n=0, 1, 2, 3, 4, 5$

따라서 각 θ의 개수는 6이다.

9 두 각 5θ, 7θ를 나타내는 두 동경이 y축에 대하여 대칭이므로

$5\theta + 7\theta = 360° \times n + 180°$ (단, n은 정수)

$12\theta = 360° \times n + 180°$

$\therefore \theta = 30° \times n + 15°$ $\quad$ …… ㉠

$0° < \theta < 360°$이므로

$0° < 30° \times n + 15° < 360°$

$\therefore -\dfrac{1}{2} < n < \dfrac{23}{2}$

이때 n은 정수이므로 각 θ는 $n=11$일 때 최댓값, $n=0$일 때 최솟값을 갖는다.

$n=11$을 ㉠에 대입하면 $\theta = 345°$

$n=0$을 ㉠에 대입하면 $\theta = 15°$

따라서 각 θ의 최댓값과 최솟값의 합은

$345° + 15° = 360°$

10 두 각 2θ, 6θ를 나타내는 두 동경이 원점에 대하여 대칭이므로

$6\theta - 2\theta = 360° \times n + 180°$ (단, n은 정수)

$4\theta = 360° \times n + 180°$

$\therefore \theta = 90° \times n + 45°$ $\quad$ …… ㉠

$0° < \theta < 90°$이므로

$0° < 90° \times n + 45° < 90°$

$\therefore -\dfrac{1}{2} < n < \dfrac{1}{2}$

이때 n은 정수이므로 $n=0$

이를 ㉠에 대입하면 $\theta = 45°$

$\therefore \sin\theta \times \cos\theta = \sin 45° + \cos 45°$

$\qquad\qquad\qquad = \dfrac{1}{\sqrt{2}} \times \dfrac{1}{\sqrt{2}} = \dfrac{1}{2}$

11 ㄱ. $-132° = -132 \times \dfrac{\pi}{180} = -\dfrac{11}{15}\pi$

ㄴ. $36° = 36 \times \dfrac{\pi}{180} = \dfrac{\pi}{5}$

ㄷ. $\dfrac{5}{12}\pi = \dfrac{5}{12}\pi \times \dfrac{180°}{\pi} = 75°$

ㄹ. $\dfrac{8}{5}\pi = \dfrac{8}{5}\pi \times \dfrac{180°}{\pi} = 288°$

따라서 보기에서 옳은 것은 ㄱ, ㄷ이다.

12 ① $-880° = 360° \times (-3) + 200°$ ➡ 제3사분면의 각

② $985° = 360° \times 2 + 265°$ ➡ 제3사분면의 각

③ $\dfrac{19}{6}\pi = 2\pi \times 1 + \dfrac{7}{6}\pi$ ➡ 제3사분면의 각

④ $-\dfrac{16}{3}\pi = 2\pi \times (-3) + \dfrac{2}{3}\pi$ ➡ 제2사분면의 각

⑤ $\dfrac{71}{10}\pi = 2\pi \times 3 + \dfrac{11}{10}\pi$ ➡ 제3사분면의 각

따라서 동경이 존재하는 사분면이 나머지 넷과 다른 하나는 ④이다.

13 ㄱ. $25° = 25 \times \dfrac{\pi}{180} = \dfrac{5}{36}\pi$

ㄴ. $3 = 3 \times \dfrac{180°}{\pi} = \dfrac{540°}{\pi}$

ㄷ. $-\dfrac{5}{6}\pi = 2\pi \times (-1) + \dfrac{7}{6}\pi$ ➡ 제3사분면의 각

ㄹ. $-\dfrac{2}{5}\pi = 2\pi \times (-1) + \dfrac{8}{5}\pi$

$\dfrac{18}{5}\pi = 2\pi \times 1 + \dfrac{8}{5}\pi$

$\dfrac{38}{5}\pi = 2\pi \times 3 + \dfrac{8}{5}\pi$

이므로 동경은 모두 일치한다.

따라서 보기에서 옳은 것은 ㄱ, ㄴ, ㄹ이다.

14 부채꼴의 중심각의 크기를 θ라 하면 반지름의 길이가 3이므로 부채꼴의 둘레의 길이는

$2 \times 3 + 3 \times \theta = 6 + 3\theta$

또 부채꼴의 넓이는

$\dfrac{1}{2} \times 3^2 \times \theta = \dfrac{9}{2}\theta$

이때 부채꼴의 둘레의 길이와 넓이가 같으므로

$6 + 3\theta = \dfrac{9}{2}\theta$, $\dfrac{3}{2}\theta = 6$

$\therefore \theta = 4$

15 (나)에서 두 각 θ, 8θ를 나타내는 두 동경이 일치하므로

$8\theta - \theta = 360° \times n$ (단, n은 정수)

$7\theta = 360° \times n$, 즉 $7\theta = 2\pi n$

$\therefore \theta = \dfrac{2n}{7}\pi$ (단, n은 정수) $\cdots\cdots$ ㉠

(가)에서 $0 < \theta < \dfrac{\pi}{2}$이므로

$0 < \dfrac{2n}{7}\pi < \dfrac{\pi}{2}$ $\therefore 0 < n < \dfrac{7}{4}$

이때 n은 정수이므로 $n = 1$

이를 ㉠에 대입하면 $\theta = \dfrac{2}{7}\pi$

따라서 부채꼴의 넓이는

$\dfrac{1}{2} \times 2^2 \times \dfrac{2}{7}\pi = \dfrac{4}{7}\pi$

16 오른쪽 그림과 같이 반지름의 길이가 12인 원을 6등분한 부채꼴은 중심각의 크기가

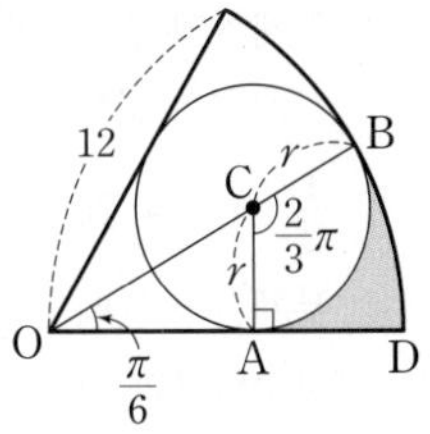

$2\pi \times \dfrac{1}{6} = \dfrac{\pi}{3}$이므로

$\angle \text{COA} = \dfrac{\pi}{6}$, $\angle \text{ACO} = \dfrac{\pi}{3}$

$\therefore \angle \text{BCA} = \dfrac{2}{3}\pi$

내접원의 반지름의 길이를 r라 하면 직각삼각형 COA에서 $\overline{\text{CA}} = r$이므로

$\overline{\text{OC}} = 2r$, $\overline{\text{OA}} = \sqrt{3}r$

이때 $\overline{\text{OB}} = 12$이므로

$2r + r = 12$ $\therefore r = 4$

위의 그림에서 색칠한 부분의 넓이를 S라 하면

$S = $ (부채꼴 BOD의 넓이) $-$ (부채꼴 BCA의 넓이) $-$ (삼각형 COA의 넓이)

$= \dfrac{1}{2} \times 12^2 \times \dfrac{\pi}{6} - \dfrac{1}{2} \times 4^2 \times \dfrac{2}{3}\pi - \dfrac{1}{2} \times 4\sqrt{3} \times 4$

$= 12\pi - \dfrac{16}{3}\pi - 8\sqrt{3}$

$= \dfrac{20}{3}\pi - 8\sqrt{3}$

이때 구하는 넓이는 $12S$이므로

$12S = 12\left(\dfrac{20}{3}\pi - 8\sqrt{3}\right) = 80\pi - 96\sqrt{3}$

따라서 $p = 80$, $q = -96$이므로

$p + q = -16$

17 부채꼴의 반지름의 길이를 r, 호의 길이를 l이라 하면 부채꼴의 둘레의 길이가 16이므로

$2r + l = 16$ $\therefore l = 16 - 2r$

이때 $r > 0$, $16 - 2r > 0$이므로 $0 < r < 8$

부채꼴의 넓이는

$\dfrac{1}{2}r(16 - 2r) = -r^2 + 8r = -(r-4)^2 + 16$

따라서 $r = 4$일 때, 부채꼴의 넓이가 최대이다.

18 부채꼴의 반지름의 길이를 r m, 호의 길이를 l m라 하면 부채꼴의 둘레의 길이가 100 m이므로

$2r + l = 100$ $\therefore l = 100 - 2r$

이때 $r > 0$, $100 - 2r > 0$이므로 $0 < r < 50$

부채꼴의 넓이는

$\dfrac{1}{2}r(100 - 2r) = -r^2 + 50r = -(r-25)^2 + 625$

따라서 $r = 25$일 때, 부채꼴의 넓이의 최댓값은 625 m²이다.

19 부채꼴의 반지름의 길이를 r, 호의 길이를 l이라 하면 부채꼴의 넓이가 36이므로

$\dfrac{1}{2} \times r \times l = 36$ $\therefore rl = 72$ …… ㉠

부채꼴의 둘레의 길이는 $2r+l$이고 $r>0$, $l>0$이므로 산술평균과 기하평균의 관계에 의하여

$2r+l \geq 2\sqrt{2rl}$ (단, 등호는 $2r=l$일 때 성립)

$2r+l \geq 2\sqrt{144}$ ($\because$ ㉠)

     $=24$

따라서 부채꼴의 둘레의 길이의 최솟값은 24이다.

20 $\overline{\text{OP}} = \sqrt{(-12)^2 + 5^2} = 13$이므로

$\sin\theta = \dfrac{5}{13}$, $\tan\theta = -\dfrac{5}{12}$

$\therefore 13\sin\theta - 12\tan\theta = 13 \times \dfrac{5}{13} - 12 \times \left(-\dfrac{5}{12}\right) = 10$

21 오른쪽 그림과 같이 $\dfrac{5}{6}\pi$를 나타내는 동경과 단위원의 교점을 P, 점 P에서 x축에 내린 수선의 발을 H라 하면 삼각형 OPH에서 $\overline{\text{OP}}=1$이고 $\angle\text{POH} = \dfrac{\pi}{6}$이므로

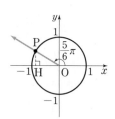

$\overline{\text{PH}} = \overline{\text{OP}}\sin\dfrac{\pi}{6} = \dfrac{1}{2}$, $\overline{\text{OH}} = \overline{\text{OP}}\cos\dfrac{\pi}{6} = \dfrac{\sqrt{3}}{2}$

점 P가 제2사분면의 점이므로 $\text{P}\left(-\dfrac{\sqrt{3}}{2}, \dfrac{1}{2}\right)$

$\therefore \cos\theta = -\dfrac{\sqrt{3}}{2}$

$\therefore \tan\theta = \dfrac{\dfrac{1}{2}}{-\dfrac{\sqrt{3}}{2}} = -\dfrac{1}{\sqrt{3}}$

$\therefore \cos\theta\tan\theta = -\dfrac{\sqrt{3}}{2} \times \left(-\dfrac{1}{\sqrt{3}}\right) = \dfrac{1}{2}$

22 원점 O와 점 $\text{P}(-4, -3)$에 대하여

$\overline{\text{OP}} = \sqrt{(-4)^2 + (-3)^2} = 5$

$\therefore \sin\alpha = -\dfrac{3}{5}$

점 $\text{P}(-4, -3)$을 직선 $y=x$에 대하여 대칭이동한 점 Q의 좌표는 $(-3, -4)$이므로

$\overline{\text{OQ}} = \sqrt{(-3)^2 + (-4)^2} = 5$

$\therefore \cos\beta = -\dfrac{3}{5}$

$\therefore \sin\alpha + \cos\beta = -\dfrac{3}{5} + \left(-\dfrac{3}{5}\right) = -\dfrac{6}{5}$

23 ㈏에서 점 $\text{P}(a, b)$는 제4사분면의 점이므로

$a>0$, $b<0$

또 점 P는 원 $x^2+y^2=4$ 위의 점이므로

$a^2+b^2=4$ …… ㉠

㈎에서 $b^2=3a^2$ …… ㉡

㉠, ㉡을 연립하여 풀면 $a=1$, $b=-\sqrt{3}$ ($\because a>0$, $b<0$)

따라서 $\overline{\text{OP}} = \sqrt{1^2 + (-\sqrt{3})^2} = 2$이므로

$\sin\theta = -\dfrac{\sqrt{3}}{2}$, $\tan\theta = -\sqrt{3}$

$\therefore \sin\theta\tan\theta = \left(-\dfrac{\sqrt{3}}{2}\right) \times (-\sqrt{3}) = \dfrac{3}{2}$

24 두 각 θ, 9θ가 나타내는 두 동경이 일치하므로

$9\theta - \theta = 2\pi \times n$ (n은 정수)

$\therefore \theta = \dfrac{\pi}{4} \times n$ (n은 정수)   …… ㉠

$\sin\theta\cos\theta < 0$에서

$\sin\theta > 0$, $\cos\theta < 0$ 또는 $\sin\theta < 0$, $\cos\theta > 0$

즉, θ는 제2사분면 또는 제4사분면의 각이므로

㉠에서 $\theta = \dfrac{3}{4}\pi$ 또는 $\theta = \dfrac{7}{4}\pi$ ($\because 0<\theta<2\pi$)

따라서 모든 θ의 값의 합은 $\dfrac{3}{4}\pi + \dfrac{7}{4}\pi = \dfrac{5}{2}\pi$

25 ㄱ. θ가 제2사분면의 각이므로

$\sin\theta > 0$, $\cos\theta < 0$ $\therefore \sin\theta - \cos\theta > 0$

ㄴ. θ가 제3사분면의 각이므로

$\sin\theta < 0$, $\cos\theta < 0$, $\tan\theta > 0$

따라서 $|\sin\theta| = -\sin\theta$, $|\cos\theta| = -\cos\theta$, $|\tan\theta| = \tan\theta$이므로

$\dfrac{\sin\theta}{|\sin\theta|} - \dfrac{\cos\theta}{|\cos\theta|} + \dfrac{\tan\theta}{|\tan\theta|} = -1 - (-1) + 1$

     $=1$

ㄷ. θ가 제4사분면의 각이므로

$\sin\theta < 0$, $\cos\theta > 0$, $\tan\theta < 0$

따라서 $\cos\theta\sin\theta < 0$이고 $\sin\theta + \tan\theta < 0$이므로

$\dfrac{\cos\theta\sin\theta}{\sin\theta + \tan\theta} > 0$

따라서 보기에서 옳은 것은 ㄱ, ㄴ이다.

26 $\sqrt{\tan\theta}\sqrt{\sin\theta} = -\sqrt{\tan\theta\sin\theta}$에서

$\tan\theta < 0$, $\sin\theta < 0$

즉, θ는 제4사분면의 각이므로 $\cos\theta > 0$

따라서 $\sin\theta - \cos\theta < 0$이므로

$|\sin\theta - \cos\theta| - \sqrt{\sin^2\theta}$

$= |\sin\theta - \cos\theta| - |\sin\theta|$

$= -(\sin\theta - \cos\theta) - (-\sin\theta)$

$= -\sin\theta + \cos\theta + \sin\theta = \cos\theta$

27 $(\sin\theta+\cos\theta)^2=1+2\sin\theta\cos\theta$

$(\sin\theta-\cos\theta)^2=1-2\sin\theta\cos\theta$

$\therefore \dfrac{1+2\sin\theta\cos\theta}{\sin\theta+\cos\theta}+\dfrac{1-2\sin\theta\cos\theta}{\sin\theta-\cos\theta}$

$=\dfrac{(\sin\theta+\cos\theta)^2}{\sin\theta+\cos\theta}+\dfrac{(\sin\theta-\cos\theta)^2}{\sin\theta-\cos\theta}$

$=\sin\theta+\cos\theta+\sin\theta-\cos\theta$

$=2\sin\theta$

28 ㄱ. $\dfrac{\sin\theta}{1-\cos\theta}+\dfrac{1-\cos\theta}{\sin\theta}$

$=\dfrac{\sin^2\theta+(1-\cos\theta)^2}{\sin\theta(1-\cos\theta)}$

$=\dfrac{\sin^2\theta+1-2\cos\theta+\cos^2\theta}{\sin\theta(1-\cos\theta)}$

$=\dfrac{2(1-\cos\theta)}{\sin\theta(1-\cos\theta)}=\dfrac{2}{\sin\theta}$

ㄴ. $\dfrac{\cos\theta-\tan\theta\sin\theta}{1-\tan\theta}$

$=\dfrac{\cos\theta-\dfrac{\sin^2\theta}{\cos\theta}}{1-\dfrac{\sin\theta}{\cos\theta}}=\dfrac{\cos^2\theta-\sin^2\theta}{\cos\theta-\sin\theta}$

$=\dfrac{(\cos\theta+\sin\theta)(\cos\theta-\sin\theta)}{\cos\theta-\sin\theta}$

$=\sin\theta+\cos\theta$

ㄷ. $\tan^2\theta+(1-\tan^4\theta)\cos^2\theta$

$=\tan^2\theta+(1+\tan^2\theta)(1-\tan^2\theta)\cos^2\theta$

$=\tan^2\theta+(\cos^2\theta+\sin^2\theta)(1-\tan^2\theta)$

$=\tan^2\theta+(1-\tan^2\theta)=1$

따라서 보기에서 옳은 것은 ㄱ, ㄷ이다.

29 • $\sin^4\theta-\cos^4\theta$

$=(\sin^2\theta-\cos^2\theta)(\sin^2\theta+\cos^2\theta)$

$=\sin^2\theta-\cos^2\theta=1-\cos^2\theta-\cos^2\theta$

$=1-\boxed{^{(가)}2\cos^2\theta}$

• $\dfrac{\sin^2\theta}{\cos^2\theta}-\dfrac{\tan^2\theta}{1+\tan^2\theta}$

$=\tan^2\theta-\dfrac{\tan^2\theta}{1+\tan^2\theta}$

$=\tan^2\theta\Big(1-\dfrac{1}{1+\tan^2\theta}\Big)$

$=\tan^2\theta\left(1-\dfrac{1}{1+\dfrac{\sin^2\theta}{\cos^2\theta}}\right)$

$=\tan^2\theta\Big(1-\dfrac{\cos^2\theta}{\cos^2\theta+\sin^2\theta}\Big)$

$=\tan^2\theta(1-\cos^2\theta)$

$=\tan^2\theta\sin^2\theta$

$=\sin^2\theta\times\boxed{^{(나)}\tan^2\theta}$

$\therefore \text{(가) }2\cos^2\theta \quad \text{(나) }\tan^2\theta$

30 $\dfrac{1}{1-\cos\theta}+\dfrac{1}{1+\cos\theta}=\dfrac{1+\cos\theta+1-\cos\theta}{(1-\cos\theta)(1+\cos\theta)}$

$=\dfrac{2}{1-\cos^2\theta}$

$=\dfrac{2}{\sin^2\theta}=4$

$\therefore \sin^2\theta=\dfrac{1}{2}$

또 $\cos^2\theta=1-\sin^2\theta=1-\dfrac{1}{2}=\dfrac{1}{2}$

이때 $\dfrac{\pi}{2}<\theta<\pi$이므로 $\sin\theta>0$, $\cos\theta<0$

따라서 $\sin\theta=\dfrac{\sqrt{2}}{2}$, $\cos\theta=-\dfrac{\sqrt{2}}{2}$이므로

$\tan\theta=\dfrac{\sin\theta}{\cos\theta}=-1$

$\therefore \sin\theta\cos\theta+\tan\theta=\dfrac{\sqrt{2}}{2}\times\Big(-\dfrac{\sqrt{2}}{2}\Big)+(-1)=-\dfrac{3}{2}$

31 $0<\theta<\dfrac{\pi}{2}$이므로 $\cos\theta>0$

$\dfrac{\tan\theta}{\sqrt{1+\tan^2\theta}}=\dfrac{\dfrac{\sin\theta}{\cos\theta}}{\sqrt{\dfrac{\cos^2\theta+\sin^2\theta}{\cos^2\theta}}}$

$=\dfrac{\dfrac{\sin\theta}{\cos\theta}}{\dfrac{1}{|\cos\theta|}}=\dfrac{\dfrac{\sin\theta}{\cos\theta}}{\dfrac{1}{\cos\theta}}$

$=\sin\theta=\dfrac{1}{3}$

또 $\cos^2\theta=1-\sin^2\theta=1-\dfrac{1}{9}=\dfrac{8}{9}$

이때 $\cos\theta>0$이므로 $\cos\theta=\dfrac{2\sqrt{2}}{3}$

$\therefore \tan\theta=\dfrac{\sin\theta}{\cos\theta}=\dfrac{\sqrt{2}}{4}$

$\therefore \dfrac{1}{\cos\theta}+\tan\theta=\dfrac{3\sqrt{2}}{4}+\dfrac{\sqrt{2}}{4}=\sqrt{2}$

32 $\dfrac{\sin\theta\cos\theta}{1-\cos\theta}+\dfrac{1-\cos\theta}{\tan\theta}$

$=\dfrac{\sin\theta\cos\theta}{1-\cos\theta}+\dfrac{1-\cos\theta}{\dfrac{\sin\theta}{\cos\theta}}$

$=\dfrac{\sin\theta\cos\theta}{1-\cos\theta}+\dfrac{\cos\theta(1-\cos\theta)}{\sin\theta}$

$=\dfrac{\sin^2\theta\cos\theta+\cos\theta(1-\cos\theta)^2}{(1-\cos\theta)\sin\theta}$

$=\dfrac{\cos\theta(\sin^2\theta+1-2\cos\theta+\cos^2\theta)}{(1-\cos\theta)\sin\theta}$

$=\dfrac{2\cos\theta(1-\cos\theta)}{(1-\cos\theta)\sin\theta}=\dfrac{2\cos\theta}{\sin\theta}=1$

$\therefore 2\cos\theta=\sin\theta$

이때 $\sin^2\theta+\cos^2\theta=1$이므로

$4\cos^2\theta+\cos^2\theta=1$

$5\cos^2\theta=1$ $\qquad\therefore\cos^2\theta=\dfrac{1}{5}$

$2\cos\theta=\sin\theta$에서 $\sin\theta$와 $\cos\theta$의 부호가 같으므로

$\pi<\theta<\dfrac{3}{2}\pi$ $(\because\pi<\theta<2\pi)$

따라서 $\cos\theta<0$이므로

$\cos\theta=-\dfrac{\sqrt{5}}{5}$

33 $\sin\theta-\cos\theta=-\dfrac{1}{5}$의 양변을 제곱하면

$1-2\sin\theta\cos\theta=\dfrac{1}{25}$ $\qquad\therefore\sin\theta\cos\theta=\dfrac{12}{25}$

$\therefore\dfrac{1}{\sin\theta}-\dfrac{1}{\cos\theta}=\dfrac{\cos\theta-\sin\theta}{\sin\theta\cos\theta}$

$\qquad\qquad\qquad=\dfrac{-\left(-\dfrac{1}{5}\right)}{\dfrac{12}{25}}=\dfrac{5}{12}$

34 $\tan\theta+\dfrac{1}{\tan\theta}=\dfrac{\sin\theta}{\cos\theta}+\dfrac{\cos\theta}{\sin\theta}=\dfrac{\sin^2\theta+\cos^2\theta}{\cos\theta\sin\theta}$

$\qquad\qquad\qquad\quad=\dfrac{1}{\sin\theta\cos\theta}=3$

$\therefore\sin\theta\cos\theta=\dfrac{1}{3}$

$(\sin\theta+\cos\theta)^2=1+2\sin\theta\cos\theta$

$\qquad\qquad\qquad=1+2\times\dfrac{1}{3}=\dfrac{5}{3}$

이때 $0<\theta<\dfrac{\pi}{2}$이므로 $\sin\theta>0$, $\cos\theta>0$

따라서 $\sin\theta+\cos\theta>0$이므로

$\sin\theta+\cos\theta=\dfrac{\sqrt{15}}{3}$

35 $\sin^4\theta+\cos^4\theta=(\sin^2\theta+\cos^2\theta)^2-2\sin^2\theta\cos^2\theta$

$\qquad\qquad\qquad\quad=1-2(\sin\theta\cos\theta)^2=\dfrac{23}{32}$

$\therefore(\sin\theta\cos\theta)^2=\dfrac{9}{64}$

이때 $\dfrac{\pi}{2}<\theta<\pi$이므로 $\sin\theta>0$, $\cos\theta<0$

따라서 $\sin\theta\cos\theta<0$이므로 $\sin\theta\cos\theta=-\dfrac{3}{8}$

$(\sin\theta-\cos\theta)^2=1-2\sin\theta\cos\theta$

$\qquad\qquad\qquad=1-2\times\left(-\dfrac{3}{8}\right)=\dfrac{7}{4}$

이때 $\sin\theta-\cos\theta>0$이므로

$\sin\theta-\cos\theta=\dfrac{\sqrt{7}}{2}$

36 이차방정식의 근과 계수의 관계에 의하여

$\sin\theta+\cos\theta=\dfrac{7}{5}$ $\qquad$ …… ㉠

$\sin\theta\cos\theta=\dfrac{k}{25}$ $\qquad$ …… ㉡

㉠의 양변을 제곱하면

$1+2\sin\theta\cos\theta=\dfrac{49}{25}$

$\therefore\sin\theta\cos\theta=\dfrac{12}{25}$ $\qquad$ …… ㉢

㉡, ㉢에서 $\dfrac{k}{25}=\dfrac{12}{25}$

$\therefore k=12$

37 이차방정식의 근과 계수의 관계에 의하여

$(\cos\theta+\sin\theta)+(\cos\theta-\sin\theta)=1$ $\quad$ …… ㉠

$(\cos\theta+\sin\theta)(\cos\theta-\sin\theta)=a$ $\quad$ …… ㉡

㉠에서 $2\cos\theta=1$ $\qquad\therefore\cos\theta=\dfrac{1}{2}$

㉡에서 $\cos^2\theta-\sin^2\theta=a$이므로

$a=\cos^2\theta-(1-\cos^2\theta)=2\cos^2\theta-1$

$\quad=2\times\left(\dfrac{1}{2}\right)^2-1=-\dfrac{1}{2}$

38 이차방정식의 근과 계수의 관계에 의하여

$\dfrac{1}{\sin\theta}+\dfrac{1}{\cos\theta}=k$, $\dfrac{1}{\sin\theta\cos\theta}=8$

이때 $\sin\theta\cos\theta=\dfrac{1}{8}$이므로

$(\sin\theta+\cos\theta)^2=1+2\sin\theta\cos\theta$

$\qquad\qquad\qquad=1+2\times\dfrac{1}{8}=\dfrac{5}{4}$

그런데 $\sin\theta>0$, $\cos\theta>0$이므로 $\sin\theta+\cos\theta>0$

$\therefore\sin\theta+\cos\theta=\dfrac{\sqrt{5}}{2}$

$\therefore k=\dfrac{1}{\sin\theta}+\dfrac{1}{\cos\theta}=\dfrac{\cos\theta+\sin\theta}{\sin\theta\cos\theta}=\dfrac{\dfrac{\sqrt{5}}{2}}{\dfrac{1}{8}}=4\sqrt{5}$

39 이차방정식의 근과 계수의 관계에 의하여

$\sin\theta+\cos\theta=-\dfrac{1}{2}$

양변을 제곱하면

$1+2\sin\theta\cos\theta=\dfrac{1}{4}$ $\qquad\therefore\sin\theta\cos\theta=-\dfrac{3}{8}$

이때 $\tan\theta$, $\dfrac{1}{\tan\theta}$을 두 근으로 하는 이차방정식에서 두 근의 합은

$\tan\theta+\dfrac{1}{\tan\theta}=\dfrac{\sin\theta}{\cos\theta}+\dfrac{\cos\theta}{\sin\theta}=\dfrac{\sin^2\theta+\cos^2\theta}{\sin\theta\cos\theta}$

$\qquad\qquad\qquad=\dfrac{1}{\sin\theta\cos\theta}=-\dfrac{8}{3}$

두 근의 곱은 $\tan\theta \times \dfrac{1}{\tan\theta}=1$

따라서 x^2의 계수가 3이고 두 근의 합이 $-\dfrac{8}{3}$, 두 근의 곱이 1인 이차방정식은

$3\left(x^2+\dfrac{8}{3}x+1\right)=0$

$\therefore 3x^2+8x+3=0$

---

02 삼각함수의 그래프 46~50쪽

1 ③	**2** $-\dfrac{3}{2}$	**3** $\sqrt{3}-2$	**4** ③	**5** ③
6 ④	**7** ⑤	**8** ④	**9** ⑤	**10** $\dfrac{1}{6}$
11 -8	**12** 4	**13** $\dfrac{10}{3}\pi$	**14** $-\dfrac{\pi}{2}$	**15** ②
16 ④	**17** 25	**18** 1	**19** $-\dfrac{1}{3}$	**20** 3
21 ㄱ	**22** 1	**23** ③	**24** -1	**25** 4
26 6	**27** ③	**28** 3	**29** $\dfrac{2}{3}$	**30** 10
31 9	**32** ③			

1 ① 함수 $y=\sin(3x+\pi)=\sin 3\left(x+\dfrac{\pi}{3}\right)$의 그래프는 함수 $y=\sin 3x$의 그래프를 x축의 방향으로 $-\dfrac{\pi}{3}$만큼 평행이동한 것이다.

② 함수 $y=\sin 3x-2$의 그래프는 함수 $y=\sin 3x$의 그래프를 y축의 방향으로 -2만큼 평행이동한 것이다.

③ 함수 $y=3\sin x+1$의 그래프는 함수 $y=\sin x$의 그래프를 y축의 방향으로 3배 한 후 y축의 방향으로 1만큼 평행이동한 것이다.

④ 함수 $y=\sin(-3x)+2$의 그래프는 함수 $y=\sin 3x$의 그래프를 y축에 대하여 대칭이동한 후 y축의 방향으로 2만큼 평행이동한 것이다.

⑤ 함수 $y=-\sin(3x-6)=-\sin 3(x-2)$의 그래프는 함수 $y=\sin 3x$의 그래프를 x축에 대하여 대칭이동한 후 x축의 방향으로 2만큼 평행이동한 것이다.

따라서 $y=\sin 3x$의 그래프를 평행이동 또는 대칭이동하여 겹쳐지지 않는 것은 ③이다.

2 함수 $y=\cos 2x+2$의 그래프를 x축에 대하여 대칭이동하면 $y=-\cos 2x-2$

이 함수의 그래프를 y축의 방향으로 $\dfrac{3}{2}$만큼 평행이동하면 $y=-\cos 2x-\dfrac{1}{2}$

따라서 $a=-1$, $b=-\dfrac{1}{2}$이므로 $a+b=-\dfrac{3}{2}$

3 함수 $y=\tan\dfrac{\pi}{5}x$의 그래프를 x축의 방향으로 1만큼, y축의 방향으로 -2만큼 평행이동한 그래프를 나타내는 식은 $y=\tan\dfrac{\pi}{5}(x-1)-2$

이때 이 함수의 그래프가 $\left(\dfrac{8}{3}, a\right)$를 지나므로

$a=\tan\dfrac{\pi}{5}\left(\dfrac{8}{3}-1\right)-2=\tan\dfrac{\pi}{3}-2=\sqrt{3}-2$

4 (최댓값)$=2+1=3$ $\therefore a=3$

(최솟값)$=-2+1=-1$ $\therefore b=-1$

(주기)$=\dfrac{2\pi}{4}=\dfrac{\pi}{2}$ $\therefore c=\dfrac{\pi}{2}$

$\therefore abc=3\times(-1)\times\dfrac{\pi}{2}=-\dfrac{3}{2}\pi$

5 ㄱ. 최댓값은 $3+2=5$, 최솟값은 $-3+2=-1$

ㄴ. 주기는 $\dfrac{2\pi}{\frac{1}{2}}=4\pi$

ㄷ. $y=-3\cos\left(\dfrac{x}{2}+\dfrac{\pi}{6}\right)+2=-3\cos\left\{\dfrac{1}{2}\left(x+\dfrac{\pi}{3}\right)\right\}+2$

이므로 주어진 함수의 그래프는 함수 $y=-3\cos\dfrac{x}{2}$의 그래프를 x축의 방향으로 $-\dfrac{\pi}{3}$만큼, y축의 방향으로 2만큼 평행이동한 것이다.

따라서 보기에서 옳은 것은 ㄱ, ㄷ이다.

6 함수 $f(x)$는 주기함수이고 주기를 p라 할 때, $pn=6$을 만족시키는 정수 n이 존재해야 한다.

① 함수의 주기는 $\dfrac{\pi}{\frac{\pi}{3}}=3$이므로 $3\times 2=6$

② 함수의 주기는 $\dfrac{\pi}{\pi}=1$이므로 $1\times 6=6$

③ 함수의 주기는 $\dfrac{2\pi}{\frac{\pi}{3}}=6$이므로 $6\times 1=6$

④ 함수의 주기는 $\dfrac{2\pi}{\frac{\pi}{2}}=4$이므로 $4n=6$을 만족시키는 정수 n이 존재하지 않는다.

⑤ 함수의 주기는 $\dfrac{2\pi}{\pi}=2$이므로 $2\times3=6$

따라서 $f(x+6)=f(x)$를 만족시키지 않는 것은 ④이다.

7 주기는 $\dfrac{\pi}{\dfrac{\pi}{2}}=2$

점근선의 방정식은 $\dfrac{\pi}{2}x+\pi=n\pi+\dfrac{\pi}{2}$ (n은 정수)에서

$\dfrac{\pi}{2}x=n\pi-\dfrac{\pi}{2}$

$\therefore x=2n-1$ (단, n은 정수)

8 함수 $f(x)=-\sin2x$의 주기는 $\dfrac{2\pi}{2}=\pi$이고, 함수

$f(x)=-\sin2x$의 그래프는
함수 $y=\sin2x$의 그래프를 x
축에 대하여 대칭이동한 것이
므로 $0\le x\le\pi$에서 함수
$f(x)=-\sin2x$의 그래프는
오른쪽 그림과 같다.

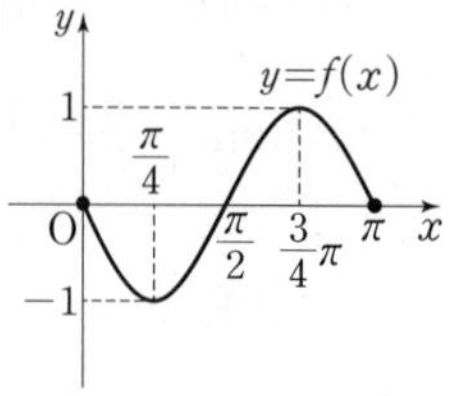

함수 $y=f(x)$는 $x=\dfrac{3}{4}\pi$일 때 최댓값이 1, $x=\dfrac{\pi}{4}$일 때

최솟값이 -1이므로

$a=\dfrac{3}{4}\pi$, $f(a)=1$, $b=\dfrac{\pi}{4}$, $f(b)=-1$

따라서 곡선 $y=f(x)$ 위의 두 점 $(a,\,f(a))$, $(b,\,f(b))$
를 지나는 직선의 기울기는

$\dfrac{f(b)-f(a)}{b-a}=\dfrac{-1-1}{\dfrac{\pi}{4}-\dfrac{3}{4}\pi}=\dfrac{-2}{-\dfrac{\pi}{2}}=\dfrac{4}{\pi}$

9 $y=a\sin bx+c$의 최댓값이 5, 최솟값이 -1이고 $a>0$이
므로

$a+c=5$, $-a+c=-1$

두 식을 연립하여 풀면 $a=3$, $c=2$

또 주기가 $\dfrac{\pi}{2}$이고 $b>0$이므로

$\dfrac{2\pi}{b}=\dfrac{\pi}{2}$ $\therefore b=4$

$\therefore abc=3\times4\times2=24$

10 $y=2\tan\left(ax+\dfrac{\pi}{3}\right)+1$의 주기가 3π이고 $a>0$이므로

$\dfrac{\pi}{a}=3\pi$ $\therefore a=\dfrac{1}{3}$

따라서 주어진 함수의 식은 $y=2\tan\left(\dfrac{1}{3}x+\dfrac{\pi}{3}\right)+1$이므

로 점근선의 방정식은 $\dfrac{1}{3}x+\dfrac{\pi}{3}=n\pi+\dfrac{\pi}{2}$ (n은 정수)에서

$\dfrac{1}{3}x=n\pi+\dfrac{\pi}{6}$

$\therefore x=3n\pi+\dfrac{\pi}{2}$ (단, n은 정수)

$\therefore b=\dfrac{1}{2}$ $(\because 0<b<1)$

$\therefore ab=\dfrac{1}{3}\times\dfrac{1}{2}=\dfrac{1}{6}$

11 (대)에서 주기가 3π이고 $b>0$이므로

$\dfrac{2\pi}{b}=3\pi$ $\therefore b=\dfrac{2}{3}$

따라서 주어진 함수의 식은 $f(x)=a\cos\left(\dfrac{2}{3}x+\dfrac{\pi}{6}\right)+c$

(개)에서 $f\left(\dfrac{\pi}{4}\right)=a\cos\left(\dfrac{2}{3}\times\dfrac{\pi}{4}+\dfrac{\pi}{6}\right)+c=1$이므로

$\dfrac{1}{2}a+c=1$

$\therefore a+2c=2$ ······ ㉠

(내)에서 함수 $f(x)$의 최댓값이 4이고 $a>0$이므로

$a+c=4$ ······ ㉡

㉠, ㉡을 연립하여 풀면 $a=6$, $c=-2$

따라서 함수 $f(x)$의 최솟값은

$-a+c=-6-2=-8$

12 $y=a\sin b\left(x-\dfrac{\pi}{2}\right)+c$의 최댓값이 3, 최솟값이 -1이고
$a>0$이므로

$a+c=3$, $-a+c=-1$

두 식을 연립하여 풀면 $a=2$, $c=1$

주어진 그래프에서 주기는 $\dfrac{3}{4}\pi-\left(-\dfrac{\pi}{4}\right)=\pi$이고 $b>0$

이므로 $\dfrac{2\pi}{b}=\pi$ $\therefore b=2$

$\therefore abc=2\times2\times1=4$

13 $y=a\cos(bx-c)+d$의 최댓값이 4, 최솟값이 0이고
$a>0$이므로

$a+d=4$, $-a+d=0$

두 식을 연립하여 풀면 $a=2$, $d=2$

또 주기가 $\dfrac{11}{6}\pi-\left(-\dfrac{\pi}{6}\right)=2\pi$이고 $b>0$이므로

$\dfrac{2\pi}{b}=2\pi$ $\therefore b=1$

따라서 주어진 함수의 식은 $y=2\cos(x-c)+2$이고,

이 함수의 그래프가 점 $\left(\dfrac{5}{6}\pi,\,4\right)$를 지나므로

$4=2\cos\left(\dfrac{5}{6}\pi-c\right)+2$ $\therefore \cos\left(\dfrac{5}{6}\pi-c\right)=1$

이때 $0<c<\pi$에서 $-\dfrac{\pi}{6}<\dfrac{5}{6}\pi-c<\dfrac{5}{6}\pi$이므로

$\dfrac{5}{6}\pi-c=0$ $\therefore c=\dfrac{5}{6}\pi$

$\therefore abcd=2\times1\times\dfrac{5}{6}\pi\times2=\dfrac{10}{3}\pi$

14 $y=\tan(ax+b)+c$의 주기가 $\dfrac{3}{8}\pi-\left(-\dfrac{\pi}{8}\right)=\dfrac{\pi}{2}$이고

$a>0$이므로 $\dfrac{\pi}{a}=\dfrac{\pi}{2}$ $\therefore\ a=2$

$a=2$이고 $-\dfrac{\pi}{2}<b<0$이므로 주어진 그래프는 $y=\tan 2x$

의 그래프를 x축의 방향으로 $\dfrac{\pi}{8}$만큼, y축의 방향으로 1

만큼 평행이동한 것이다.

즉, $y=\tan 2\left(x-\dfrac{\pi}{8}\right)+1=\tan\left(2x-\dfrac{\pi}{4}\right)+1$

$\therefore\ b=-\dfrac{\pi}{4},\ c=1$

$\therefore\ abc=2\times\left(-\dfrac{\pi}{4}\right)\times 1=-\dfrac{\pi}{2}$

15 함수 $f(x)$의 주기는 $\dfrac{2\pi}{a}\ (\because\ a>0)$

$g(x)=|\sin 3x|$의 그래프는 다음과 같으므로 함수 $g(x)$

의 주기는 $\dfrac{\pi}{3}$이다.

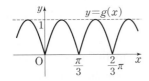

이때 두 함수 $f(x),\ g(x)$의 주기가 서로 같으므로

$\dfrac{2\pi}{a}=\dfrac{\pi}{3}$ $\therefore\ a=6$

16 ㄱ. $y=\sin|x|$와 $y=|\sin x|$의 그래프는 다음 그림과

    같다.

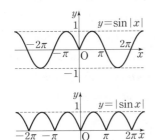

ㄴ. $y=\cos x$와 $y=\cos|x|$의 그래프는 다음 그림과

    같다.

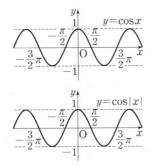

ㄷ. $y=\tan|x|$와 $y=|\tan x|$의 그래프는 다음 그림과

    같다.

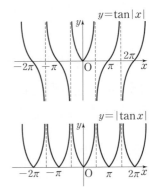

ㄹ. $y=|\sin x|$와 $y=\left|\cos\left(x+\dfrac{\pi}{2}\right)\right|$의 그래프는 다음

    그림과 같다.

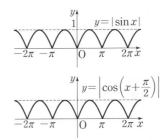

따라서 보기에서 두 함수의 그래프가 일치하는 것은 ㄴ,

ㄹ이다.

17 $-\pi\le x\le\pi$에서 $y=3|\sin 2x|+1$의 그래프는 다음 그

림과 같다.

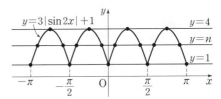

따라서 $a_1=5,\ a_2=8,\ a_3=8,\ a_4=4$이므로

$a_1+a_2+a_3+a_4=5+8+8+4=25$

18 $\cos\dfrac{7}{6}\pi=\cos\left(\pi+\dfrac{\pi}{6}\right)=-\cos\dfrac{\pi}{6}=-\dfrac{\sqrt{3}}{2}$

$\tan\left(-\dfrac{4}{3}\pi\right)=-\tan\dfrac{4}{3}\pi=-\tan\left(\pi+\dfrac{\pi}{3}\right)$

$\qquad\qquad\ =-\tan\dfrac{\pi}{3}=-\sqrt{3}$

$\sin\dfrac{11}{6}\pi=\sin\left(2\pi-\dfrac{\pi}{6}\right)=\sin\left(-\dfrac{\pi}{6}\right)$

$\qquad\quad\ =-\sin\dfrac{\pi}{6}=-\dfrac{1}{2}$

$\tan\dfrac{5}{4}\pi=\tan\left(\pi+\dfrac{\pi}{4}\right)=\tan\dfrac{\pi}{4}=1$

$$\therefore \cos\frac{7}{6}\pi\tan\left(-\frac{4}{3}\pi\right)+\sin\frac{11}{6}\pi\tan\frac{5}{4}\pi$$
$$=\left(-\frac{\sqrt{3}}{2}\right)\times(-\sqrt{3})+\left(-\frac{1}{2}\right)\times1=1$$

19 $\tan\left(\dfrac{3}{2}\pi+\theta\right)=\tan\left(\dfrac{\pi}{2}\times3+\theta\right)=-\dfrac{1}{\tan\theta}$

$$\therefore \frac{\sin\left(\dfrac{\pi}{2}-\theta\right)}{\sin(\pi+\theta)}\times\frac{\cos\left(\dfrac{\pi}{2}+\theta\right)}{\cos(\pi+\theta)}\times\frac{\tan\left(\dfrac{3}{2}\pi+\theta\right)}{\tan(\pi-\theta)}$$

$$=\frac{\cos\theta}{-\sin\theta}\times\frac{-\sin\theta}{-\cos\theta}\times\frac{-\dfrac{1}{\tan\theta}}{-\tan\theta}$$

$$=-\frac{1}{\tan^2\theta}$$

이때 $\theta=\dfrac{2}{3}\pi$이므로

$$\tan\theta=\tan\frac{2}{3}\pi=\tan\left(\pi-\frac{\pi}{3}\right)$$
$$=-\tan\frac{\pi}{3}=-\sqrt{3}$$

$$\therefore -\frac{1}{\tan^2\theta}=-\frac{1}{(-\sqrt{3})^2}=-\frac{1}{3}$$

20 $y+2x-1=0$에서 $y=-2x+1$

$\therefore \tan\theta=-2$

$$\therefore \frac{\sin\theta}{1+\cos\theta}-\frac{\sin\theta}{1-\cos\theta}-\frac{\sin(\pi-\theta)}{\sin\left(\dfrac{\pi}{2}+\theta\right)}$$

$$=\frac{\sin\theta}{1+\cos\theta}-\frac{\sin\theta}{1-\cos\theta}-\frac{\sin\theta}{\cos\theta}$$

$$=\frac{\sin\theta(1-\cos\theta)-\sin\theta(1+\cos\theta)}{(1+\cos\theta)(1-\cos\theta)}-\frac{\sin\theta}{\cos\theta}$$

$$=\frac{-2\sin\theta\cos\theta}{1-\cos^2\theta}-\frac{\sin\theta}{\cos\theta}$$

$$=\frac{-2\cos\theta}{\sin\theta}-\frac{\sin\theta}{\cos\theta}$$

$$=-\frac{2}{\tan\theta}-\tan\theta$$

$$=-\frac{2}{-2}-(-2)=3$$

21 $A+B+C=\pi$이므로

ㄱ. (우변)$=\sin(B+C)=\sin(\pi-A)=\sin A$이므로
   $\sin A=\sin(B+C)$

ㄴ. (우변)$=\cos\dfrac{B+C}{2}=\cos\left(\dfrac{\pi}{2}-\dfrac{A}{2}\right)=\sin\dfrac{A}{2}$이므로
   $\cos\dfrac{A}{2}\neq\cos\dfrac{B+C}{2}$

ㄷ. (좌변)$=\tan A\tan(B+C)=\tan A\tan(\pi-A)$
   $=\tan A\times(-\tan A)=-\tan^2 A$
   이므로 $\tan A\tan(B+C)\neq1$

따라서 보기에서 옳은 것은 ㄱ이다.

22 $\tan(90°-\theta)=\dfrac{1}{\tan\theta}$이므로

$$\tan10°\times\tan20°\times\cdots\times\tan70°\times\tan80°$$
$$=(\tan10°\times\tan80°)\times(\tan20°\times\tan70°)$$
$$\times(\tan30°\times\tan60°)\times(\tan40°\times\tan50°)$$
$$=\left(\tan10°\times\frac{1}{\tan10°}\right)\times\left(\tan20°\times\frac{1}{\tan20°}\right)$$
$$\times\left(\tan30°\times\frac{1}{\tan30°}\right)\times\left(\tan40°\times\frac{1}{\tan40°}\right)$$
$$=1\times1\times1\times1=1$$

23 $\cos110°=\cos(180°-70°)=-\cos70°$
$\cos130°=\cos(180°-50°)=-\cos50°$
$\cos150°=\cos(180°-30°)=-\cos30°$
$\cos170°=\cos(180°-10°)=-\cos10°$

$$\therefore a+b=\sin^2 10°+\sin^2 30°+\sin^2 50°+\sin^2 70°$$
$$+\cos^2 110°+\cos^2 130°+\cos^2 150°+\cos^2 170°$$
$$=\sin^2 10°+\sin^2 30°+\sin^2 50°+\sin^2 70°$$
$$+(-\cos70°)^2+(-\cos50°)^2+(-\cos30°)^2$$
$$+(-\cos10°)^2$$
$$=(\sin^2 10°+\cos^2 10°)+(\sin^2 30°+\cos^2 30°)$$
$$+(\sin^2 50°+\cos^2 50°)+(\sin^2 70°+\cos^2 70°)$$
$$=1+1+1+1=4$$

24 $10\theta=2\pi$이므로 $5\theta=\pi$
$\cos6\theta=\cos(\pi+\theta)=-\cos\theta$
$\cos7\theta=\cos(\pi+2\theta)=-\cos2\theta$
$\cos8\theta=\cos(\pi+3\theta)=-\cos3\theta$
$\cos9\theta=\cos(\pi+4\theta)=-\cos4\theta$

$$\therefore \cos\theta+\cos2\theta+\cos3\theta+\cdots+\cos8\theta+\cos9\theta$$
$$=\cos\theta+\cos2\theta+\cos3\theta+\cdots-\cos3\theta-\cos4\theta$$
$$=\cos5\theta=\cos\pi=-1$$

25 $\sin\dfrac{7}{8}\pi=\sin\left(\pi-\dfrac{\pi}{8}\right)=\sin\dfrac{\pi}{8}$

$\sin\dfrac{6}{8}\pi=\sin\left(\pi-\dfrac{2}{8}\pi\right)=\sin\dfrac{2}{8}\pi$

$\sin\dfrac{5}{8}\pi=\sin\left(\pi-\dfrac{3}{8}\pi\right)=\sin\dfrac{3}{8}\pi$

$$\sin^2\frac{\pi}{8}+\sin^2\frac{2}{8}\pi+\sin^2\frac{3}{8}\pi+\cdots+\sin^2\frac{7}{8}\pi$$

$$=\sin^2\frac{\pi}{8}+\sin^2\frac{2}{8}\pi+\sin^2\frac{3}{8}\pi+\cdots+\sin^2\frac{2}{8}\pi+\sin^2\frac{\pi}{8}$$

$$=2\left(\sin^2\frac{\pi}{8}+\sin^2\frac{2}{8}\pi+\sin^2\frac{3}{8}\pi\right)+\sin^2\frac{4}{8}\pi$$

이때 $\sin\dfrac{3}{8}\pi=\sin\left(\dfrac{\pi}{2}-\dfrac{\pi}{8}\right)=\cos\dfrac{\pi}{8}$이므로

$$2\left(\sin^2\frac{\pi}{8}+\sin^2\frac{2}{8}\pi+\sin^2\frac{3}{8}\pi\right)+\sin^2\frac{4}{8}\pi$$
$$=2\left(\sin^2\frac{\pi}{8}+\sin^2\frac{2}{8}\pi+\cos^2\frac{\pi}{8}\right)+\sin^2\frac{4}{8}\pi$$
$$=2\left(1+\sin^2\frac{\pi}{4}\right)+\sin^2\frac{\pi}{2}$$
$$=2\left(1+\frac{1}{2}\right)+1=4$$

26 $y=2\sin(x+\pi)+\cos\left(x+\frac{\pi}{2}\right)-2$
$\qquad =-2\sin x-\sin x-2$
$\qquad =-3\sin x-2$
이때 $-1\le\sin x\le1$이므로
$-3\le-3\sin x\le3$
$\therefore -5\le-3\sin x-2\le1$
따라서 $M=1$, $m=-5$이므로
$M-m=6$

27 $\cos x=t$로 놓으면 $-1\le t\le1$이고
$y=a|2t+1|+b$ $\qquad\cdots\cdots$ ㉠
이때 $a>0$이므로 $-1\le t\le1$
에서 ㉠의 그래프는 오른쪽
그림과 같다.
따라서 $t=1$일 때 최댓값은
$3a+b$, $t=-\frac{1}{2}$일 때 최솟값
은 b이다.
이때 최댓값이 5, 최솟값이 -1이므로
$3a+b=5$ $\qquad\cdots\cdots$ ㉡
$b=-1$ $\qquad\cdots\cdots$ ㉢
㉢을 ㉡에 대입하면
$3a-1=5$ $\quad\therefore a=2$
$\therefore a+b=2+(-1)=1$
다른 풀이
$-1\le\cos x\le1$이므로 $-1\le2\cos x+1\le3$
$\therefore 0\le|2\cos x+1|\le3$
이때 $a>0$이므로
$b\le a|2\cos x+1|+b\le3a+b$
따라서 최댓값 5, 최솟값이 -1이므로
$3a+b=5$ $\qquad\cdots\cdots$ ㉠
$b=-1$ $\qquad\cdots\cdots$ ㉡
㉡을 ㉠에 대입하면
$3a-1=5$ $\quad\therefore a=2$
$\therefore a+b=2+(-1)=1$

28 $\tan x=t$로 놓으면 $-\frac{\pi}{4}\le x\le\frac{\pi}{4}$에서 $-1\le\tan x\le1$이
므로 $-1\le t\le1$이고
$y=-|t-1|+k$ $\qquad\cdots\cdots$ ㉠
따라서 $-1\le t\le1$에서 ㉠의
그래프는 오른쪽 그림과 같으
므로
$t=1$일 때 최댓값은 k,
$t=-1$일 때 최솟값은 $-2+k$
이때 최댓값과 최솟값의 합이 4이므로
$k+(-2+k)=4$ $\quad\therefore k=3$
다른 풀이
$-\frac{\pi}{4}\le x\le\frac{\pi}{4}$에서 $-1\le\tan x\le1$이므로
$-2\le\tan x-1\le0$, $0\le|\tan x-1|\le2$
$\therefore -2+k\le-|\tan x-1|+k\le k$
따라서 최댓값은 k, 최솟값은 $-2+k$이므로
$k+(-2+k)=4$ $\quad\therefore k=3$

29 $\sin x=t$로 놓으면 $-1\le t\le1$이고
$y=\frac{1}{t-2}+1$ $\qquad\cdots\cdots$ ㉠
따라서 $-1\le t\le1$에서 ㉠의 그래프
는 오른쪽 그림과 같으므로
$t=-1$일 때, $M=\frac{2}{3}$
$t=1$일 때, $m=0$
$\therefore M+m=\frac{2}{3}$
다른 풀이
$-1\le\sin x\le1$이므로 $-3\le\sin x-2\le-1$
$-1\le\frac{1}{\sin x-2}\le-\frac{1}{3}$
$\therefore 0\le\frac{1}{\sin x-2}+1\le\frac{2}{3}$
따라서 $M=\frac{2}{3}$, $m=0$이므로 $M+m=\frac{2}{3}$

30 $\cos x=t$로 놓으면 $-1\le t\le1$이고
$y=\frac{t-5}{t+3}=-\frac{8}{t+3}+1$ $\qquad\cdots\cdots$ ㉠
따라서 $-1\le t\le1$에서 ㉠의 그
래프는 오른쪽 그림과 같으므로
$t=1$일 때 최댓값은 -1,
$t=-1$일 때 최솟값은 -3이다.
이때 주어진 함수의 치역은
$\{y|-3\le y\le-1\}$이므로
$a=-3$, $b=-1$ $\quad\therefore a^2+b^2=10$

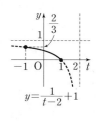

다른 풀이

주어진 함수를 변형하면 $y=\dfrac{-8}{\cos x+3}+1$

이때 $-1\le\cos x\le 1$이므로

$\dfrac{1}{4}\le\dfrac{1}{\cos x+3}\le\dfrac{1}{2}$, $-4\le\dfrac{-8}{\cos x+3}\le-2$

$\therefore -3\le\dfrac{-8}{\cos x+3}+1\le-1$

따라서 주어진 함수의 치역은 $\{y\mid -3\le y\le-1\}$이므로

$a=-3$, $b=-1$ $\therefore a^2+b^2=10$

31
$y=\sin^2 x-3\cos^2 x-4\sin x$
$\quad=\sin^2 x-3(1-\sin^2 x)-4\sin x$
$\quad=4\sin^2 x-4\sin x-3$

$\sin x=t$로 놓으면 $-1\le t\le 1$이고

$y=4t^2-4t-3=4\left(t-\dfrac{1}{2}\right)^2-4$ ····· ㉠

따라서 $-1\le t\le 1$에서 ㉠의
그래프는 오른쪽 그림과 같으
므로

$t=-1$일 때, $M=5$

$t=\dfrac{1}{2}$일 때, $m=-4$

$\therefore M-m=9$

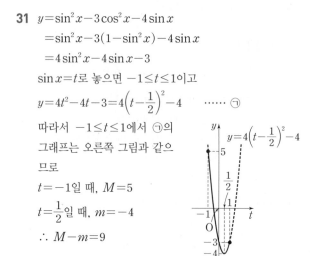

32
$f(x)=\cos^2\left(x-\dfrac{3}{4}\pi\right)-\cos\left(x-\dfrac{\pi}{4}\right)+k$

에서 $x-\dfrac{3}{4}\pi=\alpha$로 놓으면 $x=\alpha+\dfrac{3}{4}\pi$이므로

$f(x)=\cos^2\alpha-\cos\left(\alpha+\dfrac{\pi}{2}\right)+k$
$\qquad=\cos^2\alpha+\sin\alpha+k$
$\qquad=(1-\sin^2\alpha)+\sin\alpha+k$
$\qquad=-\sin^2\alpha+\sin\alpha+k+1$

$\sin\alpha=t$로 놓으면 $-1\le t\le 1$이고

$y=-t^2+t+k+1=-\left(t-\dfrac{1}{2}\right)^2+k+\dfrac{5}{4}$ ····· ㉠

따라서 $-1\le t\le 1$에서
㉠의 그래프는 오른쪽
그림과 같으므로 $t=\dfrac{1}{2}$
일 때 최댓값은 $k+\dfrac{5}{4}$,
$t=-1$일 때 최솟값은 $k-1$

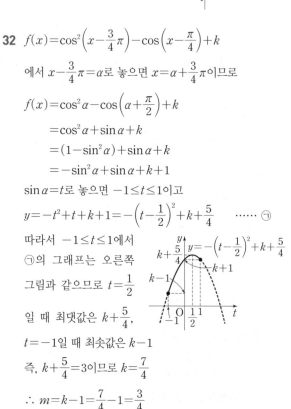

즉, $k+\dfrac{5}{4}=3$이므로 $k=\dfrac{7}{4}$

$\therefore m=k-1=\dfrac{7}{4}-1=\dfrac{3}{4}$

$\therefore k+m=\dfrac{7}{4}+\dfrac{3}{4}=\dfrac{5}{2}$

---

03 삼각함수의 그래프의 활용 51~54쪽

1 $x=\dfrac{4}{3}\pi$ 또는 $x=\dfrac{5}{3}\pi$	**2** ②	**3** ④
4 ③ **5** $\dfrac{\pi}{4}$ **6** 3π	**7** ④	**8** $\dfrac{\sqrt{3}}{2}$
9 ⑤ **10** 8π	**11** $-\dfrac{\sqrt{3}}{2}$	**12** 4π **13** ②
14 $-\dfrac{25}{8}\le k\le 3$	**15** ③	**16** $\dfrac{3}{2}\pi$ **17** $\dfrac{\pi}{6}$
18 $-\dfrac{1}{2}$ **19** ⑤	**20** ⑤	**21** ③
22 $a\le-2$	**23** π	**24** ② **25** ①

1
$2\sin x=-\sqrt{3}$에서 $\sin x=-\dfrac{\sqrt{3}}{2}$

$0\le x<2\pi$에서 함수 $y=\sin x$의 그래프와 직선
$y=-\dfrac{\sqrt{3}}{2}$의 교점의 x좌표는 $\dfrac{4}{3}\pi$, $\dfrac{5}{3}\pi$

따라서 주어진 방정식의 두 근은

$x=\dfrac{4}{3}\pi$ 또는 $x=\dfrac{5}{3}\pi$

2
$y=\cos\left(x+\dfrac{\pi}{2}\right)+1=-\sin x+1$이므로

$\sin x=-\sin x+1$에서 $2\sin x=1$

$\therefore \sin x=\dfrac{1}{2}$

$0\le x<2\pi$에서 함수 $y=\sin x$의 그래프와 직선 $y=\dfrac{1}{2}$이

만나는 점의 x좌표는 $\dfrac{\pi}{6}$, $\dfrac{5}{6}\pi$

따라서 모든 점의 x좌표의 합은

$\dfrac{\pi}{6}+\dfrac{5}{6}\pi=\pi$

3
$\dfrac{1}{2}x-\dfrac{\pi}{3}=t$로 놓으면 $0<x<2\pi$에서 $-\dfrac{\pi}{3}<t<\dfrac{2}{3}\pi$이
고 주어진 방정식은

$\sqrt{2}\sin t=1$ $\therefore \sin t=\dfrac{\sqrt{2}}{2}$

$-\dfrac{\pi}{3}<t<\dfrac{2}{3}\pi$에서 함수 $y=\sin t$의 그래프와 직선
$y=\dfrac{\sqrt{2}}{2}$의 교점의 t좌표는 $\dfrac{\pi}{4}$

이때 $t=\dfrac{1}{2}x-\dfrac{\pi}{3}$이므로

$\dfrac{1}{2}x-\dfrac{\pi}{3}=\dfrac{\pi}{4}$ $\therefore x=\dfrac{7}{6}\pi$

따라서 $\alpha=\dfrac{7}{6}\pi$이므로

$\sin 4\alpha=\sin\dfrac{14}{3}\pi=\sin\dfrac{\pi}{3}=\dfrac{\sqrt{3}}{2}$

4 $2x+\dfrac{\pi}{4}=t$로 놓으면 $0<x<2\pi$에서 $\dfrac{\pi}{4}<t<\dfrac{17}{4}\pi$이고

주어진 방정식은

$\cos t=\sin t$ ...... ㉠

$\dfrac{\pi}{4}<t<\dfrac{17}{4}\pi$에서 $\cos t=0$일 때 $\sin t\neq0$이므로

$\cos t\neq\sin t$

즉, ㉠을 만족시키지 않으므로 $\cos t\neq0$

따라서 ㉠의 양변을 $\cos t$로 나누면

$1=\dfrac{\sin t}{\cos t}$ $\therefore \tan t=1$

$\dfrac{\pi}{4}<t<\dfrac{17}{4}\pi$에서 함수 $y=\tan t$의 그래프와 직선 $y=1$

의 교점의 t좌표는

$\dfrac{5}{4}\pi$, $\dfrac{9}{4}\pi$, $\dfrac{13}{4}\pi$

이때 $t=2x+\dfrac{\pi}{4}$이므로

$2x+\dfrac{\pi}{4}=\dfrac{5}{4}\pi$ 또는 $2x+\dfrac{\pi}{4}=\dfrac{9}{4}\pi$ 또는 $2x+\dfrac{\pi}{4}=\dfrac{13}{4}\pi$

$\therefore x=\dfrac{\pi}{2}$ 또는 $x=\pi$ 또는 $x=\dfrac{3}{2}\pi$

따라서 모든 근의 합은

$\dfrac{\pi}{2}+\pi+\dfrac{3}{2}\pi=3\pi$

5 $\log_{\frac{1}{2}}\sin\theta+\log_2\tan\theta=\dfrac{1}{2}$에서

$-\log_2\sin\theta+\log_2\tan\theta=\dfrac{1}{2}$

$\log_2\dfrac{\tan\theta}{\sin\theta}=\dfrac{1}{2}$, $\dfrac{\tan\theta}{\sin\theta}=\sqrt{2}$

$\dfrac{\frac{\sin\theta}{\cos\theta}}{\sin\theta}=\sqrt{2}$, $\dfrac{1}{\cos\theta}=\sqrt{2}$

$\therefore \cos\theta=\dfrac{\sqrt{2}}{2}$

$0<\theta<\dfrac{\pi}{2}$에서 함수 $y=\cos\theta$의 그래프와 직선 $y=\dfrac{\sqrt{2}}{2}$

의 교점의 θ좌표는 $\dfrac{\pi}{4}$

$\therefore \theta=\dfrac{\pi}{4}$

6 $\pi\sin x=t$로 놓으면 $0\leq x<2\pi$에서 $-1\leq\sin x\leq1$이므로 $-\pi\leq t\leq\pi$이고 주어진 방정식은

$\sin t=-1$

$-\pi\leq t\leq\pi$에서 함수 $y=\sin t$의 그래프와 직선 $y=-1$의 교점의 t좌표는 $-\dfrac{\pi}{2}$

즉, $-\dfrac{\pi}{2}=\pi\sin x$이므로 $\sin x=-\dfrac{1}{2}$

$0\leq x<2\pi$에서 함수 $y=\sin x$의 그래프와 직선 $y=-\dfrac{1}{2}$

의 교점의 x좌표는

$\dfrac{7}{6}\pi$, $\dfrac{11}{6}\pi$

따라서 모든 근의 합은

$\dfrac{7}{6}\pi+\dfrac{11}{6}\pi=3\pi$

7 $\cos^2 x+\sin x-\sin^2 x=0$에서

$(1-\sin^2 x)+\sin x-\sin^2 x=0$

$2\sin^2 x-\sin x-1=0$

$(2\sin x+1)(\sin x-1)=0$

$\therefore \sin x=-\dfrac{1}{2}$ 또는 $\sin x=1$

$0\leq x<2\pi$에서 함수 $y=\sin x$의 그래프와 두 직선

$y=-\dfrac{1}{2}$, $y=1$의 교점의 x좌표는

$\dfrac{\pi}{2}$, $\dfrac{7}{6}\pi$, $\dfrac{11}{6}\pi$

따라서 모든 근의 합은

$\dfrac{\pi}{2}+\dfrac{7}{6}\pi+\dfrac{11}{6}\pi=\dfrac{7}{2}\pi$

8 $\tan^2 x-(\sqrt{3}+1)\tan x+\sqrt{3}=0$에서

$(\tan x-1)(\tan x-\sqrt{3})=0$

$\therefore \tan x=1$ 또는 $\tan x=\sqrt{3}$

$0<x<\pi$에서 함수 $y=\tan x$의 그래프와 두 직선 $y=1$,

$y=\sqrt{3}$의 교점의 x좌표는

$\dfrac{\pi}{4}$, $\dfrac{\pi}{3}$

따라서 $\alpha=\dfrac{\pi}{4}$, $\beta=\dfrac{\pi}{3}$이므로

$2\alpha-\beta=2\times\dfrac{\pi}{4}-\dfrac{\pi}{3}=\dfrac{\pi}{6}$

$\therefore \cos(2\alpha-\beta)=\cos\dfrac{\pi}{6}=\dfrac{\sqrt{3}}{2}$

9 $\sin x=\sqrt{3}(1+\cos x)$의 양변을 제곱하면

$\sin^2 x=3(1+\cos x)^2$

$1-\cos^2 x=3(1+2\cos x+\cos^2 x)$

$2\cos^2 x+3\cos x+1=0$

$(\cos x+1)(2\cos x+1)=0$

$\therefore \cos x=-1$ 또는 $\cos x=-\dfrac{1}{2}$

(i) $\cos x = -1$일 때,

$0 \le x < 2\pi$에서 함수 $y = \cos x$의 그래프와 직선
$y = -1$의 교점의 x좌표는 π이고 $x = \pi$이면 $\sin \pi = 0$
이므로 주어진 방정식이 성립한다.

(ii) $\cos x = -\dfrac{1}{2}$일 때,

$0 \le x < 2\pi$에서 함수 $y = \cos x$의 그래프와 직선
$y = -\dfrac{1}{2}$의 교점의 x좌표는 $\dfrac{2}{3}\pi$, $\dfrac{4}{3}\pi$

$x = \dfrac{2}{3}\pi$이면 $\sin \dfrac{2}{3}\pi = \dfrac{\sqrt{3}}{2}$이므로 주어진 방정식이
성립한다.

$x = \dfrac{4}{3}\pi$이면 $\sin \dfrac{4}{3}\pi = -\dfrac{\sqrt{3}}{2}$이므로 주어진 방정식이
성립하지 않는다.

(i), (ii)에서 주어진 방정식의 모든 해의 합은

$\pi + \dfrac{2}{3}\pi = \dfrac{5}{3}\pi$

10 함수 $y = \cos x$의 그래프에서

$\dfrac{x_1 + x_2}{2} = \pi$, $\dfrac{x_3 + x_4}{2} = 3\pi$

$\therefore x_1 + x_2 + x_3 + x_4 = 2\pi + 6\pi = 8\pi$

11 $0 \le x < \pi$에서 함수

$y = \sin x$의 그래프와 직선
$y = \dfrac{1}{3}$의 교점의 x좌표가
α, β이므로

$\dfrac{\alpha + \beta}{2} = \dfrac{\pi}{2}$　　$\therefore \alpha + \beta = \pi$

$\therefore \sin\left(\alpha + \beta + \dfrac{\pi}{3}\right) = \sin\left(\pi + \dfrac{\pi}{3}\right)$

$\qquad\qquad\qquad\qquad = -\sin \dfrac{\pi}{3} = -\dfrac{\sqrt{3}}{2}$

12 $\cos x - 3|\cos x| + 1 = 0$에서

(i) $\cos x \ge 0$일 때,

$\cos x - 3\cos x + 1 = 0$

$-2\cos x + 1 = 0$

$\therefore \cos x = \dfrac{1}{2}$

$0 \le x < 2\pi$에서 함수 $y = \cos x$의 그래프와 직선 $y = \dfrac{1}{2}$

의 교점의 x좌표는 $\dfrac{\pi}{3}$, $\dfrac{5}{3}\pi$

$\therefore x = \dfrac{\pi}{3}$ 또는 $x = \dfrac{5}{3}\pi$

(ii) $\cos x < 0$일 때,

$\cos x + 3\cos x + 1 = 0$

$4\cos x + 1 = 0$

$\therefore \cos x = -\dfrac{1}{4}$

$0 \le x < 2\pi$에서 함수
$y = \cos x$의 그래프
와 직선 $y = -\dfrac{1}{4}$의
교점의 x좌표를 α, β
$(\alpha < \beta)$라 하면

$\dfrac{\alpha + \beta}{2} = \pi$　　$\therefore \alpha + \beta = 2\pi$

(i), (ii)에서 주어진 방정식의 모든 근의 합은

$\dfrac{\pi}{3} + \dfrac{5}{3}\pi + 2\pi = 4\pi$

13 $\cos^2 x + 4\sin x + k = 0$에서

$(1 - \sin^2 x) + 4\sin x + k = 0$

$\therefore \sin^2 x - 4\sin x - 1 = k$

따라서 주어진 방정식이 실근을 가지려면 함수
$y = \sin^2 x - 4\sin x - 1$의 그래프와 직선 $y = k$의 교점이
존재해야 한다.

$y = \sin^2 x - 4\sin x - 1$에서 $\sin x = t$로 놓으면
$-1 \le t \le 1$이고
$y = t^2 - 4t - 1 = (t-2)^2 - 5$

이때 오른쪽 그림에서 주어진
방정식이 실근을 가지려면

$-4 \le k \le 4$

따라서 $M = 4$, $m = -4$이므로

$M - m = 8$

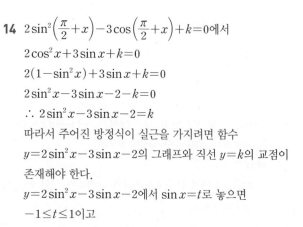

14 $2\sin^2\left(\dfrac{\pi}{2} + x\right) - 3\cos\left(\dfrac{\pi}{2} + x\right) + k = 0$에서

$2\cos^2 x + 3\sin x + k = 0$

$2(1 - \sin^2 x) + 3\sin x + k = 0$

$2\sin^2 x - 3\sin x - 2 - k = 0$

$\therefore 2\sin^2 x - 3\sin x - 2 = k$

따라서 주어진 방정식이 실근을 가지려면 함수
$y = 2\sin^2 x - 3\sin x - 2$의 그래프와 직선 $y = k$의 교점이
존재해야 한다.

$y = 2\sin^2 x - 3\sin x - 2$에서 $\sin x = t$로 놓으면
$-1 \le t \le 1$이고

$$y=2t^2-3t-2=2\left(t-\frac{3}{4}\right)^2-\frac{25}{8}$$

이때 오른쪽 그림에서 주어진 방정식이 실근을 가지려면

$$-\frac{25}{8}\le k\le 3$$

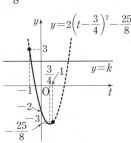

15 $\cos^2 x+\cos(\pi+x)-k+1=0$에서

$\cos^2 x-\cos x-k+1=0$

$\therefore \cos^2 x-\cos x+1=k$

따라서 주어진 방정식이 오직 하나의 실근을 가지려면 함수 $y=\cos^2 x-\cos x+1$의 그래프와 직선 $y=k$가 한 점에서 만나야 한다.

$y=\cos^2 x-\cos x+1$에서 $\cos x=t$로 놓으면

$0\le x\le\pi$에서 $-1\le t\le 1$이고

$$y=t^2-t+1=\left(t-\frac{1}{2}\right)^2+\frac{3}{4}$$

이때 오른쪽 그림에서 주어진 방정식이 오직 하나의 실근을 가지려면

$k=\dfrac{3}{4}$ 또는 $1<k\le 3$

따라서 모든 정수 k의 값의 합은

$2+3=5$

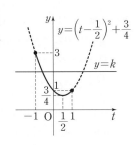

16 $\sin x-\cos x>0$에서 $\sin x>\cos x$

이 부등식의 해는 $y=\sin x$의 그래프가 $y=\cos x$의 그래프 보다 위쪽에 있는 x의 값의 범위이므로

오른쪽 그림에서

$$\frac{\pi}{4}<x<\frac{5}{4}\pi$$

따라서 $\alpha=\dfrac{\pi}{4}$, $\beta=\dfrac{5}{4}\pi$

이므로 $\alpha+\beta=\dfrac{3}{2}\pi$

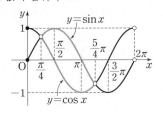

17 $2x-\dfrac{\pi}{3}=t$로 놓으면 $0<x<\pi$에서 $-\dfrac{\pi}{3}<t<\dfrac{5}{3}\pi$이고

주어진 부등식은 $2\sin t+\sqrt{3}<0$

$\therefore \sin t<-\dfrac{\sqrt{3}}{2}$

따라서 오른쪽 그림에서 t의 값의 범위는

$$\frac{4}{3}\pi<t<\frac{5}{3}\pi$$

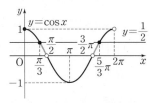

이때 $t=2x-\dfrac{\pi}{3}$이므로

$$\frac{4}{3}\pi<2x-\frac{\pi}{3}<\frac{5}{3}\pi$$

$$\therefore \frac{5}{6}\pi<x<\pi$$

따라서 $\alpha=\dfrac{5}{6}\pi$, $\beta=\pi$이므로 $\beta-\alpha=\dfrac{\pi}{6}$

18 $\log_2(\cos x)+1\le 0$에서 $\log_2(\cos x)\le -1$

$\therefore 0<\cos x\le\dfrac{1}{2}$

따라서 오른쪽 그림에서 x의 값의 범위는

$\dfrac{\pi}{3}\le x<\dfrac{\pi}{2}$ 또는

$\dfrac{3}{2}\pi<x\le\dfrac{5}{3}\pi$이므로

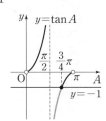

$\alpha=\dfrac{5}{3}\pi$, $\beta=\dfrac{\pi}{3}$ $\therefore \alpha-\beta=\dfrac{4}{3}\pi$

$\therefore \cos(\alpha-\beta)=\cos\dfrac{4}{3}\pi=-\cos\dfrac{\pi}{3}=-\dfrac{1}{2}$

19 $A+B+C=\pi$이므로

$\tan(B+C)=\tan(\pi-A)=-\tan A$

$\tan A-\tan(B+C)+2\le 0$에서

$2\tan A+2\le 0$ $\therefore \tan A\le -1$

따라서 오른쪽 그림에서 A의 값의 범위는 $\dfrac{\pi}{2}<A\le\dfrac{3}{4}\pi$이므로

A의 최댓값은 $\dfrac{3}{4}\pi$이다.

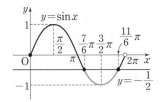

20 $2\cos^2 x-5\sin x-4\ge 0$에서

$2(1-\sin^2 x)-5\sin x-4\ge 0$

$2\sin^2 x+5\sin x+2\le 0$

$(2\sin x+1)(\sin x+2)\le 0$

이때 $0\le x<2\pi$에서 $\sin x+2>0$이므로 $2\sin x+1\le 0$

$\therefore \sin x\le -\dfrac{1}{2}$

따라서 위의 그림에서 x의 값의 범위는

$\dfrac{7}{6}\pi \leq x \leq \dfrac{11}{6}\pi$이므로 $\alpha=\dfrac{7}{6}\pi$, $\beta=\dfrac{11}{6}\pi$

$\therefore \beta-\alpha=\dfrac{2}{3}\pi$

$\therefore \sin(\beta-\alpha)=\sin\dfrac{2}{3}\pi=\sin\dfrac{\pi}{3}=\dfrac{\sqrt{3}}{2}$

21 $\cos x+\sin^2\left(\dfrac{\pi}{2}+x\right)<\cos^2\left(\dfrac{\pi}{2}+x\right)$에서

$\cos x+\cos^2 x<\sin^2 x$

$\cos x+\cos^2 x<1-\cos^2 x$

$2\cos^2 x+\cos x-1<0$

$(\cos x+1)(2\cos x-1)<0$

이때 $0\leq x<\pi$에서 $\cos x+1>0$이므로

$2\cos x-1<0$ $\quad \therefore \cos x<\dfrac{1}{2}$

따라서 오른쪽 그림에서 x의 값의

범위는 $\dfrac{\pi}{3}<x<\pi$이므로

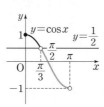

$\alpha=\dfrac{\pi}{3}$, $\beta=\pi$

$\therefore \alpha+\beta=\dfrac{4}{3}\pi$

22 $\sin^2 x+4\cos x+2a\leq 0$에서

$(1-\cos^2 x)+4\cos x+2a\leq 0$

$\therefore \cos^2 x-4\cos x-2a-1\geq 0$

이때 $\cos x=t$로 놓으면 $-1\leq t\leq 1$이고 주어진 부등식은

$t^2-4t-2a-1\geq 0$

$f(t)=t^2-4t-2a-1$이라 하면

$f(t)=(t-2)^2-2a-5$

$-1\leq t\leq 1$에서 $f(t)$의 최솟값은 $f(1)=-2a-4$

이때 모든 실수 x에 대하여 부등식이 성립하려면

$-2a-4\geq 0$

$\therefore a\leq -2$

23 모든 실수 x에 대하여 주어진 부등식이 성립하려면 이차
방정식 $x^2-2x\sin\theta+\sin\theta=0$의 판별식을 D라 할 때,
$D\leq 0$이어야 하므로

$\dfrac{D}{4}=\sin^2\theta-\sin\theta\leq 0$

$\sin\theta(\sin\theta-1)\leq 0$ $\quad \therefore 0\leq \sin\theta\leq 1$

따라서 오른쪽 그림에서 θ의
값의 범위는 $0\leq\theta\leq\pi$이므로

$\alpha=0$, $\beta=\pi$

$\therefore \alpha+\beta=\pi$

24 이차방정식 $x^2-2x\cos\theta+\sin^2\theta+\cos\theta=0$이 중근을
가지려면 이 이차방정식의 판별식을 D라 할 때, $D=0$이
어야 하므로

$\dfrac{D}{4}=\cos^2\theta-(\sin^2\theta+\cos\theta)=0$

$\cos^2\theta-\sin^2\theta-\cos\theta=0$

$\cos^2\theta-(1-\cos^2\theta)-\cos\theta=0$

$2\cos^2\theta-\cos\theta-1=0$

$(2\cos\theta+1)(\cos\theta-1)=0$

$\therefore \cos\theta=-\dfrac{1}{2}$ 또는 $\cos\theta=1$

이때 $0<\theta<2\pi$에서 $-1\leq\cos\theta<1$이므로

$\cos\theta=-\dfrac{1}{2}$

$0<\theta<2\pi$에서 함수 $y=\cos\theta$의 그래프와 직선 $y=-\dfrac{1}{2}$

의 교점의 θ좌표는 $\dfrac{2}{3}\pi$, $\dfrac{4}{3}\pi$

따라서 $\alpha=\dfrac{2}{3}\pi$, $\beta=\dfrac{4}{3}\pi$이므로

$\beta-\alpha=\dfrac{2}{3}\pi$

25 이차방정식 $x^2-(2\sin\theta)x-3\cos^2\theta-5\sin\theta+5=0$이
실근을 가지려면 이 이차방정식의 판별식을 D라 할 때,
$D\geq 0$이어야 하므로

$\dfrac{D}{4}=\sin^2\theta-(-3\cos^2\theta-5\sin\theta+5)\geq 0$

$\sin^2\theta+3\cos^2\theta+5\sin\theta-5\geq 0$

$\sin^2\theta+3(1-\sin^2\theta)+5\sin\theta-5\geq 0$

$2\sin^2\theta-5\sin\theta+2\leq 0$

$(2\sin\theta-1)(\sin\theta-2)\leq 0$

이때 $0\leq\theta<2\pi$에서 $\sin\theta-2<0$이므로

$2\sin\theta-1\geq 0$ $\quad \therefore \sin\theta\geq\dfrac{1}{2}$

따라서 오른쪽 그림에서 θ의
값의 범위는 $\dfrac{\pi}{6}\leq\theta\leq\dfrac{5}{6}\pi$이

므로 $\alpha=\dfrac{\pi}{6}$, $\beta=\dfrac{5}{6}\pi$

$\therefore 4\beta-2\alpha=4\times\dfrac{5}{6}\pi-2\times\dfrac{\pi}{6}$

$=3\pi$

01 사인법칙과 코사인법칙　56~62쪽

1 ③	**2** ⑤	**3** $8\sqrt{2}$	**4** ③	**5** $2\sqrt{2}$
6 ③	**7** $\dfrac{13}{4}$	**8** $4:2:5$	**9** $\dfrac{4}{5}$	**10** $3-\sqrt{3}$
11 ③	**12** ⑤	**13** $a=b$인 이등변삼각형		
14 30 m	**15** ⑤	**16** $10\sqrt{6}$ m	**17** $\sqrt{19}$	**18** ①
19 ④	**20** $30°$	**21** ⑤	**22** 6	**23** $\dfrac{5\sqrt{7}}{14}$
24 ③	**25** 25	**26** $a=c$인 이등변삼각형		
27 $a=b$인 이등변삼각형			**28** ④	
29 $a=b$인 이등변삼각형 또는 $C=90°$인 직각삼각형				
30 $40\sqrt{7}$ m	**31** $\dfrac{169}{3}\pi$ m²		**32** 300 m	**33** ⑤
34 ⑤	**35**	**36** $15\sqrt{7}$	**37** ④	**38** ③
39 $20\sqrt{3}$	**40** ③	**41** $5\sqrt{3}$	**42** $\sqrt{26}$	**43** $\dfrac{3\sqrt{10}}{10}$
44 9	**45** $14\sqrt{3}$			

1　$A=180°-(60°+75°)=45°$이므로 사인법칙에 의하여

$$\frac{2\sqrt{6}}{\sin 45°}=\frac{b}{\sin 60°}$$

$$2\sqrt{6}\sin 60°=b\sin 45°$$

$$2\sqrt{6}\times\frac{\sqrt{3}}{2}=b\times\frac{\sqrt{2}}{2}$$

$$\therefore b=6$$

2　꼭짓점 A에서 변 BC에 내린 수선의 발을 H라 하면 삼각형 ABH에서

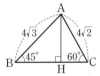

$$\overline{\text{BH}}=4\sqrt{3}\cos 45°$$
$$=4\sqrt{3}\times\frac{\sqrt{2}}{2}$$
$$=2\sqrt{6}$$

삼각형 AHC에서
$$\overline{\text{CH}}=4\sqrt{2}\cos 60°$$
$$=4\sqrt{2}\times\frac{1}{2}=2\sqrt{2}$$

$$\therefore \overline{\text{BC}}=2\sqrt{6}+2\sqrt{2}$$

$\angle A=180°-(45°+60°)=75°$이므로
사인법칙에 의하여

$$\frac{2\sqrt{6}+2\sqrt{2}}{\sin 75°}=\frac{4\sqrt{2}}{\sin 45°}$$

$$4\sqrt{2}\sin 75°=(2\sqrt{6}+2\sqrt{2})\sin 45°$$

$$\therefore \sin 75°=\frac{\sqrt{3}+1}{2}\times\frac{\sqrt{2}}{2}=\frac{\sqrt{6}+\sqrt{2}}{4}$$

3　한 호에 대한 원주각의 크기는 같으므로
$$\angle\text{BCA}=\angle\text{BDA}=45°$$
삼각형 ABD에서 사인법칙에 의하여

$$\frac{\overline{\text{AD}}}{\sin 30°}=\frac{16}{\sin 45°}, \quad \overline{\text{AD}}\sin 45°=16\sin 30°$$

$$\overline{\text{AD}}\times\frac{\sqrt{2}}{2}=16\times\frac{1}{2} \qquad \therefore \overline{\text{AD}}=8\sqrt{2}$$

4　삼각형 ABC의 외접원의 반지름의 길이를 R라 하면 사인법칙에 의하여

$$\frac{a}{\sin A}=2R$$

$a=8\sin A$를 대입하면 $\dfrac{8\sin A}{\sin A}=2R$

$$2R=8 \qquad \therefore R=4$$

따라서 삼각형 ABC의 외접원의 넓이는
$$\pi\times 4^2=16\pi$$

5　$B+C=180°-A$이므로
$$2\sin A\sin(B+C)=1, \quad 2\sin A\sin(180°-A)=1$$

$$2\sin^2 A=1, \quad \sin^2 A=\frac{1}{2}$$

$$\therefore \sin A=\frac{\sqrt{2}}{2} \ (\because 0°<A<180°)$$

사인법칙에 의하여 $\dfrac{a}{\sin A}=2\times 2$

$$\therefore a=4\times\frac{\sqrt{2}}{2}=2\sqrt{2}$$

6　원의 반지름의 길이를 r라 하면
$$\pi r^2=9\pi$$에서 $r=3 \ (\because r>0)$
따라서 호 AB의 길이는 $3\times 3=9$
이므로
$$3\times\theta=9$$에서 $\theta=3$
호 AB 위의 점이 아닌 원 위의 한
점 P에 대하여

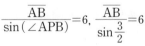

$$\angle\text{APB}=\frac{1}{2}\angle\text{AOB}=\frac{\theta}{2}=\frac{3}{2}$$

삼각형 ABP에서 사인법칙에 의하여

$$\frac{\overline{\text{AB}}}{\sin(\angle\text{APB})}=6, \quad \frac{\overline{\text{AB}}}{\sin\frac{3}{2}}=6$$

$$\therefore \overline{\text{AB}}=6\sin\frac{3}{2}$$

7　사인법칙에 의하여
$$a:b:c=\sin A:\sin B:\sin C=4:5:7$$
따라서 $a=4k$, $b=5k$, $c=7k \ (k>0)$로 놓으면
$$\frac{a^2+c^2}{ab}=\frac{(4k)^2+(7k)^2}{4k\times 5k}=\frac{65k^2}{20k^2}=\frac{13}{4}$$

8 $a+b=6k$, $b+c=7k$, $c+a=9k\,(k>0)$로 놓고 세 식을 변끼리 더하면

$2(a+b+c)=22k$ $\therefore$ $a+b+c=11k$

따라서 $a=4k$, $b=2k$, $c=5k$이므로 사인법칙에 의하여

$\sin A : \sin B : \sin C = 4k : 2k : 5k = 4 : 2 : 5$

9 $a-2b+2c=0$ $\cdots\cdots$ ㉠

$2a+b-2c=0$ $\cdots\cdots$ ㉡

㉠+㉡을 하면

$3a-b=0$ $\therefore$ $b=3a$

이를 ㉡에 대입하면

$2a+3a-2c=0$

$5a-2c=0$ $\therefore$ $c=\dfrac{5}{2}a$

따라서 사인법칙에 의하여

$\sin A : \sin B : \sin C = a : 3a : \dfrac{5}{2}a = 2 : 6 : 5$

$\sin A=2k$, $\sin B=6k$, $\sin C=5k\,(k>0)$로 놓으면

$\dfrac{\sin A+\sin B}{2\sin C}=\dfrac{2k+6k}{2\times 5k}=\dfrac{4}{5}$

10 $A+B+C=180°$이고 $A:B:C=1:2:3$이므로

$A=180°\times\dfrac{1}{6}=30°$, $B=180°\times\dfrac{2}{6}=60°$,

$C=180°\times\dfrac{3}{6}=90°$

삼각형 ABC의 외접원의 반지름의 길이를 R라 하면 사인법칙에 의하여

$a=2R\sin A=2R\sin 30°=R$

$b=2R\sin B=2R\sin 60°=\sqrt{3}R$

$c=2R\sin C=2R\sin 90°=2R$

이를 $a+b+c=6$에 대입하면

$R+\sqrt{3}R+2R=6$, $(3+\sqrt{3})R=6$

$\therefore$ $R=\dfrac{6}{3+\sqrt{3}}=3-\sqrt{3}$

11 삼각형 ABC의 외접원의 반지름의 길이를 R라 하면 사인법칙에 의하여

$\sin B=\dfrac{b}{2R}$, $\sin C=\dfrac{c}{2R}$

이를 $b^2\sin C=c^2\sin B$에 대입하면

$b^2\times\dfrac{c}{2R}=c^2\times\dfrac{b}{2R}$

$b^2c=c^2b$, $bc(b-c)=0$

$\therefore$ $b=c$ ($\because$ $b\neq 0$, $c\neq 0$)

따라서 삼각형 ABC는 $b=c$인 이등변삼각형이다.

12 $\cos^2 A+\cos^2 B=\cos^2 C+1$에서

$(1-\sin^2 A)+(1-\sin^2 B)=(1-\sin^2 C)+1$

$\therefore$ $\sin^2 C=\sin^2 A+\sin^2 B$ $\cdots\cdots$ ㉠

삼각형 ABC의 외접원의 반지름의 길이를 R라 하면 사인법칙에 의하여

$\sin A=\dfrac{a}{2R}$, $\sin B=\dfrac{b}{2R}$, $\sin C=\dfrac{c}{2R}$

이를 ㉠에 대입하면

$\left(\dfrac{c}{2R}\right)^2=\left(\dfrac{a}{2R}\right)^2+\left(\dfrac{b}{2R}\right)^2$ $\therefore$ $c^2=a^2+b^2$

따라서 삼각형 ABC는 $C=90°$인 직각삼각형이다.

13 주어진 이차방정식의 판별식을 D라 하면

$\dfrac{D}{4}=\sin^2 B-\sin^2 A=0$

$\therefore$ $\sin^2 B=\sin^2 A$ $\cdots\cdots$ ㉠

삼각형 ABC의 외접원의 반지름의 길이를 R라 하면 사인법칙에 의하여

$\sin A=\dfrac{a}{2R}$, $\sin B=\dfrac{b}{2R}$

이를 ㉠에 대입하면 $\left(\dfrac{b}{2R}\right)^2=\left(\dfrac{a}{2R}\right)^2$

$b^2=a^2$ $\therefore$ $a=b$ ($\because$ $a>0$, $b>0$)

따라서 삼각형 ABC는 $a=b$인 이등변삼각형이다.

14 오른쪽 그림과 같이 선분 BC를 그으면 삼각형 ABC의 외접원의 반지름의 길이가 $30\,\text{m}$이므로 사인법칙에 의하여

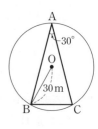

$\dfrac{\overline{BC}}{\sin 30°}=2\times 30$, $\dfrac{\overline{BC}}{\dfrac{1}{2}}=60$

$\therefore$ $\overline{BC}=30\,(\text{m})$

15 $C=180°-(45°+75°)=60°$이므로 사인법칙에 의하여

$\dfrac{60}{\sin 60°}=\dfrac{\overline{BC}}{\sin 45°}$

$60\sin 45°=\overline{BC}\sin 60°$, $60\times\dfrac{\sqrt{2}}{2}=\overline{BC}\times\dfrac{\sqrt{3}}{2}$

$\therefore$ $\overline{BC}=20\sqrt{6}\,(\text{m})$

16 삼각형 AQB에서

$\angle AQB=180°-(60°+75°)=45°$

사인법칙에 의하여

$\dfrac{\overline{BQ}}{\sin 60°}=\dfrac{20}{\sin 45°}$, $\overline{BQ}\sin 45°=20\sin 60°$

$\overline{BQ}\times\dfrac{\sqrt{2}}{2}=20\times\dfrac{\sqrt{3}}{2}$ $\therefore$ $\overline{BQ}=10\sqrt{6}\,(\text{m})$

$\therefore$ $\overline{PQ}=\overline{BQ}\tan 45°=10\sqrt{6}\times 1=10\sqrt{6}\,(\text{m})$

17 사각형 ABCD가 원에 내접하므로

$B=180°-120°=60°$

삼각형 ABC에서 코사인법칙에 의하여

$\overline{AC}^2=5^2+3^2-2\times5\times3\times\cos60°$

$\qquad=25+9-15=19$

$\therefore \overline{AC}=\sqrt{19}\ (\because \overline{AC}>0)$

18 코사인법칙에 의하여

$b^2=(\sqrt{3}+1)^2+(\sqrt{2})^2-2\times(\sqrt{3}+1)\times\sqrt{2}\times\cos45°$

$\qquad=3+2\sqrt{3}+1+2-2(\sqrt{3}+1)=4$

$\therefore b=2\ (\because b>0)$

또 사인법칙에 의하여

$\dfrac{\sqrt{2}}{\sin A}=\dfrac{2}{\sin45°}$

$\sqrt{2}\sin45°=2\sin A,\ 1=2\sin A$

$\therefore \sin A=\dfrac{1}{2}$

이때 $0°<A<180°$이므로

$A=30°$ 또는 $A=150°$

그런데 $A=150°$이면 $A+B>180°$이므로

$A=30°$

19 삼각형 ABC에서 코사인법칙에 의하여

$\overline{BC}^2=3^2+1^2-2\times3\times1\times\cos\dfrac{\pi}{3}$

$\qquad=9+1-3=7$

$\therefore \overline{BC}=\sqrt{7}\ (\because \overline{BC}>0)$

$\overline{AP}$가 $\angle BAC$의 이등분선이므로

$\overline{AB}:\overline{AC}=\overline{BP}:\overline{CP}$

즉, $\overline{BP}:\overline{CP}=3:1$이므로

$\overline{CP}=\dfrac{1}{4}\overline{BC}=\dfrac{\sqrt{7}}{4}$

또 $\angle BAC=\dfrac{\pi}{3}$이므로 $\angle CAP=\dfrac{1}{2}\angle BAC=\dfrac{\pi}{6}$

삼각형 APC의 외접원의 반지름의 길이를 R라 하면 삼각형 APC에서 사인법칙에 의하여

$\dfrac{\overline{CP}}{\sin\dfrac{\pi}{6}}=2R,\ \dfrac{\dfrac{\sqrt{7}}{4}}{\dfrac{1}{2}}=2R$

$\therefore R=\dfrac{\sqrt{7}}{4}$

따라서 삼각형 APC의 외접원의 넓이는

$\pi\times\left(\dfrac{\sqrt{7}}{4}\right)^2=\dfrac{7}{16}\pi$

20 삼각형에서 길이가 가장 짧은 변의 대각이 세 내각 중 크기가 가장 작으므로 길이가 2인 변의 대각의 크기가 가장 작다. 이 각의 크기를 θ라 하면 코사인법칙에 의하여

$\cos\theta=\dfrac{(2\sqrt{3})^2+4^2-2^2}{2\times2\sqrt{3}\times4}=\dfrac{\sqrt{3}}{2}$

이때 $0°<\theta<180°$이므로 $\theta=30°$

21 $(a+b)^2=c^2+3ab,\ a^2+2ab+b^2=c^2+3ab$

$\therefore a^2+b^2-c^2=ab\qquad\cdots\cdots\ \bigcirc$

코사인법칙에 의하여 $\cos C=\dfrac{a^2+b^2-c^2}{2ab}$

$\bigcirc$을 대입하면 $\cos C=\dfrac{ab}{2ab}=\dfrac{1}{2}$

이때 $0°<C<180°$이므로

$\sin C=\sqrt{1-\cos^2 C}=\sqrt{1-\left(\dfrac{1}{2}\right)^2}=\dfrac{\sqrt{3}}{2}$

$\therefore \tan C=\dfrac{\sin C}{\cos C}=\dfrac{\dfrac{\sqrt{3}}{2}}{\dfrac{1}{2}}=\sqrt{3}$

$\therefore \sin C+\tan C=\dfrac{\sqrt{3}}{2}+\sqrt{3}=\dfrac{3\sqrt{3}}{2}$

22 삼각형 ABC에서 코사인법칙에 의하여

$\cos B=\dfrac{8^2+9^2-7^2}{2\times8\times9}=\dfrac{2}{3}$

따라서 삼각형 ABD에서 코사인법칙에 의하여

$\overline{AD}^2=8^2+6^2-2\times8\times6\times\cos B$

$\qquad=64+36-64=36$

$\therefore \overline{AD}=6\ (\because \overline{AD}>0)$

23 정육각형의 한 내각의 크기는

$\dfrac{180°\times(6-2)}{6}=120°$

◀ 정n각형의 한 내각의 크기는 $\dfrac{180°\times(n-2)}{n}$이다.

$\overline{MF}=\dfrac{1}{2}\overline{EF}=3$이므로 삼각형 AMF에서 코사인법칙에 의하여

$\overline{AM}^2=6^2+3^2-2\times6\times3\times\cos120°$

$\qquad=36+9+18=63$

$\therefore \overline{AM}=3\sqrt{7}\ (\because \overline{AM}>0)$

$\therefore \cos\theta=\dfrac{6^2+(3\sqrt{7})^2-3^2}{2\times6\times3\sqrt{7}}=\dfrac{5\sqrt{7}}{14}$

24 코사인법칙에 의하여

$\cos B=\dfrac{(3\sqrt{7})^2+a^2-3^2}{2\times3\sqrt{7}\times a}=\dfrac{54+a^2}{6\sqrt{7}a}$

$\qquad=\dfrac{9}{\sqrt{7}a}+\dfrac{a}{6\sqrt{7}}=\dfrac{\sqrt{7}}{7}\left(\dfrac{9}{a}+\dfrac{a}{6}\right)$

이때 $\dfrac{9}{a}>0,\ \dfrac{a}{6}>0$이므로 산술평균과 기하평균의 관계에 의하여

$$\frac{9}{a}+\frac{a}{6}\geq 2\sqrt{\frac{9}{a}\times\frac{a}{6}}=2\sqrt{\frac{3}{2}}=\sqrt{6}$$

$$\left(\text{단, 등호는 } \frac{9}{a}=\frac{a}{6}\text{일 때 성립}\right)$$

$$\therefore \cos B=\frac{\sqrt{7}}{7}\left(\frac{9}{a}+\frac{a}{6}\right)\geq\frac{\sqrt{7}}{7}\times\sqrt{6}=\frac{\sqrt{42}}{7}$$

따라서 $\cos B$의 최솟값은 $\dfrac{\sqrt{42}}{7}$이다.

25 직각삼각형 ABC에서

$\overline{AC}=\sqrt{3^2+6^2}=3\sqrt{5}$

$\overline{BE}=\dfrac{1}{6}\overline{BC}=\dfrac{1}{6}\times 6=1$이므로 직각삼각형 ABE에서

$\overline{AE}=\sqrt{3^2+1^2}=\sqrt{10}$

$\overline{EC}=\overline{BC}-\overline{BE}=6-1=5$이므로

삼각형 AEC에서 코사인법칙에 의하여

$$\cos\theta=\frac{(\sqrt{10})^2+(3\sqrt{5})^2-5^2}{2\times\sqrt{10}\times 3\sqrt{5}}=\frac{1}{\sqrt{2}}=\frac{\sqrt{2}}{2}$$

이때 $0°<\theta<90°$이므로

$$\sin\theta=\sqrt{1-\cos^2\theta}=\sqrt{1-\left(\frac{\sqrt{2}}{2}\right)^2}=\frac{\sqrt{2}}{2}$$

$$\therefore 50\sin\theta\cos\theta=50\times\frac{\sqrt{2}}{2}\times\frac{\sqrt{2}}{2}=25$$

26 코사인법칙에 의하여

$$\cos C=\frac{a^2+b^2-c^2}{2ab}$$

이를 $b=2a\cos C$에 대입하면

$$b=2a\times\frac{a^2+b^2-c^2}{2ab}$$

$b^2=a^2+b^2-c^2$, $a^2=c^2$

$\therefore a=c\ (\because a>0,\ c>0)$

따라서 삼각형 ABC는 $a=c$인 이등변삼각형이다.

27 삼각형 ABC의 외접원의 반지름의 길이를 R라 하면 사인법칙과 코사인법칙에 의하여

$\sin A=\dfrac{a}{2R}$, $\sin B=\dfrac{b}{2R}$, $\cos A=\dfrac{b^2+c^2-a^2}{2bc}$,

$\cos B=\dfrac{c^2+a^2-b^2}{2ca}$

이를 $\sin A\cos B=\cos A\sin B$에 대입하면

$$\frac{a}{2R}\times\frac{c^2+a^2-b^2}{2ca}=\frac{b^2+c^2-a^2}{2bc}\times\frac{b}{2R}$$

$c^2+a^2-b^2=b^2+c^2-a^2$

$b^2=a^2$

$\therefore a=b\ (\because a>0,\ b>0)$

따라서 삼각형 ABC는 $a=b$인 이등변삼각형이다.

28 코사인법칙에 의하여

$$\cos A=\frac{b^2+c^2-a^2}{2bc}$$

$$\cos B=\frac{c^2+a^2-b^2}{2ca}$$

$$\cos C=\frac{a^2+b^2-c^2}{2ab}$$

이를 $a\cos A+c\cos C=b\cos B$에 대입하면

$$a\times\frac{b^2+c^2-a^2}{2bc}+c\times\frac{a^2+b^2-c^2}{2ab}=b\times\frac{c^2+a^2-b^2}{2ca}$$

$a^2(b^2+c^2-a^2)+c^2(a^2+b^2-c^2)=b^2(c^2+a^2-b^2)$

$a^4-2a^2c^2+c^4-b^4=0$

$(a^2-c^2)^2-(b^2)^2=0$

$(a^2-c^2-b^2)(a^2-c^2+b^2)=0$

$\therefore a^2=b^2+c^2$ 또는 $c^2=a^2+b^2$

따라서 삼각형 ABC는 $A=90°$ 또는 $C=90°$인 직각삼각형이다.

29 $\tan A:\tan B=a^2:b^2$에서

$a^2\tan B=b^2\tan A$

$a^2\times\dfrac{\sin B}{\cos B}=b^2\times\dfrac{\sin A}{\cos A}$

$\therefore a^2\sin B\cos A=b^2\sin A\cos B$ ······ ㉠

삼각형 ABC의 외접원의 반지름의 길이를 R라 하면 사인법칙과 코사인법칙에 의하여

$\sin A=\dfrac{a}{2R}$, $\sin B=\dfrac{b}{2R}$, $\cos A=\dfrac{b^2+c^2-a^2}{2bc}$,

$\cos B=\dfrac{c^2+a^2-b^2}{2ca}$

이를 ㉠에 대입하면

$$a^2\times\frac{b}{2R}\times\frac{b^2+c^2-a^2}{2bc}=b^2\times\frac{a}{2R}\times\frac{c^2+a^2-b^2}{2ca}$$

$a^2(b^2+c^2-a^2)=b^2(c^2+a^2-b^2)$

$a^2b^2+a^2c^2-a^4=b^2c^2+a^2b^2-b^4$

$a^4-b^4-a^2c^2+b^2c^2=0$

$(a^2+b^2)(a^2-b^2)-c^2(a^2-b^2)=0$

$(a^2-b^2)(a^2+b^2-c^2)=0$

$\therefore a=b$ 또는 $a^2+b^2=c^2\ (\because a>0,\ b>0)$

따라서 삼각형 ABC는 $a=b$인 이등변삼각형 또는 $C=90°$인 직각삼각형이다.

30 코사인법칙에 의하여

$$\overline{PQ}^2=120^2+80^2-2\times 120\times 80\times\cos 60°$$

$$=14400+6400-9600$$

$$=11200$$

$\therefore \overline{PQ}=40\sqrt{7}\,(\text{m})\ (\because \overline{PQ}>0)$

따라서 두 나무 P, Q 사이의 거리는 $40\sqrt{7}$ m이다.

31 코사인법칙에 의하여

$$\cos A = \frac{8^2 + 7^2 - 13^2}{2 \times 8 \times 7} = -\frac{1}{2}$$

이때 $0° < A < 180°$이므로 $A = 120°$

삼각형 ABC의 외접원의 반지름의 길이를 $R(\text{m})\,(R>0)$라 하면 사인법칙에 의하여

$$\frac{13}{\sin 120°} = 2R, \ \frac{13}{\frac{\sqrt{3}}{2}} = 2R \qquad \therefore R = \frac{13\sqrt{3}}{3}(\text{m})$$

따라서 물웅덩이의 넓이는

$$\pi \times \left(\frac{13\sqrt{3}}{3}\right)^2 = \frac{169}{3}\pi(\text{m}^2)$$

32 오른쪽 그림에서

$\overline{DE} = x(\text{m})\,(x>0)$라 하면

$$\overline{AE} = \frac{\overline{DE}}{\tan 60°} = \frac{\sqrt{3}}{3}x(\text{m})$$

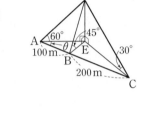

$$\overline{BE} = \frac{\overline{DE}}{\tan 45°} = x(\text{m})$$

$$\overline{CE} = \frac{\overline{DE}}{\tan 30°} = \sqrt{3}x(\text{m})$$

$\angle EAB = \theta$라 하면 삼각형 ABE에서 코사인법칙에 의하여

$$\cos\theta = \frac{100^2 + \left(\frac{\sqrt{3}}{3}x\right)^2 - x^2}{2 \times 100 \times \frac{\sqrt{3}}{3}x} = \frac{10000 - \frac{2}{3}x^2}{\frac{200\sqrt{3}}{3}x} \quad \cdots\cdots \ ㉠$$

또 삼각형 ACE에서 코사인법칙에 의하여

$$\cos\theta = \frac{300^2 + \left(\frac{\sqrt{3}}{3}x\right)^2 - (\sqrt{3}x)^2}{2 \times 300 \times \frac{\sqrt{3}}{3}x} = \frac{90000 - \frac{8}{3}x^2}{200\sqrt{3}x}$$

$$\cdots\cdots \ ㉡$$

㉠, ㉡에서

$$\frac{10000 - \frac{2}{3}x^2}{\frac{200\sqrt{3}}{3}x} = \frac{90000 - \frac{8}{3}x^2}{200\sqrt{3}x}$$

$$-2x^2 + 30000 = -\frac{8}{3}x^2 + 90000$$

$x^2 = 90000 \qquad \therefore x = 300(\text{m}) \ (\because x>0)$

따라서 지면에서 산꼭대기까지의 높이는 300 m이다.

33 삼각형 ABC의 넓이가 $\sqrt{6}$이므로

$$\frac{1}{2} \times 2 \times \sqrt{7} \times \sin\theta = \sqrt{6}$$

$$\therefore \sin\theta = \frac{\sqrt{6}}{\sqrt{7}} = \frac{\sqrt{42}}{7}$$

$$\therefore \sin\left(\frac{\pi}{2} + \theta\right) = \cos\theta = \sqrt{1 - \sin^2\theta} \ \left(\because 0 < \theta < \frac{\pi}{2}\right)$$

$$= \sqrt{1 - \left(\frac{\sqrt{42}}{7}\right)^2} = \frac{\sqrt{7}}{7}$$

34 원의 중심을 O라 하면

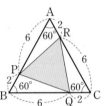

$$\angle BOA = 360° \times \frac{3}{12} = 90°$$

$$\angle COB = 360° \times \frac{4}{12} = 120°$$

$$\angle AOC = 360° \times \frac{5}{12} = 150°$$

$$\therefore \triangle ABC$$
$$= \triangle OAB + \triangle OBC + \triangle OCA$$
$$= \frac{1}{2} \times 6^2 \times \sin 90° + \frac{1}{2} \times 6^2 \times \sin 120°$$
$$+ \frac{1}{2} \times 6^2 \times \sin 150°$$
$$= 18 + 9\sqrt{3} + 9 = 9(3 + \sqrt{3})$$

35 $A = 60°$, $\overline{AP} = \frac{3}{4}\overline{AB} = \frac{3}{4} \times 8 = 6$,

$\overline{AR} = \frac{1}{4}\overline{AC} = \frac{1}{4} \times 8 = 2$이므로

$$\triangle ABC = \frac{1}{2} \times 8 \times 8 \times \sin 60°$$
$$= 16\sqrt{3}$$

$$\triangle APR = \frac{1}{2} \times 6 \times 2 \times \sin 60° = 3\sqrt{3}$$

이때 $\triangle APR = \triangle BQP = \triangle CRQ$이므로

$$\triangle PQR = \triangle ABC - 3\triangle APR$$
$$= 16\sqrt{3} - 3 \times 3\sqrt{3} = 7\sqrt{3}$$

[다른 풀이]

$A = 60°$, $\overline{AP} = \frac{3}{4}\overline{AB} = \frac{3}{4} \times 8 = 6$,

$\overline{AR} = \frac{1}{4}\overline{AC} = \frac{1}{4} \times 8 = 2$이므로

삼각형 APR에서 코사인법칙에 의하여

$$\overline{PR}^2 = 6^2 + 2^2 - 2 \times 6 \times 2 \times \cos 60°$$
$$= 36 + 4 - 12 = 28$$

$\therefore \overline{PR} = 2\sqrt{7} \ (\because \overline{PR} > 0)$

이때 $\triangle APR \equiv \triangle BQP \equiv \triangle CRQ$이므로 삼각형 PQR는 한 변의 길이가 $2\sqrt{7}$인 정삼각형이다.

$$\therefore \triangle PQR = \frac{1}{2} \times 2\sqrt{7} \times 2\sqrt{7} \times \sin 60° = 7\sqrt{3}$$

36 코사인법칙에 의하여

$$\cos C = \frac{8^2 + 10^2 - 12^2}{2 \times 8 \times 10} = \frac{1}{8}$$

이때 $0° < C < 180°$이므로

$$\sin C = \sqrt{1 - \cos^2 C} = \sqrt{1 - \left(\frac{1}{8}\right)^2} = \frac{3\sqrt{7}}{8}$$

따라서 삼각형 ABC의 넓이는

$$\frac{1}{2} \times 8 \times 10 \times \frac{3\sqrt{7}}{8} = 15\sqrt{7}$$

헤론의 공식을 이용하면

$s = \dfrac{8+10+12}{2} = 15$이므로

삼각형 ABC의 넓이는

$\sqrt{15 \times (15-8) \times (15-10) \times (15-12)} = 15\sqrt{7}$

37 사인법칙에 의하여

$a : b : c = \sin A : \sin B : \sin C = 3 : 3 : 2$이므로

$a = 3k$, $b = 3k$, $c = 2k \, (k > 0)$로 놓으면 헤론의 공식에서

$s = \dfrac{3k + 3k + 2k}{2} = 4k$이므로

$\begin{aligned} \triangle ABC &= \sqrt{4k \times (4k-3k) \times (4k-3k) \times (4k-2k)} \\ &= 2\sqrt{2}\,k^2 \end{aligned}$

즉, $2\sqrt{2}\,k^2 = 48\sqrt{2}$이므로 $k^2 = 24$

$\therefore k = 2\sqrt{6} \, (\because k > 0)$

따라서 삼각형 ABC의 둘레의 길이는

$3k + 3k + 2k = 8k = 8 \times 2\sqrt{6} = 16\sqrt{6}$

38 코사인법칙에 의하여 $\cos C = \dfrac{5^2 + 7^2 - 8^2}{2 \times 5 \times 7} = \dfrac{1}{7}$

이때 $0° < C < 180°$이므로

$\therefore \sin C = \sqrt{1 - \cos^2 C} = \sqrt{1 - \left(\dfrac{1}{7}\right)^2} = \dfrac{4\sqrt{3}}{7}$

따라서 삼각형 ABC의 넓이는

$\dfrac{1}{2} \times 5 \times 7 \times \dfrac{4\sqrt{3}}{7} = 10\sqrt{3}$

이때 삼각형 ABC의 내접원의 반지름의 길이를 r라 하면

$\dfrac{1}{2} r (5 + 7 + 8) = 10\sqrt{3}$ $\therefore r = \sqrt{3}$

39 삼각형 BCD에서 코사인법칙에 의하여

$\begin{aligned} \overline{BD}^2 &= 5^2 + 10^2 - 2 \times 5 \times 10 \times \cos 60° \\ &= 25 + 100 - 50 = 75 \end{aligned}$

$\therefore \overline{BD} = 5\sqrt{3} \, (\because \overline{BD} > 0)$

$\begin{aligned} \therefore \square ABCD &= \triangle ABD + \triangle BCD \\ &= \dfrac{1}{2} \times 6 \times 5\sqrt{3} \times \sin 30° + \dfrac{1}{2} \times 5 \times 10 \times \sin 60° \\ &= \dfrac{15\sqrt{3}}{2} + \dfrac{25\sqrt{3}}{2} = 20\sqrt{3} \end{aligned}$

40 오른쪽 그림과 같이 선분 BD를 그으면 삼각형 ABD 에서 코사인법칙에 의하여

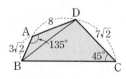

$\begin{aligned} \overline{BD}^2 &= (3\sqrt{2})^2 + 8^2 - 2 \times 3\sqrt{2} \times 8 \times \cos 135° \\ &= 18 + 64 + 48 = 130 \end{aligned}$

$\therefore \overline{BD} = \sqrt{130} \, (\because \overline{BD} > 0)$

또 $\overline{BC} = x \, (x > 0)$라 하면 삼각형 BCD에서 코사인법칙에 의하여

$(\sqrt{130})^2 = x^2 + (7\sqrt{2})^2 - 2 \times x \times 7\sqrt{2} \times \cos 45°$

$130 = x^2 + 98 - 14x$, $x^2 - 14x - 32 = 0$

$(x+2)(x-16) = 0$ $\therefore x = 16 \, (\because x > 0)$

$\therefore \overline{BC} = 16$

$\begin{aligned} \therefore \square ABCD &= \triangle ABD + \triangle BCD \\ &= \dfrac{1}{2} \times 3\sqrt{2} \times 8 \times \sin 135° + \dfrac{1}{2} \times 16 \times 7\sqrt{2} \times \sin 45° \\ &= 12 + 56 = 68 \end{aligned}$

41 오른쪽 그림과 같이 선분 AC를 그으면 삼각형 ABC에서 코사인법칙에 의하여

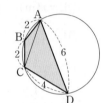

$\begin{aligned} \overline{AC}^2 &= 2^2 + 2^2 - 2 \times 2 \times 2 \times \cos B \\ &= 8 - 8\cos B \quad \cdots\cdots \text{㉠} \end{aligned}$

삼각형 ACD에서 코사인법칙에 의하여

$\begin{aligned} \overline{AC}^2 &= 4^2 + 6^2 - 2 \times 4 \times 6 \times \cos D \\ &= 52 - 48\cos(180° - B) \\ &= 52 + 48\cos B \quad \cdots\cdots \text{㉡} \end{aligned}$

㉠, ㉡에서

$8 - 8\cos B = 52 + 48\cos B$

$\therefore \cos B = -\dfrac{11}{14}$

이때 $0° < B < 180°$이므로

$\begin{aligned} \sin B &= \sqrt{1 - \cos^2 B} \\ &= \sqrt{1 - \left(-\dfrac{11}{14}\right)^2} = \dfrac{5\sqrt{3}}{14} \end{aligned}$

$\begin{aligned} \therefore \square ABCD &= \triangle ABC + \triangle ACD \\ &= \dfrac{1}{2} \times 2 \times 2 \times \sin B + \dfrac{1}{2} \times 4 \times 6 \times \sin(180° - B) \\ &= \dfrac{1}{2} \times 2 \times 2 \times \dfrac{5\sqrt{3}}{14} + \dfrac{1}{2} \times 4 \times 6 \times \dfrac{5\sqrt{3}}{14} \\ &= 5\sqrt{3} \end{aligned}$

42 평행사변형 ABCD의 넓이가 20이므로

$4 \times \overline{BC} \times \sin 45° = 20$, $2\sqrt{2}\,\overline{BC} = 20$

$\therefore \overline{BC} = 5\sqrt{2}$

삼각형 ABC에서 코사인법칙에 의하여

$\begin{aligned} \overline{AC}^2 &= 4^2 + (5\sqrt{2})^2 - 2 \times 4 \times 5\sqrt{2} \times \cos 45° \\ &= 16 + 50 - 40 = 26 \end{aligned}$

$\therefore \overline{AC} = \sqrt{26} \, (\because \overline{AC} > 0)$

43 직각삼각형 ABC에서 $\overline{AC}=\sqrt{4^2+8^2}=4\sqrt{5}$

직각삼각형 ABD에서 $\overline{BD}=\sqrt{4^2+4^2}=4\sqrt{2}$

사다리꼴 ABCD의 넓이는 $\dfrac{1}{2}\times(4+8)\times4=24$이므로

$$\dfrac{1}{2}\times4\sqrt{5}\times4\sqrt{2}\times\sin\theta=24$$

$$\therefore \sin\theta=\dfrac{3\sqrt{10}}{10}$$

44 $\tan\theta=\dfrac{3}{4}$에서 $\dfrac{\sin\theta}{\cos\theta}=\dfrac{3}{4}$이므로 $\cos\theta=\dfrac{4\sin\theta}{3}$

이를 $\sin^2\theta+\cos^2\theta=1$에 대입하면

$$\sin^2\theta+\left(\dfrac{4\sin\theta}{3}\right)^2=1,\ \sin^2\theta+\dfrac{16\sin^2\theta}{9}=1$$

$$\dfrac{25\sin^2\theta}{9}=1,\ \sin^2\theta=\dfrac{9}{25}$$

이때 $\tan\theta>0$에서 $0°<\theta<90°$이므로 $\sin\theta=\dfrac{3}{5}$

$$\therefore \square ABCD=\dfrac{1}{2}\times5\times6\times\sin\theta$$

$$=\dfrac{1}{2}\times5\times6\times\dfrac{3}{5}=9$$

[다른 풀이]

$\tan\theta=\dfrac{3}{4}$이므로 오른쪽 그림과 같

은 직각삼각형 ABC를 생각할 수

있다.

$\overline{AB}=\sqrt{4^2+3^2}=5$이므로

$\sin\theta=\dfrac{3}{5}$

$\therefore \square ABCD=\dfrac{1}{2}\times5\times6\times\sin\theta=\dfrac{1}{2}\times5\times6\times\dfrac{3}{5}=9$

45 두 대각선의 교점을 O,

$\overline{OA}=x$, $\overline{OB}=y$라 하면 삼

각형 OAB에서 코사인법칙

에 의하여

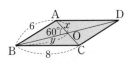

$6^2=x^2+y^2-2xy\cos60°$

$\therefore x^2+y^2-xy=36$ ······ ㉠

또 삼각형 OBC에서 코사인법칙에 의하여

$8^2=x^2+y^2-2xy\cos120°$

$\therefore x^2+y^2+xy=64$ ······ ㉡

㉡-㉠을 하면

$2xy=28$ $\therefore xy=14$

$$\therefore \square ABCD=\dfrac{1}{2}\times\overline{AC}\times\overline{BD}\times\sin60°$$

$$=\dfrac{1}{2}\times2x\times2y\times\dfrac{\sqrt{3}}{2}$$

$$=\sqrt{3}xy=14\sqrt{3}$$

Ⅲ-**1.** 등차수열과 등비수열

01 등차수열   64~69쪽

1 ④	2 ④	3 ②	4 2	5 ③
6 -3	7 ②	8 ④	9 ②	10 13
11 2	12 -16	13 70	14 ①	15 -6
16 ③	17 6	18 5	19 -24	20 ③
21 ④	22 6	23 ①	24 ③	25 200
26 ③	27 290	28 15	29 81	30 ③
31 ③	32 -64	33 ②	34 ③	35 1667
36 630	37 ④	38 ⑤	39 ④	40 16
41 75	42 6	43 143		

1 a_1, a_2, a_3, a_4, $\cdots$의 규칙을 찾아보면

$a_1=(1+1)^2-1$, $a_2=(2+1)^2-2$, $a_3=(3+1)^2-3$,

$a_4=(4+1)^2-4$, $\cdots$

$\therefore a_n=(n+1)^2-n=n^2+n+1$

2 a_1, a_2, a_3, a_4, $\cdots$의 규칙을 찾아보면

$a_1=\dfrac{1}{2\times1-1}$, $a_2=\dfrac{1}{2\times2-1}$, $a_3=\dfrac{1}{2\times3-1}$,

$a_4=\dfrac{1}{2\times4-1}$, $\cdots$

$\therefore a_n=\dfrac{1}{2n-1}$

$a_k=\dfrac{1}{101}$에서 $\dfrac{1}{2k-1}=\dfrac{1}{101}$

$2k-1=101$ $\therefore k=51$

3 a_1, a_2, a_3, a_4, $\cdots$의 규칙을 찾아보면

$a_1=1\times3$, $a_2=2\times4$, $a_3=3\times5$, $a_4=4\times6$, $\cdots$

$\therefore a_n=n(n+2)$

$\therefore a_{10}-a_9=10\times12-9\times11=21$

4 첫째항을 a, 공차를 d라 하면 $a_2=7$, $a_{10}=23$이므로

$a+d=7$ ······ ㉠

$a+9d=23$ ······ ㉡

㉡-㉠을 하면 $8d=16$

$\therefore d=2$

5 첫째항을 a라 하면 $a_3a_7=64$에서

$\{a+2\times(-3)\}\{a+6\times(-3)\}=64$

$(a-6)(a-18)=64$

$a^2-24a+44=0$, $(a-2)(a-22)=0$

$\therefore a=2$ 또는 $a=22$

$a_8>0$에서 $a+7\times(-3)>0$, 즉 $a>21$이므로 $a=22$

$\therefore a_2=22+(-3)=19$

6 첫째항을 a, 공차를 $d\,(d<0)$라 하면

(㈎에서 $(a+4d)+(a+8d)=0$

$a+6d=0$ $\quad\therefore a=-6d$ $\qquad$ ……㉠

(㈏에서 $|a+4d|=|a+7d|+1$ $\qquad$ ……㉡

㉠을 ㉡에 대입하면

$|-6d+4d|=|-6d+7d|+1$

$|-2d|=|d|+1$

이때 $d<0$이므로

$-2d=-d+1$

$\therefore d=-1$

이를 ㉠에 대입하면 $a=6$

$\therefore a_{10}=6+9\times(-1)=-3$

7 등차수열 $\{a_n\}$, $\{b_n\}$의 첫째항을 a, 공차를 각각 d_1, d_2라 하면 $a_3:b_3=4:5$에서 $4b_3=5a_3$이므로

$4(a+2d_2)=5(a+2d_1)$

$\therefore a+10d_1-8d_2=0$ $\qquad$ ……㉠

또 $a_5:b_5=7:9$에서 $7b_5=9a_5$이므로

$7(a+4d_2)=9(a+4d_1)$

$\therefore a+18d_1-14d_2=0$ $\qquad$ ……㉡

㉠-㉡을 하면

$-8d_1+6d_2=0$

$\therefore d_1=\dfrac{3}{4}d_2$

이를 ㉠에 대입하여 정리하면

$a=\dfrac{1}{2}d_2$ $\qquad$ ……㉢

$\therefore a_7:b_7=(a+6d_1):(a+6d_2)$

$\qquad=\left(\dfrac{1}{2}d_2+\dfrac{9}{2}d_2\right):\left(\dfrac{1}{2}d_2+6d_2\right)\,(\because ㉢)$

$\qquad=5d_2:\dfrac{13}{2}d_2$

$\qquad=10:13$

8 첫째항을 a, 공차를 d라 하면 $a_3=-47$, $a_{10}=-19$이므로

$a+2d=-47$, $a+9d=-19$

두 식을 연립하여 풀면

$a=-55$, $d=4$

따라서 등차수열 $\{a_n\}$의 일반항 a_n은

$a_n=-55+(n-1)\times4=4n-59$

이때 제n항에서 처음으로 양수가 된다고 하면 $a_n>0$에서

$4n-59>0$, $4n>59$

$\therefore n>14.75$

그런데 n은 자연수이므로 처음으로 양수가 되는 항은 제15항이다.

9 첫째항을 a, 공차를 d라 하면

$a_1=a_3+8$에서 $a=(a+2d)+8$

$\therefore d=-4$ $\qquad$ ……㉠

$2a_4-3a_6=3$에서 $2(a+3d)-3(a+5d)=3$

$\therefore a+9d=-3$ $\qquad$ ……㉡

㉠을 ㉡에 대입하면

$a+9\times(-4)=-3$

$\therefore a=33$

따라서 등차수열 $\{a_n\}$의 일반항 a_n은

$a_n=33+(n-1)\times(-4)$

$\quad=-4n+37$

$a_k<0$에서 $-4k+37<0$

$4k>37$ $\quad\therefore k>9.25$

따라서 자연수 k의 최솟값은 10이다.

10 공차를 d라 하면 $a_1=47$, $a_{10}=11$이므로

$47+9d=11$ $\quad\therefore d=-4$

따라서 등차수열 $\{a_n\}$의 일반항 a_n은

$a_n=47+(n-1)\times(-4)$

$\quad=-4n+51$

이때 $-4n+51=0$에서 $n=12.75$이므로

$|a_{12}|=|-4\times12+51|=3$

$|a_{13}|=|-4\times13+51|=1$

따라서 $|a_n|$의 값이 최소가 되는 자연수 n의 값은 13이다.

11 공차를 d라 하면 첫째항이 8, 제7항이 20이므로

$8+6d=20$

$\therefore d=2$

12 공차를 d라 하면 첫째항이 3, 제6항이 23이므로

$3+5d=23$

$\therefore d=4$

따라서 $x=3+4=7$, $y=3+2\times4=11$,

$z=3+3\times4=15$, $w=3+4\times4=19$이므로

$x+y-z-w=7+11-15-19=-16$

다른 풀이

공차를 d라 하면

$x=3+d$, $y=3+2d$, $z=3+3d$, $w=3+4d$이므로

$x+y-z-w=-4d$

이때 제6항이 23이므로

$3+5d=23$ $\quad\therefore d=4$

$\therefore x+y-z-w=-4\times4=-16$

13 공차를 d라 하면 첫째항이 2, 제5항이 18이므로

$2+4d=18$ $\therefore d=4$

따라서

$\dfrac{1}{x}=2+4=6$, $\dfrac{1}{y}=2+2\times4=10$, $\dfrac{1}{z}=2+3\times4=14$

이므로 $x=\dfrac{1}{6}$, $y=\dfrac{1}{10}$, $z=\dfrac{1}{14}$

$\therefore \dfrac{3x}{yz}=\dfrac{3\times\dfrac{1}{6}}{\dfrac{1}{10}\times\dfrac{1}{14}}=\dfrac{\dfrac{1}{2}}{\dfrac{1}{140}}=70$

14 공차를 d라 하면 첫째항이 1, 제$(m+2)$항이 100이므로

$1+(m+2-1)d=100$

$\therefore (m+1)d=99$

이때 m이 자연수이므로 $m+1$은 1이 아닌 자연수이고 d도 자연수이므로 $(m+1)d=99$인 경우는 다음과 같다.

$m+1$	3	9	11	33	99
d	33	11	9	3	1

따라서 자연수 d의 개수는 5이다.

15 a는 $1-2\sqrt{3}$과 1의 등차중항이므로

$a=\dfrac{(1-2\sqrt{3})+1}{2}=1-\sqrt{3}$ $\cdots\cdots$ ㉠

1은 a와 b의 등차중항이므로

$1=\dfrac{a+b}{2}$, $2=(1-\sqrt{3})+b$ $(\because$ ㉠$)$

$\therefore b=1+\sqrt{3}$

c는 5와 1의 등차중항이므로

$c=\dfrac{5+1}{2}=3$ $\cdots\cdots$ ㉡

1은 c와 d의 등차중항이므로

$1=\dfrac{c+d}{2}$, $2=3+d$ $(\because$ ㉡$)$

$\therefore d=-1$

$\therefore ab-c+d=(1-\sqrt{3})(1+\sqrt{3})-3+(-1)=-6$

16 a_1, a_1+a_2, a_2+a_3에서 a_1+a_2는 a_1과 a_2+a_3의 등차중항이므로

$a_1+a_2=\dfrac{a_1+(a_2+a_3)}{2}$

$2(a_1+a_2)=a_1+a_2+a_3$

$\therefore a_1+a_2=a_3$ $\cdots\cdots$ ㉠

첫째항을 a, 공차를 d라 하면 ㉠에서

$a+(a+d)=a+2d$

$\therefore a=d$

$\therefore \dfrac{a_3}{a_2}=\dfrac{a+2d}{a+d}=\dfrac{3d}{2d}=\dfrac{3}{2}$

17 이차방정식의 근과 계수의 관계에 의하여

$\alpha+\beta=6$, $\alpha\beta=6$

이때 p는 α와 β의 등차중항이므로

$p=\dfrac{\alpha+\beta}{2}=\dfrac{6}{2}=3$

또 q는 $\dfrac{1}{\alpha}$과 $\dfrac{1}{\beta}$의 등차중항이므로

$q=\dfrac{\dfrac{1}{\alpha}+\dfrac{1}{\beta}}{2}=\dfrac{\alpha+\beta}{2\alpha\beta}=\dfrac{6}{2\times6}=\dfrac{1}{2}$

$\therefore \dfrac{p}{q}=\dfrac{3}{\dfrac{1}{2}}=6$

18 a, b, 10에서 b는 a와 10의 등차중항이므로

$b=\dfrac{a+10}{2}$ $\therefore 2b=a+10$ $\cdots\cdots$ ㉠

10, c, d에서 c는 10과 d의 등차중항이므로

$c=\dfrac{10+d}{2}$ $\therefore 2c=10+d$ $\cdots\cdots$ ㉡

㉠-㉡을 하면 $2(b-c)=a-d$

또 b, e, 0에서 e는 b와 0의 등차중항이고, 5, e, c에서 e는 5와 c의 등차중항이므로

$\dfrac{b+0}{2}=\dfrac{5+c}{2}$, $b=5+c$ $\therefore b-c=5$

$\therefore a-b+c-d=(a-d)-(b-c)$

$\qquad\qquad\qquad =2(b-c)-(b-c)$

$\qquad\qquad\qquad =b-c=5$

19 세 실근을 $a-d$, a, $a+d$라 하면 삼차방정식의 근과 계수의 관계에 의하여

$(a-d)+a+(a+d)=9$

$3a=9$ $\therefore a=3$

따라서 3은 주어진 삼차방정식의 한 근이므로

주어진 삼차방정식에 $x=3$을 대입하면

$3^3-9\times3^2+26\times3+k=0$

$\therefore k=-24$

20 가로의 길이, 세로의 길이, 높이를 각각 $a-d$, a, $a+d$라 하면 모든 모서리의 길이의 합이 48이므로

$4\{(a-d)+a+(a+d)\}=48$

$12a=48$ $\therefore a=4$

또 부피가 60이므로

$(4-d)\times4\times(4+d)=60$

$16-d^2=15$, $d^2=1$ $\therefore d=\pm1$

따라서 가로의 길이, 세로의 길이, 높이는 각각 3, 4, 5 또는 5, 4, 3이므로 구하는 겉넓이는

$2(3\times4+4\times5+5\times3)=94$

21 ㈎에서 직각삼각형의 세 변의 길이를 각각 $a-d$, a, $a+d(a>d>0)$라 하면 빗변의 길이가 $a+d$이므로

$(a+d)^2=a^2+(a-d)^2$

$a(a-4d)=0$

$\therefore a=4d\ (\because a\neq 0)\quad\cdots\cdots\ \bigcirc$

㈏에서 $a+d=15\quad\cdots\cdots\ \bigcirc$

$\bigcirc$, $\bigcirc$을 연립하여 풀면

$a=12$, $d=3$

따라서 직각삼각형의 세 변의 길이는 9, 12, 15이므로 구하는 넓이는

$\dfrac{1}{2}\times 9\times 12=54$

22 네 수를 $a-3d$, $a-d$, $a+d$, $a+3d$라 하면 네 수의 합이 20이므로

$(a-3d)+(a-d)+(a+d)+(a+3d)=20$

$4a=20\quad\therefore a=5$

또 네 수의 제곱의 합이 120이므로

$(5-3d)^2+(5-d)^2+(5+d)^2+(5+3d)^2=120$

$100+20d^2=120$, $d^2=1$

$\therefore d=\pm 1$

따라서 네 수는 2, 4, 6, 8이므로 가장 큰 수와 가장 작은 수의 차는

$8-2=6$

23 첫째항을 a, 공차를 d라 하면 $a_2=5$, $a_6=17$이므로

$a+d=5$, $a+5d=17$

두 식을 연립하여 풀면

$a=2$, $d=3$

따라서 첫째항이 2, 공차가 3인 등차수열의 첫째항부터 제20항까지의 합은

$\dfrac{20\{2\times 2+(20-1)\times 3\}}{2}=610$

24 첫째항을 a, 공차를 d라 하면

$a_1+2a_{11}=49$에서 $a+2(a+10d)=49$

$3a+20d=49\quad\cdots\cdots\ \bigcirc$

$2a_1-a_{11}=-17$에서 $2a-(a+10d)=-17$

$a-10d=-17\quad\cdots\cdots\ \bigcirc$

$\bigcirc$, $\bigcirc$을 연립하여 풀면

$a=3$, $d=2$

따라서 첫째항이 3, 공차가 2인 등차수열의 첫째항부터 제11항까지의 합은

$\dfrac{11\{2\times 3+(11-1)\times 2\}}{2}=143$

다른 풀이

$a_1+2a_{11}=49$, $2a_1-a_{11}=-17$

두 식을 연립하여 풀면

$a_1=3$, $a_{11}=23$

따라서 등차수열 $\{a_n\}$의 첫째항부터 제11항까지의 합은

$\dfrac{11(3+23)}{2}=143$

25 두 등차수열 $\{a_n\}$, $\{b_n\}$의 공차를 각각 d_1, d_2라 하면

$a_1+b_1=2$, $d_1+d_2=4$

$\therefore (a_1+a_2+a_3+\cdots+a_{10})+(b_1+b_2+b_3+\cdots+b_{10})$

$=\dfrac{10(2a_1+9d_1)}{2}+\dfrac{10(2b_1+9d_2)}{2}$

$=10a_1+45d_1+10b_1+45d_2$

$=10(a_1+b_1)+45(d_1+d_2)$

$=10\times 2+45\times 4=200$

26 첫째항을 a, 공차를 d라 하면 $S_3=6$, $S_6=3$이므로

$\dfrac{3\{2a+(3-1)d\}}{2}=6$

$\therefore a+d=2\quad\cdots\cdots\ \bigcirc$

$\dfrac{6\{2a+(6-1)d\}}{2}=3$

$\therefore 2a+5d=1\quad\cdots\cdots\ \bigcirc$

$\bigcirc$, $\bigcirc$을 연립하여 풀면

$a=3$, $d=-1$

$\therefore S_9=\dfrac{9\{2\times 3+(9-1)\times(-1)\}}{2}=-9$

27 첫째항을 a, 공차를 d라 하면

㈎에서 $S_{20}=90$이므로

$\dfrac{20\{2a+(20-1)d\}}{2}=90$

$\therefore 2a+19d=9\quad\cdots\cdots\ \bigcirc$

㈏에서 $S_{40}-S_{20}=490$이므로

$\dfrac{40\{2a+(40-1)d\}}{2}-90=490$

$\therefore 2a+39d=29\quad\cdots\cdots\ \bigcirc$

$\bigcirc$, $\bigcirc$을 연립하여 풀면

$a=-5$, $d=1$

$\therefore a_{11}+a_{12}+a_{13}+\cdots+a_{30}$

$=S_{30}-S_{10}$

$=\dfrac{30\{2\times(-5)+(30-1)\times 1\}}{2}$

$\qquad -\dfrac{10\{2\times(-5)+(10-1)\times 1\}}{2}$

$=285-(-5)=290$

156 정답과 해설 | 유형편 |

28 (가), (나)에서
$(a_1+a_2+a_3+a_4)+(a_{n-3}+a_{n-2}+a_{n-1}+a_n)=26+158$
$(a_1+a_n)+(a_2+a_{n-1})+(a_3+a_{n-2})+(a_4+a_{n-3})=184$
이때 $a_1+a_n=a_2+a_{n-1}=a_3+a_{n-2}=a_4+a_{n-3}$이므로
$(a_1+a_n)\times 4=184$ ∴ $a_1+a_n=46$ ……㉠
(다)에서 $\dfrac{n(a_1+a_n)}{2}=345$
㉠을 대입하면
$\dfrac{n\times 46}{2}=345$ ∴ $n=15$

29 첫째항이 17, 공차가 -2이므로 일반항 a_n은
$a_n=17+(n-1)\times(-2)=-2n+19$
이때 제n항에서 처음으로 음수가 된다고 하면 $a_n<0$에서
$-2n+19<0$, $2n>19$
∴ $n>9.5$
즉, 등차수열 $\{a_n\}$은 제10항부터 음수이므로 첫째항부터
제9항까지의 합이 최대이다.
따라서 구하는 최댓값은
$S_9=\dfrac{9\{2\times 17+(9-1)\times(-2)\}}{2}=81$

[다른 풀이]
$S_n=\dfrac{n\{2\times 17+(n-1)\times(-2)\}}{2}$
$=-n^2+18n=-(n-9)^2+81$
따라서 구하는 최댓값은 $n=9$일 때 81이다.

30 공차를 d라 하면 $a_1=-45$, $a_{10}=-27$이므로
$-45+9d=-27$ ∴ $d=2$
따라서 등차수열 $\{a_n\}$의 일반항 a_n은
$a_n=-45+(n-1)\times 2=2n-47$
이때 제n항에서 처음으로 양수가 된다고 하면 $a_n>0$에서
$2n-47>0$, $2n>47$ ∴ $n>23.5$
즉, 제24항부터 양수이므로 등차수열 $\{a_n\}$은 첫째항부터
제23항까지의 합이 최소이다.
∴ $k=23$
∴ $m=S_{23}=\dfrac{23\{2\times(-45)+(23-1)\times 2\}}{2}=-529$
∴ $k-m=23-(-529)=552$

[다른 풀이]
공차를 d라 하면 $a_1=-45$, $a_{10}=-27$이므로
$-45+9d=-27$ ∴ $d=2$
첫째항이 -45, 공차가 2이므로
$S_k=\dfrac{k\{2\times(-45)+(k-1)\times 2\}}{2}$
$=k^2-46k=(k-23)^2-529$

따라서 $k=23$, $m=-529$이므로
$k-m=23-(-529)=552$

31 S_n이 최댓값을 가지므로 주어진 등차수열 $\{a_n\}$은 공차가
음수이고 주어진 조건에서 S_{16}의 값이 최대이므로 제16항
까지는 양수이고, 제17항부터 음수이다.
공차를 $d\,(d<0)$라 하면 첫째항이 47이므로 등차수열
$\{a_n\}$의 일반항 a_n은
$a_n=47+(n-1)d$
이때 $a_{16}>0$, $a_{17}<0$이므로
$47+15d>0$ ∴ $d>-3.1\cdots$
$47+16d<0$ ∴ $d<-2.9375$
따라서 $-3.1\cdots<d<-2.9375$를 만족시키는 정수 d는
$d=-3$
따라서 수열 $\{a_n\}$의 공차는 -3이다.

32 첫째항을 a, 공차를 d라 하면
$a_1a_8=a_6a_7$에서
$a(a+7d)=(a+5d)(a+6d)$
$30d^2+4ad=0$, $2d(15d+2a)=0$
∴ $d=-\dfrac{2}{15}a\,(\because d\neq 0)$ ……㉠
$a_{21}=25$이므로 $a+20d=25$
㉠을 대입하면
$a+20\times\left(-\dfrac{2}{15}a\right)=25$, $-\dfrac{5}{3}a=25$
∴ $a=-15$
이를 ㉠에 대입하면 $d=2$
∴ $S_n=\dfrac{n\{2\times(-15)+(n-1)\times 2\}}{2}$
$=n^2-16n=(n-8)^2-64$
따라서 구하는 최솟값은 -64이다.

33 두 자리의 자연수 중에서 7로 나누었을 때의 나머지가 5
인 수를 작은 것부터 차례대로 나열하면
$12, 19, 26, \cdots, 96$
이는 첫째항이 12, 공차가 7인 등차수열이므로 제n항을
96이라 하면
$12+(n-1)\times 7=96$
$7(n-1)=84$ ∴ $n=13$
따라서 구하는 합은 첫째항이 12, 제13항이 96인 등차수
열의 첫째항부터 제13항까지의 합이므로
$\dfrac{13(12+96)}{2}=702$

34 100 이상 300 이하의 자연수 중에서 3으로 나누어떨어지고 5로도 나누어떨어지는 수는 3과 5의 최소공배수인 15로 나누어떨어지는 수이다. 이 수를 작은 것부터 차례대로 나열하면

105, 120, 135, ⋯, 300

이는 첫째항이 105, 공차가 15인 등차수열이므로 제n항을 300이라 하면

$105+(n-1)\times15=300$

$15(n-1)=195$ ∴ $n=14$

따라서 구하는 합은 첫째항이 105, 제14항이 300인 등차수열의 첫째항부터 제14항까지의 합이므로

$\dfrac{14(105+300)}{2}=2835$

35 50 이상 100 이하의 자연수 중에서 3의 배수를 작은 것부터 차례대로 나열하면

51, 54, 57, ⋯, 99

이는 첫째항이 51이고 공차가 3인 등차수열이므로 제n항을 99라 하면

$51+(n-1)\times3=99$

$3(n-1)=48$ ∴ $n=17$

따라서 3의 배수의 합은 첫째항이 51, 제17항이 99인 등차수열의 첫째항부터 제17항까지의 합과 같으므로

$\dfrac{17(51+99)}{2}=1275$

50 이상 100 이하의 자연수 중에서 7의 배수를 작은 것부터 차례대로 나열하면

56, 63, 70, ⋯, 98

이는 첫째항이 56이고 공차가 7인 등차수열이므로 제n항을 98이라 하면

$56+(n-1)\times7=98$

$7(n-1)=42$ ∴ $n=7$

따라서 7의 배수의 합은 첫째항이 56, 제7항이 98인 등차수열의 첫째항부터 제7항까지의 합과 같으므로

$\dfrac{7(56+98)}{2}=539$

이때 50 이상 100 이하의 자연수 중에서 3과 7의 공배수인 21의 배수는 63과 84이므로 그 합은

$63+84=147$

따라서 구하는 합은

$1275+539-147=1667$

36 3으로 나누어떨어지는 자연수를 작은 것부터 차례대로 나열하면

3, 6, ⑨, 12, 15, 18, ㉑, 24, 27, 30, ㉝, ⋯

4로 나누었을 때의 나머지가 1인 자연수를 작은 것부터 차례대로 나열하면

1, 5, ⑨, 13, 17, ㉑, 25, 29, ㉝, ⋯

따라서 수열 $\{a_n\}$은 9, 21, 33, ⋯이므로 첫째항이 9, 공차가 12인 등차수열의 첫째항부터 제10항까지의 합은

$\dfrac{10\{2\times9+(10-1)\times12\}}{2}=630$

37 $S_n=3n^2-5n+7$에서

$a_1=S_1=3\times1^2-5\times1+7=5$

$a_{10}=S_{10}-S_9$

$\quad=(3\times10^2-5\times10+7)-(3\times9^2-5\times9+7)$

$\quad=257-205$

$\quad=52$

∴ $a_1+a_{10}=5+52=57$

38 나머지정리에 의하여

$S_n=(-n)^2+2(-n)=n^2-2n$

$a_3=S_3-S_2$

$\quad=(3^2-2\times3)-(2^2-2\times2)=3$

$a_7=S_7-S_6$

$\quad=(7^2-2\times7)-(6^2-2\times6)=11$

∴ $a_3+a_7=3+11=14$

39 $S_n=n^2-12n$에서

(i) $n\geq2$일 때,

$a_n=S_n-S_{n-1}$

$\quad=n^2-12n-\{(n-1)^2-12(n-1)\}$

$\quad=2n-13$ ⋯⋯ ㉠

(ii) $n=1$일 때,

$a_1=S_1=1^2-12\times1=-11$ ⋯⋯ ㉡

이때 ㉡은 ㉠에 $n=1$을 대입한 값과 같으므로 일반항 a_n은 $a_n=2n-13$

$a_n<0$에서 $2n-13<0$, $2n<13$

∴ $n<6.5$

따라서 $a_n<0$을 만족시키는 자연수 n은 1, 2, 3, 4, 5, 6의 6개이다.

40 수열 $\{S_{2n-1}\}$은 첫째항이 S_1, 공차가 -3인 등차수열이므로

$S_{2n-1}=S_1+(n-1)\times(-3)$

$\quad=S_1-3n+3$

또 수열 $\{S_{2n}\}$은 첫째항이 S_2, 공차가 2인 등차수열이므로

$S_{2n}=S_2+(n-1)\times2=S_2+2n-2$

$\therefore a_8 = S_8 - S_7$
$\qquad = (S_2 + 2 \times 4 - 2) - (S_1 - 3 \times 4 + 3)$
$\qquad = S_2 - S_1 + 15$
$\qquad = a_2 + 15 \ (\because S_2 - S_1 = a_2)$
$\qquad = 1 + 15 \ (\because a_2 = 1)$
$\qquad = 16$

41 다음 그림에서 색칠한 삼각형은 한 변의 길이와 그 양 끝 각의 크기가 같으므로 모두 합동이다.

$\therefore a_2 - a_1 = a_3 - a_2 = \cdots = a_{10} - a_9$

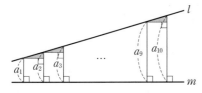

따라서 a_1, a_2, a_3, $\cdots$, a_{10}은 이 순서대로 등차수열을 이루므로

$a_1 + a_2 + a_3 + \cdots + a_{10} = \dfrac{10(5+10)}{2} = 75$

42 n각형의 내각의 크기의 합은
$180°(n-2)$ $\qquad$ ...... ㉠
첫째항이 $95°$, 공차가 $10°$인 등차수열의 첫째항부터 제n항까지의 합은
$\dfrac{n\{2 \times 95° + (n-1) \times 10°\}}{2}$ $\qquad$ ...... ㉡
㉠, ㉡에서
$180°(n-2) = \dfrac{n\{2 \times 95° + (n-1) \times 10°\}}{2}$
$n^2 - 18n + 72 = 0$, $(n-6)(n-12) = 0$
$\therefore n=6$ 또는 $n=12$
이때 $n=12$이면 가장 큰 내각의 크기가
$95° + 11 \times 10° = 205°$이므로 $n=6$

43 선분 13개를 각각 연장한 직선이 x축과 만나는 점의 x좌표를 왼쪽부터 차례대로 x_1, x_2, x_3, $\cdots$, x_{13}이라 하면
$l_n = (x_n^2 + ax_n + b) - x_n^2 = ax_n + b \ (n=1, 2, 3, \cdots, 13)$
이때 수열 x_1, x_2, x_3, $\cdots$, x_{13}이 등차수열이므로
$x_{n+1} - x_n = d$라 하면
$l_{n+1} - l_n = a(x_{n+1} - x_n) = ad$
따라서 수열 l_1, l_2, l_3, $\cdots$, l_{13}은 등차수열이므로
$l_1 + l_2 + l_3 + \cdots + l_{13} = \dfrac{13(3+19)}{2} = 143$

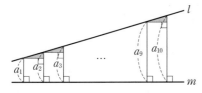 **02 등비수열**
70~74쪽

1 5	**2** 36	**3** ②	**4** 14	**5** ③
6 ④	**7** 8	**8** ①	**9** ③	**10** 7
11 1125	**12** ④	**13** ④	**14** $-\dfrac{9}{2}$	**15** 12
16 ④	**17** ④	**18** 33분	**19** 7번째	**20** $\dfrac{3}{1024}$
21 ②	**22** 1023	**23** 9207	**24** 257	**25** ③
26 ③	**27** ⑤	**28** ③	**29** ①	**30** 5460
31 8	**32** 1875000원		**33** 2222000원	
34 ①				

1 첫째항이 $\dfrac{1}{2}$, 공비가 $-\dfrac{1}{2}$인 등비수열의 일반항 a_n은
$a_n = \dfrac{1}{2} \times \left(-\dfrac{1}{2}\right)^{n-1}$
$a_k = \dfrac{1}{32}$에서
$\dfrac{1}{2} \times \left(-\dfrac{1}{2}\right)^{k-1} = \dfrac{1}{32}$
$\left(-\dfrac{1}{2}\right)^{k-1} = \dfrac{1}{16}$, $\left(-\dfrac{1}{2}\right)^{k-1} = \left(-\dfrac{1}{2}\right)^4$
$k-1=4$ $\qquad \therefore k=5$

2 모든 항이 양수이므로 등비수열 $\{a_n\}$의 첫째항과 공비는 양수이다. 첫째항을 a, 공비를 r라 하면
$\dfrac{a_{16}}{a_{14}} + \dfrac{a_8}{a_7} = 12$에서 $\dfrac{ar^{15}}{ar^{13}} + \dfrac{ar^7}{ar^6} = 12$
$r^2 + r = 12$, $r^2 + r - 12 = 0$
$(r+4)(r-3) = 0$ $\quad \therefore r=3 \ (\because r>0)$
$\therefore \dfrac{a_3}{a_1} + \dfrac{a_6}{a_3} = \dfrac{a \times 3^2}{a} + \dfrac{a \times 3^5}{a \times 3^2}$
$\qquad = 3^2 + 3^3 = 9 + 27 = 36$

3 첫째항을 a, 공비를 r라 하면
$a_1 + a_2 + a_3 = 3$에서
$a + ar + ar^2 = 3$
$a(1 + r + r^2) = 3$ $\qquad$ ...... ㉠
$a_4 + a_5 + a_6 = -24$에서
$ar^3 + ar^4 + ar^5 = -24$
$ar^3(1 + r + r^2) = -24$ $\qquad$ ...... ㉡
㉠을 ㉡에 대입하면
$3r^3 = -24$, $r^3 = -8$ $\qquad \therefore r=-2$
이를 ㉠에 대입하면
$a\{1 + (-2) + (-2)^2\} = 3$
$3a = 3$ $\quad \therefore a=1$
$\therefore a_7 + a_8 + a_9 = 1 \times (-2)^6 + 1 \times (-2)^7 + 1 \times (-2)^8$
$\qquad = 192$

다른 풀이

㉠을 ㉡에 대입하면

$3r^3 = -24$, $r^3 = -8$

$\therefore a_7 + a_8 + a_9 = ar^6 + ar^7 + ar^8$

$\qquad\qquad\qquad = ar^6(1 + r + r^2)$

$\qquad\qquad\qquad = 3r^6 \ (\because ㉠)$

$\qquad\qquad\qquad = 3 \times (-8)^2$

$\qquad\qquad\qquad = 192$

4 첫째항을 a라 하면

$a_2 = 1$에서 $ar = 1$ $\quad$ ...... ㉠

$\log_r(a_1 \times a_2 \times a_3 \times \cdots \times a_7)$

$= \log_r(a \times ar \times ar^2 \times \cdots \times ar^6)$

$= \log_r(a^7 \times r^{1+2+3+\cdots+6})$

$= \log_r(a^7 \times r^{21})$

$= \log_r\{(ar)^7 \times r^{14}\} = \log_r r^{14} \ (\because ㉠)$

$= 14$

5 첫째항을 a, 공비를 r라 하면 $a_2 = 6$, $a_5 = 48$이므로

$ar = 6$ $\quad$ ...... ㉠

$ar^4 = 48$ $\quad$ ...... ㉡

㉡÷㉠을 하면

$\dfrac{ar^4}{ar} = \dfrac{48}{6}$, $r^3 = 8$ $\quad \therefore r = 2$

이를 ㉠에 대입하면 $2a = 6$ $\quad \therefore a = 3$

따라서 등비수열 $\{a_n\}$의 일반항 a_n은

$a_n = 3 \times 2^{n-1}$

$600 < a_n < 1200$에서

$600 < 3 \times 2^{n-1} < 1200$ $\quad \therefore 200 < 2^{n-1} < 400$

그런데 n은 자연수이고 $2^7 = 128$, $2^8 = 256$, $2^9 = 512$이므로

$n - 1 = 8$ $\quad \therefore n = 9$

6 공비를 r라 하면 첫째항이 4, 제5항이 $\dfrac{1}{4}$이므로

$4r^4 = \dfrac{1}{4}$, $r^4 = \dfrac{1}{16}$

$\therefore r = \dfrac{1}{2} \ (\because r > 0)$

주어진 등비수열의 일반항을 a_n이라 하면

$a_n = 4 \times \left(\dfrac{1}{2}\right)^{n-1} = \left(\dfrac{1}{2}\right)^{n-3}$

이때 제n항에서 처음으로 $\dfrac{1}{1000}$보다 작아진다고 하면

$a_n < \dfrac{1}{1000}$에서

$\left(\dfrac{1}{2}\right)^{n-3} < \dfrac{1}{1000}$

그런데 n은 자연수이고 $\left(\dfrac{1}{2}\right)^9 = \dfrac{1}{512}$, $\left(\dfrac{1}{2}\right)^{10} = \dfrac{1}{1024}$이므로

$n - 3 \geq 10$ $\quad \therefore n \geq 13$

따라서 처음으로 $\dfrac{1}{1000}$보다 작아지는 항은 제13항이다.

7 첫째항이 2, 공비가 $\sqrt{3}$인 등비수열의 일반항 a_n은

$a_n = 2 \times (\sqrt{3})^{n-1}$

$\therefore a_n^2 = 4 \times 3^{n-1}$

$a_n^2 > 4000$에서 $4 \times 3^{n-1} > 4000$

$3^{n-1} > 1000$

그런데 n은 자연수이고

$3^6 = 729$, $3^7 = 2187$이므로

$n - 1 \geq 7$ $\quad \therefore n \geq 8$

따라서 구하는 자연수 n의 최솟값은 8이다.

8 공비를 r라 하면 첫째항이 4, 제6항이 128이므로

$4r^5 = 128$, $r^5 = 32$

$\therefore r = 2$

따라서 $x_1 = 4 \times 2 = 8$, $x_2 = 4 \times 2^2 = 16$, $x_3 = 4 \times 2^3 = 32$,

$x_4 = 4 \times 2^4 = 64$이므로

$x_1 + x_2 + x_3 + x_4 = 8 + 16 + 32 + 64$

$\qquad\qquad\qquad\qquad = 120$

9 공비를 $r \ (r > 0)$라 하면 첫째항이 3, 제13항이 48이므로

$3r^{12} = 48$, $r^{12} = 16$

$\therefore r^3 = 2 \ (\because r > 0)$

$\therefore \dfrac{x_{10}}{x_7} = \dfrac{3r^{10}}{3r^7} = r^3 = 2$

10 첫째항이 $\dfrac{64}{81}$, 공비가 $\dfrac{3}{2}$인 등비수열의 제$(m+2)$항이

$\dfrac{81}{4}$이므로

$\dfrac{64}{81} \times \left(\dfrac{3}{2}\right)^{m+1} = \dfrac{81}{4}$

$\left(\dfrac{3}{2}\right)^{m+1} = \dfrac{81^2}{64 \times 4} = \left(\dfrac{3}{2}\right)^8$

따라서 $m + 1 = 8$이므로

$m = 7$

11 $3^4 \times 5^6$은 a^n과 b^n의 등비중항이므로

$(3^4 \times 5^6)^2 = a^n \times b^n$

$3^8 \times 5^{12} = (ab)^n$ $\quad \therefore (ab)^n = (3^2 \times 5^3)^4$

자연수 n이 최대일 때, ab의 값이 최소이므로

$n = 4$일 때, ab의 최솟값은

$3^2 \times 5^3 = 1125$

12 b는 a와 c의 등비중항이므로 $b^2=ac$

$$\therefore \frac{1}{\log_a b}+\frac{1}{\log_c b}=\log_b a+\log_b c$$
$$=\log_b ac=\log_b b^2=2$$

13 a_5는 a_2와 a_{14}의 등비중항이므로

$$a_5{}^2=a_2 a_{14}$$

이때 a_2, a_5, a_{14}는 등차수열 $\{a_n\}$의 세 항이므로 첫째항을 a, 공차를 d라 하면

$$(a+4d)^2=(a+d)(a+13d)$$
$$a^2+8ad+16d^2=a^2+14ad+13d^2$$
$$3d^2-6ad=0,\ 3d(d-2a)=0$$

이때 $d\neq 0$이므로 $d=2a$ ······ ㉠

$$\therefore \frac{a_{23}}{a_3}=\frac{a+22d}{a+2d}=\frac{45a}{5a}\ (\because ㉠)$$
$$=9$$

14 ㈎에서 b는 a와 c의 등차중항이므로

$$b=\frac{a+c}{2}\qquad \therefore 2b=a+c \quad \text{······ ㉠}$$

㈏에서 a는 c와 b의 등비중항이므로

$$a^2=bc \qquad\qquad \text{······ ㉡}$$

㈐에서 $abc=27$이므로 이 식에 ㉡을 대입하면

$$a^3=27 \qquad \therefore a=3$$

이를 ㉠, ㉡에 각각 대입하면

$$2b=3+c,\ bc=9$$

두 식을 연립하여 풀면

$$b=-\frac{3}{2},\ c=-6\ (\because a>b>c)$$

$$\therefore a+b+c=3+\left(-\frac{3}{2}\right)+(-6)=-\frac{9}{2}$$

15 세 수를 a, ar, ar^2이라 하면

$a+ar+ar^2=21$에서

$$a(1+r+r^2)=21 \qquad \text{······ ㉠}$$

$a\times ar\times ar^2=216$에서

$$(ar)^3=216 \qquad \therefore ar=6 \quad \text{······ ㉡}$$

㉡에서 $a=\dfrac{6}{r}$을 ㉠에 대입하면

$$\frac{6}{r}(1+r+r^2)=21,\ 2r^2-5r+2=0$$
$$(2r-1)(r-2)=0$$
$$\therefore r=\frac{1}{2}\ \text{또는}\ r=2$$

이를 ㉡에 대입하여 풀면

$r=\dfrac{1}{2}$일 때 $a=12$, $r=2$일 때 $a=3$

따라서 세 수는 3, 6, 12이므로 가장 큰 수는 12이다.

16 세 실근을 a, ar, ar^2이라 하면 삼차방정식의 근과 계수의 관계에 의하여

$$a+ar+ar^2=p$$
$$\therefore a(1+r+r^2)=p \qquad \text{······ ㉠}$$
$$a\times ar+ar\times ar^2+a\times ar^2=-84$$
$$\therefore a^2 r(1+r+r^2)=-84 \qquad \text{······ ㉡}$$
$$a\times ar\times ar^2=-216$$
$$(ar)^3=-216 \qquad \therefore ar=-6$$

이를 ㉡에 대입하면

$$-6a(1+r+r^2)=-84 \qquad \therefore a(1+r+r^2)=14$$

이를 ㉠에 대입하면 $p=14$

17 가로의 길이, 세로의 길이, 높이를 각각 a, ar, ar^2이라 하면 모든 모서리의 길이의 합이 76이므로

$$4(a+ar+ar^2)=76$$
$$\therefore a(1+r+r^2)=19 \qquad \text{······ ㉠}$$

또 겉넓이가 228이므로

$$2(a\times ar+ar\times ar^2+a\times ar^2)=228$$
$$\therefore a^2 r(1+r+r^2)=114 \qquad \text{······ ㉡}$$

㉡÷㉠을 하면

$$\frac{a^2 r(1+r+r^2)}{a(1+r+r^2)}=\frac{114}{19} \qquad \therefore ar=6$$

따라서 직육면체의 부피는

$$a\times ar\times ar^2=(ar)^3=6^3=216$$

18 일정하게 증가하는 비율을 $r\,(r>0)$라 하면

$$50\times(1+r)^{10}=70$$
$$\therefore (1+r)^{10}=1.4 \qquad \text{······ ㉠}$$

n분 후의 세균의 수가 처음 세균의 수의 3배가 된다고 하면

$$50\times(1+r)^n=150,\ (1+r)^n=3$$

이때 $1.4^{3.3}=3$이므로

$$(1+r)^n=1.4^{3.3}$$

이 식에 ㉠을 대입하면

$$(1+r)^n=\{(1+r)^{10}\}^{3.3}=(1+r)^{33}$$
$$\therefore n=33$$

따라서 세균의 수가 3배가 되는 것은 33분 후이다.

19 첫 번째 시행 후 남은 조각의 수는 3

두 번째 시행 후 남은 조각의 수는 $3\times 3=3^2$

세 번째 시행 후 남은 조각의 수는 $3^2\times 3=3^3$

$\vdots$

n번째 시행 후 남은 조각의 수는 3^n

따라서 남은 조각의 수가 1000개를 넘는 것은

$3^n > 1000$

이때 $3^6 = 729$, $3^7 = 2187$이므로 $n \geq 7$

따라서 남은 조각의 수가 처음으로 1000개를 넘는 것은 7번째 시행 후이다.

20 삼각형 $A_1B_1C_1$의 한 변의 길이는 $\dfrac{1}{2}$이므로

$l_1 = 3 \times \dfrac{1}{2}$

삼각형 $A_2B_2C_2$의 한 변의 길이는 $\left(\dfrac{1}{2}\right)^2$이므로

$l_2 = 3 \times \left(\dfrac{1}{2}\right)^2$

삼각형 $A_3B_3C_3$의 한 변의 길이는 $\left(\dfrac{1}{2}\right)^3$이므로

$l_3 = 3 \times \left(\dfrac{1}{2}\right)^3$

$\vdots$

삼각형 $A_nB_nC_n$의 한 변의 길이는 $\left(\dfrac{1}{2}\right)^n$이므로

$l_n = 3 \times \left(\dfrac{1}{2}\right)^n$

$\therefore l_{10} = 3 \times \left(\dfrac{1}{2}\right)^{10} = \dfrac{3}{1024}$

21 $S_n = \dfrac{3(2^n-1)}{2-1} = 3(2^n-1)$

$S_k = 189$에서

$3(2^k-1) = 189$, $2^k - 1 = 63$

$2^k = 64$ $\therefore k = 6$

22 첫째항을 a, 공비를 r라 하면

$a_1 + a_4 = 9$에서

$a + ar^3 = 9$

$\therefore a(1+r^3) = 9$ ...... ㉠

또 $a_4 + a_7 = 72$에서

$ar^3 + ar^6 = 72$

$\therefore ar^3(1+r^3) = 72$ ...... ㉡

㉡÷㉠을 하면

$\dfrac{ar^3(1+r^3)}{a(1+r^3)} = \dfrac{72}{9}$

$r^3 = 8$ $\therefore r = 2$

이를 ㉠에 대입하면

$9a = 9$ $\therefore a = 1$

따라서 첫째항부터 제10항까지의 합은

$\dfrac{1 \times (2^{10}-1)}{2-1} = 1023$

23 첫째항을 a, 공비를 r라 하면 $a_3 = 6$, $a_7 = 24$이므로

$ar^2 = 6$ ...... ㉠

$ar^6 = 24$ ...... ㉡

㉡÷㉠을 하면

$\dfrac{ar^6}{ar^2} = \dfrac{24}{6}$, $r^4 = 4$

$\therefore r = \sqrt{2}$ ($\because r > 0$)

이를 ㉠에 대입하면

$2a = 6$ $\therefore a = 3$

따라서 등비수열 $\{a_n\}$의 일반항 a_n은

$a_n = 3 \times (\sqrt{2})^{n-1}$ $\therefore a_n^2 = 9 \times 2^{n-1}$

즉, 수열 $\{a_n^2\}$은 첫째항이 9, 공비가 2인 등비수열이므로

$a_1^2 + a_2^2 + a_3^2 + \cdots + a_{10}^2 = \dfrac{9(2^{10}-1)}{2-1} = 9207$

24 (ⅰ) $x \neq 1$일 때,

$f(x) = (1 + x^4 + x^8 + x^{12})(1 + x + x^2 + x^3)$

$= \dfrac{(x^4)^4 - 1}{x^4 - 1} \times \dfrac{x^4 - 1}{x - 1} = \dfrac{x^{16} - 1}{x - 1}$

(ⅱ) $x = 1$일 때, $f(1) = 4 \times 4 = 16$

(ⅰ), (ⅱ)에 의하여

$\dfrac{f(2)}{\{f(1)-1\}\{f(1)+1\}} = \dfrac{\dfrac{2^{16}-1}{2-1}}{(16-1)(16+1)}$

$= \dfrac{(2^8-1)(2^8+1)}{(2^4-1)(2^4+1)}$

$= \dfrac{(2^8-1)(2^8+1)}{2^8-1}$

$= 2^8 + 1 = 257$

25 첫째항을 a라 하면 $S_5 = 22$이므로

$\dfrac{a\{1-(-2)^5\}}{1-(-2)} = 22$

$11a = 22$ $\therefore a = 2$

따라서 구하는 합은

$S_{11} - S_5 = \dfrac{2\{1-(-2)^{11}\}}{1-(-2)} - 22$

$= 1366 - 22 = 1344$

26 첫째항을 a, 공비를 r ($r \neq 1$)라 하면

$a_1 + a_2 + a_3 + \cdots + a_{10} = 7$에서

$\dfrac{a(1-r^{10})}{1-r} = 7$ ...... ㉠

$a_{11} + a_{12} + a_{13} + \cdots + a_{20} = 21$에서

$a_{11} = ar^{10}$이므로 $\dfrac{ar^{10}(1-r^{10})}{1-r} = 21$ ...... ㉡

㉠을 ㉡에 대입하면 $7r^{10} = 21$

$\therefore r^{10} = 3$ ...... ㉢

$$\therefore a_1+a_2+a_3+\cdots+a_{30}=\frac{a(1-r^{30})}{1-r}$$
$$=\frac{a(1-r^{10})(1+r^{10}+r^{20})}{1-r}$$
$$=7(1+3+3^2)\ (\because\ \textcircled{\scriptsize{ㄱ}},\ \textcircled{\scriptsize{ㄴ}})$$
$$=91$$

27 항의 개수가 짝수이므로 항의 개수를 $2n$이라 하고 첫째항을 a, 공비를 $r\,(r\neq1)$라 하면 홀수 번째의 항의 합은
$$a+ar^2+ar^4+\cdots+ar^{2n-2}=\frac{a(1-r^{2n})}{1-r^2}$$
$$=119\qquad\cdots\cdots\ \textcircled{\scriptsize{ㄱ}}$$
또 짝수 번째의 항의 합은
$$ar+ar^3+ar^5+\cdots+ar^{2n-1}=\frac{ar(1-r^{2n})}{1-r^2}$$
$$=119r\ (\because\ \textcircled{\scriptsize{ㄱ}})$$
$$=357$$
$$\therefore r=3$$

28 $S_n=3^n-1$에서
$$a_1=S_1=3^1-1=2$$
$$a_3=S_3-S_2=(3^3-1)-(3^2-1)=18$$
$$a_5=S_5-S_4=(3^5-1)-(3^4-1)=162$$
$$\therefore a_1+a_3+a_5=2+18+162=182$$

29 $S_n=2\times3^{n+1}+2k$에서
(ⅰ) $n\geq2$일 때,
$$a_n=S_n-S_{n-1}$$
$$=2\times3^{n+1}+2k-(2\times3^n+2k)$$
$$=2\times3^n\times(3-1)$$
$$=4\times3^n\qquad\cdots\cdots\ \textcircled{\scriptsize{ㄱ}}$$
(ⅱ) $n=1$일 때,
$$a_1=S_1=2\times3^2+2k=18+2k\qquad\cdots\cdots\ \textcircled{\scriptsize{ㄴ}}$$
이때 수열 $\{a_n\}$이 첫째항부터 등비수열을 이루려면 $\textcircled{\scriptsize{ㄱ}}$에 $n=1$을 대입한 값이 $\textcircled{\scriptsize{ㄴ}}$과 같아야 하므로
$$4\times3=18+2k,\ 12=18+2k$$
$$\therefore k=-3$$

30 $\log_2 S_n=n+1$에서 $S_n=2^{n+1}$
$n\geq2$일 때,
$$a_n=S_n-S_{n-1}=2^{n+1}-2^n=2^n$$
$$\therefore a_{2n}=2^{2n}=4^n\ (n\geq1)$$
따라서 수열 $\{a_{2n}\}$은 첫째항이 4, 공비가 4인 등비수열이므로
$$a_2+a_4+a_6+\cdots+a_{12}=\frac{4(4^6-1)}{4-1}=5460$$

31 $S_n=a^{n+1}+b$에서
(ⅰ) $n\geq2$일 때,
$$a_n=S_n-S_{n-1}$$
$$=a^{n+1}+b-(a^n+b)$$
$$=(a-1)a^n\qquad\cdots\cdots\ \textcircled{\scriptsize{ㄱ}}$$
(ⅱ) $n=1$일 때,
$$a_1=S_1=a^2+b\qquad\cdots\cdots\ \textcircled{\scriptsize{ㄴ}}$$
이때 수열 $\{a_n\}$은 공비가 2인 등비수열이므로
$$a=2$$
또 $\textcircled{\scriptsize{ㄴ}}$은 $\textcircled{\scriptsize{ㄱ}}$에 $n=1$을 대입한 값과 같아야 하므로
$$(a-1)a=a^2+b$$
$a=2$이므로
$$(2-1)\times2=2^2+b\qquad\therefore b=-2$$
$$\therefore a^2+b^2=2^2+(-2)^2=8$$

32 구하는 원리합계는
$$5+5(1+0.004)+5(1+0.004)^2+\cdots+5(1+0.004)^{35}$$
$$=\frac{5\{(1+0.004)^{36}-1\}}{(1+0.004)-1}$$
$$=\frac{5(1.15-1)}{0.004}$$
$$=187.5(만\ 원)$$
따라서 3년 말의 적립금의 원리합계는 1875000원이다.

33 구하는 원리합계는
$$10(1+0.01)+10(1+0.01)^2+\cdots+10(1+0.01)^{20}$$
$$=\frac{10(1+0.01)\{(1+0.01)^{20}-1\}}{(1+0.01)-1}$$
$$=\frac{10.1(1.22-1)}{0.01}$$
$$=222.2(만\ 원)$$
따라서 20년 말의 적립금의 원리합계는 2222000원이다.

34 매년 초에 적립하는 금액을 a만 원이라 하면 10년 말의 원리합계는
$$a(1+0.05)+a(1+0.05)^2+a(1+0.05)^3$$
$$+\cdots+a(1+0.05)^{10}$$
$$=\frac{a(1+0.05)\{(1+0.05)^{10}-1\}}{(1+0.05)-1}$$
$$=\frac{a\times1.05\times(1.6-1)}{0.05}$$
$$=12.6a(만\ 원)$$
이때 $12.6a=1260$이어야 하므로
$$a=100$$
따라서 매년 초에 100만 원씩 적립해야 한다.

III-2. 수열의 합과 수학적 귀납법

01 수열의 합

76~80쪽

1 ③	**2** 19	**3** ②	**4** 4	**5** 1097
6 95	**7** 9	**8** ⑤	**9** 10	**10** 429
11 105	**12** ①	**13** ④	**14** 3765	**15** 111
16 ②	**17** 415	**18** ③	**19** ④	**20** ②
21 300	**22** ④	**23** ①	**24** 1524	**25** ①
26 ④	**27** 20	**28** 74	**29** 4	**30** $9\sqrt{2}$
31 24	**32** ⑤	**33** 155	**34** ②	**35** 16

1 ㄱ. $\displaystyle\sum_{k=1}^{10} a_k + \sum_{k=1}^{10} a_{k+10}$

$= (a_1 + a_2 + \cdots + a_{10}) + (a_{11} + a_{12} + \cdots + a_{20})$

$= \displaystyle\sum_{k=1}^{20} a_k$

ㄴ. $\displaystyle\sum_{k=1}^{9} a_{k+1} - \sum_{k=2}^{10} a_{k-1}$

$= (a_2 + a_3 + \cdots + a_{10}) - (a_1 + a_2 + \cdots + a_9)$

$= a_{10} - a_1$

ㄷ. $\displaystyle\sum_{k=1}^{10} a_{2k-1} + \sum_{k=1}^{10} a_{2k}$

$= (a_1 + a_3 + \cdots + a_{19}) + (a_2 + a_4 + \cdots + a_{20})$

$= a_1 + a_2 + a_3 + a_4 + \cdots + a_{19} + a_{20}$

$= \displaystyle\sum_{k=1}^{20} a_k$

ㄹ. $\displaystyle\sum_{k=1}^{20} a_k - \sum_{k=1}^{19} a_{k+1}$

$= (a_1 + a_2 + \cdots + a_{20}) - (a_2 + a_3 + \cdots + a_{20})$

$= a_1$

따라서 보기에서 옳은 것은 ㄱ, ㄹ이다.

2 $\displaystyle\sum_{k=1}^{19} k a_{k+1} = 247$에서

$a_2 + 2a_3 + 3a_4 + \cdots + 19a_{20} = 247$ ······ ㉠

$\displaystyle\sum_{k=1}^{20} (k+1) a_k = 285$에서

$2a_1 + 3a_2 + 4a_3 + \cdots + 21a_{20} = 285$ ······ ㉡

㉡ $-$ ㉠을 하면 $2a_1 + 2a_2 + 2a_3 + \cdots + 2a_{20} = 38$

$a_1 + a_2 + a_3 + \cdots + a_{20} = 19$

$\therefore \displaystyle\sum_{k=1}^{20} a_k = 19$

3 $\displaystyle\sum_{k=1}^{n} (a_k - a_{k+1})$

$= (a_1 - a_2) + (a_2 - a_3) + (a_3 - a_4) + \cdots + (a_n - a_{n+1})$

$= a_1 - a_{n+1} = -n^2 + n$

이때 $a_1 = 1$이므로

$1 - a_{n+1} = -n^2 + n$

따라서 $a_{n+1} = n^2 - n + 1$이므로

$a_{11} = 10^2 - 10 + 1 = 91$

4 $\displaystyle\sum_{k=1}^{5} (a_k + 2)(a_k - 1) = \sum_{k=1}^{5} (a_k^2 + a_k - 2)$

$= \displaystyle\sum_{k=1}^{5} a_k^2 + \sum_{k=1}^{5} a_k - \sum_{k=1}^{5} 2$

$= 10 + 4 - 10 = 4$

5 $\displaystyle\sum_{k=1}^{6} (a_k + 3^k) = \sum_{k=1}^{6} a_k + \sum_{k=1}^{6} 3^k$

$= 5 + \dfrac{3(3^6 - 1)}{3 - 1} = 1097$

6 $\displaystyle\sum_{k=11}^{15} a_k = \sum_{k=1}^{15} a_k - \sum_{k=1}^{10} a_k$

$= (-4) \times 15 - (-4) \times 10 = -20$

$\displaystyle\sum_{k=11}^{15} b_k = \sum_{k=1}^{15} b_k - \sum_{k=1}^{10} b_k$

$= (15^2 + 2 \times 15) - (10^2 + 2 \times 10) = 135$

$\therefore \displaystyle\sum_{k=11}^{15} (2a_k + b_k) = 2 \sum_{k=11}^{15} a_k + \sum_{k=11}^{15} b_k$

$= 2 \times (-20) + 135$

$= 95$

7 $\displaystyle\sum_{k=1}^{10} a_k = \alpha$, $\displaystyle\sum_{k=1}^{10} b_k = \beta$라 하면

$\displaystyle\sum_{k=1}^{10} (3a_k - 2b_k + 1) = 7$에서

$3 \displaystyle\sum_{k=1}^{10} a_k - 2 \sum_{k=1}^{10} b_k + \sum_{k=1}^{10} 1 = 7$

$3\alpha - 2\beta + 10 = 7$

$\therefore 3\alpha - 2\beta = -3$ ······ ㉠

또 $\displaystyle\sum_{k=1}^{10} (a_k + 3b_k) = 21$에서

$\displaystyle\sum_{k=1}^{10} a_k + 3 \sum_{k=1}^{10} b_k = 21$

$\therefore \alpha + 3\beta = 21$ ······ ㉡

㉠, ㉡을 연립하여 풀면 $\alpha = 3$, $\beta = 6$

$\therefore \displaystyle\sum_{k=1}^{10} (a_k + b_k) = \sum_{k=1}^{10} a_k + \sum_{k=1}^{10} b_k$

$= \alpha + \beta = 3 + 6 = 9$

8 $\displaystyle\sum_{k=1}^{10} k^2(k+1) - \sum_{k=1}^{10} k(k-1)$

$= \displaystyle\sum_{k=1}^{10} \{(k^3 + k^2) - (k^2 - k)\} = \sum_{k=1}^{10} (k^3 + k)$

$= \left(\dfrac{10 \times 11}{2} \right)^2 + \dfrac{10 \times 11}{2} = 3080$

정답과 해설 | 유형편 |

9 $\sum\limits_{k=1}^{n}(4k-3)=4\times\dfrac{n(n+1)}{2}-3n=2n^2-n$

이때 $2n^2-n=190$에서

$2n^2-n-190=0$, $(2n+19)(n-10)=0$

그런데 n은 자연수이므로 $n=10$

10 이차방정식의 근과 계수의 관계에 의하여

$\alpha+\beta=1$, $\alpha\beta=-1$

$\therefore \sum\limits_{k=1}^{11}(\alpha-k)(\beta-k)$

$=\sum\limits_{k=1}^{11}\{\alpha\beta-(\alpha+\beta)k+k^2\}$

$=\sum\limits_{k=1}^{11}(k^2-k-1)$

$=\dfrac{11\times12\times23}{6}-\dfrac{11\times12}{2}-11$

$=506-66-11=429$

11 $\sum\limits_{k=1}^{5}2^{k-1}<\sum\limits_{k=1}^{n}(2k-1)<\sum\limits_{k=1}^{5}(2\times3^{k-1})$에서

$\sum\limits_{k=1}^{5}2^{k-1}=\dfrac{2^5-1}{2-1}=31$,

$\sum\limits_{k=1}^{n}(2k-1)=2\times\dfrac{n(n+1)}{2}-n=n^2$,

$\sum\limits_{k=1}^{5}(2\times3^{k-1})=\dfrac{2(3^5-1)}{3-1}=242$

이므로 $31<n^2<242$

이때 $5^2=25$, $6^2=36$, $15^2=225$, $16^2=256$이므로 주어진
부등식을 만족시키는 자연수 n의 값은 $6, 7, 8, \cdots, 15$이다.

따라서 모든 자연수 n의 값의 합은

$6+7+8+\cdots+15=105$

12 $\sum\limits_{k=1}^{10}(k+p)(k-2p)$

$=\sum\limits_{k=1}^{10}(k^2-pk-2p^2)$

$=\dfrac{10\times11\times21}{6}-p\times\dfrac{10\times11}{2}-2p^2\times10$

$=-20p^2-55p+385$

즉, $-20p^2-55p+385=370$이므로

$4p^2+11p-3=0$, $(4p-1)(p+3)=0$

$\therefore p=\dfrac{1}{4}$ $(\because p>0)$

13 $S^2=(1^2+2^2+3^2+\cdots+8^2)+(2^2+3^2+4^2+\cdots+8^2)$
$\qquad+(3^2+4^2+5^2+\cdots+8^2)+\cdots+(7^2+8^2)+8^2$

$=1^2\times1+2^2\times2+3^2\times3+\cdots+7^2\times7+8^2\times8$

$=1^3+2^3+3^3+\cdots+7^3+8^3$

$=\sum\limits_{k=1}^{8}k^3=\left(\dfrac{8\times9}{2}\right)^2=36^2$

그런데 $S>0$이므로 $S=36$

14 수열 1×1, 4×3, 9×5, 16×7, $\cdots$, 81×17의 제n항을
a_n이라 하면

$a_n=n^2(2n-1)=2n^3-n^2$

$\therefore 1\times1+4\times3+9\times5+16\times7+\cdots+81\times17$

$=\sum\limits_{k=1}^{9}a_k=\sum\limits_{k=1}^{9}(2k^3-k^2)$

$=2\times\left(\dfrac{9\times10}{2}\right)^2-\dfrac{9\times10\times19}{6}$

$=4050-285=3765$

15 주어진 수열의 일반항을 a_n이라 하면

$a_1=9=10-1$

$a_2=99=10^2-1$

$a_3=999=10^3-1$

$\qquad\vdots$

$\therefore a_n=10^n-1$

즉, 수열 $\{a_n\}$의 첫째항부터 제10항까지의 합은

$\sum\limits_{k=1}^{10}a_k=\sum\limits_{k=1}^{10}(10^k-1)=\dfrac{10(10^{10}-1)}{10-1}-10$

$=\dfrac{10}{9}(10^{10}-1)-10=\dfrac{10^{11}-100}{9}$

따라서 $p=11$, $q=100$이므로 $p+q=111$

16 주어진 수열의 일반항을 a_n이라 하면

$a_n=\dfrac{1+2+3+\cdots+n}{n}=\dfrac{\dfrac{n(n+1)}{2}}{n}=\dfrac{n+1}{2}$

따라서 수열 $\{a_n\}$의 첫째항부터 제16항까지의 합은

$\sum\limits_{k=1}^{16}a_k=\sum\limits_{k=1}^{16}\dfrac{k+1}{2}=\dfrac{1}{2}\left(\dfrac{16\times17}{2}+16\right)=76$

17 각 행에 나열된 모든 수의 합을 구해 보면

$a_1=1=1^2$

$a_2=2+4=6=2\times3$

$a_3=1+3+5=9=3^2$

$a_4=2+4+6+8=20=4\times5$

$a_5=1+3+5+7+9=25=5^2$

$\qquad\vdots$

$\therefore a_{2n-1}=(2n-1)^2$, $a_{2n}=2n(2n+1)$

$\therefore \sum\limits_{k=1}^{10}a_k=\sum\limits_{k=1}^{5}a_{2k-1}+\sum\limits_{k=1}^{5}a_{2k}$

$=\sum\limits_{k=1}^{5}(2k-1)^2+\sum\limits_{k=1}^{5}2k(2k+1)$

$=\sum\limits_{k=1}^{5}\{(2k-1)^2+2k(2k+1)\}$

$=\sum\limits_{k=1}^{5}(8k^2-2k+1)$

$=8\times\dfrac{5\times6\times11}{6}-2\times\dfrac{5\times6}{2}+5$

$=440-30+5=415$

18 $\displaystyle\sum_{k=1}^{10}\left\{\sum_{l=1}^{5}(k+2l)\right\}=\sum_{k=1}^{10}\left(\sum_{l=1}^{5}k+2\sum_{l=1}^{5}l\right)$

$\displaystyle\qquad\qquad\qquad\quad=\sum_{k=1}^{10}\left(5k+2\times\frac{5\times6}{2}\right)$

$\displaystyle\qquad\qquad\qquad\quad=\sum_{k=1}^{10}(5k+30)$

$\displaystyle\qquad\qquad\qquad\quad=5\times\frac{10\times11}{2}+300$

$\displaystyle\qquad\qquad\qquad\quad=275+300=575$

19 $\displaystyle\sum_{k=1}^{n}\left(\sum_{m=1}^{k}km\right)$

$\displaystyle\quad=\sum_{k=1}^{n}\left(k\sum_{m=1}^{k}m\right)$

$\displaystyle\quad=\sum_{k=1}^{n}\left\{k\times\frac{k(k+1)}{2}\right\}$

$\displaystyle\quad=\sum_{k=1}^{n}\frac{k^3+k^2}{2}$

$\displaystyle\quad=\frac{1}{2}\left\{\frac{n(n+1)}{2}\right\}^2+\frac{1}{2}\times\frac{n(n+1)(2n+1)}{6}$

$\displaystyle\quad=\frac{1}{24}n(n+1)(n+2)(3n+1)$

따라서 $a=24$, $b=2$, $c=1$이므로

$a+b+c=27$

20 $\displaystyle\sum_{k=1}^{n}\left\{\sum_{l=1}^{k}\left(\sum_{m=1}^{l}12\right)\right\}$

$\displaystyle\quad=\sum_{k=1}^{n}\left(\sum_{l=1}^{k}12l\right)$

$\displaystyle\quad=\sum_{k=1}^{n}\left\{12\times\frac{k(k+1)}{2}\right\}$

$\displaystyle\quad=\sum_{k=1}^{n}(6k^2+6k)$

$\displaystyle\quad=6\times\frac{n(n+1)(2n+1)}{6}+6\times\frac{n(n+1)}{2}$

$\displaystyle\quad=2n(n+1)(n+2)$

즉, $2n(n+1)(n+2)=420$이므로

$2n(n+1)(n+2)=2\times5\times6\times7$

$\therefore n=5$

21 $\displaystyle\sum_{p=1}^{m}\left\{\sum_{q=1}^{n}(p+q)\right\}$

$\displaystyle\quad=\sum_{p=1}^{m}\left\{np+\frac{n(n+1)}{2}\right\}$

$\displaystyle\quad=n\times\frac{m(m+1)}{2}+\frac{n(n+1)}{2}\times m$

$\displaystyle\quad=\frac{mn(m+1)}{2}+\frac{mn(n+1)}{2}$

$\displaystyle\quad=\frac{mn}{2}(m+n+2)$

이때 $m+n=13$, $mn=40$이므로

$\displaystyle\sum_{p=1}^{m}\left\{\sum_{q=1}^{n}(p+q)\right\}=\frac{40}{2}(13+2)=300$

22 $\displaystyle S_n=\sum_{k=1}^{n}a_k=n^2+n$

(ⅰ) $n\geq2$일 때,

$\quad a_n=S_n-S_{n-1}$

$\qquad=n^2+n-\{(n-1)^2+(n-1)\}$

$\qquad=2n$ $\qquad\qquad$ ······ ㉠

(ⅱ) $n=1$일 때,

$\quad a_1=S_1=1^2+1=2$ $\qquad$ ······ ㉡

이때 ㉡은 ㉠에 $n=1$을 대입한 값과 같으므로 일반항 a_n

은 $a_n=2n$

따라서 $a_{2k-1}=2(2k-1)=4k-2$이므로

$\displaystyle\sum_{k=1}^{20}a_{2k-1}=\sum_{k=1}^{20}(4k-2)$

$\displaystyle\qquad\qquad=4\times\frac{20\times21}{2}-40$

$\displaystyle\qquad\qquad=840-40=800$

23 $\displaystyle S_n=\sum_{k=1}^{n}a_k=3(3^n-1)$

(ⅰ) $n\geq2$일 때,

$\quad a_n=S_n-S_{n-1}$

$\qquad=3(3^n-1)-3(3^{n-1}-1)$

$\qquad=3^n(3-1)$

$\qquad=2\times3^n$ $\qquad\qquad$ ······ ㉠

(ⅱ) $n=1$일 때,

$\quad a_1=S_1=3(3-1)=6$ $\qquad$ ······ ㉡

이때 ㉡은 ㉠에 $n=1$을 대입한 값과 같으므로 일반항 a_n

은 $a_n=2\times3^n$

즉, $a_{2k-1}=2\times3^{2k-1}=\dfrac{2}{3}\times9^k$이므로

$\displaystyle\sum_{k=1}^{10}a_{2k-1}=\sum_{k=1}^{10}\left(\frac{2}{3}\times9^k\right)$

$\displaystyle\qquad\qquad=\frac{2}{3}\times\frac{9(9^{10}-1)}{9-1}$

$\displaystyle\qquad\qquad=\frac{3^{21}-3}{4}$

따라서 $p=21$, $q=4$이므로

$p+q=25$

24 $\displaystyle S_n=\sum_{k=1}^{n}a_k=n^2-11n$

(ⅰ) $n\geq2$일 때,

$\quad a_n=S_n-S_{n-1}$

$\qquad=n^2-11n-\{(n-1)^2-11(n-1)\}$

$\qquad=2n-12$ $\qquad\qquad$ ······ ㉠

(ⅱ) $n=1$일 때,

$\quad a_1=S_1=1^2-11\times1=-10$ $\qquad$ ······ ㉡

이때 ㉡은 ㉠에 $n=1$을 대입한 값과 같으므로 일반항 a_n 은 $a_n=2n-12$

따라서 $a_{2k}=2\times2k-12=4k-12$이므로 $a_{2k}\geq0$을 만족 시키는 k의 값의 범위는

$4k-12\geq0$

$\therefore k\geq3$

$$\therefore \sum_{k=1}^{30}|a_{2k}|=-\sum_{k=1}^{2}a_{2k}+\sum_{k=3}^{30}a_{2k}$$

$$=-\sum_{k=1}^{2}a_{2k}+\sum_{k=1}^{30}a_{2k}-\sum_{k=1}^{2}a_{2k}$$

$$=\sum_{k=1}^{30}a_{2k}-2\sum_{k=1}^{2}a_{2k}$$

$$=\sum_{k=1}^{30}(4k-12)-2(a_2+a_4)$$

$$=4\times\frac{30\times31}{2}-360-2\{\underset{k=1}{-8}+\underset{k=2}{(-4)}\}$$

$$=1860-360+24$$

$$=1524$$

25 수열 $\dfrac{1}{2^2-1}$, $\dfrac{1}{4^2-1}$, $\dfrac{1}{6^2-1}$, $\cdots$, $\dfrac{1}{20^2-1}$의 제n항을 a_n 이라 하면

$$a_n=\frac{1}{(2n)^2-1}=\frac{1}{(2n-1)(2n+1)}$$

$$\therefore \frac{1}{2^2-1}+\frac{1}{4^2-1}+\frac{1}{6^2-1}+\cdots+\frac{1}{20^2-1}$$

$$=\sum_{k=1}^{10}a_k$$

$$=\sum_{k=1}^{10}\frac{1}{(2k-1)(2k+1)}$$

$$=\frac{1}{2}\sum_{k=1}^{10}\left(\frac{1}{2k-1}-\frac{1}{2k+1}\right)$$

$$=\frac{1}{2}\left\{\left(1-\frac{1}{3}\right)+\left(\frac{1}{3}-\frac{1}{5}\right)+\cdots+\left(\frac{1}{19}-\frac{1}{21}\right)\right\}$$

$$=\frac{1}{2}\left(1-\frac{1}{21}\right)$$

$$=\frac{10}{21}$$

26 나머지정리에 의하여

$$a_n=n^3+(1-n)n^2+n=n(n+1)$$

$$\therefore \sum_{n=1}^{10}\frac{1}{a_n}=\sum_{n=1}^{10}\frac{1}{n(n+1)}$$

$$=\sum_{n=1}^{10}\left(\frac{1}{n}-\frac{1}{n+1}\right)$$

$$=\left(1-\frac{1}{2}\right)+\left(\frac{1}{2}-\frac{1}{3}\right)+\left(\frac{1}{3}-\frac{1}{4}\right)$$

$$+\cdots+\left(\frac{1}{10}-\frac{1}{11}\right)$$

$$=1-\frac{1}{11}=\frac{10}{11}$$

27 $a_n=\dfrac{2n+1}{1^2+2^2+3^2+\cdots+n^2}$

$$=\frac{2n+1}{\dfrac{n(n+1)(2n+1)}{6}}$$

$$=\frac{6}{n(n+1)}$$

$$\therefore \sum_{k=1}^{m}a_k=\sum_{k=1}^{m}\frac{6}{k(k+1)}$$

$$=6\sum_{k=1}^{m}\left(\frac{1}{k}-\frac{1}{k+1}\right)$$

$$=6\left\{\left(1-\frac{1}{2}\right)+\left(\frac{1}{2}-\frac{1}{3}\right)+\cdots+\left(\frac{1}{m}-\frac{1}{m+1}\right)\right\}$$

$$=6\left(1-\frac{1}{m+1}\right)=\frac{6m}{m+1}$$

이때 $\dfrac{6m}{m+1}=\dfrac{40}{7}$에서

$42m=40m+40$ $\therefore m=20$

28 $S_n=\dfrac{n\{2\times3+(n-1)\times2\}}{2}=n(n+2)$

$$\therefore \sum_{k=1}^{8}\frac{1}{S_k}=\sum_{k=1}^{8}\frac{1}{k(k+2)}$$

$$=\frac{1}{2}\sum_{k=1}^{8}\left(\frac{1}{k}-\frac{1}{k+2}\right)$$

$$=\frac{1}{2}\left\{\left(1-\frac{1}{3}\right)+\left(\frac{1}{2}-\frac{1}{4}\right)+\left(\frac{1}{3}-\frac{1}{5}\right)\right.$$

$$\left.+\cdots+\left(\frac{1}{7}-\frac{1}{9}\right)+\left(\frac{1}{8}-\frac{1}{10}\right)\right\}$$

$$=\frac{1}{2}\left(1+\frac{1}{2}-\frac{1}{9}-\frac{1}{10}\right)=\frac{29}{45}$$

따라서 $p=45$, $q=29$이므로

$p+q=74$

29 수열 $\dfrac{1}{\sqrt{2}+\sqrt{3}}$, $\dfrac{1}{\sqrt{3}+\sqrt{4}}$, $\dfrac{1}{\sqrt{4}+\sqrt{5}}$, $\cdots$, $\dfrac{1}{\sqrt{24}+\sqrt{25}}$의 제$n$ 항을 a_n이라 하면

$$a_n=\frac{1}{\sqrt{n+1}+\sqrt{n+2}}$$

$$\therefore \frac{1}{\sqrt{2}+\sqrt{3}}+\frac{1}{\sqrt{3}+\sqrt{4}}+\frac{1}{\sqrt{4}+\sqrt{5}}+\cdots+\frac{1}{\sqrt{24}+\sqrt{25}}$$

$$=\sum_{k=1}^{23}a_k=\sum_{k=1}^{23}\frac{1}{\sqrt{k+1}+\sqrt{k+2}}$$

$$=\sum_{k=1}^{23}\frac{\sqrt{k+1}-\sqrt{k+2}}{(\sqrt{k+1}+\sqrt{k+2})(\sqrt{k+1}-\sqrt{k+2})}$$

$$=\sum_{k=1}^{23}(\sqrt{k+2}-\sqrt{k+1})$$

$$=(\sqrt{3}-\sqrt{2})+(\sqrt{4}-\sqrt{3})+(\sqrt{5}-\sqrt{4})$$

$$+\cdots+(\sqrt{25}-\sqrt{24})$$

$$=-\sqrt{2}+5$$

따라서 $a=5$, $b=-1$이므로 $a+b=4$

30 $a_n = 2 + (n-1) \times 2 = 2n$이므로

$$\sum_{k=1}^{99} \frac{2}{\sqrt{a_{k+1}} + \sqrt{a_k}} = \sum_{k=1}^{99} \frac{2}{\sqrt{2k+2} + \sqrt{2k}}$$

$$= \sum_{k=1}^{99} \frac{2(\sqrt{2k+2} - \sqrt{2k})}{(\sqrt{2k+2} + \sqrt{2k})(\sqrt{2k+2} - \sqrt{2k})}$$

$$= \sum_{k=1}^{99} (\sqrt{2k+2} - \sqrt{2k})$$

$$= (\sqrt{4} - \sqrt{2}) + (\sqrt{6} - \sqrt{4}) + (\sqrt{8} - \sqrt{6})$$
$$+ \cdots + (\sqrt{200} - \sqrt{198})$$

$$= -\sqrt{2} + 10\sqrt{2}$$

$$= 9\sqrt{2}$$

31 $\sum_{k=1}^{m} a_k = \sum_{k=1}^{m} \frac{1}{\sqrt{2k-1} + \sqrt{2k+1}}$

$$= \sum_{k=1}^{m} \frac{\sqrt{2k-1} - \sqrt{2k+1}}{(\sqrt{2k-1} + \sqrt{2k+1})(\sqrt{2k-1} - \sqrt{2k+1})}$$

$$= \frac{1}{2} \sum_{k=1}^{m} (\sqrt{2k+1} - \sqrt{2k-1})$$

$$= \frac{1}{2} \{ (\sqrt{3} - \sqrt{1}) + (\sqrt{5} - \sqrt{3}) + (\sqrt{7} - \sqrt{5})$$
$$+ \cdots + (\sqrt{2m+1} - \sqrt{2m-1}) \}$$

$$= \frac{1}{2} (-1 + \sqrt{2m+1})$$

이때 $\sum_{k=1}^{m} a_k = 3$이므로

$$\frac{1}{2} (-1 + \sqrt{2m+1}) = 3$$

$$\sqrt{2m+1} = 7, \ 2m+1 = 49$$

$$\therefore m = 24$$

32 원 $x^2 + y^2 = n$이 직선 $y = \sqrt{3}x$와 제1사분면에서 만나는
점의 좌표를 (x_n, y_n)이라 하면

$x_n^2 + y_n^2 = n, \ y_n = \sqrt{3}x_n$에서

$$x_n^2 + (\sqrt{3}x_n)^2 = n$$

$$4x_n^2 = n, \ x_n^2 = \frac{n}{4}$$

$$\therefore x_n = \frac{\sqrt{n}}{2} \ (\because x_n > 0)$$

$$\therefore \sum_{k=1}^{80} \frac{1}{x_k + x_{k+1}} = \sum_{k=1}^{80} \frac{1}{\frac{\sqrt{k}}{2} + \frac{\sqrt{k+1}}{2}}$$

$$= \sum_{k=1}^{80} \frac{2}{\sqrt{k} + \sqrt{k+1}}$$

$$= \sum_{k=1}^{80} \frac{2(\sqrt{k} - \sqrt{k+1})}{(\sqrt{k} + \sqrt{k+1})(\sqrt{k} - \sqrt{k+1})}$$

$$= 2 \sum_{k=1}^{80} (\sqrt{k+1} - \sqrt{k})$$

$$= 2 \{ (\sqrt{2} - \sqrt{1}) + (\sqrt{3} - \sqrt{2}) + (\sqrt{4} - \sqrt{3})$$
$$+ \cdots + (\sqrt{81} - \sqrt{80}) \}$$

$$= 2(-1 + 9) = 16$$

33 $a_n = 4 \times 8^{n-1} = 2^{3n-1}$이므로

$$\sum_{k=1}^{10} \log_2 a_k = \sum_{k=1}^{10} \log_2 2^{3k-1}$$

$$= \sum_{k=1}^{10} (3k-1)$$

$$= 3 \times \frac{10 \times 11}{2} - 10 = 155$$

34 $\sum_{k=1}^{n} \log_3 \left(1 + \frac{1}{k} \right)$

$$= \sum_{k=1}^{n} \log_3 \frac{k+1}{k}$$

$$= \log_3 \frac{2}{1} + \log_3 \frac{3}{2} + \log_3 \frac{4}{3} + \cdots + \log_3 \frac{n+1}{n}$$

$$= \log_3 \left(\frac{2}{1} \times \frac{3}{2} \times \frac{4}{3} \times \cdots \times \frac{n+1}{n} \right)$$

$$= \log_3 (n+1)$$

이때 $\sum_{k=1}^{n} \log_3 \left(1 + \frac{1}{k} \right) = 4$이므로

$$\log_3 (n+1) = 4$$

$$n+1 = 3^4 = 81$$

$$\therefore n = 80$$

35 $S_n = \sum_{k=1}^{n} a_k = \log \frac{(n+1)(n+2)}{2}$

(i) $n \geq 2$일 때,

$$a_n = S_n - S_{n-1}$$

$$= \log \frac{(n+1)(n+2)}{2} - \log \frac{n(n+1)}{2}$$

$$= \log \left\{ \frac{(n+1)(n+2)}{2} \times \frac{2}{n(n+1)} \right\}$$

$$= \log \frac{n+2}{n} \qquad \cdots\cdots \text{㉠}$$

(ii) $n = 1$일 때,

$$a_1 = S_1 = \log \frac{2 \times 3}{2} = \log 3 \qquad \cdots\cdots \text{㉡}$$

이때 ㉡은 ㉠에 $n=1$을 대입한 값과 같으므로 일반항 a_n은

$$a_n = \log \frac{n+2}{n}$$

즉, $a_{2k} = \log \frac{2k+2}{2k} = \log \frac{k+1}{k}$이므로

$$\sum_{k=1}^{15} a_{2k} = \sum_{k=1}^{15} \log \frac{k+1}{k}$$

$$= \log \frac{2}{1} + \log \frac{3}{2} + \log \frac{4}{3} + \cdots + \log \frac{16}{15}$$

$$= \log \left(\frac{2}{1} \times \frac{3}{2} \times \frac{4}{3} \times \cdots \times \frac{16}{15} \right)$$

$$= \log 16$$

이때 $\sum_{k=1}^{15} a_{2k} = p$이므로

$$p = \log 16$$

$$\therefore 10^p = 10^{\log 16} = 16$$

1 ②	**2** 27	**3** -3	**4** ③	**5** 12
6 ②	**7** ②	**8** $\frac{1}{6}$	**9** ③	**10** $\frac{3}{19}$
11 1650	**12** ①	**13** ④	**14** ②	**15** 5
16 ④	**17** ㄱ, ㄴ, ㄷ		**18** 7	**19** 4
20 ①	**21** ②	**22** ①	**23** 162	**24** ②
25 41	**26** $\frac{9}{4}$	**27** ③	**28** ⑤	**29** ⑤
30 ⑤	**31** ④	**32** $\frac{7}{4}$	**33** 790	

1 $2a_{n+1}=a_n+a_{n+2}$에서 수열 $\{a_n\}$은 등차수열이다.

이때 공차를 d라 하면 $a_1=2$, $a_3=5$이므로

$2+2d=5$ $\therefore d=\frac{3}{2}$

즉, 첫째항이 2, 공차가 $\frac{3}{2}$이므로

$a_n=2+(n-1)\times\frac{3}{2}=\frac{3}{2}n+\frac{1}{2}$

$\therefore a_{99}=\frac{3}{2}\times 99+\frac{1}{2}=149$

2 $a_{n+1}+4=a_n$, 즉 $a_{n+1}-a_n=-4$에서 수열 $\{a_n\}$은 첫째항이 102, 공차가 -4인 등차수열이므로

$a_n=102+(n-1)\times(-4)=-4n+106$

이때 $a_n<0$에서

$-4n+106<0$, $4n>106$ $\therefore n>26.5$

따라서 구하는 자연수 n의 최솟값은 27이다.

3 $(a_{n+1}+a_n)^2=4a_na_{n+1}+9$에서

$a_{n+1}{}^2-2a_na_{n+1}+a_n{}^2=9$, $(a_{n+1}-a_n)^2=9$

이때 $a_n>a_{n+1}$이므로 $a_{n+1}-a_n=-3$ $(n=1, 2, 3, \cdots)$

따라서 수열 $\{a_n\}$은 첫째항이 30, 공차가 -3인 등차수열이므로

$a_n=30+(n-1)\times(-3)=-3n+33$

$\therefore a_{12}=-3\times 12+33=-3$

4 $a_n=\frac{1}{3}a_{n+1}$, 즉 $a_{n+1}=3a_n$에서 수열 $\{a_n\}$은 공비가 3인 등비수열이다.

이때 첫째항을 a라 하면 $a_2=1$에서

$3a=1$ $\therefore a=\frac{1}{3}$

즉, 수열은 $\{a_n\}$첫째항이 $\frac{1}{3}$, 공비가 3인 등비수열이므로

$a_n=\frac{1}{3}\times 3^{n-1}=3^{n-2}$

$\therefore a_{15}=3^{13}$

5 $\frac{a_{n+2}}{a_{n+1}}=\frac{a_{n+1}}{a_n}$, 즉 $a_{n+1}{}^2=a_na_{n+1}$에서 수열 $\{a_n\}$은 첫째항이 $\frac{1}{4}$, 공비가 2인 등비수열이므로

$a_n=\frac{1}{4}\times 2^{n-1}=2^{n-3}$

이때 $a_k=512$에서 $2^{k-3}=512=2^9$

$k-3=9$ $\therefore k=12$

6 $\log_2\frac{a_{n+1}}{a_n}=\frac{1}{2}$에서 $\frac{a_{n+1}}{a_n}=2^{\frac{1}{2}}=\sqrt{2}$

즉, 수열 $\{a_n\}$은 공비가 $\sqrt{2}$인 등비수열이므로 첫째항을 a라 하면

$S_6=\sum_{k=1}^{6}a_k=\frac{a\{(\sqrt{2})^6-1\}}{\sqrt{2}-1}=\frac{7a}{\sqrt{2}-1}$

$S_{12}=\sum_{k=1}^{12}a_k=\frac{a\{(\sqrt{2})^{12}-1\}}{\sqrt{2}-1}=\frac{63a}{\sqrt{2}-1}$

$\therefore \frac{S_{12}}{S_6}=\frac{\dfrac{63a}{\sqrt{2}-1}}{\dfrac{7a}{\sqrt{2}-1}}=9$

7 $a_{n+1}=a_n+4n-1$의 n에 1, 2, 3, $\cdots$, $n-1$을 차례대로 대입한 후 변끼리 모두 더하면

$a_2=a_1+4\times 1-1$
$a_3=a_2+4\times 2-1$
$a_4=a_3+4\times 3-1$
$\vdots$
$+)\ a_n=a_{n-1}+4(n-1)-1$

$\overline{a_n=a_1+4\{1+2+3+\cdots+(n-1)\}-(n-1)}$

$\therefore a_n=a_1+4\sum_{k=1}^{n-1}k-(n-1)$

$=1+4\times\frac{(n-1)n}{2}-(n-1)$

$=2n^2-3n+2$

$\therefore a_{10}=2\times 10^2-3\times 10+2=172$

8 $a_{n+1}=a_n+\frac{1}{n(n+1)}$, 즉 $a_{n+1}=a_n+\frac{1}{n}-\frac{1}{n+1}$의 n에 1, 2, 3, $\cdots$, $n-1$을 차례대로 대입한 후 변끼리 모두 더하면

$a_2=a_1+1-\frac{1}{2}$
$a_3=a_2+\frac{1}{2}-\frac{1}{3}$
$a_4=a_3+\frac{1}{3}-\frac{1}{4}$
$\vdots$
$+)\ a_n=a_{n-1}+\frac{1}{n-1}-\frac{1}{n}$

$\overline{a_n=a_1+1-\frac{1}{n}}$

$$\therefore a_n = a_1 + 1 - \frac{1}{n} = \frac{3n-1}{n}$$

$$\therefore a_{30} - a_5 = \frac{3 \times 30 - 1}{30} - \frac{3 \times 5 - 1}{5} = \frac{1}{6}$$

9 $a_{n+1} = a_n + 2^n$의 n에 1, 2, 3, $\cdots$, $n-1$을 차례대로 대입한 후 변끼리 모두 더하면

$$a_2 = a_1 + 2$$
$$a_3 = a_2 + 2^2$$
$$a_4 = a_3 + 2^3$$
$$\vdots$$
$$+) \ a_n = a_{n-1} + 2^{n-1}$$
$$\overline{a_n = a_1 + (2 + 2^2 + 2^3 + \cdots + 2^{n-1})}$$

$$\therefore a_n = a_1 + \sum_{k=1}^{n-1} 2^k = 2 + \frac{2(2^{n-1} - 1)}{2 - 1} = 2^n$$

$$\therefore \sum_{k=1}^{10}(a_{2k-1} + a_{2k}) = \sum_{k=1}^{20} a_k = \sum_{k=1}^{20} 2^k$$
$$= \frac{2(2^{20} - 1)}{2 - 1} = 2^{21} - 2$$

10 $a_{n+1} = \frac{2n-1}{2n+1} a_n$의 n에 1, 2, 3, $\cdots$, $n-1$을 차례대로 대입한 후 변끼리 모두 곱하면

$$a_2 = \frac{1}{3} a_1$$
$$a_3 = \frac{3}{5} a_2$$
$$a_4 = \frac{5}{7} a_3$$
$$\vdots$$
$$\times) \ a_n = \frac{2n-3}{2n-1} a_{n-1}$$
$$\overline{a_n = a_1 \times \left(\frac{1}{3} \times \frac{3}{5} \times \frac{5}{7} \times \cdots \times \frac{2n-3}{2n-1}\right)}$$

$$\therefore a_n = a_1 \times \frac{1}{2n-1} = \frac{3}{2n-1}$$

$$\therefore a_{10} = \frac{3}{19}$$

11 $a_{n+1} = \frac{n+1}{n} a_n$의 n에 1, 2, 3, $\cdots$, $n-1$을 차례대로 대입한 후 변끼리 모두 곱하면

$$a_2 = \frac{2}{1} \times a_1$$
$$a_3 = \frac{3}{2} \times a_2$$
$$a_4 = \frac{4}{3} \times a_3$$
$$\vdots$$
$$\times) \ a_n = \frac{n}{n-1} a_{n-1}$$
$$\overline{a_n = a_1 \times \left(\frac{2}{1} \times \frac{3}{2} \times \frac{4}{3} \times \cdots \times \frac{n}{n-1}\right)}$$

$$\therefore a_n = a_1 \times n = 2n$$

$$\therefore \sum_{k=1}^{10}(a_k{}^2 + a_k) = \sum_{k=1}^{10}(4k^2 + 2k)$$
$$= 4 \times \frac{10 \times 11 \times 21}{6} + 2 \times \frac{10 \times 11}{2}$$
$$= 1540 + 110 = 1650$$

12 $\frac{a_{n+1}}{a_n} = \left(\frac{1}{2}\right)^n$, 즉 $a_{n+1} = \left(\frac{1}{2}\right)^n a_n$의 n에 1, 2, 3, $\cdots$, $n-1$을 차례대로 대입한 후 변끼리 모두 곱하면

$$a_2 = \frac{1}{2} a_1$$
$$a_3 = \left(\frac{1}{2}\right)^2 a_2$$
$$a_4 = \left(\frac{1}{2}\right)^3 a_3$$
$$\vdots$$
$$\times) \ a_n = \left(\frac{1}{2}\right)^{n-1} a_{n-1}$$
$$\overline{a_n = a_1 \times \left(\frac{1}{2}\right)^{1+2+3+\cdots+(n-1)}}$$

$$\therefore a_n = a_1 \times \left(\frac{1}{2}\right)^{\frac{(n-1)n}{2}} = 2^{-\frac{n(n-1)}{2}}$$

따라서 $a_{20} = 2^{-190}$이므로

$$\log_2 a_{20} = \log_2 2^{-190} = -190$$

13 $a_{n+1} = n a_n$의 n에 1, 2, 3, $\cdots$, 19를 차례대로 대입하면
$$a_2 = 1 \times a_1$$
$$a_3 = 2 \times a_2 = 2 \times 1 \times a_1$$
$$a_4 = 3 \times a_3 = 3 \times 2 \times 1 \times a_1$$
$$a_5 = 4 \times a_4 = 4 \times 3 \times 2 \times 1 \times a_1$$
$$a_6 = 5 \times a_5 = 5 \times 4 \times 3 \times 2 \times 1 \times a_1$$
$$\vdots$$
$$a_{20} = 19 \times a_{19} = 19 \times 18 \times \cdots \times 5 \times 4 \times 3 \times 2 \times 1 \times a_1$$

이때 $20 = 4 \times 5$이므로 $a_6, a_7, \cdots, a_{20}$은 모두 20으로 나누어떨어진다.

즉, $a_1 + a_2 + a_3 + \cdots + a_{20}$을 20으로 나누었을 때의 나머지는 $a_1 + a_2 + a_3 + a_4 + a_5$를 20으로 나누었을 때의 나머지와 같다.

따라서
$$a_1 + a_2 + a_3 + a_4 + a_5 = 1 + 1 + 2 + 6 + 24 = 34$$
이고, $34 = 20 \times 1 + 14$이므로 구하는 나머지는 14이다.

14 $a_{n+1} = 3a_n + 4$의 n에 1, 2, 3을 차례대로 대입하면
$$a_2 = 3a_1 + 4 = 3 \times 1 + 4 = 7$$
$$a_3 = 3a_2 + 4 = 3 \times 7 + 4 = 25$$

$$a_4 = 3a_3 + 4 = 3 \times 25 + 4 = 79$$

$$\therefore \sum_{k=1}^{4} a_k = a_1 + a_2 + a_3 + a_4 = 1 + 7 + 25 + 79 = 112$$

15 $a_{n+1} = \dfrac{a_n}{1+na_n}$의 n에 1, 2, 3, …을 차례대로 대입하면

$$a_2 = \frac{a_1}{1+a_1} = \frac{\dfrac{1}{2}}{1+\dfrac{1}{2}} = \frac{1}{3}$$

$$a_3 = \frac{a_2}{1+2a_2} = \frac{\dfrac{1}{3}}{1+2\times\dfrac{1}{3}} = \frac{1}{5}$$

$$a_4 = \frac{a_3}{1+3a_3} = \frac{\dfrac{1}{5}}{1+3\times\dfrac{1}{5}} = \frac{1}{8}$$

$$a_5 = \frac{a_4}{1+4a_4} = \frac{\dfrac{1}{8}}{1+4\times\dfrac{1}{8}} = \frac{1}{12}$$

따라서 $a_k = \dfrac{1}{12}$을 만족시키는 자연수 k의 값은 5이다.

16 $a_{n+1} + (-1)^n \times a_n = 2^n$에서
$a_{n+1} = -(-1)^n \times a_n + 2^n = (-1)^{n+1} \times a_n + 2^n$
위의 식의 n에 1, 2, 3, 4를 차례대로 대입하면
$a_2 = (-1)^2 \times a_1 + 2 = 1 + 2 = 3$
$a_3 = (-1)^3 \times a_2 + 2^2 = -3 + 4 = 1$
$a_4 = (-1)^4 \times a_3 + 2^3 = 1 + 8 = 9$
$\therefore a_5 = (-1)^5 \times a_4 + 2^4 = -9 + 16 = 7$

17 ㄱ. $a_5 = a_2 + 1 = a_1 + 1 = 1 + 1 = 2$
ㄴ. $n=2$일 때, $a_2 = a_1 = 1$
　　$n=2^2=4$일 때, $a_4 = a_2 = 1$
　　$n=2^3=8$일 때, $a_8 = a_4 = 1$
　　$n=2^4=16$일 때, $a_{16} = a_8 = 1$
　　　　　⋮
　　$n=2^k$일 때, $a_{2^k} = a_{2^{k-1}} = 1$
　　따라서 $n=2^k$ (k는 자연수)이면 $a_n = 1$
ㄷ. $n=2-1=1$일 때, $a_1 = 1$
　　$n=2^2-1=3$일 때, $a_3 = a_1 + 1 = 1 + 1 = 2$
　　$n=2^3-1=7$일 때, $a_7 = a_3 + 1 = 2 + 1 = 3$
　　$n=2^4-1=15$일 때, $a_{15} = a_7 + 1 = 3 + 1 = 4$
　　　　　⋮
　　$n=2^k-1$일 때, $a_{2^k-1} = a_{2^{k-1}-1} + 1 = (k-1) + 1 = k$
　　따라서 $n=2^k-1$ (k는 자연수)이면 $a_n = k$
따라서 보기에서 옳은 것은 ㄱ, ㄴ, ㄷ이다.

18 $a_{n+1} = \begin{cases} a_n - 1 & (a_n \geq 4) \\ a_n + 2 & (a_n < 4) \end{cases}$의 n에 1, 2, 3, …을 차례대로
대입하면
$a_1 = 2 < 4$이므로
$a_2 = a_1 + 2 = 2 + 2 = 4$
$a_2 = 4 \geq 4$이므로
$a_3 = a_2 - 1 = 4 - 1 = 3$
$a_3 = 3 < 4$이므로
$a_4 = a_3 + 2 = 3 + 2 = 5$
$a_4 = 5 \geq 4$이므로
$a_5 = a_4 - 1 = 5 - 1 = 4$
　　⋮

$$\therefore a_1 = 2, \; a_n = \begin{cases} 4 & (n=3m-1) \\ 3 & (n=3m) \\ 5 & (n=3m+1) \end{cases} \quad (\text{단, } m\text{은 자연수})$$

따라서 $50 = 3 \times 17 - 1$, $51 = 3 \times 17$이므로
$a_{50} + a_{51} = 4 + 3 = 7$

19 $a_{n+2} = \dfrac{a_{n+1}+1}{a_n}$의 n에 1, 2, 3, …을 차례대로 대입하면

$a_3 = \dfrac{a_2+1}{a_1} = \dfrac{2+1}{1} = 3$, $a_4 = \dfrac{a_3+1}{a_2} = \dfrac{3+1}{2} = 2$,

$a_5 = \dfrac{a_4+1}{a_3} = \dfrac{2+1}{3} = 1$, $a_6 = \dfrac{a_5+1}{a_4} = \dfrac{1+1}{2} = 1$,

$a_7 = \dfrac{a_6+1}{a_5} = \dfrac{1+1}{1} = 2$, …

따라서 수열 $\{a_n\}$은 1, 2, 3, 2, 1이 이 순서대로 반복하여
나타나므로 $a_k = 3$을 만족시키는 20 이하의 자연수 k는 3,
8, 13, 18의 4개이다.

20 $a_{n+1} = \begin{cases} \dfrac{a_n}{2-3a_n} & (n\text{이 홀수인 경우}) \\ 1 + a_n & (n\text{이 짝수인 경우}) \end{cases}$의 n에 1, 2, 3, …을

차례대로 대입하면

$$a_2 = \frac{a_1}{2-3a_1} = \frac{2}{2-3\times 2} = -\frac{1}{2}$$

$$a_3 = 1 + a_2 = 1 + \left(-\frac{1}{2}\right) = \frac{1}{2}$$

$$a_4 = \frac{a_3}{2-3a_3} = \frac{\dfrac{1}{2}}{2-3\times\dfrac{1}{2}} = 1$$

$$a_5 = 1 + a_4 = 1 + 1 = 2$$
　　⋮

따라서 수열 $\{a_n\}$은 $2, -\dfrac{1}{2}, \dfrac{1}{2}, 1$이 이 순서대로 반복하
여 나타난다.

$$\therefore \sum_{n=1}^{40} a_n = 10 \sum_{n=1}^{4} a_n = 10 \left\{ 2 + \left(-\frac{1}{2}\right) + \frac{1}{2} + 1 \right\}$$
$$= 10 \times 3 = 30$$

21 $S_n=-\dfrac{1}{4}a_n+\dfrac{5}{4}$의 n에 $n+1$을 대입하면

$$S_{n+1}=-\frac{1}{4}a_{n+1}+\frac{5}{4}$$

$S_{n+1}-S_n$을 하면

$$S_{n+1}-S_n=-\frac{1}{4}a_{n+1}+\frac{1}{4}a_n$$

이때 $S_{n+1}-S_n=a_{n+1}$ $(n=1,\ 2,\ 3,\ \cdots)$이므로

$$a_{n+1}=-\frac{1}{4}a_{n+1}+\frac{1}{4}a_n$$

$$\therefore a_{n+1}=\frac{1}{5}a_n\ (n=1,\ 2,\ 3,\ \cdots)$$

따라서 수열 $\{a_n\}$은 첫째항이 1, 공비가 $\dfrac{1}{5}$인 등비수열이므로

$$a_n=\left(\frac{1}{5}\right)^{n-1}\qquad \therefore a_{15}=\frac{1}{5^{14}}$$

22 $S_n=n^2a_n$의 n에 $n+1$을 대입하면 $S_{n+1}=(n+1)^2a_{n+1}$

$S_{n+1}-S_n$을 하면

$$S_{n+1}-S_n=(n+1)^2a_{n+1}-n^2a_n$$

이때 $S_{n+1}-S_n=a_{n+1}$ $(n=1,\ 2,\ 3,\ \cdots)$이므로

$$a_{n+1}=(n+1)^2a_{n+1}-n^2a_n$$

$$(n^2+2n)a_{n+1}=n^2a_n$$

$$\therefore a_{n+1}=\frac{n}{n+2}a_n\ (n=1,\ 2,\ 3,\ \cdots)$$

위의 식의 n에 $1,\ 2,\ 3,\ \cdots,\ n-1$을 차례대로 대입한 후 변끼리 모두 곱하면

$$a_2=\frac{1}{3}a_1$$

$$a_3=\frac{2}{4}a_2$$

$$a_4=\frac{3}{5}a_3$$

$$\vdots$$

$$a_{n-1}=\frac{n-2}{n}a_{n-2}$$

$$\times\Big)\ a_n=\frac{n-1}{n+1}a_{n-1}$$

$$\overline{\qquad\qquad\qquad\qquad\qquad\qquad\qquad\qquad}$$

$$a_n=a_1\times\left(\frac{1}{3}\times\frac{2}{4}\times\frac{3}{5}\times\cdots\times\frac{n-2}{n}\times\frac{n-1}{n+1}\right)$$

$$\therefore a_n=a_1\times\frac{1\times2}{n(n+1)}=\frac{2}{n(n+1)}$$

$$\therefore \frac{1}{a_{20}}=210$$

23 $a_1=2,\ a_2=4$이므로 $S_1=a_1=2,\ S_2=a_1+a_2=2+4=6$

$S_{n+1}-S_n=a_{n+1}$ $(n=1,\ 2,\ 3,\ \cdots)$이므로

$a_{n+1}S_n=a_nS_{n+1}$에서

$(S_{n+1}-S_n)S_n=(S_n-S_{n-1})S_{n+1}$ $(\because n\geq2)$

$$S_{n+1}S_n-S_n{}^2=S_nS_{n+1}-S_{n-1}S_{n+1}$$

$$\therefore S_n{}^2=S_{n-1}S_{n+1}\ (n\geq2)$$

즉, 수열 $\{S_n\}$은 첫째항이 2, 공비가 3인 등비수열이므로 수열 $\{S_n\}$의 일반항 S_n은

$$S_n=2\times3^{n-1}\qquad \therefore S_5=2\times3^4=162$$

다른 풀이

$a_1=2,\ a_2=4$이므로 $S_1=a_1=2,\ S_2=a_1+a_2=2+4=6$

이때 $S_{n+1}-S_n=a_n$ $(n=1,\ 2,\ 3,\ \cdots)$이므로

$$S_{n+1}=a_{n+1}+S_n$$

$a_{n+1}S_n=a_nS_{n+1}$에서

$$a_{n+1}S_n=a_n(a_{n+1}+S_n)$$

$$(S_n-a_n)a_{n+1}=a_nS_n$$

$$S_{n-1}a_{n+1}=a_nS_n$$

$$\therefore a_{n+1}=\frac{a_nS_n}{S_{n-1}}\ (n\geq2)$$

위의 식의 n에 $2,\ 3,\ 4$를 차례대로 대입하면

$$a_3=\frac{a_2S_2}{S_1}=\frac{4\times6}{2}=12$$

$$\therefore S_3=S_2+a_3=6+12=18$$

$$a_4=\frac{a_3S_3}{S_2}=\frac{12\times18}{6}=36$$

$$\therefore S_4=S_3+a_4=18+36=54$$

$$a_5=\frac{a_4S_4}{S_3}=\frac{36\times54}{18}=108$$

$$\therefore S_5=S_4+a_5=54+108=162$$

24 n일 후 가습기에 들어 있는 물의 양을 a_nL라 하면

$$a_1=12\times\frac{1}{3}+12\times\frac{1}{3}\times\frac{1}{2}=6$$

$$a_{n+1}=\frac{1}{3}a_n+\frac{1}{3}a_n\times\frac{1}{2}=\frac{1}{2}a_n$$

따라서 수열 $\{a_n\}$은 첫째항이 6이고 공비가 $\dfrac{1}{2}$인 등비수열이므로

$$a_n=6\times\left(\frac{1}{2}\right)^{n-1}$$

$$\therefore a_5=6\times\left(\frac{1}{2}\right)^4=\frac{3}{8}$$

따라서 5일 후 가습기에 들어 있는 물의 양은 $\dfrac{3}{8}$L이다.

25 n번째 도형을 만드는 데 필요한 정사각형의 개수는 a_n이므로

$$a_1=1$$

$$a_2=a_1+4\times1=1+4=5$$

$$a_3=a_2+4\times2=5+8=13$$

$$a_4=a_3+4\times3=13+12=25$$

$$\therefore a_5=a_4+4\times4=25+16=41$$

26 6%의 소금물 $50\,\text{g}$에 들어 있는 소금의 양은

$$\frac{6}{100}\times 50=3(\text{g})$$

$a_n\%$의 소금물 $150\,\text{g}$에 들어 있는 소금의 양은

$$\frac{a_n}{100}\times 150=\frac{3}{2}a_n(\text{g})$$

$$\therefore a_{n+1}=\frac{\frac{3}{2}a_n+3}{200}\times 100=\frac{3}{4}a_n+\frac{3}{2}$$

따라서 $p=\dfrac{3}{4}$, $q=\dfrac{3}{2}$이므로

$$p+q=\frac{9}{4}$$

27 $p(1)$이 참이므로 $p(3)$, $p(5)$도 참이다.

$p(3)$이 참이므로 $p(3\times 3)=p(9)$, $p(3\times 5)=p(15)$도 참이다.

$p(5)$가 참이므로 $p(5\times 5)=p(25)$도 참이다.

같은 방법으로 하면 음이 아닌 정수 a, b에 대하여 $p(3^a\times 5^b)$은 참이다.

① $p(30)=p(2\times 3\times 5)$

② $p(90)=p(2\times 3^2\times 5)$

③ $p(135)=p(3^3\times 5)$

④ $p(175)=p(5^2\times 7)$

⑤ $p(210)=p(2\times 3\times 5\times 7)$

따라서 반드시 참인 것은 ③이다.

28 ㄱ. $p(1)$이 참이면 주어진 조건에 의하여 $p(4)$, $p(7)$, $p(10)$, $\cdots$, $p(3k+1)$이 참이다.

ㄴ. $p(3)$이 참이면 주어진 조건에 의하여 $p(6)$, $p(9)$, $p(12)$, $\cdots$, $p(3k)$가 참이다.

ㄷ. $p(2)$가 참이면 주어진 조건에 의하여 $p(5)$, $p(8)$, $p(11)$, $\cdots$, $p(3k+2)$가 참이다.

따라서 $p(1)$, $p(2)$, $p(3)$이 참이면 모든 자연수 k에 대하여 $p(k)$가 참이다.

따라서 보기에서 옳은 것은 ㄱ, ㄴ, ㄷ이다.

29 (i) $n=1$일 때,

(좌변)$=1\times 2=2$, (우변)$=\dfrac{1}{3}\times 1\times 2\times 3=2$

따라서 $n=1$일 때 등식 ㉠이 성립한다.

(ii) $n=k$일 때, 등식 ㉠이 성립한다고 가정하면

$$1\times 2+2\times 3+\cdots+k(k+1)=\frac{1}{3}k(k+1)(k+2)$$

위의 식의 양변에 $\boxed{^{(7\!\!\!/)}(k+1)(k+2)}$를 더하면

$$1\times 2+2\times 3+\cdots+k(k+1)+\boxed{^{(7\!\!\!/)}(k+1)(k+2)}$$

$$=\frac{1}{3}k(k+1)(k+2)+\boxed{^{(7\!\!\!/)}(k+1)(k+2)}$$

$$=\frac{1}{3}(k+1)(k+2)(\boxed{^{(\text{나})}k+3})$$

따라서 $n=k+1$일 때도 등식 ㉠이 성립한다.

(i), (ii)에서 모든 자연수 n에 대하여 등식 ㉠이 성립한다.

따라서 $f(k)=(k+1)(k+2)$, $g(k)=k+3$이므로

$$\frac{f(2)}{g(1)}=\frac{3\times 4}{4}=3$$

30 (i) $n=1$일 때,

(좌변)$=1^3=1$, (우변)$=\left(\dfrac{1\times 2}{2}\right)^2=1$

따라서 $n=1$일 때 등식 ㉠이 성립한다.

(ii) $n=k$일 때, 등식 ㉠이 성립한다고 가정하면

$$1^3+2^3+3^3+\cdots+k^3=\left\{\frac{k(k+1)}{2}\right\}^2$$

위의 식의 양변에 $\boxed{^{(7\!\!\!/)}(k+1)^3}$을 더하면

$$1^3+2^3+3^3+\cdots+k^3+\boxed{^{(7\!\!\!/)}(k+1)^3}$$

$$=\left\{\frac{k(k+1)}{2}\right\}^2+\boxed{^{(7\!\!\!/)}(k+1)^3}$$

$$=\frac{(k+1)^2}{4}\{k^2+4(k+1)\}$$

$$=\frac{(k+1)^2(k+2)^2}{4}$$

$$=\left\{\boxed{^{(\text{나})}\frac{(k+1)(k+2)}{2}}\right\}^2$$

따라서 $n=k+1$일 때도 등식 ㉠이 성립한다.

(i), (ii)에서 모든 자연수 n에 대하여 등식 ㉠이 성립한다.

따라서 $f(k)=(k+1)^3$, $g(k)=\dfrac{(k+1)(k+2)}{2}$이므로

$$f(9)+g(8)=1000+45=1045$$

31 (i) $n=1$일 때,

(좌변)$=2$, (우변)$=(2\times 1-3)\times 2^2+6=2$

이므로 주어진 등식 ㉠이 성립한다.

(ii) $n=k$일 때, 주어진 등식 ㉠이 성립한다고 가정하면

$$1\times 2+3\times 2^2+5\times 2^3+\cdots+(2k-1)2^k$$

$$=(2k-3)2^{k+1}+6$$

위의 식의 양변에 $\boxed{^{(7\!\!\!/)}(2k+1)2^{k+1}}$을(를) 더하면

$$1\times 2+3\times 2^2+5\times 2^3+\cdots+(2k-1)2^k$$

$$+\boxed{^{(7\!\!\!/)}(2k+1)2^{k+1}}$$

$$=(2k-3)2^{k+1}+6+\boxed{^{(7\!\!\!/)}(2k+1)2^{k+1}}$$

$$=\boxed{^{(\text{나})}(2k-1)2^{k+2}}+6$$

따라서 $n=k+1$일 때도 등식 ㉠이 성립한다.

(i), (ii)에서 모든 자연수 n에 대하여 주어진 등식 ㉠이 성립한다.

32 (i) $n=2$일 때,

(좌변)$=1+\dfrac{1}{2}=\dfrac{3}{2}$, (우변)$=\dfrac{4}{2+1}=\dfrac{4}{3}$

따라서 $n=2$일 때 부등식 ㉠이 성립한다.

(ii) $n=k\,(k\geq2)$일 때, 부등식 ㉠이 성립한다고 가정하면

$$1+\dfrac{1}{2}+\dfrac{1}{3}+\cdots+\dfrac{1}{k}>\dfrac{2k}{k+1}$$

위의 식의 양변에 $\boxed{^{(가)}\dfrac{1}{k+1}}$을 더하면

$$1+\dfrac{1}{2}+\dfrac{1}{3}+\cdots+\dfrac{1}{k}+\boxed{^{(가)}\dfrac{1}{k+1}}>\dfrac{2k}{k+1}+\boxed{^{(가)}\dfrac{1}{k+1}}$$

이때

$$\dfrac{2k+1}{k+1}-\dfrac{2k+2}{k+2}$$

$$=\dfrac{(2k+1)(k+2)-(2k+2)(k+1)}{(k+1)(k+2)}$$

$$=\dfrac{k}{(k+1)(k+2)}>0$$

이므로

$$\dfrac{2k}{k+1}+\boxed{^{(가)}\dfrac{1}{k+1}}>\boxed{^{(나)}\dfrac{2k+2}{k+2}}$$

$$\therefore\ 1+\dfrac{1}{2}+\dfrac{1}{3}+\cdots+\dfrac{1}{k}+\boxed{^{(가)}\dfrac{1}{k+1}}>\boxed{^{(나)}\dfrac{2k+2}{k+2}}$$

따라서 $n=k+1$일 때도 부등식 ㉠이 성립한다.

(i), (ii)에서 $n\geq2$인 모든 자연수 n에 대하여 부등식 ㉠이 성립한다.

따라서 $f(k)=\dfrac{1}{k+1}$, $g(k)=\dfrac{2k+2}{k+2}$이므로

$$f(3)+g(2)=\dfrac{1}{4}+\dfrac{3}{2}=\dfrac{7}{4}$$

33 $2^n>n^2$ ······ ㉠

(i) $n=5$일 때,

(좌변)$=2^5=32$, (우변)$=5^2=25$

따라서 $n=5$일 때 부등식 ㉠이 성립한다.

(ii) $n=k\,(k\geq5)$일 때,

부등식 ㉠이 성립한다고 가정하면

$$2^k>k^2$$

이 부등식의 양변에 2를 곱하면

$$2^{k+1}>2k^2$$

이때 $k\geq5$이면

$$k^2-2k-1=\boxed{^{(가)}(k-1)^2}-2>0$$

이므로

$$k^2>2k+1$$

$$\therefore\ 2^{k+1}>2k^2=k^2+k^2>k^2+2k+1=\boxed{^{(나)}(k+1)^2}$$

따라서 $n=k+1$일 때도 부등식 ㉠이 성립한다.

(i), (ii)에서 $n\geq5$인 모든 자연수 n에 대하여 부등식 ㉠이 성립한다.

따라서 $f(k)=(k-1)^2$, $g(k)=(k+1)^2$이므로

$$\sum_{k=1}^{10}\{f(k)+g(k)\}=\sum_{k=1}^{10}\{(k-1)^2+(k+1)^2\}$$

$$=\sum_{k=1}^{10}(2k^2+2)$$

$$=2\times\dfrac{10\times11\times21}{6}+20$$

$$=790$$

MEMO

MEMO